遺伝情報の発現制御
GENE CONTROL

転写機構からエピジェネティクスまで

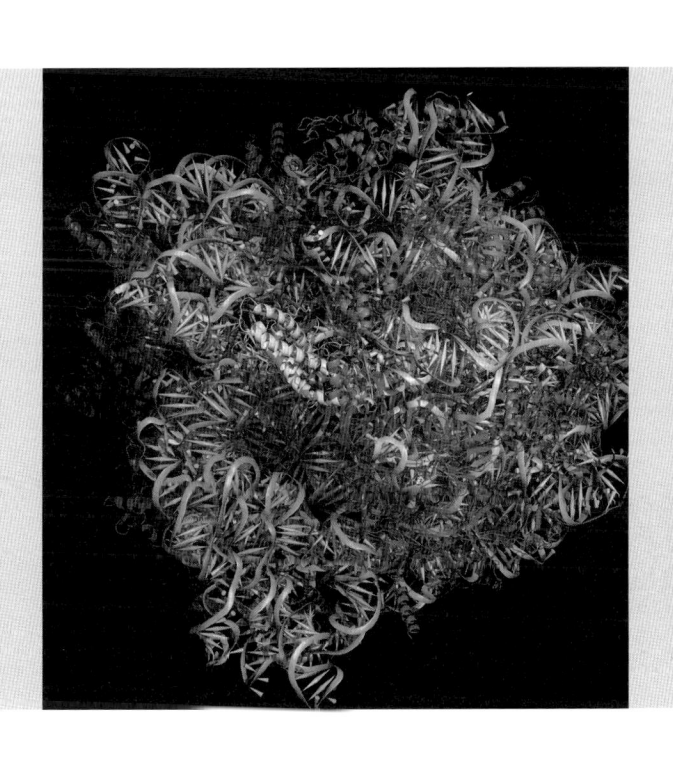

著
David S. Latchman

監訳
五十嵐和彦
東北大学大学院医学系研究科生物化学分野 教授

深水昭吉
筑波大学生命領域学際研究センター 教授

山本雅之
東北大学大学院医学系研究科医化学分野 教授

メディカル・サイエンス・インターナショナル

David S. Latchman
Cambridge University にて PhD, London University にて DSc の学位を取得。現在は Birkbeck, University of London の学長であり，同学ならびに University College London の遺伝学教授。University College London で Institute of Child Health の部長と Windeyer Institute of Medical Sciences の所長を歴任し，他にも，London Higher（ロンドンの全大学を代表する統轄組織）の議長や，Mayor of London's Promote London Council と London Skills and Employment Board の委員を務める。

Cover image shows the crystal structure of a translation termination complex formed with release factor RF2. The image contains RF2 (yellow), P-site tRNA (orange), E-site tRNA (red), mRNA (green), 16S rRNA (cyan), 23S and 5S rRNA (gray), 30S proteins (blue), and 50S proteins (magenta). Courtesy of Harry Noller and John Donohue, University of California, Santa Cruz.

Authorized translation from English language edition,
"Gene Control", First Edition by David S. Latchman,
published by Garland Science, part of Taylor & Francis Group, LLC.

Copyright © 2010 by Garland Science, Taylor & Francis Group, LLC
All rights reserved.

© First Japanese Edition 2012 by Medical Sciences International, Ltd., Tokyo

Printed and Bound in Japan

To my mother and in memory of my father

巻頭言

　David S. Latchman教授による『Gene Control』の翻訳版を日本の皆さんにお届けできることを，監訳者としてたいへん喜んでいます．『遺伝情報の発現制御（Gene Control）』は真核生物における遺伝子発現についてさまざまな視点からまとめてあり，発生や癌といった生命現象における遺伝子発現の関与も取りあげています．遺伝子発現はさまざまな生命現象に関わる重要な調節機構ですが，その基本から関連領域までをカバーしている教科書は例が少なく，体系的な教科書が待たれていました．本書の特色は，基本的なコンセプトがどのように確立されてきたのか，原著論文を引用しながらストーリーとして紹介されている点があげられます．他には，ほぼ全頁にわたり図表が挿入され，内容の理解の手助けになるよう工夫されていることです．転写からRNA分子となり核から細胞質へ，そして翻訳に辿りつくまでに関与するさまざまな因子やそれらをつなぐ数々のネットワークを具体的に理解できることでしょう．このような利点を活かしながら，自分だったらどのような実験を組むのか，データをどのように解釈するのか，そういったことも考えながら読んでいただければと思います．また，各章の最後には「キーコンセプト」として5～11項目のポイントがまとめられており，要点が把握できるよう工夫されています．

　さて，遺伝子の発現に関するモノーの誘導説と適応説が生命科学に大きなインパクトを与えて以来，また，ショウジョウバエ，酵母や線虫におけるモデル生物の遺伝学的手法が確立されたことで，trans因子としての転写因子やその標的DNA配列としてのcisエレメントの構造と機能が，ジェネティクスを利用して次々と解明されてきました．一方，最近はDNAのメチル化やヒストンの修飾による遺伝子発現のエピジェネティックな制御機構が注目を集めています．1990年に出版された"Gene Regulation: A Eukaryotic Perspective"ではクロマチンは簡単に触れられているだけでしたが，本書ではクロマチンと転写反応とが双方向に制御しあうという重要な視点が広がるなど，エピジェネティクスの基礎を理解するうえでもよい教科書です．

　監訳にあたり，Latchman教授と質疑応答を繰り返し，ご理解をいただきながら修正点を加えて参りました．お忙しいにもかかわらず，いつも迅速にご指導いただいたLatchman教授に感謝申し上げます．しかし，行き届かない点がまだ多々あるのではと感じています．それらは一重に監訳者の力不足であり，読者の方々からのご指摘・ご助言をお待ちしております．最後になりましたが，根気強くおつき合いいただき，そして熱意をもって本書の出版をリードいただきました株式会社メディカル・サイエンス・インターナショナルの加藤哲也さん，藤川良子さん，堀内仁さんに，心より御礼申し上げます．

2012年　2月

五十嵐和彦
深水　昭吉
山本　雅之

序

　本書『遺伝情報の発現制御（*Gene Control*）』は，1990年の初版発行から2005年までに5版を重ねた拙著 "*Gene Regulation: A Eukaryotic Perspective*" の内容を大幅に拡充・再編したものである。遺伝子調節は，正常な発生ならびに成体器官が正しく機能するためにきわめて重要であり，また，さまざまなヒト疾患の発症においても決定的な役割を果たしている。それゆえ，遺伝子調節というテーマに興味のある学生，研究者，臨床家にとっては，今後も本書が役立つものであり続けるであろう。

　前著 "*Gene Regulation*" の初版は，当時，真核生物の遺伝子調節に関する知見が十分に蓄積され，はるかに理解が進んでいた原核生物のシステムの単なる付け足しとしてではなく，そのテーマだけで1冊の本にまとめる意義が出てきたことから生まれた。

　それ以降も，真核生物の遺伝子調節に関する情報は増加の一途をたどっている。たとえばヒストン修飾のようなトピックスは，前著の初版ではごく簡単に触れたに過ぎなかったものだが，現在ではきわめて重要なテーマになっている。遺伝子調節において抑制性の低分子RNAが果たしている重要な役割など，当時まったく知られていなかったようなこともある。前著は改訂を重ねるごとに，こうした多くの情報を取り込んでいくようにしたため，どの版も旧版に比べて大幅な見直しとアップデートがなされていた。

　しかしながら，前著の第6版を準備するにあたって，もっと抜本的な改訂が必要とされていることが明らかとなった。というのも，遺伝子調節に関する理解が大きな進歩を続けた結果，その各段階の機構が解明されるとともに，特定の生物システムにおいてそれがいかにして働いているのかを解析することが可能となってきたからである。

　このことを反映させるために内容の大幅な拡充と見直しを行い，新たに『遺伝情報の発現制御』と題して発行することにしたのである。本書の構成は大きく2つに分かれる。前半では遺伝子発現の調節に関わる各過程の機構について詳細に説明している。導入的な章に続いて，2章ずつが一組となって遺伝子調節の3つの基本的な過程をカバーする。それぞれの章のペアでは，第1の章で基本的な過程そのものについて述べ，第2の章ではその過程が遺伝子発現の調節にどのように関わっているのかを論じる。すなわち，第2章と第3章ではクロマチンの構造と遺伝子調節におけるその役割について，第4章と第5章では転写の過程とその調節の仕組みについて取り上げる。第6章と第7章では転写後の過程と遺伝子調節におけるその役割について説明する。

　一方，本書の後半は，特定の生物学的プロセスと，その制御において遺伝子調節が果たす役割を扱っている。すなわち，第8章では細胞のシグナル伝達過程について，第9章では発生における遺伝子発現の調節について取り上げる。第10章では細胞の分化決定に遺伝子調節が果たす重要な役割について述べる。最後に，第11章と第12章では特定のヒト疾患の原因となる遺伝子発現の異常について説明す

る．すなわち，第11章では癌における遺伝子調節の関与について述べ，第12章ではヒトの遺伝性疾患と感染症における遺伝子調節について扱う．また，遺伝子調節過程についての理解の進歩が，どのようにしてヒト疾患の治療法の改善に結びつくかについても論じる．

　末筆ながら，手際のよい仕事ぶりで本書を完成に導いて下さったGarland Science社のスタッフに感謝したい．特に，Elizabeth Owenは本書の再編と拡充を最初に提案し，終始にわたり有益な助言をしてくれた．David Borrowdaleは図版の作成を効果的に管理してくれた．また，本書の準備段階で，新たに取り入れるべき内容の数々と，改変・再構成する必要がある既存の内容とを，いつものごとく効率的に整理してくれたMaruschka Malacosに感謝の意を表する．

David S. Latchman

謝　辞

本書の執筆にあたっては，遺伝学，細胞生物学，生化学の多くの専門家から頂戴した助言が大変参考になった。下記の方々のご教示に感謝申し上げる。

David Elliott(Newcastle University, UK), Maureen Ferran(Rochester Institute of Technology, USA), Tom Geoghegan(University of Louisville, USA), Michael W. King(Indiana State University, USA), Olga Makarova(University of Leicester, UK), Nick Plant(University of Surrey, UK), Ava Udvadia(University of Wisconsin-Madison, USA), Ian Wood(University of Leeds, UK)

論文から図版の使用を許可して下さった，また写真を提供して下さった，すべての同学の研究者仲間にもお礼を申し上げたい。

監訳者・訳者一覧

■監訳者

五十嵐和彦　東北大学大学院医学系研究科生物化学分野 教授
深水　昭吉　筑波大学生命領域学際研究センター 教授
山本　雅之　東北大学大学院医学系研究科医化学分野 教授

■訳者（翻訳章順）

五十嵐和彦　東北大学大学院医学系研究科生物化学分野 教授（1, 2章）
松田　　俊　京都大学大学院工学研究科附属
　　　　　　流域圏総合環境質研究センター環境質管理分野（3章）
井倉　正枝　京都大学放射線生物研究センター
　　　　　　突然変異機構研究部門クロマチン制御ネットワーク研究分野 博士研究員
　　　　　　（3章）
井倉　　毅　京都大学放射線生物研究センター
　　　　　　突然変異機構研究部門クロマチン制御ネットワーク研究分野 准教授（3章）
伊東　　健　弘前大学大学院医学研究科分子生体防御学講座 教授（4章）
本橋ほづみ　東北大学大学院医学系研究科ラジオアイソトープセンター 准教授（5, 10章）
杉本　昌隆　独立行政法人国立長寿医療研究センター
　　　　　　老化細胞研究プロジェクトチーム・プロジェクトリーダー（6章）
渡辺　　研　独立行政法人国立長寿医療研究センター
　　　　　　運動器疾患研究部骨細胞機能研究室 室長（6章）
中村　　輝　独立行政法人理化学研究所発生・再生科学総合研究センター
　　　　　　生殖系列研究チーム チームリーダー（7章）
二歩　　裕　Department of Cell and Developmental Biology, Weill Medical
　　　　　　College of Cornell University, Assistant Research Professor（8章）
谷本　啓司　筑波大学生命環境系 教授（9章）
山本　雅之　東北大学大学院医学系研究科医化学分野 教授（10章）
菊池　　章　大阪大学大学院医学系研究科分子病態生化学 教授（11章）
中尾　光善　熊本大学発生医学研究所細胞医学分野 教授（12章）
木下　　聡　熊本大学発生医学研究所細胞医学分野（12章）
永利知佳子　熊本大学発生医学研究所細胞医学分野（12章）
深水　昭吉　筑波大学生命領域学際研究センター 教授（13章）

簡略目次

献 辞　　iii
巻頭言　　v
序　　vi
謝 辞　　viii

1　遺伝子調節の階層　　1
2　クロマチンの構造　　29
3　遺伝子調節におけるクロマチン構造の役割　　57
4　転写の過程　　97
5　転写因子と転写調節　　137
6　転写後の過程　　177
7　転写後調節　　201
8　遺伝子調節とシグナル伝達経路　　245
9　胚発生における遺伝子調節　　275
10　細胞種特異的な遺伝子発現の調節　　305
11　遺伝子調節と癌　　335
12　遺伝子調節とヒト疾患　　365
13　結論と将来の展望　　387

用語解説　　395
索　引　　422

目次

1 遺伝子調節の階層 — 1

イントロダクション — 1

1.1 タンパク質構成は細胞種ごとに異なる — 1
特異的手法により組織や細胞内の各タンパク質の発現を調べることができる — 1
網羅的手法により組織や細胞内のタンパク質構成の全体像を調べることができる — 2

1.2 mRNA 構成は細胞種ごとに異なる — 6
特異的手法によりさまざまな組織や細胞内の各 mRNA の発現を調べることができる — 6
網羅的手法によりさまざまな組織や細胞が発現する mRNA 集団全体を解析することができる — 7

1.3 DNA 構成は細胞種が異なっても一般的に同じである — 9
特異的手法によりさまざまな組織や細胞内の遺伝子を個別に調べることができる — 9
網羅的手法によりさまざまな組織や細胞内の DNA 全体を調べることができる — 10
特定の組織や細胞種で DNA に変化が生じる例外がある — 12

1.4 転写調節か転写後調節か？ — 15
核 RNA の解析から遺伝子転写が制御されていることが示唆される — 16
パルスラベル法により転写調節が直接示される — 17
核ランオンアッセイによりさまざまな遺伝子の転写調節が示される — 19
多糸染色体も転写調節の証拠となる — 21
転写調節はクロマチン構造の階層および一次転写産物の段階で作動する — 22

1.5 低分子 RNA と遺伝子発現調節 — 23
1 本鎖前駆体が折りたたまれ 2 本鎖ヘアピンループを形成して miRNA が生成される — 24
多くの siRNA は 2 本鎖前駆体から生成される — 25

まとめ — 27
キーコンセプト — 27
参考文献 — 28

2 クロマチンの構造 — 29

イントロダクション — 29
真核生物の転写調節は原核生物よりもはるかに複雑である — 29

2.1 分化状態への運命決定とその安定性 — 30
細胞はその形質を示すことなく特定の分化状態へと運命決定された状態にあり続ける — 30
細胞は実際の形質上の分化に先立って特定の分化状態へと運命決定される — 31

2.2 ヌクレオソーム — 33

	ヌクレオソームはクロマチン構造の基本単位である	33
	ヌクレオソームの構造や配置はクロマチンリモデリングの過程で変化する	36
2.3	**ヒストン修飾とヒストンバリアント**	**37**
	ヒストンはさまざまな翻訳後修飾を受ける	37
	ヒストンバリアントは主要型ヒストンとは別の遺伝子にコードされる	42
2.4	**30 nm クロマチン線維**	**44**
	30 nm クロマチン線維は数珠状構造がさらに凝縮した状態である	44
	コアヒストンの翻訳後修飾とヒストン H1 が 30 nm 線維の形成に関わる	46
2.5	**クロマチンの構造領域と機能領域**	**47**
	30 nm 線維はループ構造の形成によりさらに凝縮する	47
	遺伝子座調節領域は広い領域のクロマチン構造を制御する	48
	インスレーターはクロマチン構造の不適切な伝播を防ぐ	50
	ヘテロクロマチンは高度に凝縮したクロマチン形態である	51
	染色体はクロマチン凝縮の目にみえる結果である	52
まとめ		**54**
キーコンセプト		**54**
参考文献		**54**

3 遺伝子調節におけるクロマチン構造の役割　　57

イントロダクション　　57

3.1　転写活性が上昇している遺伝子におけるクロマチン構造の変化　　58
転写が活性化されている DNA 領域はヌクレオソーム構造をとっている　　58
転写活性が上昇しているクロマチンは DN アーゼ I による消化を受けやすくなる　　59

3.2　転写活性が上昇している遺伝子における DNA メチル化の変化　　61
転写活性が上昇している遺伝子では DNA メチル化が減少している　　61
DNA メチル化はクロマチン構造の制御に重要な役割を果たす　　64
DNA のメチル化パターンは細胞分裂を通じて安定に受け継がれる　　65
高度に凝縮したクロマチン構造を生み出す転写抑制タンパク質が
　DNA メチル化によりリクルートされる　　67

3.3　転写活性が上昇している遺伝子のクロマチンにおけるヒストン修飾　　68
アセチル化　　69
メチル化　　70
ユビキチン化および SUMO 化　　74
リン酸化　　75

3.4　各種のヒストン修飾，DNA メチル化および RNAi の相互作用　　76
各種のヒストン修飾は他の修飾と機能的に相互作用する　　76
ヒストン修飾は DNA メチル化と相互作用してクロマチン構造を制御する　　77
RNAi はクロマチン構造の変化を誘導することができる　　78

3.5　転写活性が上昇している遺伝子の調節領域におけるクロマチン構造の変化　　80
転写活性が上昇している遺伝子には DN アーゼ I 高感受性部位が存在する　　80
DN アーゼ I 高感受性部位の多くは調節 DNA 配列に存在する　　82

	DNアーゼI高感受性部位はヌクレオソームが排除されているか，	
	ヌクレオソーム構造が変化した領域である	83
	クロマチンリモデリングはヌクレオソームを排除するタンパク質や，	
	その構造を変えるタンパク質によって引き起こされる	84
	SWI-SNFおよびNURFクロマチンリモデリング複合体は	
	多様な機構でDNA上へリクルートされる	86
3.6	**その他の機構によるクロマチン構造の制御**	**88**
	哺乳動物の雌では2つのX染色体のうち片方が不活性化されている	88
	活性なX染色体と不活性なX染色体は異なったクロマチン構造をとっている	88
	*XIST*調節RNAは不活性なX染色体から転写される	89
	ゲノムインプリンティングにはいずれか一方の親に由来する特定の遺伝子の不活性化が関係する	90
	インプリンティングにはクロマチン構造の変化も関わっている	92
	まとめ	94
	キーコンセプト	95
	参考文献	95

4 転写の過程 97

イントロダクション 97

4.1 RNAポリメラーゼによる転写 97

RNAポリメラーゼIによる転写は比較的単純である	98
RNAポリメラーゼIIIによる転写はRNAポリメラーゼIによる転写よりも複雑である	98
RNAポリメラーゼIIによる転写はRNAポリメラーゼIやIIIによる転写よりもずっと複雑である	101
3種類のポリメラーゼによる転写には多くの共通点がある	103
転写は核の特定の場所で起こる	107

4.2 転写の伸長と終結 109

転写伸長にはRNAポリメラーゼIIのさらなるリン酸化が必要である	109
転写の終結はポリアデニル化シグナルの下流で起こる	110

4.3 遺伝子プロモーター 112

70 kDa熱ショックタンパク質をコードする遺伝子は	
RNAポリメラーゼIIの典型的なプロモーターをもっている	114
*hsp70*遺伝子のプロモーターは他のさまざまな遺伝子プロモーターにも存在する	
DNA配列をもっている	114
熱ショックDNA配列は熱誘導性遺伝子のみに存在する	115
異なった発現パターンを示す遺伝子のプロモーターには別の応答配列が見いだされている	116
短いDNA配列に結合するタンパク質はさまざまな方法で解析される	119
プロモーターの調節配列はクロマチン構造に影響を与える結合因子や転写に	
直接影響する結合因子を介して作用する	123

4.4 エンハンサーとサイレンサー 124

エンハンサーは遠くから働いて転写を活性化する調節配列である	124
多くのエンハンサーは細胞または組織特異的な活性を示す	125
エンハンサー結合タンパク質は，プロモーターに結合した因子と相互作用するか，	
クロマチンの構造を変化させるか，またはその両方である	128
サイレンサーは遠い距離から遺伝子発現を抑制する	132

	まとめ	**133**
	キーコンセプト	**134**
	参考文献	**135**

5 転写因子と転写調節   **137**

イントロダクション   **137**

5.1 転写因子の DNA 結合   **139**

ヘリックス・ターン・ヘリックスモチーフは胚発生期の遺伝子発現を制御する
   転写因子に多く見いだされる   140

ホメオドメインタンパク質に存在するヘリックス・ターン・ヘリックスモチーフは
   DNA 結合ドメインである   141

POU ドメインを有する転写因子は DNA 結合モチーフの一部としてホメオドメインを利用している   143

2 つのシステイン残基と 2 つのヒスチジン残基を有する Cys_2His_2 型ジンクフィンガー
   モチーフを複数有する転写因子は多い   145

核内受容体は Cys_2His_2 型ジンクフィンガーとは異なる，マルチシステイン型ジンクフィンガーを 2 つ
   有する   147

ロイシンジッパーは二量体形成ドメインであり，隣接する塩基性領域で DNA に結合する   152

ヘリックス・ループ・ヘリックス二量体形成ドメインに関連した
   塩基性 DNA 結合ドメインをもつ転写因子がある   153

転写因子の二量体形成は別のレベルでの制御を可能にする   153

DNA 結合に作用する他のドメイン   155

5.2 転写活性化   **156**

ドメインスワッピング実験により転写活性化ドメインが同定された   157

転写活性化ドメインの種類   158

転写はどのようにして活性化されるか？   159

転写アクチベーターは TFIID と相互作用する   160

転写アクチベーターは TFIIB と相互作用する   161

転写アクチベーターはメディエーター複合体および SAGA 複合体と相互作用する   161

転写アクチベーターはコアクチベーターと相互作用する   163

転写アクチベーターはクロマチン構造を変化させる   164

転写アクチベーターは複数の標的を有する   165

5.3 転写の抑制   **165**

転写リプレッサーは転写アクチベーターの機能を阻害することで間接的に転写を抑制する   166

転写リプレッサーは基本転写複合体の形成や活性化を阻害することで
   間接的に転写を抑制することもある   168

5.4 転写伸長における制御   **170**

転写開始段階だけでなく転写伸長段階でも転写調節がなされている   170

転写伸長段階を調節する因子は RNA ポリメラーゼⅡの C 末端領域を標的にしている   172

5.5 RNA ポリメラーゼⅠとⅢによる転写調節   **173**

RNA ポリメラーゼⅠとⅢによる転写はクロマチンリモデリングで制御される   173

RNA ポリメラーゼⅠとⅢによる転写は基本転写複合体の構成成分の発現量あるいは活性の変化により
   制御される   174

RNA ポリメラーゼⅢによる転写調節には RNA や DNA に結合する一部の転写因子が関与する   175

	まとめ	176
	キーコンセプト	176
	参考文献	176

6 転写後の過程　　　　　177

イントロダクション　　　177

6.1　キャップ形成　　　177
キャップ形成により転写産物RNAの5′末端が修飾される　　　177
キャップはリボソームによるmRNAの翻訳を促進する　　　178

6.2　ポリアデニル化　　　180
ポリアデニル化により転写産物RNAの3′末端が修飾される　　　180
ポリアデニル化はmRNAの安定性を向上させる　　　180

6.3　RNAスプライシング　　　181
RNAスプライシングは介在配列を除去してエキソンを連結する　　　181
特異的なRNAとタンパク質がRNAスプライシングの過程を触媒する　　　182

6.4　核内における転写とRNAプロセシングの連携　　　187
転写開始と伸長は転写後の過程と連携している　　　187
転写後の過程はそれぞれ相互作用する　　　188

6.5　RNA輸送　　　188
RNA輸送は他の転写後過程と連携している　　　188

6.6　翻訳　　　191
mRNAの翻訳は細胞質に存在するリボソーム上で行われる　　　191
翻訳開始には開始因子がキャップ構造に結合する必要がある　　　192
翻訳の伸長にはmRNAのトリプレットコドンとtRNAのアンチコドンが塩基対を形成する必要がある　　　192
翻訳は特異的な終止コドンで終了する　　　196

6.7　RNA分解　　　197
RNAの分解は核と細胞質の両方で起こる　　　197
細胞質でのRNA分解にはmRNAの脱アデニル化とキャップ除去が必要である　　　198

まとめ　　　200
キーコンセプト　　　200
参考文献　　　200

7 転写後調節　　　　　201

イントロダクション　　　201

7.1　選択的RNAスプライシング　　　201
RNAスプライシングは制御下にある　　　201
選択的RNAスプライシングは転写調節を補完する主要な制御過程である　　　202
特定のスプライス部位の使用を誘導あるいは阻害する特異的スプライシング因子による選択的RNAスプライシング　　　209
選択的RNAスプライシングの調節因子は遺伝学的ならびに生化学的手法から同定されてきた　　　211
転写と選択的RNAスプライシングとは機能的に相互作用している　　　214

選択的 RNA スプライシングは転写調節を補完する方法として非常に幅広く用いられている　　215

7.2　RNA 編集　　217
RNA 編集によってシトシンがウラシルに置換されることがある　　217
アデニンがイノシンに置換されるような RNA 編集も存在する　　218

7.3　RNA 輸送制御　　220
一群の特異的なタンパク質が個々の mRNA の核から細胞質への輸送を制御している　　220
RNA 輸送過程は個々の mRNA の細胞質内局在を制御することができる　　222

7.4　RNA 安定性の制御　　224
RNA の安定性を変化させることで遺伝子発現調節が行われることがある　　224
安定性を制御する特異的配列が mRNA 上に存在する　　224
RNA 安定性は敏速な応答が必要とされる状況下で変化し，転写調節を補完する　　226

7.5　翻訳調節　　227
翻訳は受精など特定の状況下で調節を受ける　　227
翻訳調節は，翻訳装置の修飾によって，あるいは標的 RNA 中の配列を認識する
　特殊なタンパク質によって行われる　　227
翻訳調節は翻訳装置の修飾によって行われる場合がある　　227
転写調節は RNA 中の特異的配列に結合するタンパク質によって行われることがある　　232
翻訳調節は，敏速な応答が必要な場合にしばしば利用されるとともに，
　いくつかの転写因子をコードする遺伝子に対しても行われている　　235

7.6　低分子 RNA による遺伝子発現の転写後抑制機構　　236
低分子 RNA は遺伝子発現を転写後に抑制する　　236
低分子 RNA は RNA 分解を誘導する　　237
低分子 RNA は翻訳を抑制することもある　　238
miRNA は遺伝子発現を多様なレベルで制御している　　241

まとめ　　241
キーコンセプト　　242
参考文献　　242

8　遺伝子調節とシグナル伝達経路　　245

イントロダクション　　245
転写因子は転写因子自体の合成や活性制御により調節されている　　245
多数の機構が転写因子の活性を調節する　　247

8.1　細胞に入ってくるリガンドによる転写因子活性の調節　　247
転写因子は細胞に入ってくるリガンドの直接の結合により活性化される　　247
転写因子である核内受容体ファミリーのメンバーは，適切なリガンドの結合により活性化される　　248
リガンドを介した活性化に続いて，グルココルチコイド受容体は遺伝子転写の抑制も
　活性化もできる　　250
HSF はストレス刺激によって活性化され，保護タンパク質をコードする遺伝子の転写を誘導する　　252

8.2　細胞外シグナル分子で誘導されるリン酸化による転写因子の活性制御　　253
転写因子は受容体に会合したキナーゼでリン酸化される　　253
転写因子は，サイクリック AMP のような特定の細胞内セカンドメッセンジャーで
　活性化されるキナーゼでリン酸化される　　254

転写因子は，いくつかのプロテインキナーゼで構成されるシグナル伝達カスケードによって
　　リン酸化される　　　256
NFκB/IκB 系のような転写因子の活性は，阻害タンパク質のリン酸化で調節されている　　　257

8.3　他の翻訳後修飾による転写因子の活性制御　　　259
アセチル化　　　259
メチル化　　　259
ユビキチン化と SUMO 化　　　260

8.4　前駆体の処理を調節するシグナルによる転写因子の活性制御　　　262
転写因子は阻害領域を含んだ前駆体の切断によって活性化されうる　　　262
転写因子は膜結合型前駆体の切断によって活性化されうる　　　262
転写因子の切断は転写アクチベーターを転写リプレッサーに変換できる　　　263
脂質結合の切断も，転写因子を活性化するのに使われている　　　264

8.5　細胞性シグナル伝達経路による転写後の過程の調節　　　264
PI 3-キナーゼ/Akt 系は，増殖因子やインスリンに応じる遺伝子発現の調節に
　　重要な役割を担っている　　　264
Akt はスプライシング因子をリン酸化して RNA スプライシングを調節する　　　265
Akt は，翻訳に関わるタンパク質をリン酸化するプロテインキナーゼ TOR を介して，
　　mRNA の翻訳を調節する　　　266
Akt/TOR は，タンパク質合成に関わる RNA とタンパク質をコードする遺伝子の転写を
　　増大させることで mRNA の翻訳も促進できる　　　267
さまざまなキナーゼが，eIF2 のリン酸化によって翻訳を阻害する　　　268
個々のキナーゼは，遺伝子発現の多段階調節を生み出すことができる　　　269

まとめ　　　270
キーコンセプト　　　272
参考文献　　　273

9　胚発生における遺伝子調節　　　275

イントロダクション　　　275
mRNA の翻訳調節が受精後に起こる　　　275
転写調節の過程が胚のゲノムを活性化する　　　276
転写因子 Oct4 と Cdx2 は内部細胞塊細胞と栄養外胚葉細胞の分化を制御する　　　278

9.1　多能性 ES 細胞における遺伝子発現の調節　　　279
ES 細胞は多種多様の細胞種に分化できる　　　279
いくつかの転写因子が ES 細胞において特異的に発現し，それらは共同して分化した細胞を
　　ES 細胞様に再プログラミングすることができる　　　280
ES 細胞特異的転写因子は，その標的遺伝子の発現を活性化あるいは抑制することができる　　　281
ES 細胞特異的転写因子はクロマチン修飾酵素と miRNA をコードする遺伝子を制御する　　　283
転写因子 REST は分化過程の ES 細胞特異的転写因子の発現抑制において重要な役割を担う　　　284
ES 細胞は他とは異なるヒストンのメチル化パターンをもつ　　　284
Polycomb 複合体は ES 細胞においてヒストンのメチル化を制御する　　　285
Polycomb タンパク質複合体は ES 細胞で miRNA の発現を制御する　　　288
ES 細胞におけるクロマチンの構造は，ヒストンに対する複数の作用により制御される　　　288

9.2　ショウジョウバエの発生における遺伝子発現調節の役割　　　290

転写因子 Bicoid の濃度勾配がショウジョウバエ初期胚の前後軸を決定する　290
Bicoid は転写因子をコードする他の一連の遺伝子を活性化し，
　　分節化された *eve* 遺伝子の発現パターンを作り出す　291
Bicoid システムは転写調節と転写後調節の両方を含んでいる　292
ホメオドメイン転写因子はショウジョウバエ胚において体節のアイデンティティーを決定する　293
ホメオドメイン転写因子による遺伝子発現に及ぼす効果は，
　　タンパク質間相互作用によって制御される　294

9.3　哺乳動物の発生におけるホメオドメイン転写因子の役割　295

ホメオドメイン転写因子は哺乳動物においても見いだされる　295
哺乳動物の *Hox* 遺伝子は発生中の胚の特定の領域で発現する　295
Hox 遺伝子の転写は，それぞれの遺伝子に特異的な調節領域によって制御されている　296
Hox 遺伝子の転写は *Hox* 遺伝子群内における遺伝子の位置関係にも依存している　297
Hox 遺伝子の発現は miRNA によって転写後レベルでも制御される　298
個々の *Hox* 遺伝子が Sonic hedgehog によりさまざまに制御されることで，
　　神経管の細胞分化が制御される　298
Sonic hedgehog による *Hox* 遺伝子発現の調節は四肢の形成にも関与する　300

まとめ　301
キーコンセプト　302
参考文献　303

10　細胞種特異的な遺伝子発現の調節　305

イントロダクション　305

10.1　骨格筋細胞における遺伝子発現調節　307

MyoD タンパク質は筋細胞分化を誘導できる　307
MyoD は塩基性ヘリックス・ループ・ヘリックス転写因子で遺伝子発現を調節する　308
MyoD の機能調節には，MyoD タンパク質合成とその活性制御の両方が重要である　309
他の筋特異的転写因子も筋細胞分化を誘導する　310
MEF2 は筋細胞特異的な遺伝子発現の下流調節因子である　312

10.2　神経細胞における遺伝子発現調節　314

塩基性ヘリックス・ループ・ヘリックス転写因子は神経分化にも関与する　314
転写因子 REST は神経関連遺伝子の発現を抑制する　317
神経細胞は特異的な選択的スプライシング因子を発現する　318
神経細胞において翻訳調節はシナプス可塑性に重要な役割を果たす　321
miRNA は神経の遺伝子発現調節に重要な役割を果たす　322

10.3　酵母接合型の制御　323

酵母は **a** または α の接合型をもつ　323
接合型スイッチングは *HO* 遺伝子の転写調節によって制御されている　324
転写因子 SBF は細胞周期の G_1 期にのみ *HO* 遺伝子の転写を活性化する　325
転写因子 Ash-1 は娘細胞において *HO* 遺伝子の転写を抑制する　325
a と α 遺伝子産物はホメオドメインを含む転写因子である　326
α1 と α2 タンパク質は転写因子 MCM1 と結合して，それぞれ α 特異的遺伝子を活性化し，
　　a 特異的遺伝子を抑制する　327
a1 因子は二倍体において一倍体特異的遺伝子を抑制する　327

　　　　酵母の接合型システムから多細胞生物との関連性が推測できる　　329
　まとめ　331
　キーコンセプト　332
　参考文献　332

11　遺伝子調節と癌　335

イントロダクション　335

11.1　遺伝子調節と癌　335
　　癌遺伝子は癌を引き起こすウイルスから最初に見いだされた　335
　　細胞性原癌遺伝子は正常細胞のゲノム上に存在する　336
　　細胞性原癌遺伝子は過剰発現や変異によって癌を引き起こす　338
　　ウイルスは原癌遺伝子の発現上昇を誘導することができる　339
　　原癌遺伝子の発現は細胞自身の機能により促進される　340
　　各種の癌では種々の機構により原癌遺伝子の発現が促進される　340

11.2　癌遺伝子としての転写因子　342
　　癌遺伝子産物 Fos および Jun は細胞由来の転写因子であり，過剰発現すると癌を引き起こす　342
　　癌遺伝子産物 v-ErbA は甲状腺ホルモン受容体の変異体である　344
　　染色体転座により過剰発現する転写因子関連癌遺伝子もある　346
　　染色体転座により腫瘍原性の転写因子関連融合タンパク質が作られる　347

11.3　癌抑制遺伝子　350
　　癌抑制遺伝子は細胞増殖を抑制するタンパク質をコードする　350
　　p53 タンパク質は DNA 結合型転写因子である　350
　　網膜芽細胞腫タンパク質は他のタンパク質と結合して転写を制御する　354
　　他の癌抑制遺伝子産物も転写を制御する　356

11.4　遺伝子発現の調節：癌細胞と正常細胞の機能の関係　358
　　癌遺伝子と癌抑制遺伝子は相互作用して，細胞増殖を調節するタンパク質をコードする
　　　遺伝子の発現を制御する　358
　　癌遺伝子と癌抑制遺伝子は相互作用して，mRNA の翻訳に関わる RNA と
　　　タンパク質の発現を制御する　360
　　癌遺伝子と癌抑制遺伝子は相互作用して，マイクロ RNA の発現を制御する　361

　まとめ　363
　キーコンセプト　363
　参考文献　364

12　遺伝子調節とヒト疾患　365

イントロダクション　365

12.1　転写とヒト疾患　365
　　DNA 結合転写因子　365
　　特異的な転写因子の DNA 上の結合部位　366
　　転写のコアクチベーター　368
　　基本転写複合体の構成成分　369
　　RNA ポリメラーゼ I と III による転写に関わる因子　369

12.2　クロマチン構造とヒト疾患　369

	DNA メチル化	370
	ヒストン修飾酵素	370
	クロマチンリモデリング複合体	371
12.3	**転写後の過程とヒト疾患**	**373**
	RNA スプライシング	373
	RNA 翻訳	375
12.4	**感染症と細胞性の遺伝子発現**	**376**
12.5	**遺伝子調節とヒト疾患の治療**	**377**
	転写因子の発現を変えることで治療が可能である	378
	転写因子の活性を変えることで治療が可能である	378
	クロマチン構造を変化させるタンパク質を標的にすることで治療が可能である	380
	遺伝子転写を変えるデザイナージンクフィンガーを使うことで治療が可能である	381
	RNA スプライシングを調節することで治療が可能である	382
まとめ		**384**
キーコンセプト		**384**
参考文献		**384**

13　結論と将来の展望　387

結論と将来の展望	387
転写因子は相互に結合して転写を制御する	387
転写因子は遺伝子発現を活性化させることも抑制することもできる	388
DNA 結合転写因子はコアクチベーターやコリプレッサー，およびクロマチン構造の調節因子と結合する	388
ヒストン修飾はクロマチン構造の制御において中心的役割を担っている	389
コアクチベーター / コリプレッサーは，多数の転写因子と相互作用することで多彩なシグナル伝達経路と関連している	389
遺伝子発現の調節は非常に複雑な過程であり，転写調節と転写後調節の両者が関与する	390
RNA 分子は遺伝子発現の調節において中心的役割を担っている	391
調節 RNA と調節タンパク質の異常はヒト疾患の原因となる	392
遺伝子発現は制御ネットワークによって調節される	392
参考文献	**394**

用語解説	**395**
索　引	**422**

遺伝子調節の階層

イントロダクション

　真核生物の遺伝子発現が高度に制御された過程であることは，食肉店に行けばよくわかる。ショーケースに並べられた哺乳動物の体の色々な部分，たとえば脚や体幹の肉，腎臓や肝臓などは，それぞれ見た目がまったく異なる。しかし，これらすべての組織は単一の細胞，すなわち受精卵（接合子）に由来している。この多様性はどのように生み出されるのだろうか？

　胚発生の過程で部位に応じて異なる細胞を秩序立って作り出し，また，いったん形成された違いを成体でも維持するような制御過程が存在することは明らかである。さらに，細胞には栄養や増殖因子，ホルモンなどの変化に応答して遺伝子発現のパターンを変える能力もある。本書の目的は，真核生物における組織特異的な遺伝子発現を制御する過程を検討し，そして，この過程によって異なる組織や細胞種が有する性状や機能の違いが生み出される様式を考察することである。

1.1 タンパク質構成は細胞種ごとに異なる

　分子生物学のセントラルドグマとは，DNAを鋳型にRNAが合成され，そのRNAをもとにタンパク質が合成されるという原理である。ある機能を規定するためにDNAが保有している遺伝情報は，まずRNAへコピーされ，それがタンパク質へ翻訳される。さまざまなタンパク質の働きにより**表現型**（phenotype）が作り出される。たとえば，グロビンタンパク質を含むことで血液は酸素を運搬することができ，色素を合成する酵素タンパク質の働きで青い瞳ではなく茶色の瞳になる，といったように。上で述べた組織の見た目の違いが実際に組織ごとの遺伝子発現の違いに由来するのであれば，そうした違いは組織や細胞内に存在するタンパク質の違いによって作り出されるはずである。タンパク質の違いは，1つの特定のタンパク質の発現を調べる方法や，組織中の全タンパク質の発現を網羅的に調べる方法によって検出できる。

特異的手法により組織や細胞内の各タンパク質の発現を調べることができる

　異なる組織や細胞種の間でタンパク質構成の違いがあるかどうかを調べる簡単な方法は，特定の既知タンパク質に対する**抗体**（antibody）を用いることである。抗体と一次元ポリアクリルアミドゲル電気泳動を組み合わせることにより，その抗体が認識するタンパク質のさまざまな組織における発現を調べることができる。この手法では，まずタンパク質を界面活性剤のドデシル硫酸ナトリウム（sodium dodecyl sulfate；SDS）で変性させる。次にポリアクリルアミドゲル電気泳動によってタンパク質のサイズに応じて分離する。

　次いで，ゲル中で分離されたタンパク質をニトロセルロース膜に写し取り，これ

を抗体と反応させる［**ウェスタンブロット法**(western blotting)］。抗体は特定のタンパク質を特異的に認識して結合する。このタンパク質は電気泳動時の移動度，すなわちそのサイズに応じて，膜上の特定の場所に位置するはずである。抗原-抗体複合体は酵素的な手法や蛍光色素を利用した手法によって検出できる。ある組織にこのタンパク質が存在するならば，その組織中の全タンパク質を泳動したレーン上でバンドが観察され，バンドの濃さはその組織におけるタンパク質の量を反映する。抗体と反応するタンパク質が存在しなければ，バンドは観察されない（図1.1）。

抗体は関係のないタンパク質には結合しないので，この手法により任意の組織における特定のタンパク質の存在の有無を，同じようなサイズのタンパク質の影響を受けることなく調べることができる。同様に，さまざまな組織のタンパク質抽出液をこの手法で比較することにより，異なる組織間でのタンパク質発現レベルの違いを，バンドの濃さの違いに基づいて調べることができる。

抗体とタンパク質間の特異的結合を利用して，組織におけるそのタンパク質の発現を直接調べることもできる。**免疫組織化学法**(immunohistochemistry)と呼ばれるこの手法では，組織の切片を抗体と反応させ，組織に存在するタンパク質と抗体を結合させる。すでに述べたように，抗体が結合した場所は酵素的検出法，あるいは適切なフィルターを組み込んだ蛍光顕微鏡で検出できる蛍光色素を利用して可視化できる（図1.2）。この方法は目的のタンパク質を発現している組織を特定できるだけでなく，1個1個の細胞を観察することにより，組織中でそのタンパク質を発現している細胞種を特定することもできる。

以上のような個々のタンパク質の発現を調べる技術を用いた実験の結果から，さまざまな組織に同じようなレベルで存在するタンパク質もあるものの，多くのタンパク質の存在量は組織によって異なり，1つないしは数種の組織に特異的であることがわかってきた。すなわち，個々のタンパク質に対する抗体で調べてみると，組織ごとの見た目や機能の違いは，存在するタンパク質の質的および量的な差異と関係しているのである。

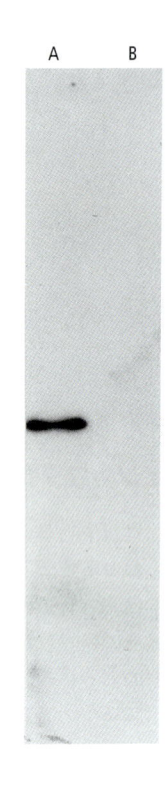

網羅的手法により組織や細胞内のタンパク質構成の全体像を調べることができる

異なる組織における特定のタンパク質の発現を調べることに加え，より網羅的な手法で組織のタンパク質構成の全体像を比較することもできる。たとえば，組織中の全タンパク質を一次元ゲル電気泳動で分離し，あらゆるタンパク質と結合するような色素で染色する。ウェスタンブロット法では特定のタンパク質に注目するのに対して，この方法はゲル上でサイズに応じて分離されたタンパク質すべてを可視化できる。しかし，この方法は組織におけるタンパク質構成の全体像をさまざまな組織間で比較するうえでは限界がある。なぜなら，細胞は膨大な種類のタンパク質を

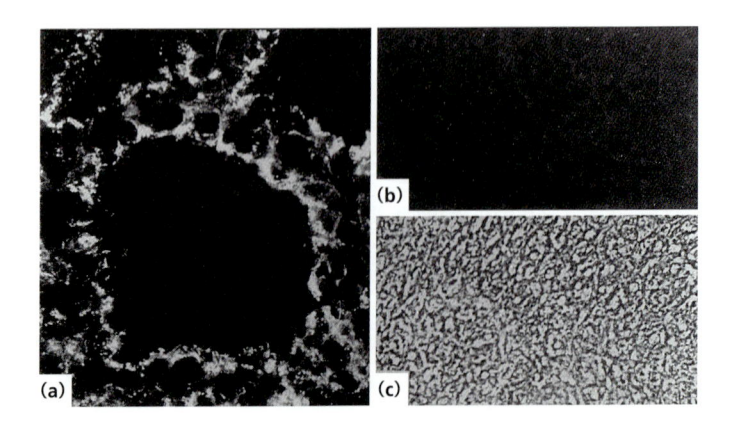

図1.1
モルモットのカゼインキナーゼに対する抗体を用いたウェスタンブロット実験。このタンパク質は泌乳乳腺（レーンA）に存在するが，肝臓（レーンB）には存在しないことがわかる。Moore A, Boulton AP, Heid HW et al. (1985) *Eur. J. Biochem.* 152, 729-737より，Wiley-Liss, Inc., a subsidiary of John Wiley & Sons, Inc. の許諾を得て転載。Alison Moore の厚意による。

図1.2
抗カゼインキナーゼ抗体を用いた凍結切片の免疫組織化学。このタンパク質が泌乳乳腺(a)に存在するが(明領域)，肝臓(b)には存在しないことがわかる。(c)位相差顕微鏡による肝臓切片の明視野観察により，抗体により染色されないのは細胞が存在しないからではないことを確認できる。Moore A, Boulton AP, Heid HW et al. (1985) *Eur. J. Biochem.* 152, 729-737より，Wiley-Liss, Inc., a subsidiary of John Wiley & Sons, Inc. の許諾を得て転載。Alison Moore の厚意による。

含んでおり，サイズによる分離のみでは分解能に限度があるからである。サイズだけで判断すると，2つの組織中で異なる2つのタンパク質が同じものと判定されてしまうおそれがある。

異なる組織のタンパク質構成をより詳しく比較するためには，二次元電気泳動 (two-dimensional gel electrophoresis) を活用できる (図 1.3)。この手法では，まず最初に等電点電気泳動 (isoelectric focusing) によりタンパク質を電荷の違いに基づいて分離する。次に，分離したタンパク質を含むゲル断片を SDS-ポリアクリルアミドゲル上に載せ，電気泳動を行いサイズによって分離する。これにより，各タンパク質は電荷とサイズに応じた場所に移動することになる。この方法は分解能が高く，対象とする組織中のタンパク質構成の違いをより詳細に同定できる。限られた組織でのみ検出され他の多くの組織にはみられないスポット (タンパク質) もあれば，組織によって量が非常に異なるタンパク質もある (図 1.4)。

このように，組織の見た目の違いは，その組織に存在するタンパク質の質的および量的な差異と関係している。しかしながら，中にはすべての組織に同じくらい存在するタンパク質もある。ハウスキーピングタンパク質 (housekeeping protein) と呼ばれるこのようなタンパク質は，おそらくすべての細胞に共通の基本的代謝過程などに関わっているのであろう。

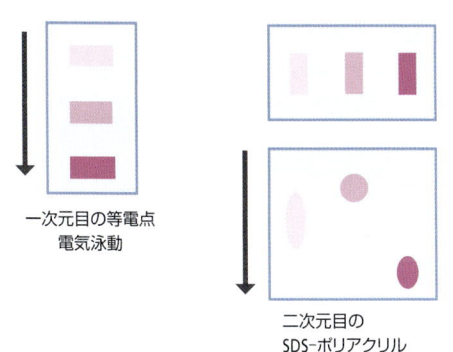

図 1.3
二次元電気泳動。

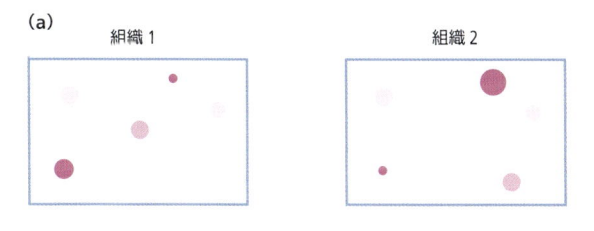

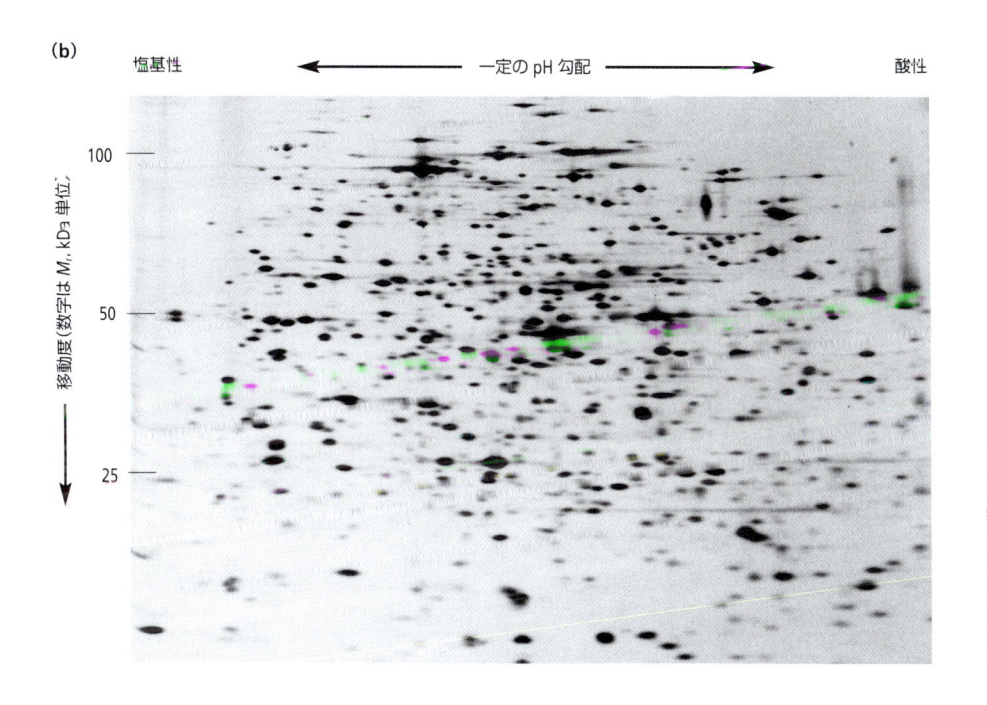

一次元目の等電点電気泳動

二次元目の SDS-ポリアクリルアミドゲル電気泳動

(a) 組織1　組織2

- 両方の組織に同様のレベルで存在するタンパク質
- 一方の組織にのみ存在するタンパク質
- 両方の組織に存在するが発現レベルは異なるタンパク質

(b) 塩基性 ← 一定の pH 勾配 → 酸性

移動度 (数字は M_r, kDa 単位)

図 1.4
(a) 二次元電気泳動で得られる結果の模式図。特定の組織にのみ存在するタンパク質や組織ごとに発現レベルが異なるタンパク質を検出できる。(b) 大腸菌細胞内の全タンパク質を分離した実験例。M_r：相対分子質量。Patrick O'Farrell, University of California の厚意による。

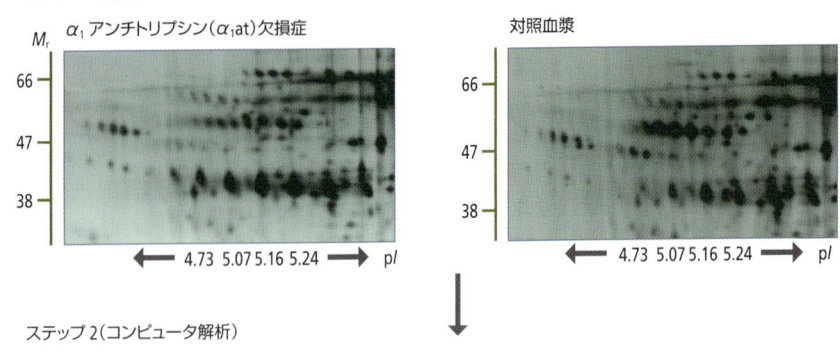

図 1.5

2つのタンパク質試料間の違いの分析例。各試料に含まれるタンパク質を二次元電気泳動で分離し(ステップ1)，コンピュータ解析でゲルを比較して2つの試料間の違いを検出する(ステップ2)。違いの検出されたタンパク質スポットを切り出し，トリプシン消化で生じるペプチドを質量分析法に供し(ステップ3)，タンパク質を同定する。Kevin Mills & Bryan Winchester, University College London の厚意による。

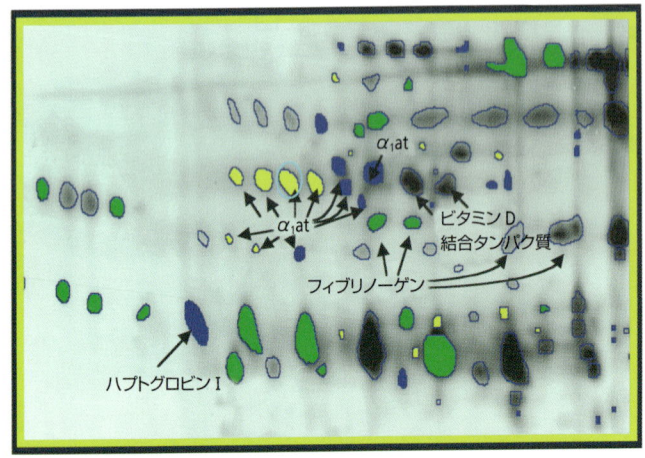

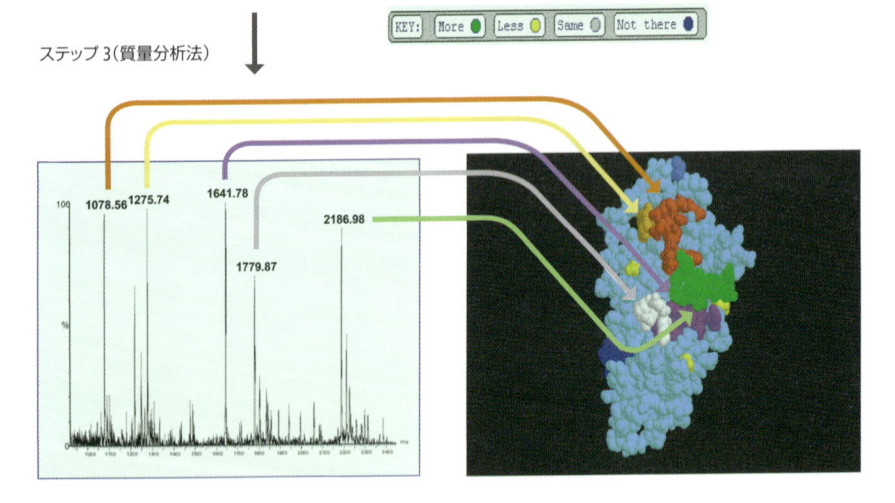

　二次元電気泳動を用いた初期の実験では，さまざまな組織由来のタンパク質を分離し，スポットのパターンの違いを調べて組織特異的なスポットを同定することしか行われていなかった。しかし最近では，興味のあるスポットのタンパク質を同定し解析する方法が開発されている(図1.5)。このように二次元電気泳動の高分解能と特定のタンパク質を個別に分析する技術とが組み合わされることにより，**プロテオミクス**(proteomics)と呼ばれる新しい研究領域が誕生することになった。

　この手法では，二次元電気泳動したゲルから興味のあるスポットを切り出し，**タンパク質分解酵素**(proteolytic enzyme)トリプシンでペプチドに分解する。そしてこのペプチドを**質量分析法**(mass spectrometry)により分析する。質量分析のステップでは，マトリックス支援レーザー脱離イオン化法(matrix-assisted laser desorption/ionization；**MALDI**)によりペプチドの分子量を測定する場合や，ナノエレク

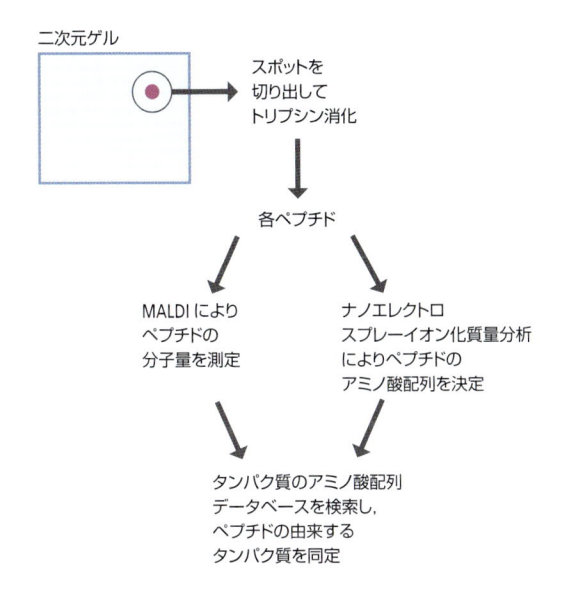

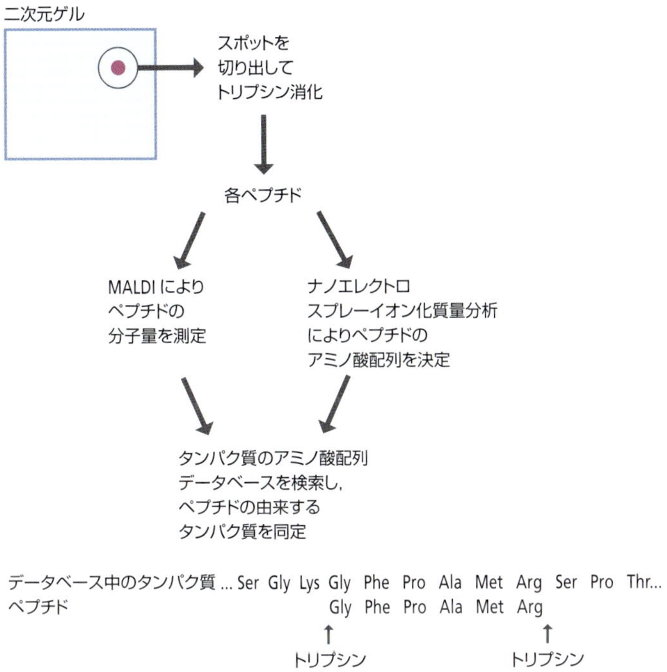

図 1.6
二次元ゲル上の特定のタンパク質スポットについて、質量分析法で分子量とアミノ酸配列を決定する。こうして得られた情報をもとに既知タンパク質のアミノ酸配列データベースを検索し、スポットのタンパク質を同定する。

トロスプレーイオン化質量分析（nanoelectrospray ionization mass spectrometry）によりペプチドのアミノ酸配列を決定する場合がある（図1.6）。この2つの測定技術を組み合わせたタンデム質量分析計（tandem mass spectrometer）では、最初にトリプシン消化で得られたペプチド断片の分子量を測定し、その後そのペプチドをさらに断片化してアミノ酸配列を決定することができる。

こうして得られたペプチドの分子量と配列情報をもとに、既知タンパク質のアミノ酸配列データベースを検索する。タンパク質のアミノ酸配列はタンパク質を直接分析して得られるが、最近では急速に蓄積しつつあるDNA塩基配列情報から推定されることも多い。トリプシンはペプチドを必ずリシン残基またはアルギニン残基の直後で切断するので、アミノ酸配列を既知タンパク質のアミノ酸配列と並べて比較することが可能となり、これにより元のスポットに存在したタンパク質を同定できる（図1.6）。

さらに最近の新しい技術では、二次元電気泳動のステップは省略されている。代わりに、さまざまなタンパク質を含む試料をトリプシンなどの**プロテアーゼ**（protease）で消化し、得られた複雑なペプチド混合物を液体**クロマトグラフィー**（chromatography）で分画する。得られた画分はさまざまなタンパク質に由来するペプチドの混合物ではあるが、その複雑性は分画前の試料より減少している。質量分析法を繰り返して各画分を測定し、含まれるペプチドの分子量とアミノ酸配列を上述のように決定する（図1.7）。これにより、さまざまな生体試料に含まれるタンパク質やそれに由来するペプチドを同定することができる。

このようなプロテオミクス技術を用いることにより、組織によって興味深い発現パターンを示すもの、特異的刺激に応答して発現するもの、特定の疾患で発現が変化するものなど、個々のタンパク質を解析することができる。すなわち、この技術により多くのタンパク質を網羅的に調べつつ、個々のタンパク質を同定することが可能である。遺伝子調節という点では、プロテオミクス技術を駆使することにより、すでに述べた別の研究から得られていた結論、すなわち、タンパク質構成は組織や細胞種ごとに質的にも量的にも異なるということが確認された。

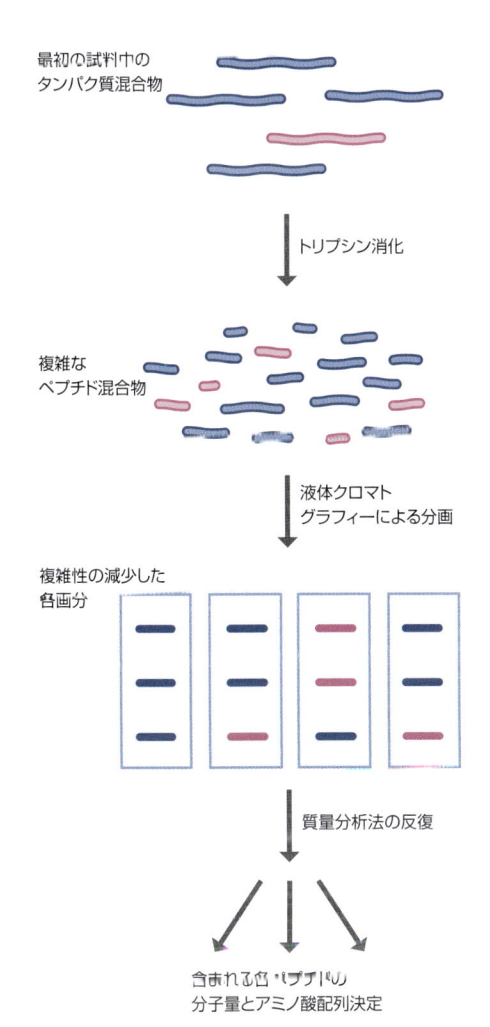

図 1.7
さまざまなタンパク質を含む複雑な生物試料をトリプシン消化し、得られたペプチド混合物を液体クロマトグラフィーで分画する。こうして得られた各画分は分画前よりも複雑性が低く、含まれる各ペプチドの分子量とアミノ酸配列は質量分析法を繰り返すことにより決定することができる。

図 1.8
αフェトプロテイン mRNA に対する特異的プローブを用いたノーザンブロット法。mRNA は胎児卵黄嚢（レーン A）では検出されるが成体の肝臓（レーン B）では検出されない。Latchman DS, Brzeski H, Lovell-Badge R & Evans MJ (1984) *Biochim. Biophys. Acta* 783, 130-136 より，Elsevier 社の許諾を得て転載。

1.2 mRNA 構成は細胞種ごとに異なる

タンパク質はメッセンジャー RNA（messenger RNA；mRNA）が**リボソーム**（ribosome）上で翻訳されて作られる（6.6 節）。組織ごとにタンパク質構成が質的および量的に異なることをみてきたが，このような差異は各タンパク質に対応する mRNA の違いを反映したものであろうか？　タンパク質構成の違いは mRNA 集団の違いを反映しているように思えるが，mRNA 構成はすべての組織で同じであってリボソームによる mRNA の選択により各タンパク質の合成が制御されているという可能性も考えられる。

タンパク質の研究と同じように，組織における mRNA の発現を調べるには特異的な手法と網羅的な手法の両者がある。

特異的手法によりさまざまな組織や細胞内の各 mRNA の発現を調べることができる

遺伝子由来の DNA クローンをプローブとするさまざまな手法を使って，対応する特定の mRNA を検出し定量することができる。その 1 つである**ノーザンブロット法**（northern blotting）では，対象とする組織から抽出した RNA をアガロースゲルで電気泳動し，ニトロセルロース膜に写し取り，プローブとハイブリダイゼーションを行う。使われるプローブは目的の mRNA をコードする遺伝子の DNA 断片を放射性標識したものである。目的の mRNA が対象組織に存在するならば，放射性標識プローブが mRNA と 2 本鎖を形成し，これが**オートラジオグラフィー**（autoradiography）によりバンドとして検出される（図 1.8）。バンドの濃さは mRNA 量を反映する。この方法で検討すると，アクチンやチューブリンをコードする mRNA はすべての組織で検出されるが，多くの mRNA は特定の組織でのみ検出される。たとえば，グロビンの mRNA は**網状赤血球**（reticulocyte）でのみ検出され，ミオシンの mRNA は筋肉でのみ検出される。胎児性タンパク質である α フェトプロテインの mRNA は胎児卵黄嚢でのみ検出され，成体の肝臓では見いだされない（図 1.8）。

さまざまな組織由来の試料の中から特定の RNA を検出する方法は他にもある。特定の mRNA の発現を調べるためには，逆転写ポリメラーゼ連鎖反応（reverse transcription polymerase chain reaction；RT-PCR）がしばしば用いられる。この方法は**ポリメラーゼ連鎖反応**（PCR）の変法であり，微量の RNA を増幅することができる（図 1.9）。PCR は DNA について適用されるものであって RNA では行うことができないので，まず RNA を**逆転写酵素**（reverse transcriptase）により**相補的 DNA**（complementary DNA；cDNA）に転換する。次いで，目的とする RNA に相補的な DNA 配列へ特異的に結合する短いオリゴヌクレオチド**プライマー**（primer）を使って，DNA **ポリメラーゼ**（polymerase）による cDNA 鎖の複製を開始させる

図 1.9
逆転写ポリメラーゼ連鎖反応（RT-PCR）では，まず逆転写酵素を用いて mRNA を相補的 DNA（cDNA）に転換する。目的の mRNA から合成された cDNA は，相補的プライマーとのハイブリダイゼーションと DNA ポリメラーゼによる DNA 合成により増幅される。増幅サイクルを繰り返すことにより，微量の mRNA/cDNA から大量の PCR 産物を得ることができる。

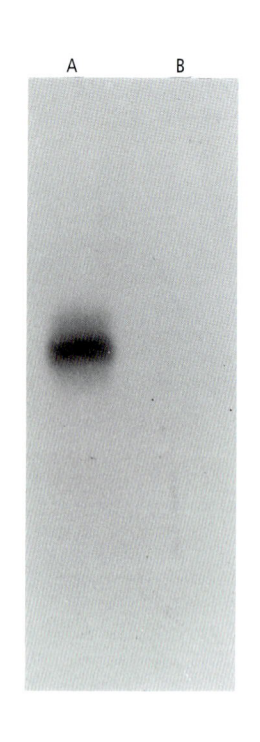

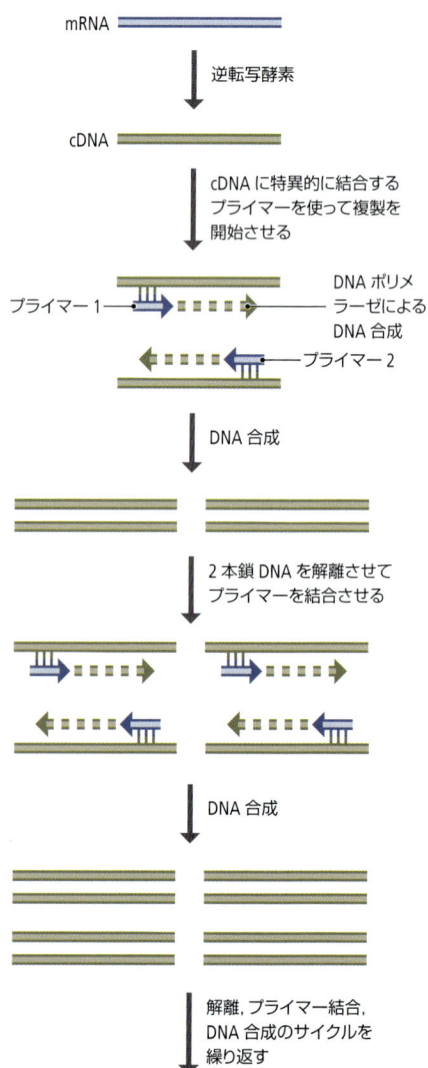

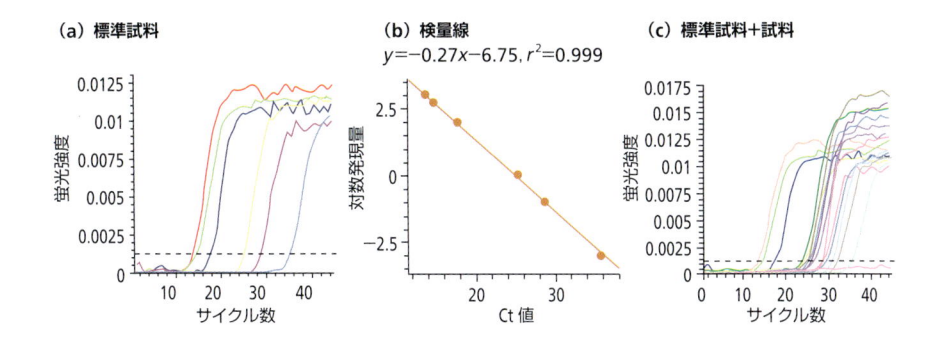

図1.10
RT-PCRを用いた各種試料の*p53* mRNA量測定。(a)既知量の*p53* mRNAを含む標準試料をRT-PCRに供し，各標準試料で増幅サイクルごとに得られるPCR産物量のグラフを作成する。(b)グラフから検量線を引くことができ，この検量線から試料中に含まれる*p53* mRNA量を求めることができる。(c)試料が検量線の範囲内に収まる場合にのみ，定量に利用できる。Vishwanie Budhram-Mahadeo, University College Londonの厚意による。

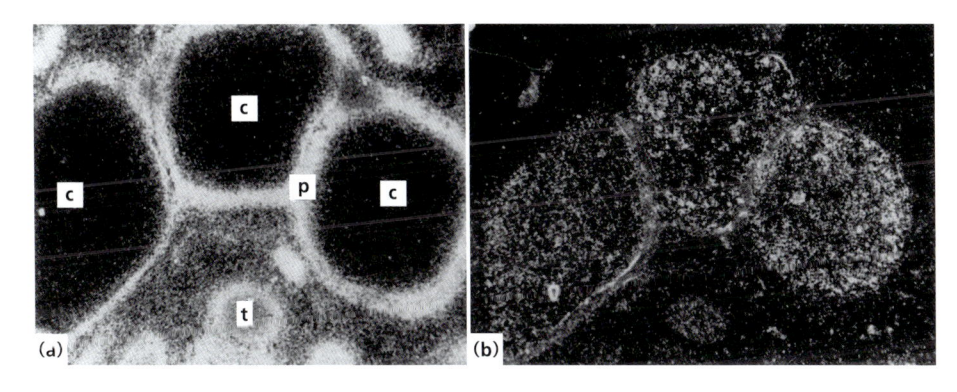

図1.11
*in situ*ハイブリダイゼーションを用いたニワトリ10日胚肢芽におけるⅠ型コラーゲンmRNA(a)およびⅡ型コラーゲンmRNA(b)の局在の検討。各mRNAに特異的なプローブの結合により生じるシグナル(明領域)の分布が異なることに注意。c：軟骨，p：軟骨膜，t：腱。Devlin CI, Brickell PM, Taylor ER *et al.* (1988) *Development* 103, 111-118より，The Company of Biologists Ltd.の許諾を得て転載。Paul Brickellの厚意による。

(図1.9)。得られた2本鎖DNAを解離させて1本鎖とし，これを再びプライマーと結合させてDNA合成を繰り返す。

解離，プライマー結合，DNA合成からなる増幅サイクルを繰り返すことにより，微量のmRNA/cDNAから大量のPCR産物を得ることができる。この手法により，ノーザンブロット法では検出できないようなごく微量のmRNAも分析が可能となる。また，異なる組織試料を使って同じ増幅回数で得られる産物の量を比較することにより，mRNA量を試料間で比較することもできる。

さらに，既知量の対照mRNAを使って増幅サイクルごとに得られるPCR産物量の検量線をあらかじめ作成しておくこともでき，これにより試料中のmRNA量を正確に測定することが可能である(図1.10)。

タンパク質の解析と同様に，特定の組織から抽出したRNA発現の解析を補う手法として，細胞内のRNAを直接可視化する技術がある。この方法は *in situ* ハイブリダイゼーション(*in situ* hybridization)と呼ばれ，細胞の配置が保たれた組織切片を目的のRNAに特異的な蛍光標識プローブと反応させてハイブリダイゼーションを行わせる。蛍光標識プローブが結合した場所を観察することにより(図1.11)，その組織が目的のRNAを発現しているかどうかだけでなく，組織中のどのような細胞がそのRNAを発現しているのかもわかる。この技術を使って，ある種のmRNAが特定の細胞種でのみ発現しており，そのパターンがタンパク質の発現パターンと相関することが示されている(図1.11)。

網羅的手法によりさまざまな組織や細胞が発現するmRNA集団全体を解析することができる

タンパク質と同様に，個々のRNAを調べる技術に加え，RNA集団を調べる技術がある。異なる組織間でRNA集団を比較するとともに，その中の特定のRNAレベルの変化を調べるための技術が開発されている。このような研究領域はタンパク質について同様の解析を行うプロテオミクス(1.1節)に相当するもので，しばし

図 1.12
DNAマイクロアレイを用いた異なる組織間におけるmRNA発現パターンの比較。各組織に含まれる全mRNAからそれぞれ蛍光標識プローブを調製する。この蛍光標識プローブをさまざまな遺伝子配列をもつDNAマイクロアレイとハイブリダイゼーションさせ，各組織における各遺伝子の発現レベルを定量する。この図では組織によっては発現していない遺伝子(薄い色)，低レベルで発現している遺伝子(中間色)，高レベルで発現している遺伝子(濃い色)を示す。

ば**トランスクリプトミクス**(transcriptomics)と呼ばれる。

　この方法では，さまざまなmRNAに相補的なDNA配列を1平方cmあたり1万個以上もの密度で整列させた，いわゆるDNAマイクロアレイ(DNA microarray)が用いられる(図1.12)。DNAマイクロアレイはさまざまなmRNAに由来するcDNAクローンをスライドガラス上に高密度でスポットしたり，さまざまなmRNAに相補的な短いオリゴヌクレオチドをチップ上で合成したりして作成される。

　このようにして準備したDNAマイクロアレイと，さまざまな組織の全mRNAからそれぞれ調製した蛍光標識プローブをハイブリダイゼーションさせ，そのパターンを観察する(図1.12)。特定のmRNAが組織に存在しプローブ中に含まれるならば，DNAマイクロアレイ上で蛍光シグナルが観察され，そのシグナル強度はmRNA発現量に比例する。mRNAが発現していない場合にはプローブ中に含まれず，したがってシグナルも検出されない。現在では膨大なDNA配列情報を活用でき，また，ごく小さいチップ上にも多数のDNA配列をスポットできるようになったので，1個1個の遺伝子に対応する膨大な数のDNA配列をチップ上に配置できる。したがって，mRNA発現の全貌を組織間や細胞種間で比較したり，あるいは特異的刺激に対するmRNA発現応答を比較したりすることができる(図1.13)。

　この非常に強力な技術により，組織や細胞種ごとのmRNA発現プロファイルを取得して比較することができる。この技術を活用することにより，発現しているmRNA集団は組織ごとに質的にも量的にも異なるという結論が支持されている。

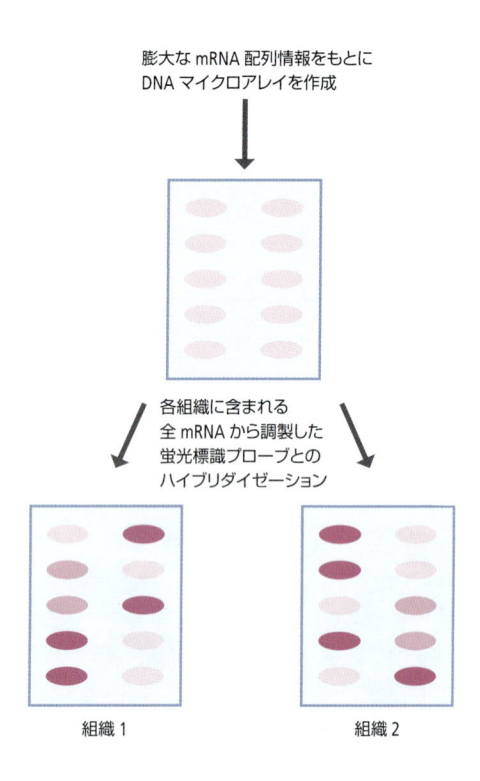

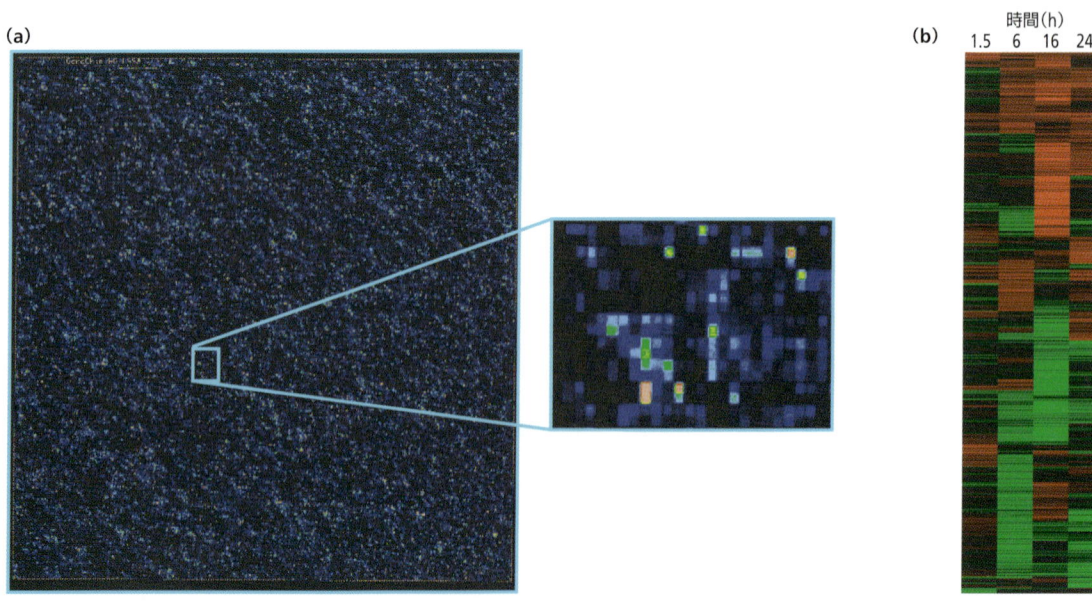

図 1.13
Affymetrix社のGeneChipシステムを用いた遺伝子発現パターンの解析例。(a)標識RNAとハイブリダイゼーションさせた1枚のDNAマイクロアレイとその一部の拡大像。(b)肺線維芽細胞の活性化に伴う遺伝子発現の変化。赤と緑はそれぞれ発現の上昇および低下を示す。アルファベットは経時的に同様の発現変化パターンを示す遺伝子グループを示す。Rachel Chambers & Mike Hubank, University College Londonの厚意による。

mRNAを個別に解析する方法やトランスクリプトミクスの手法を使うことにより，組織や細胞種ごとに見いだされるタンパク質構成の質的および量的な差異が，mRNA構成の同様の差異と相関することが示されている。実際，**酵母**(yeast)のタンパク質とmRNAの大規模解析によれば，二次元電気泳動で決定した個々のタンパク質の存在量は，DNAマイクロアレイで測定した対応するmRNA量と一般的によく相関している。同様の相関関係はヒト肝臓のタンパク質とmRNAの解析でも観察されている。以上のように，組織ごとに異なるタンパク質産生は，リボソームによる翻訳対象mRNAの選択というよりは，一義的には各組織で発現するmRNA集団の調節により制御されている。ただし，翻訳レベルでの制御が行われている例もいくつかある(7.5節)。

1.3 DNA構成は細胞種が異なっても一般的に同じである

タンパク質とRNAの構成が細胞種ごとに大きく異なることをみてきたが，DNAからRNA，RNAからタンパク質という分子生物学のセントラルドグマを考えると，このような違いはDNAレベルの違いによりもたらされる可能性もある。理屈のうえでは，ある特定の組織でのみ必要とされるRNAをコードするDNAは，それ以外の組織では失われている可能性も考えられる(図1.14a)。あるいは，そのRNAが必要となった組織で，**ゲノム**(genome)上で増幅されて対応するDNAのコピー数が増加したり(図1.14b)，その活性化に必要なDNAが再編成されたりするのかもしれない(図1.14c)。

しかし，一般的にはこのような機構は遺伝子発現の調節には関わっていない。異なる組織や細胞種の間でもDNA構成は一般的に同じであり，遺伝子の選択的発現により細胞種ごとに異なるRNA集団を形成することが，遺伝子発現の主要な制御ポイントとなっている(図1.14d)。この点に関する証拠は，タンパク質構成の解析(1.1節)やRNA構成の解析(1.2節)と同様に，遺伝子を個別に調べる方法，そしてさまざまな細胞種のゲノム全体を調べる方法の両者から得られている。この点について次に取りあげる。

特異的手法によりさまざまな組織や細胞内の遺伝子を個別に調べることができる

ウェスタンブロット法やノーザンブロット法を使ってタンパク質やRNAをそれぞれ個別に解析するように，さまざまな細胞種がもつ個々の遺伝子の構造を**サザン**

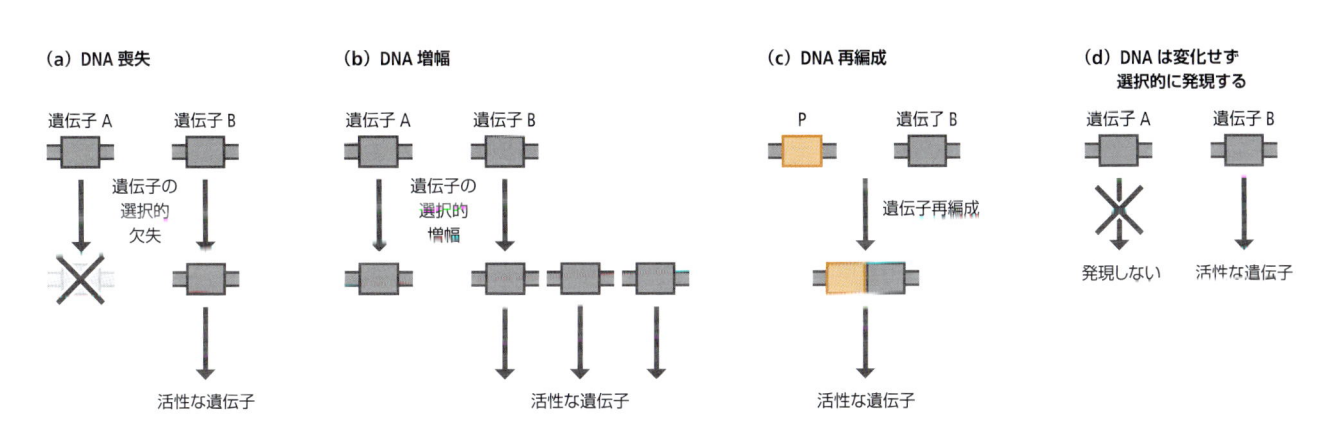

図1.14
特定の遺伝子(遺伝子B)の細胞種特異的な活性化に関わるDNAレベルの分子機構として考えられるもの。(a)DNA喪失機構では，特定の細胞で必要とされない遺伝子は欠失し，それ以外の遺伝子が活性化される。(b)DNA増幅機構では，特定の細胞で必要とされる遺伝子が選択的に増幅され，高発現をもたらす。(c)DNA再編成機構では，特定の細胞で必要とされる遺伝子がDNA再編成により，たとえば転写に必要なプロモーター(P)配列に連結される。(d)は正しい機構を示し，DNA構成は変化せず組織ごとに遺伝子個々の発現が調節される。そのため特定の組織や細胞種で遺伝子Bは発現するが遺伝子Aは発現しないといったことが起きる。

メソッドボックス 1.1

サザンブロット法（図 1.15）
- 特定の配列で切断する制限酵素で DNA を消化する。
- アガロースゲル中で電気泳動する。
- DNA を変性させ、ニトロセルロース膜に写し取る。
- 解析対象の遺伝子に対する放射性標識プローブとハイブリダイゼーションを行う。
- DNA をさまざまな制限酵素で消化して得られるハイブリダイゼーションパターンに基づいて遺伝子の構造を解析する。

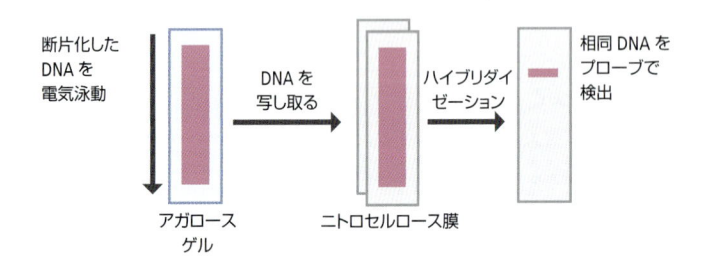

図 1.15
サザンブロット法の手法。DNA を制限酵素により消化し、電気泳動で分離し、ニトロセルロース膜に写し取り、解析対象の遺伝子に対する特異的プローブとハイブリダイゼーションを行う。

ブロット法（Southern blotting）で調べることができる（**メソッドボックス 1.1**、図 1.15）。これは最初のブロッティング技術であり、1975 年に Ed Southern により報告され、この後に発見された一連のブロッティング技術が方位磁針の各方位にちなんで命名されたのである！

サザンブロット法により、目的の遺伝子が対象の組織で発現している場合といない場合とで、その遺伝子の構造を比較することができる。実際にこの方法で調べてみると、ほとんどすべての場合、遺伝子の構造に違いは認められない（図 1.16）。解析対象の遺伝子に由来する特異的 DNA バンドは、その遺伝子が発現していない組織でも消失することはなく、これは DNA 喪失モデルとは合致しない。同様に、遺伝子が発現している組織でバンドが増強することもなく、これは DNA 増幅モデルとは合わない。また、発現している組織で異なるサイズの DNA バンドが出現することもなく、これは DNA 再編成モデルと合わない。

網羅的手法によりさまざまな組織や細胞内の DNA 全体を調べることができる

サザンブロット法を用いて個々の遺伝子を調べて得られた結論は、さまざまな組織や細胞種の DNA についてより多くの遺伝子が調べられ、さらにはヒトゲノム全体が DNA 配列レベルで解析されるようになって拡張されてきた。全ゲノム解析の結果は個々の遺伝子の研究から得られた結論を支持している。異なる細胞種間で特定の遺伝子や染色体領域を比較しても、DNA 配列が変化しているという証拠は一般的には見つからない。用いられた技術は単一塩基の変化でも検出できるものであり、異なる組織や細胞種の DNA 構成が一般的に同じであることの明瞭な証拠を与えている。

サザンブロット法や DNA 塩基配列決定といった分子生物学的手法によって得られたこれらの結論は、分化した細胞 1 個から個体全体が再生されうることを示した機能的研究により、さらに補強されている。もしも細胞の**分化**（differentiation）に伴って DNA が変化するのであれば、このようなことは不可能であろう。たとえば、小腸の発生の過程で筋肉や脳で機能する遺伝子が失われるのであれば、分化した小腸細胞から筋肉や脳をはじめ成体を構成するすべての分化細胞が生み出されることはありえないはずである。しかし実際のところ、分化した細胞の全能性は動物

(a) *Eco*R I **(b)** *Hind* III

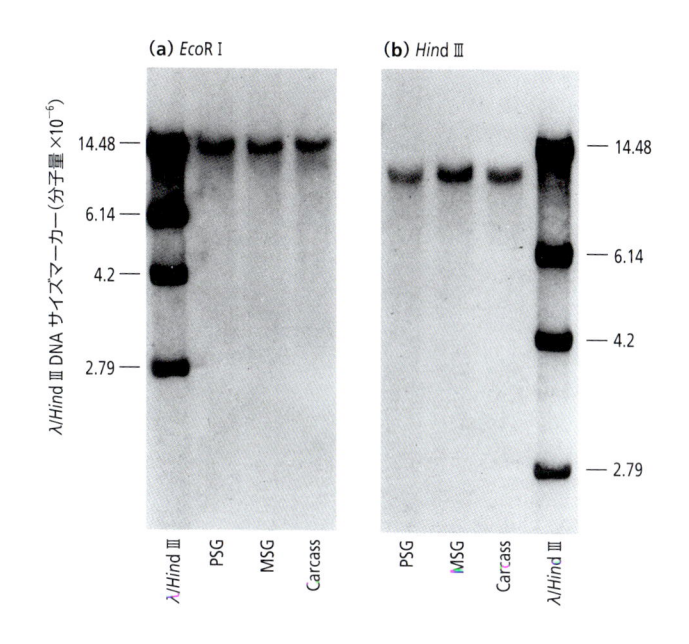

図 1.16
カイコ（*Bombyx mori*）の後部絹糸腺（PSG），中部絹糸腺（MSG），虫体（Carcass）より調製したDNAのフィブロイン遺伝子特異的プローブを用いたサザンブロット。この遺伝子は後部絹糸腺でのみ発現するが，*Eco*R I あるいは *Hin*dIII で消化して得られるバンドのサイズおよび強度は，どの組織でも同じであることに注意。Manning RF & Gage LP (1978) *J. Biol. Chem.* 253, 2044-2052 より，The American Society for Biochemistry and Molecular Biology の許諾を得て転載。Ronald Manning の厚意による。

でも植物でも観察されている。

　植物ではニンジンやタバコなどいくつかの種で，分化した細胞1個から個体全体を作ることができる。たとえばニンジンの場合，養分を運搬する管構造の一部を構成する師部細胞から植物全体を再生させることができる。根の断片を培養すると（図 1.17），師部の**静止期細胞**（quiescent cell）が分裂を始め，未分化なカルス組織が形成される。この無秩序な組織塊は培地中で長期間維持することができるが，培地に適切な物質を添加すると胚発生が起き，最終的には正常なニンジンがもつすべてのタイプの分化細胞と組織を有し，花を咲かせることもできる機能正常な植物が得られる。こうして得られた植物には繁殖力もあり，通常の過程を経て発生したものとまったく区別できない。

　このように完全に分化した細胞から機能正常な個体を再生できるという事実は，

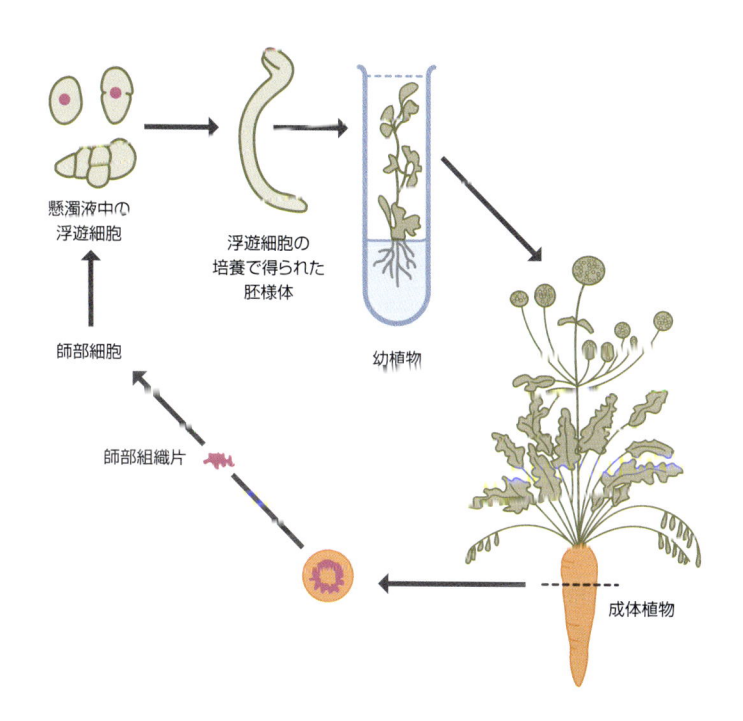

図 1.17
ニンジンの分化した1個の師部細胞から繁殖力のある個体全体を作ることができる。分化した師部細胞を細胞懸濁液として浮遊培養すると胚様体を経て成体植物となる。Steward FC, Mapes MO, Kent AE & Holsten RD (1964) *Science* 143, 20-27 より，The American Association for the Advancement of Science の許諾を得て転載。

図 1.18
両性類を使った核移植実験。分化細胞から単離したドナー核を，あらかじめ紫外線照射により核を破壊した卵に導入すると，ドナー核の遺伝的特徴を有するカエル成体が得られる。Gurdon JB (1974), *Gene Expression* より，Oxford University Press の許諾を得て転載。

ある細胞種に必要ない遺伝子は植物発生の過程で失われる，という可能性を否定する。しかし，分化した最初の細胞が直接別の細胞種に転換するわけではない点に注意すべきである。未分化で増殖能をもつ移行段階の細胞が間に介在する。分化は恒久的かつ不可逆的な DNA の変化を伴わないが，分化した状態はむしろ安定である。同時に，分化は場合によっては可逆的であるが，そのような変化が生じるためには移行段階を経る必要がある。この細胞分化の準安定性については第 3 章でさらに述べる。

複雑な動物については植物と同様の手法によって 1 個の細胞から再生させた例はないが，他の技術を用いて，分化した細胞の核から多くの種類の細胞を作り出しうることが示されている。この実験では**核移植**(nuclear transplantation)という技術が用いられる（図 1.18）。カエルの未受精卵の核を手術や紫外線照射により取り除き，遺伝学的にホスト側と区別できる種のカエルの分化細胞に由来するドナー核を移植する。次いで発生を誘発し，卵の細胞質の環境中で分化細胞由来の核がカエル成体を形成できるかを調べる。

たとえばオタマジャクシの分化した小腸上皮細胞から核を用意した場合，正常な泳ぐオタマジャクシが約 20％の頻度で得られ，低い頻度（約 2％）ではあるが成体も得られ，これらはドナー核由来の遺伝学的特徴を有していた。カエルの分化細胞に由来する核が発生を支持することができるのは小腸上皮細胞に限ったことではなく，成体の皮膚細胞などでも成功している。このような実験は技術的に難しく失敗率も高いが，分化細胞由来の核は，さまざまなタイプの細胞を有し完全に正常で繁殖力のある成体を作り出すことができることがわかる。

両性類を用いたこれらの実験は 30 年以上も前に行われた。しかし，哺乳動物で同様の実験が成功したのは最近のことである。1997 年，Wilmut と共同研究者らは，6 歳のヒツジの乳腺細胞に由来する核を，核を破壊した未受精卵に移植した実験を報告した。こうして彼らは成体のヒツジ（Dolly）を作り出したが，これはカエルを使った Gurdon の実験と同様に，乳腺から核を取り出したヒツジと同じ遺伝学的特徴を有していた（図 1.19c）。同様の「クローニング」実験はマウス（図 1.19a，b）やブタなど他の何種類かの哺乳動物でも成功している。

こうした一連の研究はヒトクローニングの可能性という点で倫理面から相当な議論を呼び起こしたが，遺伝子調節という点での意義は，両性類と同様に哺乳動物においても成体の分化細胞由来の核が胚発生を支持し，成体が有するさまざまなタイプの分化細胞を作り出す能力をもっていることを示したことである。

これらの実験は，動物と植物の分化細胞の核が**全能性**(totipotency)を有し，成体を再生できることを示している。すなわち，これらの機能的研究は，分化時の遺伝子調節の一般的機構として DNA に不可逆的な変化が生じることはないという分子解析の結果を補強するものである。したがって，DNA の選択的発現により組織ごとに異なる mRNA 集団が形成されるというモデル（図 1.14d）が正しいことになる。このような選択的発現の機構については 1.4 節で述べる。

特定の組織や細胞種で DNA に変化が生じる例外がある

遺伝子調節の一般的機構として DNA に変化が生じることはないが，例外的に観察される場合がある。DNA 喪失，DNA 増幅，そして DNA 再編成の例を 1 つずつ取りあげ，これらがなぜ例外的に行われているのかを示す。

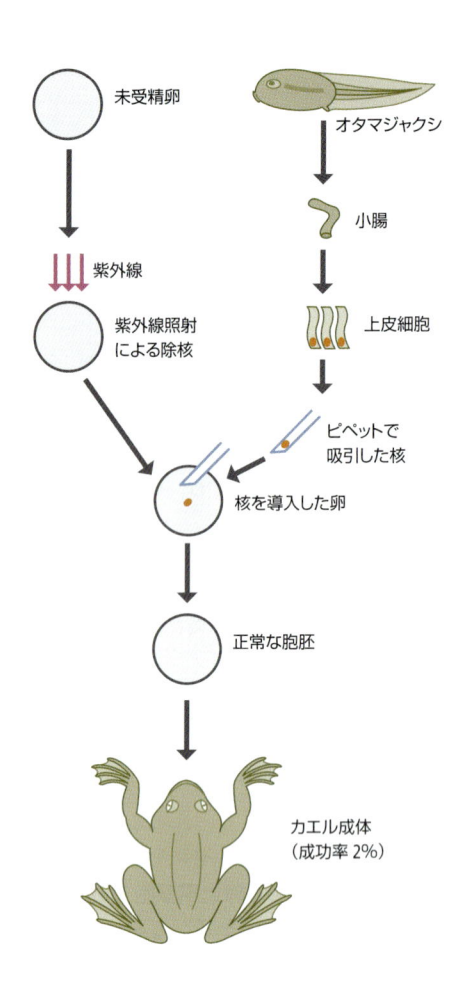

図 1.19
クローン哺乳動物の例。(a)最初のクローンマウス Cumulina(黒)とその母親(白)。(b) Cumulina とその子どもたち。(c) 最初のクローン哺乳動物 Dolly。(a)と(b)は Wakayama T, Perry AC, Zuccotti M *et al.* (1998) *Nature* 394, 369-374 より、Macmillan Publishers Ltd. の許諾を得て転載。Stefan Moisyadi & Ryuzo Yanagimachi の厚意による。(c)は The Roslin Institute の厚意による。

(a)DNA 喪失

DNA 喪失の例としてよく知られているのは、哺乳動物における赤血球の分化である。赤血球は高度に専門化した細胞であり、血中での酸素運搬に関わる血色素ヘモグロビンを大量に含む。赤血球の分化の過程では、細胞の核を含む領域が細胞膜で取り囲まれて摘み取られ、最終的には破壊される(図 1.20)。

こうしてできた細胞は網状赤血球と呼ばれ、まったく核がなく DNA を完全に失っている。しかし、この細胞は脱核する前に合成しておいた mRNA を繰り返し翻訳することにより、大量のグロビン(ヘモグロビンのタンパク質部分)とその他いくつかのタンパク質を合成する。この RNA 分子は非常に安定であり、容易には分解されないようである。しかしながら最終的には他の細胞質成分(リボソームを含めて)が失われてタンパク質合成が停止し、細胞は酸素運搬用のヘモグロビンを詰め込んだバッグのような**赤血球**(erythrocyte)に特徴的な形態をとるようになる。

この過程は分化に伴って DNA が失われる例ではあるが、明らかにきわめて特殊な例であり、核が失われるのは遺伝子調節のためというよりは、細胞内をヘモグロビンで埋め尽くして酸素取り込みに適した形態をとるためである。また、選択的な DNA 喪失によってグロビンやその他の網状赤血球タンパク質の遺伝子だけ保持されることはなく、これらも他の遺伝子と一緒に失われる(図 1.21)。このように、網状赤血球で観察される組織特異的なグロビンタンパク質合成は、分化初期の過程で半減期の長い安定なグロビン mRNA 分子を盛んに転写するという仕組みによるものであり、関係ない遺伝子が選択的に失われるというわけではない。

(b)DNA 増幅

赤血球の例では、DNA 喪失は遺伝子調節というよりは細胞の特殊機能に対応するために起きている。遺伝子増幅についても同様の結論となる。遺伝子増幅は、短時間の間に大量の mRNA / タンパク質合成が必要となり、単一コピーの遺伝子では十分な量の mRNA / タンパク質を合成できない場合に起きる。

1 つの例として、ショウジョウバエの卵殻/絨毛膜タンパク質をコードする遺伝子があげられる。絨毛膜タンパク質遺伝子は卵胞を取り囲む細胞の DNA の中で選択的に増幅され(最大 64 倍程度)、これにより卵殻の形成に必要な絨毛膜タンパク質 mRNA および絨毛膜タンパク質を大量に合成できるようになる。このような増幅は絨毛膜タンパク質遺伝子の 1 つに対する組換え DNA プローブを用いたサザンブロット法により容易に検出できる(図 1.22)。

この増幅現象は正常な胚発生の一部であるが、特別な遺伝子調節機構が必要となる非常に特殊な状況への対応と考えられる。ショウジョウバエにおける卵殻の形成はごく短時間(約 5 時間)のうちに行われるため、絨毛膜タンパク質 mRNA をきわめて高速に合成する必要があり、単一コピーの遺伝子の転写では間に合わないのである。

遺伝子増幅が必要となる状況は、ごく短時間のうちに大量のタンパク質を合成する必要がある場合である。時間が限られているため、長い時間をかけることができるグロビンの場合(前述)のように非常に安定な mRNA を使うだけでは対応できない。

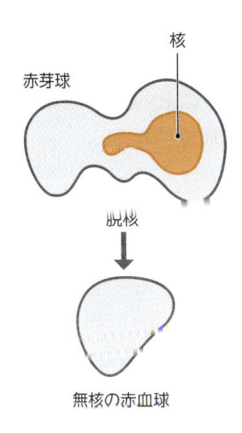

図 1.20
赤芽球の脱核により核をもたない赤血球が形成される。

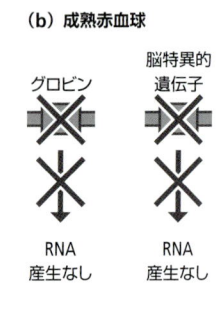

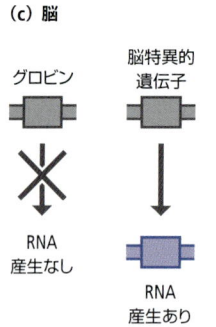

図 1.21
(a)赤血球前駆細胞ではグロビン遺伝子は高発現するが脳特異的遺伝子は発現しない。(b)成熟赤血球ではすべての遺伝子が失われ，新しい mRNA は産生されない。(c)脳では脳特異的遺伝子は発現するがグロビン遺伝子は発現しない。

(c) DNA 再編成

哺乳動物は外来性の細菌やウイルスに曝されると，**免疫系**(immune system)が応答し，細菌やウイルスのもつタンパク質に対して特異的に結合する抗体を合成して，感染による被害を緩和する。哺乳動物の免疫系は多様な種類の抗体を合成する必要がある。たとえば，膨大な種類の感染性微生物に対して，それぞれのタンパク質に特異的な抗体を産生し，体を防御する必要がある。

抗体，すなわち**免疫グロブリン**(immunoglobulin)では，2つの同一の**重鎖**(heavy chain)と2つの同一の**軽鎖**(light chain)が会合して機能的分子となる。ある特定の重鎖と軽鎖の組み合わせにより抗体分子の特異性が規定される。それぞれの免疫グロブリン鎖は，定常領域(抗体分子が異なっても比較的類似している)に加え，抗体ごとにアミノ酸配列が高度に異なる**可変領域**(variable region)をもつ。**抗原**(antigen)と結合し，抗体の特異性を決めているのはこの可変領域である。

1つの重鎖はどの軽鎖とも会合でき，100万通りにも及ぶ抗体の特異性を生み出すことができる。そのためには，重鎖をコードする遺伝子と軽鎖をコードする遺伝子がそれぞれ少なくとも1,000種類ずつ必要となるように思われる。しかしながらコピー数を計測した研究によると，**生殖細胞系列**(germ line)にはこれほどの数の免疫グロブリン遺伝子は含まれておらず，抗体を産生する **B 細胞**(B cell)でも特異的な遺伝子増幅は観察されない。

実際には B 細胞系列で DNA 再編成が起きることにより，機能正常な免疫グロブリン遺伝子が作り出されている。生殖細胞系列 DNA は異なる可変(V)領域をコードする DNA 配列を非常に多数もっている。これらの配列は縦列に並んでおり，100 kb 以上離れて連結(J)領域および定常(C)領域をコードするずっと少数の DNA 配列が存在する(図 1.23)。ほとんどすべての体細胞ではこの構造が維持されるが，B 細胞では細胞ごとに特定の DNA 再編成が起き，1つの可変領域が1つの連結／定常領域と近接して，間に介在する DNA は取り除かれる。このようにして，1つ1つの B 細胞ごとに特定の可変領域と定常領域を有する1つの機能正常な遺伝子が形成される。

B 細胞における免疫グロブリン遺伝子再編成の基本的な役割は，免疫グロブリン遺伝子を高レベルで発現するというよりは，膨大な種類の抗原に対応するための抗体多様性を生み出すことにある。しかしながら，この再編成によって免疫グロブリンの高発現も生じる。可変領域をコードする DNA は遺伝子の転写を指令する**プロモーター**(promoter)配列と近接している。B 細胞以外の再編成を起こしていない DNA ではこの配列は活性を示さないが，可変領域が定常領域と連結されると活性化される。免疫グロブリン重鎖遺伝子の場合，連結領域と定常領域の間に**エンハンサー**(enhancer)配列(4.4節)があり，これ自体はプロモーター活性をもたないが，可変領域に隣接するプロモーターの活性を著しく増大させる。遺伝子再編成により可変領域，連結領域，定常領域を有する正常な mRNA を活性化できる場所にプロ

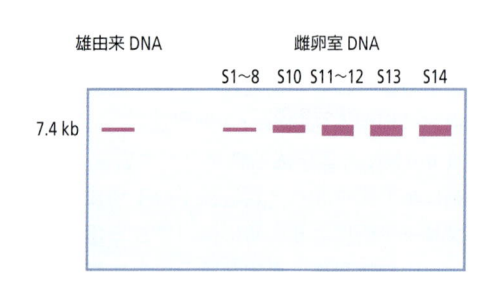

図 1.22
ショウジョウバエ卵胞細胞における絨毛膜タンパク質遺伝子の増幅。ステージ(S)10 からステージ 14 の卵室より調製した DNA では，ステージ 1～8 の DNA や雄由来の DNA と比べ，絨毛膜タンパク質遺伝子特異的プローブとのハイブリダイゼーションによるシグナルが著しく強いことに注意。Spradling AC & Mahowald AP (1980) *Proc. Natl. Acad. Sci. USA* 77, 1096-1100 より, Allan Spradling, Carnegie Institution of Washington の許諾を得て転載。

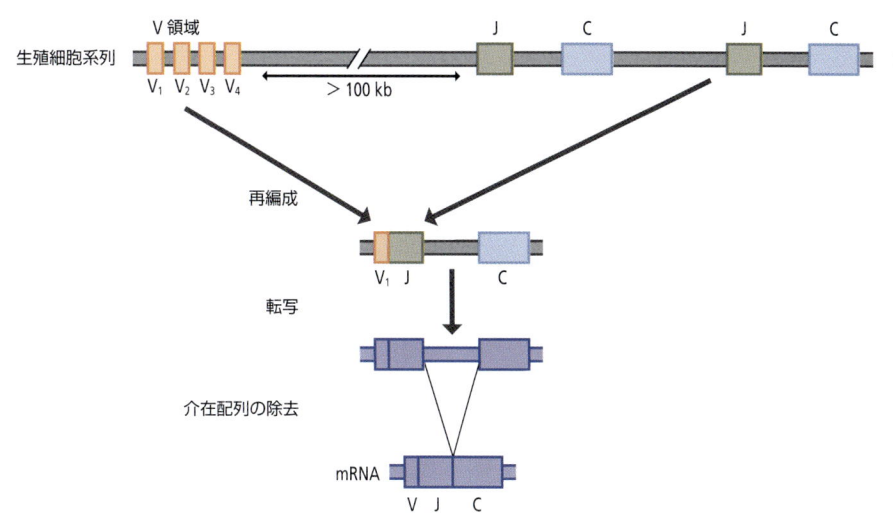

図 1.23
免疫グロブリンγ軽鎖をコードする遺伝子の再編成により，1つの特定の可変(V)領域が1つの連結(J)領域と連結され，間の介在するDNA配列が取り除かれる。完成した遺伝子がRNAへ転写され，J領域と定常(C)領域の間の介在配列はRNAスプライシングによって取り除かれ，正常なmRNAが完成する。

モーターが位置するようになり，さらに，再編成の前には100 kb以上離れていたプロモーターとエンハンサーが近接することにより高レベルの転写が引き起こされる。

しかし，この過程における遺伝子調節は，再編成による多様性の形成に付随した二義的なものである。免疫グロブリン遺伝子のエンハンサーを人為的に免疫グロブリン遺伝子のプロモーターに連結してさまざまな細胞に導入すると，このエンハンサーはB細胞でのみプロモーターからの転写を活性化し，他のタイプの細胞では働かない。つまり，エンハンサーはB細胞でのみ活性であり，可変領域，連結領域，定常領域が互いに近接して連結された機能正常な免疫グロブリン遺伝子が他の組織に存在したとしても，発現しない。免疫グロブリン遺伝子は他の大部分の遺伝子と同様に組織特異的なアクチベーターによって制御されているが，その活性化はDNA再編成に依存するようになっている。しかし，DNA再編成の一義的な役割は別のところに存在するのである。

ここで取りあげたようなDNA変化の例は，個別の事象が非定型的な機構を使うようになった，特殊な例である。一般的には，異なるタイプの細胞がもつDNAは質的にも量的にも同一である。mRNA構成は細胞種によって著しく異なることを上で述べたが，同じDNAを有する細胞からどのようにしてこの違いが生み出されるのかを次に検討する必要がある。

1.4 転写調節か転写後調節か？

同じDNAを有する異なる組織や細胞種におけるmRNA集団の違いは，理論的には2つの機構によって生み出される可能性が考えられる（図1.24）。1つには，核内でどの遺伝子を転写して**一次転写産物**(primary transcript)を作り出すかを決める調節過程が存在する可能性がある。このような転写調節機構においては，続く転写後の過程［たとえば一次転写産物からの介在配列**イントロン**(intron)の除去や細胞質への輸送；第6章参照］は自動的に起こるであろう（図1.24a）。あるいは，あらゆる組織ですべての遺伝子が転写され，一次転写産物のうちどれがプロセシングを受け，細胞質へ輸送され，タンパク質へ翻訳されるのかを転写後レベルで決めることにより，遺伝子調節が行われるという可能性もある（図1.24b）。

実際には**転写後調節**(post-transcriptional control)が行われている例もかなり見つかっているが（第7章），**真核生物**(eukaryote)では遺伝子発現を制御する主要な機構は転写レベルで働いており，どの遺伝子が一次転写産物へ転写されるのかを制御

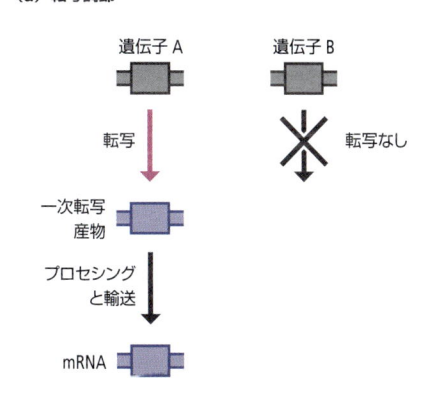

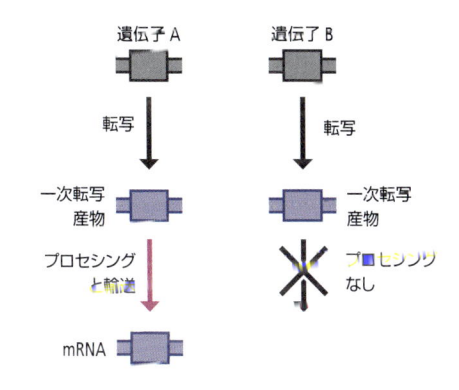

図 1.24
(a)遺伝子調節は転写レベルで働いて，どの遺伝子が一次転写産物へ転写されるかを制御している可能性がある。(b)あるいは，すべての遺伝子が転写され，転写後調節によりどの一次転写産物がプロセシングを受けて成熟mRNAになるかが決められている可能性もある。

核RNAの解析から遺伝子転写が制御されていることが示唆される

　もしも遺伝子調節が転写レベルで行われるのであれば，組織ごとの細胞質における特定のmRNAレベルの違いは，核内の対応するRNAレベルの違いと相関するはずである．逆に，遺伝子があらゆる組織で転写され，ごく一部の組織でのみ転写産物がスプライシングを受けたり細胞質へ輸送されたりする場合には，mRNA構成が異なっても対応する核RNAレベルには差がないであろう（図1.25）．したがって，注目するRNA種についてその核RNAを個々の組織や細胞種で調べることが，転写調節か転写後調節かを判断する第一歩となる．

　この領域における最も初期の研究は，検出が容易であるという理由から，最終分化に伴って大量に合成されるRNA種に焦点をあてたものだった．特定の遺伝子に由来する核RNAも，細胞質mRNAと同様にノーザンブロット法（1.2節）によって検出できる．さらに，この方法によれば種類の異なる核RNAをサイズで分離し，適切なプローブとのハイブリダイゼーションで可視化することができる．

　たとえば卵白タンパク質であるオボアルブミンをコードする遺伝子のように介在配列（イントロン）の多い遺伝子の場合，核には多くのRNA種がノーザンブロット法で検出される．これには一次転写産物を示す大きなサイズのRNA，一部のイントロンをまだ残していて中間的なサイズのさまざまなRNA，そして完全にプロセシングを受けて細胞質へ輸送される直前の，細胞質mRNAと同じサイズのRNAが含まれる（図1.26）（一次転写産物を成熟mRNAへ転換する転写後の過程についての詳細は第6章参照）．

　このように成熟mRNAの前駆体を同定する手段があるので，オボアルブミンのmRNAおよびタンパク質を発現している組織と発現していない組織とで前駆体の発現を比較することができる．オボアルブミンの細胞質mRNAおよびタンパク質はエストロゲンで刺激した卵管にのみ存在し，エストロゲンを除くと消失する．同じmRNAおよびタンパク質は他の組織，たとえば肝臓には存在せず，エストロゲン処理によっても誘導されない．完全にプロセシングを受けた核RNAやサイズのより大きな前駆体の分布を調べたところ，これらのRNA種はエストロゲンで刺激した卵管の核RNA中にのみ検出され，肝臓の核RNAやエストロゲンを除いた卵管の核RNAには見いだされない（図1.27）．核におけるこれら前駆体の分布は細胞質mRNAの分布と完全に相関しており，この結果はエストロゲンに応答して卵管でオボアルブミン遺伝子の転写が誘導されるということと合致する．

　オボアルブミンのような豊富に存在するmRNAを対象とした初期の研究は，発現が特定の条件下で変化するような遺伝子の核RNAレベルを測定する多くの実験によって補完されてきた．たとえばダイズ胚だけに豊富に存在するいくつものmRNAをコードする遺伝子や，発生過程で制御される哺乳動物の肝臓タンパク質αフェトプロテインのmRNAをコードする遺伝子などである．こうした研究により，ほとんどすべての場合，細胞質mRNAレベルの変化は，対応する核RNAレベルの変化と相関することが結論づけられている．

　このような研究から，哺乳動物やその他の高等真核生物では，転写調節により核

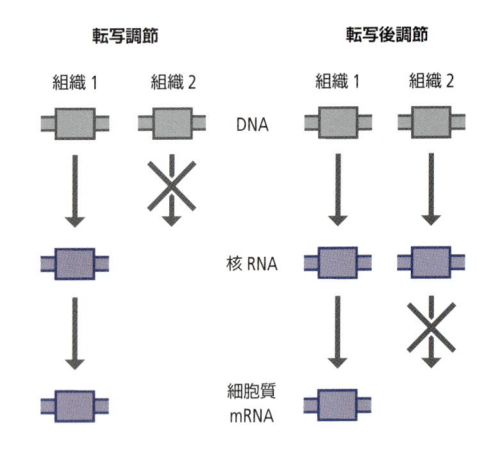

図1.25
転写調節と転写後調節の比較．この遺伝子を発現している組織（組織1）と発現していない組織（組織2）について，その核RNAと対応する細胞質mRNAを示す．

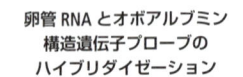

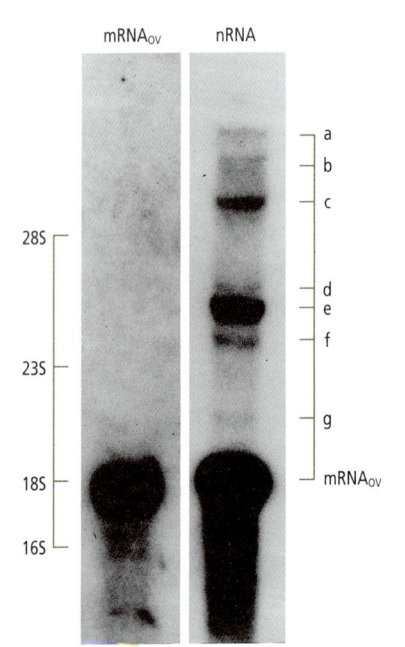

図1.26
エストロゲンで刺激した卵管組織の核RNA（nRNA）のノーザンブロット解析により，オボアルブミンmRNA（mRNA_ov）のスプライスされていない前駆体や部分的にスプライスされた前駆体（a〜g）が検出される．Roop DR, Nordstrom JL, Tsai SY et al. (1978) Cell 15, 671–685より，Elsevier社の許諾を得て転載．Bert O' Malleyの厚意による．

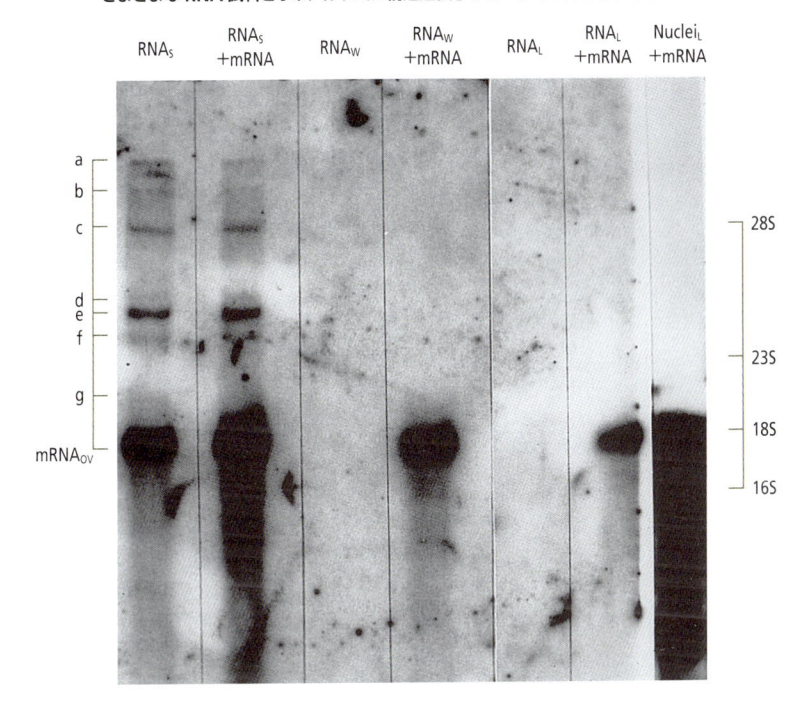

図 1.27
オボアルブミン mRNA（mRNA_OV；図 1.26 参照）の核内前駆体は、ノーザンブロット法によりエストロゲン刺激卵管由来核 RNA（RNA_S）中に検出されるが、エストロゲン除去卵管由来核 RNA（RNA_W）や肝臓由来核 RNA（RNA_L）中には検出されない。さらに、オボアルブミン mRNA をエストロゲン除去卵管（RNA_W + mRNA）や肝臓（RNA_L + mRNA）の核 RNA に混合しても mRNA の分解は観察されないことから、これら核 RNA 中にオボアルブミン mRNA が存在しないのは、特異的酵素により分解されているためではないことがわかる。Roop DR, Nordstrom JL, Tsai SY et al. (1978) Cell 15, 671-685 より, Elsevier 社の許諾を得て転載。Bert O'Malley の厚意による。

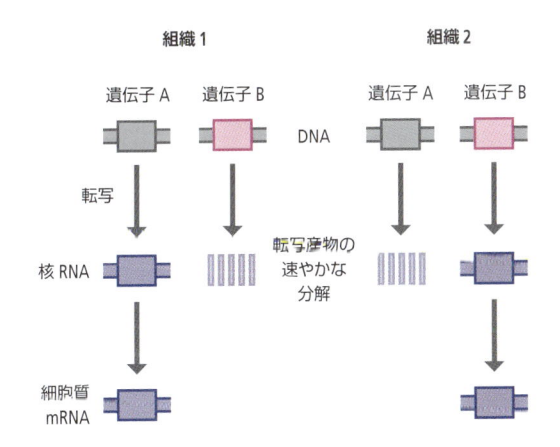

図 1.28
転写産物 RNA の選択的な分解により組織特異的な遺伝子発現が達成されるモデル。

および細胞質の RNA レベルを変化させることが遺伝子発現調節の主要な手段と考えられる。しかし、これまで述べた研究には、対象とする核 RNA について定常レベルしか測定していない、という問題点がある。これらの遺伝子は発現していない組織でも転写されているが、転写産物が核内で分解されるため定常レベルの測定では検出できない、と主張することも可能である（図 1.28）。この可能性も考えれば、転写調節の存在を完全に証明するためには、分化した組織で遺伝子転写そのものを直接計測することが必要となる。そのための手法も開発されており、次に紹介する。

パルスラベル法により転写調節が直接示される

RNA ポリメラーゼ（RNA polymerase）が DNA から RNA を合成するとき、リボヌクレオチドが RNA 鎖に取り込まれる。すなわち、放射性標識されたリボヌクレオチド（一般的にはトリチウム標識したウリジン）を細胞に添加し、対象とする遺伝子に対応する RNA への放射活性の取り込みを計測することにより、どのような RNA の合成であっても測定できる。しかしながら、上述のような分解機構が存在するのであれば、合成された RNA が時間の経過につれて分解され、検出される放

メソッドボックス 1.2

転写速度の測定

(a) パルスラベル法による転写測定（図1.29）
- 放射性標識したリボヌクレオチドを細胞に添加する。
- 5〜10分後に細胞を回収し，RNAを単離する（新規合成された標識RNAを含む）。
- 標識されたRNAを，解析対象の遺伝子DNAをドットブロットしたものとハイブリダイゼーションさせる。

(b) 核ランオンアッセイによる転写測定（図1.30）
- 細胞から核を単離する。
- 放射性標識したリボヌクレオチドを単離核に添加する。
- 1〜2時間後に核からRNAを単離する（転写中のRNAポリメラーゼが遺伝子の端まで「走り続けて（run on）」合成された標識RNAを含む）。
- 標識されたRNAを，解析対象の遺伝子DNAをドットブロットしたものとハイブリダイゼーションさせる。

射活性RNAの量は減少してしまうだろう。これを避けるために，標識ウリジンを細胞に短時間与える**パルスラベル法**(pulse labeling)といわれる方法により転写速度を測定する（**メソッドボックス 1.2**）。標識ウリジンはその瞬間に新しく合成されつつあるRNA鎖に取り込まれる。完全長の転写産物が合成される前に細胞を溶解し，RNA試料を調製する。このRNAは実験に用いた組織中で活性化されていた遺伝子の放射性標識された部分的転写産物を含み，目的遺伝子のDNA断片とのハイブリダイゼーションに供される。結合した放射活性のカウントは，放射性標識前駆体がどれだけ対応するRNAに取り込まれたかを示す（**図 1.29，メソッドボックス 1.2a**）。

　パルスラベル法は転写速度を測定する最も直接的な手段であり，この方法を使ってたとえば，フレンド赤白血病(Friend erythroleukemia)細胞のジメチルスルホキシド処理に応答したグロビンタンパク質合成誘導が，グロビン遺伝子の転写上昇によることが示された。

　パルスラベル法はきわめて直接的な転写速度の測定手段であるが，RNA分解の影響を最小限にするために標識時間をごく短くする必要があり，この点で汎用性に限界がある。グロビンの場合，ごく短い標識時間(5〜10分)でグロビンRNAに取り込まれた放射活性を測定できたのは，大量のグロビンRNAが存在し，グロビン遺伝子の転写速度が非常に高いからであった。しかし他のRNA種の場合，転写速度は十分に高くはなく，短い標識時間の間に取り込まれる放射活性を測定するこ

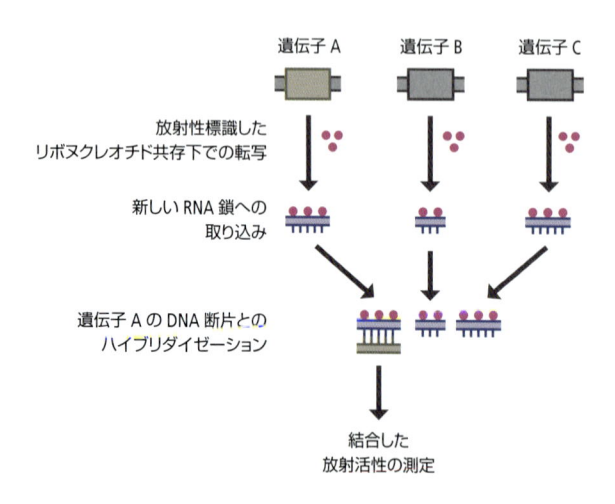

図 1.29
パルスラベル法。新しく合成される転写産物に取り込まれる放射活性（丸い粒で示す）を測定し，特定の遺伝子（遺伝子A）の転写速度を評価する。

とは難しい。標識時間を長くすればより多くの放射活性が取り込まれるが，その場合にはRNA分解の可能性を否定しきれなくなり，定常レベルの測定と同様の反論がついてまわることになる。

　最終分化した細胞に大量に存在するRNA種の場合，パルスラベル法を用いることによって転写調節がRNA合成に関わっていることを明確に証明できる。一方，この方法では組織特異的に発現しているが量的には少ないRNAの解析を行うことは難しく，転写調節過程の普遍性を結論づけることはできない。しかし，他の方法があり，パルスラベル法よりは間接的だが，より鋭敏で，しかも量的に少ないmRNAも含めさまざまな場合に利用できる。次にこの方法を紹介する。

核ランオンアッセイによりさまざまな遺伝子の転写調節が示される

　パルスラベル法の感度を制限している主な要因は，細胞内には通常のRNA合成に使われる非標識リボヌクレオチドの大きなプールがあることである。細胞に標識リボヌクレオチドを添加しても，この非標識前駆体プールで大きく希釈されてしまう。標識時間の間にRNAに取り込まれる標識リボヌクレオチドの量はごく少ない。なぜなら，取り込まれるリボヌクレオチドの大部分は内在性の非標識体だからである。このような理由でこの手法の感度は著しく低くなってしまい，きわめて早い速度で転写されている遺伝子にしか利用できない。

　しかし，興味深いことに，転写は核内で起きるにもかかわらず，前駆体リボヌクレオチドプールの大部分は細胞質に存在する。細胞質を除去して核を単離することにより，非標識リボヌクレオチドプールの大部分を取り除くことが可能である。これを行うと，リボヌクレオチドが枯渇するのでRNAポリメラーゼは転写を中断するが，DNAには結合したままとなる（図1.30）。この段階で試験管内の単離核に標識リボヌクレオチドを添加すると，RNAポリメラーゼは転写を再開し，標識リボヌクレオチドを転写産物RNAに取り込みながら遺伝子の端まで「走り続ける（run on）」。標識リボヌクレオチドは細胞質の非標識プールで希釈されないので，パルスラベル法に比べ転写産物RNAにより多くの標識が取り込まれる。どのような転写産物に取り込まれた標識でも，パルスラベル法の場合と同様，対応するDNAとのハイブリダイゼーションにより検出することができる（メソッドボックス1.2b）。

　この方法は**核ランオンアッセイ**（nuclear run-on assay）と呼ばれ，パルスラベル法よりも広く応用可能であり，パルスラベル法では検出できないレベルでしか転写されないRNAも定量できる。しかも，試験管内の単離核内で合成されるRNAは無傷の細胞で合成されるRNAと同様であることが多くの研究で確認されており，したがってこの方法は感度が高いだけでなく，アーチファクトのない正確な転写の測定を可能にする。

　初期の研究では，核ランオンアッセイは豊富に含まれるRNA種の転写の測定に使われていた。たとえば，ニワトリ成鳥の赤血球（哺乳動物と異なり脱核しない）から単離した核は，成体型βグロビンをコードする遺伝子を転写することが示された。一方，ニワトリ胚の赤血球から単離した核はこの遺伝子を転写せず，代わりに胚で合成される型のβ様グロビン遺伝子を転写していた。このような知見は，産生されるグロビンタンパク質の種類の発生過程での変化が転写調節下にあることを示して

図1.30
核ランオンアッセイ。核を単離すると，リボヌクレオチドが枯渇するのでRNAポリメラーゼは転写を中断するが，DNAには結合したままとなる。放射性標識したリボヌクレオチドを添加すると，RNAポリメラーゼは転写を再開し，標識リボヌクレオチドを転写産物RNAに取り込みながら遺伝子の端まで「走り続ける（run on）」。このようにして合成される標識RNAをさまざまな組織由来の核を用いて調製し，これをプローブとして解析対象の遺伝子DNAを含む膜とのハイブリダイゼーションを行う。

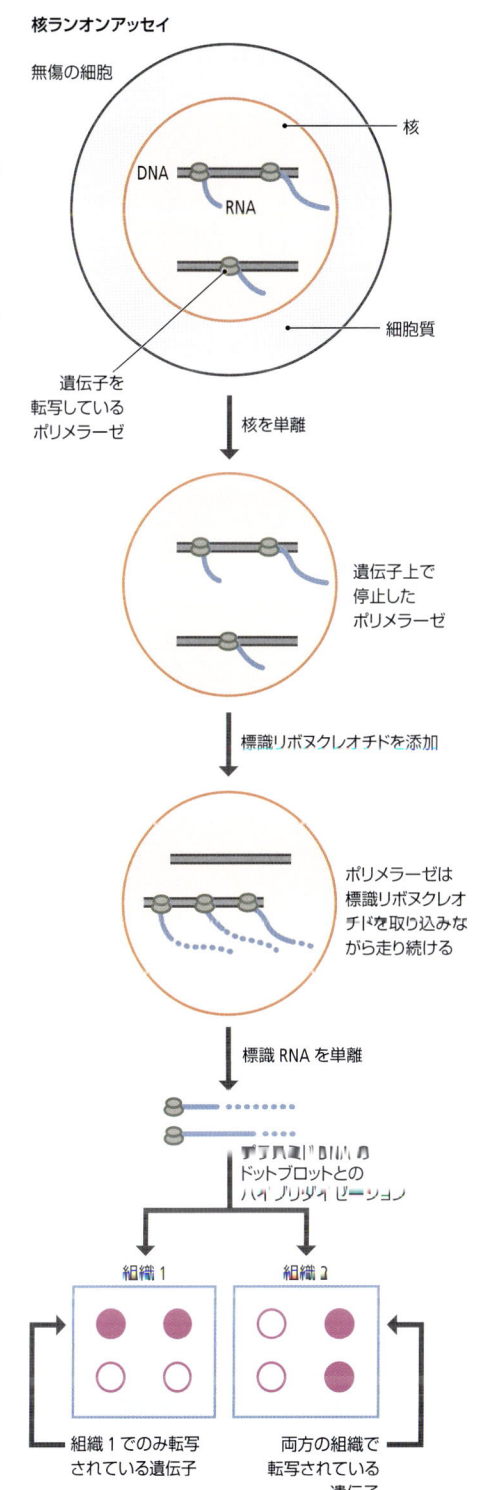

いる。

同様に，オボアルブミン特異的 RNA がエストロゲン刺激卵管組織の核 RNA 中にのみ検出される(前述)ことと一致して，エストロゲン刺激卵管細胞の核ではオボアルブミン遺伝子が高いレベルで転写されるという知見が核ランオンアッセイで得られている。対照的に，卵管以外の組織や刺激していない卵管細胞から調製した核ではオボアルブミン遺伝子の転写は観察されず，これらの組織の核や細胞質にはオボアルブミン RNA が存在しないことと符合する。エストロゲンに応答して核と細胞質でオボアルブミン RNA が増加するのは，オボアルブミン遺伝子の転写上昇による。興味深いことに，この研究では核ランオンアッセイにおけるオボアルブミン RNA への標識の取り込みは 15 分後に最大となり，標識時間を 1 時間まで延ばしても減少しなかった。これは完全な細胞と違って単離した核では合成された RNA が分解されたりプロセシングを受けたりすることはないことを示唆しており，したがって，標識時間を延ばすことによって感度をさらに上げることができる(メソッドボックス 1.2 の a と b を比較すること)。

こうして感度の上がった核ランオンアッセイを用いることによって，さまざまなタンパク質について，状況に応じた量の差異が対応する遺伝子の転写調節によることが明らかになった。このようにして転写調節が示された遺伝子の例は非常に多く個別に詳しく取りあげることはできないが，さまざまな組織や生物で示されている。たとえば α フェトプロテインは哺乳動物の胎児肝臓では合成されるが成体肝臓では合成されないこと，哺乳動物膵臓でのインスリンの産生，ショウジョウバエ卵黄タンパク質遺伝子が卵胞細胞でのみ発現すること，粘菌キイロタマホコリカビ(*Dictyostelium discoideum*)の多細胞体形成期特異的な遺伝子群の発現，グリシニンのようなダイズタンパク質が胚組織でのみ発現して成体組織では発現しないことなどがあげられる。

特定のタンパク質をコードする遺伝子を個別に調べることに加え，より広汎な研究も行うことができる。たとえば，マウス肝細胞の細胞質には存在するが脳細胞の細胞質には存在しない mRNA をコードする 12 種の遺伝子を同時に調べるような研究である。この研究では，アルブミンやトランスフェリンのような既知の肝臓特異的タンパク質をコードする遺伝子に加え，コードするタンパク質はまだ同定されていないが，対応する細胞質 mRNA が肝臓には存在するが他組織には存在しない遺伝子も解析対象とされた。これら遺伝子の転写速度を肝臓および脳から単離した核について測定することにより，転写は肝臓でのみ検出可能であることが示され(図 1.31)，細胞質 mRNA レベルの違いは遺伝子転写の違いから生じていることがわかった。

この実験では，腎臓の組織から調製した核についても同じ 12 種の遺伝子の転写

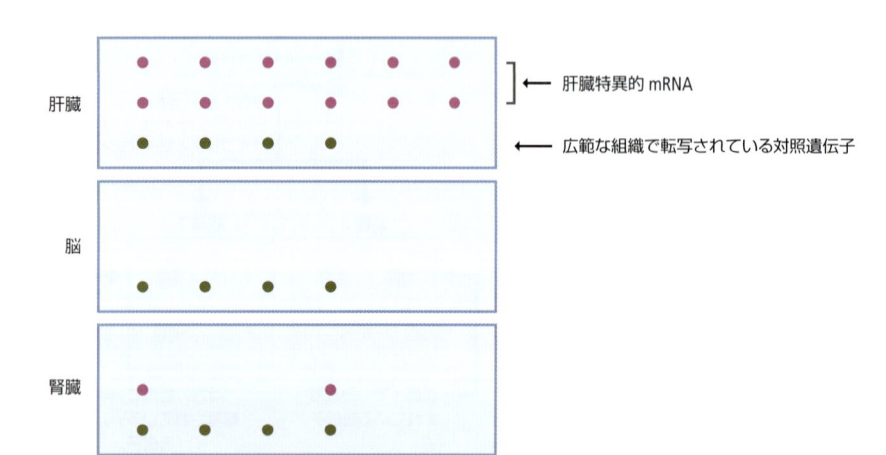

図 1.31
核ランオンアッセイにより肝臓特異的 mRNA をコードする遺伝子や広汎な組織で発現している mRNA をコードする遺伝子の転写速度を測定できる。図に示した肝臓特異的遺伝子は，いずれも脳ではまったく転写されず，腎臓ではそのうち 2 種のみが転写されて mRNA を低発現する。

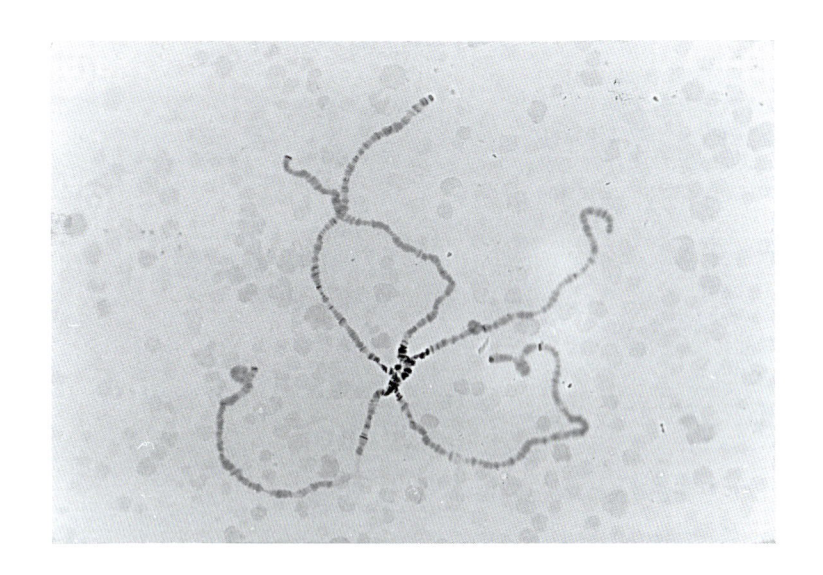

図 1.32
ショウジョウバエ唾液腺の多糸染色体。Michael Ashburner, University of Cambridge の厚意による。

速度が測定された。腎臓では，そのうち 2 種の遺伝子に由来する mRNA は肝臓と比べてごく低いレベルで存在したが，残りの 10 種については検出不可能であった。脳から単離した核を用いた実験と同様に，腎臓由来の核で検出された転写レベルは RNA 量と完全に相関していた。すなわち，腎臓でも細胞質 mRNA が合成されていた 2 種の遺伝子については転写が検出されたものの，これらの転写レベルは肝臓由来の核で測定されたものよりもだいぶ低かった。

存在量の異なるさまざまな肝臓 RNA について行われた実験の結果と，特定のタンパク質をコードする多くの個別の遺伝子に関する研究結果をあわせて考えると，1 つないしは数種の細胞種で発現する遺伝子に由来する RNA とタンパク質のレベルが特定の細胞種において上昇するのは，主に遺伝子転写の上昇によると結論づけられる。

多糸染色体も転写調節の証拠となる

パルスラベル法や核ランオンアッセイを用いて多くの遺伝子を調べることにより転写調節の存在は確実となったが，ここでは転写調節の存在を示すもう 1 つ別の証拠について述べておきたい。それは転写の上昇を直接観察できる証拠である。ショウジョウバエの唾液腺の染色体 DNA は何回も増幅して，およそ 1,000 もの DNA 分子を含む巨大な**多糸染色体**(polytene chromosome)を形成する(図 1.32)。この過程ではショウジョウバエゲノムの DNA が全体にわたって増幅され，唾液腺で発現する遺伝子のみが選択的に増幅するわけではない。したがって，この例も，遺伝子調節の一般的機構として DNA に変化が生じることはない(1.3 節)という一般的結論に反するものではない。

多糸染色体はサイズが巨大であるため，通常の染色体では観察できない事象でも直接観察することができる。多糸染色体はところどころに**パフ**(puff)という領域を有するが，これは DNA が脱凝縮して染色体が膨化した部分である(図 1.33)。細胞に標識リボヌクレオチドを添加して RNA へ取り込ませ，得られた RNA を多糸染色体に対してハイブリダイゼーションさせると，それは主にパフの場所に分布する。したがって，このパフは転写が活性化されている場所であり，多糸染色体の巨大なサイズのおかげで直接観察することができる。

ショウジョウバエで新たにタンパク質産生をもたらす多くの条件，たとえば高温への曝露(熱ショック)やステロイドホルモンであるエクジソンによる処理は，多糸染色体上の特定の場所に新規のパフを誘導する。しかも，処理ごとに異なる特異的なパターンを示す。

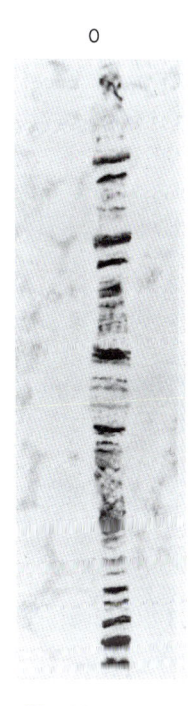

図 1.33
ショウジョウバエの多糸染色体で観察される転写活性の高いパフ(矢じり)。パフはステロイドホルモンであるエクジソンで誘導され(E)，ホルモン処理前には認められない(O)。Michael Ashburner, University of Cambridge の厚意による。

図 1.34
(a)エクジソン処理直後に新規合成された RNA を[³H]ウリジンで標識し多糸染色体に対してハイブリダイゼーションを行うと，エクジソン処理で誘導されるパフと特異的にハイブリッドを形成することを示す模式図。逆に処理で退縮するパフは，処理前の RNA とのみハイブリッドを形成する。(b) [³H]ウリジン標識 RNA と新規に誘導されたパフとのハイブリダイゼーションを示すオートラジオグラム。(b)は Jose Bonner, Indiana University の厚意による。

　この知見は，それぞれの処理によって産生が上昇するタンパク質に対応する遺伝子がパフに存在し，産生上昇は対応する遺伝子の転写上昇により達成されること，そして，この転写上昇はパフで直接観察できることを示している。エクジソン処理の場合，処理直後に新規合成された放射性標識 RNA は，処理によって誘導されたパフとハイブリッドを形成するが，逆に処理で退縮するパフには結合しないことからも，この結論は直接確認されている。対照的に，エクジソン処理前の細胞から調製した RNA は処理で退縮するパフとのみハイブリッドを形成し，処理によって誘導されたパフには結合しない（図 1.34）。
　同じような実験は熱ショック応答についても行われている。パフ 87C は熱ショックで出現し，ショウジョウバエの主要な熱ショックタンパク質である 70 kDa 熱ショックタンパク質(Hsp70)をコードする遺伝子を含んでいる（この遺伝子と熱ショックによるその誘導については 4.3 節および 8.1 節でさらに述べる）。熱ショック後に標識した RNA は，パフ 87C とハイブリッドを形成する。
　以上のように，多糸染色体はサイズが巨大であるため転写過程を直接観察することができ，他の場合と同様，唾液腺における遺伝子活性は転写レベルで制御されていることが示されている。

転写調節はクロマチン構造の階層および一次転写産物の段階で作動する

　上述の実験により，転写過程が遺伝子調節の主要な作用段階であることがわかった。しかし，このような転写調節は複数の階層で生じる可能性もある。第 2 章で述べるように，DNA はタンパク質とともに**クロマチン**(chromatin)と呼ばれる構造を形成している。したがって，クロマチン構造を変化させて，恒常的に活性を有する転写調節因子のアクセスを可能にすることによって転写のスイッチを入れる，という転写調節も可能であろう（図 1.35a）。
　あるいは逆に，クロマチン構造は常にアクセス可能であり，転写調節因子の活性

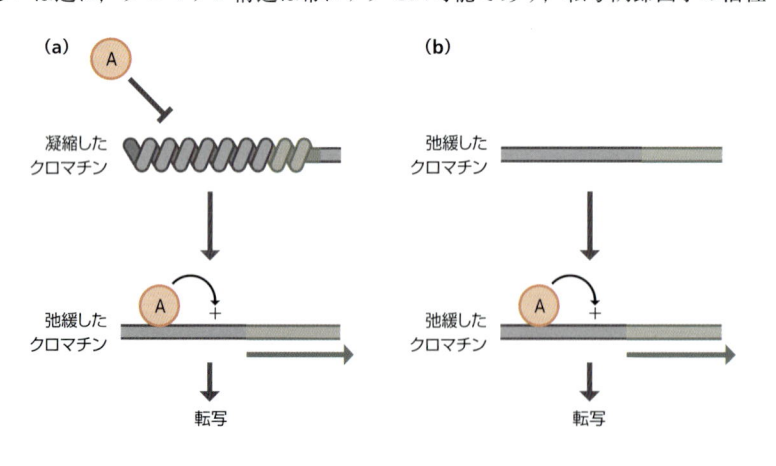

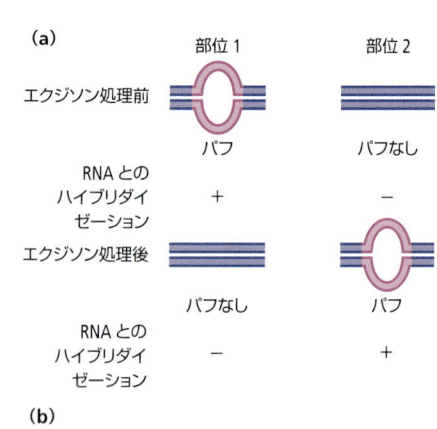

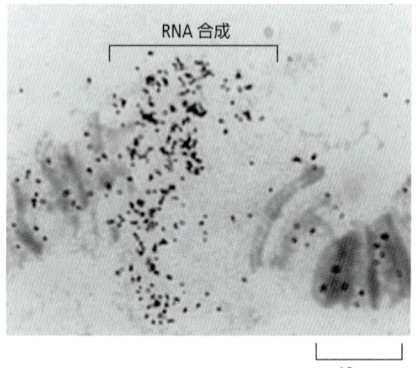

図 1.35
(a)クロマチン構造の変化により，恒常的に活性を有する転写を活性化させるタンパク質(A)がクロマチンにアクセス可能となり，転写調節が達成される可能性がある。(b)あるいは，クロマチンは常にアクセス可能であり，転写アクチベーターの有無によって転写が調節される可能性もある。(c)しかし多くの場合，これら 2 つの転写調節機構は組み合わさっている。

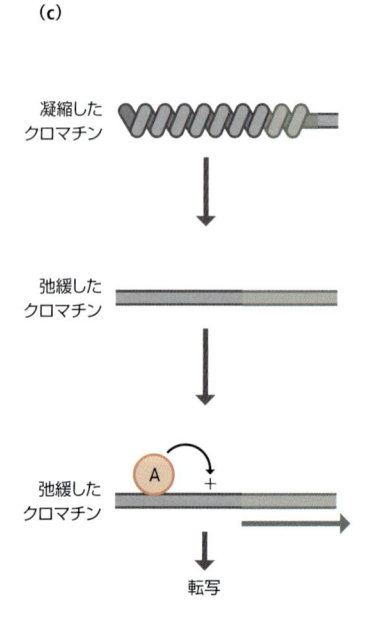

化により転写が誘導されて一次転写産物が産生される可能性もある（図 1.35b）。実際にはこれら 2 つの機構が組み合わさり，弛緩したクロマチン構造に変換された後で転写調節因子が作用する場合が多いようである（図 1.35c）。

こうしたわけで，クロマチン構造について第 2 章で述べ，その遺伝子転写調節における役割については第 3 章で考える。RNA ポリメラーゼによる遺伝子転写の実際の過程について第 4 章で述べ，その制御については第 5 章で考察する。さらに，転写後調節の例も数多く存在するので，転写後の過程について第 6 章で述べ，その制御については第 7 章で考察する。

1.5 低分子 RNA と遺伝子発現調節

本章ではここまで分子生物学のセントラルドグマ，すなわち DNA を鋳型に RNA が合成され，その RNA をもとにタンパク質が合成されるという原理に沿って遺伝子調節を考えてきた。もちろん，いくつかの RNA がタンパク質へ翻訳されることなくそれ自体で機能するということはだいぶ以前から知られていた。例としては，一次転写産物がプロセシングを受けて成熟 mRNA となる過程（6.3 節）に関与する U RNA 群（ウリジンに富む）や，リボソーム RNA や転移 RNA といった mRNA からタンパク質への翻訳（6.6 節）で中心的な働きをするものなどがある。

これらに加え，最近，20～30 塩基ほどの長さの低分子 RNA が RNA として機能するだけではなく，特異的 mRNA と相互作用することによりタンパク質をコードする遺伝子の発現を抑制することが明らかになりつつある。このような低分子 RNA はいくつかの階層で遺伝子発現を抑制することから，本節で紹介する。低分子 RNA のクロマチン構造制御における機能や，mRNA の代謝や翻訳レベルでの転写後遺伝子調節における機能は，第 3 章（3.4 節）と第 7 章（7.6 節）でそれぞれ取りあげる（図 1.36）。

本節では，細胞における遺伝子発現を制御する 2 つの主要なクラスの低分子 RNA を取りあげる。2 つの低分子 RNA とは**マイクロ RNA**（microRNA；**miRNA**）と低分子干渉 RNA（small interfering RNA；**siRNA**）で，生成機構と生物学的役割がそれぞれ異なる。第三のクラスの低分子 RNA として piRNA（Piwi-interacting RNA）が発見されている。これは生殖細胞で発現しており，トランスポゾンのような可動性遺伝因子の活性を抑制するが，遺伝子発現調節の作用はない。したがって piRNA についてはこれ以上述べない。

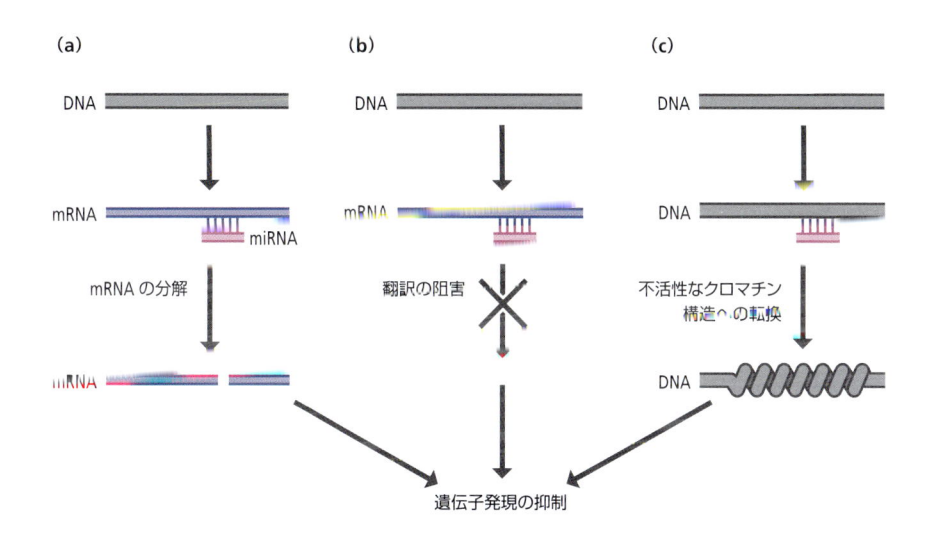

図 1.36
低分子 RNA は (a) mRNA の分解，(b) mRNA の翻訳の阻害，あるいは (c) 標的遺伝子の不活性なクロマチン構造への転換を誘導することにより遺伝子発現を抑制する。miRNA：マイクロ RNA。

1本鎖前駆体が折りたたまれ2本鎖ヘアピンループを形成してmiRNAが生成される

最初に発見されたmiRNAは線虫での遺伝学的実験により同定された。**突然変異**（mutation）による*lin-4*遺伝子の不活性化が*lin-14*遺伝子の**機能獲得変異**（gain-of-function mutation）と同じ効果をもたらしたことから，この2つの遺伝子は互いに拮抗的であると考えられた。さらに，*lin-4*遺伝子から22**ヌクレオチド**（nucleotide）のmiRNAが生成され，これが*lin-14* mRNAと塩基対を形成することが示された。このことから，*lin-4* miRNAの*lin-14* mRNAへの塩基対形成が*lin-14*遺伝子の発現を抑制する機構が提唱された（図1.37）。7.6節で取りあげるように，*lin-4* miRNAの*lin-14* mRNAへの結合がこのmRNAのタンパク質への翻訳を阻害することがわかり，仮説は正しいことが示された。

興味深いことに，この相互作用は線虫の発生過程で鍵となる役割を担っている。すなわち，*lin-4*は発生過程の第二幼生期に発現し，この時期に*lin-14*の発現を抑制する一方で，第一幼生期には*lin-4*は発現せず，*lin-14* mRNAは胚発生過程の適切な時期に翻訳されることになる。

この最初のmiRNAの発見（1993年）後，miRNAに関する知見は爆発的に増加している。ヒト，ハエ，植物，線虫など多様な生物で数多くのmiRNA分子が発見され，特定の生物現象において重要な役割を担うことが示されてきた。たとえば，ヒトでは1,000種類以上のmiRNAが発現されることが知られている。さらに，miRNAのmRNAへの結合は配列の相補性が部分的でしかなくても起こり，miRNAの中の一部の塩基だけがmRNAと塩基対を形成する。そのため，それぞれのmiRNAは部分的な塩基対を形成する標的配列をもつ複数のmRNAに結合することができる。したがって，1種類のmiRNAが多くの種類の標的遺伝子の発現を抑制することができる（図1.38）。

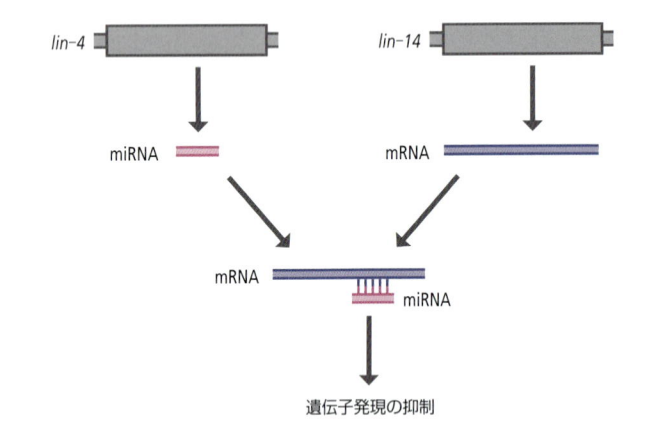

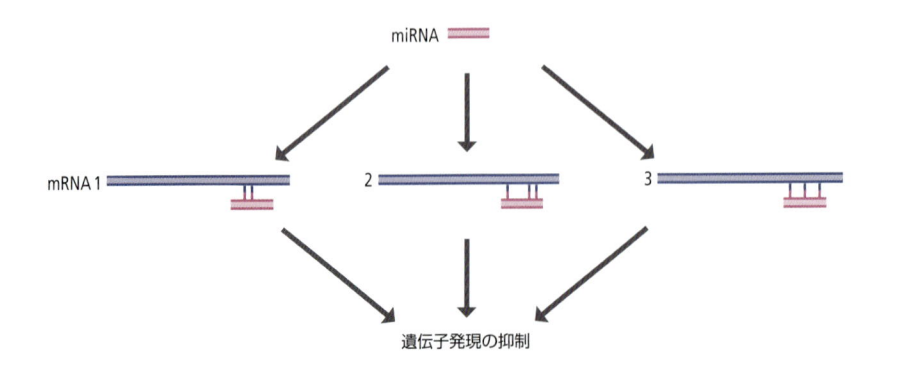

図1.37
線虫では*lin-4*遺伝子から22ヌクレオチドのmiRNAが作られ，これが*lin-14* mRNAに結合しその翻訳を阻害する。

図1.38
1種類のmiRNAが多くの種類の標的mRNAに結合し，遺伝子発現を抑制する。1〜3はそれぞれ異なるmRNAを示す。結合の形成にはmiRNAと標的mRNAとの間に部分的な相補性さえあればよいことに注意。

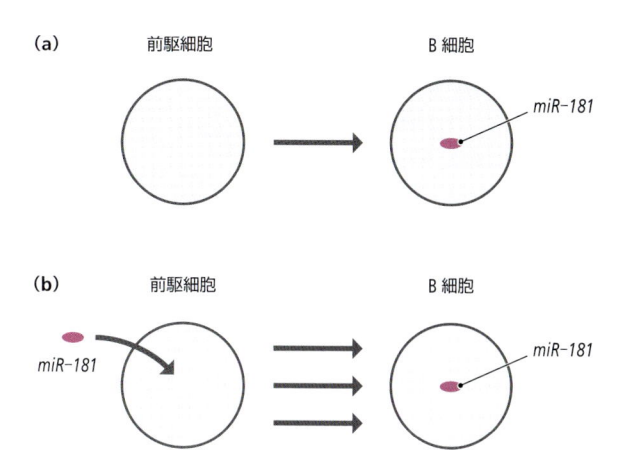

図 1.39
(a)マウスの *miR-181* miRNA は B 細胞で特異的に発現する。(b)この miRNA を前駆細胞で人為的に発現させると B 細胞への分化が亢進することから、その機能の重要性が理解できる。

このようにして、miRNA はさまざまな生物の多彩な種類の細胞において、遺伝子発現調節で鍵となる役割を担っている。多くの実例は以下の章でみることとする。特に印象的な例として、マウスの miRNA の 1 つ、*miR-181* があげられる。この miRNA は **B 細胞**(B cell)で特異的に発現するがその前駆細胞では発現しない。しかし、これを前駆細胞で人為的に発現させると B 細胞への分化が誘導される(図 1.39)。このことから、この miRNA は B 細胞およびその前駆細胞の正常な分化に重要な役割を担っていることが示唆される。

さまざまな生物における遺伝子発現調節で miRNA が鍵となる役割を担っていることから、miRNA の生成過程にも注目が集まっている。動物では miRNA は pri-miRNA と呼ばれる大きな前駆体 RNA として転写され、その転写は mRNA をコードする遺伝子の転写と同様に(4.1 節)、RNA ポリメラーゼ II によって行われる。この pri-miRNA は mRNA 前駆体と同じく、5′ 末端は**キャップ形成**(capping)によって、3′ 末端はポリアデニル化によって修飾される(これらの転写後修飾については 6.1 節および 6.2 節参照)。

しかし mRNA 前駆体とは異なり、pri-miRNA は折りたたまれて、いくつかの相補的な塩基が対合した部分的な 2 本鎖構造をもつヘアピンループを形成する(図 1.40a)。このループは Drosha というタンパク質を含んだ複合体を結合する。結合した Drosha は pri-miRNA を切断し、2 本鎖領域を有する約 70 塩基の pre-miRNA を生成する(図 1.40b)。

これらはすべて核で起きるが、次いで pre-miRNA は細胞質へと輸送され、そこで Dicer というタンパク質により再び切断を受ける(図 1.40c)。これにより pre-miRNA の 1 本鎖ループ部分が取り除かれ、互いに塩基対を形成した 2 本の 1 本鎖 RNA が生じる(図 1.40d)。この 2 本の 1 本鎖のうちの一方は分解され、もう一方が標的 mRNA に結合できる成熟 miRNA となる(図 1.40e)。

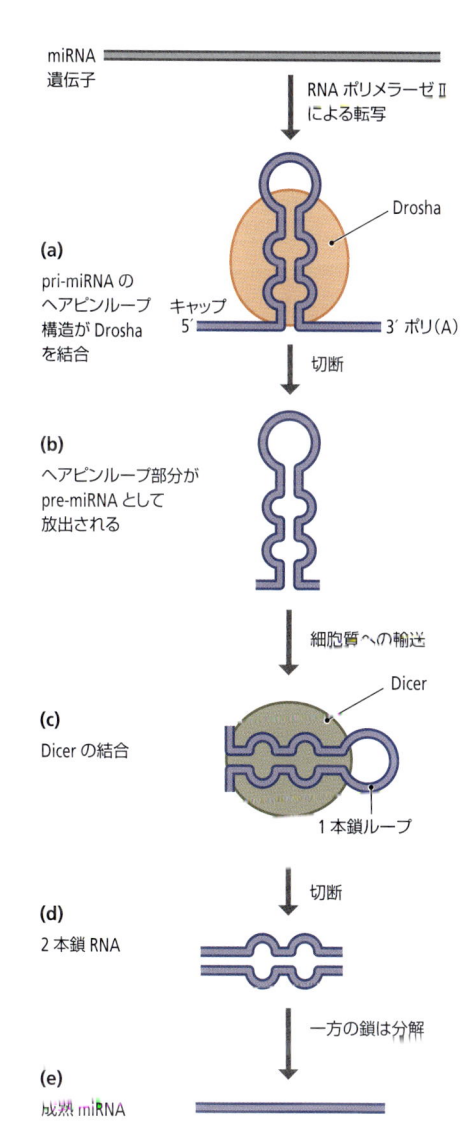

多くの siRNA は 2 本鎖前駆体から生成される

miRNA とは対照的に、siRNA の多くはヘアピンループを形成した 1 本鎖 RNA ではなく 2 本鎖 RNA から生成される。siRNA の生成は、もともとウイルスに対する防御機構として発見された。ウイルスは生活環の特定の時期にしばしば 2 本鎖 RNA を生成する。これに応答して、miRNA の生成に関与するのと同じ Dicer が 2 本鎖 RNA に結合する。結合した Dicer は 2 本鎖 RNA を切断し、より小さな 2 本鎖 RNA 分子を生成する。この小さくなった RNA の 2 本鎖がほどかれ、一方の鎖が siRNA となる。もともとの 2 本鎖 RNA と配列が同じウイルス mRNA にこの siRNA が結合すると、その分解が促進され、ウイルス遺伝子の発現が抑制される(図 1.41)。

ウイルス感染に対する細胞の防御機構としての役割に加え、動物や植物に特定の

図 1.40
miRNA 前駆体のプロセシング。(a)RNA ポリメラーゼ II による転写で pri-miRNA が生成し、これはヘアピンループ構造を形成して Drosha タンパク質と結合する。(b)Drosha による切断でヘアピンループ部分が pre-miRNA として放出され、これは細胞質へ輸送される。(c)pre-miRNA は Dicer タンパク質と結合し、(d)1 本鎖ループ部分が切断によって取り除かれ、2 本鎖 RNA となる。(e)一方の鎖は分解され、残りの鎖が成熟 miRNA となる。

遺伝子を導入する実験で観察される現象も siRNA によって説明できる。このような実験では，導入遺伝子が発現しないばかりか，内在性の同じ遺伝子が特異的にサイレンシングを受けることがある。この効果は，導入遺伝子がアンチセンス方向に転写されるようにゲノム上で細胞性プロモーターの近傍に挿入された場合にみられる。この**アンチセンス RNA**（antisense RNA）転写産物は通常のセンス RNA 転写産物に結合し，2 本鎖 RNA を形成する。この 2 本鎖 RNA が Dicer を結合し，これにより切断されて siRNA が生成される。siRNA は導入遺伝子由来の mRNA と，対応する内在性遺伝子から転写された mRNA の両者に結合し，その発現をともに抑制する（図 1.42）。

侵入してくるウイルスや人為的に導入された遺伝子の発現を抑制することに加えて，siRNA は通常の内在性遺伝子の制御にも関わっていることが哺乳動物細胞で最近示された。これには**偽遺伝子**（pseudogene）の転写が関与している。偽遺伝子は機能的遺伝子に類似した配列をもつが，たとえば翻訳を途中で止める**終止コドン**（stop codon）を含んでいるためタンパク質をコードできない（6.6 節）。このような場合，偽遺伝子が転写されてアンチセンス転写産物が生じ，タンパク質をコードする機能的遺伝子のセンス転写産物とハイブリッドを形成する。この 2 本鎖 RNA が切断されて siRNA が生成し，これが機能的 RNA に結合してその発現を抑制する（図 1.43）。

興味深いことに，哺乳動物のヒストンデアセチラーゼ 1（histone deacetylase 1；Hdac1）をコードする遺伝子の発現は同様の機構で制御されており，Hdac1 偽遺伝子が機能的遺伝子とは逆方向に転写されている。このことが特に興味深いのは，第 2 章（2.3 節）と第 3 章（3.3 節）で取りあげるように，ヒストンの**アセチル化**（acetylation）/ 脱アセチル化が，クロマチン構造の制御および転写調節で中心的役割を担っているからである。この例は，それ自体が遺伝子調節機能を有するタンパク質をコードする遺伝子の発現も，siRNA によって制御されうることを示している。

以下の章で取りあげるように，miRNA と siRNA はいずれも遺伝子発現で重要な役割を担っている。実際，Dicer の遺伝子を欠失したマウスは胚発生過程の初期で死亡することから，低分子 RNA の生成に Dicer が関わるこれらの経路の重要な

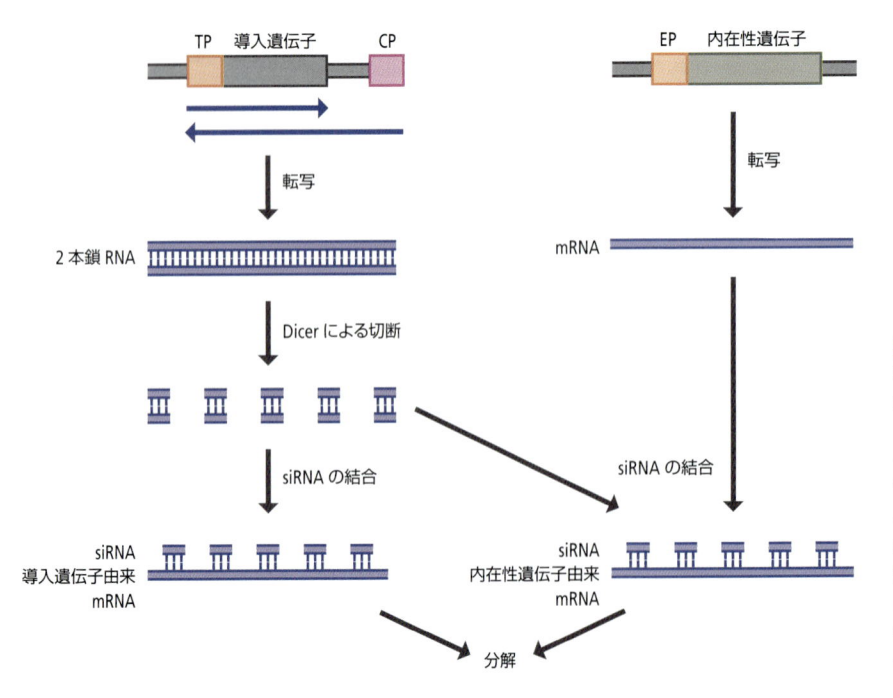

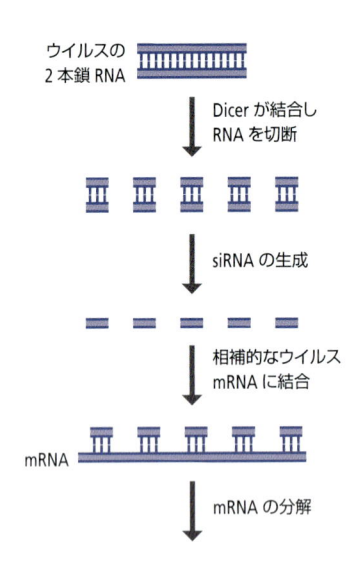

図 1.41
ウイルスの 2 本鎖 RNA が Dicer タンパク質と結合し，小さな 2 本鎖 siRNA へと切断される。1 本鎖 siRNA が生成し，これが相補的なウイルス mRNA に結合してその分解を誘導し，ウイルス遺伝子の発現を抑制する。

図 1.42
導入遺伝子が細胞性プロモーター（cellular promoter；CP）のすぐ上流に挿入されると，アンチセンス転写産物が作られる。これは導入遺伝子プロモーター（transgene promoter；TP）から作られる通常の転写産物に結合し，2 本鎖 RNA を形成する。この 2 本鎖 RNA が Dicer により切断されて siRNA が生成される。siRNA は導入遺伝子由来の mRNA と，対応する内在性遺伝子由来の mRNA の両者に結合し，これらを分解する。そのため，導入遺伝子と内在性遺伝子の発現がともに抑制される。EP：内在性遺伝子のプロモーター。

役割が示唆される。

まとめ

　分子生物学のセントラルドグマとは，DNAを鋳型にRNAが合成され，そのRNAをもとにタンパク質が合成されるという原理である。本章では，分化した組織および細胞種のDNA構成は一般的に同一であることをみてきた。しかし，RNAやタンパク質の構成は組織や細胞種ごとに質的にも量的にも異なる。このことは，遺伝子調節が行われて組織や細胞種ごとに異なるmRNAが合成され，その結果，同一の**ゲノムDNA**（genomic DNA）から異なるタンパク質集団が作られるということを意味している。さまざまな証拠は，遺伝子調節の主要な制御ポイントが転写レベルにあることを示している。制御過程により，どの遺伝子が一次転写産物へ転写されるかが決まり，この転写産物のmRNAへのプロセシングが引き続いて起きる。

　このような転写調節は，遺伝子を開放し転写に関わるタンパク質のアクセスを可能にするクロマチン構造の階層と，RNAポリメラーゼIIによる実際の転写過程とで働く。クロマチン構造とその遺伝子調節における役割は，それぞれ第2章および第3章で述べる。転写過程それ自体とその制御については，それぞれ第4章および第5章で取りあげる。

　転写調節は真核生物における遺伝子調節の主要な仕組みであるが，転写後の遺伝子調節も存在し，転写調節を補完する。そこで第6章では一次転写産物の修飾によってmRNAが生成される過程とmRNAのタンパク質への翻訳について取りあげ，第7章ではこれらの過程の遺伝子調節における役割について述べる。抑制性の低分子RNA（miRNAとsiRNA）に関する情報は近年爆発的に増加しており，これらがクロマチン構造制御，ならびにRNAの代謝やタンパク質翻訳などの転写後の過程を制御することにより遺伝子発現を抑制することが理解されつつある。これらの作用は第3章（3.4節）および第7章（7.6節）でそれぞれ取りあげる。

　遺伝子調節に関わる基本的過程は，第2章から第7章でみるように胚発生および成体の機能で重要な役割を担っている。したがって外来性シグナルに対する細胞応答，胚発生過程，そして特定の細胞種の分化と機能における遺伝子調節の役割について第8章から第10章で述べる。

　遺伝子調節過程の複雑さと重要な役割を考えると，それが変調をきたして生物に障害をもたらすことがあるのは当然であろう。そこで第11章と第12章ではそれぞれ，癌とその他のヒト疾患における遺伝子調節過程の役割について述べる。さらに，遺伝子調節過程の操作が治療上有用となりうる可能性も取りあげる。

図 1.43
機能的遺伝子のセンス方向への転写と，対応する偽遺伝子のアンチセンス方向への転写が同時に起きると，2本鎖RNAが形成される。2本鎖RNAが切断されてsiRNAが生成し，これが機能的遺伝子由来の転写産物に結合して遺伝子発現を抑制する。

キーコンセプト

- 分子生物学のセントラルドグマとは，DNAを鋳型にRNAが合成され，そのRNAをもとにタンパク質が合成されるという原理である。
- 同じ生物でも組織や細胞種ごとに存在するタンパク質の種類や相対的な量が異なる。
- 同様に，組織や細胞種ごとに存在するRNAの種類や相対的な量が異なる。
- RNAやタンパク質の構成とは違って，組織や細胞種のDNAは同じ生物種の間では一般的に同一である。
- 遺伝子調節により，同一のゲノムDNAから異なるRNA集団が形成される。
- 遺伝子調節の主要な制御ポイントは転写レベルにあり，個々の細胞でどの遺伝子を転写して一次転写産物を作り出すかが制御されている。
- 低分子RNAは遺伝子調節で重要な役割を担い，転写過程と転写後過程の両者を制御する。

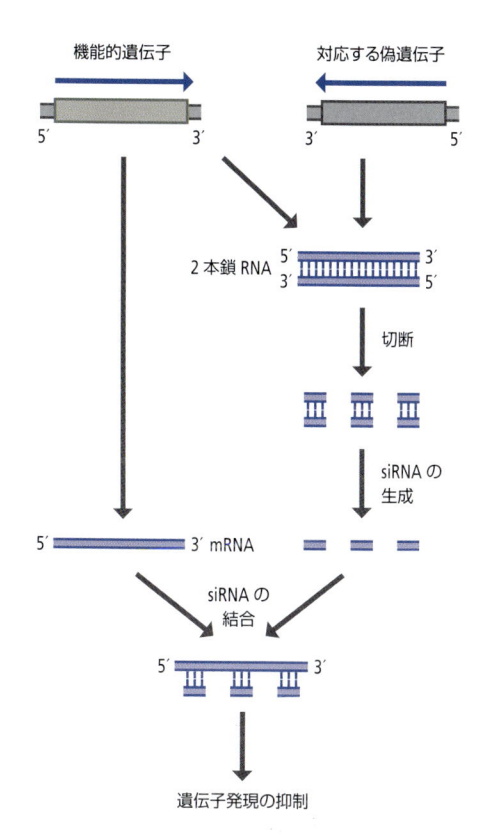

参考文献

1.1 タンパク質構成は細胞種ごとに異なる

Gershoni JM & Palade GE (1983) Protein blotting: principles and applications. *Anal. Biochem.* 131, 1–15.

Kislinger T, Cox B, Kannan A *et al.* (2006) Global survey of organ and organelle protein expression in mouse: combined proteomic and transcriptomic profiling. *Cell* 125, 173–186.

O'Farrell PH (1975) High resolution two-dimensional electrophoresis of proteins. *J. Biol. Chem.* 250, 4007–4021.

Ong SE & Mann M (2005) Mass spectrometry-based proteomics turns quantitative. *Nat. Chem. Biol.* 1, 252–262.

Pandey A & Mann M (2000) Proteomics to study genes and genomes. *Nature* 405, 837–846.

1.2 mRNA 構成は細胞種ごとに異なる

Lockhart DJ & Winzeler EA (2000) Genomics, gene expression and DNA arrays. *Nature* 405, 827–836.

Thomas PS (1980) Hybridization of denatured RNA and small DNA fragments transferred to nitrocellulose. *Proc. Natl. Acad. Sci. USA* 77, 5201–5205.

1.3 DNA 構成は細胞種が異なっても一般的に同じである

Claycomb JM & Orr-Weaver TL (2005) Developmental gene amplification: insights into DNA replication and gene expression. *Trends Genet.* 21, 149–162.

Gurdon JB (1968) Transplanted nuclei and cell differentiation. *Sci. Am.* 219, 24–35.

Gurdon JB & Melton DA (2008) Nuclear reprogramming in cells. *Science* 322, 1811–1815.

Southern EM (1975) Detection of specific sequences among DNA fragments separated by gel electrophoresis. *J. Mol. Biol.* 98, 503–517.

Steward FC (1970) From cultured cells to whole plants: the induction and control of their growth and morphogenesis. *Proc. R. Soc. Lond. B Biol. Sci.* 175, 1–30.

Wilmut I, Schnieke AE, McWhis J, Kind AJ & Campbell KHS (1997) Viable offspring derived from fetal and adult mammalian cells. *Nature* 385, 810–813.

1.4 転写調節か転写後調節か？

Derman E, Krauter K, Walling L *et al.* (1981) Transcriptional control in the production of liver specific mRNAs. *Cell* 23, 731–739.

Roop DR, Nordstrom JL, Tsai S-Y, Tsai M-J & O'Malley BW (1978) Transcription of structural and intervening sequences in the ovalbumin gene and identification of potential ovalbumin mRNA precursors. *Cell* 15, 671–685.

1.5 低分子 RNA と遺伝子発現調節

Carthew RW & Sontheimer EJ (2009) Origins and mechanisms of miRNAs and siRNAs. *Cell* 136, 642–655.

Ghildiyal M & Zamore PD (2009) Small silencing RNAs: an expanding universe. *Nat. Rev. Genet.* 10, 94–108.

Golden DE, Gerbasi VR & Sontheimer EJ (2008) An inside job for siRNAs. *Mol. Cell* 31, 309–312.

Grosshans H & Filipowicz W (2008) Molecular biology: the expanding world of small RNAs. *Nature* 451, 414–416.

Kim VN, Han J & Siomi MC (2009) Biogenesis of small RNAs in animals. *Nat. Rev. Mol. Cell Biol.* 10, 126–139.

Neilson JR & Sharp PA (2008) Small RNA regulators of gene expression. *Cell* 134, 899–902.

Okamura K & Lai EC (2008) Endogenous small interfering RNAs in animals. *Nat. Rev. Mol. Cell Biol.* 9, 673–678.

Sasidharan R & Gerstein M (2008) Protein fossils live on as RNA. *Nature* 453, 729–731.

Siomi H & Siomi MC (2009) On the road to reading the RNA-interference code. *Nature* 457, 396–404.

Winter J, Jung S, Keller S, Gregory RI & Diederichs S (2009) Many roads to maturity: microRNA biogenesis pathways and their regulation. *Nat. Cell Biol.* 11, 228–234.

クロマチンの構造

イントロダクション

前章で，真核生物の遺伝子発現を調節する主要な機構は転写レベルで働いており，どの遺伝子が一次転写産物へ転写されるのかが制御されていることを示すさまざまな証拠を取りあげた。したがって，遺伝子調節の過程を理解するうえでは，このような転写調節に関わる機構を調べることが必要となる。

真核生物の転写調節は原核生物よりもはるかに複雑である

細菌においても転写レベルでの制御が遺伝子発現調節を担っており，このようなはるかに単純な生物で得られる転写調節に関する知見は，高等生物にも応用可能であると考えられる。細菌では *lac* オペロン遺伝子のような多くの遺伝子の転写は抑制性制御機構により調節されており，**転写リプレッサー**（transcriptional repressor）分子の存在が遺伝子転写を抑制している。このような転写リプレッサーが特異的シグナルに応答して不活性化されることにより，遺伝子転写が起きる。

したがって，真核生物でも同様のタンパク質がすべての組織に存在し，標的遺伝子のプロモーター領域に結合してその発現を抑制するという形で転写が制御されている可能性がある。この場合，特定の1つの細胞種で，あるいは温度上昇のような特定のシグナルに応答して，このタンパク質が直接（図2.1a），あるいは他の因子に結合することにより（図2.1b）不活性化され，遺伝子には結合しなくなると考えられる。

しかしながら，真核生物遺伝子の多くは大半の組織で不活性化状態にあり，特定の1種類の組織で，あるいは特定のシグナルに応答して活性化する。このことから，遺伝子が大半の組織で転写リプレッサーを特に必要とすることなく恒常的に不活性化状態にあるようなシステムの方が効率的のように思われる。この場合，遺伝子の活性化には，そのプロモーターに結合する特定の転写活性化因子が必要となるだろう。このような正の制御機構は細菌においても，いくつかの遺伝子が特定のシグナルに応答して発現する際に使われている。

このような活性化機構として，遺伝子の特異的発現パターンが転写活性化因子により調節され，この因子が遺伝子を発現する細胞にのみ存在する場合（図2.2a），あるいはこの因子を活性化するステロイドホルモンのような補助因子に依存する場合（図2.2b）が考えられる。

細菌で知られている遺伝子調節機構に基づいて，真核生物の遺伝子調節に関するモデルを考えることができる。実際，遺伝子調節の多くの例で図2.2に示したような活性化型の機構が用いられており，転写活性化因子が存在する場合以外はその遺伝子は転写されない。たとえば，5.1節および8.1節で取りあげるように，グルココルチコイドやその他のステロイドホルモンが遺伝子発現に及ぼす効果は，まずステロイドが受容体タンパク質に結合することによる。受容体-ステロイド複合体は次いでステロイド応答性遺伝子の上流に存在する特定のDNA配列に結合し，そ

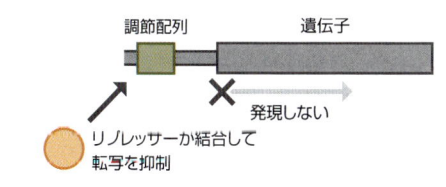

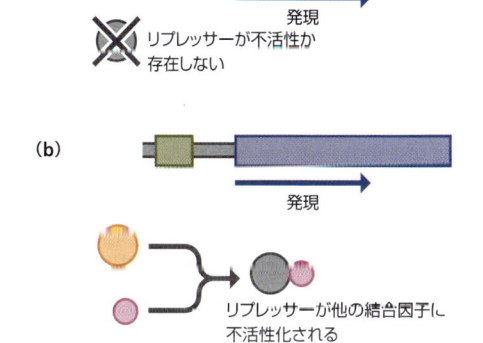

図2.1
組織特異的な遺伝子発現のモデル。多くの組織では，広範に発現する転写リプレッサーが調節配列に結合し，転写を抑制している（上段）。遺伝子を発現する組織では，転写リプレッサーが不活性化するか，発現していない（下段a）。他の因子が転写リプレッサーに結合して阻害する場合もある（下段b）。

の転写を活性化する。

しかしながら，ステロイドホルモンの場合でも，このような機構だけで遺伝子発現調節のすべてを説明することはできない。ステロイドホルモンであるエストロゲンをニワトリに投与すると，すでに1.4節でみたように，卵管組織においてオボアルブミンをコードする遺伝子の転写が誘導される。しかし，この個体の肝臓では，エストロゲン処理はオボアルブミン遺伝子には何の影響も及ぼさず，代わりにビテロゲニンをコードするまったく別の遺伝子の活性化が起きる。このように特定の処理に対する応答の組織による違いは，当然，単細胞の細菌ではみられず，単一のDNA結合タンパク質がホルモンで活性化するという機構だけでは説明できない（図2.3）。

このように考えると，真核生物における遺伝子調節を理解するためには，タンパク質の特異的DNA配列への結合を介した比較的短期の調節過程を理解するだけでなく，組織ごとの違いを確立して維持し，さらにステロイドのようなエフェクターに対する応答性を調節する，より長期の調節過程についても理解し，さらに，この2つの過程が相互作用する仕組みを明らかにする必要がある。組織ごとの発現の違いは，DNAがタンパク質とともにパッケージされてクロマチンという構造をとることによって作り出されている。

すなわち，真核生物における遺伝子調節は，クロマチン構造を制御する長期的過程と，遺伝子転写を実際に活性化する短期的過程の両者を必要とする。クロマチン構造の存在しない細菌では，後者の過程だけが使われる。クロマチンの構造について本章で述べ，クロマチン構造を制御する長期的調節過程については第3章で取りあげる。転写過程そのものと調節因子によるその制御については，それぞれ第4章と第5章で取りあげる。

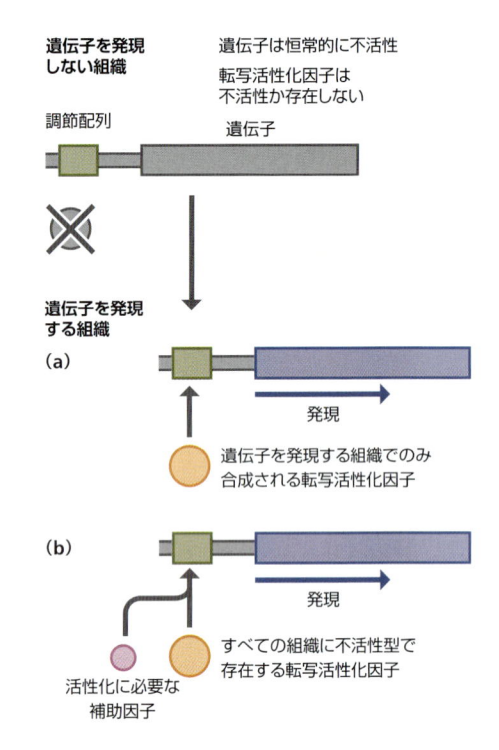

図2.2
特定の組織にのみ存在する転写活性化因子（a）あるいは補助因子（b）による組織特異的遺伝子発現活性化のモデル。

2.1 分化状態への運命決定とその安定性

細胞はその形質を示すことなく特定の分化状態へと運命決定された状態にあり続ける

高等真核生物にはさまざまな組織や細胞種が存在することから，このような違いを確立して維持する機構が存在することが予想され，しかも，このような機構は長期にわたって安定なものであると考えられる。一般的に，組織や細胞が自然に他の種類のものに変化することはなく，したがって分化形質をその生存期間にわたって維持できるはずである。実際，これを達成している長期的調節過程は，分化状態を事実上無限に維持することができ，さらには，その細胞に特徴的な形質を発現できないような条件下でも，細胞が特定の細胞種を記憶することを可能にしている。たとえば，培養の際に培地を変えることで軟骨形成細胞のふるまいを制御することが可能である。ある培地ではこの細胞は分化形質を発現することができ，コンドロイチン硫酸を含む細胞外マトリックスを合成する軟骨形成コロニーを作る。対照的に，別の培地では急速な分裂が促され，細胞はこのようなコロニーを作らず急速に分裂し，軟骨細胞に特異的な特徴をすべて失って形態的に未分化な**線維芽細胞**（fibroblast）と区別できなくなる。

それにもかかわらず，この急速な増殖を促す培地で20代の培養を経た後であっても，細胞を適切な培地に移すと軟骨細胞の形態を取り戻し，コンドロイチン硫酸の合成を再開する。このような現象は，他の細胞種や未分化な線維芽細胞を同じ培地に置いても観察されない。軟骨細胞は，適切なシグナルを供給する特定の培地中で分化形質を維持するだけでなく，シグナルがない状態でもこの形質を記憶しており，適切な培地に置かれれば本来の分化状態に戻ることができる（図2.4）。

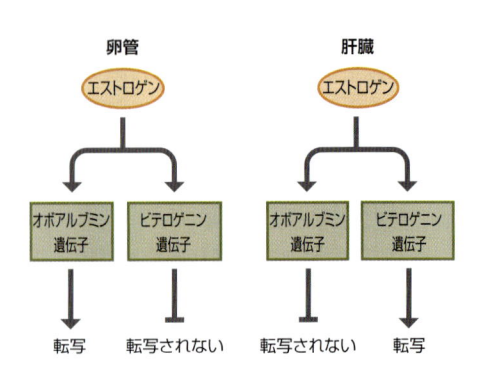

図2.3
エストロゲンは卵管ではオボアルブミン遺伝子の転写を促進するが，肝臓ではビテロゲニン遺伝子の転写を促進する。

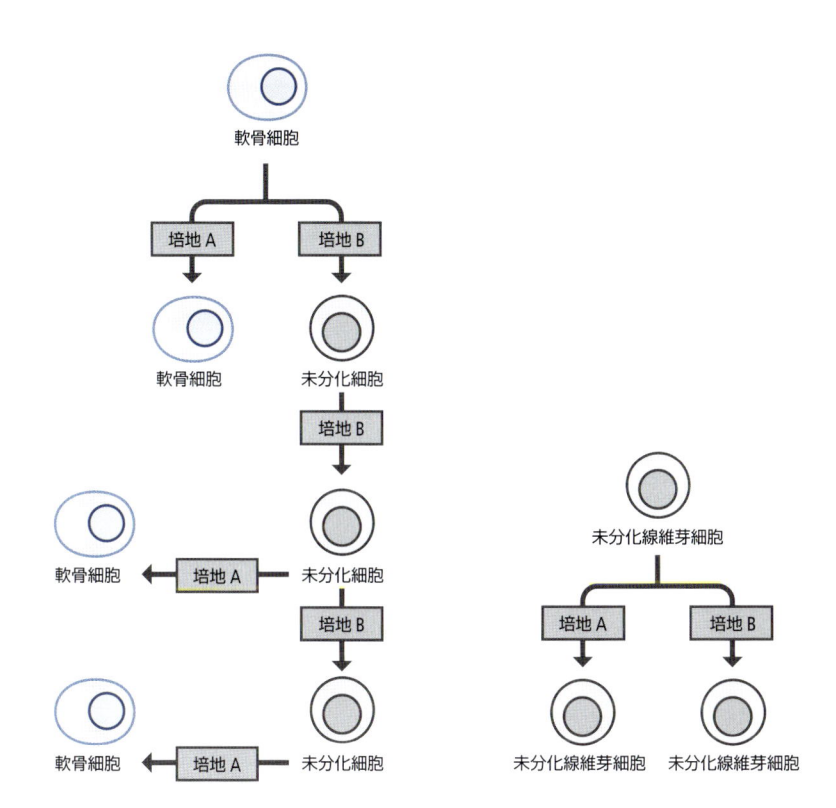

図 2.4
培地 A で培養された軟骨細胞はその分化状態を維持するが，培地 B 中では未分化状態に戻る．しかし，培地 B で継代を続けても，培地 A に戻すと軟骨細胞へ再分化する．一方，軟骨の形質を示さない未分化線維芽細胞は，培地 A でも培地 B でも未分化のままである．

細胞は実際の形質上の分化に先立って特定の分化状態へと運命決定される

前述の実験から，細胞はある特定の系列に属し，たとえ分化形質を示さない場合でも，その系列への**運命決定**（commitment）を維持するための機構が存在することが示唆される．細胞が，その系列に特徴的な性質を発現するずっと以前から特定の分化段階や系列へと運命決定されること，そしてこのような運命決定が何代にもわたって維持されることを示す有力な証拠がある．

このような効果の中でもおそらく最も印象的な例は，ショウジョウバエで観察される．その幼虫は体の長軸方向に沿って並んだ原基をもつが，その中には数多くの未分化細胞が含まれ，見た目にはそれぞれ区別することはできない．最終的にこの**成虫原基**（imaginal disc）が成体の構造を形成し，たとえば最前端の一対は触角になり，その他のものが翅や肢などを作り出す．しかし，そのためには原基が途中で蛹期を経る必要があり，その間に成体構造に分化するための適切なシグナルを受け取る．幼虫から取り出した原基を成虫の体腔に直接移植すると，原基は必要なシグナルを受け取ることができず未分化の状態にとどまる（図 2.5）．

この操作は何代にもわたって繰り返すことができる．移植した成虫から取り出した原基を 2 つに分割し，片方は別の成虫に移植して引き続き細胞を増殖させ，もう一方を幼虫に移植したうえで蛹期を経て成虫へと発生させ，そこから何が作り出されるのかを調べることができる．この実験では，触角になる予定の原基は，何代にもわたって成虫に移植を繰り返して未分化な状態で維持した後でも，ひとたび幼虫に移植すると触角を作り出す．この原基を，触角を形成する原基が本来存在しない別の場所に移植しても，同様に触角に分化する．したがって，正常な幼虫の成虫原基に含まれる細胞は，最終的に特定の分化状態を作り出すように運命決定されていると考えられ，さらには，その分化状態を特徴づける形質的特徴をまったく発現することなく何代にもわたって維持されると考えられる（図 2.5）．

分化状態や分化運命決定の安定性を示すこのような例から，その安定性を維持す

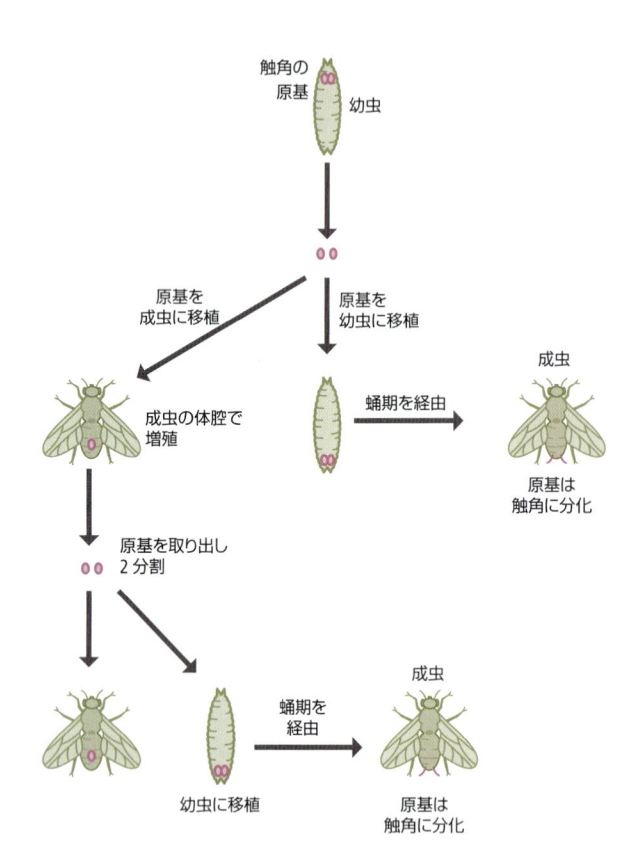

図 2.5
運命決定された状態の安定性を幼虫の成虫原基を用いて実証する。原基細胞は成虫の体腔で何代にもわたって未分化な状態のまま増殖させても，運命決定された状態を維持して特定の成虫構造体を作り出す。Gurdon, JB (1974) *Gene Expression* より．Oxford University Press の許諾を得て転載。

るための長期的調節過程の存在が示唆される。しかしながら，このような安定性が破綻することもあり，たとえば核移植を行った場合にみられる（1.3節）。したがって，運命決定の過程は安定ではあるが，不可逆的ではない。

　実際，ショウジョウバエの成虫原基の場合でも運命決定された状態の安定性が失われることがあり，原基を成虫の体腔で長期間培養すると，再び幼虫に戻したときに本来の分化組織ではなく別の組織になることがある。この運命決定された状態の破綻はランダムに起きる過程ではなく，再現性の高い過程である。たとえば，眼を形成する予定の原基で最初の異常として観察されるのは翅細胞の出現であり，他の細胞種はその後でないと出てこない。同様の実験で，肢を形成する原基はさまざまな細胞を作り出すことがあるが，生殖器になることはない。この実験系で観察される変化のさまざまなパターンを図 2.6 にまとめておく。興味深いことに，このパターンはショウジョウバエの**ホメオティック突然変異**（homeotic mutation）として観察されている（5.1節，9.2節），成虫の体の一部を別の部分に変化させる変異とまったく同じである。したがって，これらの変化はそれぞれ特異的遺伝子によって制御されていると考えられ，運命決定が破綻するときにはその発現が変化するのであろう。

　以上のような例および 1.3 節で取りあげた他の実験から，DNA 喪失のような不可逆的な機構が分化状態への運命決定の過程に関わっている可能性は否定される。この過程がほぼ安定であり多くの細胞世代を経て伝達されるのは，DNA と特異的なタンパク質が会合して特定のパターンを生み出すことによる。DNA とその結合タンパク質が作る構造はクロマチンとして知られ，長期的な遺伝子調節がいかに達成されるのかを理解するためには，その構造に関する知識が必要となる。

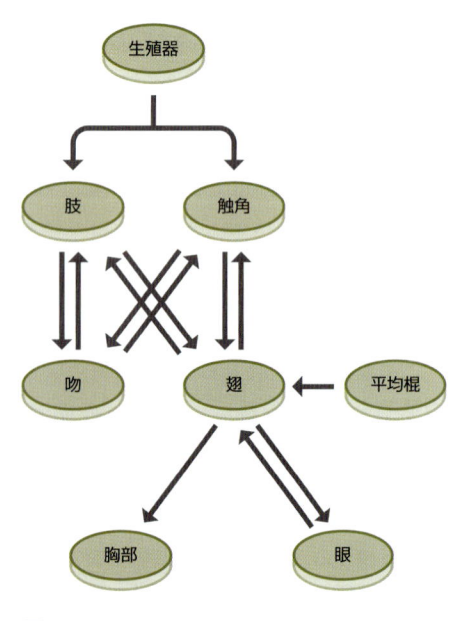

図 2.6
運命決定が破綻したショウジョウバエの成虫原基から生じる構造の相互関係。Cove DJ (1971) *Genetics* より．Cambridge University Press の許諾を得て転載。

表 2.1 ヒストン

ヒストン	タイプ	分子質量(Da)	分子比
H1	リシンに富む	23,000	1
H2A	ややリシンに富む	13,960	2
H2B	ややリシンに富む	13,744	2
H3	アルギニンに富む	15,342	2
H4	アルギニンに富む	11,282	2

2.2 ヌクレオソーム

ヌクレオソームはクロマチン構造の基本単位である

1人のヒトの有するDNAが線状分子として存在すると考えると，5×10^{10} kmの長さになり，地球と太陽の間の距離の100倍をこえる。1個の細胞がもつDNAでさえも，何らかの形で凝縮されないかぎり2mもの長さになる。DNAが細胞核の中に収納できるように凝縮されているのは当然であり，これはDNAを特定の核タンパク質とともに折りたたみ，クロマチンとして知られる構造とすることで実現されている。この過程で中心的役割を担うのが5種類のヒストンタンパク質である(表 2.1)。ヒストンには正に荷電したリシンとアルギニンが豊富に含まれ，これらがDNAのもつ正味の負電荷を中和することにより折りたたみを可能にする。

この折りたたまれた構造の基本単位が**ヌクレオソーム**(nucleosome)であり，約200塩基分のDNAと，4種のコアヒストンH2A，H2B，H3，H4のそれぞれ2分子ずつからなる**ヒストン八量体**(histone octamer)が会合している(図 2.7)。ヌクレオソームでは約146塩基分のDNAがヒストン八量体の周りをほぼ2回転し，残りのDNAはリンカーDNAとしてヌクレオソーム間をつないでいる。ヌクレオソームの構造で中心的な役割を担っていることから予想されるように，ヒストンタンパク質は進化の過程で高度に保存されている。たとえば，ウシとエンドウマメのヒストンH4は2つのアミノ酸が違うだけであり，ヒストンH3は4アミノ酸しか違わない。

4種のコアヒストンはそれぞれ類似した構造をしており，N末端テールとαヘリックス領域からなり，αヘリックス領域は2つのループでつながれた3本のαヘリックスを含む(図 2.8)。αヘリックス領域はヒストンフォールド(histone fold)という特異的な構造をとっており(図 2.9a)，この部分を介して個々のヒストンが互いに会合する(図 2.9b)。

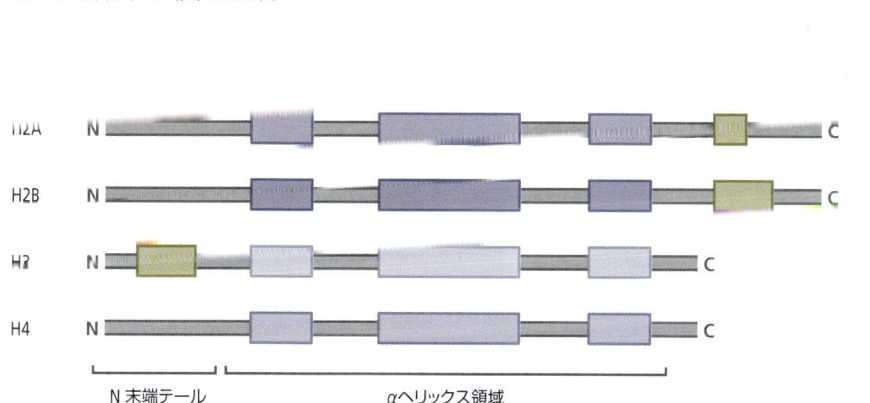

図 2.7
単一ヌクレオソーム中のDNAとコアヒストンの構造。

図 2.8
4種のコアヒストンH2A，H2B，H3，H4の構造。N末端テールとヒストンフォールドを形成する3本のαヘリックス(紫色)。カーキ色のボックスは各ヒストンに固有のαヘリックスを示す。

ヌクレオソームにおけるヒストンとDNAの詳しい配置は，**X線結晶構造解析**（X-ray crystallography）を用いた高分解能構造解析により明らかになった。ヌクレオソーム構造では，ヒストンはヒストンフォールドを介してH2A-H2BとH3-H4のヘテロ二量体を形成する。次にこのヘテロ二量体が会合してヒストン八量体を形成し，DNAが八量体の表面に巻きつく（図2.10）。ヒストンのN末端テールはヌクレオソームの表面から外に飛び出しており，ヌクレオソーム間の相互作用に関わっていると考えられている。ヒストンのN末端テールはクロマチン構造を変化させることが知られている特異的修飾を受けることから（2.3節），この点は非常に興味深い。つまり，ヒストン分子のN末端テールを介するヌクレオソーム間の相互作用が，このような修飾により変化する可能性がある。

この構造において，リンカーDNAは八量体にきつく巻きついて保護されたDNAよりも露出しており，クロマチンを少量のDNA消化酵素ミクロコッカス**ヌクレアーゼ**（nuclease）で消化するとリンカーDNAが選択的に切断される。クロマチンをこのように軽く消化した後でDNAを単離してゲル電気泳動にかけると，DNA断片が200塩基の倍数に対応した梯子状のパターンを示し，これはリンカーDNAの全部ではなく一部が切断されたことを反映している（図2.11a，レーンT）。

この結果は，クロマチンを消化して分離されるヌクレオソームの性状と関連づけることができる。部分消化されたクロマチン標品から，200塩基のDNAと会合した1個のヌクレオソーム（図2.11a，レーンD），400塩基のDNAと会合した2個のヌクレオソーム（図2.11a，レーンC）などを分取でき，こうして得られた各画分に含まれるモノヌクレオソーム，ジヌクレオソーム，あるいはより大きな複合体は，電子顕微鏡で観察することができる（図2.11b）。この実験から，細胞の中でDNAがヌクレオソームの形で整理整頓されていることを示す直接的な証拠が得られる。

クロマチンを低塩濃度の条件で抽出すると，DNAがヌクレオソームの形で整理整頓されている様子を電子顕微鏡で直接観察できる。ヌクレオソームがリンカーDNAで連結された直径10 nmの線維状の構造は，**数珠状構造**（beads-on-a-string structure）と呼ばれ（図2.12），DNA折りたたみの最初の段階となる。

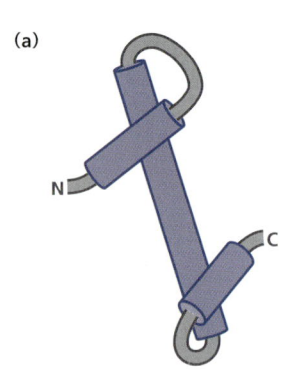

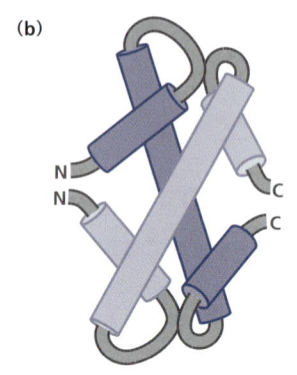

図2.9
(a) 3本のαヘリックスから構成されるヒストンフォールド。(b) 2つのヒストンのヒストンフォールド領域が会合してヘテロ二量体が形成される。

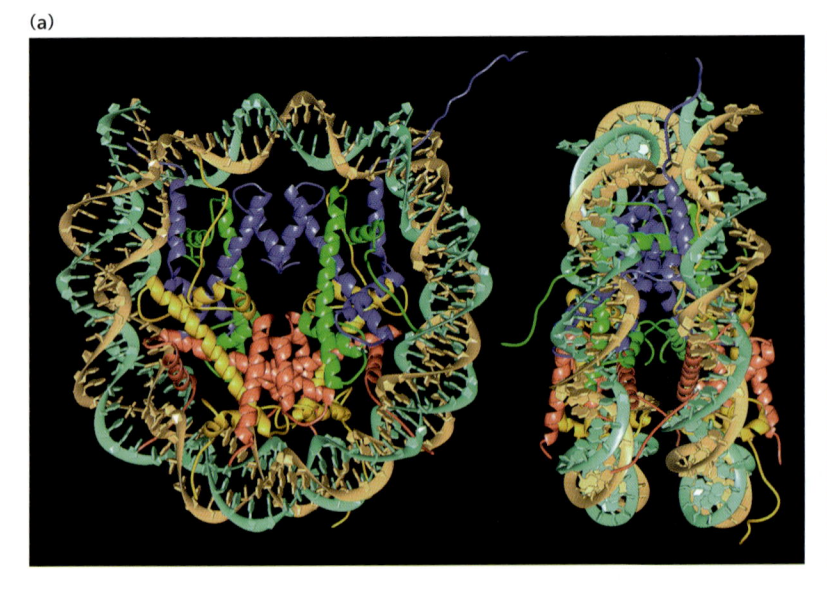

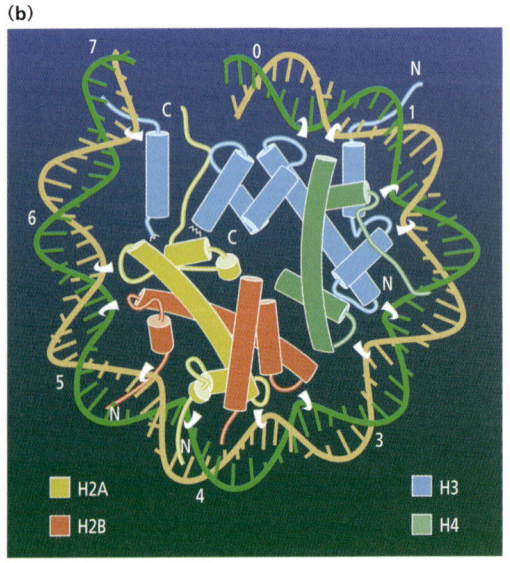

図2.10
ヌクレオソームの構造を2方向からみた図(a)と各ヒストンの配置を示した模式図(b)。CとNはそれぞれC末端とN末端を示す。(a) Luger K, Mäder AW, Richmond RK et al. (1997) Nature 389, 251-260より，Macmillan Publishers Ltd. の許諾を得て転載。Tim Richmondの厚意による。(b) Rhodes D (1997) Nature 389, 231-232より，Macmillan Publishers Ltd. の許諾を得て転載。Daniela Rhodesの厚意による。

2.2 ヌクレオソーム **35**

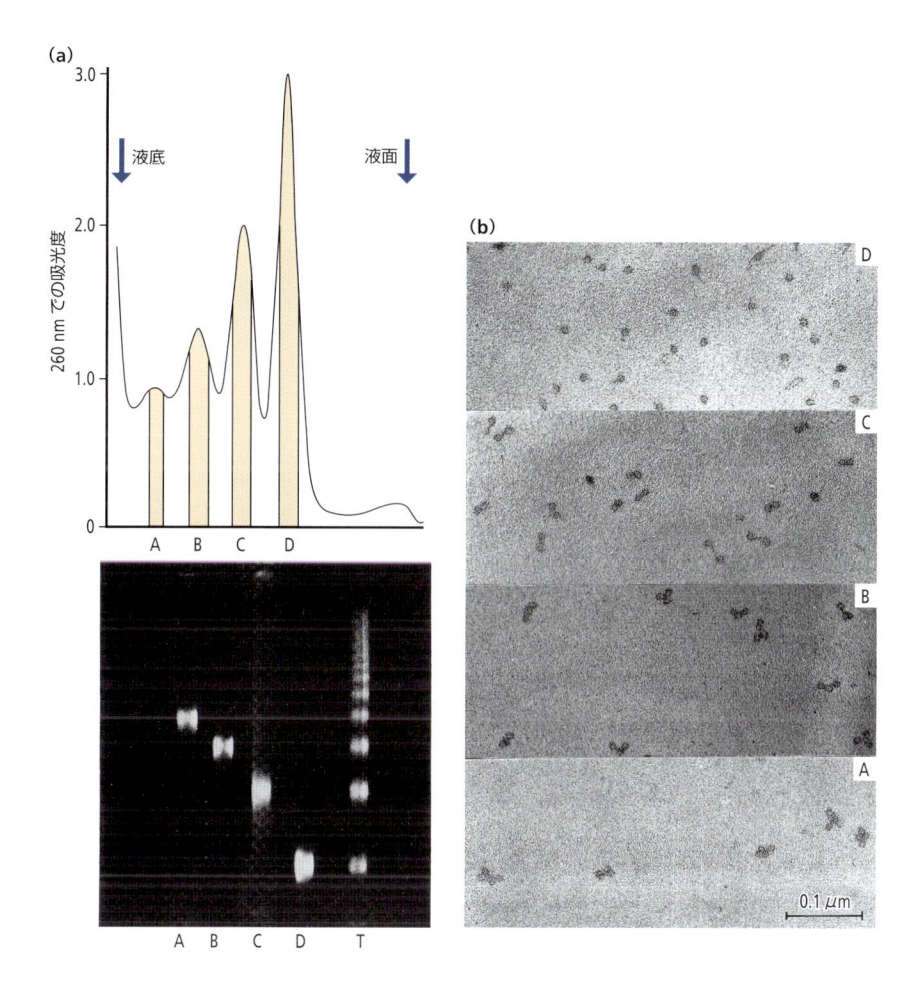

図 2.11
(a)ショ糖密度勾配遠心分離によるモノヌクレオソーム(D)，ジヌクレオソーム(C)，トリヌクレオソーム(B)，テトラヌクレオソーム(A)の単離。上図は遠心後の各画分の吸光度を示す。下図は各画分中のDNAのゲル電気泳動による分離を示す。レーンTは分離前のヌクレオソームから抽出したDNAの梯子状のバンドである。(b)(a)で分離した各画分の電子顕微鏡写真。画分Dではモノヌクレオソーム，画分Cではジヌクレオソームがみえる。Finch JT, Noll M & Kornberg RD (1975) *Proc. Natl. Acad. Sci. USA* 72, 3320-3322 より転載。John Finchの厚意による。

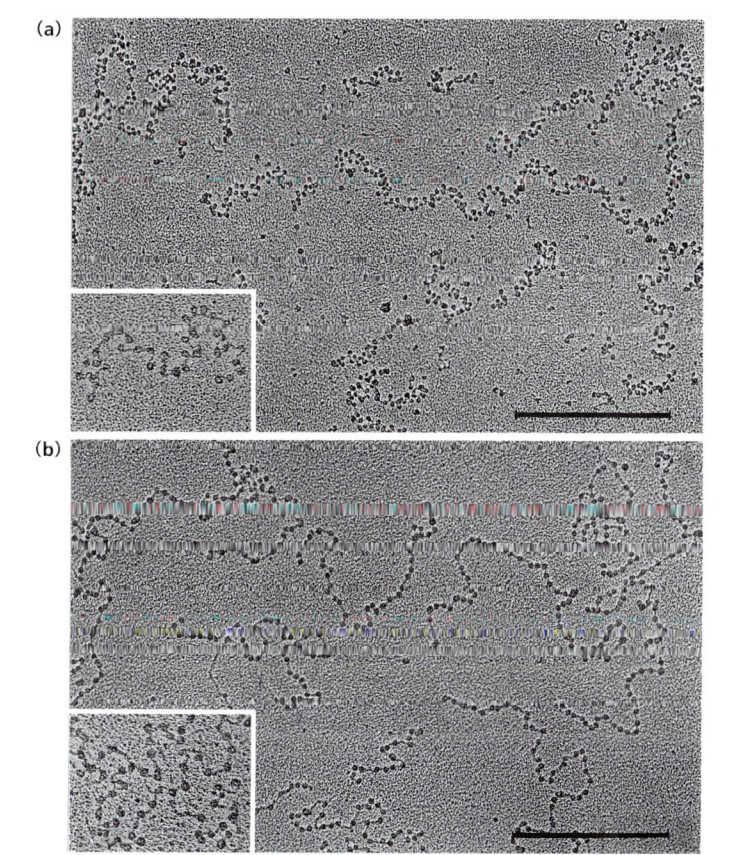

図 2.12
電子顕微鏡で観察したクロマチンの数珠状構造。(a)はヒストンH1存在下，(b)は非存在下。スケールバーは0.5 μmを示す。Thoma F, Koller T & Klug A (1979) *J. Cell Biol.* 83, 403-427 より，Rockefeller University Press の許諾を得て転載。F Thomaの厚意による。

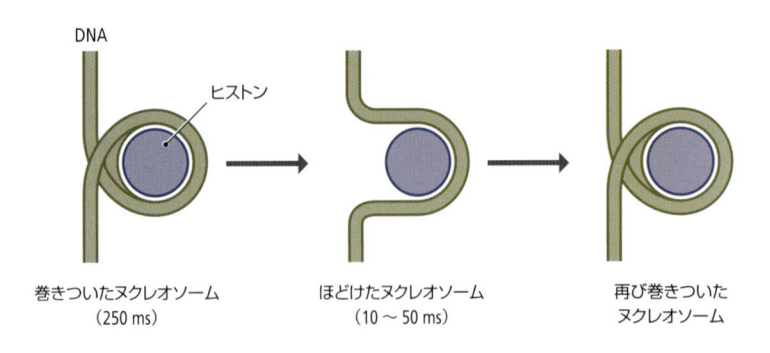

図 2.13
ヌクレオソームの動的な構造。DNA はヒストン八量体からほどけては再び巻きつく。

ヌクレオソームの構造や配置はクロマチンリモデリングの過程で変化する

　ヌクレオソームは非常に動的な構造である。DNA はしばしばヒストン八量体からほどけて短時間だけ露出しては再びヒストン周囲に巻きつく（図2.13）。このことはクロマチンリモデリングの過程できわめて重要な意味をもつ。リモデリングの過程では，ある種のタンパク質複合体が ATP を加水分解し，そのエネルギーをヌクレオソームの移動や構造変化に使う。真核生物の細胞には多数のタンパク質からなる**クロマチンリモデリング複合体**（chromatin remodeling complex）が何種類か存在する。これらはいくつかのファミリーに分類され，その中で最もよく研究されているのは SWI/SNF ファミリーと ISWI ファミリーである。
　クロマチンリモデリング複合体はそれぞれが **ATP アーゼ**（ATPase）を有し，これが ATP を加水分解してリモデリングの過程に必要なエネルギーを取り出す。このリモデリングにより起きうる変化はいくつかある（図2.14）。まず，ヌクレオソームの構造が変化して DNA がより露出した形になることがある（図2.14a）。また，ヌクレオソームが DNA 上で位置を変えることがある（図2.14b）。さらには，ヌ

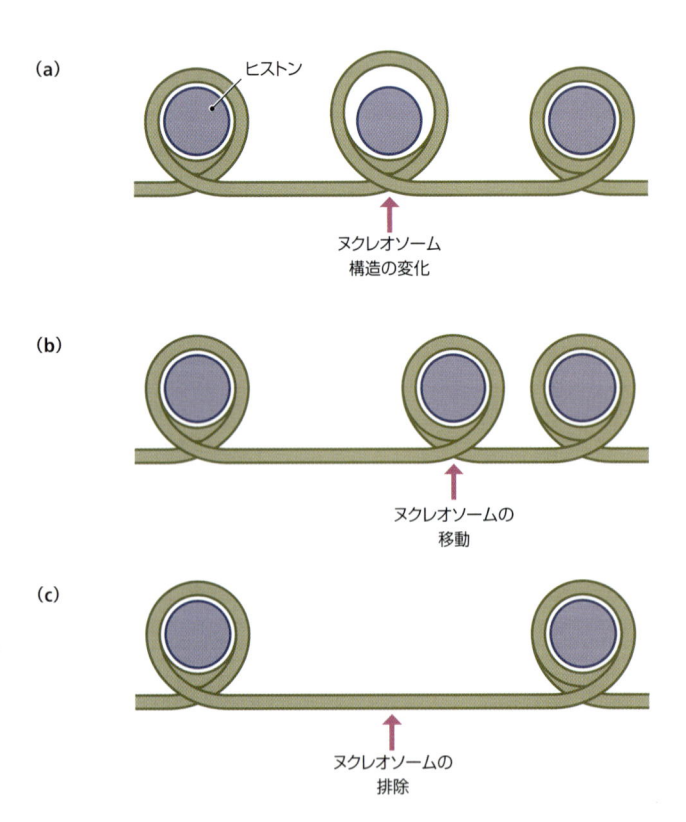

図 2.14
クロマチンリモデリングではヌクレオソーム構造の変化（a），ヌクレオソームの DNA 上での移動（b），ヌクレオソームの完全な排除（c）が起きうる。

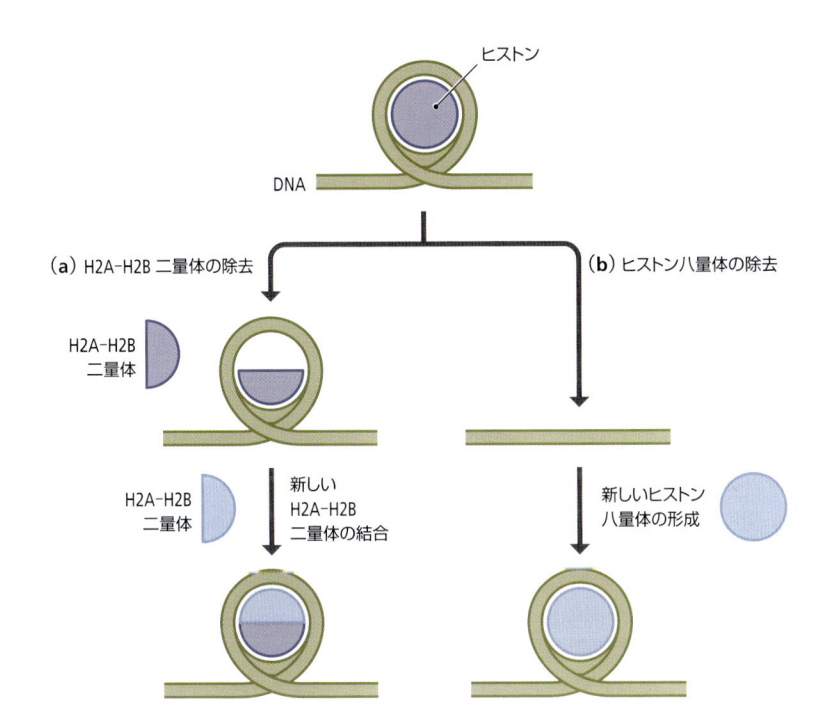

図 2.15
(a) クロマチンリモデリングによりヒストン H2A-H2B 二量体が除去されて不完全なヒストン多量体となり、そこに新しい H2A-H2B 二量体(薄い青色)が結合する。(b) あるいはヒストン八量体全部が取り除かれてヌクレオソームのない DNA となり、その後、新しいヒストン八量体(薄い青色)が形成される。

クレオソームが完全に排除されて DNA 分子から取り除かれることもある(図 2.14c)。これらの変化により、特定の DNA 領域に調節分子がアクセスしやすくなる。クロマチンリモデリングの遺伝子調節における重要な役割については、3.5 節でさらに取りあげる。

クロマチンリモデリング複合体は、DNA とヒストン八量体の会合を変えるばかりでなく、ヒストン八量体中のヒストン分子の交換を促進し、既存のヒストン分子を新しい分子と置換する作用も有する(図 2.15)。この反応ではヒストン H2A-H2B ヘテロ二量体が除去され、別の H2A-H2B ヘテロ二量体が挿入される(図 2.15a)。また、ヒストン八量体(H2A, H2B, H3, H4 の各 2 分子)全部が取り除かれ、新しい八量体で置き換えられる場合もある(図 2.15b)。

このようなヒストン八量体の全部もしくは一部が取り除かれて置換される反応は、同じものが置き換わるだけであればあまり意味がない。しかし、次の節で取りあげるように、ヒストンはさまざまな**翻訳後修飾**(post-translational modification)を受け、それにより性状が変化する。さらに、ヒストンにはサブタイプ(バリアント)も存在する。したがって、リモデリング複合体によって触媒されるヒストン置換は、遺伝子調節という点で重要な役割を担っている。

2.3 ヒストン修飾とヒストンバリアント

ヒストンはさまざまな翻訳後修飾を受ける

コアヒストン(H2A, H2B, H3, H4)はそれぞれ、さまざまな翻訳後修飾を受ける。この修飾は特に、ヌクレオソームの表面から外に飛び出しているヒストンの N 末端領域を標的として行われ、修飾されたヒストンと調節タンパク質との結合に影響を与える。また、このような修飾はヒストンと DNA との相互作用や、隣接ヌクレオソーム中の他のヒストン分子との相互作用に影響を及ぼす可能性もある(図 2.16)。

多くの場合、個々のヒストン分子はさまざまな修飾を多重に受ける。次に述べるように、これは「**ヒストンコード**(histone code)」という考え方につながっていく。

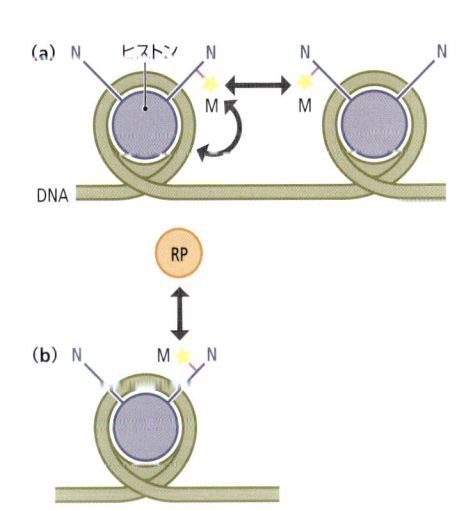

図 2.16
ヒストンの N 末端(N)領域はヌクレオソームのヒストン八量体から外に飛び出している。この領域の翻訳後修飾(M)により、ヒストンと隣接ヌクレオソームとの相互作用や、ヒストンと DNA との相互作用が影響を受ける(a)。あるいは、このような修飾により調節タンパク質(RP)との結合が影響を受ける(b)。

図 2.18
コアヒストン4種のN末端配列とアセチル化されるリシン残基(K)。

H2A NH₂—SGRGKQGGKARAKAK
H2B NH₂—PEPSKSAPAPKKGSKKAITKA
H3 NH₂—ARTKQTARKSTGGKAPRKQLATKAARKSAP
H4 NH₂—SGRGKGGKGLGKGAAKRHRKVL

図 2.17
アセチル基の付加によるリシンの修飾。

これは，ヒストン分子の個々の修飾が組み合わさって形成される全体的なパターンが，クロマチン構造の制御に重要な役割を果たすとする考え方である。ヒストンのさまざまな翻訳後修飾を次に取りあげる。

(a) アセチル化

アセチル化による修飾では，特定のリシン残基の遊離アミノ基上の水素原子がアセチル基($COCH_3$)に置換される。これによりヒストン分子の正味の正電荷が減少する(図 2.17)。4種のコアヒストンそれぞれのN末端にある複数の特定のリシン残基が，アセチル化を受ける(図 2.18)。この修飾により，それぞれのヒストンはアセチル化されたリシン残基を0個，1個，あるいは複数もった形で存在しうることになる。

ヒストンのアセチル化は**ヒストンアセチルトランスフェラーゼ**(histone acetyltransferase；HAT)により触媒される。この酵素は多数のタンパク質からなる複合体の一部であり，この複合体はヒストンのアセチル化を実際に行う触媒サブユニットをはじめ，さまざまなタンパク質を含んでいる。さまざまなHATが存在し，3つのファミリーに大分類されている。すなわち，GCN5 N-アセチルトランスフェラーゼ(GCN5 N-acetyltransferase；GNAT)ファミリー，**CBP/p300**ファミリー，**MYST**ファミリー(名称は分類のきっかけとなったMorf，Ybf2，Sas2，Tip60に由来する)の3つである。

興味深いことに，GNATファミリーの最初の例である酵母タンパク質GCN5は，そのHAT活性が知られる前から転写に関わるタンパク質として報告されていた。同じように，CBP/p300はそのHAT活性が見つかる前に，すでに重要な**コアクチベーター**(co-activator)タンパク質として同定されていた(GCN5とCBP/p300についての詳細は5.2節参照)。これらの知見は，3.3節で取りあげる実験結果，すなわちヒストンアセチル化がクロマチン構造の制御ならびに転写調節に重要であることと合致する。

HATとは逆の作用をする酵素が**ヒストンデアセチラーゼ**(histone deacetylase；HDAC)である。この酵素はリシン残基からアセチル基を取り除き，2つの反応のバランスによってヒストンアセチル化のレベルが調節される(図 2.19)。HATと同

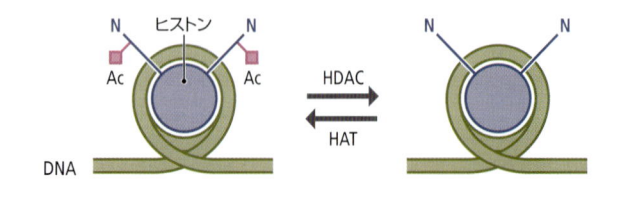

図 2.19
ヒストンのN末端(N)領域のアセチル化のレベルは，ヒストンをアセチル化するヒストンアセチルトランスフェラーゼ(HAT)と脱アセチル化するヒストンデアセチラーゼ(HDAC)のバランスにより調節される。

図 2.20
メチル基1つ，2つ，3つの付加によるリシンの修飾。図 2.17 と比較すること。

様に，HDACもタンパク質複合体を構成しており，中でも Sin3 複合体や NuRD 複合体はよく解析されている。さらに HAT と同様に，HDAC 複合体も HDAC 活性が発見される前から転写に関わることがすでに知られていた。たとえば，HDAC1 は最初に解析された哺乳動物の HDAC であるが，転写を抑制する作用に基づいて同定された酵母タンパク質 Rpd3 のホモログであることが示されていた。

(b) メチル化

アセチル化と同様に，メチル化もヒストン分子のN末端にあるリシン残基を標的とする。しかし，1つの水素原子だけがアセチル基に置換されるのとは異なり，メチル化の過程では1つ，2つ，あるいは3つの水素原子が**メチル基**(methyl group；CH_3)に置換され，モノメチルリシン，ジメチルリシン，トリメチルリシンがそれぞれ形成される(図 2.20)。また，アセチル化とは異なり，メチル化はアルギニン残基も標的とする。さらに，アセチル化とは異なり，メチル化がこれら塩基性アミノ酸の正味の正電荷を減少させることはない。

4種のヒストン H2A，H2B，H3，H4 それぞれのN末端にある複数のリシン残基やアルギニン残基が，メチル化を受ける。ヒストン H3 および H4 のメチル化される残基を図 2.21 に示す。アセチル化と同様に(これも図 2.21 に示す)，それぞれのヒストン分子はメチル化された残基を0個，1個，あるいは複数もった形で存在しうる。

図 2.21 に示したように，いくつかのリシン残基はメチル化による修飾とアセチル化による修飾のいずれも受ける可能性がある。これらの修飾はリシン残基の同じ原子を標的とするので(図 2.17 と図 2.20 を比較すること)互いに排他的であり，それぞれのヒストン分子上でこのような残基はアセチル化かメチル化(あるいは修飾されない)のいずれかの状態をとる(図 2.22)。

このような個々のアミノ酸の選択的な修飾に加えて，ある位置の修飾が別の位置の修飾に影響を及ぼすことも多い。たとえば，ヒストン H3 のN末端から9番目のメチル化は，同じ位置をアセチル化されなくするだけでなく 14 番目の位置のア

図 2.21
ヒストン H3 および H4 のN末端配列におけるアセチル化される残基とメチル化される残基の比較。図 2.22 と図 2.23 で取りあげるヒストン H3 の領域をそれぞれ実線と破線で示す。

図 2.22
ヒストン H3 の配列の一部（図 2.21 で実線を付してある部分）。9 番目のリシン残基（K）はアセチル化とメチル化のいずれも受ける可能性があるが，同時に 2 つの修飾を受けることはない。

セチル化も抑制する。逆に，9 番目の脱メチル化はしばしば 14 番目のアセチル化を伴う（図 2.23）。

ヒストンのメチル化は，リシン残基またはアルギニン残基をメチル化する特異的なヒストンメチルトランスフェラーゼにより触媒される。このようなメチル化は不可逆的なものと考えられていたことがあり，メチル化されたヒストンは最終的には分解されるか非メチル化分子と交換されるとされていた。しかし最近の数年間で，アセチル基と同様に（前述）メチル基もヒストンから取り除かれることが明らかになり，この反応を触媒する酵素も同定された。

脱メチル化反応はいくつかの機構で起こるが，これは関与するヒストンデメチラーゼによって異なる。たとえばメチル化されたリシン残基の場合，酵素 LSD1 が触媒するアミンの酸化反応で水素原子が補酵素 FAD に転移され，イミン中間体が生じる。次いでこの中間体が脱イミノ化を受けて，非メチル化リシンとホルムアルデヒド（H_2CO）が生成する（図 2.24a）。LSD1 はモノメチルリシンとジメチルリシンの脱メチル化を行えるが，トリメチルリシンには作用しない。

対照的に，酵素 JmjC は LSD1 とは反応機構が異なり，モノメチルリシンとジメチルリシンに加えトリメチルリシンにも作用することができる。JmjC による脱メチル化は酸化的脱メチル化反応であり，コハク酸と二酸化炭素が放出される。生じ

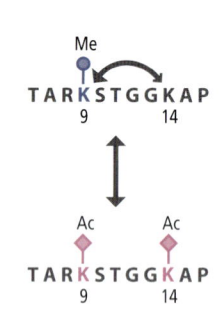

図 2.23
ヒストン H3 の配列の一部（図 2.21 で破線を付してある部分）。9 番目と 14 番目のリシン残基の修飾は互いに影響を及ぼしあい，たとえば 9 番目のメチル化は，同じ位置をアセチル化されなくするだけでなく 14 番目のアセチル化も抑制する。

図 2.24
リシン残基からメチル基が取り除かれる機構。(a) 酵素 LSD1 が触媒するアミンの酸化反応で，水素原子 2 個が補酵素 FAD に転移され，モノメチルリシンからイミン中間体が生じる。この中間体が加水分解されて，ホルムアルデヒド（H_2CO）と非メチル化リシンが生成する。(b) JmjC は酸化的脱メチル化反応を触媒し，コハク酸と二酸化炭素の放出を伴ってヒドロキシメチルリシン中間体が生じる。次いでこの中間体からホルムアルデヒドが脱離して非メチル化リシンとなる。

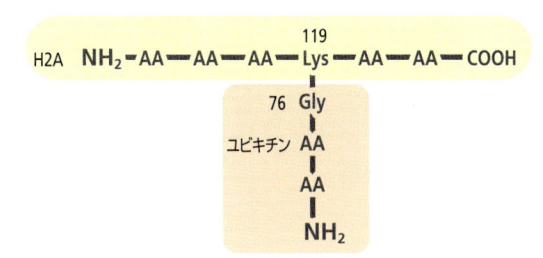

図 2.25
ユビキチンのヒストン H2A への結合。ユビキチンの C 末端(76 番目)のアミノ酸が H2A の 119 番目のリシンと結合する。アミノ酸主鎖は AA で示す。

たヒドロキシメチル中間体からホルムアルデヒドが脱離して非メチル化リシンとなる(図 2.24b)。

これらの酵素は脱イミノ化あるいは脱メチル化という異なる機構を使っているが，結果は同じであり，アセチル化と同様にヒストンメチル化も可逆的な過程であることを示している。

(c) ユビキチン化と SUMO 化

リシン残基は側鎖アミノ基のアセチル化やメチル化により修飾されるだけでなく，ユビキチン化による修飾も受ける。しかし他の修飾とは異なり，ユビキチン化はアセチル基やメチル基のような小さい化学基の付加ではない。ユビキチン化では 76 アミノ酸からなる**ユビキチン**(ubiquitin)というタンパク質の遊離カルボキシ基がヒストンのリシン残基に結合し，分岐した分子を形成する(図 2.25)。

アセチル化やメチル化とは異なり，ユビキチン化は H2A と H2B だけに起きる。さらに，H2A では 119 番目のアミノ酸，H2B では 120 番目のアミノ酸と，それぞれのヒストンのただ 1 カ所だけに起きる。したがって，ユビキチン分子は，前述のようにヒストン分子の N 末端領域を修飾するアセチル基やメチル基とはある程度離れた場所を修飾する。

他のタンパク質であればユビキチン付加により分解へ導かれるが，ユビキチン化された H2A や H2B は分解されず安定なままである。しかし，アセチル化の場合と同じく，ユビキチン化も修飾されるリシン残基の正電荷を除くのでヒストン分子の正電荷を減少させる。さらにはユビキチンタンパク質そのものが負に荷電したアミノ酸を多く含むため，ヒストン分子のアミノ酸がもつ正電荷を中和する。

これまでみてきた他の修飾と同様に，ヒストンのユビキチン化はヒストンの他の部位の修飾に影響を及ぼす。興味深いことに，ヒストン H2B のユビキチン化は別のヒストンである H3 の 4 番目と 79 番目のリシン残基のメチル化を促進する。これまでみてきた他の例では**ヒストン修飾**(histone modification)により同じヒストン分子の別の位置の修飾が促進される(図 2.26a)が，この場合には別のヒストンの修飾が促進されるのである(図 2.26b)。

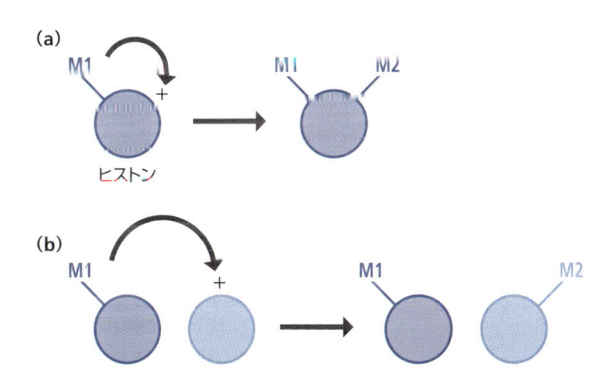

図 2.26
ヒストン分子の翻訳後修飾(M1)により，同じヒストン(a)や別のヒストン(b)の修飾が促進される。

ユビキチン化による修飾に加え，ヒストンのリシン残基は低分子ユビキチン様修飾因子（small ubiquitin-related modifier；**SUMO**）付加による修飾を受ける。SUMOは名前が示すようにユビキチンに類似した小タンパク質である。興味深いことに，ヒストンのSUMO化はHDACのリクルートを導くと考えられており，これによりSUMO化ヒストンは脱アセチル化される。これは2種類のヒストン修飾の連携を示すもう1つの例である（図2.27）。

(d) リン酸化

これまで取りあげたヒストン修飾とは異なり，ヒストンの**リン酸化**（phosphorylation）はリシンではなくセリンあるいはトレオニン残基を標的とする。これらの残基のリン酸化による細胞機能の制御は，数多くのタンパク質についてさまざまな局面で行われており，ヒストンリン酸化はその一例である［リン酸化による**転写因子**（transcription factor）の活性制御については8.2節参照］。

アセチル化やメチル化と同様に，リン酸化は4種のコアヒストン（H2A，H2B，H3，H4）すべてで行われ，N末端領域にあるアセチル化やメチル化を受けるリシン残基の近傍で起きる。ヒストンH3およびH4のアセチル化，メチル化，リン酸化のパターンを図2.28に示す。

これらの修飾は近接して起きるので，修飾間の相互作用が生じることがある。たとえば，ヒストンH3の10番目のセリン残基のリン酸化は，近くにある14番目のリシン残基のアセチル化と関連している。実際，先に述べたヒストンH3の9番目のリシン残基の脱メチル化（図2.23）は，9番目および14番目のリシン残基のアセチル化に加え，10番目のセリン残基のリン酸化を促進する（図2.29）。

付加されるリン酸基は負に荷電しているので，リン酸化はアセチル化やユビキチン化と同様に，修飾されたヒストン分子の正味の正電荷を部分的に中和し，ヒストンと負に荷電したDNAとの相互作用や，隣接ヌクレオソーム中の他のヒストンとの相互作用に影響を及ぼす（図2.30a）。

このような電荷効果に加え，ヒストンの翻訳後修飾はヒストンと調節タンパク質との相互作用にも影響を及ぼすと考えられる。実際，本節で取りあげてきた異なる修飾間の連携に基づいて，調節タンパク質がヒストン分子上の複数の修飾の組み合わせを認識するとする「ヒストンコード」という考え方が提唱された（図2.30b）。本節で取りあげた知見は，節の初めに述べたように，ヒストン-DNA間，ヒストン-ヒストン間，あるいはヒストン-調節タンパク質間といった相互作用に影響を与えることを可能にするヒストン修飾の特徴を示している（図2.16と図2.30を比較すること）。

ヒストンバリアントは主要型ヒストンとは別の遺伝子にコードされる

4種のコアヒストン（H2A，H2B，H3，H4）の主要型は，翻訳後修飾を受けているか否かに関わらず，細胞内のヒストンの大部分を占める。しかし，H4を例外として，ヒストンにはマイナーなバリアントが存在し，これらは主要型ヒストンとアミノ酸配列が異なっている。バリアントと主要型の相同性の程度はさまざまである

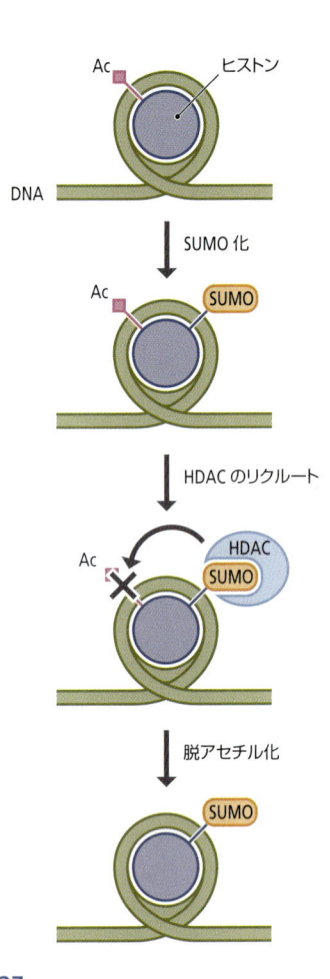

図2.27
ヒストン分子がSUMO化されることによりヒストンデアセチラーゼ（HDAC）がリクルートされ，ヒストンの脱アセチル化が起きる。

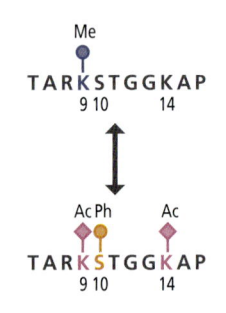

図2.28
ヒストンH3およびH4のN末端配列でアセチル化，メチル化，あるいはリン酸化される残基。図2.29で取りあげる領域を破線で示す。

図2.29
ヒストンH3の配列の一部（図2.28で破線を付した部分）。9番目のリシン残基の脱メチル化は，9番目および14番目のリシン残基のアセチル化に加え，10番目のセリン残基のリン酸化を促進する。

2.3 ヒストン修飾とヒストンバリアント

図 2.30
リン酸化などのヒストン修飾は、ヒストン分子の正味荷電を変えることによりクロマチン構造を制御する。正味荷電の変化により、たとえば負電荷同士が反発しあって、他のヒストンや負に荷電した DNA との相互作用が変化する可能性がある(a)。あるいは、アセチル化やリン酸化など別の修飾との組み合わせでヒストンコードを形成し、これが調節タンパク質(RP)に認識される場合もある(b)。図 2.16 と比較すること。

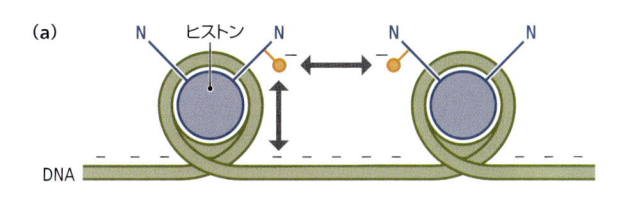

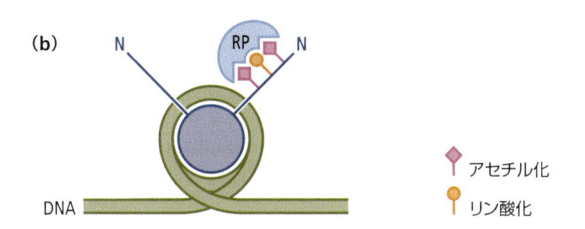

（図 2.31）。たとえば、ヒストン H3 のバリアントである CENP-A は H3 と 46％の相同性しかないが、別の H3 バリアントである H3.3 は H3 と 4 つのアミノ酸しか違わず、相同性は 96％である。ヒストンバリアントは、主要型ヒストンをコードする遺伝子とは別の遺伝子にコードされ、主要型と比較して進化上の保存性は低い。

しかし、これら**ヒストンバリアント**(histone variant)は重要な機能を有しており、特に**ヌクレオソームリモデリング**(nucleosome remodeling)（2.2 節および図 2.15）により主要型ヒストンが置換される過程で重要となる。たとえば、H3 バリアントの CENP-A は、細胞分裂の際に染色体が紡錘糸に結合する**セントロメア**(centromere)のクロマチン構造を形成するうえで重要である（2.5 節）。

同様に、H2A バリアントの H2A.X は DNA 損傷を修復する必要がある場所と関係している。H2A.X は H2A にはない C 末端領域を有し（図 2.31）、この領域にはリン酸化されるセリン残基がある。このセリンのリン酸化は損傷 DNA の標識として働き、DNA 修復に必要な酵素をリクルートする（図 2.32）。これと合致して、H2A.X が欠損すると DNA 損傷の修復がうまくいかず染色体転座が増加する。この例では、ヒストンバリアントとそのリン酸化修飾が併用されている。

遺伝子調節の観点から興味の対象となる主要なヒストンバリアントは、H2A バリアントの H2A.Z と H3 バリアントの H3.3 である。これらはいずれも遺伝子が

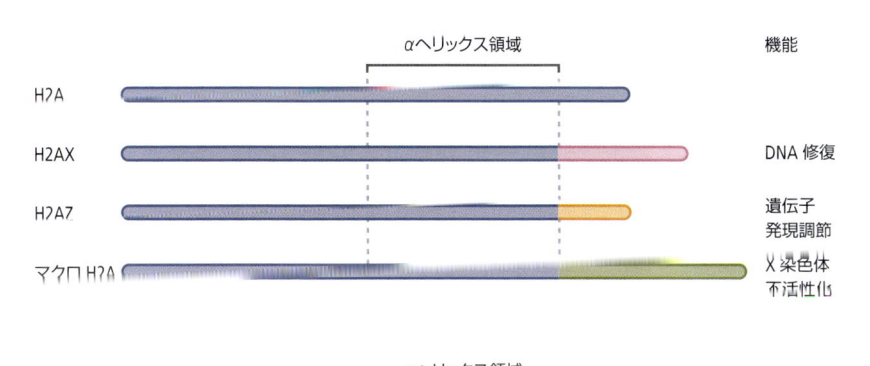

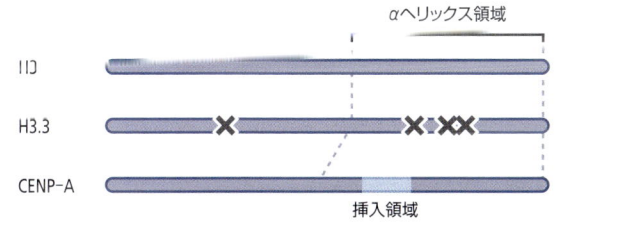

図 2.31
ヒストン H2A および H3 の主要型とバリアントの比較。H2A バリアントの C 末端領域の違いに注意。H3.3 と H3 との間で異なる 4 つのアミノ酸の位置、そして CENP-A にみられる挿入領域を示す。各バリアントに特有の機能を右に示す。

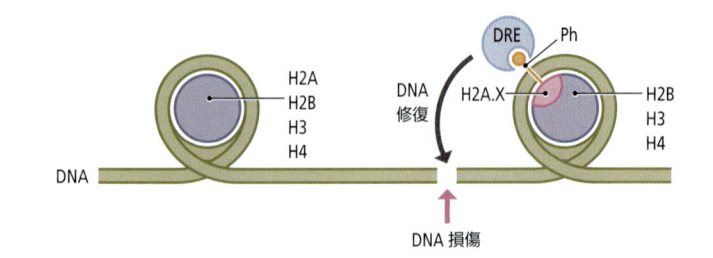

図 2.32
DNA損傷が生じた領域では，ヒストンH2AがヒストンバリアントH2A.Xで置き換えられる。H2Aには存在しないH2A.Xのセリン残基がリン酸化され，これによりDNA修復酵素(DNA repair enzyme；DRE)がリクルートされてDNAが修復される。

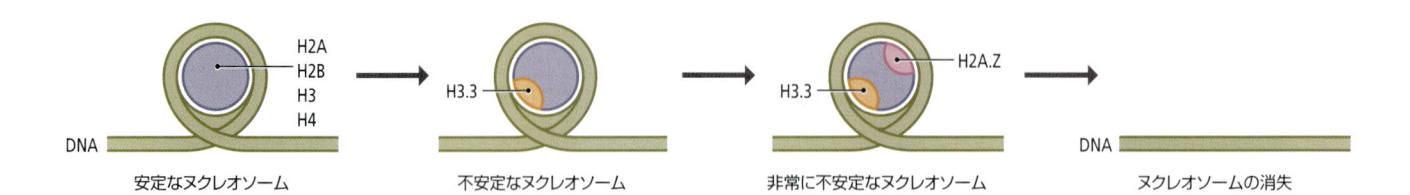

図 2.33
ヒストンH3からH3.3への置換やH2AからH2A.Zへの置換により，ヌクレオソームは段階的に不安定になる。最終的にはDNA領域からヌクレオソームがなくなり，転写調節因子が結合できるようになる。

活発に転写されている領域に分布しており，弛緩したクロマチン構造を形成するうえで重要な役割を担っているものと予想される。H2AやH3の代わりにH2A.ZやH3.3を含むヌクレオソームは，通常のヌクレオソームよりも不安定のようである。H2A.ZとH3.3の両方を含むヌクレオソームはさらに不安定であることから，これらのバリアントが存在するとそのDNA領域からヌクレオソームがはずれ，転写調節因子が結合できるようになると考えられる(図 2.33)。

2.4 30 nm クロマチン線維

30 nm クロマチン線維は数珠状構造がさらに凝縮した状態である

2.2節で取りあげた数珠状構造はヒストン八量体の周囲にDNAを巻きつけてDNAを凝縮させているが，細胞内ではさらなる凝縮が必要となる。実際，細胞内と同じ塩濃度の緩衝液を使って注意深く細胞から抽出すると，クロマチンは直径およそ30 nmの線維として観察される。これは低塩条件で抽出した際にみられる直径10 nmの数珠状構造(2.2節)よりも，さらに短く凝縮している。このことはヌクレオソームが互いに密に会合して，より短く太い線維を形成していることを示す。

30 nm線維構造に関する初期の研究から，これが**ソレノイド構造**(solenoid structure)をとっていることが示唆された(図 2.34)。数珠状構造で直線的に配置されていた各ヌクレオソームが次々と積み重なってらせん状の配置をとり，より凝縮した構造となっている。この構造は1つの始点をもつ1本のらせんなので，one-startヘリックスとして知られる。

しかしながら最近になって，テトラヌクレオソーム(4連ヌクレオソーム)のX線結晶構造解析から，two-startヘリックスとして知られる別の構造が提唱されている(図 2.35)。このモデルでは，ヌクレオソームは1個おきに別の鎖に入り，**ジ**

図 2.34
30 nmクロマチン線維のソレノイド構造に関するone-startヘリックスモデル。
McGhee JD, Nickol JM, Felsenfeld G & Rau DC (1983) Cell 33, 831–841 より，Elsevier社の許諾を得て転載。

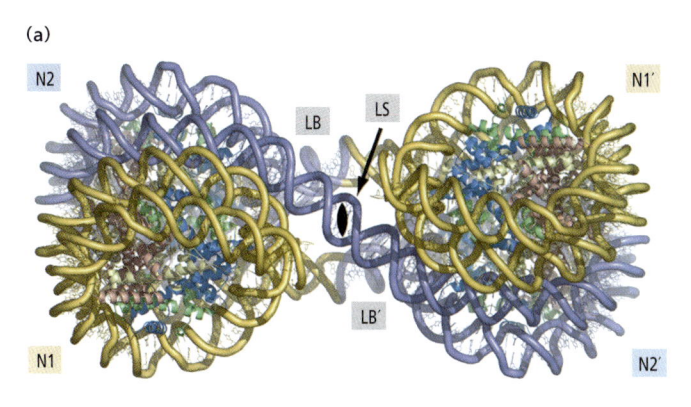

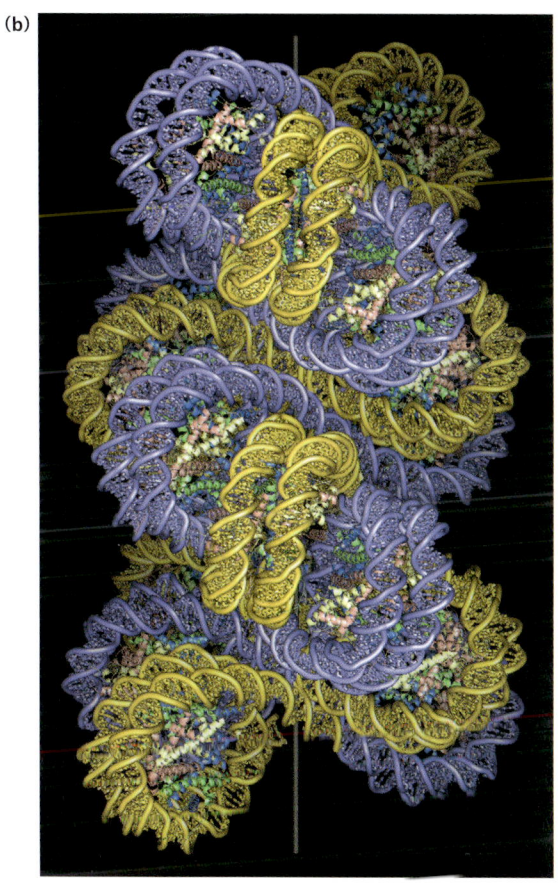

図 2.35
30 nm 線維の two-start ヘリックスモデル。(a)はテトラヌクレオソームの結晶構造を示す。(b)はテトラヌクレオソームが積み重なって形成されるクロマチン線維のモデルを示す。N：ヌクレオソーム。Schalch T, Duda S, Sargent DF & Richmond TJ (2005) *Nature* 436, 138-141 より, Macmillan Publishers Ltd. の許諾を得て転載。Tim Richmond の厚意による。

ジグザグリボン構造（zigzag ribbon structure）をとる。ジグザグリボンの2本の鎖は互いに巻きついて二重らせん状のリボン構造を形成する（図 2.36）。この構造は two-start ヘリックスとして知られる。

　30 nm 線維の密な構造自体が正確な構造決定を困難なものにしているが，おそらく two-start ヘリックスモデルの方が正しいように思われる。テトラヌクレオソームの構造解析に基づいていることに加え，12 連ヌクレオソームの架橋実験の結果とも合致する。後者の実験からは，30 nm 線維では 12 個のヌクレオソームが 1 列に並んでいるのではなく，6 個のヌクレオソームが 2 列で並んでいることが示唆されている。

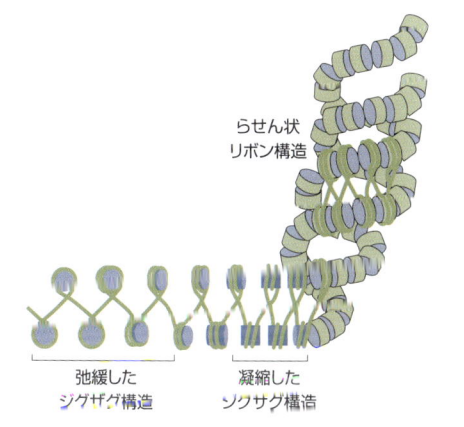

図 2.36
ジグザグ状に配置されたヌクレオソームが凝縮して，らせん状リボン構造を形成する過程の模式図。Woodcock CL, Frado LL & Rattner JB (1984) *J. Cell Biol.* 99, 42-52 より, Rockefeller University Press の許諾を得て転載。JB Rattner の厚意による。

コアヒストンの翻訳後修飾とヒストンH1が30 nm線維の形成に関わる

細胞内のDNAの大部分は30 nm線維構造をとって存在していると考えられている。したがって，10 nm数珠状構造からこの構造を作り出すのに関わる因子を理解することは，きわめて重要である。さらに，3.1節で取りあげるように，転写されつつあるDNAは数珠状構造をとる。それゆえ10 nm線維と30 nm線維の相互転換を調節する因子は，クロマチン構造と遺伝子調節という両方の観点から非常に重要といえる。

30 nm線維と数珠状構造の間の変換には，2.3節で述べたヒストン修飾がきわめて重要な役割を果たしている。前述のように，コアヒストンのN末端領域はテールとしてヌクレオソームの表面から外に飛び出しており，高次クロマチン構造の形成に必要な隣接ヌクレオソーム間の相互作用に関わっている。たとえば，ヒストンH4のN末端の正に荷電した領域，特に16番目のリシンは，隣接ヌクレオソームのヒストンH2A-H2B二量体表面に位置する負に荷電した7アミノ酸のクラスターと相互作用することが示されている（図2.37a）。

2.3節で述べたように，ヒストンH4の16番目のリシンはアセチル化修飾の標的である。アセチル化されるとH4のこの領域の正荷電が減り，隣接ヌクレオソームのH2A-H2B二量体の負に荷電した領域との相互作用が減弱し，これにより弛緩したクロマチン構造への転換が促進される（図2.37b）。

ヒストンH1（histone H1）も，より凝縮した30 nm線維構造を形成するうえで重要な役割を担う。実際，電子顕微鏡で観察すると図2.12に示したように，ヒストンH1存在下では非存在下よりもクロマチンは密にパッケージされている。表2.1に示したように，細胞内におけるヒストンH1の存在量はコアヒストン4種の半分である。ヒストンH1はヒストン八量体にも含まれておらず，ヌクレオソーム1個あたり約1分子の割合でしか存在しないが，その中心の球状領域がヌクレオソームから出てくるリンカーDNAと相互作用してその方向を変え，より凝縮した構造をとらせると考えられている（図2.38）。これにはヒストン八量体の周囲に2回巻きついたDNAを固定する効果があり，30 nm線維を形成するうえで重要と考えられる。

この考え方と合致して，ヒストンH1は転写されていないDNA領域に豊富に存

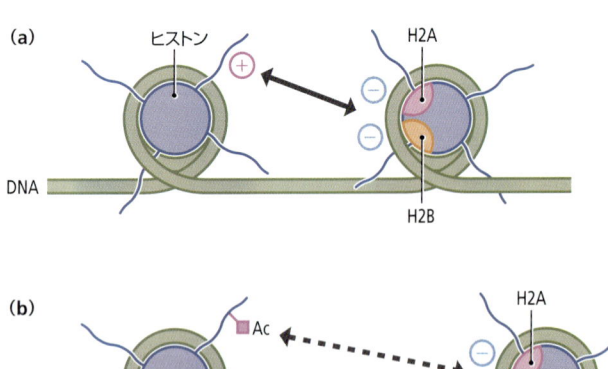

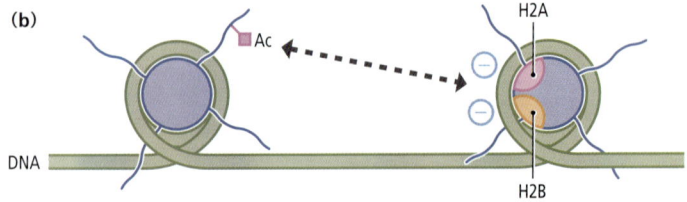

図 2.37
(a)ヒストンH4のN末端の正に荷電した領域は，隣接ヌクレオソームのヒストンH2AおよびH2Bの負に荷電した領域と相互作用し，ヌクレオソームの凝縮を促進する。(b)ヒストンH4の16番目のリシンがアセチル化(Ac)されると，この領域の正電荷が減り，これにより弛緩したクロマチン構造への転換が促進される。

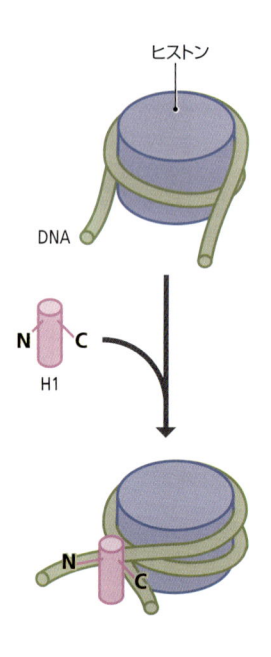

図 2.38
ヒストンH1（ピンク色）の球状領域はヌクレオソームから出てくるリンカーDNAと相互作用してその方向を変え，より凝縮した構造をとらせる。

在し，クロマチン構造が弛緩して転写が起きている領域では減少している。興味深いことに，ヒストンH1とポリ(ADPリボース)ポリメラーゼ1(PARP-1)の間には逆相関関係があり，PARP-1はヒストンH1が少ない領域に多く存在し，逆もまた真である。このことはステロイドホルモンであるエストロゲンで誘導される *pS2* 遺伝子に関する研究結果とも合致する。すなわち，この遺伝子がエストロゲンによって誘導される際には，ヒストンH1がPARP-1とトポイソメラーゼⅡβによって置換され，トポイソメラーゼⅡβがDNAを一時的に2本鎖切断する。これによりDNAが巻き戻されてクロマチン構造が変化し，転写が可能となる。切断されたDNAはクロマチン構造が変化すると再連結される(図2.39)。

このように，コアヒストンの翻訳後修飾とヒストンH1の両方が30 nm線維と10 nm数珠状構造の間の変換に重要な役割を果たしており，転写が起きるためにはこの変換が必要である。

興味深いことに，ニワトリの成熟赤血球ではヒストンH1の代わりにヒストンH5が用いられる。ヒストンH5はきわめて高度に凝縮したクロマチン構造を作り，転写はまったく起きない。これにより細胞の中で核が占める空間が減り，赤血球内の空間を最大限その主要な機能，すなわち酸素運搬にあてることが可能となる。これは哺乳動物の成熟赤血球でみられる完全な脱核と同様の意味をもつ。

2.5 クロマチンの構造領域と機能領域

30 nm 線維はループ構造の形成によりさらに凝縮する

30 nm線維は細胞内のDNAの大部分を収納する基本的構造であるが，単純な直鎖状構造として存在するわけではなく，通常50,000〜200,000塩基長のさまざまなサイズをもつ一連のループに折りたたまれている(図2.40)。10 nm数珠状構造から30 nm線維への転換と同様に，このループ構造は30 nm線維よりも短く太い。

このループは**核マトリックス**(nuclear matrix)に結合している。これはRNAとタンパク質性線維が形成する網状構造であり，核全体に広がっている。ループと核マトリックスの結合は，ループの基部に存在する**マトリックス付着領域**(matrix attached region；MAR)あるいはスカフォールド付着領域(scaffold attached region；SAR)と呼ばれるATに富むDNA領域を介して行われる(図2.41)。

このようなループのそれぞれがクロマチンの構造領域となる。この構造領域が状

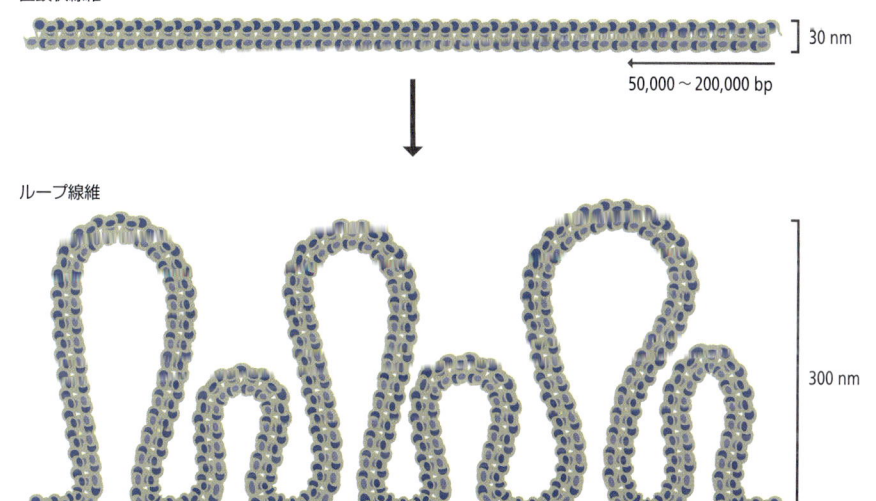

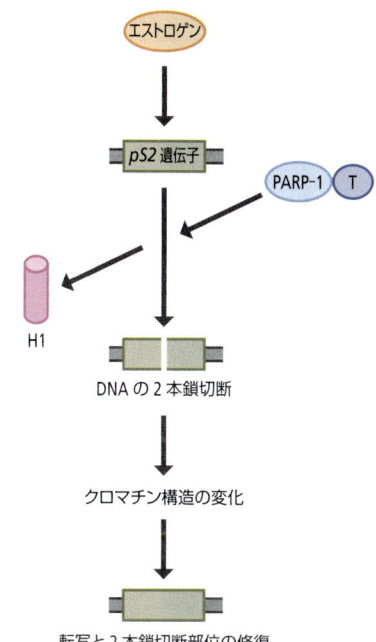

図 2.39
エストロゲンによる *pS2* 遺伝子の活性化は，ポリ(ADPリボース)ポリメラーゼ1(PARP-1)とトポイソメラーゼⅡβ(T)によるヒストンH1の置換を伴う。これによりDNAが一時的に2本鎖切断され，DNAが巻き戻されてクロマチン構造が変化する。こうして *pS2* 遺伝子の転写が促進される。

図 2.40
30 nm線維は50,000〜200,000塩基長のサイズをもつ一連のループに折りたたまれ，直径およそ300 nmのループ線維となる。

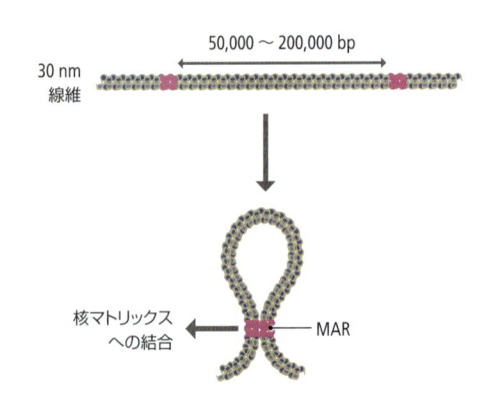

図 2.41
30 nm 線維のループはマトリックス付着領域（MAR）を介して核マトリックスに結合する。

況に応じて機能領域に相当することもある．すなわち，転写の開始に先立って特定のループが構造を変え，30 nm 線維から数珠状構造への転換が起こる（図 2.42）．また，4.1 節で取りあげるように，このようなループ化により，活性化されつつある DNA がクロマチン本体から外に飛び出し，転写が実際に行われる核内の特定の領域に局在できるようになる（図 4.21）．

このようにクロマチンには特定の機能領域があり，状況に応じて領域内でクロマチン構造が変化して転写が可能となる．このような機能領域の存在は，それらが構造上の領域に相当するかどうかは別にして，領域間の境界はどのようにして定められているのか，また互いに隣接するクロマチンの 2 つの領域がそれぞれ数珠状構造と 30 nm 線維構造という異なる構造をとることがあるのか，という疑問を生む．

このような境界を定める機能をもつ 2 つのタイプの DNA 配列を次に取りあげる．

遺伝子座調節領域は広い領域のクロマチン構造を制御する

特定の遺伝子をマウス受精卵に導入してトランスジェニックマウスを作製すると，往々にして導入遺伝子の発現レベルはごく低く，多コピーの遺伝子を導入してもその発現は上昇しない．同様に，導入遺伝子のコピー数が同じでも，挿入される染色体上の位置によって発現レベルには大きな差がある．このことから遺伝子活性は近接する染色体領域の影響を受けることが示唆される．この効果は遺伝子を近傍の調節配列とともに導入した場合でも観察される．このことから，遺伝子がそのゲノム上の場所とは無関係に高いレベルで発現するために必要な DNA 配列が存在し，導入遺伝子にはこのような配列が欠けている，という考え方が出てきた．

この考え方は哺乳動物 β グロビン遺伝子群の研究から支持されている．この遺伝子群は機能しない偽遺伝子 1 個と機能正常な β 様グロビン遺伝子 4 個からなり，後者は赤血球系細胞において α グロビンとともに個体発生過程で順番に発現する．すなわち，初期胚で ε グロビンが発現し，後期胚で 2 種類の γ グロビン（これらはアミノ酸 1 カ所だけが違い，$^G\gamma$ はグリシン，$^A\gamma$ はアラニンをもつ）が発現し，成体では β グロビンが（少量の δ グロビンとともに）発現する（図 2.43）．

β 様グロビン遺伝子群の上流 10～20 kb に位置する領域を 1 つのグロビン遺伝子に連結してトランスジェニックマウスに導入すると，ゲノム上の挿入位置によらず高いレベルで発現することが示された．さらに，この領域が存在するとグロビン遺伝子が赤血球系細胞でのみ高レベルで発現し，他の組織では発現しないことから，

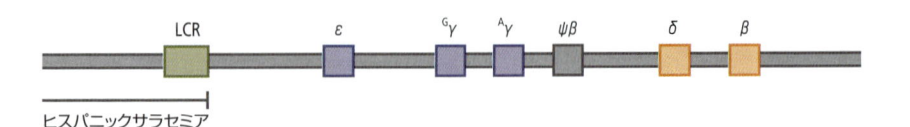

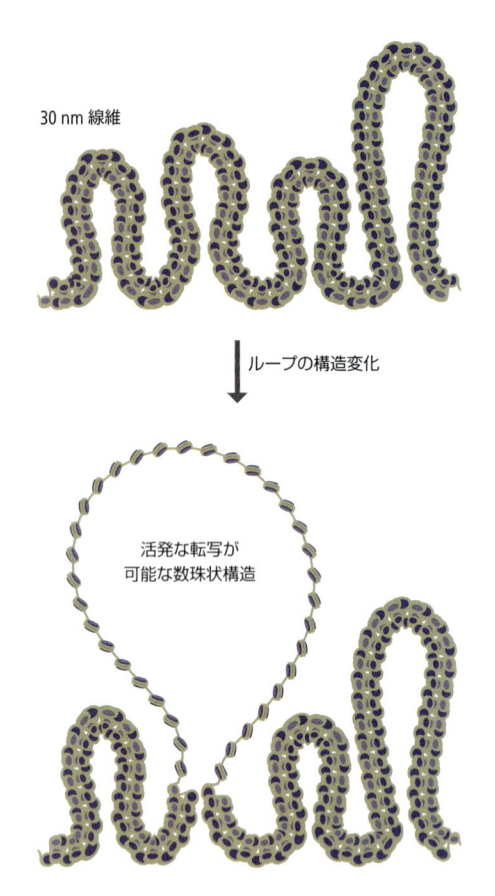

図 2.42
ループはそれぞれ独立して構造を変えることができ，30 nm 線維から数珠状構造になると転写が可能となる．

図 2.43
β グロビン遺伝子群の構成．遺伝子座調節領域（LCR；カーキ色）の位置を示す．機能的遺伝子（紫色とオレンジ色）がコードするのは ε グロビン（ε），2 種類の γ グロビン（$^G\gamma$ および $^A\gamma$），δ グロビン（δ），β グロビン（β）であり，機能しない β 様グロビン偽遺伝子（ψβ；灰色）もある．ヒスパニックサラセミア患者にみられる欠失を線で示す．この欠失により LCR が消失するが，遺伝子本体は無傷のままであることに注意．

この配列は組織特異的に作用することがわかった。

　この配列はトランスジェニックマウスにおけるグロビン遺伝子の発現に必要なだけではなく，グロビン遺伝子の本来の発現にも関わっている。ヒトでこの領域が欠失すると，群内のすべての遺伝子が発現しなくなり，機能正常なヘモグロビンが産生されないヒスパニックサラセミアという致死的疾患が生じる（図2.43）。プロモーター，エンハンサーを含めすべての遺伝子が揃っている場合でも，この疾患は生じる。

　この配列はβグロビン遺伝子群内のすべての遺伝子の発現を活性化する役割をもつことから，**遺伝子座調節領域**（locus control region；LCR）と呼ばれるようになった。βグロビン遺伝子群のLCRの発見に続いて，αグロビン遺伝子群，主要組織適合遺伝子座，CD2遺伝子やリゾチーム遺伝子などでも同様の配列が同定されてきた。LCRが遺伝子発現調節に必須の重要な配列であることは，明らかといえる。

　LCRは，特定の細胞種でクロマチン領域の一部を弛緩したクロマチン構造へ変化させることにより機能すると考えられる。βグロビン遺伝子群の場合，このような作用は赤血球系細胞で生じ，胚発生の段階や成体でβ様グロビン遺伝子群が順番に発現することを可能にしている。この考え方に合致して，外来DNAがクロマチンの構造に組み込まれないような条件下でDNAを細胞に導入すると，多くの場合，LCRは遺伝子活性に影響を及ぼさない。一方，同じ遺伝子コンストラクトがクロマチンの構造に組み込まれると，遺伝子発現を活性化する。

　トランスジェニックマウスにおいて，LCRが存在すると近傍のDNA領域がその位置によらず発現することが可能となり，挿入された遺伝子はそのゲノム上の場所とは無関係に高いレベルで組織特異的に発現する。逆にこの配列をもたない遺伝子は，このような発現増強作用を受けることがなく，発現を抑制する近傍の調節配列の影響を受けやすい（図2.44）。この考え方と合致して，CD2遺伝子のLCRをもった導入遺伝子は，**ヘテロクロマチン**（heterochromatin）として知られる高度に凝縮したDNA領域（後述）に挿入されても不活性化されないが，LCRをもたないものを同じ領域に挿入した場合には不活性化される。

　LCRとクロマチン構造の関係は，赤血球分化の各段階におけるβグロビン遺伝子群の詳しい研究によって解明されてきた。赤血球分化の初期段階では，この遺伝子群はループ構造を形成し，活性化γグロビン遺伝子がLCRに近接する。一方，βグロビンが発現する後期段階では，このループ構造が変化し，活性化されたβおよびδグロビン遺伝子がLCRと相互作用する（図2.45）。この知見から，活性クロマチンハブ（active chromatin hub；ACH）という考え方が提唱された。このACHでは，LCR内の調節配列が個々の遺伝子の調節配列と相互作用し，それぞれの遺伝子が適切な発生段階で転写される。

　LCRに調節されるループパターンの変化は**T細胞**（T cell）の分化でも観察され，ここでは**インターロイキン**（interleukin）4，5，13をコードする遺伝子の群とそのLCRが関係している。これらの遺伝子がいずれも発現していないT細胞分化の初期段階では，このクロマチン領域は，同じく発現していない**インターフェロン**（interferon）γ遺伝子を含むクロマチン領域と相互作用する。これは染色体間の相互作用であり，インターロイキン遺伝子群とインターフェロンγ遺伝子は別々の染

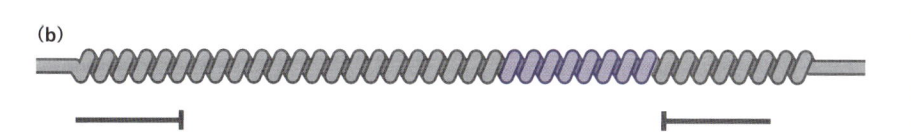

図2.44
(a)遺伝子座調節領域（LCR）をもった遺伝子を挿入すると隣接領域と比べて弛緩したクロマチン構造をとる。(b)一方，LCRをもたない遺伝子は隣接領域の影響を受けて凝縮したクロマチン構造をとり，抑制される。

図 2.45
βグロビン遺伝子群における活性クロマチンハブ(ACH)の構造。赤血球分化の各段階において，遺伝子群がループ構造を形成することにより，転写されるべき遺伝子が遺伝子座調節領域(LCR)に近接する。赤血球分化の初期段階では2種類のγグロビン遺伝子(^Gγおよび^Aγ)がLCRに近接して転写され，後期段階ではβおよびδグロビン遺伝子がLCRに近接して転写される。

色体上にある(図2.46)。T細胞の分化が進んでインターロイキン4，5，13を発現する細胞が生じると，この染色体間相互作用は失われる。代わりにインターロイキン遺伝子領域のクロマチンが一連の小ループ構造を形成し，インターロイキン遺伝子群の発現が可能となる(図2.46)。

この例では，活性化されていない遺伝子との間の染色体間相互作用が失われることで，1つの遺伝子群の活性化が起きる。しかし，4.1節で取りあげるように，転写活性化に伴って別々の染色体上にある活性化遺伝子の間で染色体間相互作用が生じ，転写が活発に行われる核内領域に共局在することもある。

インターロイキン遺伝子領域における小ループ構造の形成には，そのさまざまな場所に結合するSATB1タンパク質が関与している。興味深いことに，SATB1はMAR配列(前述)に結合することが知られており，クロマチンのループ化やループと核マトリックスの結合に重要な役割を果たしている。他の多くのLCRもMAR配列をもっている。このことからわかるように，LCRはクロマチンがループ化により構造領域や機能領域を形作るうえで非常に重要な役割を担っている。各ループのクロマチン構造は独立に制御されて核マトリックスに結合するのであろう。この考え方と合致して，免疫グロブリン遺伝子のLCRに含まれるMAR配列は，B細胞において近傍クロマチンへのアクセスのしやすさを高めるが，他の細胞種では働かない。

インスレーターはクロマチン構造の不適切な伝播を防ぐ

染色体上の広い領域のクロマチン構造を変化させるLCRのような配列の存在は，このような配列の作用がどのようにして特定の遺伝子や遺伝子群に限定されるのか，という疑問を生む。LCRの作用が染色体上の近傍の関係ない遺伝子へ伝播して不適切な遺伝子発現が起こるのを防ぐための，何らかの機構が備わっているはずである。同様に，4.4節でみるように，多くの遺伝子は長距離をまたいで作用で

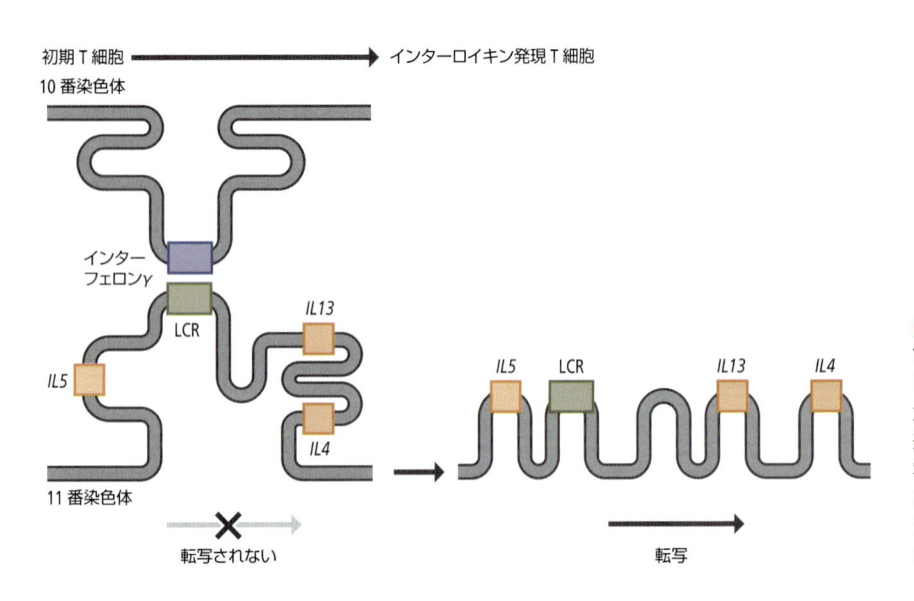

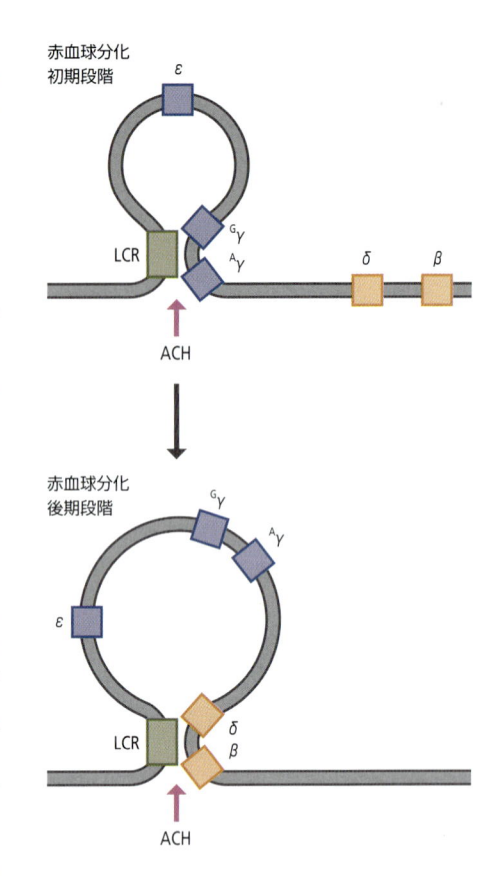

図 2.46
T細胞分化の初期段階では，11番染色体上のインターロイキン遺伝子群(*IL4*, *IL5*, *IL13*)とその遺伝子座調節領域(LCR)は10番染色体上のインターフェロンγ遺伝子を含む領域と相互作用し，いずれの遺伝子も転写されない。分化が進んでインターロイキンを発現する細胞が生じるとこの染色体間相互作用は失われ，インターロイキン遺伝子群が一連の小ループ構造を形成し，転写が可能となる。

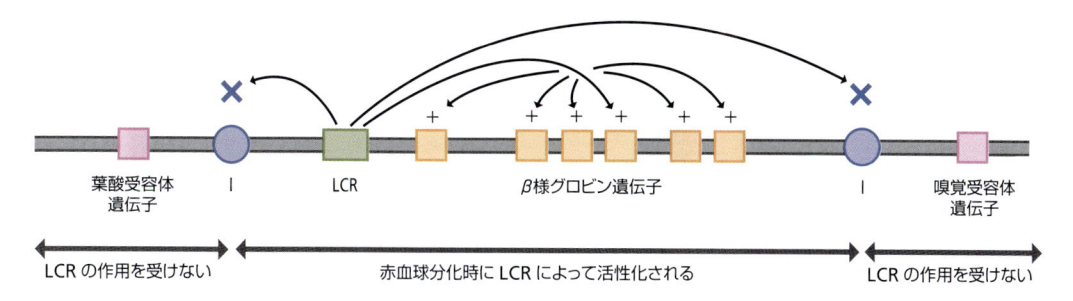

2.5 クロマチンの構造領域と機能領域

葉酸受容体遺伝子 — I — LCR — β様グロビン遺伝子 — I — 嗅覚受容体遺伝子

LCRの作用を受けない ← → 赤血球分化時にLCRによって活性化される ← → LCRの作用を受けない

図2.47
βグロビン遺伝子群を挟むインスレーター(I)は，遺伝子座調節領域(LCR)が近傍の遺伝子に作用して発現させるのを防ぎ，LCRの作用をβ様グロビン遺伝子に限定する。

きるエンハンサーをもつが，その作用を特定のDNA領域に限定して不適切な作用を防ぐ必要もある。

こうした問題は**インスレーター**(insulator)の存在により解消されている。インスレーターは名前が示すとおり，LCRやエンハンサーの作用が伝播するのを防ぎ，その作用を適切な遺伝子や遺伝子群に限定し，近傍の関係ない遺伝子をその作用から絶縁する(insulated)。図2.47に示すように，LCRとβグロビン遺伝子群を含む領域は2つのインスレーターに挟まれている。このインスレーターはHS4配列として知られ，LCRが近傍の葉酸受容体や嗅覚受容体の遺伝子を不適切に活性化することを防いでいる(図2.47)。

LCRと同様に，インスレーターはトランスジェニックマウスにおいて，挿入遺伝子の位置非依存的発現を可能にする。すなわち，インスレーターは隣接領域から凝縮したクロマチン構造が伝播してくるのを防ぎ，たとえば導入遺伝子がゲノム上の挿入位置によらず発現することを可能にする。

LCRとインスレーターは，特定のDNA領域の構造が隣接領域の構造による影響を受けるのを防ぐという点で共通している。さらに，LCRの場合と同様，一部のMAR配列はインスレーターとして作用し，ループ構造を形成したクロマチンの構造領域と特異的なクロマチン構造をとった機能領域とを結びつける。しかしながら，明らかにLCRとインスレーターは異なり，LCRは特定のDNA領域が特徴的なクロマチン構造をとることを促進するのに対して，インスレーターは隣接するDNA領域へ，あるいは隣接するDNA領域から，クロマチン構造が伝播するのを防ぐ(図2.47)。

ヘテロクロマチンは高度に凝縮したクロマチン形態である

インスレーターは，たとえばLCRの作用により形成される弛緩したクロマチン構造が不適切に伝播するのを防ぐだけでなく，高度に凝縮したクロマチン構造が不適切に伝播するのも防ぐ(図2.48)。インスレーターは**ユークロマチン**(euchromatin)として知られる細胞内の大部分のクロマチンと，より凝縮したヘテロクロマチン領域の境界でもある(図2.48a)。細胞が分裂していない**間期**(interphase)に光学顕微鏡で観察すると染色液でクロマチンが濃く染まるが，もともとヘテロクロマチンはユークロマチンよりも濃く染まる領域として定義された。

ユークロマチンは細胞内のDNAの大部分を含み，30 nm線維のループ構造になっている。ユークロマチンには特定の細胞種や特定の条件下で転写される遺伝子が含まれる。前述のように，また3.1節でより詳しく取りあげるように，ユークロマチンの一部の領域が転写される際には，その領域が弛緩した数珠状構造に変換され，そのうえで転写が起きる。

細胞内のDNAの10%程度は凝縮したヘテロクロマチンの形態をとっており，この構造では転写は起きない。欠失や染色体**転座**(translocation)によってインスレーターが失われると，この凝縮したヘテロクロマチン構造が隣接するユークロマチン領域へ伝播しうる。これにより隣接領域の遺伝子がサイレンシングを受け，適切な時期に適切な場所で発現できなくなる(図2.48b)。

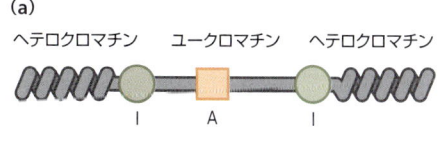

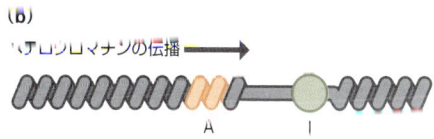

(a) ヘテロクロマチン — ユークロマチン — ヘテロクロマチン
I — A — I

(b) ヘテロクロマチンの伝播 →
A — I

図2.48
(a)インスレーター(I)はヘテロクロマチンの高度に凝縮した構造が隣接するユークロマチン領域に伝播するのを防ぐ。(b)インスレーターが失われると，ヘテロクロマチン構造が隣接領域へ伝播してヘテロクロマチン化が生じ，その中の遺伝子(A)の発現が阻害される。

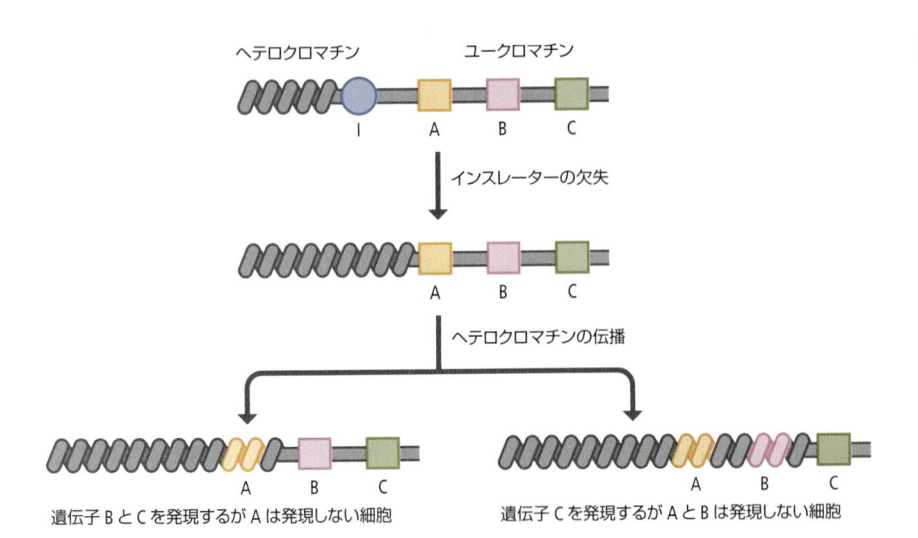

図 2.49
インスレーター(I)の欠失によるヘテロクロマチンの伝播は，胚発生過程において細胞ごとにその程度が異なることがある。その結果，細胞集団ごとに発現遺伝子と非発現遺伝子のパターンが違ってくる。

興味深いことに，ショウジョウバエ胚でこのようなことが起きると，ヘテロクロマチンは細胞種によってランダムにさまざまな程度で周辺に伝播し，サイレンシングを受ける近傍の遺伝子の数も一定しない(図2.49)。これらの細胞が発生過程で増殖していく間もこの遺伝子サイレンシングのパターンは維持され，その結果，**位置効果多様**(position effect variegation)として知られる現象が起き，成虫の細胞集団ごとに発現遺伝子と非発現遺伝子のパターンが違ってくる(図2.49)。

ヘテロクロマチンの詳細な構造はまだ明らかになっていないが，ユークロマチンよりも多くのループ構造をもっているようで，ループの凝縮も強いのであろう。ヘテロクロマチンの形成にはいくつかの非ヒストンタンパク質が重要な役割を担っている。たとえば，ヘテロクロマチンタンパク質1(heterochromatin protein 1；HP1)やPolycomb(ポリコーム)タンパク質などが知られている。ヘテロクロマチンにはいくつかの形態が存在するようであり，これらはHP1およびPolycombタンパク質の組み合わせが異なる。たとえばショウジョウバエの研究では，HP1とPolycombタンパク質をともに含むヘテロクロマチン領域，HP1かPolycombタンパク質のいずれかのみを含む領域，いずれも含まない領域が同定されている(HP1およびPolycombタンパク質のクロマチン構造制御における役割については3.3節および3.4節参照)。

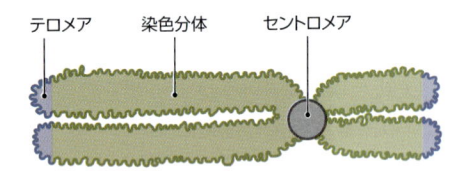

図 2.50
細胞分裂期における染色体の構造。セントロメアおよびテロメアにヘテロクロマチン領域がある。DNAは複製を終えているので染色体は2つの姉妹染色分体からなり，これらは細胞分裂の際に分離する。細胞分裂の間期にはDNAの大部分はユークロマチンという凝縮の少ない構造をとるが，セントロメアとテロメアでは凝縮したヘテロクロマチン構造が維持される。

染色体はクロマチン凝縮の目にみえる結果である

細胞が分裂していない間期にはクロマチンの大部分はユークロマチン構造をとっており，一部がより凝縮したヘテロクロマチンとなっている。ヘテロクロマチン領域は，細胞分裂時に分裂紡錘糸が結合するセントロメアと，DNA分子末端の**テロメア**(telomere)に存在する(図2.50)。2.3節でみたように，ヒストンH3のバリアントであるCENP-Aがセントロメアヘテロクロマチンの形成に重要な役割を果たす。

細胞分裂に向けてDNA分子全体はさらに凝縮し，**コンデンシン**(condensin)というタンパク質が関与する過程により染色体が形成される。染色体は高度に凝縮しているので，光学顕微鏡で観察することができる(図2.50, 図2.51)。この凝縮した構造は遺伝子発現とは相容れないが，細胞分裂でできた娘細胞に複製されたDNAを正確に分配する助けとなる。

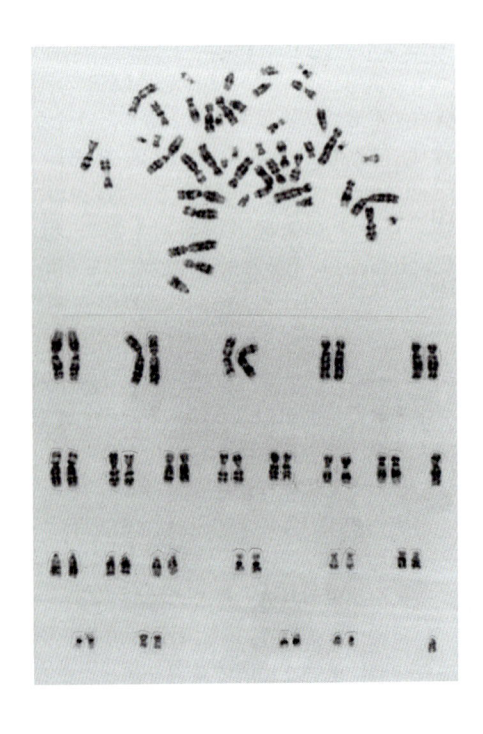

図 2.51
ヒト染色体のギムザ染色像。上は染色体伸展標本であり，下は染色体番号順に染色体を並べ直したものである。AT Sumner, MRC Human Genetics Unitの厚意による。

2.5 クロマチンの構造領域と機能領域   *53*

二重らせん — 2 nm

数珠状構造 — 10 nm

30 nm 線維 — 30 nm

ループ構造を形成した
30 nm 線維 — 300 nm

ループの凝縮により形成
されたヘテロクロマチンと
有糸分裂期染色体 — 700 nm

セントロメア

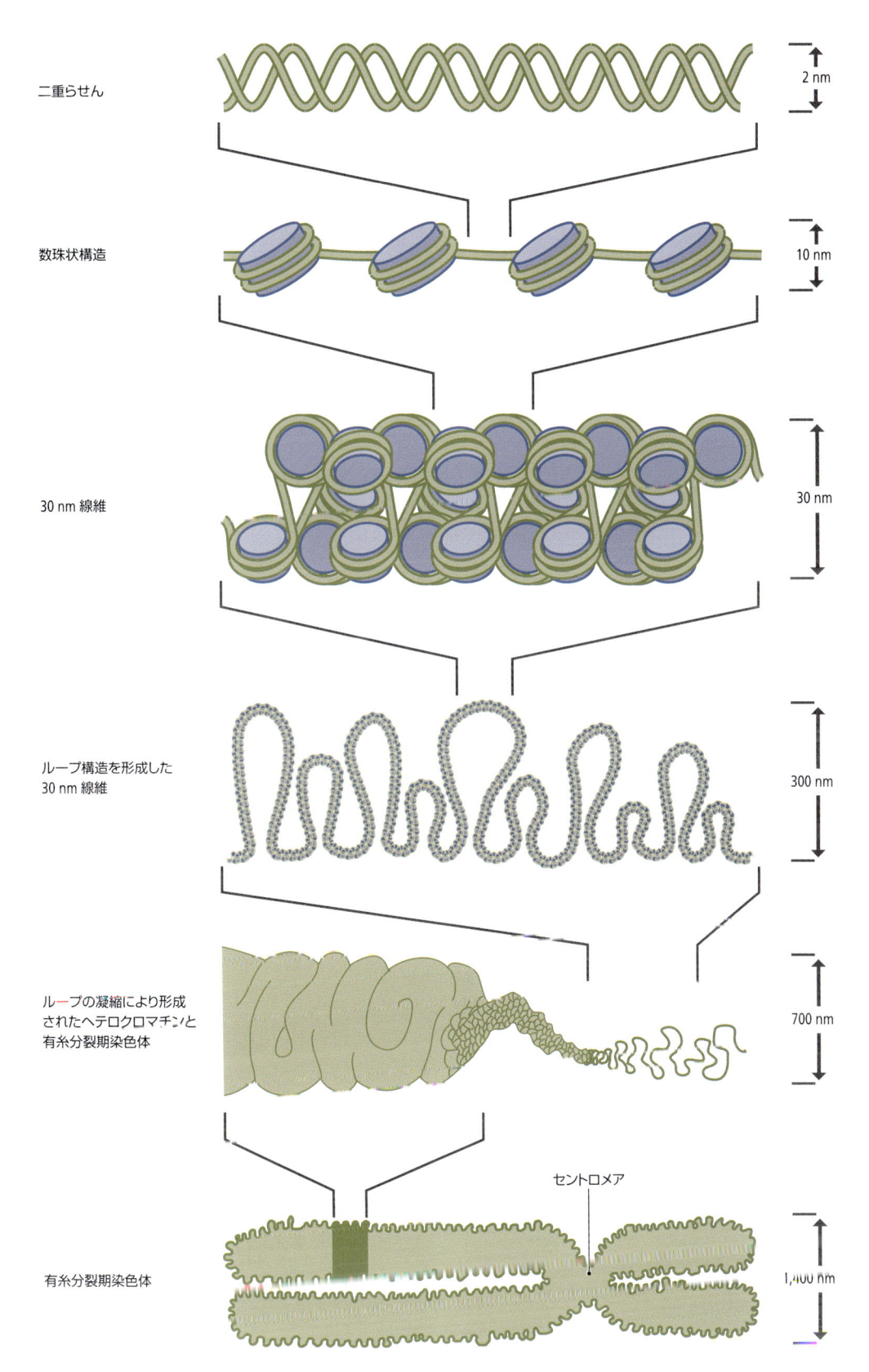

有糸分裂期染色体 — 1,400 nm

図 2.52
DNA 二重らせんから有糸分裂期染色体へ至るクロマチン凝縮の過程。

まとめ

　DNA の二重らせん構造は，伸びた形のまま細胞や個体の中に収納するには大きすぎる．本章では，DNA が特異的タンパク質と会合して一連の凝縮を受け，間期クロマチンのループ構造を形成するとともに，細胞分裂期には目でみることができる染色体を形成することをみてきた（図 2.52）．1 個の細胞がもつ DNA は伸びた二重らせんとしては 2 m もの長さがあるが，こうした凝縮により DNA を直径 6 μm の細胞核の中に収納できるようになる．

　特に重要なのは，階層的なクロマチン構造が遺伝子発現調節にも活用されることである．たとえば，ある特定の細胞種で活性化されている，あるいは活性化されうる遺伝子は，活性化されていない遺伝子に特徴的な 30 nm 線維から弛緩した数珠状構造に変換される．本章で取りあげたクロマチン構造に関する知見は，次章で取りあげる遺伝子発現調節におけるクロマチンの役割を理解するうえで必須である．

キーコンセプト

- 真核生物の短期的遺伝子調節過程は，特定の分化細胞への運命決定やその維持に関わる長期的調節過程と連携している．
- この長期的調節過程では，DNA がタンパク質とともに折りたたまれてクロマチンとして知られる構造をとる．
- DNA はクロマチン構造をとることにより凝縮して核内に収納できるようになるとともに，この凝縮の過程は遺伝子発現調節にも活用される．
- 負に荷電した DNA が正に荷電したヒストンタンパク質と会合して凝縮が起きる．
- 凝縮の第一段階では，DNA とコアヒストン H2A，H2B，H3，H4 が会合してヌクレオソームとして知られる構造をとる．
- これによりヌクレオソームが DNA でつながった数珠状構造の 10 nm 線維が形成される．
- ヒストンはさまざまな翻訳後修飾を受けるとともに，役割のそれぞれ異なるヒストンバリアントが存在する．
- さらなる凝縮にはヒストン修飾の制御とヒストン H1 が関わり，各ヌクレオソームがらせん状の配置をとった 30 nm 線維が形成される．
- この 30 nm 線維はループ構造の形成によりさらに凝縮し，ヘテロクロマチンや有糸分裂期染色体ではループが高度に凝縮して最も凝縮したクロマチン形態となっている．
- 遺伝子座調節領域（LCR）は DNA 領域のクロマチン構造を制御する．
- インスレーターはクロマチン構造が隣接する DNA 領域へ不適切に伝播するのを防ぐ．

参考文献

2.1　分化状態への運命決定とその安定性
Coon HG (1966) Clonal stability and phenotypic expression of chick cartilage cells *in vitro*. *Proc. Natl. Acad. Sci. USA* 55, 66–73.
Hadorn E (1968) Transdetermination in cells. *Sci. Am.* 219, 110–120.

2.2　ヌクレオソーム
Khorasanizadeh S (2004) The nucleosome: from genomic organization to genomic regulation. *Cell* 116, 259–272.
Li B, Carey M & Workman JL (2007) The role of chromatin during transcription. *Cell* 128, 707–719.
Richmond TJ & Davey CA (2004) The structure of DNA in the nucleosome core. *Nature* 423, 145–150.
Saha A, Wittmeyer J & Cairns BR (2006) Chromatin remodelling: the industrial revolution of DNA around histones. *Nat. Rev. Mol. Cell Biol.* 7, 437–447.

2.3　ヒストン修飾とヒストンバリアント
Jin J, Cai Y, Li B *et al.* (2005) In and out: histone variant exchange in chromatin. *Trends Biochem. Sci.* 30, 680–687.
Klose RJ & Zhang Y (2007) Regulation of histone methylation by demethylimination and demethylation. *Nat. Rev. Mol. Cell Biol.* 8, 307–318.
Kouzarides T (2007) Chromatin modifications and their function. *Cell* 128, 693–705.
Lee KK & Workman JL (2007) Histone acetyltransferase complexes: one size doesn't fit all. *Nat. Rev. Mol. Cell Biol.* 8, 284–295.
Sims III RJ & Reinberg D (2008) Is there a code embedded in proteins that is based on post-translational modifications? *Nat. Rev. Mol. Cell Biol.* 9, 815–820.
Suganuma T & Workman JL (2008) Crosstalk among histone modifications. *Cell* 135, 604–607.

2.4　30 nm クロマチン線維
Lis JT & Kraus WL (2006) Promoter cleavage: a topoII β and PARP-1 collaboration. *Cell* 125, 1225–1227.
Robinson PJ & Rhodes D (2006) Structure of the '30 nm' chromatin fibre: a key role for the linker histone. *Curr. Opin. Struct. Biol.* 16, 336–343.
Tremethick DJ (2007) Higher-order structures of chromatin: the elusive 30 nm fiber. *Cell* 128, 651–654.
Woodcock CL, Frado LL & Rattner JB (1984) The higher-order structure of chromatin: evidence for a helical ribbon arrangement. *J. Cell Biol.* 99, 42–52.

2.5　クロマチンの構造領域と機能領域

Allshire RC & Karpen GH (2008) Epigenetic regulation of centromeric chromatin: old dogs, new tricks? *Nat. Rev. Genet.* 9, 923–937.

Bushey AM, Dorman ER & Corces VG (2008) Chromatin insulators: regulatory mechanisms and epigenetic inheritance. *Mol. Cell* 32, 1–9.

Dean A (2006) On a chromosome far, far away: LCRs and gene expression. *Trends Genet.* 22, 38–45.

Gaszner M & Felsenfeld G (2006) Insulators: exploiting transcriptional and epigenetic mechanisms. *Nat. Rev. Genet.* 7, 703–713.

Gondor A & Ohlsson R (2006) Transcription in the loop. *Nat. Genet.* 38, 1229–1230.

Peters JM, Tedeschi A & Schmitz J (2008) The cohesin complex and its roles in chromosome biology. *Genes Dev.* 22, 3089–3114.

遺伝子調節における
クロマチン構造の役割

イントロダクション

　第1章で述べたように，たとえ分化した細胞であっても，その細胞は他の細胞種になるための遺伝情報をもち合わせている。したがって，細胞が分化してもその分化に関わる遺伝子発現調節は可逆的と考えられる。たとえば，分化した植物細胞を特定の条件下で培養したとき，あるいは分化した動物細胞の核を**卵母細胞**（oocyte）に移植したとき，分化の逆戻りが起こる（1.3節）。

　同様に，ある1つの型に分化した細胞は，特定の条件下で別の分化型に転換できる。たとえば，両生類における水晶体のWolff再生（Wolffian lens regeneration）として知られる過程は，このような**分化形質転換**（transdifferentiation）のモデルとしてよく知られている。カエルの眼の水晶体を外科的に切除すると，水晶体を囲む近傍の虹彩細胞がその分化型の特徴を失って急速に増殖し，水晶体細胞に分化して切除された部分を埋める。新しい水晶体細胞の遺伝子発現パターンは，もともと存在している水晶体細胞のものと区別することができない。たとえば，どちらの水晶体細胞も主要な水晶体タンパク質であるクリスタリンを高レベルで発現している。

　DNAの喪失によってこのように遺伝子調節の過程は可逆的であり，遺伝子の発現が変化するようなモデルは否定される（1.3節）。しかし調節過程が可逆的であっても分化状態はむしろ安定であり，ある分化型の細胞が自然に別の分化型に転換することは通常はないし，また分化した細胞が細胞分裂を繰り返してもその分化形質は受け継がれる。

　このような長期的な調節過程は，分化状態の安定性をもたらすとともに，細胞がある一定の分化状態に運命決定されるときにも大きな役割をもつ（第2章の2.1節）。さらには，細胞がその分化形質を失うような条件下に置かれても，決定された運命はこの長期的調節過程により維持される（2.1節）。

　長期的な遺伝子調節過程が安定かつ可逆的であることから，そのような調節過程にクロマチン構造の変化が関係しているという考え方が提唱された。つまり，特定の遺伝子の転写に先立ってクロマチン構造が変化することによって，その転写が促進されるという考え方である。この場合，DNA配列自体に不可逆的な変化が生じるのではなく，DNAやそれと会合しているヒストンなどのクロマチンタンパク質に安定かつ可逆的な修飾が起こる（図3.1）。

　このような可逆的な修飾はエピジェネティック（epigenetic；後成的）な変化と呼ばれる。"*epi*"とはギリシャ語で「上に」という意味であり，エピジェネティックな変化とはDNA配列自体に起こる遺伝的な変化ではなく，可逆的な修飾がDNA上に付け加えられることを意味している。遺伝的な変化とは異なりエピジェネティックな変化は可逆的であり，長期的な遺伝子調節過程の安定かつ可逆的な性質をもたらしている。本章で後述するように，これらのエピジェネティックな修飾が変化するためには細胞分裂を必要とすることが多い。細胞分裂に伴うDNA複製によって，DNA修飾や会合タンパク質の変化が可能となる。植物の分化した師部細

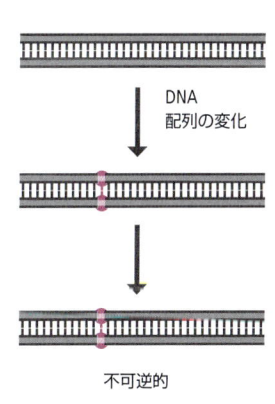

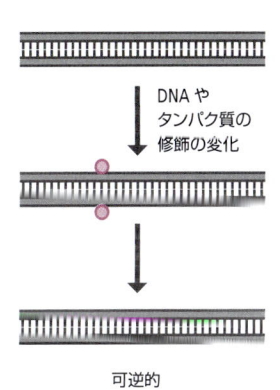

図3.1
(a)DNA配列の遺伝的な変化は不可逆的である。(b)一方，DNAや結合タンパク質を修飾するエピジェネティックな変化は潜在的に可逆的である。

胞が別の細胞種に転換する際，それに先立って脱分化と増殖がみられるという1.3節で述べた観察結果も，エピジェネティックな修飾の変化に細胞分裂が必要であることと合致する。同様に，前述した水晶体のWolff再生においても，分化した虹彩細胞は水晶体細胞に直接分化するのではなく，それに先立ってまず脱分化して増殖することが知られている。

第2章で述べたクロマチンの構造は遺伝子調節にとって非常に重要である。遺伝子調節の過程ではDNAや会合タンパク質にエピジェネティックな修飾が起き，それによってクロマチン構造が変化する。本章では，遺伝子の転写調節におけるクロマチン構造の変化の役割と，クロマチン構造に変化をもたらすエピジェネティックな修飾について述べる。

3.1 転写活性が上昇している遺伝子におけるクロマチン構造の変化

転写が活性化されているDNA領域はヌクレオソーム構造をとっている

2.2節で述べたように，細胞内のDNAの大部分はヒストン分子と会合してヌクレオソームを形成している。それでは，転写されている，あるいは転写されようとしている遺伝子も同じようにヌクレオソーム構造をとっているのであろうか？ それともヌクレオソーム構造をとらない裸のDNAとして存在しているのであろうか？

主に次に述べる2点から，転写が活性化されている遺伝子は依然としてヌクレオソーム構造をとっていることが示唆された。まず第一に，転写されているDNA領域を電子顕微鏡で観察すると，特徴的な**数珠状構造**(beads-on-a-string structure)がみられることが多い(2.2節)。このとき，遺伝子を転写しているRNAポリメラーゼ分子の前後にヌクレオソームが観察できる(図3.2)。**卵形成**(oogenesis)時の**リボソームRNA**(ribosomal RNA；rRNA)をコードする遺伝子のように，転写が高度に活性化されている遺伝子ではこの構造がみられないこともあるが，転写されている遺伝子の大半でこの構造は維持される。

第二に，ヌクレオソーム構造をとっているDNA領域をミクロコッカスヌクレアーゼで部分消化してゲル電気泳動にかけると特徴的な梯子状のパターンを示すが(2.2節)，このとき活性化されている遺伝子領域を含むバンドも，それ以外のDNA領域と同じ位置に現れる。また，ある特定の遺伝子を含むバンドの濃度は，その遺伝子の転写が活性化されている組織でもされていない組織でも変わらない。たとえば，ホルモン刺激した卵管組織由来のクロマチンでも肝臓組織由来のクロマ

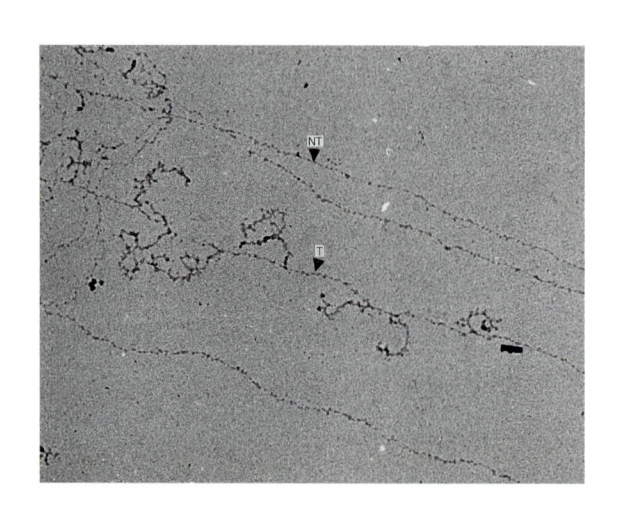

図3.2
ショウジョウバエ胚由来のクロマチンの電子顕微鏡写真。転写されていないクロマチン(NT)と，ひげ根状のリボ核タンパク質が観察できる転写されているクロマチン(T)は，いずれも同じ数珠状構造をとっていることに注意。McKnight SL, Bustin M, Miller OL Jr (1978) *Cold Spring Harb. Symp. Quant. Biol.* 42, 741–754より。Cold Spring Harbor Laboratory Pressの許諾を得て転載。OL Millerの厚意による。

チンでも，ミクロコッカスヌクレアーゼで消化するとオボアルブミン遺伝子はヌクレオソームサイズのバンドに含まれる。裸のDNAであればミクロコッカスヌクレアーゼで速やかに消化されて，ヌクレオソームサイズのバンドには含まれないはずである。したがってこの結果は，転写されている遺伝子が裸のDNAとして存在するのではなく，依然としてヌクレオソーム構造をとっているという考え方を支持する。

転写活性が上昇しているクロマチンはDNアーゼIによる消化を受けやすくなる

転写されるDNA領域と転写されないDNA領域との違いを見つけるために，これら異なる領域の膵酵素デオキシリボヌクレアーゼI（DNアーゼI）による消化に対する感受性を多くの研究者が調べてきた。この酵素は最終的には細胞内の全DNAを消化するが，少量を短時間だけクロマチンに作用させた場合，消化されるDNAはわずかである。相対的に抵抗性の高い消化されなかったDNA領域に存在する転写される遺伝子と転写されない遺伝子の割合を，組織中の全DNAにおける割合と比較することで，活性なDNA領域と不活性なDNA領域との違いをこの酵素に対する感受性の違いとして検出することができる。

それぞれの遺伝子がどうなったかは，消化されなかったDNAを適切な制限酵素で切断し，解析対象の遺伝子に対する特異的プローブを用いた標準的なサザンブロット法を行えば調べることができる（第1章，メソッドボックス1.1参照）。制限酵素で消化したDNAに目的の遺伝子由来のバンドがみられたか否かにより，その遺伝子のDNアーゼIに対する抵抗性を測定できる（図3.3，メソッドボックス3.1）。

この方法を用いることにより，ある組織で活性化されている遺伝子領域はDNアーゼIによる消化を受けやすくなっており，そのような領域は転写される遺伝子のみならず，被転写領域からある程度離れた上流や下流にまで及んでいることが示された。たとえば，ニワトリ卵管組織由来のクロマチンをDNアーゼIで消化すると，活性化されているオボアルブミン遺伝子は速やかに消化されて制限酵素消化

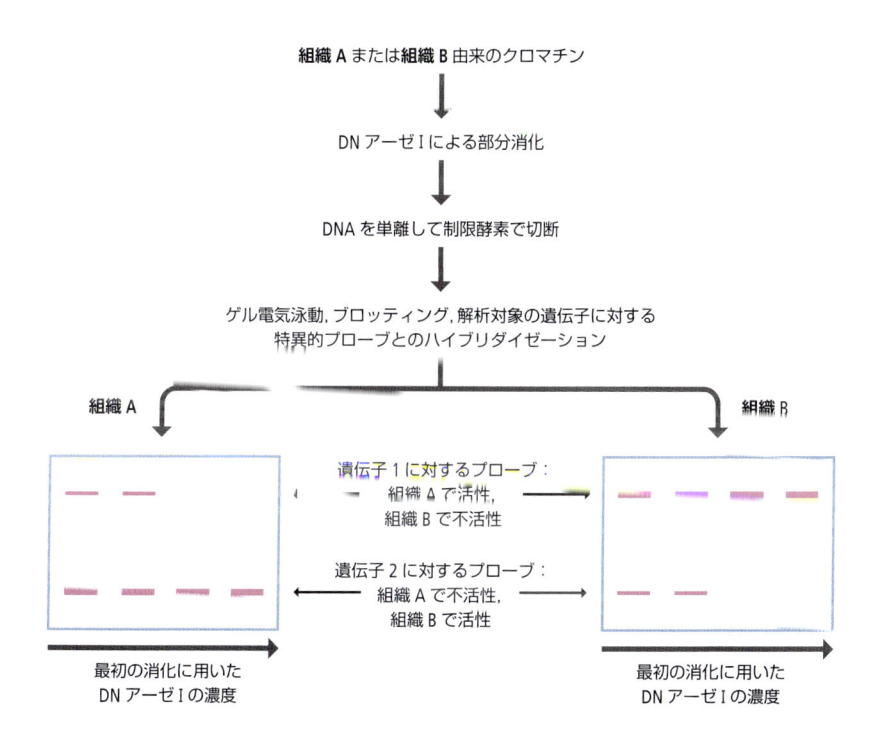

図3.3
活性化されている遺伝子領域を含むクロマチンはDNアーゼIによる消化に対する感受性が高いことを，特異的プローブを使用したサザンブロット法で検出する。

> **メソッドボックス 3.1**
>
> **DNアーゼ I による消化でクロマチン構造を調べる（図 3.3）**
> - クロマチン（DNA およびヒストンなどの会合タンパク質）を単離する。
> - クロマチンを DNアーゼ I で部分消化する。
> - タンパク質を除去して部分消化された DNA を精製する。
> - 制限酵素で消化して解析対象の遺伝子に対する特異的プローブを用いたサザンブロット法を行う（メソッドボックス 1.1 参照）。
> - クロマチンの消化に用いた DNアーゼ I の量を増やしたときに、解析対象の遺伝子領域を含むバンドが消失するかどうかを調べる。

後のサザンブロットでその特徴的なバンドが消失するが、活性化されていないグロビン遺伝子は消化されずにそのまま残る。この違いは両遺伝子の DNアーゼ I に対する感受性の本質的な違いによるものではなく、卵管組織での活性化状態の違いによるものである。グロビン遺伝子が活性化されていてオボアルブミン遺伝子は活性化されていない赤血球前駆細胞由来のクロマチンを用いて同じ実験を行えば、卵管組織とは反対の結果が得られるであろう（図 3.3）。

　転写が活発に行われている遺伝子はヌクレオソーム構造をとっているとはいえ、転写されていない遺伝子よりもクロマチン構造が弛緩した状態にあり、DNアーゼ I による消化を受けやすくなっている。このようなクロマチン構造の変化は、グロビン遺伝子やオボアルブミン遺伝子のような転写が非常に活発な遺伝子に限らず、転写の頻度に関係なくあらゆる遺伝子にみられる。細胞内の全 DNA の 10% 未満しか消化しない量の酵素を用いてクロマチンを処理すれば、転写が活性化されている DNA 領域の 90% 以上が消化される。転写が非常に活発に行われる遺伝子もそれほど活発でない遺伝子も、DNアーゼ I に対する感受性は、ほとんど変わらない。転写の頻度が低い遺伝子領域の感受性も同様に高くなっていることから考えて、活性化されている遺伝子領域のクロマチン構造の変化は、転写の過程そのものと関係しているわけではないようである。

　実際、DNアーゼ I に対する感受性の増大は、活性化されていた遺伝子の転写終了後も維持される。たとえば、オボアルブミン遺伝子の転写はすでに述べたように（1.4 節）エストロゲン除去卵管由来のクロマチンでは終了しているが、DNアーゼ I に対する感受性の高さは維持されている。同様に、成熟ヤギ細胞ではすでに転写されていない胎児型グロビン遺伝子や、ニワトリ（14 日齢）の成熟赤血球で転写の終了した成体型グロビン遺伝子においても、DNアーゼ I に対する感受性の高さは保たれている。

　DNアーゼ I に対する感受性の高さは転写が完全に終了してからも維持されるだけでなく、これから活性化されようとしている遺伝子においては、転写開始前に感受性の増大が観察される。すでに述べたように（1.4 節）、フレンド赤白血病（Friend erythroleukemia）細胞ではジメチルスルホキシドによる処理後に初めてグロビン遺伝子が転写されるが、DNアーゼ I に対する感受性の増大は、グロビン遺伝子を高レベルで転写している処理済の細胞だけでなく、転写が起きていない未処理の細胞でも観察される。

　したがって、DNアーゼ I に対する感受性の増大によって検出される弛緩したクロマチン構造への変化は、転写の過程そのものを反映しているわけではない。それはむしろ、特定の組織や細胞種において転写されうることを反映していると考えられる。ある細胞系列への分化が運命決定された細胞において、そのような運命決定はクロマチン構造の変化に反映されている。クロマチン構造の変化は、その細胞系列で特異的に発現する遺伝子が発現する前から生じ、転写終了後も維持される。

　ショウジョウバエの成虫原基に含まれる細胞は、分化が実際に起きていなくても

特定の細胞種への分化が運命決定された状態を維持できる(2.1節)。その細胞種で発現する遺伝子が，弛緩したクロマチン構造にすでに変化しているため，運命決定された状態を維持できるものと考えられる。この機構が破綻して特定の**調節遺伝子** (regulatory gene)のクロマチン構造が変化すると，図2.6に示したように成虫原基に含まれる細胞の運命決定が変わってしまう。同様に，軟骨細胞に必要な遺伝子領域のクロマチン構造の変化は，それらの遺伝子が発現しない培養条件でも維持される。そのため細胞を適切な培地に移せば，分化した軟骨の形質を取り戻すことができる(2.1節)。

上述のように，転写活性が上昇しているDNA領域は依然としてヌクレオソームをもつ数珠状構造をとっている。しかし，DNアーゼIに対する感受性が高いのは，高度に凝縮して転写がまったく行われない30 nm線維構造(2.4節)を形成していないからである。ある特定の遺伝子発現パターンをもつ細胞種への運命決定は，凝縮した30 nm線維構造から弛緩した数珠状構造への変化を伴う(図3.4)。これによりアクセスが容易になり，DNAはDNアーゼIによる消化を受けやすくなる。

転写活性が上昇しているDNA領域へのDNアーゼIのアクセスが容易になることは，クロマチンの構造を調べるための単なる実験手段として利用できるが，運命決定された細胞でクロマチンが弛緩した構造に変化することは遺伝子発現に必須の条件であると考えられ，それゆえ生物学的にも大きな意義がある。クロマチンが弛緩した構造に変化することにより，遺伝子の転写を実際に活性化するトランス作用性因子が標的DNA配列にアクセスできるようになる。エストロゲンのようなステロイドホルモンは，卵管ではオボアルブミン遺伝子を活性化し，肝臓ではビテロゲニン遺伝子を活性化する(図2.3)。このような組織による遺伝子発現の違いは，遺伝子領域のクロマチン構造の違いによって説明できる。卵管ではオボアルブミン遺伝子のクロマチン構造は弛緩した状態にあり，反対にビテロゲニン遺伝子のクロマチン構造は凝縮した状態にあるのでホルモン-受容体複合体がアクセスできない。肝臓組織では，これとは逆の状態になっており，ビテロゲニン遺伝子が発現してオボアルブミン遺伝子は発現できない。

DNアーゼIによる消化で検出されるクロマチン構造の変化は，特定の細胞系列で特異的な遺伝子が発現するための運命決定にきわめて重要な働きをしている。クロマチン構造のこうした変化は，転写活性が上昇している領域のDNAや会合タンパク質に対するエピジェネティックな修飾によってもたらされる。これらの生化学的な変化について次節で取りあげる。

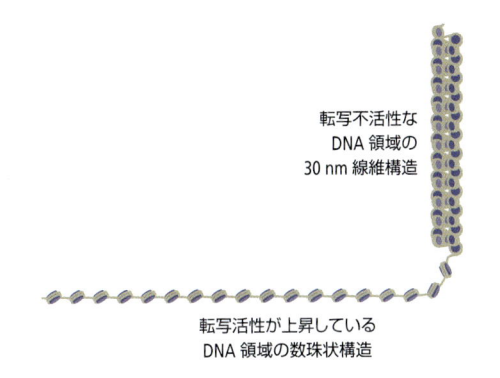

図3.4
転写活性が上昇しているDNA領域はクロマチンが数珠状構造をとっているのに対し，転写不活性なDNA領域はより高度に凝縮した30 nm線維構造をとっている。

3.2 転写活性が上昇している遺伝子における DNA メチル化の変化

転写活性が上昇している遺伝子ではDNAメチル化が減少している

DNAにはアデニン(A)，グアニン(G)，シトシン(C)，チミン(T)の4種類の塩基が含まれるが，これらの塩基がメチル化された形でも存在しうることは以前から知られていた。その中でも真核生物のDNAにおいて最も多くみられるものは5-メチルシトシンである(図3.5)。哺乳動物のDNAではシトシンの2～7%がメチル化されている。

このメチル化シトシンのおよそ90%は5′-CG-3′の配列に生じる。都合のよいことに，この配列は2種類の制限酵素(*Msp*I, *Hpa*II)の認識配列(CCGG)に含まれているが，その認識配列の内側のシトシンがメチル化されている場合，これら2種類の制限酵素の働きに違いがみられる。すなわち，*Msp*Iはシトシンがメチル化されているか否かに関わらず認識配列を切断できるのに対し，*Hpa*IIはシトシンがメチル化されていない場合にのみ切断できる。このような性質を利用して，これらの

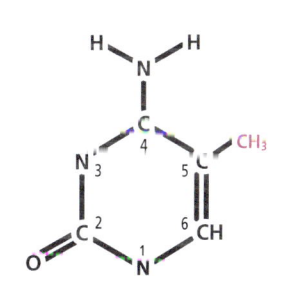

図3.5
5-メチルシトシンの構造。

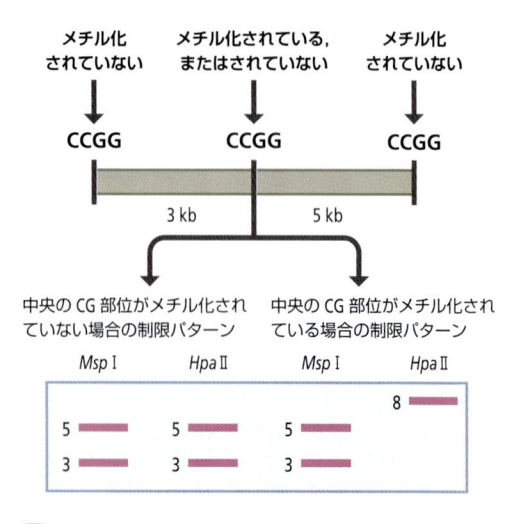

3章 遺伝子調節におけるクロマチン構造の役割

図 3.6
組織による DNA メチル化状態の違いを制限酵素 *Msp*Iおよび *Hpa*IIを用いて検出する。

図 3.7
ニワトリグロビン遺伝子における *Msp*I/*Hpa*II部位の組織特異的なメチル化。赤血球前駆細胞のグロビン遺伝子では，メチル化感受性酵素 *Hpa*IIによる消化で得られるバンドはメチル化非感受性酵素 *Msp*Iで得られるバンドと同じ位置に現れる。一方，脳のグロビン遺伝子では *Hpa*II消化で得られるバンドがより分子量の大きい位置に現れる。Weintraub H, Larsen A & Groudine M (1981) *Cell* 24, 333–344 より，Elsevier 社の許諾を得て転載。

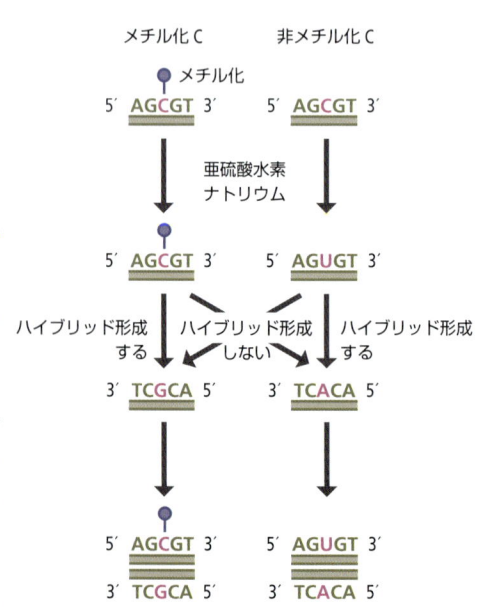

制限酵素の認識配列に含まれている CG 部位のメチル化状態を知ることができる。

 *Msp*Iあるいは *Hpa*IIを用いて DNA を消化したとき，これらの制限酵素の認識配列中のシトシンがまったくメチル化されていない場合，得られるバンドのパターンはどちらの制限酵素を用いても同じになる。しかし，メチル化されている場合，*Hpa*IIでは認識配列を切断できなくなるため，*Hpa*IIで DNA を消化して得られたバンドは高分子量側にシフトする（図 3.6）。この方法と解析対象の遺伝子に対する特異的プローブを用いたサザンブロット法を組み合わせれば，その遺伝子内にある *Msp*I/*Hpa*II認識配列のメチル化状態を検出することができる。

 実際に実験したところ，CG 配列の中には常にメチル化されているものや常にされていないものもあるが，多くの CG 配列は組織特異的なメチル化パターンを示し，組織によってメチル化されていたりされていなかったりすることがわかった。このような遺伝子の CG 部位は，その遺伝子の転写活性が上昇している組織ではメチル化されておらず，転写活性化されていない組織ではメチル化されている。たとえば，ニワトリグロビン遺伝子の特定の CG 部位は，ほとんどの組織でメチル化されており *Hpa*IIで消化されないが，赤血球前駆細胞ではメチル化されておらず *Hpa*IIで消化される（図 3.7）。同様に，肝臓でのみ発現するチロシンアミノトランスフェラーゼ遺伝子は，発現していない他の組織よりも肝臓でのメチル化状態が相対的に低い。

 メチル化感受性の制限酵素を用いる方法では，その認識配列中のシトシンのメチル化しか調べられないが，ゲノム中のすべてのシトシンのメチル化を調べることができる方法がある。その多くは亜硫酸水素ナトリウムによる DNA の化学修飾を利用した方法である。亜硫酸水素ナトリウムはメチル化されたシトシンには影響を与えないが，メチル化されていないシトシンをウラシルに変換する。したがって，DNA 配列解析を行うか，あるいは相補的な DNA 配列とのハイブリダイゼーションを行えば（メチル化シトシンはグアニンと対形成し，ウラシルはアデニンと対形成することを利用する），特定のシトシンのメチル化の変化を検出することができる（図 3.8）。

 この方法は制限酵素を用いた方法に比べて，圧倒的に多くのシトシンを解析できる可能性を秘めている。亜硫酸水素ナトリウムで処理した DNA の大規模 DNA 配列解析や，さまざまな DNA 配列に相同なオリゴヌクレオチドをチップ上に配置した **DNA マイクロアレイ**（DNA microarray）（1.2 節）を利用すれば，そのような解析を実現できる。DNA マイクロアレイと第 4 章（4.3 節）で述べる**クロマチン免疫**

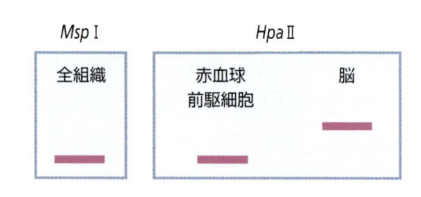

図 3.8
亜硫酸水素ナトリウムはメチル化されていないシトシン（C）をウラシル（U）に変換するが，メチル化シトシンには影響を与えない。したがって，特定のシトシンがメチル化されているか否かは，亜硫酸水素ナトリウムで処理した後に DNA 配列解析を行うか，あるいは相補的な DNA 配列とのハイブリダイゼーションを行えば（メチル化シトシンはグアニンと対形成し，ウラシルはアデニンと対形成する）調べることができる。

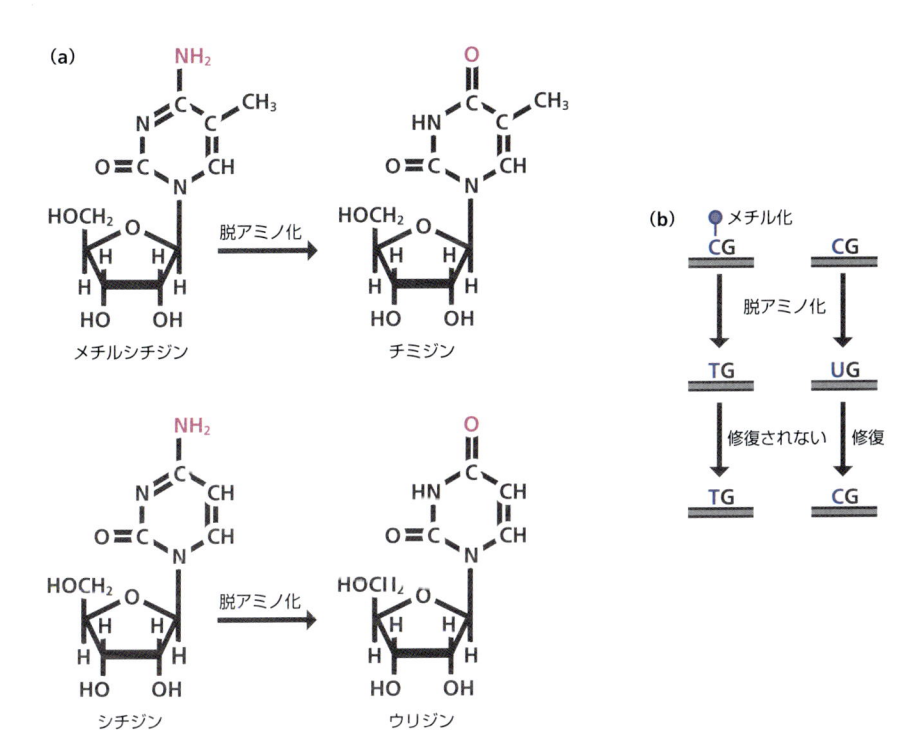

図 3.9
(a)自然に起こる脱アミノ化により，メチル化されていないシトシン(C)はウラシル(U)に，メチル化シトシン(C)はチミン(T)になる。(b)シトシンから変換されたウラシルは通常はDNAにはみられないので，DNA修復酵素によって効率的に認識されて修復され，シトシンに戻る。一方，メチル化シトシンから変換されたチミンは効率的に修復されない。

沈降(immunoprecipitation；ChIP)法を組み合わせることでも，シトシンのメチル化をゲノムレベルで解析することができる。

　これらの大規模な実験の結果は前述の結果を支持するものであった。つまり，脱メチル化は転写活性が上昇している遺伝子に特徴的であった。さらに，DNAの高度なメチル化は発生の過程で特定の遺伝子の不活性化に関わっており，そして3.6節で述べるように，DNAメチル化はX染色体不活性化や**ゲノムインプリンティング**(genomic imprinting)の過程に関わっていることも明らかになった。

　興味深いことに，多くの遺伝子のプロモーター領域には他の領域よりもCG配列が10～20倍多くみられる。このような領域は**CG島**(CG island)と呼ばれ，すべての組織で発現している**ハウスキーピング遺伝子**(housekeeping gene)で特に多くみられる。さらに，脱メチル化と遺伝子の転写活性との関連から予想されるように，CG島は脱メチル化していることが多い。

　CG島は不安定なシトシンが進化の過程で自然に脱アミノ化して生じるらしい。メチル化されていないシトシンが脱アミノ化するとウラシルになる。ウラシルは通常はDNAにはみられないので，DNA修復酵素に認識されてシトシンに戻される。しかしながら，メチル化シトシンが脱アミノ化した場合にはチミンとなり，このチミンは正常なチミンと区別することができない(図3.9a)。そのためメチル化シトシンの脱アミノ化で生じたチミンの一部はDNA修復酵素に認識されずに残る。それゆえ，進化を経るうちにメチル化CG配列の多くがTG配列に変わってしまい(図3.9b)，結果としてゲノム中のCG配列が少なくなったのかもしれない。一方，このような現象はCG配列が常に脱メチル化している領域では起こらないので，プロモーター領域にはCG配列が多くみられるCG島が生じたと考えられる(図3.10)。

　メチル化状態が変化する組織特異的な遺伝子の場合，DNアーゼⅠに対して高い感受性を示すような低メチル化状態は転写の開始に先立って観察され，転写終了後も維持される。たとえば，ニワトリ赤血球のグロビン遺伝子で観察される低メチル化状態はグロビン遺伝子の転写が終了してからも持続し，グロビン遺伝子はDNアーゼⅠに対する高い感受性を示し続ける。

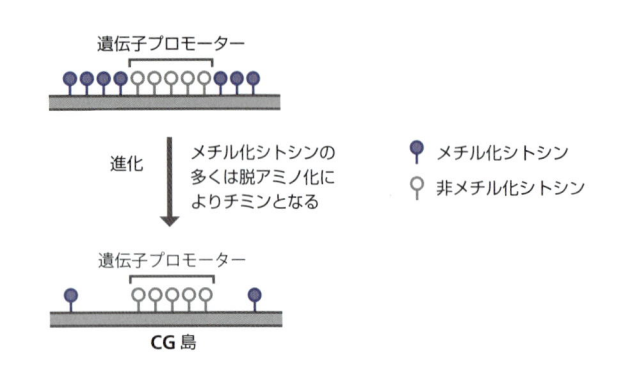

図 3.10
メチル化されたシトシン（色つきの丸のついた棒）は，進化を経るうちにチミンに変換されてDNAから失われる。対照的にメチル化されていないシトシン（白抜きの丸のついた棒）は保存される。結果として，遺伝子プロモーターのようにシトシンの大半がメチル化されていないゲノム領域には，CG配列が多くみられる領域（CG島）が生じることになる。

非常に興味深いことに，さまざまな遺伝子にみられるシトシンがメチル化されていない領域は，DNアーゼ I に対する感受性が増大している領域に対応しているとともに，ヒストンH1が少ない領域にも対応している（ヒストンH1については2.4節参照）。それゆえ低メチル化状態は，DNアーゼ I に対する感受性と同様に，ある特定の遺伝子発現パターンへの運命決定の結果であり，さらには転写活性が上昇している遺伝子，あるいは発現しうる遺伝子でみられるクロマチン構造の変化にも関わっている。

DNAメチル化はクロマチン構造の制御に重要な役割を果たす

転写が活性化されている領域のDNAは低メチル化状態であり，その領域のクロマチンは弛緩した構造をとっているが，低メチル化状態がクロマチン構造を弛緩させているのかどうかは定かではなかった。しかし，次の2つの研究成果によって，低メチル化状態は確かにクロマチン構造を弛緩させるのに重要な働きをしており，DNAメチル化の変化がクロマチン構造や遺伝子発現に影響を与えうることが示されている。

1つ目の研究では，5-メチルシトシンを含んだDNAを細胞に導入する実験が行われた。このような実験から，5-メチルシトシンをもつ遺伝子は発現しないが，同じ配列でもシトシンがメチル化されていなければ発現することが示された。実際の実験では，真核生物ウイルスとβグロビンやγグロビンをコードする遺伝子を組み込んだプラスミドベクターが使用された。そして，メチル化されたDNAはDNアーゼ I に対する感受性が低く，メチル化されていないDNAは感受性が高いことがわかった（図3.11）。DNアーゼ I に対する感受性は転写活性化のマーカーであり，感受性が高いということは，その領域のクロマチン構造が弛緩して転写が活発に行われていることを示している。この結果は，メチル化状態の違いがクロマチン構造の変化を制御していることを示す直接の証拠となった。

2つ目の研究では，人為的にDNAを脱メチル化させたときの影響をみることにより，メチル化とクロマチン構造の変化との関係が検討された。もしメチル化状態の違いが分化の制御に決定的な役割を果たしているならば，DNAを脱メチル化させることで人為的に遺伝子発現を変化させることが可能なはずである。実際の実験は，シチジンのアナログである**5-アザシチジン**（5-azacytidine）でさまざまな細胞を処理することによって行われた。このアナログはDNAに取り込まれるが，シチジンのメチル化の標的となる**ピリミジン**（pyrimidine）環の5位（図3.5）が炭素原子ではなく窒素原子に置き換わっているため，メチル化されない。

最も劇的な結果が得られたのは，10T 1/2細胞として知られる未分化の線維芽**細胞株**（cell line）を5-アザシチジンで処理した実験で，重要な調節遺伝子座が活性化し，単収縮する多核の横紋筋細胞に分化した（この実験系についての詳細は10.1節参照）。

これ以外の実験でも，実際に遺伝子発現の亢進が観察されたわけではなかったが，

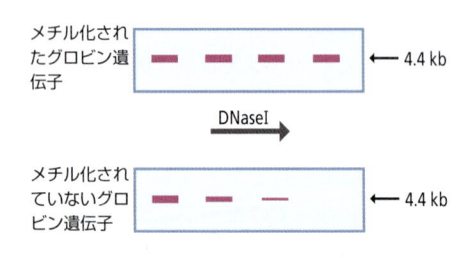

図 3.11
メチル化されていないDNAを細胞に導入すると，DNアーゼ I に対する感受性が高い弛緩したクロマチン構造をとる。一方，同じDNAをメチル化して細胞に導入すると，DNアーゼ I に対する感受性が低い凝縮した構造をとる。Keshet I, Lieman-Hurwitz J & Cedar H (1986) *Cell* 44, 535-543より，Elsevier社の許諾を得て転載。

脱メチル化が遺伝子発現の亢進を促進していることは間違いなさそうである。たとえば，HeLa 細胞を 5-アザシチジンで処理しても目立った変化はみられなかったが，処理した HeLa 細胞をマウス筋細胞と融合させると筋細胞特異的な遺伝子が活性化された。一方，処理していない HeLa 細胞を筋細胞と融合させた場合には，そのような現象は観察されなかった。すなわち，HeLa 細胞を 5-アザシチジンで処理することにより，その筋細胞特異的遺伝子がマウス筋細胞に存在するトランス作用性因子に応答できるようになったと考えられる。メチル化がクロマチン構造の変化に役割を果たし，それによってトランス作用性調節因子との相互作用を調節すると考えれば，うまくこの現象を説明できる。

DNA のメチル化パターンは細胞分裂を通じて安定に受け継がれる

前述の研究結果から，DNA メチル化は少なくとも哺乳動物において遺伝子発現の調節に中心的な役割を果たしていることが示唆された。DNA をメチル化する複数の **DNA メチルトランスフェラーゼ**（DNA methyltransferase）が正常な胚発生に必要不可欠であるという発見も，この考え方を補強するものである。たとえば，哺乳動物にはシトシンの新規メチル化を行う 2 種類の主要な DNA メチルトランスフェラーゼが存在する。これらはメチル化されていない部位をメチル化する酵素で，いずれも正常な発生に必要不可欠である。DNA メチルトランスフェラーゼ 3a（Dnmt3a）をコードする遺伝子を不活性化させたマウスは生後数週間で死亡し，Dnmt3b を欠損したマウスは生後数日しか生きられない。このように哺乳動物において DNA メチル化は正常な発生に必要不可欠である。

メチル化状態の違いがクロマチン構造の変化に必要不可欠であるという考え方は非常に魅力的である。なぜなら，メチル化状態の違いは簡単に複製でき，多くの世代にわたって細胞の運命決定された状態を安定に維持することができるからである（2.1 節）。2 本鎖 DNA の CG 部位は以下のように対称的な配列として存在する。

$$5'-CG-3'$$
$$3'-GC-5'$$

このうちどちらか片側のシトシンがメチル化されると，相補鎖側のシトシンもメチル化されることが観察されていた。このメチル化は DNA メチルトランスフェラーゼ 1（Dnmt1）によって行われる。メチル化されていない部位を新規メチル化することができる Dnmt3a や Dnmt3b（図 3.12a）と違い，Dnmt1 は片側のシトシンのみメチル化されている部位（ヘミメチル化部位）を認識し，相補鎖側のシトシンを速やかにメチル化する（図 3.12b）。

それゆえ複製の際にできるヘミメチル化部位は速やかにメチル化され，DNA のメチル化パターンは DNA 複製の前後で維持されることになる（図 3.13）。Dnmt1 のような **維持メチラーゼ**（maintenance methylase）はヘミメチル化部位でのみ活性をもつので，ある特定の組織に存在する非メチル化部位は DNA 複製後の細胞分裂を通じて受け継がれる。それゆえ，いったん決まったメチル化パターンは維持されることになり，運命決定された状態の安定性をもたらす。

類似の機構により，ある細胞系列への運命決定の過程で特定のメチル化部位を除去することもできる。これはデメチラーゼによって触媒される特異的部位の脱メチル化反応によって起こると考えることもできるが（図 3.14a），細胞分裂後に特定のメチル化部位で維持メチラーゼの反応が阻害されて起こると考えることも可能である（図 3.14b）。実際にはいずれの機構も利用されているらしい。

維持メチラーゼの阻害による機構では，最終的には維持メチラーゼの認識部位が両鎖ともメチル化されている細胞と，両鎖とも脱メチル化している細胞に分かれることになる（図 3.14b）。これはまさに胚発生でよくみられる現象である。胚発生

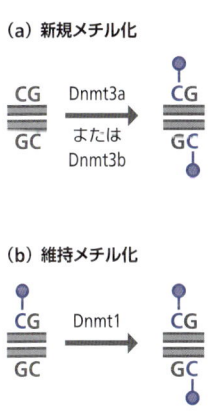

図 3.12
(a) DNA メチルトランスフェラーゼ 3a（Dnmt3a）と 3b（Dnmt3b）はメチル化されていない部位の新規メチル化を触媒する。(b) 一方，DNA メチルトランスフェラーゼ 1（Dnmt1）は片側のみメチル化されている部位の維持メチル化を触媒する。

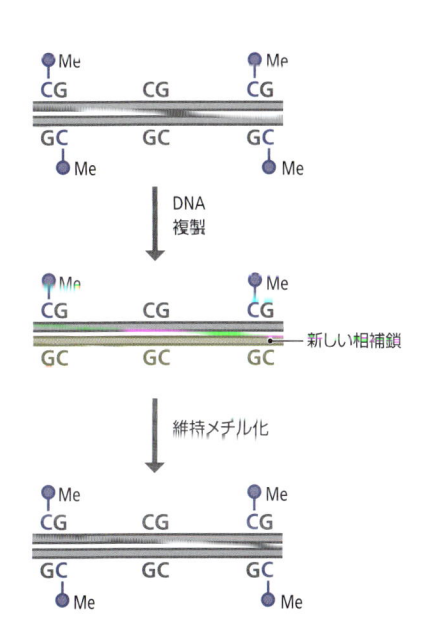

図 3.13
細胞分裂を通じたメチル化パターンの複製モデル。

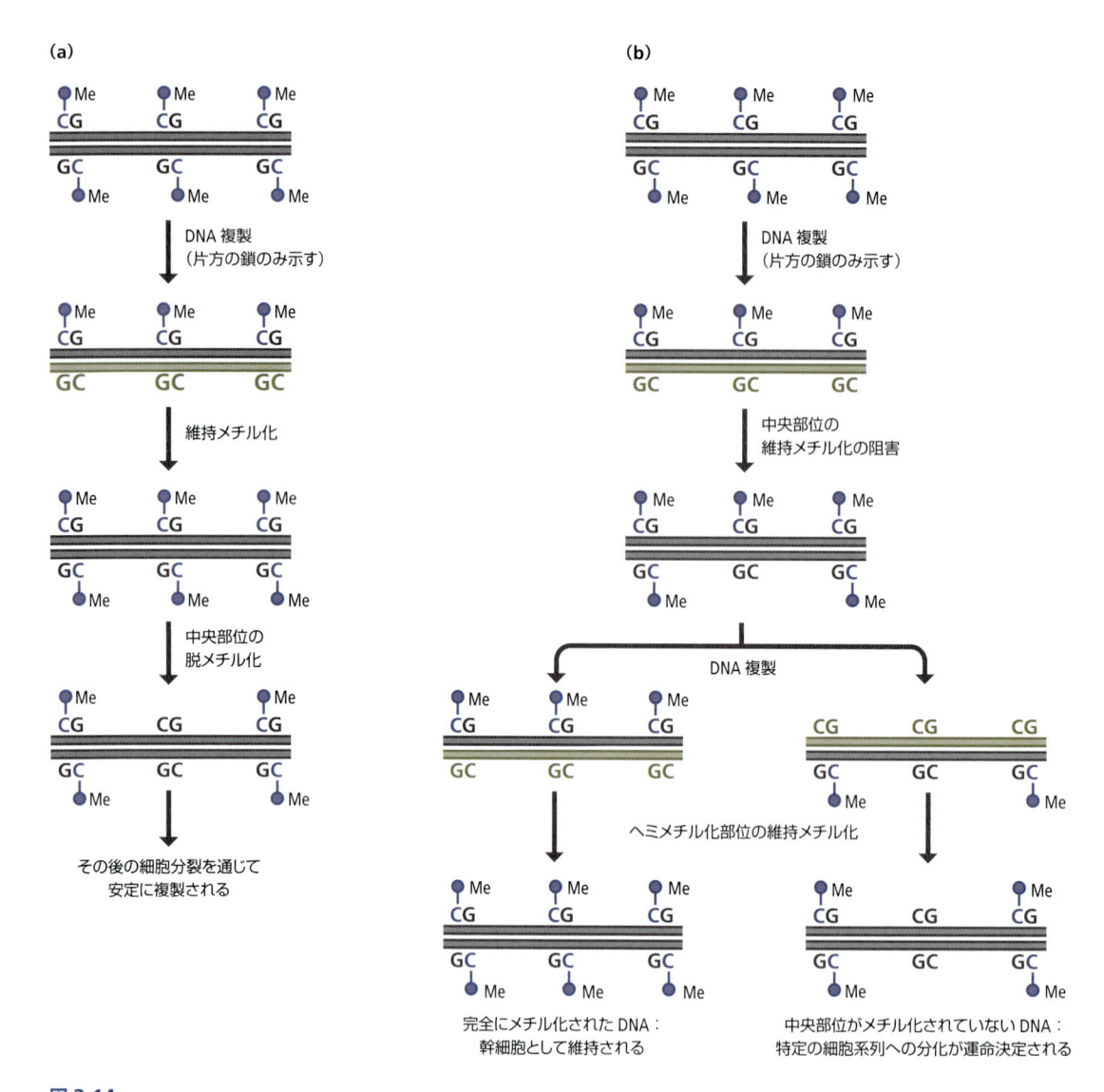

図3.14
メチル化されていない部位が作られるようなメチル化パターンの変化は，特異的部位の脱メチル化(a)によって，あるいは維持メチラーゼの阻害とDNA複製(b)によって起こりうる。

の過程で**幹細胞**(stem cell)が分裂して生じる2つの娘細胞のうち，1つは分化し，もう1つは幹細胞として維持される(図3.15)。他のメチル化パターンと同様に，運命決定された細胞で新しく脱メチル化された部位は，後に起こる細胞分裂を通じて受け継がれることになる。

したがって，運命決定された状態の安定性とその状況に適した修飾はDNAメチル化の過程で説明できる。メチル化パターンはDNA喪失とは違って不可逆的なものではなく，細胞が分化形質転換するときや核移植の後に変化しうる(1.3節)。しかしながら，すでに述べたように，分化した状態でメチル化パターンが変化するには通常，脱分化と細胞分裂が必要である。DNA複製とその後に続く特定部位の維持メチル化(maintenance methylation)の阻害に依存する過程はまさに，脱分化と細胞分裂を必要とするだろう。それゆえ，安定ではあるが不可逆的ではないという分化状態の特徴と，細胞の再プログラミングにおける細胞分裂の密接な関与は，このようなDNAメチル化のモデルによって説明できる。

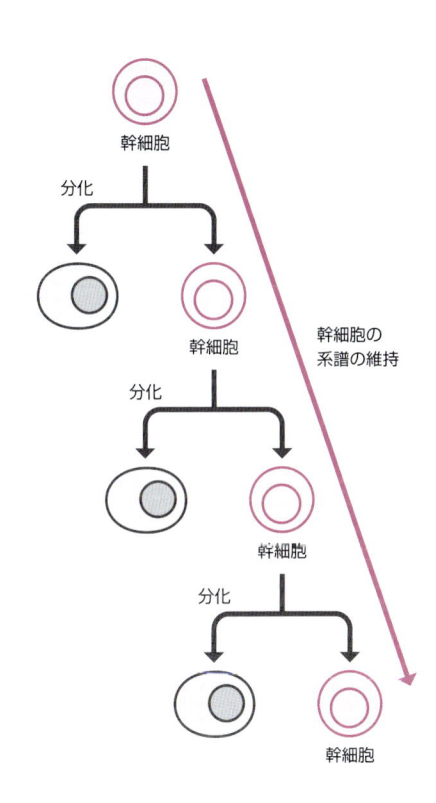

図 3.15
胚発生でよくみられる分化様式の略図。幹細胞が分裂して生じる2つの娘細胞のうち、1つは分化し、もう1つは幹細胞として維持される。

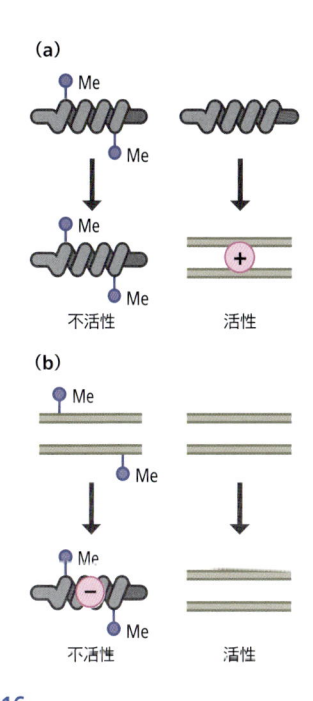

図 3.16
クロマチンの不活性化状態（コイル状）から活性化状態（直線状）への変換は、(a)メチル化(Me)されていないDNAに特異的に結合する活性化タンパク質を介する活性化によって引き起こされるか、(b)あるいはメチル化されたDNAに特異的に結合する転写抑制タンパク質を介する抑制によって引き起こされる。

高度に凝縮したクロマチン構造を生み出す転写抑制タンパク質がDNAメチル化によりリクルートされる

　不活性な遺伝子領域と活性化されている遺伝子領域のクロマチン構造の違いを調節するのに、DNAメチル化が重要な役割を担っていることが示唆されているが、それではこのクロマチン構造の変換はどのように行われるのであろうか？　すでに述べたように、酵素タンパク質である *Hpa*IIはメチル化されていないDNAのみを消化するので、転写不活性な遺伝子と転写活性が上昇している遺伝子のメチル化状態の違いをタンパク質が認識することは十分ありうる。低メチル化状態が弛緩したクロマチン構造を生み出すタンパク質の結合を促進すると考えることができ（図3.16a）、あるいはメチル化されたDNAに転写抑制タンパク質が結合して凝縮したクロマチン構造の形成を促進すると考えることもできる（図3.16b）。

　両方の機構が利用されている可能性もあるが、現時点では後者の機構を支持する実験結果が得られている。すなわち、メチル化CG配列に特異的に結合するタンパク質が数多く同定され、それらが遺伝子発現の調節に重要な役割を担っていることが示されている。たとえば、MeCP2というタンパク質はメチル化CG配列に直接結合するが、メチル化されていないCG配列には結合せず、MeCP2が結合するとクロマチンが高度に凝縮した構造をとり転写が抑制される。

　MeCP2とそのメチル化シトシンを認識する能力の重要性は、メチル化CG配列を認識できない変異型MeCP2をもつヒトがレット（Rett）症候群を発症することから明らかである。レット症候群とは精神遅滞を引き起こす重篤な発達障害である。また、メチル化CG配列に結合する別のタンパク質MBD1を欠損したマウスもまた神経系に異常をきたすことから、神経系の正常な機能のためにはメチル化CG配列に結合する複数のタンパク質が必要であることがわかる。

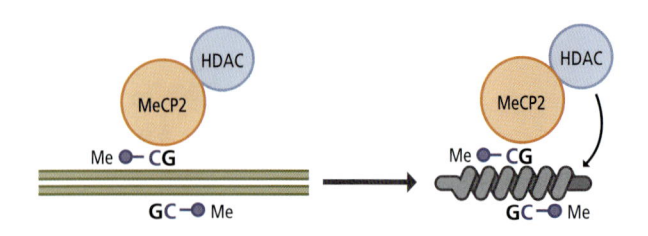

図 3.17
メチル化 CG 配列に MeCP2 タンパク質が結合すると，ヒストンデアセチラーゼ（HDAC）（3.3 節）を含む別のタンパク質がリクルートされ，その結果クロマチンは高度に凝縮した不活性な構造（コイル状）をとる。

興味深いことに，MeCP2 がメチル化 CG 配列に結合すると，ヒストンからアセチル基を除去する反応を触媒するヒストンデアセチラーゼ（histone deacetylase；HDAC）を含むタンパク質複合体がリクルートされる（図 3.17，2.3 節）。ヒストンの脱アセチル化は転写の不活性化と関連していることが知られており（3.3 節），この HDAC 複合体のリクルートは，クロマチン構造を決定するうえで DNA 修飾とヒストン修飾の間に密接な関係が存在することを示している。変異型 MeCP2 をもつマウスにヒストン H3 のアセチル化の増強がみられたことも，この考え方を支持している。

MeCP2 と MBD1 はいずれもヒストンメチルトランスフェラーゼとも結合してヒストン H3 のメチル化を増強させることから，DNA のメチル化は複数のヒストン修飾を制御していると考えられる。このことと符合して，維持メチラーゼ Dnmt1 を欠損したマウス細胞は，DNA メチル化が大幅に減少すると同時にヒストンのアセチル化とメチル化が変化する。したがって DNA メチル化は，少なくとも部分的にはヒストン修飾を変化させることで，クロマチン構造に影響を与えているのかもしれない。クロマチン構造の変化に関係する各種のヒストン修飾について次節で取りあげる。

3.3 転写活性が上昇している遺伝子のクロマチンにおけるヒストン修飾

2.3 節で述べたように，ヒストンはさまざまな修飾を受ける。たとえば，アセチル化，メチル化，ユビキチン化，リン酸化があげられる。これらの修飾はすべてクロマチン構造の制御に関わっていることが知られており，遺伝子の転写調節に関係している。これらの修飾について順に述べる（表 3.1）。

表 3.1 ヒストンの翻訳後修飾とその転写に及ぼす効果

修飾	修飾部位	転写に及ぼす効果
リシンのアセチル化	H3(2, 4, 9, 14, 18, 56 位), H4(5, 8, 12, 16, 20 位), H2A, H2B	活性化
リシンのメチル化	H3(4, 36, 79 位) H3(9, 27 位), H4(12, 20 位)	活性化 抑制
アルギニンのメチル化	H3(2, 17, 26 位), H4(3 位)	活性化
リシンのユビキチン化	H2B(120 位) H2A(119 位)	活性化 抑制
リシンの SUMO 化	H2B(5 位), H2A(126 位)	抑制
セリン／トレオニンのリン酸化	H3(3, 10, 11, 28 位), H4(1 位), H2A, H2B	活性化

アセチル化

2.3 節で述べたように，アセチル化(acetylation)はヒストン分子の N 末端領域において，特定のリシン残基の遊離アミノ基上の水素原子がアセチル基に置換されることで起こる(表 3.1)。これによりヒストン分子の正味の正電荷が減少する。高度にアセチル化されたヒストンは，転写が活性化されていて DN アーゼ I に対する感受性を示す遺伝子に多く存在する。逆に，転写が不活性な領域はヒストンが低アセチル化状態になっていることが多い。さらに，細胞内の HDAC を阻害してヒストンのアセチル化を増強させる酪酸ナトリウムで細胞を処理すると，クロマチンのいくつかの領域が DN アーゼ I に感受性を示すようになり，それまで不活性であったいくつかの遺伝子の発現が促進される。この実験結果は，転写活性が上昇している遺伝子のクロマチン構造を弛緩させるのに，DNA のメチル化と同様にヒストンの高度なアセチル化が役割を担っていることを示している。

ヒストンのアセチル化が遺伝子発現の調節に役割を担っていることを支持する別の証拠として，転写の活性化に関わっていることが知られていたいくつかのタンパク質が，ヒストン分子にアセチル基を付加するヒストンアセチルトランスフェラーゼ(histone acetyltransferase；HAT)活性をもっていることが発見されたことがある。たとえば，転写のコアクチベーターとして同定されていた CBP[CREB 結合タンパク質：**サイクリック AMP**(cyclic AMP)などの刺激による遺伝子の転写活性化に重要な役割を果たす]や関連のコアクチベーター p300 は，HAT 活性をもつことがわかった(これらのコアクチベーターについては 5.2 節で述べる)。この事実は HAT 活性と転写活性化能とが直接関連していることを意味している。同様に，幅広い遺伝子の基本的な転写に必須の転写因子 TFIID(4.1 節)の TAF$_{II}$250 サブユニットも HAT 活性をもっており，また転写アクチベーター ATF2 も HAT 活性をもっている。

一方，HDAC 活性は核内受容体コリプレッサーの機能に関わっているとみられている。核内受容体**コリプレッサー**(co-repressor)は，甲状腺ホルモンの刺激がないときに甲状腺ホルモン受容体に結合して転写を抑制する。核内受容体コリプレッサーはヒストンを脱アセチル化する Sin3-HDAC タンパク質複合体と結合することが示されていることから，その転写抑制活性は，ヒストンを脱アセチル化して，クロマチン構造を転写のできない高度に凝縮した状態にすることによるものと考えられる(甲状腺ホルモン受容体による転写抑制については 5.3 節で詳述する)。

以上のことから，転写活性化因子はヒストンのアセチル化を導いてクロマチン構造を弛緩させ(図 3.18a)，転写抑制因子はヒストンの脱アセチル化を導いてクロマチン構造をより凝縮した状態にすると考えられる(図 3.18b)。

これらは転写因子の研究(第 5 章)とクロマチン構造の研究とを結びつける発見である。特定の因子によるヒストンのアセチル化/脱アセチル化の制御と，その結果としてのクロマチン構造の制御は，遺伝子発現の調節に重要な役割を果たしてい

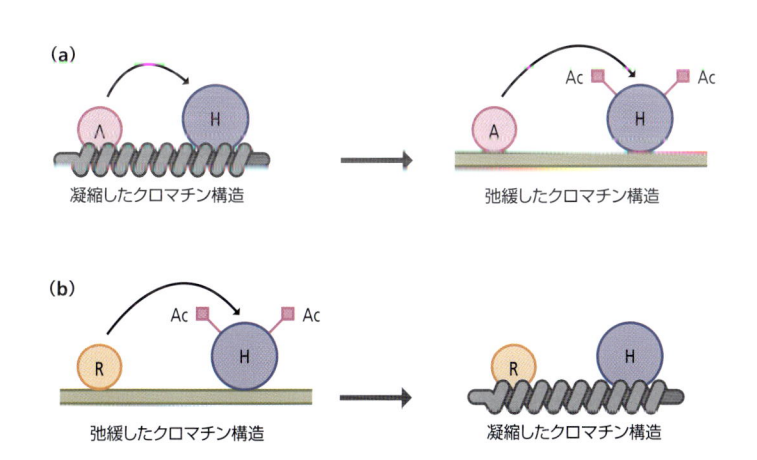

図 3.18
(a) 転写活性化因子(A)はヒストン(H)のアセチル化(Ac)を導いて，凝縮したクロマチン構造(コイル状)を弛緩した構造(直線状)に変換する。(b) 転写抑制因子(R)はヒストンの脱アセチル化を導いて，転写活性化因子とは逆の効果をクロマチン構造にもたらす。

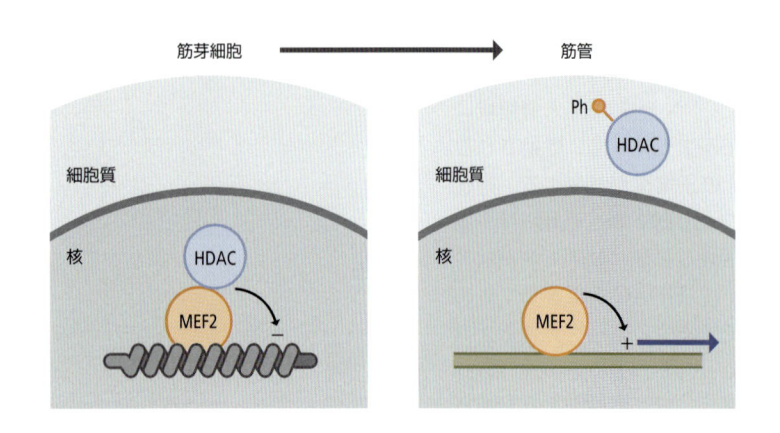

図 3.19
筋芽細胞において，転写アクチベーター MEF2 にはヒストンデアセチラーゼ（HDAC）が結合して筋管特異的な遺伝子の転写を抑制している。分化が誘導されると，HDAC はリン酸化（Ph）されて細胞質へ移行し，その結果 MEF2 によって筋管特異的な遺伝子の転写が活性化される。

るといえよう。また，メチル化CG配列に特異的に結合してHDACをリクルートするMeCP2（3.2節）は，DNAメチル化の転写抑制効果をヒストン脱アセチル化と関連づけるものである。

　転写アクチベーターがHATをリクルートし，転写リプレッサーがHDACをリクルートすることに加え，これらの酵素自身も制御を受けることが知られている。**筋芽細胞**（myoblast）において転写アクチベーターMEF2にはHDACが結合しているが，筋芽細胞が成熟した**筋管**（myotube）に分化すると，HDACはリン酸化されて細胞質へ移行し，その結果HDACから解放されたMEF2は転写を活性化する（図3.19）（筋細胞特異的な遺伝子発現におけるMEF2の役割については10.1節で詳述する）。

　2.3節で述べたように，アセチル化を受けるヒストンタンパク質のN末端領域はヌクレオソームコアから外に飛び出している。それゆえ，隣接するヌクレオソームのヒストンのN末端，または別の非ヒストンタンパク質と相互作用できる。したがって，ヒストンアセチル化のクロマチン構造に与える影響としては，2つの可能性が考えられる。1つの可能性として，ヒストン同士の相互作用にアセチル化が影響を与えることが考えられる。隣接するヌクレオソームのヒストン同士の相互作用が弱くなると，転写活性化因子がDNAにアクセスしやすくなる（図3.20a）。あるいは，ヒストン同士の相互作用が弱くなることによってクロマチンリモデリング複合体によるヌクレオソームの排除が促進され（2.2節），転写活性化因子がアクセスしやすくなるとも考えられる（図3.20b）。

　もう1つの可能性として，ヒストンのアセチル化がヒストンと別の転写調節因子との相互作用に影響を与えていることが考えられる。これは，DNAと転写活性化因子や転写抑制因子との結合が，DNAのメチル化状態の違いによって変化するという考え方と類似している（図3.16，3.2節）。たとえば，アセチル化されたヒストンは転写活性化因子に認識され，30 nm 線維構造の不安定化と転写活性化を導いているのかもしれない（図3.21a）。あるいは，凝縮したクロマチン構造の維持に関わる転写抑制因子の結合が，アセチル化によって阻害されるのかもしれない（図3.21b）。

　ヒストンと転写調節因子との間の相互作用を想定したこのモデルに一致して，Brg1などいくつかの転写活性化因子は，特定のリシンがアセチル化されたヒストンに非常に強く結合する**ブロモドメイン**（bromodomain）という領域をもっている。ブロモドメインをもつタンパク質がアセチル化されたヒストンに結合すると，クロマチン構造が弛緩して転写が活性化される（図3.22）。

メチル化

　ヒストンはアセチル化のほか，メチル化（methylation）による修飾も受ける（2.3節）。アセチル化とは異なり，メチル化はヒストン分子のリシン残基だけでなくア

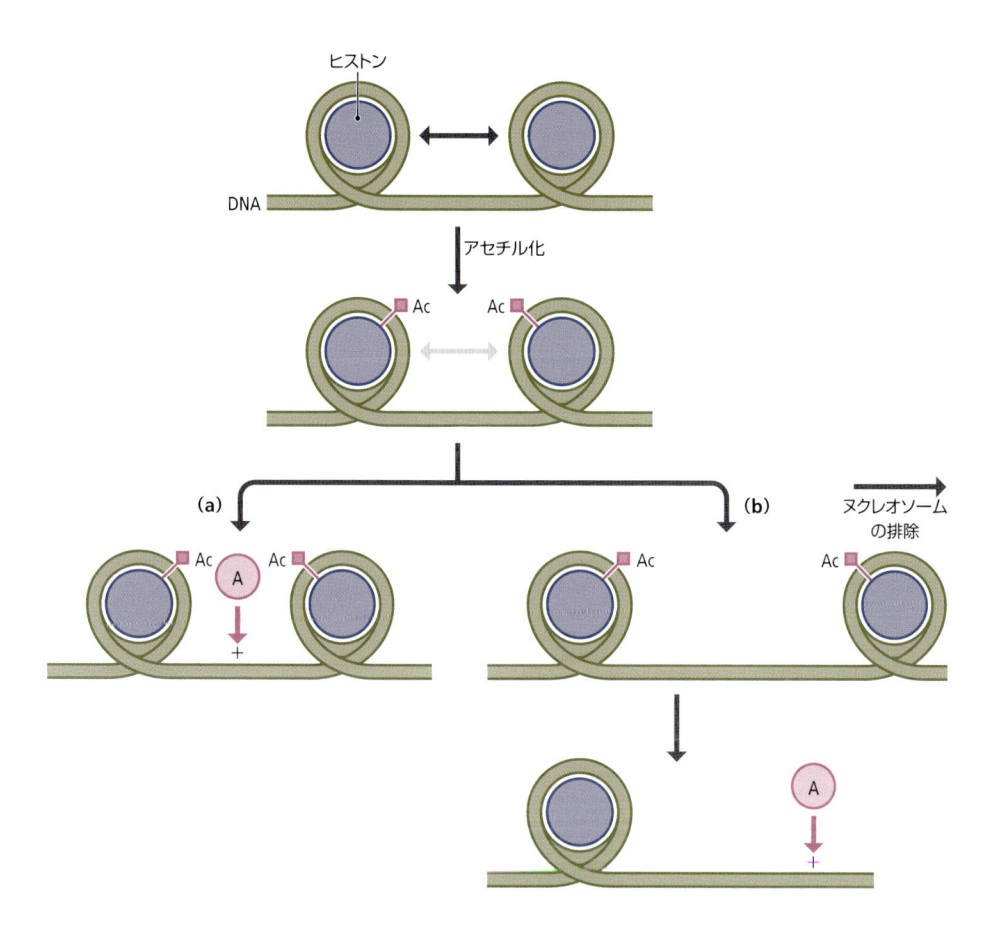

3.3 転写活性が上昇している遺伝子のクロマチンにおけるヒストン修飾 **71**

図 3.20
隣接するヌクレオソームでは、アセチル化によってヒストン間の相互作用が弱くなる（薄い灰色の矢印）。その結果、(a)転写活性化因子(A)がDNAにアクセスしやすくなるか、(b)あるいはヌクレオソームの排除が促進されて転写活性化因子がアクセスしやすくなる。

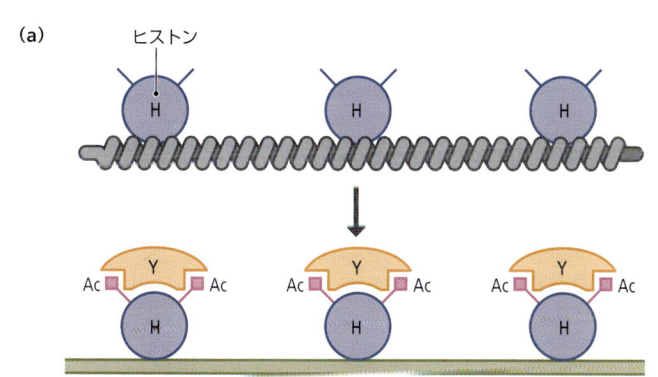

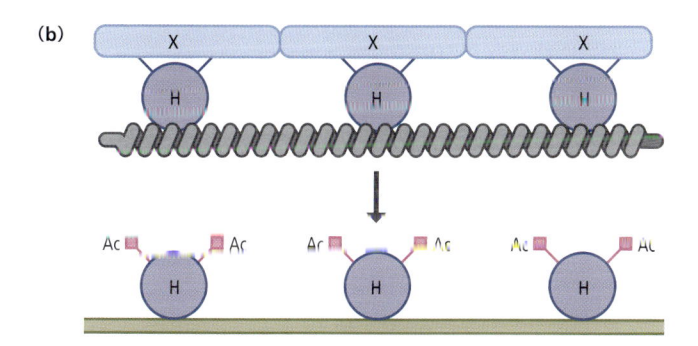

図 3.21
ヒストン(H)がアセチル化されると、(a)アセチル化されたヒストンと転写活性化因子(Y)との相互作用が促進されて、転写活性化が導かれる。(b)あるいは転写抑制因子(X)との相互作用が阻害されて、間接的に転写活性化が導かれる。

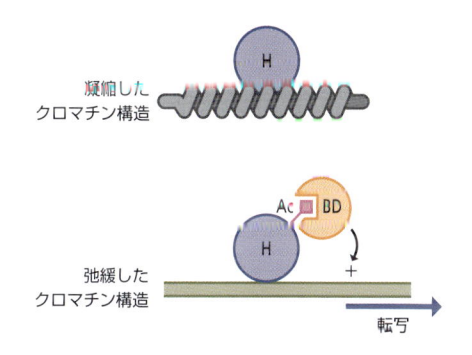

図 3.22
アセチル化されたヒストン(H)にブロモドメインをもつ転写活性化タンパク質(BD)が結合すると、クロマチン構造が弛緩して転写が活性化される。

図 3.23
ヒストン H3 の N 末端領域にはメチル化修飾を受けるリシン(K)残基とアルギニン(R)残基がある。メチル化の記号を上側に示したものはクロマチン構造を弛緩させ，下側に示したものはクロマチン構造を凝縮させる。数字はヒストンタンパク質のアミノ酸残基番号を示す。

ルギニン残基にも起こり，ヒストン分子の正味の正電荷には影響を与えない。

ヒストンのアセチル化はクロマチン構造を弛緩させるが，メチル化の場合はもっと状況が複雑である。特定のアルギニン残基やいくつかのリシン残基のメチル化は，クロマチン構造を弛緩させて結果的に転写を活性化する。一方で，リシン残基のメチル化が逆にクロマチン構造を凝縮させ，転写の抑制を引き起こす場合もある（表3.1，図 3.23）。

ヒストン H4 の 3 番目のアルギニン残基のメチル化は，クロマチン構造を弛緩させ，たとえば核内ホルモン受容体による転写の活性化を引き起こす。同様に，ショウジョウバエのヒストン H3 の 4 番目のリシン残基のメチル化が，エクジソン依存性遺伝子の転写活性化に関与していることが明らかにされている。同じくヒストン H3 の 4 番目のリシン残基のメチル化は，ヒトゲノム中の転写が活性化されている遺伝子や，酵母における**接合型遺伝子座**(mating-type locus)の転写が活性化されている領域でみられる（酵母の接合型については 10.3 節参照）。

興味深いことに，酵母の接合型遺伝子座の近傍の転写が不活性な領域ではヒストン H3 の 27 番目のリシン残基がメチル化されており，このメチル化は，転写の抑制に関わるようである（表 3.1）。この他に，ヒトゲノムではヒストン H3 の 9 番目と 27 番目のリシン残基のメチル化が転写の不活性化に関与している。

ヒストンのリシン残基とアルギニン残基のメチル化のバランスがクロマチン構造の状態を規定するのに重要らしい。たとえば，転写抑制に関わる Polycomb（ポリコーム）複合体は，ヒストン H3 の 9 番目と 27 番目のリシン残基をメチル化するヒストンメチルトランスフェラーゼ活性をもっている（図 3.24）。逆に，Trithorax（トリソラックス）タンパク質はヒストン H3 の 4 番目のリシン残基のメチル化を促進し，9 番目と 27 番目のリシン残基の脱メチル化を促進して，クロマチン構造を弛緩させるように働く（図 3.25）（Polycomb タンパク質や Trithorax タンパク質による転写調節については 4.4 節で詳述する）。

アセチル化と同様に，メチル化もヒストン同士の相互作用，あるいはヒストンと転写調節タンパク質（活性化あるいは抑制に関わる）の相互作用に影響を与えている可能性がある。実際，ヒストン H3 の 9 番目のリシン残基のメチル化はヘテロクロマチンタンパク質 1（heterochromatin protein 1；HP1）により認識され，この HP1 はクロマチンを高度に凝縮した不活性な状態（ヘテロクロマチン化状態）に維持することができる（2.5 節）。

ヒストンの 9 番目のリシン残基がメチル化されたクロマチンに結合した HP1 は，ヒストンメチルトランスフェラーゼをリクルートする。この酵素は隣接するヌ

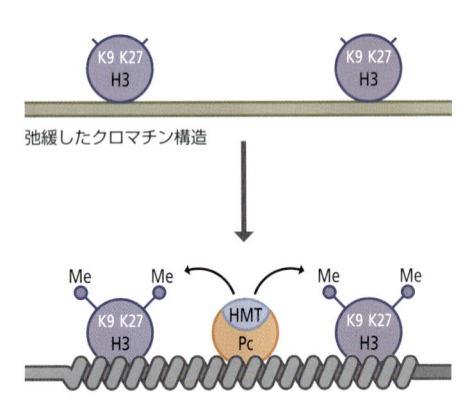

図 3.24
Polycomb 複合体(Pc)は，ヒストン(H)をメチル化してクロマチン構造を凝縮させるヒストンメチルトランスフェラーゼ(HMT)活性をもっている。

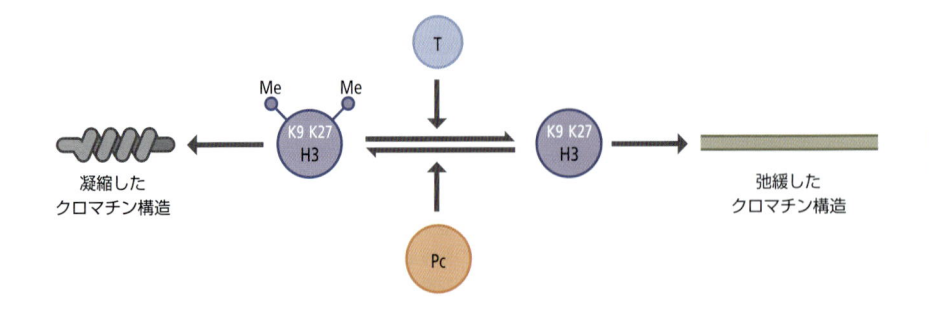

図 3.25
Polycomb タンパク質(Pc)は，ヒストン H3 の 9 番目と 27 番目のリシン(K)残基をメチル化し，クロマチン構造を凝縮させる。Trithorax タンパク質(T)は，これらの残基の脱メチル化を促進して，クロマチン構造を弛緩させる。

クレオソームのヒストンH3の9番目のリシン残基のメチル化を触媒し，この連鎖によって，HP1によって生み出される高度に凝縮したクロマチン構造はDNAに沿って広がっていき，広範囲のクロマチンがヘテロクロマチン化状態になる（図3.26）。このような高度に凝縮したクロマチン構造の広がりは，クロマチン上の全域にわたって起こるものではなく，インスレーターという特異的なDNA配列をもった領域で抑制され，ヘテロクロマチン領域の境界が生じる（2.5節）。

このHP1を介したヒストンメチル化の触媒モデルによって，ヒストンのメチル化パターンがどのようにして細胞分裂を通じて受け継がれるのかもうまく説明することができる。ヒストンH3の9番目のリシン残基がメチル化されている部分のDNAが複製されるとき，その部分のヌクレオソームは娘染色体へランダムに分配されると考えられる（図3.27）。各々の娘染色体はもとの染色体を半分しかもっていないので，新しいヌクレオソームはメチル化されていないヒストンH3で構成されることになる。しかしながら，9番目のリシン残基がメチル化されたヒストンH3を含むもともとのヌクレオソームは，HP1とそのHP1に結合しているヒストンメチルトランスフェラーゼをリクルートし，隣接するヌクレオソームのヒストンをメチル化できる（図3.27）。

この機構によって，ヒストンH3のメチル化パターンは細胞分裂を通じて安定に受け継がれているのかもしれない。この機構は，DNAのメチル化パターンが受け継がれていく機構と類似している（3.2節）。DNAのメチル化パターンと同様，ヒストンのメチル化パターンも動的に変化することが知られている。ヒストンのメチル化パターンの変化は，ヒストンデメチラーゼによる脱メチル化か，あるいは細胞分裂の際に新しく作られるヌクレオソームのメチル化の阻害により起こるのであろう。

HP1の重要な機能は9番目のリシン残基がメチル化されたヒストンH3を認識することである。HP1は**クロモドメイン**（chromodomain）として知られるドメインを介してメチル化ヒストンに結合する。このクロモドメインは転写を抑制する多くのタンパク質で見つかっており，クロモドメインをもつタンパク質が9番目のリシン残基がメチル化されたヒストンを認識することは，クロマチン構造を凝縮させ

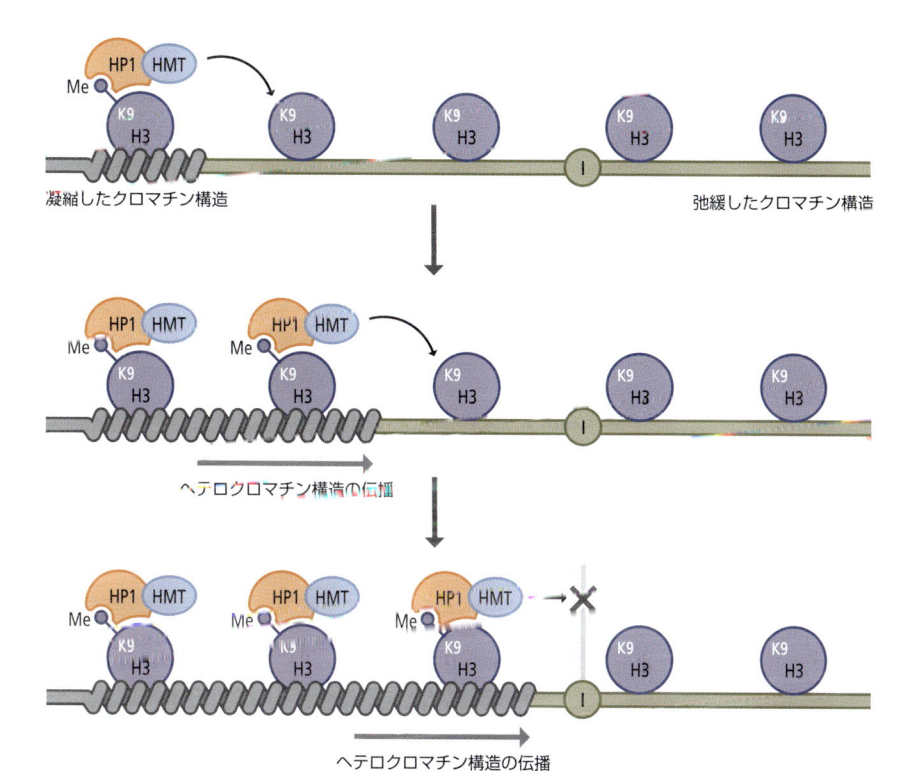

図 3.26
メチル化されたヒストンH3にHP1が結合することによって，ヒストンメチルトランスフェラーゼ（HMT）がリクルートされる。この酵素は隣接するヌクレオソームのヒストンH3をメチル化する。この連鎖によって，インスレーター（I）のような境界を定める配列に出くわすまで，凝縮したヘテロクロマチンの構造が広がっていく。

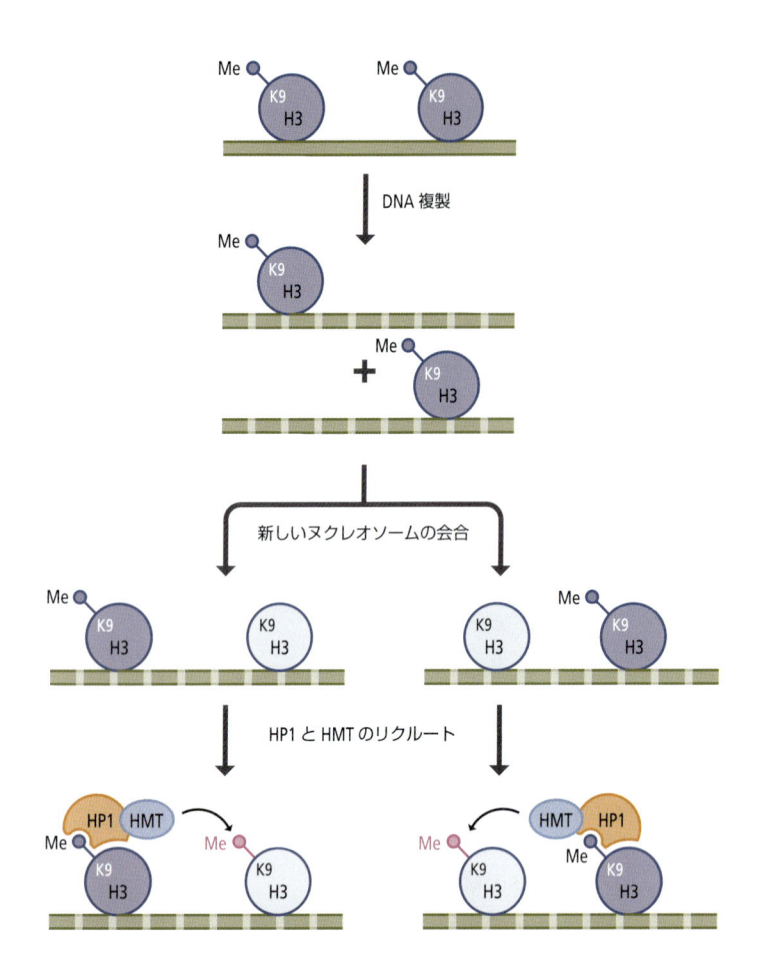

図 3.27
DNA が複製されて 2 つの娘 DNA 分子（縞模様）ができる。このとき，もとからあるヒストン H3 を含むヌクレオソーム（紫色）は，2 つの DNA 分子へランダムに分配される。新しいヌクレオソーム（薄紫色）はメチル化されていないヒストン H3 で構成される。もともとメチル化されていたヒストン H3 に，HP1 とヒストンメチルトランスフェラーゼ(HMT)がリクルートされる。この HMT が，隣接する新しいヌクレオソームのヒストン H3 をメチル化する。この機構によって，もとからあるヒストンのメチル化パターンは細胞分裂を通じて安定に受け継がれる。

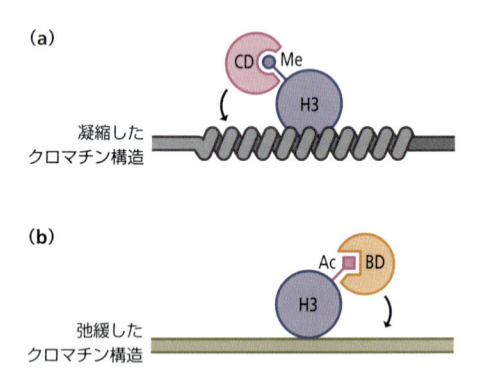

るのに大きな役割をもっている（図 3.28）。

　クロモドメインをもつタンパク質による 9 番目のリシン残基のメチル化ヒストンの認識は，先に述べた，ブロモドメインをもつタンパク質によるアセチル化ヒストンの認識とは役割が異なる。ブロモドメインタンパク質はアセチル化ヒストンを認識することにより，クロマチン構造を弛緩させるように働き，遺伝子の転写活性化を促進するのに対して，クロモドメインタンパク質によるメチル化ヒストンの認識は，凝縮したクロマチン構造の形成を促進する（図 3.28）。

　興味深いことに，ヌクレオソームの配置に影響を与えてクロマチン構造を変化させるヌクレオソームリモデリング因子（nucleosome-remodeling factor；NURF）は，クロモドメインやブロモドメインとは異なった PHD フィンガードメインをもっている。PHD フィンガーはメチル化ヒストンを認識する。このドメインを用いて，NURF はヒストン H3 の 4 番目のリシン残基のメチル化を認識し，クロマチン構造を弛緩させて転写を活性化する（図 3.29）。

　これらの知見をまとめると，ヒストンの異なる位置のメチル化はそれぞれ異なったタンパク質をクロマチン上へリクルートし，リクルートされたタンパク質はそれぞれ特異的なドメインを介してヒストンに結合する。その結果，クロマチン構造の凝縮や弛緩が引き起こされると考えられる。

ユビキチン化および SUMO 化

　2.3 節で述べたように，小さなタンパク質であるユビキチンのヒストンへの付加は，ヒストン H2A と H2B のみに起こる。ユビキチン化（ubiquitination）による修飾を受けているヒストン H2A の割合は低く（約 5 〜 10％），そのようなユビキチン化は遺伝子発現の抑制に関わっている。ヒストン H2A のユビキチン化は，

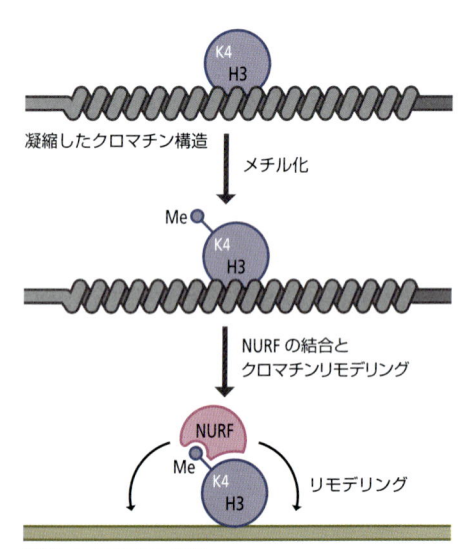

図 3.28
(a)ヒストン H3 がメチル化されると，クロモドメインタンパク質（CD）の結合が促進され，不活性な DNA の特徴である凝縮したクロマチン構造（コイル状）が形成される。(b)対照的にアセチル化では，ブロモドメインタンパク質（BD）の結合が促進され，転写活性が上昇している DNA の特徴である弛緩したクロマチン構造となる。

図 3.29
ヒストン H3 の 4 番目のリシン（K4）がメチル化されると，ヌクレオソームリモデリング因子（NURF）が結合し，クロマチン構造を弛緩させる。

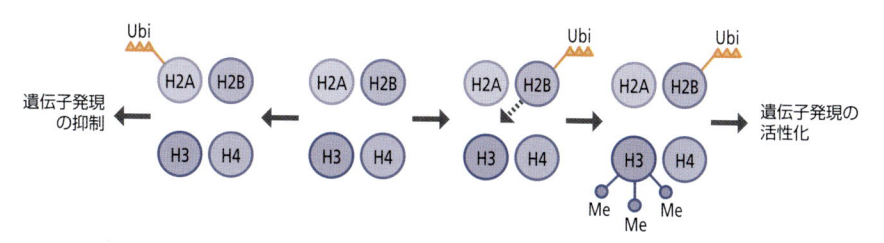

図 3.30
ヒストン H2A と H2B のユビキチン化(Ubi)の相反する効果。ヒストン H2A のユビキチン化は遺伝子発現を抑制し，ヒストン H2B のユビキチン化は，ヒストン H3 のメチル化を促進して遺伝子発現を活性化する。

Polycomb 複合体の構成成分によって触媒されることが知られている。Polycomb 複合体はすでに述べたように不活性なクロマチン構造の形成を促進し，転写を抑制する(X 染色体不活性化における Polycomb 複合体の役割については 3.6 節で詳述する)。

ヒストン H2A のユビキチン化が転写の抑制に関与しているのに対して，ヒストン H2B のユビキチン化は転写の促進に関与する(図 3.30)。この理由は，2.3 節で述べたように，ヒストン H2B のユビキチン化は，ヒストン H3 の 4 番目と 79 番目のリシン残基のメチル化を促進するからと考えられる。また興味深いことに，モノメチル化された 4 番目と 79 番目のリシン残基をトリメチルリシンに変換する際に，ヒストン H2B が重要な役割を果たしているようである(モノメチル化，ジメチル化，トリメチル化については 2.3 節参照)。これも先に述べたが，ヒストン H3 の 4 番目と 79 番目のリシン残基のメチル化はクロマチン構造の弛緩を促進するので，この H3 のメチル化を促進するヒストン H2B のユビキチン化は，遺伝子発現を促進するように働くことになる。この知見は，あるタイプのヒストン分子の修飾が，別のタイプのヒストン分子の修飾を制御できることを示唆している。

クロマチン構造と遺伝子発現に与える影響が，ユビキチン化ヒストン H2A とユビキチン化ヒストン H2B とで逆であるのと同様に，それらの転写反応における役割も互いに相反することが明らかにされている。すなわち，ユビキチン化 H2A は転写開始時の伸長反応において重要な働きをする FACT タンパク質(転写伸長については 4.2 節参照)のリクルートを抑制するのに対して，ユビキチン化 H2B は FACT タンパク質のリクルートを促進し，転写伸長反応を刺激する(図 3.31)。

2.3 節で述べたように，ヒストンのリシン残基は低分子ユビキチン様修飾因子(small ubiquitin-related modifier；SUMO)付加による修飾も受ける[SUMO 化(sumoylation)]。SUMO とはその名の通りユビキチンに類似した小さなタンパク質であり，SUMO 化は HDAC をリクルートし，クロマチン構造を凝縮させることにより転写を抑制することが知られている。

リン酸化

アセチル化，メチル化，ユビキチン化/SUMO 化とは異なり，リン酸化(phosphorylation)はヒストン分子のセリン残基またはトレオニン残基を標的としている。ヒストンのリン酸化はクロマチン構造を弛緩させ，転写を引き起こす。たとえば，細胞が熱ショック(温度の上昇)に曝されたとき，リン酸化されたヒストン H3 は転写が活性化されている熱ショック遺伝子座に集中しており，逆に熱ショックに伴って不活性化する他の遺伝子座ではリン酸化ヒストン H3 は激減する。

同様に，分裂を促す**増殖因子**(growth factor)で細胞を刺激したとき，ヒストン H3 の N 末端の 10 番目のセリン残基がリン酸化される。これらのリン酸化ヒストンは，増殖因子による刺激で転写が活性化される遺伝子，たとえば c-fos や c-myc 遺伝子座に局在する(図 3.32)(これらの遺伝子とその細胞増殖/分裂における役割の詳細は 11.1 節および 11.2 節参照)。

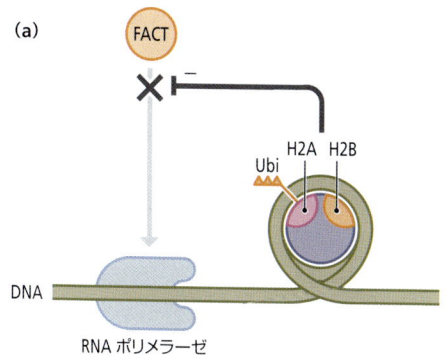

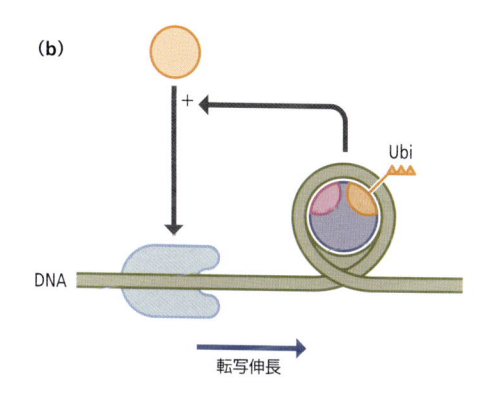

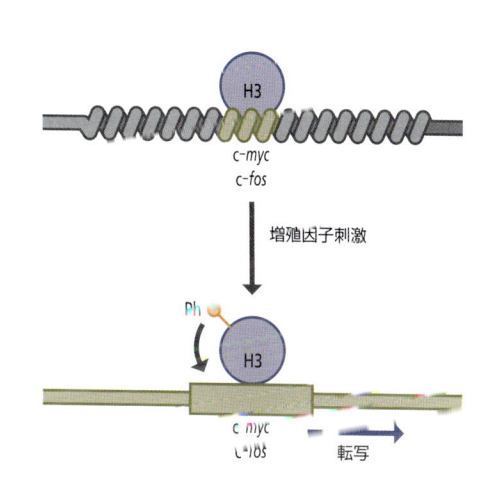

図 3.31
(a)ヒストン H2A のユビキチン化(Ubi)とヒストン H2B の脱ユビキチン化によって，転写伸長因子 FACT のリクルートが阻害され，RNA ポリメラーゼによる転写が阻害される。(b)対照的に，ヒストン H2A の脱ユビキチン化とヒストン H2B のユビキチン化によって，FACT タンパク質のリクルートが促進され，転写伸長が活性化される。

図 3.32
c-myc や c-fos に結合したヌクレオソームのヒストン H3 は，増殖因子の刺激によってリン酸化(Ph)される。これにより不活性な凝縮したクロマチン構造(コイル状)は弛緩した構造(直線状)となり，増殖因子に応答した転写が活性化される。

増殖因子による刺激で引き起こされるヒストン H3 のリン酸化は，Rsk-2 というキナーゼが欠損しているコフィン・ローリー(Coffin-Lowry)症候群の患者ではみられない。コフィン・ローリー症候群の患者では，精神遅滞を含む多くの発達障害や顔面その他の異常が認められる。この疾患では増殖因子による刺激で遺伝子の転写活性化が起こらないことから，増殖因子による転写活性化の過程における，Rsk-2 が触媒するヒストン H3 リン酸化の重要性が示唆される。

ヒストンのリン酸化は，コアヒストンだけではなく，リンカーヒストンであるヒストン H1 でも観察される。興味深いことに，ヒストン H1 のリン酸化が生じると，HP1 タンパク質との相互作用が失われる。HP1 は高度に凝縮したヘテロクロマチンの形成に重要であることから，ヘテロクロマチンから弛緩したクロマチン構造への移行に，ヒストン H1 のリン酸化が重要な役割を果たしている可能性がある(図 3.33)。

図 3.33
ヒストン H1 のリン酸化が生じると，HP1 タンパク質との相互作用が失われる。HP1 には高度に凝縮したクロマチン構造(コイル状)を形成させる働きがあるので，HP1 の解離によってクロマチンは弛緩した構造(直線状)をとる。

3.4 各種のヒストン修飾，DNA メチル化および RNAi の相互作用

各種のヒストン修飾は他の修飾と機能的に相互作用する

3.3 節で述べたように，ヒストン修飾はクロマチン構造を変化させることで遺伝子発現を活性化したり抑制したりする。表 3.1 に各種のヒストン修飾をまとめて示してある。ヒストン H3 の N 末端の修飾については図 3.34 を参照されたい。

2.3 節および 3.3 節で，ヒストン修飾についての知見，特に，各種のヒストン修飾が他の修飾と機能的に相互作用する例をみてきた。最も単純な例としては，特定のリシン残基(たとえば，ヒストン H3 の 9 番目や 27 番目など)のアセチル化あるいはメチル化による修飾があげられる。アセチル化とメチル化は同じ化学基を標的としているので，これらの修飾は相互に排他的である。クロマチンリモデリングに関していえば，これらの残基のアセチル化はクロマチン構造の弛緩を促進するのに対し，同じ残基のメチル化はクロマチン構造の凝縮を促進する(図 3.35a)。

もう少し複雑な例では，1 つの残基の修飾が近傍の残基の修飾を促進したり阻害したりすることもある。2.3 節で述べたように，ヒストン H3 の 10 番目のセリン残基のリン酸化は，9 番目のリシン残基の脱メチル化，ならびに 9 番目と 14 番目のリシン残基のアセチル化と関連がある。弛緩したクロマチンではヒストン H3 のこの領域にアセチル化やリン酸化が特徴的にみられるのに対し，凝縮したクロマチンではアセチル化もリン酸化もみられず，9 番目のリシン残基がメチル化されている(図 3.35b)。したがって，同じヒストン上で起こる複数の修飾は，互いに相互作用しながらクロマチンの構造を制御している。

さらに複雑なレベルになると，あるヒストンの修飾が他のヒストンの修飾に影響を与える。たとえば，3.3 節ですでに述べたように，ヒストン H2B のユビキチン化はヒストン H3 のリシン残基のメチル化を促進する。同様に，ヒストン H4 の 3 番目のアルギニン残基のメチル化は，ヒストン H3 のアセチル化および 9 番目と 27 番目のリシン残基の脱メチル化を促進し，クロマチン構造の弛緩に特徴的な修

図 3.34
ヒストン H3 の N 末端の最初の 37 アミノ酸(1 文字記号で示す)。リシン(K)残基とアルギニン(R)残基はメチル化による修飾を受け，リシンはアセチル化も受ける。セリン(S)残基とトレオニン(T)残基はリン酸化により修飾される。転写を活性化する修飾は上側に，抑制するものは下側に示す。

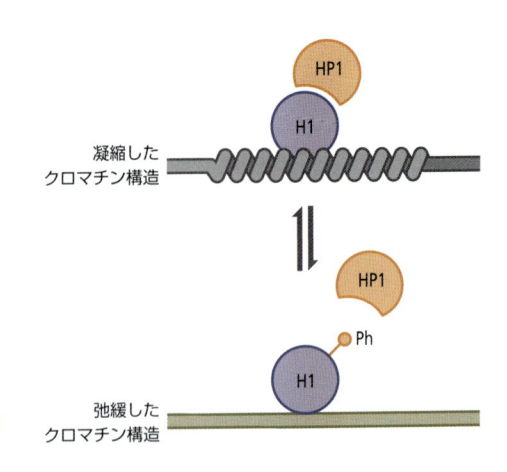

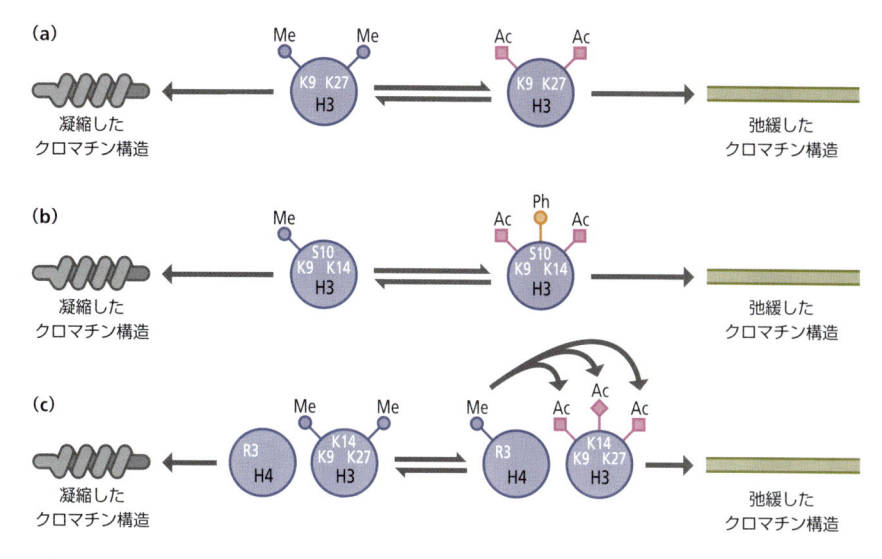

図 3.35
各種のヒストン修飾間の相互作用の例。(a) 9 番目と 27 番目のリシン(K)のアセチル化とメチル化は，相互に排他的である。(b) 同じヒストン上で起こる複数の修飾の相互作用。ヒストン H3 は，9 番目のリシンのメチル化か，9, 14 番目のリシンのアセチル化と 10 番目のセリン(S)のリン酸化の，いずれかを受ける。(c) 異なるヒストンの修飾間の相互作用。ヒストン H4 の 3 番目のアルギニン残基(R)のメチル化は，ヒストン H3 の 9, 14, 27 番目のリシンのアセチル化および 9, 27 番目のリシンの脱メチル化を促進する。

飾パターンを作り出す(図 3.35c)。

これらのさまざまな相互作用により，特徴的なヒストン修飾のパターンが形成される。このようなことから「ヒストンコード(histone code)」という考え方が生まれた。ヒストンコードとは，1 つの部位の 1 つの修飾のみではなく，ヒストン修飾のパターンであり，そのパターンを認識して調節タンパク質が DNA 上へリクルートされるという考え方である。1 つのタンパク質が複数の修飾を認識する場合もある(図 3.36a)。また，複数のタンパク質の各々がそれぞれ異なる修飾を認識し，その結合タンパク質群のパターンが別の「コード・リーダー」タンパク質によって認識されるケースもあるであろう(図 3.36b)。いずれの場合においても，局所的なクロマチンリモデリングにより，弛緩した数珠状構造，凝縮した構造である 30 nm 線維，あるいはさらに凝縮したヘテロクロマチン構造のいずれかがもたらされる。

ヒストン修飾は DNA メチル化と相互作用してクロマチン構造を制御する

3.2 節で述べたように，DNA メチル化はヒストン修飾と同様に，クロマチン構造を制御するうえで重要な働きをしている。興味深いことに，各種のヒストン修飾と同様に，ヒストン修飾と DNA メチル化の相互作用を示す明らかな証拠がある。

すでに述べたように(3.3 節)，HP1 タンパク質は 9 番目のリシン残基がメチル化されたヒストン H3 に結合し，ヘテロクロマチンに特徴的な高度に凝縮したクロマチン構造を形成するのに重要な役割を果たす(3.3 節)。HP1 は DNA メチルトランスフェラーゼ Dnmt1, Dnmt3a, Dnmt3b をリクルートすることが知られており，このことがヒストン H3 の 9 番目のリシン残基のメチル化の効果と DNA メチル化の阻害効果とを結びつけている(図 3.37)。DNA メチルトランスフェラーゼとの似たような相互作用が，ヒストン H3 の 9 番目と 27 番目のリシン残基をメチル化する Polycomb 複合体においても報告されている。

2.3 節で述べたように，DNA メチル化と 1 つのヒストンバリアントとの相互作用が近年報告されている。すなわち，活性化されている遺伝子領域に多く存在するヒストンバリアント H2A.Z はその遺伝子がメチル化されるのを防ぎ，逆に DNA

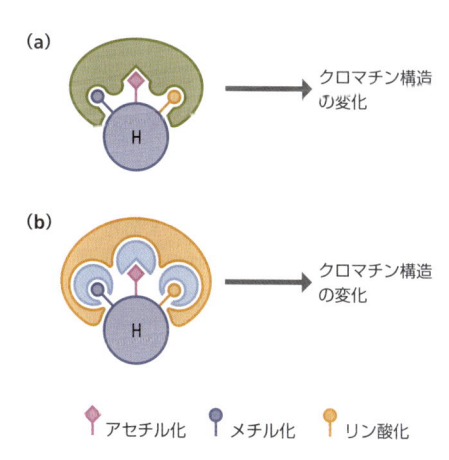

図 3.36
(a) 1 つの調節タンパク質がヒストン(H)上の複数の修飾を認識し，クロマチン構造を変化させる。(b) あるいは複数のタンパク質の各々がそれぞれ異なる修飾を認識し，その結合タンパク質群のパターンが別の「コード・リーダー」タンパク質によって認識される。この図ではアセチル化，メチル化，リン酸化のパターンがタンパク質によって認識され，クロマチン構造を変化させている。

メチル化は H2A.Z のリクルートを防ぐ。

このように，特定のヒストンの修飾が自身の別の部位や他のヒストンの修飾に影響を与えるだけでなく，ヒストンバリアントもまた DNA メチル化に影響を与えることがある。

RNAi はクロマチン構造の変化を誘導することができる

1.5 節で述べたように，低分子 RNA が遺伝子発現に重要な役割を果たしていることが明らかになっている。これらの RNA は主に転写後レベルで働き，標的 mRNA の分解を引き起こしたり，あるいはその翻訳を阻害したりする(7.6 節)。ただし，低分子干渉 RNA(small interfering RNA；siRNA)は，クロマチン構造を凝縮させることにより，転写レベルで遺伝子発現を抑制することもできる。

siRNA はより大きな 2 本鎖の前駆体 RNA が，Dicer タンパク質(第 1 章，1.5 節)によって切断されて作られる。siRNA が転写レベルで標的遺伝子の発現を抑制する場合，siRNA は RNA 誘導型サイレンシング複合体(RNA-induced silencing complex；**RISC**)として知られる複合体に結合する。RISC は **Argonaute**(アルゴノート)ファミリーのタンパク質をはじめ多くのタンパク質で構成され，RISC と siRNA の複合体は標的の mRNA に結合する(図 3.38a，7.6 節)。一方，siRNA が標的遺伝子の転写を直接抑制する場合，siRNA は RNA 誘導型転写サイレンシング(RNA-induced transcriptional silencing；**RITS**)複合体として知られる，同じく Argonaute タンパク質を含むが RISC とは別の複合体に結合する。siRNA と RITS 複合体は，標的遺伝子に結合して転写を抑制する(図 3.38b)。siRNA が転写レベルで遺伝子発現を抑制する現象は，最初に植物で見いだされた。植物において，この現象は頻繁に起こっているようである。最近では，この現象は酵母から哺乳動物に至るまで幅広い生物で見つかっている。

siRNA はヘテロクロマチンのように高度に凝縮したクロマチン構造の形成に重要な役割を果たしている(2.5 節)。siRNA 分子は標的遺伝子の相補的な配列に結合し，HP1 タンパク質をリクルートする。前述のように，HP1 はヘテロクロマチンの形成に重要な役割を果たしている。HP1 は転写抑制に関わるヒストンのメチル化を誘導し(3.3 節)，DNA のシトシンをメチル化する DNA メチルトランスフェラーゼをリクルートすることができる(3.2 節)。

したがって siRNA が結合すると，たとえば転写抑制に関わるヒストン H3 の 9 番目のリシン残基がメチル化され，さらに DNA のシトシンもメチル化されて，ヘ

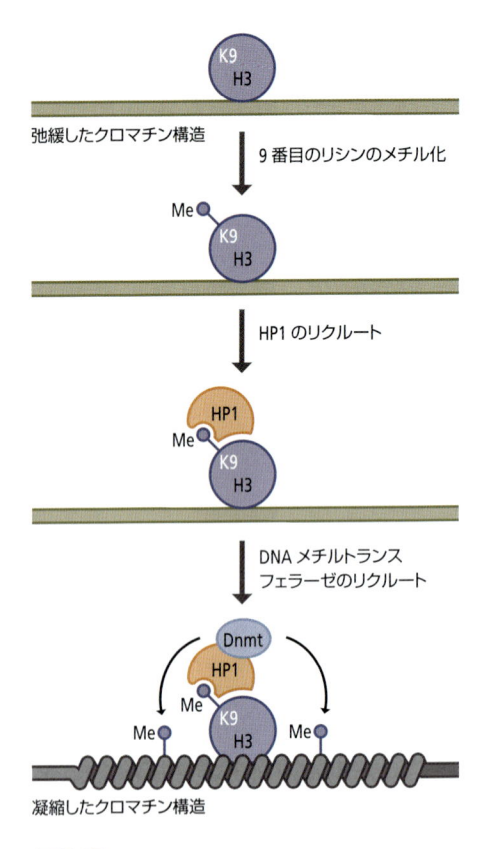

図 3.37
ヒストン H3 の 9 番目のリシン残基のメチル化によって，HP1 タンパク質がリクルートされる。HP1 はクロマチン構造を凝縮させるとともに，DNA メチルトランスフェラーゼ(Dnmt)をリクルートする。Dnmt は DNA のシトシンをメチル化し，凝縮したクロマチン構造をさらに広げていく。

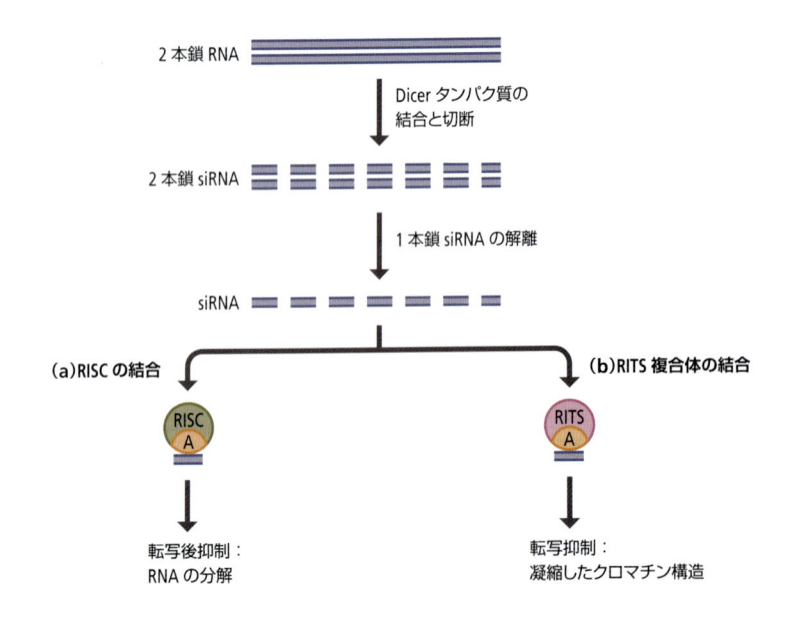

図 3.38
2 本鎖 RNA が Dicer タンパク質によって切断され，低分子干渉 RNA(siRNA)が作られる。(a) 1 本鎖となった siRNA は，Argonaute(アルゴノート；A)タンパク質を含む RNA 誘導型サイレンシング複合体(RISC)と結合することで，標的の mRNA に結合してその分解を誘導する。(b)あるいは，同じく Argonaute タンパク質を含む RNA 誘導型転写サイレンシング(RITS)複合体と結合することで，標的遺伝子に結合し，クロマチン構造を凝縮させる。

テロクロマチンの形成が促進される（図 3.39）。前述のように（3.3 節），ヒストン H3 の 9 番目のリシン残基のメチル化は，HP1 の結合をさらに促進し，結合した HP1 がさらにヒストンのメチル化を触媒するというポジティブフィードバックループを形成する。こうして siRNA，ヒストンのメチル化，DNA メチル化の複雑な相互作用により，高度に凝縮したヘテロクロマチン構造が形成・維持され，その構造が染色体に沿って広がっていく（図 3.40）。

図 3.39 と図 3.40 に示したように，siRNA は標的遺伝子の DNA に直接結合し，その後ヒストンメチルトランスフェラーゼや DNA メチルトランスフェラーゼをリクルートすることでクロマチン構造を変化させると考えられる（図 3.41a）。しかしながら，標的遺伝子の転写により合成されている最中の RNA に，siRNA が相補的な塩基を介して結合する可能性もある（図 3.41b）。この場合も，ヒストンメチルトランスフェラーゼや DNA メチルトランスフェラーゼが DNA にリクルートされ，高度に凝縮したクロマチン構造が形成される。

siRNA の標的となる多くの遺伝子において，タンパク質をコードする mRNA を作り出す DNA 鎖に相補的な DNA 鎖からアンチセンス RNA が作り出されるという事実から siRNA が DNA ではなく RNA を標的として結合するというモデルが考えられる。このアンチセンス RNA は，遺伝子そのものから転写されるか，その遺伝子の近傍の DNA が転写されるときに一緒に転写され，siRNA の標的となる（図 3.41b）。

siRNA が標的 RNA に結合してクロマチン構造を変化させる酵素をリクルートするという機構は，すべての真核生物で働いているようだが，とりわけシロイヌナズナなどの植物においてよく解析されている。興味深いことに，この場合の

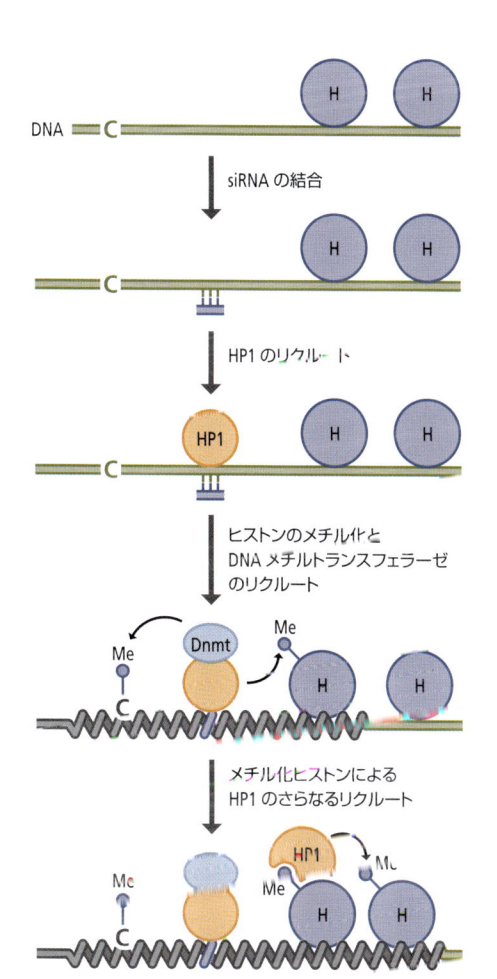

図 3.39
標的遺伝子に低分子干渉 RNA（siRNA）が結合すると，HP1 タンパク質がリクルートされる。HP1 はヒストン（H）をメチル化してクロマチン構造を凝縮させるとともに，DNA メチルトランスフェラーゼ（Dnmt）をリクルートする。Dnmt によって DNA のシトシンがメチル化される。

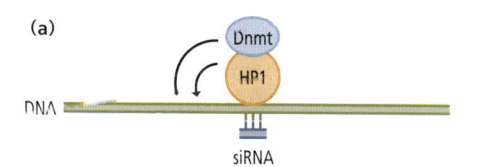

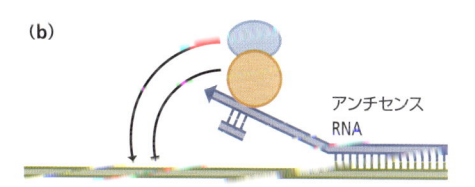

図 3.40
HP1 タンパク質がリクルートされ，ヒストンがメチル化され，メチル化されたヒストンにまた HP1 がリクルートされる。このポジティブフィードバックループにより，凝縮したクロマチン構造が形成・維持され，その構造が染色体に沿って広がっていく。

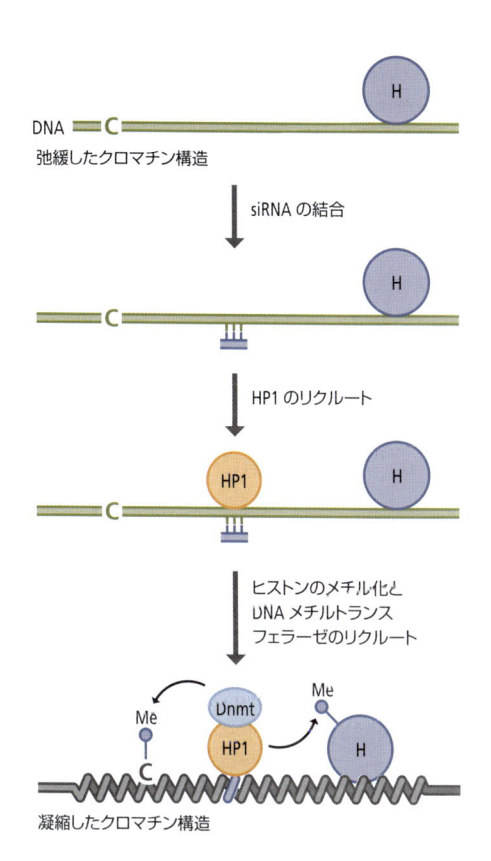

図 3.41
低分子干渉 RNA（siRNA）は標的遺伝子の DNA に直接結合するか（a），あるいは遺伝子から転写された RNA に結合する（b）。いずれの場合にも，それによって HP1 や DNA メチルトランスフェラーゼ（Dnmt）といったクロマチン修飾タンパク質がリクルートされる。

siRNA は RNA ポリメラーゼⅣ (RNA ポリメラーゼⅣa とも呼ばれる) として知られる植物特異的な RNA ポリメラーゼにより転写される。このポリメラーゼは動物では見つかっていない。また，siRNA のさらに大きな標的 RNA は，RNA ポリメラーゼⅤ (RNA ポリメラーゼⅣb とも呼ばれる) として知られるもう 1 つの植物特異的な RNA ポリメラーゼにより転写される。これらのポリメラーゼは，RNA ポリメラーゼⅡと共通するいくつかのサブユニットと，RNA ポリメラーゼⅣや RNA ポリメラーゼⅤに特異的な他のサブユニットをもっている (RNA ポリメラーゼについては 4.1 節参照)。

3.5 転写活性が上昇している遺伝子の調節領域におけるクロマチン構造の変化

転写活性が上昇している遺伝子には DN アーゼⅠ高感受性部位が存在する

　これまで本章では，シトシンの低メチル化状態，ヒストン修飾，DN アーゼⅠによる消化に対する感受性の増大など，転写活性が上昇している遺伝子領域 (潜在的なものも含めて) のクロマチンに特徴的な性質について述べてきた。これらの変化は活性化されている遺伝子領域のみならずその周辺にも影響し，たとえば，DN アーゼⅠに対する感受性でいえば，転写活性が上昇している遺伝子は他の領域に比べて約 10 倍消化されやすくなっている。

　DN アーゼⅠに対する感受性の増大が発見されると，そのような領域の中でも特に著しく感受性が増大しており，活性化されている領域の DNA 全体が消化されてしまう前にまず切断されるような部位を検出する試みが多くの研究者によってなされた。このような **DN アーゼⅠ高感受性部位** (DNase I hypersensitive site) の検出に使用された技術は，これまで特定の DNA 領域の全般的な DN アーゼⅠ感受性を調べるために用いられていた技術 (メソッドボックス 3.1) に基づいている。クロマチンを DN アーゼⅠと制限酵素で消化し，その後，解析対象の遺伝子に対する特異的プローブを用いてサザンブロット法を行う。先にも述べたように，その遺伝子領域を含むバンドが，DN アーゼⅠの添加量を増やすにしたがってどれだけ早く消失するかをみることで，その遺伝子の感受性を調べることができる (図 3.3)。

　しかし DN アーゼⅠ高感受性部位を調べるには，非常に低い濃度の DN アーゼⅠを用いて，制限酵素処理後の断片を電気泳動で解析する必要がある (図 3.42, メソッドボックス 3.2：メソッドボックス 3.1 と比較すること)。DN アーゼⅠ高感受性部位が切断されて生じる断片は，片方の端が DN アーゼⅠに切断されており，もう片方の端が制限酵素の切断部位なので，ある特定の長さの断片として検出される。遺伝子上の制限部位はわかっているので，高感受性部位は断片の長さを調べるだけで知ることができる。

メソッドボックス 3.2

DN アーゼⅠ高感受性部位を調べる (図 3.42)
- クロマチン (DNA およびヒストンなどの会合タンパク質) を単離する。
- ごく少量の DN アーゼⅠで消化する。
- 部分消化された DNA からタンパク質を除去して精製する。
- 制限酵素で消化して解析対象の遺伝子に対する特異的プローブを用いたサザンブロット法を行う (メソッドボックス 1.1 参照)。
- 解析対象の DNA に DN アーゼⅠ高感受性部位が存在する場合に生じる特異的なバンドがみられるかどうかを調べる。

図 3.42
転写が活性化されている遺伝子の DNアーゼ I 高感受性部位の検出。DNアーゼ I 高感受性部位をもつクロマチンを穏やかな条件で消化すると，片方の端が制限酵素の切断部位，もう片方の端が DNアーゼ I 高感受性部位であるような断片が生じる(図右)。図 3.3 で示したように，より多くの DNアーゼ I を作用させるとバンドは消失する(図中央)。

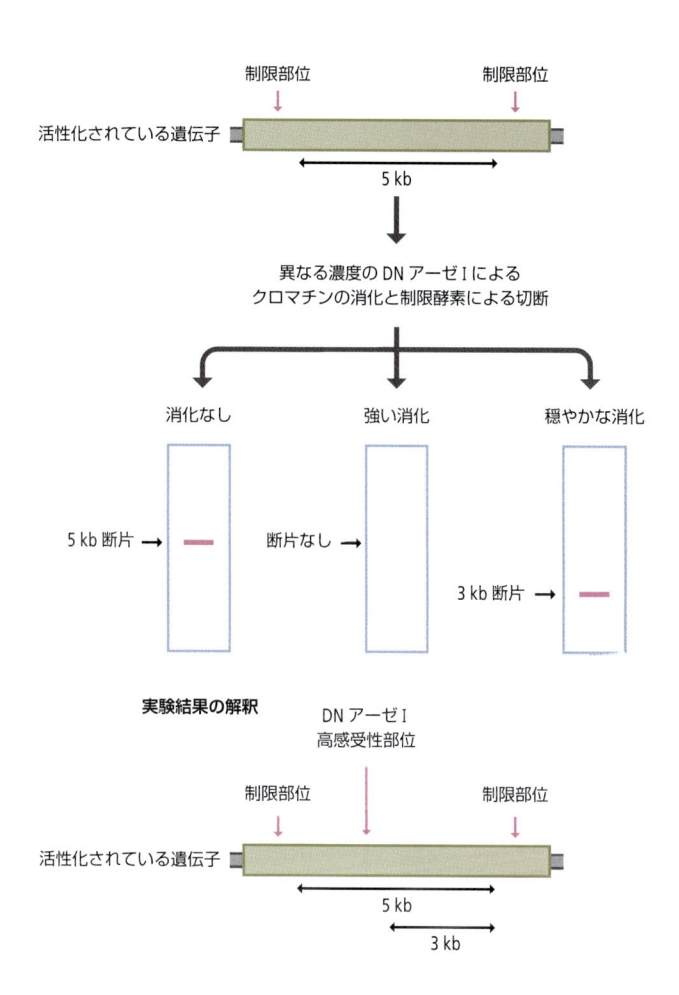

この方法を用いて，DNアーゼ I に対して高い感受性を示す部位がさまざまな遺伝子に存在することが示された。活性化されている遺伝子領域の中でも，そのような部位は感受性が他よりも約 10 倍高く，不活性な DNA 領域よりも約 100 倍高い。DNアーゼ I 高感受性部位が検出された遺伝子の例を表 3.2(次頁)に示す。このような高感受性部位の多くは，その遺伝子の転写が活性化されている組織においてのみ検出される。たとえば赤血球のグロビン遺伝子は DNアーゼ I に対して高い感受性を示すが，他の組織においてグロビン遺伝子にはそのような性質はみられない。同様に，エストロゲンで刺激したヒヨコ卵管のオボアルブミン遺伝子にも高感受性部位が検出されるが，赤血球など他の組織ではみられない(図 3.43)。

DNA の低メチル化のパターンや遺伝子の DNアーゼ I に対する感受性のパター

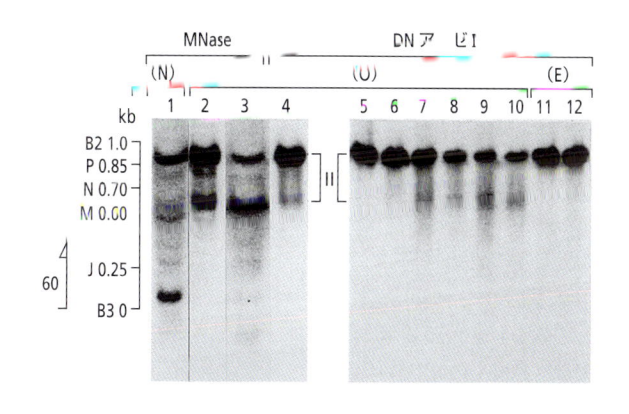

図 3.43
オボアルブミン遺伝子における DNアーゼ I 高感受性部位は，卵管(O)では検出されるが赤血球(E)では検出されない。レーン 4 では卵管由来のクロマチンを DNアーゼ I で消化し，高感受性部位で切断されたバンドがみられる。卵管由来のクロマチンを DNアーゼ I の量を次第に増やしながら消化していくと，このバンドも濃くなっていく(レーン 5〜10)。赤血球由来のクロマチンでは，同量の DNアーゼ I で消化しても，同じような切断されたバンドはみられない(レーン 11, 12)。ミクロコッカスヌクレアーゼ(MNase)を用いても，卵管由来のクロマチンでは高感受性部位で切断されたバンドがみられる(レーン 2, 3)。レーン 1 は裸の DNA(N)の MNase による切断パターンを示す。Kaye JS, Bellard M, Dretzen G et al. (1984) EMBO J. 3, 1137-1144 より，Macmillan Publishers Ltd. の許諾を得て転載。P Chambon の厚意による。

表 3.2　DN アーゼ I 高感受性部位を含む遺伝子の例

	遺伝子
組織特異的遺伝子	
免疫系	免疫グロブリン，補体 C4
赤血球	α，β，ε グロビン
肝臓	α フェトプロテイン，血清アルブミン
神経系	アセチルコリン受容体
膵臓	プレプロインスリン，エラスターゼ
結合組織	コラーゲン
下垂体	プロラクチン
唾液腺	ショウジョウバエの接着タンパク質
絹糸腺	カイコガのフィブロイン
誘導遺伝子	
ステロイドホルモン	オボアルブミン，ビテロゲニン，チロシンアミノトランスフェラーゼ
ストレス	熱ショックタンパク質
ウイルス感染	インターフェロン β
アミノ酸欠乏	酵母 HIS3 遺伝子
炭素供給源	酵母 GAL 遺伝子，酵母 ADH II 遺伝子
その他	ヒストン，リボソーム RNA，5S RNA，転移 RNA，原癌遺伝子，c-myc，c-ras，グルコース-6-リン酸デヒドロゲナーゼ，ジヒドロ葉酸レダクターゼ，システインプロテアーゼ，など

ンと同様に，DN アーゼ I 高感受性部位は必ずしも転写の過程そのものと関係しているわけではなく，むしろ遺伝子が発現されるクロマチン環境と関連があるようだ。たとえば，ショウジョウバエの熱ショック遺伝子近傍の高感受性部位は，遺伝子が熱誘導により転写される前から胚細胞のクロマチンに存在する。また，マウスの α フェトプロテイン遺伝子の高感受性部位は，遺伝子の転写（胎児の肝臓でのみ起こる）が終了した後でもその感受性部位のクロマチン環境が成体の肝臓においてメモリーされている。

DN アーゼ I 高感受性部位の多くは調節 DNA 配列に存在する

　DNA メチル化や DN アーゼ I に対して，高感受性になる部位の多くは遺伝子発現の調節領域にみられる（5′末端領域）。この領域は転写調節に重要な役割を果たすことが知られており，たとえば，ステロイド誘導型チロシンアミノトランスフェラーゼ遺伝子の 5′末端領域にある高感受性部位は，遺伝子がステロイドで誘導されるのに必要な DNA 配列に位置している。高感受性部位が転写開始点から遠く離れている場合，その高感受性部位は遠く離れた位置から働くエンハンサーなどの他の**調節配列**（regulatory sequence）に一致している（エンハンサーについては 4.4 節参照）。

　β グロビン遺伝子群における高感受性部位は，2.5 節で述べたように組織特異的であり，また時期特異的でもある。β 様グロビン遺伝子の転写が活性化される前，赤血球成熟のごく初期に，複数の DN アーゼ I 高感受性部位が遺伝子座調節領域（locus control region；LCR）に出現する（図 3.44）。この事実は，DNA の幅広い

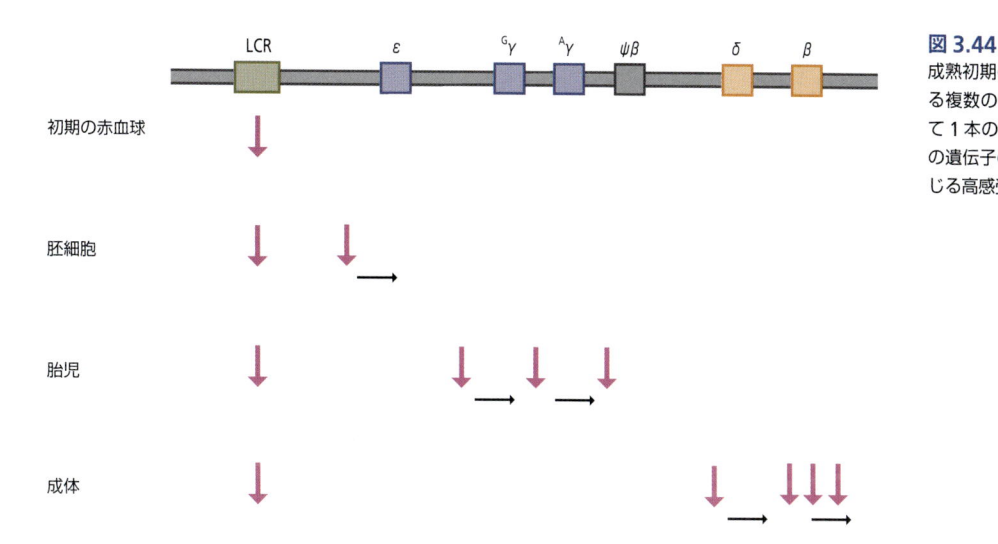

3.5 転写活性が上昇している遺伝子の調節領域におけるクロマチン構造の変化　**83**

図3.44
成熟初期の赤血球の遺伝子座調節領域(LCR)に出現する複数のDNアーゼⅠ高感受性部位(図では簡略化して1本の矢印で示した)と，赤血球成熟の過程で個々の遺伝子の発現に先だって，それぞれの上流に順次生じる高感受性部位。

領域のクロマチン構造を弛緩させて，群内の各遺伝子の転写活性化を促すLCRの役割と合致している。胚，胎児，成体の赤血球では，それぞれεグロビン，γグロビン，βグロビン遺伝子が順に発現するが，各々の発現に先だって，それぞれの上流に存在する調節領域にDNアーゼⅠ高感受性部位が順次生じる(図3.44)。

2.5節で述べたように，βグロビン遺伝子群はループ構造を形成し，赤血球成熟の各段階でその構造が変化して，その時期に発現すべき遺伝子にLCRが近接して相互作用する活性クロマチンハブ(active chromatin hub；ACH)を形成している。ここでは複数の高感受性部位をもつLCRと，活性遺伝子に特異的な高感受性部位となる調節領域との相互作用が生じている。これらの事実は，適切な遺伝子の転写を引き起こすようなクロマチン構造を形成するうえで，高感受性部位が重要な働きをしていることを示唆している。

接着タンパク質Sgs4をコードするショウジョウバエの遺伝子の場合，偶然に発見された変異株によって高感受性部位の機能の重要性が示唆された。野生株のハエでは，この遺伝子の転写開始点から405および480塩基上流に高感受性部位がある。変異株では，100塩基の小さなDNA欠失によっていずれの高感受性部位も消失している。変異株の遺伝子には転写開始点と350塩基の上流配列が残されているにもかかわらず，転写は起きない(図3.45)。このことは，高感受性部位をもつ領域が遺伝子発現の調節に重要であることを示唆している。

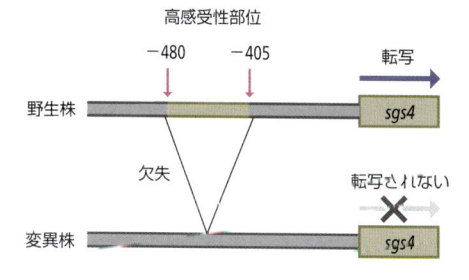

図3.45
上流に存在する2つの高感受性部位を含む領域が欠失すると，ショウジョウバエsgs4遺伝子は転写されなくなる。

DNアーゼⅠ高感受性部位はヌクレオソームが排除されているか，ヌクレオソーム構造が変化した領域である

このように高感受性部位もまた，転写が活性化されているクロマチン領域のマーカーとなる。そして，遺伝子発現を調節する多くのDNA配列に存在することから，遺伝子発現の調節において特に重要である。それゆえ，その性質と役割について考察しておく必要があるだろう。

DNアーゼⅠ高感受性部位は，ヌクレオソームが完全に排除され，DNアーゼⅠによる消化に対する感受性が非常に高くなっている部位を示していることがある。たとえば，真核生物ウイルスSV40の転写を調節するエンハンサー領域にあるDNアーゼⅠ高感受性部位は，その一例である。このSV40ウイルスが細胞に侵入すると，そのわずか5,000塩基の環状DNAはヒストンと会合し，典型的なヌクレオソーム構造をとる。その構造はミニクロモソーム(mini-chromosome)として電子顕微鏡で観察できるが，高感受性部位を含む領域にはヌクレオソームがなく，裸のDNAとして観察される(図3.46)。高感受性部位におけるこのようなヌクレオソームの欠如は，ニワトリのβグロビン遺伝子でもみられる。この遺伝子の5′側の高

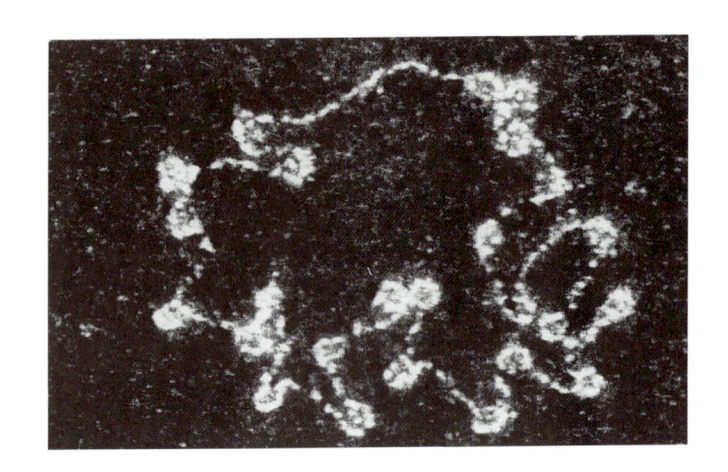

84 3章 遺伝子調節におけるクロマチン構造の役割

図 3.46
SV40のミニクロモソームの電子顕微鏡写真。ミニクロモソームはDNAとそれに結合したヒストンからなる。DNアーゼI高感受性部位を含むエンハンサー領域には、ヒストンタンパク質が結合しておらず、裸のDNAとして観察される。Saragosti S, Moyne G & Yaniv M (1980) *Cell* 20, 65–73より、Elsevier社の許諾を得て転載。M Yanivの厚意による。

感受性部位はヌクレオソームをもたない115塩基の**制限断片**(restriction fragment)として切り出すことができる。

　これらは特定の領域のヌクレオソームが完全に排除されて高感受性部位が生じる例であるが、ヌクレオソームの構造が変化することで高感受性部位が生じる場合もある(図3.47)。ヌクレオソームの排除によるものであれ構造変化によるものであれ、高感受性部位に生じた変化が転写因子あるいはRNAポリメラーゼ自身の結合を容易にし、転写を促進させていることは明らかである(図3.47)。高感受性部位に生じたヌクレオソームの変化の重要性を考えれば、どのようにしてヌクレオソームの位置や構造の変化が起こるのかを検討してみる必要があろう。

クロマチンリモデリングはヌクレオソームを排除するタンパク質や、その構造を変えるタンパク質によって引き起こされる

　2.2節で述べたように、ヌクレオソームを排除する、あるいはその構造を変化させるタンパク質因子が同定されている。これらの因子によって転写因子のDNAへの結合が容易になり、転写が促進される。温度の上昇で転写が誘導される熱ショック遺伝子の場合、GAGA因子というタンパク質が遺伝子上流のプロモーターの結合配列に結合することでヌクレオソームが排除され、高感受性部位が作り出される(図3.48)。細胞内ではこの**GAGA因子**(GAGA factor)は熱ショックを与える前から結合しているので、高感受性部位は熱ショックを与える前から存在することになる。熱ショックを与えると、熱ショック転写因子(heat shock factor；HSF)とし

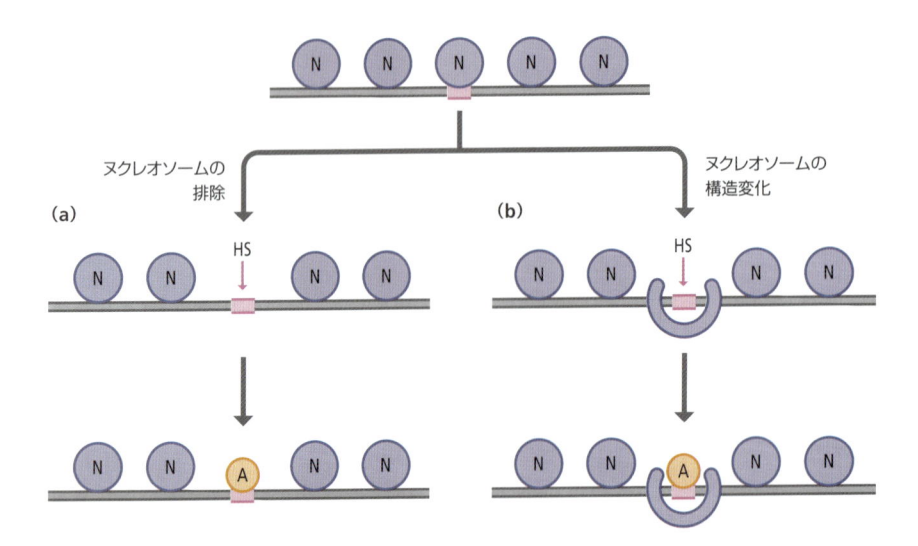

図 3.47
DNアーゼI高感受性部位(HS)は、ヌクレオソーム(N)の排除によって(a)、あるいはその構造変化によって(b)作られる。いずれの場合も、転写アクチベーター(A)がその部位(ピンク色の部位)に結合しやすくなり、転写を活性化させる。

3.5 転写活性が上昇している遺伝子の調節領域におけるクロマチン構造の変化 **85**

て知られる転写因子が高感受性部位の DNA に結合して転写が刺激される。この場合，HSF は熱ショックを与えて初めて DNA に結合できるようになり，したがって熱ショックを与えて初めて転写が刺激される（図 3.49a）（HSF とそれが働く機構の詳細は 4.3 節および 8.1 節参照）。

しかしながら，必要な転写因子がすべての組織に存在する場合，ヌクレオソームが排除された領域ができた直後に転写因子が結合して転写が開始される場合もある。たとえばグルココルチコイド応答性遺伝子の場合，グルココルチコイド受容体-ステロイド複合体が特異的な DNA 配列［グルココルチコイド応答配列（glucocorticoid-response element；**GRE**）］に結合し，ヌクレオソームを排除するか，あるいはその構造を変化させ，DN アーゼ I 高感受性部位が生じる。すると NF1 や TATA ボックス結合タンパク質（TATA box-binding protein；**TBP**）（4.1 節）などのようにすべての組織に存在する転写因子は，速やかにそれぞれの結合領域に結合

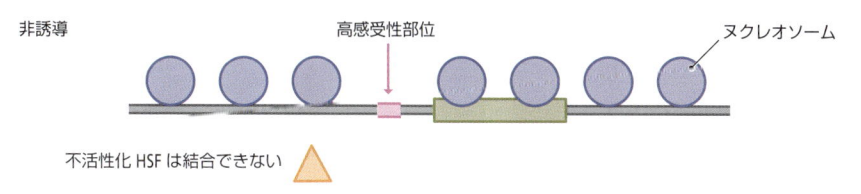

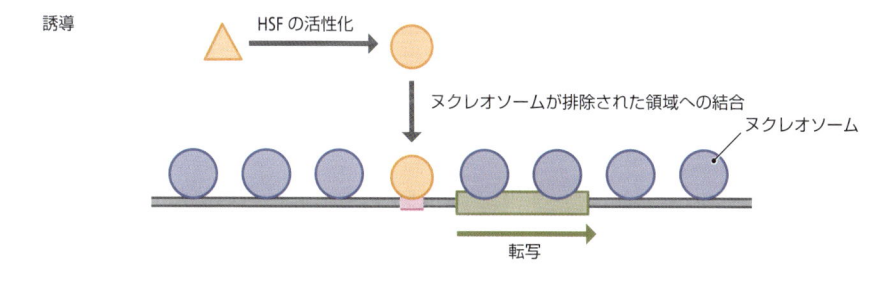

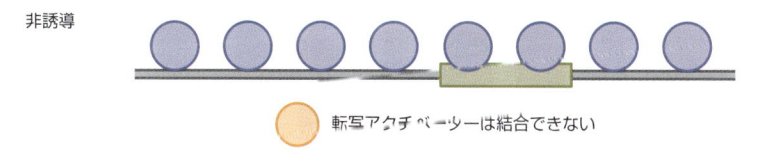

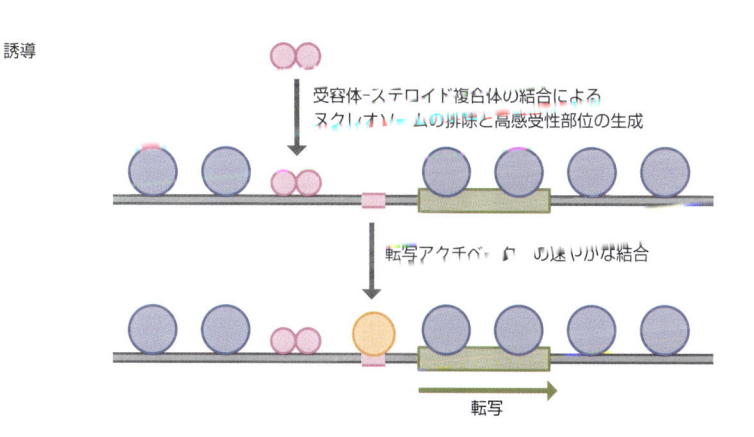

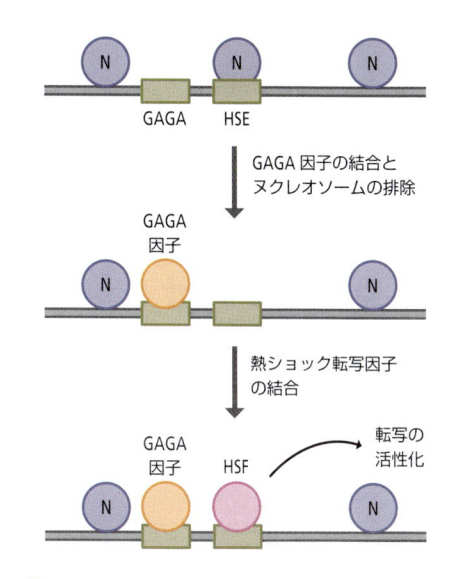

図 3.48
熱ショック遺伝子上流の結合配列（GAGA）に GAGA 因子が結合すると，遺伝子上のヌクレオソーム（N）が排除されて熱ショック DNA 配列（HSE）が露出する。そこに熱ショック転写因子（HSF）が結合し，転写を活性化させる。

図 3.49
転写活性化の 2 つの機構。(a) 熱ショック転写因子（HSF）は熱によって活性化され，既存のヌクレオソームのない領域に結合する。(b) 受容体-ステロイド複合体は，ヌクレオソームを排除して高感受性部位を作り，転写アクチベーターの結合を可能にする。ピンク色の部位は高感受性部位を示す。この図ではヌクレオソームの排除によって高感受性部位が生じるように示してあるが，図 3.47 に示したように，ヌクレオソームの構造変化が関係している可能性もある。

し，転写が開始される（図3.49b）（グルココルチコイド受容体とその作用機序の詳細は5.1節および8.1節参照）。

これらの2つのモデルは，高感受性部位の形成と転写開始とのタイミングの点では異なっているようにみえるが，高感受性部位の基本的な役割，すなわちヌクレオソームの排除あるいはその構造の変化と，転写調節因子の結合領域へのアクセス機構を提示している点では同じである。

SWI-SNFおよびNURFクロマチンリモデリング複合体は多様な機構でDNA上へリクルートされる

興味深いことに，グルココルチコイド受容体－ステロイド複合体が直接的にヌクレオソームの構造を変化させているわけではなく，SWI-SNF複合体として知られるタンパク質複合体をリクルートすることでヌクレオソームの構造を変化させている。2.2節で述べたように，SWI-SNF複合体はATPを加水分解して生じるエネルギーを利用してヌクレオソームの構造を変化させ，転写アクチベーターの結合を促進する。

SWI-SNF複合体はステロイド応答性遺伝子へリクルートされるだけでなく，さまざまな転写調節因子によってその結合遺伝子へリクルートされる。リクルートされたSWI-SNF複合体は，これら遺伝子のクロマチン構造を変化させ，別の転写因子による転写活性化を促進する（図3.50）。たとえば，ショウジョウバエのbrahma（ブラーマ）変異は，SWI-SNF複合体の構成成分であるSWI2のATP加水分解活性を欠損させる。これによって形態形成パターン（ボディパターン）の決定に重要な役割を果たすホメオティック遺伝子の活性化ができなくなり，異常な形態形成パターンを示す変異ハエが発生する（ホメオティック遺伝子とその調節については5.1節および9.2節参照）。

このようにSWI-SNF複合体は，クロマチン構造を変化させ，ステロイド応答性遺伝子からホメオティック遺伝子に至るまでの多様な遺伝子の転写活性化に関わっている。さらに，いったんSWI-SNF複合体によってヌクレオソームの構造が変化すると，その変化やDNアーゼI高感受性部位は，SWI-SNF複合体が遺伝子から離れても維持される。

SWI-SNF複合体の活性はリンカーヒストンH1によって調節されることが示されている。ヒストンH1がない場合，SWI-SNF複合体はヌクレオソームをDNA断片の端に達するまで排除するが，ヒストンH1がある場合，SWI-SNF複合体によるヌクレオソームの排除は制限される。つまり，ヒストンH1は，クロマチンの30nm線維構造の形成を促すという役割（2.4節）に加えて，ヌクレオソームをDNA上の適切な位置に配置するように働いている（図3.51）。

前述したGAGA因子は，熱ショック遺伝子においてだけではなく，SWI-SNF複合体と同様にクロマチンリモデリング機構にも基本的な役割を果たしている。ショウジョウバエでGAGA因子をコードする遺伝子を不活性化すると，形態形成

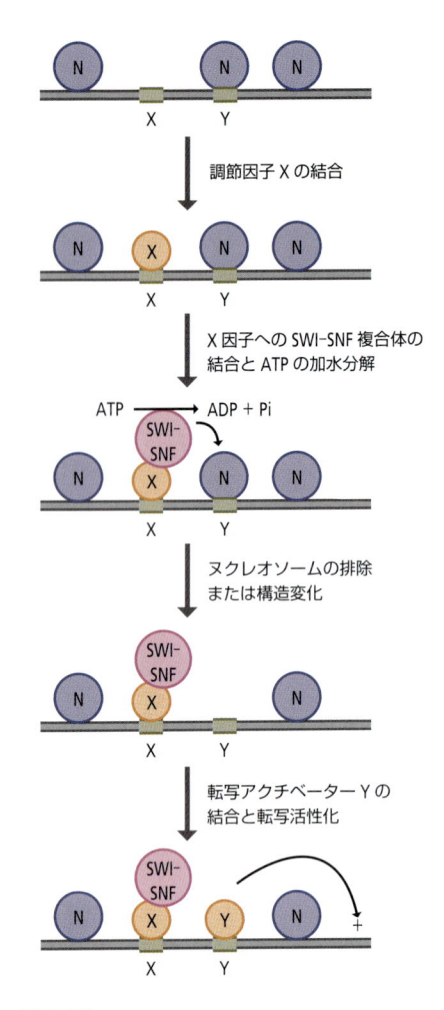

図3.50
調節因子XがDNA上の結合部位(X)に結合し，SWI-SNF複合体をリクルートする。この複合体によってATPが加水分解され，ADPとリン酸(Pi)になる。反応で得られたエネルギーを利用して，転写アクチベーターYの結合部位(Y)を占拠していたヌクレオソーム(N)が排除されるか，または構造を変える。そして転写アクチベーターYが結合して，転写が活性化される。

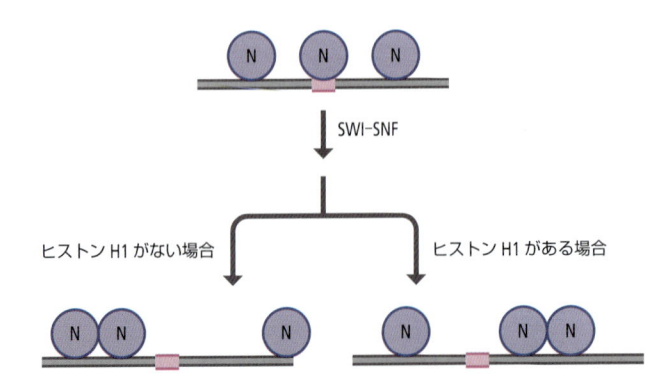

図3.51
ヒストンH1がない場合，SWI-SNF複合体はヌクレオソーム(N)をDNA断片の端に達するまで排除する。一方，ヒストンH1がある場合，特定の遺伝子の活性化に必要な排除のみ行われる。

パターンに異常をもつTrithoraxとして知られる変異株が発生する。その形態形成パターンは，多くのホメオティック遺伝子が不活性化されているbrahma変異株のものと似ている。さらに，GAGA/Trithorax因子はNURFとして知られるタンパク質複合体にも結合する。NURF複合体はATPを加水分解してヌクレオソーム構造を変化させる点でSWI-SNF複合体と似ている（Trithoraxタンパク質の詳細は3.3節および4.4節を参照）。

　調節領域でのクロマチン構造の変化は，多様な遺伝子の活性化に関与しているSWI-SNFあるいはNURFなどのタンパク質複合体によってもたらされる。これらの複合体は，最初から遺伝子特異的にDNAに結合しているグルココルチコイド受容体やGAGA因子のようなDNA結合タンパク質との相互作用によって，その遺伝子のプロモーターへリクルートされるようである。この相互作用によってATP依存的にヌクレオソームの位置あるいは構造が変化し，他の活性化分子の調節領域への結合が促進される。

　SWI-SNF複合体は，RNAポリメラーゼIIホロ酵素と結合することが示されている。4.1節で述べるように，RNAポリメラーゼIIホロ酵素は，RNAポリメラーゼIIとTFIIB，TFIIF，TFIIHなどの**基本転写因子**（basal transcription factor）との複合体である。さらに，SWI-SNF複合体を含むRNAポリメラーゼII複合体がリクルートされると，クロマチン構造が弛緩する。このことは，SWI-SNF複合体がRNAポリメラーゼIIによる転写においてもクロマチンリモデリング複合体として働いていることを示唆している。さらに，TFIIDと結合してRNAポリメラーゼII複合体をリクルートするTATAボックスは，グロビン遺伝子のプロモーターを含むクロマチンをリモデリングする複合体のリクルートに重要な働きをしていることが示されている。

　SWI-SNF複合体は特定の転写因子によって，あるいは特定の転写因子とRNAポリメラーゼIIホロ酵素によってDNA上へリクルートされることを述べてきたが，SWI-SNF複合体はSATB1タンパク質によってもDNA上へリクルートされることが明らかになっている。SATB1はクロマチンのループ化に関わっているので（2.5節），この事実はクロマチンのループ化とSWI-SNF複合体のクロマチンリモデリング/遺伝子調節機能との間に何らかの関連があることを示している。

　このように，SWI-SNF複合体やNURF複合体を特定の遺伝子へリクルートする機構は数多く存在する。しかし，リクルートの機構がどのようなものであれ，トランス作用性転写因子が結合して発現を調節できるように，これらのATP依存的なクロマチンリモデリング複合体が特定の遺伝子の調節領域を弛緩させるのに重要な役割を果たしていることは明らかである。さらに，そのようなリモデリングは3.3節で述べたヒストン修飾に密接に関連している。たとえば，ヒストンのアセチル化はSWI-SNF複合体がインターフェロンβのプロモーターへリクルートされるのを促進し，いったん結合したSWI-SNF複合体の解離を抑制する。同様に，3.3節で述べたように，NURF複合体はクロマチン構造の弛緩に関連するメチル化ヒストンを認識してDNA上へリクルートされる。したがって，ヒストン修飾とクロマチンリモデリング複合体は，協同して転写のためにクロマチン構造を弛緩させるように働いているようである。

　クロマチンリモデリング複合体によるクロマチン構造の弛緩とその転写活性化における役割について述べてきたが，これらの複合体はクロマチン構造を高度に凝縮させて転写を抑制することもできる。したがって，これらの複合体はクロマチン構造を変化させることで遺伝子発現を調節するのに重要な働きをしているといえる。

3.6 その他の機構によるクロマチン構造の制御

　本章では，特定の分化段階への運命決定を誘導して組織特異的な遺伝子発現の活性化を可能にするために，個々の遺伝子におけるクロマチン構造の変化が果たす役割について述べてきた。クロマチン構造の違いは，よく研究されている 2 つの過程，すなわち X 染色体不活性化とゲノムインプリンティングにおける遺伝子発現の調節にも関係している。これらの 2 つの過程では，二倍体細胞の一対の**相同染色体**(homologous chromosome)に存在する特定の遺伝子の 2 コピー間にみられる発現の違いが生じる。

哺乳動物の雌では 2 つの X 染色体のうち片方が不活性化されている

　哺乳動物の雌が 2 つの X 染色体をもっているのに対し，雄は X 染色体と Y 染色体を 1 つずつもっている。したがって，雌は X 染色体上の遺伝子を 2 コピーもっているが，雄は 1 コピーしかもっていない。X 染色体上の遺伝子量の違いはどのようにして補償されているのだろうか？　哺乳動物では，この問題を X 染色体不活性化という機構で解決している。

　胚発生の間に，それぞれの雌細胞の 2 つの X 染色体のうち片方が不活性化され，その染色体上のすべての遺伝子は事実上発現しなくなる。このとき，もう 1 つの X 染色体上の遺伝子は活性化されている。したがって，最初から 1 つしか X 染色体をもっていない雄細胞と同様に，雌細胞でも 1 つの X 染色体のみが活性化されている(図 3.52)。

　この過程は早期雌性胚の**内部細胞塊**(inner cell mass)で分化しつつある細胞のそれぞれで無作為に起こり，父親由来の X 染色体(paternal X chromosome)あるいは母親由来の X 染色体(maternal X chromosome)のいずれかが選択される(内部細胞塊と，胚の異なった細胞系列を作り出すその分化については 9.1 節参照)。いったんいずれかの X 染色体が不活性化されると，その不活性化は細胞分裂を通じてすべての子孫細胞へ安定に受け継がれる(図 3.52)。

活性な X 染色体と不活性な X 染色体は異なったクロマチン構造をとっている

　X 染色体の不活性化が安定に受け継がれるのは，不活性な X 染色体と活性な X 染色体が異なったクロマチン構造をとることによる。不活性な X 染色体の DNA は高度に凝縮したヘテロクロマチン構造をとる(2.5 節)。この高度に凝縮した構造により，細胞内の不活性化された X 染色体は**バー小体**(Barr body)としてはっきり観察できる。

　そのような凝縮した構造では，活性な X 染色体の同じ領域と比較して DN アーゼ I に対する感受性が低く，シトシンのメチル化が亢進し，ヒストン修飾が変化し

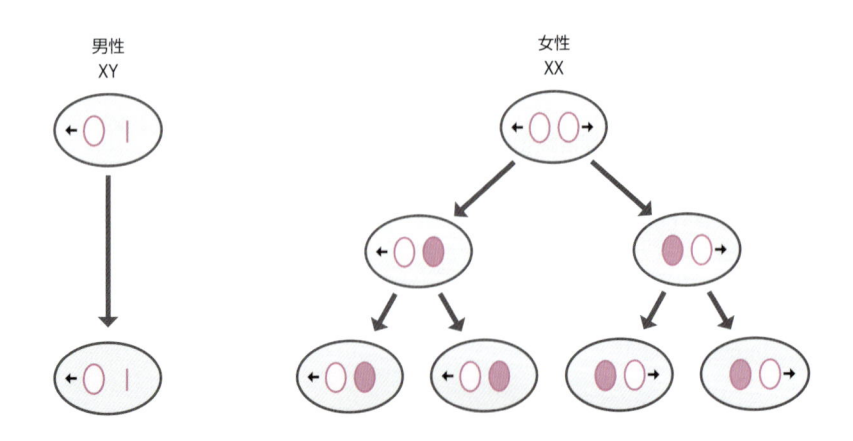

図 3.52
X 染色体不活性化により，それぞれの細胞において 2 つの X 染色体のうち，1 つは不活性化(濃い色)され，1 つは活性化状態(薄い色)を維持する。

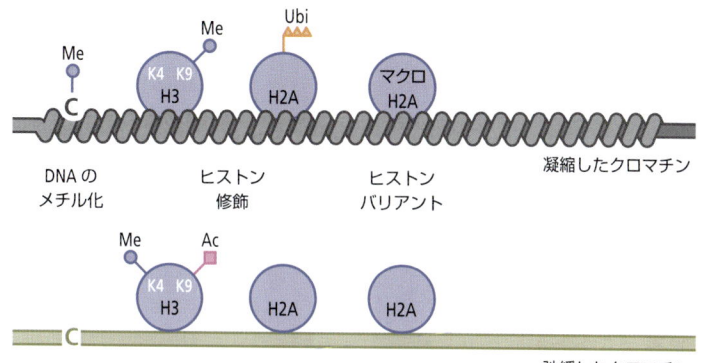

図 3.53
(a)は不活性な X 染色体,(b)は活性な X 染色体。不活性な X 染色体では DNA のシトシン(C)メチル化の増強や,異なるパターンのヒストン修飾やヒストンバリアントがみられる。

ていることがわかっている。たとえば,*PGK1* 遺伝子のプロモーター周囲にある CG 島(3.2 節)の 61 カ所の CG 配列のうち,活性な X 染色体ではすべての CG 配列がメチル化されていなかったのに対し,不活性な X 染色体では 60 カ所のシトシンがメチル化されていた。さらに,脱メチル化を引き起こす 5-アザシチジン(3.2 節)で処理すると,それまで不活性だった X 染色体が再度活性化する。

DNA メチル化と同様に,不活性な X 染色体ではヒストンにも凝縮したヘテロクロマチンに特徴的な修飾の変化がみられる(3.3 節,3.4 節)。たとえば,ヒストン H3 の 9 番目および 27 番目のリシン残基のメチル化や,ヒストン H2A のユビキチン化である。対照的に,不活性な X 染色体ではヒストン H3 の 4 番目のリシンなど,活性化に関連する残基のアセチル化やメチル化が減少している。さらに,不活性な X 染色体では,転写抑制に関連するヒストンバリアントであるマクロ H2A も増加している(ヒストンバリアントについては 2.3 節参照)。このように,不活性な X 染色体では活性な X 染色体に比べて,高度に凝縮したクロマチン構造に関わる修飾を DNA やヒストンが受けている(図 3.53)。

ショウジョウバエでも雌細胞の X 染色体は 2 つ,雄細胞では 1 つであるが,興味深いことに,雌で X 染色体の片方が不活性化されるのではなく,雄の 1 つしかない X 染色体上の遺伝子の転写活性を倍にすることでこれを補償している。しかしながら,雄の X 染色体では雌のどちらの X 染色体よりもヒストンが高度にアセチル化されていることから,**X 染色体不活性化**(X inactivation)の場合と同様に,この補償の機構にもクロマチン構造の変化が関係しているらしい(3.3 節)。さらに,HAT 酵素は雄の X 染色体のみに結合する。

XIST 調節 RNA は不活性な X 染色体から転写される

クロマチン構造は X 染色体上の遺伝子の活性を雄と雌で別々に調節するのと同時に,細胞分裂を通じて X 染色体の不活性化を維持するのにも重要な役割を果たしている。胚において X 染色体不活性化が開始されるためには **X 染色体不活性化中心**(X-inactivation center)として知られる染色体上の特定の領域が必要であり,この領域が欠失すると X 染色体不活性化が起こらなくなる。X 染色体不活性化中心には *XIST* として知られる遺伝子が位置している。1 コピーの *XIST* 遺伝子が不活性化されている変異型のマウスでは,活性な *XIST* 遺伝子を欠失している方の X 染色体が不活性化されなくなり,もう一方の X 染色体が選択的に不活性化される(図 3.54a)。したがって *XIST* は,それが発現している X 染色体の不活性化に必要不可欠であるといえる。

XIST 遺伝子は X 染色体上の他のすべての遺伝子とは反対に,不活性な X 染色体からしか転写されない。*XIST* 遺伝子が X 染色体不活性化において重要な役割を果

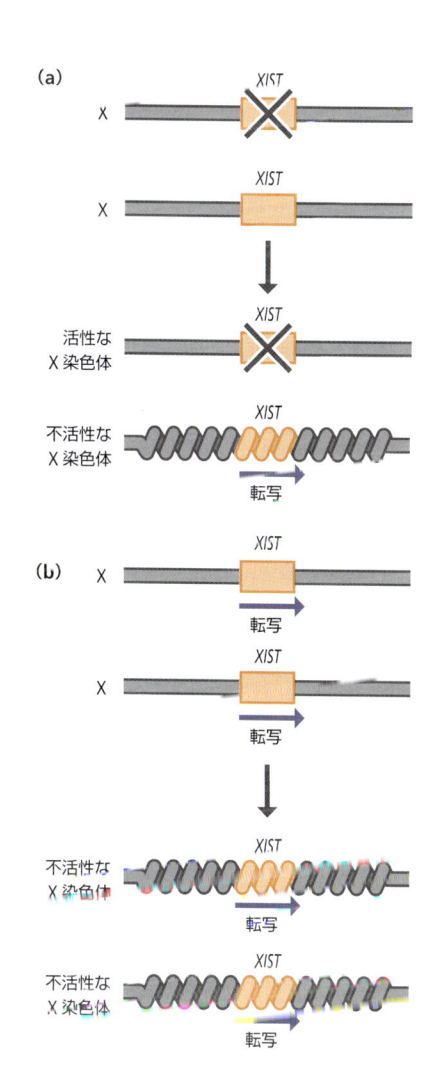

図 3.54
(a)*XIST* 遺伝子の 1 つを不活性化したマウスの変異体では,正常な *XIST* 遺伝子を含む染色体の方が,選択的に不活性化される。(b)両方の X 染色体から *XIST* 遺伝子が転写されているマウスの変異体では,両方の X 染色体が不活性化される。

たしていることは，両方のX染色体から*XIST*を発現する変異マウスでは，どちらのX染色体も不活性化されるという発見により示された。*XIST*遺伝子の発現がそれを含むX染色体上の遺伝子を不活性化すると考えれば，この結果を説明できる（図3.54b）。さらに，活性な*XIST*遺伝子をX染色体以外の染色体に導入すると，その染色体上の他の遺伝子は不活性化される。したがって*XIST*遺伝子の転写は，同じ染色体上の他の遺伝子が何であろうと，それらを不活性化するのに必要十分であるといえる。

早期の胚発生において片方のX染色体の*XIST*が転写されると，そのX染色体は高度に凝縮したヘテロクロマチン構造をとる（図3.55）。*XIST*遺伝子は転写されて17 kbの巨大なRNAを作るが，この*XIST* RNAはタンパク質へ翻訳されず，不活性なX染色体上のすべての領域に結合してこれを被覆する。これよりずっと小さいsiRNAの場合（3.4節）と同じように，*XIST* RNAが染色体に結合すると，転写とは無関係の高度に凝縮したヘテロクロマチンに特徴的な修飾をもたらすタンパク質複合体が染色体上にリクルートされる。*XIST* RNAの場合，リクルートされるのはヒストンH3の9番目と27番目のリシン残基のメチル化やヒストンH2Aのユビキチン化を担うPolycomb複合体（3.3節）である（図3.56）。このようにして，片方のX染色体からの*XIST*の転写はクロマチン構造を変化させ，その変化がそのX染色体全体に広がっていき，そのX染色体上の他のすべての遺伝子が不活性化される。

不活性なX染色体からの*XIST*の転写とは対照的に，活性なX染色体のX染色体不活性化中心は，*TSIX*として知られる翻訳されない転写産物へ転写される。*TSIX*は*XIST*が転写されるDNAとは反対側のDNA鎖から転写され，転写産物である*TSIX*と*XIST*はオーバーラップしている（図3.57）。

活性なX染色体からの*TSIX*の転写はX染色体不活性化に必要である。なぜなら，*TSIX*の不活性化はX染色体不活性化を妨げるからである。*XIST*と*TSIX*はオーバーラップしているので，これらは2本鎖RNAを形成し，siRNAを作り出す可能性がある（1.5節，3.4節）。

興味深いことに，siRNA生成に必要なDicerタンパク質が不活性化すると，活性なX染色体からの*XIST*の発現に異常が起こる。よって，*XIST-TSIX*の2本鎖RNAから作り出されるsiRNAは，おそらく*XIST*プロモーターで不活性なクロマチン構造を形成させることで，活性なX染色体からの*XIST*の転写を阻害するように働いている可能性がある。

このように，X染色体不活性化を促しかつそれを維持するためには，これまで組織特異的な遺伝子の調節における重要性をみてきたクロマチン構造の変化と，その安定な伝播が必要である。さらに，個々の遺伝子におけるクロマチン構造の制御に加えて，DNAのシトシンメチル化，ヒストン修飾，抑制的なRNAによる高度に凝縮したクロマチン構造の形成も，X染色体不活性化とその維持に関与している。

ゲノムインプリンティングにはいずれか一方の親に由来する特定の遺伝子の不活性化が関係する

ゲノムインプリンティングはX染色体不活性化に似ており，両親から受け継いだ2コピーの遺伝子のうち，一方が活性を保ちながらもう一方が不活性化される過程である。しかしながら，ゲノムインプリンティングの過程は，哺乳動物では各染色体に散在した約80の遺伝子がこの調節を受けるという点で，X染色体不活性

図3.55
正常なマウスにおいて，2つのX染色体のうちの片方の*XIST*遺伝子が転写されると，そのX染色体はクロマチン構造の変化を通じて不活性化される。

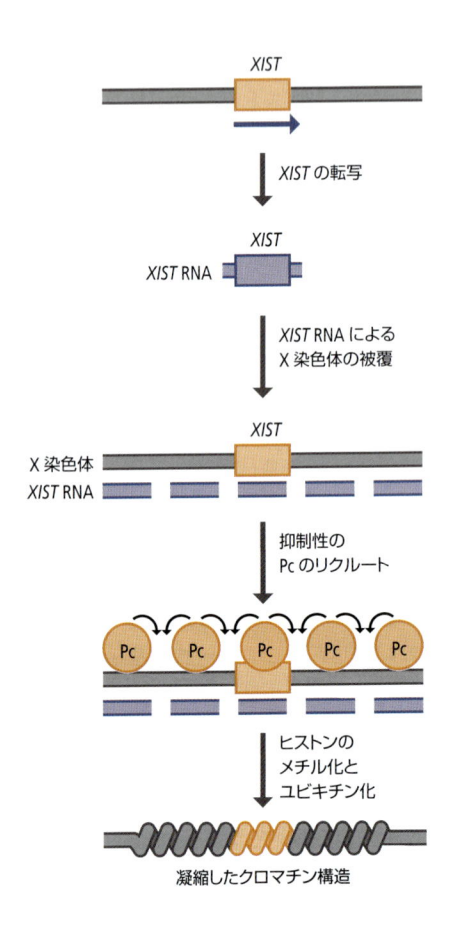

図3.56
*XIST*が転写されると17 kbのRNAができ，転写されたところからX染色体上を覆っていく。このことによってPolycomb複合体（Pc）がリクルートされる。Polycomb複合体はヒストンをメチル化/ユビキチン化し，凝縮した不活性なクロマチン構造の形成を促す。

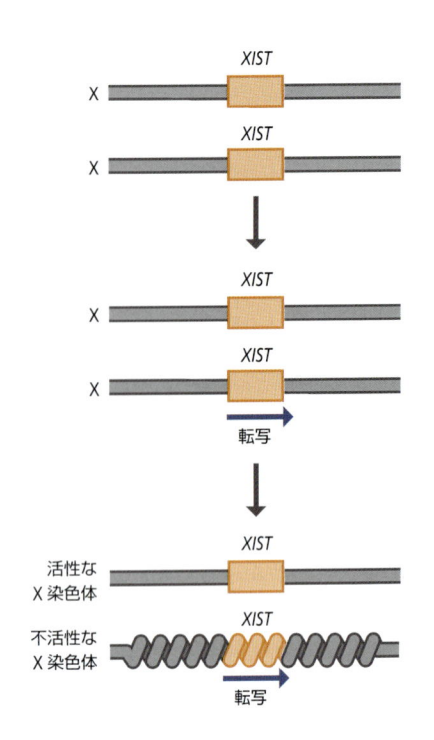

化とは異なる．また，インプリンティングを受けた常に同じコピーが，すべての細胞や組織で不活性化されるという点でも，X染色体不活性化とは異なっている．インプリンティングを受ける遺伝子のうち，たとえばインスリン様増殖因子2(IGF2)タンパク質，SmNスプライシングタンパク質，U2AF35関連タンパク質などの遺伝子は，必ず母親由来のコピーが不活性化されており，父親由来のコピーが活性を保っている．逆に，IGF2受容体の遺伝子やH19遺伝子などは父親由来のコピーが不活性化されており，母親由来のものは活性を保っている（図3.58）．

X染色体不活性化では2コピーの遺伝子のいずれか一方が細胞ごとにランダムに選択されて活性を保つのに対し，ゲノムインプリンティングではすべての細胞で同じコピーの遺伝子が活性を保つ．ゲノムインプリンティングでは，たとえ2コピーの遺伝子から胚を作り出すために遺伝的交雑が利用されたとしても，胚発生の間に活性を保つコピーが逆になることはない．*Igf2*遺伝子あるいは*SmN*遺伝子を2コピーとも父親からではなく母親から受け継いだ胚は，それらの遺伝子は不活性化されており，機能的に働くタンパク質をもたないために，たとえこれらのタンパク質をコードできる2コピーの遺伝子が胚のそれぞれの細胞にあったとしても，生存することができない．

インプリンティングの不具合が致死的な状態を招くにもかかわらず，その役割は明らかにされていない．たとえば，インプリンティングは未受精卵が単為発生して親に由来しない一倍体の胚が生まれることを妨げる手段であるという説が唱えられている．あるいは，母体が胎児に栄養を供給するという観点からみた場合，母親由来のゲノムと父親由来のゲノムの間での利害の対立からインプリンティングが発達したとする説もある．つまり，父親の関心は胎児が大きく産まれることにあるが，母親の関心は別の雄によって生を受けた胎児も十分に成長できるように，胎児の成長を制限することにある．他にも，細胞が両親から受け継いだ2コピーの染色体を区別するのに必要であるという説や，雄と雌の子供に区別をつけるための仕組みであるという説などがある．

X染色体不活性化には雌の余分なX染色体が働かないようにするという明確な役割がわかっているが，ゲノムインプリンティングの機能的な役割は未だ明らかで

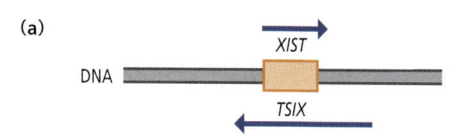

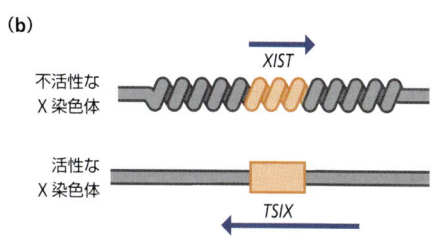

図3.57
(a)*XIST*と*TSIX*はX染色体の互いに反対側のDNA鎖から転写され，オーバーラップしている．(b)*XIST*は不活性なX染色体から転写され，*TSIX*は活性なX染色体からのみ転写される．

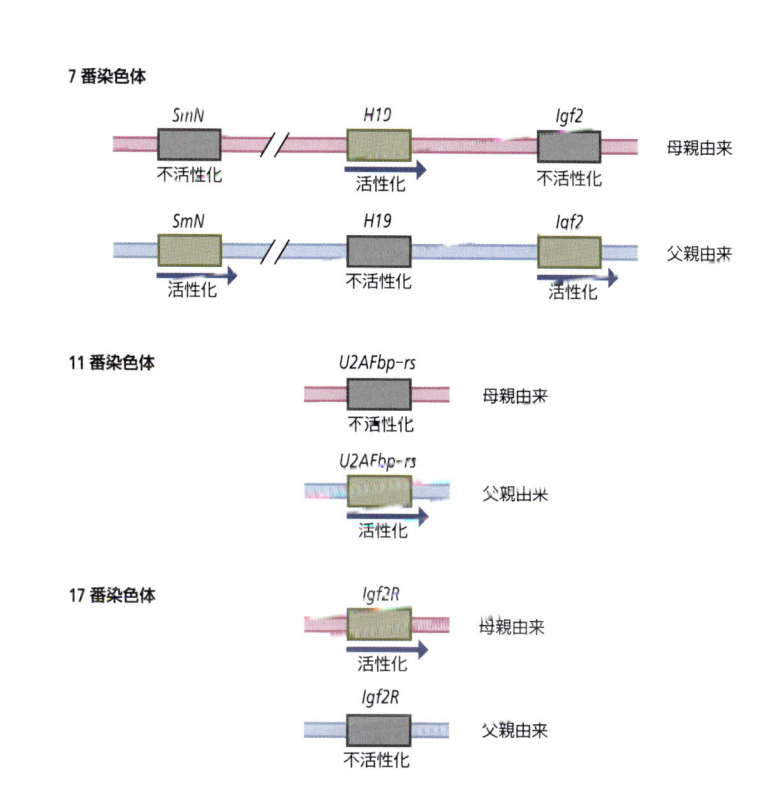

図3.58
母親由来の*SmN*遺伝子，*U2AFbp-rs*遺伝子，*Igf2*遺伝子，父親由来の*Igf2R*遺伝子や*H19*遺伝子が，ゲノムインプリンティングによって不活性化される．

ない。インプリンティングには何の役割もなく，外来DNAを異物と認識して不活性化するという，進化的に古い防御機構の痕跡ではないかという説さえある。

インプリンティングにはクロマチン構造の変化も関わっている

その正確な機能が何であれ，ゲノムインプリンティングは，インプリンティング遺伝子のコピーが活性型か不活性型かでCG配列のメチル化パターンが異なるという点で，X染色体不活性化と似ている。さらに，Dnmt3a（3.2節）を欠損した胚はゲノムインプリンティングを行うことができない。このことから，2コピーの遺伝子のうち一方の特定のメチル化がインプリンティングに重要であることがわかる。

インプリンティングを調節しているシトシンメチル化の機能は非常に複雑である。たとえば，父親由来の染色体では抑制されている*H19*遺伝子の場合，その調節領域は予想通り父親由来の染色体ではメチル化されており，母親由来ではメチル化されておらず（図3.59），発現との間に相関がある。一方，母親由来の染色体で抑制されている近傍の*Igf2*遺伝子の場合，母親由来と父親由来の染色体を比較してもメチル化のパターンに明確な違いはみられない。この場合，*Igf2*遺伝子の活性はインプリンティング調節領域（imprinting control region；ICR）によって調節されている。ICRは*H19*遺伝子と*Igf2*遺伝子の間に位置し，*Igf2*遺伝子が活性な父親由来の染色体ではメチル化されている。

ICRがメチル化されると，*H19*遺伝子下流の正の調節配列（エンハンサーとして知られる；4.4節）が，離れた場所に位置している*Igf2*遺伝子の発現を活性化するらしい（図3.59）。これとは対照的に，母親由来の染色体でICRがメチル化されていないときは，CTCFとして知られるタンパク質がICRに結合する。このタンパク質はインスレーター（2.5節）として働き，先に述べた正の調節配列による*Igf2*遺伝子の活性化を妨げるので，*Igf2*遺伝子は不活性化状態になる。したがって，CTCFの結合部位の変異は*H19*遺伝子や*Igf2*遺伝子の発現異常を促してしまう。つまり，父親由来の染色体のICRにおけるシトシンメチル化は，この染色体の*H19*遺伝子を抑制し，*Igf2*遺伝子を活性化している。

DNAメチル化と同様に，*Igf2/H19*システムにもクロマチン構造の変化が影響している。たとえば，CTCFはCHD8タンパク質をリクルートする。このCHD8はクロモドメイン（3.3節）をもつヘリカーゼであり，クロマチン構造をより高度に凝縮させるように働く（図3.60）。CTCFが，クロマチン構造を変化させることでインスレーターとしての役割を果たしているという知見は，βグロビン遺伝子群における研究で明らかにされた（βグロビン遺伝子群については2.5節参照）。その研究の中で，CTCFのICRへの結合が，ヒストン修飾やクロマチンのループ化を促進

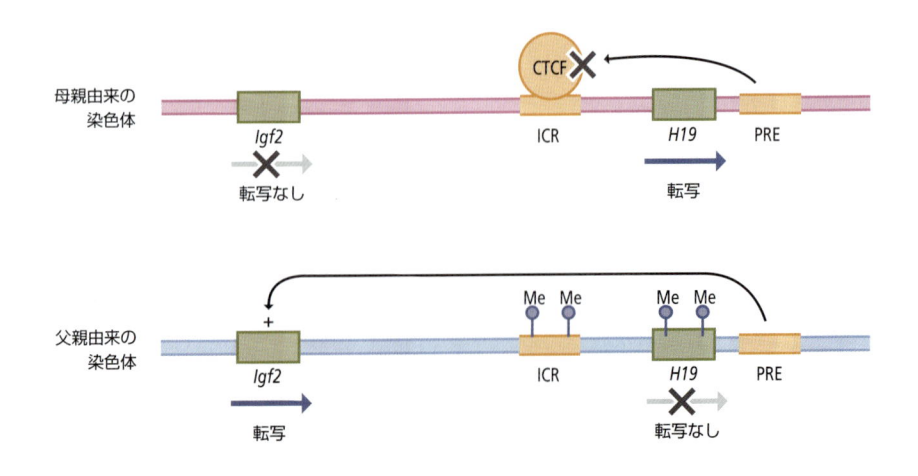

図3.59
密接に関連している*Igf2*遺伝子と*H19*遺伝子のインプリンティングの制御におけるシトシン（C）メチル化（Me）の役割。*H19*遺伝子は父親由来の染色体ではメチル化されているので，メチル化されていない母親由来の染色体でのみ発現する。対照的に，父親由来の染色体ではインプリンティング調節領域（ICR）がメチル化されているので，インスレーター結合タンパク質CTCFの結合が阻害され，*Igf2*遺伝子の発現が正の調節配列（PRE）により活性化される。

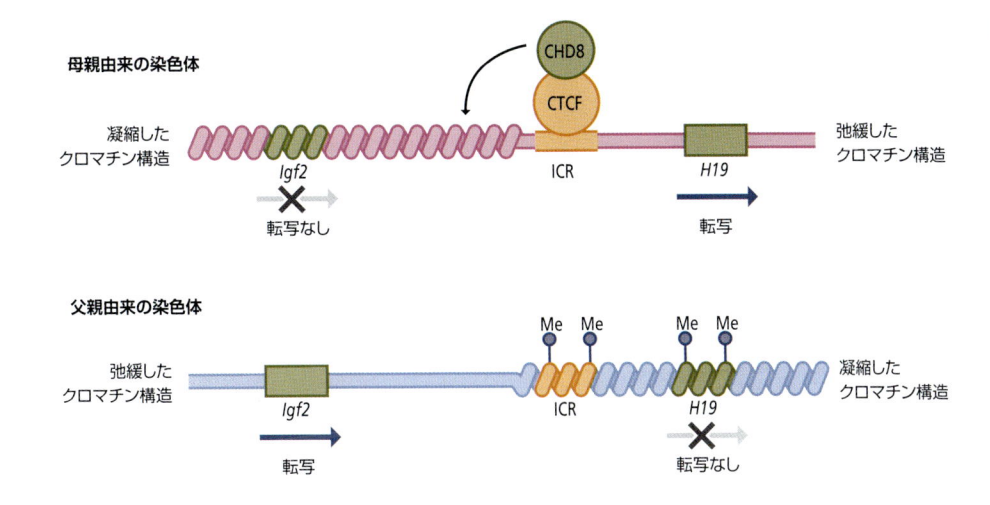

図 3.60
母親由来の染色体上のインプリンティング調節領域(ICR)に結合したインスレーター結合タンパク質 CTCF は，CHD8 ヘリカーゼタンパク質をリクルートする。CHD8 は不活性なクロマチン構造の形成を促すことにより，*Igf2* 遺伝子の転写を阻害する。この効果は父親由来の染色体では生じない。ICR のメチル化は CTCF の結合を阻害し，それゆえ CHD8 の結合も阻害する。

することが示された。したがって，CTCF は互いに異なったクロマチン構造間の境界を作るためのクロマチンリモデリングを行う因子である(図 3.60)。

H19 遺伝子はタンパク質へ翻訳されない非コード RNA を発現する。すでに述べたように，*H19* 遺伝子の非コード RNA はタンパク質をコードする *Igf2* 遺伝子とは互いに逆の発現パターンを示す(図 3.59)。非コード RNA を発現する染色体とは反対の染色体で，タンパク質をコードする遺伝子が発現するという発現パターンは，他にもいくつかのインプリンティング遺伝子群でみられる。たとえば，*Air* 非コード RNA は *Igf2R* 遺伝子の転写産物とオーバーラップしているが，転写される DNA 鎖は互いに反対である。*Air* RNA は父親由来の染色体のみから転写され，同じ染色体上の *Igf2R* 遺伝子を特異的に抑制する。これにより，*Igf2R* 遺伝子は母親由来の染色体からのみ転写される。また，*Air* RNA は同じ染色体上の他にも 2 つのインプリンティング遺伝子を不活性化させる(図 3.61)。この分子機構として，*Air* RNA がヒストン H3 の 9 番目のリシン残基をメチル化するヒストンメチルトランスフェラーゼをリクルートし(3.3 節)，メチル化を介して凝縮したクロマチン構造を形成することによると考えられている。

このように，*XIST* の場合(前述)と同様にインプリンティングにおいても，ある特定の染色体での非コード RNA の転写が凝縮したクロマチン構造を作り出し，同じ染色体上のタンパク質をコードする遺伝子の不活性化を引き起こす。

X 染色体不活性化と同様にインプリンティングでも，ある細胞系列への運命決定や転写調節を制御している化学修飾やクロマチン構造の変化が関与していることは明らかである。また胚細胞における X 染色体不活性化では，父親あるいは母親のどちらの X 染色体が不活性化されるのかは決まっておらず，この点でインプリンティングとは異なるが，常にランダムに起こるとは限らない。9.1 節で述べるよう

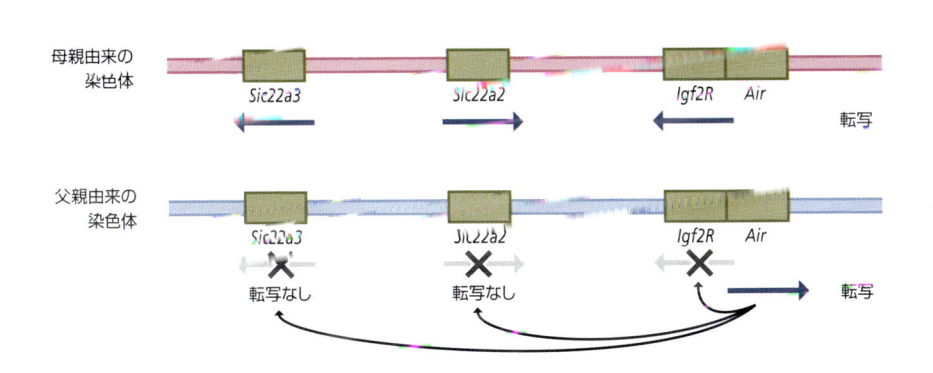

図 3.61
Air 非コード RNA は父親由来の染色体でのみ転写され，父親由来の染色体上の *Igf2R* 遺伝子，*Sic22a2* 遺伝子，*Sic22a3* 遺伝子の転写を特異的に抑制する。*Air* はオーバーラップしている *Igf2R* の転写と，遠く離れた *Sic22a2* と *Sic22a3* 遺伝子の転写の両者を同時に抑制できることに注意。矢印は転写の方向を示す。

に，胚外組織でのX染色体不活性化は，たとえばXISTが関与しているなどの点で胚細胞での機構と似ているが，常に父親由来のX染色体を標的にしている。

まとめ

細胞が特定の分化状態へと運命決定される過程では，遺伝子のクロマチン構造に多様な変化が起こっている。その変化としては，メチル化によるDNA自体の修飾，DNAが結合しているヒストンの修飾，そしてクロマチン内でのDNAの凝縮状態などがあげられる。ここ数年でこれらの変化に関する研究は，DNアーゼIに対する感受性の変化をみるような単純なものから，その機構の解明を目指したものに移り変わっている。これらの研究により，クロマチン構造を制御する3つの重要な過程，すなわちDNAメチル化(3.2節)，ヒストン修飾，特にアセチル化とメチル化(3.3節)，そしてSWI-SNFやNURFなどのタンパク質複合体によるATP依存的なクロマチン構造のリモデリングの存在(3.5節)が明らかになった。すでに述べたように，これらの過程は密接に関係しあっている(3.4節)。たとえば，DNAメチル化は脱アセチル化やメチル化などのヒストン修飾を刺激し，次いでヒストン修飾の変化がSWI-SNF複合体のプロモーターへのリクルートを制御している。

クロマチン構造の制御には，このようなDNAメチル化やヒストン修飾を制御するタンパク質複合体が重要な役割を果たしているが，タンパク質をコードしない調節RNA分子もクロマチン構造の制御に関わっている。このようなRNA分子として，siRNA(3.4節)，アンチセンス転写産物(3.4節)，XIST RNA(3.6節)，ゲノムインプリンティングに関わる翻訳されない転写産物(3.6節)などが報告されている。

これらのRNAはすべて抑制的な効果をもつが，タンパク質をコードしない調節RNAには遺伝子発現を活性化する効果をもつものもあり(たとえば4.4節, 8.1節)，調節RNAの幅広い役割を示唆している。ENCODEヒトゲノムプロジェクト(このプロジェクトについては4.3節参照)は，ヒトゲノムの大部分がタンパク質をコードしないRNAへ転写されるという予期されていなかった結果を示したが，この事実は先のRNAの幅広い役割を支持するものである。さらに，タンパク質をコードする遺伝子由来のセンス転写産物とオーバーラップしている，多くのアンチセンスRNAの存在も明らかにされている。

本章で述べてきた多様な過程の組み合わせにより，クロマチン構造は3段階に制御されている(図3.62)。すなわち，不活性なDNAの大部分は高度に凝縮した30 nm線維構造に収まっているが，転写活性が上昇している遺伝子は弛緩した数珠状構造をとり，その一部の領域にはヌクレオソームがないか，あるいはヌクレオソームの構造が変化している。

クロマチンリモデリングは，細胞が特定の分化状態へと運命決定された状態の維持や，遺伝子発現を誘導する因子に対する応答の違いを生み出すために働いている。このことはステロイドホルモンによる遺伝子発現調節の研究でよく解析されている。1.4節で述べたように，エストロゲンの効果は組織特異的であり，正常なエストロゲン受容体をもつ組織の間でも反応はまちまちである(5.1節)。これはおそらく，ある組織では特定のステロイド応答性遺伝子が30 nm線維構造に収まっていてアクセスできなくなっており，活性化に必要な受容体-ホルモン複合体が結合できず，一方で遺伝子が数珠状構造をとっていてアクセスしやすくなっている場合は，複合体が調節領域に結合でき，転写が活性化されることによるのであろう。細菌の場合には転写調節複合体のDNAへの結合が直接遺伝子発現につながるが，DNAがクロマチン構造をとる真核生物では，複合体のDNAへの結合が遺伝子発現の直接的な原因となるわけではなく，複合体がDNAに結合してヌクレオソームを排除することで高感受性部位が出現し，別の調節タンパク質がその特異的な認識

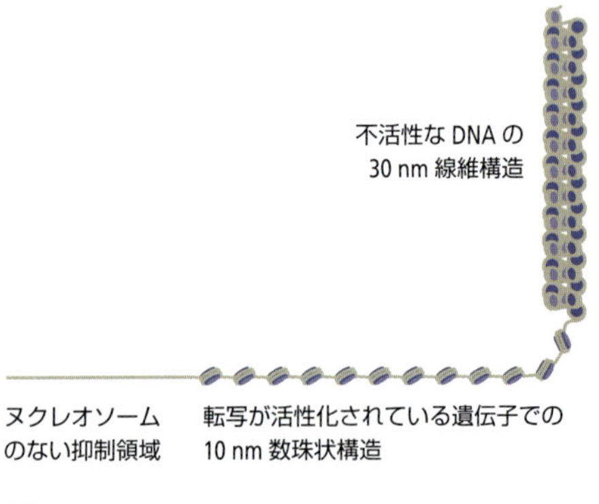

不活性なDNAの
30 nm 線維構造

ヌクレオソーム　　転写が活性化されている遺伝子での
のない抑制領域　　10 nm 数珠状構造

図 3.62
活性なDNAと不活性なDNAにおけるクロマチン構造のレベル。

配列と相互作用できるようになって初めて転写が活性化される。

受容体−ホルモン複合体のDNAへの結合と，ヌクレオソームが排除されたDNAへの別の転写因子の結合は，RNAポリメラーゼIIによる転写を制御するための調節タンパク質との相互作用を促し，転写が活性化される。転写の基本的な過程については第4章で述べ，特異的な転写因子による転写調節については第5章で述べる。

キーコンセプト

- 真核生物では，細胞をある特定の遺伝子発現パターンへと運命決定し，決定された運命を維持する長期的な遺伝子調節過程が存在する。
- このような変化は遺伝子が発現する前から起こっており，凝縮した30 nm線維構造から弛緩した10 nm数珠状構造へのクロマチンリモデリングを伴う。
- 転写活性が上昇している遺伝子領域（潜在的なものも含めて）のクロマチンは，以下のような特徴を示す。
  (a) DNアーゼIに対する感受性の増大。
  (b) DNAの特定のシトシンの低メチル化。
  (c) DNAと会合しているヒストンの翻訳後修飾の変化。
- 特異的な遺伝子調節領域では，クロマチンリモデリング複合体がその領域のクロマチン構造を変化させて，DNアーゼIに対する高感受性部位を生じさせる。
- クロマチン構造の変化は，全般的な遺伝子発現の制御のみならず，X染色体不活性化やゲノムインプリンティングなどの生物学的な現象にも関与している。

参考文献

イントロダクション

American Association for Cancer Research Human Epigenome Task Force and the European Union, Network of Excellence Scientific Advisory Board (2008) Moving AHEAD with an international human epigenome project. *Nature* 454, 711-715.

Bernstein BE, Meissner A & Lander ES (2007) The mammalian epigenome. *Cell* 128, 669-681.

Lande-Diner L and Cedar H (2005) Silence of the genes—mechanisms of long-term repression. *Nat. Rev. Genet.* 6, 648-654.

Mohn F & Schubeler D (2009) Genetics and epigenetics: stability and plasticity during cellular differentiation. *Trends Genet.* 25, 129-136.

Reik W (2007) Stability and flexibility of epigenetic gene regulation in mammalian development. *Nature* 447, 425-432.

3.1 転写活性が上昇している遺伝子におけるクロマチン構造の変化

Stalder J, Groudin M, Dodgson JB, Engel JD & Weintraub H (1980) Hb switching in chickens. *Cell* 19, 973-980.

3.2 転写活性が上昇している遺伝子におけるDNAメチル化の変化

Beck S & Rakyan VK (2008) The methylome: approaches for global DNA methylation profiling. *Trends Genet.* 24, 231-237.

Hendrich B & Tweedie S (2003) The methyl-CpG binding domain and the evolving role of DNA methylation in animals. *Trends Genet.* 19, 269-277.

Jones PA & Takai D (2001) The role of DNA methylation in mammalian epigenetics. *Science* 293, 1068-1070.

Klose RJ & Bird AP (2006) Genomic DNA methylation: the mark and its mediators. *Trends Biochem. Sci.* 31, 89-97.

Ooi SK & Bestor TH (2008) The colorful history of active DNA demethylation. *Cell* 133, 1145-1148.

3.3 転写活性が上昇している遺伝子のクロマチンにおけるヒストン修飾

Berger SL (2007) The complex language of chromatin regulation during transcription. *Nature* 447, 407-412.

Corpet A & Almouzni G (2009) Making copies of chromatin: the challenge of nucleosomal organization and epigenetic information. *Trends Cell. Biol.* 19, 29-41.

Hartzog GA & Quan TK (2008) Just the FACTs: histone H2B ubiquitylation and nucleosome dynamics. *Mol. Cell* 31, 2-4.

Kouzarides T (2007) Chromatin modifications and their function. *Cell* 128, 693-705.

Martin C & Zhang Y (2005) The diverse functions of histone lysine methylation. *Nat. Rev. Mol. Cell Biol.* 6, 838-849.

Mellor J (2008) On your marks, get set, methylate! *Nat. Cell Biol.* 10, 1249-1250.

Weake VM & Workman JL (2008) Histone ubiquitination: triggering gene activity. *Mol. Cell* 29, 653-663.

3.4 各種のヒストン修飾，DNAメチル化およびRNAiの相互作用

Cam HP, Chen ES & Grewal SI (2009) Transcriptional scaffolds for heterochromatin assembly. *Cell* 136, 610-614.

Cedar H & Bergman Y (2009) Linking DNA methylation and histone modification: patterns and paradigms. *Nat. Rev. Genet.* 10, 295-304.

Daxinger L, Kanno T & Matzke M (2008) Pol V transcribes to silence. *Cell* 135, 592-594.

Kloc A & Martienssen R (2008) RNAi, heterochromatin and the cell cycle. *Trends Genet.* 24, 511-517.

Kobor MS & Lorincz MC (2009) H2A.Z and DNA methylation: irreconcilable differences. *Trends Biochem. Sci.* 34, 158-161.

Moazed D (2009) Small RNAs in transcriptional gene silencing and genome defence. *Nature* 457, 413-420.

Probst AV, Dunleavy E & Almouzni G (2009) Epigenetic inheritance during the cell cycle. *Nat. Rev. Mol. Cell Biol.* 10, 192-206.

Smith E & Shilatifard A (2007) The A, B, Gs of silencing. *Genes Dev.* 21, 1141-1144.

Taghavi P & van Lohuizen M (2006) Two paths to silence merge. *Nature* 439, 794-795.

Wu JI, Lessard J & Crabtree GR (2009) Understanding the words of chromatin regulation. *Cell* 136, 200-206.

Zamore PD & Haley B (2005) Ribo-gnome: the big world of small RNAs. *Science* 309, 1519-1524.

3.5 転写活性が上昇している遺伝子の調節領域におけるクロマチン構造の変化

Henikoff S (2008) Nucleosome destabilization in the epigenetic regulation of gene expression. *Nat. Rev. Genet.* 9, 15-26.

Jiang C & Pugh BF (2009) Nucleosome positioning and gene regulation: advances through genomics. *Nat. Rev. Genet.* 10, 161-172.

Kwon CS & Wagner D (2007) Unwinding chromatin for development and growth: a few genes at a time. *Trends Genet.* 23, 403-412.

Lehmann M (2004) Anything else but GAGA: a nonhistone protein complex reshapes chromatin structure. *Trends Genet.* 20, 15-22.

Yaniv M (2009) Small DNA tumour viruses and their contributions to our understanding of transcription control. *Virology* 384, 369-374.

3.6 その他の機構によるクロマチン構造の制御

Constancia M, Kelsey G & Reik W (2004) Resourceful imprinting. *Nature* 432, 53-57.

Ercan S & Lieb, J.D (2008) Chromatin proteins do double duty. *Cell* 133, 763-765.

Heard E & Disteche, C.M (2006) Dosage compensation in mammals: fine-tuning the expression of the X chromosome. *Genes Dev.* 20, 1848-1867.

Morison IM, Ramsay JP & Spencer HG (2005) A census of mammalian imprinting. *Trends Genet.* 21, 457-465.

Muers M (2008) Antisense transcripts get involved. *Nat. Rev. Genet.* 9, 898.

Wilkinson LS, Davies W & Isles AR (2007) Genomic imprinting effects on brain development and function. *Nat. Rev. Neurosci.* 8, 832-843.

Wutz A (2007) *Xist* function: bridging chromatin and stem cells. *Trends Genet.* 23, 457-464.

転写の過程

イントロダクション

1.4節で述べたように，さまざまな証拠が遺伝子発現調節は主に転写レベルで行われていることを示しており，組織特異的または刺激特異的に，どの遺伝子がRNAへ転写されるかが決定されている。そのような転写調節の一部はクロマチン構造のレベルで行われ，転写されようとするDNAは弛緩したクロマチン構造に変換されて，転写調節因子のアクセスが可能となる（第2章，第3章）。

このような弛緩したクロマチン構造をとることが遺伝子の転写には必要であるが，転写の実際の過程はDNAからRNAをコピーするRNAポリメラーゼと，その酵素活性を抑制もしくは活性化するさまざまな転写因子により行われる。このRNAポリメラーゼによる転写の過程は，遺伝子発現調節の主要な標的となっている。本章では転写の基本的な過程そのものについて述べ，個々の転写因子による転写調節については第5章で取りあげる。

4.1 RNAポリメラーゼによる転写

DNAをコピーしてリボヌクレオチドを重合させ，相補的なRNAを合成する酵素をRNAポリメラーゼ（RNA polymerase）という。**原核生物**（prokaryote）ではDNAからRNAへの転写を担うRNAポリメラーゼは1種類しかない。真核生物ではこれと異なり，複数のRNAポリメラーゼが存在する。

すべての真核生物の核には3種類のRNAポリメラーゼが存在し，これらはRNAポリメラーゼI，II，IIIと名づけられている。これに加えて，植物ではもう2種類のRNAポリメラーゼ（RNAポリメラーゼIV，V）が存在し，低分子干渉RNA（small interfering RNA；siRNA）を合成して抑制性クロマチン構造の形成に関与している（1.5節，3.4節）。

RNAポリメラーゼI，II，IIIは複数サブユニットからなる大きな酵素であり，3種類の酵素間でいくつかのサブユニットは共通している。3種類の酵素はカビ毒であるαアマニチンに対する相対的な感受性の違いで区別することができ，それぞれの酵素は異なるクラスの遺伝子を転写する（表4.1）。タンパク質をコードする遺伝子すべてと，**RNAスプライシング**（RNA splicing；6.3節）に関わるいくつかの**核内低分子RNA**（small nuclear RNA；snRNA）は，RNAポリメラーゼIIにより転写される。28S，18S，5.8SリボソームRNA（6.6節）をコードする遺伝子はRNAポリメラーゼIにより転写され，**転移RNA**（transfer RNA；tRNA）および5SリボソームRNAをコードする遺伝子はRNAポリメラーゼIIIにより転写される。

それゆえ，mRNAおよびタンパク質の組織特異的な多様性を生み出している転写調節の過程を考えるうえで，われわれにとって最も興味のあるのはRNAポリメラーゼIIによる転写が受ける調節に関するものである。しかしながら，調節を受けているということではRNAポリメラーゼIやIIIによる転写も同じであり，しかも

表 4.1 真核生物の RNA ポリメラーゼ

	転写される遺伝子	αアマニチンに対する感受性
I	リボソーム RNA(28S, 18S, 5.8S リボソーム RNA の前駆体である 45S リボソーム RNA)	感受性なし
II	タンパク質をコードするすべての遺伝子，核内低分子RNA U1, U2, U3 など	高感受性($1\ \mu g/ml$ で阻害される)
III	転移RNA, 5S リボソーム RNA, 核内低分子 RNA U6, 反復 DNA 配列(Alu, B1, B2 など), 7SK, 7SL RNA	中等度感受性($10\ \mu g/ml$ で阻害される)

　RNA ポリメラーゼ I や III による転写に関係している因子の機能は，RNA ポリメラーゼ II の場合と比べてはるかに単純である．RNA ポリメラーゼ I や III による基本転写機構をまず理解しておくことは，より複雑な RNA ポリメラーゼ II による基本転写機構を理解するうえで役に立つ．そこで RNA ポリメラーゼ I, III, そして II による転写について順を追って考察していくことにする．

RNA ポリメラーゼ I による転写は比較的単純である

　RNA ポリメラーゼ I は染色体上に縦列に並んで存在するリボソーム RNA 遺伝子の転写を担っている．リボソーム RNA 遺伝子の転写は，細胞の総転写量の約 2 分の 1 を占める．すべての RNA ポリメラーゼがそうであるように，RNA ポリメラーゼ I も複数のサブユニットからなる．最近，14 のサブユニットからなる酵母 RNA ポリメラーゼ I の構造が電子顕微鏡で明らかにされた．

　すべての RNA ポリメラーゼについて当てはまることであるが，RNA ポリメラーゼ I 自体は転写開始点近傍の DNA 配列を認識することはできない．代わりに別のタンパク質がそれを認識し，タンパク質間相互作用によりポリメラーゼをリクルートするのである．RNA ポリメラーゼ I の場合，認識される DNA 配列は転写開始点の上流 50 塩基以内に存在する．転写開始点近傍にあって遺伝子発現を調節する DNA 配列は，遺伝子プロモーターとして知られている(遺伝子プロモーターについての詳細は 4.3 節参照)．すべての RNA ポリメラーゼに共通して，転写が開始される塩基を +1 としてそれより下流の被転写領域の塩基を +100, +200, ……と記載し，転写開始点より上流の塩基を −100, −200, ……と記載する(図 4.1)．

　RNA ポリメラーゼ I の場合，−50 塩基近傍の DNA 配列が上流結合因子 (upstream binding factor; UBF) として知られるタンパク質により認識される．それに続いて，SL1(TIF-1B としても知られる)という調節因子が，UBF とのタンパク質間相互作用によりリクルートされる．次に，この SL1 がポリメラーゼならびに関連転写因子をリクルートする(図 4.1)．このように，RNA ポリメラーゼ I による転写開始は比較的単純で，SL1 という 1 種類の必須因子がポリメラーゼのリクルートに重要な役割を果たしている．この必須因子の DNA への結合は，UBF という転写因子が前もって特異的 DNA 配列に結合することにより促進される．

RNA ポリメラーゼIIIによる転写はRNAポリメラーゼIによる転写よりも複雑である

　RNA ポリメラーゼのリクルートに特定の転写因子が関与し，その因子は前もって別の因子によってリクルートされたものであるという図式は，RNA ポリメラーゼ III による転写にも当てはまる．しかしながら状況を複雑にしているのは，RNA ポリメラーゼ III をリクルートする転写因子によって認識されるプロモーター配列は，遺伝子により転写開始点の上流に存在する場合と下流に存在する場合とがある

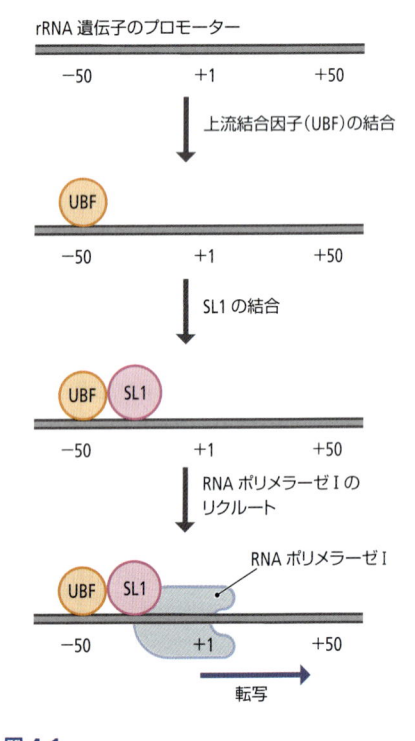

図 4.1
リボソーム RNA(rRNA)遺伝子のプロモーターにおける転写開始．上流結合因子(UBF)の結合に引き続いて SL1 が結合し，SL1 がタンパク質間相互作用により RNA ポリメラーゼ I をリクルートする．本図および以下の図において，+1 は RNA へ転写される最初の塩基を示し，+の記号は被転写領域の塩基を，−の記号は転写開始点より上流の塩基を示す．

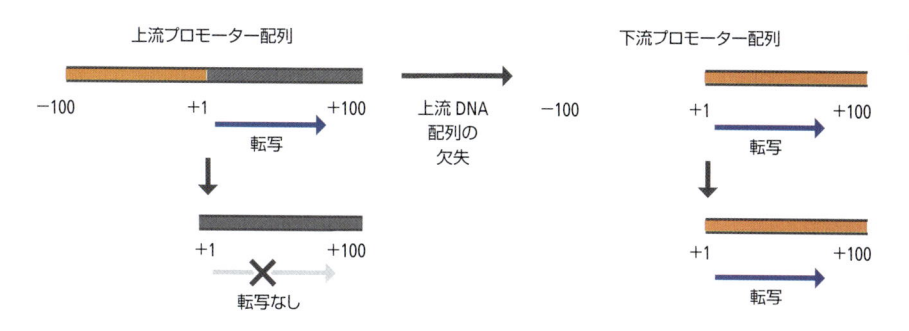

図 4.2
上流プロモーター配列または下流プロモーター配列をもつ遺伝子における転写開始点上流の DNA 配列の欠失実験の結果。プロモーターが転写開始点の上流にある場合，上流の配列が欠失すると転写は消失する。プロモーターが被転写領域にある場合には，上流の配列が欠失しても転写に影響はない。

ということである。すなわち，RNA ポリメラーゼⅢにより転写される遺伝子は，上流のプロモーター（RNA ポリメラーゼⅠやⅡと同様）または被転写領域に存在する下流のプロモーターのいずれかをもつ（図 4.2）。

RNA ポリメラーゼⅢに特有な転写開始点下流のプロモーターは，5S リボソーム RNA 遺伝子の転写調節に関する詳細な研究から見いだされた。この遺伝子の発現に必要な領域を同定する目的で，周辺配列の欠失が転写に与える影響が無細胞系での転写実験により調べられた。いささか驚いたことに，この遺伝子の上流の DNA 配列はすべて欠失させても転写には影響を与えなかった（図 4.3）。また，被転写領域の欠失も，転写開始点から 47 塩基下流にある境界をこえないかぎりは転写に影響しなかった。この方法で 5S リボソーム RNA 遺伝子の転写調節領域が明らかになり，その全域が被転写領域内に存在することがわかったのである。

DN アーゼ Ⅰ フットプリント法（DNaseI footprinting assay）を用いた解析（DNA-タンパク質相互作用を解析するためのこの手法については，4.3 節とメソッドボッ

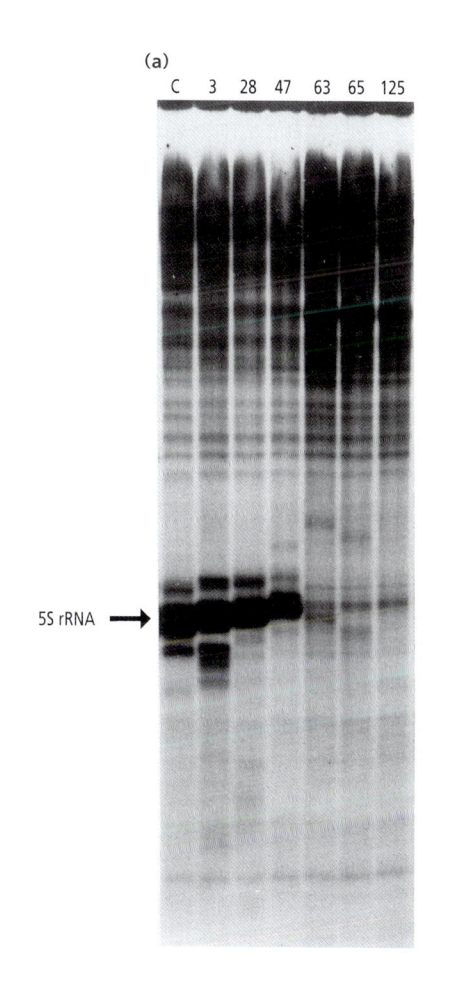

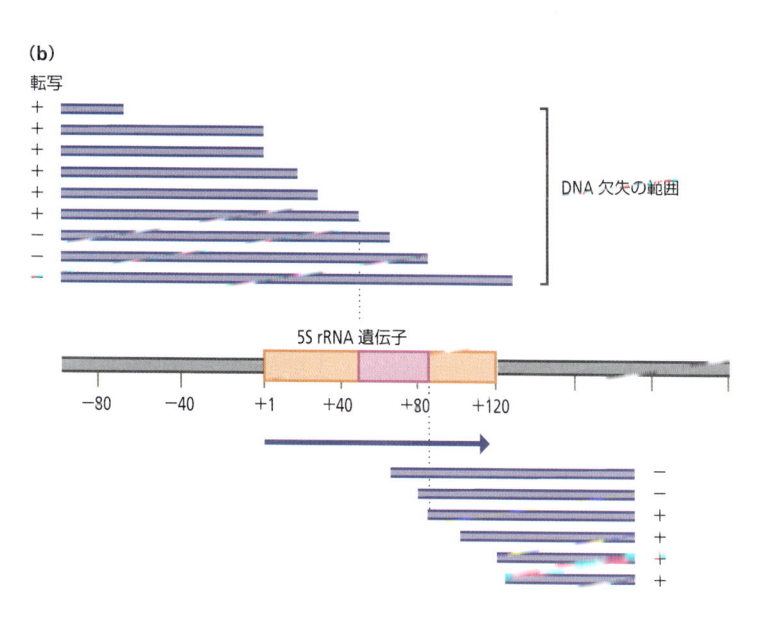

図 4.3
5S リボソーム RNA 遺伝子の DNA 欠失がその発現に与える影響。(a) 欠失のない対照の 5S リボソーム RNA 遺伝子（C）およびさまざまに欠失させた遺伝子からの，5S リボソーム RNA（矢印）の産生を比較した転写実験。数字は欠失がその塩基まで及ぶことを示す。たとえば，「47」は上流領域から被転写領域の 47 番目の塩基まで欠失が及ぶことを示す。(b) 欠失の範囲とそれが転写に与える影響。これら一連の欠失実験により，5S リボソーム RNA 遺伝子の被転写領域内に重要な調節配列（ピンク色のボックス）が存在することが明らかになった。(a) は Sakonju S, Bogenhagen DF & Brown DD (1980) *Cell* 19, 13-25 より，Elsevier 社の許諾を得て転載。DD Brown の厚意による。

図 4.4
5S リボソーム RNA 遺伝子内に存在する調節領域への転写因子 TFⅢA の結合を DN アーゼⅠフットプリント法により解析した実験。DN アーゼⅠフットプリント法においては，タンパク質が結合していない領域では DN アーゼⅠによる DNA 切断のため梯子状のバンドが生じ，タンパク質が結合している領域では DNA 切断が阻害されるためバンドが生じない(この方法の詳細についてはメソッドボックス 4.2 を参照)。レーン a と e は TFⅢA 非存在下，b〜d と f〜h は TFⅢA 存在下での 5S リボソーム RNA 遺伝子の DNA 2 本鎖を示す。Sakonju S & Brown DD (1982) Cell 31, 395-405 より，Elsevier 社の許諾を得て転載。DD Brown の厚意による。

図 4.5
5S リボソーム RNA 遺伝子のプロモーターにおける RNA ポリメラーゼⅢによる転写の開始。転写開始点 (＋1)より下流の配列は＋の記号で，上流の配列は－の記号で表示されている。TFⅢA が遺伝子内の DNA 配列に結合し，続いて隣接領域に TFⅢC が結合する。TFⅢC が TFⅢB をリクルートし，この TFⅢB が RNA ポリメラーゼⅢをリクルートして転写が開始する。図には示されていないが，三次元構造上では TFⅢC と TFⅢB との間に相互作用がある。

クス 4.2 を参照)により，この 5S リボソーム RNA 遺伝子の調節領域には TFⅢA と呼ばれる転写因子が結合することが後に判明した(図 4.4)。TFⅢA に続いて，隣接した DNA 領域に別の転写因子 TFⅢC が結合し，この TFⅢC がまた別の転写因子 TFⅢB をリクルートして安定な転写複合体が形成される(図 4.5)。

この転写複合体は何回もの細胞分裂を経ても安定に存在し，RNA ポリメラーゼⅢのリクルートを促進する。RNA ポリメラーゼⅢは TFⅢB とのタンパク質間相互作用によってリクルートされ，転写開始点に結合する(図 4.5)。このポリメラーゼの転写開始点への結合は，特異的な DNA 配列ではなく安定な転写複合体の存在に依存したものである。なぜなら，すでに述べたように，ポリメラーゼが結合する領域は，欠失させても別の配列に置換しても転写に大きな影響を与えることはないからである。

この RNA ポリメラーゼⅢ上への転写複合体の会合の過程は，5S リボソーム RNA 遺伝子について初めて明らかにされたものであり，他の遺伝子ではその詳細が異なっている。たとえば，翻訳の過程で鍵となる役割を果たす tRNA(6.6 節)をコードする遺伝子も，被転写領域内にプロモーターが存在する。しかしながらプロモーター配列の違いにより，この場合は TFⅢA を必要とせず TFⅢC がプロモーターに直接結合し，続いて TFⅢB をリクルートする。RNA ポリメラーゼⅢが TFⅢB によってリクルートされることは，5S リボソーム RNA 遺伝子の場合と同じである。

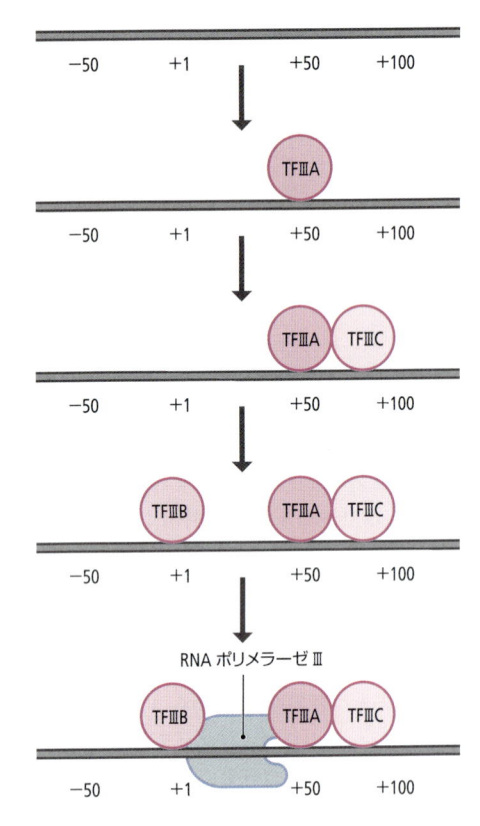

図 4.6
RNA ポリメラーゼⅡプロモーターにおける転写開始。まず TFIID が TFIIA とともに TATA ボックスに結合する(a)。続いて TFIID との相互作用により TFIIB がリクルートされ(b)，この TFIIB が RNA ポリメラーゼⅡおよびそれと結合している TFIIF をリクルートする(c)。さらに TFIIE と TFIIH が結合し，この TFIIH が RNA ポリメラーゼⅡの C 末端領域(CTD)をリン酸化(Ph)する(d)。リン酸化された RNA ポリメラーゼⅡは転写を開始できる状態となり，TFIIF とともに遺伝子を下流方向に移動して転写産物 RNA を生成する。TFIIA と TFIID はプロモーターにとどまる(e)。

　TFIIIB は同様に，RNA ポリメラーゼⅢにより転写される遺伝子が上流にプロモーターをもつ場合にも重要な役割を果たしている。このような上流プロモーター配列の例は核内低分子 RNA U6 においてみられ，これはスプライソソーム(6.3 節)を構成する他の核内低分子 RNA が RNA ポリメラーゼⅡにより転写されるのとは異なり，RNA ポリメラーゼⅢにより転写される(表 4.1)。
　以上述べてきたことからわかるように，RNA ポリメラーゼⅢにより転写される遺伝子の 3 つのタイプのプロモーターにおいて，TFIIIB が非常に重要な働きをしている。ポリメラーゼをタンパク質間相互作用により直接的にリクルートするという点で，TFIIIB は RNA ポリメラーゼⅠにおける SL1 に相当する因子であるといえる。

RNA ポリメラーゼⅡによる転写は RNA ポリメラーゼⅠやⅢによる転写よりもずっと複雑である

　RNA ポリメラーゼⅡにより転写される遺伝子の転写開始点のすぐ上流を調べてみると，非常に広範な種類の遺伝子で転写開始点の約 30 塩基上流に AT に富む領域が存在する。これは TATA ボックス(TATA box)と呼ばれ，RNA ポリメラーゼⅡによる転写の開始および転写開始点の決定に重要な役割を果たす。点変異または欠失により TATA ボックスの機能が失われると，TATA ボックスをもつ遺伝子の転写は著しく低下する。
　RNA ポリメラーゼⅡの**基本転写複合体**(basal transcription complex)は RNA ポリメラーゼⅠやⅢの場合よりもさらに多くの因子からなるが，その段階的な会合のための最初の標的配列となるのが TATA ボックスである。まず，転写因子 TFIID が TATA ボックスに結合するが，これは別の転写因子 TFIIA の存在により促進される(図 4.6a)。構造解析により，TFIID はその 4 つの球状ドメインが DNA の収まる溝を形成した，いわば分子ピンセットのような構造をしていることが明らかになった(図 4.7)。
　続いて，TFIID-DNA 複合体は別の転写因子 TFIIB によって認識される(図 4.6b)。構造解析により，TFIIB が TFIID に結合する部位は TFIIA が結合する部位とは反対側にあることがわかった(図 4.8, 図 4.9)。TFIIB は TFIID に結合して RNA ポリメラーゼⅡをリクルートするので，この TFIIB の結合は転写開始複合体の形成に必須である。TFIIB はまた別の因子 TFIIF とともに RNA ポリメラーゼⅡを転写開始複合体へリクルートする(図 4.6c)。これに続いて，TFIIE と TFIIH も転写開始複合体に結合する(図 4.6d)。
　TFIIH のリクルートはポリメラーゼによる転写の開始に重要な役割を担ってい

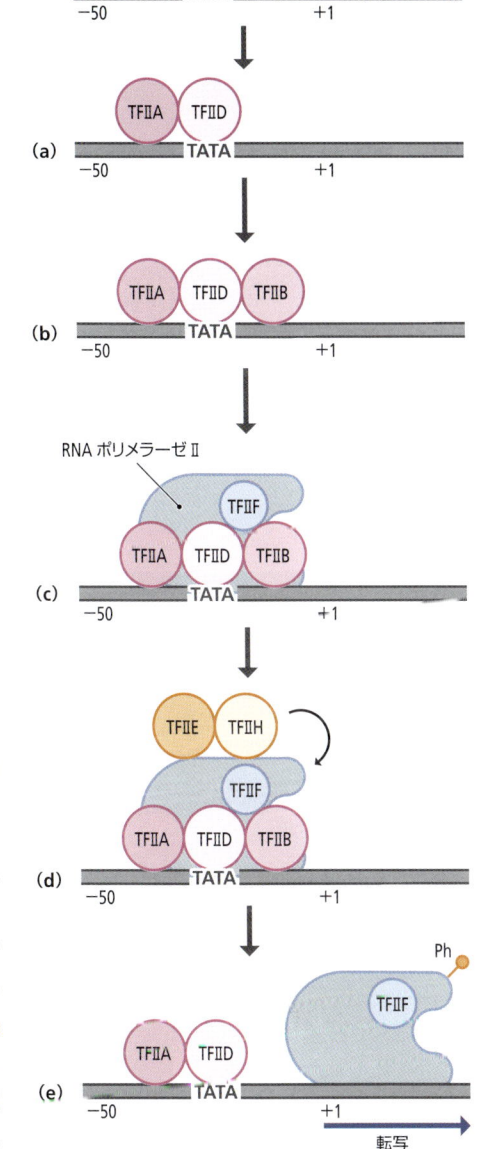

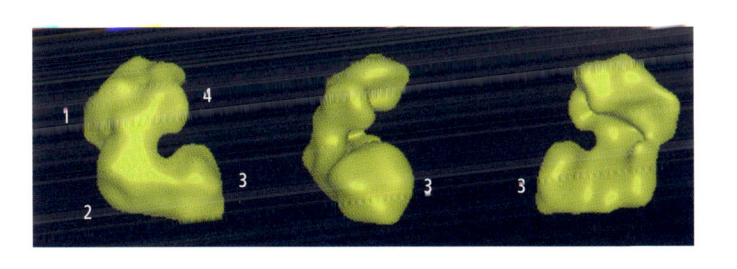

図 4.7
TFIID の三次元構造。球状ドメインの配置により DNA の収まる溝が形成されている。Brand M, Leurent C, Mallouh V et al. (1999) Science 286, 2151-2153 より。The American Association for the Advancement of Science の許諾を得て転載。Patrick Schultz の厚意による。

図 4.8
TFIID（青色）と複合体を形成した TFIIB（緑色）および TFIIA（ピンク色）の位置。Andel F 3rd, Ladurner AG, Inouye C et al. (1999) *Science* 286, 2153-2156 より。The American Association for the Advancement of Science の許諾を得て転載。Eva Nogales の厚意による。

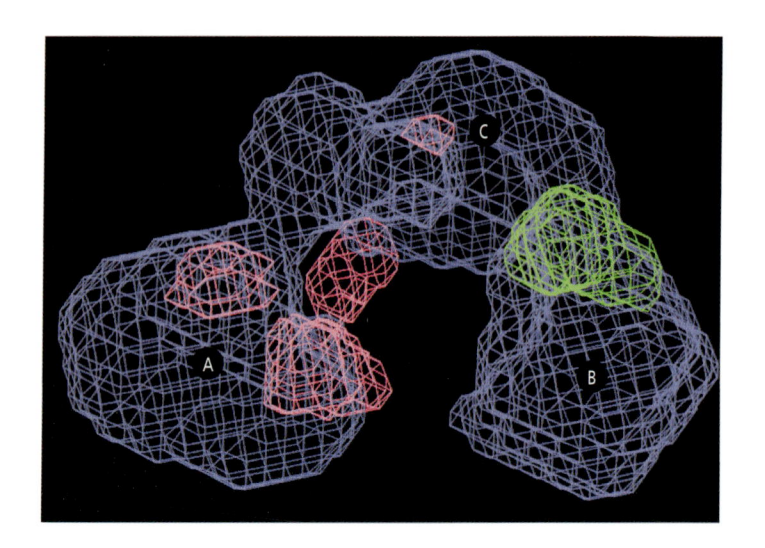

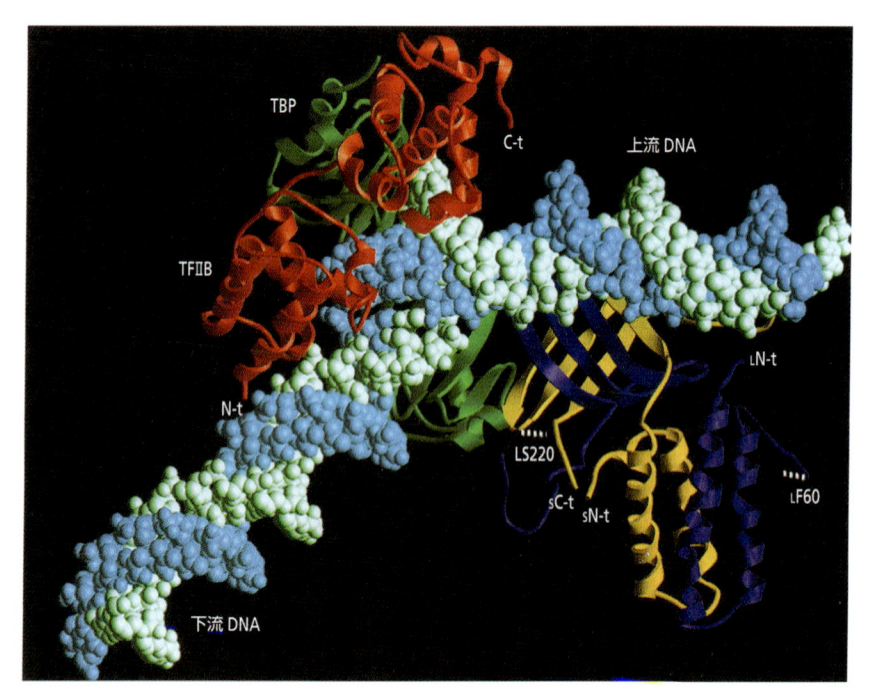

図 4.9
TFIIB（赤色），TFIID の構成成分 TBP（緑色），TFIIA（黄色と紺色）からなる複合体と，DNA（水色と薄緑色）との相互作用。C-t：C 末端，N-t：N 末端。JH Geiger, Michigan State University の厚意による。

る。TFIIH はすでにその分子構造が明らかになっている多因子複合体であり，転写のみならず損傷 DNA の修復においても重要な働きをしているようである。

　TFIIH の構成成分の 1 つは**キナーゼ**（kinase）活性をもっており，RNA ポリメラーゼ II の最も大きなサブユニットである RPB1 の C 末端領域（C-terminal domain；CTD）をリン酸化する。RPB1 の CTD には Tyr-Ser-Pro-Thr-Ser-Pro-Ser の反復配列があり，これは RNA ポリメラーゼ II に特異的で進化的にも高度に保存されている。TFIIH のキナーゼ活性はこの反復配列の 5 番目のセリンをリン酸化し，それによって転写が開始される（図 4.10）。このリン酸化は転写開始に重要で，脱リン酸化された RNA ポリメラーゼ II は DNA 上へリクルートはされるが，転写を開始して RNA 産物を生成するためにはリン酸化される必要がある（図 4.6e）。

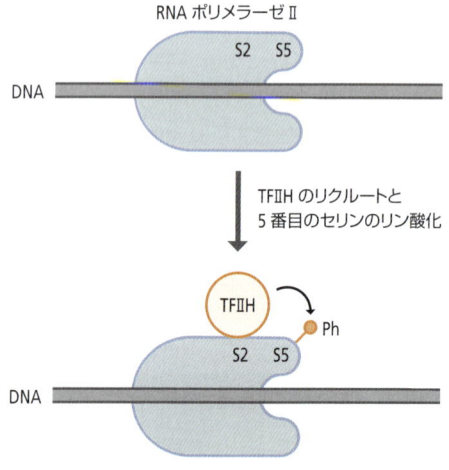

図 4.10
TFIIH のリクルートにより RNA ポリメラーゼ II の C 末端領域（CTD）の 5 番目のセリンがリン酸化され，転写が開始される。

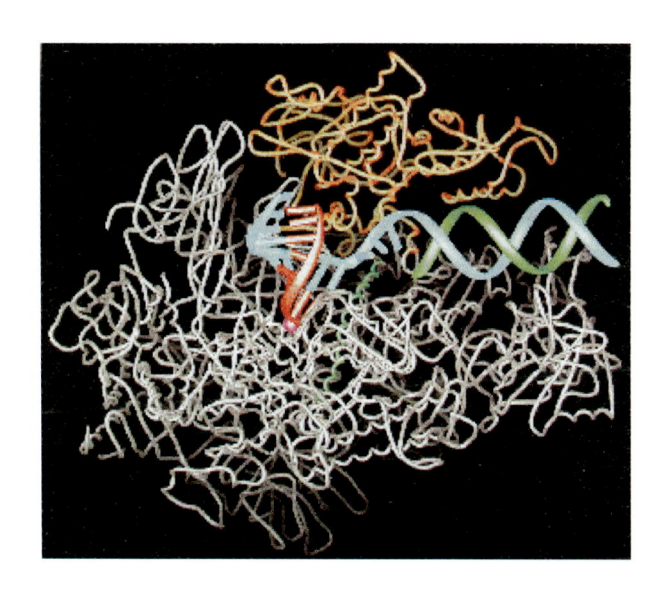

図4.11
DNA を転写中の RNA ポリメラーゼⅡ。転写される DNA 鎖を水色，転写されない相補鎖を緑色，転写産物 RNA を赤色で示す。DNA は右方向から侵入し，巻き戻されてポリメラーゼ分子のタンパク質の「壁」につきあたって直角に曲げられる。図 4.12 と比較すること。Science (2001) 292 (5523) の表紙より，The American Association for the Advancement of Science の許諾を得て転載。Aaron Klug の厚意による。

RNA ポリメラーゼⅡおよび活性のある転写複合体のいずれも結晶化され，構造解析が行われている（図 4.11）。その結果，ポリメラーゼ分子の内部で DNA の RNA への転写が進むにつれて，DNA 鎖はポリメラーゼ内部のタンパク質の「壁」（図 4.12 に A で示す）につきあたることがわかった。これにより DNA 鎖は直角に曲げられ，転写されつつある RNA 鎖の末端が露出してリボヌクレオチド三リン酸の付加による転写の進行が可能になる。引き続き新たな DNA-RNA ハイブリッドが形成され，ポリメラーゼの「舵」と呼ばれる部分（図 4.12 に B で示す）につきあたり，この部分が RNA を DNA から解離させる。これにより，新しく生成された RNA 鎖はポリメラーゼから出て行き，DNA は再び 2 本鎖となる（図 4.12）。

興味深いことに，この複雑な DNA と RNA ポリメラーゼの相互作用は TFIIB により促進される。RNA ポリメラーゼ-TFIIB 複合体の構造解析により，TFIIB はポリメラーゼのリクルート以外にも重要な役割を果たしていることが明らかになった。TFIIB は DNA に結合した TFIID とポリメラーゼの両方に非常に厳密な様式で結合することにより，DNA とポリメラーゼ分子を正しく配置し，DNA がポリメラーゼの内部に挿入されるよう互いの位置を調節して転写を開始させる。

ポリメラーゼが遺伝子を下流方向に移動していく過程で，TFIIF はポリメラーゼに結合したままである一方，TFIIA と TFIID はプロモーターに結合したまま残り，次の転写サイクルのための TFIIB や RNA ポリメラーゼⅡなどをリクルートして転写が繰り返される（図 4.6e）。

転写の繰り返しを可能にする TFIIA と TFIID のこのような役割は，細胞内において一部の RNA ポリメラーゼが TFIIB，TFIIF，TFIIH など多くのタンパク質とともにいわゆる **RNA ポリメラーゼホロ酵素**（RNA polymerase holoenzyme）を形成しているという発見を考えあわせるときわめて興味深い。TFIIB，RNA ポリメラーゼ，TFIIH が個別に時間を追ってリクルートされる段階的な経路の他に，TFIIA と TFIID が TFIIB，TFIIE，TFIIF，TFIIH および RNA ポリメラーゼを含むホロ酵素をリクルートするという別経路が存在するようである（図 4.13）。それに加えてホロ酵素は，転写を開始できるようにクロマチン構造を弛緩させること（3.5 節），あるいは転写アクチベーターによるポリメラーゼ複合体の活性化（5.2 節）に関与していると思われる，その他の多くのタンパク質因子を含んでいる。

3 種類のポリメラーゼによる転写には多くの共通点がある

3 種類のポリメラーゼはそれぞれ役割が異なり，それぞれ異なる転写因子と相互作用するが，いずれも複数のサブユニットからなる複合体で一部のサブユニットは

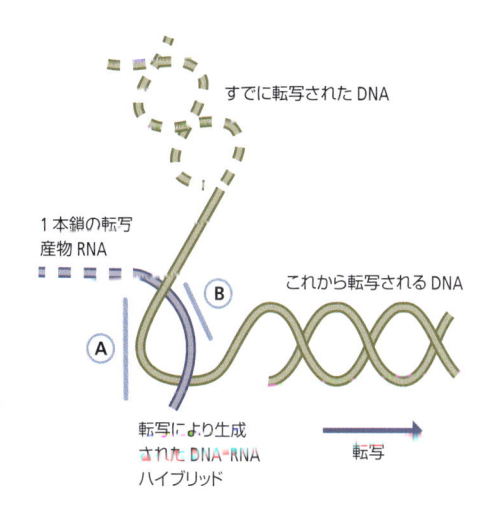

図4.12
RNA ポリメラーゼ分子を通過しながら転写される DNA の動き。A はポリメラーゼタンパク質内部の「壁」を表し，DNA-RNA ハイブリッドを直角に曲げる。この動きによって RNA 鎖の末端にリボヌクレオチド三リン酸が付加できるようになり転写が進行する。B はポリメラーゼの「舵」領域で，DNA-RNA ハイブリッドを解離させて新しく生成された RNA 鎖を分離し，DNA は再び 2 本鎖となる。まさに転写が行われている部分を実線，すでに転写された部分を破線で示した。矢印は転写の進行方向を示す。

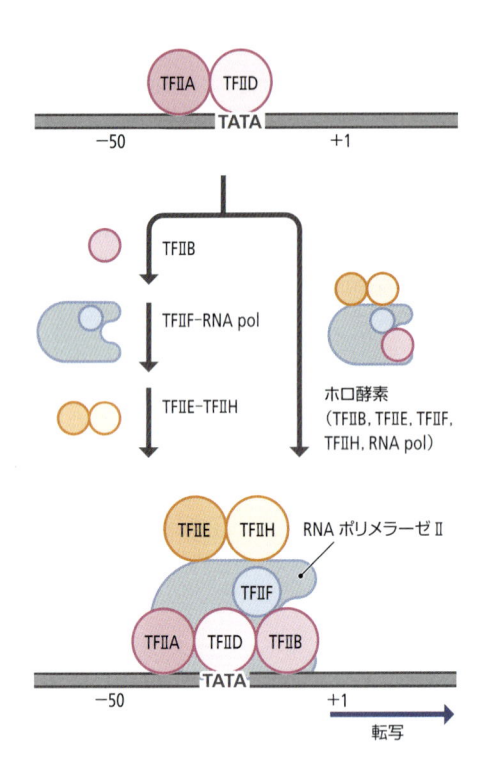

図 4.13
TFIIA および TFIID のプロモーターへの結合に引き続いて，RNA ポリメラーゼ(RNA pol)IIの基本転写複合体の形成は，図 4.6 に示したような TFIIB，TFIIF-RNA ポリメラーゼII，TFIIE-TFIIH の段階的なリクルート，またはこれらをすべて含むホロ酵素のリクルートのいずれかによって起こる。

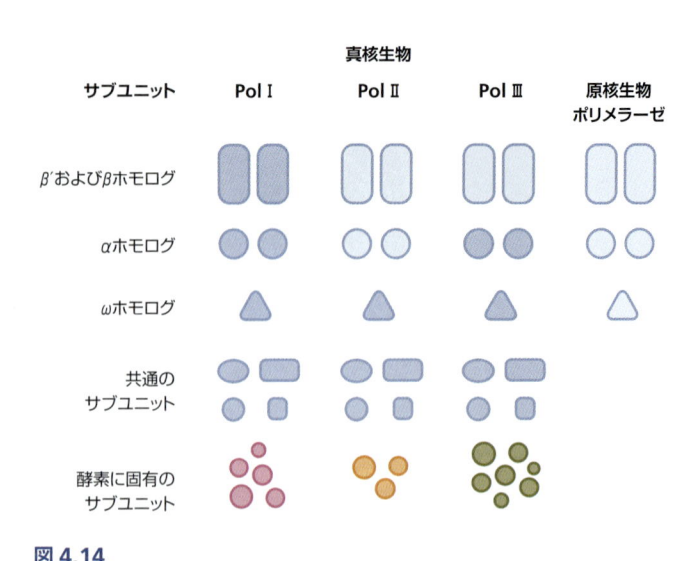

図 4.14
真核生物のもつ 3 種類の RNA ポリメラーゼと細菌類（大腸菌）のもつ唯一の RNA ポリメラーゼの各サブユニットの比較。濃い色はサブユニットが互いに同一であることを示し，薄い色は同一ではないが相同であることを示す。

共通している。3 種類のポリメラーゼはいずれも RPB1 および RPB2 という互いによく似た 2 つの大サブユニットをもち，さらにこれらは細菌類がもつ唯一の RNA ポリメラーゼの β′ および β サブユニットとの間にも相同性がみられる（図 4.14）。

また，上記の酵素はすべて ω 様サブユニットをもっている。それに加えて，RNA ポリメラーゼ I と III は共通の α 様サブユニットを 2 つずつもっている。一方，RNA ポリメラーゼ II は，他のポリメラーゼのものと相同性はあるが異なる α サブユニットを 2 つもっている。ここでもまた，これらの ω または α 様サブユニットは，細菌類のポリメラーゼの対応するサブユニットとの間に相同性がみられる。真核生物の 3 種類のポリメラーゼは原核生物にはない 4 つの共通サブユニットをもっており，また，3〜7 個の固有のサブユニットをもっている（図 4.14）。

3 種類のポリメラーゼは共通したパターンで DNA 上へリクルートされる。すなわち，1 つの配列特異的転写因子が DNA にまず結合し，続いて 1 つまたは 2 つ以上の因子が結合し，それがポリメラーゼ自体をリクルートする。すでに述べたように，TATA ボックスを含む RNA ポリメラーゼ II プロモーターの場合，DNA に最初に結合するのは TATA ボックスに結合する TFIID である。当初 TFIID は単一のタンパク質として同定されたが，今日では複数の構成成分からなることが明らかになっている。TFIID の構成成分の 1 つは，TATA ボックス結合タンパク質（TATA box-binding protein；TBP）として知られる因子であり，これが TATA ボックスに結合する。もう 1 つの構成成分は TBP 随伴因子（TBP-associated factor；TAF）で，TATA ボックスに直接結合することはないが，TFIID の転写アクチベーターへの応答を可能にするようである（5.2 節）。

TBP はサドル状の構造をしており，内側の凹部分が DNA に結合し，外側表面の凸部分が他の因子と相互作用する。たとえば，TFIIA は TBP の N 末端側の凸部

外側表面と，また TFIIB は C 末端側の凸部外側表面と相互作用する（図 4.15）。

DNA に結合した TBP の構造解析から，TBP の結合により DNA は TBP の凹部分にはまり込むように曲げられることがわかった（図4.15）。DNA に結合した TFIID（TBP と TAF からなる）の構造は，通常のクロマチン構造を形成する 8 つのヒストン分子からなるヌクレオソームコア（2.2 節）の構造と似ていることが明らかになった。つまり，プロモーター以外の DNA 領域でヌクレオソームが周囲に巻きついた DNA を曲げているのと同様に，プロモーター部分においては TFIID が DNA を曲げていることが示唆される。この点に関連して，第 3 章（3.3 節）で述べたように，TFIID の構成成分である TAF$_{II}$250 サブユニットがヒストンアセチルトランスフェラーゼ活性をもっており，ヒストンをアセチル化してクロマチン構造を変換するという事実は興味深い。

RNA ポリメラーゼⅡにより転写される遺伝子の多くは TATA ボックスをもつが，TATA ボックスの代わりに転写開始点近傍に**イニシエーター配列**（initiator element）をもつ遺伝子もある。しかしながら逆説的なことに，RNA ポリメラーゼⅡにより転写されるこの種の遺伝子の転写においても，TBP が重要な役割を果たしている。この場合，TBP は DNA には結合せず，転写開始点とオーバーラップして存在するイニシエーター配列に結合した別の因子によってリクルートされる。リクルートされた TBP は TATA ボックスを含むプロモーターの場合と同様に，TFIIB と RNA ポリメラーゼⅡをリクルートする。このように TBP は，TATA ボックスをもつ遺伝子については DNA と結合して複合体をリクルートすることにより，TATA ボックスを含まないプロモーターの場合にはタンパク質間の相互作用により，いずれも RNA ポリメラーゼⅡ転写複合体の会合に重要な役割を果たしている（図 4.16）。

これらの発見が示しているのは，TBP は RNA ポリメラーゼⅡによる転写において，RNA ポリメラーゼⅠにおける SL1 や RNA ポリメラーゼⅢにおける TFIIIB に相当する役割を果たすことで転写に重要な役割を担っている基本転写因子だということである。この考えは，TBP が実は SL1 および TFIIIB の構成成分でもあると

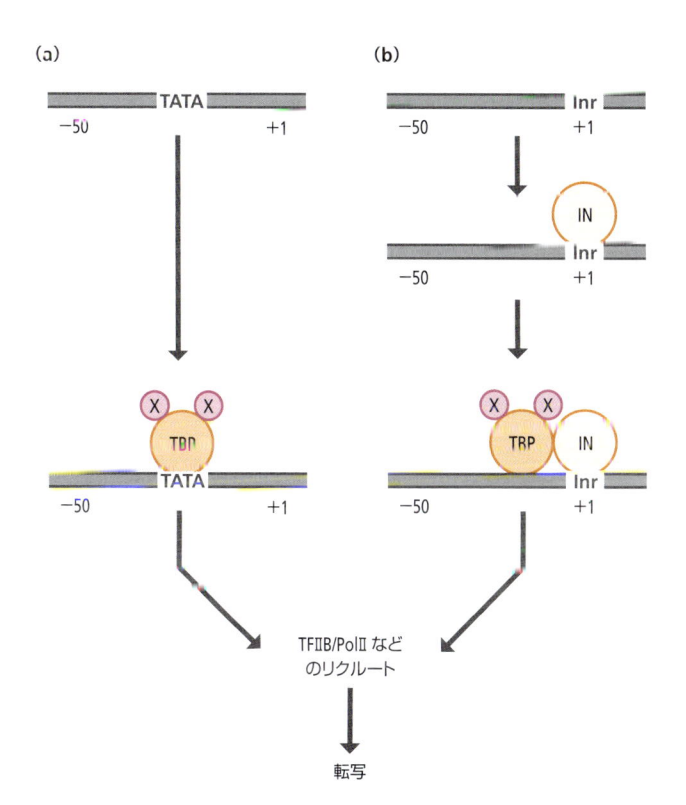

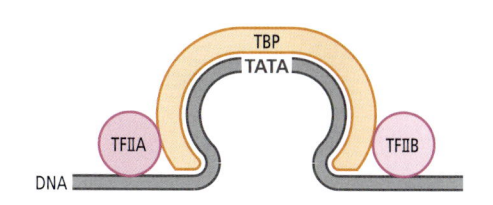

図 4.15
DNA に結合した TBP のサドル状構造。TBP が結合すると DNA はサドル状構造内側の凹部分にはまり込むように曲げられる。TBP の外側表面の凸部分は TFIIA や TFIIB などの他のタンパク質と相互作用する。

図 4.16
RNA ポリメラーゼⅡプロモーターからの転写には，TBP［および TFIID 複合体を構成する相互作用因子（X）］のプロモーターへのリクルートが関与する。これは，TATA ボックスが存在する場合（a）は TATA ボックスに直接結合することにより，TATA ボックスが存在しない場合（b）にはイニシエーター配列（Inr）に結合する因子（IN）とのタンパク質間相互作用を介してなされる。

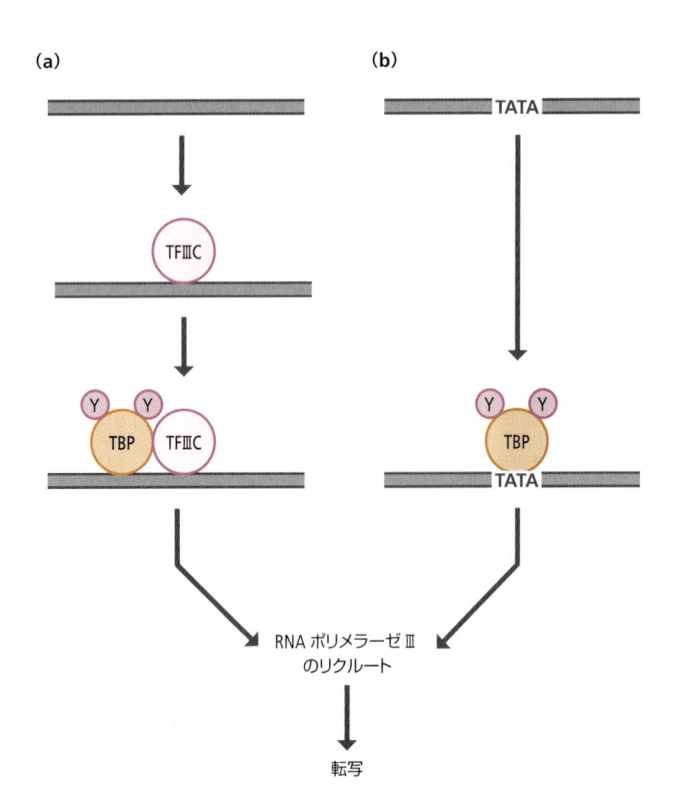

図 4.17
RNA ポリメラーゼⅢによる転写には，TBP［および TFⅢB 複合体を構成する相互作用因子(Y)］のプロモーターへのリクルートが関与する。これは，TATA ボックスが存在しない場合(a)は TFⅢA と TFⅢC の両方もしくは TFⅢC のみとのタンパク質間相互作用を介して，TATA ボックスが存在する場合(b)には TATA ボックスに直接結合することによりなされる。

いう驚くべき発見からも支持される。SL1 は単一の因子ではなく，TBP をはじめ 4 つのタンパク質からなる複合体なのである。それゆえ，RNA ポリメラーゼⅠプロモーターに結合した UBF が SL1 をリクルートするとき（前述），TATA ボックスを含まない RNA ポリメラーゼⅡプロモーターの場合とまったく同じように，DNA 上に TBP をリクルートしているわけである。

同様に，TFⅢB は TBP と 2 つのタンパク質 Bdp1 および Brf1 からなる複合体である。5S リボソーム RNA 遺伝子と tRNA 遺伝子において，プロモーターに TFⅢA と TFⅢC が結合した後，TFⅢB 複合体の一部として TBP が結合する。さらに，U6 RNA など RNA ポリメラーゼⅢにより転写されるいくつかの遺伝子は，TATA ボックスを含む上流プロモーター配列をもっており，したがって TBP が直接結合できる（図 4.17）。TBP は直接的または間接的に DNA に結合した後，RNA ポリメラーゼⅠ，Ⅱ，Ⅲの転写複合体構成成分とさまざまに相互作用し，複合体の会合もしくはその活性を促進する。これらについては現在，構造解析により詳細に調べられている（図 4.18）。

これまで述べてきたさまざまなタンパク質間相互作用およびタンパク質–DNA 相互作用は，3 種類のポリメラーゼのいずれの場合も結局は TBP を DNA 上へリクルートすることになる。リクルートされた TBP が直接的または間接的に RNA

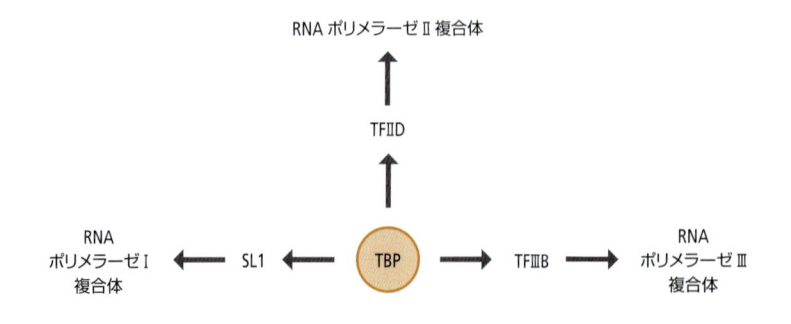

図 4.18
SL1，TFⅡD，TFⅢB の構成成分として，TBP は 3 種類の RNA ポリメラーゼすべての転写開始複合体において重要な役割を果たす。

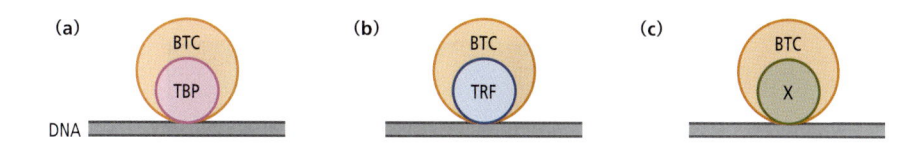

図 4.19
基本転写複合体(BTC)は会合するプロモーターの種類に応じて，TBPを含む場合(a)，TBP様因子(TRF)を含む場合(b)，TBPもTRFも含まない場合(c)がある。TBPもTRFも含まない場合は，代わりにおそらく関連性のないタンパク質(X)を含んでいる(c)。

ポリメラーゼのリクルートを促進する。したがって，TBPは3種類のポリメラーゼが独立して進化する以前に存在した進化的に古い転写因子で，それゆえ真核生物の転写に普遍的で必須の役割を果たしていると推測される。この推測と一致して，TBPホモログは古細菌にも存在する。古細菌が真核生物や原核生物とは違う生物界を構成していることを考えると，真核生物と古細菌が進化上分岐する以前からTBPが存在していたことは確実である。

当初，それぞれの生物は1種類のTBPしかもたないと考えられていた。しかしながら，多細胞生物にはTBP様の別のタンパク質が存在することがわかってきた。すなわち，すべての多細胞生物はTBPに加えてTBP様因子(TBP-like factor；TLF，またはTBP-related factor 2；TRF2としても知られる)をもち，一方で，昆虫および脊椎動物にはそれぞれTRF1およびTRF3という別のTBP様因子がさらに存在する。

これらのTBP様因子は，RNAポリメラーゼⅡにより転写される特定の遺伝子上に会合する基本転写複合体においてTBPの機能を代行する。たとえば，**アフリカツメガエル**(*Xenopus laevis*)の初期胚でTBPを不活性化させても，転写が阻害される遺伝子の数は比較的少なく，大部分の胚特異的な遺伝子の転写はTLF/TRF2またはTRF3に依存している。

同様に，終末分化した筋管においてもTRF3がTBPの機能を代行しているようである。そのため，TRF3に依存している筋特異的な遺伝子が優先的に転写され，TBPに依存している非筋特異的遺伝子は転写されない(筋特異的転写についての詳細は10.1節参照)。

このように，一部の遺伝子上に会合する基本転写複合体はTBPの代わりにTRFを含んでおり，TRFが遺伝子の転写に必要である(図4.19a，b)。また，TBPもTRFも含まない基本転写複合体が形成される例もいくつか見つかっており，おそらく他の因子がその役割を補完しているものと思われる(図4.19c)。このような成分の違いを利用して，ある特定の細胞種でTBPとTRFに対する依存性が異なる遺伝子の発現を調節し分ける手段が得られるかもしれない。

以上述べてきたように，TBPは3種類すべてのRNAポリメラーゼの転写に関与する進化的に古い転写因子である(図4.18)。しかしながら，一部の遺伝子ではTBPに依存しない転写が行われ，そのような場合にはTRFを含む複合体や，TBPもTRFも含まない複合体が関与している。

転写は核の特定の場所で起こる

RNAポリメラーゼⅠによるリボソームRNA遺伝子の転写が核内の特定の場所で起こることは以前から知られていた。この場所は**核小体**(nucleolus)として知られ，光学顕微鏡または電子顕微鏡により容易に観察することができる(図4.20)。核小体は染色体上で縦列に数百コピー存在するリボソームRNA遺伝子を含んでいる。核小体はまた，RNAポリメラーゼⅠによるリボソームRNA遺伝子の転写に関わるタンパク質(前述)や，一次転写産物の28S，18S，5.8SリボソームRNAへのプロセシングに関わるタンパク質を含んでいる。

最近になって，タンパク質をコードする遺伝子がRNAポリメラーゼⅡにより転写されるときも，核の特定の場所に局在することがわかってきた。さらに，転写が

108　4章　転写の過程

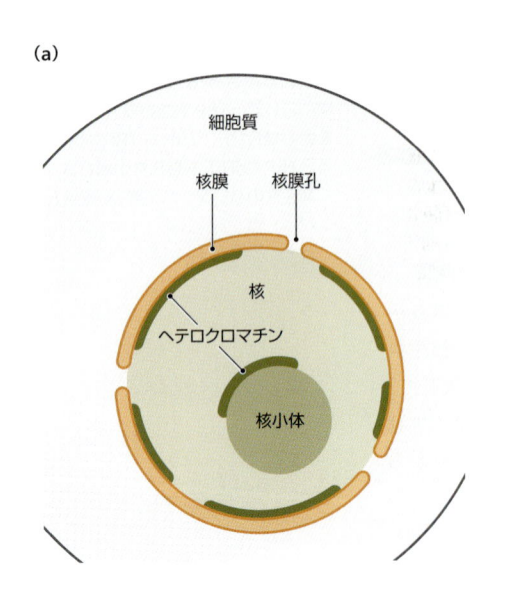

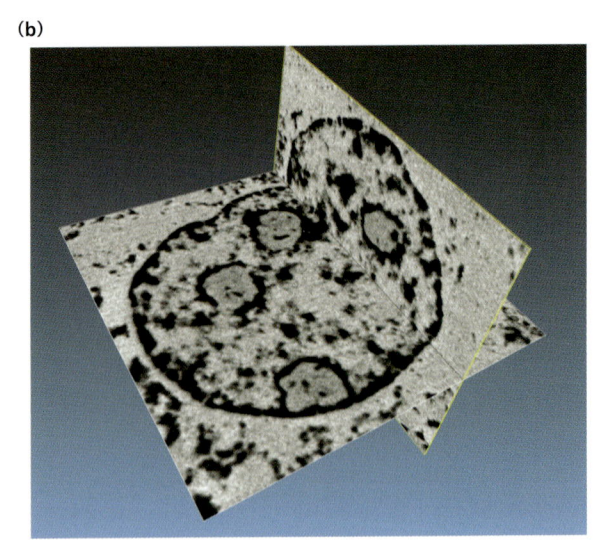

起きていない DNA 領域は転写が起きている部分とは別の核内領域に局在する。たとえば，ヘテロクロマチン（2.5節）として知られる高度に凝縮した転写が不活発な領域は，核小体の近傍および，核と細胞質を隔てる**核膜**（nuclear envelope）の近傍に局在する（図 4.20）。

上述のように，タンパク質をコードする遺伝子の RNA ポリメラーゼ II による転写も細胞内の特定の場所で起こることが示されており，それらのいくつかは核膜近傍で起こる。しかしながら，そのような核膜近傍での転写は細胞質と核とを連絡する核膜孔の近傍で起こっており，一方，ヘテロクロマチンは核膜孔と核膜孔の間の核膜近傍に局在する点が異なる（図 4.20）。

DNA のある特定の領域が核内の特定の領域に局在する過程は動的なものであり，遺伝子はまさに転写されようとするときに核内で場所を移動する。そして第 2 章（2.5節）で述べたように，DNA の特定の部分は転写されようとする遺伝子を含むループ構造を形成する。そのようなループ化により，たとえば核膜孔近傍への核内 DNA の移動が起こり，そこで遺伝子は活発に転写される（図 4.21）。

興味深いことに，異なる染色体上にある遺伝子が，活発な転写が行われている同一の場所に局在（共局在）して転写されることがある（図 4.21）。このことから転写ファクトリー（transcription factory）という概念が導かれた。転写ファクトリーとは，RNA ポリメラーゼ II による転写に必要な因子をすべて含み，異なる染色体上にある活発に転写される遺伝子間で染色体間相互作用が起こる場所をいう（図 4.21）。

このことから推測されるように，ある特定の刺激が，その刺激によって転写活性化される異なる染色体上にある遺伝子間での染色体間相互作用を促す。たとえば，ステロイドホルモンであるエストロゲンは，21 番染色体上の *TFF1* 遺伝子と 2 番染色体上の *GREB1* 遺伝子の転写を引き起こす。エストロゲン処理前には，2 つの遺伝子が異なる染色体上にあることから予測できるように，両遺伝子は共局在していない。ところがエストロゲンで処理すると，2 つの遺伝子は密接に相互作用するようになるのである（図 4.22a）。

これとは逆に，第 2 章（2.5節）で述べたように，インターフェロン γ をコードする遺伝子と**サイトカイン**（cytokine）であるインターロイキン 4，5，13 の遺伝子を含む遺伝子座は異なる染色体上にあり，互いに排他的に発現している。2 つの遺伝子座がともに不活性化されている T 細胞分化の初期には両者は共局在しているが，いずれか一方が活性化されると分離する（図 4.22b）。このように，異なる染色体上にある遺伝子間の相互作用は，同じ条件で活性化される遺伝子間（図 4.22a）にみられる場合と，同じ条件で抑制される遺伝子間（図 4.22b）にみられる場合とがある。

図 4.20
(a) 核の二次元概念図。核小体および，核小体と核膜に隣接して存在するが細胞質と核を連絡する核膜孔の近傍には存在しないヘテロクロマチンを示す。(b) マウス肝臓核の電子顕微鏡写真の三次元再構成。濃く染色された部分がヘテロクロマチンを示す。(b) は Christel Genoud, Patrick Schwarb, & Susan Gasser, The Friedrich Miescher Institute の厚意による。

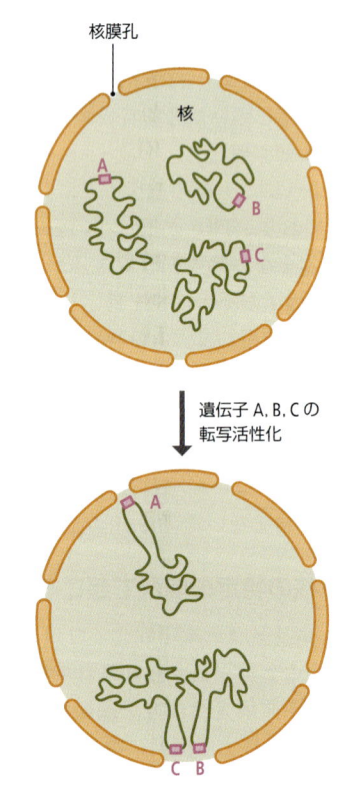

図 4.21
遺伝子が活性化するときにはクロマチンのループ化が起き，活性化する領域が核膜孔の近傍など核内の特定の領域に移動する。これにより異なる染色体上にある遺伝子が相互作用する（B と C）。

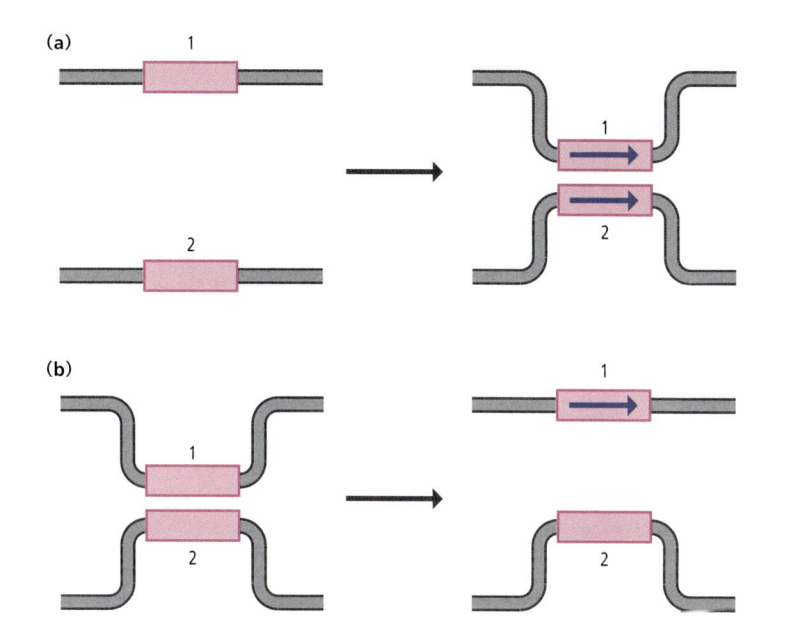

図 4.22
異なる染色体（1と2）上にある遺伝子間の相互作用は，両方の遺伝子が活性化されるときに起こることがある（a）。両方の遺伝子が不活性な場合に相互作用が起こっており，片方の遺伝子が活性化するときに相互作用は失われるという場合もある（b）。ボックスの中の矢印は転写が起きていることを表す（図 2.46 も参照）。

　以上のように，転写が核内の特定の場所で起こることは明白で，遺伝子が活性化される際には特定の遺伝子群がこれらの場所に移動し，他の遺伝子と会合したり解離したりする。

4.2 転写の伸長と終結

転写伸長には RNA ポリメラーゼⅡ のさらなるリン酸化が必要である

　4.1 節で述べたように，RNA ポリメラーゼⅡ の C 末端反復配列の 5 番目のセリンがリン酸化されることにより転写が始まる。RNA へ転写される DNA 鎖の最初の塩基（+1 の塩基）は通常チミン（T）またはシトシン（C）であり，それに対応して RNA 鎖は相補的な塩基であるアデニン（A）またはグアニン（G）で始まる。引き続き DNA の塩基に相補的な塩基，すなわち DNA の C には RNA の G（逆も成り立つ）が，T には A が，A にはウラシル（U；RNA で T の代わりに用いられる）が挿入されて転写は進む。RNA 鎖では，上流側ヌクレオチドの**リボース**（ribose）の 3 位（3′ 位）の炭素と下流側ヌクレオチドの 5 位（5′ 位）の炭素とが**ホスホジエステル結合**（phosphodiester bond）により結合している（図 4.23）。よって，RNA 鎖の最初の塩基は 5′ 末端が露出しており，鎖は 5′ から 3′ の方向に伸長する。

　当初はいったん転写が開始されると，ポリメラーゼはそれ以上の調節を必要とせずに全遺伝子を転写するものと考えられていた。しかしながら，今日では転写開始後に約 20〜30 塩基進んだところで転写は停止し，それ以上進まなくなることがわかっている。この転写の停止を解除して転写伸長を再開するためには，RNA ポリメラーゼⅡ の C 末端反復配列 Tyr-Ser-Pro-Thr-Ser-Pro-Ser の 2 番目のセリンのリン酸化が必要である（図 4.24）。

　この 2 番目のセリンのリン酸化は，生成されつつある RNA 鎖の 5′ 末端への修飾グアノシン残基の付加［**キャップ形成**（capping）と呼ばれる］と密接に関連している（6.1 節）。このキャップ形成は転写産物が 20〜30 塩基の長さになったときに起こり，pTEF-b キナーゼタンパク質の結合を促進する。結合した pTEF-b キナーゼは RNA ポリメラーゼⅡ の 2 番目のセリンをリン酸化し，転写伸長を再開させる（図 4.24）。転写とキャップ形成など転写後の過程との関連については，第 6 章（6.4

図 4.23
上流側ヌクレオチドのリボースの 3′ 位の炭素と下流側ヌクレオチドのリボースの 5′ 位の炭素とがリン酸基 (P) を介して結合し，RNA 鎖が形成される。RNA 鎖の最初の塩基は通常 A または G であり (DNA 鎖の T または C に対応して)，それ以外の位置では転写される DNA の配列に応じていかなる塩基 (N) もとりうる。

節) でさらに述べる。

最近の研究から，多くの遺伝子でポリメラーゼは 20〜30 塩基を転写したところで長い時間停止し，それから転写を再開することが示唆されている。たとえばショウジョウバエ胚では約 1,000 種類もの遺伝子に，転写は開始したもののその転写産物は 20〜30 塩基をこえていない**停止ポリメラーゼ** (stalled polymerase) がみられる。

ショウジョウバエおよびヒトでのそのような解析により，遺伝子は RNA ポリメラーゼ II の分布によって 3 つのクラスに分類されることがわかった。まず，転写されていない遺伝子はポリメラーゼを欠いている。逆に，活発に転写されている遺伝子は全長にわたってポリメラーゼが分布しており，小さな分布のピークが 5′ および 3′ 領域にみられる。潜在的に活性化されている 3 つ目のクラスが重要で，遺伝子の 5′ 領域に停止ポリメラーゼのピークをもっている (図 4.25)。このような転写の停止と再開が，転写伸長のレベルでの遺伝子発現調節を可能にしていることは疑いない。これについては第 5 章 (5.4 節) でさらに述べる。

pTEF-b キナーゼにより停止ポリメラーゼの 2 番目のセリンがリン酸化されると，ポリメラーゼは遺伝子の下流方向に移動し，転写伸長が再開する。第 3 章 (3.5 節) で述べたように，転写開始点ではヌクレオソームが消失し，調節因子や RNA ポリメラーゼのアクセスが容易になっている。しかしながら，このことは遺伝子の残りの領域については当てはまらず，転写伸長中の RNA ポリメラーゼはヌクレオソームとしてパッケージされた DNA を転写しなくてはならない。

これは転写伸長中のポリメラーゼがヒストンアセチルトランスフェラーゼをリクルートし，前方においてヒストンをアセチル化することにより成し遂げられる。ヒストンのアセチル化はクロマチンを弛緩した構造にするだけでなく (3.3 節)，実際にヌクレオソームをクロマチンから排除する。遊離したヒストンは FACT タンパク質 (3.3 節) のような他のタンパク質と結合する。これらのタンパク質は転写伸長中のポリメラーゼの後方においてヌクレオソームの再構築を触媒し，続いてヒストンが脱アセチル化される (図 4.26)。

転写の終結はポリアデニル化シグナルの下流で起こる

転写伸長の過程が完了すると 5′ および 3′ 末端をもつ転写産物が生成される。成熟した mRNA の 3′ 末端には，**ポリアデニル化** (polyadenylation) と呼ばれる転写後の過程により多数のアデニン酸残基が付加されて**ポリ(A)尾部** [poly(A) tail] となる。この過程は第 6 章 (6.2 節) で述べるように，非常によく保存された AAUAAA という配列を含む**ポリアデニル化シグナル** (polyadenylation signal) が認識されて，RNA がこの配列の下流で切断され，露出した 3′ 末端がポリアデニル化されて起こる。それゆえ，成熟した転写産物の 3′ 末端は実際に転写が終結する位

図 4.24
TFIIH のリクルートは RNA ポリメラーゼ II C 末端領域 (CTD) の 5 番目のセリンのリン酸化を引き起こし，転写を開始させる。しかしながら，ポリメラーゼは短い転写産物 RNA を生成した後に停止し，転写は止まる。引き続き，pTEF-b キナーゼのリクルートにより RNA ポリメラーゼ II CTD の 2 番目のセリンがリン酸化され，転写伸長が再開して完全長の RNA が生成される。

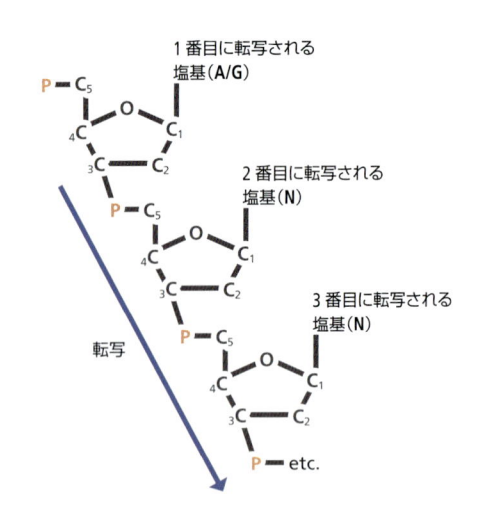

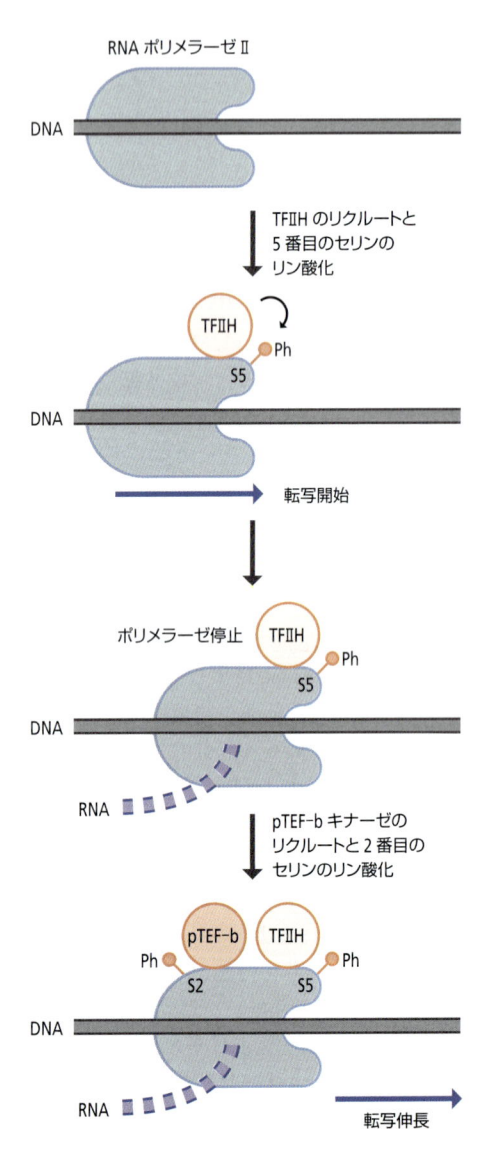

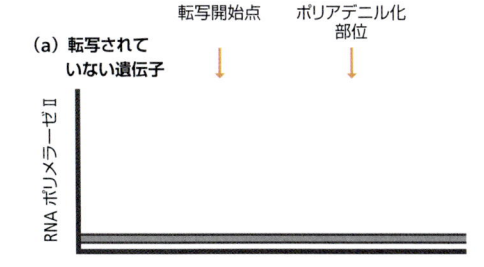

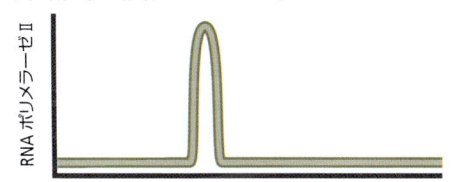

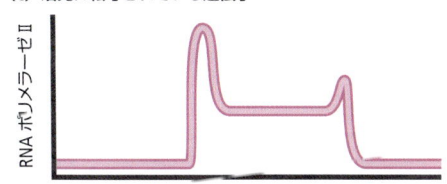

図 4.25
転写されていない遺伝子(a)，潜在的に活性化されている遺伝子(b)，活発に転写されている遺伝子(c)におけるRNAポリメラーゼⅡの分布。潜在的に活性化されている遺伝子でみられる，転写は開始したものの停止しているポリメラーゼのピークに注意。矢印は転写開始点と，成熟したRNAの3′末端におけるポリアデニル化部位を示す(ポリアデニル化については6.2節参照)。

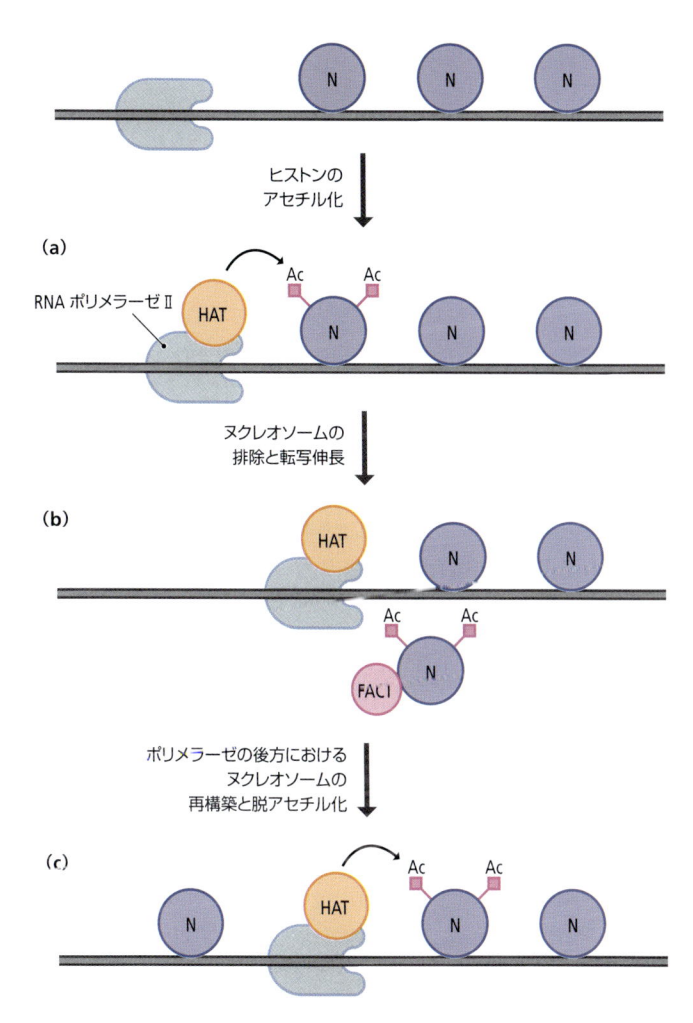

図 4.26
転写伸長中のRNAポリメラーゼ複合体はヒストンアセチルトランスフェラーゼ(HAT)をリクルートし，ポリメラーゼの前方においてヌクレオソーム(N)のヒストンをアセチル化(Ac)する(a)。これにより，アセチル化されたヌクレオソームは排除されてFACTタンパク質と結合し，転写伸長中のポリメラーゼの通り道が作られる(b)。ポリメラーゼの後方においてヌクレオソームは再構築され，ヒストンは脱アセチル化される一方，前方のヌクレオソームのヒストンはアセチル化されて，このサイクルは続く(c)。

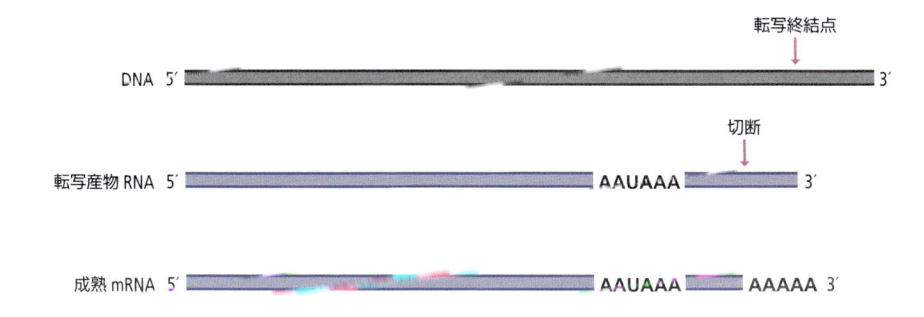

図 4.27
一次転写産物はポリアデニル化シグナル(AAUAAA)の下流で切断され，露出した3′末端にポリ(A)尾部が付加される。したがって，成熟mRNAの3′末端は実際に転写が終結する位置よりもかなり上流となる。

置よりも上流となる(図4.27)。

ポリアデニル化シグナルに変異を導入すると転写の正常な終結も障害されることから，この配列は転写の終結にも関与している。このことを説明する2つのモデルが提案されている。アロステリックモデルと呼ばれるモデルでは，転写反応がポリアデニル化シグナルを通過する際にRNAポリメラーゼが構造(アロステリック)変化

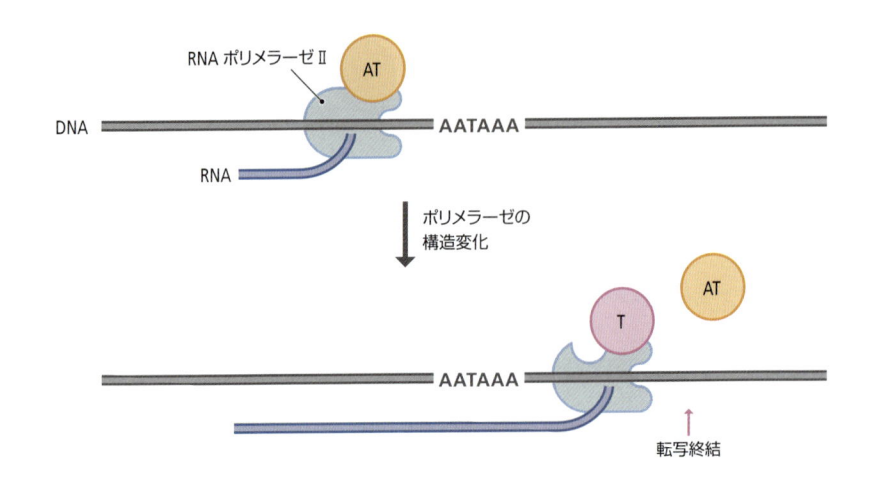

図4.28
転写終結のアロステリックモデル。転写反応がポリアデニル化シグナル（DNA上ではAATAAA）を通過する際にRNAポリメラーゼの構造変化が起こり、抗転写終結因子（AT）の解離や転写終結因子（T）との結合が促進され、その結果、転写が終結する。

を起こすと考える。この変化により転写終結因子との結合が促進されるか、または抗転写終結因子との結合が阻害されることにより、転写終結が促進される（図4.28）。

「魚雷」モデルと呼ばれる第二のモデルは、転写伸長中に新生RNAの切断が起こるとするものである。これはポリアデニル化のための露出した3'末端を生じさせるだけでなく、下流には露出した5'末端をもつRNAを生じさせ、これはポリメラーゼにより引き続き転写される。このRNAの露出した5'末端には**エキソヌクレアーゼ**（exonuclease）が結合し、RNAに沿ってその分解を開始する。ついにはエキソヌクレアーゼがポリメラーゼに追いつき「魚雷」攻撃することにより、転写は終結する（図4.29）。

2つの仮説を支持する証拠や否定する証拠がさまざまに存在する。たとえば、ヒトおよび酵母には「魚雷」モデルによる転写終結に必要な5'→3'エキソヌクレアーゼが存在する。一方で、転写終結がポリアデニル化部位での切断なしに起こる場合があり、これは「魚雷」モデルと合致しない。状況により2つのモデルに示す転写終結機構が使い分けられているか、あるいは2種類のモデルを組み合わせた機構が働いている可能性がある。

転写終結の詳細な分子機構がどのようなものであれ、4.1節および本節で述べた研究成果は、転写が、開始、短いDNA領域を転写した後の停止、活発な伸長、そして終結という複数の段階からなることを示している（図4.30）。

4.3 遺伝子プロモーター

4.1節で述べたように、転写開始点周辺およびそのすぐ上流のDNA配列が、転写される遺伝子へRNAポリメラーゼをリクルートするのに重要な役割を果たす。RNAポリメラーゼⅡにより転写される多くの遺伝子は転写開始点から約30塩基上流にTATAボックスをもっている。RNAポリメラーゼⅡにより転写される遺伝子には5'-YCANTYY-3'というコンセンサス配列をもつイニシエーター配列を利用しているものもあり、最初に転写される塩基はAである（YはCまたはTを、Nは4種類の塩基のいずれかを表す）。転写開始点近傍に位置しているこのイニシエーター配列にイニシエーター結合タンパク質が結合し、さらにこれがTBPをリクルートする（4.1節および図4.16）。

RNAポリメラーゼⅡにより転写される大抵の遺伝子はTATAボックスかイニシエーター配列のいずれか一方をもつが、両方もっている遺伝子や、いずれももたない遺伝子もある。TATAボックスもイニシエーター配列も含まない遺伝子は転写開始点近傍にCG島（3.2節）をもっており、すべての細胞において低レベルで転写されていて複数の転写開始点をもつ。

TATAボックスやイニシエーター配列（あるいはそれに代わる領域）が含まれる

図 4.29
転写終結の「魚雷」モデル。転写反応がポリアデニル化シグナルを通過すると、生成された RNA は切断されて上流の転写産物ができ、これはポリアデニル化とプロセシングを受けて成熟 mRNA となる(a)。一方、ポリメラーゼは転写を続け、露出した 5′ 末端をもつ下流の転写産物を伸長させる。この転写産物の 5′ 末端に 5′→3′ エキソヌクレアーゼ(EXO)が結合し、その分解を開始する(b)。ついにはエキソヌクレアーゼがポリメラーゼに追いつき「魚雷」攻撃することにより、転写は終結する。

図 4.30
転写過程の各段階。

転写開始点近傍およびそのすぐ上流の領域は、コアプロモーター、または基本プロモーターと呼ばれ、4.1 節で述べたように基本転写複合体をリクルートする役割を果たす。**コアプロモーター**(core promoter)は転写を開始することができる最小の領域として定義される。しかしながら、TATA ボックスやイニシエーター配列が存在する場合でさえ、コアプロモーターは比較的効率の低い転写しか起こさない。転写の効率はコアプロモーターの上流に位置する**上流プロモーター配列**(upstream promoter element)の存在によって増大する。結局、コアプロモーターと上流プロモーター配列の両者がプロモーターを構成し、これが遺伝子の転写を駆動することになる(図 4.31)。

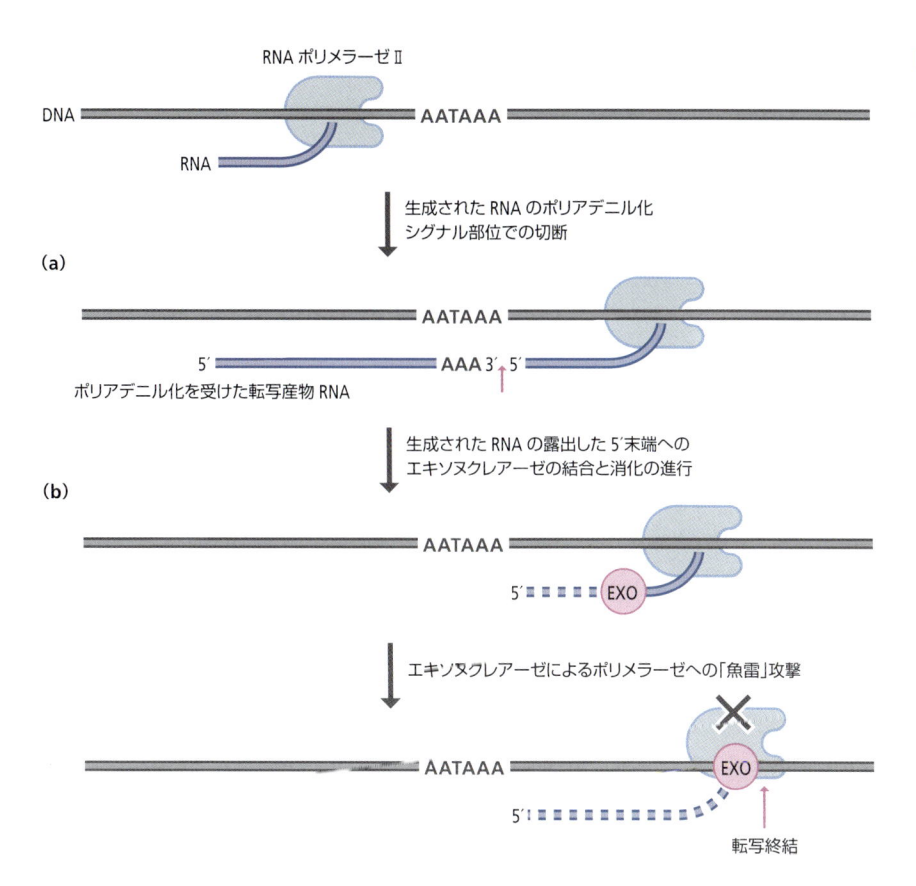

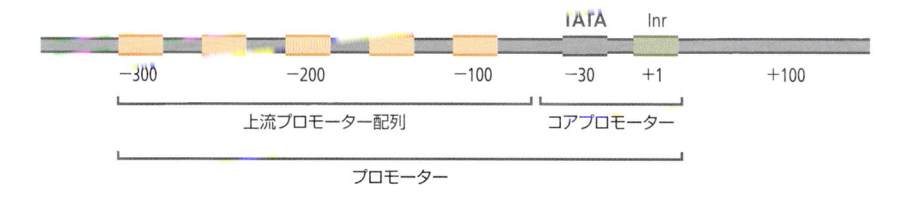

図 4.31
RNA ポリメラーゼⅡにより転写される典型的な遺伝子プロモーターの構造。プロモーターはコアプロモーター(基本プロモーター)と複数の上流プロモーター配列からなる。コアプロモーターは TATA ボックスまたはイニシエーター配列(Inr)のいずれか、またはその両方をもつか、いずれももたない場合もある。

表4.2　hsp70 遺伝子の上流領域に存在し，他の遺伝子にもみられる DNA 配列

名称	コンセンサス配列	配列を含む他の遺伝子
TATA ボックス	TATA(A/T)A(A/T)	非常に多くの遺伝子
CCAAT ボックス	TGTGGCTNNNAGCCAA	α および β グロビン，単純ヘルペスウイルスチミジンキナーゼ，細胞性癌遺伝子 c-ras および c-myc，アルブミンなど
Sp1 ボックス	GGGCGG	メタロチオネインIIA，II型プロコラーゲン，ジヒドロ葉酸レダクターゼなど
CRE	(T/G)(T/A)CGTCA	ソマトスタチン，フィブロネクチン，α ゴナドトロピン，c-fos など
AP-2 ボックス	CCCCAGGC	コラゲナーゼ，MHC クラス I 抗原 H-2K[b]，メタロチオネインIIA
熱ショック DNA 配列	CTNGAATNTTCTAGA	熱誘導性遺伝子 hsp83，hsp27 など

N は 4 種類の塩基のいずれかを表す。

70 kDa 熱ショックタンパク質をコードする遺伝子は RNA ポリメラーゼⅡの典型的なプロモーターをもっている

　RNA ポリメラーゼⅡプロモーターの性質をさらに説明するために，70 kDa 熱ショックタンパク質(Hsp70)をコードする遺伝子に注目することにしよう。各種生物のさまざまな細胞を高温に曝露すると，いくつかの熱ショックタンパク質の合成が増加するが，その中で最も量の多いのが Hsp70 である。このようなタンパク質合成の増加の一部は対応する遺伝子の転写の増加を介したもので，その様子はショウジョウバエ多糸染色体のパフとして観察される(1.4節)。以下に述べるように，この遺伝子の転写開始点の上流に存在するプロモーターを調べることにより，温度の上昇による転写誘導に関係している上流プロモーター配列や，一般的な転写の機構に関係している DNA 配列を同定することができた。hsp70 遺伝子の上流領域に見いだされた DNA 配列は他の遺伝子の上流領域にもみられるもので，表4.2 に記載するとともにその位置関係を図4.32 に示した。

　同様の研究によって，hsp70 遺伝子と熱誘導性のない遺伝子とが共通にもっている TATA ボックスをはじめとする多数の DNA 配列や，熱誘導性遺伝子に固有な DNA 配列が見つかった。これらの配列について順を追ってみていこう。

hsp70 遺伝子のプロモーターは他のさまざまな遺伝子プロモーターにも存在する DNA 配列をもっている

　4.1 節で述べたように，TATA ボックスへ TBP が結合して TBP と RNA ポリメラーゼⅡならびに関連転写因子を含む基本転写複合体が形成されるが，これだけでは効率の低い転写しか起こさない。TATA ボックスの上流に別の転写因子が結合し，基本転写複合体が安定化もしくは活性化されることによって，転写の効率は増大する。このような転写因子が結合する DNA 配列のいくつかは，転写活性の異なるさまざまな種類の遺伝子に見いだすことができる。こうした配列は細胞種普遍的に活性をもつ転写因子の結合の標的となり，これらの転写因子の結合はあらゆる組織において転写の活性化をもたらす。このような DNA 配列の有無や数によって，特異的な刺激がない状態での特定の遺伝子の転写速度が決まる。

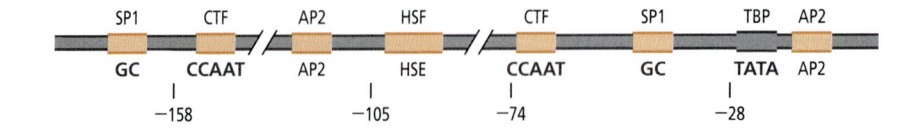

図4.32
ヒト hsp70 遺伝子プロモーターの転写調節配列。特定の配列に結合するタンパク質を線の上側に，それに対応する配列を線の下側に示す。これらの配列については表4.2 に詳しく記載してある。

上側: SP1　CTF　AP2　HSF　　CTF　SP1　TBP　AP2
下側: GC　CCAAT　AP2　HSE　　CCAAT　GC　TATA　AP2
　　　　　　-158　　　-105　　　　-74　　　-28

このような DNA 配列の例は Sp1 ボックスで，hsp70 遺伝子のプロモーターにも 2 コピー存在する（図 4.32）。Sp1 ボックスは GC に富む DNA 配列で，Sp1 として知られる細胞種普遍的に存在する転写因子が結合する。同様に，**CCAAT ボックス**（CCAAT box）も異なる調節を受けているさまざまな種類の遺伝子（hsp70 遺伝子も含まれる）の上流領域にみられる DNA 配列で，恒常的に発現している転写因子がこれに結合して転写を活性化していると考えられている。

熱ショック DNA 配列は熱誘導性遺伝子のみに存在する

上述のような広範に存在する配列とは対照的に，hsp70 遺伝子のプロモーターに存在する特定の DNA 配列は熱によって転写が増加する遺伝子のみが共通してもっている。この DNA 配列はショウジョウバエ hsp70 遺伝子の転写開始点上流 62 塩基の位置に存在し，さらに他の熱誘導性遺伝子でも同じような位置にある。したがって，この熱ショック DNA 配列（heat shock element；HSE）が遺伝子の熱誘導性に重要な役割を果たしているものと考えられた。

このことを証明するためには，この DNA 配列を hsp70 遺伝子から他の熱誘導性のない遺伝子に組み込み，その遺伝子が熱誘導性を獲得することを示す必要がある。この実証はまず，HSE を真核生物ウイルスである単純ヘルペスウイルス（HSV）の熱誘導性のないチミジンキナーゼ（tk）遺伝子に組み込むことで行われた。この融合遺伝子を細胞に導入し温度を上昇させると tk 遺伝子の発現が誘導されたことから，HSE が tk 遺伝子に熱誘導性を付与することが示された（図 4.33）。

熱誘導性遺伝子に共通の DNA 配列が直接的にそれらの遺伝子の熱誘導性を担っていることが，この実験で証明されたことになる。この実験の具体的な方法から，この配列がどのように機能するのかに関しても結論が得られた。すなわち，Pelham が使用した HSE はショウジョウバエの hsp70 遺伝子から得られたものであり，この冷血動物においてはストレスといえる 37℃ で活性化される。しかしながら融合遺伝子が導入されたのは通常 37℃ で培養される哺乳動物細胞であり，熱ショック遺伝子はさらに高温の 42℃ となって初めて発現する。

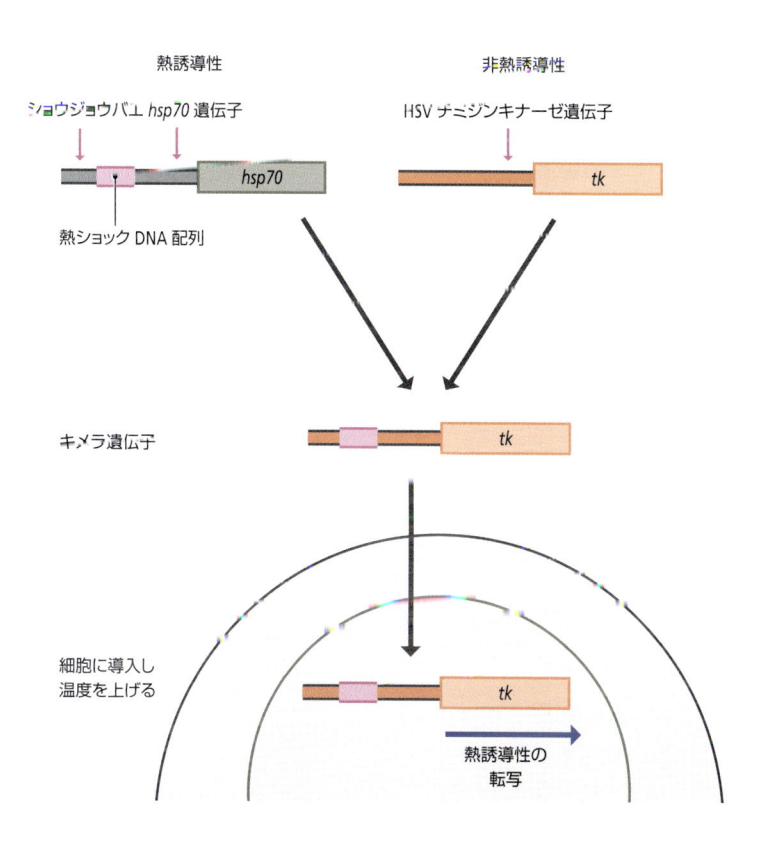

図 4.33
熱ショック DNA 配列が熱誘導性を担っていることの証明。通常は熱誘導性のないチミジンキナーゼ（tk）遺伝子に熱ショック DNA 配列を組み込むと，この遺伝子は熱誘導性となった。

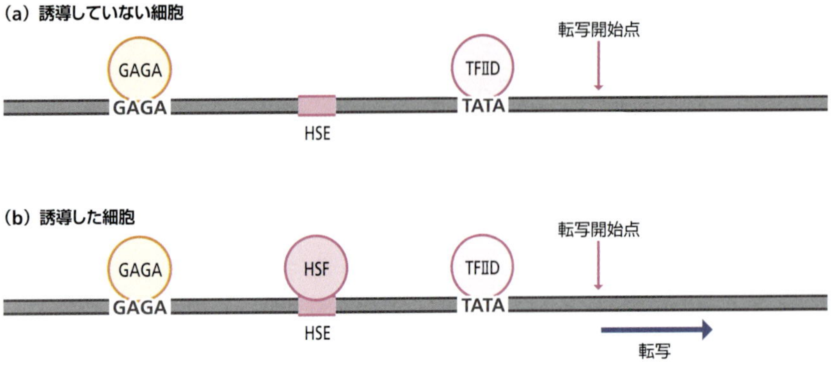

(a) 誘導していない細胞

(図:GAGA因子がGAGA配列に,TFIIDがTATAに結合。HSEは空。転写開始点の矢印)

(b) 誘導した細胞

(図:GAGA,HSF(HSEに結合),TFIIDが結合。転写の矢印)

図 4.34
熱ショックを与える前(a)および後(b)における *hsp70* 遺伝子プロモーターへのタンパク質結合。HSE:熱ショックDNA配列,HSF:熱ショック転写因子。

　この実験において,融合遺伝子は導入に用いた哺乳動物細胞で熱ショック遺伝子が誘導される42℃で誘導され,HSEの由来するショウジョウバエにとっては熱ショック温度である37℃では誘導されなかった。このことは,ある温度に達したときに働くような内因性の温度センサーやサーモスタットのようなものをHSEがもっているのではないことを示している。もしもっているとすれば,ショウジョウバエのHSEは哺乳動物細胞でも37℃で活性化されるはずだからである。むしろ,温度の上昇に反応して活性化する何らかのタンパク質因子がHSEを認識して結合し,その転写を活性化する,という機序でなければならない。応答配列であるHSEは哺乳動物のタンパク質がショウジョウバエの配列を認識できるほど高度に保存されたものであるが,哺乳動物のタンパク質は哺乳動物の熱ショック温度である42℃で初めて活性化されて転写の誘導を起こすのである。

　そのようなわけで,これらの結果は熱誘導性の転写の誘導にHSEが重要であることを示しただけでなく,それがタンパク質と結合して働くことの証拠ともなった。HSEがタンパク質と結合して働くというこの間接的な証拠は,解析対象の特異的DNA配列に対するタンパク質の結合を解析できるさまざまな方法を使って直接的に確認された(これらの方法のいくつかについては下記参照)。この種の解析が熱ショック遺伝子の上流領域について行われた結果,熱ショックを与えていない細胞においてもTBPがTATAボックスに結合し,GAGA因子が遺伝子の上流配列に結合していることが示された(図 4.34a)。熱ショックを与えていない細胞において,GAGA因子の結合はヌクレオソームを排除し,DNアーゼI高感受性部位をこれらの遺伝子上に作り出す(3.5節)。一方,熱ショックを与えられて高レベルの転写が起きている細胞においては,遺伝子の上流領域でHSEに結合する別のタンパク質が観察される(図 4.34b)。

　上述の実験から示唆されるように,熱ショック遺伝子の誘導は**熱ショック転写因子**(heat shock factor;HSF)として知られるタンパク質のHSEへの結合を伴う。クロマチン構造が変化してすでに活性化が可能になっている遺伝子にこの因子が結合することにより,第3章で述べて図3.49に示したように,転写の活性化が引き起こされる。このことと一致して,無細胞系の核抽出液を用いた実験で,精製されたHSFはHSEに結合して *hsp70* 遺伝子の転写を活性化する。一方,熱誘導性のないアクチン遺伝子の発現には効果がない。HSFが高温刺激によって活性化され,HSEをもつ遺伝子の転写を活性化する仕組みについては第8章(8.1節)で述べる。

異なった発現パターンを示す遺伝子のプロモーターには別の応答配列が見いだされている

　hsp70 遺伝子プロモーターの解析から,TATAボックス,Sp1ボックス,CCAATボックスなど数多くのDNA配列が同定された。これらはさまざまな発現パターンを示す他の多くの遺伝子にも共通して存在し,それゆえ一般的な転写の過

程に関与しているDNA配列である。また，HSEは熱誘導性遺伝子にのみ存在し，その熱誘導性に重要な役割を果たしているDNA配列として同定された。

今日までに，その他のシグナルによって活性化される遺伝子のプロモーターに多くの同様なDNA配列が見つかってきている。これらの配列は当初，同じ刺激によって活性化されるいくつかの遺伝子の比較によって見いだされた。最近はヒトゲノムを対象にしたENCODEプロジェクトのようなゲノム全体にわたる解析によって，そのような調節配列の分布の完全なマッピングが始まっている。多くの場合，配列の同定に続いて機能の解析が行われ，それらが他のマーカー遺伝子に特異的な応答を付与できることが示されている。そのようなDNA配列のいくつかを表4.3に示した。

表4.3に示したように，これらのDNA配列は応答を起こすシグナルによって合成もしくは活性化される特異的因子が結合することにより機能する。そのような転写因子については第5章で詳しく述べる。しかし特にここで述べておきたいのは，表4.3に示した配列の多くが，対合するそれぞれのDNA鎖について5′から3′方向に読むと同じような配列となる2回対称性を示すことである。たとえば，エストロゲン応答配列は下記のような配列である。

```
5′-AGGTCANNNTGACCT-3′
3′-TCCAGTNNNACTGGA-5′
```

ここでは12塩基からなるパリンドローム配列（回文配列）が3つのランダムな塩基によって二分されている。転写因子の結合配列にみられるこのような対称性は，これらのDNA配列に転写因子が2つのタンパク質からなる二量体として結合することを示している。

種々のシグナルに対する応答性を付与するさまざまなDNA配列が同定されている。1つの遺伝子が複数の応答配列をもつこともあり，複数の調節機構の存在を可能にしている。たとえば，表4.2に示した*hsp70*遺伝子に含まれる配列と表4.3にあげた配列からわかるように，この遺伝子はHSEに加えて，ソマトスタチン遺伝子などサイクリックAMPに応答する遺伝子の誘導を仲介するサイクリックAMP

表4.3 特定の刺激に対する応答性を付与するDNA配列

コンセンサス配列	応答を起こす刺激	タンパク質因子	配列を含む遺伝子
CTNGAATNTTCTAGA	熱	熱ショック転写因子	*hsp70*, *hsp83*, *hsp27*など
(T/G)(T/A)CGTCA	サイクリックAMP	CREB/ATF	ソマトスタチン，フィブロネクチン，αゴナドトロピン，*c-fos*, *hsp70*
TGACTCA	ホルボールエステル	AP-1	メタロチオネインIIA，αアンチトリプシン，コラゲナーゼ
CC(A/T)₆GG	血清中の増殖因子	血清応答因子	*c-fos*, アフリカツメガエルγアクチン
RGRACANNNTGTYCY	グルココルチコイド	グルココルチコイド受容体	メタロチオネインIIA，トリプトファンオキシゲナーゼ，ウテログロビン，リゾチーム
RGGTCANNNTGACCY	エストロゲン	エストロゲン受容体	オボアルブミン，コンアルブミン，ビテロゲニン
RGGTCATGACCY	甲状腺ホルモン	甲状腺ホルモン受容体	成長ホルモン，ミオシン重鎖
TGCGCCCGCC	重金属	Mep-1	メタロチオネイン遺伝子
AGTTTCNNTTTCNY	インターフェロンα	STAT1, STAT2	オリゴ(A)シンテターゼ，グアニル酸結合タンパク質
TTNCNNNAA	インターフェロンγ	STAT1	グアニル酸結合タンパク質，Fcγ受容体

Nは4種類の塩基のいずれかを，Rはプリン塩基（AまたはG）を，Yはピリミジン塩基（CまたはT）を表す。

応答配列(cyclic AMP-response element；CRE)ももっている。

　同様に，異なる遺伝子がある特定の配列を共通してもっていることがある一方で，ある配列が片方の遺伝子にはあって他方の遺伝子にはないことから柔軟性が生じ，片方の遺伝子のみが誘導されるといったことも可能となる。たとえば，*hsp70* 遺伝子とメタロチオネインⅡA遺伝子はともに転写因子AP-2の結合配列をもっているが，メタロチオネイン遺伝子のみがグルココルチコイド受容体の結合配列をもっており，これがグルココルチコイドホルモンに対する応答性を付与している。よって，メタロチオネイン遺伝子だけがグルココルチコイドホルモンによって誘導される。存在する応答配列の全体的なパターンが，個々の遺伝子の基礎的発現と特定の刺激に対する応答性の有無を決定している。

　刺激に対する応答性を付与するDNA配列は，その刺激が同じものでなくても互いに類似していることがある。たとえば，グルココルチコイドに対する応答配列は，グルココルチコイドではないステロイドであるエストロゲンに対する応答配列に類似している。同様に，エストロゲンおよび甲状腺ホルモンに対する応答配列は，いずれもGGTCAをパリンドローム反復配列とした2回対称性を示す。しかしながら，この反復配列はエストロゲンの場合には遺伝子によって異なる3つの塩基によって隔てられており，甲状腺ホルモンの場合は半分ずつの配列は連続している(表4.4a)。

　パリンドローム反復配列ではなく直列反復配列となったGGTCAコア配列も存在する(表4.4b)。直列反復配列においても，2つの反復配列の間隔がどのホルモンによって誘導されるのかを決める。すなわち，間隔が4塩基の場合にはもう1つの甲状腺ホルモン応答配列となり，1塩基の場合は9-シスレチノイン酸，2塩基または5塩基では全トランスレチノイン酸，3塩基の場合はビタミンDに対する応答性を示す(表4.4b)。

　異なるホルモン応答配列におけるこのような相同性は，これらのホルモンと複合体を形成して応答配列に結合する細胞質受容体の類似性に呼応したものである。これらの受容体はすべてDNA結合タンパク質の大きなファミリーの一員であり，ホルモンやDNAに対する結合特異性がそれぞれ異なっている。特定のDNA配列が特定のホルモンに対する応答性を付与するのは，ホルモン応答配列がそのホルモンを結合する受容体と結合するからである。これらの受容体タンパク質のある特定の領域を他のファミリータンパク質のものと置換することによって，配列特異的なDNA結合様式について多くの情報が得られたが，これについては第5章(5.1節)で述べる。

表4.4　さまざまなホルモン応答配列の関連性

(a)パリンドローム反復配列

グルココルチコイド	RGRACANNNTGTYCY
エストロゲン	RGGTCANNNTGACCY
甲状腺ホルモン	RGGTCA - - - TGACCY

(b)直列反復配列

9-シスレチノイン酸	AGGTCAN$_1$AGGTCA
全トランスレチノイン酸	AGGTCAN$_2$AGGTCA，AGGTCAN$_5$AGGTCA
ビタミンD$_3$	AGGTCAN$_3$AGGTCA
甲状腺ホルモン	AGGTCAN$_4$AGGTCA

Nは4種類の塩基のいずれかを，Rはプリン塩基(AまたはG)を，Yはピリミジン塩基(CまたはT)を表す。ハイフンはどの塩基も存在しないギャップを表しており，他のDNA配列と比較しやすいように挿入してある。

図 4.35
DNA 移動度シフト分析。(a)は放射性標識したオリゴヌクレオチド(*)へのタンパク質の結合を図式的に示し，(b)はゲルをオートラジオグラフィーにより視覚化した様子を示す。レーン A では，抽出液中のタンパク質(X)が DNA に結合し，泳動が遅延して移動度の低い放射活性のある複合体を生じている。レーン B では，使用した抽出液が DNA 結合性のタンパク質を含んでいないため，遅延した複合体はみられない。レーン C では，大過剰の非標識競合 DNA が加えられている。大過剰に加えた非標識競合 DNA はタンパク質 X と結合するが，DNA は放射活性をもたないため，遅延したバンドはオートラジオグラフィーでは検出されない。レーン D では，タンパク質 X に対する抗体が加えられており，移動度のさらに低いスーパーシフト複合体が形成されている。

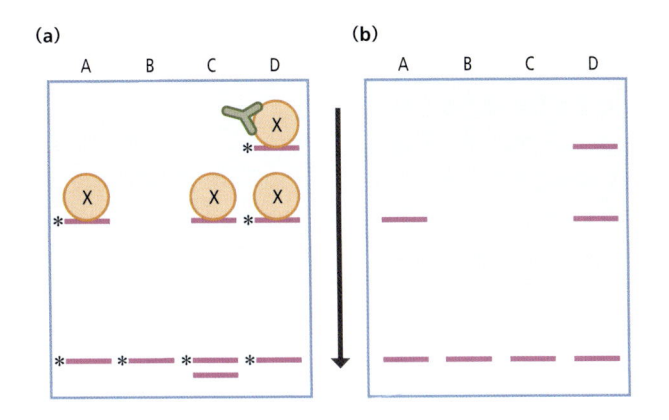

　表 4.3 に示した DNA 配列はすべて特定の誘導シグナルに対する遺伝子発現の応答に関わっているものであるが，他の短い DNA 配列またはその組み合わせが真核生物にみられる組織特異的な発現パターンに寄与していることは確かである。たとえば，免疫グロブリンの重鎖と軽鎖プロモーターの両方に存在する**オクタマーモチーフ**(octamer motif；ATGCAAAT)は，ある非調節下のプロモーターに結合したときに B 細胞特異的な遺伝子発現を可能にする。同様に，ラットアルブミン遺伝子のプロモーターには肝臓特異的転写因子を結合する短い DNA 配列が見つかっており，これはアルブミン遺伝子の肝臓特異的発現に関わっていることが知られている(細胞種特異的な遺伝子発現機構については第 10 章でさらに述べる)。

短い DNA 配列に結合するタンパク質はさまざまな方法で解析される

　恒常的に転写を活性化する，あるいは特定のパターンの遺伝子発現に寄与するような短い DNA 配列について述べるとき，われわれは特異的な調節タンパク質が結合することによってその配列が機能すると考えてきた。これまで述べてきたように，初期の解析によって HSE の場合にこれが当てはまるという間接的な証拠は得られた。しかし，HSE や他の短い配列についてそうであることの直接的な証明が必要である。そこで，調節タンパク質が特定の DNA 配列に結合することを証明し，また結合した因子の性質を明らかにするために多くの方法が開発された。これらの中で最も重要な 3 つの方法について，順を追って説明する。

(a) DNA 移動度シフト分析

　ある特定の配列が転写調節配列の候補として同定されたとき，通常次のステップはその DNA 配列と細胞抽出液を混合して **DNA 移動度シフト分析**(DNA mobility-shift assay)を行うことである。DNA にタンパク質が結合していることは，ゲルの中で遅れて移動することを利用して検出される。つまりタンパク質の DNA への結合は遅延したバンドの出現によって知ることができ，そのためこの方法はバンドシフト実験またはゲル泳動遅延実験とも呼ばれる(図 4.35，レーン A)(メソッドボックス 4.1)。

メソッドボックス 4.1

DNA 移動度シフト分析(図 4.35)
- 解析中の DNA 配列を含む DNA 断片またはオリゴヌクレオチドを放射性標識する。
- 全細胞抽出液または核抽出液と混合し，インキュベートする。
- 混合物を非変性ゲルで泳動し，オートラジオグラフィーにより放射活性のあるバンドの位置を観察する。
- 遅延したバンドの出現により DNA へのタンパク質の結合を検出する(図 4.35)。

遅延したバンドが検出された場合には，DNA結合活性の有無が，そのDNA配列によってもたらされる遺伝子活性のパターンと関連しているかどうかを確かめるために，たとえば異なる細胞種や異なる方法で処理した細胞から調製した抽出液を用いてアッセイが行われる（図4.35，レーンAとB）。放射性標識したDNAとともに大過剰の非標識DNAをアッセイ系に加えて，結合活性の配列特異性を解析することも可能である。もし，その因子が非標識の「競合」配列にも結合するならば，因子が過剰の非標識配列に結合することで標識配列への結合は阻害される。競合配列は標識されていないので放射活性のあるバンドは検出されない（図4.35，レーンC）。

この方法は，新規に検出されたDNA結合活性が既知のDNA結合タンパク質と同様な結合配列特異性をもっているかどうか，すなわちそれが同一ないしきわめて類似したタンパク質であるかどうかを判定するために利用される。検出中の結合活性と既知のタンパク質との関係は，既知のタンパク質に対する抗体が使用できればさらに確認可能である。すなわち，抗体をこのアッセイに加えて，DNA結合因子に抗体が結合して移動度のさらに低い複合体（「スーパーシフト」複合体と呼ばれる）を形成するかどうかを観察すればよい（図4.35，レーンD）。

(b) DNアーゼIフットプリント法

DNA移動度シフト分析は特異的DNA配列に結合したタンパク質の性質を調べる方法としてきわめて有用である。しかしながら，DNA配列中のどの部位にタンパク質が結合するのか，また，特定の遺伝子調節領域内での，隣接する調節配列に結合するタンパク質との相対的な位置関係などについては何ら情報が得られない。これを知るためには，タンパク質が結合することで結合領域のDNAが酵素消化から保護されることを利用した**DNアーゼIフットプリント法**（DNaseI footprinting assay）が用いられる（図4.36，メソッドボックス4.2）。

技術的にはより難しいが，この方法にはDNA移動度シフト分析にはない利点がある。第一に，この方法は結合タンパク質が実際に結合するDNA配列を決定することができる。第二に，1つのDNA上の複数のフットプリントを可視化できるので，ある特定の遺伝子のプロモーターまたは調節領域に結合するタンパク質のパターンを明らかにできる。この方法を使って5SリボソームRNA遺伝子プロモーターへのTFⅢAタンパク質の結合を解析した例を4.1節で述べた（図4.4）。

DNA移動度シフト分析と同様に，異なる刺激に曝露した細胞や異なる細胞種から調製した抽出液を用いたときに特定のDNA結合活性，すなわちフットプリントが現れるかを調べ，これを解析中の遺伝子の発現パターンと関連づけることができる。フットプリントとして現れた特定のDNA配列を含む過剰の非標識オリゴヌクレオチドをアッセイ系に加えて，結合活性の配列特異性を解析することも可能である。もし，フットプリントを創出しているDNA結合タンパク質が非標識配列にも結合するならば，それによって標識配列はDNA消化から保護されなくなるのでフットプリントは消失する。このように，DNアーゼIフットプリント法は特定のDNA配列とタンパク質との相互作用を解析する有用な方法である。

(c) クロマチン免疫沈降法

DNA移動度シフト分析もDNアーゼIフットプリント法も，精製したDNA断片と細胞抽出液を用いて行われる。そのため，これらの方法は生細胞においてどのタンパク質が実際に特定のDNA配列に結合しているのかを調べるというよりは，あるタンパク質がそのDNA配列に結合できるかどうかを明らかにするための方法である。この問題点を克服するための手段が**クロマチン免疫沈降**（chromatin immunoprecipitation；ChIP）**法**で，特定の転写因子に対する抗体を用いて，通常のクロマチン構造の中でその転写因子が実際に結合しているDNA断片を免疫沈降して精製する（メソッドボックス4.3，図4.37）。

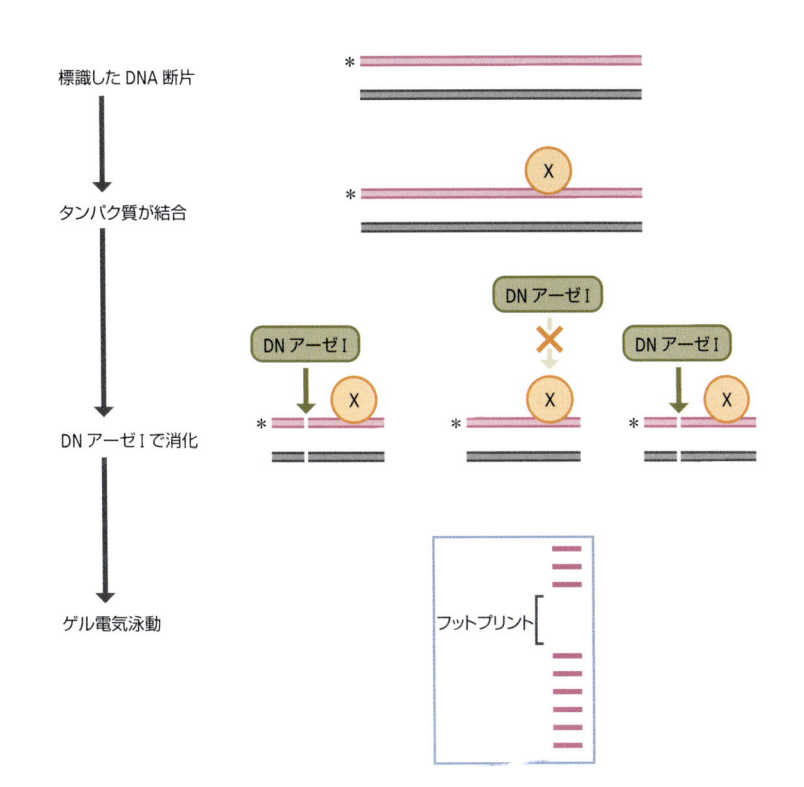

図 4.36
DN アーゼ I フットプリント法。一方の末端のみを放射性標識した解析中の DNA 配列に結合するタンパク質(X)は，DN アーゼ I による消化から DNA を保護する。そのため，この領域の DNA 消化に由来する DNA 断片は生成せず，それ以外の保護されていない領域の消化によって形成される梯子状のバンドの中に「フットプリント」として現れる。このフットプリントにより特定の配列に対するタンパク質の結合を検出し，その部位を知ることができる。

　この方法により，解析中の遺伝子がある特定の条件下において免疫沈降物中に存在するかどうかを知ることができ，その条件下の細胞において当該転写因子がその遺伝子に結合しているかどうかがわかる(図 4.38a)。したがって，熱ショックやステロイドのような特異的刺激がある特定の転写因子の DNA 配列への結合に与える影響を，各種の状況下において正常なクロマチン構造をもった遺伝子で解析することができる。

メソッドボックス 4.2

DN アーゼ I フットプリント法(図 4.36)

- 解析中の DNA 配列を含む DNA 断片またはオリゴヌクレオチドの一方の末端のみを放射性標識する。
- 全細胞抽出液または核抽出液と混合し，インキュベートする。
- 混合物を DN アーゼ I で消化し，1 塩基ずつ大きさの違う DNA 断片とする。
- 1 塩基の長さの違いを区別できる解像度をもつ変性ポリアクリルアミドゲルで DNA 断片を泳動し，オートラジオグラフィーにより放射活性のあるバンドを検出する。
- タンパク質が結合することで結合領域の DNA が消化から保護され，DNA 断片の梯子状のバンドにギャップが生じることを利用して，タンパク質の結合領域を可視化する(図 4.36)。

メソッドボックス 4.3

クロマチン免疫沈降法(図 4.37)

- 転写因子を DNA 上の結合配列に安定に固定化するために，生細胞をホルムアルデヒドで処理する。
- クロマチンを小さく断片化し，精製する。
- 転写因子に対する抗体を用いて，解析したい転写因子とその標的 DNA を免疫沈降する。
- DNA とタンパク質の固定化を解除し，DNA を精製する。
- 精製した DNA を解析する。

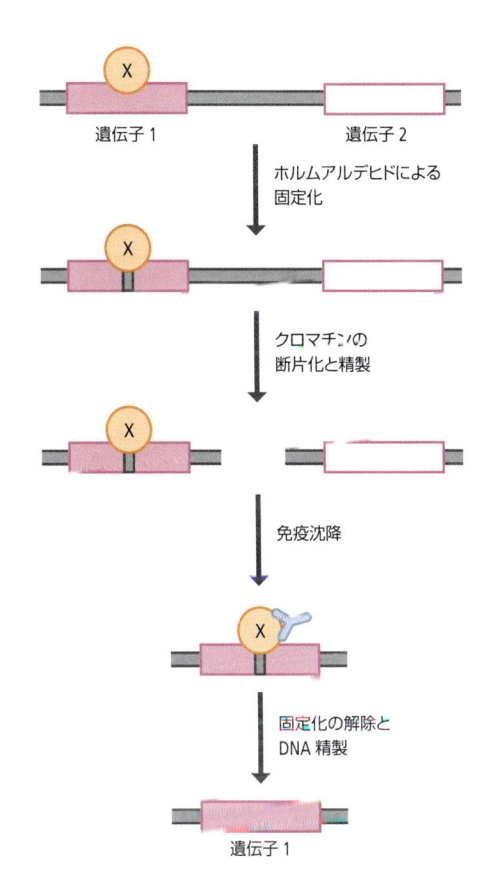

図 4.37
クロマチン免疫沈降法では，生細胞のクロマチン中において，ある DNA 断片(遺伝子 1)が特定の転写因子(X)に結合していることを利用して精製される。青色の図形は DNA に結合した転写因子を免疫沈降するために使われた抗体を示す。

図 4.38
ChIP解析で精製したDNA（図 4.37）について，特定の遺伝子（遺伝子1，a）が存在するかどうかを解析したり，DNAマイクロアレイ解析を利用してその条件下で転写因子が結合するすべての遺伝子を検出したりすることができる（遺伝子1と3，b）。

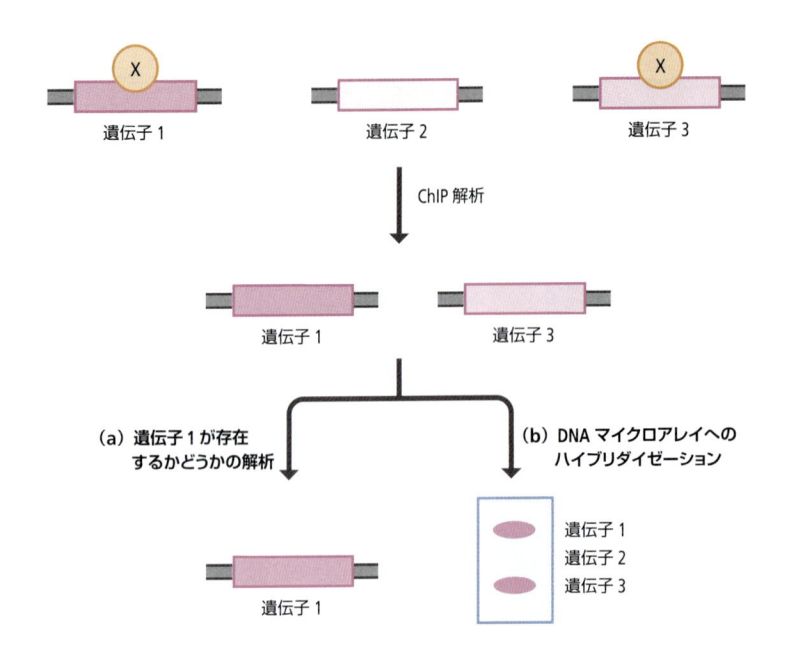

それに加えて，ChIP法はDNAマイクロアレイ（遺伝子チップとも呼ばれ，ある特定の生物のすべての遺伝子がスライドガラス上に並べられている；1.2節）と組み合わせることもできる。免疫沈降したDNAを標識し，これをDNAマイクロアレイにハイブリッド形成させることにより，特定の因子についてその細胞におけるすべての標的遺伝子を決定することができる。この方法はChIP-chip解析（ChIP-chip analysis）と呼ばれる（図 4.38b）。

このChIP法とDNAマイクロアレイを組み合わせたゲノム全体にわたる結合配列解析は，さらに多くの生物のゲノムDNA配列が決定されるにしたがってますます重要性を増すだろう。たとえば酵母においては，このような結合配列解析に基づいて多くの調節配列が同定され，複数の酵母系統間でそれらが保存されていることが確認されている。ゲノム全体にわたる結合配列解析によって，各種の状況下においてその配列が特異的タンパク質を結合するかどうかを解析することができる。それにより，ある特定の因子に対する結合配列の酵母ゲノム上における位置をすべて決定し，特定の刺激がその結合に与える影響を解析することができる。

このようにしてゲノム上のさまざまな場所への転写因子の結合が関与している，真核生物の複雑な制御ネットワークを解析することが可能である。たとえば，ゲノム全体にわたる結合配列解析を用いた研究によって，酵母の転写因子Ste12は菌糸型増殖期と酵母型増殖期では別の位置に結合し，その結果，組み合わせの異なる遺伝子を調節することが明らかになった。単純な生物である酵母に比べてヒトの場合はもっと複雑であるが，同様のアプローチによりヒトゲノムにおいてすべての調節配列を同定し，それに結合するタンパク質を明らかにしようとする試みがENCODEプロジェクトコンソーシアムの先導により始まっている。

しかしながら，遺伝子発現調節解析におけるChIP法の利用は，転写因子の分布をマッピングするだけにとどまらない（図 4.39a）。ある特定の特異性をもった抗体が存在するかぎり，どのような状況下でも使える方法である。たとえば，メチル化されたシトシンを認識する抗体を使えば，個々の遺伝子について，あるいはDNAマイクロアレイと組み合わせればゲノム全体にわたって，このDNA修飾の分布を同定するのにChIP法を用いることができる（図 4.39b）。したがってChIP法は，クロマチン構造の変化すなわち遺伝子発現調節に重要な役割を果たす（第3章，3.2節）これらのDNA修飾をマッピングするための重要な手段となる。

同様に，クロマチン構造の制御におけるヒストン修飾の重要性（第3章，3.3節）

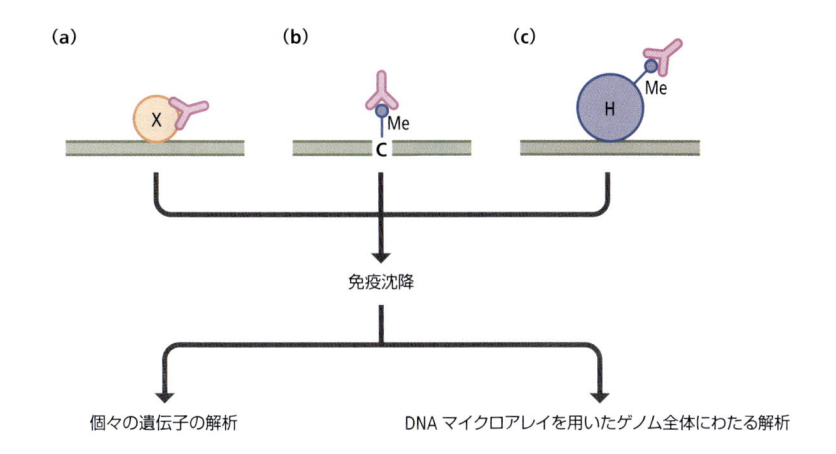

図4.39
ChIP解析は個々の遺伝子またはゲノム全体にわたり転写因子の結合をマッピングするのに用いられる（a）ほか，メチル化（Me）されたシトシン（b）や特異的なヒストン（H）修飾（c）に特異的な抗体を用いて，個々の遺伝子またはゲノム全体にわたりこれらの遺伝子修飾の様子をマッピングすることもできる。ピンク色の図形はそれぞれの場合における抗体を示す。

を鑑みると，特異的な抗体さえあればChIP法を用いてそのような修飾の分布をマッピングすることも可能である（図4.39c）。たとえば，9番目のリシンがメチル化されたヒストンH3に対する抗体や，27番目のリシンがメチル化されたヒストンH3に対する抗体が，これらの修飾のマッピングに用いられ，これらの修飾が凝縮したクロマチン構造と関係していることが明らかにされた。

プロモーターの調節配列はクロマチン構造に影響を与える結合因子や転写に直接影響する結合因子を介して作用する

転写開始点近傍に位置する短いDNA配列が，真核生物の転写調節に重要な役割を果たしていることは明らかである。表4.3に示し，これまで述べてきたように，そのような配列は特異的なタンパク質と結合することにより転写の活性化を仲介する。この結合が遺伝子活性を変化させる機構には2種類ある（図4.40）。

1つは，第3章（3.5節）でグルココルチコイド受容体を例にとって説明したように，あるタンパク質が特異的DNA配列に結合することによりヌクレオソームが排除され，DNアーゼⅠ高感受性部位が形成されるとともに他の転写因子のその遺伝子へのアクセスが容易になる，という機構である（図4.40a）。一方，もう1つの遺伝子誘導機構として結合因子による直接的な転写活性化があり，たとえば，グルココルチコイドによる調節を受ける遺伝子にグルココルチコイド受容体の結合に引き続いて非調節性の因子が結合する場合や，HSFが熱誘導性遺伝子の**コンセンサス配列**（consensus sequence）に結合する場合などにみられる（図4.40b）。このような因子はTBPやRNAポリメラーゼのような転写に重要な因子との相互作用を通じて機能すると思われる。この相互作用によって安定な転写複合体の形成が促進され，RNAポリメラーゼとDNAの結合が増強されたり，構造変化によってRNAポリメラーゼの活性が増強されたりするのである（詳細は5.2節参照）。

これら2種類の作用機構が互いに排他的なものでないことは述べておく必要がある。たとえば，グルココルチコイド受容体は特異的なDNA配列に結合してヌクレオソームを排除するが，それと同時に，DNAに結合している他の転写因子と相互作用する**転写活性化ドメイン**（transcriptional activation domain）をもっている（5.2節）。そのため，受容体のDNAへの結合に引き続いて，受容体と他の結合因子との相互作用によって転写が増強される。同様に，HSFはヒストンH4をアセチル化してクロマチンを弛緩した構造にすることから（3.5節），HSFは基本転写複合体を活性化するだけでなく，クロマチン構造をも変化させることになる。このように，転写因子の短いDNA配列への結合は2種類の方法で転写を活性化することができ，少なくともいくつかの転写因子は両方の機序を利用している。

以上のように，転写開始点近傍のプロモーター領域に存在する短いDNA配列は，遺伝子の転写を起こすのに重要な役割を果たしている。しかしながら，真核生物の

(a) クロマチン構造の変化

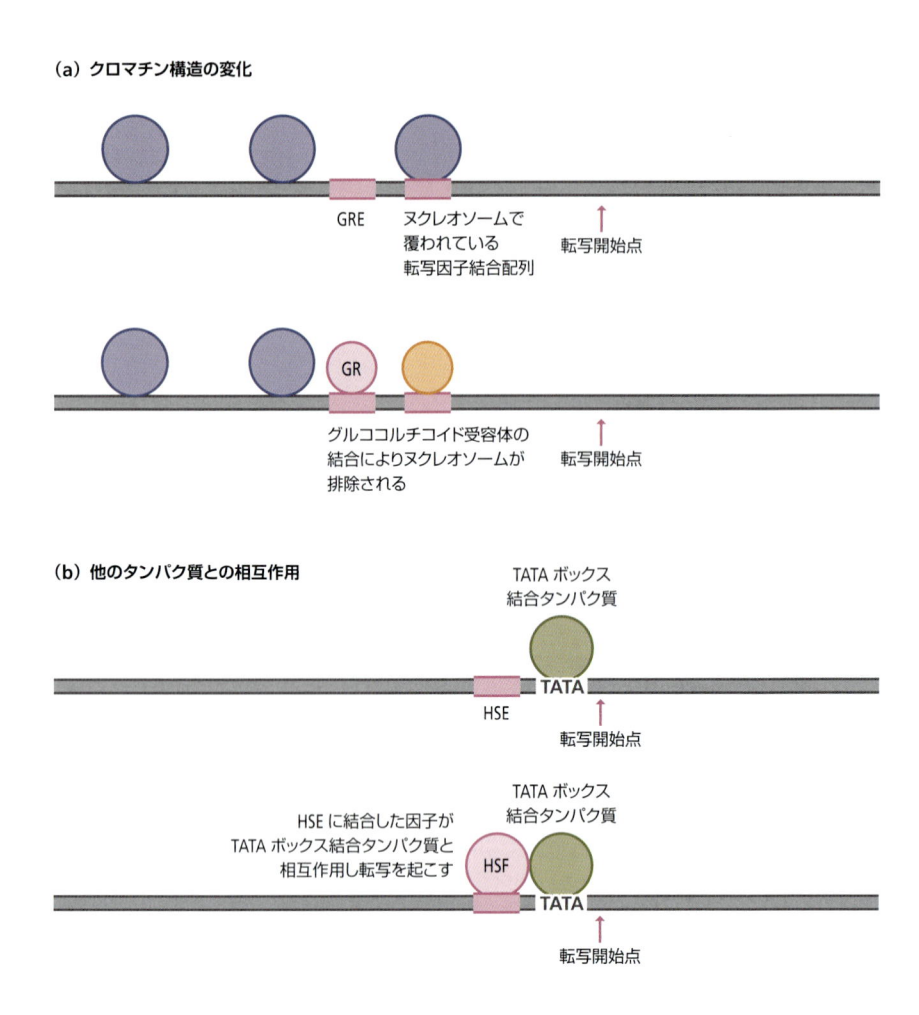

GRE／ヌクレオソームで覆われている転写因子結合配列／転写開始点

グルココルチコイド受容体の結合によりヌクレオソームが排除される／転写開始点

(b) 他のタンパク質との相互作用

TATA ボックス結合タンパク質／HSE／転写開始点

HSE に結合した因子が TATA ボックス結合タンパク質と相互作用し転写を起こす／HSF／TATA ボックス結合タンパク質／転写開始点

図 4.40
遺伝子活性化における短い DNA 配列の役割。これらの配列に結合する因子は，ヌクレオソームを排除して他の転写因子の結合配列を露出させるか(a)，または直接的に転写を活性化する(b)。

転写調節に重要な役割を果たす DNA 配列は転写開始点から遠く離れた場所にも見つけることができ，これらの配列について次の節で述べる。

4.4 エンハンサーとサイレンサー

エンハンサーは遠くから働いて転写を活性化する調節配列である

　真核生物において転写開始点から離れた場所に位置する DNA 配列が遺伝子発現に影響を与える可能性が初めて示唆されたのは，ヒストン H2A 遺伝子の 1,000 塩基以上も上流に位置する DNA 配列がその高レベルの転写に重要であることが明らかになったときであった。この DNA 配列はプロモーターとして働いたり転写を起こしたりすることはできなかったが，プロモーターに隣接して連結したときにはそれが転写開始点に対して正方向であっても逆方向であっても転写を 100 倍ほど活性化した。

　これに引き続いて，真核生物および真核生物ウイルスにおいて膨大な種類の類似の機能をもつ DNA 配列が発見された。それらの配列はプロモーター活性を欠いているため単独では転写を起こすことはできないが，プロモーター活性を劇的に増加させることからエンハンサー(enhancer)と呼ばれている。エンハンサーをプロモーターに連結したときにはプロモーターの活性は数百倍に上昇する。

　プロモーターに対してエンハンサーが存在する位置と向きとの多様性から，エンハンサーの機能について 3 つの結論が導かれた。(a)エンハンサーはプロモーターから数千塩基離れていてもプロモーターの活性を増強できる。(b)エンハンサーは

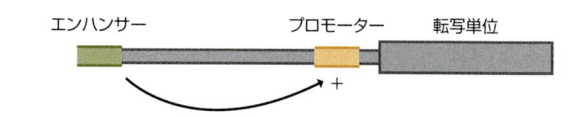

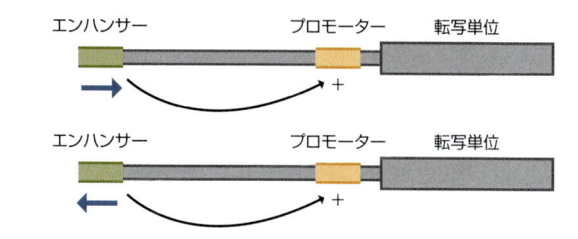

図 4.41
エンハンサーの特徴として，遠くからでも(a)，プロモーターに対してどちらの向きで配置されていても(b)，転写される遺伝子の上流からでも下流からでも，あるいはその内部に位置していても(c)，プロモーターを活性化できることがあげられる。

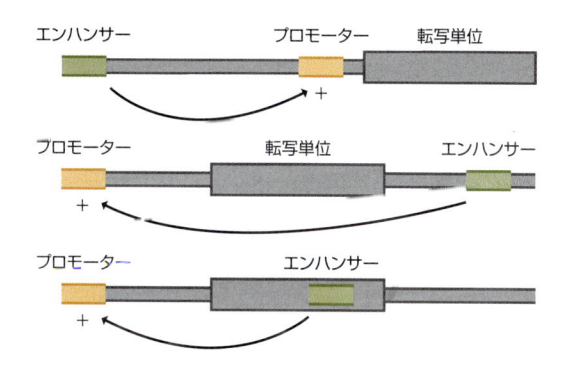

プロモーターに対してどちらの向きで配置されていてもプロモーターを活性化できる。(c)エンハンサーは被転写領域の上流に位置していても下流に位置していても，あるいはスプライシングによってRNAから除去される介在領域(6.3節)に位置していても，プロモーターを活性化できる。以上の3点である。これらの特徴はエンハンサーの定義でもあり図4.41にまとめた。真核生物の典型的な遺伝子は，コアプロモーターや上流プロモーター配列に加えてエンハンサーをもっている(図4.42)。

多くのエンハンサーは細胞または組織特異的な活性を示す

最初に発見されたエンハンサーは細胞種に関わらず活性を示したが，それに続いて特定の組織でのみ発現する多くの遺伝子がエンハンサーをもっていることが示された。そのようなエンハンサーはしばしば組織特異的な活性を示し，その遺伝子が発現している組織においてのみプロモーターの活性を増強することができ，他の組織ではできなかった(図4.43)。プロモーターに対するエンハンサーのこうした組織特異的な活性は，通常観察される遺伝子発現パターンの形成に重要な働きをしているものと思われる。

図 4.42
真核生物の遺伝子はプロモーター(図4.31)に加えて，転写開始点の上流もしくは下流50 kb以上離れた位置にエンハンサーをもっている。

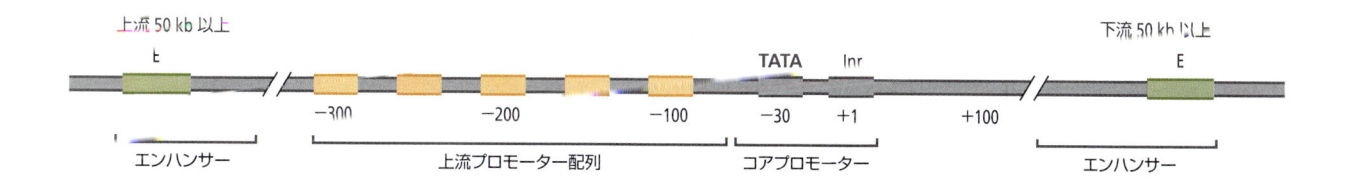

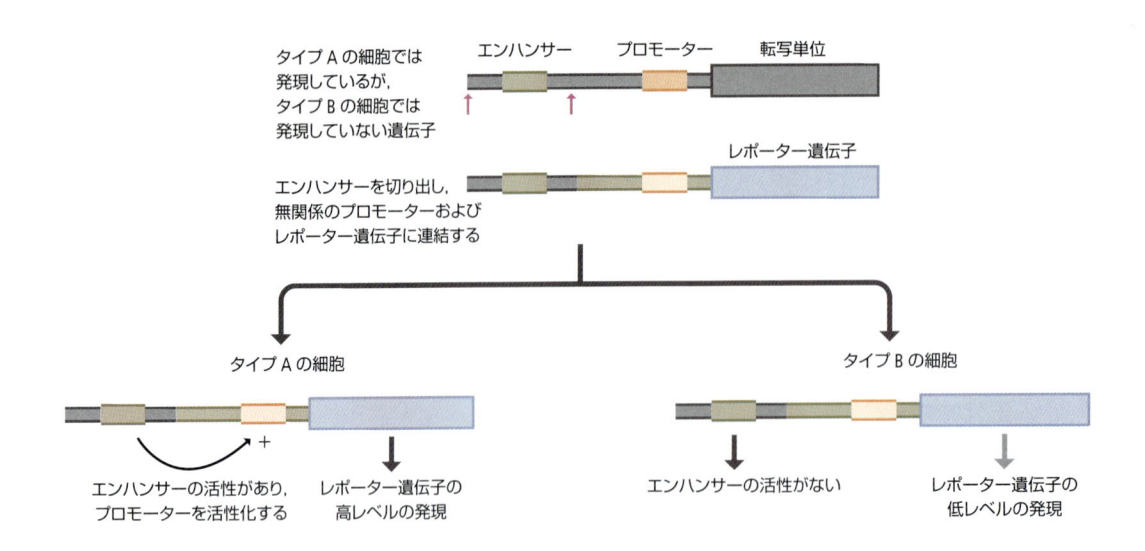

たとえばすでに述べたように(1.3節)抗体の重鎖および軽鎖遺伝子は，分子の連結領域と定常領域をコードするDNA配列間にある長い介在領域にエンハンサーをもっている．このDNA配列をβグロビン遺伝子など他の遺伝子のプロモーターに連結した場合，その融合遺伝子はB細胞に導入されたときにのみ活性が劇的に増強する．線維芽細胞など他の細胞ではプロモーター活性に対するエンハンサーの効果はみられず，エンハンサーの活性が組織特異的であることがわかる．

同様に，第11章(11.1節)で述べるように，ある種の癌においては染色体転座の結果，免疫グロブリン遺伝子のエンハンサーと細胞増殖を調節するc-Mycタンパク質をコードするc-myc遺伝子とが連結している．これによりc-myc遺伝子が過剰発現し，B細胞腫瘍が発生する．これは，エンハンサーは染色体転座により本来の遺伝子座から移動してしまっても遺伝子発現を増強させる活性をもつことを示すよい例である．

同じような組織特異的なエンハンサーは，肝臓特異的に発現する遺伝子(αフェトプロテイン，アルブミン，$α_1$アンチトリプシン)，膵臓の外分泌および内分泌細胞で発現する遺伝子(インスリン，エラスターゼ，アミラーゼ)，下垂体で発現する遺伝子(プロラクチン，成長ホルモン)をはじめとして，組織特異的に発現する数多くの遺伝子に見いだされている．これらのエンハンサーの組織特異的な活性は，対応する遺伝子の組織特異的な発現パターンの形成に重要な役割を果たしていると考えられる．

インスリン遺伝子の場合，さまざまな遺伝子の上流領域をマーカー遺伝子に連結して異なる細胞種に導入するという初期の研究によって，膵臓の内分泌細胞において高レベルで発現するのに必要なDNA領域が，転写開始点より約250塩基上流に存在することが明らかになった．この位置は組織特異的エンハンサーの位置に正確に対応しており，この配列が遺伝子発現に重要な役割を果たしていることが示唆された．同様に，膵臓の外分泌腺細胞に発現しているエラスターゼやキモトリプシンなどの遺伝子について，その組織特異的エンハンサー領域に存在する保存されたDNA配列へ変異を導入することにより，組織特異的遺伝子発現パターンは消失する．

このインスリン遺伝子の組織特異的発現におけるエンハンサー領域の重要性は，産生が抗体によって容易に検出可能な真核細胞ウイルスSV40のラージT抗原をコードする遺伝子に，このエンハンサー領域を(それ自体の近接するプロモーターと一緒に)連結した実験によりさらに示された．その完成したDNAコンストラクトをマウスの受精卵に導入し，受精卵を卵管に戻して発生したトランスジェニックマウスのあらゆる組織におけるラージT抗原の発現を解析した．その結果，ラー

図 4.43
組織特異的なエンハンサーは，自身のプロモーターまたは別のレポーター遺伝子(容易に産生を検出できるようなタンパク質をコードする遺伝子)のプロモーターを1つの特定の組織においてのみ活性化し，他の組織では活性化しない．

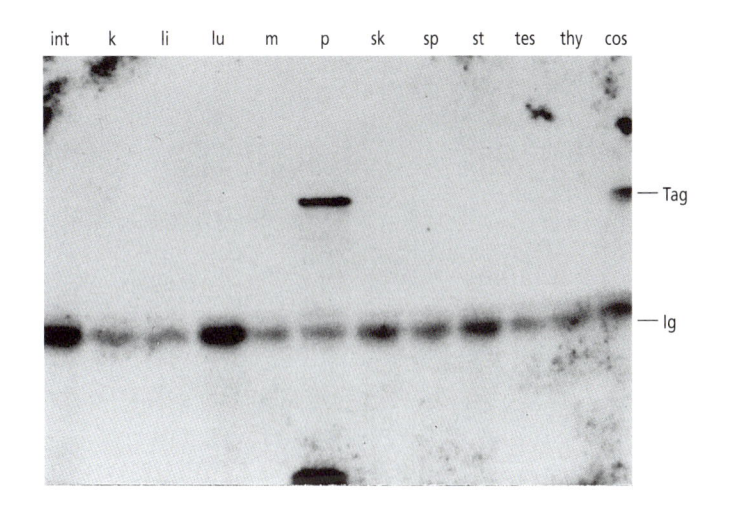

4.4 エンハンサーとサイレンサー　127

図 4.44
SV40 ラージ T 抗原をコードする DNA 配列をインスリン遺伝子のプロモーターとエンハンサーに結合した融合遺伝子の発現解析。融合遺伝子を受精卵に導入し，この遺伝子が体中のすべての細胞に組み込まれているトランスジェニックマウスを得た。ラージ T 抗原（Tag）の発現は，特異的な抗体を用いて各組織における免疫沈降実験により検出した。ラージ T 抗原の発現は膵臓（p）でのみ検出され，小腸（int），腎臓（k），肝臓（li），肺（lu），骨髄（m），皮膚（sk），脾臓（sp），胃（st），精巣（tes），ならびに胸腺（thy）など他の組織ではみられず，インスリン遺伝子のエンハンサーの組織特異性を示している。"cos"と表示されたレーンはラージ T 抗原を発現する対照細胞系から免疫沈降したタンパク質を示す。すべてのレーンにみられる Ig と表示されたバンドは，ラージ T 抗原を免疫沈降するために用いた抗体に由来するバンドである。Hanahan D (1985) *Nature* 315, 115-122 より，Macmillan Publishers Ltd. の許諾を得て転載。D Hanahan の厚意による。

ジ T 抗原の発現は膵臓だけでみられ，他の組織ではみられなかった（図 4.44）。さらに，発現はインスリンを産生する膵島の β 細胞に特異的にみられた（図 4.45）。このように，インスリン遺伝子のエンハンサーは生体内において，関係のない遺伝子に対しインスリン遺伝子に特異的な発現パターンを付与することができる。

　以上のように，エンハンサーはプロモーターと同様，細胞種普遍的な遺伝子発現，および組織または刺激特異的な遺伝子発現に関与する別のタイプの DNA 配列である。プロモーターと同様に，免疫グロブリンやインスリンなどの遺伝子に存在するエンハンサーをはじめとする多くのエンハンサーにも，恒常的または細胞種特異的に発現するタンパク質が結合することが示された。これは 4.3 節に述べた方法を使って成し遂げられた。これらの方法を使えば，その配列がプロモーターの近傍にあるかエンハンサー内にあるかに関わらず，特異的 DNA 配列に対するタンパク質の結合を検出することができる。

　したがって，多くの場合，遺伝子の組織特異的発現はエンハンサーとプロモーター近傍に存在する DNA 配列の両者によって決定されることになる。たとえば，肝臓

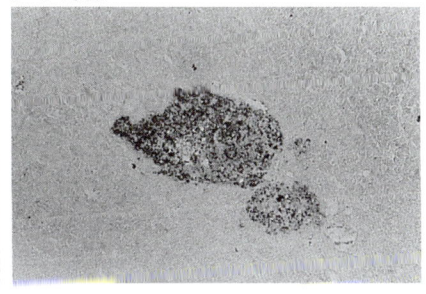

図 4.45
図 4.44 で説明したトランスジェニックマウスの膵臓の組織切片における，表記した抗体を用いた免疫蛍光法による解析。ラージ T 抗原の分布はインスリンの分布と一致しており，他の膵臓タンパク質のものとは一致しない。Hanahan D (1985) *Nature* 315, 115-122 より，Macmillan Publishers Ltd. の許諾を得て転載。D Hanahan の厚意による。

特異的に発現するプレアルブミン遺伝子の場合は，遺伝子活性は肝臓でのみ活性のあるプロモーターと，肝臓特異的にあらゆるプロモーターを約10倍に活性化する上流のエンハンサーによって調節されている．同様に，免疫グロブリン遺伝子の場合には，エンハンサーとプロモーターが互いに単独でもB細胞特異的な活性を発揮するが，両者ともに存在するときに最大の遺伝子発現が観察される．

遺伝子発現調節におけるエンハンサーの重要性を考えるにあたっては，それがどのような機序で働くかを考慮に入れる必要がある．

エンハンサー結合タンパク質は，プロモーターに結合した因子と相互作用するか，クロマチンの構造を変化させるか，またはその両方である

エンハンサーの性質を考えるにあたって，われわれは遠くから働くDNA配列と4.3節で述べた転写開始点のすぐ近傍に位置するDNA配列を別のものと考えた．しかしながら実際のところ，エンハンサーの配列をよくみてみると，しばしばその配列はプロモーター近傍に存在するDNA配列と同じ配列から構成されている．

たとえば，免疫グロブリン重鎖遺伝子のエンハンサーはオクタマーモチーフ（ATGCAAAT）を含んでいるが，これは以前にも述べたように免疫グロブリンのプロモーターにも見いだすことができる．DNA移動度シフト分析およびDNアーゼIフットプリント法（4.3節）により，これらのプロモーターおよびエンハンサーのオクタマーモチーフは同一のB細胞特異的転写因子（ならびに，あらゆる細胞種に存在する関連タンパク質）と結合して，免疫グロブリン重鎖遺伝子のB細胞特異的な発現に重要な働きをしていることが示された．興味深いことに，エンハンサー領域においては，オクタマーモチーフは共同して転写を活性化するいくつかの異なる転写因子の結合配列とともにモジュール構造として存在する（図4.46）．

プロモーターとエンハンサーの密接な関係は，アフリカツメガエルの*hsp70*遺伝子の例においても当てはまる．この遺伝子では複数の熱ショックDNA配列（HSE）が転写開始点からはるか離れた上流に存在し，これらを他の遺伝子に移すと熱誘導性のエンハンサーとして働く．同様に，プロモーターモチーフの例として取りあげたショウジョウバエ*hsp70*遺伝子のHSEも，転写開始点の十分上流に複数配置するとエンハンサーとして働くことが示されている．

このことから，エンハンサーは同様な調節を受けるプロモーターに存在するのと同じDNAモチーフから構成されており，エンハンサーにおいてはそれが他の調節配列と一緒に存在したり，複数個で存在したりすると考えられる．多くの場合，エンハンサーは共同して働くことで強い転写活性化を起こすような，異なったDNAモチーフの一群から構成される．そのようなエンハンサー上に会合する一群の調節タンパク質は**エンハンソーム**（enhanceosome）と呼ばれている．

エンハンサーはすでにプロモーターについて述べた2種類の機構，すなわちクロマチン構造の変化によるヌクレオソームの排除，または転写装置との直接的な相互作用のいずれかまたは両方の機構により転写を活性化するようである．実際にインターフェロンβ遺伝子プロモーターのエンハンソームは，これら両方の機構により働くことが示されている．すなわち，まず調節タンパク質からなるエンハンソーム複合体がエンハンサー上に形成される．この複合体を構成しているのは，DNA結合タンパク質HMG1(Y)とNFκBやc-Junなどいくつかの転写アクチベーターを含む合計8つのタンパク質である．この複合体の構造が最近になって決定され，8つのタンパク質が相互作用してDNAと結合する連続的な表面を作り

図4.46
免疫グロブリン重鎖遺伝子のエンハンサーにおけるタンパク質結合配列．Oはオクタマーモチーフを表す．

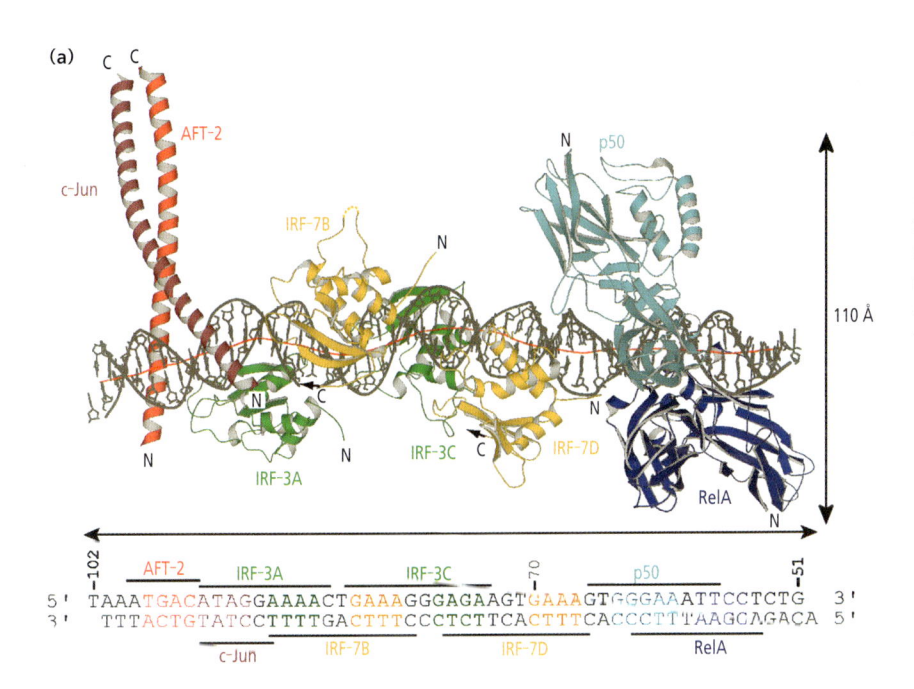

4.4 エンハンサーとサイレンサー　**129**

図 4.47
インターフェロンβエンハンソームの全体構造。(a)はDNAに結合した複合体を側方から眺めたもので，結合配列とともに示した。(b)は分子表面を描画した2つの図(互いに180度回転した関係になっており，それぞれ反対側から複合体を眺めていることになる)で，複合体を構成する8つのタンパク質がDNAを認識する連続的な表面を形成している。Panne D, Maniatis T & Harrison SC (2007) *Cell* 129, 1111-1123 より，Elsevier社の許諾を得て転載。Steve Harrisonの厚意による。

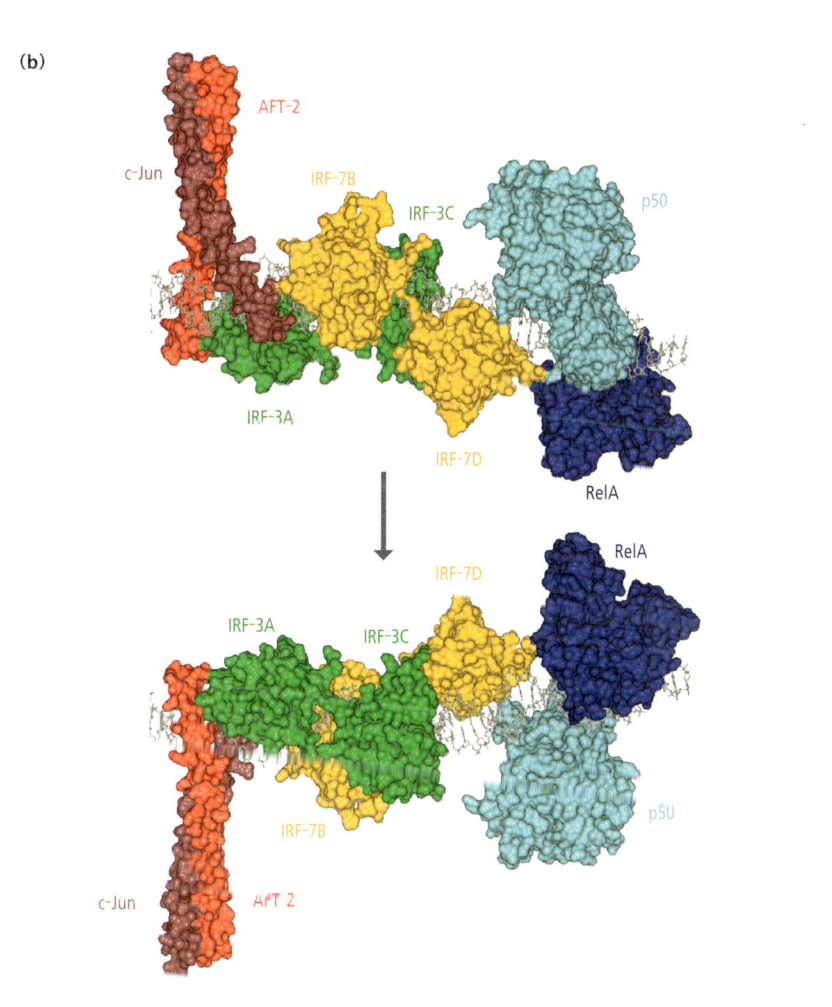

出している様子が示された(図 4.47)。

　形成されたエンハンソーム複合体は初めにヒストンアセチルトランスフェラーゼ複合体をリクルートし，続いてクロマチンリモデリング因子であるSWI-SNF複合体をリクルートする。3.3節および3.5節で述べたように，これによってクロマ

チン構造が弛緩し，実際に転写を起こすRNAポリメラーゼIIならびに関連転写因子がDNAに結合できるようになる（図4.48）。

　興味深いことに，インターフェロンβ遺伝子のエンハンサーの活性化の過程におけるヒストンのアセチル化は2段階で起こり，各段階の役割は異なっている。すなわち，ヒストンH4の8番目のリシンのアセチル化はSWI-SNF複合体をリクルートし，ヒストンH3の9番目と14番目のリシンのアセチル化はTFIIDのリクルートを起こす。

　したがってインターフェロンβ遺伝子のエンハンサーは，RNAポリメラーゼIIならびに関連転写因子との結合を増強するために，転写因子のDNAへの結合とクロマチン構造を変換する因子のリクルートの両方の機構を利用していることになる。それゆえ，プロモーターとエンハンサーの両者がクロマチン構造のレベルで作用できる。しかしながら興味深いことに，ヒストンH3は転写活性の高いプロモーターにおいて4番目のリシンがトリメチル化されているが，転写活性の高い遺伝子のエンハンサーにおいてはこのアミノ酸がモノメチル化されている（この修飾に関する議論は2.3節および3.3節参照）。したがって，プロモーター領域とエンハンサー領域の両方が活発に転写される遺伝子に特徴的なヒストン修飾を受けるが，この修飾は両者においては必ずしも同じではないかもしれない。

　クロマチン構造の変化の場合，エンハンサーへのタンパク質の結合によって引き起こされるクロマチンの変化が，両方向に長い距離にわたって伝播され，それが距離，位置，配列の向きに依存しないというエンハンサーの特徴を創出していることは明らかである。この可能性と一致して，DNアーゼI高感受性部位が免疫グロブリン遺伝子のエンハンサーを含む多くのエンハンサー配列中に見いだされている。さらに，真核生物ウイルスSV40のDNA中にみられるヌクレオソームのない領域（3.5節）はエンハンサーの位置に検出される。

　一見すると，エンハンサーのDNA配列にタンパク質因子が結合し，引き続いて転写装置を構成するタンパク質と直接的に結合するというモデルは，遠くから作用するというエンハンサーの特徴と結びつけるのは難しいように思われる。しかし転写活性化に重要な非常に多くのタンパク質がエンハンサーに結合するという事実は，エンハンサーがまさにそのようにして働くことを示唆している。このことを説明するモデルでは，エンハンサーが調節因子の入り口として機能すると仮定する。調節因子はDNA上をスライドして移動することによって，または他のタンパク質からなる連続的な足場を介して，あるいは介在するDNAをループ化させることによって，プロモーターに結合する転写装置と相互作用すると考える（図4.49）。

　これらの可能性のうち，スライディングモデルと連続的な足場モデルは，現実にエンハンサーが働く長い距離を考えると採用しにくい。さらに，これらのモデルでは免疫グロブリン遺伝子のエンハンサーが同じDNA分子上で1.7 kbと7.7 kb離れた位置にある2つのプロモーターを等しい効率で活性化することを説明できない。なぜならばエンハンサー結合因子のスライドもタンパク質による足場も，最初に遭遇したプロモーターで止まってしまうはずだからである（図4.50）。そのうえ，エンハンサーとプロモーターが別々のDNA分子上にあって，そのDNA同士がタンパク質の架橋だけでつながっている状態でも，エンハンサーはプロモーターに働きかけることが示されている。この場合，結合因子のスライドも足場タンパク質も架橋をこえられないはずである。

　このような現象は，エンハンサー結合タンパク質とプロモーター結合タンパク質が親和性をもっており，それらが相互作用することにより介在するDNAをループ化させるというモデルで説明することができる。さらにこのモデルはエンハンサーの機能におけるDNA構造の重要性をも説明する。すなわち，SV40のプロモーターとエンハンサーの間に介在するDNAを10塩基（DNAヘリックス1回転）の倍数ずついくら除去してもエンハンサー機能に影響は生じないが，ヘリックス1回転

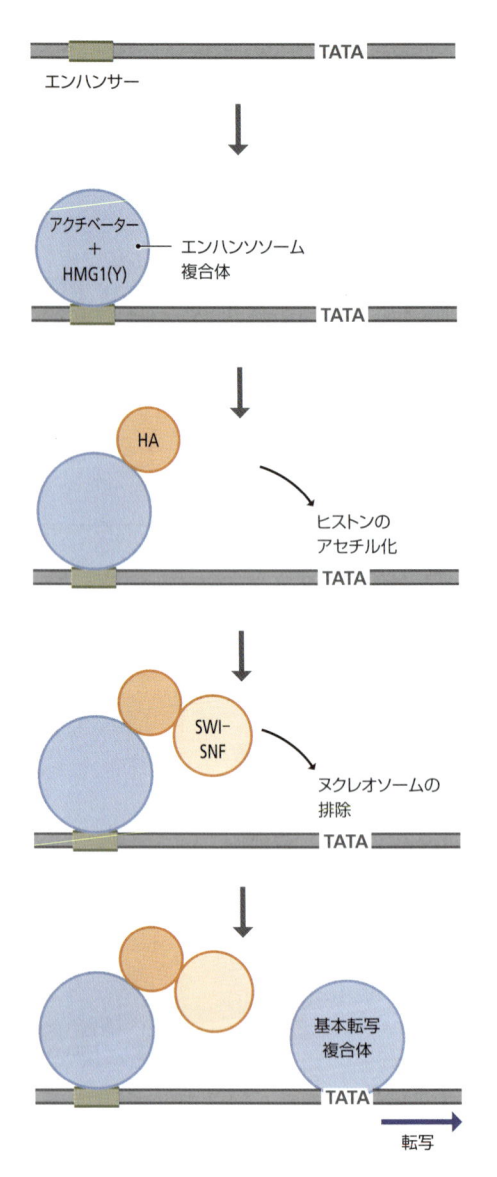

図4.48
インターフェロンβ遺伝子プロモーターの活性化にはエンハンソーム複合体のエンハンサーへの結合が関与している。これによりヒストンアセチルトランスフェラーゼ（HA）のリクルートが促進され，引き続いてSWI-SNF複合体がリクルートされる。このことによってヌクレオソームの排除と基本転写複合体の結合が起こる。

4.4 エンハンサーとサイレンサー 131

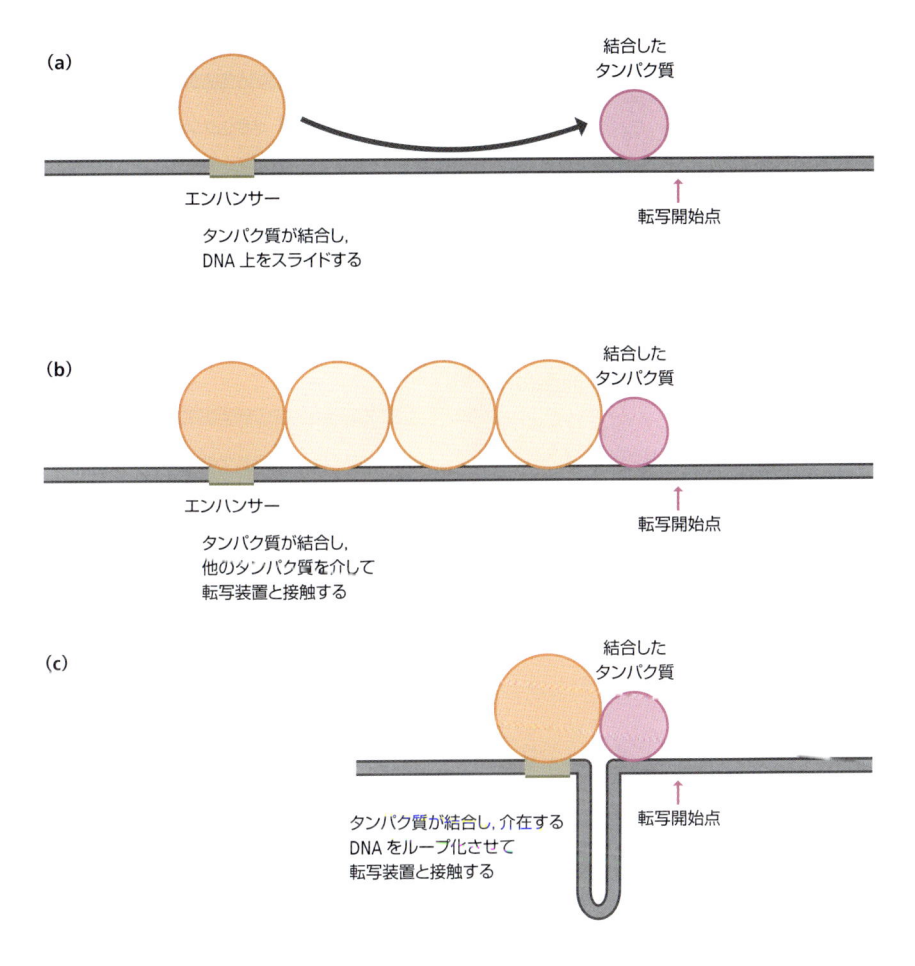

図 4.49
プロモーターの遠方に位置して働くエンハンサーの作用モデル。

(a) エンハンサー／タンパク質が結合し，DNA上をスライドする／結合したタンパク質／転写開始点

(b) エンハンサー／タンパク質が結合し，他のタンパク質を介して転写装置と接触する／結合したタンパク質／転写開始点

(c) タンパク質が結合し，介在するDNAをループ化させて転写装置と接触する／結合したタンパク質／転写開始点

の半分に相当する塩基数を除去したときにはエンハンサー機能が著しく阻害されることが示されている。

　エンハンサーに結合するいくつかのタンパク質は，DNAの離れた場所に結合した因子同士が相互作用できるようにDNAを実際に曲げることができる（図4.51）。T細胞受容体α鎖遺伝子のエンハンサーではこのような例がみられ，LEF-1という因子がエンハンサーの中央にある配列に結合し，他の調節転写因子が相互作用しやすいようにDNAを曲げている。プロモーターのTATAボックスに結合したTBP（4.1節）もまたDNAを曲げることを考えると，実はこのような効果はエンハンサーに限ってみられるものではなく，調節因子同士の相互作用を生み出すために広く利用されている機構であることが示唆される。

　このように，エンハンサーに結合する調節タンパク質は，DNAを曲げたりループ化させることによって基本転写複合体の活性に影響を与える。いくつかの例では，エンハンサーに結合する転写アクチベーターが実際に基本転写複合体（RNAポリ

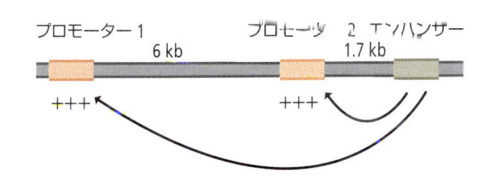

図 4.50
エンハンサーは近いプロモーターと遠いプロモーターを等しい効率で活性化する。

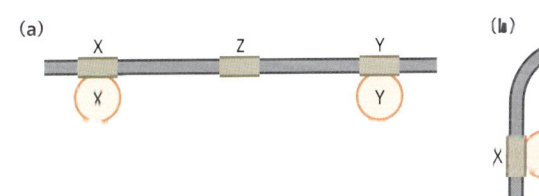

図 4.51
DNAを曲げることのできる因子（Z）の結合により，DNA上で離れた位置に結合する他の調節タンパク質（XとY）同士の相互作用が可能となる。

図4.52
活性化タンパク質(A)のエンハンサーへの結合は，いくつかの例においてRNAポリメラーゼⅡならびに関連転写因子からなる基本転写複合体(BTC)をエンハンサー上へリクルートする。これにより遺伝子は転写の準備状態に置かれると考えられている。特異的シグナルに応答したDNAの屈曲により基本転写複合体は遺伝子プロモーターに転移され，転写が開始する。

メラーゼⅡ，TFIIB，TFIIDなど)をエンハンサーへリクルートすることが示されている。これにより遺伝子は転写の準備状態に置かれると考えることができる。これに引き続き，活性化のシグナルに応答したDNAの屈曲により基本転写複合体はプロモーターに転移され，転写が開始する(図4.52)。この効果はイニシエーター配列とTATAボックスのいずれももたない(4.1節)CD80遺伝子において最近実証された。このことから考えて，エンハンサーによる基本転写複合体のリクルートは，通常ではこの複合体をリクルートするプロモーターをもっていない遺伝子で起こるのかもしれない。

サイレンサーは遠い距離から遺伝子発現を抑制する

これまでわれわれはエンハンサーは転写の活性化にのみ働くと考えてきた。活性のあるエンハンサー結合タンパク質を含む組織ではエンハンサーはプロモーターを活性化するだろうし，そのようなタンパク質が欠損あるいは不活性化している組織ではエンハンサーは何の効果も発揮しない。そのような機構は実際に大多数のエンハンサーで働いており，エンハンサーをプロモーターに連結すると，1つないし少数の細胞種では遺伝子発現を活性化するが他の細胞種においては何も効果を示さない。しかしこれとは対照的に，いくつかのDNA配列は完全に転写の抑制に働き，それを含む遺伝子の転写を抑制するようである。そのような配列が**癌遺伝子**(oncogene)であるc-myc遺伝子(11.1節)に見つかったのに続いて，**サイレンサー**(silencer)と呼ばれる類似の機能をもつ配列が，Ⅱ型**コラーゲン**(collagen)遺伝子，成長ホルモン遺伝子，グルタチオントランスフェラーゼP遺伝子など，非常にさまざまな遺伝子に同定された。サイレンサーはエンハンサーと同様にどちらの向きで配置されていても離れたプロモーターに対して働くことができるが，遺伝子発現を活性化するのではなく抑制的な効果を発揮する。

エンハンサーと同様に，サイレンサーは隣接したDNAの構造を凝縮させる因子をリクルートしてクロマチン構造のレベルで働くか，あるいはRNAポリメラーゼならびに関連転写因子と相互作用して直接的に転写を抑制する。いずれの方法で働くサイレンサーの例も知られている(図4.53)。たとえば，酵母において抑制された接合型遺伝子座のプロモーターから2kbほど離れた位置に存在するサイレンサーは，転写されていないDNAに特有の高度に凝縮したクロマチン構造にこの遺伝子座を維持するのに重要な役割を果たしている(酵母の接合型システムについての詳細は10.3節参照)。

興味深いことに，サイレンサーはDNAが核マトリックスに結合する部位に一致する。サイレンサーは30nmクロマチン線維のさらなる凝縮を促し，核マトリックスに結合するDNAのループを形成する。このループはクロマチンの最も凝縮した形態である(2.5節および図2.40)。

これはSWI-SNF複合体やGAGA因子が隣接するDNAを脱凝縮させるのと同じように(3.5節)，隣接するDNAを凝縮させるような因子をリクルートすることによってなされるのであろう。実際，第3章(3.3節)で述べたように，まさにこの働きをもつPolycomb(ポリコーム)のようなタンパク質が発見されている。このタ

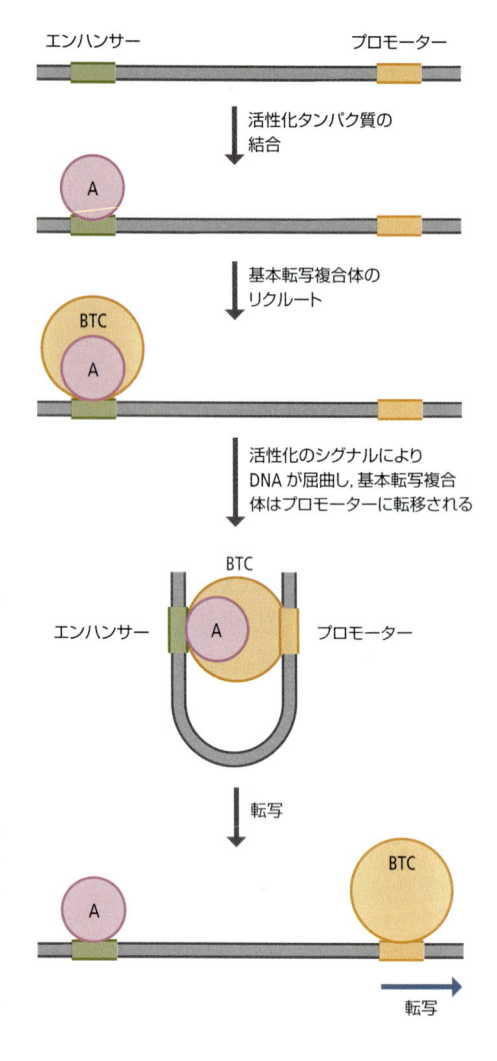

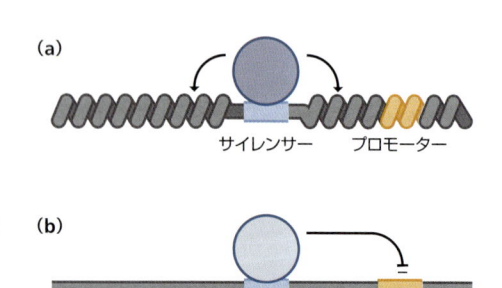

図4.53
サイレンサーはDNAを高度に凝縮したクロマチン構造にするようなタンパク質を結合したり(a)，プロモーター活性を抑制する転写抑制因子を結合したり(b)することによってプロモーターの活性を阻害する。

ンパク質はヒストンH2Aのユビキチン化やヒストンH3の9番目および27番目のリシンのメチル化を誘導し，クロマチンの強い凝縮を促進する（図4.54）。さらには，*Polycomb* 遺伝子に変異を導入して不活性化すると特定の遺伝子の異所性発現がみられるが，それはPolycombが転写に不活性なクロマチン構造への変換を促進する因子であることを考えればまさに予想されることである（発生におけるPolycombタンパク質の役割についての詳細は9.1節および9.2節参照）。クロマチン構造はPolycombのようなクロマチンの凝縮を促進する因子と，GAGA/Trithorax（トリソラックス）やbrahma（ブラーマ）のようなクロマチンの脱凝縮を促進する因子（3.3節）との相反する作用により調節されている。

興味深いことに，Polycombを結合するサイレンサーはTrithoraxタンパク質をも結合する。つまり，同じDNA配列が状況の違いや細胞種の違いにより，結合するタンパク質に応じてクロマチンを凝縮した構造にするか弛緩した構造にするかの方向性を決めている。これらの配列はPolycomb応答性配列/Trithorax応答性配列（Polycomb-response element/Trithorax-response element）と呼ばれる。

これらの配列におけるPolycombからTrithoraxタンパク質への結合の変化には，それ自体の配列からの非コードRNAの転写が関与している（図4.55）。さらに，この非コードRNAの転写を止めると，弛緩したクロマチン構造への変換および転写の活性化が阻害される。つまりこれらの非コードRNAは，低分子干渉RNA（3.4節）や*XIST*（3.6節）といった他の非コードRNAが転写の抑制に働くのとは対照的に，転写の活性化に重要な役割を果たしている。

サイレンサーはクロマチン構造のレベルで働くだけでなく，RNAポリメラーゼを含む基本転写複合体およびそれと会合する転写抑制因子と結合して働くこともある（図4.53）。たとえば，リゾチームをコードする遺伝子のサイレンサーは，甲状腺ホルモンが存在しない条件下で転写を直接的に抑制する甲状腺ホルモン受容体と結合することによって，少なくとも部分的には働くようである（5.3節）。

このように，エンハンサーが遠くから働いてクロマチン構造を弛緩させたり転写を直接的に活性化することによって働くのと同様に，サイレンサーはクロマチン構造を凝縮させたり転写を直接的に抑制することによって働く。

図4.54
サイレンサーに結合したPolycombはヒストンメチルトランスフェラーゼ（HM）をリクルートし，これがヒストンをメチル化して高度に凝縮したクロマチン構造を生み出す。

まとめ

本章では，すべての真核生物に存在し特異的な遺伝子の転写に重要な役割を果たす3種類の核内RNAポリメラーゼによって開始される転写過程について述べた。3種類の核内RNAポリメラーゼによる転写には多くの共通する特徴がある。それ

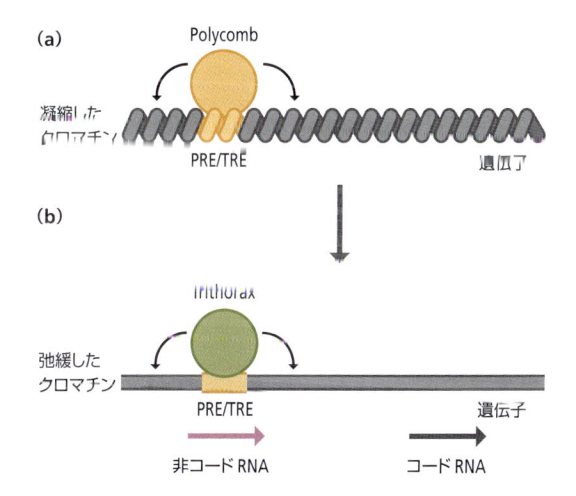

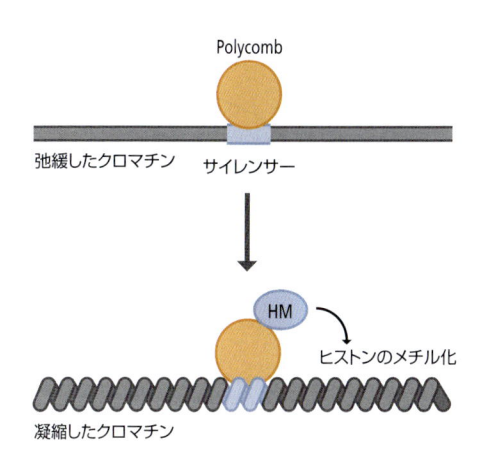

図4.55
PolycombとTrithoraxはDNA上の同じ応答配列（PRE/TRE）に結合する。Polycombは凝縮したクロマチン構造を誘導する(a)。Trithoraxは弛緩したクロマチン構造を誘導して，タンパク質をコードする近傍の遺伝子の転写を活性化する(b)。結合したPolycombがTrithoraxに置換するには，PRE/TRE領域からの非コードRNAの転写を必要とする。

図 4.56
RNA ポリメラーゼ II により転写される典型的な遺伝子を調節する DNA 配列。コアプロモーター（CP）の活性は，上流プロモーター配列（UP），エンハンサー（E），遺伝子座調節領域（LCR）による影響を受ける。インスレーター（I）はエンハンサーや LCR の活性が不適切に伝播しないように制限をかけている。この図では正の効果のみが示されているが，サイレンサーがエンハンサーと似た配列でありながら逆の効果を示すのと同様に，上流プロモーター配列は転写を負に調節する場合もある。図 4.31 および図 4.32 と比較すること。

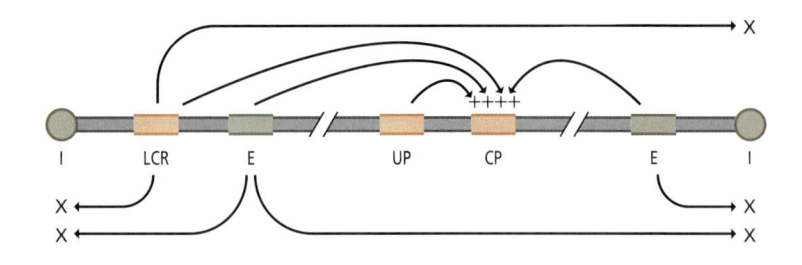

は，3 種類のポリメラーゼに共通のサブユニットがあること，あらかじめ他の特異的因子が DNA に結合してポリメラーゼをリクルートすること，そしてこの過程において TBP が重要な役割を果たすことなどである。

しかしながら，その中でも RNA ポリメラーゼ II による転写の過程は，この酵素がタンパク質をコードする遺伝子の転写に働いており，非常に複雑な転写調節パターンを示すことを反映して最も複雑である。たとえば，RNA ポリメラーゼ II の基本転写複合体には他の RNA ポリメラーゼの複合体よりもはるかに多くの因子が関与している。さらに，RNA ポリメラーゼ II による転写伸長反応もまた制御されており，転写開始後に 20 ～ 30 塩基を転写したところで**ポリメラーゼ停止**（polymerase pausing）して，転写伸長を再開するためにはさらなるシグナルを必要とする。

おそらく RNA ポリメラーゼ II による転写の最大の複雑さは，恒常的な転写や転写を調節する DNA 配列（プロモーター，エンハンサー，サイレンサーなど）の配置にある。実際，1 つの遺伝子を調節する DNA 配列パターンの複雑さは真核細胞の特徴の 1 つであり，生物の成体や発生過程において必要とされる複雑な遺伝子発現を創出するのに必要であると考えられている。

本章で述べたプロモーター，エンハンサー，サイレンサーは，クロマチン構造を変化させたり基本転写複合体と相互作用してその活性を変化させたりすることによって働く。つまりこれらの配列は 2.5 節で述べた遺伝子座調節領域（LCR）やインスレーターの機能を相補するようにクロマチン構造のレベルで機能する。これらの配列は，LCR の場合はある DNA 領域のクロマチン構造を制御するために働き，インスレーターの場合にはクロマチン構造が隣接する DNA 領域へ不適切に伝播するのを防ぐ。実際にインスレーターはこのように働いており，LCR ばかりでなく，4.4 節で述べたように長い距離を隔てた遺伝子発現の活性化や不活性化に働くエンハンサーやサイレンサーによる転写活性化や抑制の伝播をも制限する。

このように，RNA ポリメラーゼ II による転写は，プロモーター，エンハンサー，サイレンサー，LCR およびインスレーターによる影響を受ける（図 4.56）。こうした配列の複合的な作用がクロマチン構造を制御し，基本転写複合体と直接的または間接的に相互作用する転写因子に結合配列を提供して転写を増減させる。これらの転写因子の性質と転写調節の機構については次の章で述べる。

🔑 キーコンセプト

- 3 種類の RNA ポリメラーゼがすべての真核生物に存在し，それぞれのポリメラーゼは異なるクラスの遺伝子を転写する。
- RNA ポリメラーゼ I は 45S リボソーム RNA 前駆体（これはプロセシングを受けて 28S，18S，5.8S リボソーム RNA を生成する）を，RNA ポリメラーゼ II はタンパク質をコードする遺伝子を，RNA ポリメラーゼ III は tRNA と 5S リボソーム RNA 遺伝子を転写する。
- 3 種類すべての RNA ポリメラーゼにおいて，遺伝子プロモーター上での基本転写複合体の会合は，まず最初に特異的 DNA 配列にタンパク質複合体が結合し，それに続いてタンパク質間相互作用により RNA ポリメラーゼ自体がリクルートされる。

- 3種類すべての RNA ポリメラーゼにおいて，転写因子 TBP は DNA に結合する初期複合体の鍵となる構成成分である。
- RNA ポリメラーゼⅡは 20 〜 30 塩基を転写したところで停止し，遺伝子全長にわたる転写を続けるためにはさらなる修飾を必要とする。
- RNA ポリメラーゼⅡの転写終結はポリアデニル化シグナルの下流で起こる。一次転写産物はエンドヌクレアーゼによりポリアデニル化シグナルの下流で切断され，成熟 RNA の 3′ 末端が生じる。
- RNA ポリメラーゼⅡにより転写される遺伝子においては，遺伝子プロモーターに存在するさまざまな DNA 配列が遺伝子の転写レベルに影響を与える。
- 遺伝子のはるか上流または下流に存在する DNA 配列も，転写に正（エンハンサー）または負（サイレンサー）の影響を与える。
- プロモーターおよびエンハンサー / サイレンサーは，いずれもクロマチン構造を変化させるか，あるいは基本転写複合体と相互作用するタンパク質と結合することにより機能する。
- 個々の遺伝子のプロモーターおよびエンハンサー / サイレンサーに存在する配列の詳細な組み合わせが，その遺伝子がすべての細胞で発現するか，それともある特定の細胞もしくは特定の条件下でのみ発現するかを決めると同時に，各種の状況下における転写の速度を決定する。

参考文献

4.1　RNA ポリメラーゼによる転写

Akhtar A & Gasser SM (2007) The nuclear envelope and transcriptional control. *Nat. Rev. Genet.* 8, 507-517.

Dieci G, Fiorino G, Castelnuovo M *et al.* (2007) The expanding RNA polymerase Ⅲ transcriptome. *Trends Genet.* 23, 614-622.

Haag JR & Pikaard CS (2007) RNA polymerase I: a multifunctional molecular machine. *Cell* 131, 1224-1225.

Hahn S (2004) Structure and mechanism of the RNA polymerase Ⅱ transcription machinery. *Nat. Struct. Mol. Biol.* 11, 394-403.

Jones KA (2007) Transcription strategies in terminally differentiated cells: shaken to the core. *Genes Dev.* 21, 2113-2117.

Kornberg RD (2007) The molecular basis of eukaryotic transcription. *Proc. Natl. Acad. Sci. USA* 104, 12955-12961.

Kumaran RI, Thakar R & Spector DL (2008) Chromatin dynamics and gene positioning. *Cell* 132, 929-934.

Reina JH & Hernandez N (2007) On a roll for new TRF targets. *Genes Dev.* 21, 2855-2860.

Schneider R & Grosschedl R (2007) Dynamics and interplay of nuclear architecture, genome organization, and gene expression. *Genes Dev.* 21, 3027-3043.

4.2　転写の伸長と終結

Egloff S & Murphy S (2008) Cracking the RNA polymerase Ⅱ CTD code. *Trends Genet.* 24, 280-288.

Price DH (2008) Poised polymerases: on your mark...get set...go! *Mol. Cell* 30, 7-10.

Rosonina E, Kaneko S & Manley JL (2006) Terminating the transcript: breaking up is hard to do. *Genes Dev.* 20, 1050-1056.

Workman JL (2006) Nucleosome displacement in transcription. *Genes Dev.* 20, 2009-2017.

4.3　遺伝子プロモーター

ENCODE Project Consortium (2007) Identification and analysis of functional elements in 1% of the human genome by the ENCODE pilot project. *Nature* 447, 799-816.

Latchman DS (1999) *Transcription Factors: a Practical Approach*, 2nd ed. Oxford University Press.

Sandelin A, Carninci P, Lenhard B *et al.* (2007) Mammalian RNA polymerase Ⅱ core promoters: insights from genome-wide studies. *Nat. Rev. Genet.* 8, 424-436.

Schones DE & Zhao K (2008) Genome-wide approaches to studying chromatin modifications. *Nat. Rev. Genet.* 9, 179-191.

4.4　エンハンサーとサイレンサー

Panne D, Maniatis T & Harrison SC (2007) An atomic model of the interferon-β enhanceosome. *Cell* 129, 1111-1123.

Pennisi E (2004) Searching for the genome's second code. *Science* 306, 632-634.

Szutorisz H, Dillon N & Tora L (2005) The role of enhancers as centres for general transcription factor recruitment. *Trends Biochem. Sci.* 30, 593-599.

Yaniv M (2009) Small DNA tumour viruses and their contributions to our understanding of transcription control. *Virology* 384, 369-374.

転写因子と転写調節

イントロダクション

　第4章で述べたように，特定の細胞種あるいは組織における特定の遺伝子の発現は，その遺伝子のプロモーターやエンハンサーに存在する特異的な DNA 配列のモチーフにより制御されている。これらの DNA モチーフは，特定の細胞系列における遺伝子領域のクロマチン構造の変化や，それに引き続く遺伝子の発現誘導を調節する。これまで長年，こうした DNA 配列には組織特異的に発現している，もしくは組織特異的に活性化されている調節因子が結合しており，調節因子の結合が，そのような遺伝子発現状態をもたらしていると考えられてきた。実際，第4章（4.3節）で述べたように，細胞抽出液を用いた DNA 移動度シフト分析や DN アーゼ I フットプリント法により，ある特定の DNA 配列に結合する因子がその細胞に存在することを示すことができる。

　しかし，このような因子は細胞内に微量しか存在しないため，単離してその性質を明らかにすることは困難である場合が多いことがわかった。仮に精製できたとしても，量が少なすぎて，その性質を調べるには不十分であった。

　さまざまな転写因子をコードする遺伝子のクローニングにより，この難しい問題はようやく解決をみた。それには大きく2つのアプローチが用いられた。1つ目のアプローチ（図5.1）は，Sp1 の場合のように，特異的な DNA 配列に結合する性質を利用して因子を精製することである。少量ながら精製されたタンパク質から部分的なアミノ酸配列を同定し，**遺伝暗号**（genetic code）からタンパク質のその部分をコードする DNA 配列を予測する。予測された DNA 配列をプローブとして，Sp1 を発現している HeLa 細胞から作成した相補的 **DNA（cDNA）ライブラリー**（DNA library）に対してハイブリッド形成させる。Sp1 mRNA 由来の cDNA クローンには，その部分的なアミノ酸配列をコードする塩基配列が含まれているはずで，プローブはそことハイブリッドを形成すると考えられる。この実験では，HeLa 細胞から作成した cDNA ライブラリーを用いて 100 万クローンをスクリーニングした結果，Sp1 の cDNA を含むクローンを1つ得ることができた。

　2つ目のアプローチはもっと直接的な方法で，B 細胞で免疫グロブリン遺伝子の発現を制御している転写因子 NFκB をコードする遺伝子のクローニングに用いられた（図5.2）（NFκB とその活性制御機構については 8.2 節参照）。前述の方法と同様に，ある特定の細胞種から mRNA をすべてコピーした cDNA ライブラリーを作成するが，この方法では cDNA 内の配列がタンパク質へ翻訳されるように作成された（いわゆる発現ライブラリー）。細胞由来の cDNA をバクテリオファージのβガラクトシダーゼ遺伝子に挿入することで，細胞由来の cDNA はバクテリオファージのタンパク質の一部として翻訳されることになる。

　これらの**融合タンパク質**（fusion protein）は，もともとの cDNA にコードされているタンパク質と同じ特異性の DNA 配列に結合することができる。したがって，その因子の結合配列を含む DNA 断片を放射性同位元素で標識して，cDNA ライブ

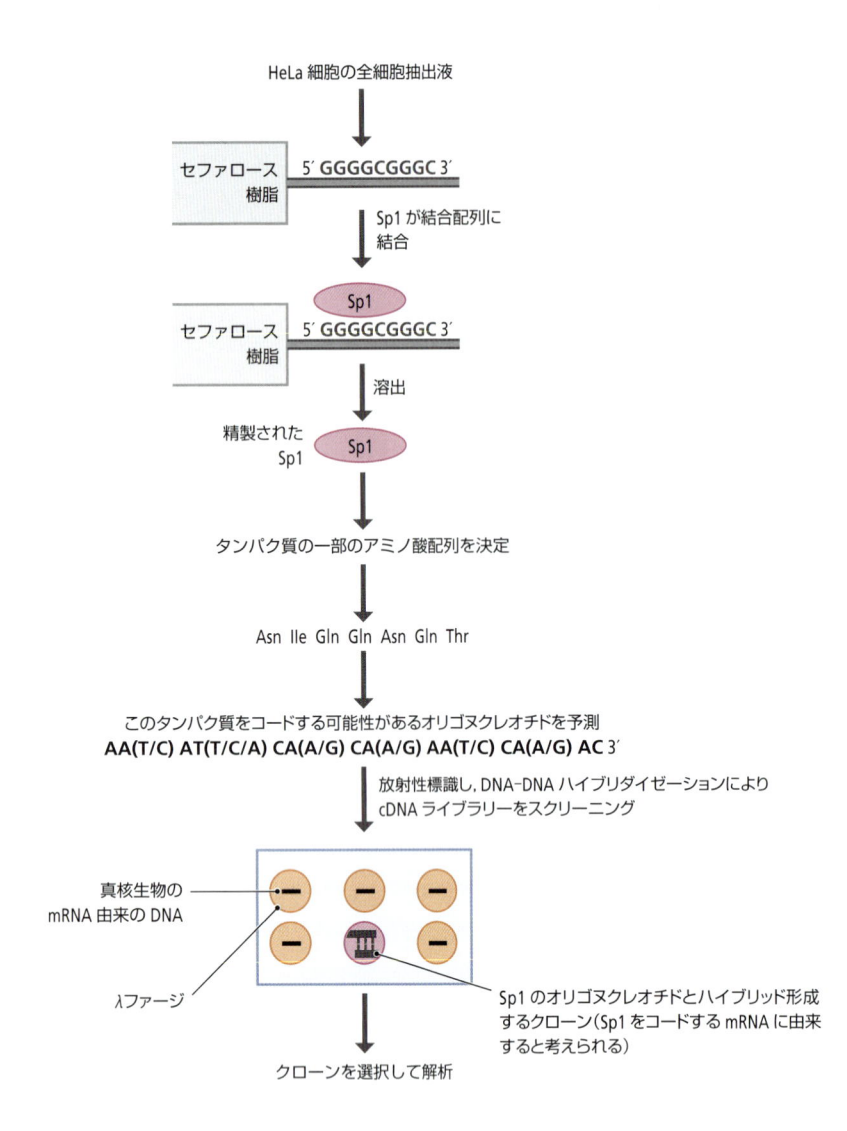

図 5.1
転写因子 Sp1 をコードする cDNA クローンの単離。精製された Sp1 タンパク質を精製してアミノ酸配列を得る。そこから予測される短いオリゴヌクレオチドを用いてスクリーニングする。1 つのアミノ酸をコードするコドンは複数存在するので，Sp1 ペプチドをコードする可能性があるすべてのオリゴヌクレオチドを合成して，その混合物をプローブとする。これらのオリゴヌクレオチドで複数の塩基が配置されている部位は括弧で示してある。

図 5.2
転写因子 NFκB をコードする cDNA クローンの単離。NFκB の結合配列を含む DNA プローブを用いて発現ライブラリーをスクリーニングする。

ラリーをスクリーニングすればよい。その因子のcDNAを含むクローンなら，その因子の部分配列を含む融合タンパク質を産生するので，標識したDNA断片が結合することになる。このようにしてクローンを同定して単離することができる。

前述の方法とは異なり，DNA–DNA相互作用ではなくDNA–タンパク質相互作用に基づいているので，そのタンパク質の結合するDNA配列さえわかっていれば，タンパク質をあらかじめ精製してそのアミノ酸配列を決定しておく必要がない。多くの転写因子は，先にその結合するDNA配列が同定されている場合が多いので，この方法は有利である。これら2つの方法を用いることにより，数多くの転写因子をコードする遺伝子が同定されるに至った。

そして，これら転写因子についての情報が爆発的に増えることになった。ある転写因子がクローニングされると，サザンブロット法(1.3節)により，その転写因子をコードする遺伝子の構造が明らかにされ，ノーザンブロット法などのRNA解析手法(1.2節)により，さまざまな細胞系列におけるその転写因子RNAの発現が調べられ，また他の組織や生物種において関連因子の遺伝子が同定された。

さらに重要なこととして，遺伝子がクローニングされたことにより，その遺伝子がコードするタンパク質とその性質について，大変多くの情報が明らかになってきた。遺伝子のDNA塩基配列からは，タンパク質のアミノ酸構造が予測できるのみならず，そのタンパク質に特徴的な機能ドメインがあるかどうかまで推測できる。前述の通り，細菌の中で転写因子を発現させると，その転写因子は自身のDNA結合特異性にしたがって細菌の中でもDNAに結合する。したがって，1つの遺伝子を断片化してそれぞれを細菌の中で部分的なタンパク質として発現させれば，それぞれの部分的なタンパク質がDNAあるいは他のタンパク質や調節分子に結合する能力を，たとえばDNA移動度シフト分析(4.3節)によって，細胞抽出液を利用する場合と同じように調べることができる。1つのタンパク質の中でどこが**DNA結合ドメイン**(DNA-binding domain)であるかを調べるためには，そのタンパク質をコードするcDNAを断片化し，試験管内の転写・翻訳により部分的なタンパク質を作成して，それらのDNA結合活性を調べればよい(図5.3)。

転写因子のDNA結合ドメインが同定できれば，その領域をコードするDNA配列に変異を導入して，変異タンパク質を発現させることが可能となる。こうした変異が転写因子の活性に与える影響を調べることで，転写因子の活性に重要なアミノ酸を決定することができる。

このようにして，個々の転写因子について多くの情報が蓄積することになった。しかし，ここでは個々の転写因子についての情報を個別に述べるのではなく，まず転写因子に一般的に必要な性質について考え，それが個々の転写因子でどのように実現されているのかについても触れることにしたい。

本章では，まず5.1節で転写因子がどのようにして配列特異的にDNAに結合するのかを考察する。そして，5.2節および5.3節では，DNAに結合した転写因子が，どのようにして他の転写因子やRNAポリメラーゼとともに転写開始を促進あるいは抑制するのかを概説する。このような遺伝子発現の促進や抑制は，転写伸長反応の段階で制御される可能性もあり，この点について5.4節で述べる。本章では主に，タンパク質をコードする遺伝子の転写に働くRNAポリメラーゼIIの活性を制御する転写因子について述べる。ただし，5.5節ではRNAポリメラーゼIやIIIによる転写調節にも触れる。

5.1 転写因子のDNA結合

真核生物の転写因子が精力的に解析された結果，直接DNAに結合する，もしくは隣接するタンパク質領域のDNA結合を促進する作用は，いくつかの基本的構造要素に還元されることが明らかになった。逆にこうしたモチーフの性質を調べるこ

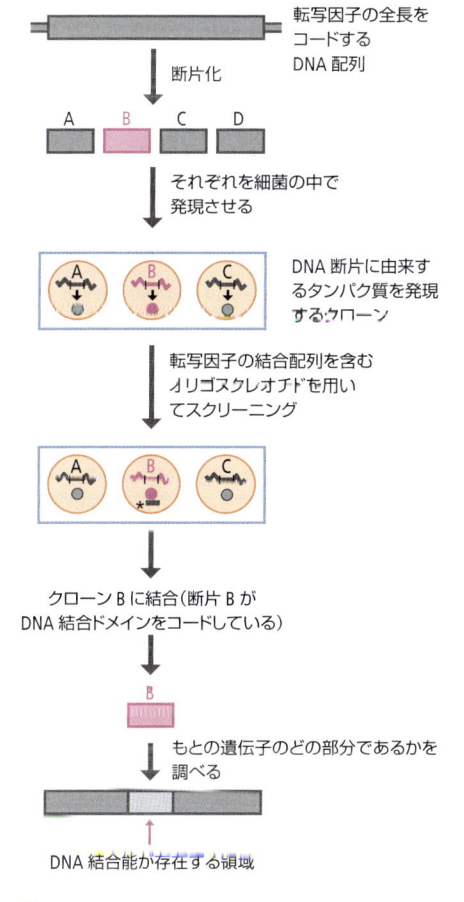

図5.3
転写因子のDNA結合ドメインの決定：転写因子の各部分を細菌の中で発現させて，結合配列に対する結合能を検討する。

とによって，それを有する転写因子の性質について知ることができる。

ヘリックス・ターン・ヘリックスモチーフは胚発生期の遺伝子発現を制御する転写因子に多く見いだされる

　キイロショウジョウバエ(Drosophila melanogaster)は，体のサイズが小さく，世代交代の時間が短いことから，遺伝学的解析が最も進んだ生物種の1つである。そして，数多くの変異体が詳細に解析されて報告されている。その中には発生過程の変異体も含まれており，たとえば，本来は触角ができるはずの位置に余分な肢が形成されてしまうようなものもある(図5.4)。変異によりこのような影響が現れる遺伝子は，ハエの発生過程においてボディプランの決定に関与する重要な機能を果たしていると考えられ，ホメオティック遺伝子と呼ばれる(ショウジョウバエの発生過程におけるホメオティック遺伝子の機能についての詳細は9.2節参照)。

　遺伝学的に同定されたこれらの遺伝子産物の重要な役割は，発生段階の時期特異的に活性化されて，ある特定の体の構造を形成するために必要な遺伝子群の発現を促進あるいは抑制することであると考えられる。それが正しいことは，これらのタンパク質をコードする遺伝子のクローニングにより示された。すなわち，これらのタンパク質は特定のDNA配列に結合し，その配列を有する遺伝子の発現を上昇させることがわかった。ホメオティック遺伝子の1つ，fushi tarazu(フシタラズ；ftz)の変異体は，体節の数が正常の半分になることが知られていたが，ftzの遺伝子産物は，TCAATTAAATGAという配列に特異的に結合する転写因子であることがわかった。ftz遺伝子を，Ftzタンパク質の結合配列を有するマーカー遺伝子と一緒にショウジョウバエの細胞に導入すると，マーカー遺伝子の転写の増加が観察される。Ftzタンパク質の結合配列に1塩基置換を行うと，FtzタンパクのDNA結合の消失とともにマーカー遺伝子の発現も消失することから，マーカー遺伝子の転写の増加はFtzタンパク質がマーカー遺伝子のプロモーター領域に存在する結合配列に結合することによるといえる(図5.5)。

　もう1つのホメオティック遺伝子産物であるEngrailed(エングレイルド)タンパク質は，Ftzタンパク質と同じDNA配列に結合する。Engrailedタンパク質はマーカー遺伝子の発現を上昇させるのではなく，Ftzタンパク質によるマーカー遺伝子の発現上昇を抑制する作用がある。したがって，Ftzタンパク質のみが発現する細胞では，その効果が現れるが，Engrailedタンパク質が共存する細胞では，その効果が打ち消されることになる(図5.6)。このように，ホメオティック遺伝子産物間の相互作用により，特定の遺伝子の発現が調節されて，細胞の運命決定がなされている。

　一方，興味深いことに，ホメオティック遺伝子が，特定の細胞種の形成だけでなく，第2章(2.1節)で述べた細胞の形質の長期間にわたる維持にも重要であることが示唆されている。ショウジョウバエの成虫原基の場合，成虫の構造の形成には多くの細胞が分化せずに増殖する必要がある。しかしこの間，成虫原基で働くホメオティック遺伝子の1つが変異により不活性化されると，細胞は異常な分化を開始してしまい，正常な構造の形成が行われなくなる。たとえば，ホメオティック遺伝子であるUltrabithorax(ウルトラバイソラックス)は通常，成虫原基において平均棍(バランサー)の形成に必要であるが，その発現が不活性化されると，細胞は分化して翅を形成してしまう。ホメオティック遺伝子の持続的な発現は，細胞がある分化方向への運命決定を行うために必須である。

　この現象は，Ultrabithoraxタンパク質が自身の遺伝子プロモーター領域に結合して自身の遺伝子発現を増加させるという機構により説明できる可能性がある。ひとたびUltrabithoraxタンパク質が誘導されると，細胞の運命決定の期間中ずっとUltrabithoraxタンパク質の発現が維持されて，その作用が持続すると考えられる(図5.7)。

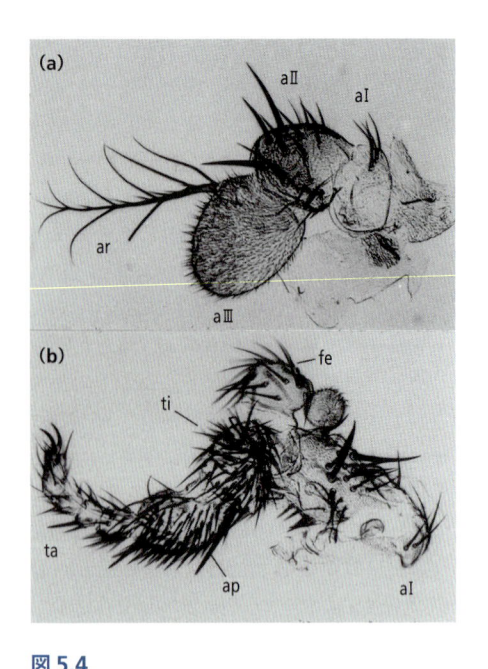

図5.4
ホメオティック突然変異の効果。本来は触角(a)ができるはずの位置に中肢(b)が形成されている。aⅠ, aⅡ, aⅢ：触角第1節，第2節，第3節，ar：触鬚，ta：跗節，ti：脛節，fe：腿節，ap：端刺。Gehring WJ, Science (1987) 236, 1245-1252 より，The American Association for the Advancement of Science の許諾を得て転載。WJ Gehring の厚意による。

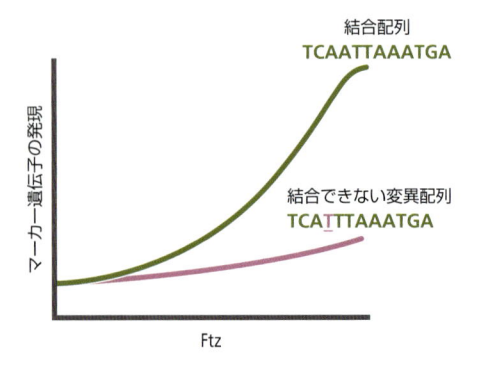

図5.5
Fushi tarazu (Ftz) タンパク質の発現の効果。Ftzの結合配列を有するマーカー遺伝子の場合と，結合配列の1塩基置換によりFtzが結合できない遺伝子の場合。

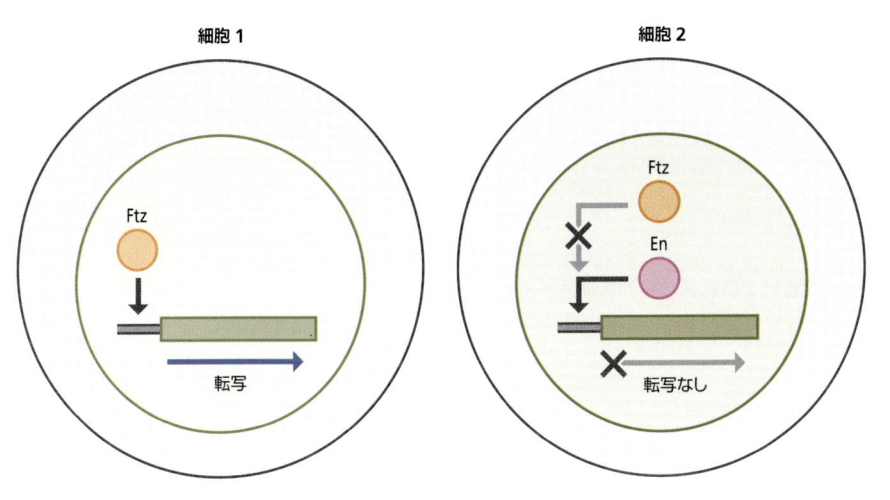

図 5.6
Engrailed(En)タンパク質が発現している細胞におけるFushi tarazu(Ftz)による遺伝子誘導の阻害。EngrailedはFtzと同じDNA配列に結合するが、転写を活性化しない。

　この機構の他にも，ホメオティック遺伝子が一度活性化されると，そのクロマチン構造を活性化状態に維持する機構が存在する。第3章(3.5節)で述べたGAGA因子やbrahma(ブラーマ)因子を含むTrithorax(トリソラックス)群の因子による作用である。これらの因子は活性化状態にあるホメオティック遺伝子に結合して，そのクロマチンの活性化状態と持続的な転写を維持している。

　逆に，Polycomb(ポリコーム)群の因子は，ホメオティック遺伝子に結合してそのクロマチン構造を不活性化し，不適切な遺伝子の活性化を抑制している(3.3節，3.4節)。Trithorax群やPolycomb群の因子に変異が導入されると，ホメオティック遺伝子の正常な活性化が障害されたり，異常なホメオティック遺伝子が発現したりすることで，ハエの発生に大きな異常がもたらされることは想像に難くない(図5.8)(発生過程におけるTrithoraxやPolycombの機能の詳細については9.1節および9.2節参照)。

　第2章(2.1節)で述べたように，TrithoraxやPolycombの変異がもたらす発生原基の細胞分化過程の変化は，発生原基を長期間培養して，その正常な分化過程を攪乱しても，ホメオティック突然変異で観察される変化とよく一致する。すなわち，発生原基の細胞におけるある特定のホメオティック遺伝子のクロマチン構造や発現の変化は，TrithoraxやPolycombの変異や，これらが制御するホメオティック遺伝子の変異による変化とほぼ同じであるといえる。

図 5.7
Ultrabithorax(Ubx)タンパク質は、自身のプロモーターに結合して転写を活性化する。ポジティブフィードバックループが形成されてUbxの高い発現が維持される。

ホメオドメインタンパク質に存在するヘリックス・ターン・ヘリックスモチーフはDNA結合ドメインである

　ホメオティック遺伝子が，特異的DNA配列への結合により，自身の遺伝子や他のタンパク質をコードする遺伝子を制御することが明らかになったことから，特異的なDNA配列を認識する機構についての研究が盛んになった。これらのタンパク

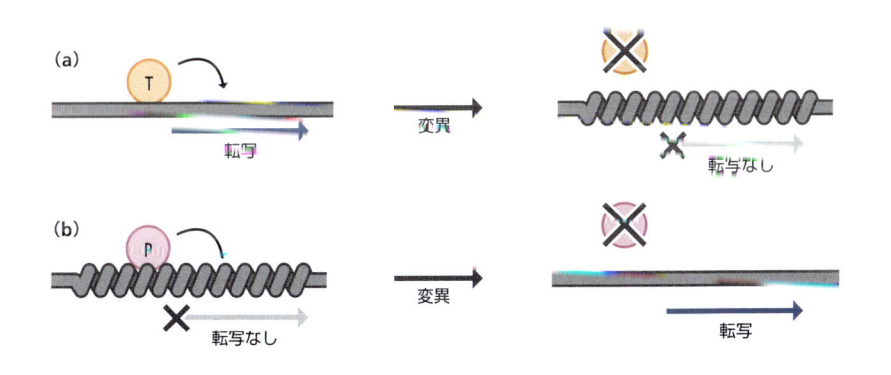

図 5.8
(a)Trithorax群の因子(T)は、転写活性化状態にあるホメオティック遺伝子のクロマチン構造を活性化状態に維持する(ここでは活性化状態のクロマチンを直線で表現してある)。これらの因子が変異により不活性化されると、クロマチン構造が不活性な状態になり、転写が起きさなくなる(不活性な状態のクロマチンをコイル状の曲線で表現してある)。(b)Polycomb群の因子(P)は、転写抑制状態にあるホメオティック遺伝子のクロマチン構造を不活性な状態に維持する。これらの因子が変異により不活性化されると、クロマチン構造が活性化状態になり、異常な遺伝子発現が起こる。

```
Antp  Arg Lys Arg Gly Arg Gln Thr Tyr Thr Arg Tyr Gln Thr Leu Glu Leu Glu Lys Glu Phe His Phe Asn Arg Tyr Leu Thr Arg Arg Arg
Ubx                           Arg                                                 Thr     His
Ftz   Ser         Thr                                                                                                 Ile
```

　　　　　ヘリックス　　　　　ターン　　　　認識ヘリックス

```
Antp  Arg Ile Glu Ile Ala His Ala Leu Cys Leu Thr Glu Arg Gln Ile Lys Ile Trp Phe Gln Asn Arg Arg Met Lys Trp Lys Lys Glu Asn
Ubx           Met         Tyr                         Glu                                           Leu                 Ile
Ftz           Asp         Asn         Ser     Ser                                                   Ser             Asp Arg
```

図 5.9
ショウジョウバエのホメオドメインのアミノ酸配列。保存されているヘリックス構造を示す。Antennapedia(Antp)のホメオドメインと，Ultrabithorax(Ubx)および Fushi tarazu(Ftz)のホメオドメインとの違いを示してある。空欄は保存されているアミノ酸を示す。ヘリックス・ターン・ヘリックスモチーフを赤文字で示す。

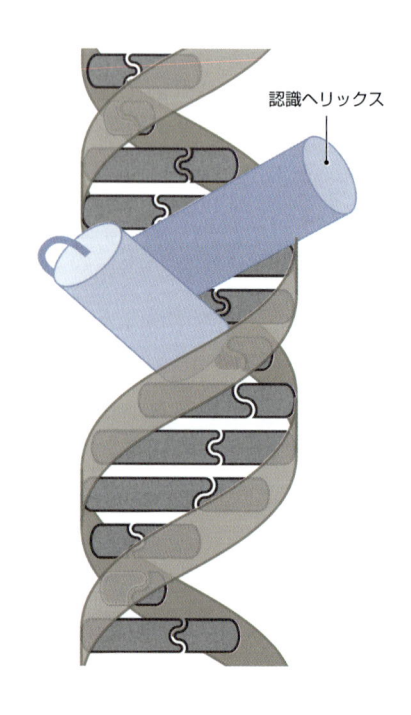

質をコードする遺伝子がクローニングされると，それぞれの遺伝子には60アミノ酸をコードする約180 bp の類似したDNA配列が含まれていることがわかった（図5.9）。その配列の両側には，遺伝子ごとに非常に異なる配列が存在することもわかった。この比較的類似したDNA配列がコードするアミノ酸配列は**ホメオドメイン**（homeodomain；ホメオボックスとも呼ばれる）と命名された。これらの遺伝子に共通してホメオドメインが存在することから，ホメオドメインが機能的に重要な役割を果たしていることが推測された。ホメオドメインをプローブとして，ショウジョウバエで新たな調節遺伝子が発見され，この推測が正しいことが明らかになってきた。

大腸菌の発現系もしくは試験管内での翻訳で合成した Antennapedia（アンテナペディア；Antp）タンパク質のホメオドメイン部分が，全長タンパク質と同じDNA結合特異性を示すことから，DNA結合におけるホメオドメインの重要性が確認された。

60アミノ酸という短いタンパク質の領域に十分なDNA結合能があることがわかったことから，DNA結合ドメインの詳細な構造予測を行うことができた。その結果，ホメオドメインには，いわゆる**ヘリックス・ターン・ヘリックス**（helix-turn-helix）モチーフがあり，異なるホメオドメインタンパク質でよく保存されていることが明らかになった。このモチーフは，αヘリックスに続いてβターンが存在し，そして再びαヘリックスを形成している。ホメオドメインの内部におけるこのモチーフの位置を図5.9に，ヘリックス・ターン・ヘリックスの構造模式図を図5.10に示す。

X線結晶構造解析により，この構造がホメオドメインのDNA結合部位に存在することが明らかにされた。そして，DNAに結合した状態のホメオドメインのX線結晶構造解析から，ヘリックス・ターン・ヘリックスモチーフが実際にDNAに結合しており，2番目のヘリックスがDNAの主溝にはまり込んでDNAの塩基と特異的な結合を形成することが明らかになった（図5.11）。この2番目のヘリックス［図5.9のホメオドメインの配列で**認識ヘリックス**（recognition helix）として示されている］は塩基配列特異的な結合に必要で，もう片方のヘリックスは認識ヘリックスの位置を適切に保持する働きがあるものと考えられる。

このモチーフの解析から，ホメオドメインをもつタンパク質において，標的遺伝子の転写活性化の第一段階である配列特異的なDNA結合の様式が明らかになった。特異的DNA塩基配列の認識におけるヘリックス・ターン・ヘリックスモチー

図 5.10
ヘリックス・ターン・ヘリックスモチーフ。

図 5.11
ヘリックス・ターン・ヘリックスモチーフのDNA結合。認識ヘリックスがDNAの主溝に入っている。Schleif R (1988) *Science* 241, 1182-1187 より，The American Association for the Advancement of Science の許諾を得て転載。

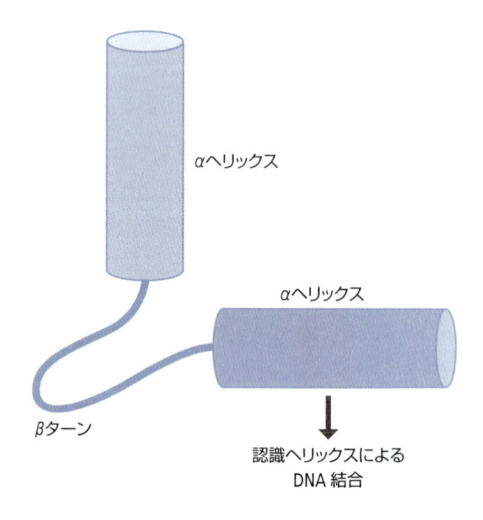

図 5.12
Bicoid の認識ヘリックスの 9 番目のリシン(K)を Antennapedia の対応するアミノ酸であるグルタミン(Q)に置換すると，Bicoid の結合配列のグアニンではなく，Antennapedia の結合配列の対応する位置にあるアデニンを認識するようになる。この変異タンパク質は，認識ヘリックスの置換された 1 アミノ酸以外は Bicoid タンパク質由来であるが，Antennapedia の結合配列を認識する。

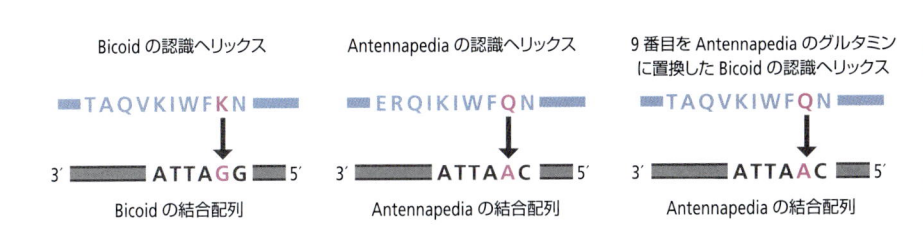

フの役割が明確になったわけである。たとえば，Bicoid（ビコイド）タンパク質の認識ヘリックスの 9 番目のアミノ酸であるリシンを，Antennapedia タンパク質の対応するアミノ酸であるグルタミンに置換すると，DNA 認識の特異性が Bicoid ではなく Antennapedia のタイプに変換される。それに対して，他のアミノ酸を置換してもこのようなことは起こらない。

Bicoid の 9 番目のリシンは，その結合配列のグアニン塩基の O^6 および N^7 と水素結合を形成する。一方，Antennapedia の 9 番目のグルタミンは，その結合配列のアデニン塩基と水素結合を形成する。アミノ酸の置換により DNA の結合特異性が変化する理由はここにある（図 5.12）。

このように，ヘリックス・ターン・ヘリックスモチーフは DNA 結合に必要な構造であるのみならず，モチーフ内のアミノ酸配列を変化させることにより DNA 認識の特異性を規定している。詳細な構造生物学的ならびに遺伝学的解析を行うことにより，これらのタンパク質の機能の理解がさらに進むことは間違いない。

ショウジョウバエでホメオドメインの重要性が明らかになってくると，他の生物種でもこのドメインを有するタンパク質の探索が始まった。その結果，哺乳動物（9.3 節），酵母（10.3 節）を含む幅広い生物種において，ホメオドメインを有するタンパク質が発生初期の特定の細胞種に発現しており，重要な制御に関係していることが明らかにされた。以上のことから，これらのタンパク質はさまざまな生物種において，細胞の分化および発生の調節因子としてきわめて重要な役割を担っているといえる。

POU ドメインを有する転写因子は DNA 結合モチーフの一部としてホメオドメインを利用している

ホメオドメインを利用している転写因子は，ホメオドメインタンパク質の他にも見つかっている。それは **POU ドメイン**（POU domain）として知られる 150〜160 アミノ酸からなる保存領域を有する調節タンパク質で，POU ドメインにホメオドメイン構造が含まれている。ホメオドメインタンパク質とは異なり，POU ドメインタンパク質は変異体の解析から見つかったわけではなく，他の調節因子との相同性から見いだされたわけでもない。POU ドメインタンパク質は，特徴的なその機能から同定された。

哺乳動物の Oct1 タンパク質や Oct2 タンパク質は，ヒストン H2B 遺伝子や免疫グロブリン遺伝子などのプロモーター領域に存在するオクタマーモチーフ（ATGCAAAT）に結合して転写を活性化する。クローニングされた Oct1 や Oct2 の cDNA 配列から，Pit-1 タンパク質と共通の 150〜160 アミノ酸をコードする部分が含まれていることがわかった。Pit-1 は哺乳動物の下垂体において，オクタマーモチーフとは少し異なる配列に結合して遺伝子発現を調節するタンパク質である。この共通のアミノ酸配列は，線虫の感覚神経の発生に関与する遺伝子である *unc-86* がコードするタンパク質にも含まれていた。

POU（Pit-Oct-UNC）ドメインは，ホメオドメイン類似の領域と POU ドメインタンパク質に特異的な領域から構成されている（図 5.13）。タンパク質によって POU 特異的ドメインには多少の違いがあるが，配列特異的な DNA 結合には POU ホメオドメインのみで十分である。しかし，POU ドメイン中のホメオドメインは，典

```
                              POU 特異的ドメイン
Pit       KSKLVEEPIDMDSPEIRELEQFANEFKVRRIKLGYTQTNVGEALAAVHG---SEFSQTTICRFENLQLSFKNACKLKAILSKWLEEAEQV
Oct1      DTPSLEEPSDLE-----ELEQFAKTFKQRRIKLGFTQGDVGLAMGKLYG---NDFSQTTISRFEALNLSFKNMCKLKPLLEKWLNDAENL
Oct2      PPSHPEEPSDLE-----ELEQFARTFKQRRIKLGFTQGDVGLAMGKLYG---NDFSQTTISRFEALNLSFKNMCKLKPLLEKWLNDAETM
UNC-86    RYPIAPPTSDMDT-DPRQLETFAEHFKQRRIKLGVTQADVGKALAHLKMPGVGSLSQSTICRFESLTLSHNNMVALKPILHSWLEKAEE-
コンセンサス   ........D....LE.FA..FK.RRIKLG.TQ..VG.A......SQ.TI.RFE.L.LS..N...LK..L..WL..AE..
配列
                              POU ホメオドメイン
Pit       GULYNEK-----------VGAN-ERKRKRTTISIAAKDALERHFGEHSKPSSQEIMRMAEELNLKEVRVWFCNRRQREKRVKTSLNQS
Oct1      SSDSSLSSPSALNSP--GIEGL-SRRRKKRTSIETNVRFALEKSFLANQKPTSEEITMIADQLNMEKEVIRVWFCNRRQKEKRINPPSSGG
Oct2      SVDSSLPSPNQLSSPSLGFDGLPGRRRKKRTSIETNVRFALEKSFLANQKPTSEEILLIAEQLHMEKEVIRVWFCNRRQKEKRINPCSAAP
UNC-86    -AMKQKDTIGDIN----GILPN TDKKRKRTSIAAPEKRELEQFFKQQPRPSGERIASIADRLDLKKNVRVWFCNQRQKQKRDFRSQFRA
コンセンサス   ..........RT.I....LE..F....P....I...A....K.V.RVWFCN.RQ..KR......
配列
```

図 5.13
POU ドメインタンパク質のアミノ酸配列。POU ホメオドメインと POU 特異的ドメインを示す。最下段は、4 つの POU ドメインタンパク質の間で保存されているアミノ酸を示す。

型的なホメオドメインとは異なり、POU 特異的ドメインがなければ DNA 結合の親和性は比較的低い。つまり、POU ドメインが高い親和性で DNA に結合するには POU ホメオドメインと POU 特異的ドメインの両方が必要であり、これらの 2 つの部分はリンカー構造で連結されて DNA 結合ドメインを形成している。

POU ホメオドメインと同様に、POU 特異的ドメインもヘリックス・ターン・ヘリックス構造をとっている。POU 特異的ドメインの認識ヘリックスと POU ホメオドメインの認識ヘリックスは隣り合って DNA の主溝に結合する。ここでもヘリックス・ターン・ヘリックスモチーフが、ある種の転写因子の DNA 結合に重要であることがわかる。

POU ドメインの解析から、遺伝子発現調節機構の興味深い側面が明らかになった。すなわち、POU ドメインが結合する DNA 配列によって、POU ドメインが遺伝子発現に及ぼす効果が異なるということである。たとえば、Oct1 タンパク質の POU ドメインが細胞の標的遺伝子に存在する配列（ATGCAAAT）に結合しても、あまり強い転写活性化は認められない。しかし、単純ヘルペスウイルスの初期応答遺伝子に存在する配列（TAATGARAT；R はプリン塩基 A または G）に結合した場合、非常に強い転写活性化をもたらす。これは、結合する DNA 配列により Oct1 のコンホメーションが変化し、後者の配列に結合する場合は、強力な転写活性化作用があるウイルスタンパク質 VP16 との相互作用が可能になることによる（図 5.14）。

この種の効果は、細胞性因子によるウイルスタンパク質のリクルートに限られたものではない。Pit-1 タンパク質は、プロラクチン遺伝子のプロモーターに結合して転写を活性化する。しかし、成長ホルモン遺伝子のプロモーターに結合した場合、転写を抑制する。両遺伝子の Pit-1 結合配列は異なっており、Pit-1 は後者に結合すると自身のコンホメーションを変化させ、コリプレッサーである NCo-R をリクルートするためである（図 5.15）。このように、結合配列が転写因子のコンホメーションを変化させ、それによってリクルートされる転写共役因子の違いをもたらすことで、1 つの転写因子の結合が転写活性化と転写抑制という異なる結果を及ぼすことができる。

図 5.14
Oct1 の DNA 結合。細胞の遺伝子(a)に結合する場合と、単純ヘルペスウイルスの遺伝子(b)に結合する場合とでは、Oct1 の構造が違うため認識配列も異なる。後者に結合している場合にのみ、強力な転写活性化作用があるウイルスタンパク質 VP16 との相互作用が可能になる。

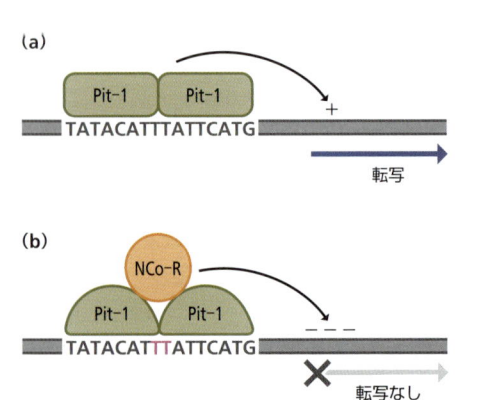

図 5.15
2 分子の Pit-1 の結合。プロラクチン遺伝子と成長ホルモン遺伝子のプロモーター領域に存在する結合配列は異なっており、そこに結合する Pit-1 の構造も違ったものになる。それにより Pit-1 は、(a)プロラクチン遺伝子では転写を活性化するのに対して、(b)成長ホルモン遺伝子ではコリプレッサーである NCo-R をリクルートして転写を抑制する。

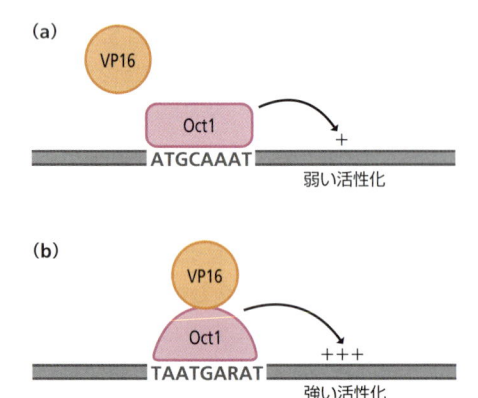

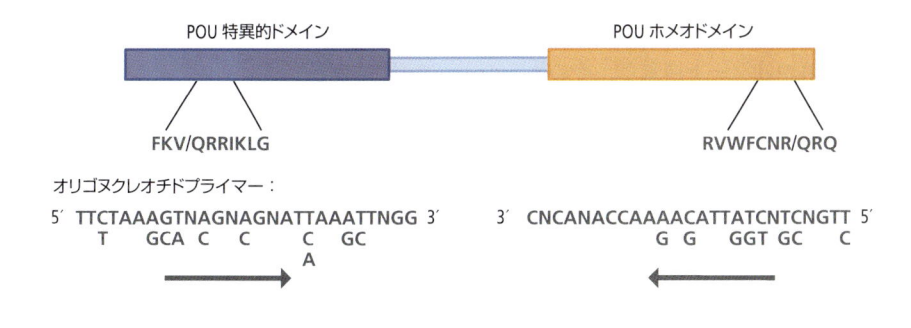

```
   POU 特異的ドメイン                    POU ホメオドメイン

     FKV/QRRIKLG                         RVWFCNR/QRQ
オリゴヌクレオチドプライマー：
5' TTCTAAAGTNAGNAGNATTAAATTNGG 3'    3' CNCANACCAAAACATTATCNTCNGTT 5'
   T    GCA C  C   C    GC              G G   GGT GC    C
                A
```

図 5.16
POU ドメインの両端に位置する 2 カ所の保存されたアミノ酸配列を利用した，新規 POU ドメインタンパク質の同定。これらの保存されたアミノ酸配列をコードする可能性がある，すべてのオリゴヌクレオチドを合成する。適当な組織から cDNA ライブラリーを作成し，合成したオリゴヌクレオチドをプライマーとしてポリメラーゼ連鎖反応（PCR）による増幅を行えば，保存配列を含む新規 POU ドメインタンパク質の cDNA が増幅される。

　POU ドメインタンパク質は，ホメオドメインタンパク質と関連が深いタンパク質ファミリーを形成している。ホメオドメインタンパク質は発生過程で重要な機能を果たしているが，POU ドメインタンパク質も，たとえばマウスやヒトで Pit-1 が機能しないと下垂体の形成が障害されて低身長症になり，線虫で unc-86 が変異すると特定の神経の発生が起こらなくなる。

　POU ドメインの両端には大変よく保存されている領域が 2 カ所ある（図 5.13）。これを利用して新規 POU ドメインタンパク質の同定が行われた。まず，これらの保存されたアミノ酸配列をコードする可能性がある DNA 配列をもつ，すべてのオリゴヌクレオチドを合成する（図 5.16）。適当な組織から cDNA ライブラリーを作成し，合成したオリゴヌクレオチドをプライマーとしてポリメラーゼ連鎖反応（PCR）による増幅を行えば（PCR のもう 1 つの応用として，1.2 節で述べた mRNA の定量がある），特徴的な保存配列を含む新規 POU ドメインタンパク質の cDNA が増幅される。このようにして同定された新規 POU ドメインタンパク質も，発生過程で重要な機能を果たしていることが明らかになりつつある。

　このような配列の類似性を利用したクローニングは，本章で先に述べた方法を補う手法として広く用いられるようになっており，数多くの新規転写因子が同定されている。つまり，ある転写因子ファミリーに属する因子が従来の方法でいくつか同定されれば，PCR を利用した上記の手法により，さらに新規因子を同定することができる。また，ゲノムの塩基配列が決定されるようになったことから，既知の転写因子の配列に類似の配列をコンピュータ上で検索することにより，新規の転写因子を推定することも可能となっている。

2 つのシステイン残基と 2 つのヒスチジン残基を有する Cys_2His_2 型ジンクフィンガーモチーフを複数有する転写因子は多い

　第 4 章（4.1 節）で述べたように，転写因子 TFⅢA は，5S リボソーム RNA 遺伝子の調節領域に結合して，RNA ポリメラーゼⅢによる転写活性化に重要な機能を果たしている。この転写因子は最初に精製されたものである。精製された TFⅢA タンパク質には周期的な繰り返し構造があり，1 分子あたり 7〜11 個の亜鉛原子を含んでいることがわかった。

　TFⅢA をコードする遺伝子がクローニングされると，その予測アミノ酸配列から繰り返し構造の実体が明らかになった。このタンパク質は，Tyr/Phe-X-Cys-X-Cys-$X_{2\sim4}$ Cys-X_3-Phe-X_5-Leu-X_2-His-$X_{3\sim4}$-His-X_5（X はさまざまなアミノ酸）という約 30 アミノ酸が 9 回繰り返す構造を有している。この繰り返し単位には保存されたシステイン残基とヒスチジン残基の対が 2 つ含まれており，これらが 1 つの亜鉛原子と結合していると予想される。この予想は，精製された TFⅢA が複数の亜鉛原子を含んでいることと合致する。

　この 30 アミノ酸からなる繰り返し構造は**ジンクフィンガー**（zinc finger）と呼ばれる。保存されたフェニルアラニンとロイシンを含む 12 アミノ酸からなるループ構造が，タンパク質の表面から指状に突き出していると考えられるからである。指状構造の基底部には，保存されたシステインとヒスチジンが亜鉛原子を保持した状

態で位置する(図 5.17)。TFⅢA の X 線結晶構造解析から，その様子が確認された。そして，フィンガー部分が，2 つの**逆平行**(antiparallel)のβシート構造と，その片方に接するαヘリックス構造から構成されること，αヘリックスは DNA の主溝に接しており，ちょうどホメオドメインタンパク質の認識ヘリックスのようになっていることがわかった(図 5.18)。

ゆえに，ヘリックス・ターン・ヘリックスモチーフのように，ジンクフィンガーも転写因子の DNA 結合ドメインとして機能することは明らかである。さらに，5.5 節で述べるように，ジンクフィンガーを利用することで，TFⅢA は 5S リボソーム RNA 遺伝子に結合するだけでなく，5S リボソーム RNA 自身にも結合する。ジンクフィンガーは RNA ポリメラーゼⅢとともに働く TFⅢA において最初に同定された構造であるが，その後，RNA ポリメラーゼⅡとともに機能する多くの転写因子にも見いだされており，転写因子の DNA 結合能と転写調節能に重要な役割を果たしていることが示されている(表 5.1)。

たとえば，上述の転写因子 Sp1 には，30 アミノ酸からなるジンクフィンガーモチーフが 3 つ並んで存在する。ジンクフィンガー部分のみを大腸菌で発現させて得られるタンパク質は，完全長の Sp1 タンパク質と同様の DNA 塩基配列の認識特異性を保持している。これは，ジンクフィンガー領域が DNA 結合ドメインとして重要であることを意味する。ショウジョウバエの胸と腹の発生に必須である **Krüppel**(クルッペル)タンパク質(9.2 節)はジンクフィンガーを 4 つ有している。4 つのジンクフィンガーにおいて保存されているシステインのうち，1 カ所でも亜鉛原子と結合できないセリンにすると，Krüppel タンパク質の機能はすっかり失われてしまう。このような変異 Krüppel タンパク質をもつショウジョウバエは，Krüppel タンパク質を完全に欠損している場合と同じ表現型を示す。

ジンクフィンガー構造の中では，最初のヒスチジンの N 末端側に存在するαヘリックスが，DNA 結合に重要である。3 つのジンクフィンガーを有するショウジョウバエの Krox20 タンパク質は，5′-GCGGGGGCG-3′ という配列に結合するが，

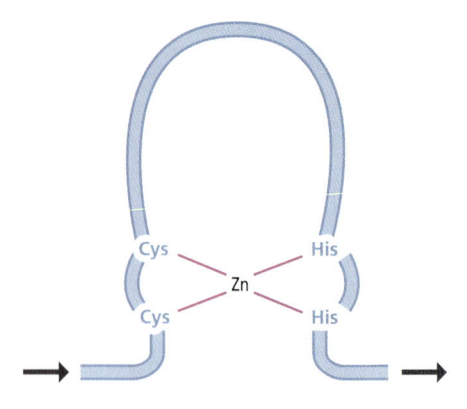

図 5.17
Cys$_2$His$_2$ 型ジンクフィンガーの模式図。

表 5.1　Cys$_2$His$_2$ 型ジンクフィンガーをもつ転写調節因子

生物種	遺伝子	ジンクフィンガーの数
ショウジョウバエ	Krüppel	4
	hunchback	6
	snail	4
	glass	5
酵母	ADR1	2
	Swi5	3
ツメガエル	TFⅢA	9
	Xfin	37
哺乳動物	NGF-1a(Egr1)	3
	MK1	7
	MK2	9
	Evi1	10
	Sp1	3

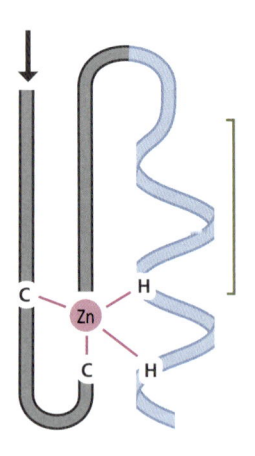

図 5.18
ジンクフィンガーの詳細な構造。2 つの逆平行βシート構造(灰色)が隣接するαヘリックス(青色)に向かい合っている。角型括弧は DNA の主溝に接する部分を示す。Evans RM & Hollenberg SM (1988) *Cell* 52, 1–3 より，Elsevier 社の許諾を得て転載。

図 5.19
Krox20 タンパク質の 3 つのジンクフィンガー。それぞれが DNA 上の 3 塩基からなる結合部位に結合する。中央のフィンガー(フィンガー2)の 2 アミノ酸を，両端のフィンガーと同じアミノ酸に置換すると，その認識配列 GGG が両端のフィンガーの認識配列である GCG に変化する。

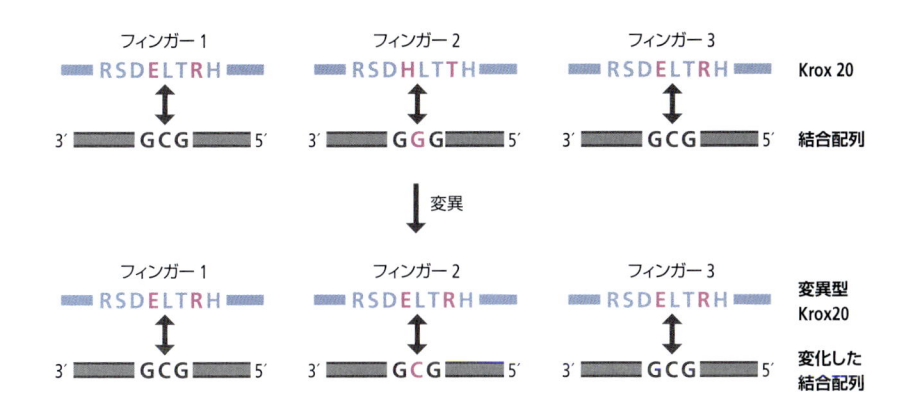

中央のジンクフィンガーで GGG を認識し，両端のジンクフィンガーでそれぞれ GCG の部分を認識する。

2 つの両端のフィンガーは，18 番目と 21 番目の位置にそれぞれグルタミンとアルギニンが存在している。一方，中央のフィンガーでは，それらに相当する位置にそれぞれヒスチジンとトレオニンがある。これらを，両端のフィンガーと同様にグルタミンとアルギニンに置換すると，通常の配列には結合せず，5′-GCGGCGGCG-3′ に結合するようになる。中央のフィンガーでアミノ酸を置換したことで，その DNA 認識特異性と両端のフィンガーの DNA 認識特異性とが同じになったことがわかる(図 5.19)。

さらに調べていくと，ある特定のアミノ酸残基を有するジンクフィンガーの DNA 認識特異性を予測することが可能になり，また，新しい DNA 認識特異性を示すジンクフィンガーをデザインすることも可能になった。こうした研究は，ジンクフィンガーがどのようにして DNA を認識するのかを明らかにするという意味で重要であるとともに，ある特異的な DNA 結合様式を示すフィンガーをデザインすることを通じて，ヒト疾患に関連する遺伝子の発現を調節する治療法の開発にもつながる。こうした応用については，第 12 章(12.5 節)で述べる。

ジンクフィンガーは DNA 結合ドメインとして多くの調節因子で利用されている。このモチーフをもっていれば，転写調節因子であると考えてよい。ホメオドメインと同様に，ジンクフィンガーも新しい転写調節因子を探索する際のプローブとして利用されている。たとえば，Krüppel をコードする配列を用いて，カエルの初期胚で発現している Xfin 因子が同定された。この因子は，37 個のジンクフィンガーを有している(図 5.20)。

これらのことから，ジンクフィンガータンパク質は，ショウジョウバエのみならず脊椎動物の発生を制御しているといえる。Krüppel，Hunchback(ハンチバック)，Snail(スネイル)など，多くの発生に関与する転写因子は，ジンクフィンガーを有する。これらのタンパク質と，DNA 結合ドメインとしてヘリックス・ターン・ヘリックスモチーフを有するホメオドメインタンパク質との相互作用は，ショウジョウバエや他の生物種の発生過程においてきわめて重要である(9.2 節)。

核内受容体は Cys$_2$His$_2$ 型ジンクフィンガーとは異なる，マルチシステイン型ジンクフィンガーを 2 つ有する

本書を通じて例にあげているように，ステロイドホルモンによる哺乳動物の遺伝子発現調節機構は，最もよく解析されたシステムの 1 つである。たとえば，転写レベルでの調節を受けていることが最初に明らかにされたのは，ステロイドホルモンで調節される遺伝子であった(1.4 節)。特異的なホルモン受容体が特異的な DNA 配列に結合し(4.3 節)，クロマチン構造を変化させて DN アーゼ I 高感受性部位を形成する(3.5 節)。グルココルチコイドやエストロゲンなどのステロイドホ

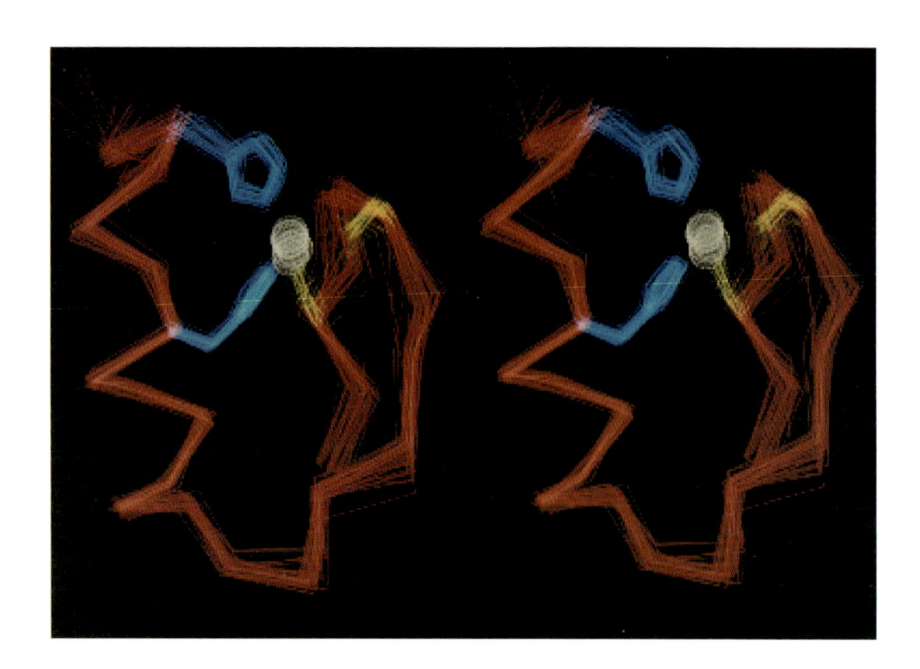

図 5.20
Xfin因子のCys$_2$His$_2$型ジンクフィンガー。システイン残基をオレンジ色，ヒスチジンの側鎖を青色，亜鉛原子を白色で示す。Lee MS, Gippert GP, Soman KV et al.(1989) *Science* 245, 635-637より。The American Association for the Advancement of Scienceの許諾を得て転載。Peter Wrightの厚意による。

ルモン受容体の遺伝子がクローニングされると，それらの受容体は関連遺伝子によりコードされていることがわかった。つまり，ステロイドホルモン受容体は，甲状腺ホルモン，レチノイン酸，ビタミンDなどに対する応答を担う受容体と同じファミリーに属するタンパク質であることがわかった。これらは進化のうえで関連性がある因子として，ステロイド-甲状腺ホルモン受容体スーパーファミリー，あるいは核内受容体スーパーファミリーと呼ばれる（図5.21）。

これらのメンバー因子を詳細に比べると（図5.21），それぞれの因子が複数のドメインから構成されていることがわかった。特に，中心部分には保存性の高い領域が存在している。これらの受容体を細胞の中で部分的に発現させてその活性を検討すると，よく保存された領域はDNAとの結合に，C末端領域はホルモンとの結合に，そしてN末端領域は転写の活性化に重要な役割を果たしていることがわかった。

DNA結合ドメインの配列解析から，さまざまな受容体でよく保存されている部分のコンセンサス配列 Cys-X$_2$-Cys-X$_{13}$-Cys-X$_2$-Cys-X$_{15\sim17}$-Cys-X$_5$-Cys-X$_9$-Cys-X$_2$-Cys-X$_4$-Cys が明らかになった。前述のCys$_2$His$_2$型ジンクフィンガーと同様に，

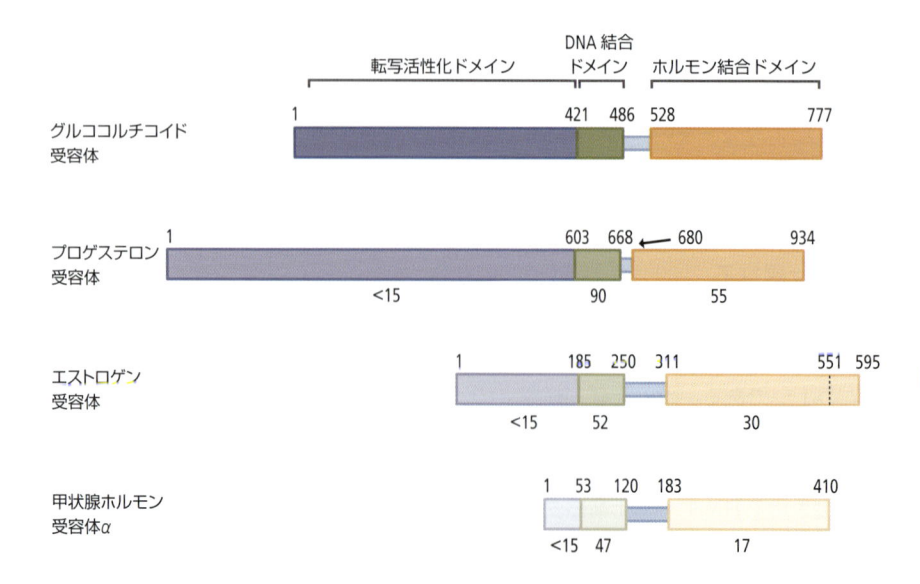

図 5.21
核内受容体スーパーファミリーのドメイン構造。各因子の間で最も保存性が高いDNA結合ドメインの位置をそろえて並べてある。N末端領域の転写活性化ドメインと，C末端領域のホルモン結合ドメインを示す。各ドメインの下に，グルココルチコイド受容体に対するアミノ酸の相同性(%)を示す。

この構造も亜鉛もしくは，カドミウムなどの重金属を含んでいる。そして，この構造はCys$_2$His$_2$型ジンクフィンガーのヒスチジンがシステインに置換されたものが，15～17残基のアミノ酸からなるリンカー構造を介して2つ連結されたものと見なすことができる(図5.22)。この構造には2つの亜鉛原子が含まれており，それぞれに4つのシステインが4方向から配位していることが分光学的な解析によって示されており，こうした構造が正しいことが確認されている(図5.23)。

このような構造的な解析により，ステロイドホルモン受容体の2つのジンクフィンガーが相互作用して1つの構造単位を形成していることも明らかになった(図5.23)。これは，1つ1つが独立した構造をとるCys$_2$His$_2$型ジンクフィンガーとは異なっている。しかも，マルチシステイン型ジンクフィンガーでシステインをヒスチジンに置換することはできない。マルチシステイン型もCys$_2$His$_2$型も亜鉛原子の配位の仕方はよく似ているが，前者にはヒスチジンがなく，後者でよく保存されているフェニルアラニンとロイシンもなく，そして構造も異なるということがわかる。したがって，両者が進化のうえで関連していた可能性は低い。

両者の正確な関連性はさておき，マルチシステイン型ジンクフィンガーもDNAとの結合に関与している(図5.24)。これと類似したシステインに富むドメインは，他の転写因子でも見いだされている。酵母の転写因子**GAL4**，PPR1，LAC9などには6つの保存されたシステイン残基のクラスターがあり，アデノウイルスの転写アクチベーターE1Aには，その転写活性化ドメインに4つの保存されたシステイン残基のクラスターがある(表5.2)。

多くの核内受容体に比較的短いDNA結合領域が存在し，関連性はあるが異なった配列に結合することから(4.3節)，DNA結合領域のどの部分が結合配列の特異性を規定しているのかが解析された。表4.4に示したように，グルココルチコイドに対する応答性を規定するDNA配列と，エストロゲンに対する応答性を規定する配列とは，異なるものの互いに関連性がある。エストロゲン受容体のシステインに富むDNA結合領域を，グルココルチコイド受容体の相当する領域に交換すると，そのキメラ分子はグルココルチコイド受容体のDNA結合特異性を示すものの，そ

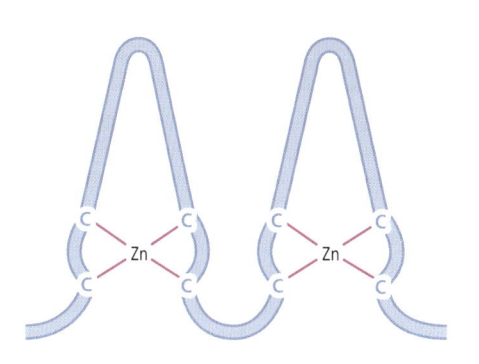

図5.22
Cys$_4$型ジンクフィンガーの模式図。

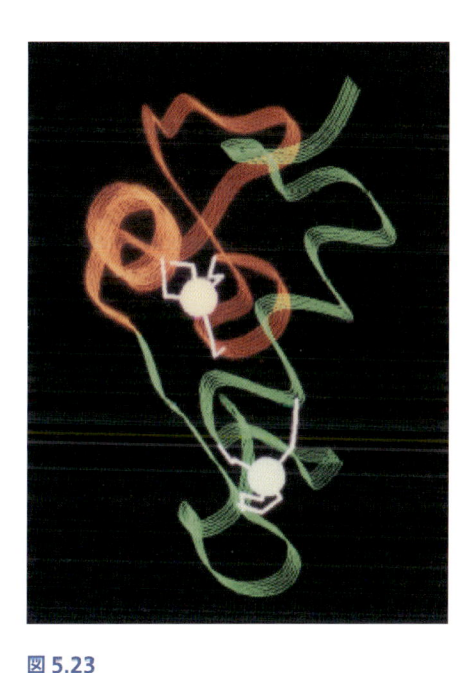

図5.23
グルココルチコイド受容体のCys$_4$型ジンクフィンガー。2つのジンクフィンガーを赤色と緑色，亜鉛原子を白色で示す。Härd T, Kellenbach E, Boelens R et al. (1990) *Science* 249, 157-160 より。The American Association for the Advancement of Science の許諾を得て転載。Robert Kaptein の厚意による。

図5.24
DNAに結合しているエストロゲン受容体を2方向から示した図。2つのジンクフィンガーを黄緑色と青緑色，DNAは紫色で示す。Schwabe JW, Chapman L, Finch JT & Rhodes D (1993) *Cell* 75, 567-578 より，Elsevier 社の許諾を得て転載。Daniela Rhodes の厚意による。

表 5.2 マルチシステイン型ジンクフィンガーをもつ転写調節因子

ジンクフィンガーの型	転写調節因子	生物種
Cys_4Cys_5	核内受容体	哺乳動物
Cys_4	E1A	アデノウイルス
Cys_6	GAL4, PPR1, LAC9	酵母

れ以外の部分はエストロゲン受容体なので，エストロゲンをリガンドとして結合する。したがって，このキメラ分子はエストロゲンに応答して，グルココルチコイドに応答する遺伝子群(つまり，グルココルチコイド受容体の結合配列をもつ遺伝子群)の発現を誘導することになる(図 5.25)。

フィンガー領域をさらに細かく分割して交換する実験を行ってみると，4つのシステインを含む N 末端側のフィンガー(フィンガー 1)とそれに続く領域を交換することで，DNA 認識特異性が入れ替わることがわかり，この領域が DNA 認識特異性を決定していることが明らかになった。

グルココルチコイド受容体とエストロゲン受容体の間で対応するアミノ酸同士を交換する実験をさらに進めたところ，図 5.26 に示すように N 末端側フィンガーの 3 番目と 4 番目のシステイン間にある 2 アミノ酸を入れ替えることで，認識特異性が入れ替わることがわかった。777 アミノ酸からなるタンパク質のうち 2 アミノ酸を入れ替えるだけで，DNA 認識特異性を変換できたことになる。

エストロゲン応答性遺伝子に対するハイブリッド受容体の特異性は，2つのフィンガーの間にあるリンカー領域のアミノ酸を置換することによって，さらに強化することができた(図 5.26)。すなわち，リンカー領域もまた DNA 結合特異性の制御に役割を果たしている。

フィンガー 1 とそれに続く領域の変異の影響は以上の通りであるが，フィンガー 2 の 5 つのアミノ酸を置換すると，今度は甲状腺ホルモン受容体の結合配列に結合できるようになる(図 5.26)。甲状腺ホルモン受容体の結合配列は**パリンドローム配列**(palindromic sequence, 回文配列；4.3 節)であり，エストロゲン受容体の結合配列と同じだが，2つの反復配列の間隔のみ異なっている(表 4.4a)。したがって

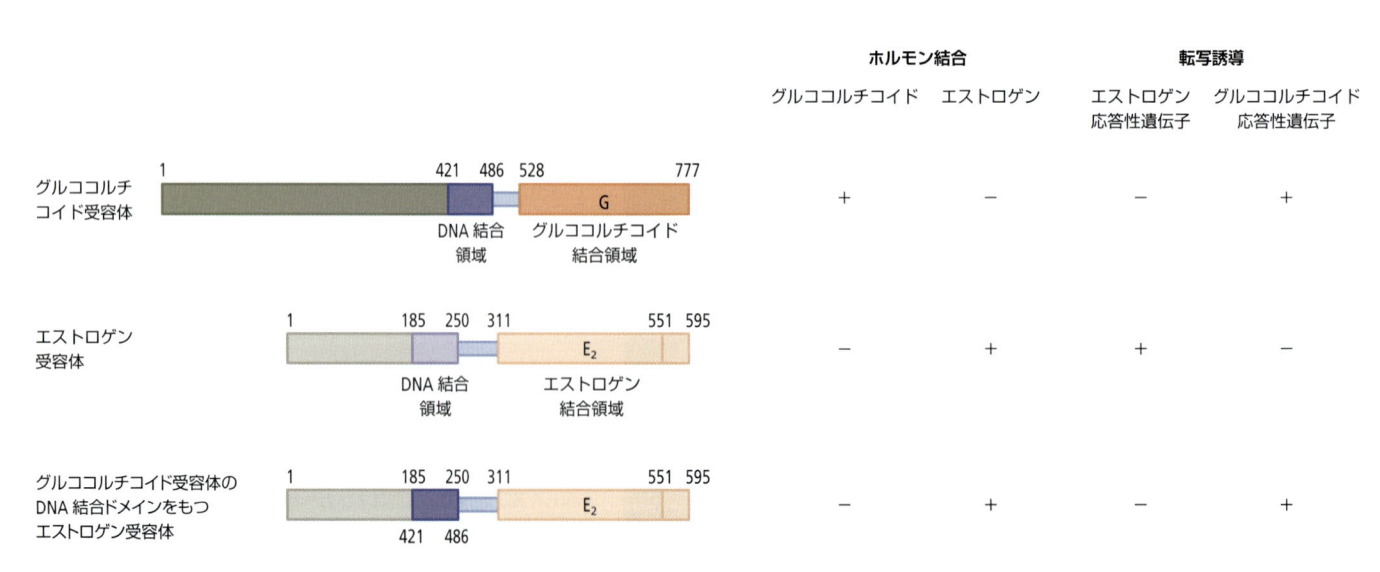

図 5.25
エストロゲン受容体とグルココルチコイド受容体の DNA 結合領域(紺色)の置換の効果。ハイブリッド受容体のホルモン結合と遺伝子誘導。

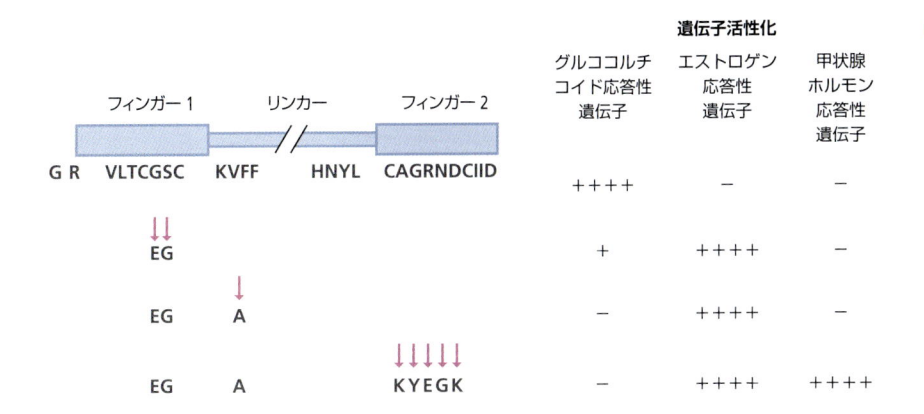

	フィンガー1	リンカー	フィンガー2	遺伝子活性化		
				グルココルチコイド応答性遺伝子	エストロゲン応答性遺伝子	甲状腺ホルモン応答性遺伝子
G R	VLTCGSC	KVFF HNYL	CAGRNDCIID	++++	−	−
	↓↓ EG			+	++++	−
	EG	↓ A		−	++++	−
	EG	A	↓↓↓↓↓ KYEGK	−	++++	++++

図 5.26
グルココルチコイド受容体のジンクフィンガー領域のアミノ酸置換による，ホルモン応答性の変化。

フィンガー2は，2つのパリンドローム反復配列の間隔を決定することによって，それぞれに結合する受容体同士の相互作用様式を規定しているといえる。

このように，さまざまな核内受容体と，それが結合するDNA配列との関係の解析により，フィンガー1とそれに続くヘリックスは受容体が結合する配列の特異性の決定に重要であること，そしてフィンガー2は受容体ホモ二量体が結合する配列の間隔の決定に重要であることがわかった。2つのジンクフィンガーを調べていくと，フィンガー1でDNA結合に重要なアミノ酸はαヘリックス領域に存在していることが明らかになった。これは，配列特異的なDNA認識におけるαヘリックスの重要性をさらに支持する結果である。一方，フィンガー2で結合配列の間隔を決定するアミノ酸は，分子の表面に位置している。したがって，これらのアミノ酸は，2つの受容体同士の相互作用を調節して，ホモ二量体を形成した受容体が2つの部分に分かれた配列に結合できるようにしていると考えられる。

受容体ホモ二量体はパリンドローム反復配列(表4.4a)に結合するが，直列反復配列(表4.4b)に結合する受容体もある。直列反復配列の間隔が1塩基の場合，レチノイドX受容体(retinoid X receptor；RXR)のホモ二量体が結合できる。よってこの配列は，RXRのリガンドである9-シスレチノイン酸に対する応答を担っている(図5.27)。しかし，直列反復配列の間隔が2，3，4，5塩基であると，RXRホモ二量体は結合することができない。これらの配列に対しては，RXRのDNA結合ドメインが別の核内受容体のDNA結合ドメインと相互作用して，ヘテロ二量体を形成して結合する。

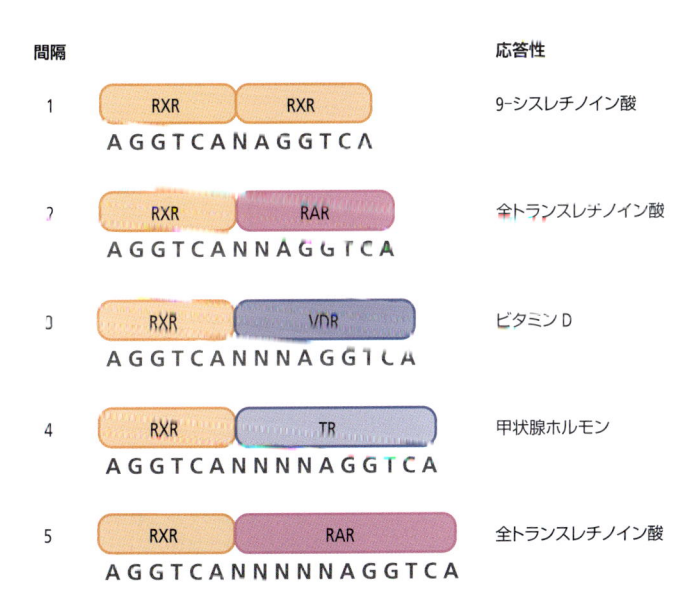

間隔		応答性
1	RXR RXR AGGTCANAGGTCA	9-シスレチノイン酸
2	RXR RAR AGGTCANNAGGTCA	全トランスレチノイン酸
3	RXR VDR AGGTCANNNAGGTCA	ビタミンD
4	RXR TR AGGTCANNNNAGGTCA	甲状腺ホルモン
5	RXR RAR AGGTCANNNNNAGGTCA	全トランスレチノイン酸

図 5.27
核内受容体ヘテロ二量体が結合する直列反復配列。2つの反復配列の間隔(N)に違いがある。RXRと結合する核内受容体の特性により結合配列が決まる。RAR：レチノイン酸受容体，VDR：ビタミンD受容体，TR：甲状腺ホルモン受容体。

これらのヘテロ二量体では，RXR の機能は抑制され，もう片方の受容体の応答がヘテロ二量体の応答となる。たとえば，間隔が2塩基あるいは5塩基の直列反復配列は，RXR とレチノイン酸受容体(retinoic acid receptor；RAR)のヘテロ二量体を結合し，RAR のリガンドである全トランスレチノイン酸に対する応答を担う。間隔が3塩基の直列反復配列は，RXR とビタミン D 受容体のヘテロ二量体を結合し，ビタミン D に対する応答を担う。間隔が4塩基の直列反復配列は，RXR と甲状腺ホルモン受容体のヘテロ二量体を結合し，甲状腺ホルモンに対する応答を担う(図 5.27)。

以上のことから，異なる DNA 結合ドメインを有する核内受容体が，ホモ二量体やヘテロ二量体のさまざまな組み合わせで DNA に結合することで，多様な DNA 配列の認識が可能になり，核内受容体による応答の多様性が生み出されていることがわかる。

ロイシンジッパーは二量体形成ドメインであり，隣接する塩基性領域で DNA に結合する

本章ではすでに，転写因子の解析がジンクフィンガーのような珍しい構造の発見と，DNA 結合におけるその重要性の解明をもたらしたことを述べた。同様のアプローチで，もう1つのモチーフ，**ロイシンジッパー**(leucine zipper)構造が同定された。肝臓特異的な遺伝子発現に関与する転写因子 C/EBPα は，その遺伝子の解析から，7アミノ酸ごとにロイシンが現れる，約30アミノ酸からなる領域をもつことがわかった。このようなロイシンの並びは，酵母の転写因子 **GCN4** や，**原癌遺伝子**(proto-oncogene)産物として知られる Myc, Fos, Jun などにも認められる。これらの原癌遺伝子産物は，当初，培養細胞を癌細胞様に変化させる働きがあることから同定されたもので(11.1節，11.2節)，細胞の遺伝子発現を制御することによって作用しているものと推測されていた(図 5.28)。

このロイシンに富む領域はαヘリックスを形成しており，ヘリックスの2回転ごとにロイシンが同じ面に位置する構造になっている。αヘリックス状に並んだロイシンの疎水性側鎖同士が結合しあうことにより，2つのαヘリックスは互いに指を組み合うような形で二量体を形成する(図 5.29)。C/EBPα のロイシンジッパーのロイシンをバリンやイソロイシンに置換すると，タンパク質は二量体を形成できなくなる。そして，これらのアミノ酸置換により，タンパク質は特異的な DNA 結合能も失う。

ヘリックス・ターン・ヘリックスモチーフとは異なり，ロイシンジッパーは DNA に直接結合することはない。タンパク質間の二量体形成を促進して，ロイシンジッパーに隣接する塩基性アミノ酸に富む領域が適切な構造をとり，酸性を示す DNA に結合できるようにしている(図 5.30)。塩基性 DNA 結合ドメインのアミノ酸の変異により，二量体形成能を維持しているのに DNA に結合できなくなる。塩基性 DNA 結合ドメインとロイシンジッパーが隣接した類似の構造は，酵母の転写因子 GCN4 や，原癌遺伝子産物の Fos や Jun にも認められており，60アミノ酸程度の狭い領域に二量体形成と配列特異的な DNA 結合を規定する機能が備わってい

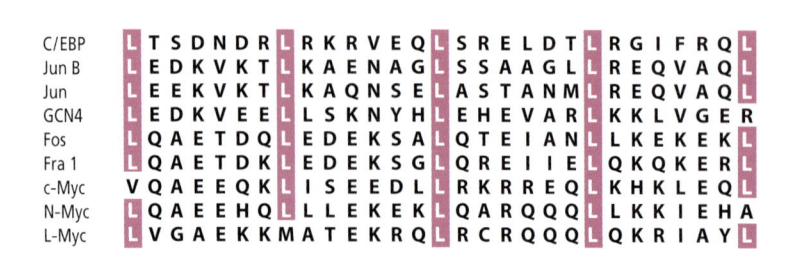

C/EBP	L TSDNDR L RKVEQ L SRELDT L RGIFRQ L
Jun B	L EDKVKT L KAENAG L SSAAGL L REQVAQ L
Jun	L EEKVKT L KAQNSE L ASTANM L REQVAQ L
GCN4	L EDKVEE L LSKNYH L EHEVAR L KKLVGER
Fos	L QAETDQ L EDEKSA L QTEIAN L LKEKEK L
Fra 1	L QAETDK L EDEKSG L QREIIE L QKQKER L
c-Myc	V QAEEQK L ISEEDL L RKRREQ L KHKLEQ L
N-Myc	L QAEEHQ L LLEKEK L QARQQQ L LKKIEHA
L-Myc	L VGAEKK MATEKRQ L RCRQQQ L QKRIAY L

図 5.28
いくつかの転写因子にみられるロイシンに富む領域の比較。保存されたロイシン(L)が7残基ごとに出現することに注意。

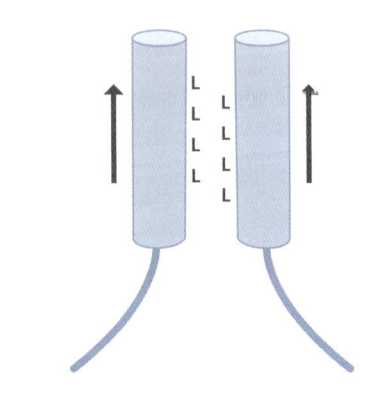

図 5.29
ロイシンジッパーのモデル。ロイシンジッパーを介して，2分子の転写因子が二量体を形成する。矢印は，2つのαヘリックスが互いに同じ向きに平行している(逆平行ではない)ことを示す。

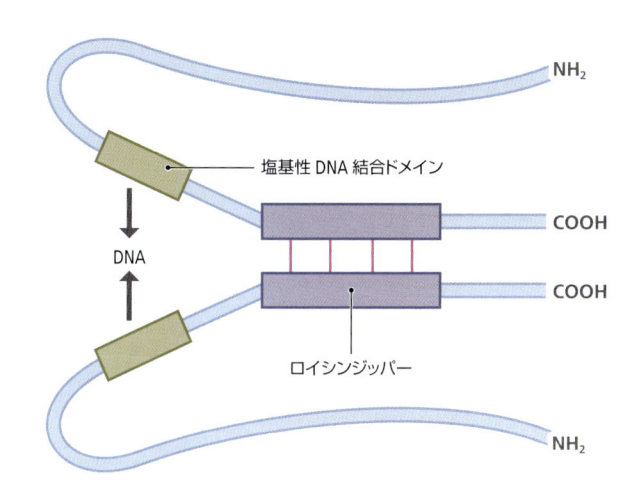

図 5.30
転写因子 C/EBP の二量体におけるロイシンジッパーと隣接する DNA 結合ドメインの構造。

る．したがってロイシンジッパーは，DNA に直接結合するのではなく DNA 結合能を調節する，という意味で，すでに述べた核内受容体のフィンガー2 に似た働きをしているといえる．

転写因子がロイシンジッパーで二量体を形成すると，塩基性 DNA 結合ドメインが二股に分かれるように配置して，対称な二量体構造をとる（図 5.30）．二量体を構成するそれぞれの分子の塩基性領域は α ヘリックスを形成し，2 本の DNA 鎖上の対称的な結合配列に沿って逆向きの角度で配置される．これにより，二量体は DNA を挟んだピンセットかハサミのもち手のような格好になり，DNA とタンパク質は非常にしっかりと結合することになる．

ヘリックス・ループ・ヘリックス二量体形成ドメインに関連した塩基性 DNA 結合ドメインをもつ転写因子がある

塩基性領域は，当初，ロイシンジッパーを有するタンパク質で発見されたが，その後，配列相同性の比較から，ロイシンジッパーをもたない多くの転写調節タンパク質にも塩基性領域が存在することが明らかになった．この場合は，塩基性領域に隣接して**ヘリックス・ループ・ヘリックス**（helix-loop-helix）がある．ヘリックス・ループ・ヘリックスは，すでに述べたホメオドメインタンパク質が有するヘリックス・ターン・ヘリックスとは異なり，ヘリックス構造をとらないループにより隔てられた 2 つの**両親媒性**（amphipathic）ヘリックス（ヘリックスの片面に位置するアミノ酸の側鎖がすべて荷電している）からなる．ヘリックス・ループ・ヘリックスは，当初 DNA との結合に重要と考えられたが，現在ではロイシンジッパーのように二量体形成に作用して，塩基性領域による DNA 結合を促進することが明らかになった．

ヘリックス・ループ・ヘリックスと塩基性領域を有する転写因子には，さまざまなものがあり，それらの発現部位も多様である．たとえば，神経発生に重要な転写因子（10.2 節）がこの構造を有する場合が多い．また，MyoD など，筋細胞の分化に重要な転写因子もこの構造をもつものが多い．MyoD をはじめとするこれら転写因子を未分化線維芽細胞に強制的に発現させると，筋肉特異的な遺伝子発現が誘導されて，線維芽細胞は骨格筋細胞に分化する．MyoD をコードする遺伝子は筋細胞分化の制御のうえで重要と考えられ，5-アザシチジンの投与により活性化させて筋細胞分化を誘導することができる（3.2 節，10.1 節）．

転写因子の二量体形成は別のレベルでの制御を可能にする

ロイシンジッパーやヘリックス・ループ・ヘリックスをもつ転写因子は，二量体を形成して，隣接する塩基性領域を使って DNA に結合する．転写因子の二量体形

成は，こうした転写因子による遺伝子調節機構に新しい局面を付与することになった。すなわち，同じ分子間でのホモ二量体形成に加えて，異なる分子間でのヘテロ二量体形成が行われると，DNA上の結合配列や遺伝子の活性化において，それぞれの因子のホモ二量体とは異なる制御が可能になる。

このようなホモ二量体やヘテロ二量体の形成により，核内受容体について前述したように，DNA上の結合配列が異なったものとなる。塩基性領域を有する転写因子の場合，**癌遺伝子産物**(oncoprotein)であるJunやFos(11.2節)でこのような効果が認められる。たとえば，Junはホモ二量体を形成して**AP-1**(activator protein-1)認識配列(TGACTCA)に結合する。これは，ホルボールエステルによる転写誘導を担う機構である(表4.3)。それに対して，Fosはホモ二量体としてDNAに結合することができず，Junとのヘテロ二量体を形成する必要がある。このヘテロ二量体は，AP-1認識配列にJunホモ二量体の30倍の親和性で結合し，より強力に転写を活性化する。ホモ二量体の形成もヘテロ二量体の形成も，それぞれのタンパク質のロイシンジッパーを介してなされている。したがって，ロイシンジッパーを介した二量体形成により，同一の結合配列に対して異なる親和性をもち，異なる転写活性化能をもつ，2種類の二量体が作用することが可能になっているといえる(図5.31)。

Fosがホモ二量体を形成できず，Junが存在しないとDNAに結合できない理由は，ロイシンジッパーの部分がJunと異なっていることによる。それゆえ，FosのロイシンジッパーをJunのものに置換すれば，ホモ二量体を形成できるようになる。ホモ二量体を形成したこのキメラタンパク質は，Fosの塩基性領域を用いてDNAに結合することから，FosのDNA結合ドメインは，それ自体で十分に機能的であることがわかる。

ヘテロ二量体形成は，転写に対して正に機能する場合もあれば，負に機能する場合もある。MyoDは転写アクチベーターであるが，ヘリックス・ループ・ヘリックスをもつが塩基性領域はもたないId因子とヘテロ二量体を形成すると，MyoDによる転写の活性化は抑制される。DNA結合には二量体構成成分の両方の塩基性領域の協調的な作用が必要であるため，MyoD-IdヘテロニクロニクロニクロDNAに結合できない。したがって，MyoDは転写を活性化できない。Id因子が存在しなければ，MyoDは筋細胞分化を促進できる(図5.32)（筋細胞分化に関与する骨格筋の遺伝子発現調節機構については10.1節参照）。

したがって，ロイシンジッパーやヘリックス・ループ・ヘリックスを介して異なる転写因子が二量体を形成することにより，DNA認識特異性も転写活性化能も異なる二量体による遺伝子発現調節が成立するといえる。実際，49個のヒトのロイシンジッパータンパク質を調べると，ロイシンジッパーはかなり類似していても，二量体を形成しうる相手分子の選択性は厳密である。このことからも，ヘテロ二量体形成はきわめて特異的に起こっており，それが遺伝子発現に重要な役割を果たしていることが支持される。

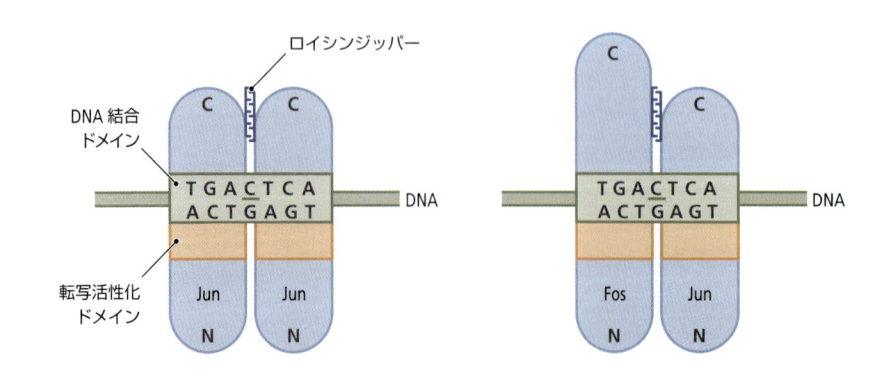

図5.31
JunのホモニクロとFos-JunヘテロニクロのDNA結合のモデル図。Turner R & Tjian R (1989) *Science* 243, 1689–1694より。The American Association for the Advancement of Scienceの許諾を得て転載。

図 5.32
MyoD の DNA 結合は Id 因子により阻害される。Id 因子は二量体形成のためのヘリックス・ループ・ヘリックス（HLH）をもつが，DNA 結合のための塩基性領域をもたない。

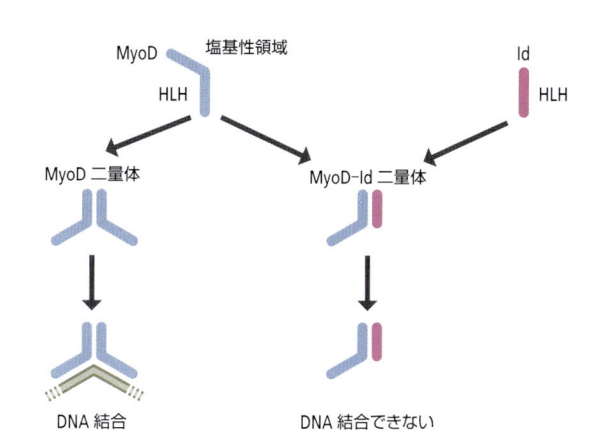

DNA 結合に作用する他のドメイン

　新しい転写因子の発見が進むと，多くのものは上述の4種類のどれかに分類できることがわかったが，いずれにも分類できないものがあることもわかってきた。さらに新しい DNA 結合ドメインが存在するということである。DNA 結合ドメインの構造が明らかになってくると，異なる DNA 結合ドメインの間の関係も明らかになってきた。*ets-1* 原癌遺伝子（11.2節）やマウスの *PU-1* 遺伝子の遺伝子産物に存在する Ets DNA 結合ドメインは，ショウジョウバエのフォークヘッド因子や，哺乳動物の肝臓にみられる転写因子 HNF-3 の DNA 結合ドメインとして同定されていた。ウイングド・ヘリックス・ターン・ヘリックス（winged helix-turn-helix）モチーフまたはフォークヘッド（forkhead）モチーフと呼ばれている構造と同一であることがわかった。そこでこれらの構造は，共通してウイングド・ヘリックス・ターン・ヘリックスモチーフと呼ばれるようになった。

　このモチーフには，前述のホメオドメインタンパク質と同様に，ヘリックス・ターン・ヘリックスが存在する。したがって，これら2つの DNA 結合ドメインには関連性があることがわかる。ウイングド・ヘリックス・ターン・ヘリックスモチーフには，2つのループ構造を伴う翼のように広がったβシート構造があることから，名称に「ウイングド（翼状）」という言葉が用いられている。ウイングド・ヘリックス部分を有する転写因子の大多数では，ヘリックス・ターン・ヘリックスモチーフに DNA 結合活性がある。しかし，hRFX1 はウインクド・ヘリックス部分を有する転写因子であるにもかかわらず，DNA 結合にヘリックス・ターン・ヘリックスモチーフは利用せず，βシートの翼状構造を利用する。ウイングド・ヘリックス部分を有する転写因子は，2つの異なるモチーフで DNA を認識できることが示唆される。

　もう1つの例は，POU ホメオドメインと POU 特異的ドメインとから構成される POU DNA 結合ドメイン（前述）と，脊椎動物の転写因子である Pax ファミリー因子の DNA 結合ドメインの類似性である。Pax ファミリー因子には，ホメオドメインと**ペアードドメイン**（paired domain）があり，いずれも高い親和性で DNA に結合する。POU 特異的ドメインとは異なり，ペアードドメインの場合はホメオドメインを伴わず単独で DNA 結合ドメインとして存在しうる。そのような例は，いくつかの Pax ファミリー因子やショウジョウバエの因子で散見される（図 5.33）。
　ショウジョウバエの Pax ファミリー因子である eyeless と哺乳動物の転写因子Pax3 や Pax6（12.1節）は，いずれも眼の発生に重要な機能を果たしている。それぞれの生物で眼の構造がまったく異なることを考えると，興味深い結果である。

　さまざまな DNA 配列を認識するための多様な DNA 認識ドメインが存在しており，それらは互いに関連性がある。普遍的な DNA 結合モチーフと**二量体形成ドメイン**（dimerization domain）の特徴を表 5.3 にまとめた。それぞれの DNA 結合モ

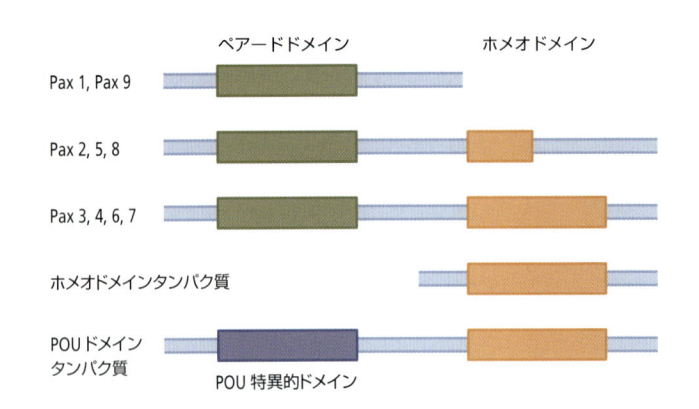

図 5.33
ペアードドメインタンパク質には，ホメオドメインをもたないもの，完全なホメオドメインをもつもの，部分的なホメオドメインをもつものがある。典型的なホメオドメインタンパク質と POU ドメインタンパク質を比較のために示してある。

表 5.3 転写因子の DNA 結合ドメインと二量体形成ドメイン

ドメイン	役割	ドメインを有する転写因子	備考
ホメオドメイン	DNA 結合	ショウジョウバエの多数のホメオティック遺伝子産物，他の生物種における関連遺伝子産物	ヘリックス・ターン・ヘリックスモチーフを介して DNA に結合
システイン-ヒスチジン型ジンクフィンガー	DNA 結合	TFⅢA，Krüppel，Sp1 など	多数のフィンガーモチーフ
システイン-システイン型ジンクフィンガー	DNA 結合	核内受容体ファミリー	アデノウイルスの E1A や酵母の GAL4 などに関連のある一組のフィンガーモチーフ
塩基性領域	DNA 結合	C/EBP, Fos, Jun, GCN4	ロイシンジッパーとともにみられることが多い
ロイシンジッパー	タンパク質の二量体形成	C/EBP, Fos, Jun, GCN4, Myc	隣接するドメインの DNA 結合に必須な二量体形成の調節
ヘリックス・ループ・ヘリックス	タンパク質の二量体形成	Myc，ショウジョウバエの daughterless，MyoD, E12, E47	隣接するドメインの DNA 結合に必須な二量体形成の調節

チーフは多くの転写因子に共通するものであるが，1つ1つのアミノ酸はそれぞれの転写因子で多少異なっている。これにより，実際に結合する標的配列が異なり，転写因子ごとに多様な標的遺伝子を活性化することになる。

ここまでに説明した 4 種類の DNA 結合ドメイン(ヘリックス・ターン・ヘリックス，塩基性領域，2 種類のジンクフィンガー)は互いに関連性のないタンパク質であるにもかかわらず，すべて α ヘリックス構造を使って DNA の特異的な塩基を認識する。それなら，なぜ，すべて同じファミリーではなく，別々の転写因子が存在するのであろうか？

ただ単に，それぞれの因子が独立に進化して，機能を効率的に果たすことができるものが残ったと考えることができる。あるいは，DNA 結合で何か異なる機能が必要だったために異なるモチーフが存在するようになったとも考えられる。たとえば，Cys_2His_2 型のジンクフィンガーを DNA 結合ドメインとして有する TFⅢA は，幅広い制御ドメインと相互作用する必要があるのかもしれない。対照的に，ホモ二量体形成や他の因子とのヘテロ二量体形成で制御される因子にとっては，二量体として DNA に結合する塩基性領域が都合がよいのかもしれない。

5.2 転写活性化

転写因子が DNA に結合することは転写活性化のための必要条件であるが，それ

だけで十分であるかどうかははっきりしない部分がある。転写因子は，DNA に結合した後，直接 RNA ポリメラーゼを活性化したり，他の転写因子の結合を促進したり，安定な転写因子複合体の形成を促進したりすることで，転写を活性化するはずである。いくつかの転写因子は転写を抑制するが，詳しく調べられている転写因子の多くは，転写を活性化する。本節では，転写因子が転写を活性化する機構について述べる。転写を抑制する機構については，5.3 節で述べる。

ドメインスワッピング実験により転写活性化ドメインが同定された

5.1 節でみた通り，転写因子はモジュール構造をとっている。ある特定の部分が DNA 結合機能を担っており，別の部分はホルモンなどの共役因子の結合を担っている。したがって，転写因子のある特定の部分が，転写因子が DNA に結合した後の転写の活性化を担っていると考えられる。

多くの場合，転写活性化に関与する部分は，DNA 結合に関与する部分とは別である。こうしたドメイン構造は，酵母の転写因子 GCN4 で明瞭にみることができる。GCN4 は，アミノ酸飢餓に曝されると，アミノ酸生合成に関与する酵素群を誘導する機能がある。DNA 結合能を有する 60 アミノ酸の部分のみを細胞で発現させると，GCN4 結合配列への結合は観察されるが，転写は活性化されない。したがって，転写活性化のためには，DNA 結合が必要であるが十分ではなく，転写活性化をもたらす機能は，DNA 結合を行うドメインとは別の部分に存在することが予想される。

DNA 結合部位の決定のときのような，DNA との結合や他のタンパク質との結合を調べるという簡単な実験だけでは，転写活性化に関与する領域は決められない。DNA 結合に続く転写活性化を調べるという機能的なアッセイが必要である。そこで，転写活性化ドメインは，いわゆるドメインスワッピング（domain-swap）実験により同定された。ある転写因子の DNA 結合ドメインに，別のさまざまな転写因子のドメインを連結した融合タンパク質が，DNA 結合ドメインの認識配列を介して転写を活性化することができるかどうかを調べる（図 5.34）。DNA 結合ドメインに連結した方のドメインに転写活性化能があれば，融合タンパク質は転写を活性化できる。このようにして，転写活性化ドメインが明らかにされた。

酵母の GCN4 の場合，DNA 結合領域の外側の 60 アミノ酸の領域を，細菌の調

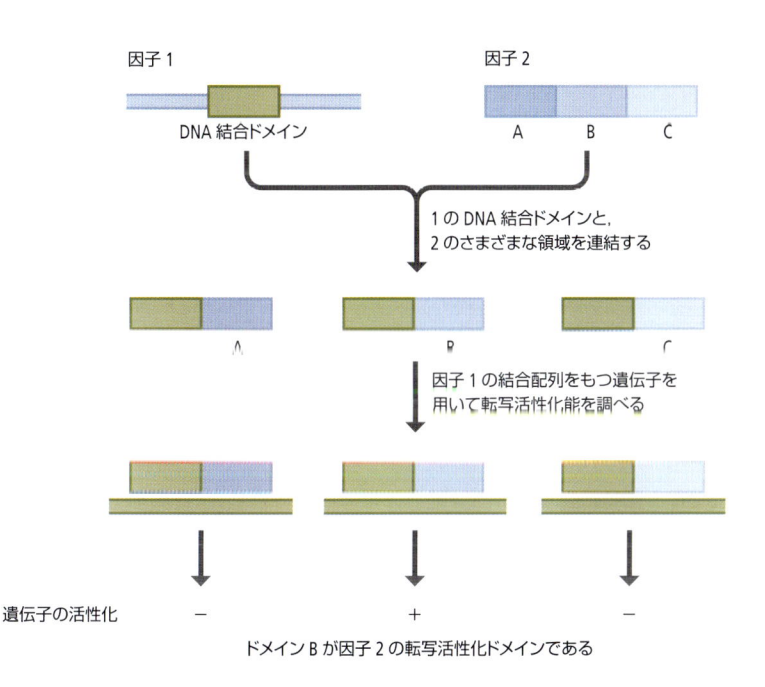

図 5.34
ドメインスワッピング実験。因子 1 の DNA 結合ドメインに，因子 2 のさまざまな領域を連結して，融合タンパク質を作成する。融合タンパク質が，因子 1 の結合配列依存的な転写活性化を示すかどうかを調べる。これにより，因子 2 の転写活性化ドメインを探すことができる。

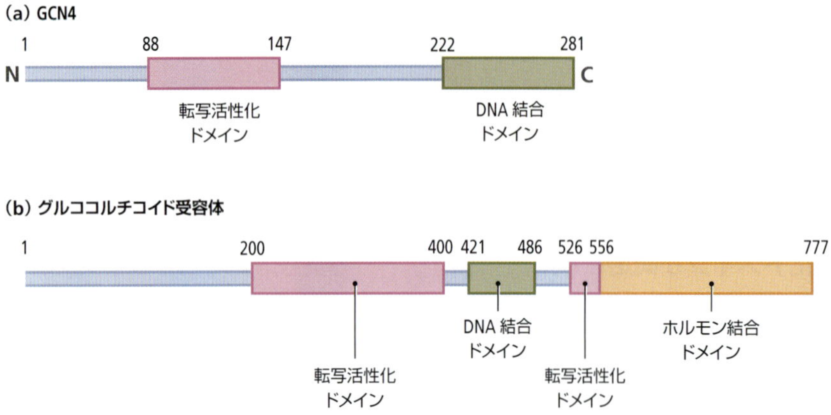

(a) GCN4

```
1        88      147           222      281
N ━━━━━┃     ┃━━━━━━━━━━━┃         ┃━━━ C
         転写活性化              DNA 結合
         ドメイン                ドメイン
```

(b) グルココルチコイド受容体

```
1       200        400 421  486 526 556           777
━━━━━━┃    ┃━━━━━┃  ┃━━┃  ┃━━━━━━━━━━┃
      転写活性化     DNA 結合  転写活性化   ホルモン結合
      ドメイン       ドメイン  ドメイン    ドメイン
```

図 5.35
酵母の GCN4 の構造(a)と，哺乳動物のグルココルチコイド受容体の構造(b)。DNA 結合と転写活性化を担っているドメインを示す。

節タンパク質 LexA の DNA 結合ドメインに連結すると，融合タンパク質は LexA の結合配列を介して転写を活性化する。LexA の DNA 結合ドメインだけでも，あるいは GCN4 の 60 アミノ酸だけでも転写は活性化されない。したがって，GCN4 のこの領域に転写活性化能があるといえる。これは，GCN4 の DNA 結合ドメインとは別の領域である（図 5.35a）。

この実験は最初は酵母で行われたが，哺乳動物の転写因子の活性化ドメインも同じ方法で同定された。グルココルチコイド受容体の場合，2 つの独立した領域がいずれも転写活性化能を有することがこの方法により示された（図 5.35b）。

ドメインスワッピング実験の成功は，転写因子がモジュール構造をとっており，ある転写因子の DNA 結合ドメインが，別の因子の転写活性化ドメインと相乗的に働きうることを意味する。これは，グルココルチコイド受容体とエストロゲン受容体で，DNA 結合領域を置換する実験に似ている。この実験で作成された融合タンパク質は，ステロイド結合ドメインにエストロゲンが結合するが，グルココルチコイド受容体の認識配列に結合する。すなわち，エストロゲンに応答して，グルココルチコイド応答性遺伝子が活性化される（図 5.25）。

モジュール構造の極端な例は，哺乳動物細胞に感染した単純ヘルペスウイルスのタンパク質 VP16 である。5.1 節で述べたように，VP16 はウイルスの初期応答遺伝子群の発現を活性化する。この因子は，GAL4 の DNA 結合ドメインに結合すると強力に転写を活性化させる領域を有している。それ自身は DNA 結合ドメインをもたず，DNA に結合することはできないが，感染を起こすと細胞内のオクタマー結合タンパク質 Oct1 に結合する。Oct1 はウイルス遺伝子のプロモーター領域に存在する TAATGARAT（R はプリン塩基 A または G）に結合する DNA 結合ドメインを提供し，VP16 はウイルス遺伝子を強力に活性化することが可能になる。ここでは，DNA 結合ドメインと転写活性化ドメインが別々のタンパク質によって担われている（図 5.36）。

転写活性化ドメインの種類

ドメインスワッピング実験により 3 種類の転写活性化ドメインの存在が明らかになった（表 5.4）。最も普遍的なものは酸性アミノ酸に富む活性化ドメインで，強く負に荷電しており，酸性活性化ドメイン（acidic activation domain）と呼ばれる。たとえば，グルココルチコイド受容体では，82 アミノ酸からなる N 末端領域の転写活性化ドメインに 17 残基の酸性アミノ酸が含まれている。同様に，60 アミノ酸からなる GCN4 の転写活性化ドメインにも，17 残基の酸性アミノ酸が含まれている。これらのことから，転写活性化には縞状の酸性領域，あるいは，ひも状の負荷電領域の存在が必要であると考えられる。負に荷電していることが重要と考えられるが，同時に，いくつかの保存された疎水性アミノ酸が存在することも，転写活性

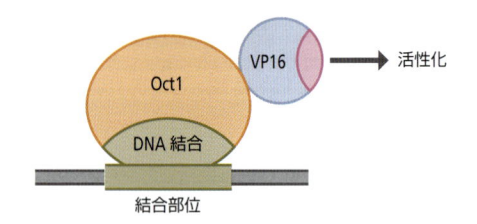

図 5.36
Oct1 と VP16 による転写活性化。Oct1 には DNA 結合ドメインがあるが，単純ヘルペスウイルスタンパク質の VP16 には，転写活性化ドメインはあるものの DNA 結合ドメインがない。

表 5.4 転写因子の活性化ドメイン

ドメイン	ドメインを有する因子
酸性活性化ドメイン	酵母 GCN4, GAL4, 核内受容体など
グルタミンに富む活性化ドメイン	Sp1, Oct1, Oct2, AP-2 など
プロリンに富む活性化ドメイン	CTF/NF1, AP-2, Jun, Oct2 など

化能の保持に必要なようである。

　実際，VP16 の酸性活性化ドメインを解析すると，負に荷電したアミノ酸残基と保存された疎水性残基の両方が寄与する 2 段階の転写活性化機構が示唆される。VP16 は，TFIID の構成成分 TAF$_{II}$31（TAF$_{II}$40 としても知られる。TFIID の構成成分 TAF の転写アクチベーターの標的としての役割については下記参照）と相互作用することで転写を活性化する。まず，負に荷電した VP16 の酸性活性化ドメインと正に荷電した TAF$_{II}$31 の間に生じる長距離の静電相互作用から始まる。この最初の相互作用により，VP16 の酸性活性化ドメインのコンホメーションが変化してαへリックスが形成され，保存された 3 つの疎水性アミノ酸が互いに近づき，これが TAF$_{II}$31 と相互作用する（図 5.37）。このような酸性アミノ酸と疎水性アミノ酸による 2 段階の転写活性化は，VP16 に限ったことではなく，酸性活性化ドメインをもつ細胞内の転写因子でも認められる。

　酸性活性化ドメインは，酵母からヒトに至る幅広い生物種の転写アクチベーターで利用されているが（表 5.4），転写活性化を担うドメインは他にも存在する。転写因子 Sp1 の転写活性化を担う 2 つのドメインはいずれも，負に荷電したアミノ酸が特に多いわけではない。その代わり，それぞれのドメインにはグルタミンが多く，Sp1 が転写活性化能を発揮するにはグルタミンに富む領域が保持されていなくてはならない。同様のドメインは，ホメオドメインタンパク質である Antennapedia や Cut（カット），ショウジョウバエの別の転写因子である Zeste（ゼスト），POU ドメインタンパク質である Oct1, Oct2 などにも認められ，このタイプの転写活性化ドメインが Sp1 以外の転写因子にも存在することがわかる。

　もう 1 つの転写活性化ドメインは，多くの真核生物の遺伝子プロモーターに存在する CCAAT ボックス（表 4.2）に結合する転写因子 CTF/NF1 で同定された。この転写活性化ドメインには酸性アミノ酸もグルタミンも多くはなく，その代わりプロリンが多数含まれている。その割合は，転写活性化ドメインを構成するアミノ酸の 4 分の 1 にものぼる。同様のプロリンに富む活性化ドメインは，AP-2 や Jun など他の転写因子にも存在している。

　このように，DNA 結合領域と同様に，いくつかのタイプのモチーフが転写活性化に関与している（表 5.4）。

転写はどのようにして活性化されるか？

　前述の通り，酵母，ショウジョウバエ，哺乳動物，それぞれの転写因子の活性化ドメインがよく似ていることから，転写活性化には種をこえた共通の機構が存在することが予測される。実際，グルココルチコイド受容体など哺乳動物の転写因子が，哺乳動物の細胞，ショウジョウバエの細胞，タバコの細胞のいずれにおいても，その結合配列を有する遺伝子を活性化することができる。酵母の因子と哺乳動物の因子とでさえ，相乗的に作用して転写を活性化できる。たとえば，グルココルチコイド受容体の結合配列と GAL4 の結合配列の両者を有する遺伝子は，哺乳動物細胞で両転写因子により相乗的に活性化され，活性化のレベルは単独の因子による転写活性化の単純な和よりも大きくなる。本来出会うはずがない異なる生物種の転写因

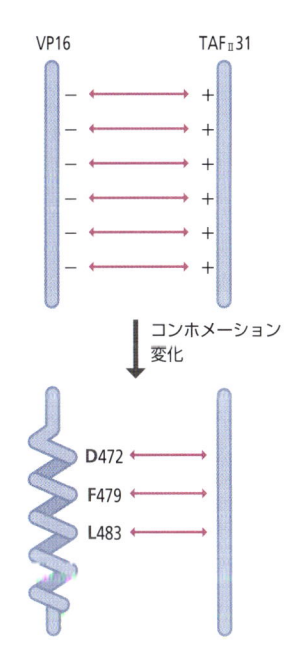

図 5.37
まず，負に荷電した VP16 の酸性活性化ドメインと正に荷電した TAF$_{II}$31 の間で静電相互作用が起こる。これにより，VP16 の酸性活性化ドメインのコンホメーションが変化してαヘリックスが形成される。その結果，疎水性アミノ酸のアスパラギン(D)472, フェニルアラニン(F)479, ロイシン(L)483 が互いに近づき，これが TAF$_{II}$31 と相互作用する。

子同士が相乗的に作用できるということは，基本転写複合体(4.1節)が種をこえて高度に保存されているためと考えられる。

転写アクチベーターは，基本転写複合体を構成するさまざまな因子と相互作用することができる。この相互作用により，基本転写因子の複合体形成が促進されて転写が活性化される(図5.38a)。あるいは，すでに複合体に含まれている因子のコンホメーションを変化させることで，複合体の活性を上昇させたり，より安定化させたりするとも考えられる(図5.38b)。基本転写因子が順番に会合して複合体を形成する場合(段階的モデル)でも，RNA ポリメラーゼとともにホロ酵素を形成している複合体成分がリクルートされる場合(ホロ酵素モデル)でも，これらの機構はいずれも実際に利用されている(これらの複合体形成モデルについての詳細は4.1節を参照)。以下，転写活性化の標的となる複合体の構成成分について順を追って説明するが，その順番は段階的モデルで結合する順番とする。

転写アクチベーターはTFⅡDと相互作用する

第4章(4.1節)で述べたように，TFⅡD複合体[TATAボックス結合タンパク質(TATA box-binding protein；TBP)とTBP随伴因子(TBP-associated factor；TAF)からなる]のTATAボックスへの結合が，段階的モデルでもホロ酵素モデルでも，最初の段階である。したがって，TFⅡD複合体は転写アクチベーターの標的分子を含んでいると考えられる。初期の研究から，TFⅡDのプロモーターへのリクルートおよびそのコンホメーションの両者が，転写アクチベーターの存在により影響を受けることがわかった。TFⅡDのプロモーターへの結合が促進されると，基本転写複合体を構成する他の因子の結合も促進されると考えられる。また，TFⅡDのコンホメーション変化は，他の複合体構成成分との親和性を強めたり，基本転写複合体の機能を増強させたりすると考えられる(図5.39)。とはいえ，4.1節で述べたように，TFⅡD自体がDNA結合タンパク質であるTBPとその随伴因子からなる複合体であるため，解析は複雑である。

実際，TBPとTAFのいくつかは，転写アクチベーターの標的分子である(図5.40)。転写アクチベーターの酸性活性化ドメインが，TBPと直接結合する。TBPと結合できなくなるようなアミノ酸置換を行うと，転写アクチベーターは転写活性化能を失う。したがって，両者の相互作用が転写活性化に重要であるといえる。このような転写アクチベーターは，TBPがプロモーターに結合してくる頻度を増加させ，その結果，基本転写複合体が形成される頻度が上昇することになる。転写アクチベーターにTBPのリクルートを促進する作用があることは，4.3節で述べたクロマチン免疫沈降(chromatin immunoprecipitation；ChIP)法を用いることより，実際の細胞の中でも確認できている。

転写アクチベーターがTBPに直接結合して転写を活性化する場合がある一方，TAFの仲介を必要とする場合もある。精製したTBPのみを添加しても試験管内での転写活性化は観察されないが，TFⅡD複合体の全体を添加すると反応が起こる。この結果は，転写活性化にTAFが必要であることを意味している。興味深いのは，相互作用するTAFは転写活性化ドメインの種類によって異なる，という点である。たとえば，Sp1のグルタミンに富む活性化ドメインはTAF$_{\mathrm{II}}$110と相互作用し，VP16の酸性活性化ドメインはTAF$_{\mathrm{II}}$31と結合する。また，TAF$_{\mathrm{II}}$55はプロリンに

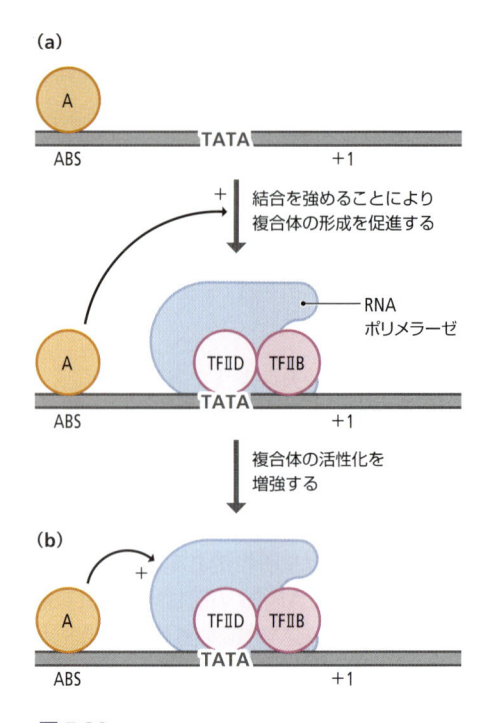

図5.38
(a) DNA上の結合部位(ABS)に結合した転写アクチベーター(A)は，基本転写複合体の形成を促進する。(b)もしくは，すでに形成されている基本転写複合体の活性化を増強する。

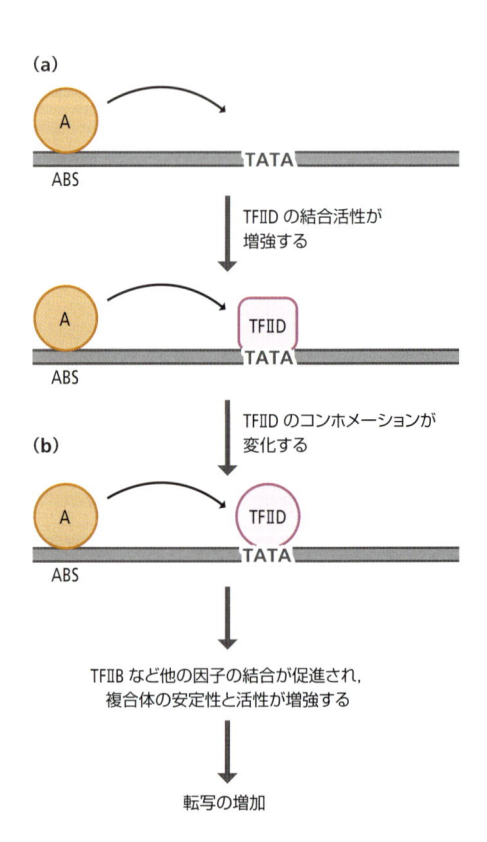

図5.39
(a) DNA上の結合部位(ABS)に結合した転写アクチベーター(A)は，TFⅡDのTATAボックスへの結合を促進する。その結果，TFⅡDに引き続き会合してくる因子の結合が促進され，プロモーターにおける基本転写複合体の形成が促進される。(b)さらに，転写アクチベーターは，TFⅡDのコンホメーションを変化させてその活性を増強する。その結果，他の因子のリクルートが促進されて，転写活性化がより強くなる。

富む活性化ドメインを含む，さまざまな転写活性化ドメインと結合する。このように，TFIID の各成分は多様な転写活性化ドメインの標的となっている（図 5.41）。

TAF と転写アクチベーターの関係は，細胞特異的な TAF の存在によりやや複雑になっている。たとえば，B 細胞は TAF$_\text{II}$105 と呼ばれる TAF$_\text{II}$130 と相同性の高い TAF を発現しているが，これは他の細胞系列ではみられない。また，TAF$_\text{II}$250 の変異は，細胞周期関連遺伝子の発現を低下させるが，それ以外の遺伝子の発現には影響しない。さまざまな TBP 様因子が存在している（4.1 節）のと同様に，TAF についても，このようにプロモーターや細胞系列ごとに異なる TAF が使い分けられている。

TAF は転写アクチベーターと基本転写複合体をつなぐ重要な仲介因子であるといえる。TAF は直接 DNA には結合せず，DNA に結合している転写アクチベーターを介して作用を発揮することから，コアクチベーター（co-activator）と呼ばれている。

転写アクチベーターは TFIIB と相互作用する

転写アクチベーターが TFIID と相互作用することは多くの証拠から支持されているが，TFIID がプロモーターに結合した後に，さらなる基本転写因子の会合や活性化の促進に作用する転写アクチベーターもある。第 4 章（4.1 節）で述べたように，TFIID がプロモーターに結合した後には TFIIB が結合する。TBP や TAF と同様に，TFIIB に転写アクチベーターが結合することが示されている。これを利用して，酸性活性化ドメインを有する転写因子を結合させたカラムを用いて TFIIB を精製することができる。また，TFIIB との相互作用ができない酸性領域の変異体は，転写活性化能を失う。

TFIID と同様に，TFIIB と転写アクチベーターの相互作用は，TFIIB のプロモーターへの結合を促進し，結合後の構造を変化させる。その結果，RNA ポリメラーゼなどがより効率的に基本転写複合体へリクルートされてくることになる（図 5.42）。したがって，TFIID の構成成分と同じく，TFIIB も転写アクチベーターの標的である。

転写アクチベーターはメディエーター複合体および SAGA 複合体と相互作用する

第 4 章（4.1 節）で述べたように，TFIIB の結合は，それに引き続く RNA ポリメラーゼ II と TFIIF のリクルートを促進する。RNA ポリメラーゼ II の最大サブユニットの C 末端に存在するリピート配列は，転写の開始と伸長反応に重要であることが報告されているが（4.1 節，4.2 節），それに加えて転写アクチベーターへの応答にも貢献していることが示唆されている。この反復配列を欠失させると，転写アクチベーターによる転写の促進が観察されなくなり，反復配列の数を増やすと，転写アクチベーターに対する応答が増強される。

しかし，転写アクチベーターが直接 RNA ポリメラーゼに結合するとは考えにくい。酵母や哺乳細胞での解析から，20 以上のポリペプチドから構成される**メディエーター**（mediator）複合体が同定された。RNA ポリメラーゼ II の C 末端領域（C-terminal domain，CTD）は分子全体から突出しており，メディエーター複合体と相互作用する。そして，この相互作用が転写アクチベーターに対する応答に必要である。転写アクチベーターは，メディエーター複合体との相互作用を通じて

図 5.40
転写アクチベーター（A）は，(a) TATA ボックス結合タンパク質（TBP）に直接結合するか，(b) TBP 随伴因子（TAF）を介して間接的に TBP に結合することで，TFIID と相互作用する。

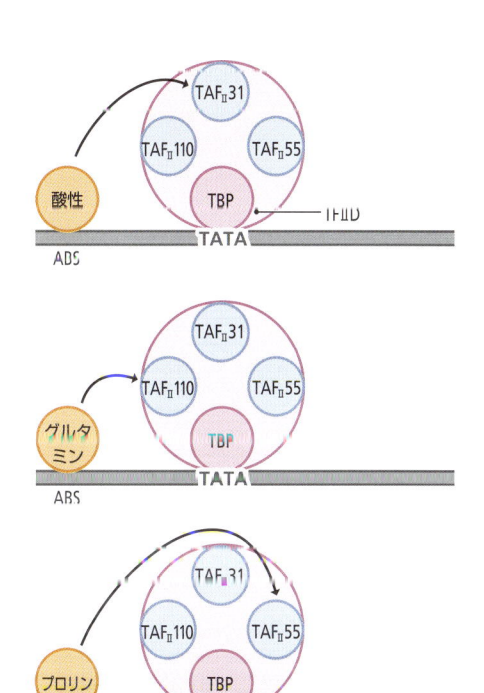

図 5.41
転写アクチベーターが標的にする TFIID 複合体の構成成分は，その転写活性化ドメインの種類によって異なる。酸性活性化ドメインは TAF$_\text{II}$31 に，グルタミンに富む活性化ドメインは TAF$_\text{II}$110 に，プロリンに富む活性化ドメインは TAF$_\text{II}$55 に結合する。

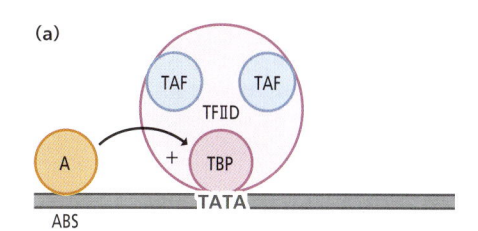

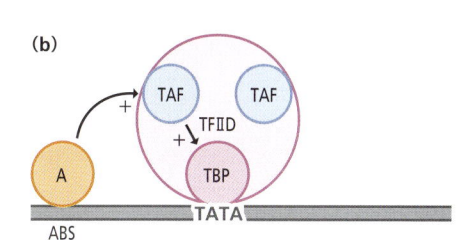

図 5.42
転写アクチベーター(A)が適切な結合配列(ABS)に結合すると，転写の頻度が上昇する。TFIIBの結合が促進されたり，基本転写複合体の他の構成成分をより効率的にリクルートできるようになったりするためである。TFIIDについて同様の効果を示している図5.39と比較すること。

RNA ポリメラーゼの活性を上昇させていることになる(図5.43)。

メディエーター複合体を電子顕微鏡で観察すると，RNA ポリメラーゼⅡに結合しているメディエーター複合体は部分的に RNA ポリメラーゼを包み込んでいることがわかった。こうして RNA ポリメラーゼは転写アクチベーターから活性化のシグナルを受け取っていると考えられる(図5.44, 図5.45)。TFIIDの場合と同様に，異なる転写活性化ドメインは，メディエーター複合体の異なる構成成分と結合する。したがって，異なるメディエーター複合体の変異は，異なる転写アクチベーターに対する応答を障害する。

メディエーター複合体は，さらに，TFIIHによる RNA ポリメラーゼの CTD のリン酸化を促進する。したがって，転写アクチベーターは，RNA ポリメラーゼⅡが転写を開始するのに必要となる TFIIH の活性化というメディエーター複合体の機能を促進するといえる(図5.46)。

RNA ポリメラーゼが DNA に結合する前からメディエーター複合体はホロ酵素に結合しており，転写アクチベーターとメディエーター複合体の結合により，基本転写複合体が DNA 上へ結合する過程が促進される。第4章(4.1節)で述べたように，ホロ酵素は RNA ポリメラーゼⅡだけでなく，TFIIB, TFIIE, TFIIF, TFIIH などの基本転写因子を含んでいる。そして，メディエーター複合体を含んでいることにより，転写アクチベーターや，SWI-SNF 複合体などのクロマチンリモデリング因子の作用に応答することができる(3.5節)。

転写活性化の鍵を握るタンパク質複合体として，メディエーター複合体の他に SAGA(Spt-Ada-GCN5-アセチルトランスフェラーゼ)複合体がある。この転写複合体は，転写アクチベーターに応答(前述)するための TAF などの因子を含むと同時に，ヒストンのアセチル化を触媒する GCN5 などの酵素(2.3節)を含む。したがって，**SAGA 複合体**(SAGA complex)は，転写アクチベーターの機能を基本転写複合体へ反映させつつ，ヒストンのアセチル化などクロマチン構造の変化ももたらすといえる(図5.47)。

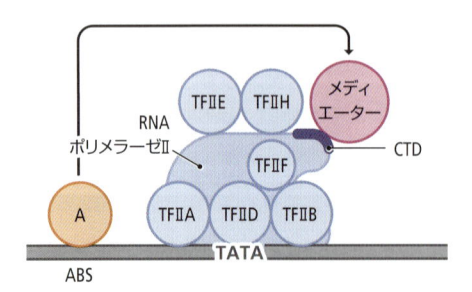

図 5.43
転写アクチベーター(A)は，RNA ポリメラーゼⅡの C末端領域(CTD)に結合しているメディエーター複合体を介して，RNA ポリメラーゼⅡとは間接的に相互作用している。

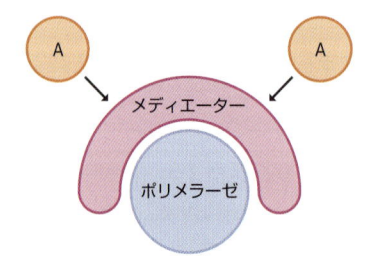

図 5.44
RNA ポリメラーゼⅡに結合しているメディエーター複合体の模式図。メディエーター複合体は部分的に RNA ポリメラーゼを包み込んでおり，これにより転写アクチベーター(A)からのシグナルをポリメラーゼに伝えることができる。

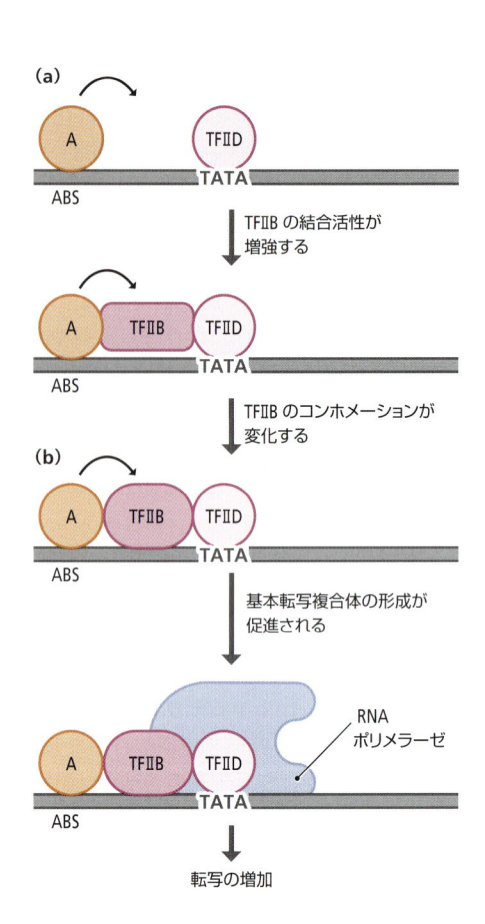

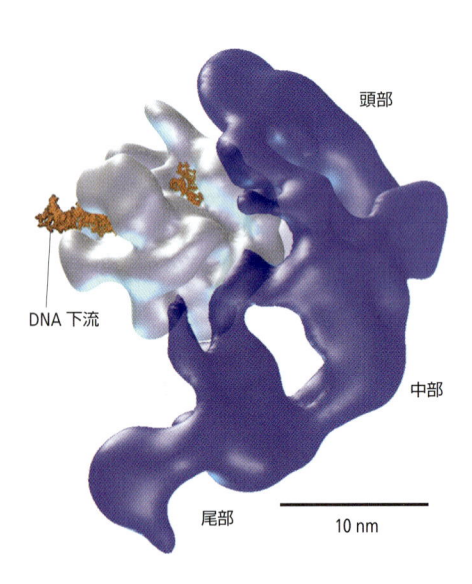

図 5.45
メディエーター複合体(紫色)とポリメラーゼ(水色)の相互作用を示す構造モデル。DNAはオレンジ色で示す。スケールバーは 10 nm(100 Å)。Francisco Asturias, The Scripps Research Institute の厚意による。

転写アクチベーターはコアクチベーターと相互作用する

　前述の通り，転写アクチベーターは最終的な標的因子と直接結合するのではなく，TAFやメディエーター複合体，SAGA複合体などを介して間接的に相互作用する場合が多い。このことがコアクチベーターという概念をもたらした。すなわち，直接DNAに結合するのではなく，DNAに結合した転写アクチベーターからのシグナルを基本転写複合体へ伝える因子である。

　実際，さまざまな状況で，特異的な転写アクチベーターに作用するコアクチベーターが数多く同定されている。こうしたコアクチベーターは，DNAに結合している転写因子とのタンパク質間相互作用により，DNAに間接的に結合して転写を活性化する。おそらく，最もよく知られているコアクチベーターは，CREB結合タンパク質(CREB-binding protein；CBP)である。その名称からわかるように，CBPは当初，cAMPに応答する遺伝子の活性化に作用する転写因子CREBに結合するタンパク質として同定された(cAMP/CREBシステムについての詳細は8.2節参照)。

　最も重要な点は，CBPが，133番目のセリンのリン酸化を受けたCREBとのみ相互作用するということである。このリン酸化は，CREBによる転写活性化に必須であることから，CBPのリクルートが転写の活性化に重要であることがわかる(8.2節)。このように，CBPはDNAには直接結合せず，DNAに結合しているリン酸化されたCREBとの相互作用によりDNA上へリクルートされて，転写を活性化する。

　CBPは，現在，本書に登場する数多くの転写アクチベーターによる転写活性化に貢献していることが知られている。たとえば，核内受容体(5.1節)，NFκB(8.2節)，p53(11.3節)，MyoD(5.1節，10.1節)などである。CBPとその類縁タンパク質であるp300は，数多くの転写アクチベーターのコアクチベーターとして機能する(図5.48)。CBPは実に多くの転写因子によりコアクチベーターとして利用されているので，それぞれの転写因子の間でCBPをめぐる競争が起こることも考えられる。これは，グルココルチコイドとホルボールエステルのように，細胞が複数の刺激を同時に受けると，どちらへの応答もみられなくなる現象を裏づける(8.1節，図8.12)。

　核内受容体に結合するコアクチベーターは，CBP以外にも存在する。ホルモンと結合した核内受容体には，特異的なコアクチベーターが結合する。このような受

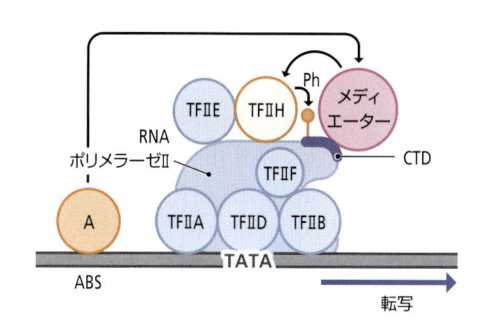

図 5.46
転写アクチベーターは，メディエーター複合体を介して転写開始を促進すると同時に，メディエーター複合体とTFⅡHの相互作用を促進し，RNAポリメラーゼⅡのC末端領域(CTD)のリン酸化(Ph)を促進する。

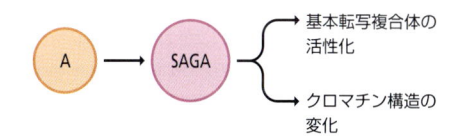

図 5.47
転写アクチベーター(A)は，SAGA複合体を介して基本転写複合体を活性化し，またクロマチン構造を変化させる。

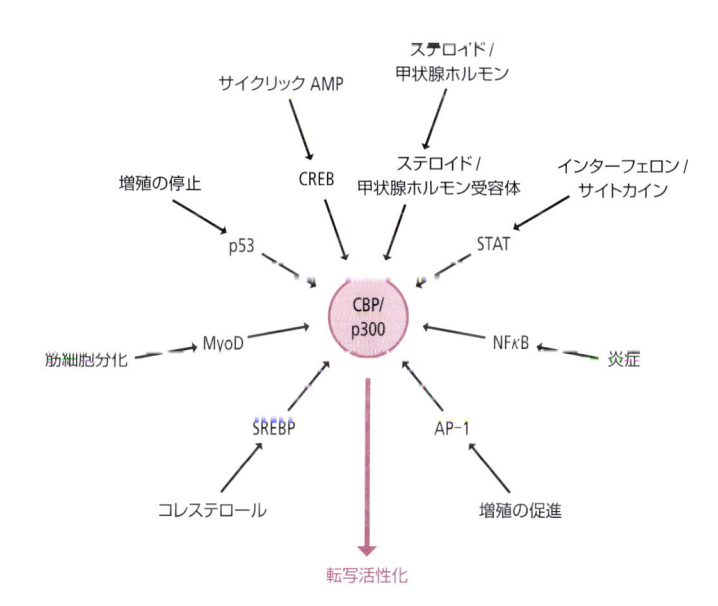

図 5.48
さまざまな転写アクチベーターが，コアクチベーターであるCREB結合タンパク質(CBP)やその類縁タンパク質であるp300を介して転写を活性化している。

容体では，ホルモンが結合してから特異的なコアクチベーターが作用するので，ホルモン依存的に転写が活性化されることになる(8.1節)。

コアクチベーターは，DNA に結合した転写因子へリクルートされた後，2つの機構により転写を活性化する。どちらの機構も CBP では実際に用いられている。CBP は，TBP や TFIIB や RNA ポリメラーゼホロ酵素など，基本転写複合体のさまざまな構成成分と結合し，それにより CREB と基本転写複合体との間のギャップを埋めて，CREB による転写活性化を可能にしている(図 5.49a)。

さらに，2.3 節および 3.3 節で述べたように，CBP にはヒストンアセチルトランスフェラーゼ活性がある。したがって，CBP は，ヒストンをアセチル化して，クロマチン構造を弛緩した状態にして転写を活性化すると考えられる(図 5.49b)。以上のようにコアクチベーターは，転写アクチベーターと基本転写複合体の間を仲介することによって，あるいはクロマチン構造を変化させることによって，作用している。

転写アクチベーターはクロマチン構造を変化させる

すでに述べたように，転写アクチベーターは，直接的に，あるいはコアクチベーターやメディエーター複合体を介して間接的に，基本転写複合体の構成成分と相互作用する。このような相互作用は，基本転写複合体の形成や活性を増強することで，転写活性化を促進する。そして，ある局面では，この相互作用によりクロマチン構造が変化する。転写アクチベーターと SAGA 複合体やコアクチベーター CBP との相互作用は，それら因子のヒストンアセチルトランスフェラーゼ活性によりクロマチン構造を弛緩した状態にする。

酵母の転写因子 PHO4 が好例である。この因子は，リン酸が不足すると，*PHO5* 遺伝子のプロモーターに結合して転写を活性化する。PHO4 が DNA に結合するとヌクレオソーム構造が消失するが，転写活性化ドメインを欠失させると，その効果が認められなくなる。しかし，VP16 の転写活性化ドメインを PHO4 の欠失変異体に結合すると，ヌクレオソームの消失効果が再び認められるようになる(図 5.50)。

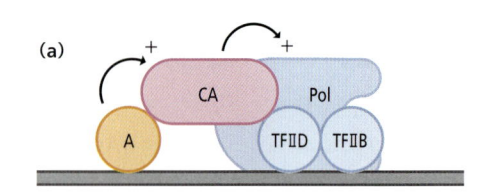

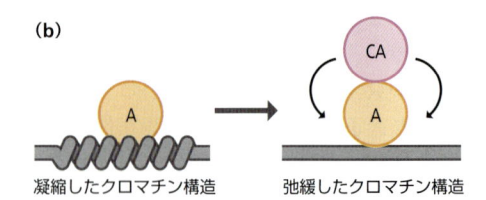

図 5.49
コアクチベーター(CA)は，(a)転写アクチベーター(A)と基本転写複合体の橋渡しをしたり，(b)凝縮したクロマチン構造(コイル状)を弛緩したクロマチン構造(直線状)に変換したりする。いずれの場合も，コアクチベーターは，DNA に結合している転写アクチベーターにより DNA 上へリクルートされる。

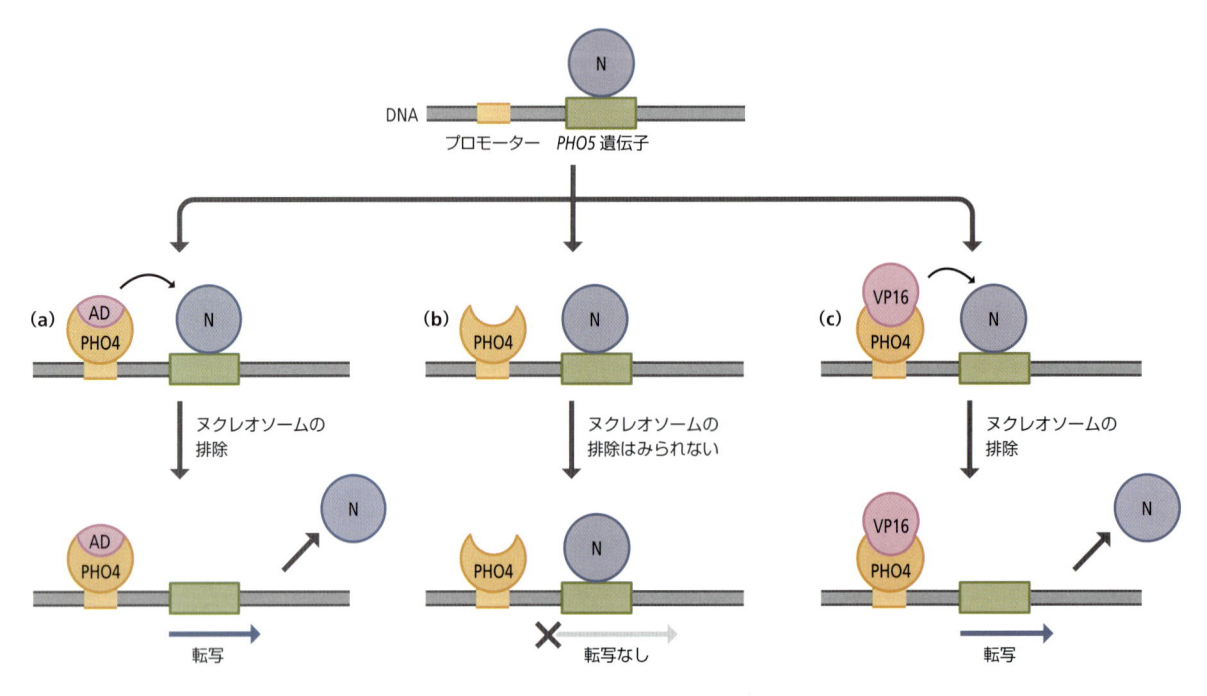

図 5.50
PHO5 遺伝子のプロモーターにおける PHO4 の結合。(a)PHO4 の転写活性化ドメイン(AD)の作用により，ヌクレオソーム(N)が排除される。(b)転写活性化ドメインを欠失した PHO4 では，このような作用はみられない。(c)しかし，VP16 の転写活性化ドメイン(ピンク色)と結合すると，この作用が回復する。

この場合，PHO4 や VP16 の転写活性化ドメインは，基本転写複合体と相互作用することに加えて，クロマチン構造を変化させる。VP16 は，SWI-SNF クロマチンリモデリング複合体(3.5 節)の活性も変化させる。SWI-SNF 複合体は，VP16 がないとヌクレオソームを DNA に沿って移動させるだけであるが，VP16 が存在すると，*PHO5* 遺伝子のプロモーターで認められるように，ヌクレオソームを排除してヌクレオソームが存在しない領域を作り出す。

したがって，転写アクチベーターは，ヒストンアセチルトランスフェラーゼ活性を有する CBP や SAGA 複合体などを介して，あるいは，SWI-SNF 複合体のようなクロマチンリモデリング因子との相互作用を介して，クロマチン構造を変化させる(図 5.51)。

転写アクチベーターは複数の標的を有する

以上のように，転写アクチベーターには，RNA ポリメラーゼ-メディエーター複合体，コアクチベーター，クロマチンリモデリング複合体，TFIIB，TFIID のさまざまな構成成分，というように，実に多くの標的分子が想定される。TFIIA，TFIIE，TFIIH などの他の基本転写複合体も，直接転写アクチベーターと結合することが示されている。これらは，どれも同時に標的となりうるもので，同一の転写アクチベーターが複数の標的をとる場合もあれば，異なる転写アクチベーターが 1 つの標的をとる場合もある。

転写アクチベーターがこのようにさまざまな標的を利用する理由として，次のようなことが考えられる。たとえば，生物種が異なると，より望ましい標的が異なる可能性がある。実際，ショウジョウバエのような多細胞生物では，TBP と結合した TAF が転写活性化に必須であるが，酵母ではそれほどでもない。あるいは，転写因子は DNA に結合して基本転写複合体の構成成分のどれかを DNA 上へリクルートできさえすればよいのかもしれない。実際，転写アクチベーターは，基本転写複合体の構成成分のどれかと結合して，プロモーターへのリクルートを促進することができる。

しかし，最も可能性が高いのは，転写の相乗的な活性化をもたらすために，転写アクチベーターの標的の多様性が確保されているということである。異なる転写アクチベーターが別々に 1 つずつ作用するよりも，同時に作用したときの方が，転写活性化のレベルは相乗的に増強される。2 つの転写因子が 1 つのプロモーターに作用すると，1 つずつ別々に作用する場合に比較して非常に強い転写活性化が起こる場合が多い(図 5.52a)。同様に，1 つの転写因子の結合配列が複数存在する場合の方が，転写活性化はより強力である(図 5.52b)。こうした相乗効果は，ある刺激に対する応答反応や，ある発生段階における強力な遺伝子活性化に重要であると考えられる。

基本転写複合体の複雑性により，異なる転写アクチベーター，または同じ転写アクチベーターの異なる構成成分が，基本転写複合体を構成する異なる標的に対して直接もしくは間接的に作用することが可能となり，クロマチンリモデリングと，転写アクチベーターの最終的な作用である強力な転写活性化がもたらされている(図 5.53)。

図 5.51
転写アクチベーター(A)は，ヒストンアセチルトランスフェラーゼ(HAT)活性をもつ因子や，SWI-SNF のようなクロマチンリモデリング複合体と相互作用して，クロマチン構造を変化させる。

5.3 転写の抑制

これまでに述べてきた転写因子は転写の活性化に作用するものであるが，転写因子が転写を抑制する場合についても多く報告されている。ここでは，転写抑制の機構について述べる(図 5.54・次々ページ)。

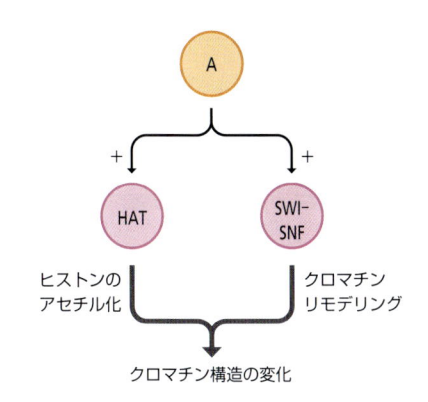

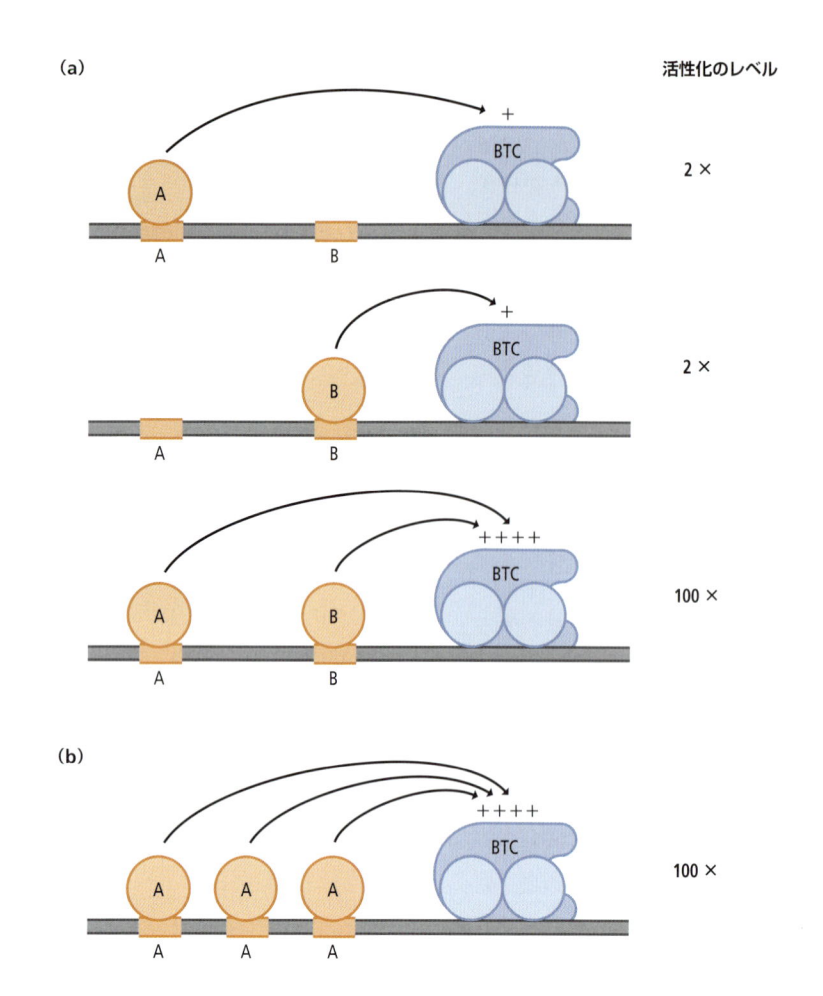

図 5.52
(a) 2つの転写アクチベーター（AとB）が同時に働くと，基本転写複合体（BTC）による転写は相乗的に活性化され，活性化のレベルは単独の因子による転写活性化の単純な和よりも大きくなる。(b) このような相乗的な活性化は，同じ転写アクチベーターの結合配列を複数連結した場合にもみられる。

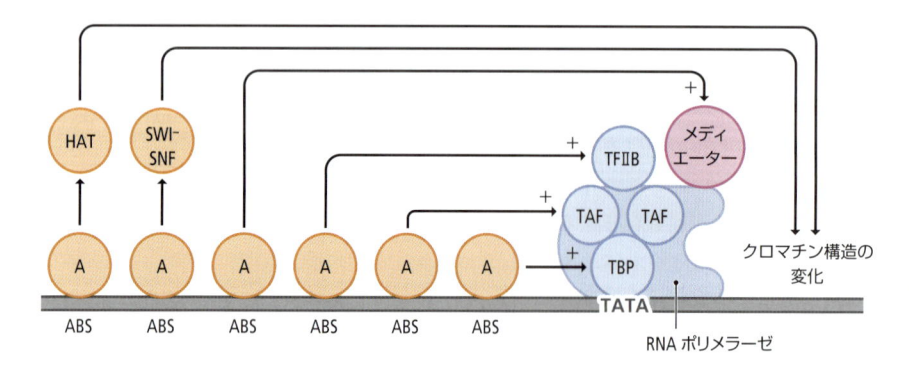

図 5.53
転写アクチベーター（A）による相乗的な転写活性化。それぞれの転写アクチベーターは，メディエーター複合体，TFIIBや，TFIIDの構成成分（TBPと，DNAには直接結合しないTAFなど）など，基本転写複合体の異なる構成成分と結合し，あるいはヒストンアセチルトランスフェラーゼ（HAT）やSWI-SNF複合体などのクロマチンリモデリング因子と結合して，クロマチン構造を変化させる。これらの相互作用は，直接的な結合の場合も，コアクチベーターを介した間接的なものの場合もある。

転写リプレッサーは転写アクチベーターの機能を阻害することで間接的に転写を抑制する

　転写抑制の手段として最も単純なのは，転写アクチベーターのDNAへの結合を阻害することである。転写リプレッサーがクロマチン構造を高度に凝縮した状態にして，転写アクチベーターが結合できなくなる場合が，これにあたる（図5.54a）（クロマチン構造が転写活性化に及ぼす影響については第3章参照）。たとえば，Polycomb群の因子がショウジョウバエのホメオティック遺伝子に結合して，そのクロマチン構造を不活性型にすることで，転写アクチベーターの結合を抑制していることを5.1節で述べた（図5.8）。

　転写リプレッサーは，転写アクチベーターと同じDNA配列に結合することにより，転写アクチベーターを競合的に抑制する場合もある（図5.54b）。これは，イ

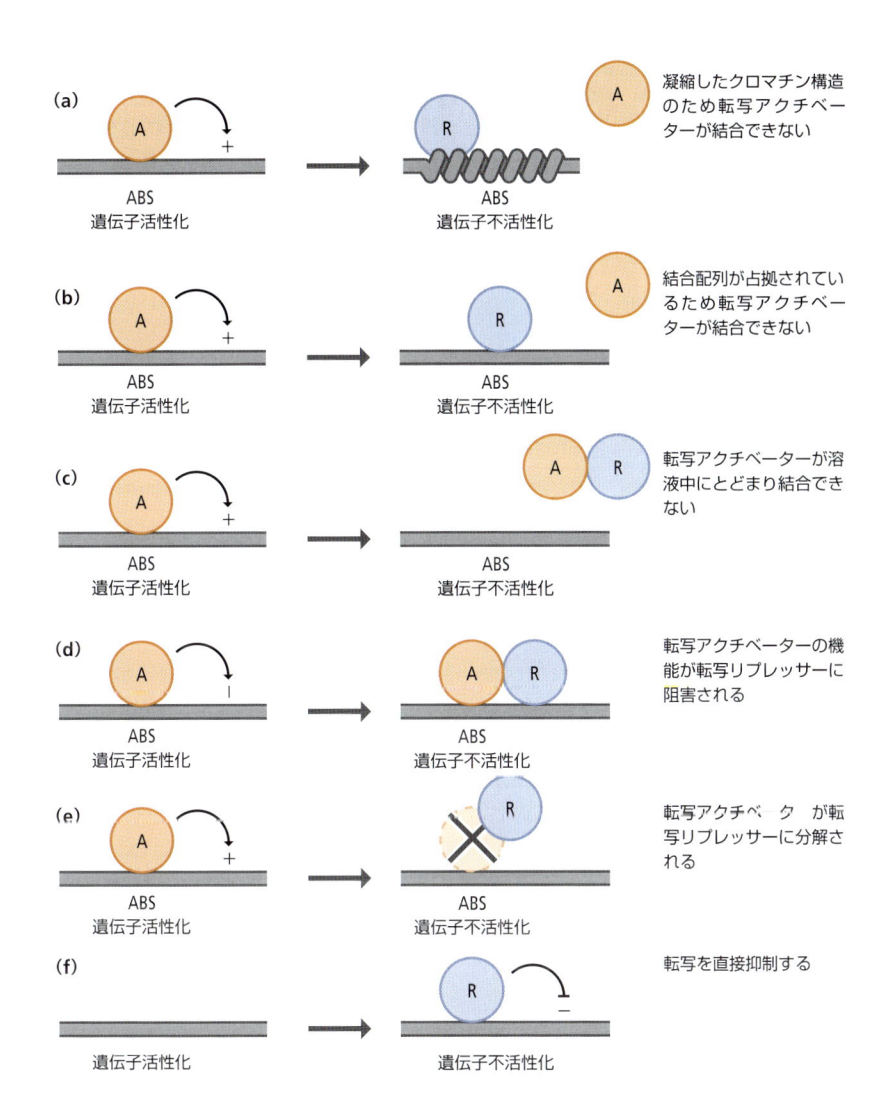

図5.54
転写リプレッサー(R)が転写を抑制する機構。(a)クロマチン構造を不活性型にすることで、転写アクチベーター(A)の結合配列(ABS)への結合が阻害される場合。(b)結合配列への結合を競合的に抑制する場合。(c)転写アクチベーターが溶液中にとどめられてしまう場合。(d)DNAに結合した転写アクチベーターの機能を抑制する場合。(e)転写アクチベーターを分解する場合。(f)転写を直接抑制する場合。

ンターフェロン β 遺伝子のプロモーターで認められる。インターフェロン β の発現には複数の転写アクチベーターが必要であるが、転写リプレッサーがプロモーター領域に結合して抑制的に作用することで、これら転写アクチベーターは結合できなくなる。ウイルス感染が起こると転写リプレッサーは不活性化され、転写アクチベーターがDNAに結合して転写を活性化する。類似の例としては、5.1 節で述べたように、Engrailed 遺伝子産物が DNA に結合すると、Ftz タンパク質の DNA 結合が阻害されて転写活性化が起こらなくなる(図 5.6)。

関連する現象として(図 5.54c)、転写アクチベーターが転写リプレッサーと溶液中で複合体を形成することで、DNA に結合できなくなる場合がある。この具体例として Id タンパク質があげられる。Id は筋細胞分化の鍵となる重要な因子である MyoD とヘリックス・ループ・ヘリックスモチーフを介して結合することで、MyoD の DNA 結合を阻害して転写活性化を抑制する(5.1 節、図 5.32 および 10.1 節)。

以上のような DNA 結合の阻害以外に、転写リプレッサーは**阻害的抑制効果**(quenching、クエンチング)と呼ばれる現象を介して、DNAに結合している転写アクチベーターの作用を抑制できる(図 5.54d)。この場合、DNA 上で転写アクチベーターの隣に転写リプレッサーが結合する(図 5.55a)。c-myc 遺伝子のプロモーターでは、転写アクチベーター myc-CF1 が結合している部位の隣に転写リプレッサー myc-PRF が結合し、c-myc 遺伝子の発現を抑制する。

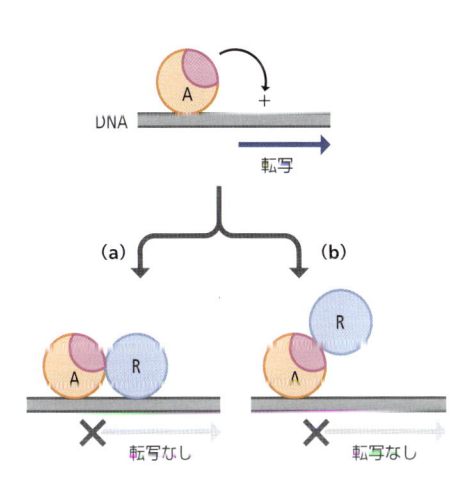

図5.55
転写リプレッサー(R)がDNAに結合した転写アクチベーター[転写活性化ドメイン(ピンク色)を介して転写を活性化]の機能を抑制するには、隣接するDNAに結合して抑制する場合(a)と、転写アクチベーター自体に結合して抑制する場合(b)がある。

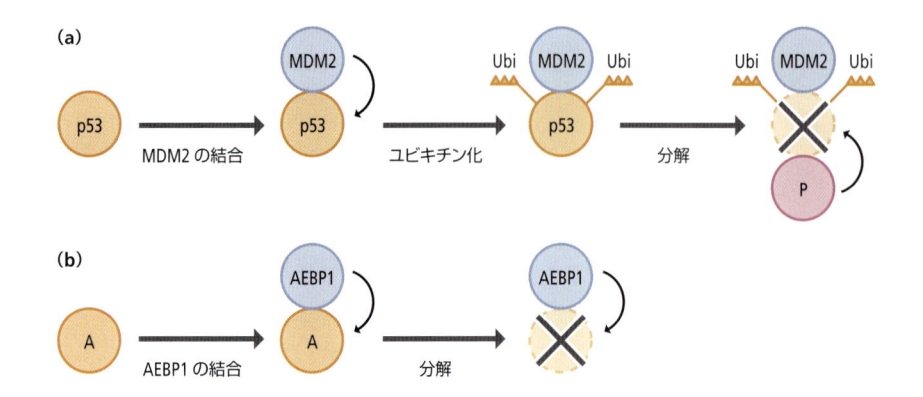

図 5.56
転写アクチベーターの分解。(a) MDM2 は，転写アクチベーター p53 のユビキチン化(Ubi)を介して，プロテアーゼ(P)による分解を促進することで，間接的に p53 の分解を行うといえる。(b)一方，AEBP1 はそれ自体にプロテアーゼ活性があり，転写アクチベーター(A)に結合して直接その分解を行う。

　転写リプレッサーが，転写アクチベーター自体に結合して転写を抑制する場合もある(図 5.55b)。たとえば，癌遺伝子産物 **MDM4** は，癌抑制因子 p53 に結合してその転写活性化ドメインを遮断することで，p53 による転写活性化を抑制する(11.3 節)。

　DNA 結合の阻害，転写活性化ドメインの機能阻害の他に，転写リプレッサーは転写アクチベーターを分解することでその機能を抑制する場合がある(図 5.54e)。癌遺伝子産物 **MDM2** は，阻害的抑制効果により p53 の活性を抑制するというよりは，p53 の分解を促進することで，それによる転写活性化を阻害する(11.3 節)。MDM2 はユビキチンという小分子による p53 の修飾を触媒し，プロテアーゼによる p53 の分解を促進することで，間接的に p53 による転写活性化を阻害する(図 5.56a)。それに対して，脂肪細胞の分化を促進する転写因子 AEBP1 は，それ自体にプロテアーゼ活性があり，転写アクチベーターを直接分解して転写を抑制する(図 5.56b)。

転写リプレッサーは基本転写複合体の形成や活性化を阻害することで間接的に転写を抑制することもある

　ここまでは，転写アクチベーターの DNA 結合を阻害したり，転写活性化ドメインの機能を阻害したり，転写アクチベーター自身を分解したりすることで，転写アクチベーターの効果を打ち消す，という消極的な転写抑制を説明してきた。しかし，内因性の性質として転写を抑制する因子もあることは明白である(図 5.54f)。

　たとえば，ショウジョウバエの Even-skipped(イーブンスキップト；**Eve**)タンパク質は，転写アクチベーターの結合配列をもたないプロモーターに対して抑制をかけることができる。つまり，直接的に転写を抑制していることを意味する。これに類似する転写抑制は，哺乳動物の c-erbA 遺伝子がコードしている核内受容体，甲状腺ホルモン受容体(4.3 節，5.1 節)でも認められる。つまり，甲状腺ホルモンの非存在下では，甲状腺ホルモン受容体の DNA への結合は転写を直接抑制する。この働きには，コリプレッサーである NCo-R が関与している。

　コアクチベーターと同様に，コリプレッサーも直接 DNA には結合せず，DNA に結合した転写リプレッサーとのタンパク質間相互作用によりリクルートされる。コリプレッサー NCo-R は，甲状腺ホルモンの非存在下で甲状腺ホルモン受容体に結合して転写を抑制している。甲状腺ホルモンが結合すると，甲状腺ホルモン受容体のコンホメーションが変化し，コリプレッサーが解離して CBP などのコアクチベーターが結合する(5.2 節)。これにより抑制されていた転写が活性化されることになる(図 5.57)。

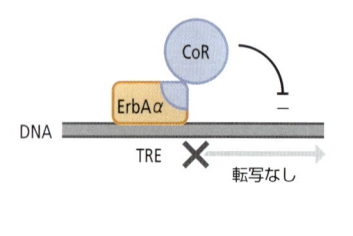

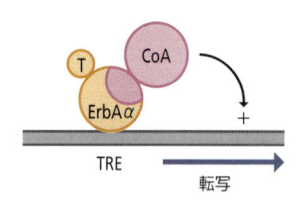

　これは，コアクチベーターとコリプレッサーが遺伝子の発現調節に重要であることを示す好例である。甲状腺ホルモンは，その受容体がコアクチベーターと相互作用するかコリプレッサーと相互作用するかを決めることにより遺伝子発現を制御し

図 5.57
c-erbA α遺伝子がコードする甲状腺ホルモン受容体(ErbAα)は，甲状腺ホルモン(T)の非存在下では，転写抑制ドメインにコリプレッサー(CoR)をリクルートすることで転写を抑制する。ホルモンが結合すると受容体のコンホメーションが変化する。その結果，コリプレッサーが解離し，コアクチベーター(CoA)が結合して転写活性化が可能になる。TRE：甲状腺ホルモン応答配列。

ている。5.1節で述べたように，多様な構造のDNA結合ドメインは，コアクチベーターやコリプレッサーとの結合力を変化させることで転写に及ぼす効果を変化させていると考えられる。

甲状腺ホルモン受容体のこのような性質から，転写アクチベーターと転写リプレッサーの区別は厳密なものではないことがわかる。同一の因子が，状況に応じて，コアクチベーターと結合して転写を活性化したり，コリプレッサーと結合して転写を抑制したりする場合がしばしば認められる。

興味深いことに，スプライシングが異なるmRNAから生成する甲状腺ホルモン受容体のアイソフォームが2つ存在する。α1型アイソフォームは，ホルモン結合ドメインをもっており甲状腺ホルモンに応答して転写を活性化する。α2型アイソフォームは，ホルモン結合ドメインに相当する部分のアミノ酸配列が異なっている（図5.58a）。したがって，α2型アイソフォームは，ホルモンに応答はできないが，DNA結合ドメインをもっているので甲状腺ホルモンに応答する遺伝子のDNA配列に結合することはできる。これにより，α1型アイソフォームのDNA結合を阻害して甲状腺ホルモンに応答した遺伝子発現を抑制する（図5.58b）。これら2つのアイソフォームは組織により産生量が異なっており，その拮抗作用で規定される甲状腺ホルモンへの応答性も組織により異なる。甲状腺ホルモン受容体は，やはり，転写アクチベーターと転写リプレッサーとしての2つの側面を有することがわかる。

Eveや甲状腺ホルモン受容体など直接的な抑制作用をもつ多くの転写リプレッサーにおいて，その一部のアミノ酸配列を切り出して，別の転写因子のDNA結合ドメインに結合すると，積極的な転写抑制能が観察されることがわかった。ちょうど，転写活性化ドメインがドメインスワッピング実験で転写活性化能を発揮するのと同じである（5.2節）。

第3章（3.3節）で述べたように，NCo-Rは甲状腺ホルモン受容体の**転写抑制ドメイン**（transcriptional inhibitory domain）に結合し，ヒストンの脱アセチル化によりクロマチン構造を変化させるSin3-RPD3複合体をリクルートする。このように，転写抑制ドメインの中にはクロマチン構造を変化させる分子をリクルートすることで働いているものもある。

一方，転写抑制ドメインには，基本転写複合体と直接に相互作用したり，複合体

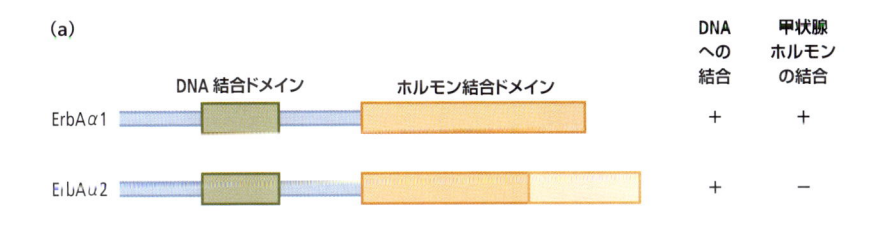

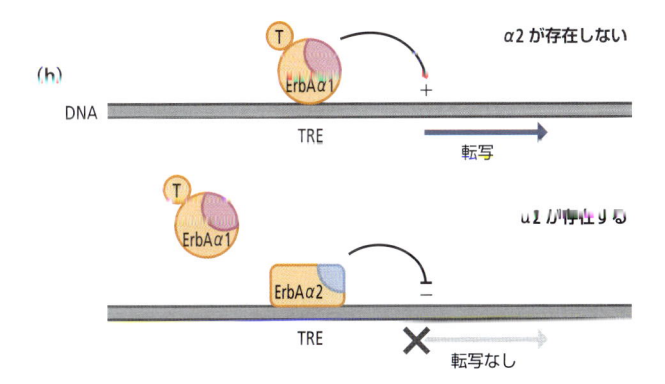

図5.58

(a) ErbAα1とErbAα2の関係。ErbAα1タンパク質だけに機能正常な甲状腺ホルモン結合部位が存在する。(b) ErbAα2タンパク質が存在する場合，ErbAα1のDNA結合が阻害され，転写も阻害される。TRE：甲状腺ホルモン応答配列。

と相互作用するコリプレッサーをリクルートしたりすることにより，複合体の形成や安定性を阻害して転写を抑制するものもある。このような転写抑制ドメインは，転写に及ぼす効果は逆であるが，転写活性化ドメインの働き方と似ている。

積極的な転写抑制機構として，DNAに結合し，直接的あるいは間接的に基本転写複合体と相互作用して，その機能を抑制したりクロマチン構造を変化させたりする因子について述べてきた（図5.59a）。実際，ニワトリのリゾチーム遺伝子の抑制には，そのサイレンサー配列に甲状腺ホルモン受容体が結合することが重要である（4.4節）。

積極的な転写リプレッサーは，基本転写複合体に直接結合してその活性を抑制する場合もある（図5.59b）。たとえば，Dr1はTBPに結合してTFⅡBのリクルートを阻害する（図5.60a）。これによりTATAボックスへの基本転写複合体の結合が抑制される（4.1節）。基本転写複合体の形成はMot1によっても阻害される。Dr1同様，Mot1もTBPを標的とするが，TFⅡBのリクルートを阻害するのではなく，DNAからTBPを解離させてしまう（図5.60b）。

第4章（4.1節）で述べたTFⅡAは，TFⅡDに結合してDr1やMot1の結合を阻害することで，TFⅡBのリクルートを促進し，DNAからTBPが解離することを防ぐ。試験管内で再構成された転写反応においては，TFⅡAの必要性がなくなる。なぜなら，TFⅡDの精製過程で，これらの転写リプレッサーが除去されているからである。一方，転写リプレッサーが存在する細胞の中では，TFⅡAの機能が重要である。

まとめると，転写リプレッサーは，転写アクチベーターの機能を阻害することにより，あるいは転写に対して直接に抑制効果を及ぼすことにより，遺伝子発現を抑制する重要な役割を担っている（図5.54）。したがって，転写因子複合体や基本転写複合体における転写アクチベーターと転写リプレッサーのバランスが，多様な局面における特定の遺伝子の転写頻度を決定する鍵を握っているといえる。

図5.59
転写リプレッサー（R）は，特異的なDNA配列に結合して基本転写複合体（BTC）の活性を抑制する場合（a）と，基本転写複合体に直接結合してその活性を抑制する場合（b）とがある。

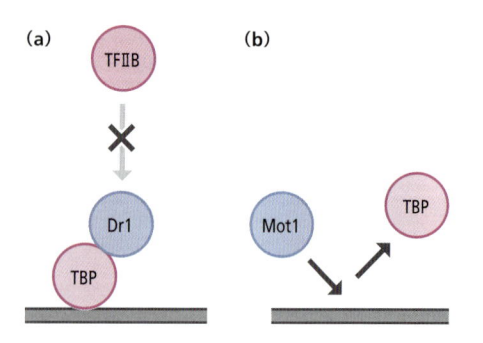

5.4 転写伸長における制御

転写開始段階だけでなく転写伸長段階でも転写調節がなされている

ある遺伝子の転写量の増大は，多くの場合，5.2節で示したように，転写アクチベーターの作用によりRNAポリメラーゼによる転写開始の頻度が上昇することに起因する。したがって，ある遺伝子の転写が活性化されている状況では，多数のRNAポリメラーゼが遺伝子に沿ってRNA合成反応を行っており，多くの転写産物が生成する。1つの転写単位から合成される転写産物は，両生類の卵母細胞にある**ランプブラシ染色体**（lampbrush chromosome）で観察される。遺伝子に沿って移動するRNAポリメラーゼは，先行するものほど，より長く伸びた転写産物を伴っており，全体として特徴的な樹枝状の像を呈する（図5.61）。

それに対して，転写開始の頻度が非常に低い場合は，ある瞬間において転写反応を行っているRNAポリメラーゼの数は，ごくわずかである。ある遺伝子の転写が起きないのは，その組織においてRNAポリメラーゼによる転写の開始反応が起こらないためと理解される（図5.62）。

しかし多くの場合，実は転写の開始は起こっていて，第4章（4.2節）で述べたように，RNAポリメラーゼは転写開始点に存在するのだが，そこでとどまっている。これは，転写の伸長段階で制御が行われていることを示している。このような場合，伸長反応を阻害する要因がなくなると，新規転写産物が合成されてくる。

この制御様式は，細胞性癌遺伝子 c-myc の発現調節で観察される（c-mycについての詳細は11.1節および11.2節参照）。ヒト前骨髄球系培養細胞であるHL-60細胞を顆粒球系細胞に分化誘導すると，c-myc 遺伝子の発現は10分の1に減少する。

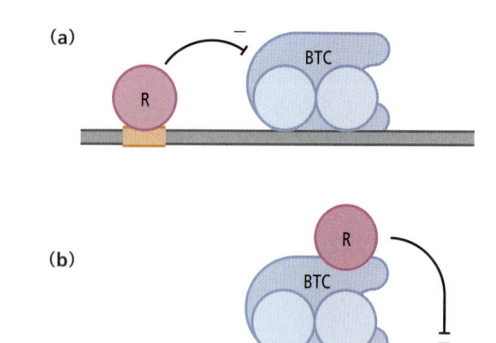

図5.60
基本転写複合体の抑制。（a）Dr1はTATAボックス結合タンパク質（TBP）に結合してTFⅡBの結合を阻害する。（b）Mot1はDNAからTBPを解離させる。

(a)

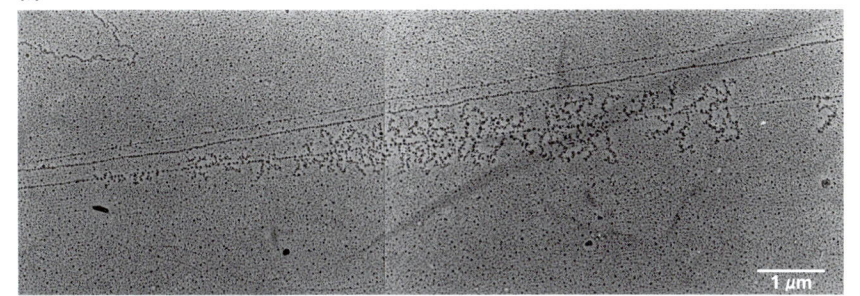

(b)

図 5.61
両生類の卵母細胞にみられるランプブラシ染色体の電子顕微鏡写真(a)とその模式図(b)。新規に合成されているmRNAと転写反応を行っているRNAポリメラーゼ分子が，特徴的な樹枝状の像を呈している。Hill RS & Macgregor HC (1980) *J. Cell Sci.* 44, 87-101より，The Company of Biologists Ltd. の許諾を得て転載。RS Hillの厚意による。

HL-60細胞の分化誘導前後で核ランオンアッセイ(1.4節)を行うと，その結果はc-*myc*遺伝子のどの部分を検出するかによって異なる。c-*myc*遺伝子は3つの**エキソン**(exon)から構成されている。核ランオンアッセイで標識された産物を，c-*myc*のエキソン2のDNAとハイブリッド形成させると，分化後の試料では分化前の試料に比べて産物の存在量が10分の1に減少している。

この違いはc-*myc*遺伝子の転写量の違いを反映していることは確かである。しかし，同じ試料をc-*myc*遺伝子のエキソン1のDNAとハイブリッド形成させると，分化前後での違いは観察されない。

エキソン1とエキソン2で転写産物の量に違いがあるということは，転写の開始段階ではなく伸長段階に制御が加えられていることを意味する。分化前後の細胞は，いずれも同じ数のRNAポリメラーゼがc-*myc*遺伝子の転写を開始しているが，分化後の細胞ではエキソン1の終わり付近で伸長反応が止まってしまい，遺伝子は最後まで転写されず，結果的にタンパク質の翻訳につながる機能的なRNAの産生に至らない。これに対して分化前の細胞では，転写を開始したRNAポリメラーゼの大半が最後まで転写を続けて機能正常RNAを産生する。このように，分化後の細胞で転写が減少するのは，新規転写産物の伸長反応が阻害されることによる(図5.63)。

c-*myc*遺伝子の転写伸長反応は分化に伴い速やかに抑制されるが，分化誘導後数日が経過すると，転写開始の段階も抑制されてくる。細胞分化に伴う転写伸長反応の抑制は，c-*myb*，c-*fos*，c-*mos*など他の細胞性癌遺伝子の発現調節でも認め

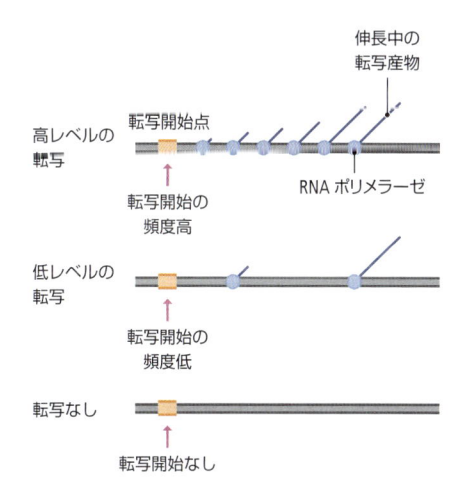

図 5.62
転写開始の制御により，ある瞬間において転写反応を行っているRNAポリメラーゼの数が変わる。それにより，転写されるRNAの分子数も変わる。

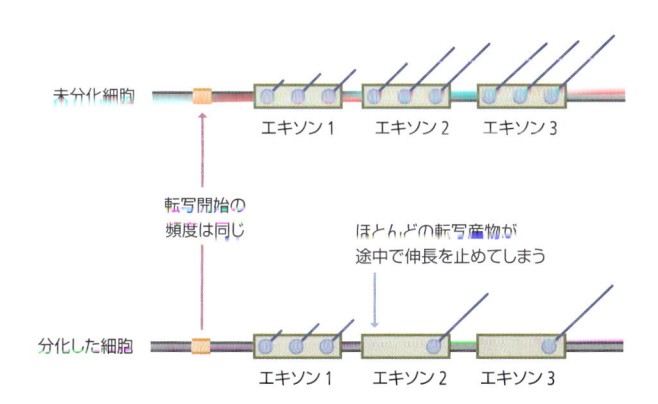

図 5.63
c-*myc*遺伝子における転写伸長段階での制御。分化したHL-60細胞では，ほとんどの転写産物の伸長反応がエキソン1の終わりで止まってしまう。

図 5.64
ヒト免疫不全ウイルス（HIV）のTatタンパク質は，RNAポリメラーゼによる転写開始の頻度を増加させるとともに，プロモーター近傍におけるポリメラーゼ停止を解除して転写伸長を促進する。Tatタンパク質は，新規に合成されたRNA上に存在する特異的な認識配列TARに結合して，これらの効果をもたらす。矢印は新規に合成された転写産物RNAを示す。

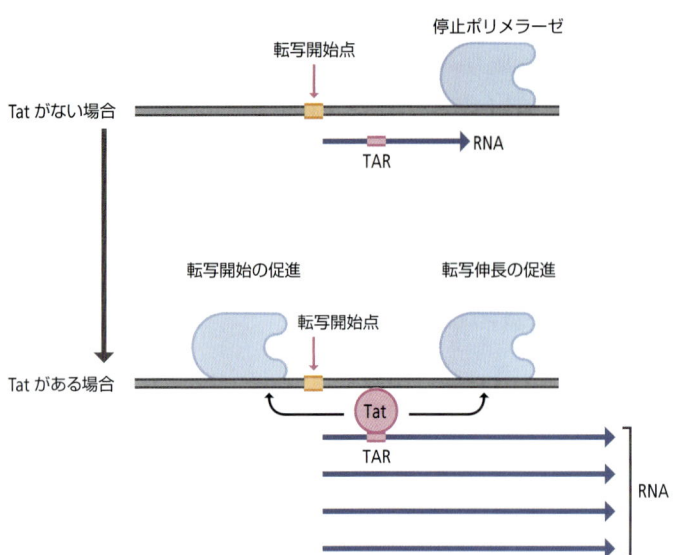

られており（細胞性癌遺伝子については11.1節と11.2節を参照），比較的普遍的に用いられている機構であることがわかる。

　転写伸長反応の速度を制御する因子が，ヒト免疫不全ウイルス（HIV-1）で同定されている。ウイルスの感染初期には，HIV-1の遺伝子プロモーターから低レベルの転写が開始するが，その多くはすぐに終結し，非常に短いRNAができる。その後，ウイルスのTatタンパク質が，HIV-1のRNAで転写開始点を+1として下流+19～+42の位置にあるTARと呼ばれる領域に結合する。これにより2つの効果が現れる。1つは転写開始が促進され，より多くの転写産物RNAの産生が始まることである。そしてもう1つは，Tatタンパク質により転写伸長の抑制が解除されて，ウイルスタンパク質をコードする長い転写産物が産生されることである。

　Tatタンパク質はこのようにして，転写開始の促進と，プロモーター近傍での伸長反応の抑制の解除によって，ウイルスタンパク質をコードする転写産物を劇的に増加させる（図5.64）。ウイルスのTatタンパク質だけでなく，細胞性因子からも伸長反応を促進する因子が同定されている。たとえば，細胞が熱に曝されると，熱ショック転写因子（heat shock factor；HSF）がHsp70タンパク質をコードする遺伝子のプロモーターに結合して（4.3節），Hsp70の発現が増加する。転写開始と転写伸長を両方促進する転写アクチベーターは他にも報告されており，いずれも転写活性化ドメインの機能（5.2節）に依存していることが示されている。

転写伸長段階を調節する因子はRNAポリメラーゼⅡのC末端領域を標的にしている

　転写伸長反応を制御する因子の標的として鍵となるのは，RNAポリメラーゼⅡのC末端領域（C-terminal domain；**CTD**）のリン酸化である。4.2節で述べたように，CTDの2番目のセリンのリン酸化は，RNAポリメラーゼⅡによる転写伸長反応に必須である。Tatタンパク質は，CTDの2番目のセリンをリン酸化するpTEF-bキナーゼと相互作用して転写伸長反応を促進する。Tatタンパク質はpTEF-bキナーゼをHIVのプロモーターへリクルートし，RNAポリメラーゼⅡのCTDリン酸化を促進して転写伸長をもたらす（図5.65）。

　転写伸長反応にCTDのリン酸化が関与することは，**ゼブラフィッシュ**（zebrafish）のタンパク質Foggyでも認められる。Foggyはリン酸化されていないRNAポリメラーゼⅡと相互作用して転写伸長を抑制している。RNAポリメラーゼⅡがリン酸化されると，Foggyによる抑制が解除されて伸長反応が進む（図5.66）。こ

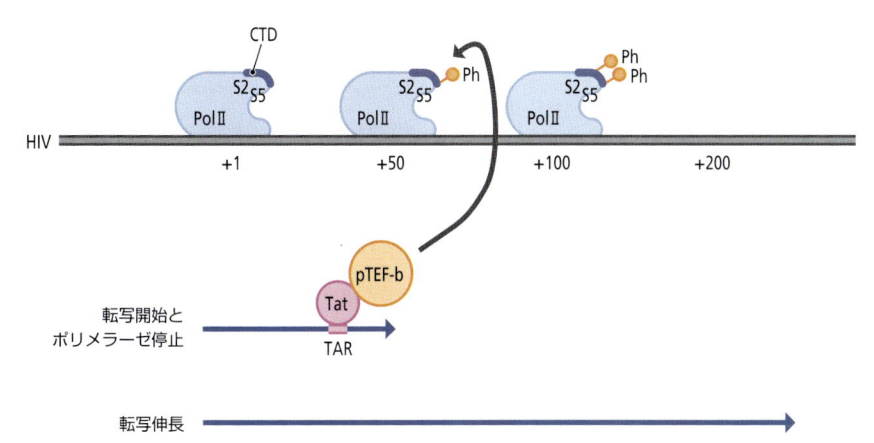

図 5.65
RNA ポリメラーゼ II（Pol II）の C 末端領域（CTD；濃青色）の 5 番目のセリンのリン酸化（Ph；オレンジ色の丸）により，ヒト免疫不全ウイルス（HIV）プロモーターにおける転写開始が促進される。しかし，20 ～ 30 塩基を転写したところでポリメラーゼは停止する。新規に合成された RNA 上に存在する配列 TAR にウイルスタンパク質 Tat が結合すると，細胞性因子の pTEF-b キナーゼがリクルートされる。pTEF-b キナーゼは，CTD の 2 番目のセリンをリン酸化して転写伸長を促進する。

のような Foggy の機能が変異により失われると，ゼブラフィッシュは発生過程において正しい数のドパミン産生ニューロンを形成できなくなる。Foggy による転写伸長反応の制御は，この細胞系列において正確な遺伝子発現をもたらすために重要であるといえる。そして，転写伸長の制御は，発生過程における遺伝子発現調節に重要であることがわかる。

ウイルスタンパク質 Tat と細胞性因子 Foggy の例は，転写伸長反応の調節因子が正負両方向に作用しうることを示している。酵母では，転写伸長に対して拮抗的に作用する因子がそれぞれ同定されている。Fkh2p は，RNA ポリメラーゼ II の CTD の 2 番目のセリンと 5 番目のセリンのリン酸化を促進して，転写伸長と RNA プロセシング（RNA processing）を増強させる。一方，Fkh1p は，同じセリンのリン酸化を抑制して，転写伸長と RNA プロセシングの両方を抑制する（図 5.67）。

このように転写伸長は，その促進因子と抑制因子のバランスにより制御されていることがわかる。そのような因子の多くは，RNA ポリメラーゼ II の CTD リン酸化を調節することによって転写伸長を制御している。同じようなリン酸化による制御を受けている転写後の過程も，これらの調節因子のバランスによって制御される。したがって，伸長反応を制御する因子は，転写産物の生成とそれに続く適切な RNA プロセシングを制御しているといえる（転写過程と転写後過程の関連とそこにおける CTD の役割については 6.4 節参照）。

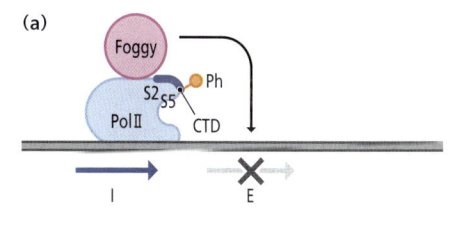

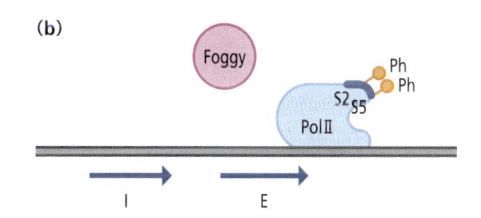

図 5.66
Foggy タンパク質は，RNA ポリメラーゼ II（Pol II）転写複合体に結合することで，転写開始（I）後の伸長（E）を抑制する。RNA ポリメラーゼ II の C 末端領域（CTD；濃青色）の 2 番目のセリン（S）のリン酸化（Ph；オレンジ色の丸）により，Foggy による抑制が解除されて転写伸長が進む。

5.5　RNA ポリメラーゼ I と III による転写調節

本章では，RNA ポリメラーゼ II による転写開始と転写伸長を制御する多様な転写因子と，RNA ポリメラーゼ II により転写される遺伝子の多様な発現パターンについて説明してきた。RNA ポリメラーゼ I と III により転写される遺伝子の発現パターンはずっと単純で（4.1 節），制御機構もより簡単である。

RNA ポリメラーゼ I と III による転写はクロマチンリモデリングで制御される

RNA ポリメラーゼ II による転写と同様，RNA ポリメラーゼ I と III による転写もクロマチン構造の修飾により制御される。酵母では，グルコース飢餓時にリボソー

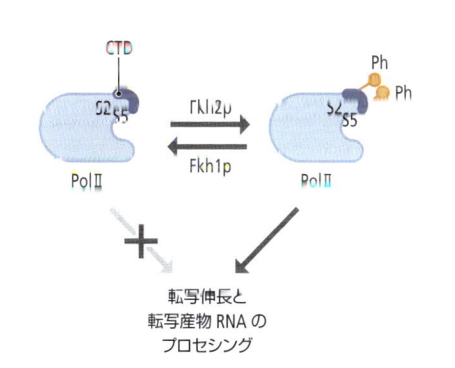

図 5.67
酵母の転写因子 Fkh1p と Fkh2p は，RNA ポリメラーゼ II（Pol II）の C 末端領域（CTD；濃青色）のリン酸化（Ph；オレンジ色の丸）において拮抗的に作用し，その結果，転写伸長と生成した RNA のプロセシングに対しても拮抗する効果を示す。

ムの産生が減少する。これは，リボソーム RNA 遺伝子座がヘテロクロマチンと呼ばれる高度に凝縮した状態になり，転写が起きなくなるためである(2.5 節)。これはヘテロクロマチンに特徴的なヒストン修飾である，ヒストン H3 の脱アセチル化と 9 番目のリシンのメチル化(3.3 節)をもたらすタンパク質複合体[エネルギー依存性核小体サイレンシング複合体(energy-dependent nucleolar silencing complex；eNoSC)]の作用である(図 5.68)。

RNA ポリメラーゼⅠとⅢによる転写は基本転写複合体の構成成分の発現量あるいは活性の変化により制御される

　RNA ポリメラーゼⅠとⅢによる転写は，基本転写因子の発現量や活性の変化により制御され，そのポリメラーゼが転写するすべての遺伝子の発現全体が変化する場合が多い(図 5.69)。これらのポリメラーゼは，主としてリボソームの形成に関与する遺伝子の転写を行うので，異なる機能を担う多様な遺伝子の転写を行う RNA ポリメラーゼⅡに比較すれば，より統一的に制御されていても不思議ではない。

　基本転写因子の活性が変化する例としては(図 5.69a)，RNA ポリメラーゼⅠによる転写に必須の基本転写因子である上流結合因子(upstream binding factor；UBF)と SL1(TIF-1B としても知られる；4.1 節)の活性制御による，リボソーム RNA 遺伝子の転写抑制があげられる。これは有糸分裂期にみられ，これらの因子はリン酸化を受けて活性が低下し，RNA ポリメラーゼⅠによるリボソーム RNA 遺伝子の転写が抑制される。有糸分裂期が終わると両因子は脱リン酸化され，これにより SL1 は活性化される。しかし，すぐにリボソーム RNA 遺伝子の転写が再開するわけではない。なぜならば，脱リン酸化だけでは UBF は活性化されず，細胞周期が G_1 期(G_1 phase)に入り，UBF の別の部位がリン酸化されてようやく活性化に至るからである(図 5.70)。

　増殖中の細胞では静止期の細胞よりも RNA ポリメラーゼⅠやⅢの高い活性化が必要である。第 11 章(11.3 節，11.4 節)で述べるように，**癌抑制遺伝子**(anti-oncogene, tumor-suppressor gene)産物は，RNA ポリメラーゼⅠやⅢに必要な基本転写因子の活性を抑制することで細胞の増殖を抑える。逆に，癌遺伝子産物 c-Myc は，これらの因子を活性化して RNA ポリメラーゼⅠやⅢによる転写を活性化し，細胞増殖を促進する(11.4 節)。

　興味深いことに，TBP は 3 つの RNA ポリメラーゼで共通して利用されており(4.1 節)，これにより 3 つの RNA ポリメラーゼによる転写のバランスをとっていると考えられる。5.3 節で述べたように，転写リプレッサー Dr1 は TBP に結合して，RNA ポリメラーゼⅡにより転写される遺伝子のプロモーターの TATA ボックス

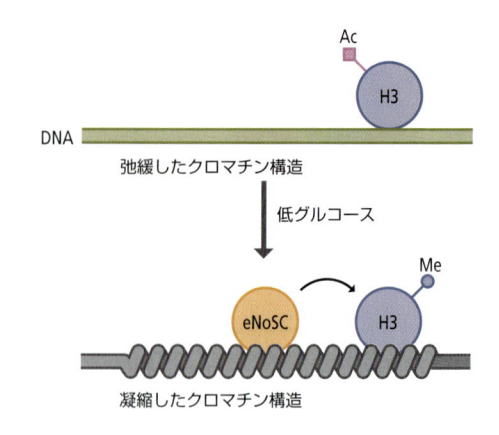

図 5.68
酵母では，グルコース濃度が低いとエネルギー依存性核小体サイレンシング複合体(eNoSC)が DNA に結合する。eNoSC は，ヒストン H3 の脱アセチル化とメチル化によりクロマチン構造を不活性型に変換する。

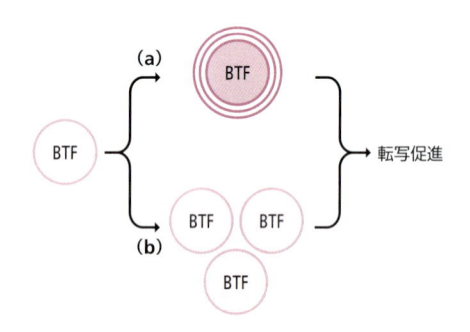

図 5.69
RNA ポリメラーゼⅠとⅢによる転写は，基本転写因子(BTF)の活性の増強(a)，あるいは発現上昇(b)により促進される。

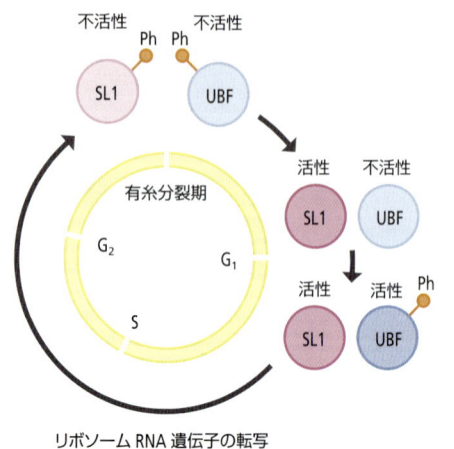

図 5.70
RNA ポリメラーゼⅠによるリボソーム RNA 遺伝子の転写調節。有糸分裂期には基本転写因子である上流結合因子(UBF)と SL1 のリン酸化(Ph；オレンジ色の丸)により転写が阻害される。有糸分裂期が終わると両因子は脱リン酸化され，これにより SL1 は活性化される。UBF は別の部位がリン酸化されてようやく活性化に至り，リボソーム RNA 遺伝子の転写が再開する。

へ，他の転写因子がリクルートされるのを抑制する．Dr1がTBPに結合することにより，RNAポリメラーゼIIIにより転写される遺伝子のプロモーターへのリクルートも抑制されるが，RNAポリメラーゼI転写複合体に含まれるTBPの活性には影響を与えない．このようにDr1は，RNAポリメラーゼIにより転写される唯一の遺伝子であるリボソームRNA遺伝子と，それ以外の遺伝子の間で転写のバランスを調節していると考えられる（図5.71a）．

Dr1は，RNAポリメラーゼIIにより転写される遺伝子のうち，TATAボックスをもつものの転写を抑制するが，イニシエーター配列を有する遺伝子の転写は活性化する（TATAボックスとイニシエーター配列についての詳細は4.1節および4.3節参照）．ゆえに，Dr1は，RNAポリメラーゼIIにより転写される遺伝子群の中で，遺伝子発現を切り替えるスイッチとして働いている（図5.71b）．

それぞれの基本転写因子の活性の変化の他に，ある状況では，基本転写因子の発現量の変化によってもRNAポリメラーゼIIIの活性が変化する（図5.69b，4.1節）．細胞に血清刺激を加えると，RNAポリメラーゼIIIによる転写が活性化される．それは活性化型のTFIIICの発現量が増加するためである．一方，**胚性幹（ES）細胞**（embryonic stem cell）の分化の過程でRNAポリメラーゼIIIが抑制されるのは，TFIIIBの量が減少するためである（ES細胞の遺伝子発現調節については9.1節を参照）．

RNAポリメラーゼIIIによる転写調節にはRNAやDNAに結合する一部の転写因子が関与する

ここまでは，RNAポリメラーゼIIによる転写調節ならびに，DNAに結合してRNAポリメラーゼIやIIIによる転写を制御する因子について述べてきた．しかし，それに加えて，RNAポリメラーゼIIIの場合には，転写された領域にも調節領域が存在しており（4.1節），DNAも転写産物であるRNAも遺伝子発現を制御する可能性が示唆されている．これは，5SリボソームRNA遺伝子内部の調節配列に結合する基本転写因子TFIIIAによるユニークな制御機構で利用されている（5.1節）．

アフリカツメガエル（*Xenopus laevis*）は2種類の**5SリボソームRNA遺伝子**（ribosomal RNA gene）をもっている．卵母細胞の5S遺伝子は，受精の前，卵母細胞の発生過程でのみ転写される．一方，体細胞の5S遺伝子は，胎生期と成体で転写される．いずれのタイプの5S遺伝子も，転写されるためには，その内部の調節領域にTFIIIAが結合することが必要である（4.1節）．しかし，遺伝子の配列の違いから（図5.72），TFIIIAは卵母細胞5S遺伝子よりも体細胞5S遺伝子の方に高い親和性で結合する．したがって，卵母細胞5S遺伝子はTFIIIAのレベルが非常に高い卵母細胞でのみ転写され，それ以外の細胞ではTFIIIAのレベルは低く，体細胞5S遺伝子だけが転写される．

発生過程の卵母細胞では，TFIIIAが大量に産生され，卵母細胞5S遺伝子の転写が始まる．卵母細胞の成熟に伴い，TFIIIAの結合配列を有する5SリボソームRNAが蓄積してくると，TFIIIAは5SリボソームRNAに結合する．その結果，TFIIIAは5SリボソームRNAとともに貯蔵顆粒の中に入るため，TFIIIAを卵母細胞5S遺伝子の転写に利用することはできなくなる．遊離のTFIIIAが減少し，卵母細胞5S遺伝子の転写に十分でなくなると，転写は停止することになる．一方，高親和性配列を有する体細胞5S遺伝子では転写が継続する（図5.73）．

このように，転写因子の結合親和性の違いに基づく転写調節と，生成する転写産物による転写因子の有効濃度の調節が組み合わさって，5SリボソームRNA遺伝

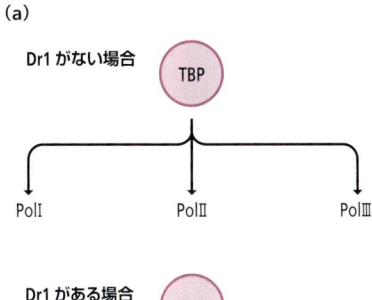

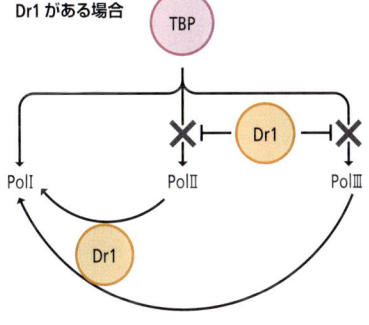

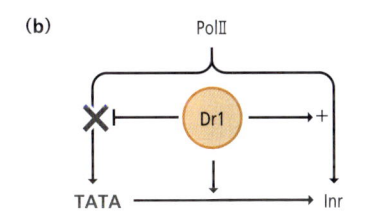

+46　　　　　　　　　　　　　　　　　　　　　　　　　　　　+98
TCGGAAGCCAAGCAGGGTCGGGCCTGGTTAGTACTTGGATGGGAGACCGCCTGG
　　　　　G　　　　　　　　　　　　　　　　T

図5.71
(a) Dr1は，RNAポリメラーゼII（PolII）とIII（PolIII）により転写される遺伝子の基本転写複合体に含まれる，TATAボックス結合タンパク質（TBP）の活性を抑制する．しかし，RNAポリメラーゼI（PolI）により転写されるリボソームRNA遺伝子の転写には影響しない．ゆえに，Dr1は，RNAポリメラーゼIにより転写されるリボソームRNA遺伝子と，RNAポリメラーゼIIとIIIにより転写されるそれ以外の遺伝子の間で，転写のバランスを調節していると考えられる．(b) Dr1は，RNAポリメラーゼIIにより転写される遺伝子のうち，イニシエーター配列（Inr）をもつものの転写を活性化して，TATAボックスを有する遺伝子の転写は抑制する．ゆえに，Dr1は，RNAポリメラーゼIIにより転写される遺伝子群の中で，遺伝子発現を切り替えるスイッチとして働いている．

図5.72
ツメガエルの5SリボソームRNA遺伝子の内部に存在する調節配列．2塩基の違いにより，卵母細胞5S遺伝子は体細胞5S遺伝子に比べてTFIIIAに対する親和性が低い．

子の発現調節が実現されている。

まとめ

本章では，転写因子の転写活性化と転写抑制における重要な役割を，転写の開始と伸長という点に着目して説明した．転写因子は，DNAに結合し，タンパク質と相互作用することで，転写を活性化あるいは抑制して，さまざまな生物学的過程において重要な役割を果たしている．第8章，第9章，第10章ではそれぞれ，特異的シグナルに応答した遺伝子調節，胚発生における遺伝子調節，分化した細胞種に特異的な遺伝子調節について述べる．いずれの過程でも転写因子が鍵となる役割を担っている．

キーコンセプト

- RNAポリメラーゼⅡによる転写の頻度に影響するDNA配列には，転写因子と呼ばれる調節タンパク質が結合する．
- 転写因子はモジュール構造をとっており，ドメインごとにDNA結合や転写活性化などの異なる機能を担っている．
- 多様なDNA結合ドメインが同定されている．その種類に応じて，転写因子を分類することができる．
- DNAに結合した転写因子は，転写を活性化もしくは抑制する．
- 転写因子の活性化ドメインは，直接的に，あるいはコアクチベーターを介して間接的に，基本転写複合体の形成を促進したり活性を増強したりすることで，転写を活性化する．
- 転写リプレッサーは，転写アクチベーターの機能を阻害することにより間接的に，あるいは基本転写複合体に直接作用することで，転写を抑制する．
- 転写因子は転写開始に加えて転写伸長の速度も変化させることができる．
- RNAポリメラーゼⅠやⅢによる転写も転写調節を受けているが，その機構はRNAポリメラーゼⅡの場合ほど複雑ではない．

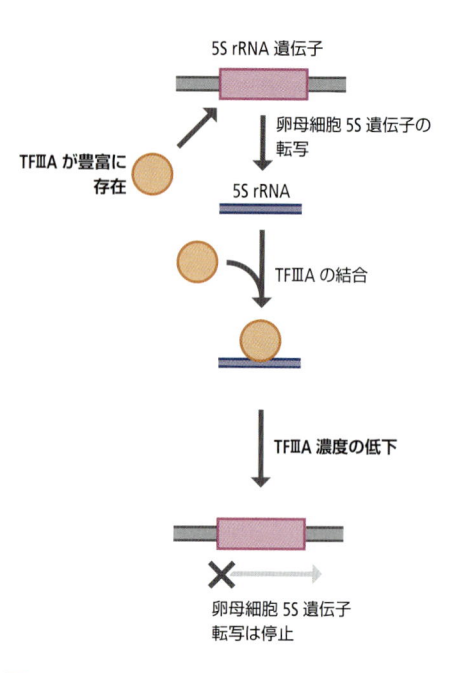

図5.73
卵母細胞で産生された5SリボソームRNA(5S rRNA)によりTFⅢAが取り込まれ，卵母細胞におけるTFⅢAの有効濃度が低下する．その結果，卵母細胞5S遺伝子の転写は停止する．一方，体細胞5S遺伝子はTFⅢAに対する親和性が高いので，転写が継続する．

参考文献

イントロダクション
Latchman DS (2008) *Eukaryotic Transcription Factors*, 5th ed. Elsevier/Academic Press.
Kadonaga JT (2004) Regulation of RNA polymerase Ⅱ transcription by sequence-specific DNA binding factors. *Cell* 116, 247-257.

5.1 転写因子のDNA結合
Amoutzias GD, Robertson DL, Van de Peer Y & Oliver SG (2008) Choose your partners: dimerization in eukaryotic transcription factors. *Trends Biochem. Sci.* 33, 220-229.
Garvie CW & Wolberger C (2001) Recognition of specific DNA sequences. *Mol. Cell* 8, 937-946.
Klug A (2005) The discovery of zinc fingers and their development for practical applications in gene regulation. *Proc. Jap. Acad. Ser. B Phys. Biol. Sci.* 81, 87-102.

5.2 転写活性化
Baker SP & Grant PA (2007) The SAGA continues: expanding the cellular role of a transcriptional co-activator complex. *Oncogene* 26, 5329-5340.
Chadick JZ & Asturias FJ (2005) Structure of eukaryotic Mediator complexes. *Trends Biochem. Sci.* 30, 264-271.
Conaway RC, Sato S, Tomomori-Sato C *et al*. (2005) The mammalian Mediator complex and its role in transcriptional regulation. *Trends Biochem. Sci.* 30, 250-255.
Malik S & Roeder RG (2005) Dynamic regulation of pol Ⅱ transcription by the mammalian Mediator complex. *Trends Biochem. Sci.* 30, 256-263.

Spiegelman BM & Heinrich R (2004) Biological control through regulated transcriptional coactivators. *Cell* 119, 157-167.

5.3 転写の抑制
Auble DT (2009) The dynamic personality of TATA-binding protein. *Trends Biochem. Sci.* 34, 49-52.
Nagy L & Schwabe JW (2004) Mechanism of the nuclear receptor molecular switch. *Trends Biochem. Sci.* 29, 317-324.
Rosenfeld MG, Lunyak VV & Glass CK (2006) Sensors and signals: a coactivator/corepressor/epigenetic code for integrating signal-dependent programs of transcriptional response. *Genes Dev.* 20, 1405-1428.
Schwartz YB & Pirrotta V (2007) Polycomb silencing mechanisms and the management of genomic programmes. *Nat. Rev. Genet.* 8, 9-22.
Toledo F & Wahl GM (2006) Regulating the p53 pathway: *in vitro* hypotheses, *in vivo* veritas. *Nat. Rev. Cancer* 6, 909-923.

5.4 転写伸長における制御
Core LJ & Lis JT (2008) Transcription regulation through promoter-proximal pausing of RNA polymerase Ⅱ. *Science* 319, 1791-1792.
Margaritis T & Holstege FC (2008) Poised RNA polymerase Ⅱ gives pause for thought. *Cell* 133, 581-584.
Price DH (2008) Poised polymerases: on your mark...get set...go! *Mol. Cell* 30, 7-10.

5.5 RNAポリメラーゼⅠとⅢによる転写調節
Grummt I & Ladurner AG (2008) A metabolic throttle regulates the epigenetic state of rDNA. *Cell* 133, 577-580.

転写後の過程

イントロダクション

DNAからRNAへの転写は遺伝子発現過程の最初の段階であり（第4章），どの遺伝子が発現されるかを制御する主要な調節点である（第5章）。この転写の過程には，タンパク質に翻訳することのできる機能正常なRNAを生成するのに必要な一連の転写後の過程が続く（図6.1）。

転写がまだ進行している途中でも，新生RNAは5′末端に修飾グアノシン残基でキャップが形成され，続いて3′末端付近で切断され，そこにポリアデニル化として知られる過程でおよそ200個のアデニル酸残基が付加される。そして，イントロンと呼ばれる介在配列（多くの遺伝子のDNAおよび一次転写産物に存在し，タンパク質をコードする配列を分断する配列）がRNAスプライシングという過程で除去される。この過程で機能正常なRNAが生成するが，スプライスされた分子はその後，これらの過程が行われる核から，タンパク質への翻訳が行われる細胞質へ輸送される必要がある。

遺伝子発現におけるこれらの過程の1つ1つが機能正常なRNAを生成するのに必須であり，したがって遺伝子発現を制御する調節過程の標的となりうる。これら転写後の過程について本章で述べ，その遺伝子発現調節における役割について第7章で取りあげる。

6.1 キャップ形成

キャップ形成により転写産物RNAの5′末端が修飾される

転写開始後，RNA鎖へのリボヌクレオチドの付加により転写は順次進行し，転写されるDNAの塩基に相補的な塩基をもつRNA分子が生成される。この過程の完了を待たずに，新生RNAの5′末端はDNAにコードされていないグアニンの付加により修飾される。この残基とRNAの5′末端との間の結合様式は，RNA鎖のヌクレオシドを連結する標準的な結合とは2つの点で異なる。1つ目は，標準的な結合ではヌクレオシド間に1つのリン酸基しかないが，RNA鎖の最初の塩基とグアニンとの間には3つのリン酸基が介在する点である。2つ目は，そのつのリン酸基が，RNA鎖のヌクレオシドを連結する標準的な3′→5′結合ではなく，5′→5′結合により連結している点である（図6.2）。

この5′→5′結合による特別なグアニンの付加は，グアニリルトランスフェラーゼという酵素が行う。これに続いて，付加されたグアニンのプリン環の7位にグアニンメチルトランスフェラーゼという酵素がメチル基を付加し，7-メチルグアノシンを生成する（図6.2，図6.3）。

この基本的なキャップ構造は酵母でみられるが，高等な真核生物ではさらなる修飾として，7-メチルグアノシンに隣接する転写された1番目のヌクレオシドと，

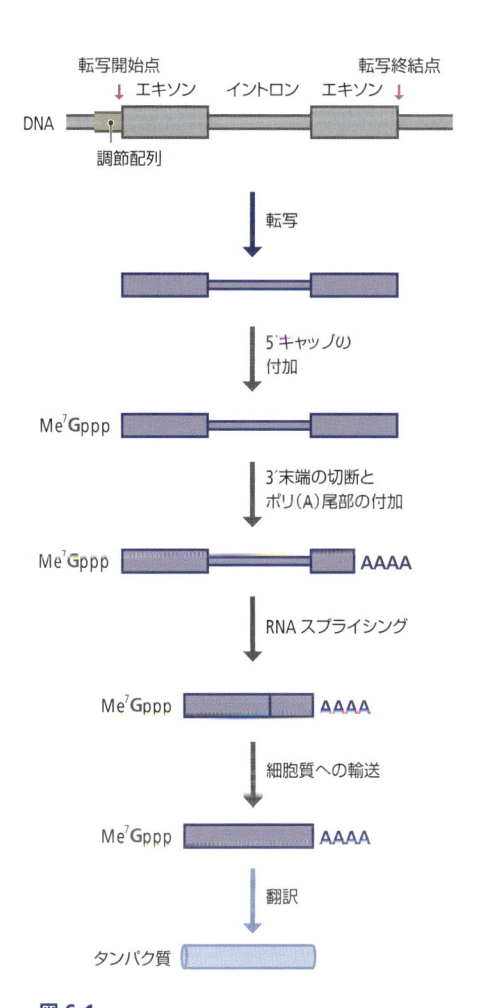

図6.1
制御されうる真核生物の遺伝子発現の段階。

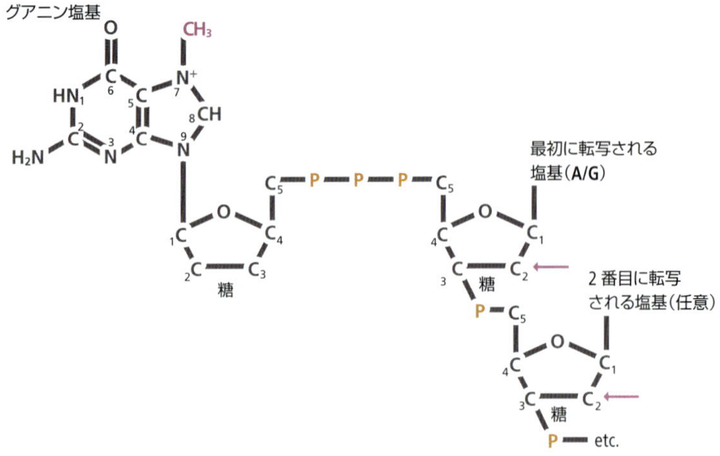

図 6.2
真核生物 mRNA の 5′ 末端に存在するキャップの構造。mRNA の最初に転写されるヌクレオシド(通常は A もしくは G)の 5′ 位に，グアノシン残基の 5′ 位が 3 つのリン酸基を介して結合している。この結合様式は，RNA 鎖の通常のヌクレオシド間が 1 つのリン酸基を介して 3′ → 5′ 結合で連結しているのとは異なる。グアノシン残基はグアニン塩基の 7 位がメチル化される。矢印はさらなるメチル化を受ける可能性があるリボースの位置を示している。

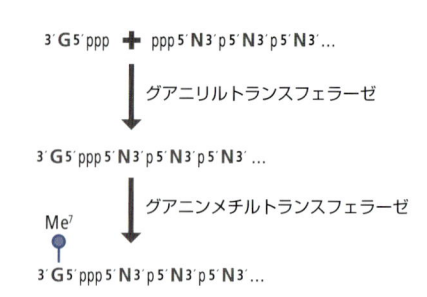

図 6.3
キャップの形成には 5′ → 5′ 結合を形成するグアニリルトランスフェラーゼと，グアニン塩基の 7 位にメチル基(Me)を付加するグアニンメチルトランスフェラーゼが関わる。

時には 2 番目にもメチル基が付加される。これらのメチル基はヌクレオシドを構成するリボースの 2′ 位ヒドロキシ基に付加される(図 6.2)。

キャップはリボソームによる mRNA の翻訳を促進する

キャップ形成は真核生物でしかみられず，原核生物ではみられない。それは原核生物と真核生物とでは mRNA の翻訳の過程に違いがあるため(6.6 節)と考えられている。原核生物の mRNA は一般的にポリシストロン性で，複数のタンパク質が同じ mRNA から翻訳される。mRNA にはリボソームの小サブユニットを構成する 16S リボソーム RNA に相補的な配列が含まれ，**シャイン・ダルガルノ配列**(Shine–Dalgarno sequence)と呼ばれている。リボソームはこの特異的な配列に結合することにより翻訳を開始し，1 つの mRNA 分子が内在する配列にコードされている各タンパク質を生成することができる。それに対して，真核生物 mRNA は一般的に**モノシストロン性**(monocistronic)で，1 つの mRNA 分子からは 1 つのタンパク質だけが生成される。それゆえ，これらの mRNA には原核生物 mRNA に含まれるようなガイド配列はなく，リボソームの小サブユニット(40S)がメチル化されたキャップを認識して mRNA の 5′ 末端に結合することにより，翻訳が開始する(図 6.4)。

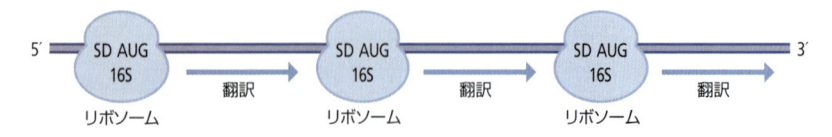

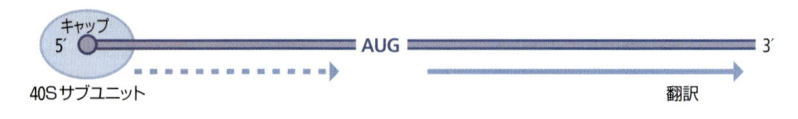

図 6.4
原核生物(a)と真核生物(b)の翻訳開始。原核生物の mRNA はポリシストロン性で，複数のタンパク質が同じ mRNA から翻訳される。16S リボソーム RNA が，mRNA 分子中のさまざまな位置にあるシャイン・ダルガルノ(SD)配列として知られる相補的な配列に結合して翻訳が始まる。翻訳は SD 配列に近い AUG コドンから始まる。それに対して，真核生物 mRNA はモノシストロン性で，1 つの mRNA 分子から翻訳されるのは 1 つのタンパク質だけである。翻訳は mRNA の 5′ 末端のキャップ構造にリボソームが結合することで始まる。リボソームは mRNA 上を移動し，適切な周囲配列内にある AUG コドンから翻訳が始まる。

興味深いことに原核生物では，16SリボソームRNAにより認識されるシャイン・ダルガルノ配列は，翻訳開始点となるAUG配列(6.6節)の上流10塩基以内に位置している。対照的に真核生物では，開始コドンAUGはmRNAの5′末端から数百塩基も下流にある。リボソームの40SサブユニットはmRNAのキャップを認識して結合した後，開始コドンAUGを見つけるまでmRNA上を移動する。この地点でリボソームの大サブユニット(60S)が結合し，翻訳が始まる。

しかし，リボソームの小サブユニットが出会う最初のAUGから翻訳が始まるわけではなく，GCCA/GCCAUGGという配列に近似した適切なコンセンサス配列の中に開始コドンAUGが位置している必要がある。リボソームがこの配列を探しながらmRNA上を移動するという，いわゆるスキャニング仮説(scanning hypothesis)は，コザック(Kozak)により提案された。AUGコドンを取り囲む特定の配列がリボソームに翻訳を開始させるのを決定するという法則は，コザックの法則(Kozak's rule)として知られる。

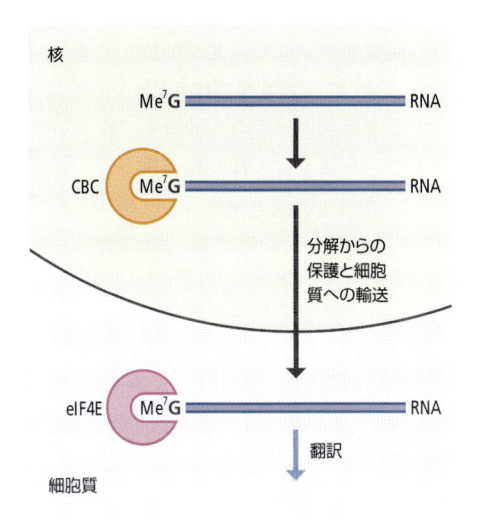

したがって真核生物においては，翻訳されるべきmRNAの5′末端が翻訳装置に認識される必要があり，また，はるかに多量に存在する翻訳されないRNA(たとえばリボソームRNA)とは区別されなければならない。これは翻訳されるべきRNAだけをキャップ形成によって特異的に修飾することにより成し遂げられる。翻訳の最初のステップとして，mRNAのキャップは翻訳開始因子eIF4Eにより認識される。6.6節で述べるように，これにより他の翻訳開始因子やリボソームの小サブユニットがリクルートされる。

キャップ構造はリボソームに認識されるために必要であるのに加え，非修飾の5′末端を認識して5′から3′の方向にRNAを切断していくエキソヌクレアーゼによる攻撃からmRNAの5′末端を保護するという重要な役割をもっている。また，6.7節で述べるように，キャップ構造の除去はmRNA分解の1つのステップである。**キャップ構造結合タンパク質複合体**(cap-binding complex；CBC)がキャップに結合することによって，mRNAはエキソヌクレアーゼによる分解から保護される。CBCはキャップの形成されたRNAに核内で結合し，これを分解から保護し，細胞質への輸送を促進する。細胞質へ輸送されるとキャップからCBCがはずれて代わりにeIF4Eが結合し，mRNAのタンパク質への翻訳が始まる(図6.5)。興味深いことにeIF4EとCBCはともに，キャップ構造結合ポケットの2つの芳香族アミノ酸の間に7-メチルグアニン環がはまるという，類似した構造的モチーフを利用してキャップに結合する(図6.6)。

ごく最近，キャップは転写産物RNAの伸長を制御するチェックポイントとしても働いていることが報告された。4.2節で述べたように，転写開始後，RNAの最初の20〜30ヌクレオチドが付加したところでRNAポリメラーゼはいったん停止し，キャップ形成はこの時点で起こる。キャップが形成されるとpTEF-bキナーゼがリクルートされ，これがRNAポリメラーゼIIをリン酸化する。これにより転写が再開して完全長の転写産物RNAが生成される。このように，RNAに正しくキャップが形成されるまでは完全長の転写産物RNAが生成されないというチェックポイントとして働いているのである(図6.7)。転写過程と転写後過程の連携については6.4節で詳しく述べる。

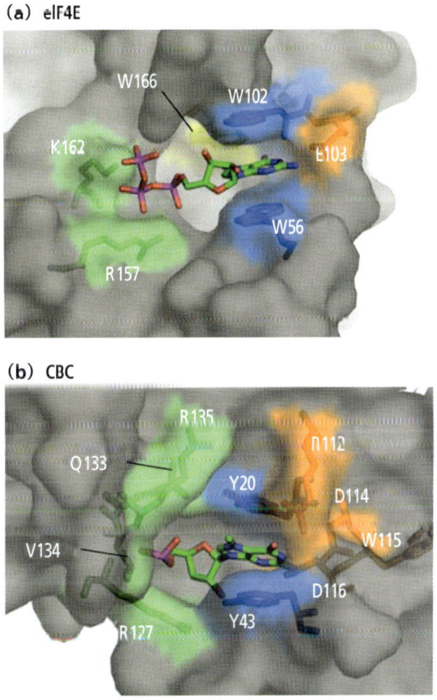

図6.5
キャップ構造結合タンパク質複合体(CBC)は核内で5′キャップに結合する。細胞質へ輸送された後，翻訳開始因子eIF4Eと入れ替わる。

図6.6
eIF4E(a)とCBC(b)タンパク質のキャップ構造結合ポケットの共通構造。キャップ構造をサンドイッチのように挟む芳香族アミノ酸は青色，グアニン塩基の官能基に結合するアミノ酸はオレンジ色，7位メチル基を安定化させるアミノ酸は黄色，三リン酸に結合するアミノ酸は緑色で示している。Fechter P & Brownlee GG (2005) *J. Gen. Virol.* 86, 1239–1249より，The Society for General Microbiologyの許諾を得て転載。George Brownleeの厚意による。

6.2 ポリアデニル化

ポリアデニル化により転写産物 RNA の 3′ 末端が修飾される

上述のように，mRNA の 5′ 末端が一次転写産物のそれと異なるのは，たった 1 つの修飾グアノシン残基が付加してキャップを形成しているという点だけである。それに対して，3′ 末端では mRNA 分子は一次転写産物よりずっと短くなっており，およそ 200 個のアデニル酸残基で終わっている。これはポリ(A)尾部と呼ばれ，ポリアデニル化として知られる転写後の過程で付加される（図 6.8）。この過程では，まず一次転写産物が切断され，露出した 3′ 末端に多数のアデニル酸残基が付加される。

切断が起こる位置（ポリアデニル化部位）は 2 カ所の保存された配列の間にある（図 6.9）。ポリアデニル化部位の上流には保存性の高い配列 AAUAAA が，下流には保存性の低い G と U に富む領域がある。この 2 つの配列は，切断 / ポリアデニル化特異性因子（cleavage/polyadenylation specificity factor；**CPSF**）および切断促進因子（cleavage stimulatory factor；**CStF**）として知られる 2 種類のタンパク質複合体によってそれぞれ認識される（図 6.9）。2 種類の複合体は RNA に結合した後，相互作用すると考えられており，RNA は両結合部位の間で切断される。注目すべきは，この切断が RNA の鎖内で起こるエンドヌクレアーゼによる切断であり，キャップが除去されて起こるエキソヌクレアーゼによる分解（6.1 節）のように RNA 分子の非修飾末端から切断が始まるものではないことである。切断後，露出した 3′ 末端にポリ(A)ポリメラーゼという酵素により多数のアデニル酸残基が付加される（図 6.9）。

ポリアデニル化は mRNA の安定性を向上させる

転写産物 RNA の両末端は，まず 5′ 末端がキャップ形成によって，次に 3′ 末端が切断とポリアデニル化によって修飾される。ポリアデニル化の主要な役割は，非修飾の 3′ 末端を攻撃して迅速に分解するエキソヌクレアーゼから mRNA を保護することであると考えられている。多くの場合，分解されるべき mRNA はまず脱アデニル化され，その 3′ 末端が攻撃されやすくなる（6.7 節）。それに加えて，ポリ(A)尾部には mRNA の翻訳の効率を制御する働きもあるようである。つまりキャップと同様に，ポリ(A)尾部も，mRNA からタンパク質への翻訳および mRNA の分解の両者の制御という 2 つの機能をもっていると考えられる。

タンパク質をコードする mRNA がすべてポリアデニル化されるわけではない。たとえば，クロマチン構造との関係で重要なヒストン分子をコードする mRNA はポリアデニル化されない。しかしながらこの場合は，mRNA の 3′ 末端が 2 本鎖のステムループ構造をとることで分解から保護されている。興味深いことに，このステムループの形成，非形成はヒストン mRNA の安定性を制御するのに重要な役割を果たしている。たとえば DNA が合成され，より多くのヒストンが必要となる細胞周期の **S 期**（S phase）ではヒストン mRNA は非常に安定であり，その他のときには不安定である。

しかし，このような例は例外であり，RNA ポリメラーゼⅡにより転写される RNA 種のほとんどは，5′ 末端でのキャップ形成に引き続き 3′ 末端がポリアデニル

図 6.7
転写開始後，RNA の最初の 20 〜 30 ヌクレオチドが付加したところで RNA ポリメラーゼはいったん停止する。新生 RNA にキャップが形成されて初めて転写が再開する。図 4.24 と比較すること。キャップ形成は転写伸長に必要な pTEF-b キナーゼのリクルートに必須である。

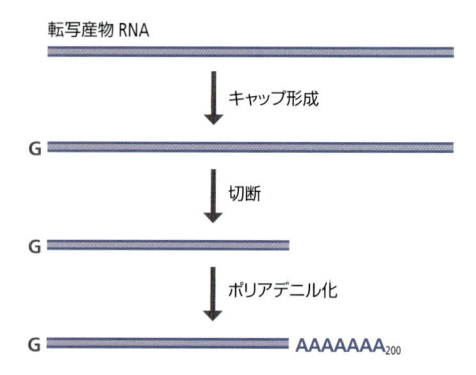

図 6.8
RNA ポリメラーゼⅡ転写産物の 5′ および 3′ 末端の修飾。RNA の 5′ 末端はキャップ形成の過程でグアニンが 1 つ付加されて修飾される。3′ 末端はポリアデニル化の過程で切断されて短くなり，その露出した 3′ 末端におよそ 200 個のアデニル酸残基が付加される

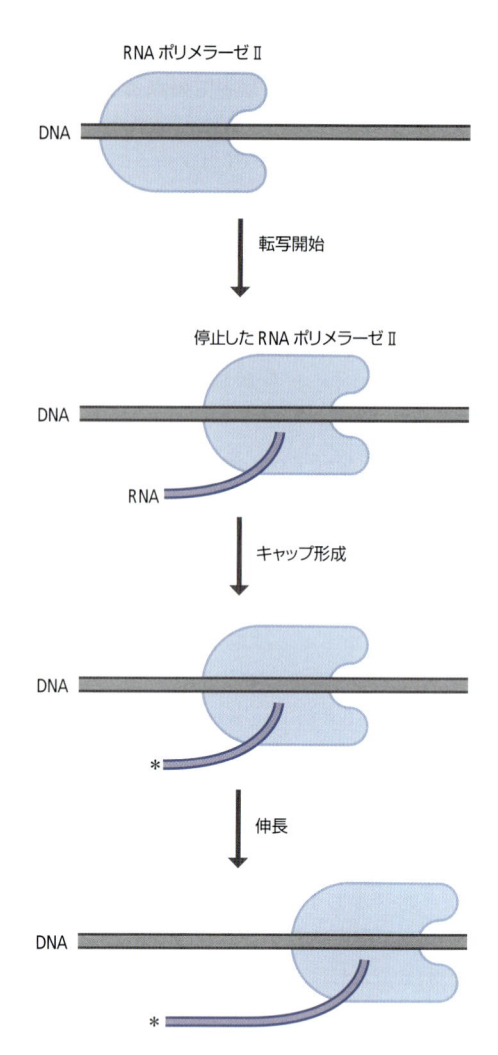

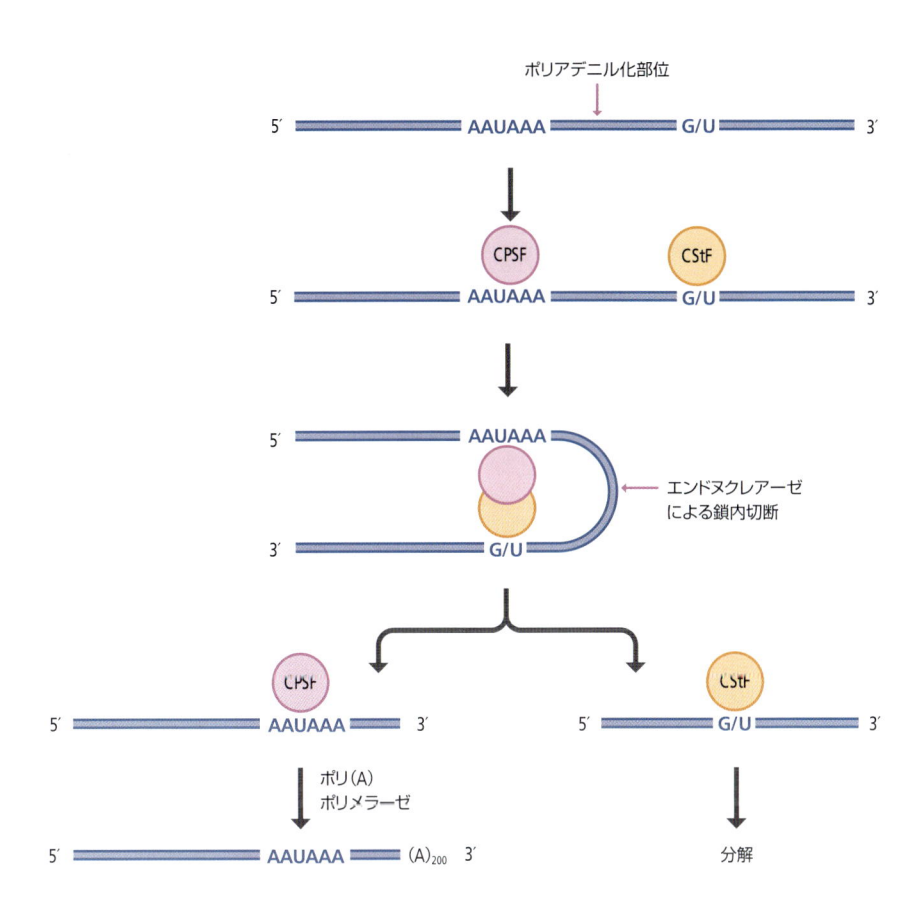

図6.9
ポリアデニル化の過程には2種類のタンパク質因子が関わる。ポリアデニル化部位の上流のAAUAAA配列に結合する切断/ポリアデニル化特異性因子（CPSF）と，下流のGとUに富む領域に結合する切断促進因子（CStF）である。CPSFとCStFは相互作用し，両者の間でポリアデニル化部位を切断する。切断後，ポリアデニル化部位の下流の配列は分解され，一方で上流領域の露出した3′末端がポリ(A)ポリメラーゼによりポリアデニル化される。

化される。H2A.ZやH3.3のようなマイナーなヒストンバリアント（2.3節）をコードするmRNAでさえもポリアデニル化されており，S期以外の場面で安定性が低下することはない（図6.10）。

6.3 RNA スプライシング

RNAスプライシングは介在配列を除去してエキソンを連結する

遺伝子クローニングの時代になされた発見の中でおそらく最も予想外であったのは，RNAポリメラーゼIIにより転写される遺伝子において，タンパク質をコードする領域がタンパク質をコードしないDNA配列によって分断されているという発

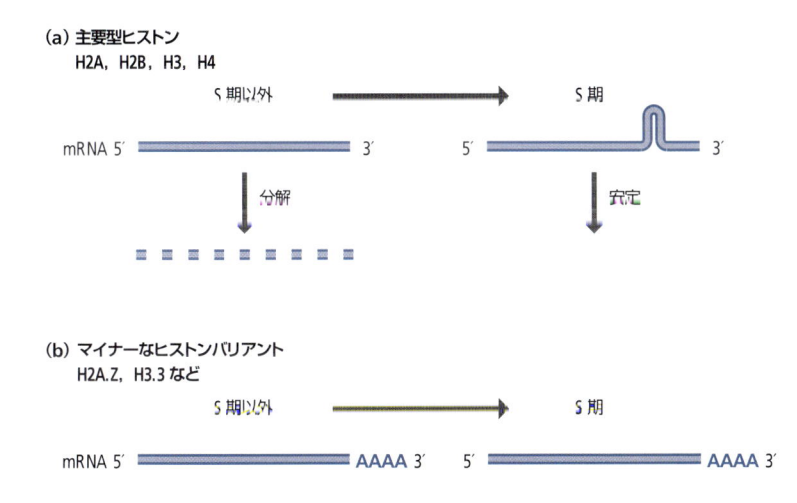

図6.10
(a)主要型ヒストンをコードするmRNAはポリアデニル化されないが，細胞周期のS期には3′末端がステムループ構造をとることで安定化される。(b)それに対して，マイナーなヒストンバリアントをコードするmRNAはポリアデニル化され，細胞周期を通じて安定である。

見であろう。この介在配列は RNA として転写されるものの，その RNA は核内(in)にとどまることから，イントロン(intron)として知られる。一方，コード領域は転写されて生成した RNA が核から出る(exit)のでエキソン(exon)と呼ばれる。

DNA が転写されるときには，エキソンと介在するイントロンがともに 1 つの一次転写産物へ転写される。よってこの一次転写産物は，5′末端と 3′末端がそれぞれキャップ形成とポリアデニル化により修飾されるだけでなく，細胞質へ輸送される前にイントロンが取り除かれなければならない。さもなければ，翻訳されたときに不適切なアミノ酸配列がタンパク質の途中で現れたり，介在配列中に存在する終止コドンにより翻訳が途中で停止したりしてしまうであろう。このイントロンが除去される過程は RNA スプライシング(RNA splicing)と呼ばれる(図 6.11)。

RNA スプライシングに関する初期の研究で，エキソン／イントロン境界の DNA 配列解析が集中して行われた。ほとんどすべての真核生物で，RNA ポリメラーゼ II により転写される遺伝子のイントロンは GU で始まり AG で終わることが，これらの研究から明らかになった(図 6.12)。エキソン／イントロン境界には，その他にイントロンの AG 配列の近くにある連続したピリミジン残基[**ポリピリミジントラクト**(polypyrimidine tract)]などの特徴も見つかっているが，GU/AG 配列ほど保存されていない。

この発見は興味深いものではあったが，スプライシングがなぜ起こるかという機構に関する機能的な検討がなされていなかった。そこで最初に，試験管内でスプライシング反応を実行できる核抽出液を使った研究が行われた。1 つのイントロンで分断された 2 つのエキソンを含む単純な RNA 分子を使ってスプライシング反応を行わせると，2 つのエキソンが連結して遊離のイントロンが生成した。非常に興味深いのは生成したイントロンの構造であった。イントロンは，その 5′末端が 3′末端の AG 配列から 18〜40 塩基上流にあるアデニンと 5′→2′結合を形成した**投げ縄状構造**(lariat structure)をとっていたのである(図 6.13)。このアデニンは**分枝点**(branch point)として知られる。

この結果はスプライシングが 2 段階のエステル交換反応によって進むと考えれば説明できる(図 6.13)。第一段階では，イントロンの 5′側リン酸と上流エキソンの 3′側酸素間のエステル結合が，イントロンの 5′側リン酸と分枝点のアデニンの 2′位酸素間のエステル結合に置き換わる。第二段階では，下流エキソンの 5′側リン酸とイントロンの 3′側酸素間のエステル結合が，下流エキソンの 5′側リン酸と上流エキソンの露出した 3′末端酸素間のエステル結合に置き換わる。その結果，上流エキソンと下流エキソンが連結し，イントロンは投げ縄状の構造で放出される(図 6.13)。こうして 1 回のスプライシング反応で 2 つのエキソン間のイントロンを除去し，エキソンを連結させるという目的が達成されることになる。

特異的な RNA とタンパク質が RNA スプライシングの過程を触媒する

このスプライシングの過程を検討すると，下流エキソンがまだイントロンにつながっていて上流エキソンと結合できていない状態で，なぜ上流エキソンが拡散してしまわないのか疑問に感じるかもしれない。種明かしをすれば，この反応は RNA が核内で遊離した状態で起こるのではなく，5 種類の RNA と数百のタンパク質からなる**スプライソソーム**(spliceosome)という複合体で起こるのである。スプライソソームの成分は協同してスプライシングの過程を触媒し，さまざまな中間産物を相互に正しい向きで保持する。スプライソソームの三次元構造が解明され，大小 2 つのサブユニットがスプライシングを受ける RNA を収容する溝を形成していることが示されている(図 6.14)。

スプライソソームの RNA 成分は 56〜217 塩基の低分子 RNA で，ウラシルに富むことから U RNA として知られる。これらの U RNA は各々が特異的なタンパク質と会合して**核内低分子リボ核タンパク質**(small nuclear ribonucleoprotein；

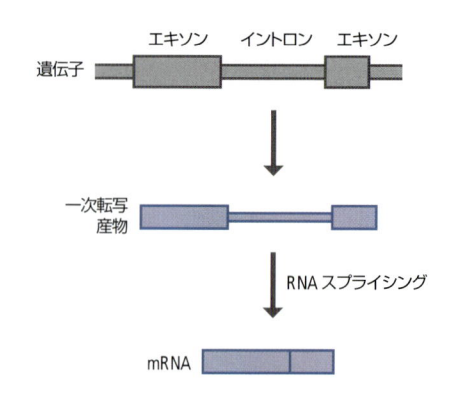

図 6.11
RNA スプライシングによる一次転写産物からの 1 つの介在配列(イントロン)の除去。

図 6.12
RNA ポリメラーゼ II 転写産物のエキソン／イントロン境界。イントロンの最初の 2 塩基は普通 GU であり，最後の 2 塩基は通常 AG である。

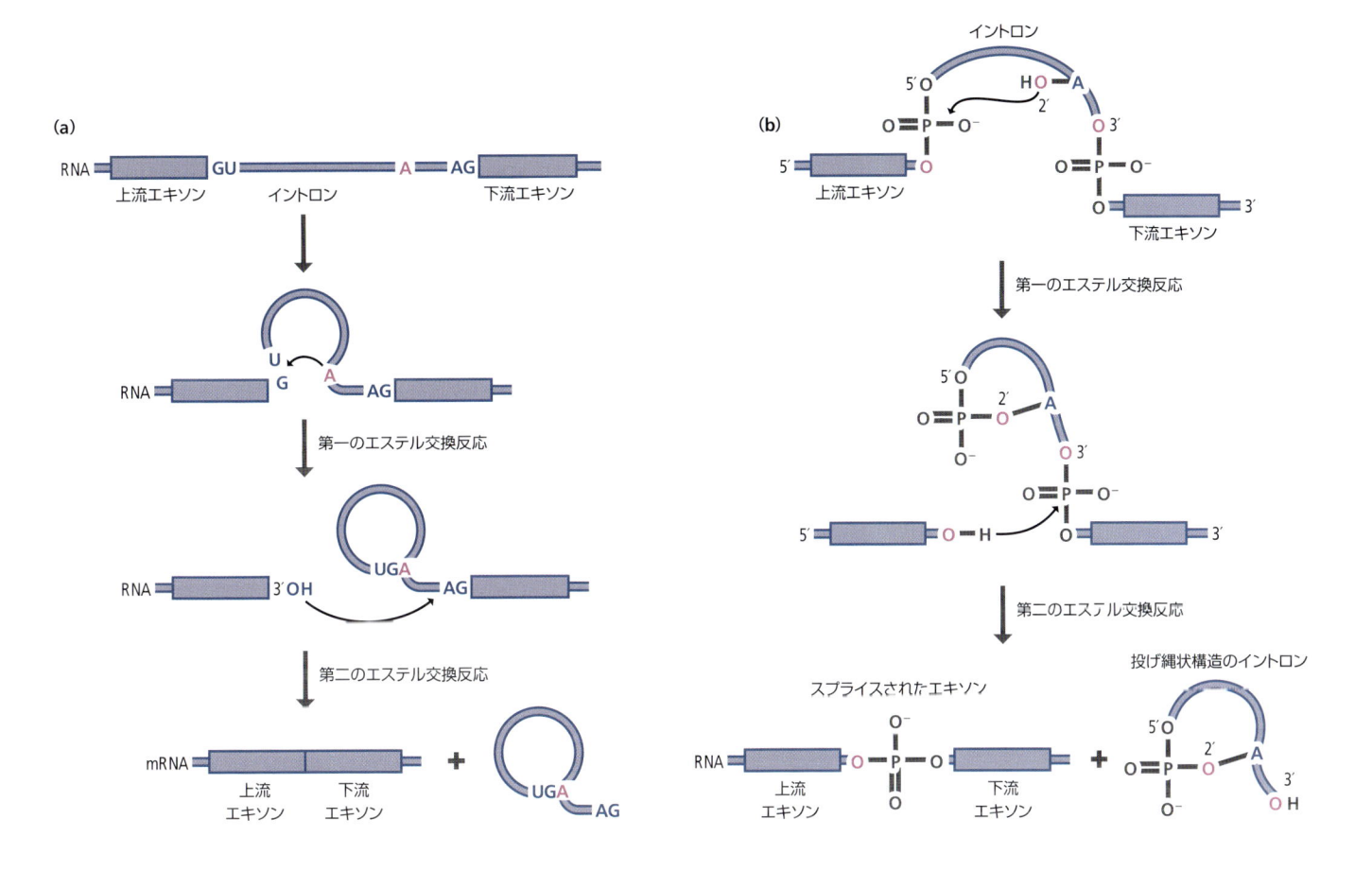

snRNP）粒子を形成し，スプライシングの過程においてそれぞれが特異的な役割を果たす。U RNA と会合するタンパク質には，あらゆる snRNP に共通のもの（たとえば Sm タンパク質など）もあれば，ある特定の snRNP 粒子にのみ含まれるもの（たとえば U1 snRNP A タンパク質など）もある。

　スプライシングの過程は，5′ **スプライス部位**（splice site），つまり上流エキソンとイントロンの 5′ 側との境界に U1 snRNP が結合して始まる（図 6.15a）。引き続き，U2 補助因子（U2 accessory factor；U2AF）が，分枝点のアデニンとイントロン終末の AG 配列との間に存在するポリピリミジントラクトに結合する。これを受けて，U2 snRNP が近傍の分枝点に結合する（図 6.15b）。次に，U5 snRNP が上流エキソンに結合するとともに，互いに結合した U4 RNA と U6 RNA を含む単一の snRNP が 5′ スプライス部位に結合する。この際，5′ スプライス部位から U1 snRNP がはずれて U6 snRNP に置き換わり，もはや U6 RNA と塩基対を形成できなくなった U4 RNA は放出される（図 6.15c）。

図 6.13
RNA スプライシングの機構。(a) は概略を図示しており，(b) には具体的な化学反応を示してある。スプライシングは第一のエステル交換反応から始まる。それによりイントロンの 5′ 側リン酸と上流エキソンの 3′ 側酸素間のエステル結合が，イントロンの 5′ 側リン酸と分枝点のアデニンの 2′ 位酸素間のエステル結合に置き換わる。この反応に続き，第二のエステル交換反応が起こる。これで下流エキソンの 5′ 側リン酸とイントロンの 3′ 側酸素間のエステル結合が，下流エキソンの 5′ 側リン酸と上流エキソンの露出した 3′ 末端酸素間のエステル結合に置き換わる。その結果，2 つのエキソンが連結し，イントロンは投げ縄状の構造で放出される。

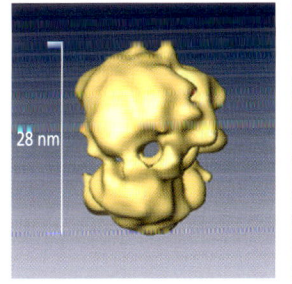

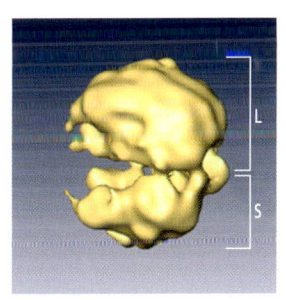

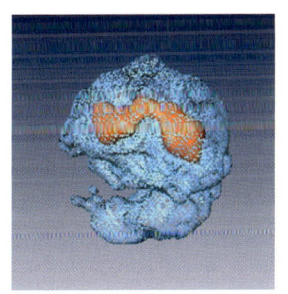

図 6.14
左と中央：2 つの異なる視野からみたスプライソソームの三次元構造。解像度は 2 nm (20 Å)。大サブユニット (L) と小サブユニット (S) がスプライシングを受ける RNA を収容する溝を形成している。右：スプライソソーム（青色）の中でスプライシングの過程を触媒する RNA の位置（赤色）。Ruth Sperling, The Hebrew University of Jerusalem の厚意による。

図 6.15
異なる U RNA を含む snRNP 粒子の RNA スプライシングにおける関与。スプライシングは 5′ スプライス部位への U1 粒子の結合に始まり(a)，続いて分枝点付近に U2 粒子が結合する(b)。次に，U5 粒子が上流エキソンに結合するとともに，U4/U6 粒子が 5′ スプライス部位に結合する。この際，U1 粒子と U4 RNA は放出される。U6 粒子と U2 粒子は相互作用し，5′ スプライス部位を分枝点に近づける(c)。その後，上流エキソンがイントロンから分離されてイントロンは投げ縄状構造を形成し，引き続きイントロンが下流エキソンから分離されてエキソンが連結する。U5 粒子は上流エキソンからイントロンに移動し，U2，U5，U6 粒子と会合した状態でイントロンは放出される(d)。RNA ヘリカーゼ(Prp22)が下流エキソンに結合し，スプライスされた RNA 上を 3′ から 5′ の方向に移動して RNA をスプライソームから解離させる。

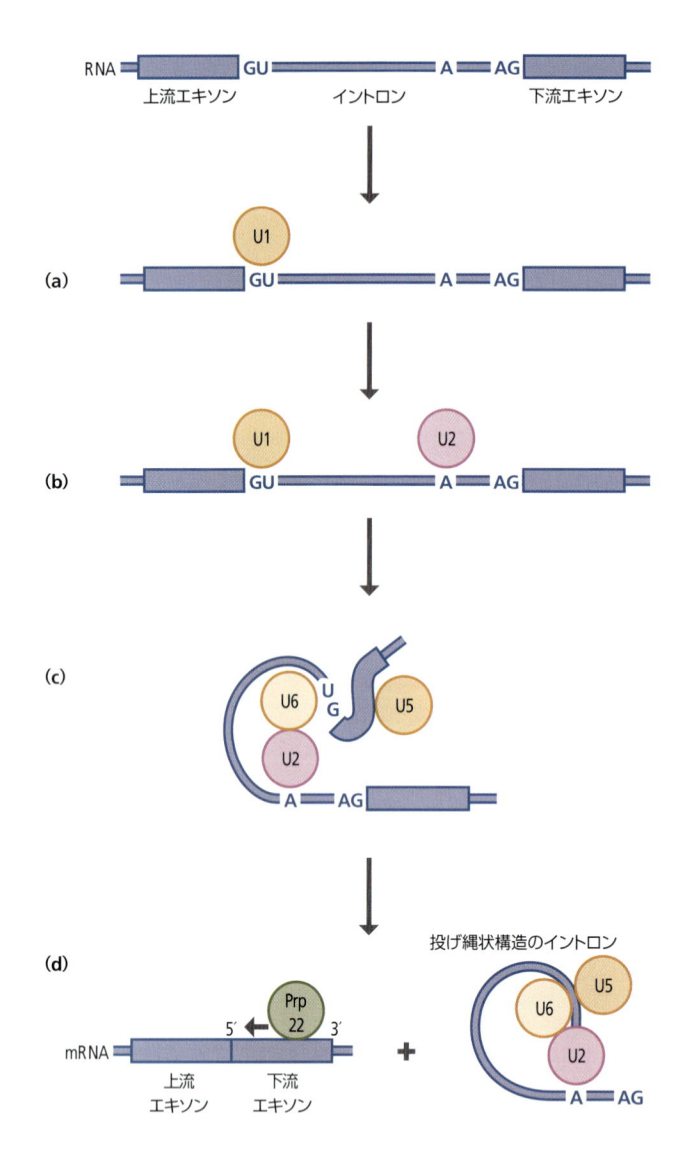

　U6 snRNP と U2 snRNP は相互作用し，5′ スプライス部位を分枝点に近づける。その後，図 6.13 に概略を示したように，上流エキソンのイントロンからの分離，投げ縄状構造の形成，上流エキソンと下流エキソンの連結が起こる。U2 snRNP，U6 snRNP，そして(この過程の間に上流エキソンからイントロンに移動した)U5 snRNP は，イントロンとともに放出される(図 6.15d)。

　スプライシングの最終段階では，Prp22 という RNA をほどくヘリカーゼ酵素が下流エキソンに結合する(図 6.15d)。そしてスプライスされた RNA 上を 3′ から 5′ の方向に移動し，スプライソームのタンパク質/RNA から解離させる。

　snRNP とスプライシングを受ける RNA との間の相互作用のいくつかは，snRNP 中の U RNA とスプライシングを受ける RNA の間の相補的な塩基対形成による。たとえば，U1 RNA はスプライシングの初期段階で 5′ スプライス部位と塩基対を形成し，それによって U1 snRNP が 5′ スプライス部位に結合する。同様に，その後の U4/U6 snRNP による U1 snRNP の置換は，U6 RNA の 5′ スプライス部位への結合による。

　非常に興味深いのは，分枝点付近の RNA 配列に対する U2 snRNP の結合で，この結合は U2 RNA の塩基対形成によるが，分枝点のアデニンそのものはこの塩基対からはずれているのである。このように 2 本鎖構造からはみ出していることにより，アデニンの 2′ 位ヒドロキシ基とイントロンの 5′ 末端間の結合形成が促進される(図 6.16)。

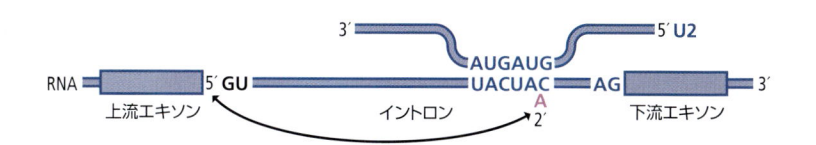

図 6.16
mRNA の分枝点領域と U2 RNA の間に形成された塩基対。分枝点のアデニンは塩基対を形成せず，2本鎖構造からはずれている。このことが，アデニンとイントロンの最初の塩基との間の 2′–5′ 結合の形成を促す。

このように，スプライシングの全過程は高度に秩序立った構造のスプライソームで実行され，たとえば，なぜ上流エキソンはイントロン／下流エキソンから分離された後に拡散してしまわないのかを説明できる。実際，スプライソームの成分である hSLu7 が上流エキソンにしっかりと結合し，3′ スプライス部位の AG 配列の近傍にそれを維持して，3′ スプライス部位を正しく選択できるようにしていることが示されている。

snRNP 中の U RNA とその会合タンパク質に加えて，スプライソームには U RNA に直接会合しないタンパク質が含まれている。この中で最も研究されているのが，セリン(S)とアルギニン(R)に富むため **SR タンパク質**(SR protein)と呼ばれる一連のタンパク質である。

これらのタンパク質は，スプライシングを受ける RNA への snRNP のリクルートと，どのスプライス部位をそれぞれ結合させるかの決定の両方に役割を果たしているものと考えられている。SR タンパク質は，エキソンスプライシングエンハンサー(exon splicing enhancer；ESE)として知られるエキソン内の配列に結合し，そのエキソンがスプライシングにより除去されずに最終的な RNA に確実に含まれるようにする。

これまで考えてきた単純な 2 エキソン，1 イントロンモデルとは異なり，実際には大多数の RNA が複数のエキソンとイントロンを含んでいるので，この SR タンパク質の役割は，エキソンが確実に正しく連結するために非常に重要である。スプライシングの過程では，たとえばエキソン 1 とエキソン 2 とエキソン 3 が順番に正しく連結しなければならず，誤ってエキソン 1 がエキソン 3 と連結して間のエキソン 2 が mRNA から欠落してしまい，特定の領域が欠損したタンパク質を生じるようなことがあってはならない。SR タンパク質が結合できなくなるような突然変異が ESE に生じたエキソンは，**エキソンスキッピング**(exon skipping)という過程によりスプライシングで除外される(図 6.17)。この現象は特定のヒトの疾患でみられる(RNA スプライシングの異常が関わるヒト疾患とその治療の可能性については 12.3 節および 12.5 節参照)。

どのスプライス部位が互いに連結するかを決定する役割をもつ SR タンパク質が，エキソンが状況に応じて異なる組み合わせで連結される選択的スプライシングの過程でも重要な役割を果たしていることは，意外なことではない(選択的 RNA スプライシングに関する議論は 7.1 節参照)。

RNA ポリメラーゼ II により転写される遺伝子のすべてのイントロンは，GU で始まり AG で終わると当初は考えられていた。これはほとんどのイントロンにつ

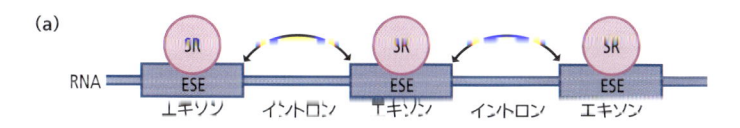

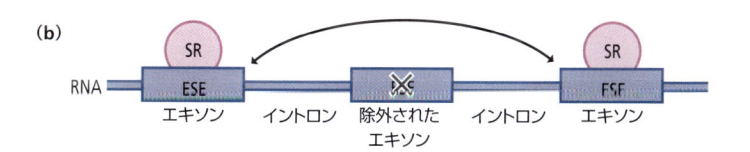

図 6.17
(a)SR タンパク質はそれぞれのエキソンのエキソンスプライシングエンハンサー(ESE)に結合し，適切なスプライシングを促進する。(b)突然変異(X)により ESE が喪失すると，変異エキソンはスプライシングで除外される。

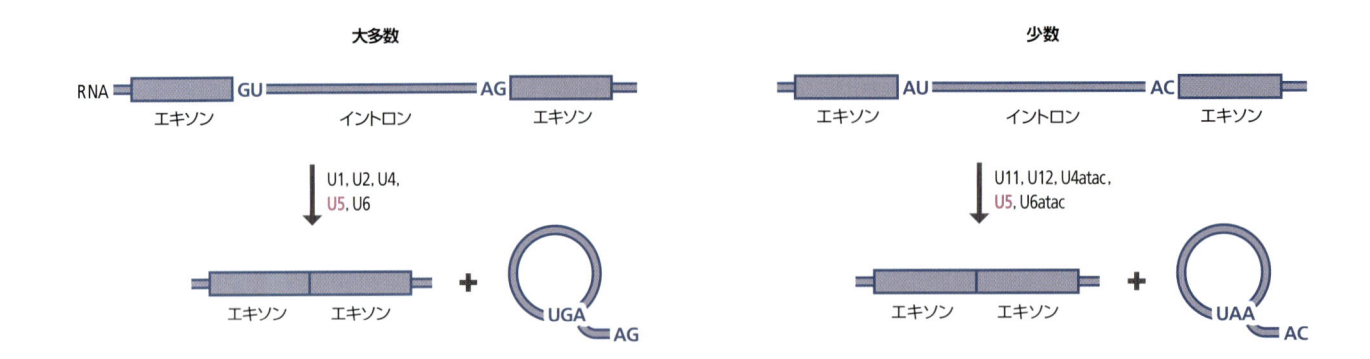

いて正しいが，ごく少数はAUで始まりACで終わる（図6.18）。そのような少数のイントロンも，前述のGU-AGイントロンと酷似した機構によりスプライシングを受け，たとえば，分枝点のアデニンが利用される点もまったく同じである。

しかしながらAU-ACイントロンのスプライシングでは，GU-AG経路で利用されるsnRNPの中ではU5 snRNPだけが関わり，その代わりにU11 RNA, U12 RNA, U4atac RNA, U6atac RNAをそれぞれ含む異なったsnRNPが利用される。興味深いことに，一部のAU-ACイントロンのスプライシングは細胞質で行われることが示唆されており，この副次的なスプライシング経路には，核でしか起こらない主要なGU-AG経路とは異なった機能があるかもしれないことを意味している。

スプライシングの主要な経路と副次的な経路について述べるにあたり，1つの転写産物RNAに含まれるすべてのエキソンが連結され，すべてのイントロンが除去される場合を検討してきた。しかし，異なるmRNA分子のエキソンの間で起こり，キメラmRNAを生成する**トランススプライシング**(trans-splicing)という特別のケースもある（図6.19）。

その例として，正常なヒト子宮内膜細胞における*JAZF1*遺伝子と*JJAZ1*遺伝子［クロマチン構造の制御に関わるPolycomb（ポリコーム）タンパク質をコードする］の間にみられるトランススプライシングがある（Polycombタンパク質に関する議論は3.3節および4.4節参照）。この2つの遺伝子は異なる染色体上にあり，いくつかの異なる細胞種でそれぞれに特有な選択的スプライシングによるmRNAを生成する。さらに，子宮内膜細胞では*JAZF1*転写産物RNAの5′側エキソンと*JJAZ1*転写産物RNAの3′側エキソンとの間のトランススプライシングにより，キメラmRNAが生成される。

このようにして生成された*JAZF1-JJAZ1*キメラmRNAがコードするタンパク質は，それを発現する細胞において**プログラムされた細胞死**(programmed cell death)［**アポトーシス**(apoptosis)］を阻害するというまったく別の機能をもつ。き

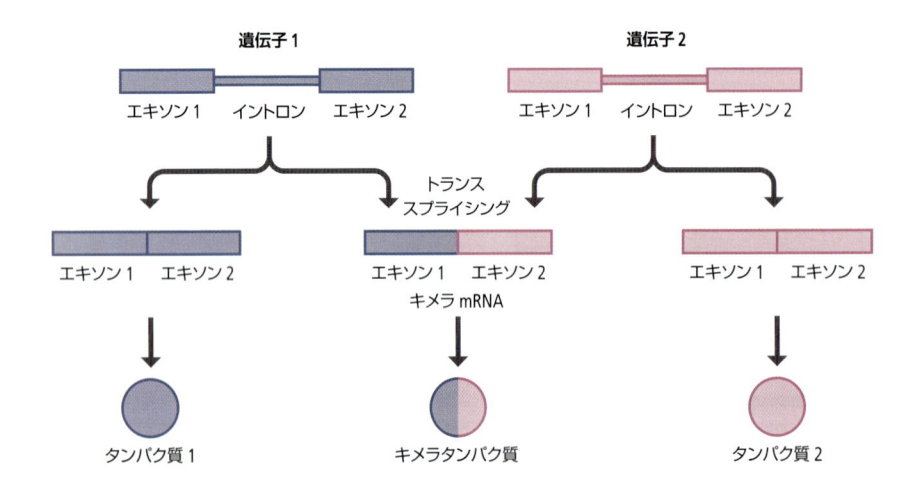

図6.18
ほとんどのイントロンはGUで始まりAGで終わるが，ごく少数のイントロンはAUで始まりACで終わる。いずれのタイプのイントロンの除去にも投げ縄状構造の形成とU5 RNAが関与する点は同じだが，それ以外のU RNAについては2つの場合で異なる。

図6.19
1つのRNA分子に含まれるエキソンの通常のスプライシングに加えて，異なるタンパク質をコードする異なる分子のエキソン同士が結合し，キメラmRNAが生成される可能性がある。このmRNAはそれぞれ単独の遺伝子により生成するタンパク質とは別のタンパク質をコードするようになる。

わめて重要なのは、このトランススプライシングという事象が子宮内膜細胞だけで起こり、したがって制御を受けていると考えられることである。さらに、このトランススプライシングは特定のホルモンや**低酸素状態**(hypoxia)で促進される(子宮内膜癌における JAZF1–JJAZ1 融合タンパク質の関与に関する議論は 11.2 節参照)。

6.4 核内における転写と RNA プロセシングの連携

転写開始と伸長は転写後の過程と連携している

これまで転写，キャップ形成，ポリアデニル化，スプライシングと、それらがまったく別々の過程であるかのように議論してきたが、実際にはこれらが核内で密接に連携していることは明らかである。このことを示した最初の証拠は、RNA ポリメラーゼ II の C 末端領域(C-terminal domain；CTD)(4.1 節)の欠失により転写が減弱するだけでなく、キャップ形成、スプライシング、ポリアデニル化といった転写後の過程も阻害されるという発見で、RNA ポリメラーゼ II がこれらの過程にも関与することを意味している。

第 4 章(4.1 節)で述べたように、RNA ポリメラーゼ II の CTD のリン酸化により、RNA ポリメラーゼ II は TFIIF とともに転写を開始し、その後 TFIIA や TFIID といった基本転写因子を残して、遺伝子を下流へと移動する(図 6.20a)。興味深いことに、これらの基本転写因子に代わり、RNA ポリメラーゼ II のリン酸化型 CTD

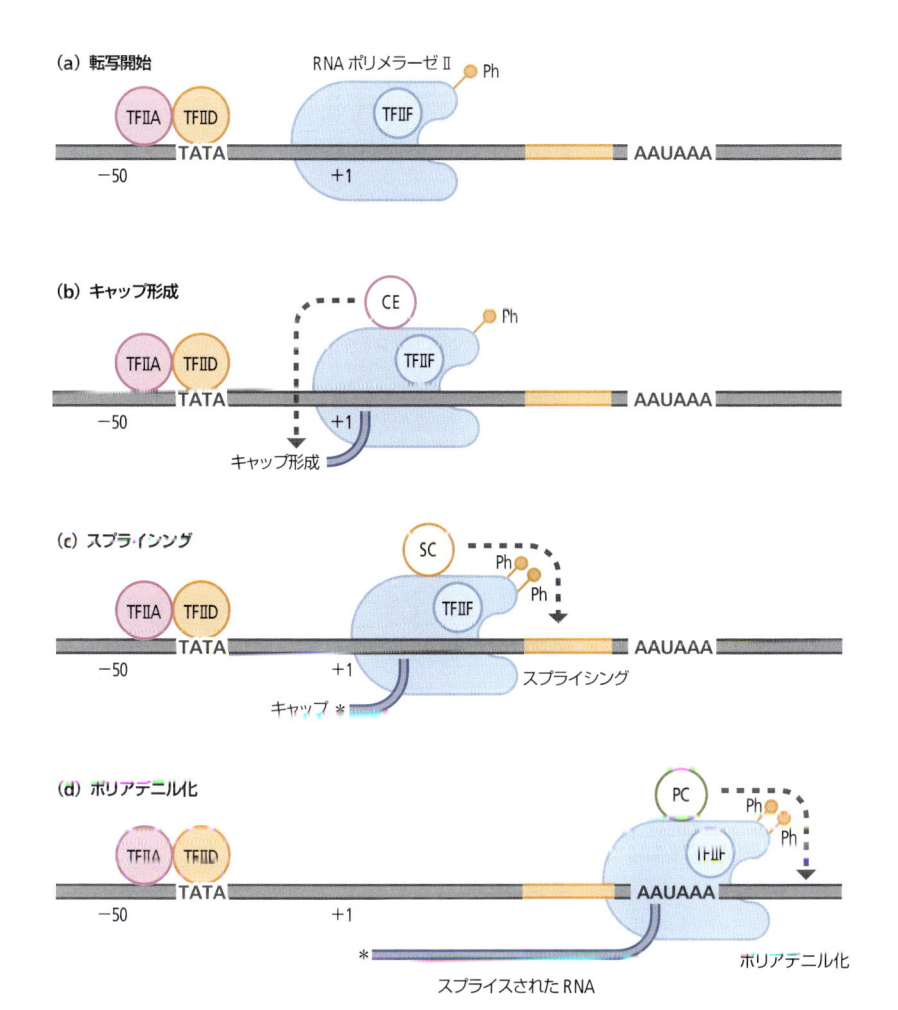

図 6.20
RNA ポリメラーゼ II 複合体は遺伝子を転写する過程で(a)，キャップ形成(b；CE，キャップ形成酵素)，スプライシング(c；SC，スプライシング複合体)，ポリアデニル化(d；PC，ポリアデニル化複合体)を担うタンパク質と順次会合していく。これにより RNA は転写が進行しているうちにキャップ形成，スプライシング，ポリアデニル化を受けることが可能となる。転写複合体の RNA ポリメラーゼは段階的にリン酸化(Ph；オレンジ色の丸)されるが(図 4.24 も参照)，これはキャップ形成，スプライシング，ポリアデニル化に関わる因子のリクルートに必須である。

にはキャップ形成，スプライシング，ポリアデニル化に関わる因子が順次結合する。

　転写が開始するとすぐにキャップ形成酵素がRNAポリメラーゼⅡのCTDに結合し，6.1節で述べたようにRNAの5′末端にキャップを形成する（図6.20b）。それに続いて，SRタンパク質やその他のスプライシング複合体の構成成分（6.3節）がCTDに結合し，スプライシングが起こる（図6.20c）。最後に，ポリアデニル化複合体の構成成分（6.2節）が転写複合体と相互作用し，RNAをポリアデニル化する（図6.20d）。

　これらさまざまな因子のリクルートはRNAポリメラーゼⅡのCTDのリン酸化と密接に連携している。4.1節および4.2節で述べたように，この領域にはTyr-Ser-Pro-Thr-Ser-Pro-Serの反復配列がある。この配列の5番目のセリンのリン酸化（転写を開始させる）が，キャップ形成因子のリクルートにも必須であることが示されている。さらに，それに続く2番目のセリンのリン酸化（転写伸長を再開させる）が，3′末端の切断とポリアデニル化に関わる因子のリクルートに必須である（図6.21）。

　このように転写伸長と転写産物RNAのプロセシングにおいてCTDリン酸化が二重の役割をもつことにより，これら2つの過程が連携し，伸長したRNAが正確にプロセスされるようになっている。6.1節で述べたキャップ形成と転写伸長の関連性も，この連携関係から説明できる。すなわち，TFIIHのキナーゼ活性によるCTDの5番目のセリンのリン酸化に続き，転写産物RNAにキャップが形成され，これがpTEF-bキナーゼによるCTDの2番目のセリンのリン酸化を活性化し，3′末端の切断に関わる因子のリクルートだけでなく，転写伸長そのものを活性化する。

　転写伸長と転写後過程の連携の別の側面として，第3章（3.3節）で述べたヒストン修飾によるクロマチン構造の制御がある。ヒストンH3の4番目のリシン残基への3つのメチル基の付加が，弛緩したクロマチン構造と関連していることが示されている。興味深いことに，リシン残基のトリメチル化は転写伸長に関わるFACTタンパク質（4.2節），ならびにU2 snRNP（6.3節）のリクルートを促進し，転写伸長と生成された転写産物のスプライシングの両方を促進することが示されている（図6.22）。

転写後の過程はそれぞれ相互作用する

　転写後の過程に関与する因子と転写複合体とが相互作用するのと同様，異なる転写後過程同士がそれぞれ相互作用するという証拠もある。たとえば，キャップ構造結合タンパク質複合体（CBC）（6.1節）はスプライソソーム（6.3節）と相互作用し，キャップ形成とスプライシングの過程を連携させる。同様に，U2 snRNP（6.3節）は切断/ポリアデニル化特異性因子（CPSF）（6.2節）と相互作用し，スプライシングとポリアデニル化を連携させることが示されている。これらの相互作用により，これまで述べてきた転写産物RNAのすべての修飾が相互に，そして転写過程そのものとも密接に連携できるようになっている（図6.23）。

　以上のように，転写複合体は遺伝子上を下流へと移動しながらRNAの転写後修飾に必要な因子を引き寄せる。原核生物のRNAが転写されながら翻訳されるのと同じように，RNAは転写されている間でも転写後修飾を受ける。転写，キャップ形成，スプライシング，ポリアデニル化という連携した過程により，RNAは完全に成熟し，細胞質へ輸送される準備が整う。

6.5 RNA輸送

RNA輸送は他の転写後過程と連携している

　RNAのキャップ形成，スプライシング，ポリアデニル化は核内で行われるが，翻訳（成熟したmRNAからタンパク質が合成されること）は細胞質で行われる。し

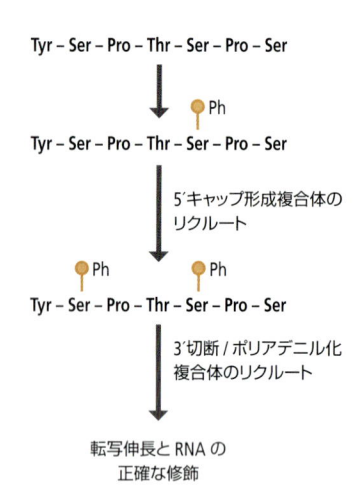

図6.21
RNAポリメラーゼⅡのC末端領域（CTD）にはTyr-Ser-Pro-Thr-Ser-Pro-Serの反復配列がある。この配列の5番目のセリンのリン酸化は5′キャップ形成複合体のリクルートに必須であり，2番目のセリンのリン酸化は3′末端の切断とポリアデニル化に関わる複合体のリクルートに必須である。リン酸基（Ph）をオレンジ色の丸で示す。

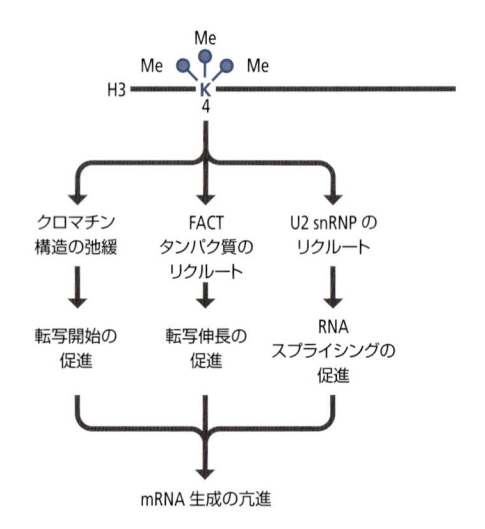

図6.22
ヒストンH3の4番目のリシン残基（K）のトリメチル化（青色の丸）は，クロマチン構造を弛緩させるだけでなく，転写伸長およびRNAスプライシングを促進する。

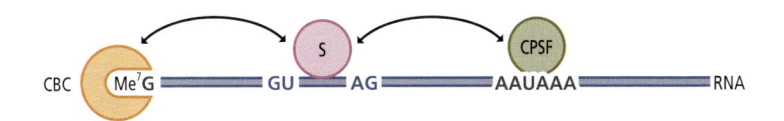

図 6.23
キャップ構造結合タンパク質複合体(CBC)と切断／ポリアデニル化特異性因子(CPSF)は，スプライソソーム(S)と相互作用して，これら異なる転写後の過程を連携させる。

たがって核内でプロセスされた RNA は，タンパク質へ翻訳される前に核膜を通り抜けて核から細胞質へと輸送されなくてはならない。

核内で RNA と結合して RNA とともに細胞質へと輸送されるタンパク質が，これまで数多く同定されている。これらのタンパク質は，核から細胞質への RNA 輸送に重要な役割を果たしていると考えられている。ユスリカ(*Chironomus tentans*)の細胞では RNA 輸送の過程を直接みることができ，RNA と多数のタンパク質から構成されるリボ核タンパク質の粒子が核膜孔を通過して細胞質に移動するのを電子顕微鏡で観察できる(図 6.24)。

第 4 章(4.1 節)で述べたように，遺伝子は核内の特異的な領域で転写される。この領域は核膜孔近傍であることが多く，プロセシングが完了した RNA を速やかに細胞質へ輸送できるようになっている。プロセシングが完了した RNA が核膜孔を通過するためには，TAP(別名 NXF1)および p15(別名 NXT1)という 2 つのタンパク質からなる **RNA 核外輸送複合体**(RNA exporter complex；REC)と結合する必要がある。REC は mRNA にすでに結合している他のタンパク質を介して間接的に mRNA に結合すると考えられている。REC はたとえば，6.3 節で述べたように**エキソンスプライシングエンハンサー**(exon splicing enhancer；ESE)に結合して RNA スプライシングを調節する SR タンパク質と相互作用する。

REC と SR タンパク質の結合は，SR タンパク質のリン酸化によって制御されている。SR タンパク質は最初，REC と相互作用できないリン酸化型として RNA に結合する。スプライシング終了後に SR タンパク質は脱リン酸化されて REC と結合できるようになり，細胞質への輸送が行われる。このシステムにより mRNA のスプライシングと輸送がうまく連携し，イントロンを含んだままの RNA が輸送されないようになっている(図 6.25)。

高等真核生物の RNA 輸送は，スプライシングと連携するだけでなく，キャップ形成(6.1 節)とも連携することが知られている。TREX と名づけられた RNA 輸送

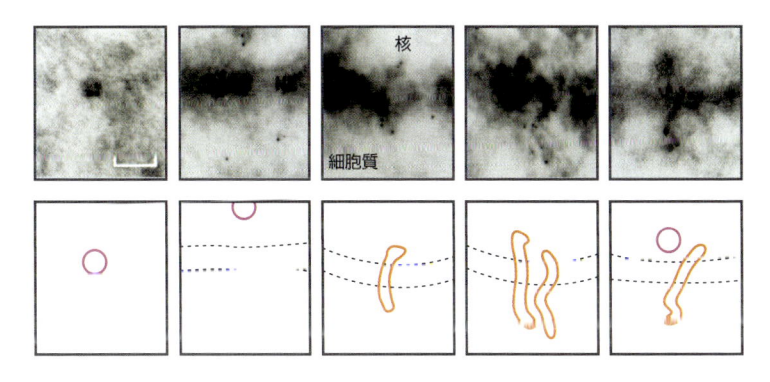

図 6.24
ユスリカ(*Chironomus tentans*)の唾液腺において mRNA／ヘテロ核リボ核タンパク質(hnRNP)粒子が核膜(破線)を通過して核から細胞質へ移動する経過を示した電子顕微鏡写真(上段)と模式図(下段)。核内の mRNA／タンパク質粒子(左)が核膜に近づき(左から 2 番目)，粒子の構造が部分的に解かれて核膜孔を通過する様子(左から 3 番目以降)がわかる。スケールバーは 100 nm を示す。写真は Visa N, Alzhanova-Ericsson AT, Sun X *et al.* (1996) *Cell* 84, 253–264 より。Elsevier 社の許諾を得て転載。B Daneholt の厚意による。

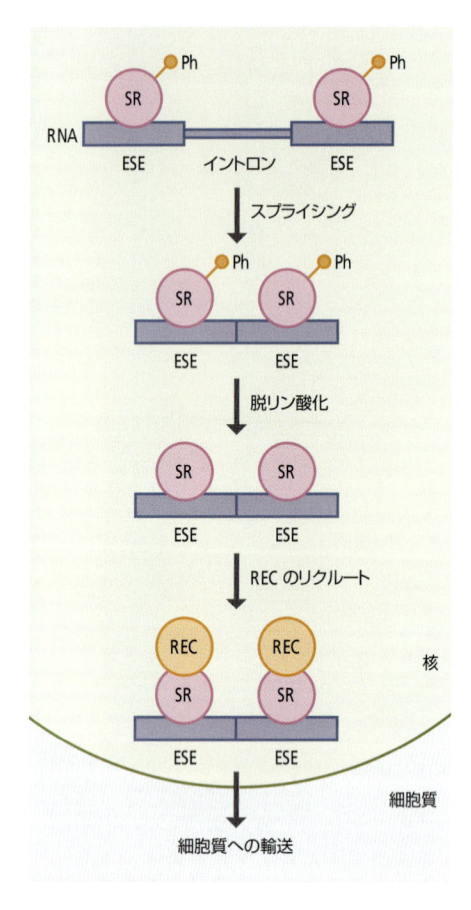

図 6.25
エキソンスプライシングエンハンサー(ESE)に結合したSRタンパク質は，RNAのスプライシング終了後に脱リン酸化される。mRNAの細胞質への輸送を仲介するRNA核外輸送複合体(REC)は，SRタンパク質が脱リン酸化されたときだけリクルートされ，mRNAのスプライシングと輸送をうまく連携させている。リン酸基をオレンジ色の丸で示す。

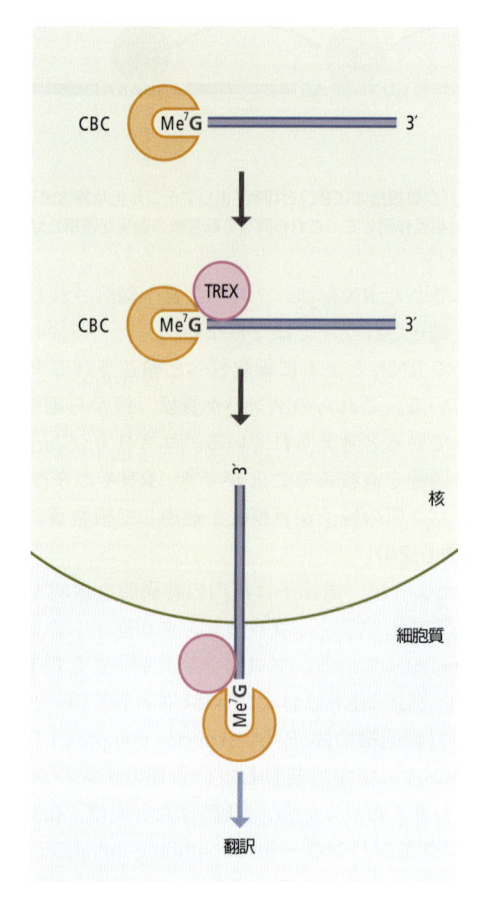

図 6.26
TREX複合体はキャップ構造結合タンパク質複合体(CBC)によりmRNAの5′末端へリクルートされる。TREXが5′末端に局在することにより，mRNAは5′末端から先に細胞質へ輸送され，翻訳を迅速に開始することが可能となる。

に関わるタンパク質複合体は，mRNAの5′末端に存在するキャップ構造結合タンパク質複合体(CBC)に結合することにより，mRNAと複合体を形成する。したがってTREXはmRNAの5′末端に局在することになる。その結果，mRNAは5′末端から先に核膜孔を通過できるようになり(図6.26)，細胞質でmRNAからタンパク質への翻訳を迅速に開始することが可能となる。

mRNA輸送に関わるタンパク質には，あらゆるmRNAの輸送に関わるものもあるが，中には特定のmRNAの輸送にしか関与しないものも存在する。たとえば酵母のYcal輸送タンパク質は1,000種類のmRNAと結合するのに対し，Mex67輸送タンパク質は1,150種類のmRNAと結合することが示されている。これらmRNAのうち，どちらにも結合できるものは349種類だけである。また，Mex67に結合するmRNAによってコードされるタンパク質は，Ycalとだけ結合するmRNAにコードされるものとはまったく性質が異なることが知られている。たとえばYcalに結合するmRNAにコードされるタンパク質は細胞周期や糖代謝に関わっているのに対し，Mex67は翻訳因子や膜タンパク質をコードするmRNAと特異的に結合している(図6.27)。これにより，機能的に関連したタンパク質をコードするmRNAが同時に核外へと輸送され，同時期に翻訳が行われて，合成されたタンパク質が協同して働きやすくなる。

図 6.27
酵母の核外輸送タンパク質 Ycal および Mex67 は，それぞれ異なる機能をもつタンパク質をコードする mRNA の輸送に関与する。

6.6 翻訳

mRNA の翻訳は細胞質に存在するリボソーム上で行われる

　mRNA からタンパク質への翻訳はリボソーム (ribosome) と呼ばれる細胞質中の細胞小器官で行われる。真核生物のリボソームは大きさが 60S の大サブユニットと 40S の小サブユニットから構成され，それぞれのサブユニットが特異的な RNA とタンパク質からなる。大サブユニットは 28S，5.8S，5S リボソーム RNA と 49 種類のタンパク質から構成され，小サブユニットは 18S リボソーム RNA と 33 種類のタンパク質からなる (図 6.28)。
　原核生物のリボソームは真核生物のものより若干小さいが (70S)，同様に 2 つの

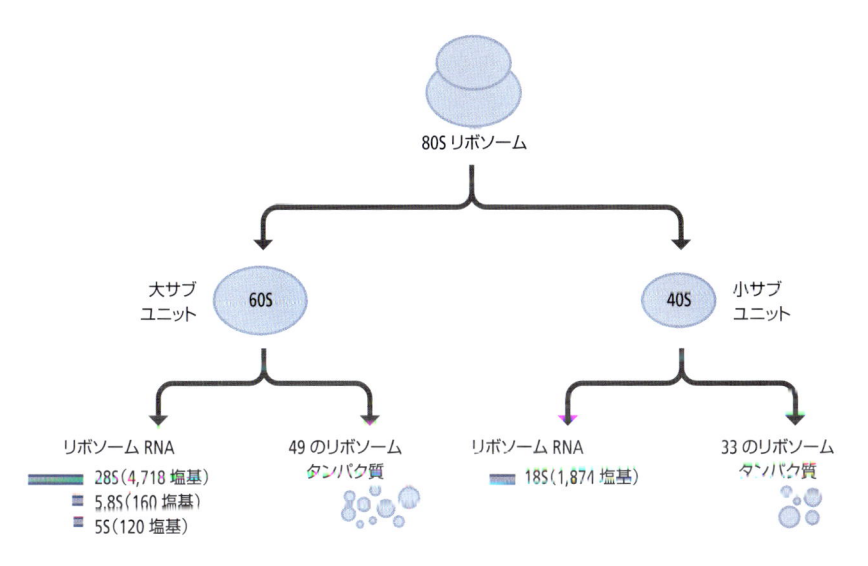

図 6.28
80S リボソームは 60S および 40S サブユニットから構成され，それぞれのサブユニットが特異的な RNA とタンパク質からなる。

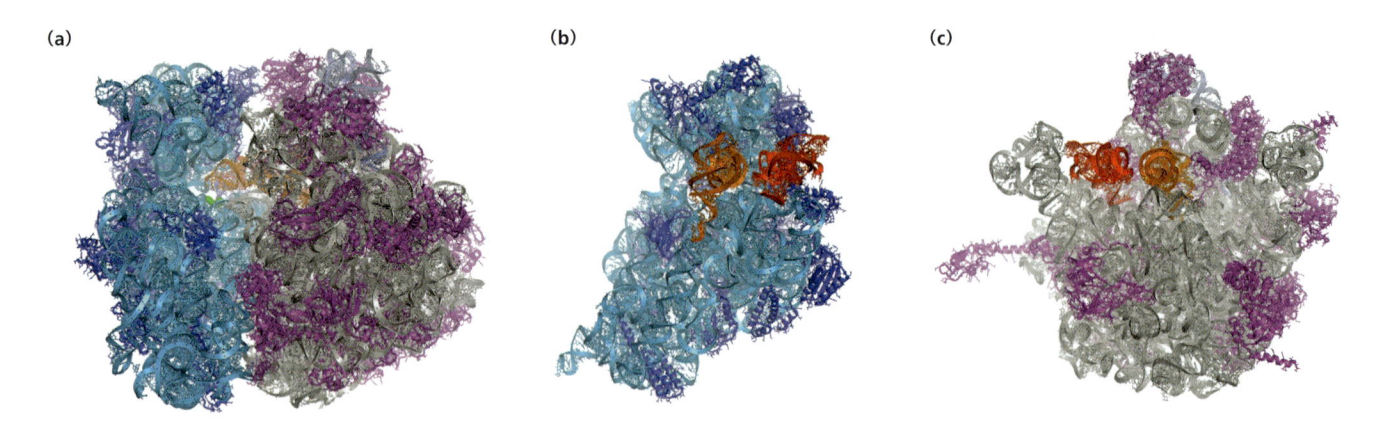

図 6.29
細菌 Thermus thermophilus の 70S リボソームの全原子構造。mRNA（緑色），P 部位の tRNA（オレンジ色），E 部位の tRNA（赤）と複合体を形成している（P，E 部位の機能については図 6.32 の模式図を参照）。(a)全リボソームの構造。(b)30S 小サブユニット。(c)50S 大サブユニット。小サブユニットを構成する 16S リボソーム RNA は水色，タンパク質は濃青色で示している。大サブユニットを構成する 23S リボソーム RNA は灰色，タンパク質は紫色で示している。Carl Gorringe & Harry Noller, University of California の厚意による。

サブユニット（50S と 30S）から構成され，それぞれが特異的なリボソーム RNA（23S と 16S）を含んでいる。さらに最近の X 線結晶構造解析の結果から，原核生物と真核生物のリボソームは基本的に同じ構造をしていることが示されている（図 6.29）。

翻訳開始には開始因子がキャップ構造に結合する必要がある

真核生物において mRNA の翻訳は，**真核生物開始因子**（eukaryotic initiation factor；eIF）の 1 つである eIF4E が，mRNA の 5′ 末端のキャップ構造にキャップ構造結合タンパク質複合体（CBC）（6.1 節）を置き換えて結合することにより開始される（図 6.30a）。続いて eIF4G や eIF4A/B など，他の eIF が mRNA の 5′ 末端に結合し（図 6.30b），eIF4A，eIF4E，eIF4G が eIF4F と呼ばれる複合体を形成する。eIF4F を形成する種々の構成成分が結合した後，リボソームの 40S 小サブユニット，アミノ酸メチオニンを輸送する転移 RNA（transfer RNA；tRNA），開始因子 eIF2 からなる複合体が結合する（図 6.30c）。

6.1 節で述べたように，40S サブユニットは翻訳開始に適切な位置にある開始コドン AUG を見つけるまで下流へと移動する（図 6.30d）。開始コドンを見つけると eIF2 は複合体から解離し，60S 大サブユニットが小サブユニットに結合する。これにより完全体である 80S リボソームが形成され，翻訳開始が可能になる（図 6.30e）。この他にも eIF5，eIF5b，eIF6 などさまざまな因子が大サブユニットと小サブユニットの結合に不可欠な役割をもつことが知られている。

翻訳の伸長には mRNA のトリプレットコドンと tRNA のアンチコドンが塩基対を形成する必要がある

翻訳の過程で鍵となる役割を果たすのは tRNA である。tRNA の特徴はその 3′ 末端にアミノ酸を結合できることで（図 6.31），タンパク質に取り込まれるアミノ酸をリボソームへ運ぶ機能をもつ。tRNA は 74 〜 95 塩基長の RNA 分子であり，折りたたまれて特徴的な二次構造をとっている（図 6.31）。そのループ構造の 1 つに**アンチコドン**（anticodon）と呼ばれる領域が存在する。tRNA 分子はそれぞれが特異的なアミノ酸に結合するが，そのアミノ酸のコドンと相補的な塩基対を形成する固有のトリプレットアンチコドンをもつ。たとえば前に述べた**開始 tRNA**（initiator tRNA）は，アンチコドン配列 CAU をもつので開始コドン AUG に結合できる。この開始 tRNA はメチオニンを結合しているため，タンパク質分子鎖は

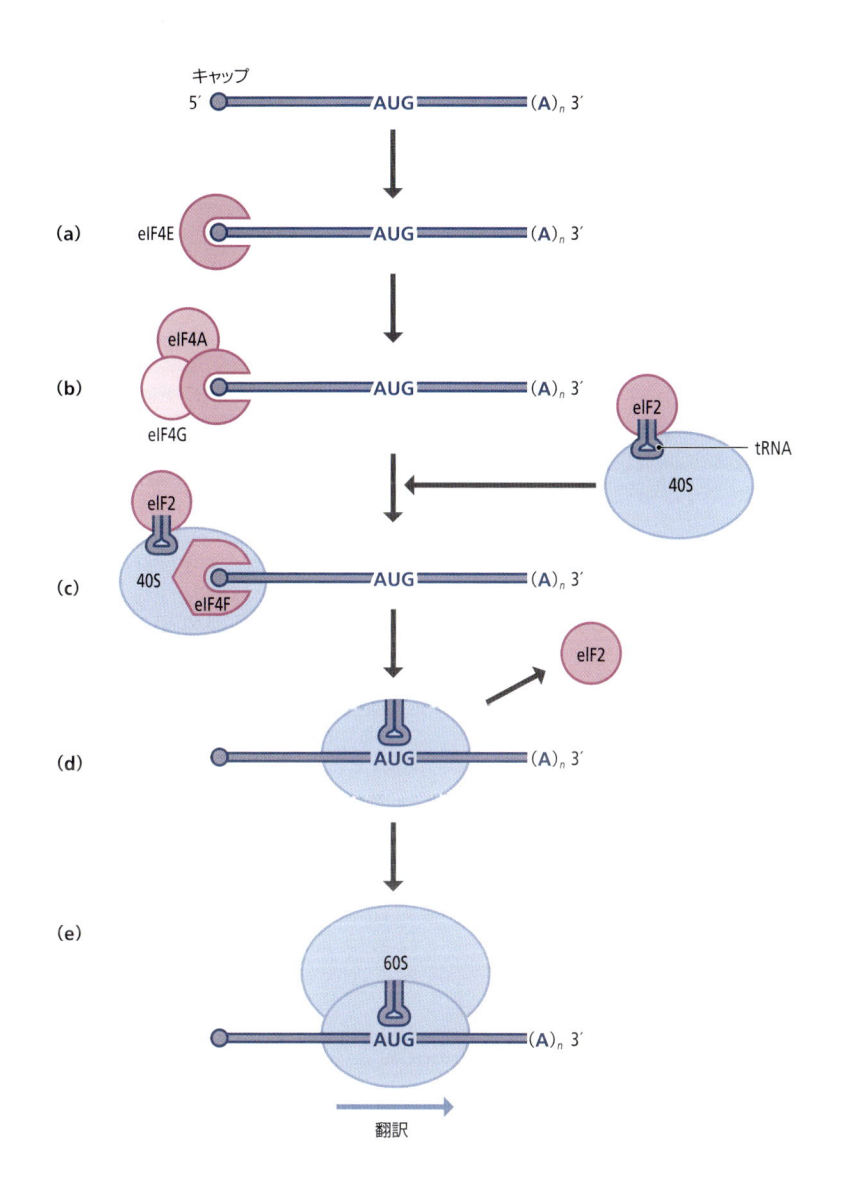

図 6.30
翻訳開始の機構。キャップ構造に eIF4E が最初に結合し(a)，続いて eIF4G と eIF4A が結合する(b)。eIF4A，eIF4E，eIF4G の複合体は eIF4F と呼ばれる。この eIF4F 複合体は，リボソームの 40S サブユニット，開始 tRNA，eIF2 からなる複合体に認識される(c)。40S サブユニットは開始コドン AUG を見つけるまで RNA 上を移動する(d)。コドンを見つけると eIF2 は解離し，60S 大サブユニットが結合する(e)。図中(c)では簡略化のために eIF4A，eIF4E，eIF4G を単一の eIF4F 複合体として示してあることに注意。

必ずメチオニン残基から始まる(図 6.32a)。

続いて開始コドン AUG の次のコドンに相補的なアンチコドンをもつ tRNA 分子がリクルートされる。新たに tRNA が結合するリボソーム中の部位は A(アミノ酸)部位と呼ばれ，この時点で開始 tRNA は P(ペプチド)部位と呼ばれる近傍の部位に移動している。個々の tRNA は固有のアンチコドンをもち，それぞれが特異的なアミノ酸を結合しているため，AUG の次のコドンによって定められたアミノ酸が 2 番目の tRNA によりリボソームへ運ばれる(図 6.32b)。

この 2 番目の tRNA は特異的な真核生物**伸長因子**(eukaryotic elongation factor；eEF)の eEF1 によりリボソームへリクルートされる。リボソームの構造中には 2 つの特異的な部位(A 部位と P 部位)が存在し，これにより mRNA 上の隣り合うコドンに結合した 2 つの tRNA 分子をそれぞれ保持するようになっている。2 つの部位に tRNA が入ると，リボソームの大サブユニットの酵素活性により隣り合う tRNA 分子に結合したアミノ酸間にペプチド結合が形成され，タンパク質のペプチド鎖の伸長が始まる。

次に別の伸長因子である eEF2 の働きにより，mRNA 分子上でリボソームが 3 塩基分移動する(図 6.32c)。これにより新生ペプチド鎖をもつ tRNA は P 部位に移動する。同時に開始 tRNA はリボソームの E(exit)部位に入り，mRNA から解離する。図 6.29 に示したリボソームの構造では，tRNA が P 部位と E 部位を占有している。

リボソームの移動後，eEF1 により新たな tRNA 分子がリボソーム中の空になっ

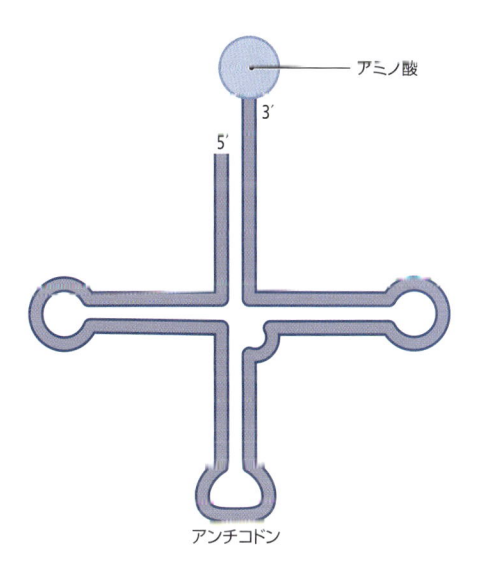

図 6.31
tRNA のクローバー葉構造。塩基対を形成したステム領域と塩基対を形成していないループ領域からなる。塩基対を形成していないアンチコドンは mRNA 上のコドンと相補的な塩基をもち，それにより tRNA の 3′ 末端に結合している適切なアミノ酸をリボソームへ運搬することが可能になっている。

た A 部位へリクルートされる(図 6.32d)。この新たな tRNA は mRNA 配列の次のコドンに対応したアンチコドンをもち，特異的なアミノ酸と結合している。2 アミノ酸のペプチド鎖とこの 3 番目のアミノ酸の間にペプチド結合が形成され，3 アミノ酸長となったペプチド鎖が新たな tRNA へと渡される。

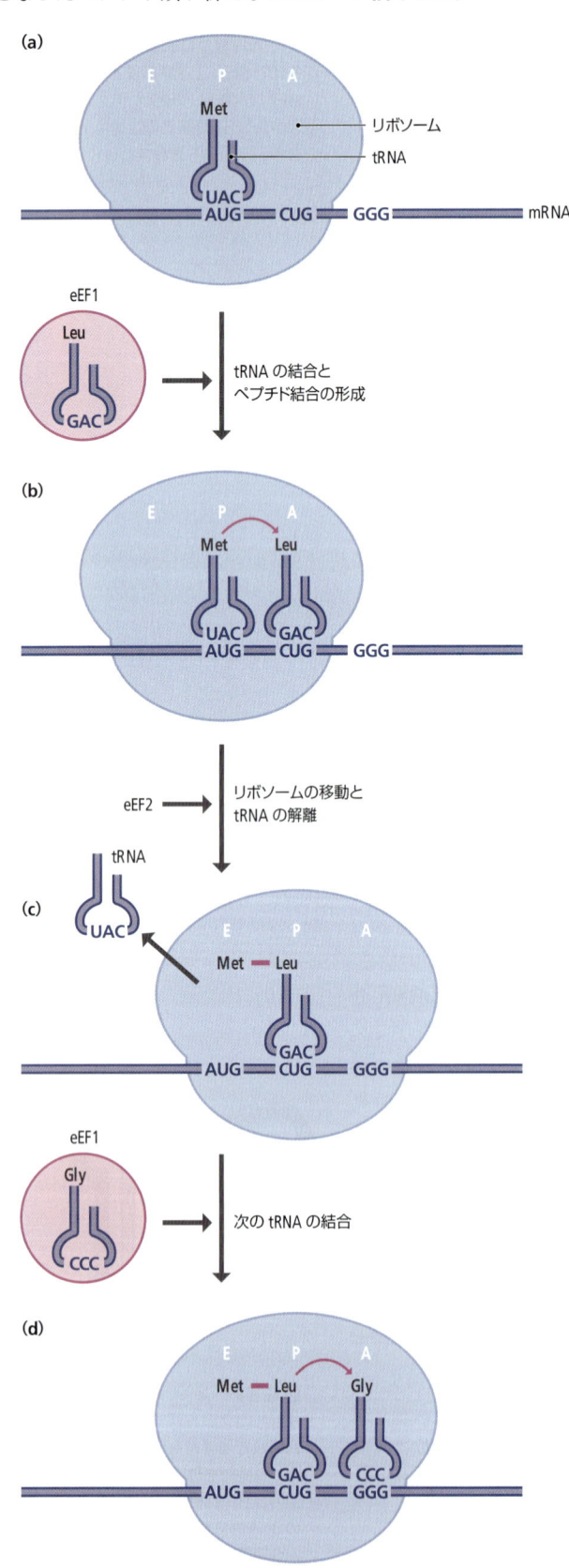

図 6.32
翻訳の伸長。リボソームが開始コドン AUG に到達し，メチオニンを運ぶ開始 tRNA がリボソームの P 部位にある AUG コドンに結合した後(a；図 6.30 も参照)，2 番目の tRNA が伸長因子 eEF1 とともにリクルートされ，対応するアンチコドンを介してリボソームの A 部位にある次のコドンに結合する(b)。この図ではアンチコドン配列 CAG をもちロイシンを運ぶ tRNA が CUG コドンへリクルートされる場合を例として示してあるが，実際にはタンパク質に取り込まれる次のアミノ酸によってこのコドンの配列は異なる。次に，メチオニンが次のアミノ酸(この図ではロイシン)残基上へ転位して，両者の間にペプチド結合が形成される。その後，伸長因子 eEF2 がリボソームを mRNA 上で 3 塩基分移動させ，最初の tRNA はリボソームの E 部位に入り，mRNA から解離する(c)。新たな tRNA が次のコドンへリクルートされてサイクルが繰り返され(d)，ペプチド結合が形成されてペプチド鎖は 3 アミノ酸長となる。

表 6.1　遺伝暗号

塩基1	塩基2			
	A	C	G	U
A	AAA Lys AAC Asn AAG Lys AAU Asn	ACA Thr ACC Thr ACG Thr ACU Thr	AGA Arg AGC Ser AGG Arg AGU Ser	AUA Ile AUC Ile AUG Met AUU Ile
C	CAA Gln CAC His CAG Gln CAU His	CCA Pro CCC Pro CCG Pro CCU Pro	CGA Arg CGC Arg CGC Arg CGU Arg	CUA Leu CUC Leu CUG Leu CUU Leu
G	GAA Glu GAC Asp GAG Glu GAU Asp	GCA Ala GCC Ala GCG Ala GCU Ala	GGA Gly GGC Gly GGG Gly GGU Gly	GUA Val GUC Val GUG Val GUU Val
U	UAA 終止 UAC Tyr UAG 終止 UAU Tyr	UCA Ser UCC Ser UCG Ser UCU Ser	UGA 終止 UGC Cys UGG Trp UGU Cys	UUA Leu UUC Phe UUG Leu UUU Phe

　このようにしてタンパク質を構成するアミノ酸鎖が次第に形成される（図6.32）。それぞれ固有のアンチコドンをもつtRNAは特異的なアミノ酸を結合しているので、リクルートされたtRNAのもつアンチコドンにしたがってアミノ酸が付加される。リクルートされるtRNAの種類はmRNA上のコドンにしたがって決定されるので、こうしてmRNAに記された情報が遺伝暗号にしたがって順次タンパク質へ翻訳されることになる（表6.1）。

　表6.1からわかるように、多くのアミノ酸がそれぞれ複数のコドンによりコードされている。これは場合によっては1種類のアミノ酸が、mRNAの異なるコドンに対応したアンチコドンをもつ2種類以上のtRNAと結合できるためである。

　さらに1種類のtRNAがmRNAの複数の異なるコドンに結合することにより、複数の異なるコドンが同一のアミノ酸を付加する場合もある。これは**ゆらぎ効果**（wobble effect）と呼ばれ、mRNA上のコドンの3文字目の塩基とtRNAのアンチコドンの1文字目の塩基との間で起こる通常みられない塩基対形成によることが多い。コドンのゆらぎ部位にあるU塩基は、アンチコドンのA塩基と通常の塩基対形成を行うほか、tRNAがもつ特異な構造のためG塩基とも塩基対を形成できる（図6.33a, b）。同様にtRNAにみられる修飾プリンヌクレオシドのイノシンは、

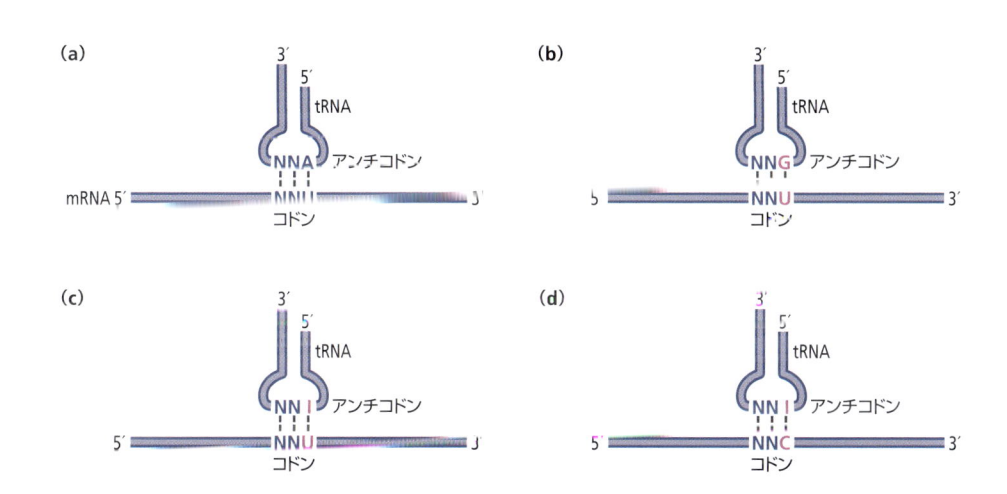

図6.33

mRNA上のコドンとtRNAのアンチコドンが結合するとき、コドンの3文字目の位置がU塩基であった場合には、アンチコドンの1文字目のA塩基と通常の塩基対形成(a)を行うほか、通常みられないU-Gの塩基対(b)も形成できる。同様にアンチコドンの1文字目の位置がイノシン(I)残基であった場合には、コドンの3文字目がU塩基(c)でもC塩基(d)でも塩基対を形成できる。これらの機構により、1種類のtRNAがmRNA上の複数の異なるコドンを認識することが可能になり、その結果、異なるコドンから同一のアミノ酸を付加することができるようになっている。

mRNAのゆらぎ部位がU塩基でもC塩基でも塩基対を形成できる(図6.33c, d)。

翻訳は特異的な終止コドンで終了する

　mRNA上を移動しているリボソームは，最終的にtRNAに認識されない3種類の終止コドン(UAA，UAG，UGA)のうちのどれかに遭遇し，そこで完全長のポリペプチドが**終結因子**(release factor)eRF1によってリボソームから切り離される。興味深いことに，この終結因子はタンパク質であるにもかかわらずtRNAと酷似した形をしている。そのためリボソームのA部位に終止コドンがある場合には，終結因子がtRNAの代わりにA部位に結合できる。このときA部位にはアミノ酸が存在しないため，P部位に結合しているペプチド鎖の末端には水分子が付加される。その結果ペプチド鎖はリボソームから遊離し，翻訳が終了する(図6.34)。

　終結因子のリボソームへの結合はA部位に終止コドンが存在しない場合にも起こりうる。この現象は，何らかの誤りにより本来あるべきはずのものとは異なるtRNAがmRNAに結合し，コドン/アンチコドンのミスマッチが形成されたときにみられる。このような誤りが起こると，タンパク質のアミノ酸配列に間違ったアミノ酸が挿入されてしまうことになる。しかしこのような状況下では，終結因子の結合が校正機構として働き，間違ったアミノ酸を含んだタンパク質の翻訳を途中で停止させる。

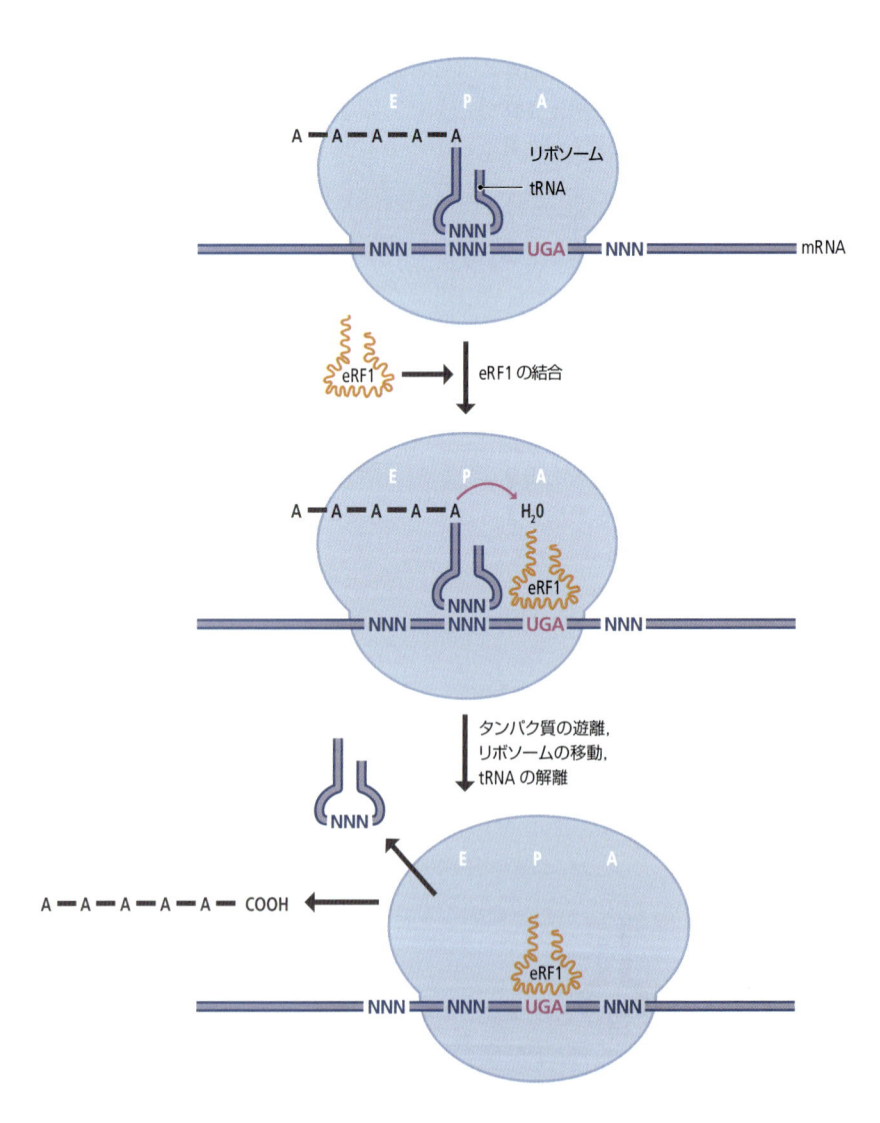

図6.34
終止コドンUAA，UAG，UGAにはtRNAの代わりに終結因子eRF1が結合し，翻訳が終了する。

(a)

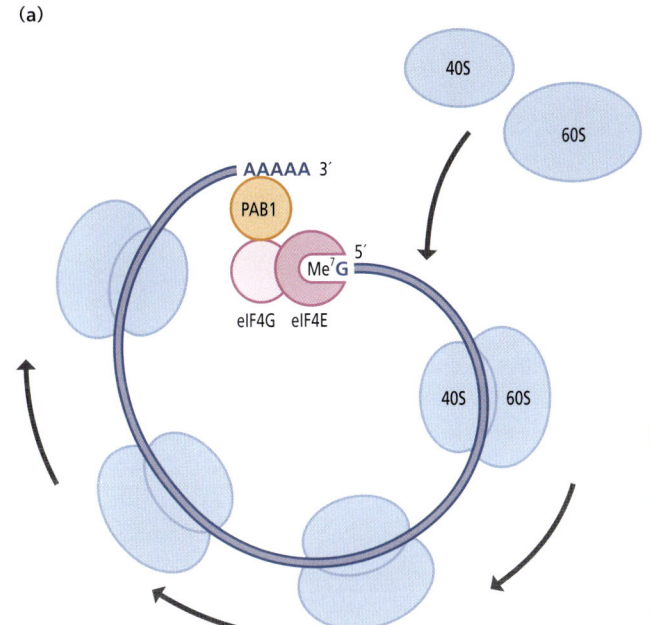

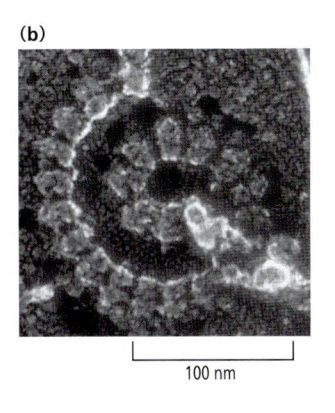

(b)

100 nm

図 6.35
(a)タンパク質 PAB1 は mRNA のポリ(A)尾部に結合し，5′末端に結合している eIF4G と相互作用する。これにより mRNA は環状構造をとり，mRNA の 3′末端から解離したばかりのリボソームを再利用した翻訳の開始が促進される。複数のリボソームが同時に mRNA を翻訳し，ポリリボソームを形成することに注意。(b)真核生物細胞の実際のポリリボソームを写した電子顕微鏡写真。John Heuser, Washington University School of Medicine の厚意による。

　これまで mRNA 上での 1 つのリボソームの動きについて解説してきたが，実際には複数のリボソームが同時に mRNA 上を移動し，**ポリリボソーム**(polyribosome)と呼ばれる構造体を形成している。興味深いことに，mRNA の 3′末端のポリ(A)尾部に結合しているポリ(A)結合タンパク質は，5′末端に存在する翻訳開始複合体の構成成分である eIF4G と相互作用することができる。これにより，ポリリボソームをもつ mRNA は環状構造をとることができる。環状構造をとることにより，mRNA の 3′末端で翻訳を完了したリボソームが 5′末端から再び翻訳を開始することが可能になる(図 6.35)。

　最終産物であるタンパク質分子が産生されて，遺伝子の転写から始まった一連の遺伝子発現の過程は完了する。このようにして，DNA に記された遺伝情報は RNA へ転写され，続いて機能をもつタンパク質分子へと変換される。

6.7　RNA 分解

RNA の分解は核と細胞質の両方で起こる

　これまでの節で述べたように，正確な修飾を受けた mRNA だけを細胞質へ運ぶために，細胞内では転写機構とさまざまな転写後過程が密接に連携している。この過程のいずれかの段階を通過できなかった RNA 分子(たとえば，スプライシングが正しく行われなかった場合など)は，核内で分解される。この分解は複数のタンパク質からなる**エキソソーム**(exosome)と呼ばれる複合体によって行われる。エキソソームは正しくスプライスされなかった RNA を 3′末端から分解する 3′→ 5′エキソヌクレアーゼ活性をもつ。正しいスプライシングで転写産物から取り除かれたイントロンも同様にエキソソームによって核内で分解される(図 6.36)。

　細胞質へと輸送された mRNA も，最終的には分解される運命をたどる。正常な

図 6.36
正しいスプライシングで転写産物から取り除かれたイントロンと，スプライシングが正しく行われなかった RNA は，ともに核内で分解される。正しくスプライスされた RNA は，細胞質へと輸送されてタンパク質へ翻訳されてから分解される。中途終止コドン(青色の丸)をもつ機能しない転写産物は，ナンセンスコドン介在性 mRNA 分解と呼ばれる機構により速やかに分解される。

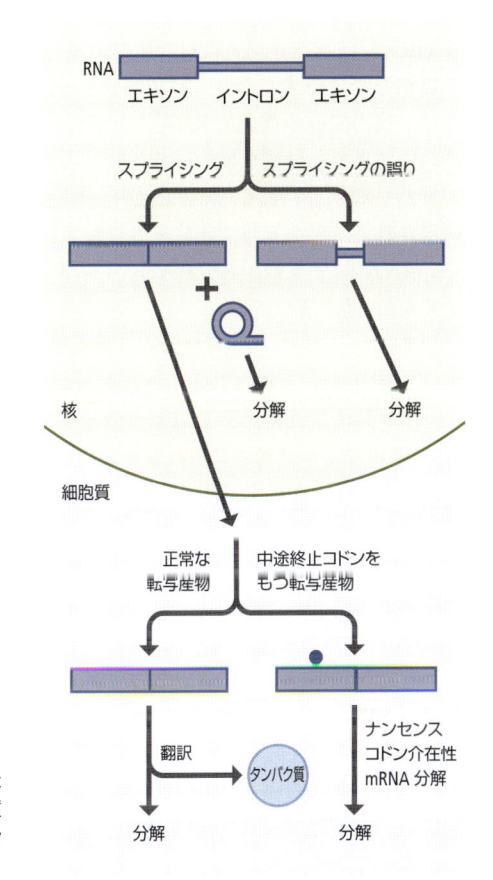

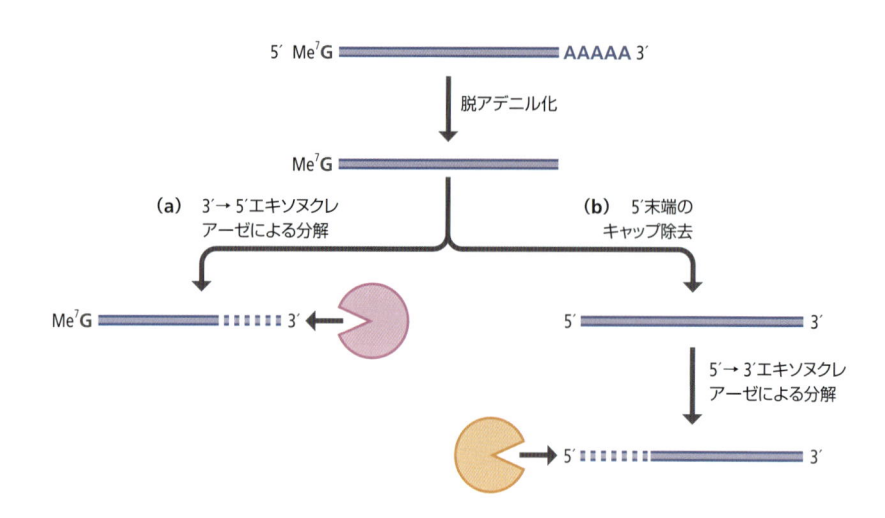

図 6.37
脱アデニル化された mRNA は，(a) 露出した 3′ 末端から 3′ → 5′ エキソヌクレアーゼによる分解を受けるか，あるいは (b) 5′ 末端のキャップ除去を経て 5′ → 3′ エキソヌクレアーゼによる分解を受ける。

mRNA の場合，リボソームにより 1 回以上翻訳されてタンパク質が作られた後に分解される。また細胞質には，**ナンセンスコドン介在性 mRNA 分解**（nonsense codon-mediated mRNA degradation）と呼ばれる別の RNA 分解機構が存在する。この機構は，中途に終止コドンがあるため正常なタンパク質へ翻訳されない非機能的 mRNA を認識して分解する。これら 2 つの機構について順次述べる（図 6.36）。

細胞質での RNA 分解には mRNA の脱アデニル化とキャップ除去が必要である

これまでの節で述べたように，細胞質へ運搬される mRNA は **5′ キャップ**（5′ cap）と 3′ ポリ（A）尾部をもっている。mRNA 分解の一般的な過程は，脱アデニル化（de-adenylation）と呼ばれるポリ（A）尾部の除去から始まる。脱アデニル化により mRNA はエキソソーム複合体中の 3′ → 5′ エキソヌクレアーゼ（前項参照）による攻撃を受けやすくなり，3′ 末端から分解される。このようにエキソソーム複合体は，核内での非機能的 RNA の分解と，細胞質での正常な mRNA の代謝の両方において重要な役割を果たしている。

また，ポリ（A）尾部の除去により，RNA の脱アデニル化依存的キャップ除去が誘導される。5′ キャップが除去された mRNA は，以降の翻訳が妨げられるとともに mRNA を 5′ 末端から分解する 5′ → 3′ エキソヌクレアーゼによる分解を受けやすくなる（図 6.37）。

興味深いことに，mRNA 分解は細胞質のどの場所でも起きるわけではなく，**P ボディ**（P-body）と呼ばれる小さな顆粒状の構造体の中で行われる。P ボディにはキャップ除去活性化因子 DCP1 やキャップ除去の過程を触媒する酵素 DCP2 など，mRNA のキャップ除去に関わるタンパク質が含まれている（図 6.38）。

P ボディは 1 回以上翻訳されてその役目を果たした正常な mRNA の分解だけでなく，ナンセンスコドン介在性 mRNA 分解の場でもある。ナンセンスコドン介在性 mRNA 分解の過程には，正常な mRNA の分解に関わるものと同じキャップ除去酵素と脱アデニル化酵素が関与している。さらに，先に述べた核内での異常な mRNA の分解と細胞質での正常 mRNA の代謝を行うエキソソーム複合体も，この分解過程に関与している。ナンセンスコドン介在性 mRNA 分解の場合には，細胞質へ運ばれてしまったものの中途終止コドンをもつために短い異常なタンパク質を産生する非機能的 mRNA が標的となる。

ここで重要な問題となるのは，細胞がどのようにしてこれらの異常な mRNA を認識し，RNA 分解経路に導くのかということである。この点については，mRNA の間違った場所にある終止コドンを細胞内機構が認識して分解が行われると考えら

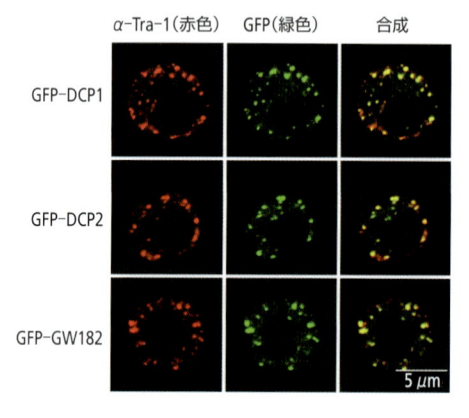

図 6.38
ショウジョウバエ細胞において特異的なタンパク質が P ボディに局在することを示した共焦点顕微鏡写真。キャップ除去活性化因子 DCP1，キャップ除去酵素 DCP2，P ボディのマーカー GW182 のそれぞれに緑色蛍光タンパク質（GFP）を結合させたタンパク質を発現する組換え DNA を細胞に導入した。3 種類のタンパク質の局在は緑色蛍光で可視化した（中列）。一方，内在性の P ボディタンパク質 Tra-1 を特異的抗体で染色し，局在を赤色蛍光で可視化した（左列）。赤色蛍光と緑色蛍光のパターンを合成するとほぼ完全に重なり合うことより，3 種類のタンパク質はいずれも同様の特異的な局在を示すことがわかる（右列）。Elisa Izaurralde, Max Planck Institute for Developmental Biology の厚意による。

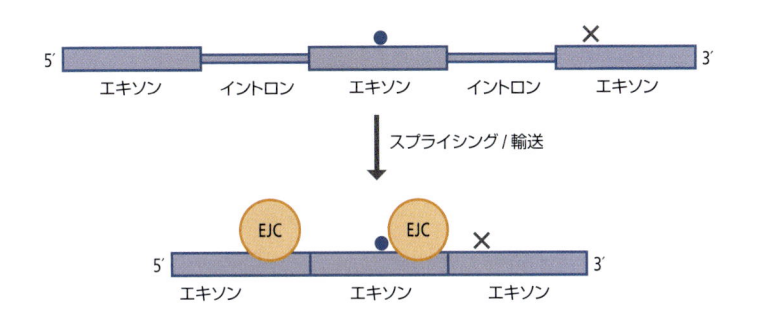

図 6.39
スプライシングの過程で，エキソン接合部複合体（EJC）は各エキソンのスプライス接合部のすぐ上流に結合する。通常，終止コドン（×）は 3′ 末端がそれ以上スプライシングされない最後のエキソンに存在する。したがって終止コドンは最後の EJC よりも下流に存在し，逆に異常な位置にある終止コドン（青色の丸）はその上流に存在することになる。

れている。正常な mRNA では終止コドンは転写産物の最後のエキソンに通常存在する。したがって終止コドンは**エキソン接合部複合体**（exon junction complex；EJC）と呼ばれるタンパク質複合体の下流に位置することになる。スプライシングの過程で EJC は 2 つのエキソンの接合部から 20 〜 24 塩基上流に結合し，転写産物が細胞質へ運ばれるまで RNA と結合したまま存在する。つまり正常な位置にある終止コドンは EJC よりも下流に存在し，逆に異常な位置にある終止コドンはその上流に存在することになる（図 6.39）。

翻訳の過程でリボソームは一連の EJC を取り除き，やがて正常な位置にある終止コドンに達して翻訳を停止する。異常な位置に終止コドンをもつ RNA の場合，リボソームは途中で翻訳を停止し，mRNA には EJC が結合したまま残ってしまう。これにより監視複合体 SURF がリクルートされ，SURF がさらに脱アデニル化，キャップ除去，RNA 分解を行う酵素をリクルートする（図 6.40）。

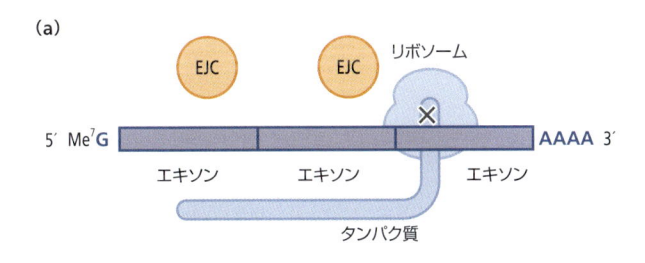

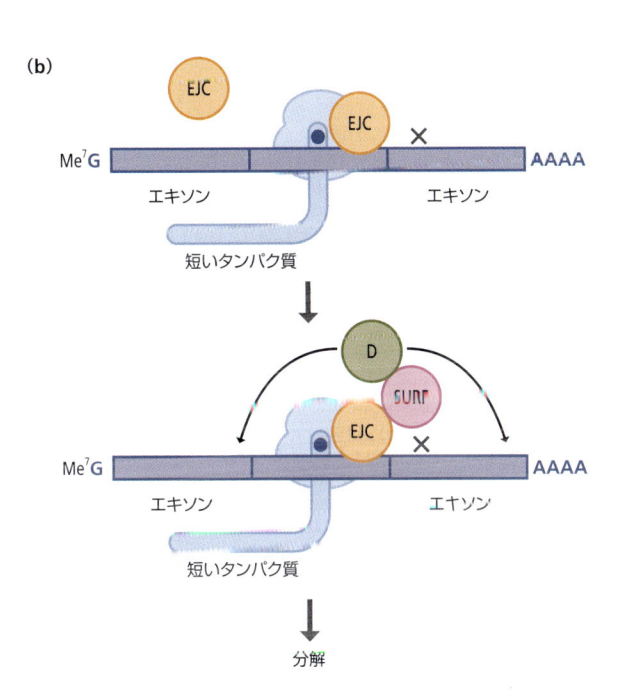

図 6.40
(a) 正常な mRNA の翻訳の過程で，リボソームは一連の EJC を取り除きながら mRNA 上を下流に移動し，最後のエキソンに存在する正常な位置にある終止コドン（×）に達して翻訳を停止する。(b) これに対し，異常な位置に終止コドン（青色の丸）がある場合，リボソームはすべての EJC を取り除く前に翻訳を停止してしまう。結合したまま残った EJC は監視複合体 SURF をリクルートし，これがさらに mRNA を分解する酵素（D）をリクルートする。

まとめ

本章では転写産物RNAが5′および3′末端に修飾を受け，介在配列が取り除かれ，細胞質へ輸送されて最終的にタンパク質へ翻訳される過程について説明した。この一連の過程はすべてのタンパク質の発現に必須であり，これらを制御することにより遺伝子の発現調節が行われている。同様にRNA分解の過程も，ただ単に非機能的mRNAを速やかに分解するだけでなく，正常なmRNAの分解を制御することにより産生されるタンパク質の量を調節している。これら遺伝子発現の転写後調節機構については次章で述べる。

キーコンセプト

- DNAからRNAへの転写には一連の転写後の過程が続き，それにより細胞質へ輸送されてタンパク質に翻訳することのできる機能正常なRNAが生成する。
- 転写開始後すぐに，一次転写産物の5′末端にキャップが付加される。
- 転写産物RNAは3′末端で切断され，ポリアデニル化として知られる過程で多数のアデニル酸残基が付加される。
- イントロンとして知られる介在配列は，RNAスプライシングの過程でRNAから取り除かれる。
- 転写，キャップ形成，スプライシング，ポリアデニル化の過程は核内で密接に連携している。
- スプライシングが完了し，正しく修飾されたmRNAは，核外輸送タンパク質によって認識されて核外へ運ばれる。
- mRNAは細胞質でリボソームによりタンパク質へ翻訳される。
- 非機能的mRNAは細胞質でナンセンスコドン介在性mRNA分解により速やかに分解される。
- 正常なmRNAはリボソームにより1回以上翻訳された後，脱アデニル化とキャップ除去によりヌクレアーゼによる分解を受けやすくなる。

参考文献

6.1 キャップ形成
Fechter P & Brownlee GG (2005) Recognition of mRNA cap structures by viral and cellular proteins. *J. Gen. Virol.* 86, 1239-1249.
Hernandez G (2009) On the origin of the cap-dependent initiation of translation in eukaryotes. *Trends Biochem. Sci.* 34, 166-175.
Kozak M (1986) Point mutations define a sequence flanking the AUG initiator codon that modulates translation by eukaryotic ribosomes. *Cell* 44, 283-292.

6.2 ポリアデニル化
Barabino SML & Keller W (1999) Last but not least: regulated Poly(A) tail formation. *Cell* 99, 9-11.
Marzluff WF, Wagner EJ & Duronio RJ (2008) Metabolism and regulation of canonical histone mRNAs: life without a poly(A) tail. *Nat. Rev. Genet.* 9, 843-854.

6.3 RNAスプライシング
Azubel M, Wolf SG, Sperling J & Sperling R (2004) Three-dimensional structure of the native spliceosome by cryo-electron microscopy. *Mol. Cell* 15, 833-839.
McManus CJ & Graveley BR (2008) Getting the message out. *Mol. Cell* 31, 4-6.
Query CC (2009) Spliceosome subunit revealed. *Nature* 458, 418-419.
Rowley JD & Blumenthal T (2008) The cart before the horse. *Science* 321, 1302-1304.
Sharp PA (2005) The discovery of split genes and RNA splicing. *Trends Biochem. Sci.* 30, 279-281.
Stark H & Luhrmann R (2006) Cryo-electron microscopy of spliceosomal components. *Annu. Rev. Biophys. Biomol. Struct.* 35, 435-457.
Wahl MC, Will CL & Luhrmann R (2009) The spliceosome: design principles of a dynamic RNP machine. *Cell* 136, 701-718.

6.4 核内における転写とRNAプロセシングの連携
Moore MJ & Proudfoot NJ (2009) Pre-mRNA processing reaches back to transcription and ahead to translation. *Cell* 136, 688-700.
Orphanides G & Reinberg D (2002) A unified theory of gene expression. *Cell* 108, 439-451.

6.5 RNA輸送
Kohler A & Hurt E (2007) Exporting RNA from the nucleus to the cytoplasm. *Nat. Rev. Mol. Cell Biol.* 8, 761-773.

6.6 翻訳
Dinman JD (2009) The eukaryotic ribosome: current status and challenges. *J. Biol. Chem.* 284, 11761-11765.
Fredrick K & Ibba M (2009) Errors rectified in retrospect. *Nature* 457, 157-158.
Korostelev A & Noller HF (2007) The ribosome in focus: new structures bring new insights. *Trends Biochem. Sci.* 32, 434-441.

6.7 RNA分解
Eulalio A, Behm-Ansmant I & Izaurralde E (2007) P bodies: at the crossroads of post-transcriptional pathways. *Nat. Rev. Mol. Cell Biol.* 8, 9-22.
Franks TM & Lykke-Andersen J (2008) The control of mRNA decapping and P-body formation. *Mol. Cell* 32, 605-615.
Garneau NL, Wilusz J & Wilusz CJ (2007) The highways and byways of mRNA decay. *Nat. Rev. Mol. Cell Biol.* 8, 113-126.
Goldstrohm AC & Wickens M (2008) Multifunctional deadenylase complexes diversify mRNA control. *Nat. Rev. Mol. Cell Biol.* 9, 337-344.
Houseley J & Tollervey D (2009) The many pathways of RNA degradation. *Cell* 136, 763-776.
Schmid M & Jensen TH (2008) The exosome: a multipurpose RNA-decay machine. *Trends Biochem. Sci.* 33, 501-510.

転写後調節

イントロダクション

　第1章(1.4節)で解説したように,哺乳動物における遺伝子発現調節は,基本的には転写レベルで行われる。しかし,多くの遺伝子において,転写効率の変化なしにタンパク質生産速度が変化している例や,転写後調節が転写調節を補完する重要な機構として機能している例がある。このような場合,第6章で解説したような転写後に起きる反応が,単独あるいは複数組み合わさることにより,遺伝子発現調節を成し遂げているわけである。実際,いくつかの下等生物においては,転写後調節が主要な遺伝子発現調節機構となっているようである。

　たとえば,ウニでは細胞質mRNAと比べてはるかに多種類のRNAが核内に蓄積している。つまり,転写が活性化されている遺伝子の多くは,そのRNAが細胞質へと輸送されてmRNAとして機能していない。しかし興味深いことに,このような過程は組織によって異なった調節を受けており,ある組織では核内に停留して最終的には分解されてしまうRNA種が,別の組織では細胞質へと輸送されmRNAとして使われている。実際,ウニ胞胚期卵において,細胞質に検出されるmRNA種の80％は,腸をはじめとする成体組織では細胞質ではなく核RNAとして検出される。

　哺乳動物における転写後調節機構は上記のウニほどには普遍的ではないと思われるが,転写効率の変化を伴うことなく細胞質mRNA量が変化する例はいくつか知られている。このタイプの転写後調節は,恒常的にすべての組織で発現するmRNAの組織間での発現レベルの多様性をもたらすために重要であると予想される。一方,特定の少数の組織でのみ特異的に発現するような遺伝子のmRNA発現調節にはあまり重要ではないだろう。たとえば,Darnellらは,肝臓特異的mRNAの発現調節では転写過程が重要であることを示したが(1.4節),すべての組織で発現するアクチンやチューブリン遺伝子のmRNAは,転写効率の変化を伴うことなく組織間での発現量の違いを生み出していることを明らかにしている。このような転写効率の変化を伴わずにmRNA量の変化を生み出すには,転写後の調節機構が存在することは明白であり,その分子機能の理解が必要である。

　原理的には,転写後調節は,第6章で解説した遺伝子転写から細胞質での翻訳までの数多くの過程のいずれのところでも行うことができる。実際,転写後調節は,転写から翻訳に至る過程のすべてのレベルで機能していることが判明している。次に,各々の例について述べていきたい。

7.1 選択的RNAスプライシング

RNAスプライシングは制御下にある

　真核生物の遺伝子領域は,イントロンと呼ばれる介在配列によって分断されてお

り，イントロンは転写直後のRNAからスプライシング反応によって取り除かれ，タンパク質コード領域であるエキソンが連結される（6.3節）。イントロンの発見によって，遺伝子発現の主要な制御過程の1つとしてスプライシング反応が注目されるようになった。理論的には，ある特定のRNAが組織特異的なスプライシング反応の有無によって，機能をもつRNAが特定の組織でのみ産生されることが考えられる。スプライシングを受けなかったRNAは，核内で分解されるか，タンパク質コード領域がイントロンによって邪魔されているため，もし仮に細胞質へと輸送されたとしても，機能をもったタンパク質へは翻訳されない（図7.1）。

このような**スプライシングの有無によるRNA取捨選択**(processing/discard decision)は，現在までにショウジョウバエにおいていくつか報告されている。また，同じようにスプライシングを受けなかったRNAの核内分解経路は，酵母においても知られている。したがって，下等生物において，特定の転写産物がある条件下ではスプライシングを受けて正常なmRNAとなり，別の条件下ではスプライシングを受けずに核内で分解される制御経路が広く機能している。

選択的RNAスプライシングは転写調節を補完する主要な制御過程である

しかし，哺乳動物においては，スプライシングの有無によるRNA取捨選択は広く用いられているわけではなく，多くの場合は**選択的RNAスプライシング**(alternative RNA splicing)による調節が観察される。選択的スプライシングでは，特定の遺伝子が複数の組織で転写される際に，各々の組織で異なったスプライシング反応で処理されることによって，異なった機能をもったmRNAが産生される（図7.2）。そして，多くの場合，これら選択的スプライシングを受けたmRNAは，それぞれが一次構造の異なるタンパク質へ翻訳される。

注目すべきは，このような遺伝子発現調節は，RNAプロセシングの調節だけでなく転写レベルでの調節も含めた分子機構であるという点である。つまり，選択的スプライシングを受ける遺伝子の一次転写産物は，多くの場合，恒常的ではなく限られた細胞種でのみ発現している。そして，そのような一次転写産物を発現している限られた細胞種の間で異なったスプライス反応が起きることで，異なったmRNA種が産生される。

選択的スプライシングは，ショウジョウバエにおける胚発生や性決定に関わる遺伝子から，哺乳動物における筋収縮や神経機能制御を司る遺伝子まで，多様な細胞過程に関わる遺伝子で生じている。最近のヒトゲノム解析から，複数のエキソンをもつヒトゲノム上の遺伝子の実に90％以上が選択的スプライシングを受けることが判明している。代表的な例について表7.1に示す。

選択的スプライシングは便宜上3つのカテゴリーに分類することができる。(a) 選択的スプライシング産物が異なる5′末端をもつ状況，(b) 選択的スプライシング産物が異なる3′末端をもつ状況，そして(c) 選択的スプライシング産物が同一の5′末端，3′末端をもつ状況，である。

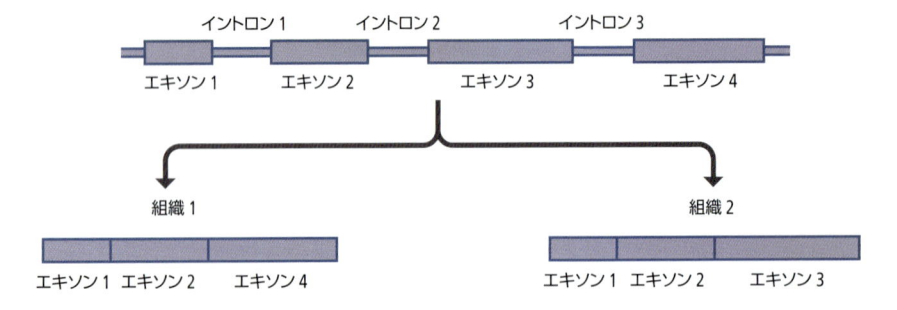

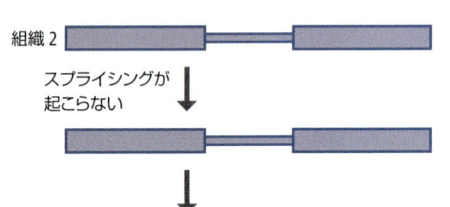

図7.1
特定の組織においてRNAスプライシング反応が起こらない場合，その組織では対応するタンパク質が産生されない。

図7.2
選択的スプライシングによって，単一の一次転写産物から異なったmRNA種が産生される。

表 7.1　発生過程特異的あるいは組織特異的な選択的スプライシングの例

タンパク質	生物種	選択的スプライシング産物の特徴	選択的スプライシングが起こる細胞種
(a) 免疫系			
免疫グロブリン重鎖(IgD, IgE, IgG, IgM)	マウス	異なる 3′ 末端	B 細胞
Lyt-2	マウス	同一	T 細胞
(b) 酵素			
アルコールデヒドロゲナーゼ	ショウジョウバエ	異なる 5′ 末端	幼虫, 成虫
アルドラーゼ A	ラット	異なる 5′ 末端	筋肉, 肝臓
α-アミラーゼ	マウス	異なる 5′ 末端	肝臓, 唾液腺
(2′-5′)オリゴ(A)シンテターゼ	ヒト	異なる 3′ 末端	B 細胞, 単球
(c) 筋肉			
ミオシン軽鎖	ラット, マウス, ヒト, ニワトリ	異なる 5′ 末端	心筋, 平滑筋
ミオシン重鎖	ショウジョウバエ	異なる 3′ 末端	幼虫筋肉, 成虫筋肉
トロポミオシン	マウス, ラット, ヒト, ショウジョウバエ	同一	各種筋細胞
トロポニン T	ラット, ウズラ, ニワトリ	同一	各種筋細胞
(d) 神経細胞			
カルシトニン / CGRP	ラット, ヒト	異なる 3′ 末端	甲状腺 C 細胞, 神経組織
ミエリン塩基性タンパク質	マウス	同一	各種グリア細胞
神経細胞接着分子	ニワトリ	同一	神経発生
プレプロタキキニン	ウシ	同一	各種神経細胞
(e) その他			
フィブロネクチン	ラット, ヒト	同一	線維芽細胞, 肝細胞
初期レチノイン酸応答遺伝子 1	マウス	同一	分化期胚細胞
甲状腺ホルモン受容体	ラット	同一	各種組織

(a) 選択的スプライシング産物が異なる 5′ 末端をもつ状況

　異なる 5′ 末端をもつ転写産物が生じる状況は，2 種類の一次転写産物がそれぞれ別のプロモーターからの転写によって産生され，それらが別のプロセシングを受ける場合である．ある場合には，単純に一次転写産物中に特定のエキソンが存在するかしないかによって，特異的スプライシングが制御される（図 7.3a）．一例としてマウスの α-アミラーゼ遺伝子があげられる．上流プロモーターから転写が開始される唾液腺では，スプライシング反応によってプロモーター直下のエキソンが残り，その下流のエキソンが除かれる．一方，肝臓においては，転写が唾液腺よりも 2.8 kb 下流から開始されることによって上流エキソンは転写産物に含まれず，スプライシング処理された RNA には下流のエキソンが含まれることになる（図 7.4）．
　しかし，異なったプロモーターからの一次転写産物が，いずれも選択的スプライシングを受けるエキソンをもっていて，選択的スプライシングのパターンがより複雑になる場合もある（図 7.3b）．例として，ミオシン軽鎖遺伝子のスプライシングパターンを図 7.5 に示す．

204　7章　転写後調節

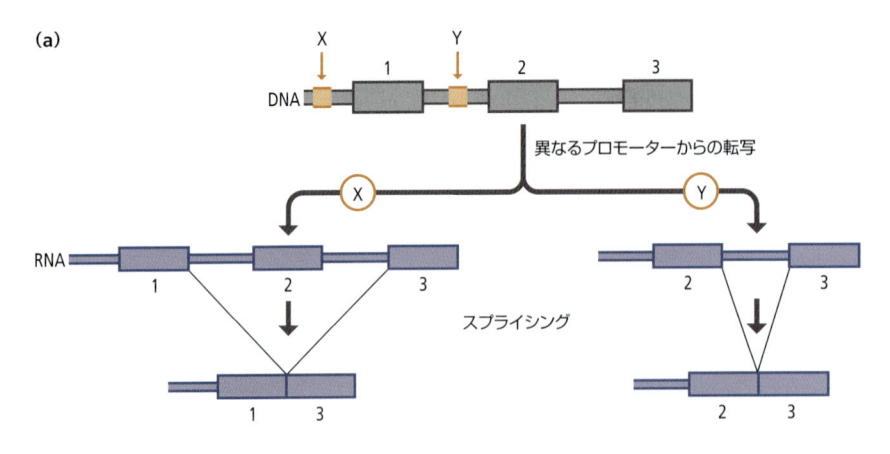

図7.3
2種類の一次転写産物がそれぞれ別のプロモーター（XとY）からの転写によって産生される。(a)上流エキソン（エキソン1）が一方にしか含まれていない場合，選択的スプライシングのパターンは単純である。(b)しかし，選択的プロモーターからの転写では，両方の一次転写産物中に選択的スプライシングを受けるエキソンが含まれている場合もある。

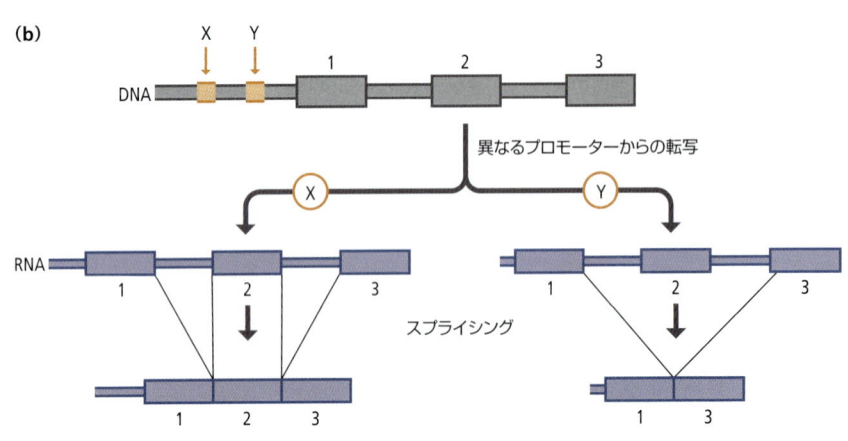

図7.4
α-アミラーゼ転写産物5′末端の唾液腺と肝臓における選択的スプライシング。2つの転写開始点（TATAA）と各々の組織で発現するmRNAの5′側領域を示す。

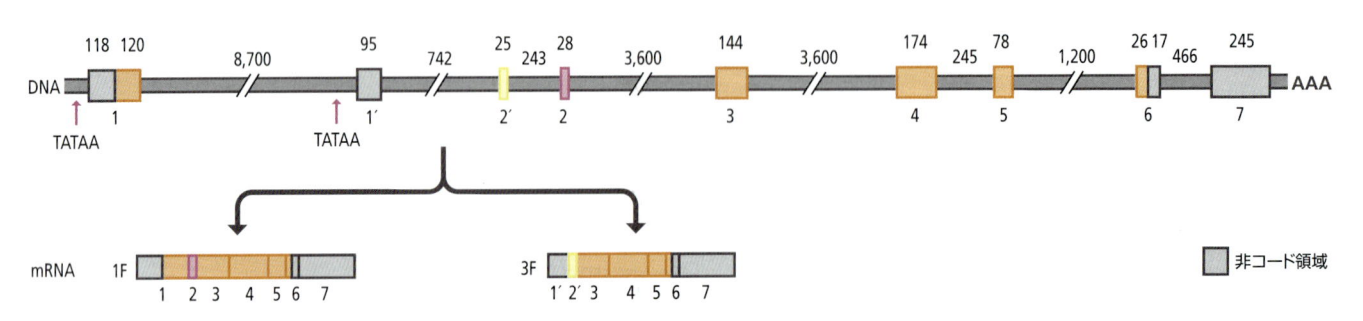

図7.5
ミオシン軽鎖遺伝子転写産物の筋細胞特異的な選択的スプライシングにより，5′末端の異なる2種類のmRNA（1Fと3F）が産生される。2つの転写開始点（TATAA）をエキソン/イントロン構造とともに示す。両方の一次転写産物に選択的スプライシングを受けるエキソン2′と2とが含まれるが，スプライシング終了後のmRNAには，それらのうちのいずれか一方しか含まれていない点に注意。

このような場合，一次転写産物が各々異なった二次構造へと折りたたまれることによって，それぞれの二次構造に適したスプライシング反応が進行している可能性が考えられる(図 7.6)。しかし，別の分子機構として，転写とスプライシング反応との連携による調節が示唆されている。第 6 章(6.4 節)で解説したように，転写中のポリメラーゼならびに関連転写因子は，スプライシング調節因子をリクルートすることができる。したがって，異なったプロモーター上に形成された転写複合体では，多少異なったタンパク質が RNA ポリメラーゼと会合している可能性がある。そして，このような異なった関連転写因子が，異なったスプライシング調節複合体をリクルートすることにより，選択的スプライシング反応が引き起こされている可能性がある(図 7.7)。

どちらのモデルが正しいにせよ，このような転写開始点の違いに由来する選択的スプライシングは，転写調節の一例と見なすことができる。すなわち，この場合における RNA スプライシングの多様性は，組織間で異なるプロモーター選択などの一義的要因に依存した，二次的結果として獲得されている。この点，他のカテゴリーに分類した選択的スプライシング反応は際だった違いを見せている。

(b) 選択的スプライシング産物が異なる 3′ 末端をもつ状況

5′ 末端が異なる転写産物を生じる選択的スプライシングと同様に，5′ 末端は同一であるが 3′ 末端が異なる転写産物を生じる選択的スプライシングが数多く知られている。第 6 章(6.2 節)で解説したように，一次転写産物は産生された後すぐに 3′ 末端が切断されてポリ(A)鎖が付加される。多くの遺伝子において 3′ 末端の切断とポリアデニル化は，組織ごとに一次転写産物内の異なった部位で行われ，生じた一次転写産物は異なったスプライシング反応を受けることが知られている。

この過程に関して最もよく解析されている例として，抗体分子の免疫グロブリン重鎖をコードする遺伝子が知られており，感染時の抗体応答制御に重要な役割を担っている。**免疫応答**(immune response)初期において，抗体産生 B 細胞は膜結合型免疫グロブリンを発現している。抗原が膜結合型免疫グロブリンと相互作用することにより，B 細胞の増殖が誘起され抗体合成細胞の数が増加する。これら増殖した細胞では，免疫グロブリンは分泌されることで細胞外組織液中で抗原と相互作用することができるようになり，免疫系の他の細胞の活性化を誘起する。

膜結合型と分泌型の免疫グロブリン分子の産生は，3′ 末端の異なる RNA 分子が

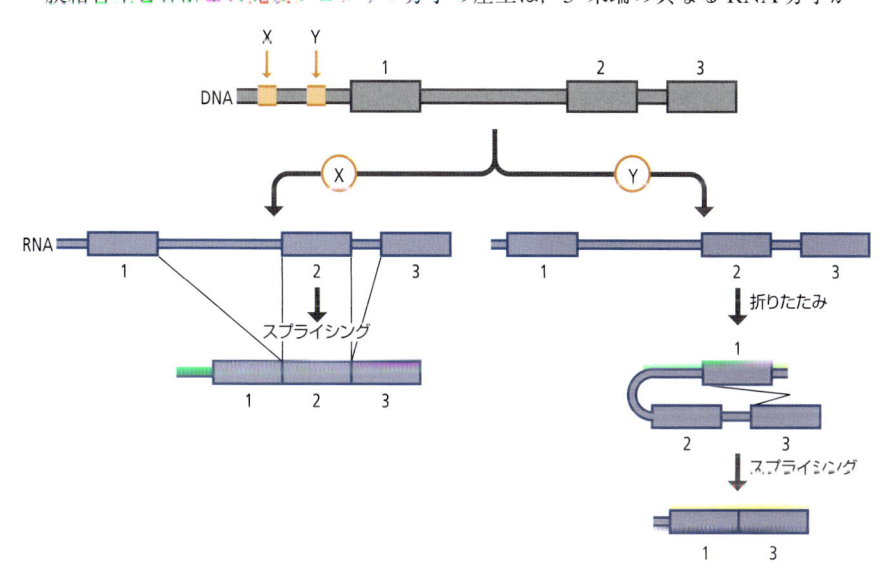

図 7.6
異なったプロモーター(X と Y で示す)から作られる 2 種類の一次転写産物は，異なった構造へと折りたたまれることによって，違ったスプライシングパターンを示す可能性がある。

図 7.7
異なったプロモーター(XとYで示す)上には，違った転写複合体(TC)が形成される可能性がある。これらTCはそれぞれ別のスプライシング複合体(SC)をリクルートすることで，各々のプロモーター由来の転写産物が異なったスプライシングパターンを示す可能性がある。

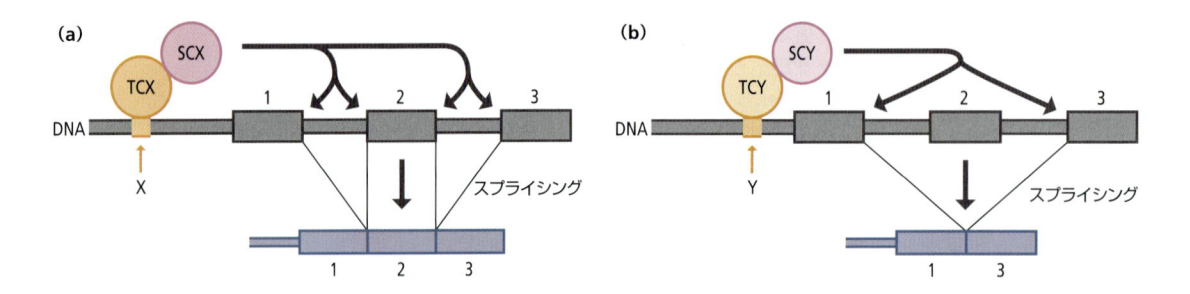

選択的スプライシングを受けることによって調節される(図7.8)。長い方の一次転写産物には，膜にアンカーされる配列をコードする2つのエキソンが存在する。このRNAがスプライシングされる際には，これら2つのエキソンが残存するが，分泌型に特異的なC末端側20アミノ酸残基をコードするエキソン領域が排除される。一方，短い方の一次転写産物には，膜結合領域をコードする2つのエキソンは存在せず，分泌型特異的配列が最終的なmRNA分子中に含まれる。

短い方の免疫グロブリンRNAで使われているポリアデニル化部位を人為的に欠失させて利用できなくした場合，期待される分泌型免疫グロブリン生産量の低下に比例して，膜結合型タンパク質の合成上昇がみられる(図7.9a)。すなわち，どちらのポリアデニル化部位を利用するかによって，スプライシングパターンが規定されている。上流のポリアデニル化部位を欠失させると下流のポリアデニル化部位が利用されるようになり，膜結合型をコードするmRNAの産生量が上昇する。

このようなポリアデニル化部位の切り替えは，B細胞成熟過程におけるポリアデニル化因子のサブユニットの1つである切断促進因子(cleavage stimulatory factor；CStF)(6.2節)の発現量の増大に依存して引き起こされる。CStFは分泌型mRNAで用いられるポリアデニル化部位よりも膜結合型mRNAのポリアデニル化部位に優先的に結合する(CStF発現レベルが低い場合)。B細胞成長初期においてCStFは発現レベルが低く，下流のポリアデニル化部位に優先的に結合することで，膜結合型免疫グロブリンをコードするmRNAが産生される。CStFの発現レ

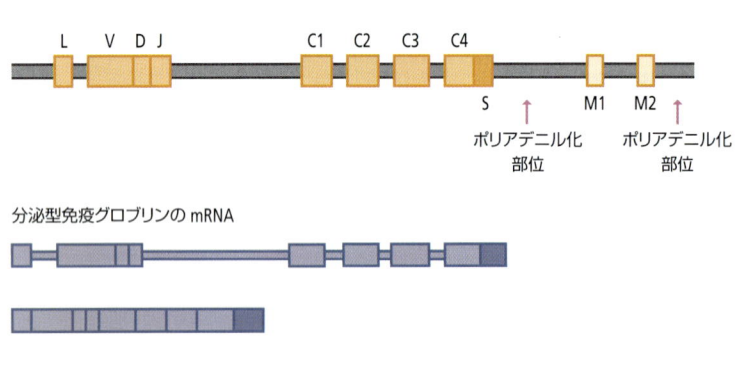

図 7.8
B細胞成熟過程における免疫グロブリン重鎖遺伝子転写産物の選択的スプライシング。2種類のポリアデニル化部位の利用により産生される2種類の一次転写産物と，各々から生成されるスプライシング終了後のmRNAを示す。

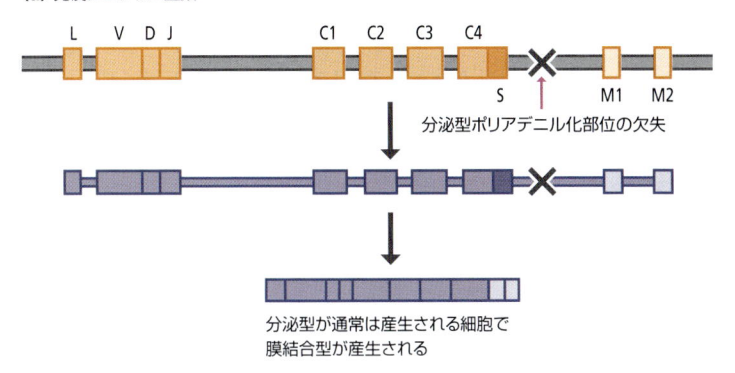

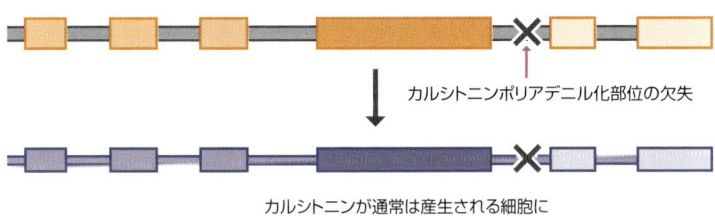

(a) 免疫グロブリン重鎖

分泌型ポリアデニル化部位の欠失

分泌型が通常は産生される細胞で膜結合型が産生される

(b) カルシトニン /CGRP

カルシトニンポリアデニル化部位の欠失

カルシトニンが通常は産生される細胞に一次転写産物が蓄積

図 7.9
上流のポリアデニル化部位を欠失させたときの選択的スプライシング産物に対する影響。(a)免疫グロブリン重鎖遺伝子，(b)カルシトニン/カルシトニン遺伝子関連ペプチド(*CGRP*)遺伝子。

ベルが上昇すると，分泌型 mRNA の産生に働くポリアデニル化部位への結合とその部位での切断が起きるようになる(図 7.10)。

以上のような例から，3′ 末端が異なる転写産物が生じる選択的スプライシング反応の少なくともいくつかについては，一次転写産物の切断とポリ(A)鎖付加を行う部位の決定が根本的要因であると考えられる。また，選択的プロモーター利用の場合にみられたように，このような例では，組織間での一次転写産物の違いによって選択的スプライシング反応が制御されている。

しかし，異なる 3′ 末端を生じるような選択的スプライシング反応が，必ずしも

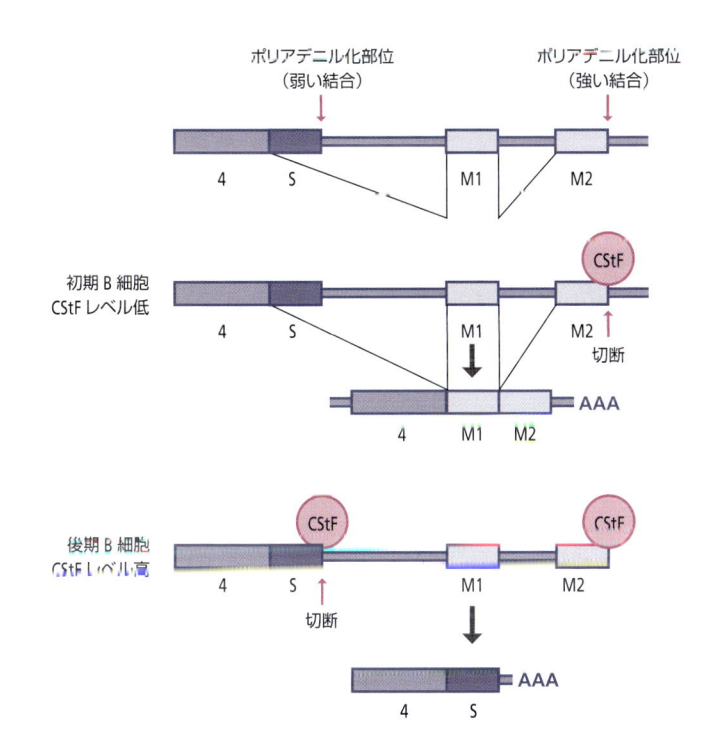

ポリアデニル化部位（弱い結合）　　ポリアデニル化部位（強い結合）

初期 B 細胞
CStF レベル低

切断

後期 B 細胞
CStF レベル高

切断

図 7.10
免疫グロブリン転写産物のポリアデニル化制御における切断促進因子(CStF)の役割。CStF は，発現レベルの低い状況下では，膜結合型産物発現につながるポリアデニル化部位に優先的に結合する。この部位で RNA が切断されると，スプライシング反応によってエキソン 4, M1, M2 が連結される。CStF の発現レベルが上昇すると，CStF の結合が弱い分泌型産物のRNA のポリアデニル化部位にも CStF が結合するようになり，その部位での RNA 切断によってエキソンM1 と M2 は転写産物に含まれなくなる。このような，B 細胞成熟時にみられる CStF レベルの上昇によって，免疫グロブリンの膜結合型から分泌型への変換が引き起こされる。

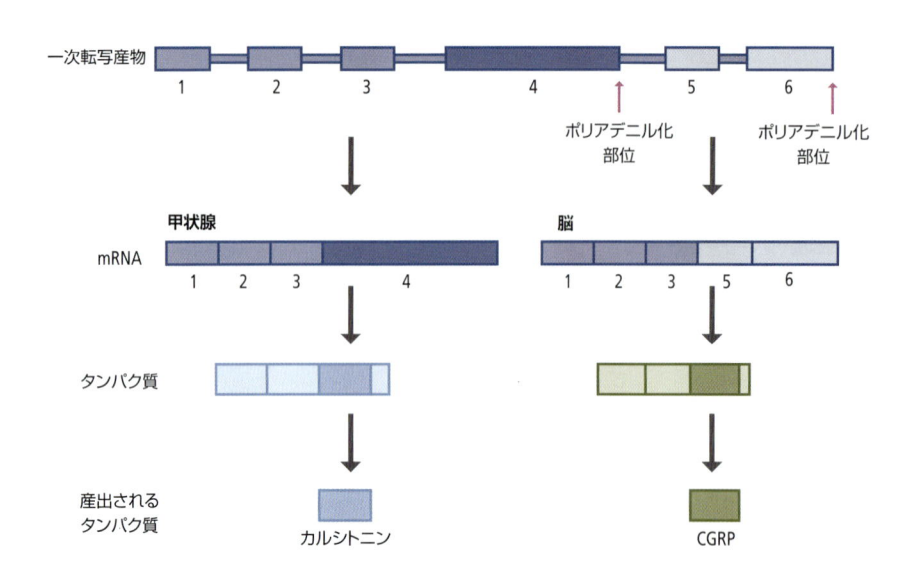

図7.11 カルシトニン/CGRP遺伝子の脳および甲状腺細胞における選択的スプライシング。各々の組織における選択的スプライシングとそれに続くタンパク質産物の切断とによって，甲状腺ではカルシトニンが，脳ではCGRPが産出される。

上記のタイプであるわけではない。このような結論は，カルシウム調節タンパク質であるカルシトニンをコードする遺伝子の解析から明らかになった。カルシトニン（32アミノ酸からなる小ペプチド）をコードする遺伝子が単離された際に，その遺伝子からはまったく配列の異なる36アミノ酸からなるペプチドをコードするmRNAも産生されうることが発見され，後者のペプチドはカルシトニン遺伝子関連ペプチド（calcitonin gene-related peptide；CGRP）と命名された。カルシトニンが甲状腺で産生されるのとは異なり，CGRPは脳および末梢神経系中の特定の神経細胞で発現する。これら2つの異なったペプチドは，選択的スプライシングにより生じる3′末端の異なる2種類の転写産物から作られる（図7.11）。

しかし，このケースでは免疫グロブリン重鎖の場合とは異なり，短いカルシトニンをコードするmRNAで使われるポリアデニル化部位を欠失させても，カルシトニンを通常発現している細胞でのCGRP発現の上昇はみられない。その代わりに，下流のCGRP用のポリアデニル化部位を用いたスプライシングを受けていない巨大な転写産物が蓄積する（図7.9b）。通常，CGRPを産生する細胞では正常にスプライシングが起こりCGRP mRNAが産生されるのにもかかわらず，カルシトニンを産生する細胞では，そのようなことは起きずにスプライシングを受けていない転写産物が蓄積する。このような知見から，カルシトニン/CGRP遺伝子の場合，RNAスプライシングの違いに対してポリアデニル化部位の選択は副次的であると推定される。このことは，カルシトニン/CGRP RNAのスプライシングパターンを規定する組織特異的なスプライシング調節因子の存在を示唆している。

(c) 選択的スプライシング産物が同一の5′末端，3′末端をもつ状況

選択的スプライシングを調節する組織特異的スプライシング因子の存在は，5′末端と3′末端が同一のまま維持される組織特異的スプライシング反応の存在からも明白である。このような選択的スプライシング反応は，異なったプロモーターやポリアデニル化部位の選択では説明することはできない。

このようなタイプの選択的スプライシングについての報告は当初，SV40やアデノウイルスなど真核生物に感染するDNAウイルスに限られていたが，その後の研究から，高等真核生物の遺伝子においても数多く見つかってきた。そのような例として，骨格筋におけるトロポニンT遺伝子では，多様な筋細胞の種類に応じて64種類もの異なったスプライシングパターンが示されている（図7.12）。トロポニンT遺伝子に作用する組織特異的スプライシング因子の存在は，この遺伝子を強制発現させる実験から明らかになった。本来発現がみられない非筋細胞や筋芽細胞（myoblast）でトロポニンT遺伝子を強制発現させると，エキソン4～8が完全に

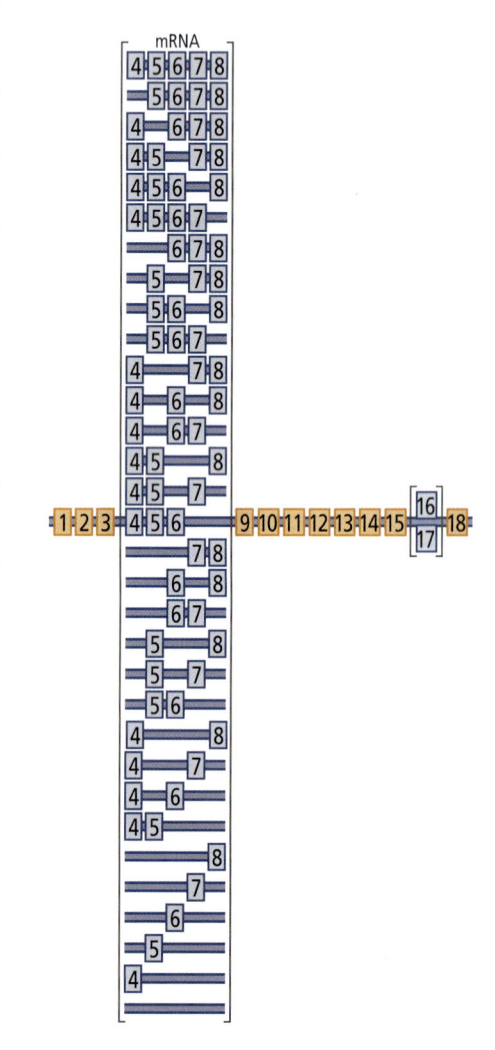

図7.12 ラットのトロポニンT遺伝子においては，5つの選択的エキソン（4～8）と2つの排他的エキソン（16と17）における選択的スプライシング反応によって，最大64種類もの異なったmRNAが作り出される。Breitbart & Nadal-Ginard (1987) *Cell* 49, 793-803より，Elsevier社の許諾を得て転載。

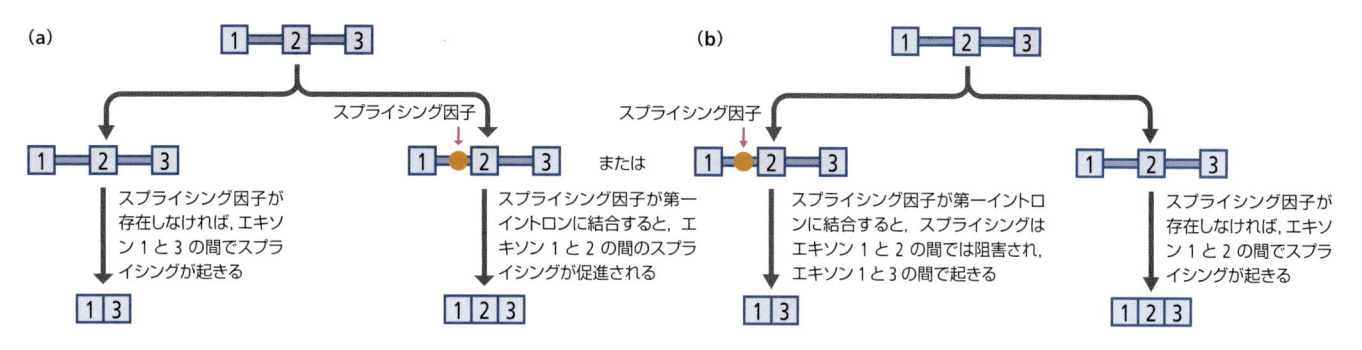

図 7.13
シス配列に結合する選択的スプライシング調節因子の作用機構に関するモデル。(a)では，スプライシング因子は活性の弱いスプライス部位の使用を促進している。一方，(b)では，スプライシング因子が2つある部位のうち，より強い活性をもった部位の利用を阻害することで弱いスプライス部位が使用されるようになる。

取り除かれるのに対して，筋管(myotube)では内在性遺伝子のパターンを忠実に再現するパターンで選択的スプライシングが観察される。

実際のところ64種類のmRNAというのは，選択的スプライシングによって産生されるmRNAの多様性という観点からはそれほど劇的な例ではない。たとえば，ショウジョウバエのDscam遺伝子の場合，膨大な数の選択的エキソンによって，38,000種をこえる異なったmRNA種が産生されうる。この数は，ショウジョウバエのゲノムにコードされる遺伝子の数(約14,000)すら凌駕している！　この事実は，選択的スプライシングのもつ並はずれた能力，すなわち，単一の遺伝子座から関連しているが異なったタンパク質をコードする多様なmRNAを産生する能力を明確に示している。

特定のスプライス部位の使用を誘導あるいは阻害する特異的スプライシング因子による選択的RNAスプライシング

カルシトニン/CGRP遺伝子やトロポニンT遺伝子などにおける特定のスプライシングパターンにおいて，ある種の因子が必要であるという考え方には，それらの因子がどのように働いているのかという疑問が残る。おそらくこれらの因子は，転写産物RNA中のシス配列を認識するのであろう。もう少しわかりやすく説明すると，これらの因子がそのようなシス配列と相互作用することによって，その領域が新たなスプライス部位となるように誘導する場合(図7.13a)や，逆に阻害することで別のところにスプライス部位を誘導する可能性(図7.13b)がある。

これら両方の制御機構が異なった場面で使われているようである。実際，選択的スプライシングが階層的に進行することで制御されるショウジョウバエの性決定過程では，両方の制御機構を見いだすことができる。この段階的に進行する過程では，各々の遺伝子産物が次階層の遺伝子転写産物の選択的スプライシングを調節することで，雄と雌とでは異なったタンパク質産物が発現するようになる。そして，これら異なったタンパク質産物が次階層の転写産物の選択的スプライシングを制御することによって，最終的に雄と雌との違いが獲得される(図7.14)。

たとえば，Sxl遺伝子の転写産物は，雄と雌とでは異なったスプライシングを受ける。そして，雌特異的なmRNAから作られるタンパク質は，次階層のtra遺伝子の転写産物のスプライシングを調節するとともに，Sxl RNA自身の雌特異的スプライシングを誘導する。Sxl RNA自身の雌特異的スプライシングが異常となる突然変異は，エキソン2と雄特異的なエキソン3の間のイントロン内にマッピングされる。このことから，Sxlはエキソン2と3の間の雄特異的スプライシングを阻害する活性をもつと考えられる。同じように，Sxlはtra RNAのスプライシングにおいて，第一イントロン内に結合してスプライシング基本因子の1つであるU2補助因子(U2AF)の結合を阻害することで，雄特異的エキソン2の利用を阻害

図 7.14
ショウジョウバエの性決定における選択的スプライシングの階層的制御。*Sxl* RNA の雌特異的スプライシングによって Sxl タンパク質が作り出されると、Sxl RNA 自身と *tra* RNA の雄特異的スプライシングが阻害される。一方、雌特異的スプライシングによって産生される Tra は、Tra-2 とともに dsx RNA の雌特異的スプライシングを促進する。性特異的スプライシングが異常となる *Sxl*, *tra*, *dsx* の突然変異部位をアステリスクで示す。

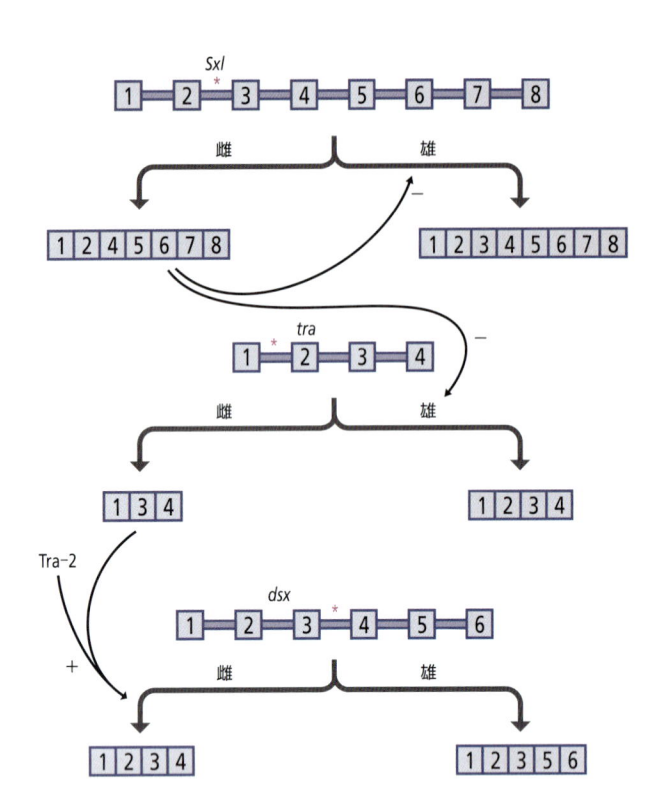

する。通常、U2AF はイントロンの除去に必須の役割を担っている U2 snRNP 粒子(6.3 節)をリクルートする役割を担っており、Sxl により U2AF の結合が阻害されることで、雄特異的に用いられるエキソン 2 がエキソンとして認識されなくなり、雄特異的なスプライシング反応が阻害される。

Sxl とは対照的に、*tra* ならびに *tra-2* 遺伝子の転写産物による *dsx* RNA の選択的スプライシング調節は、定常的な雄型スプライシングの代わりに雌特異的スプライシング反応を誘導することによって行われている。スプライシングパターンに異常を示す *dsx* 突然変異は、エキソン 3 と雌特異的なエキソン 4 の間に介在するイントロン内にマッピングされている。すなわち、選択的スプライシングを制御する因子は、エキソン 3 と 4 の間のスプライシング反応を促進していると考えられる(下記参照)。以上のように、スプライシング調節因子は、Sxl のように特定のスプライス部位の使用を阻害するタイプと、Tra のように特定のスプライス部位の使用を促進するタイプの両方が存在する(図 7.13)。

選択的スプライシングに関与する特異的 RNA 配列は、特異的なスプライシング因子の有無に応答する場合とともに、細胞内シグナル伝達経路に応答してスプライシングパターンを制御する。たとえば、**Ca^{2+}/カルモジュリン依存性プロテインキナーゼ**(Ca^{2+}/ calmodulin-dependent protein kinase) IV (CaMK IV シグナル)が活性化されると、BK カリウムチャネル遺伝子の特異的なエキソン(STREX)認識が抑制され、スプライシング終了後の mRNA から除去される。活性化された CaMK IV が存在しない場合、このエキソンは mRNA に含まれる(図 7.15a)。CaMK IV シグナルによるこのような制御には、STREX エキソン上流の 3′ スプライス部位から 54 bp の配列が関与する。この配列に突然変異を導入した場合、CaMK IV に依存した選択的スプライシング反応はもはや起きなくなる。一方、この配列を恒常的に使用されるエキソンの上流に挿入すると、そのエキソンは CaMK IV シグナルに依存した選択的スプライシングを受けるようになる(図 7.15b)。したがって、この配列は CaMK IV の活性化に応答して STREX エキソンのスプライシングを調節する応答性 RNA 配列として機能しており、CaMK IV 応答 RNA 配列(CaMK IV-respon-

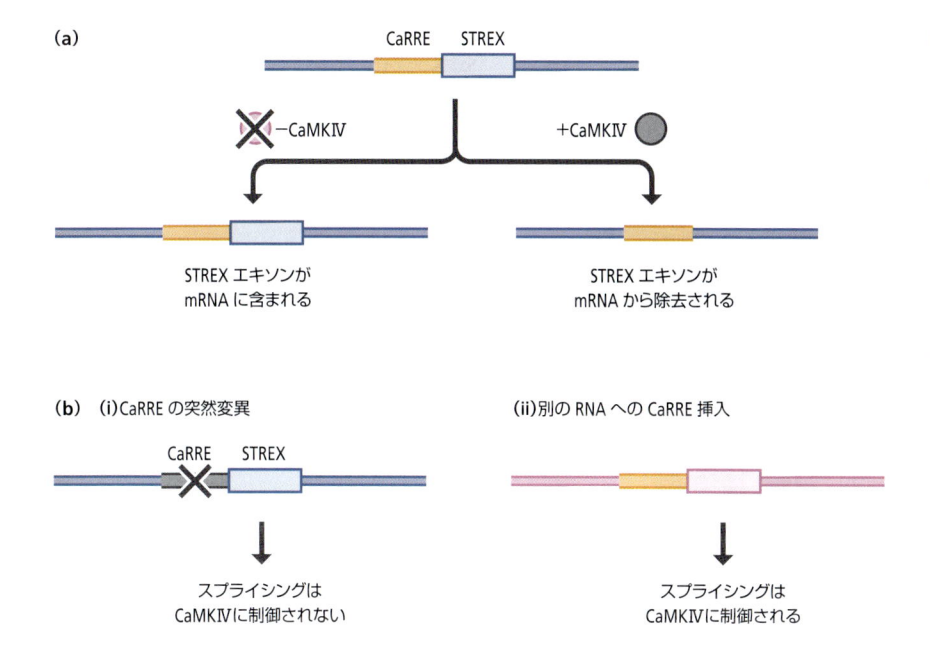

図 7.15
Ca²⁺/カルモジュリン依存性プロテインキナーゼ(CaMK)ⅣによるBKカリウムチャネルRNAのスプライシング調節。(a)CaMKⅣが活性化されるとSTREXエキソンはスプライシング反応によって取り除かれる。一方、CaMKⅣが不活性の場合、この領域でのスプライシング反応は抑制される。(b)CaMKⅣ応答RNA配列(CaRRE)と呼ばれるSTREXエキソン上流の3′スプライス部位から54 bpの配列が、CaMKⅣの活性化に依存したスプライシング反応に関与する。(ⅰ)この配列を改変し機能を失わせると、CaMKⅣ依存的スプライシング反応は抑制される。(ⅱ)CaRREを別のRNA(ピンク色)に挿入すると、CaMKⅣ活性化に依存したスプライシング反応が起こるようになる。

sive RNA element；CaRRE)と呼ばれる。特定の細胞内シグナル伝達経路によって制御される選択的スプライシングについての詳細は、第8章(8.5節)で解説する。

選択的RNAスプライシングの調節因子は遺伝学的ならびに生化学的手法から同定されてきた

　選択的スプライシングを調節する因子とそれら因子が相互作用するRNA上のシス配列が存在するという実験的証拠をもとに、実際にそのような因子を単離・同定する試みがなされてきた。遺伝学的解析に優れたショウジョウバエにおいては、遺伝学的手法から解析が進められてきた。すでに紹介したように、*Sxl*や*tra*といった遺伝子は、もともと性決定が異常となる突然変異体から単離され、その後の解析によって選択的スプライシングの調節因子として機能することが判明した。これら遺伝子産物は、選択的スプライシングに直接関わるスプライシング因子であり、これらの研究から選択的スプライシング因子のふるまいに関する新たな知見が提供されてきた。

　*Sxl*や*tra-2*遺伝子のDNA配列解析から、これらがコードするタンパク質中には1つかそれ以上のリボ核タンパク質(ribonucleoprotein；RNP)コンセンサス配列が見いだされた。この配列は、哺乳動物スプライソソームなど多くのRNA結合タンパク質で保存されており、RNA結合ドメインを形成している。実際、*tra* mRNA-Sxlタンパク質複合体の構造解析によって、RNA分子がSxlのV字型の溝に沿って結合していることが明らかにされている(図7.16)。すなわち、SxlやTra-2タンパク質は、すでに述べてきた選択的スプライシングを受けるRNAのシス配列に直接結合することによって選択的スプライシング反応に影響を与えている。

　以上のように、ショウジョウバエにおいては、特定の条件下で発現して特定の選択的スプライシング反応を制御するような因子が同定されてきた。これらと同じような、細胞種特異的に発現する選択的スプライシング調節因子は脊椎動物からも同定されている。たとえば、哺乳動物の神経細胞では、神経ポリピリミジントラクト結合タンパク質(nPTB；PTB2とも呼ばれる)、Nova1、Nova2などのスプライシング調節因子が特異的に発現しており、これらの因子が神経特異的な選択的スプライシングを制御している(これらの因子についての詳細は10.2節参照)。

　しかし、興味深いことに脊椎動物における組織特異的スプライシング反応の多くは、細胞種特異的なスプライシング因子の存在というよりはむしろ、すべての細胞で恒常的に発現しているスプライシング因子の発現量の変化によって制御されてい

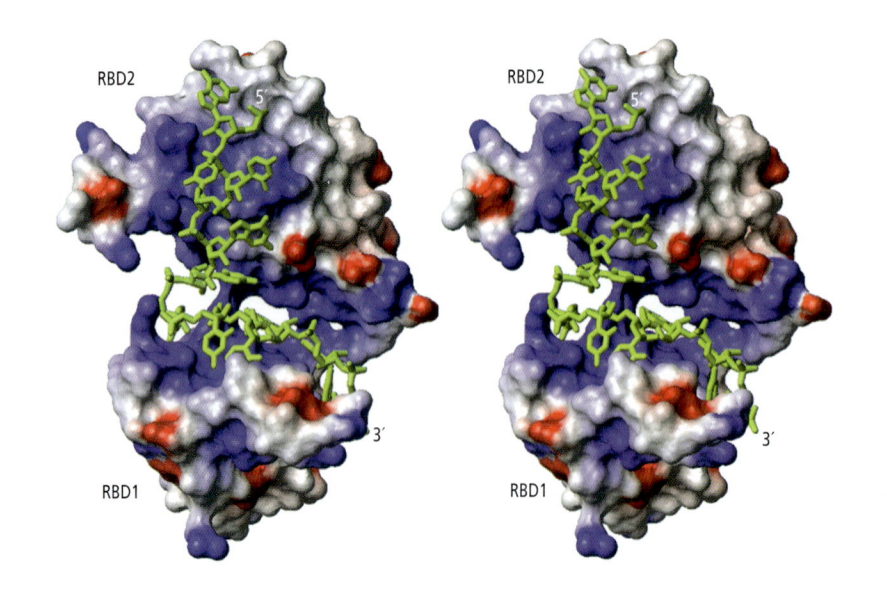

図 7.16
Sxl スプライシング因子と RNA（緑色）との複合体の構造のステレオ図。Handa N, Nureki O, Kurimoto K et al. (1999) Nature 398, 579-585 より，Macmillan Publishers Ltd. の許諾を得て転載。Yutaka Muto & Shigeyuki Yokoyama の厚意による。

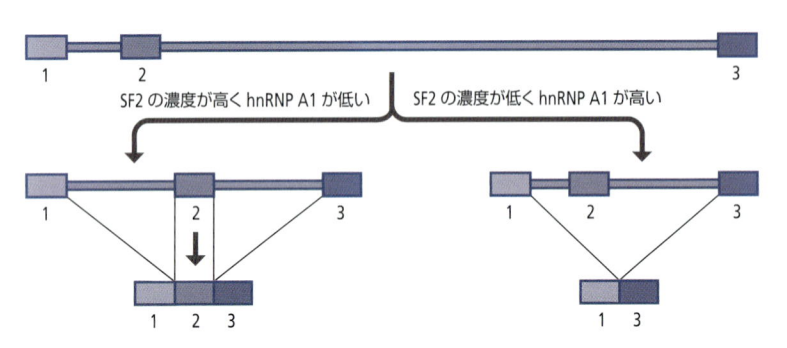

図 7.17
選択的スプライシングのパターンが，恒常的に発現している SF2 とヘテロ核リボ核タンパク質（hnRNP）A1 との発現レベルのバランスによって制御される場合がある。hnRNP A1 に対して SF2 濃度が高い場合には近位のエキソン 2，逆の場合には遠位のエキソン 3 の選択が促進される。

るようである。たとえば，第 6 章(6.3 節)で解説した SR タンパク質ファミリーに属する SF2 は，スプライシング反応の基本因子として機能する。しかし，SF2 はあらゆる細胞で恒常的に発現しているにもかかわらず，その細胞内濃度が競合する 2 つの上流スプライス部位の選択に影響を与えることが知られている。SF2 濃度が高い場合，SF2 はより近位の下流側スプライス部位を選択し，濃度が低い条件ではより遠位の上流スプライス部位を選択する傾向がある(図 7.17)。興味深いことに，**ヘテロ核リボ核タンパク質**(heterogeneous nuclear ribonucleoprotein；**hnRNP**) A1 は，スプライシングを受ける前の RNA にすでに結合しており，スプライシング反応に対して SF2 とは逆の影響(つまり，濃度が高い場合，より遠位のスプライス部位を選択する傾向)を与える。このような環境下においては，恒常的に発現している SF2 と hnRNP A1 の相対的な細胞内濃度比によって，2 つの組織間における選択的スプライシング反応の違いが生じる可能性がある(図 7.17)。

選択的スプライシング反応の組織間での違いが，恒常的に発現している因子の相対的量比によって決められているという制御系は，図 7.13 に示したような選択的スプライシング反応にも容易に適用することができる。つまり，2 つのスプライシング因子が競合するスプライス部位の選択に対して逆の影響力を行使していると想定してみたらよい。実際のところ，SF2 をはじめとする SR タンパク質は，スプライシング反応の必須因子である核内低分子リボ核タンパク質(small nuclear ribonucleoprotein；snRNP)を 2 つの方法でリクルートし(6.3 節)，スプライス部位の選択に関与しているようである。つまり，SR タンパク質は 5′ スプライス部位に結合することで U1 snRNP をリクルートする(図 7.18a)。さらに，第 6 章(6.3 節)で解説したように，SR タンパク質は選択的スプライス部位下流のエキソン内に存在するエキソンスプライシングエンハンサー(exon splicing enhancer；ESE)にも結合し，U2AF の分枝点への結合を向上させることで，U2 snRNP 粒子のリク

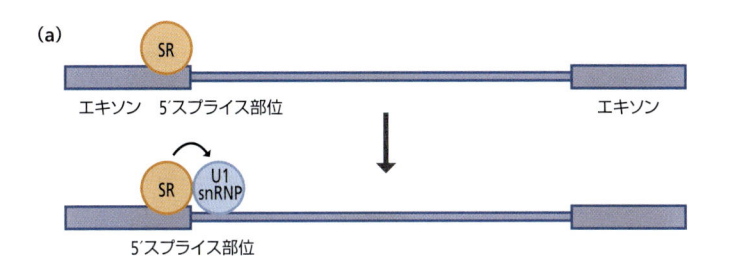

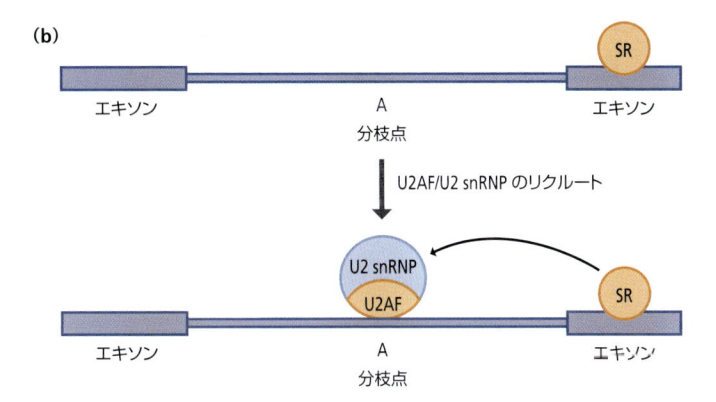

図 7.18
SF2 など SR タンパク質は，(a) 5′スプライス部位に結合して U1 snRNP をリクルートするか，(b) 下流エキソン配列に結合して U2AF の分枝点への結合を向上させ，U2 snRNP 粒子のリクルートを促進する。それによって，特定のスプライス部位の利用を向上させる。

ルートを促進する（図 7.18b）。

　以上のように，選択的スプライシングは，組織特異的スプライシング因子によっても，恒常的に発現している因子の発現量の変化によっても制御される。実際，上記の Sxl も SF2 のような SR タンパク質も，ともに U2AF のリクルートを制御することで機能する。したがって，選択的スプライシング反応が，特異的に発現する因子と SR タンパク質との相互作用によって制御されていることがあったとしても驚くには値しない。たとえば，*dsx* 遺伝子の場合，エキソン 3 と雌特異的エキソン 4 との間のスプライシング反応は，雌特異的タンパク質 Tra/Tra-2 が存在しない条件では起きない（図 7.19）。これはこのイントロン内の分枝点への U2AF の結合は非常に弱く，またエキソン 4 への SR タンパク質の結合が弱く，分枝点までの距離も遠いため U2AF のリクルートを促進することができないからである（図 7.19）。しか

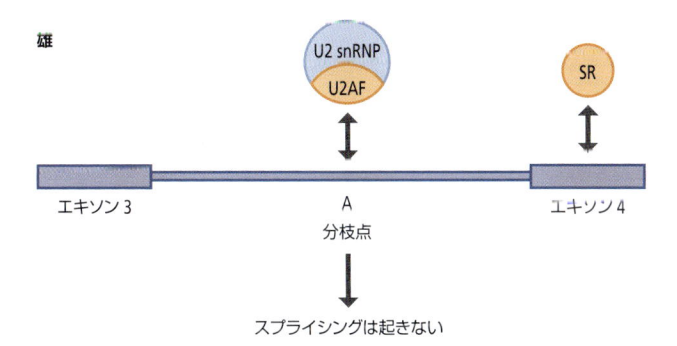

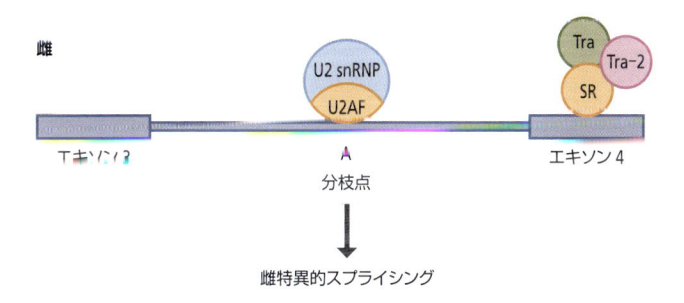

図 7.19
雄のショウジョウバエでは SR タンパク質の雌特異的エキソン 4 への結合は弱く，U2 snRNP を分枝点へリクルートすることはできない。一方で雌においては，Tra/Tra-2 タンパク質が SR タンパク質のエキソン 4 への結合を安定化させることによって，U2 snRNP の結合が促進され，エキソン 3 と 4 の間のスプライシングが引き起こされる。

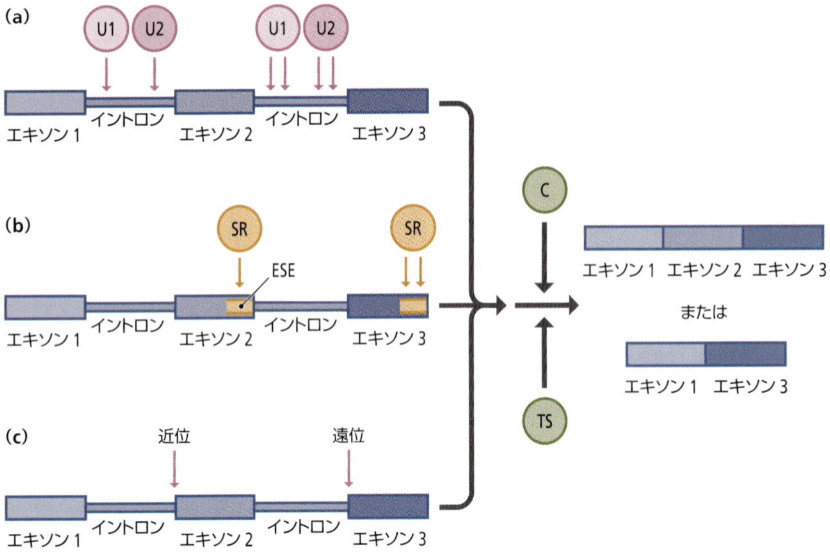

図7.20
RNA自身のもつ数多くの特徴が特定のスプライス部位選択の制御に関わる。そのような特徴とは，(a)U1およびU2 snRNPなどのスプライシング因子をリクルートする能力，(b)SRタンパク質が結合するエキソンスプライシングエンハンサー(ESE)，(c)競合するスプライス部位の近位または遠位といった相対的位置，などである。このようなRNA自身のもつ特徴が，組織特異的スプライシング因子(TS)との相互作用や，恒常的スプライシング因子(C)の相対量の影響を受けることによって，スプライシングのパターンが決まると考えられる。

し，Tra/Tra-2が存在すると，SRタンパク質とエキソン4との結合が強まり，分枝点へのU2AFの結合が促進され，エキソン3と4の間のスプライシングが促進されるようになる（図7.19）。SRタンパク質やTra/Tra-2タンパク質は，多様な機能をもったRNA結合タンパク質にみられるRNA結合ドメインとともに，SRタンパク質という名前の由来であるセリン(S)とアルギニン(R)に富む領域をもっている。

総括すると，選択的スプライシング反応は，RNA自身に内在しているシス配列や，恒常的あるいは組織特異的に発現するトランス因子間での相互作用に基づいて進行する。各々のスプライス部位の利用効率はいくつかの要因によって決定される。第一には，U1 snRNPやU2AFといった基本スプライシング因子の結合力の強さによるものであり，より強く結合するスプライス部位は利用効率が高くなる（図7.20a）。第二に，スプライス部位の利用効率はESEの有無に依存する（図7.20b）。第三に，下流エキソンの位置が近位であるのか遠位であるのかといった，スプライス部位の場所も効率に影響する（図7.20c）。

特定の組織や細胞種で起きる選択的スプライシング反応を実際に決定づけるのは，このような競合するスプライス部位の性質とともに，組織あるいは細胞種特異的なスプライシング因子の有無や，恒常的に発現しているスプライシング因子の相対的量比であると考えられる（図7.20）。

転写と選択的RNAスプライシングとは機能的に相互作用している

このように，選択的スプライシング反応は，RNAに内在する特徴とそれに相互作用する因子とに影響を受ける。しかし，第6章(6.4節)で解説したように，スプライシング反応と転写反応との連携は，選択的スプライシング反応について考える際にさらに考慮すべき要因である。実際，すでに解説してきたように，ある種の遺伝子に関しては，異なったプロモーターから転写されるRNAが，各々違った二次構造に折りたたまれることや，別のスプライシング因子をリクルートすることによって，選択的スプライシング反応に影響を与えることがある（図7.6，図7.7）。

しかし，単一のプロモーターから転写される遺伝子産物に対しても，転写反応が選択的スプライシングに影響を与えることがある。たとえば，スプライシング因子が転写中のRNA分子へリクルートされていることを考えてみると，転写伸長速度が選択的スプライシング反応に影響を与えると予測できる。上流側の3′スプライス部位が下流のスプライス部位よりも弱い状況下において，転写伸長速度が遅い条件下では，下流のスプライス部位が転写される前に弱い上流部位が効率的に使われ

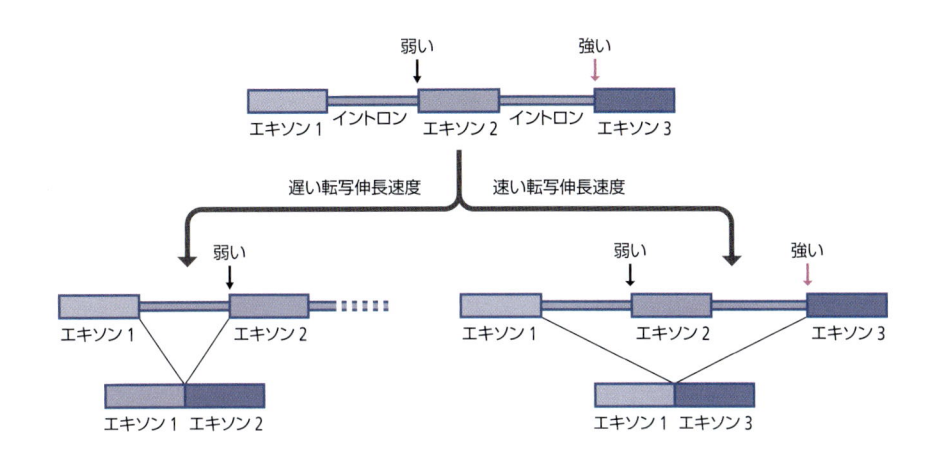

図 7.21
転写伸長速度が遅い条件下では，強いスプライス部位が転写される前にスプライシング反応が開始され，弱いスプライス部位が使われることがある。

ることがあるであろう。反対に，伸長が速い場合，両方のスプライス部位を含むRNAが産生された後にスプライシング反応が起き，その結果として強いスプライス部位が選択的に使われるようになるであろう（図 7.21）。

転写と選択的スプライシングとの連携をさらに示す例としては，アルギニンメチルトランスフェラーゼ CARM1 があげられる。この酵素は第 3 章（3.3 節と表 3.1）で解説したように，ヒストン H3 の 17 番目のアルギニン残基をメチル化することで，転写により適した弛緩したクロマチン構造を作り出す。同様に，アルギニン残基のメチル化は，CREB 結合タンパク質（CREB-binding protein；CBP）および p300 コアクチベーターの活性にも影響を与える（8.3 節）。

CARM1 は転写を制御するとともに，U1C（U1 snRNP の構成成分の 1 つ）やSmB（複数の snRNP に存在）などスプライシング因子のメチル化も行うことで，スプライシング反応にも影響を与えている。このようなスプライシング因子のメチル化によって，非メチル化条件下では残存するある種のエキソンの排除が促進されることから，CARM1 は特異的な選択的スプライシング反応に関与している（図 7.22）。

以上まとめると，組織あるいは細胞種特異的な選択的スプライシング反応は，RNA 自身の配列，特定のスプライシング因子の有無，そして，スプライシング反応と転写など他の反応との機能的相互作用といったさまざまな要因によって制御されている。

選択的 RNA スプライシングは転写調節を補完する方法として非常に幅広く用いられている

今まで述べてきたように，選択的スプライシングはさまざまな生物学的過程で使われている。哺乳動物において，そのようなスプライシング現象は，免疫系での抗体産生，CGRP，タキキニン，サブスタンス P やサブスタンス K などの神経ペプチドの発現，主要な筋線維タンパク質の合成などの制御に関わっている。同様に，ショウジョウバエにおける体軸後半部のボディプランのほとんどは，*Ultrabithorax*（ウルトラバイソラックス）遺伝子の発生過程特異的なスプライシング調節によって決定されている。一方，性決定もまた，雄と雌とで異なるパターンを示す選択的スプライシング反応が，各段階に進行することで制御されている（前述）。

このような研究例では，まず特定の生命現象に関与する遺伝子が同定され，そのような遺伝子が選択的スプライシングを受けることが判明することで進展してきた。一方，ゲノム全体にわたる解析から，選択的スプライシングが幅広く用いられる一般原理の 1 つであることが明らかにされている。たとえば，第 1 章（1.2 節）で解説したように，DNA マイクロアレイ解析は細胞や組織全体の遺伝子発現プロファイルの解析に用いられてきたが，選択的スプライシングパターンの解析にも用いることができる。さまざまなエキソン配列に対応するオリゴヌクレオチドで構成

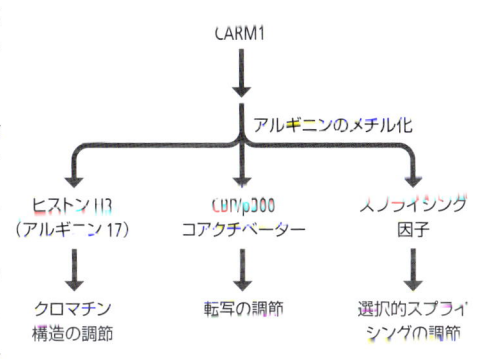

図 7.22
アルギニンメチルトランスフェラーゼ CARM1 は，さまざまなタンパク質をメチル化することによって，クロマチン構造，転写，選択的スプライシングの調節を行っている。

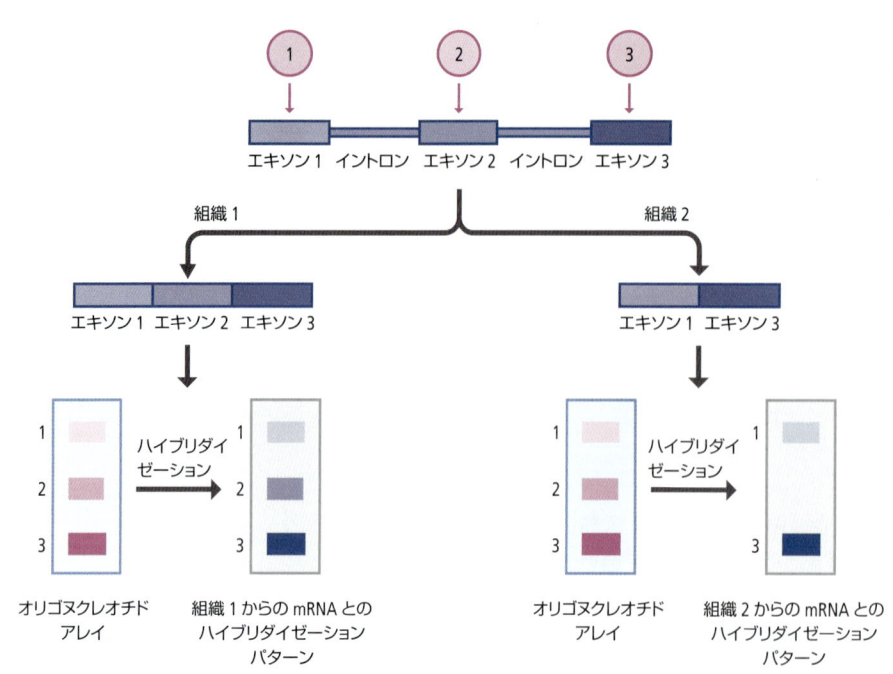

図 7.23
DNA マイクロアレイ解析系は，異なった組織から調製した mRNA をプローブとして用いることで，特定のエキソンが mRNA 産物中に存在しているか否かを検出することができる。図では，エキソン 1，2，3 に由来するオリゴヌクレオチド配列を選択して，各々の組織から抽出した mRNA からプローブを作成してハイブリダイゼーションさせている。

されるアレイに対して，異なった組織由来の mRNA からプローブを作成して解析することで，さまざまな選択的スプライシングを受ける mRNA の発現をハイブリダイゼーションパターンとして検出することができる（図 7.23）。この種の手法を数千に及ぶヒト遺伝子に対して適用して解析することによって，先に紹介したように複数のエキソンをもつヒトゲノム上の遺伝子のうち 90％以上が，細胞環境の変化によって選択的スプライシングを受けることが判明している。

哺乳動物において選択的スプライシングが広範囲に使われているということは，第 1 章（1.4 節）で解説した「遺伝子発現は一義的には転写レベルで制御される」という考え方と矛盾するわけではない。明らかなことは，選択的スプライシング反応では，各々の組織で，関連するが一次構造が異なるタンパク質を作り出すことができる。つまり，選択的スプライシング反応は，1 つの遺伝子座から複数の遺伝子産物を作り出す際に，転写調節機構を補完する形で機能する。免疫グロブリン重鎖遺伝子からは，膜結合型と分泌型が産生されるが，これらはいずれも B 細胞の成熟過程でのみ発現し，その他の細胞種では転写されていない。一方，トロポニン T 遺伝子は，多様なアイソフォームが各種筋細胞で発現するが，その発現は成熟した筋細胞に限られている。

実際，ショウジョウバエからヒトに至るまでの多様な生物種における，選択的スプライシングとそれによって作り出されるタンパク質のゲノム全体にわたる解析から，選択的スプライシングによって，偶然に生じていると考えられるよりもはるかに高い頻度で，機能ドメイン単位の挿入や欠失が生じていることが明らかにされている。このようなゲノム全体にわたる解析結果は，トロポニン T や免疫グロブリンの解析から得られた概念をさらに押し進めて，「選択的スプライシングが，関連した機能をもっているが一次構造の異なる多様なタンパク質を作り出すために重要な役割を果たしている」ことを明確に示している。

特定の機能ドメインの挿入や欠失を行うばかりでなく，選択的スプライシングは機能をもった mRNA と機能をもたない mRNA との発現バランスを制御することもある。たとえば，あるエキソンが保持された場合には終止コドンが挿入され（premature stop codon；中途終止コドン），全長タンパク質は翻訳されないが，そのようなエキソンが除かれた場合には，機能性タンパク質を作り出す mRNA となる場合がある（図 7.24）。第 6 章（6.7 節）で解説したように，このような中途終止コ

図 7.24
ある種の RNA では，選択的スプライシング反応によって，正常な位置に終止コドン（×）をもち全長タンパク質を産生する機能性 mRNA(a) と，中途終止コドン（●）をもち分解されてしまう RNA(b) とが産生される。

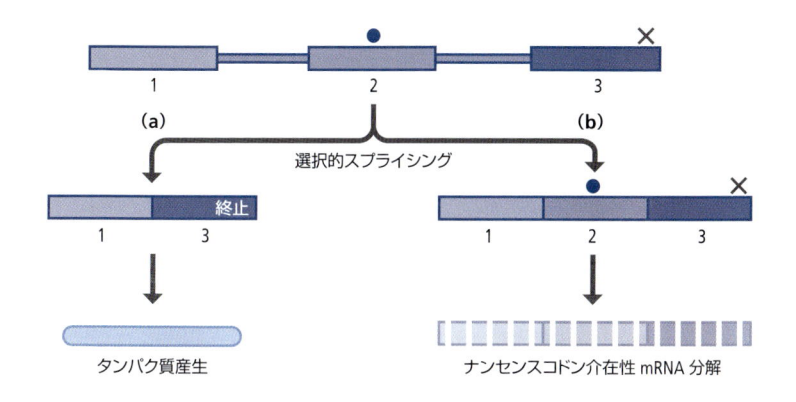

ドンをもつ RNA はナンセンスコドン介在性 mRNA 分解 (nonsense codon-mediated mRNA degradation) を受ける。このような方法によって，選択的スプライシング反応は特定のタンパク質の発現レベルを調整することにも働いている。この過程は，前述したショウジョウバエなどでみられるスプライシングの有無による RNA 取捨選択とは，一見似ているようにみえるが異なった機構である（図 7.1 と図 7.24 を比較すること）。

選択的スプライシングによる機能タンパク質量の調節機構は，しばしば選択的スプライシング調節因子自身の発現量調節に使われている。たとえば，第 10 章（10.2 節）でも解説するが，機能をもった nPTB タンパク質は哺乳動物の神経細胞に特異的に発現しており，神経特異的な選択的スプライシング反応を制御している。しかし，nPTB 遺伝子は，非神経細胞でも発現している。その一次転写産物は選択的スプライシングを受け，非神経細胞では中途終止コドンをもつ mRNA が，神経細胞では全長タンパク質を翻訳できる正常な mRNA が作り出される。

興味深いことに，筋細胞や神経細胞といったすでに細胞分裂を停止した細胞種では，上記のさまざまなタイプの選択的スプライシングが，非常に高頻度で観察される。第 3 章（3.2 節）で解説したように，細胞の運命決定と遺伝子転写の再プログラミングには，しばしば細胞分裂を経ることでクロマチン構造や会合するタンパク質の再編成が起きる必要がある。したがって，選択的スプライシングは，細胞分裂依存的な再プログラミングなしにタンパク質産生パターンを変化させるために有用な方法であると考えられる。

7.2 RNA 編集

RNA 編集によってシトシンがウラシルに置換されることがある

同じ RNA から異なったタンパク質が産生されるのは，選択的スプライシングによってばかりでなく，転写後に mRNA 上の塩基が置換されることによっても起きている。
このような現象は，脂質輸送に関与するアポリポタンパク質 B において観察されており，これによって 2 つのよく似たアイソフォームが生産される。512 kDa のアポ B-100 が肝臓で，低分子量のアポ B-48 が腸で作られる。アポ B-48 はアポ B-100 の N 末端側と同じ配列である。これら 2 つのタンパク質はともに 14.5 kb の mRNA から作り出されるが，肝臓においては 6,666 番目の塩基がシトシンであるのに対して，腸ではウラシルとなっている（図 7.25）。この塩基置換によって，グルタミンのコドンである CAA が終止コドンである UAA となり，腸型 mRNA からは翻訳が中途で終止した低分子量タンパク質が産生される。

ゲノム上には，これらのタンパク質をコードする遺伝子は 1 つしか存在せず，転写産物は選択的スプライシングも受けない。この遺伝子のゲノム上の 6,666 番目の塩基配列は，腸でも肝臓でもシトシンである。したがって，腸型 mRNA では，転

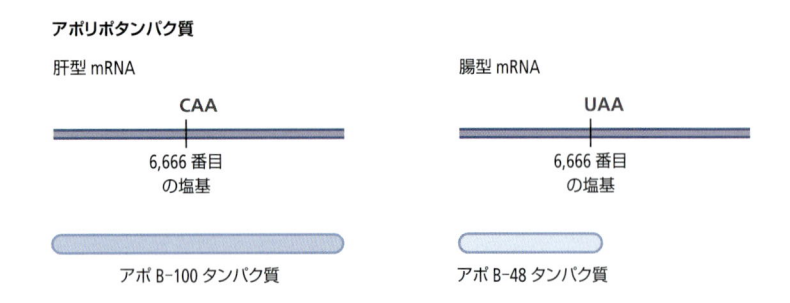

図 7.25
アポリポタンパク質 RNA への腸組織特異的な RNA 編集によって，翻訳が中途で終止した低分子量のアポ B-48 タンパク質を産生する mRNA が作られる。

写後の RNA 編集によってシトシンがウラシルに置換されていると予測される。

実際，シチジンデアミナーゼ（cytidine deaminase）が同定され，アポ B mRNA の編集部位近傍に結合することが示されている。この酵素はシトシンのアミノ基（NH_2）を除去してウラシルに転換する活性をもつ。この編集酵素は，アポ B mRNA の編集が行われる腸で発現しているが，行われない肝臓では発現していない。一方，興味深いことに，この RNA 編集酵素は，アポ B mRNA 発現の観察されない，精巣，卵巣，脾臓といった組織にも存在している。この RNA 編集酵素はこれらの組織で，アポ B mRNA 以外の RNA 編集を行っていると予測される。実際，現在までにシトシンからウラシルへの編集を受ける RNA が複数見つかるとともに，RNA 編集を行う活性をもった数多くのシチジンデアミナーゼが見つかり解析が進められている。

アデニンがイノシンに置換されるような RNA 編集も存在する

シチジンデアミナーゼによるシトシンからウラシルへの編集とともに，哺乳動物では，アデノシンデアミナーゼが存在する。この酵素は，アデニンからアミノ基を除去してイノシンに転換する活性をもつ。イノシンは，翻訳装置によってグアニンとして認識される。この型の RNA 編集は，特にヒト細胞において広くみられ，1,000 以上の遺伝子がこのような編集を受けていると考えられている。アデニンからイノシンへの RNA 編集は，最初，神経細胞における興奮性のグルタミン酸受容体遺伝子において見つかった。グルタミン酸受容体 RNA 上にある特定のアデニンがイノシン（グアニン）へ編集されることによって，他の関連する受容体と同様にグルタミンからアルギニンへと変換され，受容体のカルシウム透過性が変化する。興味深いことに，グルタミン酸受容体の RNA 編集は動物個体の生存に必須である。この RNA 編集を行うアデノシンデアミナーゼ（ADAR2）を欠損したマウスは，痙攣を起こしやすく生後早期に死んでしまう。しかし，DNA レベルでアデニンをグアニンに塩基置換することで RNA 編集への依存性をなくしたグルタミン酸受容体遺伝子を導入すると，致死性は解消される（図 7.26）。

以上の結果は，グルタミン酸受容体は **RNA 編集**（RNA editing）を受けることが必須であることを示している。一方，アデニン脱アミノ化による RNA 編集は，特に神経系において広く利用されており，カイニン酸受容体やセロトニン受容体など

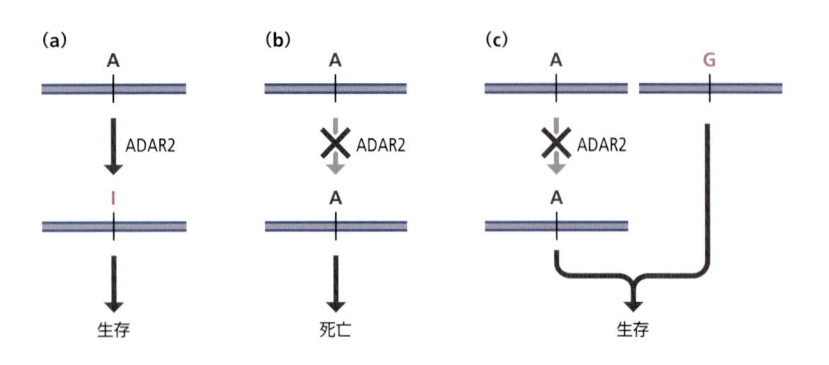

図 7.26
グルタミン酸受容体遺伝子へのアデニンからイノシンへの RNA 編集ができないマウスは致死となる [(a) と (b) を比較すること]。しかし，DNA レベルで塩基をあらかじめ置換したグルタミン酸受容体遺伝子を導入することで，致死性は解消される (c)。

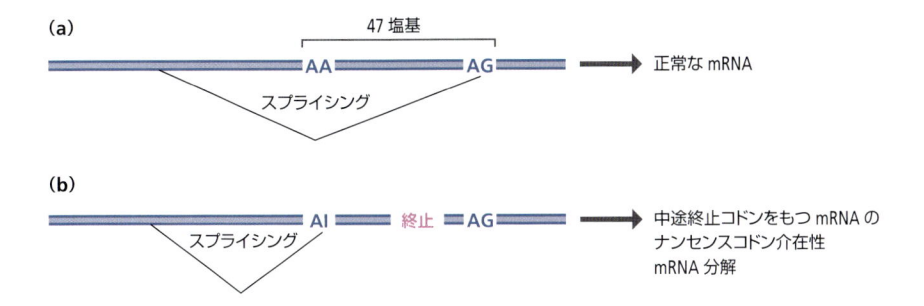

図 7.27
(a) ADAR2 RNA では通常，AG 配列を 3′スプライス部位として用いることで正常な mRNA が作り出されている。(b) RNA 編集が起きると，47 塩基上流の AA が AI に置換される。AI は AG として認識されるため 3′スプライス部位として利用され，最終 mRNA 産物には過剰な 47 塩基が保持される。その結果，中途終止コドンが出現し，mRNA はナンセンスコドン介在性 mRNA 分解を受ける。

の神経系に発現している受容体でも起きている。実際，ショウジョウバエにおける RNA 編集を受ける転写産物の包括的解析から，アデニンからイノシンへの RNA 編集を受ける転写産物が新たに 16 種見つかっている。興味深いことに，このような RNA 編集はすべて，電気的(イオンチャネル)あるいは化学的(神経伝達物質受容体)に神経情報伝達に関わるタンパク質の機能発現に重要なアミノ酸残基に対して起きている。すなわち，アデニンからイノシンへの RNA 編集は，神経系においてきわめて重要な役割を果たしており，神経情報伝達に関わる分子の機能的多様性を作り出している。

アデノシンデアミナーゼによるアデニンからイノシンへの RNA 編集は，特定の mRNA から作られるタンパク質の性質に変化を与えるばかりでなく，選択的スプライシングに影響を与えることがある。このような例は，アデノシンデアミナーゼ(ADAR2)自体をコードする遺伝子においても見つかっている。ADAR2 RNA は通常は 3′スプライス部位として使われる AG 配列の上流 47 塩基のところに AA 配列が存在する。この AA が AI(AG として認識される)へ編集されると，新たな 3′スプライス部位として認識されるようになり，47 塩基の配列が mRNA 上に保持される(図 7.27)。

この結果，RNA 編集によって中途終止コドンが出現し，機能をもたない ADAR2 が生成されるとともに，mRNA はナンセンスコドン介在性 mRNA 分解を受ける(6.7 節，7.1 節)。すなわち，ADAR2 自身の mRNA を編集することで，タンパク質の発現量を調節するための自己制御機構として働いていると考えられ，非常に興味深い。さらに，この RNA 編集自身も制御を受けており，脳や肺組織では活発に働くことで 47 塩基のエキソンをもった ADAR2 RNA が顕著となり，心臓組織では低頻度で 47 塩基のエキソンを含まない mRNA が作られる。このような制御機構はまた，アデノシンデアミナーゼによる RNA 編集が，タンパク質の性質と選択的スプライシング反応の両方に影響を与えることや，アデノシンデアミナーゼ自身ばかりでなくグルタミン酸受容体といった他の RNA の修飾をすることを可能にしている。

このように，アデニンからイノシンへの RNA 編集は，タンパク質をコードする mRNA に対して働くことで，タンパク質の性質やスプライシングパターンを変化させることができる。これらに加えて，アデニンからイノシンへの RNA 編集は，第 1 章(1.5 節)で解説したマイクロ RNA(microRNA；miRNA)にも働きかけ，遺伝子発現調節に重要な役割を果たしていることがある。すなわち，アデニンからイノシンへの RNA 編集によって miRNA の配列置換が起き，編集前後で異なった標的 mRNA 群と結合できるようになる場合がある。

さらに，このような miRNA に対する RNA 編集は，組織特異的に起きる。たとえば，マウスにおける *miR376-a* miRNA は腎臓ではアデニンからイノシンへの RNA 編集を受けるが，肝臓組織では受けない。アデニンが保持されている編集前の miRNA は標的 mRNA のウラシルと相補的であるのに対し，編集後のイノシンはシトシンと対になることから，このような組織特異的な RNA 編集によって miRNA の標的 mRNA が変化することになる(図 7.28)。DNA 配列解析から，編

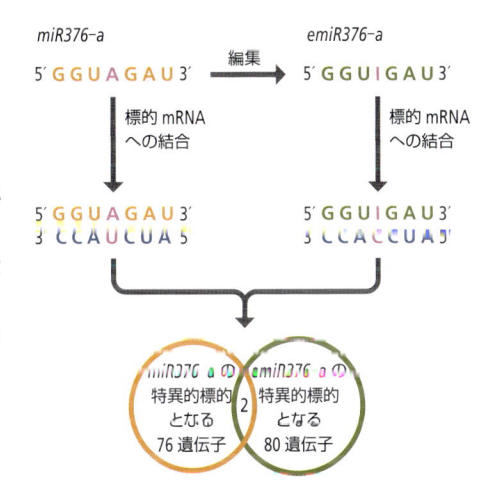

図 7.28
miR376-a のアデニンからイノシンへの RNA 編集によって，相補的塩基対を形成する mRNA 種が変更される。

集前の miRNA は 78 個の mRNA を標的とし，編集後は 82 個であると予測されるが，それらのうちで共通している標的は 2 つしかない．miRNA は標的 mRNA に結合することで遺伝子発現を抑制することから(7.6 節)，アデニンからイノシンへの RNA 編集によって，*miR376-a* は腎臓の組織では肝臓とは異なった標的遺伝子群の発現を抑制していることになる．

　哺乳動物細胞には 2 種類の RNA 編集酵素(シチジンデアミナーゼとアデノシンデアミナーゼ)が存在し，各々が多種類の標的をもっていることを考えると，RNA 編集は選択的スプライシングと同じように，関連するが一次配列の異なったタンパク質を，単一の転写産物から作り出すために広く利用されている分子機構であると考えられる．しかし，選択的スプライシングと同様に，RNA 編集もまた転写調節を補完する方法として用いられていると思われる．たとえば，アポ B 遺伝子は肝臓と腸とで特異的に発現し，他の組織では発現しない．一方，アデニンからイノシンへの RNA 編集を受ける遺伝子の多くは，神経系特異的に発現している．興味深いことに，RNA 編集と選択的スプライシングはその役割や反応後の結果が似ているばかりでなく，2 つの反応過程が並行して起きていることが指摘されている．たとえば，アデノシンデアミナーゼは Sm タンパク質や SR タンパク質といったスプライシング因子とともに巨大な RNP 粒子に存在していることが示されている．

7.3 RNA 輸送制御

一群の特異的なタンパク質が個々の mRNA の核から細胞質への輸送を制御している

　RNA スプライシングは核の中で起きる反応であるのに対し，スプライスされた RNA の翻訳を行う装置は細胞質に存在する．それゆえ，スプライスされた mRNA がタンパク質翻訳に使われるためには，細胞質へ輸送される必要がある(6.5 節)．この過程での制御は当初，ヒト免疫不全ウイルス(HIV)において報告された．

　感染初期に，このウイルスは機能をもたない多量の短鎖転写産物と，少量の機能的全長 RNA とを生成する．全長 RNA からはスプライシングによって 2 つのイントロンが取り除かれる．その結果，細胞質内に検出される転写産物の大部分は完全にスプライスされた RNA となる(図 7.29)．この転写産物からは調節タンパク質である Tat と Rev が作り出される．第 5 章(5.4 節)で解説したように，Tat タンパク質はウイルスゲノムからの転写開始の頻度と伸長反応を促進する作用をもち，その結果，核内に全長転写産物が多量に作り出される．しかし，この感染後 2 段階目の条件下では，細胞質で検出される mRNA のほとんどは，スプライシングを受けていないか，第一イントロンのみが除去されたものとなる(図 7.29)．これらの転写産物からウイルスの構造タンパク質が作り出されることにより，感染後期に必要となるウイルス粒子の大量生産が行われる．

　このような細胞質 HIV RNA の変化には，感染初期に作られる Rev タンパク質が関与している．非常に興味深いことに，Rev は核内の各 RNA 種の産生量を制御しているわけではない．Rev は RNA 結合タンパク質であり，HIV RNA の第二イントロンに存在する Rev 応答配列(Rev-response element；RRE)に結合することで，RNA の細胞質への輸送を促進する(図 7.30)．完全にスプライスされた RNA には Rev 結合部位が存在しないため，核外への輸送は促進されない．その結果，スプライスを受けていない RNA や，第一イントロンのみがスプライスされた RNA の細胞質での割合が増加する．すなわち，Rev は RNA 輸送に関わるタンパク質であり，この過程に関わることが示された初めての調節因子である．

　Rev タンパク質は，ロイシンに富む**核外輸送シグナル**(nuclear export signal；NES)をもつ点で，細胞ゲノムにコードされている RNA 核外輸送因子(核内で結合

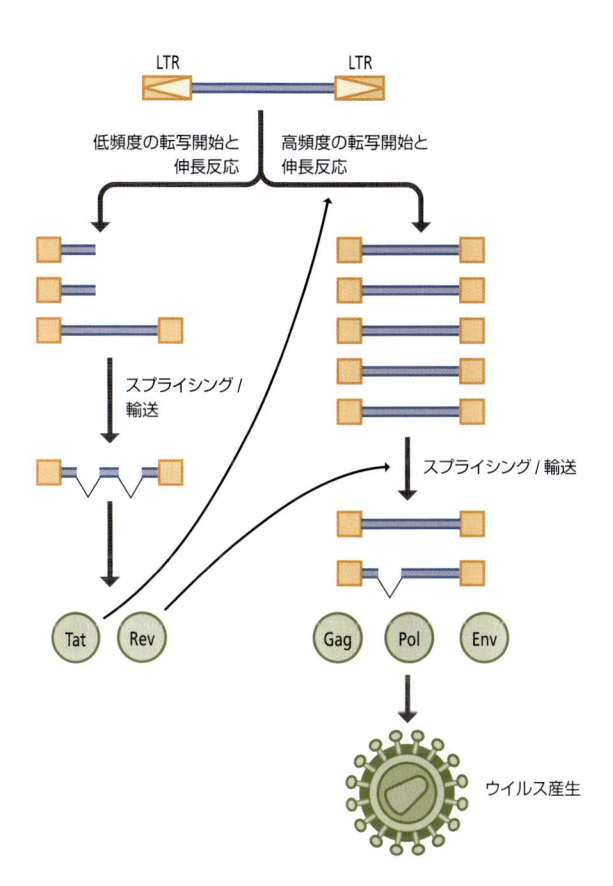

7.3 RNA 輸送制御　**221**

図 7.29
ヒト免疫不全ウイルス（HIV）の遺伝子発現調節。感染初期においては，転写開始と伸長反応が低頻度でしか起こらず，完全にスプライスされたウイルス RNA は少量しか産生しない。これらスプライスされた RNA からは，ウイルスタンパク質 Tat と Rev が作られる。これらタンパク質が産生すると，Tat タンパク質は転写開始と伸長反応を促進し，多量のウイルス RNA が作り出される。Rev タンパク質はスプライシングと核外輸送の転与後調節に関与することで，ウイルスの構造タンパク質（Gag, Env）や逆転写酵素（Pol）をコードする非スプライス RNA や第一イントロンのみがスプライスされた RNA の蓄積が起きる。LTR；長い末端反復配列。

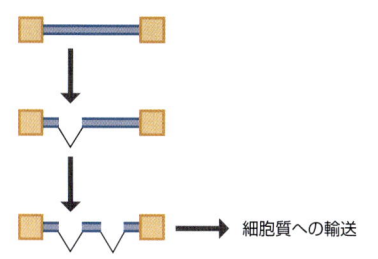

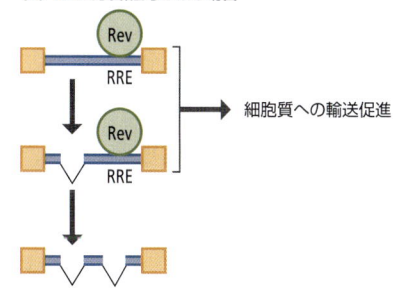

図 7.30
Rev はヒト免疫不全ウイルス（HIV）RNA の第二イントロンに存在する Rev 応答配列（RRE）に結合して，RNA の細胞質への輸送を促進する。完全にスプライスされた RNA には Rev 結合部位が存在しないため，核外への輸送は促進されない。その結果，スプライスを受けていない RNA や，第一イントロンのみがスプライスされた RNA の輸送が，完全にスプライスされた RNA の輸送を凌駕する。

したRNAを細胞質へ輸送する因子）と類似性がある。さらに，Revは核膜孔に局在している核外輸送タンパク質と結合することが示されており，この相互作用がHIV RNAの核外輸送を仲介するための鍵となっていると推定されている（図7.31）。これらの知見から，Revは細胞内の核外輸送タンパク質と同様にNESを利用することで，細胞内の輸送系にのってRNA核外輸送を仲介していると考えられる。

したがって，第6章（6.5節）で解説したような恒常的なRNA核外輸送ばかりでなく，異なった組織間や特定の刺激に応答して，特定の細胞内mRNAの核外輸送が制御される状況が存在している。このような制御機構の存在は，たとえば，ウニにおいて特定の組織では核内にとどまり，別の組織では細胞質へと輸送されているRNAが存在する（本章のイントロダクションを参照）ことに対する，格好の説明となるであろう。同様に，スプライシングの有無によるRNA取捨選択によって制御される遺伝子では，非スプライスRNAの核外輸送阻害（7.1節）の機構は，異常

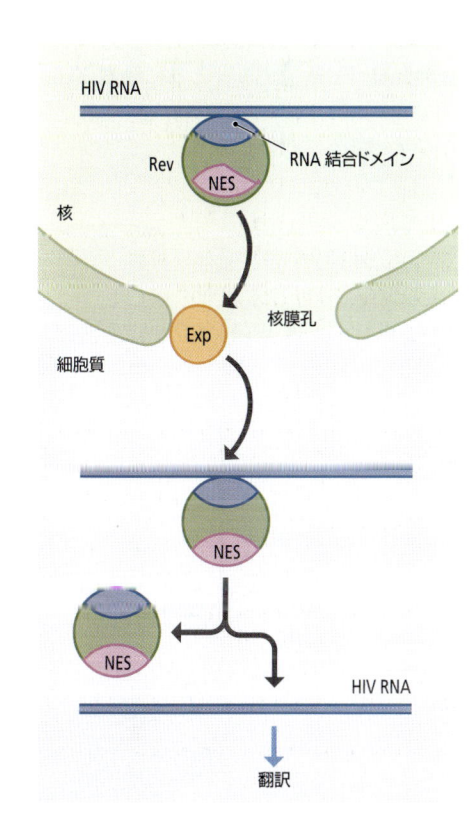

図 7.31
Rev タンパク質は RNA 結合ドメインを介してヒト免疫不全ウイルス（HIV）RNA と結合し，核外輸送シグナル（NES）を介して核膜孔上の核外輸送タンパク質（Exp）と結合することで，RNA–タンパク質複合体の細胞質への輸送を促進する。

RNA の翻訳を防止するための 1 つの方法と考えられる．

RNA 輸送過程は個々の mRNA の細胞質内局在を制御することができる

　核から細胞質への mRNA 輸送ばかりでなく(図 7.32a)，極性をもった細胞におけるある種の mRNA の細胞質内局在は，タンパク質を細胞内の限局した領域でのみ産生するための制御過程として機能することがある(図 7.32b)．たとえば，このような mRNA 局在は卵母細胞や卵において観察され，さまざまなタンパク質が卵内に局在することに働いている．受精後，このような局在の異なるタンパク質が胚発生を制御することで，胚の各種領域は各々受精卵の異なった領域に由来することになる．たとえば，ショウジョウバエにおいて，*bicoid*(ビコイド) mRNA は受精卵の前極に，*nanos*(ナノス) mRNA は後極に局在する．この結果として形成される Bicoid および Nanos タンパク質濃度の逆勾配が，胚の頭部，胸部，腹部の極性を制御し，胚体を構成する各々の領域は 2 つのタンパク質の相対的濃度に依存して形成される(図 7.33)(ショウジョウバエの胚発生の制御過程についての詳細は 9.2 節参照)．

　ショウジョウバエの受精卵における *bicoid* および *nanos* mRNA の特異的な局在現象は特殊な例ではない．最近報告されたショウジョウバエ胚における 3,000 種に及ぶ mRNA の解析から，70% をこえる mRNA 種が，細胞内に均質に分布しているのではなく，各々特異的な細胞内局在を示すことがわかった．同様に，哺乳動物の神経細胞では，約 400 の mRNA 種が樹状突起へ輸送されて局在している．

　bicoid mRNA を含むいくつかの例では，細胞内局在に必要な特異的配列は mRNA の 3′ 非翻訳領域(untranslated region；UTR)に存在する．*bicoid* mRNA の局在化配列を非局在性の mRNA に連結すると，*bicoid* mRNA と同様の局在能を付与することができる．*bicoid* mRNA 3′ UTR 中の局在化配列は Staufen(シュタウフェン)タンパク質や ESCRT-Ⅱ 複合体と結合し，RNP 複合体を形成する．これらタンパク質が *bicoid* mRNA へリクルートされることが，卵前極に *bicoid* mRNA が輸送され局在するために必須である(図 7.34a)．興味深いことに，Staufen タンパク質は，哺乳動物の神経細胞にも発現しており，特定の mRNA を樹状突起へと輸送するとともに**軸索**(axon)からは排除することに機能しているよ

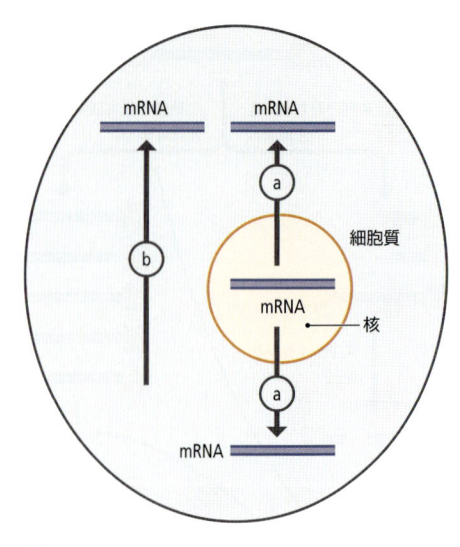

図 7.32
mRNA の細胞内輸送では，核から細胞質への輸送(a)ばかりでなく，時として細胞質内の特定領域への局在が行われる場合がある(b)．

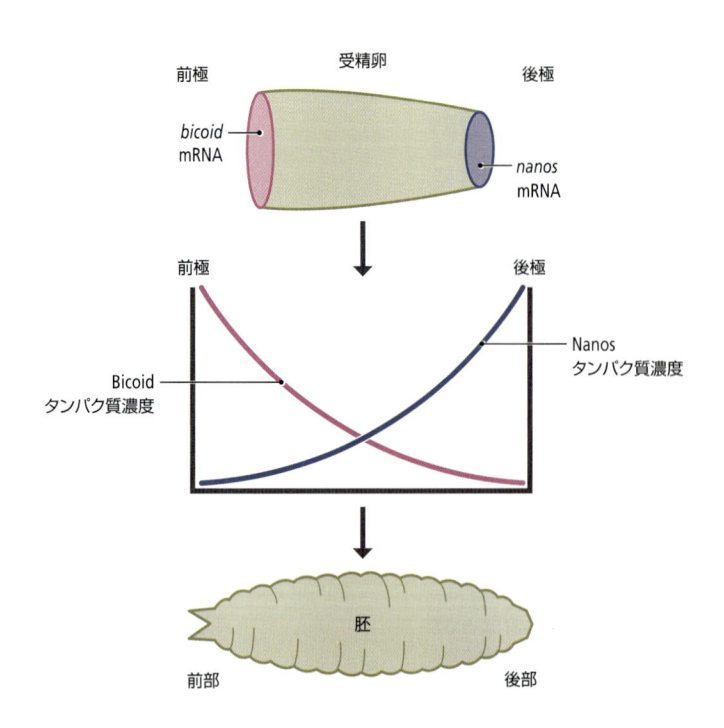

図 7.33
ショウジョウバエ受精卵の両極への *bicoid* および *nanos* mRNA の局在が，各々のタンパク質産物濃度の逆勾配を形成し，それにより胚の前後軸が決定される．

うである(図7.34b)．すなわち，Staufenは，さまざまな生物種の多様な細胞種において，特定のmRNAを細胞内の特定の領域に方向づけることに重要である．

bicoid mRNAの場合と同様に，卵前極ではなく後極に局在するoskar(オスカー) mRNAに関しても，当初，3′ UTRが局在に重要であることが見いだされた．しかし，最近の研究から，oskar mRNAの細胞質内局在は，最初の2つのエキソン間で行われるスプライシング(すなわち核内で行われる反応)にも依存していることが判明した．エキソン1とエキソン2をあらかじめ連結して，この部位でのスプライシング反応が起こらないように改変したoskar RNAは，生成されるmRNAは3′ UTRを含み，正常にスプライスされたmRNAと構造上の区別はつかないにもかかわらず，正常に局在することができない(図7.35)．

oskar mRNAの示すこのような挙動は，第6章で解説した，RNAのスプライシングと核外輸送との連携に依存したものである．スプライシングの過程において，エキソン接合部複合体(exon junction complex；EJC)として知られるタンパク質複合体が，スプライスされた各々のエキソン間の連結部位のやや上流に結合し，mRNAに結合したまま細胞質へ輸送される(6.7節)．oskar RNAの場合，エキソン1上へのEJCの結合によって，oskar mRNAの局在化に関与するタンパク質の1つであるBarentsz(バレンツ)と呼ばれるタンパク質がリクルートされる(図7.36)．このような分子機構のもと，スプライシングの過程は細胞内でのmRNA局在に必要な過程として機能しているわけである．

以上のように，StaufenやBarentszなどの調節タンパク質は，細胞内の特定の領域にmRNAを局在させる際に鍵となる役割を担っている．mRNA局在の明確な意義は，コードするタンパク質を必要とされる細胞質領域に限局して産生させることにある．したがって，これらmRNAが細胞質内を正しい場所まで輸送されている間，その翻訳は抑制されていなければならない．たとえば，もしBicoidタンパク質の産生がmRNAの細胞質への輸送後すぐに開始されたとすると，間違った場所に異常な頭部構造が誘導されてしまうであろう．

このような制御機構の典型的な例として，βアクチンmRNAの制御があげられる．βアクチンmRNAは細胞突起に局在し，突起の維持と伸長に必要なβアクチンタンパク質を作り出す．βアクチンmRNAの突起への輸送は，ZBP1タンパク質がmRNAに結合することによって行われている．重要なことに，ZBP1は輸送途上のmRNAが翻訳されないように，βアクチンmRNAの翻訳抑制にも働いている．

βアクチンmRNAが細胞突起の先端に到達すると，ZBP1は膜上に存在する**チロシンキナーゼ**(tyrosine kinase)であるSrcによってリン酸化され，βアクチン

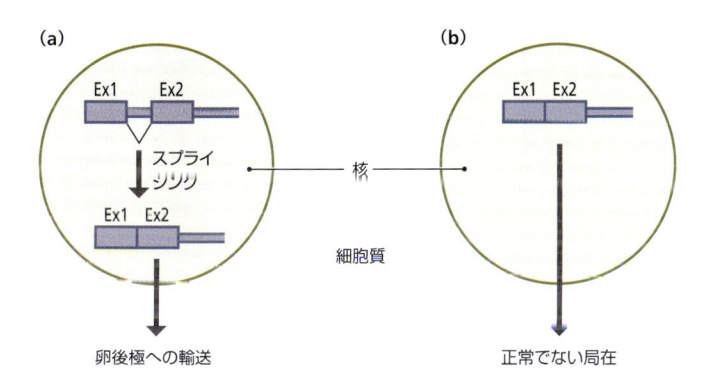

図7.34
Staufenタンパク質は，ショウジョウバエ卵においてはbicoid mRNAの前極への局在(a)に，哺乳動物の神経細胞においては複数のmRNAの樹状突起への輸送と軸索からの排除(b)に際して鍵となる機能を担っている．

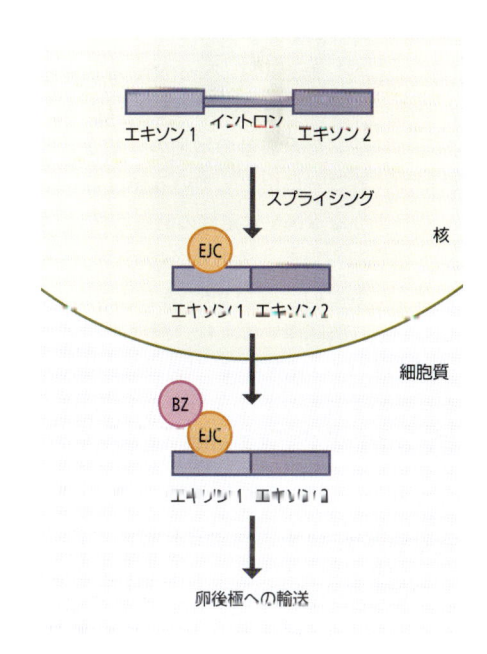

図7.35
(a) oskar mRNAの正しい細胞内局在は，核内でのエキソン(Ex)1と2の間のスプライシングに依存している．(b) エキソン1とエキソン2をあらかじめ連結して，この部位でのスプライシング反応が起こらないように改変したRNAを発現させた場合，生成されるmRNAは細胞質内で正常に局在することができない．

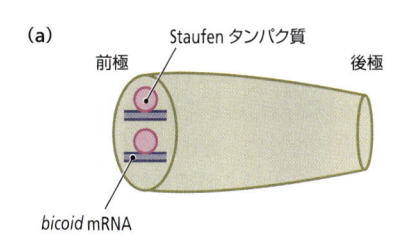

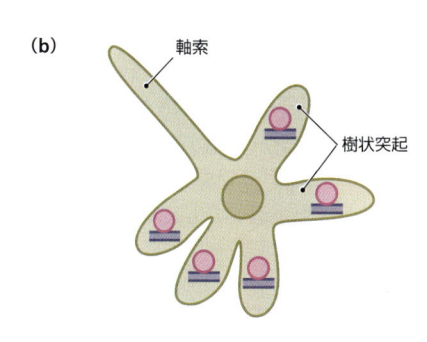

図7.36
oskar RNAのエキソン1と2の間のスプライシング反応によって，エキソン1上にエキソン接合部複合体(EJC)がリクルートされる．EJCは次にBarentsz (BZ)タンパク質をリクルートすることで，卵後極への正しいmRNA局在が可能となる．

mRNAに対する結合能を失う。このような分子機構によって，βアクチンmRNAの翻訳が適切な細胞質領域で開始される（図7.37）。ZBP1は，βアクチンmRNAの適切な細胞内輸送と輸送途上における翻訳抑制の両方を制御しているわけである。

興味深いことに，前述の*oskar* mRNAの場合，**PTB**タンパク質が*oskar* mRNAの輸送途上における翻訳抑制に働いていることが示されている。PTBタンパク質は選択的スプライシングの調節にも関係している（10.2節）。ここでもRNAのスプライシングと輸送との連携が存在するわけである。

前述のβアクチンmRNAのように，ZBP1によって細胞突起へと輸送されるmRNAは数多く存在するが，細胞突起へのmRNA輸送には別の経路も存在する。すなわち，約50種のmRNAは**APC**[adenomatous polyposis coli（腺腫様大腸ポリポーシス）]**タンパク質**が関与する機構で細胞突起へと輸送されることが明らかにされている。APCは細胞の増殖と癌化を制御する重要な因子である（11.4節）。このように，細胞突起へのmRNA局在を促進する経路は複数存在する。

7.4 RNA安定性の制御

RNAの安定性を変化させることで遺伝子発現調節が行われることがある

mRNAが細胞質へ輸送されると，各々のmRNA分子が何回翻訳されるか，すなわちタンパク質の発現量は，RNAの安定性によって制御されると予想される。RNAの分解が速ければ，作り出されるタンパク質も少ないであろう。実際，mRNAの分解速度は，各々のmRNA種の細胞内量を決めるのに重要であることがわかっている（6.7節）。

制御シグナルに応答したRNAの安定性変化は，遺伝子発現を制御するうえで効率的な方法の1つと考えられる。シグナル依存的に特定のRNAの安定性が変化する例は，数多く報告されている。たとえば，哺乳動物の乳腺細胞におけるカゼインmRNAの半減期は，ホルモンであるプロラクチンによる刺激を与えない状態では約5.4時間である。プロラクチン刺激により半減期は92時間に延長し，ホルモン刺激に応答したカゼインmRNAの蓄積とタンパク質生産の増加を引き起こす（図7.38）。同様に，細胞周期のS期（DNA合成期）におけるDNA会合タンパク質であるヒストンの合成量の増加の一端は，ヒストンmRNAの安定性がS期には5倍に増加することに由来している（6.2節）。

そのようなRNA安定性の制御機構は，特定の状況下に限定されたものではない。ヒト細胞において，ストレスに応答してみられるmRNA存在量の変化の50%は，少なくともその一端がmRNAの安定性の変化によって引き起こされることが判明している。興味深いことに，酵母のゲノム全体にわたる同様の解析から，安定性の制御を受けるmRNAは，しばしばリボソームRNA合成やリボソーム産生に関わるタンパク質をコードするmRNAであることが明らかにされている。すなわち，安定性の制御を受けるmRNAの多くがタンパク質合成に関わる因子をコードしているようである。特定の状況下でmRNA安定性が変化する例を**表7.2**に要約した。

安定性を制御する特異的配列がmRNA上に存在する

RNAの安定性を変化させる機構を解析するうえでの第一段階は，安定性の変化を司るRNA上の配列を同定することである。そのような解析は，RNA上の一部の配列を他の遺伝子に挿入し，ハイブリッド遺伝子に由来するRNAの安定性を観察することによって行うことができる。さまざまなケースにおいて，供与遺伝子中のごく短い領域が，受容遺伝子に安定性制御パターンを再現させる領域として同定されている。

多くの場合，そのような安定性制御配列は，タンパク質コード領域より下流の3'

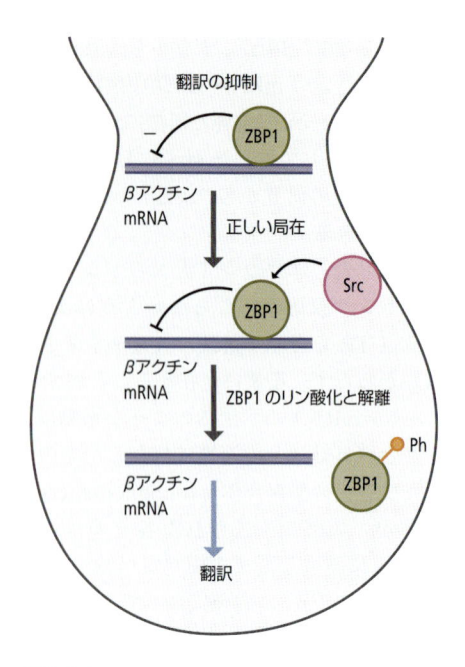

図7.37
ZBP1タンパク質は，βアクチンmRNAの翻訳を抑制し，細胞先端への輸送を制御している。βアクチンmRNAが適切な領域に到達すると，ZBP1は膜上に存在するSrcタンパク質によってリン酸化（Ph）される。その結果，ZBP1はβアクチンmRNAから解離し，βアクチンの翻訳が開始される。

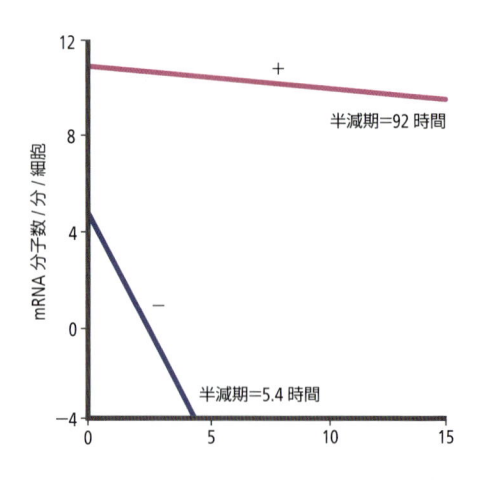

図7.38
プロラクチン刺激の存在下（+）と非存在下（−）におけるカゼインmRNAの安定性変化。Guyette WA, Matusik RJ & Rosen JM (1979) *Cell* 17, 1013–1023より，Elsevier社の許諾を得て転載。

の制御によって調節されていると考えられる.

しかし，3′ UTR 以外の領域が RNA 安定性に関わっていることを示す例も報告されている．最もよく研究されている例は，微小管タンパク質チューブリンの単量体分子に応答した，βチューブリン mRNA の自己制御機構である．この自己制御機構は，微小管重合に参画しない過剰な単量体チューブリン分子が存在する際に，無駄なチューブリンの合成を抑える機構であり，チューブリン mRNA の不安定化によって引き起こされる．βチューブリン mRNA の 5′ 末端からわずか 13 塩基の配列がこの不安定化を担っており，この配列は他の mRNA にも同様の応答機構を与えるのに十分である．

非常に興味深いのは，これら 13 塩基の配列がチューブリンタンパク質の最初の4つのアミノ酸をコードしていることである．このことから，チューブリン mRNA 分解のきっかけは，チューブリン mRNA の 13 塩基の配列ではなく，チューブリンタンパク質の相当するアミノ酸配列を認識することであるという可能性が考えられる．Cleveland らによる一連の洗練された実験によって，この仮説は実際に裏づけられた．彼らは，**リーディングフレーム**(reading frame)を変えて同じ塩基配列だが違うアミノ酸配列を与えるようにした RNA では，自己制御応答がみられなくなることを示した(図 7.40a)．逆に，アミノ酸配列を変化させないような塩基配列置換(遺伝暗号の縮重による)では応答性が維持されることも示された(図 7.40b)．すなわち，RNA 分子の安定性は，さまざまな領域の配列によって制御されうるが，それらは RNA 自身の塩基配列として認識されることも，塩基配列がコードするタンパク質レベルで認識されることもある．

RNA 安定性は敏速な応答が必要とされる状況下で変化し，転写調節を補完する

特定の RNA の安定性が変化する状況を考えてみると(表 7.2)，多くの場合，2つの共通した特徴を見つけることができる．第一に，特定の RNA の安定性の変化は，ほとんどの場合その遺伝子の転写速度の変化を伴う．たとえば，乳腺細胞をプロラクチンで刺激すると，カゼイン遺伝子の転写速度は 2〜4 倍に増大する．同様に，細胞周期の S 期におけるヒストン mRNA の安定化は，3〜5 倍のヒストン遺伝子の転写量増大を伴う．

第二に，RNA 安定性が制御を受ける状況は，しばしば特定のタンパク質を敏速かつ一過性に産生する必要性がある場合である．たとえば，ヒストンタンパク質の合成は，DNA 合成期という細胞周期のごく限られた時期にのみ必要である．DNA 合成の停止とともに，必要のないヒストンタンパク質の合成は速やかに終了する必要がある．同様に，ホルモン刺激が停止した後には，ホルモン刺激に応答して合成されるカゼインやビテロゲニンといったタンパク質を合成し続けることは，きわめて無駄となろう．

細胞性癌遺伝子である c-myc の場合，その RNA 安定性は増殖刺激によって一過性に安定化されるが，Myc タンパク質の合成が継続すると無駄なばかりでなく，細胞にとってきわめて有害となる可能性がある．この増殖調節タンパク質は，細胞が増殖相に入るごく短い時期にのみ必要であり，その合成が他の時期にまで不適切に継続すると，細胞増殖の調節機構を混乱させる危険性があり，癌化への遷移状態となる可能性がある(11.1 節，11.2 節)．

これらのことを総括すると，RNA 安定性は，特定のタンパク質の合成を敏速に変化させる必要がある場合に，転写調節の重要な補完機構として使われている．したがって，特定のシグナルの放出に応答して転写が遮断された場合に，敏速な RNA 分解なしには，mRNA が残存し，代謝コストも膨大にかかる不適切な翻訳がしばらくの間継続してしまう．同様に，特定の遺伝子の発現を敏速に開始するには，すでに存在している RNA からの翻訳を刺激に応答して敏速に開始することができ

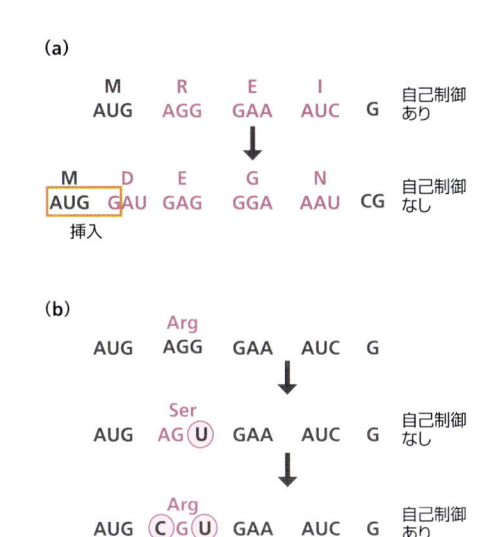

図 7.40
配列変化がβチューブリン mRNA の安定性自己制御に与える影響．

(a)

| M | R | E | I | | 自己制御 |
| AUG | AGG | GAA | AUC | G | あり |

↓

| M | D | E | G | N | | 自己制御 |
| AUG | GAU | GAG | GGA | AAU | CG | なし |
挿入

(b)

| | Arg | | | | |
| AUG | AGG | GAA | AUC | G | |

↓

| | Ser | | | | 自己制御 |
| AUG | AGU | GAA | AUC | G | なし |

↓

| | Arg | | | | 自己制御 |
| AUG | CGU | GAA | AUC | G | あり |

表 7.2　安定性の制御を受ける RNA の一例

mRNA	細胞種	制御対象	半減期に対する影響
細胞性癌遺伝子 c-myc	フレンド赤白血病細胞	ジメチルスルホキシドに応答した分化	35 分から 10 分未満まで短縮
c-myc	B 細胞	インターフェロン処理	短縮
c-myc	チャイニーズハムスター肺線維芽細胞	増殖刺激	延長
上皮増殖因子(EGF)受容体	上皮腫瘍細胞	EGF	延長
カゼイン	乳腺	プロラクチン	5.4 時間から 92 時間まで延長
ビテロゲニン	肝臓	エストロゲン	30 倍に延長
I 型プロコラーゲン	皮膚線維芽細胞	コルチゾール	短縮
I 型プロコラーゲン	皮膚線維芽細胞	トランスフォーミング増殖因子β(TGF-β)	延長
ヒストン	HeLa 細胞	DNA 合成停止	40 分から 8 分まで短縮
チューブリン	哺乳動物	遊離のチューブリンサブユニットの蓄積	10 分の 1 に短縮

UTR 上に位置している．たとえば，細胞周期に依存したヒストン H3 mRNA の安定性は，3′ UTR の最末端側の 30 塩基によって制御されている．同様に，トランスフェリン受容体をコードする mRNA の鉄イオンに応答した不安定化は，3′ UTR の 60 塩基の配列を欠失させることによって失われる．興味深いことに，これら 2 つの安定性制御配列は，ともに分子内で塩基対を形成してステムループ構造をとる（図 7.39）．したがって，安定性の変化は，おそらく，特定の刺激に応じてこの RNA 領域の二次構造が変化することによって引き起こされていると推定される（6.2 節）．

　mRNA 種特異的な分解制御に関わる配列が 3′ UTR に局在していることは，この領域が RNA 種による安定性の違いの決定［たとえば特殊な脱アデニル化酵素によるポリ(A)尾部の除去］に重要な役割を果たしていることと一致する．ポリ(A)尾部の除去によって，RNA 分子は 3′ 末端からのエキソヌクレアーゼによる分解を受けるようになる（6.7 節）．このように，RNA 安定性の違いは，別の RNA 種間であろうと，同じ RNA 種の置かれた状況の違いであろうと，主として 3′ UTR 上で

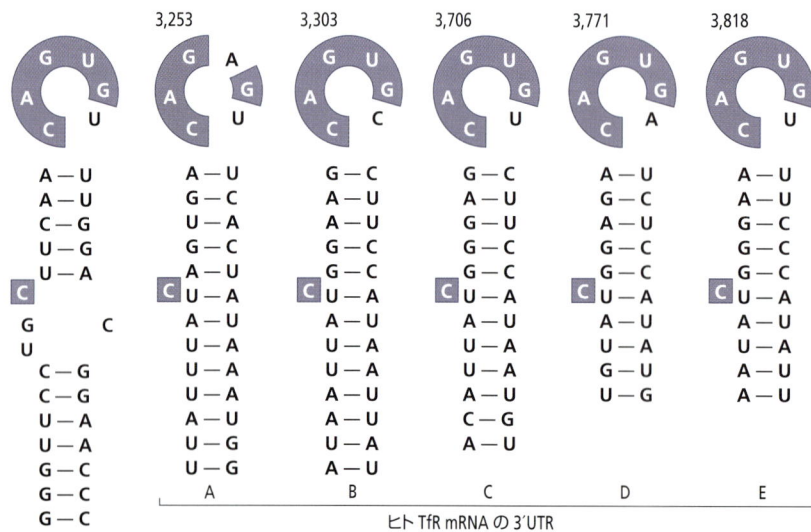

図 7.39
ヒトのフェリチン mRNA およびトランスフェリン受容体(TfR)mRNA に存在する，よく似たステムループ構造．ループ部分にみられる保存された配列と，ループから 5 塩基を隔てた 5′ 側の保存されたシトシン残基に注意（枠で囲んである）．UTR：非翻訳領域．Casey JL, Hentze MW, Koeller DM et al. (1988) Science 240, 924-928 より，The American Association for the Advancement of Science の許諾を得て転載．

るように，非刺激時には比較的高いレベルの転写と速いRNA分解を行うことで成し遂げることができる．すなわち，選択的RNAスプライシングと同様，RNA安定性の制御が必要とされる状況は，特定の状況に対する必要性への適合であり，遺伝子発現調節は主として転写レベルで行われているという結論に変わりはない．

7.5 翻訳調節

翻訳は受精など特定の状況下で調節を受ける

遺伝子発現の最終段階は，mRNAからタンパク質への翻訳である（6.6節）．したがって，理論的には，すべての細胞ですべてのmRNAを発現させ，各々の細胞でどのmRNAを翻訳させるかを選択することによって，遺伝子発現調節を行うことが可能である．しかし，細胞種が異なれば発現しているmRNA集団も非常に異なっていることから，(1.2節)，このような極端なモデルは事実に反する．とはいえ，特定のmRNAの翻訳がある条件下では起き，別の条件下では起きないという翻訳調節機構は，いくつかの場面で実際に利用されている．

最も顕著なケースは，受精時の翻訳調節であろう．タンパク質合成能は，未受精卵では低いが，卵と精子が受精すると劇的に上昇する．このタンパク質合成上昇には，受精後の新たなmRNA合成は必要でなく，未受精卵にすでに存在している母性mRNAが受精後に翻訳されることによって成立している．

多くの生物種では，このような翻訳調節はタンパク質の量的変化を作り出すに過ぎないが，受精前後の質的変化を与える場合もある．たとえば，ウバガイ（*Spisula solidissima*）では，受精後に新たな種類のタンパク質が合成されるとともに，受精前に多量に合成されていたタンパク質の合成は抑制される．しかし，RNA集団のパターンには受精前後で変化はみられないことから（図7.41），翻訳調節が働いていることが示される．翻訳調節機構は，卵内の特定の細胞質領域に局在するmRNA（7.3節）が，輸送途上に翻訳されないように保護することにも働いている（受精前後の遺伝子発現調節の詳細については第9章のイントロダクション参照）．

翻訳調節は，多くのmRNA種の翻訳を同じように変化させるだけでなく，特定の細胞種で各々のRNAに対して作用することもある．たとえば，網状赤血球におけるグロビンRNAの翻訳速度は，利用可能な**ヘム**（heme）補因子（ヘモグロビン産生に必要）に応答して制御される．同様に，鉄結合タンパク質であるフェリチンをコードするmRNAの翻訳は，利用可能な鉄に応答して制御される．

翻訳調節は，翻訳装置の修飾によって，あるいは標的RNA中の配列を認識する特殊なタンパク質によって行われる

原理的に翻訳調節は，特定のRNAの翻訳効率に影響を与えるような翻訳装置の修飾を介して行うことが可能であろう．あるいは，RNA中の特定の配列を認識し，その翻訳に影響を与えるタンパク質が関与する場合も考えられる．実際のところ，さまざまな場面で，これら両方の分子機構が使われていることが判明しており，次に解説していく．

翻訳調節は翻訳装置の修飾によって行われる場合がある

網状赤血球内のプロテインキナーゼは，ヘム非存在下で活性化され，翻訳開始因子eIF2（6.6節）をリン酸化する．その結果，eIF2は不活性化される．eIF2は翻訳開始反応に必要なので，グロビンRNAの翻訳はヘムが利用可能となるまで停止する．しかし，このように翻訳装置全体の不活性化によって特定のRNAの翻訳を制御することは，網状赤血球においてはグロビンが実質的に唯一の翻訳産物であるからこそ可能となっている．

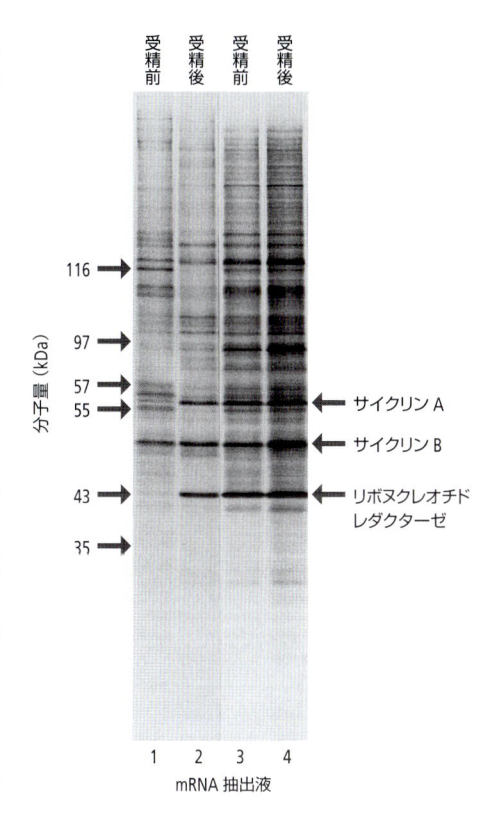

図7.41
ウバガイ（*Spisula solidissima*）における翻訳調節．*in vivo*において，受精前（レーン1）と受精後（レーン2）とでは，異なったタンパク質が合成されている．しかし，受精前（レーン3）と受精後（レーン4）のRNAを抽出して*in vitro*無細胞系で翻訳させると，同じパターンのタンパク質が合成される．同じRNA集団から*in vivo*では異なったタンパク質が作り出されていることから，翻訳調節機構の存在が示される．Standart N (1992) *Sem. Dev. Biol.* 3, 367-380 より，Elsevier社の許諾を得て転載．Nancy Standart & Tim Huntの厚意による．

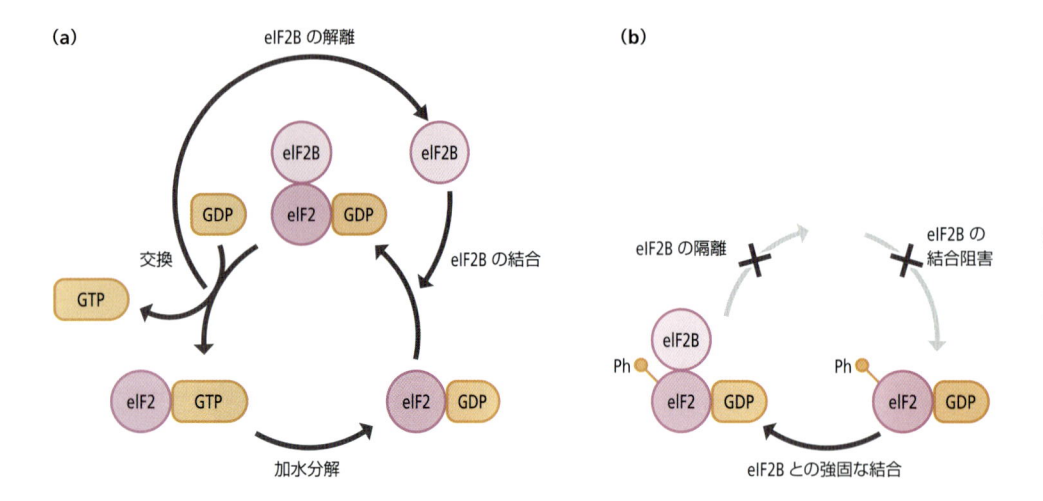

図 7.42
(a) グアニンヌクレオチド交換因子 eIF2B は eIF2-GDP と結合して GDP/GTP 交換を促進することで，eIF2-GTP 形成を行う。eIF2B は，解離し次の eIF2-GDP 分子と結合する。(b) eIF2 のリン酸化により，eIF2B との結合力が著しく強固になる。それによって，eIF2B は隔離状態となり，他の eIF2-GDP と結合して GDP/GTP 交換を促進することができなくなる。

　きわめて多種類の異なった RNA が発現している他の細胞種では，このような機構による翻訳調節は，通常，広範に及ぶ RNA の翻訳を一括して抑制する場合に限られる。たとえば，eIF2 のリン酸化(ヘム非存在下で活性化されるキナーゼとは別のキナーゼによる，同じセリン残基のリン酸化)は，細胞がストレスに曝され，ほとんどの細胞内 mRNA の翻訳が抑制される場合にも起きる(eIF2 をリン酸化するキナーゼについての詳細は 8.5 節参照)。

　eIF2 のリン酸化による翻訳抑制機構には，もう1つの翻訳開始因子である eIF2B との相互作用が関係している。つまり，第6章(6.6 節)で解説したように，eIF2 はリボソームの 40S サブユニットに結合する GTP 結合タンパク質であり，40S サブユニットとともに**開始コドン**(start codon)AUG を見つけるまで mRNA 上を移動する。40S サブユニットに結合した状態の eIF2 は **GTP** とも結合している。しかし，ひとたび開始コドン AUG に到達すると，eIF2-GTP 複合体は加水分解されて，eIF2-GDP が放出される(図 7.42a)。この eIF2 の解離は，大サブユニット(60S)の結合と翻訳反応開始に必須のステップである。

　一方，eIF2 が翻訳反応に再利用されるためには，GDP と結合した状態から，40S サブユニットと結合できる GTP と結合した状態に再転換される必要がある。この再転換は，eIF2-GDP に eIF2B タンパク質が結合することによって行われる。eIF2B は GDP から GTP への交換反応を触媒する**グアニンヌクレオチド交換因子**(guanine nucleotide exchange factor；GEF)であり，eIF2-GTP を再生する(図 7.42a)。

　ヘムの枯渇やストレスによって eIF2 がリン酸化されると，リン酸化 eIF2 は eIF2B とより強固に結合するようになる。このような強固な結合により，eIF2B は隔離状態となり，別の eIF2-GDP 分子との結合や eIF2-GTP の再生が阻害される。その結果，利用可能な eIF2-GTP が減少することになり，翻訳が抑制されてしまう(図 7.42b)。これに加えて，最近，eIF2B 自身もリン酸化を受けて不活性化されることが明らかにされ，eIF2/eIF2B 経路を介したタンパク質翻訳調節に関してさらに進んだ制御機構が示された。

　興味深いことに，特定のストレスに曝露されると，ストレス応答に必要なタンパク質をコードするいくつかの mRNA については継続して翻訳される。たとえば，細胞が温度上昇などのストレスに曝露されると，**熱ショックタンパク質**(heat shock protein)をコードする遺伝子の転写が増強される(3.5 節，4.3 節)。このような条件下では，ストレスによるダメージから保護するために，これら熱ショックタンパク質をコードする mRNA を翻訳する必要がある。eIF2 など基本翻訳開始因子が不活性化されている状況下で，どのようにして翻訳を行うことができるのであろうか？

　そのような翻訳を可能にする分子機構については，陽イオン性アミノ酸トランスポーター Cat-1 をコードする遺伝子において見いだされた。酵母において，この

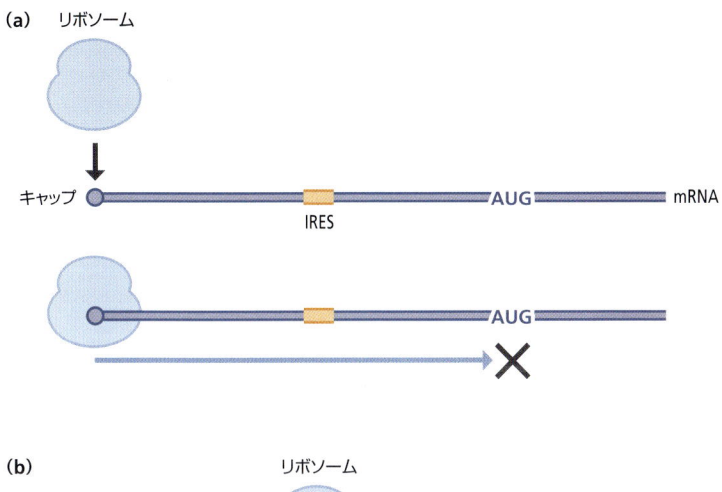

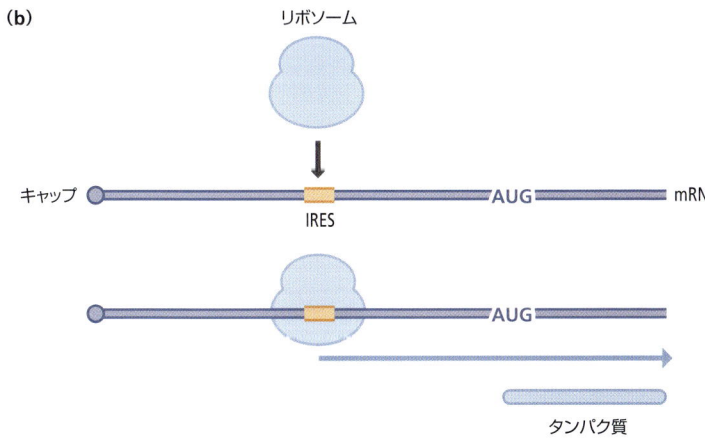

図 7.43
(a) アミノ酸欠乏によって，特定の翻訳因子が不活性化し，5′キャップとリボソームの結合を介した翻訳は低下する。(b) しかし，リボソーム内部進入部位（IRES）とリボソームとの結合を介した翻訳開始は継続して起こることから，ほとんどのタンパク質の合成が抑制されているにもかかわらず，特定のタンパク質の合成が可能となる。

遺伝子はアミノ酸欠乏ストレス後にも翻訳が継続して行われる。cat-1 mRNA には**リボソーム内部進入部位**（internal ribosome-entry site；**IRES**）と呼ばれる配列があり，リボソームと mRNA との結合が，通常行われるように 5′ キャップを介するのではなく，IRES を介して mRNA 内部で起きることで翻訳を開始することができる（6.1 節）。そのような IRES を介した翻訳がアミノ酸欠乏時に活性化されることで，Cat-1 タンパク質によるアミノ酸の取り込みが促進される（図 7.43）。

アミノ酸欠乏時における IRES を介した翻訳は，以下のような分子機構に基づく。アミノ酸が十分に存在する条件下では，cat-1 mRNA はリボソームが IRES を利用できないような二次構造をとっている。一方，アミノ酸が欠乏すると，短い上流**オープンリーディングフレーム**（open reading frame；**ORF**）が翻訳され，48 アミノ酸残基の小さなペプチドが作られるとともに，mRNA の構造変化が起き IRES が提示される（図 7.44）。さらに，キャップ依存的な翻訳とは異なり，IRES を介した cat-1 mRNA の翻訳では，リン酸化 eIF2 が活性化に必要であり，アミノ酸欠乏などのストレスで誘導される eIF2 のリン酸化が翻訳促進に働いている（図 7.44）。

IRES 配列は，酵母に限定されたものではなく，さまざまなウイルス由来の mRNA や哺乳動物を含めた細胞性 mRNA で見つかっている。これら IRES をもつ mRNA の多くは，細胞分裂期やストレス条件下など，キャップ依存的翻訳が抑制された条件下でも翻訳を継続できるように働いている。

しかし，cat-1 mRNA の場合とは異なり，IRES 依存的翻訳の多くは，キャップ結合タンパク質 eIF4E を認識する，キャップ依存的翻訳に必須の因子である eIF4G（6.1 節，6.6 節）に対する依存性が低い。プログラムされた細胞死（アポトーシス）を誘発するような刺激を受けると，eIF4G はプロテアーゼの一種であるカスパーゼによって切断されて不活性化される。その結果，キャップ依存的翻訳が抑制される。しかし，アポトーシスに関与するタンパク質のいくつかは，それら

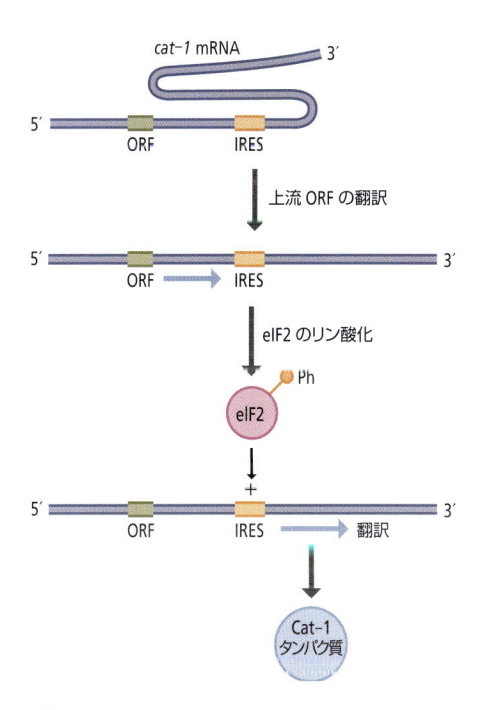

図 7.44
アミノ酸が十分に存在する条件下では，cat-1 mRNA の IRES は，アクセスできない構造をとっている。アミノ酸が欠乏すると，短い上流オープンリーディングフレーム（ORF）が翻訳され，mRNA の構造変化が起き IRES が提示される。さらに，IRES の活性は，アミノ酸欠乏などのストレスで誘導される eIF2 のリン酸化により促進される。

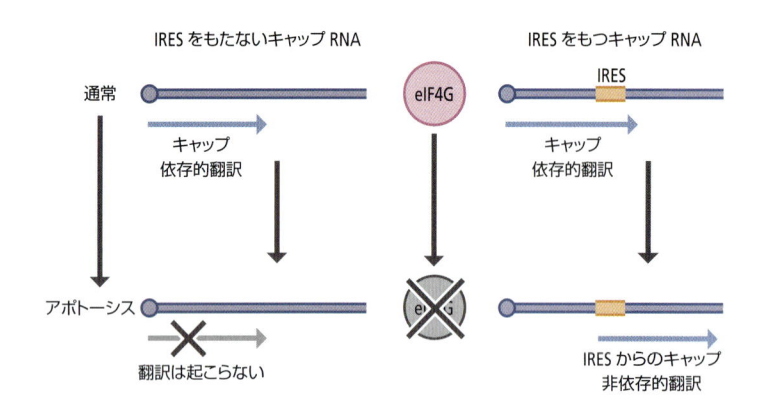

図 7.45
アポトーシスの際に起きる eIF4G の切断によって，キャップ依存的翻訳が抑制される一方，IRES に依存したキャップ非依存的翻訳は継続される。

mRNA が IRES 配列をもつことによってキャップ非依存的翻訳が可能なため，産生し続けられる（図 7.45）。

一括的な翻訳抑制とともに，翻訳開始因子を介した翻訳調節は，特定の mRNA 種の翻訳を調節するのに幅広く使われている。そのような場合，mRNA 自身の配列（しばしば翻訳開始部位上流の 5′ UTR に存在する）と連携して翻訳調節が行われる。このような翻訳調節は，インスリンやその他の増殖因子で処理することによって特定の mRNA の翻訳が活性化される場合などに行われている。インスリンや増殖因子の非存在下では，キャップに結合する翻訳開始因子 eIF4E（6.6 節）は，eIF4E 結合タンパク質（eIF4Ebp）と結合している。これによって，eIF4G や eIF4A は RNA との結合が妨げられており，翻訳の全体レベルが低下する。

eIF4G と eIF4A との結合は，これらインスリン応答性 mRNA の翻訳には特に重要である。これら mRNA は 5′ UTR が高度に折りたたまれており，翻訳開始に先立ってその二次構造は eIF4A のもつヘリカーゼ活性によってほどかれる必要がある。インスリンや増殖因子による処理によって，eIF4Ebp はリン酸化され，eIF4E から解離する。その結果，翻訳開始因子が mRNA に結合して 5′ UTR の二次構造をほどき，翻訳が開始される（図 7.46）。

eIF4Ebp のリン酸化は，さまざまな状況下において多様な mRNA の翻訳を制御しているようである。たとえば，eIF4Ebp を欠損したマウスは，ウイルス感染に対する応答に変化がみられることから，eIF4Ebp が免疫応答において鍵となる役割を担っていることが示されている（eIF4E/eIF4Ebp による翻訳調節についての詳細は

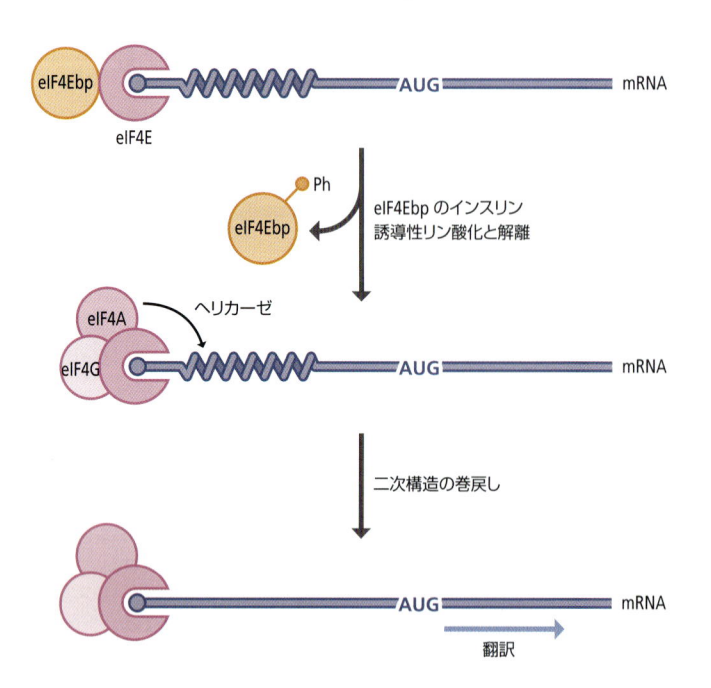

図 7.46
インスリン非存在下での，翻訳開始因子 eIF4E は eIF4Ebp と結合しており，mRNA は二次構造の存在によって翻訳されない。インスリン処理によって，eIF4Ebp はリン酸化され，eIF4E から解離する。その結果，eIF4A と eIF4G が eIF4E に結合し，eIF4A のヘリカーゼ活性が RNA の二次構造をほどき，翻訳が開始される。

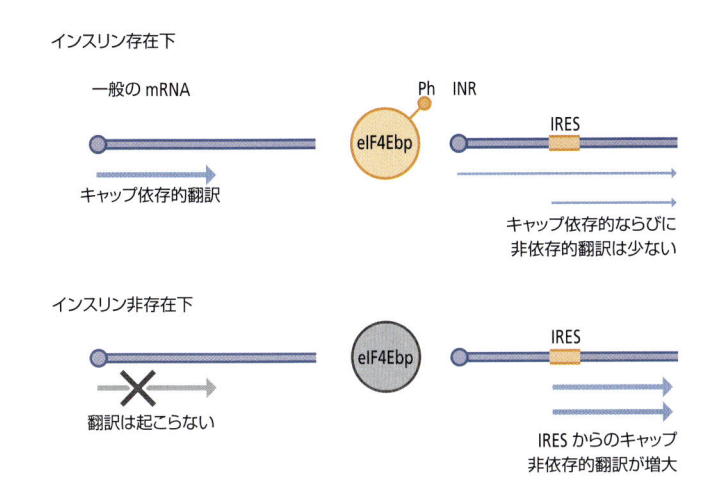

図7.47
eIF4Ebpの脱リン酸化はキャップ依存的翻訳を抑制するが，インスリン様因子受容体(INR)のIRES依存的翻訳は継続される。リボソームは他のmRNAから解離して*INR* mRNAに集中するので，INRの翻訳は増大する。

8.5節参照)。

　eIF4EbpがeIF4Eに結合した状態では，ほとんどのタンパク質翻訳が停止しているが，IRESを介したタンパク質翻訳は，キャップ構造結合タンパク質複合体(cap-binding complex；CBC)を必要としないため，継続される。そのような作用は，ショウジョウバエのインスリン様因子受容体(insulin-like receptor；INR)の翻訳過程で起きていることが明らかにされている。mRNA上にIRESが存在するため，INRの翻訳はインスリン非存在下の細胞で増大する。このような条件下では，eIF4Ebpのリン酸化が起きないため，ほとんどのmRNAのキャップ依存的翻訳は阻害されており，リボソームは*INR* mRNAの翻訳を優先して行うようになる(図7.47)。

　興味深いことに，この過程は転写レベルでも補完されている。インスリン非存在下では転写因子FOXOは脱リン酸化状態にあり，*INR*遺伝子の転写を活性化する。その結果，より多くの*INR* mRNAが作り出される。このように，転写と翻訳機構が融合した形でINRタンパク質の生産が増強される(図7.48)。

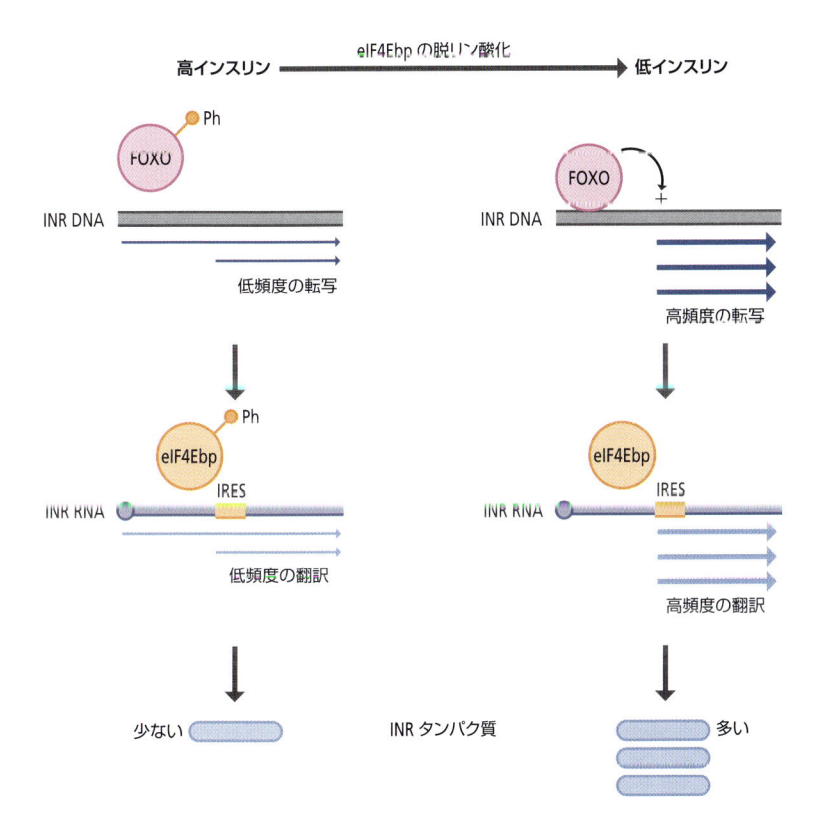

図7.48
インスリン非存在下でのeIF4Ebpの脱リン酸化を介した*INR* mRNA翻訳の増大に付随して，転写因子FOXOの脱リン酸化による*INR*遺伝子の転写活性化も起きている。

表 7.3　フェリチンおよびトランスフェリン受容体の遺伝子発現調節

	タンパク質生産に対する鉄の影響	分子機構	ステムループ構造の位置
フェリチン	増加	mRNA 翻訳増大	5′ UTR
トランスフェリン受容体	減少	mRNA 安定性低下	3′ UTR

転写調節は RNA 中の特異的配列に結合するタンパク質によって行われることがある

　いくつかの例では，特定の mRNA の翻訳調節が，5′ UTR 中の配列を介して行われていることが明らかにされている。たとえば，フェリチン mRNA の鉄に応答した翻訳増大は，ステムループ構造をとる 5′ UTR 中の配列を介して行われる。このステムループ構造は，鉄によって安定性が負に制御されているトランスフェリン受容体 mRNA の 3′ UTR に見つかる構造(図 7.39, 表 7.3)とよく似ている。このような知見は，こうしたループが**鉄応答配列**(iron-response element；IRE)として同じような機能をもっており，両者の異なった効果は，RNA 上の挿入された位置の違い(5′ UTR か 3′ UTR か)に依存していることを示唆する。このような考えは，トランスフェリン受容体 mRNA のステムループ配列を無関係の mRNA の 5′ UTR に挿入することで，鉄依存的な翻訳の増大が再現されたことから確認された。したがって，同一の構造が RNA 分子内の位置の違いにより，RNA 安定性と翻訳に対する正反対の効果を示すことができるわけである。

　そのような一見して矛盾する効果は，ステムループ構造が鉄存在下にほどかれる IRE であると想定することで説明できる(図 7.49)。5′ UTR に IRE をもつフェリチン mRNA の場合，ステムループ構造がほどかれることでリボソームの 40S サブユニットが mRNA に結合して開始コドンまで移動できるようになり，翻訳が開始される。反対に，3′ UTR に IRE をもつトランスフェリン受容体 mRNA の場合，ステムループ構造がほどかれるとヌクレアーゼによる切断に対する感受性が増大する。このようなモデルに一致するように，IRE 結合タンパク質としてアコニターゼ

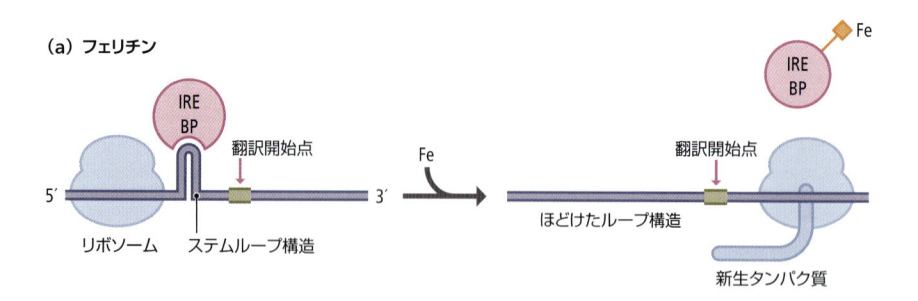

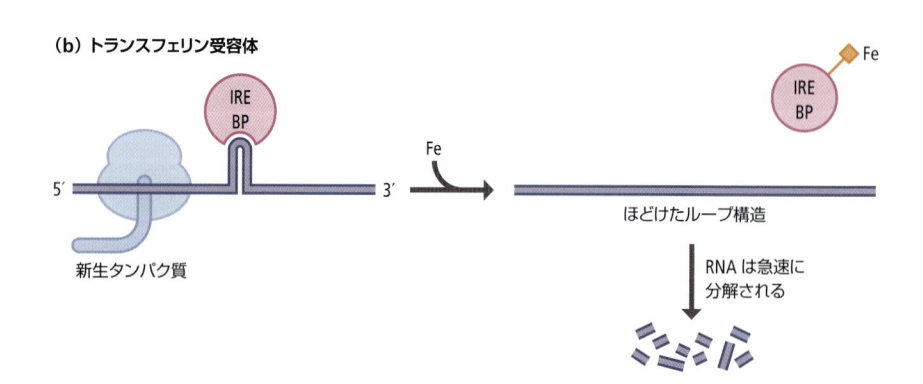

図 7.49
フェリチン mRNA の翻訳増大(a)とトランスフェリン受容体 mRNA の分解促進(b)における，鉄(Fe)によって誘導されるステムループ構造解離の役割。いずれの場合も，ステムループ構造がほどける際には，鉄応答配列結合タンパク質(IREBP)が鉄存在下でステムループ構造への結合が劇的に低下することに依存している。

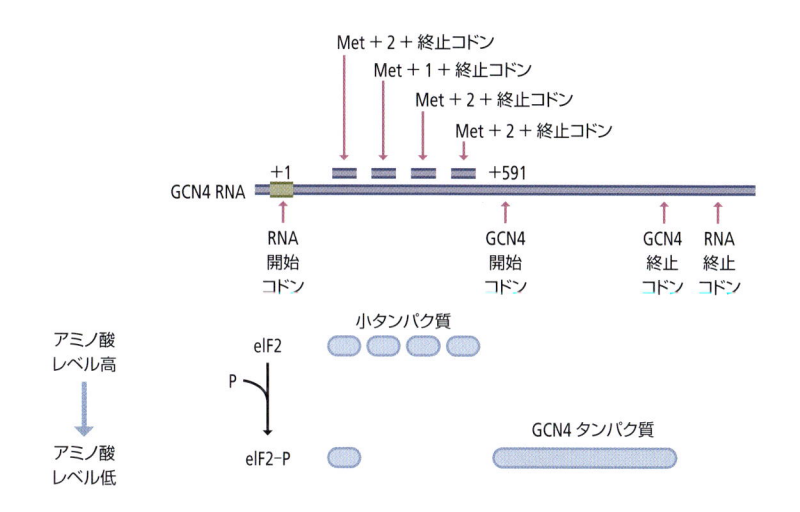

図 7.50

酵母 GCN4 RNA の 5′ 非翻訳領域 (UTR) に存在する，小ペプチドを産生しうる短いオープンリーディングフレーム (ORF)。これら小ペプチドを産生するような翻訳反応は，GCN4 タンパク質の翻訳を抑制する。各々の小ペプチドの開始メチオニン残基 (Met) の位置を，終止コドン前に取り込まれるアミノ酸残基の数とともに示す。アミノ酸レベルが高い条件下では，小タンパク質が作られ GCN4 の生産は抑制される。アミノ酸レベルが低下すると翻訳開始因子 eIF2 がリン酸化される。そのような環境において，最初の小 ORF を翻訳した後のリボソームは，他の 3 つの小 ORF からの翻訳再開をしなくなる。その結果，GCN4 の開始コドンからの翻訳開始が促進され，GCN4 生産が増大する。

(aconitase) が同定されており，これはフェリチン mRNA およびトランスフェリン受容体 mRNA の両方のステムループ構造に結合する。アコニターゼの RNA 結合能は，鉄を枯渇させた細胞内で劇的に増大することから，その結合能はステムループ構造を安定化していると思われる。

しかし，5′ UTR 中の配列を介した翻訳調節が，すべてステムループ構造によって実行されているわけではない。酵母の転写調節因子である GCN4 のアミノ酸欠乏時における発現増強は，翻訳の増大によって引き起こされる。この翻訳調節は，GCN4 タンパク質翻訳の開始コドンより上流の 5′ UTR 中にある複数の短い配列を介して行われる。*cat-1* mRNA における上流 ORF の場合 (前述) と同様，この短い配列は，各々わずか 2 ないし 3 アミノ酸残基からなるペプチドへ翻訳される (図 7.50)。しかし，*cat-1* mRNA の場合とは異なり，2，3，4 番目の短い上流 ORF からの翻訳開始が起きてしまうと，リボソームはもはや GCN4 タンパク質を作り出す翻訳開始点からの翻訳再開ができなくなり，タンパク質は合成されない。

アミノ産が枯渇すると，これら小ペプチドの生産は抑制され，それに対応して GCN4 の産生が増大する。この翻訳開始点の転換時においても，ヘムやストレスに応答した翻訳調節 (前述) に関わる，eIF2 のリン酸化が関与する。アミノ酸が枯渇すると，アミノ酸と結合していない転移 RNA (transfer RNA；tRNA) が増加し，eIF2 をリン酸化する酵素が活性化される。リン酸化による eIF2 の活性低下によって，5′ UTR 上の最初の小 ORF を翻訳した後のリボソームは，他の 3 つの小 ORF からの翻訳再開をしなくなる。そのため下流の部位からの翻訳開始が起きるようになり，GCN4 生産が増大する (図 7.50) (eIF2 をリン酸化する酵素についての詳細は 8.5 節も参照)。

興味深いことに，選択的開始コドンは哺乳動物の肝細胞で機能する 2 つの転写因子，C/EBPα と C/EBPβ をコードする遺伝子でも見つかっている。しかし，この場合は，2 つの開始コドンは 2 つの異なったタンパク質アイソフォームを作り出すのに用いられている。長い方のアイソフォームは N 末端側に転写活性化ドメインをもち，転写活性化に働く (転写活性化ドメインについては 5.2 節参照)。反対に，短い方のアイソフォームは転写活性化ドメインをもたず，転写活性化能もない (図 7.51)。したがって，短いアイソフォームは，DNA 結合領域を介して DNA に結合し，転写活性化に働くアイソフォームの結合に競合することで転写活性化を阻害することができる (転写抑制の機構については 5.3 節参照)。このような同一の mRNA からの選択的翻訳は，同一遺伝子から異なったタンパク質を作り出す方法として，選択的スプライシングと同様に機能している。

このように翻訳調節の分子機構が明確になった例をみてみると，遺伝子発現における翻訳調節には，しばしば特定の mRNA の 5′ UTR 中の配列が関与しているが，そ

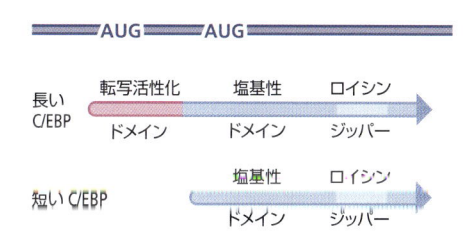

図 7.51

開始コドンの選択的利用により，転写因子 C/EBP の長いアイソフォームと短いアイソフォームが作り出される。長いアイソフォームには転写活性化ドメインが含まれるため，転写を活性化することができる。一方，短いアイソフォームはこのドメインが欠失しており，長いアイソフォームを介した転写活性化を阻害することができる。

(a)

図 7.52
赤血球分化において，リポキシゲナーゼ mRNA の翻訳は，mRNA の 3′ 非翻訳領域 (UTR) に結合する阻害複合体 (IC) によって制御される。赤血球分化初期 (a) では，リボソームの 40S サブユニットは mRNA に結合して開始コドン AUG に移動する。しかし，阻害複合体が 60S サブユニットの結合を抑制することによって翻訳は阻害されている。分化過程後期 (b) になると，阻害複合体のもつ負の作用が解消され，翻訳が起きる。

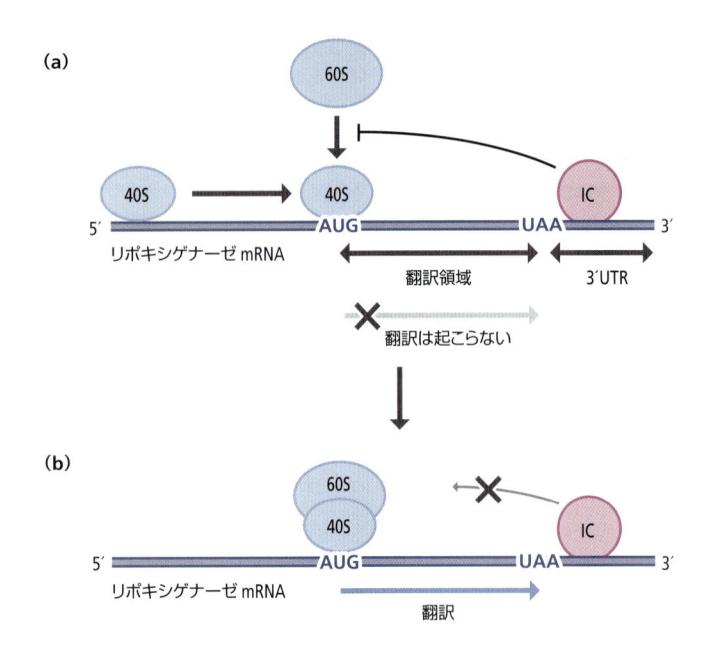

の翻訳調節に対する役割は各々の遺伝子によって大きく異なっていることがわかる。

翻訳調節に関与する配列は 5′ UTR 中によくみられるが，3′ UTR 中の配列が翻訳調節に関わっている例も報告されている。たとえば，3′ UTR 中の配列が，受精によって起きるある種の mRNA の翻訳効率の転換や，赤血球分化におけるリポキシゲナーゼ mRNA の翻訳増大に関わっている。

リポキシゲナーゼ mRNA の場合，3′ UTR 中の配列は，60S サブユニットの mRNA への結合を直接制御する。赤血球分化初期において，40S サブユニットはリポキシゲナーゼ mRNA に結合し，通常と同じく開始コドン AUG まで移動している (6.6 節)。しかし，3′ UTR に結合した阻害複合体が，60S リボソームの結合を阻害する (図 7.52a)。赤血球分化後期になるとこの阻害が解除され，60S リボソームが結合して翻訳が初めて開始される (図 7.52b)。

ツメガエルの卵母細胞では，3′ UTR 中の配列を介したまったく異なる翻訳調節機構が観察されている。休止状態の卵母細胞は減数分裂初期で停止しており，数多くの mRNA が非翻訳状態に維持されている。卵母細胞が減数分裂に進行するように刺激を受けると，これら休止状態の mRNA のポリ(A)尾部が伸長し，翻訳が行われるようになる。すなわち，この場合ポリ(A)尾部が十分な長さまで伸長することと翻訳の開始との間に一貫性がある。

このような制御を受ける mRNA の 1 つであるサイクリン B mRNA の場合，休止期の卵母細胞ではポリアデニル化に関与する AAUAAA 配列にポリアデニル化因子である切断/ポリアデニル化特異性因子 (cleavage/polyadenylation specificity factor；CPSF) (6.2 節) が結合していないため，ポリ(A)尾部が短い。しかし，別の因子である細胞質ポリアデニル化配列結合タンパク質 (cytoplasmic polyadenylation element binding protein；CPEB) が，Maskin (マスキン) と呼ばれるタンパク質とともに AAUAAA 配列の近傍に結合している (図 7.53)。Maskin は，翻訳開始因子 eIF4E と結合していると推察されており，eIF4E の eIF4G との結合を抑制する。すなわち，Maskin は，前述の eIF4Ebp とちょうど同じように，eIF4G との結合を阻害することで翻訳を抑制している。

卵母細胞が減数分裂に進行するように刺激を受けると，CPEB はリン酸化される。これがきっかけとなって CPSF が AAUAAA 配列へリクルートされ，ポリアデニル化が起きる。第 6 章 (6.6 節) で解説したように，ポリ(A)尾部に結合するポリ(A)結合タンパク質は eIF4G とも結合できる。その結果，eIF4G が eIF4E と結合して Maskin は eIF4E から解離し，翻訳が開始される (図 7.53)。

図 7.53
休止状態の卵母細胞では，細胞質ポリアデニル化配列結合タンパク質(CPEB)が mRNA の 3′ 末端近傍に結合して Maskin タンパク質をリクルートしている．Maskin は mRNA の 5′ キャップ(青丸)に結合している eIF4E と結合することで，eIF4G の結合と翻訳を抑制している．卵母細胞が活性化されると，CPEB はリン酸化(Ph)され，CPSF のリクルートが起き，mRNA はポリアデニル化される．その結果，ポリ(A)鎖結合タンパク質 PAB1 がリクルートされる．PAB1 は次に eIF4G をリクルートし，eIF4G は eIF4E と結合することによって Maskin が排除され，翻訳が行われるようになる．

　eIF4E と 3′ UTR とが関与する制御機構としては，他にも，7.3 節で解説したショウジョウバエの前極側の構造形成(9.2 節)において鍵となる機能をもつ，Bicoid タンパク質による遺伝子発現調節がある．Bicoid タンパク質はホメオドメインをもち，特定の遺伝子の転写を調節する転写因子として知られるが(5.1 節)，*caudal*(コーダル)mRNA を翻訳レベルで抑制する機能ももっている．すなわち，*caudal* mRNA は胚全体に均一に分布しているが，Caudal タンパク質は Bicoid タンパク質の分布が少ないか，分布していない胚の後極側でのみ翻訳される(Bicoid による翻訳抑制についての詳細は 9.2 節参照)．
　このような制御は，Bicoid が *caudal* mRNA の 3′ UTR に結合することによって行われている．しかし，eIF4E と結合して eIF4G のリクルートを直接阻害するのではなく，Bicoid は 4E-HP と呼ばれる eIF4E 様タンパク質をリクルートする．4E-HP はキャップに結合して eIF4E との結合を抑制する．4E-HP は eIF4G と結合することができないので，*caudal* mRNA の翻訳は抑制される(図 7.54)．
　このように，eIF4E による翻訳を制御する機構としては，eIF4E とのみ結合する eIF4Ebp，RNA に結合したタンパク質(CPEB)によってリクルートされて eIF4E に結合するタンパク質(Maskin)，mRNA に結合して eIF4E との結合を阻害するタンパク質(4E-HP)の 3 通りがあることになる．5′ UTR 中の配列を介した翻訳調節とちょうど同じように，3′ UTR 中の配列を介した翻訳の調節にも複数の機構があると予想できる．
　以上要約すると，翻訳調節は RNA 分子上のさまざまな場所に位置する配列を介して行われる．それらは二次構造の変化を利用していたり，開始コドンの違いを利用していたり，リボソームの結合を制御するものであったり，あるいはポリアデニル化の制御によるものであったりする．

翻訳調節は，敏速な応答が必要な場合にしばしば利用されるとともに，いくつかの転写因子をコードする遺伝子に対しても行われている

　多くの場合，翻訳調節は敏速な応答が必要とされる局面でみられる．たとえば，受精後には，細胞増殖を速やかに活性化する必要がある．同様に，熱ショックや他のストレス状況下では，酵素や構造タンパク質の合成を速やかに停止させるとともに，細胞を保護する熱ショックタンパク質の合成を開始する必要がある．このような制御は，熱ショックタンパク質をコードする遺伝子の転写増大を伴う翻訳調節によって達成される．他の転写後調節機構と同様，翻訳調節は非常に特別な状況にも対応できるように転写調節を補完するものと捉えることができる．熱ショックタンパク質の場合，転写と翻訳の提携の上に，さらに温度上昇条件下における熱ショック mRNA の安定性増大が加わることで，敏速で効果的な応答反応を作り出している．
　しかし，酵母 GCN4 のケースでは，翻訳調節の別の側面が照らし出されている．

図 7.54
(a)Bicoid タンパク質が *caudal* mRNA の 3′ 非翻訳領域(UTR)に結合すると，5′ キャップ(青丸)へ 4E-HP がリクルートされる．その結果，eIF4E がキャップに結合できなくなり翻訳は抑制される．(b)Bicoid が存在しないと，eIF4E が 5′ キャップに結合し翻訳が行われる．

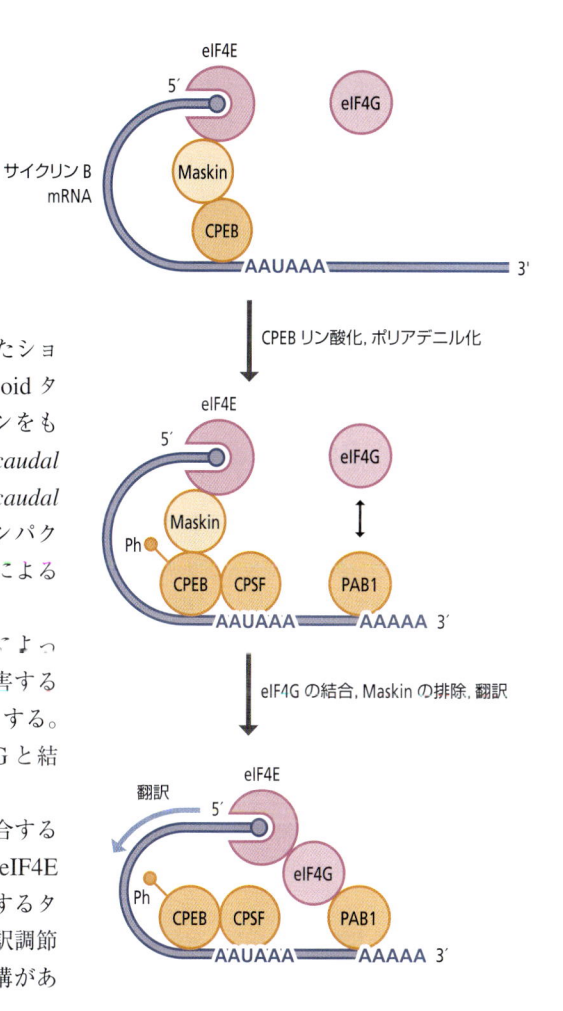

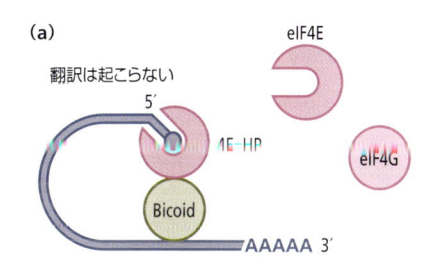

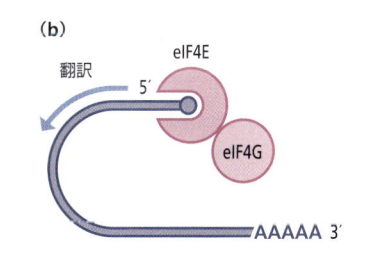

GCN4は転写因子であり，1つあるいは複数のアミノ酸の欠乏に応答して，アミノ酸合成に関わる酵素をコードする遺伝子の転写を増大させる。この場合，転写調節因子の合成が翻訳調節を受けている。第10章(10.2節)で解説するように，同じような機構によって哺乳動物の転写因子ATF4をコードするmRNAの翻訳が制御されている。すなわち，これは酵母に限局した話ではない。哺乳動物の転写調節分子の多くが不活性化状態で存在し，タンパク質修飾によって活性化されるということ（第8章）と合わせて考えると，転写調節分子の一部は転写レベル以外での発現調節機構を必要としていると考えられる。翻訳調節は，そのような制御を達成する方法の1つである。

7.6 低分子RNAによる遺伝子発現の転写後抑制機構

低分子RNAは遺伝子発現を転写後に抑制する

本章を通じて，各々のRNA上の特定の配列が特異的なタンパク質の標的となることで，選択的スプライシング，輸送過程の転換，安定性，翻訳，そしてRNA編集などが生じる例について述べてきた。しかし，第1章(1.5節)でも紹介したように，遺伝子発現調節は，特定の遺伝子発現を阻害する活性をもった20〜30塩基長の非常に小さなRNA分子によって行われることがある。

第3章(3.4節)で解説したように，低分子RNAは，クロマチン構造を制御することによって転写レベルでの阻害作用を示すことがある。しかし，現在までに詳細に解析された大部分のケースでは，低分子RNAは，mRNAの分解促進か翻訳阻害によって，転写後レベルで機能している。本節では，これらの作用について取りあげる。

特定の低分子RNAがmRNA分解に働くのか，それとも翻訳に影響を与えるのかを決定する鍵となるパラメーターは，mRNAに対する配列の相補性である。第1章(1.5節)で解説したように，低分子RNAは標的に結合することで，部分的2本鎖を形成して作用する。低分子RNAと標的との間で完全な相補鎖が形成されると，mRNAはエンドヌクレアーゼ活性によって切断される（図7.55）。

このような作用は，低分子干渉RNA(small interfering RNA；siRNA)群の低分子RNAにおいて顕著に観察される。siRNAは，2本鎖RNA分子の切断によって作り出され，同じ配列に由来する1本鎖RNAを標的とする。したがって，その標的には，通常，完全に相補的な配列が存在する(1.5節)。

これとは対照的に，もう1つの主要な低分子RNAであるmiRNAは，2本鎖構造を形成する1本鎖分子である特殊な前駆体RNAから作り出される。miRNAは別のmRNAを標的としてハイブリッドを形成する(1.5節)。哺乳動物におけるい

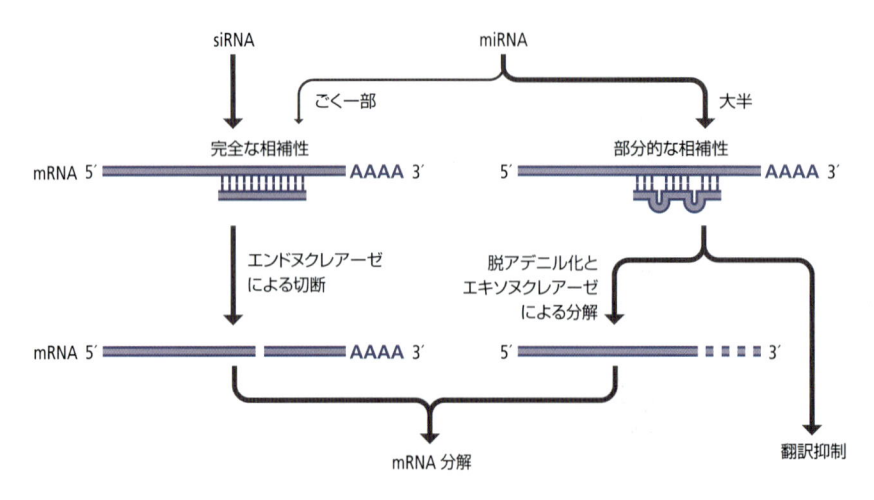

図7.55
すべての低分子干渉RNA(siRNA)といくつかのmiRNAは，標的mRNA配列に対して完全に相補的であり，mRNAの切断を引き起こす。しかし，ほとんどのmiRNAは，mRNA標的に対して部分的な相補性しかもたず，mRNAの脱アデニル化とそれに続くmRNA分解，あるいは翻訳抑制のいずれかを引き起こす。

くつかのケースや植物の大部分のケースでは，これら miRNA は標的 mRNA と完全に相補的な結合をすることで，siRNA のようにエンドヌクレアーゼ活性による切断を引き起こすことがある。しかし，ヒトや他の動物における大部分のケースでは，miRNA は標的 mRNA と部分的に相補性を示す配列しかもたない。このような条件下においては，ポリ(A)尾部の除去を経て，エキソヌクレアーゼ活性による分解または翻訳抑制が引き起こされる(図 7.55)。siRNA や miRNA による mRNA 分解と翻訳に対する影響について詳細を解説する。

低分子 RNA は RNA 分解を誘導する

siRNA あるいは miRNA の前駆体のプロセシングが完了(1.5 節)すると，成熟低分子 RNA は，RNA 誘導型サイレンシング複合体(RNA-induced silencing complex；RISC)と呼ばれるタンパク質複合体に取り込まれる。この複合体には，哺乳動物の場合，RNA 結合タンパク質である Argonaute(アルゴノート)ファミリーに属する4種類のタンパク質のうちどれか1つが含まれている(図 7.56)。RISC 中の低分子 RNA は，標的 mRNA と結合する。ほとんどの siRNA や一部の miRNA で通常みられるように，低分子 RNA とその標的との間で完全な塩基対が形成されれば，低分子 RNA の 10 番目および 11 番目の塩基と塩基対を形成している mRNA の塩基間結合を Argonaute タンパク質が切断する(図 7.56)。

このような反応の結果，mRNA は2つに分断され，各々の断片は 5′ キャップあるいは 3′ ポリ(A)尾部で保護されていない末端をもつ。最初エンドヌクレアーゼによって切断された RNA は，各々の mRNA 断片の非保護末端からのエキソヌクレアーゼによる分解を受ける。興味深いことに，siRNA や miRNA 自身はこの過程で切断されることなく無傷のまま維持される。したがって，低分子 RNA は次の標的に結合して分解を促進することができ，低分子 RNA を介した遺伝子抑制過程

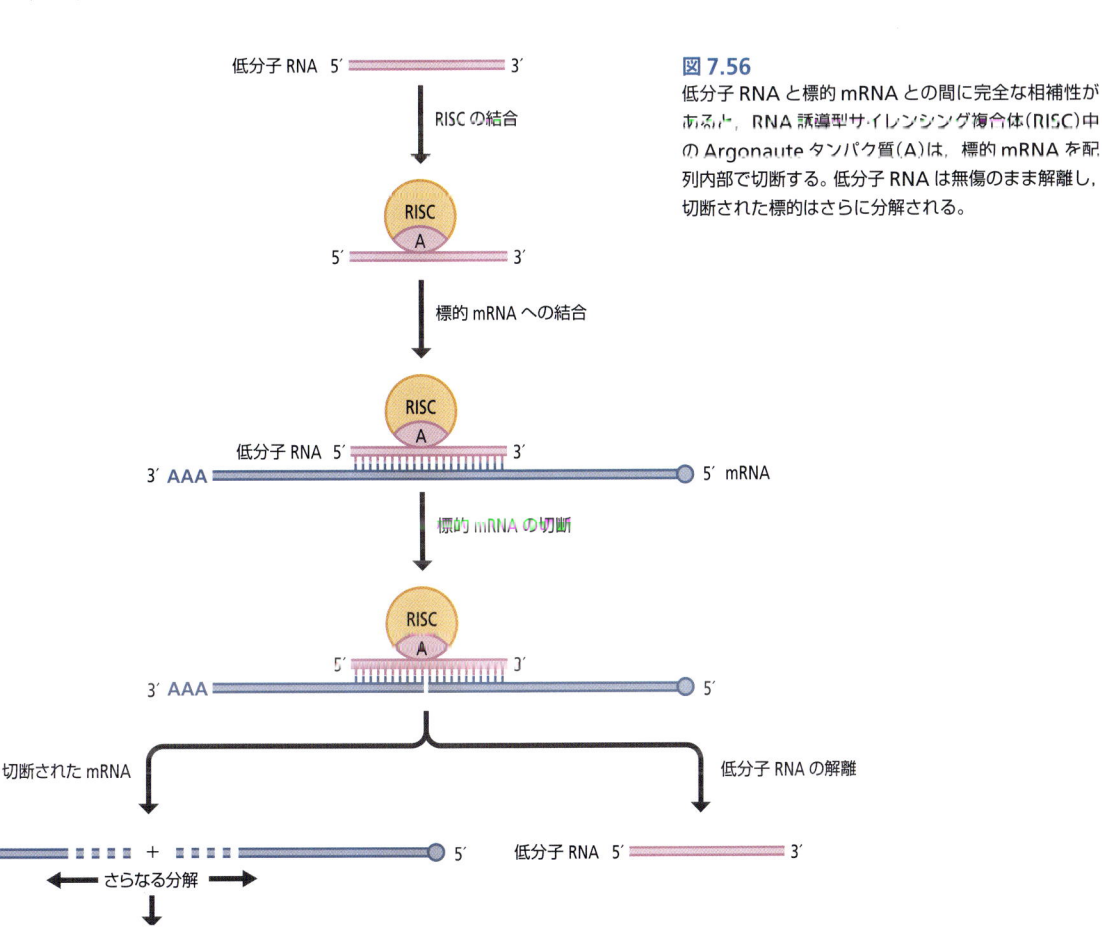

図 7.56
低分子 RNA と標的 mRNA との間に完全な相補性があると，RNA 誘導型サイレンシング複合体(RISC)中の Argonaute タンパク質(A)は，標的 mRNA を配列内部で切断する。低分子 RNA は無傷のまま解離し，切断された標的はさらに分解される。

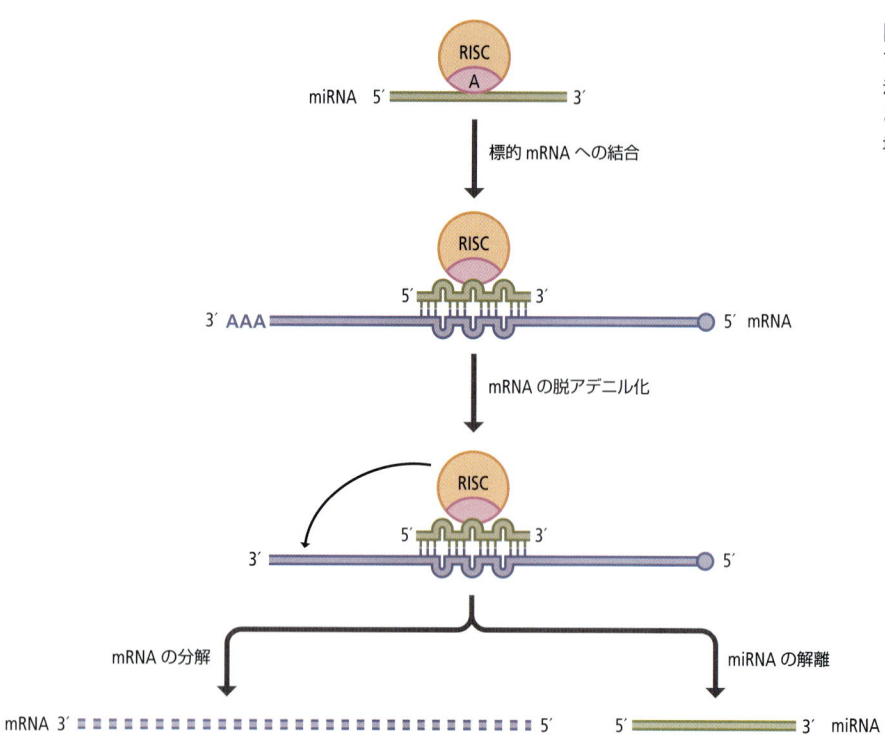

図 7.57
マイクロ RNA（miRNA）が標的と部分的に相補性を示すだけの場合，mRNA の脱アデニル化を誘導することで，その分解を引き起こす。完全な相補性を示す場合と同じく，miRNA は無傷のまま解離する。

はきわめて効率よく進行する。

　前述のように miRNA 経路では，miRNA は通常，標的配列と完全な相補性は示さない。実際，各 miRNA は，完全ではないが有意な配列相同性を示す数多くの mRNA とハイブリッドを形成することで，それぞれが数多くの異なった遺伝子を抑制することができる。

　配列相同性が不完全な場合にも標的 mRNA が分解されることがあるが，その機構はすでに述べたものとは異なる。このような場合にも RISC と，標的 mRNA へのハイブリダイゼーションが関係している。しかし，RISC 中の Argonaute タンパク質が，miRNA との相同性をもった領域で標的 mRNA を切断するのではなく，miRNA が mRNA に結合することで脱アデニル化反応が引き起こされる（図 7.57）。第 6 章（6.7 節）で解説したように，そのような脱アデニル化は，mRNA の P ボディへの輸送と 5′ 末端のキャップ除去を伴った速やかな RNA の分解を引き起こす。このキャップ除去とそれに先立つ脱アデニル化によって，mRNA は 5′ 側と 3′ 側の両側からのエキソヌクレアーゼによる分解を受けやすくなる。前述の通り，miRNA は無傷のまま解離し，次の標的と結合することで，mRNA 分解が継続したサイクルとして触媒される。

低分子 RNA は翻訳を抑制することもある

　低分子 RNA によって引き起こされる配列内部での切断や脱アデニル化を介した mRNA 分解は，mRNA からタンパク質への翻訳を抑制する。しかし，これに加えて，miRNA は mRNA 分解への関与とは独立に標的 mRNA の翻訳を直接抑制することが明らかにされている。この抑制は，脱アデニル化の場合と同じように，miRNA が標的 mRNA とは完全には相補的でない場合に起きる。そのような翻訳阻害は，リボソームによるタンパク質翻訳の開始段階（図 7.58a）か，アミノ酸残基が連結する翻訳伸長段階（図 7.58b）のいずれかで起きる。以下，これらについて解説していく。

　miRNA を介した翻訳開始の阻害は，翻訳装置が mRNA の 5′ キャップを認識す

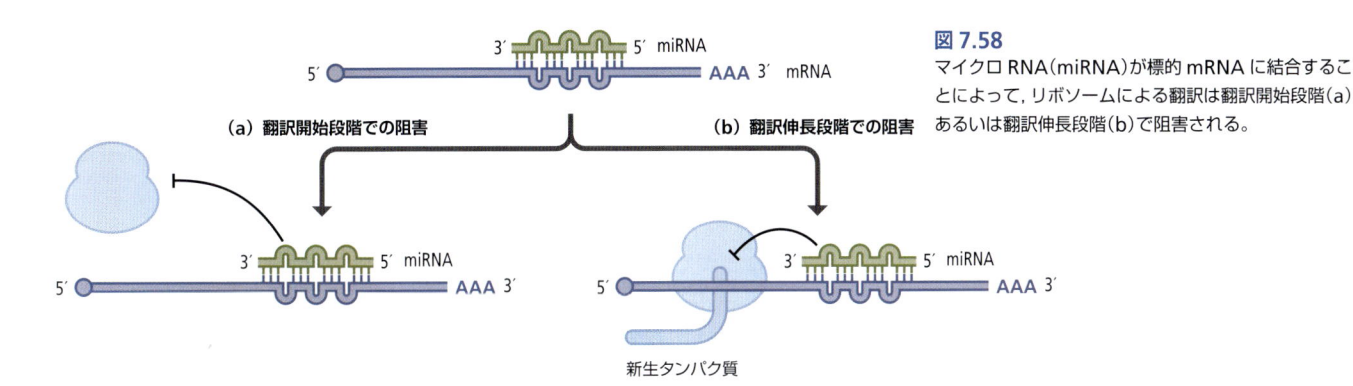

図 7.58
マイクロ RNA (miRNA) が標的 mRNA に結合することによって、リボソームによる翻訳は翻訳開始段階(a)あるいは翻訳伸長段階(b)で阻害される。

る場合の方が，IRES を利用する場合よりも，顕著に強い。このことは，miRNA が mRNA の 5′ キャップからの翻訳開始を阻害している可能性を示唆する。この考え方と一致するように，Argonaute ファミリーに属するタンパク質のいくつかには，翻訳開始因子 eIF4E との相同性が見つかる。そのような Argonaute タンパク質が miRNA とともに標的 mRNA ヘリクルートされると，キャップに結合して eIF4E の結合を阻害し，他の翻訳開始因子や 40S サブユニットの結合を阻害する可能性がある (図 7.59)。

第 6 章 (6.6 節) で解説したように，リボソームの 40S サブユニットは，mRNA に結合すると開始コドン AUG に出会うまで mRNA 上を下流に移動する。この時点で 60S サブユニットが 40S サブユニットに結合することで，翻訳が開始される。miRNA は翻訳開始のこの段階も阻害しているという実験的証拠が報告されている。

miRNA-RISC 複合体は，翻訳開始因子の 1 つである eIF6 と結合することが示されている。eIF6 は，リボソームの大小 2 つのサブユニットが尚早に会合するのを抑制することで，翻訳開始反応に重要な役割を担っている。それゆえ，miRNA-RISC 複合体によって eIF6 が mRNA 上ヘリクルートされると，60S サブユニットの結合を阻害し，翻訳開始が阻害されると予想される (図 7.60)。最近では，eIF6 は細胞内に比較的少量しか存在せず，翻訳効率を決定するうえでの律速因子であることが示されている。miRNA による eIF6 を介した翻訳調節はきわめて興味深い。

このような miRNA による 2 つの翻訳開始阻害機構は，相互排他的なものではな

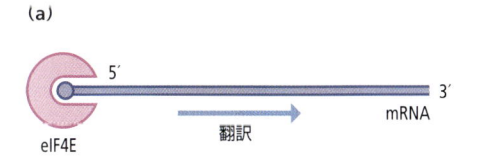

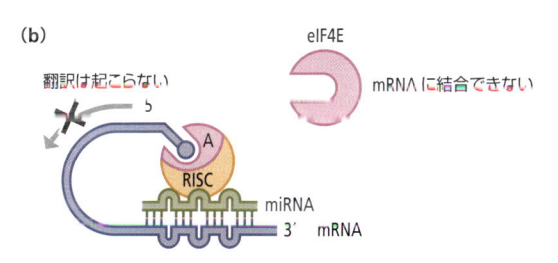

図 7.59
RNA 誘導型サイレンシング複合体 (RISC) 中の Argonaute タンパク質 (A) が mRNA の 5′ キャップに結合することにより，eIF4E とキャップとの結合が阻害され，翻訳が抑制される。

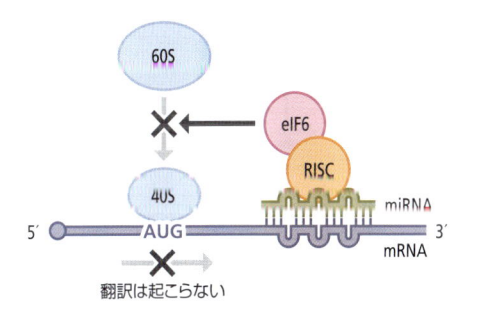

図 7.60
eIF6 が RNA 誘導型サイレンシング複合体 (RISC) に結合することにより，mRNA 上のリボソーム 40S サブユニットへの 60S サブユニットの結合が阻害され，翻訳が抑制される。

い．実際，eIF4E の結合阻害と 60S サブユニットの結合阻害は協力して働くことによって，キャップ依存的翻訳の開始を強力に抑制しているかもしれない．同様に，リボソームの 60S サブユニットの結合阻害は，miRNA が IRES 依存的な翻訳開始を阻害することを説明するための根拠となる可能性がある．

このように翻訳開始の阻害は，miRNA を介した遺伝子発現抑制機構の鍵となる現象であると思われるが，これが唯一の分子機構ではない．そのような例は，最初に解析された miRNA である lin-4 miRNA（1.5 節）にみることができる．lin-4 がその標的である lin-14 を阻害する際には，lin-14 mRNA には多数のリボソームが結合しているにもかかわらず，Lin-14 タンパク質の合成は阻害されている．すなわち，この場合や同様の現象を示す多くの状況では，翻訳開始よりも後の段階で阻害が起きている．

残念ながら現在のところ，このような翻訳開始後の現象の分子機構は不明である．RISC は，リボソームが mRNA からタンパク質を翻訳する過程に直接働きかけているのかもしれない（図 7.61a）．あるいは，RISC はプロテアーゼをリクルートし，リボソーム上で翻訳されている合成途上のタンパク質を分解しているのかもしれない（図 7.61b）．

以上のように，miRNA は，翻訳開始段階から翻訳伸長段階まで複数の機構によって翻訳反応に影響を与えている．個々の miRNA は，各々異なった機構を使って翻訳を抑制しているかもしれないし，場合によっては，複数の抑制機構を組み合わせることによって，遺伝子の発現を非常に強力に阻害していることもあるかもしれない．

興味深いことに，ある種の条件下では，miRNA は翻訳の促進に働くことが最近になって示唆されている．たとえば，増殖中の細胞では，特定の miRNA（miR369-3）が腫瘍壊死因子α（tumor necrosis factor α；TNFα）mRNA に結合し，その翻訳を抑制している．しかし，血清を培地から除いて細胞増殖を停止させた条件下では，TNFα mRNA に結合した miR369-3 は，まったく逆の作用である翻訳促進に働く．このような作用の詳細な機構は不明であるが，RISC が血清飢餓状態の細胞内で他のタンパク質をリクルートし，mRNA の翻訳を促進しているようである（図 7.62）．

miR-10a の場合，mRNA 上の結合部位に依存して翻訳に及ぼす効果が変化する．この miRNA は，リボソームタンパク質をコードする mRNA を含む多数の mRNA の 5′ UTR に結合することで，それらの翻訳を促進する（図 7.63a）．これとは反対に，miR-10a が 3′ UTR に結合する mRNA も存在し，これらに対しては翻訳を

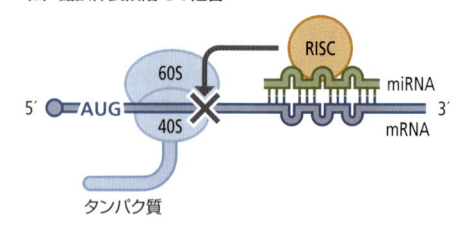

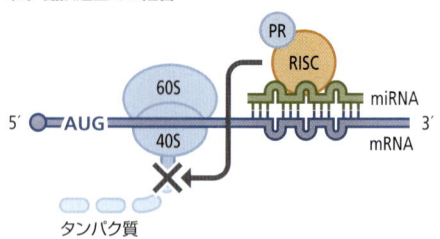

図 7.61
マイクロ RNA（miRNA）による翻訳開始後の阻害は，翻訳伸長を直接阻害している場合(a)と，RNA 誘導型サイレンシング複合体（RISC）と会合するプロテアーゼ（PR）によって翻訳途上のタンパク質が分解されることによって引き起こされている場合(b)とが考えられる．

図 7.62
増殖期の細胞において，miR369-3 マイクロ RNA は TNFα mRNA に結合し，その翻訳を抑制する．しかし，増殖が停止した細胞では，FXR1 という別のタンパク質が RNA 誘導型サイレンシング複合体（RISC）へリクルートされ，miR369-3 の結合が TNFα mRNA の翻訳促進に働くようになる．

図 7.63
(a) miR-10a マイクロ RNA が特定の mRNA（mRNA 1）の 5′ 非翻訳領域（UTR）に結合すると，翻訳は促進される．(b) これとは反対に，miR-10a が別の mRNA（mRNA 2）の 3′ UTR に結合すると，翻訳は抑制される．

抑制する（図 7.63b）。

このように，miRNA は，(miR369-3 のように)特定の mRNA に対して条件に応じて異なった影響を与えることもあれば，(miR-10a のように)mRNA 上の結合位置に依存して異なった影響を与えることもある。

miRNA は遺伝子発現を多様なレベルで制御している

本節では，mRNA 分解や mRNA 翻訳など，転写後の過程に対する miRNA の効果について解説してきた。これらの作用によって，いくつかのケースでは転写に対する作用を伴って（3.4 節），miRNA は遺伝子発現調節において鍵となる役割を担っている。実際，ヒトの細胞内には，およそ 1,000 種類もの miRNA が存在しており，各々が多数の異なった標的 mRNA に結合して発現を抑制している模様である。

これら mRNA の多くは，さまざまな細胞機能の発現過程に直接関わる構造タンパク質をコードしているが，相当数の miRNA の標的は，転写因子や選択的スプライシング調節因子など，調節タンパク質である。このような事実は，転写調節因子の遺伝子それ自体が，しばしば転写後調節や選択的スプライシングを受けているという結論（7.5 節）をさらに補強するものである。

このような作用を通じて，各々の miRNA が遺伝子発現に対して非常に広範な影響を与えていることは明白である。転写因子や選択的スプライシング因子の発現に影響を与えることで，miRNA は，直接発現抑制している標的に加えて，他の多くの遺伝子の発現を間接的に制御することができる。さらに，負に働く調節分子の発現を抑制することによって，miRNA は下流の遺伝子の発現を抑制するばかりでなく促進することもできる（図 7.64）。

miR-124 のケースは，このような例としてきわめて典型的である。この miRNA は，神経細胞で発現し，非神経細胞で発現する数多くの遺伝子を標的として直接抑制する。それに加えて，*miR-124* は，転写調節因子 SCP1 や選択的スプライシング調節因子 PTB1 の発現を抑制する。SCP1 は転写リプレッサー複合体である REST（repressor-element silencing transcription factor，リプレッサーエレメントサイレンシング転写因子）の構成成分として，非神経細胞での神経関連遺伝子の発現を抑制している。したがって，SCP1 の発現抑制は，数多くの神経関連遺伝子の発現促進につながる。同様に，PTB1 は，標的遺伝子の神経特異的なスプライシングパターンを抑制する。それゆえ，*miR-124* による PTB1 の発現抑制によって，下流遺伝子の神経特異的な選択的スプライシングが行われるようになる（図 7.65）（神経細胞での遺伝子発現調節における *miR-124* の役割についての詳細は 10.2 節参照）。

まとめ

転写レベル以外にも，遺伝子発現はさまざまな段階で制御される。下等生物ではそのような転写後調節が，主要な遺伝子発現調節機構となっていることもある。しかし，哺乳動物においては，特定の条件に適応する形で転写後調節が機能している。

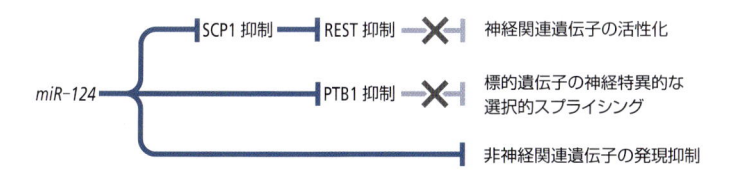

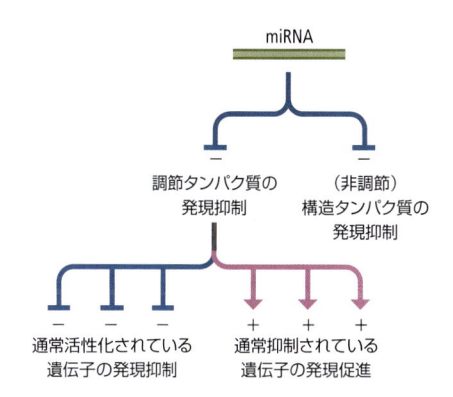

図 7.64
マイクロ RNA（miRNA）は調節タンパク質の発現を抑制することにより，調節タンパク質により抑制されている下流遺伝子の発現を促進する。あるいは，調節タンパク質により活性化されている下流遺伝子の発現を抑制する。

図 7.65
miR-124 マイクロ RNA は，非神経細胞で発現する数多くの遺伝子を直接抑制する。それに加えて *miR-124* は，転写リプレッサー複合体である REST の構成成分 SCP1 の発現を抑制し，神経関連遺伝子の発現抑制を解除することによって，神経細胞の分化を促進する。同様に，*miR-124* は選択的スプライシング調節因子 PTB1 の発現を抑制し，神経特異的な選択的スプライシングの抑制を解除する。

たとえば，ホルモン刺激やストレスに対して敏速に応答することができるように，RNAの安定性や翻訳が調節されている。同様に，転写後調節は，転写や選択的スプライシング自身を制御するタンパク質に対する主要な制御機構としても機能しているようである。

　このような遺伝子発現における転写後調節では，しばしばmiRNAなど抑制性の低分子RNAが関わっている。個々のmiRNAは，制御には関わらない構造タンパク質をコードする遺伝子を抑制するばかりでなく，遺伝子発現を制御するタンパク質をコードする遺伝子も抑制している。標的遺伝子の転写やスプライシングを調節する因子の発現に対する作用に応じて，各々のmiRNAは，遺伝子発現を直接にも間接的にも，正にも負にも制御しうる。

　このような遺伝子発現に対する転写後調節機構の影響とともに，選択的スプライシングやRNA編集などの転写後過程が，単一の遺伝子座から複数の類似したタンパク質を作り出すために重要である。これは，DNAマイクロアレイ（1.2節）や近年行われるようになった大量のDNA配列データの解析など，ゲノム全体にわたる解析によって明らかにされ，各々の遺伝子に対する先行研究から導き出されていた結論を裏づけるものである。すなわち，複数のエキソンをもつヒト遺伝子の実に90％以上は選択的スプライシングを受けている。一方，このようなゲノム全体にわたる解析によって，RNA編集の新たな標的が多数見つかってきている。

　全体としてみると，転写後調節機構は，遺伝子発現調節に対して質的にも量的にも関与しており，敏速な応答が要求される場面や単一遺伝子座から複数の関連タンパク質を産生する場合など，転写レベルでの調節を補完する重要な働きをしている。

キーコンセプト

- 遺伝子発現を制御するうえで転写調節は主要な制御段階であるが，しばしば転写調節を補完する形で，転写後調節が起きている。
- このような転写後調節は，最初の転写反応からタンパク質翻訳まで数多くの異なったレベルで起きている。
- 転写後調節の中でも，選択的スプライシングとRNA編集は，転写調節を補完する形で，1つの遺伝子から類似した多様なタンパク質を作り出すために使われている。
- RNA安定性と翻訳の調節は，転写調節を補完する形で，タンパク質量の敏速な変化が必要とされる状況でよく使われている。
- 低分子RNAは，標的mRNAの分解あるいは翻訳阻害を引き起こすことによって，遺伝子発現における転写後調節の鍵となる役割を担っている。
- 転写後調節は，しばしば転写因子をコードする遺伝子に対して行われており，転写調節に関わるタンパク質自身は転写レベルでの制御を受けないようにしている。

参考文献

7.1　選択的RNAスプライシング

David CJ & Manley JL (2008) The search for alternative splicing regulators: new approaches offer a path to a splicing code. *Genes Dev*. 22, 279-285.

Editorial (2008) Multitudes of messages. *Nat. Genet*. 40, 1385.

Hertel KJ (2008) Combinatorial control of exon recognition. *J. Biol. Chem*. 283, 1211-1215.

Kornblihtt AR (2005) Promoter usage and alternative splicing. *Curr. Opin. Cell Biol*. 17, 262-268.

Matlin AJ, Clark F & Smith CWJ (2005) Understanding alternative splicing: towards a cellular code. *Nat. Rev. Mol. Cell Biol*. 6, 386-398.

McGlincy NJ & Smith CW (2008) Alternative splicing resulting in nonsense-mediated mRNA decay: what is the meaning of nonsense? *Trends Biochem. Sci*. 33, 385-393.

7.2　RNA編集

Samuel CE (2003) RNA editing minireview series. *J. Biol. Chem*. 278, 1389-1390.

7.3　RNA輸送制御

Besse F & Ephrussi A (2008) Translational control of localized mRNAs: restricting protein synthesis in space and time. *Nat. Rev. Mol. Cell Biol*. 9, 971-980.

Martin KC & Ephrussi A (2009) mRNA localization: gene expression in the spatial dimension. *Cell* 136, 719-730.

Mili S & Macara IG (2009) RNA localization and polarity: from A(PC) to Z(BP). *Trends Cell Biol*. 19, 156-164.

Sandri-Goldin RM (2004) Viral regulation of mRNA export. *J. Virol*. 78, 4389-4396.

St Johnston D (2005) Moving messages: the intracellular localization of mRNAs. *Nat. Rev. Mol. Cell Biol*. 6, 363-375.

Wharton RP (2009) A splicer that represses (translation). *Genes Dev.* 23, 133–137.

7.4 RNA 安定性の制御
Goldstrohm AC & Wickens M (2008) Multifunctional deadenylase complexes diversify mRNA control. *Nat. Rev. Mol. Cell Biol.* 9, 337–344.

Mata J, Marguerat S & Bahler J (2005) Post-transcriptional control of gene expression: a genome-wide perspective. *Trends Biochem. Sci.* 30, 506–514.

Wilusz CJ & Wilusz J (2004) Bringing the role of mRNA decay in the control of gene expression into focus. *Trends Genet.* 20, 491–497.

7.5 翻訳調節
Komar AA & Hatzoglou M (2005) Internal ribosome entry sites in cellular mRNAs: mystery of their existence. *J. Biol. Chem.* 280, 23425–23428.

Richter JD & Sonenberg N (2005) Regulation of cap-dependent translation by eIF4E inhibitory proteins. *Nature* 433, 477–480.

Sonenberg N & Hinnebusch AG (2009) Regulation of translation initiation in eukaryotes: mechanisms and biological targets. *Cell* 136, 731–745.

7.6 低分子 RNA による遺伝子発現の転写後抑制機構
Bartel DP (2009) MicroRNAs: target recognition and regulatory functions. *Cell* 136, 215–233.

Eulalio A, Huntzinger E & Izaurralde E (2008) Getting to the root of miRNA-mediated gene silencing. *Cell* 132, 9–14.

Makeyev EV & Maniatis T (2008) Multilevel regulation of gene expression by microRNAs. *Science* 319, 1789–1790.

Pillai RS, Bhattacharyya SN & Filipowicz W (2007) Repression of protein synthesis by miRNAs: how many mechanisms? *Trends Cell Biol.* 17, 118–126.

Wu L & Belasco JG (2008) Let me count the ways: mechanisms of gene regulation by miRNAs and siRNAs. *Mol. Cell* 29, 1–7.

遺伝子調節と
シグナル伝達経路

イントロダクション

転写因子は転写因子自体の合成や活性制御により調節されている

　第5章で述べたように，転写因子は，転写の過程，特異的なDNA配列への結合，結合時における標的遺伝子の転写活性化もしくは抑制に作用するのに重要である。明らかに，そのような転写因子は，遺伝子の転写調節に中心的な役割を担っている。第1章(1.4節)で述べたように，転写は遺伝子発現の重要な段階である。遺伝子発現は，異なる細胞種と組織を作り出すため，または，細胞が特異的な刺激に応答するために調節されている。

　しかしながら，これを達成するためには，転写因子自体が異なる細胞種で特異的に働くか，もしくは，ある特異的シグナルに応じて働きが調節される必要がある。転写因子は，適切な細胞種中で，もしくは，特定の刺激に応答してそれらの標的遺伝子群をオン/オフする。よって，細胞の表現型に適切な変化をもたらす。

　一般的に，転写因子自体のそのような調節は，異なる場合で使われる2つの方法(図8.1)により達成される。1つ目の方法(図8.1a)は，ある組織や細胞種だけで合成された転写因子が遺伝子調節を行う場合である。その組織や細胞種に転写因子が存在する場合，その転写因子が遺伝子発現を活性化する。一方，その転写因子が存在しない場合，遺伝子発現の活性化が起こらない。

　この機構は，特定の遺伝子発現パターンがかなりの期間維持される状況で広範囲に使われている。そして，これは，その期間中に合成され発現を維持した特定の転写因子により最も容易に達成される。したがって，この方法は，細胞種特異的な遺伝子，または発生上制御されている遺伝子を調節する転写因子に頻繁に使われている。そして，その転写因子をコードする遺伝子は，ある特定の細胞種や発生のある特定の時期にだけ転写される。この方法については，発生過程における遺伝子調節および細胞種特異的な遺伝子調節の考察の一部として，第9章および第10章で詳しく述べる。

　転写因子合成のような転写レベルでの制御は，標的遺伝子の発現調節の単純な方法を示しているものの，転写因子の調節に使われている機構はこれだけではない。つまり，転写因子をコードする遺伝子の転写レベルでの調節は，その第一の転写因子を制御する少なくももう1つの転写因子を必要とする。同様に，もしその第二の転写因子の発現が，転写レベルで調節されていれば，さらなる因子が必要となる(図8.2)。よって，このような転写調節だけを使う方法は，その転写因子の発現制御に他の転写因子を必要とする，終わりのない階層性を潜在的に必要とすることになる。

　この問題の解決の1つは，転写因子の発現が転写後レベルで調節されることであろう。実のところ，いくつかのケースでみられる。たとえば，酵母の転写因子GCN4の合成は，アミノ酸の摂取に応じてmRNAの翻訳レベルで調節されている

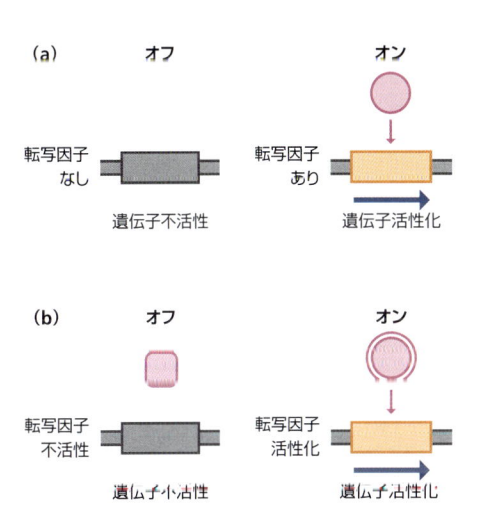

図8.1
遺伝子活性化は，ある特定の細胞種だけにおける，あるいは特定のシグナルだけに応答した，転写因子の合成(a)または転写因子の活性化(b)によって行われる。

図 8.2
転写因子 A をコードする遺伝子の転写調節は，特定の状況下で転写因子 A を合成させ，その結果，標的遺伝子群の転写調節と，さらには細胞表現型の変化をもたらす。しかしながら，転写因子 A の遺伝子の転写調節には，少なくとももう1つの別の転写因子(B)の調節が必要である。この転写因子 B の調節には，転写因子 B をコードする遺伝子の転写調節，もしくは，図中に破線で示されているような他の方法が必要であろう。

(7.5 節)。

しかしながら，転写因子合成の転写レベルや転写後レベルでの調節と同様に，転写因子は，活性化のレベルでも調節されている(図 8.1b)。この機構では，標的遺伝子群が発現していない状態で，転写因子は，すでに不活性の状態で存在している。そして，標的遺伝子群を発現するために，ある特定の状況で翻訳後に転写因子は活性化される。よって，このような場合，転写因子はその転写因子の合成の段階で調節されないが，すでに存在している転写因子タンパク質の活性が調節される。

これの1つの実例は，熱ショック転写因子(heat shock factor；HSF)である。第4章(4.3節)で述べたように，この因子は，ストレス誘導遺伝子群の DNA 中にある**熱ショック DNA 配列**(heat shock element；HSE)に結合し，温度の上昇や他のストレスに応答したそれら遺伝子の誘導に重要な役割を担っている。

興味深いことに，HSF は熱ショックに曝露される前からあらかじめ細胞内に存在し，新たなタンパク質の合成を阻害するタンパク質合成阻害薬の存在下でさえも，温度の上昇や他のストレスに応答して熱ショック遺伝子群を活性化することができる。したがって，熱ショックに応じて，不活性型だった HSF は，翻訳後修飾され活性型に変換されることが明らかである。これと一致して，新たなタンパク質の合成が起きない条件下でも，単離された無細胞核抽出液中でも，温度の上昇で活性型になれる。この機構の影響については 8.1 節でさらに述べる。したがって，翻訳後修飾による転写因子の活性化は，明らかに遺伝子調節の重要な機構である(図 8.1b)。

したがって，転写因子の合成調節と活性調節の両者は，異なる状況で使われている。特に，既存の転写因子の活性化は，遺伝子調節，RNA プロセシング，翻訳などを通した新たな合成に必要な一連の過程よりも，かなり素早い反応を可能にする(図 8.3)。そのため，このような活性化は，細胞種特異的や発生上調節されている遺伝子発現とは対照的に，シグナルに応答する細胞性遺伝子発現の迅速な変化が必要とされる場合，細胞内シグナル伝達経路の応答に頻繁に利用されている。よって，ある特異的シグナルに細胞が曝されることは，転写因子の活性の変化をもたらし，次に，その転写因子の標的遺伝子群発現の変化を生じるであろう。標的遺伝子にコードされているタンパク質レベルの変化は，シグナルに応じて細胞の性質を適切に変化させ，生物学的効果をもたらす(図 8.4)。転写因子の活性を調節する細胞内シグナル伝達経路の機構は，本章で述べる。

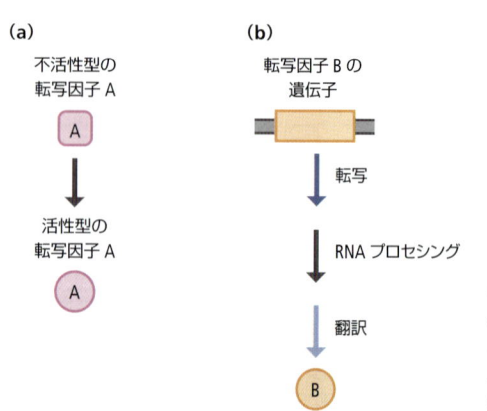

図 8.3
転写因子タンパク質の合成に多くの段階が必要な転写因子 B をコードする遺伝子の新たな転写(b)を開始するよりも，転写因子 A の翻訳後の活性化(a)の方が，はるかに素早く対応できる。

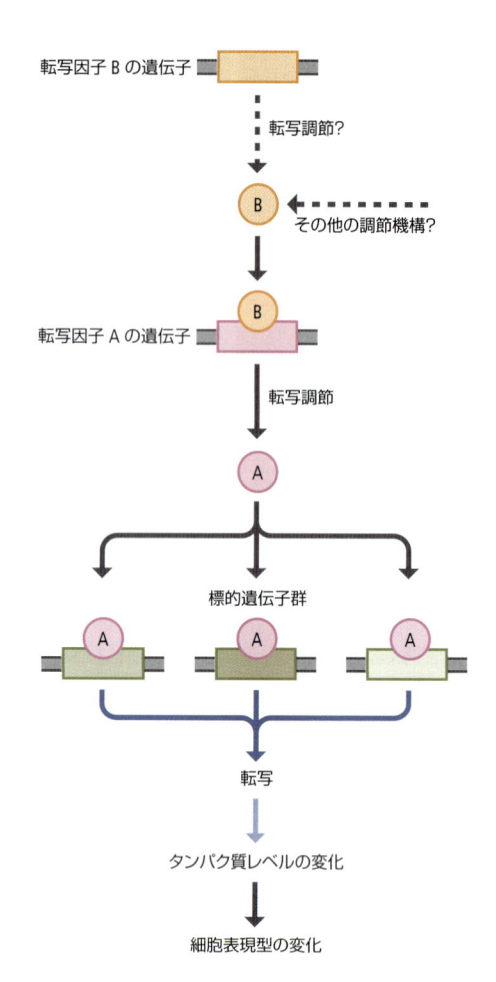

多数の機構が転写因子の活性を調節する

図 8.5 に示しすように，多くの異なる機構が，転写因子の活性を調節する。細胞に入ってくるシグナル分子の場合，リガンドの転写因子への直接の結合は，しばしば，転写因子活性の調節機構に用いられている。そのような細胞内リガンドによる転写因子の調節は，8.1 節（図 8.5a）で述べる。反対に，細胞表面の受容体に結合し細胞内に取り込まれないシグナル分子は，たとえばリン酸化のように（図 8.5b）翻訳後にタンパク質を修飾する酵素を誘導することにより作用する。リン酸化による転写因子の翻訳後修飾は 8.2 節で，また，転写因子の活性を調節する他の翻訳後修飾は 8.3 節で述べる。

転写因子の翻訳後修飾とは対照的に，細胞表面の受容体に結合する他のシグナル分子は，転写因子の活性型分子を作るために大きな不活性型前駆体の切断を誘発することで作用する（図 8.5c）。これは 8.4 節で述べる。以下に述べるように，リガンド結合，翻訳後修飾や前駆体切断による活性化の多くのケースも，得られたタンパク質と他のタンパク質（図 8.5d）との相互作用に変化を伴う。これは 8.1 〜 8.4 節で，適切なケースを用いて述べる。

最後に，転写因子への作用に加えて，シグナル伝達経路は，遺伝子調節に重要な役割をもつ転写後の過程（第 6 章，第 7 章で述べた）も調節していることを注記しておく。遺伝子発現の一連の過程におけるシグナル伝達経路の影響は，8.5 節で述べる。

図 8.4
ある特定のシグナルによる生物学的効果は，シグナルで活性化される転写因子によってもたらされる。そして，転写因子は，その標的遺伝子群を活性化する。これは，標的遺伝子群がコードするタンパク質のレベルを増大させ，結果的に，細胞の表現型に適切な変化をもたらす。

8.1 細胞に入ってくるリガンドによる転写因子活性の調節

転写因子は細胞に入ってくるリガンドの直接の結合により活性化される

細胞に入ってくるシグナル分子の場合，潜在的に転写因子に結合でき，たとえば転写因子の構造変化により直接その転写因子の活性を調節する（図 8.5a）。そのよ

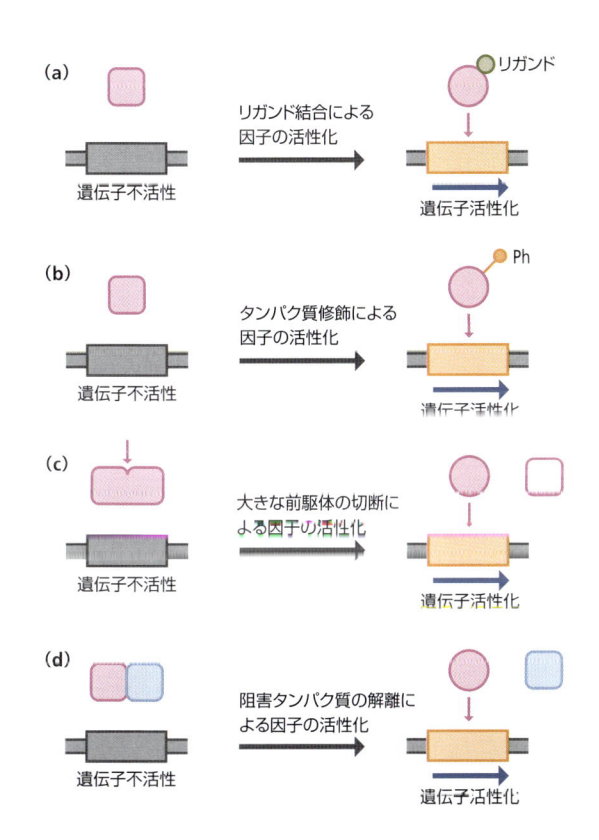

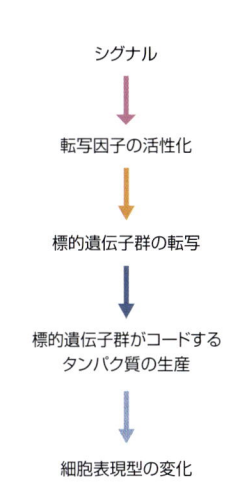

図 8.5
翻訳後調節により，不活性型（四角形）から活性型（円形）に転写因子が活性化される機構。

うなタンパク質とリガンドの相互作用で転写因子を活性化する実例には，銅に応答してメタロチオネイン遺伝子を誘導する酵母のACE1因子がある。この転写因子は，銅との結合で大幅な構造変化が生じることが示されている。この構造変化は，メタロチオネイン遺伝子の調節領域にある結合配列にACE1を結合させ，そして，転写を誘導する。したがって，この転写因子の活性は銅で直接調節され，銅の存在に応じて遺伝子発現を活性化する（図8.6）。

ある特定の刺激により転写因子の活性が直接調節されるもう1つの興味深い実例は，高酸素状態で活性化され抗酸化遺伝子の発現を調節する酵母のYap1タンパク質である。この因子は，アミノ酸のシステイン間の**ジスルフィド結合**（disulfide bond）をもっている。このジスルフィド結合は，この因子の核外輸送シグナル（nuclear export signal；NES）を覆い隠し，したがって，この因子は核内にとどまり標的遺伝子群を調節できる。低酸素状態では，ジスルフィド結合は還元されて切断される。そして，タンパク質は再び折りたたまれ，NESが露出するようになる。これによりYap1は細胞質へ輸送され，転写は起こらなくなる（図8.7）。

転写因子である核内受容体ファミリーのメンバーは，適切なリガンドの結合により活性化される

前述の例のように，刺激により転写因子の活性を直接調節することは，生育環境と密接に関わる酵母で広く用いられている。しかしながら，この調節は，最も解析された核内受容体ファミリーの転写因子（5.1節）が存在する多細胞生物でも起こる。この核内受容体ファミリーは，ステロイドホルモンと甲状腺ホルモンの受容体を含む。

直接リガンドによる調節を受けるわかりやすい例は，核内受容体ファミリーのメンバーである甲状腺ホルモン受容体でみられる。5.3節で述べたように，この受容体は，甲状腺ホルモンの非存在下でDNAに結合し，コリプレッサーをリクルートして転写を抑制する。ホルモンに結合すると，DNAに結合した核内受容体は，構造変化する。この構造変化により，コリプレッサーではなくコアクチベーターと結合するようになり，よって，その標的遺伝子群の転写を活性化する。この機構は，特定の標的遺伝子群を調節することによって，甲状腺ホルモンが細胞の代謝増大という生物学的効果を生み出す。これは，リガンドが転写因子に直接結合するという点でACE1のケースに類似している。しかしながら，甲状腺ホルモンがDNAに結合した受容体の構造変化を引き起こすという点で異なる。一方，銅の結合による構造変化によって，ACE1は，DNAへ結合する。

甲状腺ホルモン受容体の状況とは対照的に，適切なホルモンの非存在下では，核内受容体ファミリーのメンバーのいくつかは，DNAに結合しない。たとえば，グルココルチコイド受容体は，通常，細胞質に存在し，ホルモンが添加されたときに

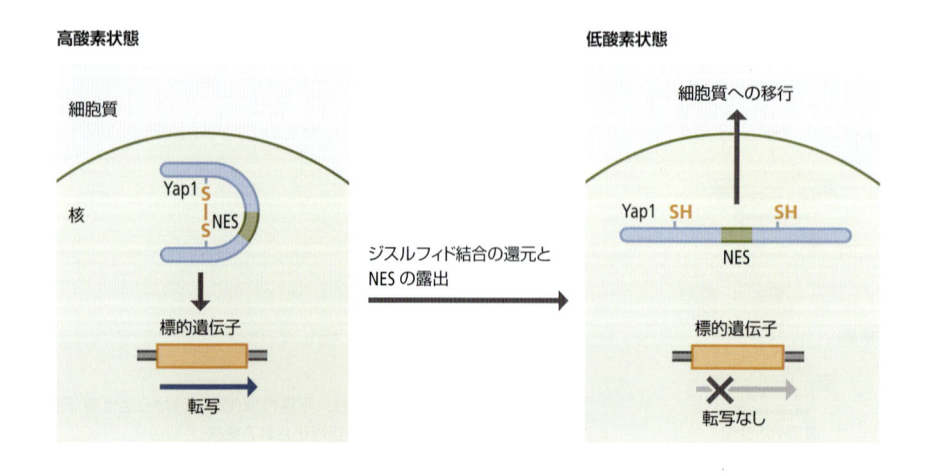

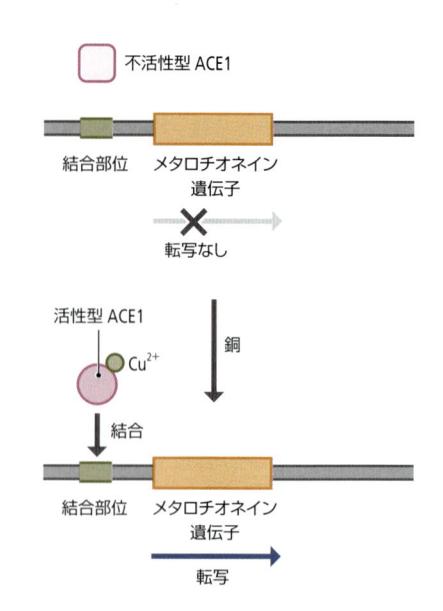

図8.6
銅に応答したACE1の活性化は，メタロチオネイン遺伝子の転写をもたらす。

図8.7
高酸素状態では，ジスルフィド結合が核外輸送シグナル（NES）を覆い隠しているので，Yap1タンパク質は核に保持され標的遺伝子群を活性化する。低酸素状態では，ジスルフィド結合は還元されて核外輸送シグナルが露出するので，Yap1は細胞質に移行し，その結果，標的遺伝子群の活性化が妨げられる。

だけ DNA に結合し転写を活性化する。当初は，ACE1 のように，ホルモンの受容体への結合が，DNA に結合する能力とホルモン応答遺伝子群の転写のスイッチを入れる能力を有効にすると考えられていた。しかしながら，グルココルチコイドホルモンの存在下のみ，受容体は細胞内で DNA に結合するものの，ホルモンの非存在下でも受容体は，DNA に結合することが試験管中で示された。

このことは，以下のような考え方を導き出す。細胞内で，グルココルチコイド受容体は，他のタンパク質と会合することで DNA 結合が阻害されている。そして，ホルモンはその会合を解除する働きをし，受容体は，DNA に結合するという本来備わっている能力を発揮する。この考え方に一致して，グルココルチコイド受容体は，細胞質内で 90 kDa の熱ショックタンパク質（Hsp90）と会合していることが示されている。ステロイドホルモンが結合すると，グルココルチコイド受容体はHsp90 から解離し，受容体は二量体を形成する。Hsp90 の解離は，受容体の**核局在化シグナル**（nuclear localization signal；NLS）を露出させ，受容体を核内輸送タンパク質と相互作用させる。これにより，受容体によって遺伝子転写が調節される核への受容体の移行が促進される（図 8.8）。

Hsp90 との複合体形成は，グルココルチコイド受容体に限ったことではなく，エストロゲン受容体とプロゲステロン受容体のような他のステロイド受容体でも報告されている。よって，これらのホルモン受容体で活性化される転写は，タンパク質間の会合を壊すリガンドとの相互作用を伴う。さもなければ，そのタンパク質間の会合は，細胞質にとどまることによって受容体に本来備わっている DNA 結合能を阻害する。

ホルモン誘導による Hsp90 の受容体からの解離は，受容体の DNA 結合に十分であるが，転写活性化にとっては，そうではない。ゆえに，そのような転写活性化には，リガンド誘導による受容体の構造変化が必要である。その構造変化は，受容体 C 末端の転写活性化ドメイン（5.2 節）を露出させ，これにより，ホルモン依存的に受容体は転写を活性化する。

受容体の構造解析により，ホルモンが受容体の構造変化を引き起こすことが明らかにされた。結合したリガンドを覆う蓋を形成できるように，リガンド結合ドメインの再編成をもたらす。受容体からのリガンド解離の防止とともに，この構造により，受容体の転写活性化ドメインをコアクチベーター（5.2 節）に相互作用させ，その結果，転写活性化が起きる（図 8.9）。

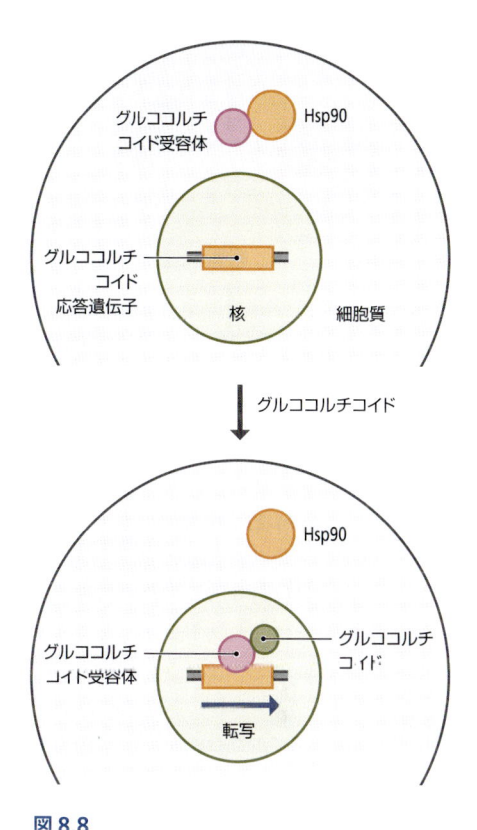

図 8.8
グルココルチコイド受容体へのグルココルチコイドの結合は，Hsp90 との解離とホルモン-受容体複合体の核への移行をもたらす。核へ移行した複合体により，グルココルチコイド応答遺伝子群の転写が活性化される。

図 8.9
リガンドの有無による核内受容体の略図（a, b）と構造モデル（c）。リガンド結合は構造変化をもたらすので，C末端領域（ピンク色）がリガンドを覆う蓋を形成し，転写活性化ドメインはコアクチベーターと相互作用できる。

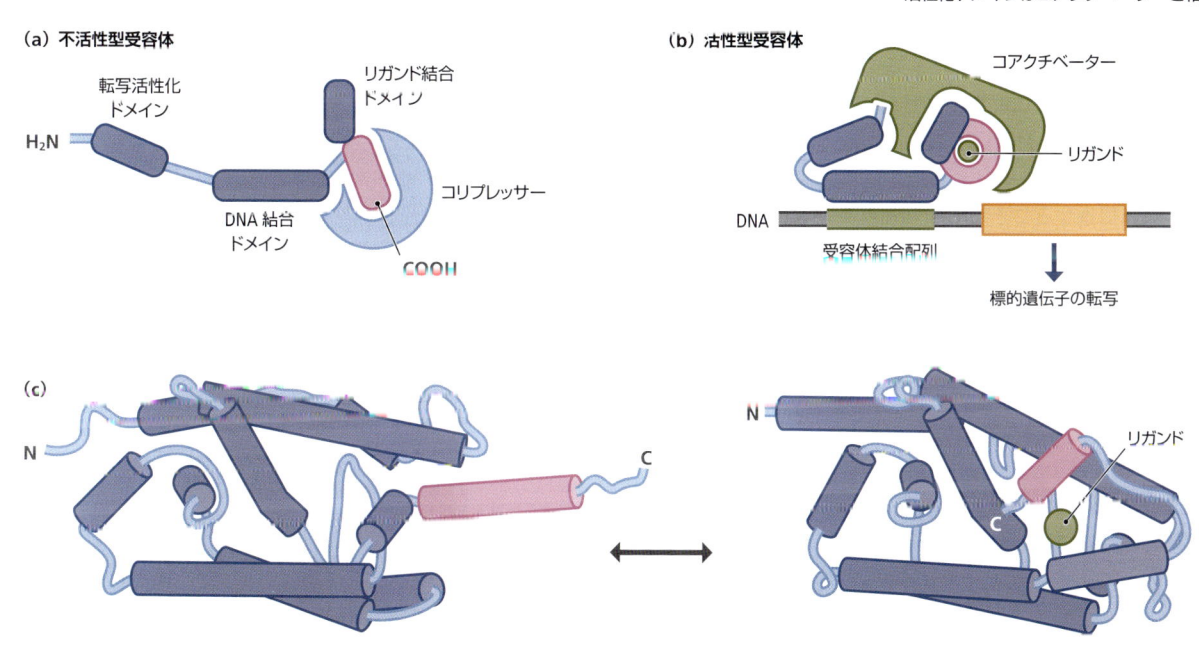

図 8.10
(a) グルココルチコイドの結合によるグルココルチコイド受容体(GR)のような活性化は，Hsp90の解離と受容体の構造変化を伴い，コアクチベーター(CA)が結合できるようになる。(b) 一方，甲状腺ホルモン結合による甲状腺ホルモン受容体(TR)の活性化には，後者だけが関わる。

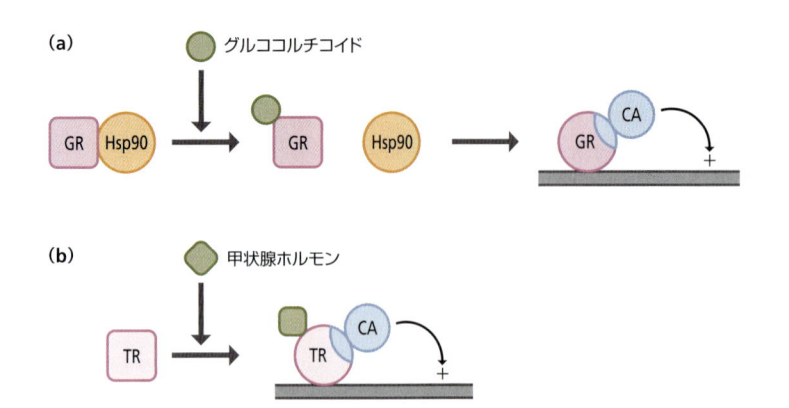

　エストロゲン自体は，エストロゲン受容体の構造変化，そして，転写の活性化を誘導できる。しかし，興味深いことに，エストロゲンの拮抗薬ラロキシフェンは，エストロゲン受容体に結合するものの，そのようなことはできない。このことは，転写活性化におけるリガンドによる構造変化の役割のさらなる証拠である。さらに，ラロキシフェンは，エストロゲンと受容体への結合に対して拮抗するものの転写を活性化できないので，エストロゲンによる遺伝子発現活性化に対する拮抗作用を説明できる。

　したがって，グルココルチコイド受容体とエストロゲン受容体のようなステロイド受容体は，2段階の過程で活性化される。1段階目は，Hsp90との解離によるDNA結合能の表出。2段階目は，転写活性化能の変化(図8.10a)。これは，リガンドによる構造変化の機構(図8.5a)と阻害タンパク質からの解離の機構(図8.5d)を組み合わせた機構である。

　この2段階の活性化と甲状腺ホルモン受容体の活性化(前述，および5.3節参照)の比較は，次のことを示している。甲状腺ホルモン受容体は，ホルモンにより構造変化した後，受容体の転写活性化ドメインにコアクチベーターが結合するという2段階目だけを使っている(図8.10b)。

　したがって，すべての核内受容体において，リガンドによる活性化には，コアクチベーターが結合するC末端の転写活性化ドメインの構造変化が伴う。しかしながら，グルココルチコイドとエストロゲンのようなステロイド受容体の場合，Hsp90と受容体の相互作用の解離を伴う段階がこれに先行する。

　すべての核内受容体において，転写活性化において決定的な役割は，ホルモン依存的に受容体に取り込まれるコアクチベーターが果たす。核内受容体に相互作用しうる多くのコアクチベーターは，明確にされてきており，TIF-1，TIF-2，SRC-1，SRC-3とCREB結合タンパク質(CREB-binding protein：CBP)である。第5章(5.2節)で述べたように，コアクチベーターは，基本転写複合体と相互作用しその基本転写複合体の活性を促進することと，転写活性化が起こるようにクロマチン構造を変化させることによって転写を活性化できる。確かに，多くのコアクチベーターは，ATP依存的クロマチンリモデリングタンパク質と(ヒストンアセチルトランスフェラーゼとヒストンメチルトランスフェラーゼのような)ヒストン修飾酵素を含んでいる複合体を伴う多タンパク質複合体の一部分として存在していることが明らかである。ATP依存的クロマチンリモデリングタンパク質とヒストン修飾酵素は，両者ともに，転写に適合する弛緩したクロマチン構造(第3章)を作ることができる。

リガンドを介した活性化に続いて，グルココルチコイド受容体は遺伝子転写の抑制も活性化もできる

　興味深いことに，グルココルチコイド受容体には，転写に対してプラスの効果と同様にマイナスの効果もある。甲状腺ホルモン受容体と異なり，グルココルチコイ

ド受容体による遺伝子転写の抑制には，グルココルチコイドの結合が必要である．よって，グルココルチコイドホルモンは，グルココルチコイド受容体を通じて，転写に対してマイナスとプラスの両方に作用できる．

グルココルチコイド受容体は，3つの機構で転写を抑制することが知られている．最初の機構は，ホルモン-受容体の複合体が，標的遺伝子の標的配列に結合することである．しかしながら，この標的配列(nGREとして知られる)は，グルココルチコイド受容体が結合することにより活性化される遺伝子に存在するグルココルチコイド応答配列(glucocorticoid-response element；GRE)とは似ているが異なる．*POMC*遺伝子の場合，標準的なGREに結合する二量体ではなく(5.1節)，1個のnGREに，受容体の三量体が結合する．

グルココルチコイド受容体の二量体とは異なり，この受容体の三量体は，転写を活性化できず，遺伝子調節領域にあるnGREの近くか重なり合った配列に結合する転写アクチベーターの結合を妨げることにより転写を抑制するようである(図8.11)．たとえば，1個のnGREを含んでいるヒト糖タンパク質ホルモンαサブユニット遺伝子の場合，nGREは転写にプラスに働くサイクリックAMP応答配列(cyclic AMP-response element；CRE)と重なり合っているものの，その遺伝子発現はnGREで阻害される．したがって，この状況の場合，グルココルチコイド受容体は，DNAに結合することにより転写アクチベーターの結合を抑える間接的な転写リプレッサーとして働く(5.3節および図5.54b)．

この転写抑制機構とは対照的に，グルココルチコイド受容体による2番目の転写抑制機構は，DNAへの結合を伴わない．この2番目の機構は，転写活性化に必要なコアクチベーターCBPに相当数の転写アクチベーターが相互作用する(5.2節)という事実をもとにしている．

細胞が制限された量のCBPを含んでいるので，その限られた量のCBPに異なる転写因子が競合する．グルココルチコイド受容体と同様に，第5章と第11章(5.1節，11.2節)で述べたFos-Jun複合体は，転写を活性化するのにCBPを必要としている．したがって，グルココルチコイド受容体は，Fos-Jun複合体と細胞内で限られた量のCBPを奪い合う(図8.12)．たとえば，グルココルチコイド受容体のホルモンを介した活性化がコラーゲン遺伝子(Fos-Junに転写活性化を依存する)を抑制することになる．これは，プラスにもマイナスにも働くGREがないコラーゲン遺伝子へのグルココルチコイド受容体の結合ではなく，CBPに対する競合で起こる．明らかに，この効果は，相互的なものである．だから，たとえばホルボールエステル(11.2節)によるFos-Jun経路の活性化は，CBPがFos-Junに結合するため，グルココルチコイド受容体依存的な遺伝子の抑制になる．

したがって，リガンドで活性化されたグルココルチコイド受容体は，DNAに結合することで転写アクチベーターのDNA結合を防ぐことと，必須なコアクチベーターを他の転写アクチベーターと競合することの両方で，転写開始を抑制できる．興味深いことに，グルココルチコイド受容体による転写抑制の最後の機構には，転写伸長の抑制が関わっている．活性型グルココルチコイド受容体は，インターロイキン8遺伝子プロモーターへのpTEF-bキナーゼのリクルートを抑えることができる．第4章(4.2節)で指摘したように，このリクルートには，RNAポリメラーゼIIのC末端領域(C-terminal domain；CTD)にある2番目のセリンのリン酸化が必要である．これは，転写伸長に不可欠である．つまり，プロモーターへの

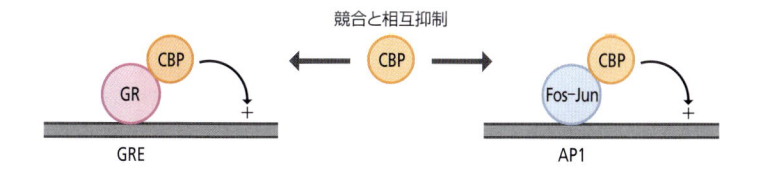

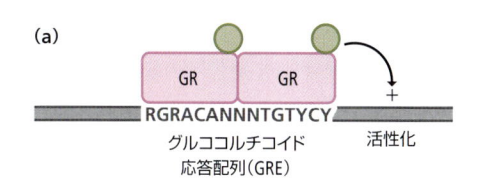

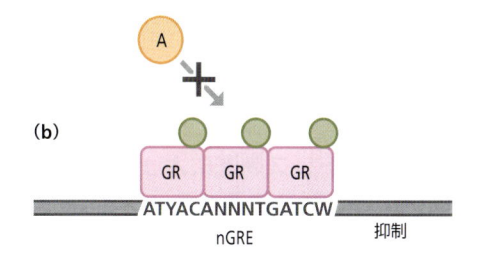

図8.11
(a)グルココルチコイド受容体(GR)二量体のグルココルチコイド応答配列(GRE)への結合は，転写を活性化する．(b)一方，グルココルチコイド受容体は，似ているが異なるnGRE配列に三量体として結合する．この形態では転写を活性化することができず，転写アクチベーター(A)の結合を妨害し，転写は抑制される．

図8.12
グルココルチコイド受容体(GR)とFos-Jun複合体は，いずれも転写活性化にCREB結合タンパク質(CBP)というコアクチベーターを必要としている．したがって，両者は，細胞内の限られた量のCBPを奪い合うので，その2つの転写活性化経路は相互に抑制しあうことになる．

pTEF-bキナーゼのリクルート阻止により，活性型グルココルチコイド受容体は，インターロイキン8遺伝子の転写を抑制する(図8.13)。

したがって，グルココルチコイド受容体は，転写アクチベーターのDNA結合の阻止，他の転写アクチベーターとコアクチベーターの争奪，転写伸長の阻害という転写抑制の3つの機構を説明するよい実例である(図8.14a)（転写抑制機構についての詳細は5.3節参照）。受容体による遺伝子発現の活性化と同様に，すべての抑制機構は，受容体へのグルココルチコイドの結合が必須である。これは，甲状腺ホルモンの非存在下で直接転写を抑制し，一方で甲状腺ホルモンの存在下で同じ遺伝子の転写を活性化する甲状腺ホルモン受容体(図8.14b)の能力とは，対照的である。

HSFはストレス刺激によって活性化され，保護タンパク質をコードする遺伝子の転写を誘導する

Hsp90タンパク質は，熱と他のストレスなどで誘導される遺伝子群の転写を促進するHSF-1の活性化という重要な役割も担う。この様式で誘導される遺伝子の産物の中には，Hsp70(4.3節)とHsp90自体がある。4.3節で述べたように，HSFは，培養細胞内，もしくは，新たなタンパク質合成が起きない条件下の細胞抽出液で活性化できる。つまり，既存の不活性型の修飾により活性化されるはずである。

実際，細胞が温度上昇やその他のストレスなどに曝される前に，HSF-1は，Hsp90と結合した単量体として存在する。そのような条件下で，DNA結合ドメインは隠されDNAに結合できないようにHSF-1分子は，折りたたまれている。温度の上昇や他のストレスなどに曝されると，HSF-1は，HSF-1の3分子による三量体になりDNAに結合できるようになる。ステロイドホルモン受容体と同様に，HSF-1の活性化は，Hsp90との解離を伴う(図8.15)。非ストレス下の細胞内で，Hsp90はHSF-1と結合し，HSF-1はDNAに結合できない不活性型として維持されている。

興味深いことに，温度上昇やその他のストレスなどで誘導される多くのタンパク

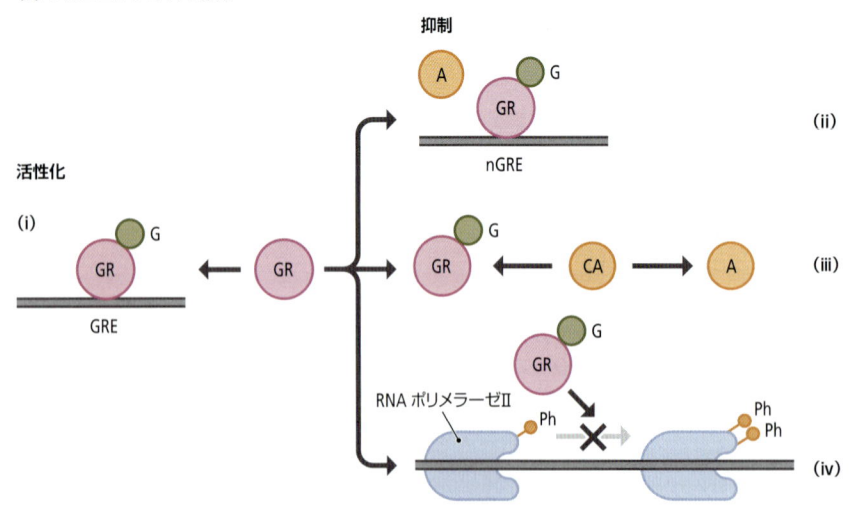

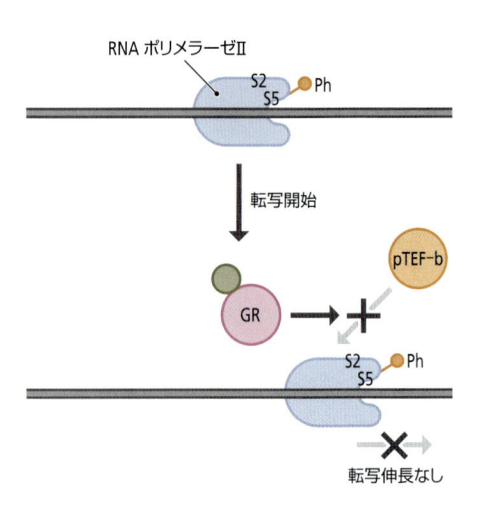

図8.13
グルココルチコイドホルモンによる活性化に続いて，グルココルチコイド受容体(GR)は，pTEF-bキナーゼのリクルートを妨害することで転写伸長を抑制できる。

図8.14
(a)グルココルチコイド(G)の結合に続いて，グルココルチコイド受容体(GR)は，グルココルチコイド応答配列(GRE)に結合して転写を活性化できる(ⅰ)。GRは，以下の方法で，他の標的遺伝子の転写を抑制することもできる。nGREに結合することにより転写アクチベーター(A)の結合を妨害する(ⅱ)。他の転写アクチベーターとコアクチベーター(CA)を奪い合う(ⅲ)。転写伸長を抑制する(ⅳ)。(b)一方，甲状腺ホルモン受容体(TR)は，甲状腺ホルモンの非存在下で直接転写を抑制し，甲状腺ホルモンの存在下で同じ遺伝子の転写を活性化する。

図 8.15
ストレスを受けていない細胞では，HSF-1 は Hsp90 と会合し，非 DNA 結合型として存在する。温度の上昇のようなストレスに応答して Hsp90 は HSF-1 から解離し，ストレスの結果として現れるほどけたタンパク質に結合する。これにより，HSF-1 は三量体を形成する。HSF-1 の三量体は，DNA に結合できるものの，熱ショックタンパク質遺伝子の転写を活性化できるようになる前に，リン酸化（Ph；オレンジ色の丸）でさらに修飾される必要がある。

質のように，Hsp90 は，いわゆる**シャペロン**（chaperone）タンパク質として機能する。シャペロンタンパク質は，完全か不完全にほどけたタンパク質の折りたたみを促進し，結果，ストレス刺激の影響に対して細胞を保護する。明らかに，温度上昇やその他のストレスなどは，そのようなほどけたタンパク質の量を増やすようである。Hsp90 は，それらに対応するために「招集」され，その結果，HSF-1 は解放される。したがって，このシステムは，ほどけたタンパク質の生成における誘導刺激の影響と HSF-1 の活性化とを巧妙に結び合わせている。

Hsp90 の解離に加えて，2 つの他の因子が HSF-1 の三量体形成に必要である。1 つは，eEF1A で，通常 mRNA をタンパク質に翻訳するのに関わっている（6.6 節）。温度上昇やその他のストレスなどは，ほとんどの翻訳を停止させるので，eEF1A は，翻訳装置から解放され HSF-1 の活性化に参加できる。Hsp90 との解離と eEF1A との会合と同様に，三量体形成は，HSR1 と呼ばれる 600 塩基程度の小さな RNA 分子でも促進される。以前の章で述べたように，よく知られている低分子干渉 RNA（small interfering RNA；siRNA）とは対照的に，HSR1 は，遺伝子発現の活性化にも参加する低分子 RNA である。したがって，三量体形成には，HSF-1 からのタンパク質 1 個（Hsp90）の解離ともう 1 つのタンパク質（eEF1A）と低分子 RNA（HSR1）との会合を伴う（図 8.16）。

HSF-1 の三量体形成は，HSF-1 が HSE と結合できるようする。しかしながら，これだけでは，転写を活性化するには不十分である。転写が活性化されるには，HSF-1 の 230 番目のアミノ酸であるセリンがリン酸化される必要がある（図 8.15）。つまり，HSF-1 は，阻害タンパク質の解離（図 8.5d）とリン酸化による転写因子の活性化（図 8.5b）を組み合わせた転写活性化機構をもつ。しかしながら，リン酸化による転写因子のそのような活性化は，細胞表面の受容体に結合し，さらなる現象を細胞内部で誘発する因子によって使われていることが多い。そして，それは，最終的に特定の転写因子のリン酸化や他の修飾となって終わる。このようなシグナル伝達経路は，次節でさらに述べる。

8.2　細胞外シグナル分子で誘導されるリン酸化による転写因子の活性制御

転写因子は受容体に会合したキナーゼでリン酸化される

ステロイドホルモンと甲状腺ホルモンのような分子は，細胞膜を透過でき，よって，細胞内で転写因子に直接結合しその転写因子を調節する。この機構は，細胞表

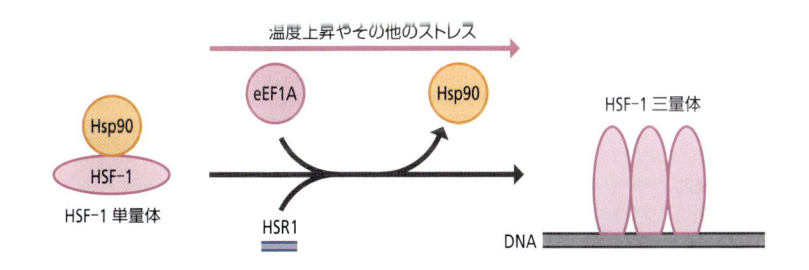

図 8.16
温度上昇やその他のストレスに応答して，Hsp90 は HSF-1 から解離する。eEF1A タンパク質と低分子 RNA（HSR1）が，Hsp90 と会合する。これは HSF-1 を三量体化し，HSF-1 は露出した DNA 結合ドメインで DNA に結合する。

面で働き細胞内に透過できない多くのタンパク質のようなシグナル分子には不可能である。よって，そのような**細胞外シグナル分子**(extracellular signal molecule)は，最終的に特定の転写因子を修飾させるシグナルを細胞内に送る細胞表面の受容体に結合して作用しなければならない(図8.17)。

本節の後半で述べるが，そのような多くの細胞内シグナル伝達経路には，転写因子自体の修飾を起こす前に多くの段階が関わる。しかしながら，サイトカインのケースは，かなり単純な系である。サイトカインは，小さなタンパク質のファミリーで，特定の細胞種の増殖・分化の調節，ならびにウイルス感染の応答に重要な役割を果たしている。

これらの分子は，細胞膜を貫通している特異的な受容体に結合する。受容体の細胞外部分にサイトカインが結合した後，シグナルは，受容体の細胞内部分に会合しているJAK タンパク質に伝達される(図8.18)。このシグナルはJAK タンパク質のキナーゼ活性を活性化し，JAK タンパク質は，転写因子である **STAT** (signal transducer and activator of transcription)ファミリーのメンバーの特定のチロシン残基をリン酸化する。非刺激下の細胞では，STAT は細胞質にとどまる。しかし，細胞刺激の結果として起こるSTAT のリン酸化に続いて，STAT は，STAT-STAT 二量体を形成し，特定のDNA 配列に結合して標的遺伝子の発現をオンにできる核へ移行する。このシグナル伝達経路は，STAT をリン酸化するプロテインキナーゼJAK が関わっているので，**JAK/STAT シグナル伝達経路** (JAK/STAT signaling pathway)として知られている(図8.18)。

この単純な機構は，受容体が細胞外分子から細胞内に存在するキナーゼへシグナルを伝達し，ある特定の転写因子をリン酸化させる。似たような機構は，トランスフォーミング増殖因子β(transforming growth factor β; TGF-β)に結合する異なるファミリーの受容体でも使われている。TGF-βは，**Smad** と呼ばれる別の転写因子ファミリーを活性化する。

転写因子は，サイクリック AMP のような特定の細胞内セカンドメッセンジャーで活性化されるキナーゼでリン酸化される

前述したケースなどは，図8.5bに示したようなリン酸化による転写因子の活性化の明確な実例である。リン酸化による転写因子の修飾は，転写因子の活性を調節する機構で非常に広範にみられる。しかしながら，多くのシグナル伝達経路は，STAT 活性化やSmad 活性化の経路よりもさらに複雑である。CREB の場合，転写活性化が，この転写因子の名前の意味する通り，サイクリック AMP の細胞内濃度の上昇に応じて起きる。

サイクリック AMP/CREB の経路は，細胞膜上の特定の受容体に結合するグルカゴン，セロトニンやアドレナリン(エピネフリン)などの細胞外シグナル分子の結合で開始される。STAT やSmad 系とは異なり，この経路の場合，その受容体は転写因子を直接リン酸化するキナーゼと会合していない。詳しくいえば，このタイプの受容体はヌクレオチドのGDP とGTP に結合することができ，**G タンパク質**(G protein)として知られる三量体タンパク質と会合している。**G タンパク質共役受容体**(G protein-coupled receptor; GPCR)の活性化で，G タンパク質は，GDP に結合した不活性型からGTP に結合した活性型へ移行する(図8.19)。次に，GTP に結合した活性型G タンパク質は，ATP からのサイクリック AMP の生産を触媒す

図 8.17
ステロイドホルモンや甲状腺ホルモンのような細胞内に入っていけるシグナルは，転写因子(TF)を直接の結合により活性化できる。一方，細胞内に入っていけないタンパク質は，細胞表面の受容体に結合する必要がある。受容体は，シグナルを転写因子に直接もしくは中間シグナル分子を介して伝達する。

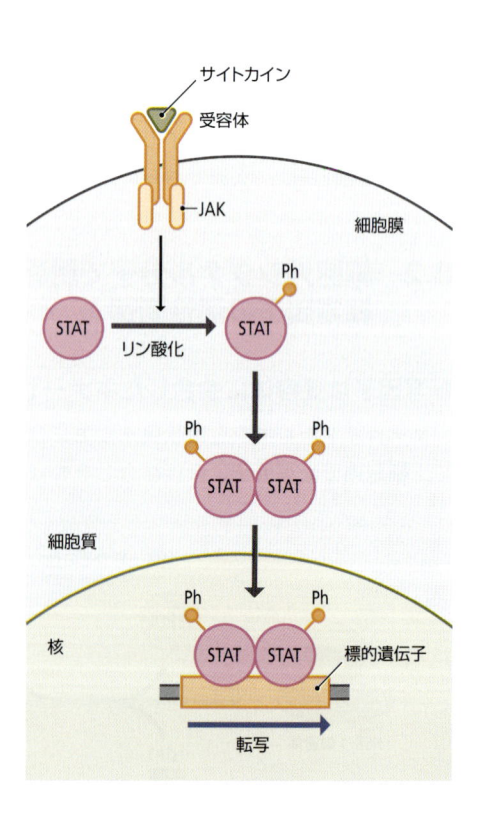

図 8.18
特異的受容体の細胞外部分へのサイトカインの結合は，受容体の細胞内部分に会合しているJAK タンパク質を活性化する。そして，JAK タンパク質のキナーゼ活性を活性化し，STAT をリン酸化(Ph)する。次に，そのリン酸化は，STAT の二量体形成，核への移行，特異的 DNA 配列への結合を通したSTAT による標的遺伝子群の転写をもたらす。

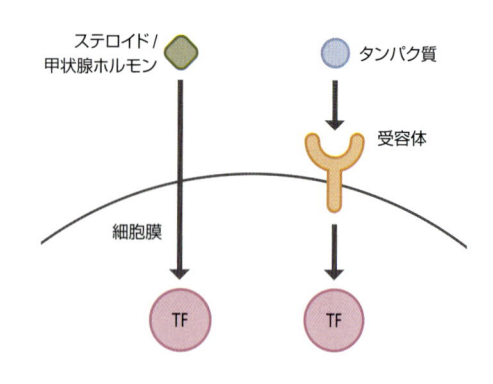

図 8.19
細胞表面にある G タンパク質共役受容体への特異的シグナル分子の結合は，会合している G タンパク質(G)を GDP に結合した不活性型から GTP に結合した活性型へ変換する．次に，活性型 G タンパク質は，サイクリック AMP の生産を導くアデニル酸シクラーゼ(AC)を活性化する．プロテインキナーゼ A の調節サブユニット(R)へのサイクリック AMP の結合は，触媒サブユニット(C)を遊離させる．触媒サブユニットは核へ移行し，核内で標的遺伝子のサイクリック AMP 応答配列(CRE)にすでに結合している CREB をリン酸化する．

るアデニル酸シクラーゼ(adenylate cyclase)を活性化する(図 8.19)．

サイクリック AMP は，細胞外刺激によって活性化された後に細胞内で働くセカンドメッセンジャー分子の実例である．小さなサイクリックヌクレオチドは，タンパク質よりも細胞内を素早く移動できる．さらに，1 個の受容体と活性型 G タンパク質からなる 1 個の複合体は，多量のサイクリック AMP 分子の合成を促進できる．その結果，受容体会合型キナーゼによる転写因子の直接のリン酸化と比較して，シグナルの影響を効果的に増幅する．

サイクリック AMP の生産に続き，サイクリック AMP は，プロテインキナーゼ A の調節サブユニットに結合する．そして，会合していた触媒サブユニットからの調節サブユニットの解離を促進する(図 8.19)．次に，遊離した触媒サブユニットは，核へ移行して CREB の 133 番目のセリンをリン酸化する．

興味深いことに，このリン酸化は，CREB の DNA 結合活性を左右しない．実際には，CREB は，転写活性化の前に CRE にすでに結合している．さらに，プロテインキナーゼ A は，CREB のリン酸化ボックスとして知られる領域をリン酸化する．それは，転写活性化ドメインとして働く 2 つのグルタミンに富む領域の間にある(5.2 節)．このリン酸化は CREB の転写活性化能力を増大する．

第 5 章(5.2 節)で述べたように，この効果は，コアクチベーター CBP の結合依存的である．なお，CBP は，CREB の 133 番目のセリンがリン酸化されているとき，CREB に結合する(図 8.20)．いったん CREB に結合すると，CBP は，基本転写複合体の構成成分との会合と弛緩したクロマチン構造への転換の両方で，もしくは一方のみで転写を活性化できる(5.2 節)．

CREB/CBP のケースには，リン酸化による転写因子の修飾(図 8.5b)とタンパク質間相互作用の変化(図 8.5d)の組み合わせが関わっている．しかしながら，この場合，リン酸化は，グルココルチコイド受容体へのステロイドの結合と Hsp90 の解離(8.1 節)でみられたような阻害タンパク質の解離ではなく，CREB と CBP との会合を促進させる．

今までに述べてきたケースはリン酸化による転写因子の活性化に関わっていたが，リン酸化による修飾は転写因子の活性化を弱めることもできる．たとえば，別のセカンドメッセンジャー(second messenger)で活性化されたキナーゼ(要するに細胞内カルシウムレベルの増大)は，転写因子 Ets-1 に多数のリン酸化を施し，Ets-1 の DNA 結合活性を徐々に減少させる(図 8.21)．

興味深いことに，カルシウムで活性化されたキナーゼは，通常は MEF2 と結合し，高度に凝縮したクロマチン構造にさせるヒストンデアセチラーゼもリン酸化する(ヒストンアセチルトランスフェラーゼ/ヒストンデアセチラーゼについては 2.3 節および 3.3 節参照)．ヒストンデアセチラーゼのリン酸化は，ヒストンデアセチラーゼが MEF2 から遊離して核外に放出されるので，MEF2 による遺伝子発現の活性

図 8.20
サイクリック AMP に応答した CREB のリン酸化は，CREB の結合タンパク質(CBP)との結合を促進する．したがって，CREB が結合するサイクリック AMP 応答配列(CRE)をもつサイクリック AMP 誘導遺伝子群の活性化を引き起こす．

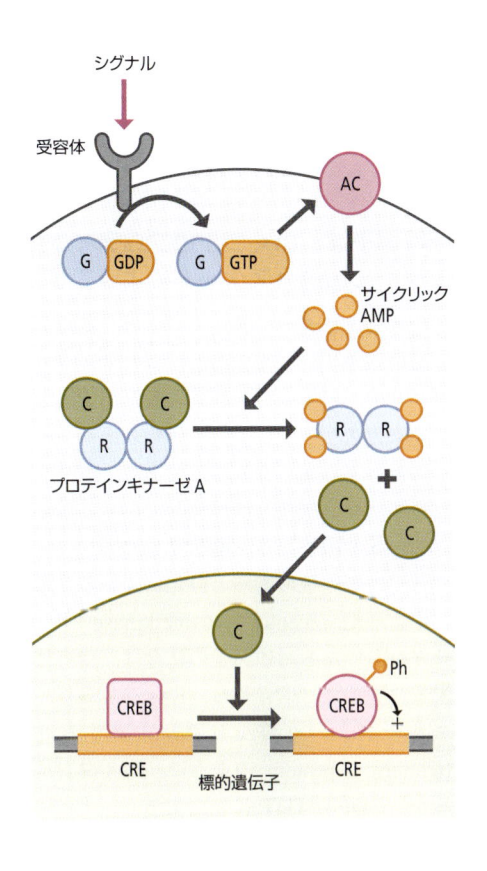

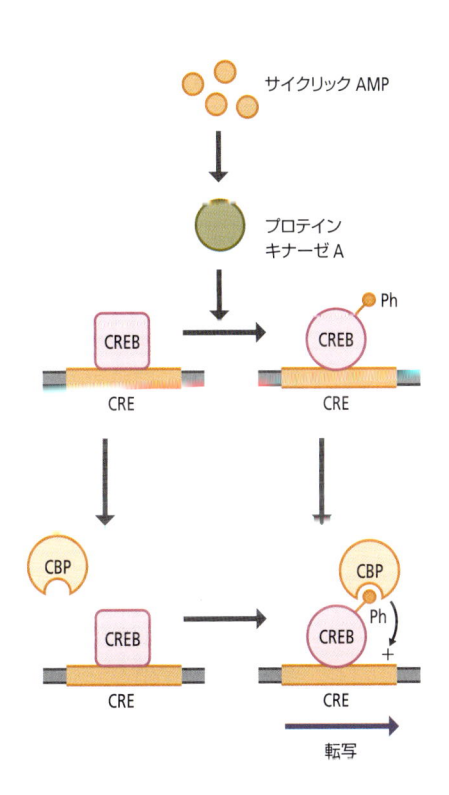

化につながる（図8.22）。したがって，転写因子とヒストンそれ自体（2.3節，3.3節）と同様に，リン酸化はヒストン修飾酵素群を対象とし，クロマチン構造を変化させることになる（MEF2の調節と生物学的役割のさらなる考察は10.1節および10.2節参照）。

転写因子は，いくつかのプロテインキナーゼで構成されるシグナル伝達カスケードによってリン酸化される

これまでに述べてきた実例では，ある転写因子は，細胞表面の受容体と直接会合しているキナーゼか，もしくは，サイクリックAMPやカルシウムのようなセカンドメッセンジャーで活性化されたキナーゼでリン酸化される。しかし，これは，キナーゼカスケードによって細胞表面から，ある特定の転写因子に伝達されるシグナルにとってもありうることである。カスケード中の個々のキナーゼは，次のキナーゼを順次リン酸化し活性化していく。最終的に，リン酸化経路の最後のキナーゼが標的の転写因子をリン酸化する。

特定の細胞種の増殖と分化に関わるさまざまな増殖因子と結合する**受容体チロシンキナーゼ**（receptor tyrosine kinase；RTK）のファミリーがこれの実例にあたる。リガンドである増殖因子の結合は，受容体のチロシン活性を上げ，それをリン酸化する。続いて，受容体は，**Rasファミリー**（Ras family）のメンバーを結合するアダプタータンパク質をリクルートする（図8.23）。前述の**三量体Gタンパク質**（trimeric G protein）のように，**Rasタンパク質**（Ras protein）は，単量体としてであるが，GDPかGTPに結合できる。アダプタータンパク質へのRasタンパク質の結合は，GDPよりもGTPへの結合を促進し，Rasタンパク質は活性型に変わる（図8.23）。

活性型Ras-GTPタンパク質は，マイトジェン活性化プロテイン（mitogen-activated protein；MAP）キナーゼキナーゼキナーゼとしても知られているプロテインキナーゼRafに結合する。Rafは，自身のキナーゼ活性を活性化し，キナーゼカスケードを始動させる。このカスケードで，活性型Rafは，MAPキナーゼキナーゼとしても知られているプロテインキナーゼMEKをリン酸化する。そして，MEKは，細胞外シグナル制御キナーゼ（extracellular signal-regulated kinase；ERK）としても知られている**MAPキナーゼ**（MAP kinase）をリン酸化する（図8.23）。さらに，活性型MAPキナーゼは，いくつかの転写因子を含む数々の標的タンパク質をリン酸化し，それらの活性を調節するので，標的遺伝子群が活性化する。

1つの重要な活性型MAPキナーゼの標的は，**Etsファミリー**（Ets family）のメンバー（5.1節）である転写因子，三元複合体因子（ternary complex factor；TCF）である。TCFは，増殖因子によるc-fos遺伝子（11.2節）の活性化に重要な役割を担う。活性型MAPキナーゼは，核へ移行してTCFをリン酸化する（図8.24）。これは，多数のキナーゼによる**シグナル伝達カスケード**（signaling cascade）を介したリン酸化による転写因子活性化（図8.5b）の実例である。

しかし，MAPキナーゼの活性化は，血清応答因子（serum response factor；SRF）のような他の転写因子のリン酸化ももたらすので，このケースはもっと複雑

図8.23
リガンドによる受容体チロシンキナーゼ（RTK）の活性化は，自身の細胞内ドメインのリン酸化をもたらす。そして，受容体チロシンキナーゼはアダプタータンパク質（A）に結合し，RasタンパクはGTPに結合できる。次に，この活性型Rasは，マイトジェン活性化プロテイン（MAP）キナーゼキナーゼキナーゼとしても知られているRafプロテインキナーゼを活性化する。さらに，この活性型Rafは，MAPキナーゼキナーゼとしても知られているMEKをリン酸化する。最後に，活性化されたMEKは，MAPキナーゼ（MAPK）をリン酸化し，活性型にする。

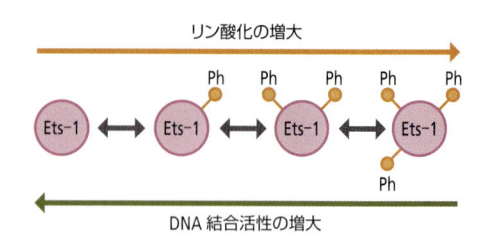

図8.21
多数のリン酸化は，転写因子Ets-1のDNA結合活性を徐々に減少させる。

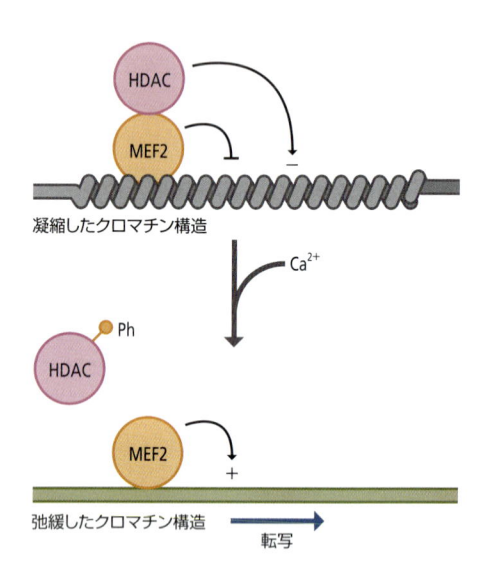

図8.22
カルシウム非存在下で，転写因子MEF2は，不活性型のクロマチン構造を作り出すヒストンデアセチラーゼ（HDAC）に結合しているので転写を活性化できない。カルシウムレベルの上昇はヒストンデアセチラーゼのリン酸化をもたらし，結果として，両因子の解離が起こり，MEF2が転写を活性する。

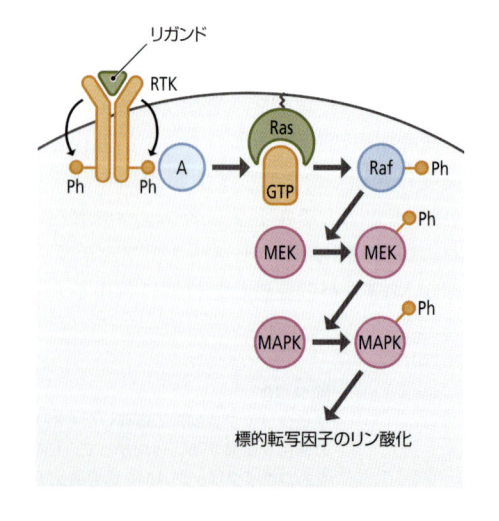

図 8.24
活性型 MAP キナーゼ(MAPK)は核へ移行し，核内で TCF をリン酸化する．さらに，MAPK は，細胞質内で p90^{RSK} をリン酸化する．活性型 p90^{RSK} は核へ移行し，核内で血清応答因子(SRF)をリン酸化する．1 分子のリン酸化された TCF と 2 分子のリン酸化された SRF は，三量体で c-fos 遺伝子中の血清応答配列(SRE)に結合し，c-fos の転写を活性化する．

になる．リン酸化に続き，2 分子の SRF と 1 分子の TCF は，c-fos 遺伝子中の血清応答配列(serum response element；SRE)に結合する二量体を形成し，c-fos の転写を活性化する(図 8.24)．

興味深いことに，TCF の活性化とは異なり，MAP キナーゼによる SRF の活性化は間接的である．細胞質内における MAP キナーゼの活性化は，別のキナーゼ p90^{RSK} のリン酸化をもたらす．そして，リン酸化された活性型 p90^{RSK} は，核へ移行して SRF をリン酸化する(図 8.24)．つまり，この場合，2 つの転写因子は，直接的，または間接的に MAP キナーゼにより活性化され，複合体の形成と c-fos の転写の活性化をもたらす．

MAP キナーゼ系は，多数の酵素によるカスケードで構成されたリン酸化による転写因子の活性化の好例である．したがって，異なる系の転写因子は，受容体会合型キナーゼ(図 8.25a)，サイクリック AMP やカルシウムのようなセカンドメッセンジャーで活性化されたキナーゼ(図 8.25b)，多数のキナーゼカスケード(図 8.25c)のいずれかでリン酸化される．

NFκB/IκB 系のような転写因子の活性は，阻害タンパク質のリン酸化で調節されている

今までに紹介してきたケースでは，細胞内シグナル伝達経路は，特定のキナーゼによる標的転写因子の直接のリン酸化をもたらした．しかし，細胞内シグナル伝達経路は，転写因子に結合している阻害タンパク質のリン酸化を誘導することもできる．このことは，NFκB という転写因子で最も解析されている．NFκB は，炎症やストレスなどのさまざまな刺激に細胞が曝された後，活性化される．そのような刺激は，たとえば，細胞表面の受容体に結合する，腫瘍壊死因子 α (tumor necrosis factor α；TNFα)やインターロイキン 1(interleukin 1；IL-1)のような炎症性サイトカインを放出することに帰結する．同様に，細菌感染に続いて，特定の細菌の構成成分は，Toll 様受容体として知られる受容体に結合する．両方のケースともに，NFκB は，適切な受容体へのリガンドの結合を受けた後，活性化され，炎症や細菌感染に対する細胞の応答において重要な役割を果たす．

刺激に曝される前に，NFκB の 2 つのサブユニット(p50 と p65)は，IκB と呼ばれる阻害タンパク質と会合している(図 8.26)．その結合により，p50 と p65 にある核局在化シグナルは覆い隠され，NFκB が細胞質にとどまっている．

刺激に曝された後，結果として起こる受容体の活性化は，IκB キナーゼを活性化させ，IκB をリン酸化させる(図 8.26)．このリン酸化は，IκB を小さなタンパク質であるユビキチンの付加というさらなる修飾の標的にさせる．第 2 章(2.3 節)で述べたように，ヒストンも，ユビキチン化により修飾され，その活性に変化をもたらす．しかし，IκB と多くの他のタンパク質の場合，ユビキチン化されたタンパク質は，特定のタンパク質分解酵素による分解の対象になる．ユビキチン化された IκB の分解は，NFκB の核局在化シグナルを露出させ，NFκB は核へ移行して遺伝子転写を活性化する(図 8.26)．

ステロイド結合ではなくリン酸化がタンパク質-タンパク質複合体を解離させるものの，NFκB のそのような活性化は，ステロイド処理後に起こる Hsp90 からのグルココルチコイド受容体の解離と類似している(8.1 節)．したがって，本節の初

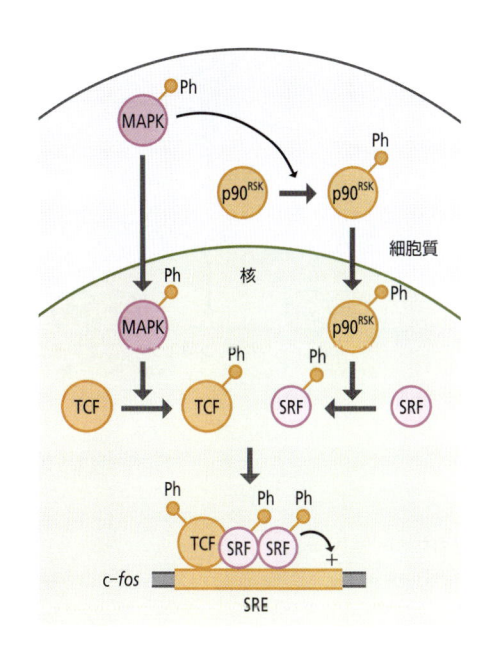

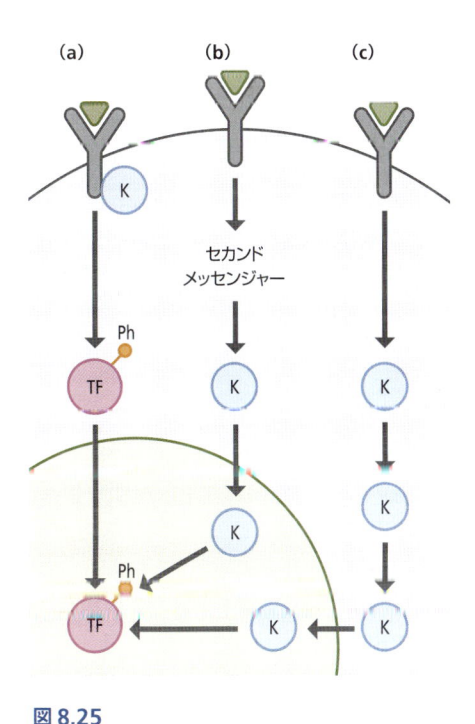

図 8.25
転写因子(TF)は，受容体会合型キナーゼ(a)，セカンドメッセンジャーで活性化されるキナーゼ(b)，多数のキナーゼによるカスケード(c)のいずれかによりリン酸化される．

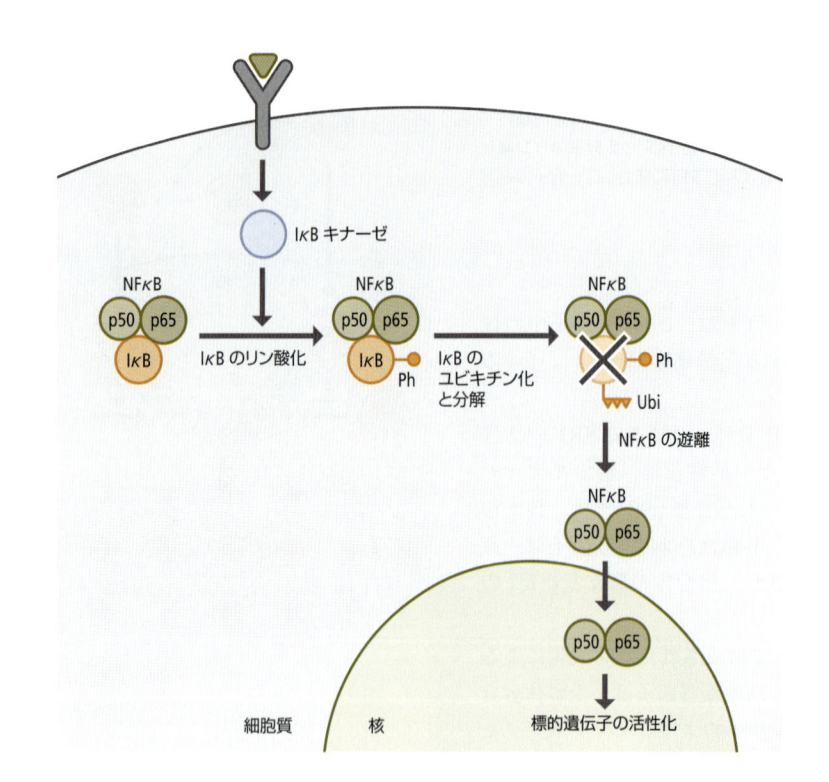

図 8.26
腫瘍壊死因子α(TNFα)受容体やインターロイキン1(IL-1)受容体の活性化は，IκBキナーゼを活性化させ，IκBをリン酸化させる。IκBのリン酸化は，IκBへのユビキチン化と分解をもたらす。遊離したNFκB(p50とp65の2つのサブユニットからなる)は核へ移行し，標的遺伝子群を活性化する。

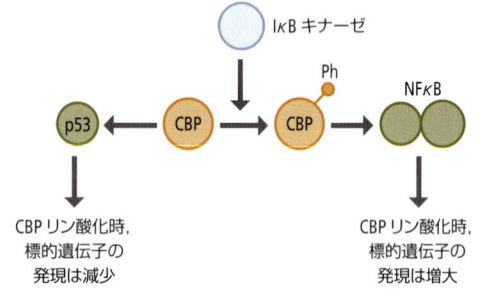

図 8.27
IκBキナーゼによるCREB結合タンパク質(CBP)のリン酸化は，NFκBへのCBPの結合を強めるが，p53への結合は弱める。したがって，このことは，p53依存的遺伝子の発現を犠牲にして，NFκB依存的遺伝子の発現を増大させる。

めの方で説明したケースのように，リン酸化の標的は転写因子自体ではなく阻害タンパク質である。このNFκB活性化は，タンパク質間相互作用の分断(図8.5d)とリン酸化の利用(図8.5b)を合わせた機構である。

IκBだけがIκBキナーゼでリン酸化される調節タンパク質ではない。たとえば，コアクチベーターCBPも，この酵素でリン酸化される。第5章(5.2節)で述べたように，NFκBは，CBPをコアクチベーターとして利用する多数の転写因子のうちの1つである。さらに，8.1節で指摘したように，そのような経路では，限られた量のCBPを細胞内で奪い合うことになる。興味深いことに，IκBキナーゼによるCBPのリン酸化は，CBPのNFκBへの結合を強め，一方で，p53のような他の転写因子への結合は減少する。したがって，この場合，リン酸化は，細胞内で限られた量のCBPを奪い合うというもっと手強い競合相手にさせ，NFκB経路の活性をさらに高める(図8.27)。この場合，リン酸化による活性化の標的は，転写因子CREBではなくCBP自体である。このことは，コアクチベーターとDNA結合転写アクチベーターは，リン酸化の標的になりうることを示している。

IκBの効果は，リン酸化のほかにIκBの合成レベルによっても調節されうる。たとえば，グルココルチコイドホルモン処理は，IκB合成を促進して不活性型のNFκB-IκB複合体のレベルを増大させ，NFκB依存的遺伝子活性化を抑制する(図8.28)。

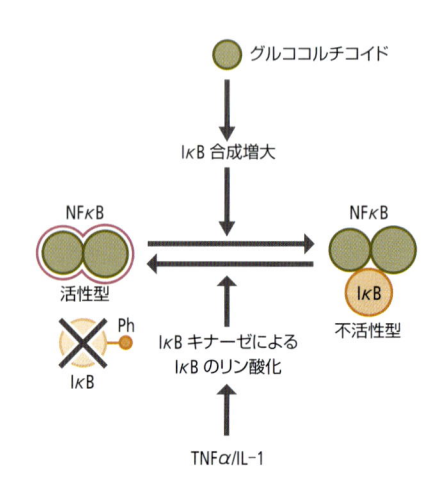

図 8.28
腫瘍壊死因子α(TNFα)とインターロイキン1(IL-1)は，IκBのリン酸化を増加させ，NFκBを活性化する。一方，グルココルチコイドは，IκBの合成を促進し，NFκB依存的遺伝子の発現を抑制する。

興味深いことに，IκBの一種であるIκBαの合成は，NFκBがIκBαをコードする遺伝子の転写を活性化するので，実際にNFκBにより促進される。NFκBの活性化は，IκBαの合成を活性化するが，これは結局，NFκBを阻害することになる。つまり，NFκB活性化の自己制御式という**ネガティブフィードバック**（negative feedback）ループを形成する（図8.29）。このようなフィードバック経路は，特定のシグナルに対する応答が厳密に制御されるように，細胞のシグナル伝達ではしばしばみられる。

8.3 他の翻訳後修飾による転写因子の活性制御

リン酸化は転写因子の翻訳後修飾に最も頻繁に利用されているが，転写因子は，さまざまな他の翻訳後修飾も受ける。この転写因子のさまざまな翻訳後修飾は，第2章（2.3節）と第3章（3.3節）で述べたヒストン活性の調節と対応している。転写因子の活性を調節するさまざまな翻訳後修飾（リン酸化以外）は，本節で述べる。

アセチル化

そもそもリシンのアセチル化は，ヒストン活性の調節機構として位置づけられてきたが（2.3節，3.3節），その後，さまざまな転写因子の活性を調節するという重要な役目を果たすことがわかってきた。たとえば，アセチル化は，NFκB/IκB系（8.2節）で使われている。IκBのリン酸化に加えて，NFκBはアセチル化され，このアセチル化はIκBとNFκBの相互作用を弱める。つまり，NFκBのアセチル化とIκBのリン酸化の両方が，NFκBの活性化に必要である（図8.30）。

NFκBのアセチル化は，NFκBと結合するコアクチベーターCBPと類縁のp300というコアクチベーター（他の転写アクチベーターとも結合する。5.2節）によって行われる。つまり，ある特定の転写アクチベーターのDNAへのリクルートに続いて起こるヒストンのアセチル化と弛緩したクロマチン構造と同様に，CBP/p300も，アセチル化によりその転写因子自体の活性も変化させる（図8.31）。

p300による転写因子の似たようなアセチル化は，CBPとp300が結合する癌抑制遺伝子産物のp53でも起こる（11.3節）。このアセチル化は，p53のDNA結合活性を上昇させ，さらに遺伝子発現の能力を増大させる。

興味深いことに，8.2節で指摘したように，IκBキナーゼの活性化は，IκBのリン酸化だけでなく，CBPのリン酸化も招く。リン酸化されたCBPは，NFκBへの結合は強まるが，p53への結合は弱まる。よって，IκBキナーゼの活性化は，複数の方法でNFκBによる遺伝子発現を促進する。第一に，IκBキナーゼは，IκBをリン酸化し，NFκBからの解離を促進する。第二に，IκBキナーゼは，CBPをリン酸化し，NFκBへのCBPの結合を強める。次に，NFκB依存的な遺伝子のクロマチン構造を弛緩させるにとどまらず，アセチル化されたNFκBによってNFκB自体の活性はさらに促進される。

一方，CBPのリン酸化は，p53へのCBPの結合を弱める。このことは，p53依存的遺伝子上のヒストンのアセチル化を減少させるとともに，p53自体のアセチル化を抑える。よって，p53のDNA結合活性が下がる。したがって，以上のことは，同じコアクチベーターに依存した2つの異なるシグナル伝達経路で，コアクチベーターを通じてある特定のシグナルがどのように遺伝子発現を切り替えるかを説明するよい例である（図8.32）。

メチル化

リン酸化で調節されると同様に，CBPとp300は，特定のアルギニン残基のメチル化でも調節される。リン酸化と同様に，メチル化は，異なる転写アクチベーターへのこれらコアクチベーターの親和性を変える。メチル化は，CBP/p300のCREB

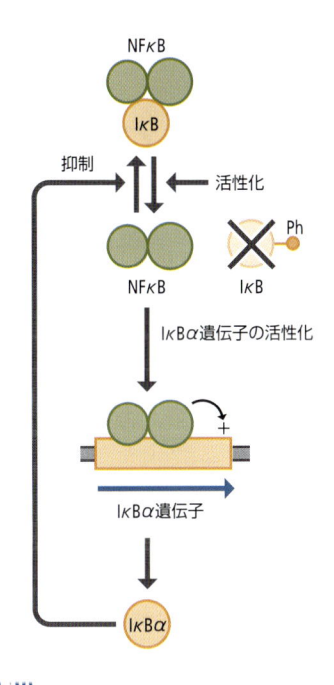

図8.29
NFκBの活性化は，IκBαの合成を増加させ，次にIκBαがNFκBに結合することでNFκBを抑制して，ネガティブフィードバックループを形成する。

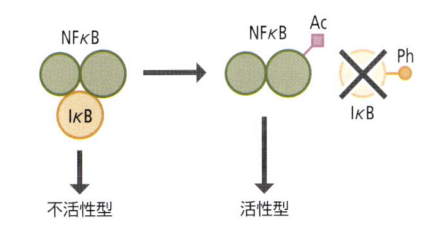

図8.30
NFκBの活性化には，IκBのリン酸化とNFκBのアセチル化（Ac）が関わる。

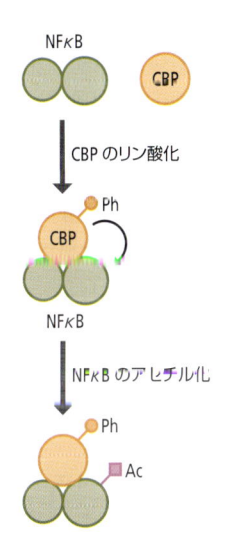

図8.31
CREB結合タンパク質（CBP）のリン酸化は，CBPでアセチル化されたNFκBへのCBPの結合を強める。

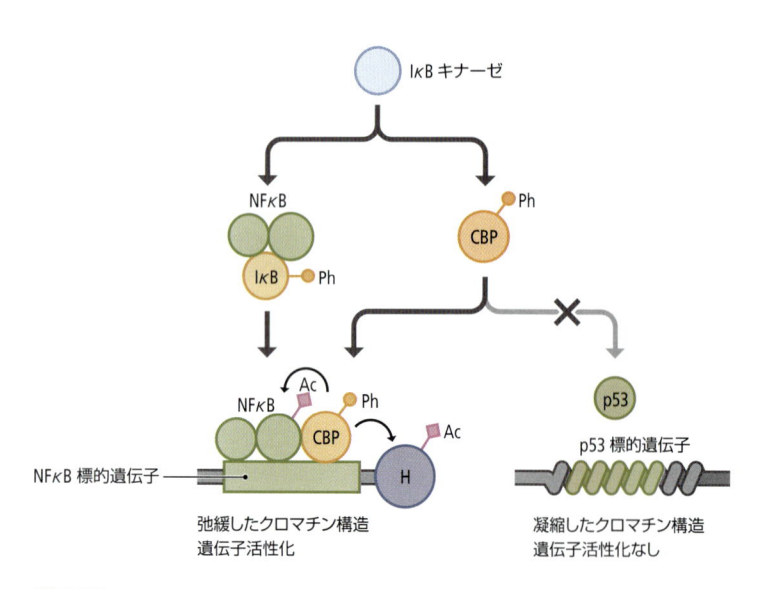

図 8.32
IκB キナーゼは、IκB をリン酸化して NFκB を遊離させる。IκB キナーゼは、CREB 結合タンパク質(CBP)もリン酸化し、NFκB への CBP の結合を強めて、p53 への結合を弱める。CBP は、NFκB をアセチル化して NFκB の活性を上昇させ、ヒストン(H)もアセチル化する。よって、NFκB 依存的遺伝子群のクロマチン構造は弛緩し、NFκB によりそれらの転写が活性化する。

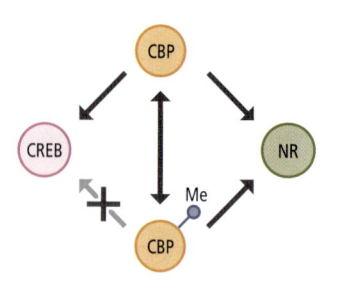

図 8.33
CREB 結合タンパク質(CBP)のメチル化は、CBP の CREB 結合能を失わせる。一方、核内受容体(NR)への CBP の結合には影響しない。

結合能を失わせる(8.2節)。しかし、8.1節で説明した核内受容体への結合には影響しない(図8.33)。

このように、コアクチベーターは、リン酸化とメチル化のような異なる翻訳後修飾で調節されうる。そして、異なる転写アクチベーターへの親和性が調節される。以上のことは、ある特定のシグナルで誘導されるある特定のコアクチベーターの翻訳後修飾の精密なパターン化という「コアクチベーターコード」を発想させる。そして、転写アクチベーターがどのコアクチベーターに結合するかを調節し、それぞれの転写アクチベーターに対する親和性も調節することになる。結果、遺伝子活性化のパターンが決まる(図8.34)。このようなコアクチベーターコードは、明らかに、第2章(2.3節)と第3章(3.3節)とで述べたクロマチン構造の制御に重要な役割をもつ翻訳後修飾のヒストンコードと対応している。

ユビキチン化と SUMO 化

第2章(2.3節)と第3章(3.3節)で述べたように、ヒストンは、76アミノ酸からなる小さなタンパク質ユビキチンで修飾されうる。そして、ヒストンの活性を変化させ、ユビキチン化されたヒストンに応じて弛緩したクロマチン構造か凝縮したクロマチン構造にする。一方、多数の転写因子を含むさまざまな他のタンパク質において、ユビキチン化は付加されたタンパク質を分解する酵素へのシグナルとして働く。8.2節で述べたように、IκB のリン酸化がユビキチン化を促進し、IκB の分解と NFκB の遊離を導くというのがこれの実例である。

ユビキチン化と分解に至る転写因子の修飾の他の実例は、低酸素のレベルに応じ

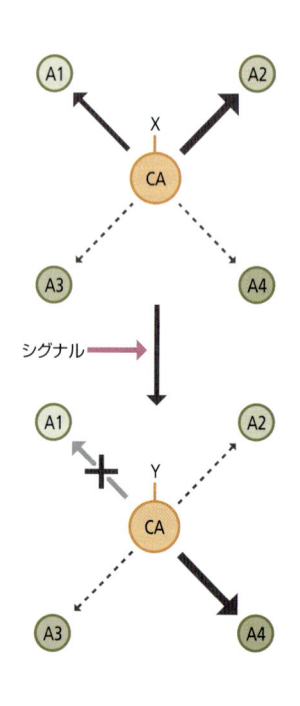

図 8.34
細胞性シグナルは、コアクチベーター(CA)の翻訳後修飾(X や Y)のパターンを変えることができる。これによって、異なる転写アクチベーター(A1〜A4)に対する親和性が変わる。強い結合は太矢印で、中くらいの結合は普通の矢印で、弱い結合は破線矢印で示してある。この場合のシグナルは、コアクチベーターの A4 への結合を強め、A3 への結合には影響がなく、A2 への結合を弱め、A1 への結合をなくす。よって、A1 ならびに A2 依存的遺伝子の発現を犠牲にして、A4 依存的遺伝子の発現を促進することになる。

て遺伝子活性化を調節するHIF-1(hypoxia-inducible factor 1, 低酸素誘導因子1)である。高酸素状態で，HIF-1αタンパク質は，HIF-1α中のある特定のプロリン残基へのヒドロキシ基(OH)の付加によって修飾される。この修飾により，HIF-1αは，VHL[フォンヒッペル・リンダウ(von Hippel-Lindau)]癌抑制遺伝子産物(11.3節)によって認識される。VHLは，HIF-1αをユビキチン化により分解に導くタンパク質複合体の一部である(図8.35)。低酸素状態では，そのようなヒドロキシ化は起きない。そのため，HIF-1αは安定化され，HIF-1βと自由にヘテロ二量体を形成し，転写を活性化する(図8.35)。

つまり，この場合，プロリンのヒドロキシ化という新しい修飾は，転写アクチベーターをユビキチン化と分解の標的にさせる。これは，IκBのリン酸化の効果に対応している。興味深いことに，プロリンヒドロキシラーゼは標的タンパク質中のプロリン残基へヒドロキシ基を付加する際に基質として酸素を利用するので，酸素濃度はプロリンのヒドロキシ化を直接調節する。この酵素は，酸素に低親和性を示し，酸素濃度が高いときにだけ酸素に結合できる。それゆえ，これはHIF-1αの酸素調節型ヒドロキシ化をもたらす。

HIF-1αのような転写因子の分解を促進するユビキチン化の役割は，さまざまな他のタンパク質に対するユビキチン化の役割と同等である。しかしながら，興味深いことに，酵母の転写因子GCN4のようないくつかのケースで，ユビキチン化と分解促進は，その転写アクチベーターによる遺伝子発現の活性化を実際には促進することが示されている。この一見すると逆説的な効果は，ユビキチン化と分解が転写一巡後の「使用後」のGCN4をプロモーターから除去し，効果的に転写促進ができる新しいGCN4分子へ置換することによる(図8.36)。明らかに，DNAに結合した転写因子が迅速に使い古され，その因子の別の分子に潜在的に取って代わる機構は，細胞が特定のシグナル分子のレベル変化に迅速に応答させることができる。そして，特定の転写因子とそれに対応するコアクチベーターの活性化の度合いに変化をもたらす。

ユビキチン化に加えて，転写因子は，低分子ユビキチン様修飾因子(small ubiquitin-related modifier; SUMO)付加による修飾を受けることが示されている。SUMOとユビキチンの両者はリシン残基を修飾するので，転写因子のある特定の部位の修飾を競合することになる。実際にこれはIκBにみられ，SUMO化はIκBをユビキチン化から守り，安定化させる(図8.37)。

興味深いことに，N-CoRおよびRIP140という核内受容体のコリプレッサー(5.3節)は，いずれもSUMO化され，その転写抑制活性が増大する。よって，コアクチベーターと同様に，コリプレッサーも活性を調節する翻訳後修飾の対象になる。このように，前述したコアクチベーターの翻訳後修飾コードは，コリプレッサーの異なる翻訳後修飾がコリプレッサーの活性および異なる転写リプレッサーへの結合に影響を与えるコリプレッサーコードに対応する。

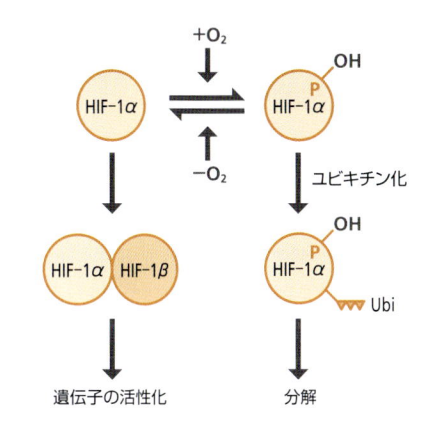

図8.35
高酸素状態で，HIF-1αはプロリン(P)のヒドロキシ化によって修飾される。この修飾により，HIF-1αはユビキチン化を受け分解される。低酸素状態では，プロリンのヒドロキシ化は起きない。そのため，HIF-1αは安定化され，HIF-1βと相互作用でき，標的遺伝子群を活性化する。

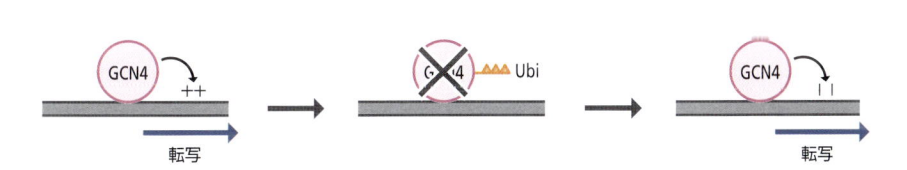

図8.36
転写活性化過程のサイクルに続いて，転写アクチベーターGCN4は，ユビキチン化を受け分解される。これにより，高活性の新しいGCN4分子が結合し，さらなる転写のサイクルを促進する。

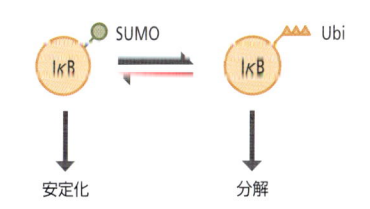

図8.37
IκBのSUMO化は，ユビキチン化を阻害し，IκBを安定化させる。

8.4 前駆体の処理を調節するシグナルによる転写因子の活性制御

転写因子は阻害領域を含んだ前駆体の切断によって活性化されうる

8.2節および8.3節で述べたように，HIF-1αとIκBのような因子は，分解速度を変える過程で調節され，よって，現存の因子の量が調節される（図8.38a）。しかし，転写因子は，図8.5cに示した通り，活性型転写因子を生成するための不活性型前駆体分子のタンパク質分解による切断過程でも調節されうる（図8.38b）。これの実例は，NFκB系でみられる。NFκB様タンパク質であるp105は，不活性型前駆体として合成され，この分子の活性部分は同一分子内のIκB様領域によって阻害される。活性化シグナルを受けた後，IκB様領域は，IκB自体と同様の方法でリン酸化される。そのリン酸化は，不活性型前駆体の切断をもたらし，IκB様領域は分解される。遊離したNFκB様領域は，核へ移行できるようになり，遺伝子発現を活性化する（図8.39）。

転写因子は膜結合型前駆体の切断によって活性化されうる

p105系にみられるような不活性領域の除去と同様に，不活性型前駆体の活性化には，アンカーされていた細胞膜からの遊離も関与する。細胞内に入るシグナルの場合，不活性型前駆体分子は，**小胞体**(endoplasmic reticulum)のような細胞内膜につながれている。たとえば，これは，**コレステロール**(cholesterol)レベルの低下に応じて遺伝子発現を活性化するステロール調節配列結合タンパク質(sterol regulatory element-binding protein；SREBP)にみられる。コレステロール存在下で，SREBPは，小胞体膜につながった不活性型前駆体分子として存在する。そのとき，SREBPは，SREBP切断活性化タンパク質(SREBP cleavage-activating protein；SCAP)と会合している。細胞内のコレステロールレベルが下がったとき，SCAPはコレステロールに結合することを止め，SREBP-SCAP複合体は，小胞体からゴルジ体に移動する。ゴルジ体でSREBPはタンパク質分解による切断を受け，そのN末端領域を遊離する。このN末端領域は，塩基性ヘリックス・ループ・ヘリックスDNA結合ドメイン（5.1節）をもつDNA結合転写因子である。遊離後，N末端領域は，核へ移行して標的遺伝子群に結合し，その遺伝子転写を活性化する。それにより，コレステロールレベルの低下に伴い細胞の表現型に適切な変化が生じる（図8.40）。

この系は，8.1節で述べたステロイド受容体系と対応している。この場合は，コレステロール結合タンパク質SCAPを介して，細胞内シグナル分子のレベル変化が，標的転写因子の活性化を直接引き起こす。同様に，SREBPの活性化は，グルココルチコイド受容体（8.1節）とNFκB（8.2節）で起こるような細胞内局在の変化をもたらす。

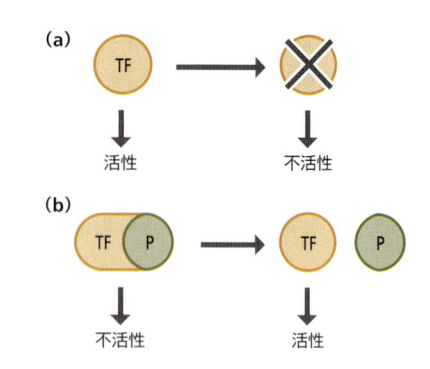

図 8.38
転写因子(TF)は，自身の分解(a)，もしくは不活性型前駆体(TF-P)からの切断処理(b)によって調節されうる。

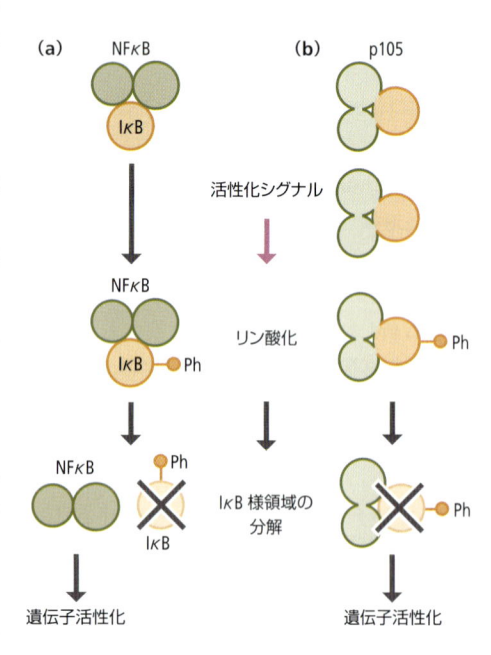

図 8.39
NFκBファミリーの活性化機構。(a)活性化シグナルを受ける前，NFκBは阻害タンパク質IκBと会合した不活性型複合体として存在する。活性化シグナルに応答して，IκBはリン酸化され，転写を活性化するNFκBを遊離する。(b)p105の場合，NFκB様領域とIκB様領域は，単一の大きな不活性型前駆体の一部分である。活性化シグナルに続いて，IκB様領域はリン酸化されて，p105は切断され，NFκB様領域を遊離することで転写を活性化する。

図 8.40
コレステロール(C)存在下，ステロール調節配列結合タンパク質(SREBP)は，小胞体でコレステロールと結合するSREBP切断活性化タンパク質(SCAP)と会合した不活性型複合体として存在する。コレステロールレベルが低下したとき，SCAPのコレステロール結合頻度は減少し，SCAP-SREBP複合体はゴルジ体に移動する。ゴルジ体で，SREBPは切断を受け，その活性型であるN末端領域（ピンク色）を遊離する。その後，このN末端領域は核へ移行し，DNAに結合して標的遺伝子群を活性化する。

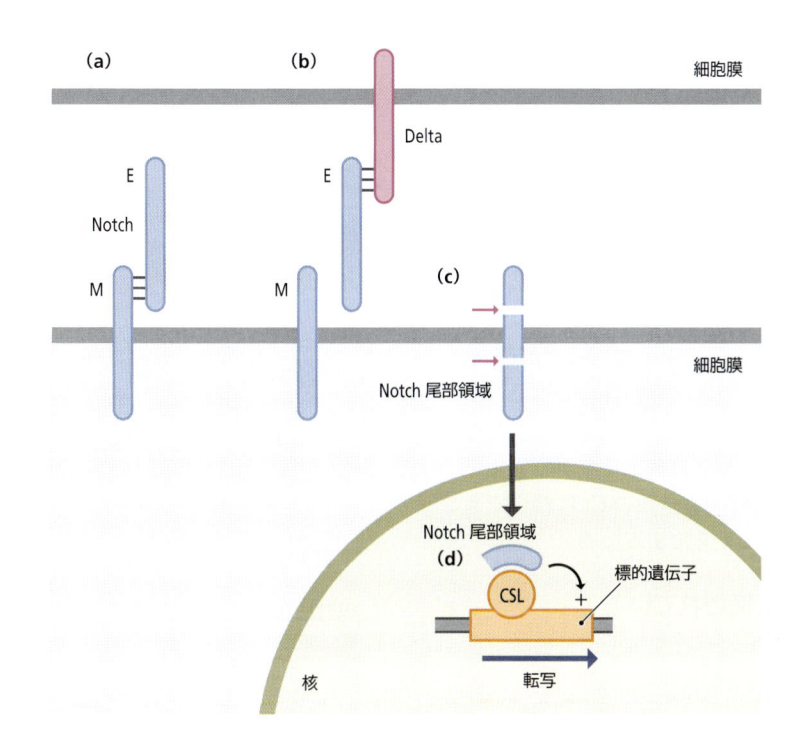

図 8.41
(a)Notch 受容体は，膜貫通鎖(M)と細胞外鎖(E)からなるヘテロ二量体である。(b)Notch タンパク質が隣接する細胞の膜中にある Delta タンパク質と結合する場合，細胞外鎖が Delta に結合し，細胞外鎖は膜貫通鎖から解離する。(c)この解離は，膜貫通鎖を2カ所(矢印)で切断し，Notch 尾部領域を遊離させる。(d)そして，この尾部領域は，核へ移行して CSL という DNA 結合タンパク質と会合し，転写を活性化する。

　細胞膜アンカー型転写因子の前駆体のタンパク質分解は，細胞に入らずに細胞表面の受容体に結合して作用するシグナルでも利用されている。これは，細胞表面受容体自体の分解による活性型転写因子の遊離に関わっている。これの実例は，異なる細胞間のシグナル伝達を仲介する **Notch/Delta**(ノッチ/デルタ)系でみられる。この系により，となりの細胞は，互いに異なる表現型を示す(Notch/Delta シグナル伝達経路の神経発生に対する役割については 10.2 節参照)。Notch タンパク質は，単一のポリペプチドから生成されて，ヘテロ二量体の受容体を形成する。このヘテロ二量体の受容体の1本目のポリペプチド鎖は細胞膜と会合し，2本目のポリペプチド鎖は1本目のポリペプチド鎖と会合し，細胞外に突き出ている(図 8.41)。

　Notch 受容体は，隣接する細胞の膜中にある Delta タンパク質と結合したとき，活性化される。この活性化過程で，Notch タンパク質の細胞外鎖は，Delta と結合し，ヘテロ二量体の相手である膜貫通鎖から解離する。これは，膜貫通鎖の切断をもたらし，細胞内領域が遊離する。この Notch の細胞内領域は転写因子であり，核へ移行して CSL という DNA 結合転写因子と会合する。この会合は，CSL を転写リプレッサーから転写アクチベーターに変換し，特定の Notch 標的遺伝子を活性化する(図 8.41)。つまり，この場合，活性型転写因子は，受容体のタンパク質分解による切断で生成され，核へ移行して遺伝子発現を促進する。

転写因子の切断は転写アクチベーターを転写リプレッサーに変換できる

　Notch/Delta 系の転写因子は実際に受容体の一部であるが，これだけが唯一の例ではない。細胞内タンパク質の切断が関わるもう1つの機構は，細胞増殖と分化に関与する Hedgehog(ヘッジホッグ)シグナル伝達経路で利用されている。Hedgehog タンパク質の受容体への結合は，Cubitus interruptus(キュビタスインターラプタス；Ci)という転写因子の，さまざまなキナーゼ[プロテインキナーゼA(8.2 節)を含む]によるリン酸化を阻害する。Ci リン酸化の阻害は，Ci タンパク質を安定化させる。これにより，Ci は DNA に結合してコアクチベーターをリクルートし，特定の標的遺伝子を活性化する(図 8.42)。一方，Hedgehog 受容体の活性化がないと，Ci タンパク質はリン酸化され，タンパク質分解による切断を受けて小断片になる。この小断片は，DNA に結合できるものの，コアクチベーター

図 8.42
Hedgehog リガンドによる Hedgehog 受容体の活性化は，Ci の脱リン酸化をもたらす。脱リン酸化された Ci タンパク質は，コアクチベーターに結合し，標的遺伝子の発現を活性化する。Hedgehog 受容体の活性化がないとき，Ci タンパク質はリン酸化されて，タンパク質分解による切断を受ける。得られた断片は，DNA に結合できるものの，コリプレッサーと結合して転写を抑制する。

ではなくコリプレッサーと結合するため，遺伝子発現を抑制する（図 8.42）。
　したがって，（図 8.5c に示したような）タンパク質分解による切断は，p105 や SREBP と Notch のような転写因子の活性化をもたらすことができる。そして，Ci のように，転写因子を転写アクチベーターから転写リプレッサーに変換することもできる。Ci のケースは，（図 8.5d に示したような）タンパク質間相互作用の変化を含む活性化機構の実例である。なぜなら，Ci の切断型は，完全長の Ci に結合できるコアクチベーターではなくコリプレッサーに結合するからである。

脂質結合の切断も，転写因子を活性化するのに使われている

　興味深いことに，切断による転写因子の活性化は，転写因子のタンパク質分解による切断だけではなく，脂質結合の切断によっても達成されることがある。これは，細胞膜のリン脂質に結合する Tubby（タビー）という転写因子でみられる。よって，この因子は，タンパク質間相互作用ではなくタンパク質-脂質間の相互作用で細胞膜につながれている（図 8.43）。面白いことに，いくつかの G タンパク質共役受容体はアデニル酸シクラーゼ（8.2 節）ではなくホスホリパーゼを活性化するが，このようなホスホリパーゼは，Tubby を細胞膜につないでいるリン脂質を切断できる。その結果，Tubby は遊離して核へ移行し，その標的遺伝子を活性化する（図 8.43）。

8.5 細胞内シグナル伝達経路による転写後の過程の調節

　第 6 章と第 7 章で述べたように，転写後の過程は遺伝子発現調節に重要な役割を担っている。したがって，転写因子の活性制御に加えて，細胞内シグナル伝達経路も転写後の段階を調節することは，当然ともいえる。このような調節について本節では述べていく。

PI 3-キナーゼ/Akt 系は，増殖因子やインスリンに応じる遺伝子発現の調節に重要な役割を担っている

　特定の細胞表面の受容体への数々の増殖因子やペプチドホルモンであるインスリンの結合は，**ホスファチジルイノシトール 3-キナーゼ**（phosphatidylinositol 3-kinase；**PI 3-キナーゼ**）/Akt 系の活性化をもたらす。この系は，細胞増殖の調節とインスリンの細胞応答を担っている。増殖因子やインスリンの特異的受容体への結合後，PI 3-キナーゼは，活性化される。そして，この酵素は，**イノシトール**（inositol）リン脂質分子をリン酸化する。つまり，ホスファチジルイノシトール 4,5-二リン酸（PIP$_2$）のイノシトール環の 3 位をリン酸化し，ホスファチジルイノシトール 3,4,5-三リン酸（PIP$_3$）を生成する（図 8.44）。PIP$_3$ は，特に**ホスファチジルイノシトール依存性プロテインキナーゼ 1**（phosphatidylinositol-dependent protein kinase 1；PDK-1）を活性化するセカンドメッセンジャー分子として機能する。次に，

図 8.43
(a) 転写因子 Tubby は，リン脂質（PL）との結合により細胞膜につながれている。(b) G タンパク質共役受容体の活性化後，ホスホリパーゼ C（PLC）が活性化され，リン脂質を切断する。これで Tubby は遊離し，核へ移行して転写を活性化する。

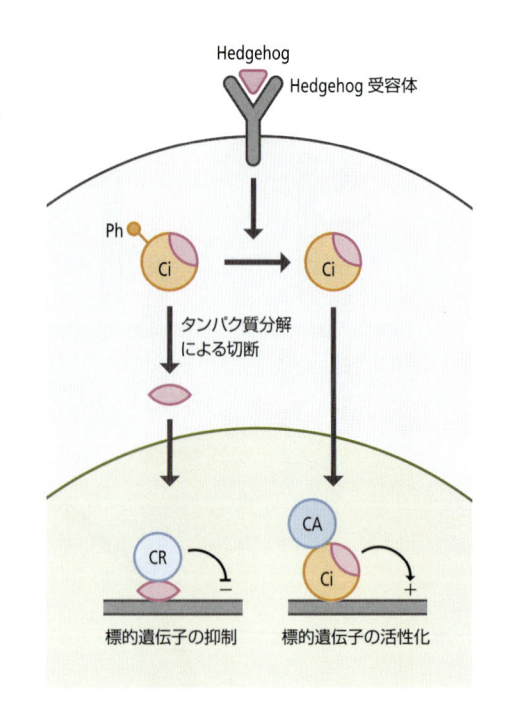

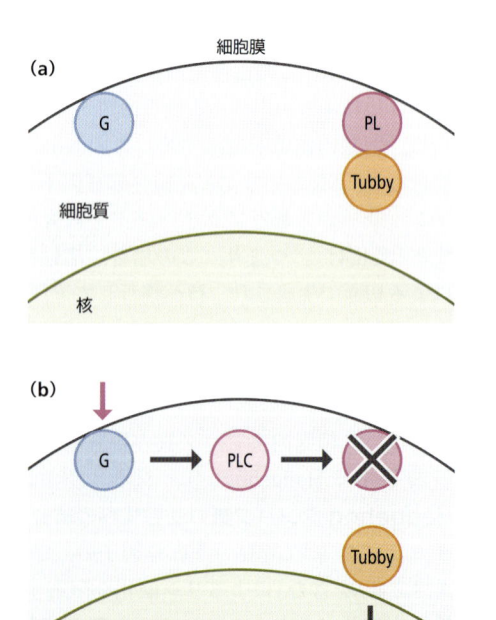

な調節の1つの実例は，SRタンパク質ファミリーのSF2が関わっている調節である。SF2は，どの5′スプライス部位がある特定の3′スプライス部位に結合するかを決定する重要な役割を担っている(7.1節)。この因子は，Aktによって触媒される多数のリン酸化で調節されている。細胞質で合成された後，SF2はSRドメインがリン酸化される。そしてこのリン酸化は，SF2が核へ移行するのに必須である(図8.46)。続いて，SF2のさらなるリン酸化が核内で行われ，U1 snRNPを5′スプライス部位にリクルートするSF2の能力を増大させる。次に，より近位にある5′スプライス部位と3′スプライス部位の結合が促進される(7.1節)。よって，SF2のリン酸化は，SF2自体の活性を高め，特定の選択的スプライシングの決定を促進する。

リン酸化されたSF2の1つの標的は，フィブロネクチンのmRNAである。SF2は，近位の5′スプライス部位の使用を高め，mRNA中の選択的にスプライスされたEDAエキソンの含有を促進する(図8.47)。興味深いことに，SF2は，EDAエキソンを含んだフィブロネクチンmRNAの翻訳も促進する。このことは，SF2が翻訳レベルおよびスプライシングのレベルで作用することを示している(図8.47)。

Aktは，翻訳に関わるタンパク質をリン酸化するプロテインキナーゼTORを介して，mRNAの翻訳を調節する

Aktは，スプライシングの調節に加えて，mRNAの翻訳も調節する。この場合，ラパマイシン標的タンパク質(target of rapamycin：**TOR**)と呼ばれるプロテインキナーゼのAktによるリン酸化と，それによる活性化が関与する。このプロテインキナーゼは，細菌が産生する毒素ラパマイシンの細胞内標的として同定されたため，このように呼ばれている。活性化されたTORには，翻訳段階を促進する効果がいくつもある。重要なのは，活性型TORがeIF4E結合タンパク質(eIF4Ebp)をリン酸化することである。リン酸化されていないeIF4Ebpは，翻訳開始因子eIF4Eに結合し，eIF4Eが他の翻訳開始因子へ結合しないようにしている(7.5節)。eIF4BpとeIF4Eの結合は，eIF4Bpのリン酸化によって阻害される。これで，eIF4Eが翻訳開始因子eIF4GおよびeIF4Aと結合できるようになり，翻訳が促進される(図8.48a)。

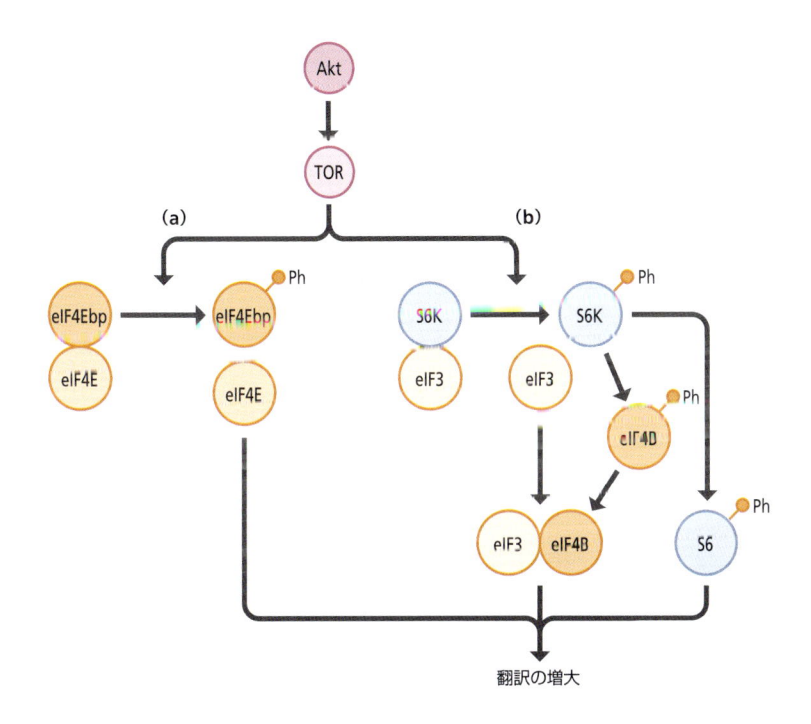

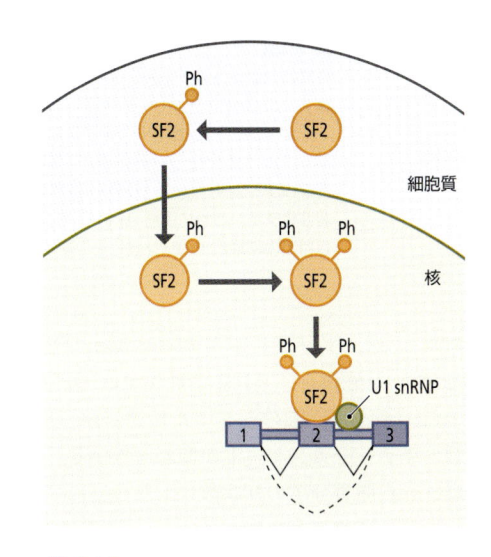

図 8.46
SF2タンパク質は，細胞質でリン酸化され，SF2の核移行が促進される。核内で，SF2は，さらなるリン酸化を受ける。これは，U1 snRNPを5′スプライス部位へリクルートするSF2の能力，また，遠位ではなく近位の5′スプライス部位の利用を促進させるSF2の能力を増大させる(実線と破線を比較せよ)。

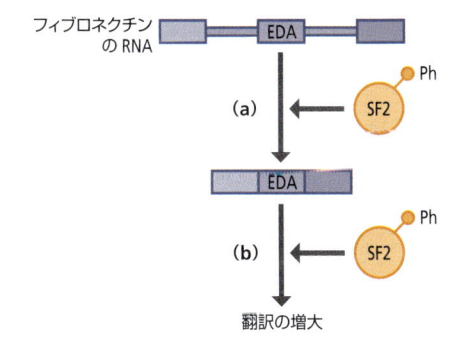

図 8.47
(a)リン酸化されたSF2は，フィブロネクチンmRNA中のEDAエキソン含有を促進するRNAスプライシングの段階で作用する。(b)また，このエキソンを含んだmRNAへの翻訳を促進するので，翻訳レベルでもSF2は作用する。

図 8.48
活性型AktプロテインキナーゼはTORプロテインキナーゼを活性化する。次に，TORは，eIF4E結合タンパク質(eIF4Ebp)をリン酸化し，活性型翻訳開始因子eIF4Eを遊離させる(a)。活性型TORは，S6キナーゼ(S6K)もリン酸化し，eIF3からS6Kを解離させる(b)。活性型S6KはeIF4Bをリン酸化し，eIF4Bは遊離したeIF3とともに活性型複合体を形成する。活性型S6Kは，S6リボソームタンパク質(S6)もリン酸化し，その活性を高める。

図 8.44
特異的受容体へのインスリンや増殖因子のようなリガンドの結合は、ホスファチジルイノシトール 3-キナーゼ（PI 3-キナーゼ）を活性化する。この酵素は、ホスファチジルイノシトール 4,5-二リン酸（PIP$_2$）のイノシトール環の 3 位をリン酸化し、ホスファチジルイノシトール 3,4,5-三リン酸（PIP$_3$）を生成する。PIP$_3$ は、ホスファチジルイノシトール依存性プロテインキナーゼ 1（PDK-1）を活性化し、Akt プロテインキナーゼをリン酸化して活性化する。これにより Akt は、RNA スプライシングと mRNA 翻訳に関わる標的因子と特定の転写因子のリン酸化を促進することができる。

PDK-1 は、プロテインキナーゼ Akt（プロテインキナーゼ B としても知られている）をリン酸化し、それを活性化する（図 8.44）。

このように、このシグナル伝達経路には、MAP キナーゼ系（8.2 節）のように多数のキナーゼカスケードが関わっている。しかし、この場合は、脂質キナーゼで触媒された脂質分子のリン酸化、ならびにプロテインキナーゼで触媒されたタンパク質のリン酸化が含まれる。

活性化された Akt は、特定の標的をリン酸化することにより転写とそれ以降の過程の両方を調節できる。つまり、前述の他のキナーゼのように、Akt は、特定の転写因子をリン酸化することにより転写を調節できる。たとえば、Akt は、FOXO1 という転写因子をリン酸化する。8.2 節で述べたリン酸化とは異なり、FOXO1 のリン酸化は、FOXO1 を細胞質に保持することによりその標的遺伝子の活性化能を阻害する（図 8.45）。Akt は、FOXO1 と他の転写因子のコアクチベーターである PGC-1α タンパク質もリン酸化する。このような PGC-1α の Akt によるリン酸化は、PGC-1α の活性を阻害する。したがって、インスリンシグナル伝達経路は、リン酸化を誘導し、転写アクチベーター（FOXO1）とコアクチベーター（PGC-1α）の両者を標的することにより特定の遺伝子の活性化を阻害する（図 8.45）。

Akt はスプライシング因子をリン酸化して RNA スプライシングを調節する

しかしながら、重要なことは、Akt が転写後の過程に関与する因子も標的にすることである。よって、Akt は、転写後レベルでも遺伝子発現を調節する。そのよう

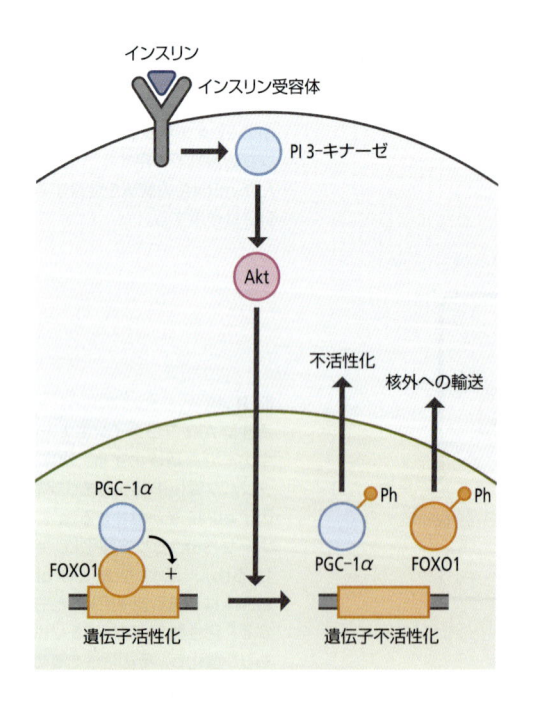

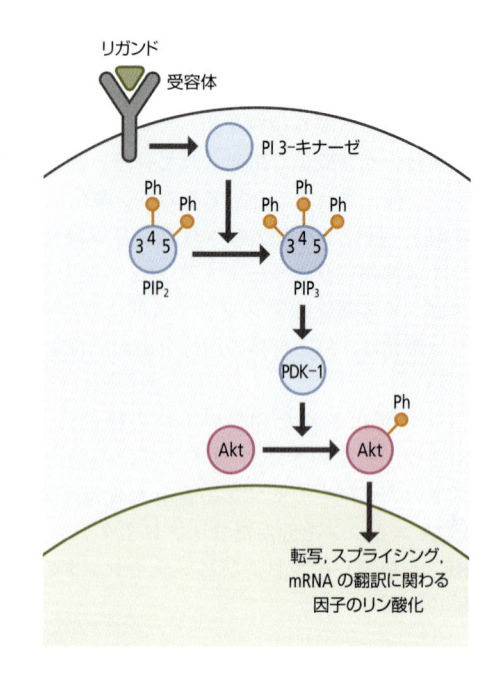

図 8.45
活性化された Akt は、FOXO1 という転写因子をリン酸化し、FOXO1 を細胞質に保持させる。Akt によるリン酸化は、FOXO1 のコアクチベーターである PGC-1α の活性も阻害する。したがって、この二重機構は、FOXO1 依存的な遺伝子の転写を抑制する。

第7章(7.5節)で指摘したように，インスリンや増殖因子に応答するeIF4Eの活性化は，5′非翻訳領域(untranslated region；UTR)に高度の二次構造をもつ特定のmRNAの翻訳増大に特に重要である。そして，eIF4EによるeIF4Aのリクルートは，この二次構造の巻き戻しに重要な役割を果たし，こうしたmRNAを翻訳させる（図7.46)。

eIF4Ebpを標的にすることに加えて，TORは，**S6キナーゼ**(S6 kinase；S6K)もリン酸化，活性化して翻訳を促進する。リン酸化と活性化より以前に，S6Kは，不活性型複合体中の翻訳開始因子eIF3と会合している。S6Kのリン酸化は，eIF3からのS6Kの解離をもたらす。S6Kは，そして，S6リボソームタンパク質をリン酸化・活性化し，翻訳開始因子eIF4Bもリン酸化する。次に，リン酸化されたeIF4Bは，遊離したeIF3と会合し，活性型複合体を形成する（図8.48b)。

つまり，PI 3-キナーゼ/Akt経路は，TORの活性化を通じて，翻訳開始の活性化とS6のようなリボソームタンパク質活性促進の両方による翻訳活性化に重要な役割を果たす。したがって，この経路は，細胞性増殖シグナルやインスリン処理に応答して，翻訳効率を増大させる。

Akt/TORは，タンパク質合成に関わるRNAとタンパク質をコードする遺伝子の転写を増大させることでmRNAの翻訳も促進できる

タンパク質合成速度を変化させることは増殖シグナルに対する応答として重要であるが，リボソームRNAとリボソームタンパク質の合成の増大によるリボソームの増産も，持続的増殖には必要である。TORは，直接の翻訳調節に加えて，3種類すべてのRNAポリメラーゼによる転写も促進し，翻訳を調節する。

RNAポリメラーゼⅠの場合，TORの活性化は，転写因子TIF-1Aのリン酸化をもたらし，その活性を増大させる。TIF-1AはRNAポリメラーゼⅠに結合し，また，プロモーターに結合しているSL1(TIF-1Bとしても知られる)との相互作用を通じて，リボソームRNA遺伝子プロモーターへのRNAポリメラーゼⅠのリクルートに重要な役割を担っている(RNAポリメラーゼⅠによる転写については4.1節参照)。よって，TIF-1Aの活性化は，リボソームRNA遺伝子プロモーターへのRNAポリメラーゼⅠのリクルートの増大をもたらし，18S，28S，ならびに5.8SリボソームRNAの合成が増大する（図8.49a)。

RNAポリメラーゼⅠとは対照的に，RNAポリメラーゼⅡは広範な遺伝子を転写する。そのため，リボソームタンパク質の遺伝子の転写をTORが特異的に誘導するのに必要である。そして，リボソームタンパク質は，リボソームRNAとともに新しいリボソームを作る。これを成し遂げるために，TORはCRF1の活性を抑制する。CRF1は，RNAポリメラーゼⅡによるリボソームタンパク質の遺伝子の転写を阻害する必須のコリプレッサーである。活性型CRF1は，核へ移行してリボソームタンパク質の遺伝子の転写を阻害するコリプレッサーとして働く。TORによるCRF1の不活性化は，この抑制を解除し，リボソームタンパク質の遺伝子の転写を活性化する（図8.49b)。

最後に，TORは，転移RNA(transfer RNA；tRNA)と5SリボソームRNAの遺伝子を転写するRNAポリメラーゼⅢの活性も調節する。これは，TORが転写リプレッサーMAF1のリン酸化を触媒することにより成し遂げられる。このリン酸化は，MAF1の核外輸送を促進する。そして，これは，RNAポリメラーゼⅢが調節するプロモーター上に結合しているTFⅢBを，MAF1が置き換えることを防ぐ。つまり，MAF1は，RNAポリメラーゼⅢ依存的な転写リプレッサーとして働く。よって，TORによるMAF1の不活性化は，RNAポリメラーゼⅢ依存的な遺伝子の転写を促進する（図8.49c)。

したがって，TORの活性化は，RNAポリメラーゼⅠとRNAポリメラーゼⅢ依存的遺伝子，ならびにRNAポリメラーゼⅡによるリボソームタンパク質の遺伝子

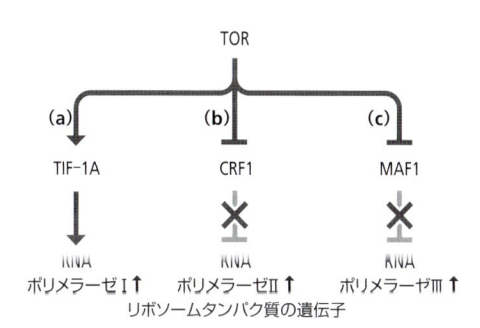

図8.49
(a)TOR経路は，転写因子TIF-1Aを活性化できる。よって，RNAポリメラーゼⅠによるリボソームRNA遺伝子の転写を活性化する。(b)TOR経路は，コリプレッサーCRF1を阻害できる。これにより，リボソームタンパク質の遺伝子転写に対する抑制効果が解除され，RNAポリメラーゼⅡによってその遺伝子の転写が活性化される。(c)最後に，TOR経路は，転写リプレッサーMAF1を抑制できる。これは，RNAポリメラーゼⅢによる5SリボソームRNA遺伝子とtRNA遺伝子の転写をMAF1が抑制することを妨げる。したがって，転写が活性化される。

の転写を促進する．TORのこれらの影響は，1つずつそれぞれのRNAポリメラーゼに対応する3つの転写因子の独立した調節によって起こっている（図8.49）．また，3種類のRNAポリメラーゼに対する増殖シグナルの効果が，お互いに連係しあっていることも証明されている．たとえば，プロモーターへのTFⅢB結合の阻止によるRNAポリメラーゼⅢ依存的遺伝子の抑制と同様に，転写リプレッサーMAF1は，基本転写因子であるTATAボックス結合タンパク質（TATA box-binding protein；TBP）の遺伝子プロモーターに結合する．そして，これは，転写アクチベーターであるElk-1のプロモーターへの結合を妨げる．よって，TBP遺伝子の発現は抑制される．3種類すべてのRNAポリメラーゼの基本転写複合体形成に，TBPが決定的な役割を担うので（4.1節），TBPは3種類すべてのRNAポリメラーゼによる転写の抑制をもたらす．このような抑制は，TORの活性化および結果として生じるMAF1の抑制によって解除される（図8.50）．

したがって，AktによるTOR経路の活性化は，多数の影響をもたらす．その影響は，3種類すべてのRNAポリメラーゼによるリボソーム構成成分の転写活性化による細胞増殖，また，eIF4Ebpのリン酸化を含む数々の機構を介した翻訳活性化による細胞増殖を促進する．このことは，転写とRNAスプライシングに関与する因子がAktにより直接リン酸化されることでAktの役割を補完し拡大している（図8.51）．

さまざまなキナーゼが，eIF2のリン酸化によって翻訳を阻害する

eIF4Ebpのリン酸化によって翻訳が活性化される一方で，翻訳開始因子eIF2のリン酸化は，細胞にストレス刺激が加わる間，mRNAの広範囲にわたる翻訳を阻害する．そして，細胞は，ストレス自体に最も効果的に反応するため，さまざまな材料や機構を有効に利用している（7.5節）．

興味深いことに，異なるストレスに応じてそれぞれが活性化される4種類のeIF2キナーゼがヒトの細胞で報告されている（図8.52）．たとえば，HRKは，第

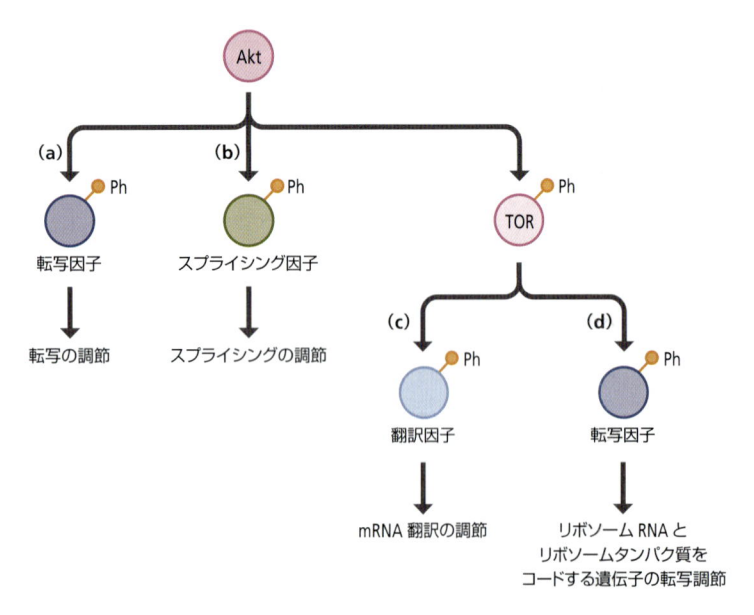

図8.50
転写リプレッサーMAF1は，必須な転写因子TFⅢBの結合を阻止することで，RNAポリメラーゼⅢ依存的遺伝子を抑制する（a）．しかしながら，MAF1は，TATAボックス結合タンパク質（TBP）遺伝子プロモーターへの転写アクチベーターであるElk-1の結合を妨げることによって，*TBP*遺伝子の転写も阻害する（b）．TBPは，3種類すべてのRNAポリメラーゼによる転写に必要なので，RNAポリメラーゼによるすべての転写が阻害される．これらの作用は，MAF1のリン酸化を促進しMAF1自身の活性を阻害するTORによって妨害される．

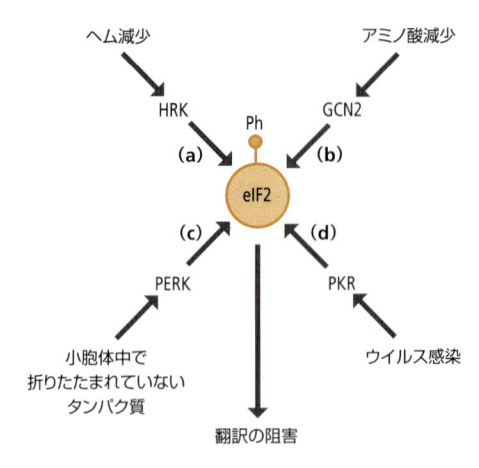

図8.51
Aktの作用のまとめ．Aktは直接転写因子をリン酸化でき，よって転写を調節する（a）．同様に，直接スプライシング因子をリン酸化でき，よってRNAスプライシングを調節する（b）．Aktは，mRNA翻訳に関わる因子（c）とリボソームRNAとリボソームタンパク質をコードする遺伝子を調節する転写因子（d）をリン酸化するTORプロテインキナーゼを活性化することによって間接的に作用できる．TORがもつこれら2つの作用は，いずれもmRNAの翻訳を促進する．

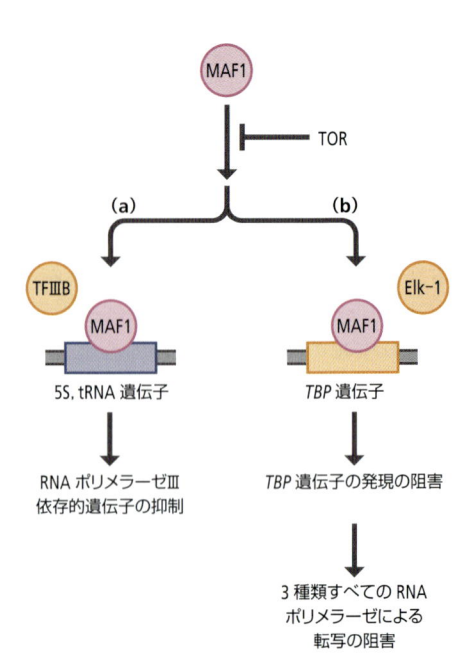

図8.52
翻訳開始因子eIF2は，以下の4種類のキナーゼによりリン酸化されうる．HRKは，ヘムのレベルが減少したときに活性化される（a）．GCN2は，アミノ酸レベルが減少したときに活性化される（b）．PERKは，小胞体中で折りたたまれていないタンパク質で活性化される（c）．PKRは，ウイルス感染で活性化される（d）．いずれの場合も，そのようなリン酸化は，翻訳の阻害をもたらす．

7章(7.5節)で述べたようにヘムの欠乏に応じて網状赤血球で活性化される。これは，ヘモグロビン分子からヘムが得られるまで，グロビンタンパク質(網状赤血球中の主要な翻訳産物である)の合成を阻害する(図8.52a)。

同様にGCN2は，アミノ酸に結合していない遊離のtRNA分子の存在下で活性化される。これは，タンパク質合成を中断すべき低濃度のアミノ酸条件で起こる(図8.52b)。興味深いことに，酵母における転写因子GCN4のmRNAの翻訳は，他のmRNAの翻訳が大部分抑制されているとき，低濃度のアミノ酸条件で実際に促進される(7.5節)。このような条件下で，*GCN4* mRNA中の短い上流オープンリーディングフレームの翻訳は抑制されている。そして，完全長のGCN4タンパク質の翻訳が，それに応じて増大している(図7.50)。これにより，アミノ酸飢餓中に特定の遺伝子発現を活性化するというGCN4の機能が発揮される。

他の2種類のヒトeIF2キナーゼ(PERKとPKR)の場合，PERKは小胞体中で折りたたまれていないタンパク質の存在下で，PKRはウイルス感染後に，それぞれ活性化される(図8.52c, d)。PERKは，小胞体中でタンパク質が不正確に折りたたまれ，高レベルで新しいタンパク質を合成するのが不適切であるときに，タンパク質合成を抑制する。同様に，PKRは，ウイルス感染後のウイルスタンパク質の合成を抑制し，細胞がそのような感染にもっと効果的に応答できるようにする。

したがって，本節で述べた実例は，翻訳を促進するeIF4Ebpのリン酸化と，翻訳を阻害するeIF2のリン酸化の両者によって翻訳が調節されていることを示している。興味深いことに，eIF4EbpとeIF2の調節は，低酸素ストレスに細胞が反応している間に相前後して働くことが示されている。低酸素状態に対する初期の応答では，eIF2がリン酸化されて翻訳の阻害をもたらす。低酸素状態が長期にわたるとeIF4EbpとeIF4Eの結合が増大し，翻訳がさらに抑制されることになる(図8.53)。

個々のキナーゼは，遺伝子発現の多段階調節を生み出すことができる

本節で述べた研究成果は，転写ならびに転写後の過程がシグナル伝達経路で調節されることを明らかにした。前述のように，PI 3-キナーゼ/Akt経路は，転写因子，スプライシング因子，翻訳因子を標的にして，増殖因子やインスリン刺激にきわめて効果的に反応し，遺伝子発現を重層的に調節する。

興味深いことに，遺伝子発現の異なる段階に対する影響は，互いに連係しあっている。前述のように，スプライシング因子SF2は，Aktの標的である。一方，mRNAへのSF2の結合は，同じくAktの標的であるTORのリクルートを促進することが示されている。すでに述べたように，mRNAへのTORの結合は，eIF4Ebpのリン酸化を促進して翻訳の増大をもたらす。よって，この実例は，スプライシング因子と翻訳調節するキナーゼのリクルートとを結びつけるものである(図8.54)。さらに，このことは，選択的スプライシングを受けたフィブロネクチンmRNAの翻訳が，SF2の結合によって増大することの説明となる(図8.47)。

遺伝子発現の多段階での調節は，Aktがさまざまな調節因子を標的にすることで成し遂げられるが，1個の因子を標的にして，転写，スプライシング，翻訳を調節するキナーゼもある。Pak1プロテインキナーゼは，増殖調節タンパク質p21(11.3節)によって活性化され，PCBP1をリン酸化する。そして，転写，スプライシング，翻訳という3つすべての段階に関わるPCBP1の能力を変化させる(図8.55)。

細胞質内におけるPCBP1のリン酸化は，特定のmRNAからPCBP1を解離させるので，PCBP1による翻訳阻害が解除される(図8.55a)。核内で，リン酸化PCBP1は，選択的スプライシングの特定の産物を調節する(図8.55b)。さらに，リン酸化PCBP1は，翻訳開始因子eIF4Eをコードする遺伝子のプロモーターにも結合し，その転写を促進する(図8.55c)。結果として生じたeIF4E転写産物の増加は，翻訳の増大をもたらす。

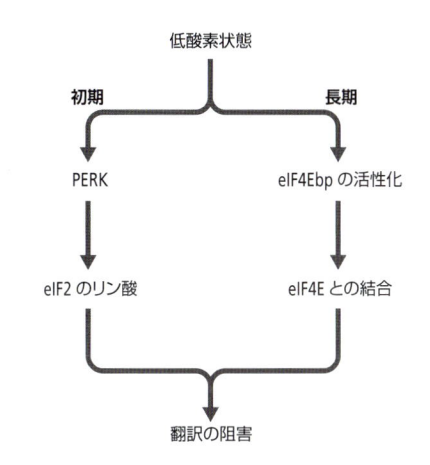

図8.53
細胞を低酸素状態に曝露すると，初期の応答ではPERKによりeIF2がリン酸化を受けて，タンパク質合成が抑制される。低酸素状態が長期にわたると，eIF4E結合タンパク質(eIF4Ebp)が活性化されてeIF4Eと結合し，タンパク質合成のさらなる抑制をもたらす。

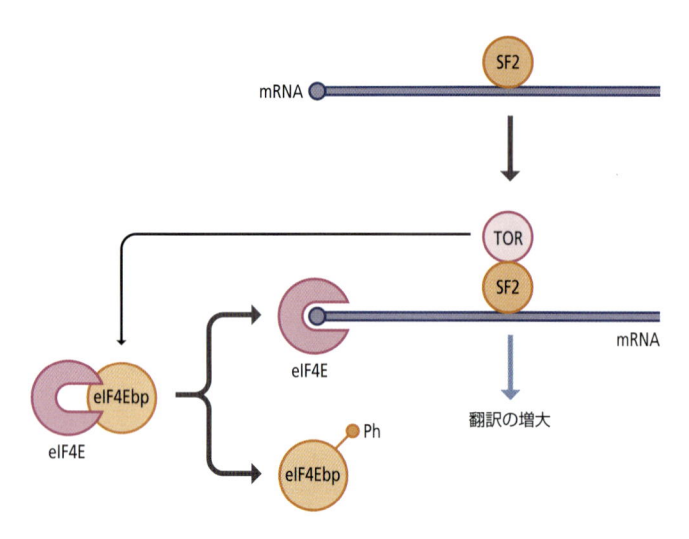

図 8.54
スプライシング因子 SF2 は，TOR プロテインキナーゼを mRNA へリクルートすることができる。次に，TOR は，eIF4E 結合タンパク質(eIF4Ebp)をリン酸化し，eIF4E を遊離させる。遊離した eIF4E は，mRNA のキャップ構造(青丸)に結合し，mRNA の翻訳を促進する

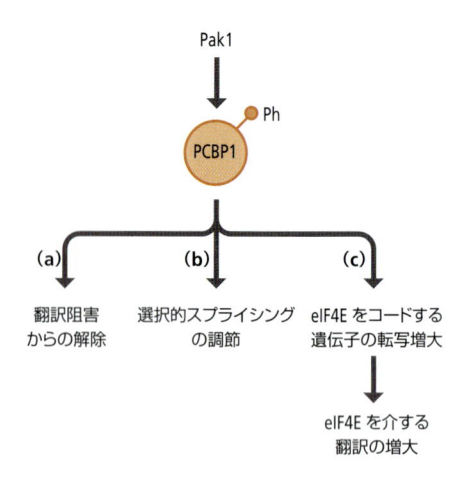

図 8.55
Pak1 プロテインキナーゼは，阻害タンパク質 PCBP1 をリン酸化する。(a)リン酸化 PCBP1 は，細胞質内で mRNA から解離し，翻訳の阻害が解除される。(b)核内で，リン酸化 PCBP1 は，選択的スプライシングを調節する。(c)リン酸化 PCBP1 は，翻訳開始因子 eIF4E をコードする遺伝子の転写も促進し，翻訳を増大させる。

したがって，PCBP1 は，転写，スプライシング，翻訳という多段階の調節因子である。Pak1 による PCBP1 のリン酸化によって，特定の細胞性シグナルは遺伝子発現を多段階で協調的に調節できる。

まとめ

　本章では，遺伝子発現とその結果の細胞特性を変化させるために，転写因子の活性が特定のシグナル伝達経路に応じて変化できる広範な機構を述べてきた(図 8.56)。ステロイドホルモンのようなシグナル分子が細胞に入って行く場合，転写因子はシグナル分子に直接結合して構造を変える(図 8.56a)。同様に，コレステロールで調節されている遺伝子発現の場合，コレステロール自体は，転写因子に会合しているタンパク質に結合し，コレステロール恒常性を調節する転写因子のタンパク質分解の過程を制御する。

　一方，細胞に入っていけないシグナルは，細胞表面の受容体を介して間接的に作用する。たとえば，Notch 系の場合のように，切り落とされた受容体の一部が移行した核で転写因子として働く場合がある(図 8.56b)。しかしながら，多くの場合，細胞表面の受容体の活性化は，転写因子の翻訳後修飾をもたらす。たとえば転写因子のリン酸化は，受容体会合型キナーゼか，もしくは，サイクリック AMP のようなセカンドメッセンジャーや多数のキナーゼカスケードを介して活性化される特定のキナーゼで行われる(図 8.56c)。これによってシグナルは遺伝子発現を変化させ，その結果，適切な生物学的効果を生み出すために細胞の性質を変える。

　特定のシグナルによる特定の転写因子の活性化は，図 8.5 に示した 1 つもしくはそれ以上の機構で起こりうる。たとえば，適切なホルモンによるステロイド受容体の活性化機構は，リガンドによる構造変化(図 8.5a)と阻害タンパク質からの解離(図 8.5d)を組み合わせた機構である。同様に，サイクリック AMP による CREB の活性化には，プロテインキナーゼ A によるリン酸化(図 8.5b)が関わり，タンパク質間相互作用の変化(図 8.5d)をもたらす。この場合は，コアクチベーター CBP の CREB への結合を増大させる。このようなリン酸化は，NFκB 様分子である p105 の場合にも見受けられ，p105 前駆体分子(図 8.5c)がプロセシングされ，IκB

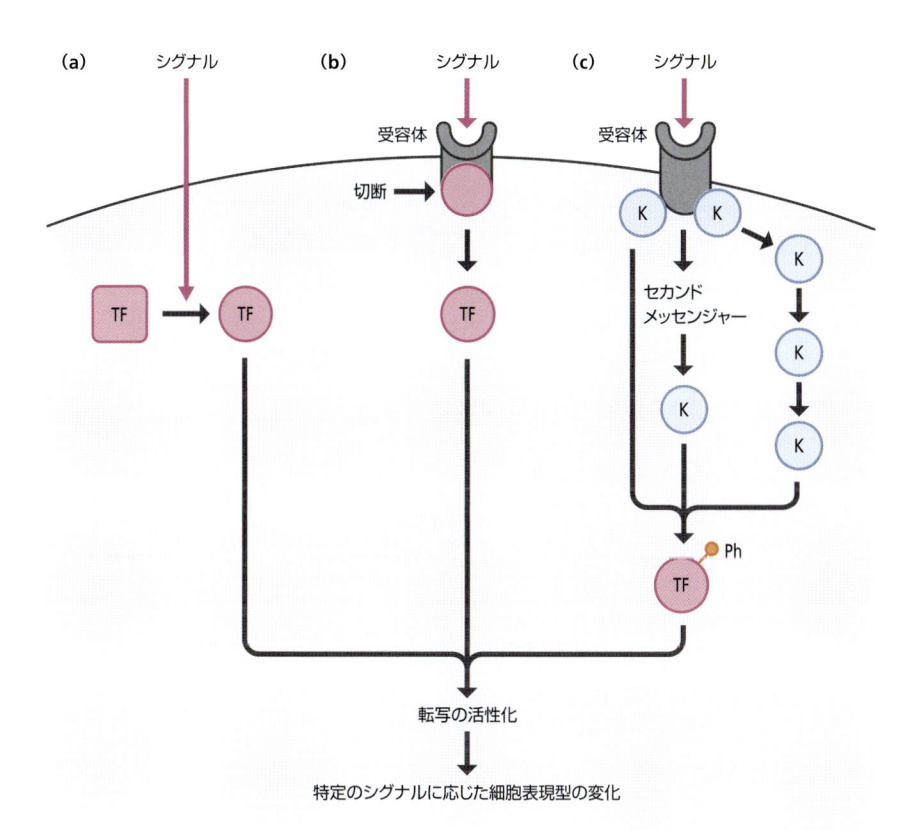

図 8.56
(a) 細胞内に入っていくシグナルは，直接転写因子(TF)を活性化できる。(b) 細胞内に入っていかないシグナルは，そのシグナルの受容体の切断を促進でき，得られた断片(ピンク色)は，転写を活性化できる。(c) もしくは，細胞内に入れないシグナルは，そのシグナルの受容体に結合し，受容体会合型キナーゼかセカンドメッセンジャーが活性化するキナーゼ，または，キナーゼカスケードを介して転写因子のリン酸化を促進する。K：キナーゼ。

様領域の分解と活性型の NFκB 様領域の遊離をもたらす。

したがって，異なるシグナル伝達の機構と異なる活性化の過程が組み合わさって，特定の状況で個々の転写因子の特異的活性化を生み出す。その結果，特定のシグナルに応じて，遺伝子発現と細胞の表現型を適切に調節する。

さらに異なるケースでは，転写因子の活性化は，転写因子の性質を変えることを伴う(図 8.57)。たとえば，活性化の過程で，HIF-1α (8.3 節)のように転写因子の分解が調節される(図 8.57a)。同様に，多くのケースで，因子の活性化は，グルココルチコイド受容体(8.1 節)や NFκB (8.2 節)でみられるように，因子の細胞内局在を変えることを伴う(図 8.57b)。さらに，活性化は，ACE1 (8.1 節)でみられたように DNA 結合活性の直接的な調節(図 8.57c)をも伴うし，また，CREB (8.2 節)のような DNA 結合の転写活性化能の調節(図 8.57d)も伴う。

したがって，異なる**シグナル伝達**(signal transduction)経路は，異なる方法で転写因子を調節し，異なるレベルで転写因子の活性を変えるために，異なるシグナル伝達機構を利用する。シグナル伝達経路は，特定の転写因子の活性を上昇させることも低下させることもできるという事実と，DNA 結合転写因子に加えてコアクチベーターとコリプレッサーもしくはヒストン修飾酵素をも対象にするという事実は，この複雑性をさらに高める。

8.5 節で述べたように，シグナル伝達経路は，転写後調節の過程と転写の過程そのものをも標的にする。実際，Akt/TOR 系または PCBP1 の場合，補完的な作用が，特定のシグナルに対する最も効果的な多段階反応を確実にする転写レベルと転写後レベルでしばしば起きる。

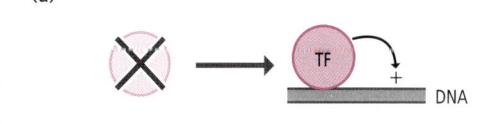

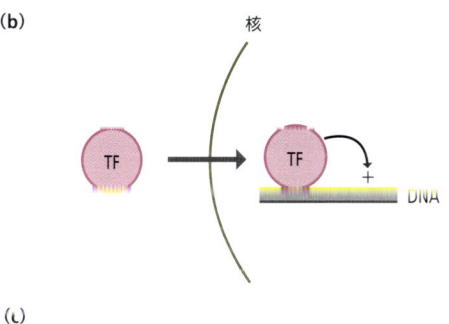

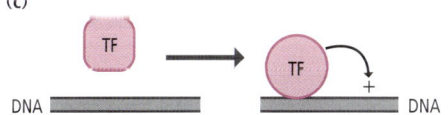

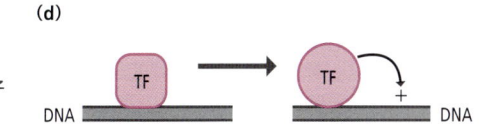

図 8.57
転写因子(TF)の調節過程は，転写因子の分解(a)，転写因子の細胞内局在(b)，転写因子の DNA 結合活性(c)，転写因子の DNA 結合に続く転写活性化能(d)が対象になる。

特異的な細胞性シグナルに応じる遺伝子発現の調節機構は，非常に複雑である。しかし，効果的な反応，そして，他のシグナル伝達経路と同時に起こる活性化で調節されうる反応を作り出すことが必要である。たとえば，コアクチベーターとコリプレッサーに生じる多数の翻訳後修飾は，ある特異的なコアクチベーターやコリプレッサーを活用する異なるシグナル伝達経路の統合をもたらすであろう。このことは，他の競合する経路の抑制によって，シグナルに応じた最も適切な経路を活性化させうる（8.3節）。

同様に，転写因子が2つの異なる刺激によって2つの異なるレベルで調節される場合，これは，個々の刺激，そして共同したときの刺激の双方に最も効果的な反応を作り出す。これは，酵母の転写因子GAL4の場合にみられる。GAL4はガラクトースがないときにDNAに結合するが，GAL80によってその活性は阻害されているので，転写を活性化しない。ガラクトース存在下で，GAL80は解離し，転写は活性化される（図8.58）。しかしながら，グルコースの存在下ではGAL4はDNAに結合せず，よって，ガラクトース処理は効果がない（図8.58）。したがって，GAL4の系は，グルコースによるDNA結合レベルで，また，ガラクトースによる転写活性化のレベルで調節されている。よって，ガラクトース刺激は，グルコースの存在で効果がなくなる。

興味深いことに，グルコースとガラクトースによる転写調節において，最近，転写後調節について新たなことがわかった。それは，グルコースがガラクトースで誘導されたmRNAの安定性を下げることでRNA安定性のレベルにも作用することである（RNA安定性の制御についての詳細は7.4節参照）。したがって，転写過程と転写後過程の両者は，ガラクトースのみの存在下で，ガラクトース代謝に必要なタンパク質をコードする遺伝子の発現を活性化できるという望ましい生物学的効果を生み出す。しかしながら，これは代謝基質としてガラクトースよりも好ましいグルコースの存在下では起きない。

要約すると，遺伝子発現は，異なる反応を単独もしくは共同する特異的な刺激とが組み合わせることで，多段階的に調節されている。この様式で，細胞は複雑な制御ネットワークを構築でき，個々の刺激，そして共同したときの刺激の双方に効果的かつ適切に反応しうる。このことは，特定のシグナルに応じて生み出される適切な生物学的反応をもたらすであろう。

特定のシグナルに応じる転写因子の調節機構が，受精卵が胚発生の過程で特定の身体構造に成長する機構とに対応しているのは明らかである。さらに，胚や成体中の個々の分化細胞が，その細胞種に特異的で機能に必須な遺伝子とタンパク質を適切に発現させる機構も存在しているはずである。発生過程における遺伝子発現の調節，および，細胞種特異的な遺伝子発現の調節については，次の2つの章で述べていく。

図 8.58
グルコースの非存在下で，ガラクトースは阻害タンパク質GAL80の解離を促進し，GAL4による転写を活性化させる。しかしながら，グルコースの存在下では，GAL4はDNAに結合しないので，ガラクトース処理は効果がない。

🔑 キーコンセプト

- 転写因子の遺伝子発現への効果は，転写因子合成の調節と転写因子活性の制御の両方またはいずれか一方で制御されている。
- 細胞内シグナル伝達経路は，転写因子の合成に影響するよりも，主に転写因子の活性を調節する。
- これは，既存の転写因子の活性を調節することによって，遺伝子発現を迅速に誘導もしくは抑制することを意味する。
- 細胞に入っていけるシグナル分子は，ある特異的な転写因子に結合し，直接その転写因子の活性を調節する。
- 細胞表面の受容体に結合するシグナル分子は，特定の細胞内酵素による翻訳後修飾を誘導することによって，転写因子の活性を間接的に変化させる。
- そのような翻訳後修飾は，リン酸化，アセチル化，メチル化，ユビキチン化，SUMO化を伴い，

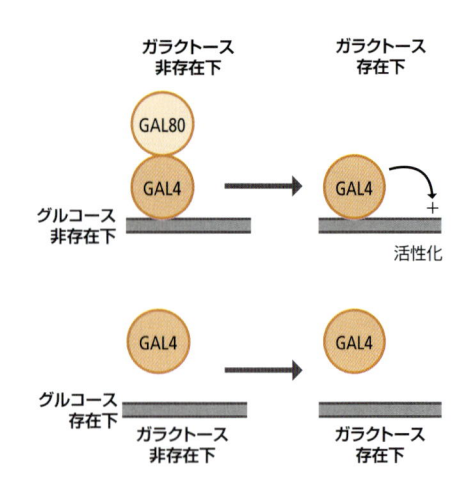

コアクチベーター，コリプレッサー，ヒストン修飾酵素，ならびにDNA結合転写因子に影響を与える。
- 細胞表面の受容体に結合するシグナル分子は，転写因子の前駆体から活性型転写因子を生み出すためにタンパク質分解を引き起こすことが可能である。
- 多くのケースで，直接の結合，翻訳後修飾，またはタンパク質分解での切断による転写因子の調節は，タンパク質間相互作用に変化をきたす。
- シグナル伝達経路は，RNAスプライシングとタンパク質への翻訳のような転写後の過程も調節し，多段階での効果的な細胞性シグナル応答を生み出す。

参考文献

イントロダクション
Latchman DS (2008) *Eukaryotic Transcription Factors*, 5th ed. Elsevier/Academic Press.

8.1 細胞に入ってくるリガンドによる転写因子活性の調節
Kugel JF & Goodrich JA (2006) Beating the heat: a translation factor and an RNA mobilize the heat shock transcription factor HSF1. *Mol. Cell* 22, 153–154.

Lonard DM & O'Malley BW (2007) Nuclear receptor coregulators: judges, juries, and executioners of cellular regulation. *Mol. Cell* 27, 691–700.

Morimoto RI (1998) Regulation of the heat shock transcriptional response: cross talk between a family of heat shock factors, molecular chaperones, and negative regulators. *Genes Dev.* 12, 3788–3796.

Prasanth KV & Spector DL (2007) Eukaryotic regulatory RNAs: an answer to the 'genome complexity' conundrum. *Genes Dev.* 21, 11–42.

Weatherman RV, Fletterick RJ & Scanlan TS (1999) Nuclear-receptor ligands and ligand-binding domains. *Annu. Rev. Biochem.* 68, 559–581.

Wood MJ, Storz G & Tjandra N (2004) Structural basis for redox regulation of Yap1 transcription factor localization. *Nature* 430, 917–921.

8.2 細胞外シグナル分子で誘導されるリン酸化による転写因子の活性制御
Greer PL & Greenberg ME (2008) From synapse to nucleus: calcium-dependent gene transcription in the control of synapse development and function. *Neuron* 59, 846–860.

Hoffmann A & Baltimore D (2006) Circuitry of nuclear factor κB signaling. *Immunol. Rev.* 210, 171–186.

Levy DE & Darnell Jr JE (2002) Stats: transcriptional control and biological impact. *Nat. Rev. Mol. Cell Biol.* 3, 651–662.

Mayr B & Montminy M (2001) Transcriptional regulation by the phosphorylation-dependent factor CREB. *Nat. Rev. Mol. Cell Biol.* 2, 599–609.

Wietek C & O'Neill LA (2007) Diversity and regulation in the NF-κB system. *Trends Biochem. Sci.* 32, 311–319.

8.3 他の翻訳後修飾による転写因子の活性制御
Bedford MT & Clarke SG (2009) Protein arginine methylation in mammals: who, what, and why. *Mol. Cell* 33, 1–13.

Calao M, Burny A, Quivy V et al. (2008) A pervasive role of histone acetyltransferases and deacetylases in an NF-κB-signaling code. *Trends Biochem. Sci.* 33, 339–349.

Chen ZJ & Sun LJ (2009) Nonproteolytic functions of ubiquitin in cell signaling. *Mol. Cell* 33, 275–286.

Kaelin Jr WG & Ratcliffe PJ (2008) Oxygen sensing by metazoans: the central role of the HIF hydroxylase pathway. *Mol. Cell* 30, 393–402.

Meulmeester E & Melchior F (2008) SUMO. *Nature* 452, 709–711.

Rosenfeld MG, Lunyak VV & Glass CK (2006) Sensors and signals: a coactivator/corepressor/epigenetic code for integrating signal-dependent programs of transcriptional response. *Genes Dev.* 20, 1405–1428.

Yang XJ & Seto E (2008) Lysine acetylation: codified crosstalk with other posttranslational modifications. *Mol. Cell* 31, 449–461.

8.4 前駆体の処理を調節するシグナルによる転写因子の活性制御
Bray SJ (2006) Notch signalling: a simple pathway becomes complex. *Nat. Rev. Mol. Cell Biol.* 7, 678–689.

Cantley LC (2001) Translocating Tubby. *Science* 292, 2019–2021.

Kopan R & Ilagan MX (2009) The canonical Notch signaling pathway: unfolding the activation mechanism. *Cell* 137, 216–233.

Kovall RA (2008) More complicated than it looks: assembly of Notch pathway transcription complexes. *Oncogene* 27, 5099–5109.

Pomerantz JL & Baltimore D (2002) Two pathways to NF-κB. *Mol. Cell* 10, 693–695.

8.5 細胞内シグナル伝達経路による転写後の過程の調節
Bushell M, Stoneley M, Spriggs KA & Willis AE (2008) SF2/ASF TORCs up translation. *Mol. Cell* 30, 262–263.

Franke TF (2008) PI3K/Akt: getting it right matters. *Oncogene* 27, 6473–6488.

Graveley BR (2005) Coordinated control of splicing and translation. *Nat. Struct. Mol. Biol.* 12, 1022–1023.

Ma XM & Blenis J (2009) Molecular mechanisms of mTOR-mediated translational control. *Nat. Rev. Mol. Cell Biol.* 10, 307–318.

Mayer C & Grummt I (2006) Ribosome biogenesis and cell growth: mTOR coordinates transcription by all three classes of nuclear RNA polymerases. *Oncogene* 25, 6384–6391.

Ruggero D & Sonenberg N (2005) The Akt of translational control. *Oncogene* 24, 7426–7434.

Stamm S (2008) Regulation of alternative splicing by reversible protein phosphorylation. *J. Biol. Chem.* 283, 1223–1227.

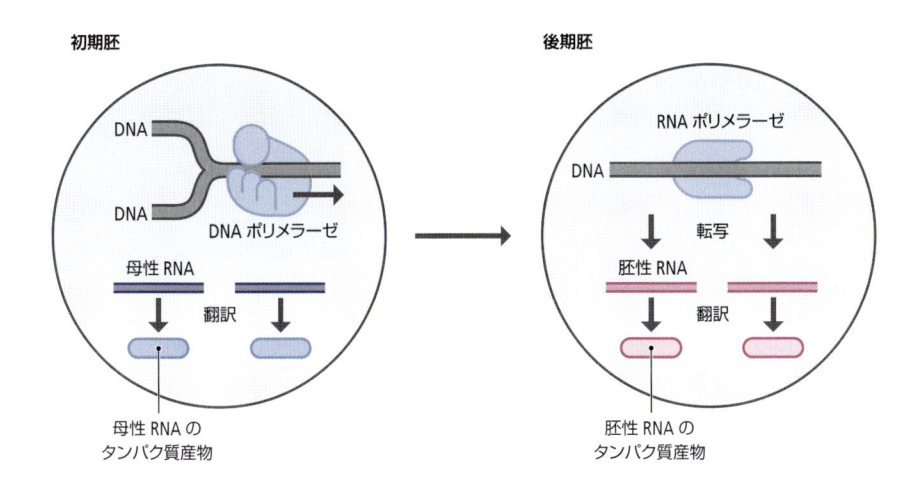

図 9.2
初期胚において，胚の DNA は DNA ポリメラーゼにより複製され，一方，母性 RNA はタンパク質へ翻訳される。胚発生が進むと，胚の DNA は RNA ポリメラーゼにより転写されて胚性 RNA ができ，それがタンパク質へ翻訳される。

　さらにこの機構の存在により，卵と精子の融合によって生じる胚ゲノムを直ちに転写するまでもなく，受精卵にタンパク質を供給することができる。受精後，受精卵（接合子）は急速に分裂して，2細胞期，4細胞期，8細胞期といった胚を作らなければならない。それぞれの娘細胞が全 DNA を保持するためには，各細胞分裂時に胚のゲノムが DNA ポリメラーゼによって複製される必要がある。ごく初期の胚で，すでに存在する mRNA をタンパク質合成のために使うことにより，DNA ポリメラーゼによる急速な DNA の複製に干渉しかねない，RNA ポリメラーゼによる胚ゲノムの大規模な転写の必要性がなくなる（図 9.2）。

　単一細胞である哺乳動物の受精卵は，受精とそれに続く何度かの細胞分裂の後に，16 の細胞からなる**桑実胚**(morula)と呼ばれる球体を形成する（図 9.3）。桑実胚は胚盤胞(blastocyst)［**胞胚**(blastula)］へと発生し，これは液で満たされた腔を取り囲む外側の細胞層と内部細胞塊(inner cell mass；ICM)とからなる構造をもつ（図 9.3）。次に，胚は**原腸形成**(gastrulation)期へと進み原腸胚(gastrula)が作られ，そこで細胞は3つの異なる**胚葉**(germ layer)，つまり**外胚葉**(ectoderm)，**中胚葉**(mesoderm)，**内胚葉**(endoderm)へと組織化される（図 9.4）。これら3つの胚葉は最終的には異なる胚の組織，すなわち，外胚葉は皮膚や神経系，中胚葉は筋肉，軟骨，骨，そして内胚葉は腸を形成する（10.1 節，10.2 節）。

転写調節の過程が胚のゲノムを活性化する

　このような胚発生の進行に伴い，もともと存在した母性 mRNA を単純に翻訳することから，胚が自身のゲノムを転写しはじめることへの切り替えが起こる。この母性／胚性の切り替えには多様な機構が関与しているようである。たとえば，初期胚における最初の数回の細胞分裂の間に，維持メチラーゼ Dnmt1 は核から排除される。第 3 章（3.2 節）で述べたように，この維持メチラーゼはゲノムの特定領域のシトシンのメチル化を維持することで，この領域の DNA を不活性なクロマチン構造としている。したがって，初期胚において Dnmt1 が核から排除されることによ

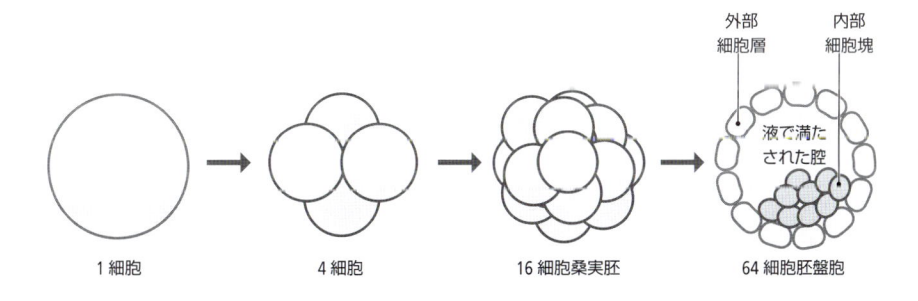

図 9.3
哺乳動物胚の初期発生の結果，桑実胚と呼ばれる細胞の球ができ，これがやがて液で満たされた腔を取り囲む外側の細胞層と内部細胞塊とからなる構造をもつ胚盤胞を生じる。

胚発生における遺伝子調節

イントロダクション

　生命科学における重要な課題の1つに，単一細胞である受精卵が，互いの関係の中で適切な時期に適切な場所で生じた，さまざまなタイプの細胞からなる多細胞生物へと発生する様式の理解がある。本章で後述するように，特定の転写因子による遺伝子の転写調節が，この過程において重要な役割を果たしている。これら転写因子のいくつかは，胚発生の特定の時期と場所において発現する。このような転写因子の生合成の制御は，前章で述べた細胞内シグナル伝達経路による転写因子の活性制御とは異なる制御である。

mRNAの翻訳調節が受精後に起こる

　また一方で，興味深いことに，第7章(7.5節)で述べたように，胚発生のごく初期の段階には，mRNAの翻訳調節が非常に重要な役割を果たしている。未受精卵あるいは卵母細胞は，卵形成の過程で母親のゲノムから転写された，多くのさまざまなmRNAを含んでいる。ところが，これらのmRNAは，リボ核タンパク質粒子中の特定のタンパク質と結合しているため翻訳されない。しかしながら，精子と卵が受精すると，mRNAはリボ核タンパク質粒子から離れて，タンパク質へ翻訳されるようになる(図9.1)。

　したがって，ごく初期段階の胚発生には母性mRNAから作られるタンパク質が関与し，その産生は翻訳調節により制御されている。この機構には，精子による卵の活性化に伴って，新規タンパク質を迅速に作り出せるという利点がある。mRNAからタンパク質への翻訳は遺伝子発現で最もエネルギーを必要とする過程であり，この機構のおかげで，受精しない未受精卵における無駄なタンパク質の産生を避け，一方で，受精した卵では迅速にタンパク質を産生することが可能となる。

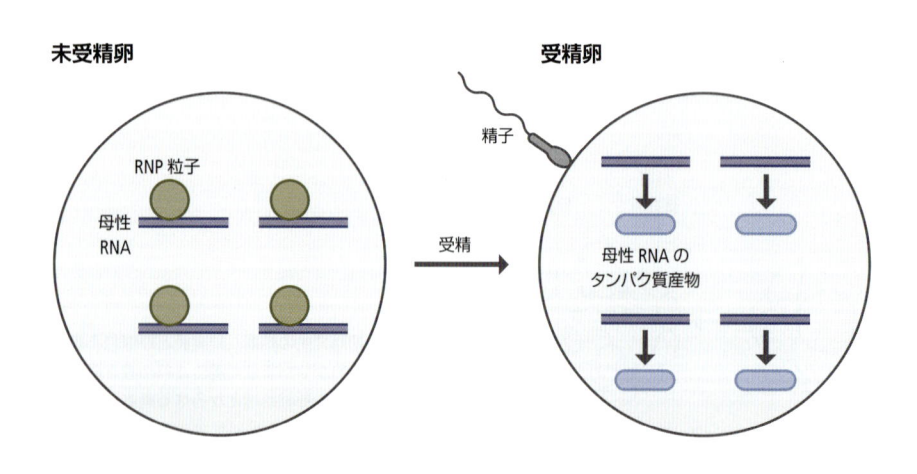

図9.1
未受精卵では母性RNAはリボ核タンパク質(RNP)粒子中の特定のタンパク質と結合しているため翻訳されない。受精に伴い，母性RNAはそこから離れ，タンパク質へ翻訳される。

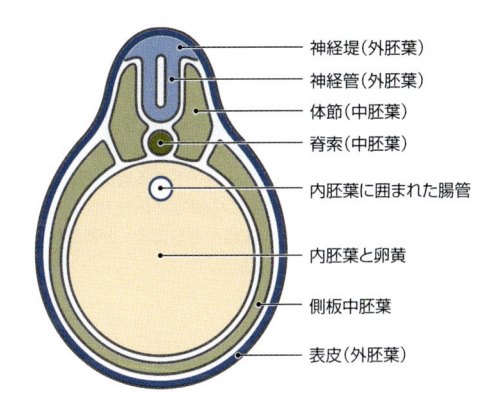

図 9.4
両生類原腸胚の断面図。3つの異なる胚葉、すなわち外胚葉、中胚葉、内胚葉の位置を示す。

り、**DNAメチル化**(DNA methylation)パターンの再プログラミングが可能となり、特定の遺伝子の転写活性化が促進される(図 9.5)。

母性遺伝子から胚性遺伝子発現への移行には、阻害的に働くDNAメチル化が低下することによるクロマチン構造制御の他に、胚ゲノムの転写に必須な転写活性化因子を活性化することによる転写の直接的制御も関与する。たとえば線虫において、通常はTFIID複合体の一部であるTAF-4タンパク質(TAFについては5.2節参照)は、1～2細胞期胚においてOMAタンパク質と会合することにより細胞質にとどめ置かれることが示された。胚の卵割が進むとOMAタンパク質はリン酸化される。この結果、OMAタンパク質は分解へと向かい、遊離したTAF-4タンパク質はTFIID複合体に組み込まれる(図 9.6)。

興味深いことに、ゼブラフィッシュの胚ではTFIID複合体の構成成分であるTATAボックス結合タンパク質(TATA box-binding protein；TBP)が、胚ゲノムの転写のスイッチを入れるのに必須であることが示された。つまり、TBPの濃度は胚ゲノムの転写が始まる時期と一致して著しく上昇し、一方、TBPを不活性化すると胚ゲノムからのいくつかの遺伝子の転写が妨げられる(図 9.7a)。すなわち、胚ゲノムの活性化にはTFIIDの構成成分であるTBPとTAFの両方、あるいはいずれかが関与する(TBPとTAFについての詳細は4.1節および5.2節参照)。

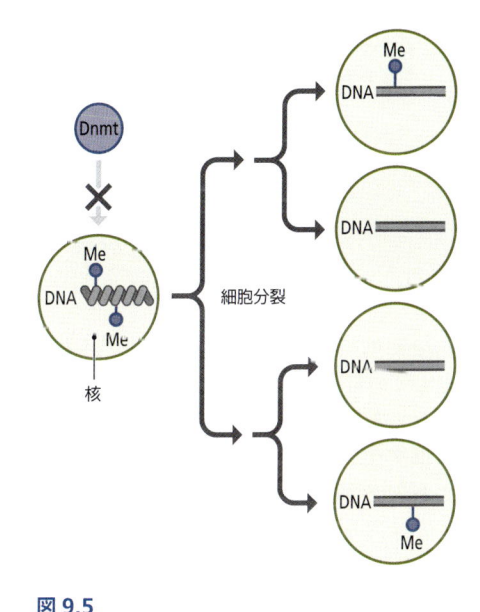

図 9.5
初期胚において、維持メチラーゼDnmt1は核から排除されている。この結果、細胞分裂が進むにつれて胚のDNAは次第に脱メチル化していき、DNAは転写に適した弛緩したクロマチン構造をとるようになる。

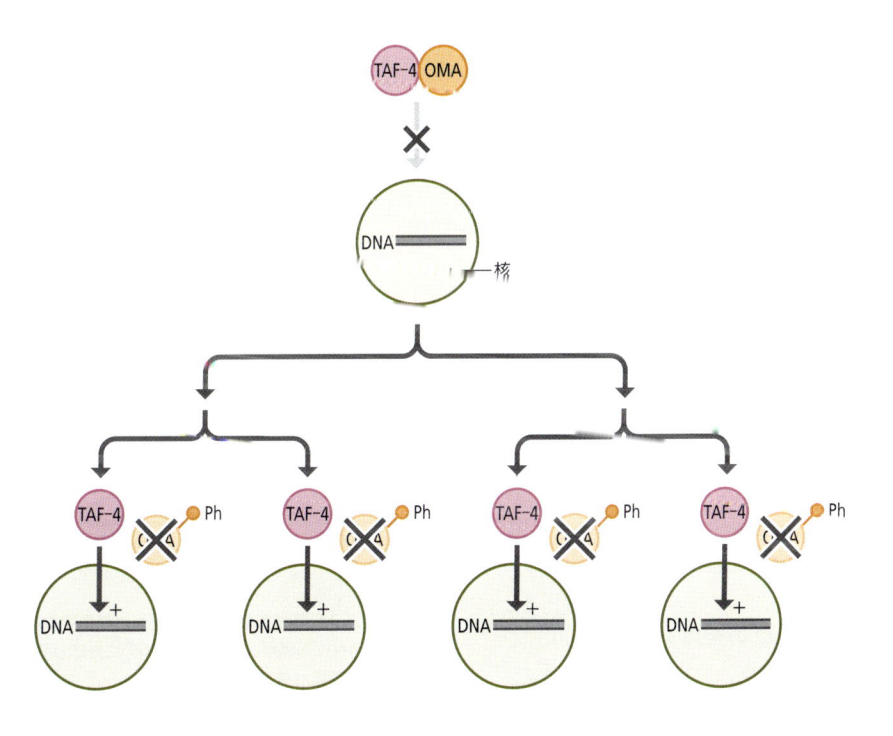

図 9.6
線虫の初期胚において、転写活性化タンパク質TAF-4は細胞質でOMAタンパク質と結合しているため、核には移行しない。胚の発生が進むとOMAタンパク質が分解され、TAF-4が核に入り転写を活性化できるようになる。

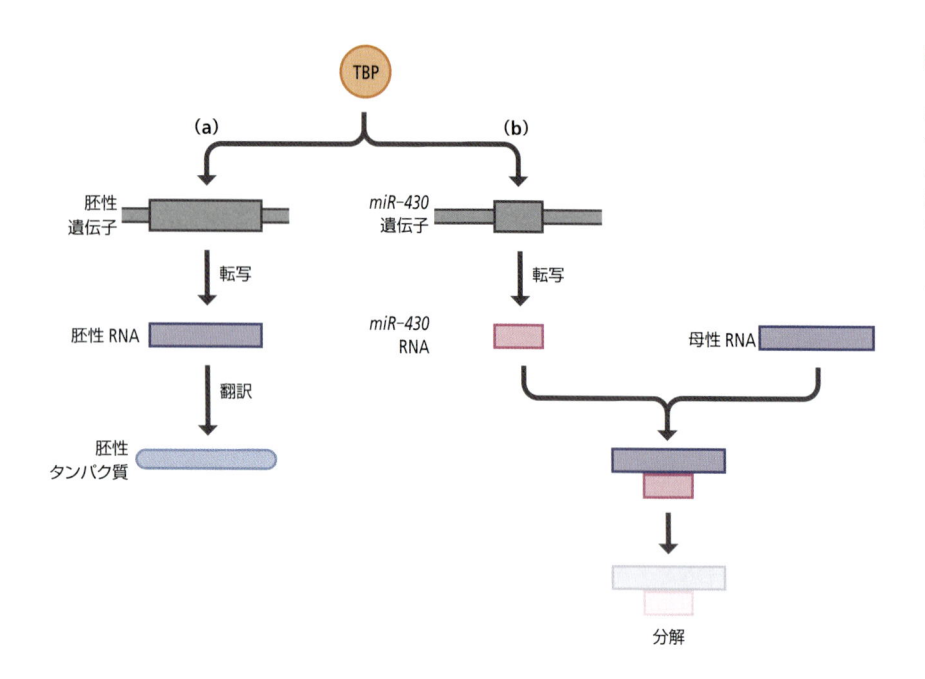

図 9.7
(a)転写因子 TATA ボックス結合タンパク質(TBP)の生合成により，ゼブラフィッシュ胚ゲノム上の特定のタンパク質をコードする遺伝子の活性化が可能となる。(b)また転写因子 TBP により，ゼブラフィッシュ胚の *miR-430* miRNA をコードする遺伝子も活性化される。*miR-430* は多くの異なる母性 RNA に結合し，それらの脱アデニル化とそれに続く分解を誘導する。

つまり，初期胚発生の過程で胚ゲノムが次第に活性化されるには複数の機構が関与していると考えられ，特定遺伝子のクロマチン構造と転写調節因子による制御に対して変化をもたらしているようである。

ゼブラフィッシュでは，TBP は胚ゲノムからのタンパク質をコードする遺伝子の転写を活性化する他に，マイクロ RNA(microRNA；miRNA)の一種である *miR-430* をコードする遺伝子の発現も活性化する。つまり，*miR-430* はゼブラフィッシュにおいて，胚ゲノムから最も早くに転写される RNA の 1 つである。*miR-430* はその後，非常に多くのさまざまな母性 mRNA の 3′ 非翻訳領域(untranslated region；UTR)に結合する。その結果，これら mRNA は脱アデニル化され，分解される(図 9.7b)（この機構についての詳細は 7.6 節参照）。ゼブラフィッシュでは，約 40％の母性 mRNA が *miR-430* 依存的な作用で分解されると見積もられている。つまりこの作用のおかげで，母性 mRNA はいったんその働きを全うすると次第に分解されてしまう。

転写因子 Oct4 と Cdx2 は内部細胞塊細胞と栄養外胚葉細胞の分化を制御する

1 細胞胚から胞胚期胚，原腸胚への発生と並行して，胚ゲノムの転写が増加し，母性 mRNA が次第に分解される結果，母性ゲノムから胚性ゲノムへの移行が進む(図 9.8)。このように胚が発生する過程で，個々の細胞は異なる細胞種に分化を始める必要がある。約 64 個の細胞からなる哺乳動物の胚盤胞は 2 つの異なる細胞種を含む(図 9.3)。すなわち，将来，胎盤などの胚体外組織を作る**栄養外胚葉**(trophectoderm)と，胚そのものを作る内部細胞塊である。

それぞれの細胞が内部細胞塊と栄養外胚葉のどちらに発生するのかを決定する際に，2 つの転写因子が重要な役割を果たす。8 細胞期胚の細胞では，POU ファミリー転写因子 Oct4(Oct3/4 とも呼ばれる)とホメオドメイン転写因子 Cdx2 の両方が発現している(図 9.9)（これらの転写因子ファミリーについては 5.1 節参照）。これらの因子はそれぞれが自身の発現を活性化するとともに，互いの発現を抑制することができる。つまり，Oct4 は Cdx2 の発現を抑制し，Cdx2 は Oct4 の発現を抑制する(図 9.9)。

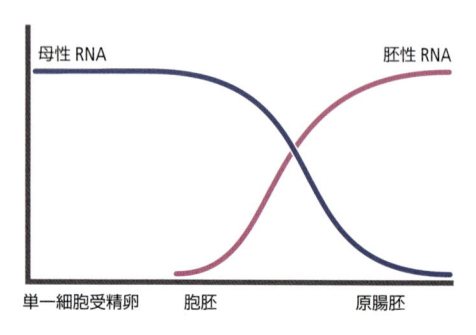

胚の発生が進行すると，胚の外側にある細胞では Cdx2 の発現が優位となり，これにより Oct4 の発現が抑制される。すると，Cdx2 は自身の発現を誘導し，また，

図 9.8
単一細胞である受精卵が胞胚や原腸胚へと発生する過程で，母性 RNA の種類と量が減少するのに対応して，胚性 RNA の種類と量が増加する。

図 9.10

内部細胞塊を胚盤胞から単離してバラバラにすると，線維芽細胞のフィーダー層上で培養することにより，未分化な胚性幹(ES)細胞が無限に増殖できる。未分化なES細胞を浮遊培養すると，未分化細胞からなる内層が内胚葉細胞の外層に囲まれた構造をもつ胚様体を形成する。この胚様体を(フィーダー細胞層なしの)培養皿の表面に接触させると，さらにさまざまな細胞種に分化する。

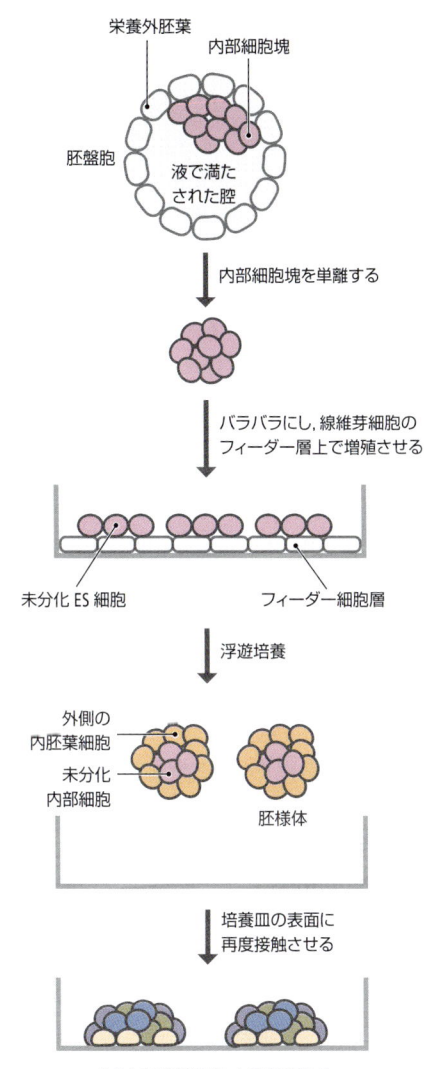

次に，ES細胞に由来する培養胚様体を培養皿の表面に再び接着させると，細胞はさらに分化して，神経細胞，上皮細胞を含む多様な細胞種に分化する(図9.10)。したがってES細胞株は，初期胚の細胞に近い関係にあり，また初期胚の細胞のように多様な細胞種に分化する能力のある，非常に有用な多能性細胞の供給源である。

実際，ES細胞が初期胚の多能性細胞によく似ていることは，ES細胞を異なる**遺伝子型**(genotype)をもつ胞胚期の胚に注入することによっても示された。このキメラ状態にある胚盤胞を発生させると，すべての臓器がもともとの胚盤胞由来の細胞と注入したES細胞との両方からなるマウス個体を生じる。これはたとえば，注入したES細胞とホストの胚盤胞細胞とで作り出す毛色が異なる(たとえば，白色と黒色)ような場合に明白である。この場合，生まれたマウスはキメラ状態の毛色をもつことになり，ある領域は注入したES細胞由来であることを示す色となり，他の領域はホストの胚盤胞に由来することを示す別の色となる(図9.12)。

したがってES細胞は，胚に導入することにより成長した動物のすべての分化細胞に寄与することができる。最も重要な点は，ES細胞がこの動物の中で機能をもつ卵や精子も形成することが示されたことである。つまり，上述のようにして得られた最初の世代のキメラマウスを交配することにより，次世代では体全体が注入したES細胞に由来するマウスを得ることができる(図9.12)。

最初にES細胞ゲノムに変異を導入し，次にES細胞を胞胚に注入することにより変異をもつマウスを作製するというこの手法は，遺伝的変異をマウスに導入するため(ノックアウトマウス)に広く用いられてきた。しかしながら，これらの実験から得られた最も重要な知見は，ES細胞が分化型細胞を生じる他に，卵と精子細胞も生じることができ，その結果，体全体が注入したES細胞に由来する動物が得られることによって，ES細胞が実際に多能性をもつことがわかったことである。

いくつかの転写因子がES細胞において特異的に発現し，それらは共同して分化した細胞をES細胞様に再プログラミングすることができる

ES細胞が適切な条件下では多様な細胞種に分化できる能力とともに，ES細胞が幾度もの細胞分裂の後にも多能性未分化状態にとどまる能力については，これらの過程を制御する転写因子を同定することを目的として集中的に研究がなされてきた。多能性ES細胞で発現する多くの転写因子が同定され，その性質について研究が行われた。これらのうち，いくつかの因子の発現はES細胞の分化に伴って低下することから，これらが未分化ES細胞において重要な役割を担うことが示唆された。

非常に興味深いのは，このような転写因子のうちのわずか4つ(Oct4, Sox2, Klf4, c-Myc)を，分化した線維芽細胞で過剰発現させるだけで，多能性のES様細胞へと再プログラミングするのに十分であることが示された点である(図9.13)。後にこれは，Oct4, Sox2, Nanog, Lin28からなる，まったく同じではないがよく似た転写因子のセットによっても実現された。

図9.11

細胞培養液中で胚様体表面に内胚葉細胞が形成される現象は，胚盤胞の液で満たされた腔に接した内部細胞塊表面で内胚葉細胞が形成されることに似ている。

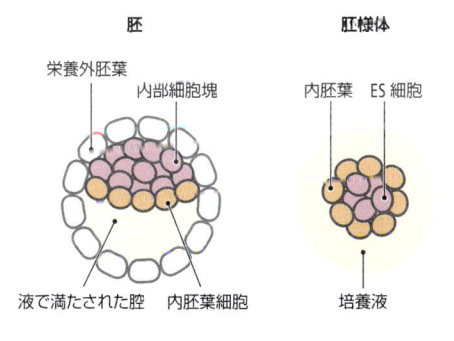

Oct4による抑制作用を免れることにより，そのレベルはさらに上昇する（図9.9）。Cdx2 は細胞が栄養外胚葉を形成するために必要であり，胚の外側の細胞はこの細胞種に分化する。一方，胚の内側の細胞ではOct4が優位を占める結果，Cdx2の抑制とOct4を必要とする内部細胞塊細胞の形成が起こる（図9.9）。

つまり，初期胚の異なる細胞において，これら転写因子のいずれかの発現によって，胚発生過程での最初の分化イベントが起こり，内部細胞塊細胞と栄養外胚葉細胞が形成される。さらに，それぞれの因子が自身の発現を正に制御し，また，互いの生合成を排他的に抑制できることにより，それぞれのタンパク質のレベルの違いは，異なる細胞間で最初は小さくても徐々に大きくなっていく。

胚発生の次の段階では，内部細胞塊細胞は，初期胚を形成するすべての異なる細胞種を生じることができ，これには外胚葉，中胚葉，内胚葉の3胚葉すべての誘導体が含まれる。このため内部細胞塊細胞は，**多能性**（pluripotent）といわれる。胚発生の制御を考えるうえで，これらの細胞を多能性の状態に維持し，その一方で，これらの細胞が最終的にはさまざまな細胞種を生じるようにする遺伝子調節の過程はきわめて興味深い。幸いなことに，哺乳動物初期胚の内部細胞塊から培養細胞株を単離できることがわかり，これは胚性幹(ES)細胞(embryonic stem cell)と呼ばれている。この未分化細胞は，培養により無限に増殖することが可能で，一方，特定の条件下では異なる細胞種に分化することができる。ES細胞の研究は，われわれが初期胚発生で起きている過程を理解するうえで非常に役立っており，これについては9.1節で述べる。

胚発生の過程では，さまざまな種類の細胞が，他の種類の細胞との関係のうえで，適切な時期に適切な場所で形成されるよう確実に制御されなければならない。われわれがこのような制御過程を理解するうえで，ショウジョウバエの研究は，それが分子生物学と遺伝学の両方で利用可能な実験系であるため非常に役立ってきた。したがって，ショウジョウバエから得られた発生過程に関する知見について，9.2節で述べることにする。その後，9.3節では，ショウジョウバエから得られた知見が，哺乳動物の発生の研究にいかに適用できるのかについて議論する。

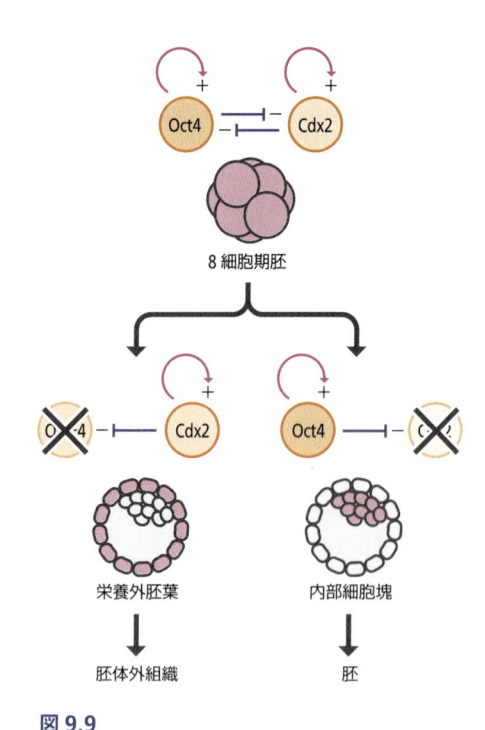

図9.9
初期胚における最初の分化イベントは，内部細胞塊細胞と栄養外胚葉細胞の形成である。内部細胞塊細胞の分化は，高レベルの転写因子Oct4に依存し，Oct4は自身の発現を活性化し，Cdx2の発現を抑制する。対照的に，栄養外胚葉細胞の分化は高レベルの転写因子Cdx2に依存し，Cdx2は自身の発現を誘導しOct4の発現を抑制する。

9.1 多能性ES細胞における遺伝子発現の調節

ES細胞は多種多様の細胞種に分化できる

すでに述べたように，哺乳動物初期胚の最初の分化イベントの結果，栄養外胚葉細胞と内部細胞塊細胞が生じる。この内部細胞塊細胞は，胚体のすべての細胞を生み出し，つまり多様な分化型を生じることができる多能性をもつという点で非常に興味深い。この細胞には，幾度もの細胞分裂の後でも多能性を維持し，また一方，適切な時期になれば異なる細胞種に分化することができるような機構が存在するはずである。われわれがこの過程を理解する際に，内部細胞塊をバラバラの単一細胞にすると，未分化の多能性を維持したまま，培養条件下で無限に増殖するという発見が大いに役立った（図9.10）。

このようにして得られるES細胞株からは，初期胚から得られるよりもはるかに多くの多能性細胞が得られる。さらに，ES細胞は未分化性の特徴が初期胚の多能性細胞にきわめて似ているのみならず，適切な条件下では分化し，多様な細胞種を形成することができる。ES細胞を培地中で浮遊培養すると分化して**胚様体**(embryoid body)と呼ばれる細胞の凝集体を作るが，胚様体内部の細胞は多能性を保持し，一方，外側の細胞は分化して内胚葉細胞を作る（図9.10）。

これは，胚における内部細胞塊表面の細胞が，液で満たされた胚胞腔に接する部分で分化して内胚葉細胞からなる表層を形作るという，哺乳動物発生の2つ目の分化イベントに非常に似ているため大変興味深い（図9.11）。

図 9.12
胚盤胞の内部細胞塊に注入した ES 細胞は，仮親に再移植することにより，胚盤胞から生じるマウス個体のあらゆる細胞種に寄与することができる。これは，ES 細胞がレシピエントとなる胚盤胞と異なる遺伝子型をもつ場合（たとえば ES 細胞が「灰色」ではなく「ピンク色」の毛色を作る遺伝子をもつような場合）に可視化することができる。この実験では，注入した ES 細胞は精子や卵細胞の形成にも寄与する。したがって，ES 細胞の注入により作製したキメラマウスを交配すると，全身がすべて ES 細胞に由来する仔マウスが得られ，この場合，「灰色」ではなく「ピンク色」の毛色をもつ。

　これらの実験は当初，治療目的のために，ヒトの初期胚から得られる ES 細胞を使うよりも倫理的により受け入れやすい未分化幹細胞を提供しようとして実施された。分化した細胞が ES 様細胞へと再プログラミングできるのであれば，この細胞は次に特定の細胞種に分化できるはずである。そして，特定の細胞種を欠失しているために退行性疾患を患う患者に，分化した細胞を移植することができる。

　だが，この研究においては，この少数の転写因子のセットに注目すべきであり，なぜなら，これらは多能性 ES 細胞で特異的に発現し，また分化した細胞を ES 様細胞へと再プログラミングすることができるからである。つまり，比較的少ない数の転写因子が ES 細胞で発現することにより多能性の表現型が誘導され，また，これらの因子の発現が低下すると分化した細胞が産生される。

ES 細胞特異的転写因子は，その標的遺伝子の発現を活性化あるいは抑制することができる

　ES 細胞特異的転写因子は，1 つには分化するために必要な特定の遺伝子群の発現を抑制することにより機能するようである。たとえば Oct4 と Nanog は相互作用し，ES 細胞で多くの異なる標的遺伝子に結合することが示された。このような結合に続いて，NuRD や Sin3 などのコリプレッサー複合体がリクルートされる。これらの複合体はヒストンデアセチラーゼ（HDAC）を含んでおり，これらはヒストンの脱アセチル化を引き起こし，DNA を転写が起きない不活性なクロマチン構造へと再編することができる（図 9.14）（ヒストンアセチル化のクロマチン構造への影響については 3.3 節参照）。

　興味深いことに，Oct4 と Nanog，そして第三の因子 Sox2 は共同して，ES 細胞での *XIST* 遺伝子の発現を抑制する。第 3 章（3.6 節）で述べたように，2 つの X 染色体の一方からのみ発現する *XIST* は，雌の哺乳動物胚細胞の 2 本の X 染色体のうち 1 本を不活性化する際に重要な役割を担い，*XIST* を発現している X 染色体のみが不活性化する。第 3 章（3.6 節）で述べたように，X 染色体不活性化は胚の組織形成に関わる細胞においてランダムに起こるため，細胞ごとに母方ゲノム由来か父方ゲノム由来か，いずれかの X 染色体が不活性化されている。

　しかしながら，このランダムな不活性化が起こる以前に，栄養外胚葉や内部細胞

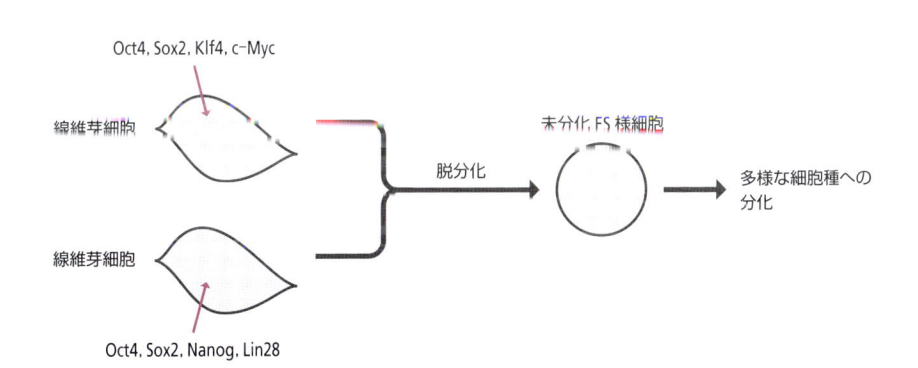

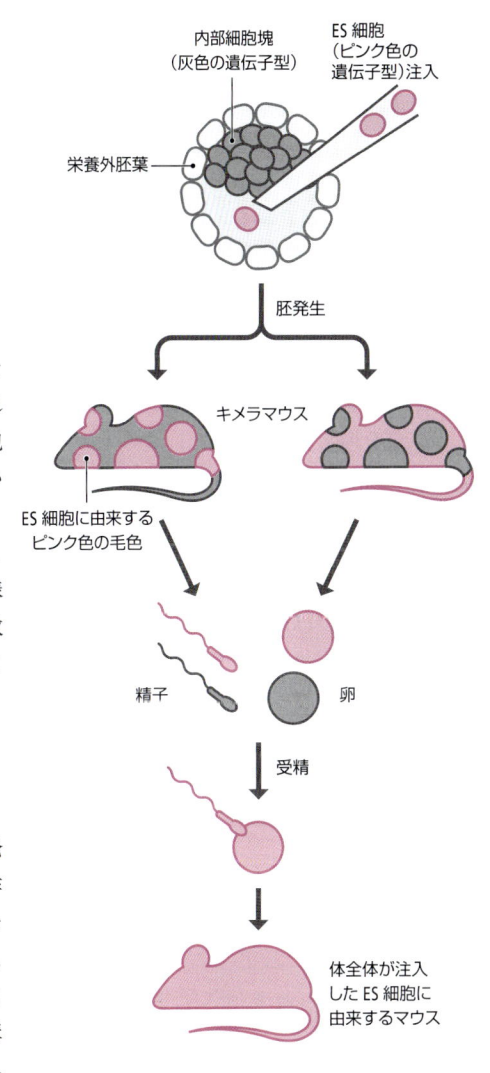

図 9.13
4 つの特定の調節因子（Oct4，Sox2 に加えて，Klf4 と c-Myc，あるいは Nanog と Lin28）を導入するだけで，線維芽細胞を未分化 ES 細胞様の細胞へと脱分化させることができ，これはその後，さまざまな細胞種に分化することができる。

塊が形成される前の初期胚細胞で起こる不活性化が存在する。この初期未分化細胞では，*XIST* は父親由来の X 染色体から特異的に発現し，その結果，父親由来の X 染色体が不活性化されている（図 9.15）。つまりこれは，遺伝子発現が父親由来の染色体と母親由来の染色体とで異なるように制御される，インプリンティングを受けた過程である（3.6 節）。

このような *XIST* のインプリンティングを受けた発現と父親由来 X 染色体の特異的なサイレンシングは，栄養外胚葉に由来する胚体外組織においては維持される。しかしながら内部細胞塊細胞においては，*XIST* の発現はいったん消失し，父親由来の X 染色体が再活性化されるため，その後，細胞の分化に伴って起こる母親由来あるいは父親由来の X 染色体のランダムな不活性化が可能になる（図 9.15）。

Oct4，Nanog，Sox2 が父親由来 X 染色体の *XIST* 遺伝子に結合することによりその発現を抑制し，その結果，この染色体の特異的な不活性化が解除されることが示された。これら因子のレベルが低下する分化の過程では，*XIST* の発現は再活性化される。これは，第 3 章（3.6 節）で述べたように，母親由来あるいは父親由来の染色体のいずれかでランダムに起こり，各々の細胞で父親由来あるいは母親由来の X 染色体のいずれかが不活性化される（図 9.16）。

したがって，Oct4，Nanog，Sox2 は ES 細胞の特定の遺伝子の発現を抑制できるのだが，一方でまた，ES 細胞の多能性を維持するために必要な他の遺伝子の発現を活性化することもできる。これら 3 つの因子は ES 細胞ゲノム上の約 350 の遺伝子の調節領域に一緒に結合するが，これら遺伝子座のうち約 50% は ES 細胞において転写が抑制されるのではなく，むしろ活性化されることが示された。

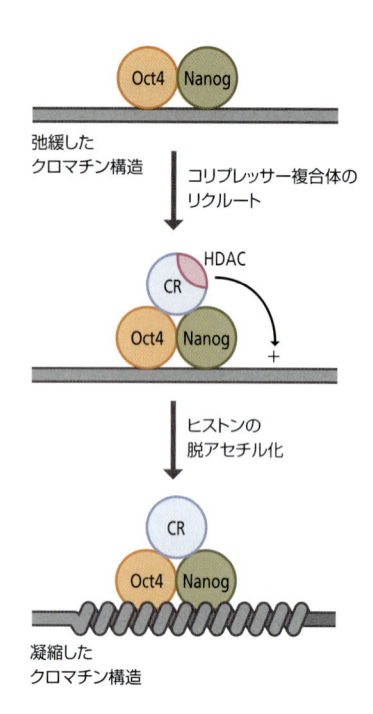

図 9.14
Oct4 と Nanog は相互作用し，特定の遺伝子プロモーターに結合する。この結果，ヒストンデアセチラーゼ（HDAC）活性をもつコリプレッサー複合体（CR）がリクルートされ，遺伝子転写が起きにくい，不活性なクロマチン構造が形成される。

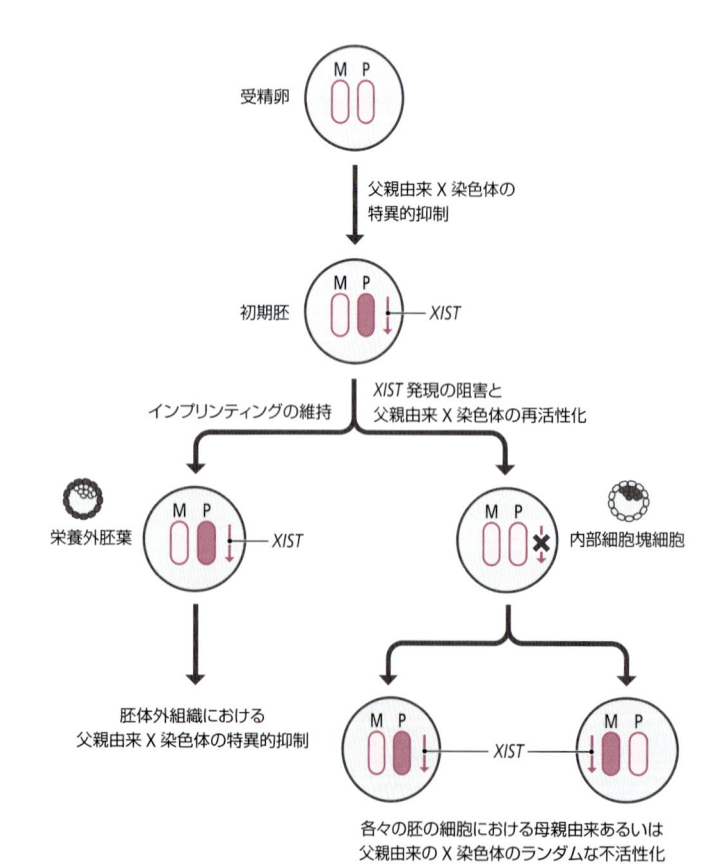

図 9.15
初期胚において，*XIST* 遺伝子は父親由来（P）の X 染色体から特異的に発現し，その結果，父親由来の染色体が不活性化する（濃ピンク色）。この状態は，栄養外胚葉系列では維持され，その結果，胚体外組織では父親由来の X 染色体が特異的に不活性化されている。対照的に内部細胞塊では，父親由来の X 染色体からの *XIST* の発現は特異的に不活性化され，母親由来（M）と父親由来の X 染色体の両方が活性化する。その後 *XIST* は，胚の分化した細胞において母親由来あるいは父親由来の X 染色体においてランダムに活性化され，その結果，母親由来あるいは父親由来の X 染色体のいずれかがランダムに不活性化（濃ピンク色）された細胞が混ざった状態の胚を生じる。

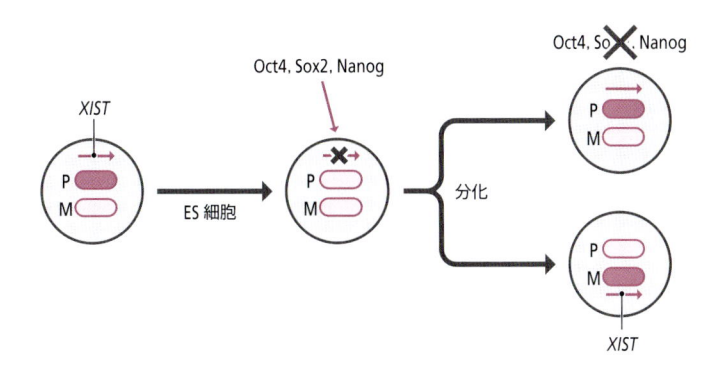

図 9.16
ES 細胞における，父親由来の X 染色体からの *XIST* 遺伝子転写の不活性化は，転写因子 Oct4，Sox2，Nanog による阻害作用による。ES 細胞分化の過程でこれら因子の発現が低下すると，*XIST* の発現は，異なる細胞ごとに父親由来あるいは母親由来の X 染色体のいずれかで再活性化され，その結果いずれか一方の X 染色体が不活性化する（濃ピンク色）。

ES 細胞特異的転写因子はクロマチン修飾酵素と miRNA をコードする遺伝子を制御する

Oct4 により活性化される遺伝子の中には，ヒストンデメチラーゼ Jmjd1a と Jmjd2c の遺伝子がある。これらの酵素はヒストン H3 の 9 番目のリシンの脱メチル化を触媒する。第 2 章 (2.3 節) と第 3 章 (3.3 節) で述べたように，ヒストン H3 のこの位置のメチル化は凝縮したクロマチン構造と関連するため，その脱メチル化により弛緩したクロマチン構造が形成され，ES 細胞において特定遺伝子の活性化が可能となる（図 9.17）。

しかしながら，さらに，Oct4 は凝縮したクロマチン構造の形成を促進する遺伝子の発現も活性化できる。Oct4 は転写因子 STAT3 と共同し (8.2 節)，Eed タンパク質の遺伝子を活性化する。このタンパク質は Polycomb（ポリコーム）複合体の構成成分であり（後述），同複合体はヒストン H3 の 27 番目のリシンをメチル化することにより，不活性なクロマチン構造を形成する（図 9.18）。

したがって，Oct4 はゲノム上のある領域に弛緩したクロマチン構造を形成させる遺伝子の発現を活性化し，また，凝縮したクロマチン構造を形成させる遺伝子の発現を活性化することにより，別のゲノム領域における遺伝子の発現を間接的に抑制する。このようなクロマチンの修飾により，ES 細胞で発現しなければならない遺伝子については発現可能な弛緩したクロマチン構造を形成させ，一方，ES 細胞において抑制されなければならない遺伝子については，転写が起きない凝縮したクロマチン構造を形成させる（図 9.17 と図 9.18 を比較すること）。

興味深いことに，先の章で述べたように，Oct4 は遺伝子発現の転写後抑制において重要な役割を担う多様な miRNA をコードする遺伝子を活性化することにより，間接的に遺伝子発現を抑制することもできる。たとえば，Oct4 は Sox2，Nanog，そしてもう 1 つの転写因子 Tcf3 と共同し，いくつかの miRNA 遺伝子を活性化することができ，これら miRNA はさらにいくつかの標的遺伝子の発現を抑制する（図 9.19）。つまりこの場合，Eed の例と同様に，Oct4 は阻害因子を作り出す遺伝子を活性化することにより，標的遺伝子の発現を間接的に抑制する。

Oct4 による直接的，間接的な作用機構の組み合わせは，第 3 章 (3.2 節) で述べた，胚発生過程の DNA メチル化の調節に重要な役割を果たす DNA メチルトランスフェラーゼ 3a (Dnmt3a) と 3b (Dnmt3b) をコードする遺伝子の制御においても用いられる。つまり，Oct4，Sox2，Nanog，Tcf3 はすべてが共同して *Dnmt3a* および *Dnmt3b* 遺伝子の発現を活性化する（図 9.20）。しかしながらこれに加えて，これ

図 9.17
Oct4 はヒストンデメチラーゼ Jmjd1a と Jmjd2c をコードする遺伝子を活性化する。この結果，ヒストン H3 の 9 番目のリシンが脱メチル化することにより，弛緩したクロマチン構造をとり，また，ES 細胞に必要な特定の標的遺伝子の活性化が起こる。

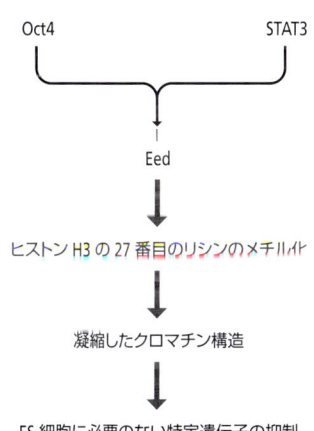

図 9.18
転写因子 Oct4 と STAT3 は共同して，Eed タンパク質をコードする遺伝子を活性化する。Eed はヒストン H3 の 27 番目のリシンをメチル化し，凝縮したクロマチン構造を形成させ，ES 細胞に必要のない特定遺伝子の発現を抑制する。

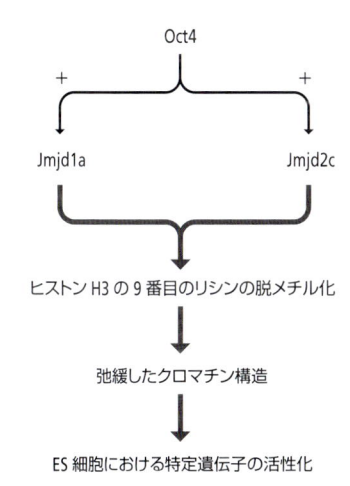

らの転写因子は複数の miRNA（*miR-290〜295*）の遺伝子を活性化する。これらの miRNA は転写因子 Rbl2 の発現を抑制する。Rbl2 は *Dnmt3a* と *Dnmt3b* の転写リプレッサーとして働くため，miRNA による Rbl2 の転写抑制は，*Dnmt3a* および *Dnmt3b* 発現の活性化につながることになる（図 9.20）。

興味深いことに，ES 細胞特異的転写因子は，タンパク質や miRNA をコードする遺伝子の制御に加えて，ES 細胞で特異的に発現する 2 kb 以上の大きな非コード RNA の転写も制御する。このような RNA のいくつかは，Oct4 と Nanog による活性化を指標として見つかった。このことから予測されるように，これら RNA の発現は ES 細胞が分化すると低下する。さらに，これら大きな RNA の 1 つは，未分化 ES 細胞の増殖に必須であることが示された。つまり，タンパク質をコードしない大きな RNA が，未分化 ES 細胞において重要な役割を担っているようであり，これは，大きな非コード RNA が X 染色体不活性化やゲノムインプリンティングの過程において担っている役割と似ている（3.6 節）。

したがって，少数の転写因子が直接的に特定の標的遺伝子を活性化あるいは抑制することにより，また間接的にクロマチン修飾因子，miRNA，大きな非コード RNA の遺伝子発現を変化させることにより，ES 細胞の多能性を維持していることは明らかである。これらの転写因子が多様な遺伝子を直接あるいは間接的に制御する能力こそ，これらの因子が分化した細胞を ES 細胞様の未分化状態に戻す能力の要因である。

転写因子 REST は分化過程の ES 細胞特異的転写因子の発現抑制において重要な役割を担う

分化に伴い ES 細胞特異的転写因子は抑制制御を受け，ES 細胞においてのみ必要な遺伝子の発現が阻害される一方で，特定の分化細胞に必要な遺伝子が活性化される。ES 細胞の多能性と分化における，これら ES 細胞特異的転写因子の重要な役割を考えると，これらの転写因子自身がいかに制御されているかについて注目される。

Oct4，Nanog，Sox2，c-Myc の制御には転写リプレッサーである REST（repressor-element silencing transcription factor，リプレッサーエレメントサイレンシング転写因子）が関わっており，この因子は非神経細胞における神経関連遺伝子の抑制にも重要な役割を果たしている（10.2 節）。REST は未分化 ES 細胞で高レベルに発現し，胚様体形成時にはそのレベルは低下する。さらに，REST は ES 細胞において *miR-21* miRNA をコードする遺伝子の発現を特異的に抑制する。ES 細胞が分化すると REST の発現は低下し，それに対応して *miR-21* のレベルは上昇する。この *miR-21* 発現の上昇は，結果として Oct4，Nanog，Sox2，c-Myc の発現低下につながり，これが ES 細胞の分化のために必要である（図 9.21）。

ES 細胞は他とは異なるヒストンのメチル化パターンをもつ

すでに述べたように，Oct4 や他の ES 細胞の転写因子は，少なくとも一部はクロマチン構造を制御することによりその機能を果たす。たとえば，Oct4 と Nanog はヒストンデアセチラーゼを含む転写リプレッサー複合体を標的遺伝子へリクルートすることができ，その結果，転写が起きない凝縮したクロマチン構造を形成させる（図 9.14）。同様に，Oct4 はヒストンメチルトランスフェラーゼやヒストンデメチラーゼの遺伝子発現を活性化することができ，その結果，Oct4 が直接は結合しない，他の標的遺伝子領域のクロマチン構造を変化させる（図 9.17，図 9.18）。

実際，未分化 ES 細胞におけるヒストン修飾のゲノム全体にわたる研究によって，未分化 ES 細胞のいくつかの遺伝子は，他の細胞種では通常みられないような固有のヒストン修飾パターンをもつことが示唆された。ヒストン H3 の 4 番目のリシンのメチル化は通常は弛緩したクロマチン領域でみられ（3.3 節），実際，この修飾は

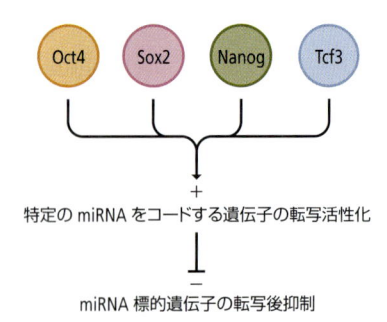

図 9.19
転写因子 Oct4，Sox2，Nanog，Tcf3 は共同して，特定の miRNA をコードする遺伝子を活性化し，それら miRNA は特定の標的遺伝子を転写後レベルで阻害する。

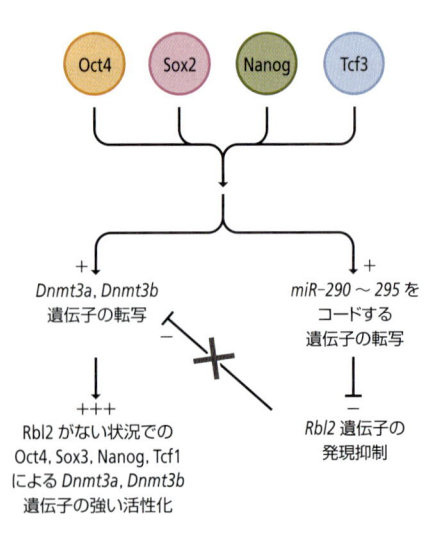

図 9.20
転写因子 Oct4，Sox2，Nanog，Tcf3 は，DNA メチルトランスフェラーゼ 3a（Dnmt3a）と 3b（Dnmt3b）をコードする遺伝子を直接活性化する。これらの転写因子はまた，*miR-290〜295* miRNA をコードする遺伝子も活性化する。これらの miRNA は転写因子 Rbl2 の遺伝子発現を抑制する。Rbl2 は *Dnmt3a* と *Dnmt3b* の転写リプレッサーであるため，miRNA による Rbl2 の阻害により，結果として Dnmt3a と Dnmt3b の発現はさらに活性化される。

未分化ES細胞で発現する多くの遺伝子で認められる（図9.22a）。同様に，ヒストンH3の27番目のリシンのメチル化は，多くの細胞種で凝縮したクロマチン領域に存在し（3.3節），未分化，あるいは分化の初期段階にあるES細胞では，発現しない遺伝子座に見いだされる（図9.22b）。

しかしながら非常に興味深いことに，ES細胞のいくつかの遺伝子には，4番目と27番目の両方のリシンがメチル化されたヒストンH3が結合している（図9.22c）。これらの遺伝子は，活性化型ヒストンメチル化（K4）と抑制型ヒストンメチル化（K27）の両方，いわゆる**二重コード**（bivalent code）をもつことになる。

二重コードをもつこれら遺伝子の発現パターンを調べてみると，ES細胞では抑制されているが，分化に伴い急速に発現することがわかった。このような発現は，4番目のリシンのメチル化を保持する一方で，27番目のリシンのメチル化の喪失を伴う（図9.23）。この27番目のリシンの脱メチル化は，ES細胞の分化に伴い活性化されるUTXなど特異的なヒストンデメチラーゼにより触媒される。

ヒストンの二重修飾パターンは，抑制的な27番目のリシンの修飾によってこれらの遺伝子の活性化を妨げ，ES細胞が多能性をもつ状態にとどまるようにしているようである。しかしながら，これらの遺伝子はメチル化された4番目のリシンのおかげで，迅速な転写活性化の準備が整った状態にある。したがって二重コードは，多能性を維持する必要がある一方で，適切なシグナルに応答して急速に分化することができるというES細胞のユニークな性質を象徴している。

ES細胞はこのため，転写準備状態ではあるが，いくつかの遺伝子を分化が始まるまでは転写が起きない状態に維持している。興味深いことに，ES細胞には，このようなサイレントな遺伝子に対して不適切に結合してしまうRNAポリメラーゼII複合体による転写が起きてしまわないようにする機構も存在する。この場合，RNAポリメラーゼII複合体は，他のタンパク質の分解を触媒するタンパク質複合体である**プロテアソーム**（proteasome）と会合するようになる。この結果，RNAポリメラーゼII複合体は，不適切な転写が起きる前に分解されてしまう（図9.24）。

Polycomb複合体はES細胞においてヒストンのメチル化を制御する

上述のように，未分化ES細胞では抑制されているが分化に伴って活性化されなければならない遺伝子では，しばしばヒストンH3の4番目と27番目のリシンのメチル化という二重の修飾を受けている。これらの遺伝子が分化に伴って直ちに活性化できるように準備する，というこの修飾パターンの重要な役割を考えると，こ

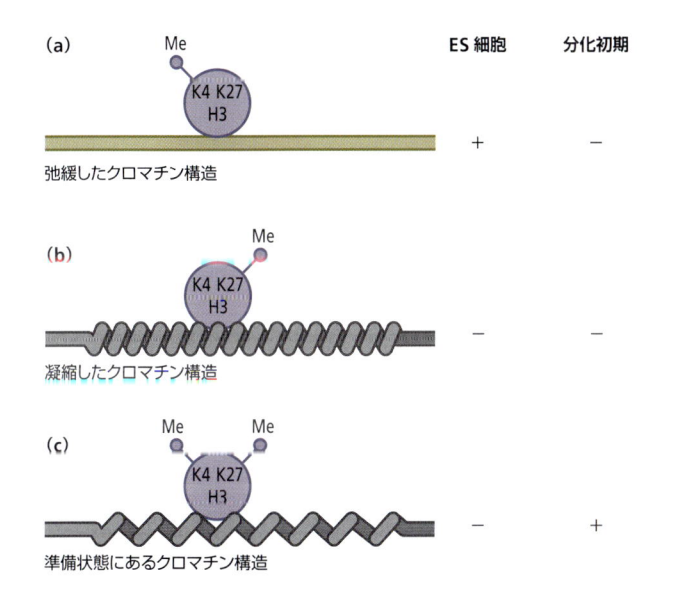

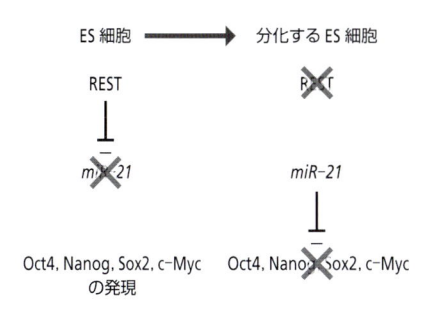

図9.21
ES細胞においてRESTは*miR-21*をコードする遺伝子の発現を抑制する。ES細胞が分化すると，RESTの発現が低下し，*miR-21*が活性化することにより，Oct4，Nanog，Sox2，c-Mycをコードする遺伝子の発現が抑制される。

図9.22
(a) ES細胞で発現する遺伝子には，4番目のリシン（K4）がメチル化され，27番目のリシン（K27）がメチル化されていないヒストンH3が会合しており，弛緩したクロマチン構造をとっている。(b) 一方，ES細胞やその分化初期に抑制されている遺伝子には，K27がメチル化され，K4がメチル化されていないヒストンH3が会合しており，凝縮したクロマチン構造をとっている。(c) ES細胞において抑制されているが，分化に伴って直ちに発現する必要のある遺伝子には，両方のリシンがメチル化されたヒストンH3が会合し，転写活性化に備えたクロマチン構造をとっている。

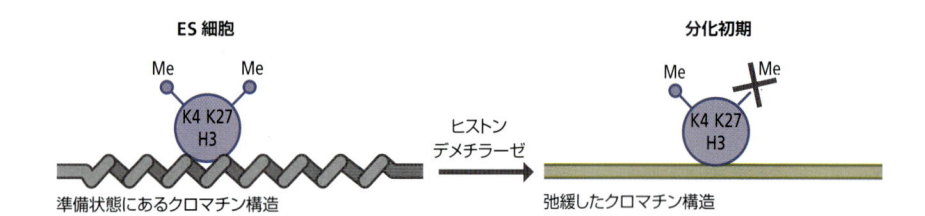

図 9.23
ES 細胞の分化初期における特定遺伝子の活性化には，ヒストン H3 の 27 番目のリシン (K27) の脱メチル化を伴うが，4 番目のリシン (K4) の脱メチル化は伴わない。

図 9.24
ES 細胞で発現すべきではない特定の遺伝子に対して不適切に RNA ポリメラーゼⅡが結合すると，RNA ポリメラーゼⅡ複合体を分解するプロテアソームが結合する。

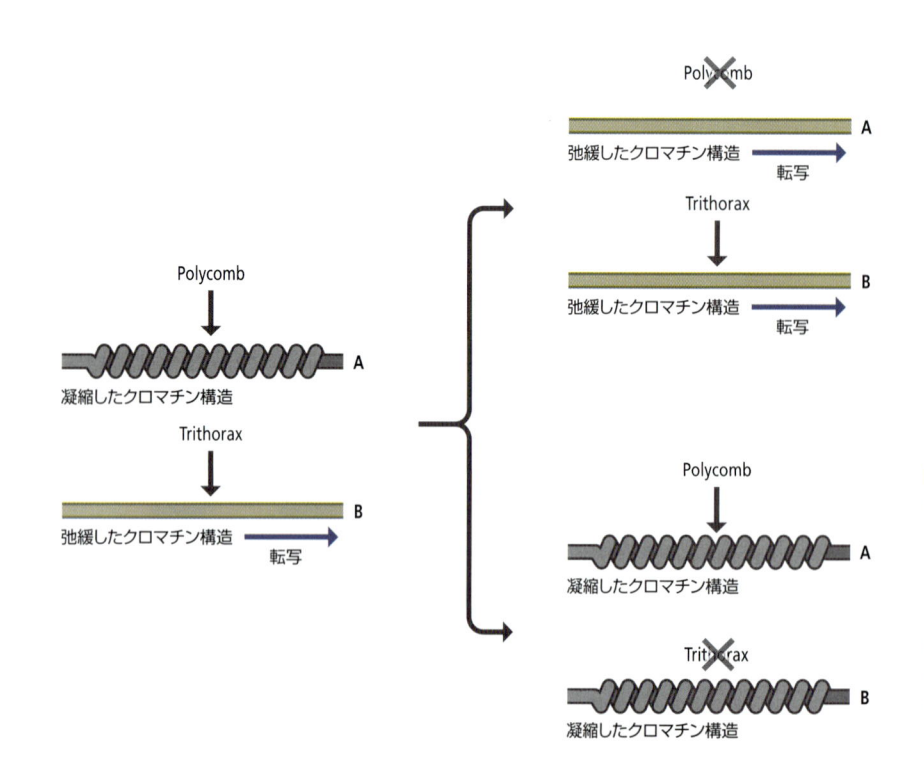

のメチル化を触媒するタンパク質が注目される。

第 3 章 (3.3 節) で述べたように，4 番目のリシンの活性化型メチル化は Trithorax (トリソラックス) ファミリータンパク質により形成され，27 番目のリシンの抑制型メチル化は Polycomb 複合体によって形成される。Trithorax と Polycomb タンパク質は，これらの遺伝子が変異により不活性化した結果，それぞれで異なる異常な形態形成パターン (ボディパターン) を生じることから，ショウジョウバエで最初に見つかった。この現象は，これらの因子が異なる細胞種のアイデンティティーを規定するうえで重要な役割を果たす，ホメオドメイン転写因子の遺伝子発現を制御するためである (5.1 節，9.2 節)。すなわち，Trithorax タンパク質は特定の細胞で，弛緩したクロマチン構造を形成させることにより，特異的なホメオドメイン遺伝子を活性化する。したがって，変異により *trithorax* 遺伝子が不活性化すると，特定の細胞でそのホメオドメイン遺伝子の発現がなくなることにより，異常なハエを生じる (図 9.25)。

同様に Polycomb タンパク質は，ホメオドメイン遺伝子に不活性なクロマチン構造をとらせることにより，それら遺伝子が特定の細胞種で不適切に発現することを抑制している。変異により *Polycomb* 遺伝子が不活性化すると，その細胞でホメオドメイン遺伝子の不適切な発現が起こり，やはり異常な体形をもつ変異型のハエを生じる (図 9.25)。

Trithorax と Polycomb タンパク質は，ともに最初はショウジョウバエで見つかったが，他の多くの生物種でも見つかっており，クロマチン構造の制御に重要な役割

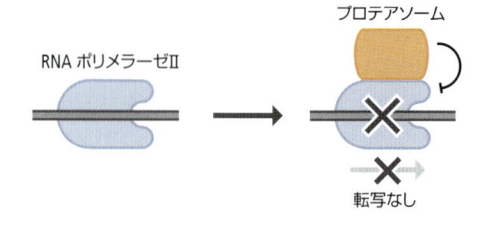

図 9.25
Polycomb 複合体は，特定のホメオドメイン遺伝子で，転写が起きない凝縮したクロマチン構造を維持するように働く (A)。一方で，Trithorax 複合体は，特定のホメオドメイン遺伝子が弛緩したクロマチン構造をとるように働き (B)，転写を引き起こす。したがって，Polycomb 複合体に変異を生じるとホメオドメイン遺伝子の不適切な発現が起こり，一方，Trithorax 複合体に変異を生じると，特定のホメオドメイン遺伝子の発現が起こらない結果となる。

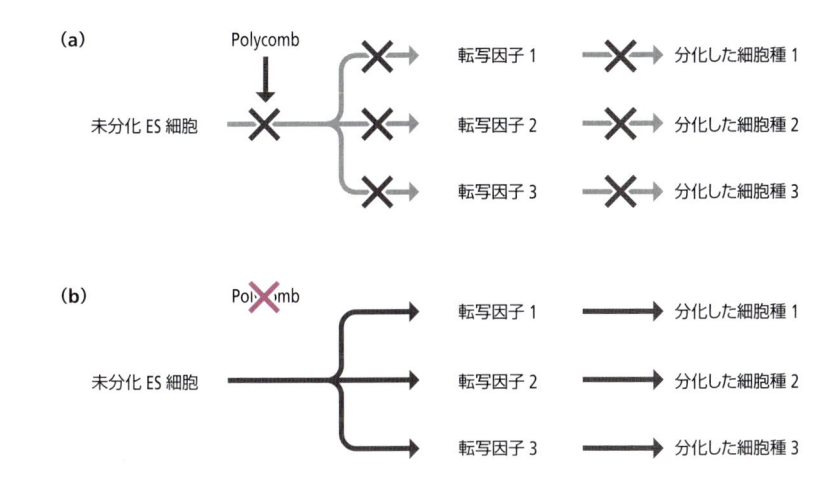

図 9.26
(a) Polycomb 複合体は，特定の細胞種への分化に必要な転写因子などの遺伝子の転写を妨げることにより，ES 細胞を未分化状態に保つ。(b) 変異による Polycomb 複合体の不活性化の結果，これらの遺伝子の不適切な活性化が起こり，ES 細胞が時期尚早に，多様な分化型細胞に分化してしまう。

を果たしている。特に，Polycomb タンパク質は ES 細胞の多能性を維持するうえで中心的役割を演じることが示された。つまり，Polycomb タンパク質は，特定タイプの分化細胞の形成に必要な転写因子遺伝子が，ES 細胞で発現することを防いでいる。Polycomb により抑制される遺伝子の中には，ホメオドメイン転写因子と他の転写因子ファミリー遺伝子の両方が含まれる。

つまり，Polycomb タンパク質は分化特異的な転写因子が不適切に発現することを防ぎ，これにより ES 細胞が多能性を維持できるようにしている（図 9.26a）。これと一致して，Polycomb タンパク質複合体の構成成分である Eed タンパク質を不活性化すると，分化特異的な遺伝子の早期の活性化が ES 細胞において起こり，その結果，多くの異なる細胞種への不適切な分化が起こる（図 9.26b）。すでに述べたように，Eed タンパク質をコードする遺伝子は，転写因子 Oct4 による活性化の標的であり，多能性 ES 細胞での遺伝子発現調節においてともに重要な役割を果たす Oct4 と Polycomb タンパク質との間を結びつけている点は興味深い（図 9.18）。

これまでに 2 種類の Polycomb タンパク質複合体が報告され，それぞれ PRC1，PRC2 と呼ばれている。PRC2 複合体は特定の遺伝子に結合し，ヒストン H3 の 27 番目のリシン（K27）のメチル化を触媒する。このメチル化は次に，メチル化ヒストンに結合する PRC1 により認識される。PRC1 複合体はメチル化された K27 に結合し，さらに他のヒストン H3 の K27 のメチル化を触媒する（図 9.27）。

メチル化 K27 を認識し，さらなるメチル化反応を触媒するという，PRC1 のこのような二重活性により，細胞分裂後も K27 のメチル化が受け継がれることが保証されている。細胞分裂後，それぞれの娘染色体には，親染色体から受け継いだ一部のメチル化ヒストン H3 と，新たに結合した一部の非メチル化ヒストン H3 とが結合していることになる。PRC1 の二重活性により，PRC1 はメチル化ヒストンに結合した後，非メチル化ヒストンをメチル化する（図 9.28）（HP1 タンパク質が関わる類似の機構については 3.3 節参照）。ES 細胞が最終的に分化するまでは，細胞分裂を繰り返してもその多能性を維持しなければならないことを考えると，このようにヒストン H3 の K27 のメチル化が細胞分裂後も維持されることはきわめて重要である。

図 9.27
PRC2 Polycomb 複合体は，ヒストン H3 の 27 番目のリシン（K27）をメチル化する（青色の小さな丸）。PRC1 Polycomb 複合体は，このようにメチル化されたヒストン H3 を認識し，また，さらなる K27 のメチル化を触媒する。

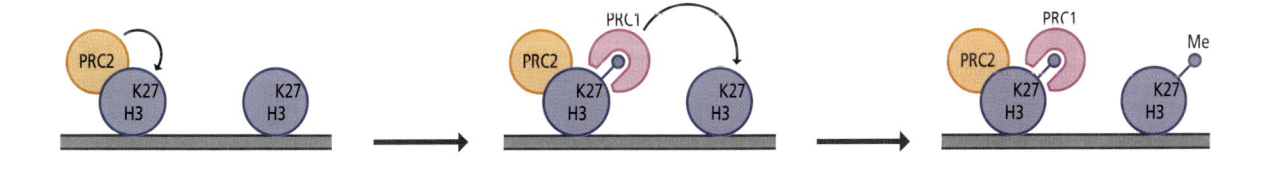

Polycomb タンパク質複合体は ES 細胞で miRNA の発現を制御する

　ES 細胞において，Polycomb タンパク質複合体が数百の遺伝子の調節領域に結合していることが，クロマチン免疫沈降(ChIP)法(メソッドボックス 4.3)により示された。すでに述べたように，これら遺伝子の多くは ES 細胞の分化に重要な役割を果たす転写因子をコードしており，すぐに活性化できるように準備しながらも，不活性な状態に維持されていなければならない。しかし，興味深いことに，Polycomb 抑制性複合体は，ES 細胞において多くの miRNA 遺伝子の調節領域にも結合する。すでに述べたように，さまざまな異なる miRNA 遺伝子が，ES 細胞で転写因子 Oct4，Sox2，Nanog，Tcf3 の結合により活性化される(図 9.19)。

　しかしながら，Oct4，Sox2，Nanog，Tcf3 が結合する miRNA 遺伝子の中には，多能性 ES 細胞において発現しないものもある。これは，これらの遺伝子の発現を妨げる Polycomb 抑制性複合体が同時に結合するためである(図 9.29)。ES 細胞が多様な細胞種に分化すると Polycomb による抑制は解除され，これらの miRNA が発現する。たとえば，*miR-132* をコードする遺伝子は ES 細胞で Polycomb により抑制されているが，ES 細胞が筋細胞に分化すると活性化する。同様に *miR-124* をコードする遺伝子も ES 細胞で Polycomb 複合体により抑制されているが，ES 細胞が神経前駆細胞に分化すると活性化する(筋細胞や神経細胞での遺伝子発現調節における miRNA の役割については，それぞれ 10.1 節と 10.2 節を参照)。つまり，ES 細胞でヒストンのメチル化を制御することにより，分化特異的遺伝子の発現を抑制することと，活性化準備段階にあることとを保証するという Polycomb 複合体の役割は，タンパク質をコードする遺伝子だけに限らず，miRNA 遺伝子においても見いだされる(図 9.30)。

ES 細胞におけるクロマチンの構造は，ヒストンに対する複数の作用により制御される

　前述のように，ES 細胞でのクロマチン構造の制御において，ヒストンのメチル化による制御は重要な役割を果たしている。しかしながら，第 2 章(2.3 節)や第 3 章(3.3 節)で述べた，ヒストンに対する他のいくつかの作用もまた ES 細胞で重要な役割を果たす。たとえば，ヒストン H2 のバリアントである H2A.Z(2.3 節)は，Polycomb タンパク質と共同して ES 細胞のクロマチン構造を制御する。同様に，ヒストン H2B からユビキチンを除去する酵素 SCNY は，未分化 ES 細胞における特定遺伝子の抑制に必要である。さらに，この酵素の不活性化により，ヒストン H2B のユビキチン化が増加するだけでなく，ES 細胞の早すぎる分化が起こる(図 9.31)。

　通常の ES 細胞の分化の過程で SCNY は抑制制御を受け，ヒストン H2B のユビキチン化レベルが高くなる。第 3 章(3.3 節)で述べたように，ヒストン H2B のユビキチン化によってヒストン H3 の 4 番目のリシンと 79 番目のリシンのメチル化レベルが上昇し，これはあるヒストン修飾が他のヒストン修飾に影響を及ぼす一例である。このユビキチン化とメチル化のレベルの変化は，全体としてみると，分化

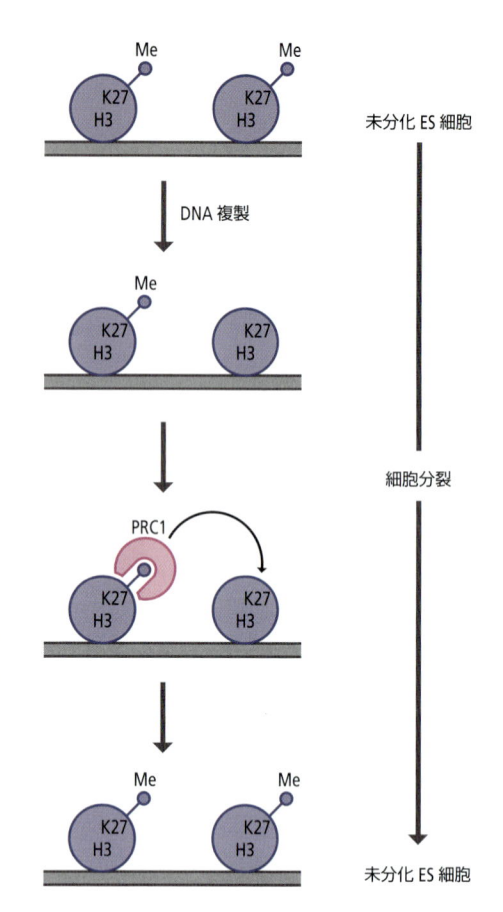

図 9.28
PRC1 複合体の二重活性により，ヒストンの 27 番目のリシン(K27)のメチル化が細胞分裂後も維持され，これによって ES 細胞の多能性が維持される。DNA 複製後，それぞれの娘染色体は親染色体から受け継いだメチル化されたヒストン H3 と，新たに配置されるメチル化されていないヒストン H3 をもつことになる(単純化のために 1 つの娘染色体のみを示す)。PRC1 はメチル化されたヒストン H3 に結合し，また，メチル化されていないヒストン H3 のメチル化反応を触媒することにより，完全にメチル化された状態を回復させる。

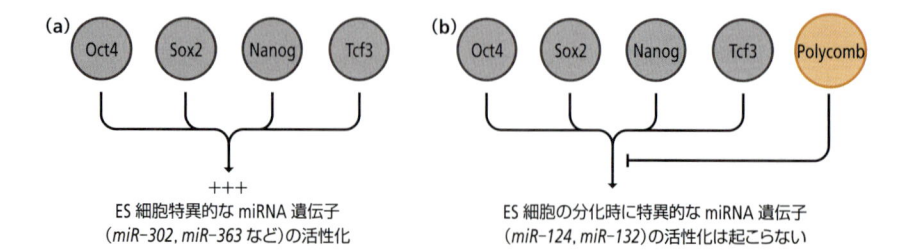

図 9.29
(a)転写因子 Oct4，Sox2，Nanog，Tcf3 は ES 細胞特異的な miRNA をコードする遺伝子を活性化する。(b)これら転写因子は分化特異的な miRNA 遺伝子の調節領域にも結合する。しかし，ES 細胞におけるこれら miRNA の発現は，抑制性の Polycomb 複合体も同時に結合することにより妨げられている。

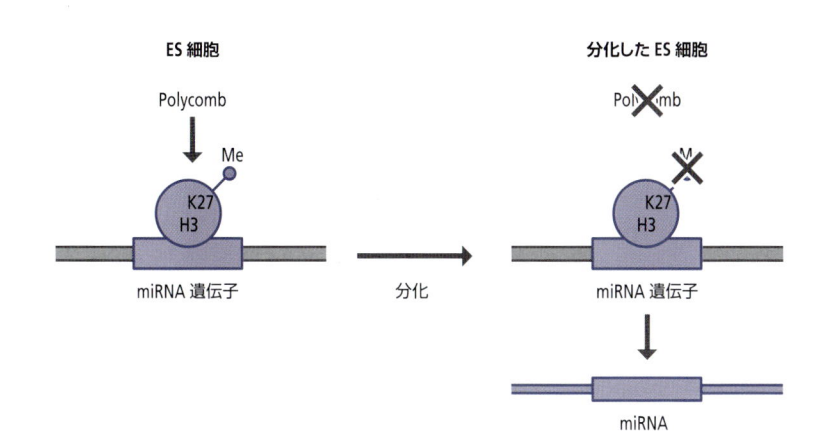

図 9.30
Polycomb 複合体は，ES 細胞において発現しない miRNA 遺伝子の調節領域でヒストン H3 の 27 番目のリシン(K27)をメチル化する．分化に伴い，K27 は脱メチル化し，miRNA 遺伝子が発現する．

したES細胞では発現し，未分化ES細胞では発現すべきでない特定遺伝子のクロマチン構造を弛緩させる効果をもつ(図9.31)．

ヒストンの個々のアミノ酸残基の修飾に対するこのような作用に加えて，最近，新たな機構がES細胞において見いだされた．これは，アセチル化やメチル化などの制御に関わるヒストン修飾の多くが，分子のN末端周辺に集まっていることに基づいており，つまり，ES細胞の分化の過程で，ヒストンH3の一部はその21番目のアラニンの後ろで切断され，修飾された残基の多くを失うことが示されたのである(図9.32)．ES細胞の分化過程におけるこの切断の役割はわかっていないが，酵母においてもヒストンH3の切断が報告されていることから，この過程は哺乳動物に限られたものではなく，広く用いられる制御機構であることを示唆している．

このようにPolycomb複合体や他の機構によるクロマチン構造の制御は，ES細胞やその分化誘導細胞での遺伝子発現調節に重要な役割を果たしている．転写やクロマチン構造に対するこのような効果は，Oct4などES細胞特異的転写因子による効果と統合されることにより，ES細胞がその多能性を維持しながらも，さまざまな経路を経て分化するための準備段階にあることを可能にしているのであろう．

第10章で述べるように，筋細胞や神経細胞といった異なるタイプの細胞が，適切な細胞種特異的遺伝子発現パターンを示すために，さまざまな機構が存在する．胚発生過程では，このような細胞分化とそれに伴う細胞種特異的遺伝子パターンの発現が，他の細胞種形成との関係の中で，適切な時期と場所で起きることを保証する必要がある．われわれがこれらの過程を理解するうえで，分子生物学の技術と，特定の表現型をもつ変異体の遺伝学的解析とを容易に結びつけることのできる，ショウジョウバエの解析が大きな助けとなった．このショウジョウバエの実験系で得られた知見について次節で取りあげる．

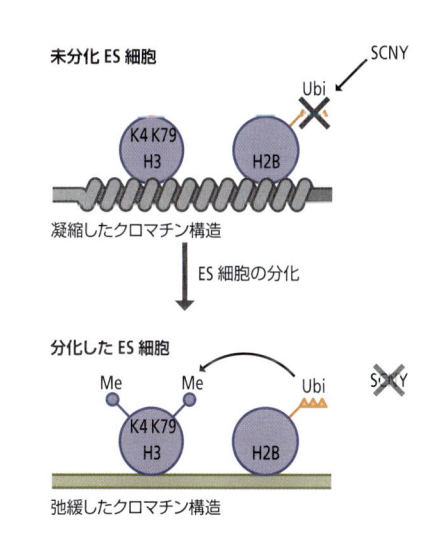

図 9.31
未分化ES細胞において，酵素SCNYはユビキチン(Ubi)をヒストンH2Bから除去する．ES細胞が分化するとSCNYの抑制制御が起こり，ヒストンH2Bのユビキチンレベルが上昇する．すると，ヒストンH3の4番目と79番目のリシン(K)のメチル化が起こり，分化したES細胞でその発現が必要である特定の遺伝子において，弛緩したクロマチン構造をとるようになる．

図 9.32
ヒストンH3のN末端におけるさまざまな翻訳後修飾(図2.26に同じ図)と，ES細胞の分化に伴って切断されるヒストンH3の部位(矢印)．この切断により，クロマチン構造を制御する修飾を受ける多くの残基が除去される．

9.2 ショウジョウバエの発生における遺伝子発現調節の役割

転写因子 Bicoid の濃度勾配がショウジョウバエ初期胚の前後軸を決定する

　キイロショウジョウバエ(*Drosophila melanogaster*)は遺伝学的に非常によく研究されてきた。特に，遺伝子変異が多く見つかっており，これらの変異により，それぞれに特有の異常な形態形成パターンをもつハエを生じる。これらの遺伝子の解析の結果，その多くが転写因子をコードしており，Bicoid(ビコイド)や Antennapedia(アンテナペディア)などのホメオドメインをもつ転写因子や，Krüppel(クルッペル)や Hunchback(ハンチバック)など，ジンクフィンガーをもつ転写因子が含まれることがわかった(これらの転写因子については 5.1 節参照)。本節の後半で述べるように，ショウジョウバエで利用できる分子生物学的手法と遺伝学的手法とを組み合わせることにより，ショウジョウバエの発生において遺伝子調節過程が果たす役割について非常に多くの情報が得られた。さらに，9.3 節で述べるように，このような研究の結果，哺乳動物の発生制御過程に関する知見も得られた。

　しかし，ショウジョウバエの発生は，先に述べた哺乳動物の初期発生過程とは非常に異なった様式で開始する。受精後，細胞質分裂をいっさい伴わない核の分裂が 13 回連続して起こり，合胞体(シンシチウム)構造を形成する。合胞体構造では，ひとまとまりの細胞質が約 1,500 の核を取り囲み，核は次第に胚の辺縁部へと移動する(図 9.33)。そこでようやく細胞分裂が起こり，1 つの核をもつ個々の細胞が胚の周辺部に形成される。ここで明らかなことは，これらの細胞が異なる細胞種に分化するためには，各細胞の胚の中での位置，つまり前方にあるのか後方にあるのか，あるいは背側なのか腹側なのかという情報に対して，一定の様式にしたがって応答する必要があるということである(図 9.33)。

　ここで重要な役割を果たすのが Bicoid ホメオドメイン転写因子である。第 7 章 (7.3 節)で述べたように，*bicoid* mRNA は，その 3′ UTR 配列のために胚の前方端に優先的に局在する。このため，胚の中で Bicoid の発現に勾配が生じ，その濃度は前方端で最も高く，後方端に向かって徐々に低くなる。*bicoid* 遺伝子の変異の結果，ハエの頭部と胸部の構造がまったくなくなってしまうことから，この Bicoid 発現の勾配がショウジョウバエの前後軸を決定するうえで不可欠であることがわかる。

　重要な点として，転写因子 Bicoid により活性化される遺伝子は，そのプロモーター部位に Bicoid タンパク質に対して高親和性あるいは低親和性のいずれかの結合配列をもつ。各々の遺伝子プロモーターが，高親和性あるいは低親和性(またはその組み合わせ)の結合配列をもつ結果，それぞれの遺伝子は異なる濃度の Bicoid によって活性化されることになる。

　つまり，高親和性結合配列をもつ遺伝子は低濃度と高濃度の両方の Bicoid により活性化され，一方，低親和性結合配列をもつ遺伝子は高濃度の Bicoid によってのみ活性化される。このため，卵内での Bicoid 発現の勾配は，一部の遺伝子は高濃度の Bicoid を必要とするため，卵の最も前方端でのみ活性化され，一方，別の遺伝子はその活性化のために低濃度の Bicoid しか必要としないため，卵のより広い領域で活性化されるという遺伝子発現パターンに変換される(図 9.34)。

図 9.33
ショウジョウバエ胚の初期発生では，細胞質分裂を伴わずに核が複製する結果，共通の細胞質に複数の核を含む合胞体(シンシチウム)が形成される。次に，核は合胞体の周辺部に移動し，そこで細胞分裂が起こる。発生の過程で，それぞれの細胞は胚の前後軸，あるいは背腹軸における自身の位置にしたがって分化する。

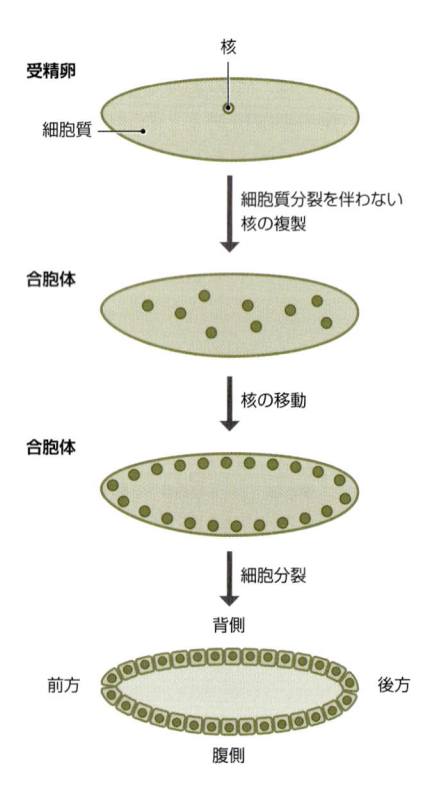

Bicoid は転写因子をコードする他の一連の遺伝子を活性化し，分節化された eve 遺伝子の発現パターンを作り出す

非常に重要なこととして，Bicoid により活性化される遺伝子の中には，他の調節性転写因子をコードする遺伝子が含まれる。つまり，Bicoid は濃度依存的に，ジンクフィンガー型転写因子 Hunchback の遺伝子を活性化する。この結果，Bicoid 発現の勾配(図 9.35a)は，Hunchback 発現の勾配(図 9.35b)へと変換される。次に，これは卵の両端における転写因子 Giant (ジャイアント)および Krüppel の発現の勾配を誘導するが，それぞれは Hunchback により活性化あるいは抑制される (図 9.35c)。

これらすべての転写因子は次に，Even-skipped (イーブンスキップト；Eve) ホメオドメイン転写因子の遺伝子プロモーター上で働く。しかしながら，Bicoid と Hunchback が Eve の発現を活性化する一方で，Giant と Krüppel はこれを抑制する。この結果，Eve stripe 2 として知られる縞状の eve 遺伝子発現領域が生じる(図 9.35d)。

したがって，Bicoid タンパク質は明らかに**モルフォゲン**(morphogen)としての性質をもち，その濃度勾配は胚の前方域における位置を決定する。このことから予想されるように，Bicoid の濃度勾配を実験的に変化させると，胚形成に大きな影響が生じる。人為的に Bicoid レベルを増加させた細胞は，通常，その高くなったレベルの Bicoid をもつ，本来であればより前方に位置する細胞の特徴である表現型を示すようになる。逆に，人為的に Bicoid レベルを低下させた細胞は，本来であればより後方に位置する細胞の特徴である表現型を示す。

Eve の発現を制御する他の遺伝子の変異によっても，予想どおり異常なショウジョウバエが生じる。たとえば，*Krüppel* 遺伝子の変異によって，3つすべての胸節と，8つの腹節のうちの最初の5つを欠損した幼虫が生じる。*Krüppel* はしたがって，その変異によって多数の隣接する体節を欠いてしまう，**ギャップ遺伝子**(gap gene)の一例であるといえる。

上述のように，4つの転写因子，Bicoid，Hunchback，Giant，Krüppel の組み合わせにより，明瞭な縞状の *eve* 遺伝子発現領域 (Eve stripe 2) が生じる(図 9.36a)。Eve stripe 2 は，450 bp の *eve* 遺伝子プロモーター領域をリポーター遺伝子に連結し，これを胚に導入することにより作り出すことができる(図 9.36b)。この結果は，4つの転写因子が *eve* 遺伝子プロモーターの特定の領域に作用することにより Eve stripe 2 発現パターンを作り出すことを示している。実際には，*eve* 遺伝子はショウジョウバエ胚の7つの縞状の領域で発現し，それぞれの縞は *eve* 遺伝子プロモーターの別々の領域に対して，特定の転写因子の組み合わせが作用することにより生じる(図 9.36c，d)。興味深いことに，たとえば *eve* 遺伝子のような標的遺伝子の特異的な発現パターンについて，それらの上流調節因子の発現パターンと，標的遺伝子のプロモーターにおける，これら調節因子の結合配列の数と親和性とをもとに予測することができるコンピュータモデルがすでに作られている。

Eve タンパク質は，*eve* 遺伝子の発現パターンのおかげで，ショウジョウバエの体節パターンを作るうえで重要な役割を果たすことができる。このため，*eve* 遺伝子に変異が生じると，1つおきの体節をすべて欠損した幼虫が生じる。*eve* はつまり，

図 9.35
前方(A)から後方(P)への Bicoid 発現の勾配に対応して，Hunchback 発現の勾配が生じ，それがさらに Giant と Krüppel の発現勾配を生じる。Bicoid と Hunchback は *even-skipped*(*eve*)遺伝子を活性化する一方で，Giant と Krüppel はそれを抑制する。したがって，Bicoid，Hunchback，Giant，Krüppel の発現濃度勾配により，*eve* 遺伝子には明瞭な縞状の発現パターンが生じる。

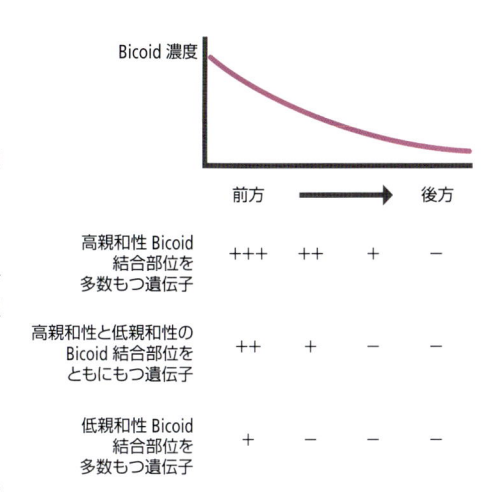

図 9.34
胚の前方から後方にかけての Bicoid の濃度勾配によって，Bicoid に対する親和性が異なる結合部位をもつ標的遺伝子は，異なる活性化を受ける。つまり，Bicoid 濃度の勾配情報が，Bicoid に依存した遺伝子発現の勾配情報に変換される。＋の印はその勾配の場所での遺伝子の活性化を示し，－の印はその場所で活性化が起こらないことを示す。

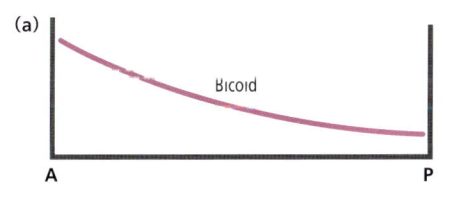

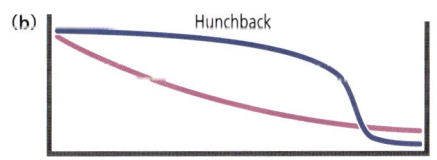

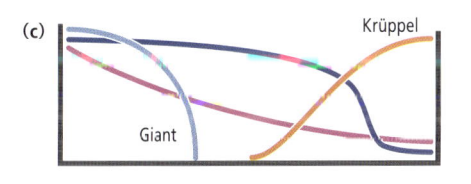

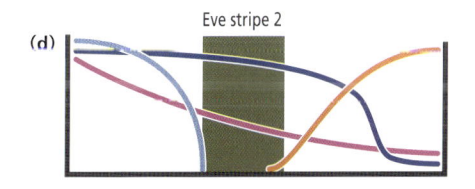

図9.36
Bicoid, Hunchback, Giant, Krüppel(B, H, G, K)は, *even-skipped*(*eve*)遺伝子プロモーター中の450 bpの領域に働き, *eve* 遺伝子の明瞭な縞状の発現パターン(Eve stripe 2)を生じる。(a)はこの作用の模式図を示し, (b)は *eve* プロモーターのこの領域をレポーター遺伝子に連結し, ショウジョウバエ胚に導入した実際の実験結果を示す。*eve* 遺伝子プロモーターの別の領域に対して異なる転写因子が作用し, *eve* 遺伝子がショウジョウバエ初期胚の7つの縞状の領域で発現することにより, Eve stripe 2 が形成される。(c)は模式図を示し, (d)は実際の実験結果を示す。(b) と(d) は Stephen Small, New York University & Michael Levine, University of California の厚意による。

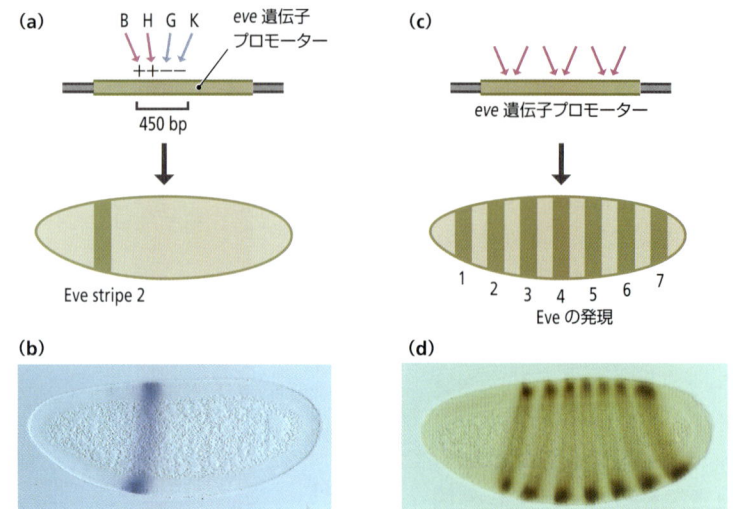

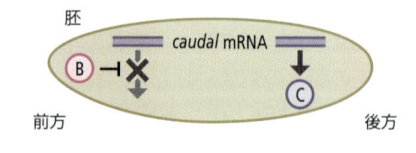

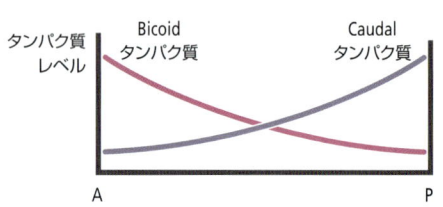

その変異によって正常の場合の半数の体節しかもたない幼虫が生じる, **ペアルール遺伝子**(pair-rule gene)の一例であるといえる。興味深いことに, *eve* の変異では偶数番目の体節が欠損する(たとえば, 腹節のA2, A4, A6, A8)一方で, 他のペアルール遺伝子 *fushi tarazu*(フシタラズ; *ftz*)の変異では奇数番目の体節の欠損を生じる。つまり, これら2つの転写因子が相補的な役割を担うことを示している。

Bicoid システムは転写調節と転写後調節の両方を含んでいる

Bicoid システムはショウジョウバエ胚の初期発生における転写因子, ならびに転写による制御の重要性を説明する好例である。しかしながら注目すべき点は, *bicoid* mRNA を卵の前方端に位置させるように RNA 輸送を制御する機構によって, この過程が開始することである。さらに, 他の転写後過程も初期のショウジョウバエ発生に関与している。たとえば, Bicoid タンパク質は転写を制御するだけでなく, mRNA の翻訳も制御できることが示された。前方から後方への Bicoid 発現の勾配は, 別のタンパク質である Caudal(コーダル)発現の後方から前方への勾配を作り出すのに必要である。しかしながら, *bicoid* mRNA とは異なり, *caudal* mRNA は胚の中で一様に分布することから, Bicoid は *caudal* の遺伝子転写を制御するのではない。むしろ, Bicoid は *caudal* mRNA の翻訳を阻害するため, Caudal タンパク質は Bicoid の濃度が低い, 胚の後方でのみ作られることになる(図9.37)。つまり, Bicoid は遺伝子転写と mRNA の翻訳の両方を制御できることになる。さらに, Bicoid は *caudal* mRNA に結合することにより *caudal* mRNA の翻訳を制御するが, これはホメオドメインが DNA だけでなく RNA にも結合できることを示している(翻訳調節についての詳細は 7.5 節参照)。

Bicoid そのものの生合成は, その mRNA 局在の制御により調節されるが, Bicoid システムは, 転写因子発現のヒエラルキーが初期ショウジョウバエ胚において形成されるにあたり, Hunchback, Krüppel, Giant など特定の転写因子の生合成制御が重要であることを示している。非常に重要なことは, ある転写因子(Bicoid)の単純な前後方向の発現勾配が, このヒエラルキーによって他の転写因子(Eve)の明瞭な縞状の発現パターンに転換できることである。つまりこの過程によって, 初期ショウジョウバエ胚の体節パターンが形成され, 最終的には, 異なる体節から異なる体の領域が発生する結果となる。しかしながらこれまで, われわれは体節パターンを作り出す過程を述べたに過ぎず, 異なる体節から異なる体のアイデンティティーが生み出される過程については触れていない。これについては以下で述べる。

図9.37
caudal mRNA は胚全体に分布しているが, その Caudal タンパク質への翻訳(C)は Bicoid タンパク質により抑制されるため(B), Caudal タンパク質は Bicoid のレベルが低いところでのみ作られる。これにより, ショウジョウバエ胚において前方から後方への Bicoid の勾配と同時に, 後方から前方への Caudal の勾配が生じる。

ホメオドメイン転写因子はショウジョウバエ胚において体節のアイデンティティーを決定する

　すでに述べたように，転写因子遺伝子のヒエラルキーは，初めの前方から後方への勾配を縞状の遺伝子発現パターンへと変換することができ，これがショウジョウバエの体節構造を決定する。つまり，*bicoid* のような**卵極性遺伝子**(egg-polarity gene)の勾配は，*hunchback* や *Krüppel* のようなギャップ遺伝子の広範な発現パターンへと変換され，さらに *eve* のようなペアルール遺伝子の複数の縞状パターンへと変換される(図9.35，図9.38)。次に，卵極性遺伝子，ギャップ遺伝子，ペアルール遺伝子は，共同して**ホメオティックセレクター遺伝子**(homeotic selector gene)の発現を誘導し，そのタンパク質産物が，将来それぞれの体節が実際に作り出す構造を決定するのである(図9.38)。

　第5章(5.1節)で述べたように，これらの遺伝子は，その変異によってある特定の構造体(たとえば触角)が欠損し，その部分が他の構造体(たとえば肢)によって置き換えられた異常なハエが生じることから最初に見つかった(図5.4)。これらホメオティックセレクター遺伝子を単離して調べてみると，ホメオドメインをもつ転写因子をコードすることがわかり(5.1節)，この転写因子ファミリーが見いだされた初めての例となった。

　これらホメオドメインをもつ転写因子の遺伝子はショウジョウバエ3番染色体上にあり，2つの遺伝子群，*Antennapedia* 遺伝子群ならびに *bithorax*(バイソラックス)遺伝子群としてまとまって存在する(図9.39)。非常に興味深いのは，遺伝子群内での各遺伝子の配置順は，各々がそのアイデンティティーを制御する体節の前後軸方向の順番に一致していることである。たとえば，*Antennapedia* 遺伝子群の最初の遺伝子は *labial*(ラビアル)であるが，この遺伝子はハエの最も前方の節の形成を制御する。一方，*bithorax* 遺伝子群の最後の遺伝子は *Abdominal-B* (*Abd-B*)であり，これは最も後方の節のアイデンティティーを決める(図9.39)。

　個々のホメオティックセレクター遺伝子が適切な体節で発現するためには，転写調節因子の複雑な発現パターンが必要であることは明らかである。これらホメオティックセレクター遺伝子のプロモーターに働く転写調節因子には，卵極性遺伝子，ギャップ遺伝子，ペアルール遺伝子の転写産物が含まれ(図9.38に示した)，これら自身もショウジョウバエ胚の中で複雑なパターンで分布する(図9.40b)。また，ホメオティックセレクター遺伝子は，第3章(3.3節)や9.1節で述べた，Polycomb や Trithorax などのクロマチン構造を制御する因子によっても制御される(図9.40a)。Polycomb タンパク質は，ホメオドメイン遺伝子が間違った体節で不適切に発現することを抑制し，一方，Trithorax タンパク質は，発現すべきホメオドメイン遺伝子領域が弛緩したクロマチン構造をとり続けることにより，適切な体節で活性化されることを保証している(図9.25)。

　同様に，第5章(5.1節)で述べたように，Ultrabithorax(ウルトラバイソラックス)

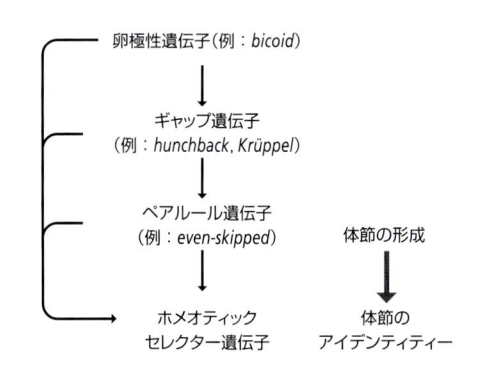

図9.38
卵極性遺伝子，ギャップ遺伝子，ペアルール遺伝子の産物は互いに共同して，異なる体節のアイデンティティーを規定するホメオティックセレクター遺伝子の発現を制御する。

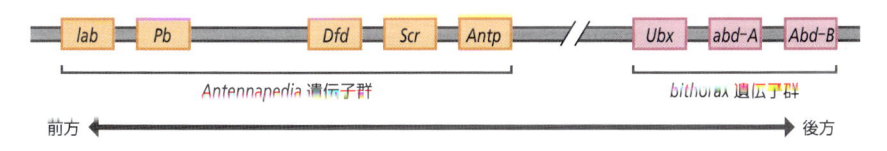

図9.39
ショウジョウバエ3番染色体上にあるホメオドメイン遺伝子は，2つの遺伝子群にまとまっている。染色体上の遺伝子の配置順は，より前方，あるいはより後方の体節であるというアイデンティティーを規定するこれら遺伝子の役割を反映している。

図 9.40
それぞれのホメオドメイン遺伝子の発現は，PolycombやTrithoraxなどのクロマチン調節タンパク質(a)，卵極性，ギャップ，ペアルールタンパク質(b)，自身の発現を制御するホメオドメイン遺伝子(c)によって制御される。

など，ホメオドメインをもついくつかの転写因子は自身の発現を誘導することができ，これにより，一度スイッチが入ると，それらの発現が特定の体節で維持され続けるようになっている(図9.40c；図5.7も参照)。

ホメオドメイン転写因子による遺伝子発現に及ぼす効果は，タンパク質間相互作用によって制御される

第5章(5.1節)で述べたように，ホメオティックセレクター遺伝子は転写因子をコードし，これら転写因子はホメオドメイン内のヘリックス・ループ・ヘリックスモチーフを介して特定のDNA配列に結合する。個々のホメオティックセレクター遺伝子は，各体節で必要な特定の標的遺伝子の発現を活性化，あるいは抑制する。しかしながらこれは，単純に個々のホメオティックセレクター遺伝子が特定の体節でのみ発現し，そこで標的遺伝子の発現を制御することによるものではない。むしろ，個々のホメオドメイン転写因子の活性は，他のホメオドメイン転写因子，あるいは非ホメオドメイン転写因子の有無によって影響を受ける。

たとえば，UltrabithoraxやAntennapediaなどいくつかのホメオドメインタンパク質は，*in vitro* でみるかぎり，同一のDNA結合配列特異性をもつようである。しかしながら生きた細胞では，*Decapentaplegic*(デカペンタプレージック；*Dpp*)遺伝子のプロモーター領域に結合してその発現を制御できるのはUltrabithoraxのみで，Antennapediaにはそれができない。この違いは，Ultrabithoraxが変異により不活性化した場合に生じるショウジョウバエの変異体が，Antennapediaの変異によって生じる変異体とはまったく異なるという知見と一致する。

この違いは，*Dpp* プロモーターにはUltrabithorax結合配列と，それに隣接したExtradenticle(エクストラデンティクル；Exd)という別のホメオドメインタンパク質の結合配列の両方が存在することによって説明される。ExdとUltrabithoraxは，*Dpp* プロモーター上で相互作用し，このためUltrabithoraxはプロモーターに強く結合して *Dpp* 遺伝子発現を制御することが可能となる(図9.41)。AntennapediaとExdは相互作用しないため，このようなことはAntennapediaでは起こらない。

この例はしたがって，他の転写因子と結合するか否かによって，個々のホメオドメイン転写因子が遺伝子発現に対していかに異なる作用をもちうるかについて示している。また，このホメオドメイン転写因子のDNA結合特異性が，他の因子との相互作用によって修飾されるというショウジョウバエの例は，酵母の接合型システムに似ている(10.3節)。同システムでは，ホメオドメインタンパク質α2のDNA結合特異性が，ホメオドメインタンパク質a1と非ホメオドメイン転写因子MCM1のどちらと結合するかによって，異なる修飾を受ける(図10.54)。

酵母とショウジョウバエのシステムの類似性は，それだけではない。ショウジョウバエのホメオドメイン転写因子が，特定の体節のアイデンティティーを制御する際に果たす重要な役割は，酵母の a ならびに α ホメオドメイン転写因子が，a と α の接合型を作る際に果たす役割に似ている(10.3節)。このホメオドメイン転写因子のきわめて重要な役割は，次節で述べるように，哺乳動物などの脊椎動物においてもみられる。

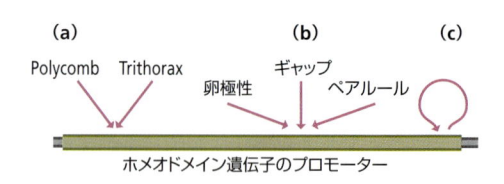

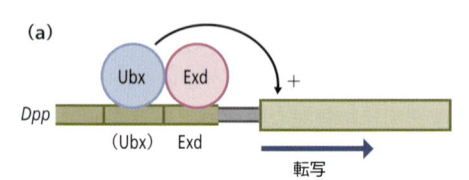

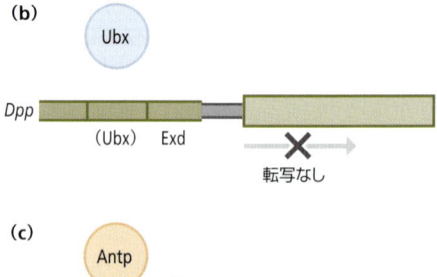

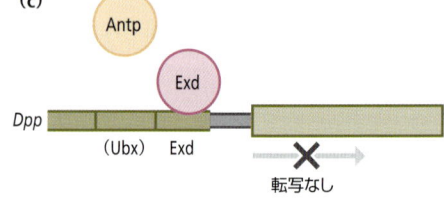

図 9.41
(a)Ultrabithorax(Ubx)タンパク質は転写因子Extradenticle(Exd)と相互作用することにより，*Decapentaplegic*(*Dpp*)遺伝子プロモーター上の結合配列に結合できる。(b)Exd非存在下では，Ubxは *Dpp* プロモーターに結合しない。(c)同様に，Antennapedia(Antp)はExdと結合しないため，Ubx プロモーターに結合できない。

9.3 哺乳動物の発生におけるホメオドメイン転写因子の役割

ホメオドメイン転写因子は哺乳動物においても見いだされる

　ショウジョウバエの発生に関与するいくつかの遺伝子がホメオドメイン転写因子をコードすることが発見された後、哺乳動物を含む他の生物種からも、サザンブロット法(メソッドボックス1.1)を用いて相同遺伝子が同定された。その後、これらの遺伝子の解析が進み、実際にホメオドメイン転写因子をコードすることが確認された。

　ホメオドメイン遺伝子はしたがって、酵母やショウジョウバエと同様に、哺乳動物を含む脊椎動物にも存在する。実際、哺乳動物遺伝子の詳細な解析の結果、*engrailed*(エングレイルド)や*Deformed*(デフォームド)など特定のショウジョウバエ・ホメオドメイン遺伝子に対して、それぞれ相同な遺伝子を哺乳動物ももつことがわかり、また、ショウジョウバエと哺乳動物のタンパク質間での相同性はホメオドメインに限局されず、タンパク質の他の領域にまで及んでいる。

　哺乳動物のホメオドメイン遺伝子は、*HoxA*、*HoxB*、*HoxC*、*HoxD*の4つの遺伝子群にまとまって存在し、これはショウジョウバエにおいてもホメオドメイン遺伝子群が存在することに似ている(図9.39)。さらに、哺乳動物の遺伝子群内で遺伝子が並ぶ順序は、相当するショウジョウバエ遺伝子が並ぶ順序に一致する。たとえばマウス11番染色体上の*HoxB*遺伝子群内での1番目の遺伝子*HoxB1*は、ショウジョウバエの*Antennapedia*遺伝子群内での1番目の遺伝子*labial*に最も相同性が高い(図9.42)。マウス遺伝子群内の各遺伝子は、ショウジョウバエ遺伝子群内の相当する位置にある遺伝子に最も相同性が高いというこのパターンは、遺伝子群内全域にわたって*HoxB9*遺伝子まで続き、同遺伝子はショウジョウバエ遺伝子群の最後の遺伝子*Abd-B*に最も相同性が高い(図9.42)。

哺乳動物の*Hox*遺伝子は発生中の胚の特定の領域で発現する

　9.2節で述べたように、ショウジョウバエ3番染色体のホメオドメイン遺伝子群内での各遺伝子の配置順は、それらの機能的役割と関連している。つまり、遺伝子群内の一方の端に位置する遺伝子は前方構造の特定化に重要であり、一方、遺伝子群内の他方の端にある遺伝子は後方構造の特定化に重要である。この遺伝子の位置と機能との相関は、哺乳動物においてもみられる。*HoxB*遺伝子群のすべての遺伝子は発生途中の中枢神経系で発現し、その形成に重要な役割を果たす。中枢神経系において、それぞれの遺伝子の発現パターンは、それぞれの遺伝子群内における位置と関連している。つまり、*HoxB1*遺伝子は遺伝子群内で最も早く発現する遺伝子であり、その発現は中枢神経系の最も前方にまでみられるが(図9.43)、遺伝子群内でその下流に続く各遺伝子は胚発生過程の次第に遅い時期に発現し、発現部位の前方端も次第に後方に移動する(図9.43, 図9.44)。

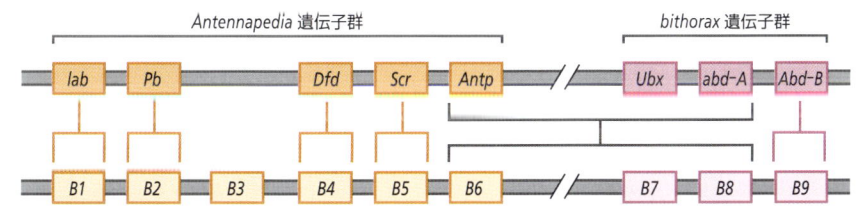

図9.42
ショウジョウバエ3番染色体上のホメオドメイン遺伝子群とマウス11番染色体上の*HoxB*遺伝子群の比較。ショウジョウバエ遺伝子群内の各遺伝子は、マウス遺伝子群内の相当する位置にある遺伝子に最も相同性が高い。ショウジョウバエの*Antennapedia*(*Antp*)、*Ultrabithorax*(*Ubx*)、*abdominal-A*(*abd-A*)遺伝子は互いに似すぎているため、それぞれが対応するマウス遺伝子を特定することは難しいが、マウス遺伝子群の中ではこれらは*B6*, *B7*, *B8*遺伝子に最も似ている。

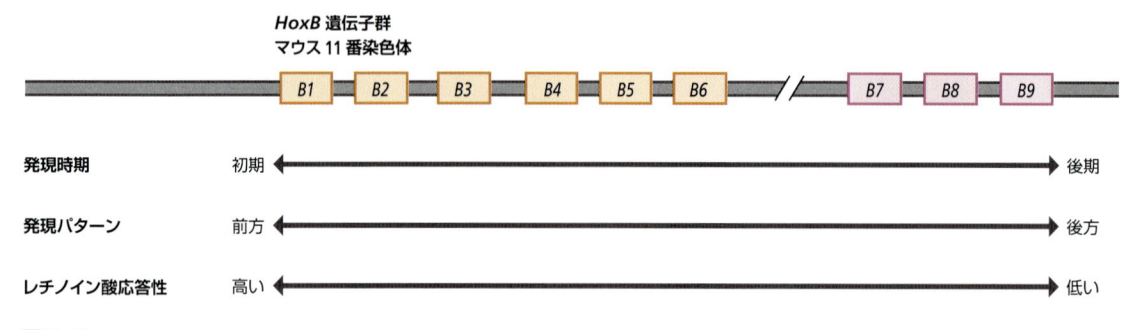

図 9.43
マウス11番染色体上の *HoxB* 遺伝子群の遺伝子はそれぞれが，異なる発現時期，異なる発現パターン，異なるレチノイン酸応答性を示し，これは遺伝子群内でのそれぞれの位置と関連している。*B1* 遺伝子は発生の最も早い時期に発現し，最も前方まで発現し，レチノイン酸応答性が最も高い。一方，*B9* 遺伝子は胚発生の最も遅い時期に発現し，その発現は後方領域に限局し，レチノイン酸応答性が低い。

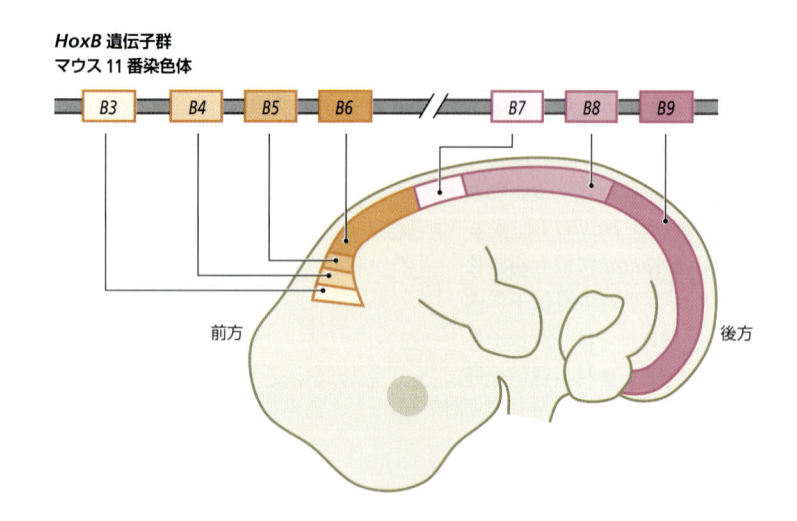

図 9.44
HoxB 遺伝子発現の前方端の位置。マウス12.5日胚の一般的な構造との関連，ならびに *HoxB* 遺伝子群内での位置との対比で示した。*HoxB3* ～ *HoxB9* の順番で，その発現部位の前方端が，より前方に位置することがわかる。*HoxB1* と *HoxB2* は図に示していない。

Hox 遺伝子の転写は，それぞれの遺伝子に特異的な調節領域によって制御されている

興味深いことに，異なる *HoxB* 遺伝子の調節領域を**レポーター遺伝子**（reporter gene）に連結してマウス胚に導入すると，それぞれが異なる発現パターンを示す（図 9.45）。これは，胚における *HoxB* 遺伝子の発現パターンの違いは，少なくとも一部は，それぞれの遺伝子の調節領域に依存した転写調節過程により生じていることを示している。

この機構として考えられる可能性の1つは，*HoxB* 遺伝子群の遺伝子が，レチノイン酸による誘導に対して異なる感受性をもつことから導き出された（図 9.43）。第 5 章（5.1 節）で述べたように，レチノイン酸は受容体（核内受容体型転写因子ファミリーのメンバー）に結合することにより，その受容体の標的遺伝子の発現を制御する。このようにして，レチノイン酸は脊椎動物の発生，特にその神経系の発生に重要な役割を果たしている。

レチノイン酸の濃度勾配が胚に存在するという少なからぬ証拠があり，前方から後方へのレチノイン酸の濃度勾配によって，神経系の発生における *HoxB* 遺伝子の発現パターンを説明できるかもしれない。例えば，*HoxB1* 遺伝子は低濃度のレチノイン酸によっても十分に活性化されるほど感受性が高いが，遺伝子群内の下流の遺伝子ほど，その感受性は低下するため，これら下流の遺伝子発現には，より高濃度のレチノイン酸を必要とする（図 9.43）。つまり，中枢神経系の後端で最も高く，前方ほど低下するというレチノイン酸の濃度勾配があることによって，*HoxB1* の発現範囲が最も前方にまで達し，他の遺伝子の発現範囲は次第に後退していくとい

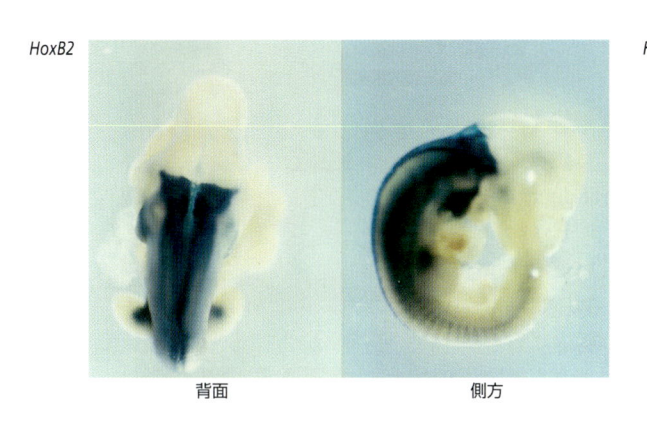

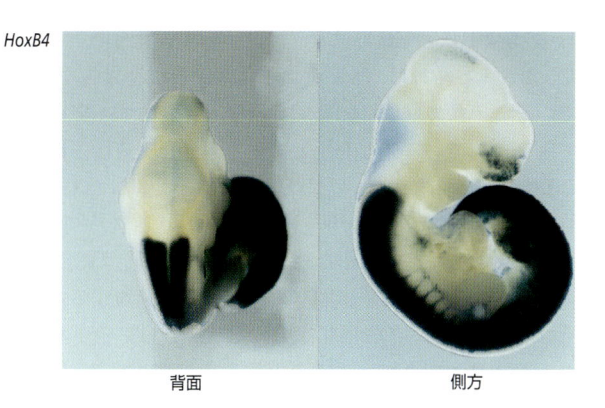

う遺伝子発現パターンが観察される結果となるのであろう（図 9.46）。

　レチノイン酸による *Hox* 遺伝子（*Hox* gene）の制御は，あるグループの転写因子（ここでは Hox タンパク質）が，別のグループの転写因子（ここではレチノイン酸受容体）によって制御される典型的な例である。これに一致して，*HoxB1* 遺伝子はその 3′ UTR に，レチノイン酸受容体と結合するレチノイン酸応答領域をもつことがわかった。さらに，この配列に変異を導入して受容体が結合できないように不活性化すると，初期胚の神経外胚葉における *HoxB1* 遺伝子の発現がなくなることから，レチノイン酸受容体による制御と *HoxB1* 遺伝子の正常な発現パターンとが，直接関連することが示された（図 9.47）。

Hox 遺伝子の転写は *Hox* 遺伝子群内における遺伝子の位置関係にも依存している

　Hox 遺伝子は，遺伝子の近傍や内部に存在する特定の塩基配列を介して，たとえばレチノイン酸受容体により，転写レベルでの制御を受ける。このような転写レベルの制御過程は，遺伝子群内での各 *Hox* 遺伝子の位置に応じて，転写を制御する過程によって補完される。つまり，もしある *Hox* 遺伝子（と，その近傍の調節配列）を遺伝子群内の他の位置に移すと，その発現パターン（たとえば，発生過程における発現開始の時期）は変化し，その移動先の位置に本来あった遺伝子の発現パターンに似るようになる（図 9.48）。

　HoxD 遺伝子群の場合には，遺伝子群内の一方の端に位置する *HoxD13* 遺伝子は最も前方領域で，かつ，最も高レベルで発現し，それより下流の遺伝子はより低レベルで，より後方領域で発現する。*HoxD13* 遺伝子を欠失させると，遺伝子群内でそのすぐ下流にある *HoxD12* 遺伝子は，自身の絶対的な位置が変わらないにもかかわらず，相対的な位置が変わるため，*HoxD13* 遺伝子に特徴的な様式で発現す

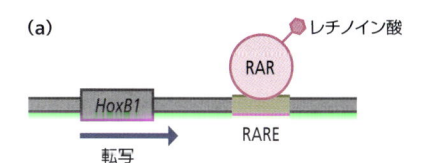

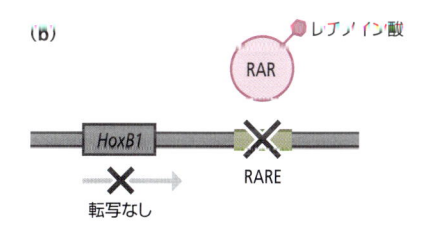

図 9.45
HoxB2 あるいは *HoxB4* 遺伝子の調節領域をレポーター遺伝子に連結してマウス胚に導入すると，異なる発現パターンを示す。これは，これら遺伝子のもともとの発現パターンの違いが，少なくとも一部は転写調節によって生じていることを示している。Robb Krumlauf, Stowers Institute for Medical Research の厚意による。

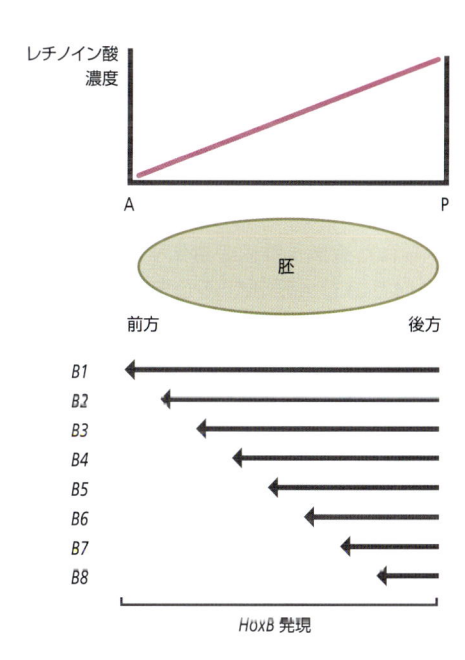

図 9.46
HoxB 遺伝子群の遺伝子の発現部位の前方端が，レチノイン酸の濃度勾配により制御されているモデル。*HoxB1* 遺伝子はレチノイン酸による活性化に対して最も感受性が高いため，最も前方まで発現する。他の遺伝子は次第にレチノイン酸による活性化に対する感受性が低下するため，その発現の前方端が次第に後退する。

図 9.47
(a) *HoxB1* 遺伝子の特異的な転写パターンは，一部はレチノイン酸受容体（RAR）が *HoxB1* 遺伝子の 3′ 調節領域に存在するその応答配列（RARE）に結合することにより制御される。(b) 変異により RARE を不活性化すると受容体の結合が阻害され，*HoxB1* 遺伝子の転写に影響を及ぼす。

るようになる（図 9.49）。

したがって，これらの結果は，*Hox* 遺伝子は遺伝子に特異的な調節配列に加えて，遺伝子群内でのそれぞれの位置に応じて，遺伝子群内のすべての遺伝子を統御する過程によって制御されていることを示している。*HoxD* 遺伝子群の場合には，この過程は遺伝子群から少なくとも 100,000 bp 以上離れた GCR（general control region）と呼ばれる遠位エンハンサーに依存しているようである。それぞれの *HoxD* 遺伝子は競合してこの GCR と相互作用しており，GCR に最も近い遺伝子が最も強く結合して，その遺伝子に固有のパターンで発現する。同様に，以下に続く遺伝子はそれぞれの GCR との相互作用の強さに応じて発現する（図 9.49）。これは β グロビン遺伝子群で起きていることと明らかに似ている（2.5 節）。つまり，β 様グロビン遺伝子群は発生過程において特定の順番で発現し，これは単一の調節配列である遺伝子座調節領域（locus control region；LCR）に対する個々の遺伝子の相対的な位置関係により制御されている。

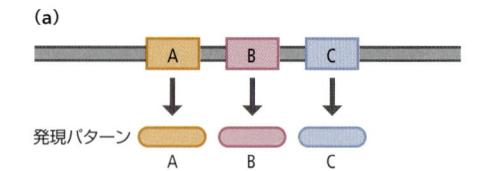

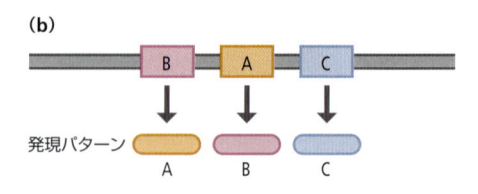

Hox 遺伝子の発現は miRNA によって転写後レベルでも制御される

上述の結果は，*Hox* 遺伝子の発現が，遺伝子そのものに隣接する DNA 配列と，遺伝子群内の位置とによって，少なくとも一部は転写レベルでの制御を受けていることを示している。しかしながらこれに加えて，*Hox* 遺伝子の発現調節が転写後レベルでも起こるという少なからぬ証拠がある。*Hox* 遺伝子群内には miRNA がコードされており，その遺伝子群内あるいは他の *Hox* 遺伝子群の特定遺伝子の発現を阻害することが示された。たとえば，*miR-10a* miRNA は *HoxB4* と *HoxB5* 遺伝子間の DNA 領域から作られ，*HoxB3* mRNA の 3′ UTR 配列に結合して，同遺伝子の発現を阻害する（図 9.50）。

同様に，*miR-196a-1* miRNA は *HoxB9* 遺伝子の下流領域から生じ，*HoxB1*，*B6*，*B7*，*B8* 遺伝子の発現を阻害する（図 9.50）。このような miRNA は，それらが作られた遺伝子群内の遺伝子だけに働くわけではない。たとえば，*miR-10a* は，*HoxA1*，*A3*，*A5*，*A7*，そして *HoxD10* など他の *Hox* 遺伝子群の遺伝子も阻害する。同様に *miR-196a-1* は，*HoxA5*，*A7*，*A9*，そして *HoxC8*，*HoxD8* の発現を阻害する。

つまり，遺伝子内あるいは隣接する調節配列と，遺伝子座に広がるより遠位の調節領域の組み合わせによって，転写レベルならびに転写後レベルで制御されることにより，それぞれの *Hox* 遺伝子の特異的な発現パターンが作り出される。実際，以下で述べるように，個々の *Hox* 遺伝子の発現を制御する機構は特定の発現パターンを作り出すうえで決定的に重要であり，その結果，今度は生合成された Hox タンパク質が発生過程で特定の役割を果たすことが可能となる。

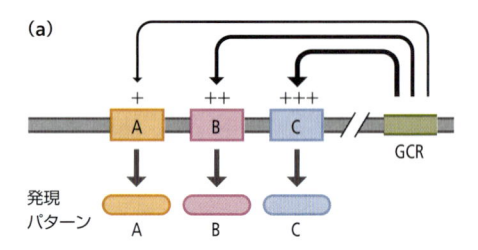

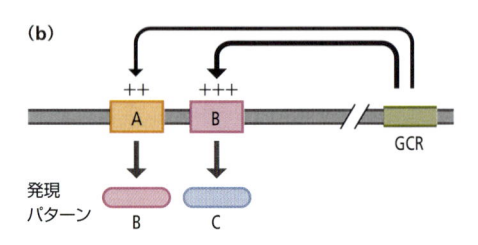

個々の *Hox* 遺伝子が Sonic hedgehog によりさまざまに制御されることで，神経管の細胞分化が制御される

Hox 遺伝子発現の転写レベルならびに転写後レベルでの調節は，非常に複雑にみえるかもしれないが，個々の Hox タンパク質が特異的な発現パターンを生じ，これらが相互作用してさまざまな体構造を作り出すためには不可欠である。この例として，**神経管**（neural tube）内で特定の神経細胞の分化を制御する過程があげられる。やがて神経系となる神経管の構造体は，外胚葉細胞の表皮層の下側，**脊索**（notochord）の上側に位置する（原腸胚におけるこれら構造体の位置については図

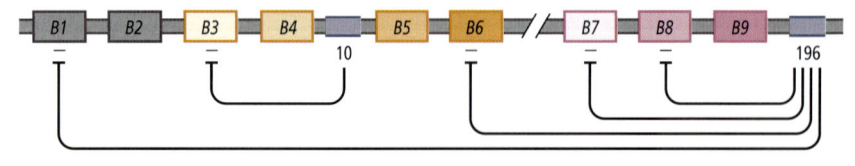

図 9.48
(a) *Hox* 遺伝子群内の各遺伝子は固有の遺伝子発現パターンを示す。(b) 遺伝子群内での遺伝子の位置を変えると，その発現パターンは本来そこにあった遺伝子の発現パターンへと変化する。

図 9.49
(a) GCR（general control region）として知られる遠位エンハンサーは，*HoxD* 遺伝子群の遺伝子の発現を制御し，より近接した遺伝子をより強く活性化する。(b) 遺伝子群の遺伝子の 1 つ（遺伝子 C）が欠失すると，次の遺伝子（遺伝子 B）がエンハンサーに最も近くなる。したがって，遺伝子 B は，その物理的な位置が変わらないにもかかわらず，遺伝子 C の本来の発現パターンにしたがって発現する。

図 9.50
miR-10a と *miR-196a-1* miRNA は *HoxB* 遺伝子群内で作られ，遺伝子群の特定の遺伝子発現を阻害する。

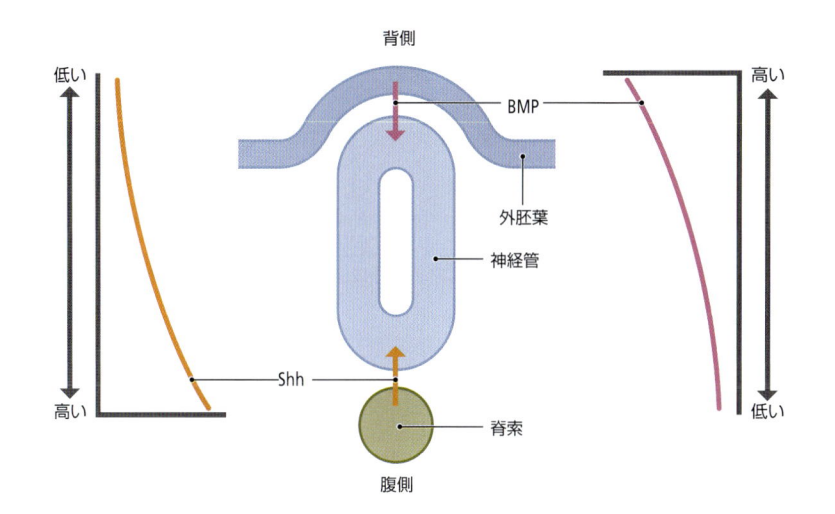

図 9.51
神経管は，BMP タンパク質を分泌する外胚葉と Sonic hedgehog(Shh)を分泌する脊索との間に位置する。このため神経管は，BMP(背側で高い)と Sonic hedgehog(腹側で高い)の相反する濃度勾配に曝される。

9.4 参照)。神経管の細胞は表皮と脊索の両方からのシグナルに応答し，感覚ニューロンが神経管の背側に，介在ニューロンが中心に，運動ニューロンが腹側に形成される(図 9.51)。

具体的には，神経管を覆う外胚葉細胞から，トランスフォーミング増殖因子 β (transforming growth factor β ; TGF-β)シグナル伝達タンパク質ファミリー(8.2 節)に属する BMP タンパク質が分泌される。下方の脊索からは，Sonic hedgehog (ソニックヘッジホッグ)シグナル分子が分泌される(Hedgehog ファミリータンパク質によるシグナル伝達については 8.4 節を，筋肉形成における脊索由来の Sonic hedgehog の役割については 10.1 節を参照)。この結果，神経管では BMP 発現の背側-腹側の勾配が生じ，BMP の濃度は背側で高く，腹側で低くなる。Sonic hedgehog の勾配はこれとは逆に，その濃度は腹側で高く，背側で低くなる(図 9.51)。

これらの勾配は，さまざまなホメオドメイン遺伝子の発現に対して異なる効果をもたらすことにより，神経管の背腹軸に沿ったホメオドメイン遺伝子の特徴的な発現パターンへと変換される。これらホメオドメイン遺伝子は，すべて BMP タンパク質によって活性化されるが，それぞれの Sonic hedgehog に対する応答の仕方は異なる。つまり，Pax6, Pax7, Dbx1, Dbx2, Irx3 をコードするホメオドメイン遺伝子の発現は Sonic hedgehog によって抑制される。しかしながら，この抑制に対する個々の遺伝子の感受性は異なり，Pax7 が最も抑制されやすく，Dbx1, Dbx2, Irx3 と続き，Pax6 が最も抑制されにくい。したがって，Pax6 は Pax7 と比べてはるかに高い濃度の Sonic hedgehog によってのみ抑制され，このため，神経管の中のより腹側でも発現がみられる(図 9.52)。

対照的に，ホメオドメイン転写因子 Nkx6.1 と Nkx2.2 をコードする遺伝子は Sonic hedgehog によって活性化されるが，このとき Nkx6.1 がより活性化されやすいため，Nkx2.2 に比べて低レベルの Sonic hedgehog 存在下でも発現する(図 9.52)。さまざまなホメオドメインタンパク質の発現に対するこのような作用の違いの結果，異なるホメオドメイン遺伝子が特徴的なパターンで発現する個々の領域が形成され，これがひいては異なる領域で異なるタイプの神経細胞が形成されることにつながる(図 9.52)。

興味深いことに，異なる領域の間にみられる遺伝子発現の境界は，個々の転写因子が互いの発現に対して拮抗的に働く結果，非常に明瞭である。つまり，Nkx2.2 は Pax6 の発現を抑制し，逆もしかりで，この結果，領域 5 と 6 の間にはっきりした発現の境界が作られる。同様に Nkx6.1 と Dbx2 は互いに相手の発現を抑制し，その結果，領域 3 と 4 の間にはっきりした境界を作り出す(図 9.53)。

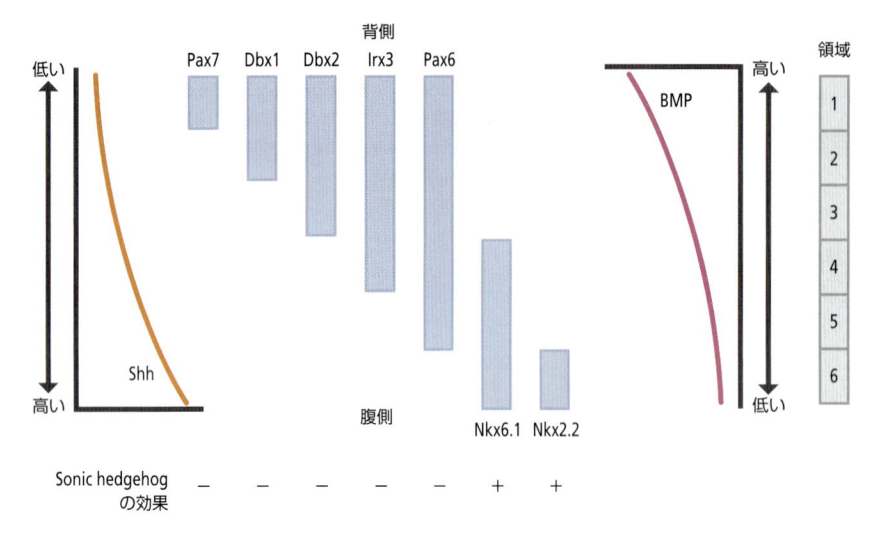

図 9.52
神経管での Sonic hedgehog(Shh)と BMP 発現の濃度勾配は，ホメオドメイン遺伝子 *Pax7*，*Dbx1*，*Dbx2*，*Irx3*，*Pax6* の異なる発現パターンを作り出す。これは，これらすべての遺伝子が Sonic hedgehog により抑制されるが，抑制に対する感受性が異なるからである。ここに，ホメオドメイン転写因子 Nkx6.1 と Nkx2.2 の異なる発現パターンが加わるが，これらをコードする遺伝子は異なる濃度の Sonic hedgehog により活性化される。この結果，神経管のそれぞれの領域が特徴的な転写因子の発現パターンをもつようになる。

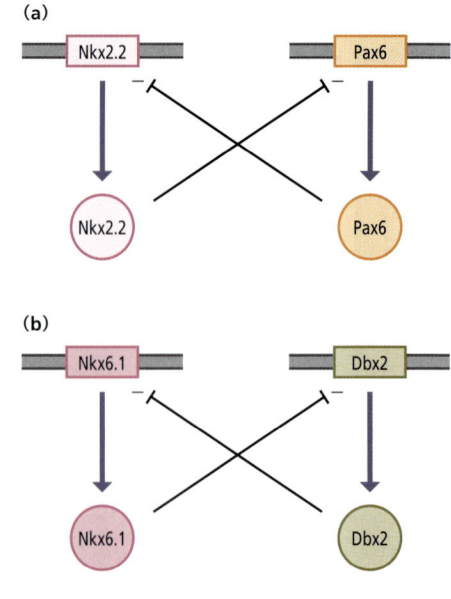

図 9.53
(a)転写因子 Nkx2.2 と Pax6 は互いに相手の発現を抑制する。(b)同様の転写抑制は Nkx6.1 と Dbx2 の間にもみられる。

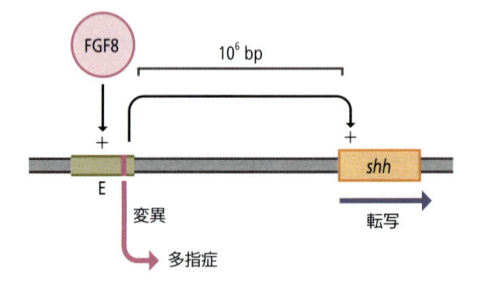

Sonic hedgehog による *Hox* 遺伝子発現の調節は四肢の形成にも関与する

Sonic hedgehog は四肢の発生においても決定的な役割を果たす。それぞれの肢は最初，肢芽として胚の側方から伸びるように生じる。*sonic hedgehog* 遺伝子は肢芽の後方領域において FGF8 増殖因子によって活性化される。このような特異的な活性化は，*sonic hedgehog* 遺伝子の転写単位から約 1,000 kb 離れたエンハンサー領域に依存している。エンハンサーは，しばしばそれらが制御する遺伝子から遠く離れた場所に位置するが(4.4 節)，この *sonic hedgehog* 遺伝子エンハンサーはこれまでに見つかった中では最も遠位に存在する。実際，このエンハンサーの場所がわかったのは，この領域の変異が遺伝性多指症(指の数が過剰となる)の家系で見つかったからである(図 9.54)。したがって，これらの発見は，四肢の発生において *sonic hedgehog* 遺伝子の発現が正しく制御されることの重要性を示し，また，エンハンサーが作用することのできる距離の広大さを示している。

発生途中の肢芽の中では，Sonic hedgehog タンパク質が *HoxD11*，*D12*，*D13* 遺伝子を活性化し，それらがさらに *sonic hedgehog* 遺伝子の転写を活性化する。この結果，肢芽の後方のみで *sonic hedgehog* 遺伝子と *HoxD11*，*D12*，*D13* 遺伝子の発現レベルが上昇する(図 9.55)。

図 9.54
肢芽における FGF8 による *sonic hedgehog*(*shh*)遺伝子発現の活性化は，*shh* 遺伝子の転写単位から約 1,000 kb 離れた場所にあるエンハンサー(E)によってなされている。このエンハンサーの変異により，ヒトにおいて多指症(指の数が過剰となる)を生じる。

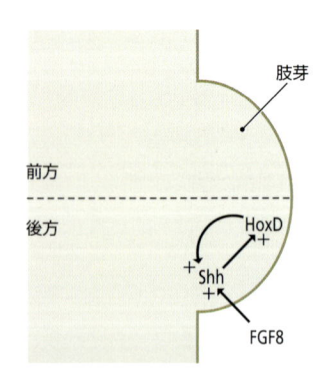

図 9.55
FGF8 は肢芽の後方領域で *sonic hedgehog*(*shh*)遺伝子の発現を活性化する。Sonic hedgehog は次に *HoxD* 遺伝子の発現を活性化し，それが再び *shh* 遺伝子の転写を活性化するため，肢芽の後方領域にポジティブフィードバックループが生じる。

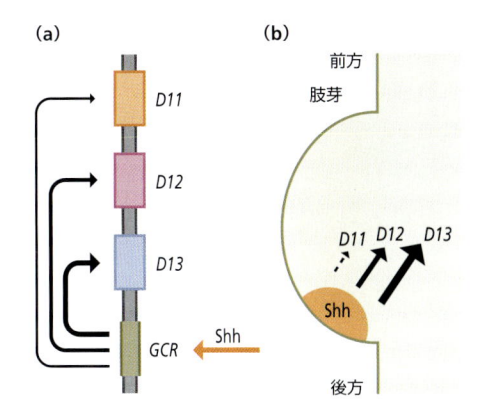

図9.56
(a) 肢芽における HoxD 遺伝子発現の Sonic hedgehog(Shh)による活性化は，GCR(general control region)を介して起こる．このため，遺伝子活性化の強度は，Hox 遺伝子と GCR との相対的な位置関係によって決まる．(b) したがって，GCR に最も近い遺伝子(HoxD13)の発現が最も強く，肢芽の最も前方にまで広がる．

Sonic hedgehog は HoxD 遺伝子群を制御する GCR を介してその効力を発揮する(前述，図9.49)．したがって，Sonic hedgehog は GCR に最も近い遺伝子(すなわち HoxD13)を最も強く活性化する．このため，HoxD13 遺伝子は肢芽の中で最も強く，最も前方端にまで発現し，次に HoxD12 の発現が続く(図9.56)．この結果，すでに述べてきた他の例のように，さまざまな HoxD 遺伝子のはっきりと異なる発現パターンを生じ，それが四肢とそれらに付随する指の発生に貢献している．

すでに述べたように(図9.50)，Hox 遺伝子群内から生じる miRNA は，発生過程の四肢において正確な Hox 遺伝子の発現パターンを確立するために重要な役割を果たしているらしい．レチノイン酸は通常，ニワトリの前肢で HoxB8 遺伝子の発現を誘導し，次に HoxB8 が sonic hedgehog 遺伝子を活性化する．この過程は，たとえ過剰のレチノイン酸を投与したとしても後肢では起こらない．なぜなら，HoxB8 の発現をレチノイン酸によって人為的に刺激したとしても，後肢においては miR-196a-1 miRNA が HoxB8 の発現を抑制するからである(図9.57)．このことは，miRNA が転写後に発現を抑制することによって，不適切な Hox 遺伝子の転写を阻止するという，二重の安全装置として働いていることを示唆している．これは Hox タンパク質の強力な活性を考えると重要であることは明らかであり，胚の間違った場所で Hox の発現が不適切に起こってしまうときわめて有害で，異常な胚を作り出してしまう可能性が高い．

以上をまとめると，本節で述べた事例は，ショウジョウバエの場合と同様に，哺乳動物などの脊椎動物においてもホメオドメイン転写因子は胚の多くの異なる構造体の発生に重要な役割を果たしていることを示している．多様な転写過程や転写後過程がこれら遺伝子の発現を制御することにより，それぞれの遺伝子から作られるタンパク質が，胚発生過程の適切な時期と適切な場所でのみ，標的遺伝子に対して強力な影響を及ぼす．

図9.57
前肢では，レチノイン酸(RA)が HoxB8 遺伝子の発現を誘導し，そのタンパク質産物が今度は sonic hedgehog(shh)遺伝子の発現を誘導する．後肢では，レチノイン酸は HoxB8 遺伝子の転写を誘導するが，HoxB8 タンパク質の産生は miR-196a-1 miRNA により阻害される．

まとめ

本章では，発生過程で非常に多様な体の構造が適切な場所と時期に形成されることを保証するために，いかにさまざまな遺伝子調節機構が機能しているのかについて述べた．これらの過程の例として，たとえば受精前後に働く母性 mRNA の翻訳調節などの転写後調節や，初期ショウジョウバエ胚において bicoid mRNA の局在を制御する過程などがある．同様に，先の章で述べた他の多くのシステムにみられるように，miRNA は転写後レベルでの遺伝子発現調節に重要な役割を果たす．特に，このような miRNA は二重の安全装置として働くことができ，調節タンパク質をコードする遺伝子が不適切に転写され，誤った場所や時期にそのタンパク質が生成されることによって，胚発生に対して望ましくない影響を及ぼすことがないように保証している．

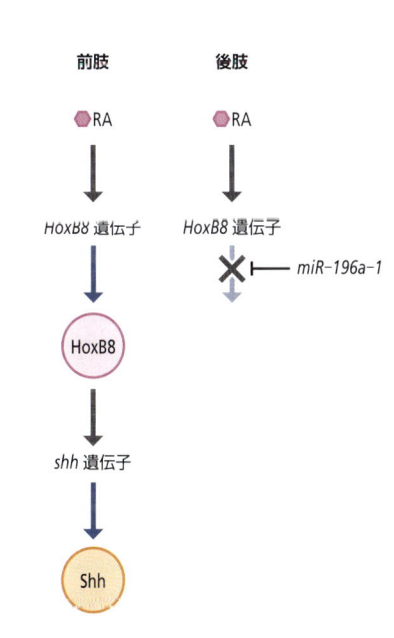

これら転写後調節の例ももちろんあるのだが，特定の転写因子がそれらの下流の標的遺伝子を転写レベルで制御することが，胚発生のすべてのステージにおいて中心的な役割を果たしていることは明らかである。たとえば，9.1 節で述べたように，Oct4 のような転写因子は多能性 ES 細胞において特異的に発現し，このような因子のセットを分化した線維芽細胞で発現させることにより，線維芽細胞を多能性の ES 様細胞に転換できる。これらの因子は，ES 細胞が細胞分裂を繰り返してもその多能性という性質を維持し，一方で特定の細胞種にいつでも分化できるように準備するうえで重要な役割を果たしている。

これらの因子はそれぞれが独立して，あるいは共同することによって，未分化 ES 細胞にとって必要なタンパク質をコードする遺伝子の発現を活性化する一方で，分化した細胞でのみ必要なタンパク質の遺伝子発現を抑制する。これらの転写因子の活性は，調節タンパク質(たとえば，クロマチン構造を制御するタンパク質)や miRNA をコードする遺伝子の発現を調節できるという，自身の能力によってさらに増強される。つまりこのとき，転写因子は，各々が他の多くの遺伝子の発現調節に関与するタンパク質や RNA の生合成を制御するのである。

多くの場合，Oct4 と他の ES 細胞特異的な転写因子群は，遺伝子発現に対して特異的な効果を与えるために共同して働く。この転写因子の組み合わせによる作用は，胚発生の後期においてもみられる。9.2 節で述べたように，ショウジョウバエ胚の合胞体では，転写因子の制御カスケードは Bicoid タンパク質の勾配により開始する。これは最終的には異なるレベルの転写因子，Bicoid，Hunchback，Giant，Krüppel が，発生中の胚の異なる領域に存在する結果を生じる。これらの因子がさらに，*eve* 遺伝子の転写に対して正に，あるいは負に働きかけることにより，単純な Bicoid タンパク質の濃度勾配が縞状の *eve* 遺伝子発現に転換され，これによって発生中のショウジョウバエの特定の体節が決定される。

同様に，9.3 節で述べたように，Sonic hedgehog はさまざまなホメオドメイン転写因子の発現に対して異なる影響を及ぼすが，これは，さまざまな因子の発現を活性化または抑制するのに，異なる濃度の Sonic hedgehog を必要とするからである。この結果，神経管を横断する Sonic hedgehog 発現の勾配は，神経管のそれぞれの場所で，特徴的なパターンをもった転写因子の発現情報へと転換される。さらにこの結果，神経管の異なる場所で異なるタイプの神経細胞が分化できるようになる。つまり，転写因子の生合成の制御そのものが，胚発生に重要な役割を果たしていることになる。これは，第 8 章で述べた，細胞内シグナル伝達経路に応答して転写因子が活性化されることの重要性と対比される。さらに発生過程において，1 つの調節タンパク質発現の単純な線形の勾配が，転写因子遺伝子発現の複雑なパターンへと形を変え，これがさらに胚発生過程で特異的な形態をもつ構造体が形成されることを可能にする。これらの構造体はその後，胚と成体の両方で固有の機能を果たすようになる固有の細胞種を含むようになる。これらさまざまな細胞種が，それぞれに固有の機能を遂行することを可能にする，細胞種特異的な遺伝子発現の調節に関わる過程については次章で述べる。

🔑 キーコンセプト

- 未受精卵は多くの母性 mRNA を含んでおり，これらは受精して初めてタンパク質へ翻訳される。
- 胚発生過程で，これらの母性 mRNA は次第に分解され，胚ゲノムから転写される mRNA によって置換される。
- 初期マウス胚の最初の分化イベントは，内部細胞塊細胞における転写因子 Oct4 の発現と，栄養外胚葉細胞における転写因子 Cdx2 によって制御される。
- Oct4，Sox2，Nanog などの転写因子は，胚の内部細胞塊細胞に由来する ES 細胞で特異的に発現する。
- これらの転写因子は，ES 細胞が多能性をもつ未分化状態を維持する一方で，いつでも特定の細胞

- 種に分化できる状態にあるように遺伝子発現を制御している。
- ショウジョウバエと哺乳動物などの脊椎動物の両方で，ホメオドメイン転写因子を含む，異なるクラスの多様な転写因子が，胚発生の制御に重要な役割を果たしている。
- さまざまな転写因子をコードする遺伝子の発現を制御する過程は，これらの因子が胚発生過程において，それぞれに固有の役割を果たせるようにするうえできわめて重要である。
- 特定の誘導因子は，さまざまな転写因子の発現を，異なる濃度依存性で正または負に制御することができる。
- これらの活性によって，誘導因子発現の単純な線形の勾配が，転写因子発現の複雑なパターンへと変換され，これにより胚で特定の構造体が形成されることが可能となる。
- miRNAは胚発生過程で，転写因子の遺伝子を含む特定遺伝子の発現を転写後調節できる。
- 転写調節ならびに転写後調節の組み合わせにより，単一細胞受精卵が複雑な多細胞生物へと発生することが可能となる。

参考文献

イントロダクション
Blackwell TK & Walker AK (2008) OMA-Gosh, where's that TAF? *Cell* 135, 18-20.
Cohen SM & Brennecke J (2006) Mixed messages in early development. *Science* 312, 65-66.
Schier AF (2007) The maternal-zygotic transition: death and birth of RNAs. *Science* 316, 406-407.

9.1 多能性ES細胞における遺伝子発現の調節
Baylin SB & Schuebel KE (2007) The epigenomic era opens. *Nature* 448, 548-549.
Chi AS & Bernstein BE (2009) Pluripotent chromatin state. *Science* 323, 220-221.
Gangaraju VK & Lin H (2009) MicroRNAs: key regulators of stem cells. *Nat. Rev. Mol. Cell Biol.* 10, 116-125.
Kohler C & Villar CB (2008) Programming of gene expression by Polycomb group proteins. *Trends Cell. Biol.* 18, 236-243.
Muers M (2008) Pluripotency factors flick the switch. *Nat. Rev. Genet.* 9, 817.
Niwa H (2007) Open conformation chromatin and pluripotency. *Genes Dev.* 21, 2671-2676.
Osley MA (2008) How to lose a tail. *Nature* 456, 885-886.
Schuettengruber B, Chourrout D, Vervoort M et al. (2007) Genome regulation by polycomb and trithorax proteins. *Cell* 128, 735-745.
Smith E & Shilatifard A (2009) Histone cross-talk in stem cells. *Science* 323, 221-222.
Swigut T & Wysocka J (2007) H3K27 demethylases, at long last. *Cell* 131, 29-32.
Takahashi K & Yamanaka S (2006) Induction of pluripotent stem cells from mouse embryonic and adult fibroblast cultures by defined factors. *Cell* 126, 663-676.
Zwaka TP (2006) Keeping the noise down in ES cells. *Cell* 127, 1301-1302.

9.2 ショウジョウバエの発生における遺伝子発現調節の役割
Ephrussi A & St Johnston D (2004) Seeing is believing: the bicoid morphogen gradient matures. *Cell* 116, 143-152.
Gehring WJ, Affolter M & Burglin T (1994) Homeodomain proteins. *Annu. Rev. Biochem.* 63, 487-526.
Heinrichs A (2007) Bicoid gradient tried and tested. *Nat. Rev. Mol. Cell Biol.* 8, 673.
Lawrence PA & Morata G (1994) Homeodomain genes: their function in *Drosophila* segmentation and pattern formation. *Cell* 78, 181-189.
Segal E, Raveh-Sadka T, Schroeder M et al. (2008) Predicting expression patterns from regulatory sequence in *Drosophila* segmentation. *Nature* 451, 535-540.

9.3 哺乳動物の発生におけるホメオドメイン転写因子の役割
Briscoe J (2009) Making a grade: Sonic Hedgehog signalling and the control of neural cell fate. *EMBO J.* 28, 457-465.
Deschamps J (2004) *Hox* genes in the limb: a play in two acts. *Science* 304, 1610-1611.
Deschamps J (2007) Ancestral and recently recruited global control of the *Hox* genes in development. *Curr. Opin. Genet. Dev.* 17, 422-427.
Duester G (2008) Retinoic acid synthesis and signaling during early organogenesis. *Cell* 134, 921-931.
Jessell TM (2000) Neuronal specification in the spinal cord: inductive signals and transcriptional codes. *Nat. Rev. Genet.* 1, 20-29.
Maden M (2007) Retinoic acid in the development, regeneration and maintenance of the nervous system. *Nat. Rev. Neurosci.* 8, 755-765.
Varjosalo M & Taipale J (2008) Hedgehog: functions and mechanisms. *Genes Dev.* 22, 2454-2472.
Yekta S, Tabin CJ & Bartel DP (2008) MicroRNAs in the Hox network: an apparent link to posterior prevalence. *Nat. Rev. Genet.* 9, 789-796.
Zeller R & Deschamps J (2002) First come, first served. *Nature* 420, 138-139.

細胞種特異的な遺伝子発現の調節

イントロダクション

　第9章で述べたように，遺伝子発現の調節は，ハエや哺乳動物などさまざまな生物の初期発生において重要な役割をもつ．多くの場合，このような調節には転写因子が関与する．転写因子の合成は，発生の過程で特定の時期，または胚の特定部位においてのみ産生されるように調節されている．たとえば，転写因子 Oct4 は特に初期胚の多能性細胞において合成され，多能性の維持に重要である(9.1節)．同様に，ショウジョウバエや哺乳動物において，ホメオドメインをもつ転写因子は胚の特定部位で合成され，異なる構造を作り出す(9.2節，9.3節)．

　最終的に，胚の発生は異なる組織や器官を作り出し，成体はそれぞれ特異的に分化した細胞種を含む．初期発生でみられるように，このように分化した細胞の産生と維持も，その細胞種特異的に合成された特定の転写因子により制御されている．こうして分化した細胞の多くは，生体においてかなりの期間にわたって機能し続けなくてはならない．そして，個々の分化した細胞は，生物が死ぬまでずっと機能を持続させなくてはならない場合もある．そのためには，転写因子も長期にわたりその機能を維持し続ける必要がある．ここに，細胞種特異的な転写因子の機能調節が，主としてその合成の調節に依存している理由がある．細胞内シグナル伝達経路の下流で迅速な応答が求められる転写因子の機能調節が，主としてその活性の調節に依存する場合が多いことと好対照である(第8章)．

　たとえば，主に肝臓で産生される転写因子 C/EBPα は，その合成の調節により機能が調節されている．この場合，C/EBPα をコードする遺伝子は，肝臓などごく一部の組織で転写され，他の組織での発現はない．これによって，C/EBPα はトランスチレチンや α₁ アンチトリプシンのような多くの組織特異的遺伝子の発現を活性化する．細胞種特異的な遺伝子の発現により転写因子 C/EBPα の産生が調節され，その結果，その標的遺伝子が組織特異的に転写されることになる．興味深いことに，細胞特異的な転写に続く翻訳過程では，複数の異なる翻訳開始コドンが利用されることにより，活性の異なる C/EBPα のバリアントが産生される(7.5節)．

　同様に，B細胞の場合，細胞種特異的な遺伝子発現は，転写因子 Oct2 が B細胞のみで産生されることにより達成されている．Oct2 は，CD36 やシステイン高含有分泌タンパク質3(cysteine-rich secretory protein-3：CRISP-3)遺伝子のような多くの B細胞特異的遺伝子の発現を調節する．さらに，マウスにおいて Oct2 をコードする遺伝子を不活性化すると B細胞が成熟しない．つまり，Oct2 が成熟 B細胞の産生に必須であることを示している．

　しかしながら，興味深いことに，B細胞特異的な遺伝子発現には，転写因子の合成と同様に転写因子の活性調節も関与している．たとえば，転写因子 NFκB は免疫グロブリン κ 軽鎖遺伝子の B細胞特異的な発現を調節する．免疫グロブリン κ 遺伝子発現は，**プレB細胞**(pre-B cell)が成熟 B細胞に分化するときに活性化し，免疫グロブリンを産生する．B細胞が分化するとき，NFκB-IκB 複合体から抑制

(a) 分化

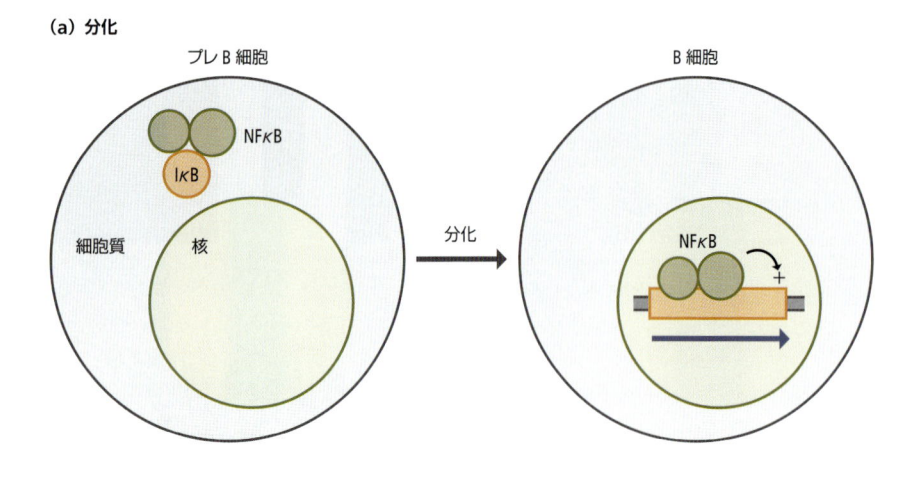

図 10.1
IκB からの解離による NFκB の活性化は，（a）プレ B 細胞から成熟 B 細胞への分化過程や，（b）腫瘍壊死因子α（TNFα）やインターロイキン1（IL-1）のようなシグナル分子が他の細胞種を活性化するときに起こる。

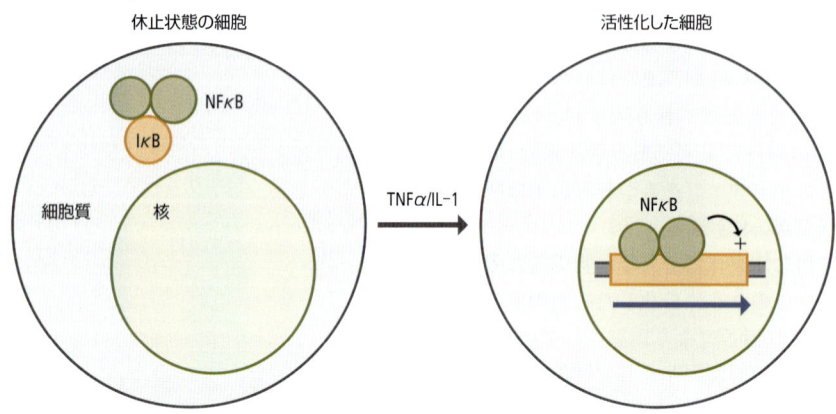

(b) シグナル分子

性の IκB タンパク質が解離することによって NFκB が活性化し，NFκB は免疫グロブリンκ軽鎖遺伝子の発現を誘導する。これは，さまざまな細胞種が，腫瘍壊死因子α（tumor necrosis factor α；TNFα）やインターロイキン1（interleukin 1；IL-1）のようなシグナルに曝された場合に，NFκB が活性化される機構に相応する（8.2節）。もちろん，B 細胞以外の細胞種では，免疫グロブリンκ軽鎖遺伝子座は不活性なヘテロクロマチンの中にあり，B 細胞系列で認められる DNA 再編成（1.3節）が起こらないので，免疫グロブリンκ軽鎖遺伝子が発現することはない。

したがって，NFκB の活性化のように，特定の転写因子の活性化が，ある特定の細胞シグナルに応答した遺伝子発現誘導だけでなく，細胞種特異的な遺伝子発現誘導をもたらす場合もある（図10.1）。さらに，B 細胞における遺伝子発現には，転写因子 Oct2 の細胞種特異的な合成と転写因子 NFκB の細胞種特異的な活性化の両方が利用されている（図10.2）。

本章では，細胞種特異的な遺伝子発現調節について 3 つの例をとりあげ，細胞種特異的な遺伝子発現が，細胞種特異的に発現する転写因子により転写レベルで制御される場合と，転写後調節を受ける場合について詳述する。10.1節では**マスター転写調節因子**（master regulatory transcription factor）を同定した先駆的研究を例に，骨格筋細胞における細胞種特異的な遺伝子発現調節について述べる。この転写因子 MyoD は，塩基性ヘリックス・ループ・ヘリックスファミリーの一員であり（5.1節），骨格筋細胞においてのみ合成される。

10.2節では神経細胞における転写レベルと転写後レベルでの遺伝子調節について述べる。ここでは，神経細胞特異的な転写を正に制御する塩基性ヘリックス・ループ・ヘリックス転写因子の機能が重要である一方で，非神経細胞で発現し，神経特異的な遺伝子発現を抑制する REST（repressor-element silencing transcription factor，

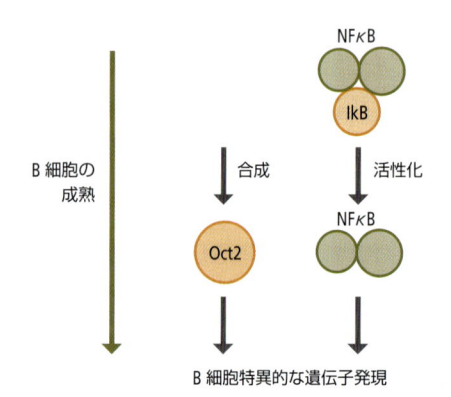

図 10.2
成熟 B 細胞における遺伝子発現の活性化には，細胞種特異的な転写因子 Oct2 の合成や，先在する不活性型からの NFκB の活性化が関与する。

リプレッサーエレメントサイレンシング転写因子）の発現が消失することも重要である。後述するように，神経細胞におけるREST発現は特異的なマイクロRNA（microRNA；miRNA）によって阻害される。このmiRNAは，神経細胞や非神経細胞における選択的スプライシングの調節に関与する因子の発現も調節する。

最後に，10.3節では酵母接合型システムの調節について述べる。ここでは，転写因子が2つの接合型，aとαの産生を調節する。このシステムは，単細胞の真核生物における細胞種特異的な遺伝子発現について詳細に解析された例として興味深いだけでなく，多細胞生物での細胞分化における遺伝子調節の複雑な問題を解くための手がかりを与えてくれる。

10.1 骨格筋細胞における遺伝子発現調節

MyoDタンパク質は筋細胞分化を誘導できる

第9章のイントロダクションで述べたように，原腸形成過程で胚の内胚葉，中胚葉，外胚葉の3層が形成される。この3胚葉は胎生後期，そして成体でそれぞれ特異的な組織を形成する。

本節では骨格筋の形成について論じる。骨格筋は，未分化中胚葉細胞から2段階の分化過程を経て形成される（図10.3）。第1段階では，未分化中胚葉細胞は筋前駆細胞，つまり筋芽細胞を作り出す。筋芽細胞は増殖し続けるが，最終的に筋芽細胞の多くは融合し，多核性で非分裂性の分化した筋細胞，つまり筋管になる（図10.3）。

ヌクレオシド（nucleoside）である5-アザシチジンによる処理で，10T 1/2線維芽細胞株が筋細胞へ分化誘導されることがわかり，この結果は筋細胞分化の制御機構の解明に大きな手がかりを与えた（3.2節）。第3章（3.2節）で述べたように，5-アザシチジンはDNAのシトシンを脱メチル化し，結果的に遺伝子発現を活性化する。この実験は，クロマチン構造の調節や遺伝子の転写におけるシトシンメチル化の役割を示す重要な証拠となった。

この実験結果から，10T 1/2細胞において5-アザシチジンが1つもしくは複数の重要な調節遺伝子を脱メチル化してその発現を活性化し，次いで，その調節遺伝子（群）の発現に依存する多くの他の遺伝子発現が活性化される，という仮説が提唱された（図10.4）。

10T 1/2細胞が筋芽細胞に分化するよう誘導されると，マスター転写調節因子をコードする遺伝子の発現が大いに増加するはずである。この遺伝子を単離するため，**差引きハイブリダイゼーション**（subtractive hybridization）実験が用いられた。この実験（図10.5）では，筋細胞から調製した全mRNAを差引きハイブリダイゼーションにかけ，未分化の10T 1/2細胞でも発現しているmRNAをすべて除去し，分化した細胞で特異的に発現するmRNAのみが残るようにした。さらに差引きハイブリダイゼーションを行い，最終分化した筋細胞に特徴的なミオシンをコードするmRNAや，5-アザシチジン処理によってすべての細胞種で誘導され，筋分化を特

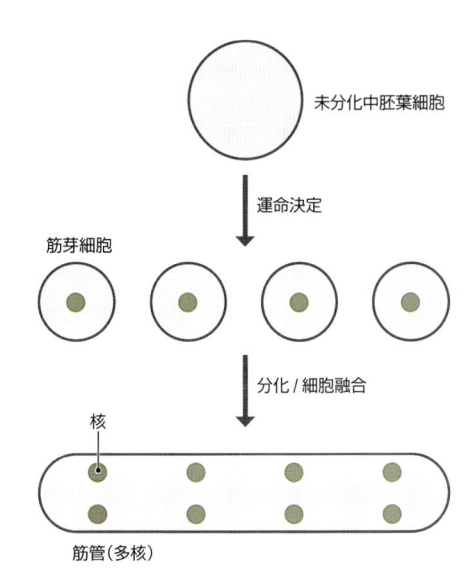

図10.3
2段階からなる骨格筋細胞の分化過程。未分化中胚葉細胞はまず単核の筋芽細胞となる。それは増殖し続けるが，骨格筋細胞系列へ運命決定されている。しかし，最終的に筋芽細胞同士が融合し，多核で非増殖性の分化した筋管となる。

図10.4
未分化の10T 1/2細胞においてマスター調節遺伝子（R）がメチル化（Me）されているモデル。5-アザシチジン処理によって脱メチル化され，調節遺伝子を活性化する。これに相当する転写因子（R）が産生され，この因子が筋特異的遺伝子（X, Y, Z）を活性化して筋細胞分化が起こる。

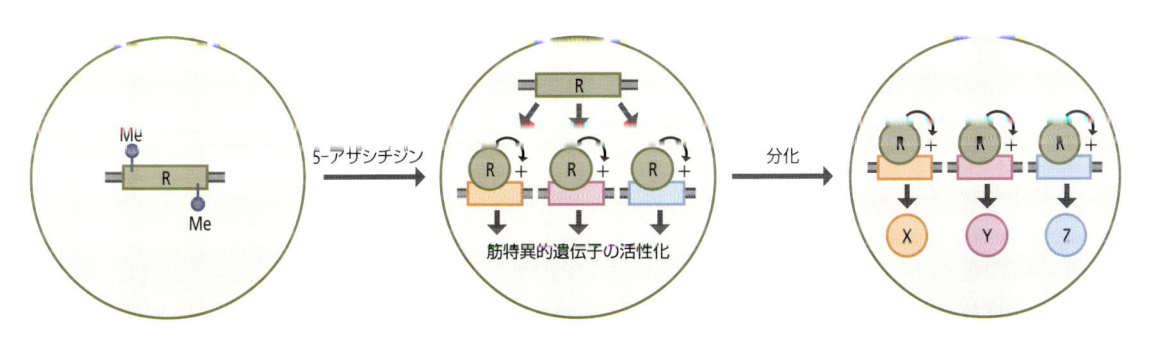

図 10.5
マスター調節タンパク質をコードする遺伝子を単離するために用いられた実験手順。分化した 10T 1/2 細胞から得た mRNA を cDNA に変換し，差引きハイブリダイゼーションを用いて，未分化 10T 1/2 細胞で発現した mRNA，最終分化した筋細胞に特徴的な mRNA，5-アザシチジン処理によってすべての細胞で誘導される mRNA を除去した。残存した cDNA を用いて cDNA ライブラリーのスクリーニングを行い，5-アザシチジン処理によって 10T 1/2 細胞で特異的に誘導される遺伝子を単離した。結果，MyoA，MyoD，MyoH をコードする遺伝子の cDNA クローンが単離された。

異的に誘導する調節遺伝子を含まない mRNA を除去した。

調節遺伝子の遺伝子座由来の mRNA を含むはずの残りの RNA を用いて，10T 1/2 細胞から作成した cDNA ライブラリーをスクリーニングした。この手法によって 3 つの遺伝子，*MyoA*，*MyoD*，*MyoH* が単離された。これらの発現は，5-アザシチジン処理によって 10T 1/2 細胞が誘導されて筋細胞になるときに特異的に活性化される。それゆえ，これらの遺伝子はマスター調節遺伝子である可能性がある。これらの遺伝子を 1 つずつ未分化 10T 1/2 細胞に導入して，実際に各遺伝子の過剰発現が筋細胞分化を誘導するかどうかを調べた。まず，*MyoA* あるいは *MyoH* の過剰発現では筋細胞分化は起こらなかった。しかし，*MyoD* の過剰発現は，5-アザシチジン処理による分化とまったく同じように，10T 1/2 細胞の筋細胞への分化を誘導した。よって，MyoD は，筋細胞分化を誘導できるマスター転写調節因子であることが判明した。外来遺伝子の導入による過剰発現でも，10T 1/2 細胞の 5-アザシチジン処理による内在性遺伝子の発現誘導でも，MyoD の発現増強に伴い筋細胞分化が誘導される。

MyoD は塩基性ヘリックス・ループ・ヘリックス転写因子で遺伝子発現を調節する

MyoD の過剰発現は，ミオシン重鎖や軽鎖，M-カドヘリン，筋クレアチンキナーゼをコードする遺伝子のような多くの筋特異的遺伝子を活性化する（図 10.6a）。さらに，10T 1/2 細胞における MyoD の過剰発現は *MyoA* や *MyoH* の発現を誘導する（図 10.6b）。この 2 つの遺伝子の発現は，10T 1/2 細胞において 5-アザシチジン処理によって特異的に誘導されたが，過剰発現によって筋細胞分化を誘導しなかった（上述）。

この発見は，MyoD が過剰発現によって筋特異的遺伝子の発現を誘導する転写因子であることを示唆した（図 10.6）。実際に，MyoD の構造解析により，塩基性 DNA 結合ドメインと隣接したヘリックス・ループ・ヘリックス二量体形成ドメイン（これらのモチーフについては 5.1 節参照）と N 末端領域の転写活性化ドメイン（転写因子の活性化ドメインについては 5.2 節参照）をもつ，塩基性ヘリックス・ループ・ヘリックス転写因子であることがわかった（図 10.7）。

筋特異的遺伝子を活性化するのと同様に，MyoD は細胞増殖を阻害する遺伝子発現も調節し，これによって分化した筋細胞は細胞分裂を止めることになる。たとえば，MyoD は**サイクリン依存性キナーゼ**（cyclin-dependent kinase）インヒビターである p21 をコードする遺伝子を活性化する（図 10.6c）（p21 については 11.3 節参照）。そのため，MyoD は p21 の発現を亢進させ，細胞増殖に必須であるサイクリン依存性キナーゼの活性を阻害する。

興味深いことに，MyoD は自身の遺伝子発現も活性化する。たとえば，MyoD を 10T 1/2 細胞で人為的に過剰発現させると，内在性の *MyoD* 遺伝子が活性化し，MyoD レベルがさらに高まる（図 10.6d）。このことによって，いったん MyoD が発現すると MyoD の発現レベルは高く維持され，筋細胞系列への安定した運命決

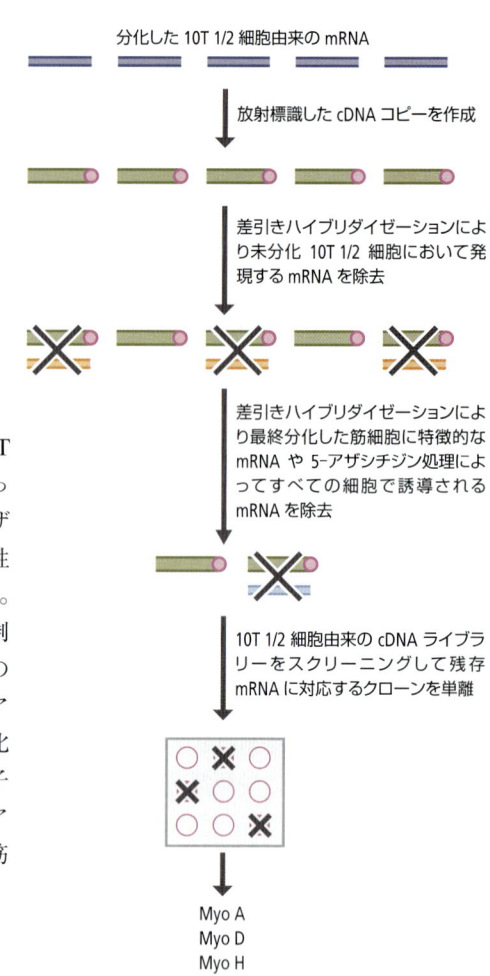

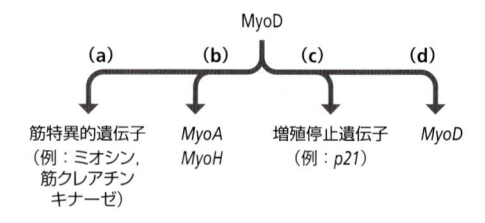

図 10.6
MyoD は多種多様な遺伝子の発現を誘導する。（a）筋特異的遺伝子，（b）*MyoA* や *MyoH*（10T 1/2 細胞において 5-アザシチジン処理によって特異的に誘導されて単離された 2 つの遺伝子）（c）p21 のような増殖停止遺伝子，（d）MyoD 自身をコードする遺伝子。

る転写因子であるといえる。そして，MyoD の合成調節は，筋細胞分化において重要な役割を果たしているともいえる。

しかし，興味深いことに，MyoD は単に合成レベルだけで調節されているのではない。未分化な 10T 1/2 細胞における MyoD の過剰発現や 5-アザシチジン処理による *MyoD* 遺伝子の活性化によって，線維芽細胞は筋芽細胞になるものの，完全に分化した多核の筋管にはならない。細胞培養系において筋芽細胞から完全に分化した筋管を得るには，培地から血清を除去する必要がある（図 10.11）。

不思議なことに，筋芽細胞から筋管への分化に伴い MyoD の発現量が増加するわけではない。これは，MyoD の阻害分子 Id の存在で説明できる。Id は MyoD と結合し，MyoD-Id ヘテロ二量体を形成する（5.1 節，図 5.32）。Id にはヘリックス・ループ・ヘリックスドメインがあるが，塩基性 DNA 結合ドメインがないので MyoD-Id ヘテロ二量体は DNA に結合できない。

血清の除去によって Id レベルは減少し，MyoD は抑制から解除される。すると MyoD は，ヘリックス・ループ・ヘリックスモチーフと DNA 結合ドメインの両方を有する E12 や E47 のようなタンパク質と会合し，DNA 結合能を有するヘテロ二量体を形成する。これにより MyoD の標的遺伝子が活性化され，筋分化が進行する（図 10.11）。このように，MyoD は自身の合成のレベルと，阻害タンパク質との相互作用による活性調節レベルで制御されている転写因子である。まとめると，このような機構により，MyoD は骨格筋細胞の分化や細胞種特異的に発現する遺伝子の活性化において重要な役割を果たすことができる。

他の筋特異的転写因子も筋細胞分化を誘導する

これまで述べた結果から，MyoD は骨格筋細胞分化のマスター転写調節因子としての条件を満たしている。MyoD は骨格筋で特異的に発現し，筋特異的遺伝子の発現を誘導する。最も重要なことは，培養した非筋細胞において MyoD を過剰発現させると，分化した筋細胞ができることである。

もし MyoD が本当に唯一の骨格筋分化のマスター転写調節因子であれば，ノックアウトマウスにおいて MyoD をコードする遺伝子を不活性化すると骨格筋が欠損するはずである。しかし，実際はそうならない。MyoD 欠損マウスは，発生初期の四肢の筋肉など，いくつかの筋肉の形成遅延があるものの，正常に発生した筋肉を有し，生存と繁殖が可能である（図 10.12）。

筋決定因子をコードする遺伝子が *MyoD* の他に 3 つあるために，このような結果となる。この 3 つの遺伝子は，Myf5，ミオゲニン（myogenin），Mrf4 というタンパク質をコードする。これらのタンパク質は MyoD に近縁で，すべて塩基性ヘリックス・ループ・ヘリックス転写因子である。きわめて重要なことに，これら 3 つの遺伝子は，10T 1/2 細胞でそれぞれ過剰発現させることにより，MyoD と同様に筋細胞を分化誘導することができる。

マウスで Myf5 をコードする遺伝子をノックアウトして不活性化すると，大部分の骨格筋は比較的正常に発生するが，MyoD の場合と同様に一部の筋肉の形成障害があり，Myf5 の場合は体幹の骨格筋が欠損する（図 10.12）。しかし，MyoD と Myf5 の両方を同時に不活性化したダブルノックアウトマウスでは，骨格筋の筋芽細胞を形成することができず，したがって骨格筋を形成できない（図 10.12）。よって，片方の因子のみのノックアウトマウスで骨格筋が形成されるのは，MyoD と Myf5 が互いに相補できるからといえる。両因子が欠損すると骨格筋は形成されない（図 10.13）。

4 つの筋決定遺伝子のそれぞれをノックアウトしたマウスの表現型を詳細に解析すると，ミオゲニンは他の 3 つの因子より後期で作用することが示唆された。前述したように，胚発生において，**筋節**（myotome）と呼ばれる領域内の中胚葉細胞は，まず筋芽細胞に分化する。これは 10T 1/2 細胞での分化の第 1 段階に対応する。次

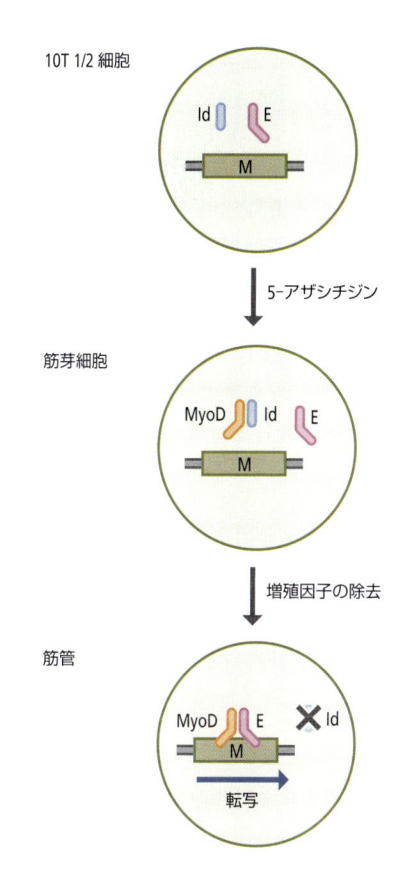

図 10.11
未分化な 10T 1/2 細胞は MyoD を発現しない。筋前駆細胞である筋芽細胞は MyoD を発現するが，MyoD は阻害分子 Id と不活性なヘテロ二量体を形成し，筋特異的遺伝子（M）を活性化できない。増殖因子の除去によって細胞が分化した筋管を形成するように誘導されると，Id レベルが減少する。すると MyoD は，普遍的に発現している E ボックス結合能を有するヘリックス・ループ・ヘリックスファミリー転写因子（E）と会合し，DNA 結合能を有するヘテロ二量体を形成する。これにより筋特異的遺伝子の転写が活性化される。

定を促進する正のフィードバックループが存在することが示された(図 10.8)。

　MyoD は，DNA 結合転写因子として筋特異的遺伝子の調節領域において特異的な標的配列，つまり E ボックス(E box)に結合することによって作用を発揮し，それらの遺伝子発現を活性化する。高親和性の結合には，すべての細胞種で普遍的に発現している E12 や E47 のような他の塩基性ヘリックス・ループ・ヘリックスファミリーの因子と，MyoD がヘテロ二量体を形成する必要がある。すなわち，DNA 結合ヘテロ二量体は，1 分子の筋特異的 MyoD と 1 分子の普遍的に発現している塩基性ヘリックス・ループ・ヘリックス E タンパク質から構成されている。

　他の多くの DNA 結合転写因子でみられるように，MyoD は，基本転写複合体の構成成分と相互作用できるコアクチベーター分子と相互作用することで遺伝子発現を制御する(5.2 節)。そのような MyoD の標的の 1 つは，TBP(TATA ボックス結合タンパク質)随伴因子 3(TBP-associated factor 3；TAF3)コアクチベーターである。しかしながら興味深いことに，分化した筋細胞において，TAF3 は，TBP ではなく，TBP 様因子である TRF3(TBP-related factor 3)と相互作用する(4.1 節)。このため，分化した筋細胞には MyoD，TAF3，TRF3 を含む特異的な遺伝子活性化複合体が存在することになる(図 10.9)。

　TAF3 との相互作用と同様に，MyoD は p300 コアクチベーターとも結合する(5.2 節)。近縁の CREB 結合タンパク質(CREB-binding protein；CBP)と同様，p300 にはヒストンアセチルトランスフェラーゼ活性があり，標的遺伝子のクロマチン構造を弛緩させるとともに，基本転写複合体と相互作用して転写を活性化する(遺伝子発現におけるコアクチベーターの作用については 5.2 節参照)。

　このため，MyoD は p300 を介してクロマチン構造と遺伝子転写の両方に影響を与える(図 10.10)。さらに，MyoD は SWI-SNF クロマチンリモデリング複合体とも結合する(3.5 節)。ヒストンのアセチル化に加えて，クロマチンリモデリング因子の作用によっても，MyoD はクロマチン構造を弛緩させる。

　未分化な前駆細胞では，筋特異的遺伝子は高度に凝縮したクロマチン領域にあり不活性な状態であると考えられる。よって，MyoD が，筋特異的遺伝子を活性化して未分化前駆細胞から筋細胞への分化誘導を達成するためには，このようなクロマチンリモデリング活性は特に重要であると考えられる。

MyoD の機能調節には，MyoD タンパク質合成とその活性制御の両方が重要である

　ここまでをまとめると，MyoD が筋特異的な遺伝子発現と分化のマスター転写調節因子であり，筋特異的遺伝子の発現により分化した筋細胞が産生されるというわけである。これと一致して，*MyoD* mRNA とタンパク質は成体において体のさまざまな部位の骨格筋組織で発現が確認されるが，他の組織では発現していない。したがって，MyoD は，その機能が MyoD 自身の合成の調節により達成されてい

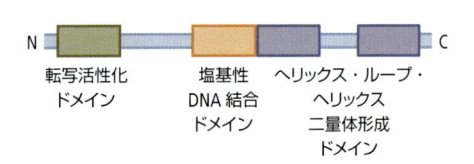

図 10.7
転写因子 MyoD の構造。N 末端領域の転写活性化ドメイン，塩基性 DNA 結合ドメイン，隣接したヘリックス・ループ・ヘリックス二量体形成ドメインをもつ。

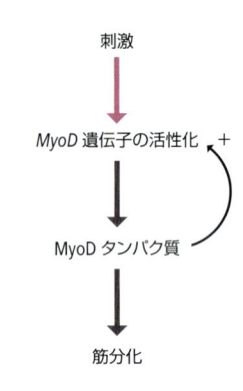

図 10.8
MyoD 遺伝子の活性化によって MyoD タンパク質が増加する。MyoD タンパク質は筋分化を誘導するだけでなく，自身の遺伝子発現を活性化し，正のフィードバックループを作り出して分化を維持する。

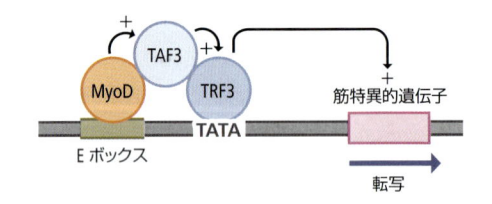

図 10.9
筋特異的遺伝子において E ボックスに結合した MyoD は，TAF3 コアクチベーターと相互作用する。次に，TATA ボックスに結合した TBP 様因子 TRF3 と相互作用し，遺伝子の転写を刺激する。

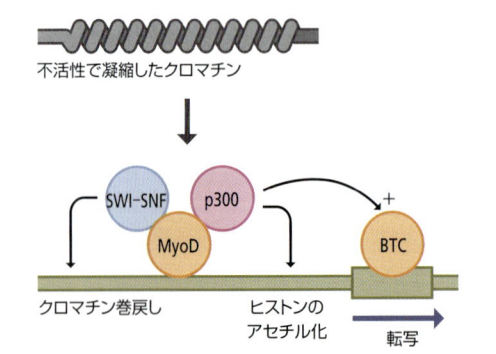

図 10.10
転写因子 MyoD は，SWI-SNF クロマチンリモデリング複合体と p300 コアクチベーターの両方と結合する。これはヒストンアセチルトランスフェラーゼ活性をもち，基本転写複合体(BTC)の活性も刺激しうる。そのため，MyoD が結合すると，不活性で凝縮したクロマチンは活性で弛緩した状態に変化し，基本転写複合体による標的遺伝子の転写も亢進する。

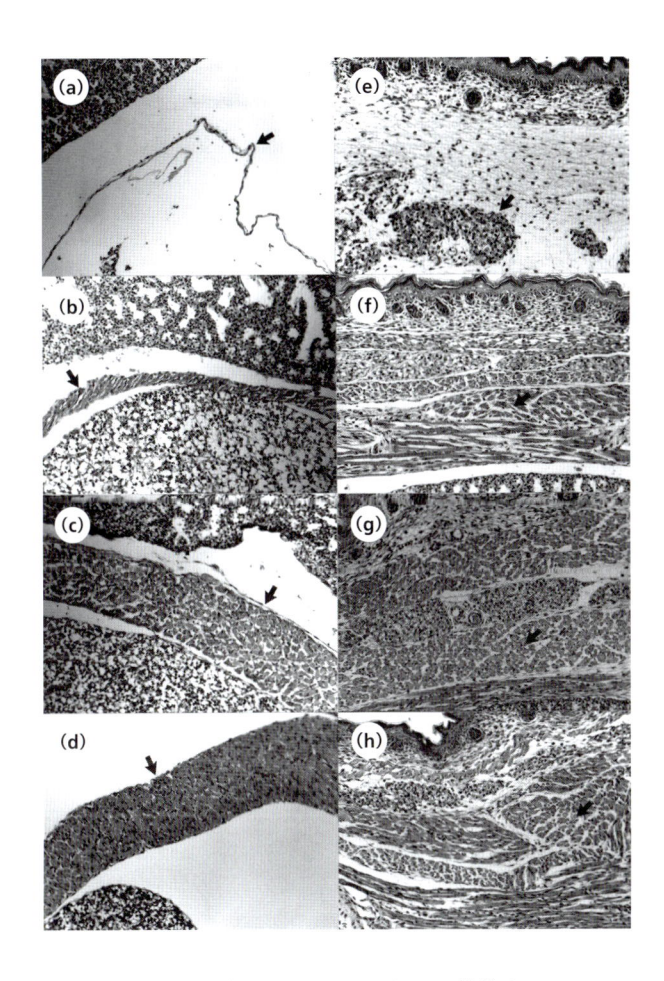

図 10.12
MyoD/Myf5 ダブルノックアウトマウス(a, e), *MyoD* ノックアウトマウス(b, f), *Myf5* ノックアウトマウス(c, g), 野生型マウス(d, h)の横隔膜筋(a〜d)と肋間筋(e〜h)の染色切片。*MyoD/Myf5* ダブルノックアウトマウスにおいてのみ，筋細胞がひどく欠損していることに注意。a〜dの矢印は，横隔膜の位置を示す。e〜hの矢印は，肋間筋を示す。Rudnicki MA, Schnegelsberg PN, Stead RH *et al.* (1993) *Cell* 75, 1351-1359 より，Elsevier の許諾を得て転載。Rudolf Jaenisch & Michael Rudnicki の厚意による。

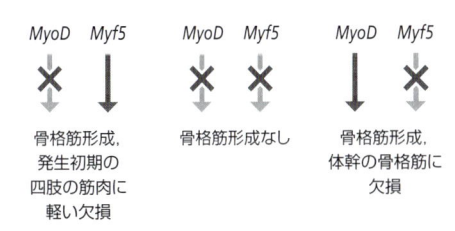

図 10.13
図 10.12 で示した結果の概略図。*MyoD* 単独や *Myf5* 単独の不活性化は，ノックアウトマウスにおいて比較的軽い欠損を示すのみで，骨格筋はまだ形成される。対照的に，*MyoD/Myf5* ダブルノックアウトマウスは骨格筋を形成できない。

に，筋芽細胞同士が融合し，多核で十分に分化した筋管となる。MyoD と Myf5 はこの過程の第1段階で作用し，筋細胞系列への運命決定を誘導する。一方，ミオゲニンは十分に分化してからの第2段階で必要である。Mrf4 は両段階で作用すると思われる(図 10.14)。

個体全体としてみると，筋形成に重要な4つの調節因子は，筋細胞の形成に必要な下流遺伝子の制御に加えて，互いに相手の遺伝子発現を活性化しあうことで，複雑な関係を作り上げている。骨格筋となる中胚葉領域，つまり筋節における4つの筋決定遺伝子間の相互関係を図 10.15 に示す。

図 10.15 に示すように，4つの筋決定遺伝子の間には複雑な相互関係があり，成体において異なる骨格筋となる筋節同士では，これらの相互関係も異なっている。面白いことに，図 10.15 で示したように，*Myf5* は軸上部の筋節における発現の階層において最上位に位置する遺伝子であり，この領域におけるミオゲニンや Mrf4 の発現を誘導する。これは *Myf5* 単独のノックアウトマウスで体幹筋の欠損がみられることに対応している。なぜならば，これらの体幹筋は軸上部の筋節からできるからである。対照的に，MyoD は軸下部の筋節におけるミオゲニンや Mrf4 の発現誘導に関与している。この領域の筋節は四肢の筋肉となるので，*MyoD* 単独のノックアウトマウスで四肢筋形成の欠損がみられることに対応している。

明らかに，図 10.15 で示した多様な筋決定遺伝子の発現カスケードは，階層の最上位の遺伝子の発現を活性化する他の因子によって開始されなければならない。実際，ホメオドメインおよび，もう1つの DNA 結合ドメインであるペアードドメインを含む転写因子 Pax3 によって，MyoD の発現は活性化される(5.1節)。同様に，シグナル分子である Wnt(11.4節)と Sonic hedgehog(ソニックヘッジホッグ)(Hedgehog シグナル分子ファミリーの1つ; 8.4節および9.3節参照)が，軸上部筋節における Myf5 の発現を開始させる。これらの因子は各々，筋節に近接した神

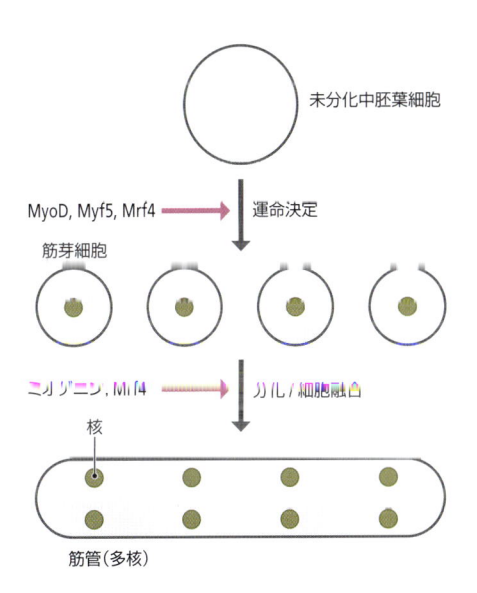

図 10.14
4つの筋決定因子は筋芽細胞や筋管の形成過程の異なる段階で作用する。

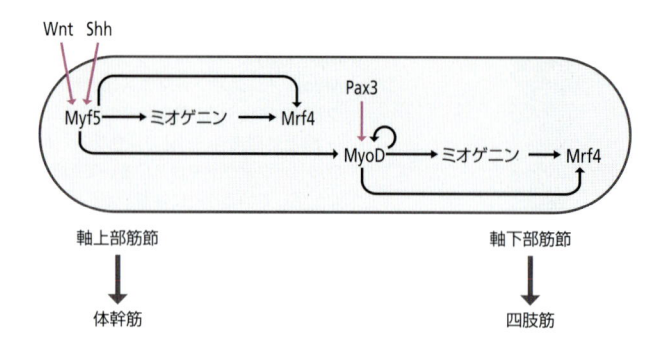

図 10.15
軸上部および軸下部の筋節における4つの筋決定遺伝子(MyoD, Myf5, ミオゲニン, Mrf4)の調節関係。矢印は1つの因子による他方の因子をコードする遺伝子の活性化を示す。Myf5は軸上部筋節においてミオゲニンやMrf4を誘導して最終的に体幹筋を作る。一方で, MyoDは軸下部筋節においてミオゲニンやMrf4を活性化する。これは最終的に四肢の筋肉を作る。Myf5は神経管や脊索から, それぞれWntやSonic hedgehog(Shh)シグナルによって活性化される。一方, MyoDの発現はペアードホメオドメインファミリー転写因子Pax3によって活性化される。

経管と脊索に由来する(図10.15)。

本節で述べた研究は, 骨格筋細胞や分化のマスター調節遺伝子として最初に同定された*MyoD*をはじめとして4つの調節遺伝子が存在し, それらが相互作用することにより, 個体全体における骨格筋特異的な遺伝子発現が活性化されることを示した。

MEF2 は筋細胞特異的な遺伝子発現の下流調節因子である

これまでに述べた4つの調節タンパク質, MyoD, Myf5, ミオゲニン, Mrf4は, すべて筋細胞特異的に必要とされるタンパク質産物をコードする多種多様な遺伝子の発現を活性化することができる。しかし, それに加えて, この4つの筋決定遺伝子はそれぞれ, 調節タンパク質である筋細胞エンハンサー因子2(myocyte enhancer factor 2；MEF2)ファミリーをコードする遺伝子の発現を活性化する。4種類のMEF2タンパク質(MEF2A〜D)が存在する。MyoDや他の3つの因子とは対照的に, MEF2タンパク質は塩基性ヘリックス・ループ・ヘリックスファミリー転写因子ではなく, **MADS ファミリー**(MADS family)に属する転写因子である。MADSという名前は, 最初のメンバーであるMCM1(10.3節), agamous, deficiens, 血清応答因子(serum response factor；SRF) (8.2節)にちなんでいる。

さらに, MyoD, Myf5, ミオゲニン, Mrf4とは異なり, MEF2を単独で過剰発現させただけでは10T 1/2 細胞を筋細胞へ分化させることはできない。それにもかかわらず, MEF2タンパク質は筋細胞特異的な遺伝子発現に重要な役割を果たしている。筋マスター調節遺伝子はMEF2タンパク質の発現を誘導する。MEF2はマスター転写調節因子と協調して, 分化した筋細胞に特有の遺伝子発現を誘導する(図10.16)。実際に, 多くの筋特異的遺伝子の調節領域には, MyoDなどが結合するEボックスとMEF2タンパク質の結合部位が隣接して存在している。筋決定タンパク質とMEF2タンパク質はこの近接した部位にそれぞれ結合し, 互いに相互作用して筋特異的な遺伝子発現を活性化する(図10.17)。

実際に, タンパク質間相互作用によりMyoDは直接MEF2と相互作用する。この相互作用はMyoDが筋特異的な遺伝子発現を活性化するのに重要なようである。MyoDの塩基性DNA結合ドメインはDNA結合に重要であるのに加えて, MEF2とも相互作用する。MyoDの塩基性ドメイン内の3つのアミノ酸が, MyoDとMEF2の相互作用に特に重要であることが示されている。これら3つのアミノ酸を, 普遍的に発現している転写因子E12の塩基性ドメインでそれらに相当する3つのアミノ酸に置換したハイブリッドタンパク質は, MEF2と相互作用できないか, あるいは, Eボックスと結合できても筋特異的な遺伝子発現を活性化できない(図10.18)。対照的に, MyoD由来の3つの重要なアミノ酸を含むが残りはE12由来のハイブリッド塩基性ドメインは, MEF2と結合して筋特異的な遺伝子発現を活性化できる(図10.18)。

MyoDやMEF2は, 筋細胞の最終分化に関与する遺伝子を協調的に誘導するの

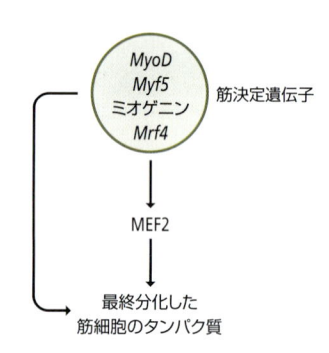

図 10.16
筋決定遺伝子である*MyoD*, *Myf5*, ミオゲニン, *Mrf4*は, 筋細胞エンハンサー因子2(MEF2)をコードする遺伝子を誘導する。続いて, 筋決定遺伝子産物とMEF2が協調的に, 最終分化した筋細胞に特徴的なタンパク質の発現を誘導する。

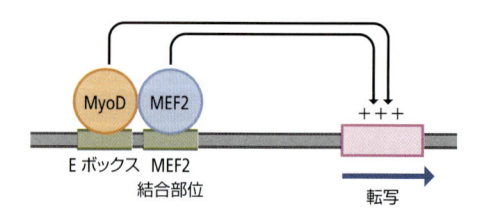

図 10.17
MyoDとその他の筋決定遺伝子産物は, 筋特異的遺伝子上の近接した部位に結合することによってMEF2と協調的に働き, 相互作用により転写活性を高める。

	塩基性ドメイン	DNA結合	筋特異的遺伝子の活性化	MEF2との相互作用
MyoD	──A T──K──	+	+	+
M/E	──A T──K──	+	+	+
E/M	──N N──D──	+	−	−
E12	──N N──D──	+	−	−

図 10.18
MyoD の塩基性 DNA 結合ドメインは，DNA 結合，筋特異的遺伝子の活性化，MEF2 との相互作用を仲介する．対照的に，E12 の塩基性ドメインは DNA に結合するが，筋特異的遺伝子を活性化せず，また MEF2 と相互作用しない．この違いは，MyoD の 114，115，124 番目の 3 つのアミノ酸による．MyoD に由来する 3 つのアミノ酸をもつが E12 由来の塩基性ドメインが残っているハイブリッドタンパク質(M/E)は，筋特異的な遺伝子発現を活性化し，MEF2 と相互作用する．対照的に，E12 由来の 3 つのアミノ酸をもち，MyoD 由来の塩基性ドメインが残っているハイブリッドタンパク質(E/M)は，このようにはならない．

と同様に，2 つの miRNA，*miR-1* と *miR-133* をコードする遺伝子も協調的に活性化する(図 10.19)．これまでの章で述べた他の miRNA と同じく，*miR-1* と *miR-133* は遺伝子発現を阻害して，筋細胞に必要ない遺伝子をオフにする．しかし，興味深いことに，これらの miRNA は調節因子をコードする遺伝子も標的にしている．たとえば，*miR-1* はヒストンデアセチラーゼ 4(HDAC4)をコードする遺伝子の発現を阻害する．HDAC4 は MEF2 と結合し，標的遺伝子を不活性なクロマチン構造内にとどめて活性化しないようにする．そのため，HDAC4 の発現を阻害すると MEF2 が活性化する．これは，第 3 章(3.3 節)や第 8 章(8.2 節)で述べた，HDAC のリン酸化によって MEF2 の活性化が起こることと対応している．すなわち，筋細胞分化における遺伝子発現の MEF2 による活性化は，MEF2 と結合する HDAC の合成阻害，あるいは MEF2 からの解離を促進する HDAC のリン酸化によって調節される(図 10.20)．

この作用と並行して，*miR-1* と *miR-133* は，選択的スプライシング因子である神経ポリピリミジントラクト結合タンパク質(nPTB；PTB2 とも呼ばれる)の発現も減少させる．その名称が示すように，nPTB は神経細胞で多く発現しているが(10.2 節)，nPTB の発現は *miR-133* の作用により筋細胞分化では低く抑えられている．これによって，通常は高レベルの nPTB によってエキソンの利用が阻害されている多くの転写産物において，筋特異的なエキソンの利用が促進される(図 10.21)．

MyoD とその他の筋決定遺伝子は MEF2 タンパク質と協調的に働いて，筋特異的なタンパク質をコードする遺伝子の発現を直接制御したり，miRNA の発現を制御したりする．一方，これらの miRNA が転写因子や選択的スプライシング因子，筋細胞に必要ないタンパク質を産生する遺伝子の発現を制御する(図 10.22)．

MEF2 タンパク質は MyoD のような筋決定タンパク質とともに作用して，筋特異的な遺伝子発現において重要な役割を果たす．しかし，*MyoD* やその他の筋決定遺伝子とは異なり，MEF2 が筋特異的な遺伝子発現を誘導するためには，筋決定

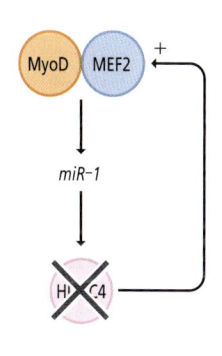

図 10.19
MyoD と MEF2 はともに低分子 RNA である *miR-1* の発現を誘導する．*miR-1* は筋細胞に必要ないタンパク質産物の遺伝子発現を阻害する．*miR-1* はヒストンデアセチラーゼ 4(HDAC4)をコードする遺伝子の発現も阻害する．HDAC4 が欠損すると，転写を活性化する MEF2 の活性が上がる．

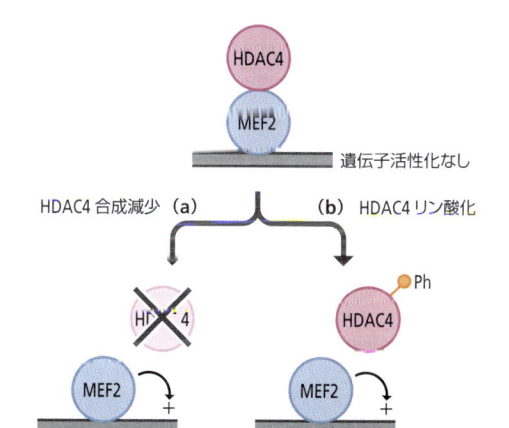

図 10.20
ヒストンデアセチラーゼ 4(HDAC4)は MEF2 が遺伝子発現を活性化するのを阻害する．HDAC4 による MEF2 の阻害は，(a)HDAC4 の合成阻害，または，(b)HDAC4 のリン酸化(Ph)によって解除され，MEF2 からの解離や核外への移行が促進される．

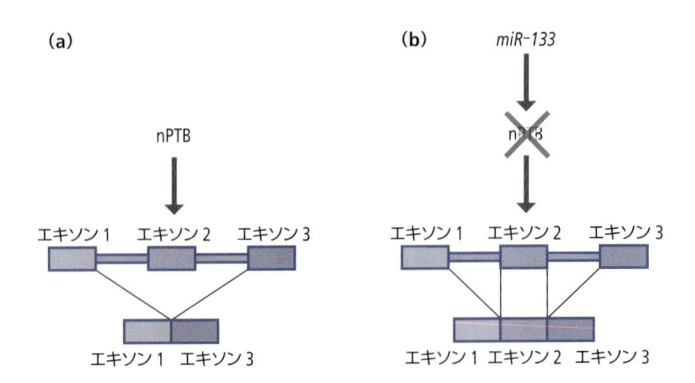

図10.21
（a）選択的スプライシング因子nPTBは，（図中のエキソン2のような）筋特異的エキソンの排除を促進する。（b）miR-133がnPTBの発現を阻害すると，この筋特異的エキソンの取り込みが促進される。

タンパク質の1つ以上と協調的に作用しなければならないので，MEF2単独の過剰発現は10T 1/2細胞において筋分化を誘導しない。これと一致して，MEF2タンパク質は，MyoDやその他の筋決定因子のように筋細胞で特異的に発現するというより，むしろ多くのさまざまな細胞種で発現する。MEF2は主に合成レベルで制御されるというよりはむしろ，実際には，主に活性制御によって調節されている。すでに述べたように，MEF2と結合するHDACの場合にもあてはまり，HDACは合成レベルでの調節と，リン酸化によるMEF2からの解離や核外移行の促進という活性制御によっても調節されている（図10.20）。

面白いことに，MEF2はその活性を変化させる翻訳後修飾によっても直接制御される。たとえば，細胞内サイクリックAMPの上昇によって活性化するプロテインキナーゼA（8.2節）は，MEF2をリン酸化し，転写アクチベーターから転写リプレッサーに変換して骨格筋の形成を阻害する。同じようなMEF2の転写リプレッサーへの変換は，MEF2が低分子ユビキチン様修飾因子（small ubiquitin-related modifier；SUMO）の付加によって修飾された場合にも起こる。一方，MEF2のアセチル化は転写アクチベーターとしての作用を促進する（図10.23）（転写因子の翻訳後修飾については8.3節参照）。

筋分化に，転写因子の合成制御や活性制御の例をみることができる。筋決定遺伝子産物，MyoD，Myf5，ミオゲニン，Mrf4は，骨格筋細胞のみで合成される。一方，MEF2は普遍的に合成され，その活性は翻訳後修飾やHDACのような他のタンパク質との結合により調節される。このようにして，これらの重要な転写因子のレベルや活性を調節し，適切な時期と場所で骨格筋細胞特異的な遺伝子発現を誘導することができる。

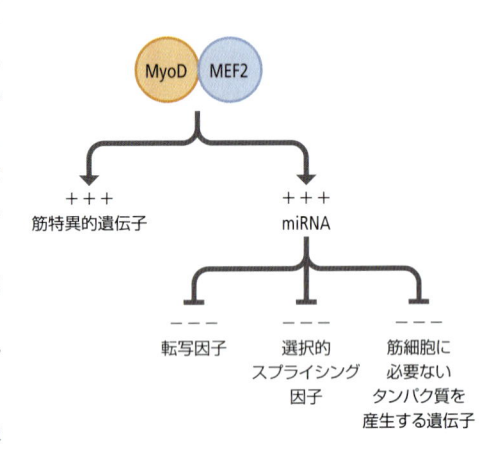

図10.22
MyoDとその他の筋決定遺伝子はMEF2と協調的に働いて，筋特異的な遺伝子発現を誘導したり，筋特異的miRNAの発現を促進したりする。一方，これらのmiRNAが特異的な転写因子，選択的スプライシング因子，筋細胞に必要ないタンパク質を産生する遺伝子の発現を阻害する。

10.2 神経細胞における遺伝子発現調節

塩基性ヘリックス・ループ・ヘリックス転写因子は神経分化にも関与する

脳は動物において最も複雑な組織であることは明らかである。たとえば，異なる機能をもつ多種多様な神経細胞を含む。それゆえ，神経細胞分化を理解するにあたっては，神経ならではの問題が存在する。さらに，学習や記憶のような過程では，脳がどのようにして複雑な刺激に応答して次の応答に作用するのかを理解する必要がある。残念ながら，神経細胞分化の研究では，10T 1/2細胞のような単純な実験系を利用することができない。

このため，当初，神経分化に関与する転写因子をコードする遺伝子の研究には異なるアプローチが用いられた。1つのアプローチでは，第9章（9.2節）で述べたように遺伝的に詳細に解析されているショウジョウバエが用いられた。神経細胞分化に影響を与えるような遺伝的変異をもつハエの系統がまず単離された。そして，ショウジョウバエの系統で突然変異した遺伝子によってコードされるタンパク質が同定

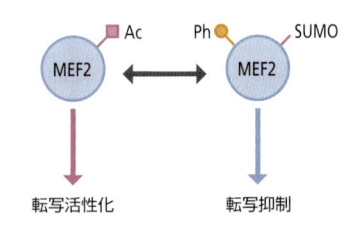

図10.23
転写因子MEF2の活性はアセチル化（Ac）を用いた翻訳後修飾によって制御され，MEF2による遺伝子活性化が促進される。一方，リン酸化（Ph）とSUMO化はMEF2による転写抑制を促進する。

され，その性質が調べられた。

　筋細胞とは異なり，神経細胞は中胚葉ではなく外胚葉由来である。ショウジョウバエにおける研究では，未分化外胚葉細胞を誘導して神経前駆細胞へ分化させる塩基性ヘリックス・ループ・ヘリックス転写因子がいくつか同定された。同様に，他の塩基性ヘリックス・ループ・ヘリックスタンパク質は神経前駆体を誘導して成熟神経細胞へ完全に分化させる（図10.24）。たとえば，Achaete（アキート）タンパク質とScute（スクート）タンパク質は，初期の外胚葉細胞からの神経前駆細胞の形成において重要な役割をもつ。一方，Asense（アセンス）タンパク質は前駆細胞が次に成熟神経細胞へ分化するのに必要である（図10.24）。

　このシステムは10.1節で述べた筋分化と明らかに類似している。筋システムにおいて，Myf5とMyoDは未分化中胚葉細胞を誘導して筋芽細胞を形成させる。一方，ミオゲニンは筋芽細胞を誘導して筋管を形成する。筋システムに関与する塩基性ヘリックス・ループ・ヘリックスタンパク質は，神経細胞分化に関与するタンパク質とは異なる。しかし，同じような2段階の過程があり，各段階には異なる塩基性ヘリックス・ループ・ヘリックスタンパク質が利用されている（図10.25）。

　神経システムと筋システムの類似点をさらにあげることができる。Achaete/Scuteによる遺伝子発現の活性化には，普遍的に発現しているDaタンパク質とのヘテロ二量体形成が必要であり（図10.25），これは筋システムにおいて普遍的に発現しているE12/E47タンパク質の役割に相当する。同様に，Achaete/Scuteによる遺伝子発現の活性化は，Emcというタンパク質によって阻害される。Emcにはヘリックス・ループ・ヘリックスモチーフがあるが，塩基性DNA結合ドメインがない。そのため，10.1節で述べたIdタンパク質と同じように抑制的に作用する（図10.25）。

　面白いことに，ショウジョウバエで最終的に神経を形成する外胚葉細胞は単層の細胞として存在する。それらの一部が分化して神経細胞になり，隣接した他の細胞は分化して上皮細胞になる。第8章（8.4節）で述べたように，近接する細胞間のシグナルを仲介するNotch/Delta（ノッチ/デルタ）シグナル伝達経路がこの過程を制御している。

　最初に，外胚葉層にあるすべての細胞ではAchaete/Scuteの発現は低く抑えられている。外胚葉層の各細胞（図10.26の細胞1）がランダムに近接細胞（図10.26の細胞2）より多くのAchaete/Scuteを産生し始めると分化が始まる。これらのタンパク質の発現上昇により，Deltaタンパク質をコードする遺伝子の転写が活性化され，細胞1の膜のDeltaタンパク質レベルが上昇する（図10.26）。続いて，第8章（8.4節）で述べたように，図10.26の細胞2のようにDeltaタンパク質が近接する細胞のNotch受容体を活性化する。興味深いことに，Notch受容体の活性化は細胞2のAchaete/Scuteをコードする遺伝子を抑制し，2細胞間の発現の差が拡大する。続いて，細胞2でAchaete/Scuteの発現が減少したことにより，細胞2の

図10.24
ショウジョウバエにおける神経細胞分化には，塩基性ヘリックス・ループ・ヘリックスタンパク質であるAchaeteとScuteが必要である。これらは未分化外胚葉細胞を神経前駆細胞へ分化させる。次に，塩基性ヘリックス・ループ・ヘリックスタンパク質であるAsenseが神経前駆細胞から神経細胞への分化を誘導する。

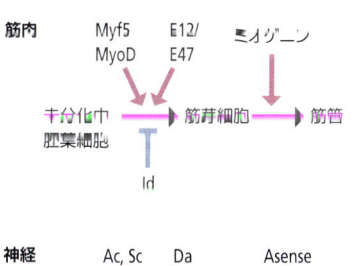

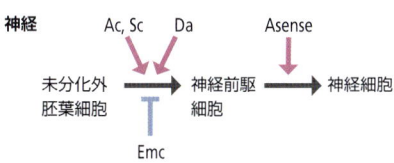

図10.25
脊椎動物の筋分化経路とショウジョウバエの神経分化経路の相関図。筋分化の各段階における筋特異的塩基性ヘリックス・ループ・ヘリックスドメインタンパク質，Myf5，MyoD，ミオゲニンの役割は，神経分化の各段階におけるAchaete（Ac），Scute（Sc），Asenseの役割に対応する。どちらの分化システムにおいても，細胞種特異的なタンパク質が，普遍的に発現している塩基性ヘリックス・ループ・ヘリックスタンパク質とヘテロ二量体を形成する。脊椎動物の筋システムではE12/E47，ショウジョウバエの神経システムではDaが相当する。同様に，どちらの分化システムにおいても，DNA結合ドメインをもたないヘリックス・ループ・ヘリックスタンパク質がDNA結合を阻害する。脊椎動物の筋システムではId，ショウジョウバエの神経システムではEmcが相当する。

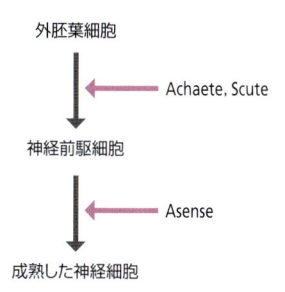

図 10.26
(a)細胞2と比べて細胞1のAchaete/Scuteレベルが少しでも上昇すると，Achaete/Scuteが細胞1のDelta遺伝子を活性化する。産生されたDeltaタンパク質が細胞2のNotch受容体へシグナルを伝達し，細胞2におけるAchaete/Scuteの発現を阻害する。(b)これによって，細胞1と細胞2の間でAchaete/Scuteレベルの差が大きくなる。細胞2のAchaete/Scuteレベルが減少すると，細胞2のDeltaタンパク質（薄いピンク色）が負に調節されるので，さらに差が大きくなる。細胞1ではNotch受容体が活性化されないので，細胞1のAchaete/Scuteの発現抑制は妨げられる。(c)このフィードバックループにより，細胞1ではAchaete, Scute, Deltaが高レベルとなり，Notchは不活性である。細胞2では逆に，Achaete, Scute, Deltaが低レベルとなり，Notchは活性化される。(d)よって，細胞1は神経系に分化し，近接した細胞2は上皮系に分化する。

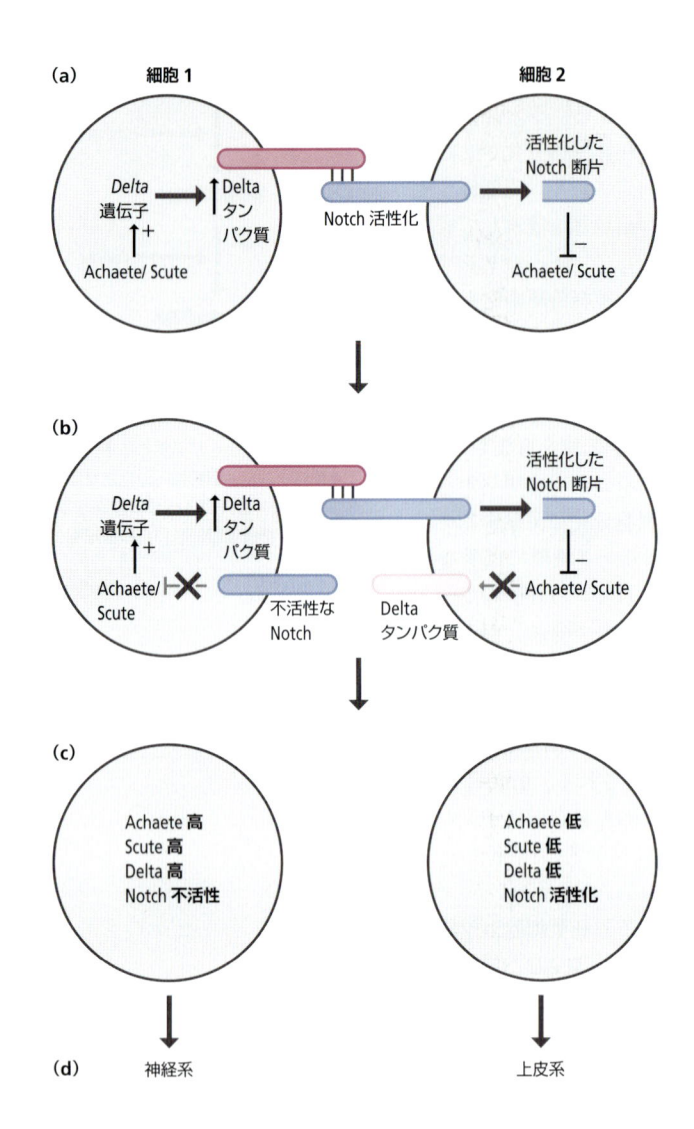

Deltaの発現レベルが減少する（図10.26）。これは細胞2のDeltaが細胞1のNotchを活性化するのを防ぐ作用がある。そのため，細胞1ではNotchの活性化は起こらず，Achaete/Scuteのレベル上昇に対して抑制がかかることはない（図10.26）。

それゆえ，細胞1ではAchaete, Scute, Deltaが高レベルとなり，Notchは不活性である。細胞2では逆に，Achaete, Scute, Deltaが低レベルとなり，Notchは活性化される。これによって，細胞1はAchaete/Scuteによって活性化される標的遺伝子により神経前駆細胞になる。一方で，細胞2はAchaete/Scuteのレベルが低いため上皮細胞に分化する。この過程を**側方抑制**（lateral inhibition）と呼び，1つの細胞は1つの特定の細胞種に分化するだけでなく，近接した細胞が特定の細胞種に分化するのを妨げることを意味する。

このように考えることで，ある細胞の細胞系列特異的な遺伝子発現パターンが成立する機構を説明できるのみならず，それがどのようにして適切な場所で実現されるのかが理解できる（図10.27）。哺乳動物胚の分化初期において，栄養外胚葉と内部細胞塊が分かれる際にも同様の過程が働いている。第9章のイントロダクションで述べたように，ここでは内部細胞塊細胞の転写因子Oct4レベルが上昇し，転写因子Cdx2の発現が抑制される。一方，栄養外胚葉細胞ではCdx2がOct4発現を抑制するという逆の作用が生じる。

すでに述べたように，神経発生における塩基性ヘリックス・ループ・ヘリックス転写因子の役割はまずショウジョウバエで明らかにされたが，脊椎動物でも類似の

図 10.27
外胚葉細胞集団では，ある細胞が図 10.26 の細胞 1 のような遺伝子発現パターンをとると，近接した細胞は図 10.26 の細胞 2 のように異なる発現パターンをとる。この過程を側方抑制と呼び，中心の細胞は神経細胞(N)に分化し，近接した細胞は上皮細胞(E)になる。

機構が働いている。たとえば，ニューロゲニン(neurogenin)という塩基性ヘリックス・ループ・ヘリックスタンパク質は，哺乳動物を含む脊椎動物における**神経芽細胞**(neuroblast)前駆体形成の誘導に関与する。一方，もう 1 つの塩基性ヘリックス・ループ・ヘリックスタンパク質 NeuroD が，続いて起こる神経分化に関与する。同様に，Id タンパク質ファミリーの一員である Id2 は，哺乳動物において神経特異的な遺伝子発現を妨げる阻害作用があり，神経分化時には分解される。これは筋分化における Id タンパク質の役割(10.1 節)や，ショウジョウバエの抑制性タンパク質である Emc の役割に相当する。このように，ショウジョウバエでも哺乳動物でも，神経分化には塩基性ヘリックス・ループ・ヘリックス転写因子が関与しており，ともに初期発生におけるホメオドメイン転写因子の役割は相同である(9.2 節と 9.3 節)。

　筋細胞特異的発現の場合と同様(10.1 節)，ヘリックス・ループ・ヘリックスファミリーの転写アクチベーターと転写リプレッサーは，哺乳動物とショウジョウバエ両方の神経前駆体分化や神経特異的な遺伝子発現の調節に重要な役割をもつ。

転写因子 REST は神経関連遺伝子の発現を抑制する

　本章ではこれまで，細胞種特異的な塩基性ヘリックス・ループ・ヘリックスタンパク質がどのようにして神経や筋肉の前駆細胞に発現するか，そしてどのようにして神経や筋細胞の各々で必要な遺伝子の発現を活性化するかについて述べてきた(図 10.28a)。細胞種特異的な遺伝子発現には，細胞分化時における転写抑制タンパク質の量の減少による，細胞種特異的な遺伝子の抑制解除が関与している(図 10.28b)。

　神経細胞分化の場合，REST がこれに関与している(図 10.28b)。REST タンパク質は，DNA 結合ドメインが N 末端と C 末端の転写抑制ドメインの間にあるジンクフィンガー転写因子(このファミリーの転写因子については 5.1 節参照)である。

　第 9 章(9.1 節)で述べたように，多様な細胞種へ分化できる多能性幹細胞では REST が高レベルで発現している。このような細胞では神経関連遺伝子の発現が抑制されている(図 10.29)。この幹細胞が分化して神経前駆細胞になるとき，REST 遺伝子の転写は持続し，mRNA レベルは変わらない。しかし，REST タンパク質はすぐに分解され，タンパク質レベルが下がる。REST レベルが下がっても，少なくとも一部の神経特異的遺伝子はまだ抑制されているが，REST の減少により，これらの遺伝子は速やかな活性化に応答できる状態になっていると考えられる。続いて，神経前駆細胞の神経細胞への分化が誘導されると，REST 自体をコードする遺伝子が転写レベルで抑制され，神経特異的遺伝子が十分に活性化されるようになる(図 10.29)。

　REST は，中央のジンクフィンガードメインを介して DNA 上の特異的な結合部位に結合することにより，神経細胞特異的な遺伝子発現を抑制する。2 つの転写抑制ドメインはそれぞれ，コリプレッサー複合体をリクルートして，遺伝子が転写されないようにクロマチン構造を高度に凝縮させる(図 10.30)。N 末端の転写抑制ドメインは HDAC 活性をもつ mSin3 コリプレッサー複合体をリクルートする。同様に，C 末端の転写抑制ドメインは co-REST 複合体をリクルートする。この co-REST 複合体はクロマチンを高度に凝縮させる多種多様なタンパク質を含んでいる。たとえば，ATP 依存的なクロマチンリモデリング酵素であるブロモドメインタンパク質 BRG1，HDAC，ヒストンデメチラーゼ(高度に凝縮した不活性なク

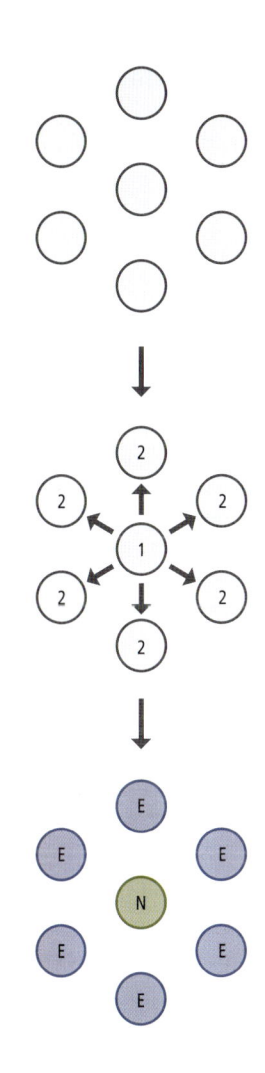

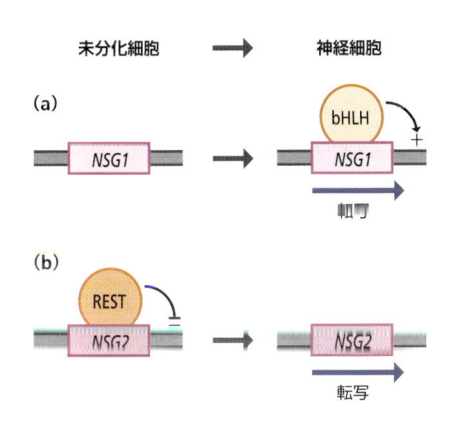

図 10.28
神経細胞分化におけるさまざまな神経特異的遺伝子(*NSG1*, *NSG2*)の活性化の機構には，(a)塩基性ヘリックス・ループ・ヘリックス(bHLH)転写因子の活性化による転写の促進や，(b)転写因子 REST による転写抑制の解除がある。

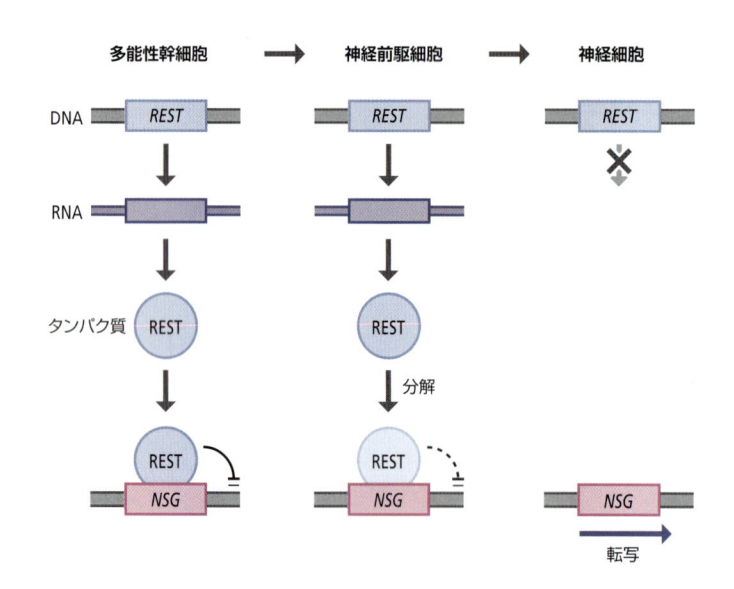

図 10.29
多能性幹細胞が分化して神経前駆細胞になるとき，RESTタンパク質の分解が加速し，RESTレベルが下がる（薄紫色）。神経特異的遺伝子（NSG）の抑制は続くが，活性化の準備状態となる。続いて，神経前駆細胞が成熟神経細胞に分化するときは，REST自体をコードする遺伝子が転写レベルで抑制され，さらにRESTレベルが下がり，神経特異的遺伝子が活性化する。

ロマチン構造に特有のヒストン修飾を行う），MeCP2タンパク質（メチル化されたDNAと特異的に結合する）などである（図10.30）（これらの因子がクロマチン構造に及ぼす効果については第2章および第3章参照）。

RESTは，多くの因子をリクルートすることで，遺伝子が発現できない凝縮したクロマチン構造を形成させる。したがって，転写調節や転写後調節によりREST合成が減少すると，神経分化時に神経細胞特異的な遺伝子の多くが脱抑制される。

これまで述べてきた神経分化における塩基性ヘリックス・ループ・ヘリックス因子の研究とも考え合わせ，このような知見によって，神経分化時における神経細胞特異的な遺伝子発現の活性化には，正に働く転写因子による活性化と，負に働く転写因子による抑制の解除の両方が関与していることが示された。

神経細胞は特異的な選択的スプライシング因子を発現する

神経細胞特異的な遺伝子発現の調節には，前述のような転写レベルでの調節に加えて，転写後調節がある。特に，多くの神経系で発現している遺伝子は，一次転写産物の選択的スプライシングを受けている（選択的スプライシングとその調節についての一般的な考察は7.1節参照）。選択的スプライシングを受ける遺伝子には，軸索誘導やシナプスの形成と機能，細胞接着に関連するものなどがある。

高度に複雑な神経系にとって，7.1節で述べた選択的スプライシングは都合のよい方法である。なぜなら，わざわざ別の遺伝子を用いなくても，わずかに異なる機

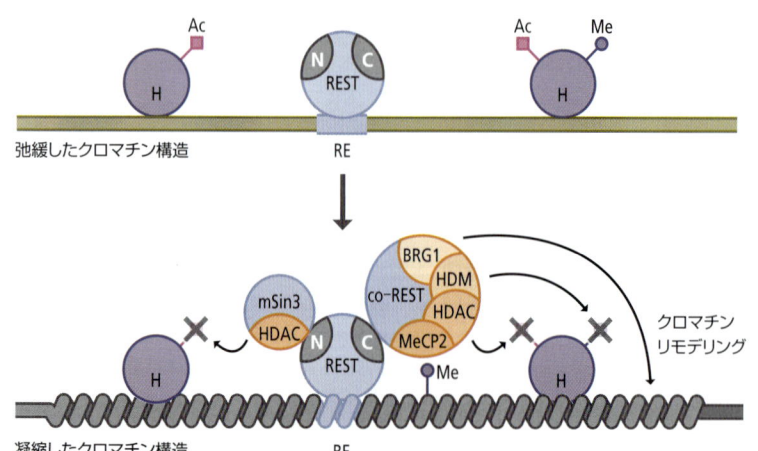

図 10.30
転写リプレッサーRESTがその結合部位（RE）に結合すると，N末端の転写抑制ドメインがmSin3コリプレッサー複合体をリクルートする。これはヒストン（H）を脱アセチル化する。RESTのC末端転写抑制ドメインは，co-RESTコリプレッサー複合体をリクルートする。これはクロマチンリモデリングタンパク質BRG1，ヒストンデアセチラーゼ（HDAC），ヒストンデメチラーゼ（HDM），メチル化（Me）されたDNAと結合するMeCP2タンパク質を含んでいる。これらのタンパク質は協同して，凝縮した不活性なクロマチン構造の形成を促す。よって，遺伝子の転写は起こらない。

能をもつさまざまなタンパク質を形成することができるからである。さらに，もはや分裂しないような終末分化した神経細胞においては，細胞分裂を必要とするようなクロマチン構造や転写の調節機構を用いることはできない(3.2節)。このことから，ある特定の状況において遺伝子の発現を変化させるためには，選択的スプライシングのような転写後調節が必要となるのである。

神経細胞において選択的スプライシングを調節する役割は，主にnPTB(PTB2とも呼ばれる)スプライシング因子によって担われている。筋細胞分化におけるこの因子の下方制御については，10.1節で述べた。nPTBは神経細胞では高く発現しているが，その他の細胞種では発現していない。逆に，関連タンパク質であるPTB(PTB1とも呼ばれる)は他の細胞種では発現しているが，神経細胞では発現が抑制されている。

PTB/nPTBのバランスが，特異的なスプライシングの決定に重要な役割を果たしている(図10.31)。たとえば，PTBが大量に存在している場合，*src*遺伝子(11.1節)のN1エキソンはmRNAに含まれない。このエキソンが含まれるのを，PTBが抑制しているからである。逆に，nPTBはこのエキソンがmRNAに含まれるのを促進する。このため，N1エキソンは神経細胞特異的に*src* mRNAに含まれる(図10.31)。

PTB/nPTBの発現は，転写調節と転写後調節の両方によって制御されている。PTBをコードする遺伝子は非神経細胞で転写されるが，分化した神経細胞では転写されない。このようにして，PTBの適切な発現様式を作り出している。反対に，nPTBをコードする遺伝子は神経細胞と非神経細胞の両方で転写される(図10.32)。しかしながら，非神経細胞では，PTBがnPTBの一次転写産物に作用して，エキソン10がmRNAに含まれないようにする(図10.32a)。これにより，*nPTB* mRNAのリーディングフレームが変化し，中途終止コドンが出現する。そのため，*nPTB* mRNAは，機能のないmRNAを標的としたナンセンスコドン介在性mRNA分解によって分解される(ナンセンスコドン介在性mRNA分解については6.7節参照)。

PTBが発現していない神経細胞では，*nPTB* mRNAにはエキソン10が含まれ，機能正常なnPTBが産生される(図10.32b)。このような転写調節と転写後調節の組み合わせにより，PTBは主に非神経細胞で作られ，nPTBは主に神経細胞で作られている。これによって，PTB/nPTBが神経細胞と非神経細胞で異なるスプライシングの決定を行うことができるのである。

神経細胞の選択的スプライシング調節におけるPTB/nPTBの役割は，PTB/

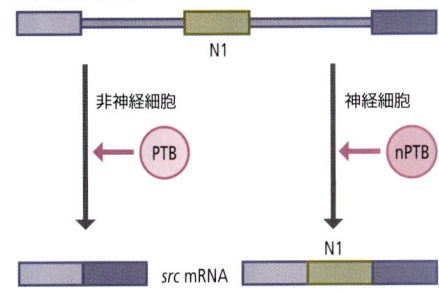

図10.31
非神経細胞において，選択的スプライシング因子PTBは，*src* mRNAにN1エキソンが含まれないように働く。一方で，神経細胞において，nPTBは*src* mRNAにN1エキソンが含まれるのを促進する。このため，N1エキソンは神経細胞特異的にmRNAに含まれることになる。

図10.32
(a)非神経細胞では，PTBをコードする遺伝子とnPTBをコードする遺伝子の両方が転写される。産生されたPTBタンパク質は，*nPTB* mRNAにエキソン10が含まれないように働く。その結果，非神経細胞の*nPTB* mRNAは中途終止コドンを含むようになり，ナンセンスコドン介在性mRNA分解によって分解される。そのため，nPTBタンパク質が産生されなくなる。(b) 一方，成熟した神経細胞では，PTBをコードする遺伝子は転写されないが，nPTBをコードする遺伝子は転写される。PTBが発現しないので，*nPTB* mRNAにはエキソン10が含まれ，機能正常なnPTBタンパク質が産生される。

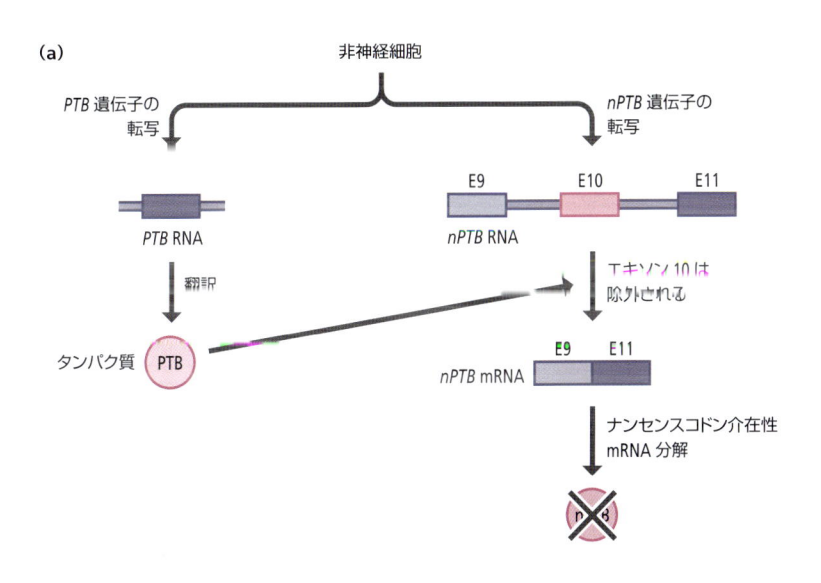

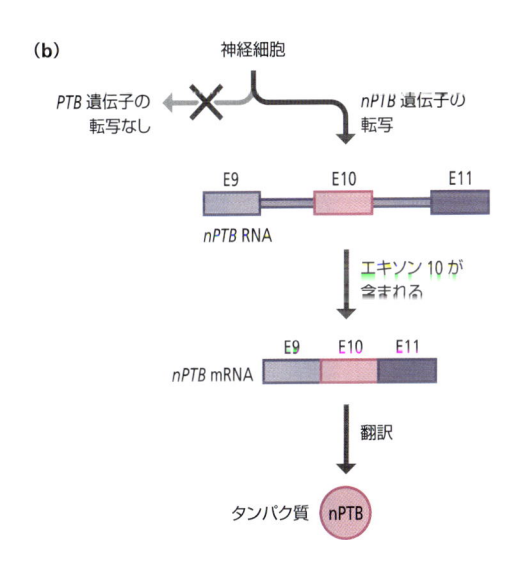

図 10.33
(a) 非神経細胞では，PTB タンパク質は転写因子 MEF2 をコードする mRNA に β エキソンが含まれないように働く。その結果，活性の低い MEF2 ができる。(b) 神経細胞では，nPTB タンパク質が MEF2 mRNA に β エキソンが含まれるように働く。その結果，より活性の高い MEF2 が産生される。

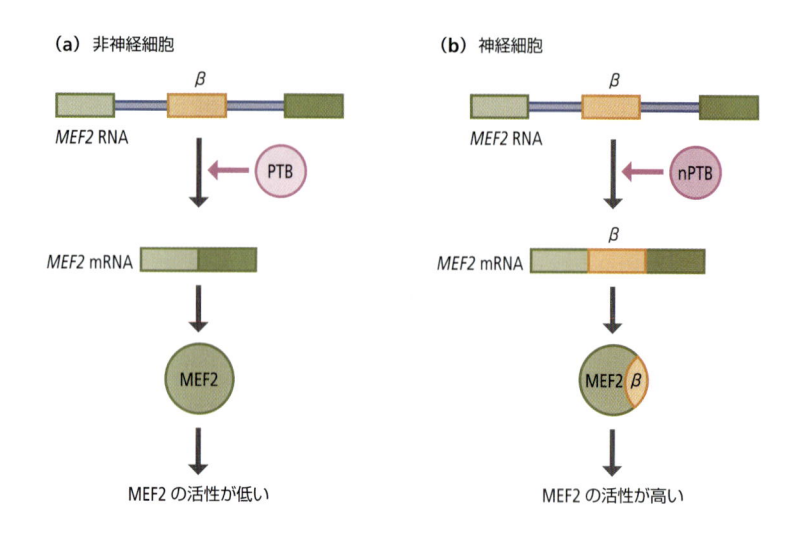

nPTB の発現を人為的に変化させたときに転写産物のスプライシングがどのように変わるかを，マイクロアレイで解析（図 7.23）することによって明らかにされた。興味深いことに，このような研究から，このシステムがすべての神経細胞特異的な選択的スプライシングの 25% までをも制御していることが示された。このことから，PTB/nPTB がこの過程において必須の役割を果たしていることがわかる。このスクリーニングによって，選択的スプライシングが PTB/nPTB に制御されていることが明らかとなった遺伝子の 1 つが，転写因子 MEF2 をコードする遺伝子である。MEF2 タンパク質は筋細胞において遺伝子発現調節に重要な役割を果たしている（10.1 節）が，この転写因子は他の細胞種でも発現している。特に，神経細胞では MEF2 が，すでに述べたような塩基性ヘリックス・ループ・ヘリックスタンパク質や REST タンパク質のような他の転写因子と結合して，重要な役割を果たしている。

MEF2 遺伝子は，付加的な転写活性化ドメインをコードする β というエキソンを含んでいる。mRNA に β エキソンが含まれると，そこからできたタンパク質の転写活性化能が飛躍的に促進される。PTB はこのエキソンが mRNA に含まれるのを抑制する。一方で，nPTB はこのエキソンが mRNA に含まれるのを促進する（図 10.33）。このため，神経細胞では，遺伝子発現を強力に刺激する活性化型の MEF2 が産生されている（図 10.33b）。

nPTB は神経細胞特異的な選択的スプライシングに重要な役割を果たしており，脳全体の神経細胞に広く発現している。しかしながら，特定のタイプの神経細胞では，選択的スプライシングのパターンが脳の他の領域に存在する神経細胞と異なることがある。興味深いことに，これらの脳の領域でのみ，Nova1 や Nova2 のような他の選択的スプライシング因子が発現している。たとえば，Nova1 は後脳と脊髄の神経細胞に，Nova2 は皮質，海馬，背側脊髄の神経細胞に発現している。これらのタンパク質もまた，発現する神経細胞において多くの選択的スプライシングを調節している。たとえば，神経細胞における選択的スプライシングの約 7% は，Nova2 による調節を受けている。

興味深いことに，選択的スプライシングが Nova2 による調節を受けている RNA から産生される 40 個のタンパク質のうち 35 個は，少なくとも 1 つの他のタンパク質とタンパク質間相互作用をすることが知られていた。重要なことに，これらのうち 26 個（74%）において，その相互作用には，Nova2 によって RNA のスプライシングが調節されるタンパク質が 1 つまたは複数，含まれていた（図 10.34）。このことは，Nova2 が特定の神経細胞におけるシナプス機能のような過程を制御する複数のタンパク質ネットワークの選択的スプライシングを調節していることを示唆している。

図 10.34
転写産物 RNA の選択的スプライシングが Nova2 による調節を受けている 35 個のタンパク質のうち 26 個は，同じく Nova2 によって転写産物 RNA の選択的スプライシングが調節されている他のタンパク質とタンパク質間相互作用をする。一方，その他の 9 個は，Nova2 による調節を受けないタンパク質とのみ相互作用する。このことから，Nova2 はシナプス機能に重要な役割を果たしているタンパク質間相互作用の機能的ネットワークを制御していると考えられる。

神経細胞において翻訳調節はシナプス可塑性に重要な役割を果たす

転写や選択的スプライシングの調節と同様に，神経細胞で発現する遺伝子は mRNA がタンパク質へ翻訳される過程でも調節を受ける。興味深いことに，そのような翻訳調節は，**シナプス可塑性**(synaptic plasticity)の過程に重要な役割を果たしていると考えられている。この過程では，ある特定のシナプスが繰り返し活性化されることによって，シナプス間の伝達が増強される。この機構は学習や記憶のような過程に関連するため，非常に重要である。

シナプス伝達の増強は，すでに存在するタンパク質の修飾に依存した早期のものと，それに続き新しいタンパク質の合成を伴う後期のものに分けられる(図 10.35)。後者は**長期増強**(long-term potentiation)と呼ばれ，翻訳開始因子 eIF2α が関与するタンパク質合成の翻訳調節によって制御されている。

神経細胞ではキナーゼ GCN2 による eIF2α のリン酸化が起こる(図 10.36)。第 7 章(7.5 節)，第 8 章(8.5 節)で述べたように，このような eIF2α のリン酸化によって，ほとんどの mRNA の翻訳は阻害される。しかしながら，転写因子 ATF4 をコードする mRNA の翻訳は，eIF2α のリン酸化により促進される(図 10.36)。この ATF4 は，転写因子 CREB(8.2 節)によって通常は活性化されている遺伝子の転写リプレッサーとして働く。

興味深いことに，CREB による遺伝子発現の活性化は，シナプス活性の長期増強に必須の役割を果たしている。すなわち，GCN2 が eIF2α をリン酸化すると ATF4 の翻訳が促進され，この ATF4 により CREB の標的遺伝子の転写が阻害されると，長期増強が減弱する(図 10.36)。つまり，このシステムは，翻訳調節による転写因子の合成の制御と，転写調節および翻訳調節の過程の協調作用を示しているといえる。

哺乳動物の細胞における eIF2α による *ATF4* mRNA の翻訳調節は，酵母の GCN4 をコードする mRNA の翻訳が eIF2α によって制御されることによく似ている。このことは，第 7 章(7.5 節)で述べた。GCN4 の場合は，eIF2α のリン酸化が，*ATF4* mRNA の短い上流オープンリーディングフレームを翻訳するか，ATF4 コード領域を翻訳するかのバランスを制御している(図 10.37)。つまり，最初，リボソームは *ATF4* mRNA のうち，3 つのアミノ酸をコードする短い上流オープンリーディングフレーム(UORF1)を翻訳する。リン酸化されていない eIF2α が存在し，eIF2α-GTP の量が多いときは(7.5 節)，UORF2 と呼ばれる第二の上流オープンリーディングフレームにおいて，素早く翻訳が再開される。このオープンリーディングフレームは，機能正常な ATF4 を作るオープンリーディングフレームと重なっているため(図 10.37)，この翻訳が行われると ATF4 タンパク質の産生は抑制される。反対に，リン酸化された eIF2α が存在し，eIF2α-GTP の量が少ないときは，リボソームは UORF2 の翻訳を再開することができない。このため，ATF4 の開始コドンから翻訳が再開され，機能正常な ATF4 が産生される(図 10.37)。

このシステムから，脳が適切に機能するために必須の主要な神経の過程において，翻訳調節が重要であることが示された。さらに，どのように転写調節と翻訳調節とが連携して長期増強の必須の過程を制御し，学習や記憶の形成をもたらしているかが示された。

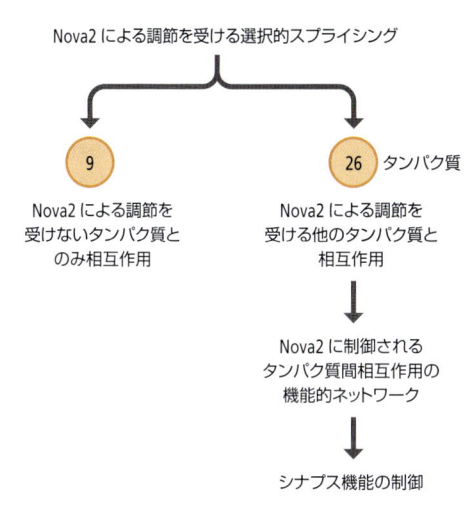

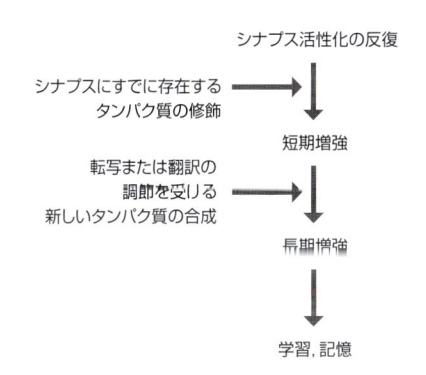

図 10.35
ある特定のシナプスが繰り返し活性化することによって，シナプス活性化の短期増強，またそれに続く長期増強が引き起こされる。このことが学習や記憶などの過程にきわめて重要であると考えられている。短期増強がシナプスにすでに存在するタンパク質の修飾によって起こるのに対して，長期増強は新しいタンパク質の合成を伴う。この合成は転写または翻訳のレベルで制御されている。

図 10.36
キナーゼ GCN2 が翻訳開始因子 eIF2 α をリン酸化(Ph)すると，eIF2 α によって転写因子 ATF4 の翻訳が促進される。この ATF4 が転写因子 CREB の標的遺伝子に結合し，その転写を阻害する。これにより長期増強は減弱する。

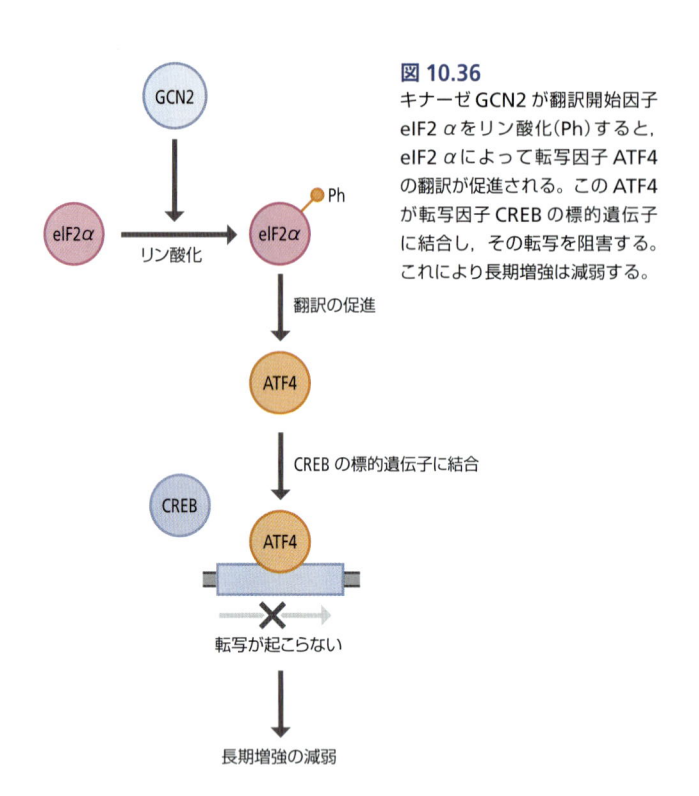

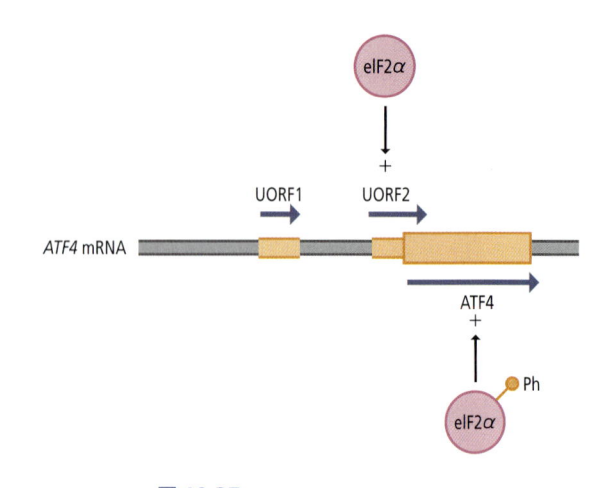

図 10.37
ATF4 mRNA の短い上流オープンリーディングフレーム(UORF1)の翻訳に続いて，第二の上流フレーム(UORF2)，または ATF4 の開始コドンからの翻訳が再開される。リン酸化(Ph)された eIF2 α は，開始コドンから翻訳が再開されるように働き，ATF4 の産生を促進する。

miRNA は神経の遺伝子発現調節に重要な役割を果たす

筋細胞の場合(10.1 節)と同じように，神経細胞における特定の miRNA の発現は遺伝子発現の調節に重要な役割を果たしている。*miR-124* miRNA は神経細胞に特異的に発現しており，非神経細胞には必要であるが，神経細胞では必要ではないようないくつかの遺伝子の発現を抑制している。たとえば，これらの中には細胞増殖に関わるタンパク質が含まれている。*miR-124* を非神経細胞に導入すると，これらの遺伝子は抑制される。一方で，神経細胞で *miR-124* が不活性化されると，神経細胞において非神経細胞の遺伝子が活性化する(図 10.38)。

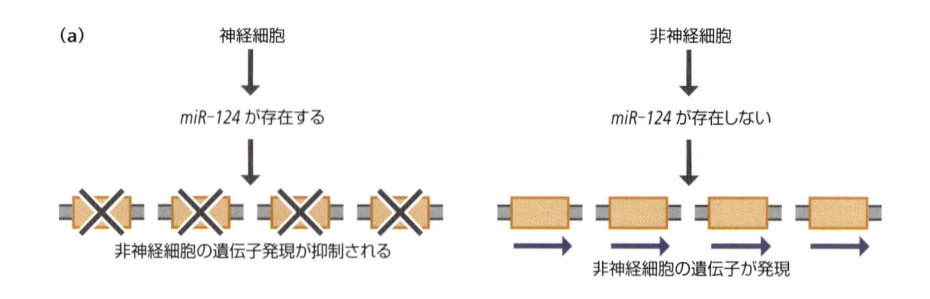

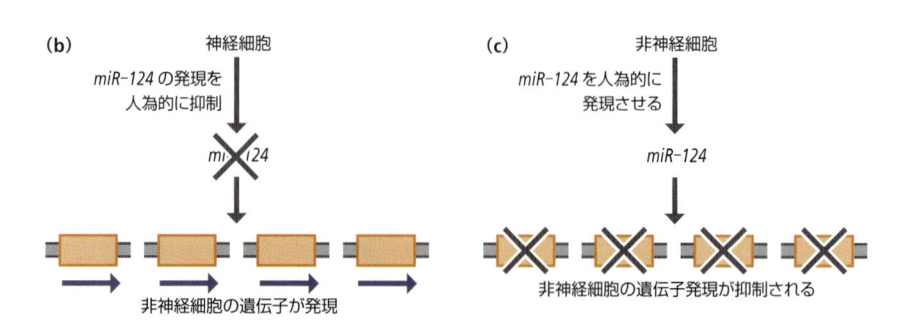

図 10.38
(a)神経細胞で *miR-124* が作られることによって，いくつかの非神経細胞の遺伝子が抑制される。一方で，これらの遺伝子は，*miR-124* が作られない非神経細胞においては活性化される。(b)神経細胞において *miR-124* の発現を人為的に抑制すると，非神経細胞の遺伝子発現が活性化する。(c)反対に，非神経細胞において *miR-124* を人為的に発現させると，非神経細胞の遺伝子発現が抑制される。

分化した神経細胞に必要ないタンパク質をコードするいくつかの**構造遺伝子**（structural gene）を制御するだけでなく，*miR-124* は転写やスプライシングを調節するタンパク質をコードする制御遺伝子の発現も阻害する。たとえば，*miR-124* は小分子 C 末端ドメインホスファターゼ 1（small C-terminal domain phosphatase 1；SCP1）をコードする遺伝子の発現を抑制する。SCP1 は前述の転写リプレッサー REST と結合することによって，遺伝子調節領域へリクルートされるタンパク質の 1 つである。神経細胞分化の間に，*miR-124* によって SCP1 の合成が阻害されると，REST による神経細胞特異的な遺伝子の抑制が解除される。この機構は，同時に起こる REST 自身の発現低下とともに，神経における遺伝子の転写活性化に貢献している（図 10.39）。

同様に，*miR-124* は選択的スプライシング因子 PTB をコードする遺伝子の発現も抑制する。前述のように，非神経細胞において PTB は，*nPTB* 一次転写産物の選択的スプライシングを調節することによって nPTB の産生を阻害する（図 10.40）。神経分化では，PTB の発現が *miR-124* によって阻害されるため，nPTB の産生が促進され，神経細胞特異的な選択的スプライシングが行われる。

このように，*miR-124* はさまざまな段階で神経の遺伝子発現を調節している。神経細胞において必要ではないタンパク質をコードする構造遺伝子の発現を直接抑制するほか，*miR-124* は転写や選択的スプライシングに関連する調節タンパク質の発現も調節している。このような調節タンパク質は，その標的遺伝子を制御し，神経特異的遺伝子が転写されるようにするか，神経細胞特異的な選択的スプライシングが行われるようにする（図 10.41）。

このように，筋細胞と同様に，神経細胞でも miRNA が遺伝子発現調節に重要な役割を果たしている。さらに，miRNA は，神経細胞で働くタンパク質をコードする遺伝子の発現を制御することと，遺伝子発現を調節する役割をもつタンパク質の発現を制御することの両方の働きをしている。

図 10.39
miR-124 miRNA は，小分子 C 末端ドメインホスファターゼ 1（SCP1）の発現を抑制する。これにより，REST による神経細胞特異的な遺伝子の抑制が解除される。

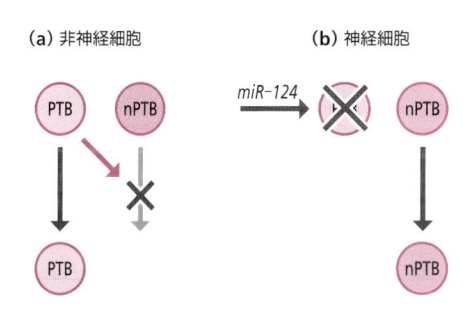

図 10.40
(a)非神経細胞において，選択的スプライシング因子 PTB は関連する nPTB タンパク質の産生を阻害する。(b)神経細胞では，PTB の発現が *miR-124* によって阻害されるため，nPTB が産生される。

10.3 酵母接合型の制御

酵母は a または α の接合型をもつ

本章のここまでは，多細胞生物の分化した細胞にみられる細胞種特異的な遺伝子発現の調節機構のいくつかについて解説してきた。酵母のような 1 種類の細胞のみからなる単細胞真核生物では，同じ個体内のさまざまな細胞種におけるさまざまな遺伝子発現は当然みられない。それでもなお，これらの生物においても類似した制御が起こっているのである。さらに，単細胞真核生物は比較的単純であることから，遺伝学と分子生物学の両方の手法を用いて制御機構を解析しやすい。このよう

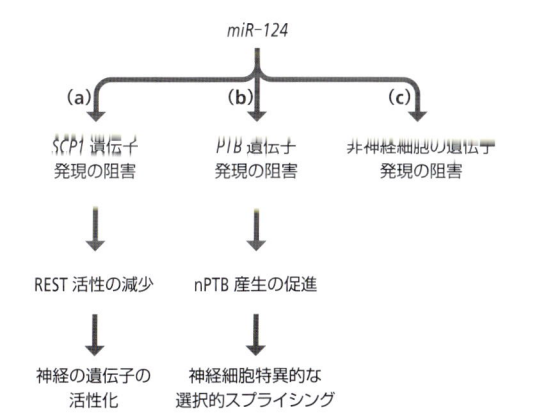

図 10.41
神経細胞において，*miR-124* miRNA は遺伝子の発現をさまざまな段階で調節している。(a)小分子 C 末端ドメインホスファターゼ 1（SCP1）の発現を抑制することによって，REST の活性を減少させ，神経の遺伝子を活性化する。(b)PTB を阻害することによって，nPTB の産生を促進し，神経細胞特異的な選択的スプライシングを誘導する。(c)最後に，*miR-124* は神経細胞において，いくつかの非神経細胞の遺伝子発現を直接，抑制する。

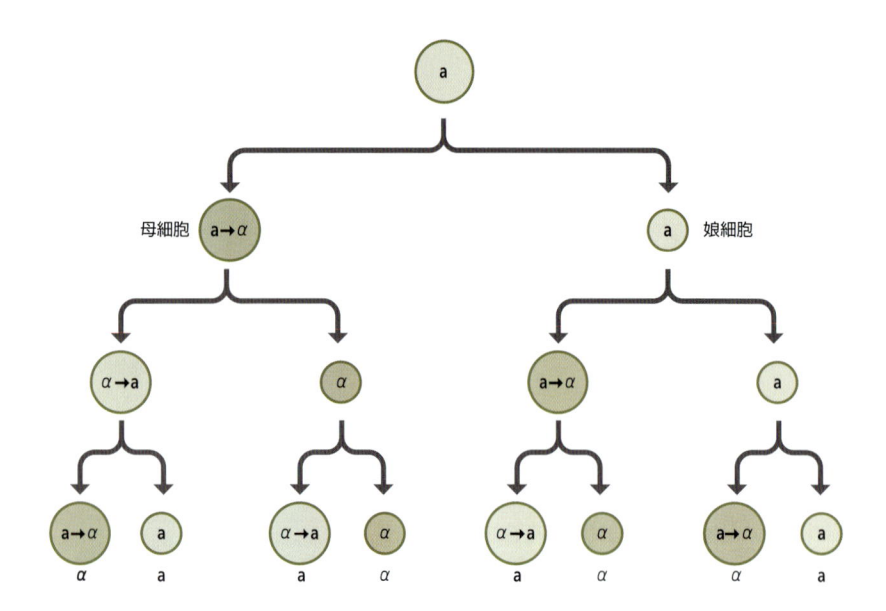

図 10.42
酵母における接合型スイッチング。細胞分裂後，小さな娘細胞を作り終えた大きな母細胞は，その遺伝子型をaからαへ，またはその逆に変換させる。娘細胞は，生育して，それ自体が娘細胞を作り出す母細胞になるまでは，接合型スイッチングを行わない。

にして得られた知見は，多細胞生物における細胞種特異的な遺伝子調節機構だけでなく，胚の発生における遺伝子発現調節にもつながるのである。なぜなら，発生において，それぞれの細胞種が適切な時期に胚の適切な場所に作られる必要があるからである（胚の発生における遺伝子発現調節については第9章参照）。

本節では，酵母の2つの接合型を作り出す制御機構について述べる。この2つの接合型があるため，酵母は有性生殖ができるのである。aまたはαとして知られている一倍体接合型の酵母は，そのまま生育して分裂することもできるが，交配，融合して二倍体を作ることもできる。これらの2つの接合型は，二倍体を作るためのフェロモンまたはフェロモン受容体をコードする，それぞれ異なる遺伝子を発現している。a接合型とα接合型は異なる表現型をもつ別々の個体であるが，これらは多細胞真核生物におけるさまざまな分化細胞に類似しているとみなすことができる。

雌雄異体性（heterothallic）株として知られるいくつかの酵母の株では，2つの接合型は多細胞生物のように完全に分離している。しかしながら，ここでは**雌雄同体性**（homothallic）株の場合について論じる。雌雄同体性株では，それぞれの細胞が接合型をaからαへ，またはαからaへ変換させ，変換後の新しい接合型の細胞としてふるまうことができる。

変換の過程はきわめて正確である。変換は細胞周期のG_1期に，出芽によって娘細胞を作り終えた母細胞にのみ起こる（図10.42）。娘細胞自体は，生育して，それ自体が娘細胞を作り出す母細胞になるまでは，接合型の変換を起こさない。この過程は，二倍体の子孫を素早く作り出す必要があるためにできたものだと考えられている。aからαへ，またはその逆の変換によって，別の接合型の株と出会わなくても，1つの個体の子孫から二倍体を作ることができるのである。

雌雄同体性株におけるこの**接合型スイッチング**（mating-type switching）の過程は，遺伝子調節の2つの点において興味深い。第1に，どのようにして細胞はaからαへ，またはその逆に接合型を変換しているのだろうか？ 第2に，どのようにしてa細胞とα細胞の遺伝子発現パターンが互いに変換するのだろうか？ これら2つの疑問を順番に考えてみよう。

接合型スイッチングは*HO*遺伝子の転写調節によって制御されている

雌雄同体性株では，細胞がaとαどちらの接合型をもつかは，*MAT*（mating-type；接合型）という3番染色体にある1つの遺伝子座によって制御されている。この転

写活性化領域が a 遺伝子を含んでいれば，その酵母は a 接合型となり，α 遺伝子を含んでいれば α 接合型となる。また，それぞれの酵母は，転写が抑制されている a と α 両方のコピーを 3 番染色体の別の場所，*HML* と *HMR* 遺伝子座にもっている。接合型の変換は，抑制された接合型遺伝子のコピーのどちらかが，*MAT* 遺伝子座の活性化遺伝子と置き換わるというカセット機構によって起こる（図 10.43）。

したがって，接合型スイッチングは DNA 再編成によって支配されていることになる。この過程は *HO*（homothallism）遺伝子産物であるエンドヌクレアーゼによって行われる。この酵素が *MAT* 遺伝子座の DNA を 2 本鎖切断すると，接合型スイッチングが開始する。

一見，エンドヌクレアーゼによる DNA 切断は，高等生物の遺伝子調節とは関連がないように思えるかもしれない。第 1 章（1.3 節）で述べたように，DNA 再編成のような DNA の変化は，通常は遺伝子発現調節に重要な役割を果たしていない。しかしながら，実際，HO エンドヌクレアーゼの発現は，転写因子によって転写レベルで制御されている。この制御によって，*HO* 遺伝子は細胞周期の G_1 期に（娘細胞ではなく）母細胞のみで転写されるのである。

転写因子 SBF は細胞周期の G_1 期にのみ *HO* 遺伝子の転写を活性化する

遺伝学的解析により，*HO* 遺伝子の発現に必要ないくつかの因子をコードする遺伝子が明らかになった。これらは，*SWI*（switching：スイッチング）遺伝子として知られている。そのような因子の 1 つである Swi5 は，脱リン酸化されることによって核へ移行し，*HO* 遺伝子プロモーターに結合する（図 10.44）。次に，これによって SWI-SNF 複合体がリクルートされ，クロマチン構造を弛緩させる（3.5 節）。また，SAGA コアクチベーター複合体がリクルートされ，ヒストンをアセチル化する（5.2 節）（図 10.45）。これらの変化によって，Swi4 と Swi6 から構成される SBF タンパク質複合体が，DNA 上の結合部位に結合できるようになる（図 10.45）。

SBF が DNA に結合することは，*HO* 遺伝子の活性化に必須である。なぜなら，これによって TFⅡB のような基本転写因子複合体や RNA ポリメラーゼⅡがリクルートされるからである（図 10.45）。しかしながら，このような SBF の働きは，阻害タンパク質 Whi5 と結合することによって遮断される。細胞周期の G_1 期には，この時期にのみ活性化されるサイクリン依存性キナーゼによって Whi5 がリン酸化される。これによって，Whi5 は SBF から離れて核外へ移行し，SBF が転写を活性化できるようになる（図 10.46）。

このように，*HO* 遺伝子の転写は，Swi5 の脱リン酸化に始まり，Whi5 のリン酸化による基本転写複合体のリクルート，転写開始に終わる一連のカスケード反応である。この転写は G_1 期にのみ起こる。なぜなら，Whi5 が G_1 期にのみ活性化されるサイクリン依存性キナーゼによってリン酸化されるからである。

転写因子 Ash-1 は娘細胞において *HO* 遺伝子の転写を抑制する

興味深いことに，*HO* 遺伝子の活性化と同様に，Swi5 は Ash-1 タンパク質をコードする遺伝子も活性化する。これは細胞周期には依存せずに起こる。*Ash-1* 遺伝子は母細胞と娘細胞の両方で，細胞周期にかかわらず転写される。しかしながら，*Ash-1* mRNA は娘細胞に局在し，そこで Ash-1 タンパク質へ翻訳される。Ash-1 は哺乳動物で赤血球分化を制御している転写因子 GATA-1 に関連した配列特異的 DNA 結合タンパク質である。Ash-1 は娘細胞の *HO* 遺伝子プロモーターに結合し，

図 10.43
接合型スイッチングは，a または α 遺伝子が，不活性な *HML* または *HMR* 遺伝子座から活性化した *MAT* 遺伝子座に移動することによって起こる。

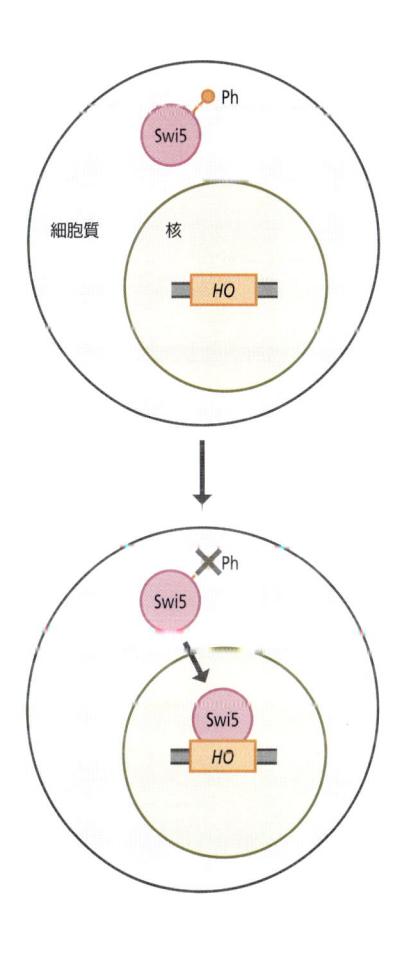

図 10.44
リン酸化（Ph）された Swi5 タンパク質は細胞質に局在する。Swi5 は脱リン酸化されると核へ移行し，*HO* 遺伝子に結合する。

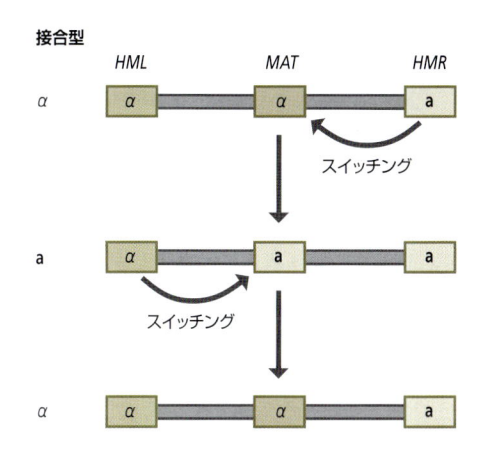

図 10.45
転写調節タンパク質が順番に HO 遺伝子プロモーターへ集合する。最初に転写因子 Swi5 が結合し，続いて SWI-SNF クロマチンリモデリング複合体，SAGA コアクチベーター複合体，SBF 転写因子複合体が結合する。これにより，RNA ポリメラーゼ II を含む基本転写複合体(BTC)がリクルートされる。

Swi5 による HO 遺伝子の活性化を阻害する(図 10.47)。このため，HO 遺伝子の転写は母細胞に特異的となる。

　接合型システムでは，Swi5 や SBF のような転写因子は，リン酸化や脱リン酸化による転写因子の活性化制御の例(8.2 節)で述べたように，翻訳後に活性化される。反対に，Ash-1 タンパク質の合成は，mRNA の局在の調節によって転写後に制御される。このような mRNA の局在の段階で調節を行っている例を第 7 章(7.3 節)で述べている。SBF によって HO 遺伝子を G_1 期のみに発現させる制御と，Ash-1 合成によって HO 遺伝子を母細胞のみに発現させる制御の 2 つの機構が組み合わさり，HO 遺伝子の転写を制御している。そのため，接合型スイッチングがエンドヌクレアーゼによる DNA 再編成を通じて起こるとしても，エンドヌクレアーゼの活性と接合型スイッチング自体は，いくつかの制御機構が組み合わさって遺伝子転写のレベルで制御されているのである。

a と α 遺伝子産物はホメオドメインを含む転写因子である

　前述のような転写と転写後の過程によって，酵母が接合型スイッチングを起こす。その結果，MAT 遺伝子座には a と α どちらかの遺伝子をもつことになり，どちらかの遺伝子産物を作るようになる。a または α 遺伝子産物が存在することによって，酵母はどちらかの表現型を示す。a 細胞では α 細胞と比べて約 50 の遺伝子が有意に高く発現している。一方で，α 細胞では a 細胞と比べて 32 の遺伝子が有意に高く発現している。このことは，a と α タンパク質はいくつかの異なる標的遺伝子の転写を制御していることを示している。

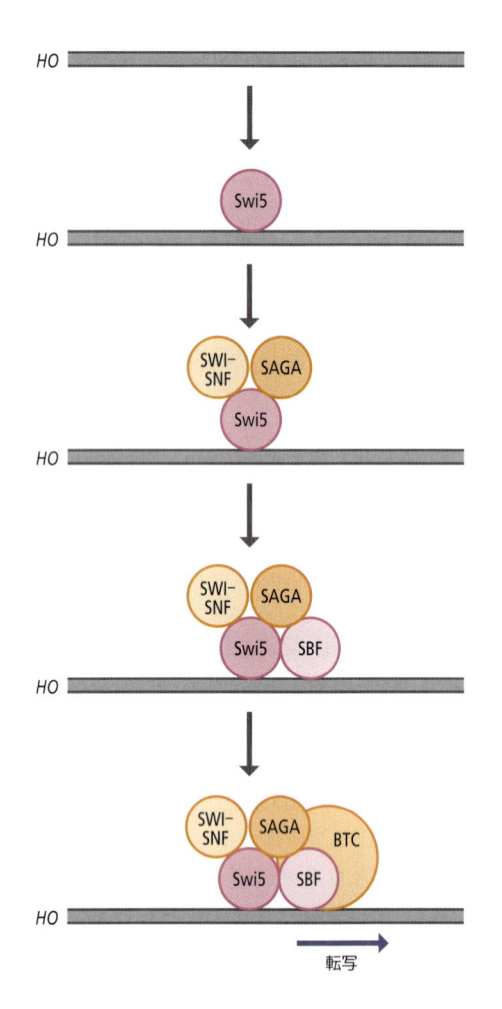

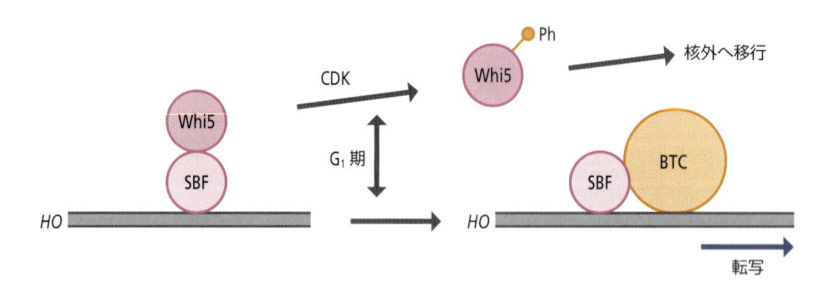

図 10.46
阻害タンパク質 Whi5 と結合すると，転写因子 SBF は基本転写複合体(BTC)をリクルートできない。細胞周期の G_1 期でのみ，サイクリン依存性キナーゼ(CDK)によって Whi5 がリン酸化(Ph)され，Whi5 が核外へ輸送される。このため，G_1 期でのみ SBF は基本転写複合体をリクルートし，HO 遺伝子を転写することができる。

図 10.47
Ash-1 をコードする mRNA は母細胞と娘細胞の両方で作られる。しかしながら，Ash-1 mRNA は母細胞から，母細胞の出芽によって作られる娘細胞へと選択的に輸送される。娘細胞では，Ash-1 が HO 遺伝子のプロモーターに結合し，Swi5 による活性化を阻害する。このため，Swi5 は母細胞でのみ HO 遺伝子の転写を活性化することになる。

α2	Ser	Leu	Ser	Arg	Ile	Gln	Ile	Lys	Asn	Trp	Val	Ser	Asn	Arg	Arg	Arg	Lys	Glu
Ftz		Glu	Arg				Ile			Phe	Gln					Met		Ser

図 10.48
酵母の接合型タンパク質α2とショウジョウバエの転写因子フシタラズ（Fushi tarazu；Ftz）のホメオドメインとの関係。Ftzのアミノ酸はα2と異なるものだけ示している。その他のアミノ酸は一致している。

実際，aとα遺伝子のDNA配列解析から，これらは転写因子をコードしていることが示唆されている。aとα転写因子は，哺乳動物やショウジョウバエのような高等生物の発生過程を制御するさまざまな転写因子にみられるホメオドメインDNA結合部位をもつ（5.1節，9.2節，9.3節）（図10.48）。

α1とα2タンパク質は転写因子MCM1と結合して，それぞれα特異的遺伝子を活性化し，a特異的遺伝子を抑制する

aとα遺伝子産物は，下流の標的遺伝子の発現を制御することによって，aまたはα接合型を作り出す。しかしながら，興味深いことに，これはa遺伝子産物がa細胞で高い発現を示す遺伝子を活性化し，α遺伝子産物がα細胞に必要な遺伝子を活性化するという単純な機構によって起こるのではない。むしろ，aとα遺伝子産物はともにaとα特異的遺伝子を制御しているのである（図10.49）。

a細胞では，a遺伝子が転写されてa1タンパク質が作られる。しかしながら，a1タンパク質は直接，a特異的遺伝子を活性化するのではない。これらの遺伝子は恒常的に発現しているMCM1によって活性化される。MCM1はMEF2（10.1節）やSRF（8.2節）を含むMADSファミリー転写因子の一員である。

MAT遺伝子座にα遺伝子をもつα細胞では，α遺伝子から2つのタンパク質α1とα2が作られる。α1タンパク質はMCM1と特異的に結合し，α特異的遺伝子を活性化する。α2タンパク質はMCM1と相互作用してa特異的遺伝子を抑制する（図10.49）。このため，a特異的遺伝子はa細胞でのみ，α特異的遺伝子はα細胞でのみ発現する。

これらの遺伝子発現の違いは，MCM1がaまたはα特異的遺伝子のプロモーターに結合する際の違いによる（図10.50）。MCM1はa特異的遺伝子のPボックス（P box）として知られているDNA配列に二量体として結合し，それらの発現を活性化する。しかしながら，α2タンパク質が存在するときは，α2タンパク質がPボックスに隣接する結合部位に結合し，MCM1による転写活性化を阻害する。このため，a特異的遺伝子はa細胞でのみ転写されるのである。

反対に，MCM1単独ではα特異的遺伝子の発現を活性化できない。α特異的遺伝子の活性化には，MCM1がこれらの遺伝子の制御領域内のPボックスに結合するだけでなく，α1タンパク質が隣接するQボックス（Q box）に結合する必要がある。つまり，MADSファミリー転写因子MCM1と，ホメオドメインを含む転写因子α1またはα2の結合が，aとα遺伝子の細胞種特異的な制御を実現しているのである。

この場合，恒常的に発現している転写因子MCM1の遺伝子活性化能は，細胞種特異的に発現する転写因子α2やα1によって調節されていることになる。MCM1は，α2転写リプレッサーと結合してa特異的遺伝子の発現を抑制し，α1転写アクチベーターと結合してα特異的遺伝子の発現を活性化するのである。

a1因子は二倍体において一倍体特異的遺伝子を抑制する

α1とα2タンパク質は，α細胞における遺伝子発現調節に重要な役割を果たしている。一方，a1タンパク質もa細胞に特異的に発現しているが，αの場合のような機構（図10.50）はa細胞とa1タンパク質の場合にはあてはまらない。むしろ，

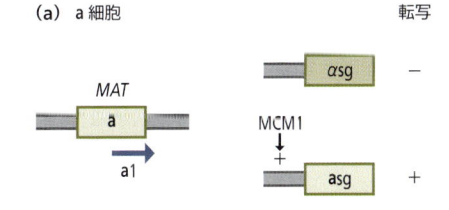

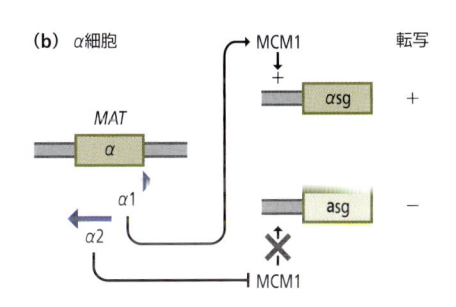

図 10.49
(a) a細胞では，MAT遺伝子座のa遺伝子が転写されてa1タンパク質が作られる。転写因子MCM1はa特異的遺伝子（asg）の発現を活性化する。α特異的遺伝子（αsg）は転写されない。(b) α細胞では，MAT遺伝子座のα遺伝子が転写されて2つのタンパク質α1とα2が作られる。α1タンパク質はMCM1と協調してα特異的遺伝子を活性化する。α2タンパク質はMCM1によるa特異的遺伝子の活性化を遮断する。

図 10.50
(a) a 細胞では，転写因子 MCM1 が a 特異的遺伝子 (asg) の P ボックスに二量体として結合し，転写を活性化する。(b) α 細胞では，α2 タンパク質が P ボックスに隣接する結合部位に結合し，MCM1 による a 特異的遺伝子の活性化を阻害する。反対に，α 特異的遺伝子 (αsg) は，P ボックスに結合した MCM1 二量体と，隣接する Q ボックスに結合した α1 タンパク質との相互作用により，α 細胞において活性化される。

a1 タンパク質は，a と α の一倍体の融合によって作られる二倍体における遺伝子発現調節に重要な役割を果たしている。

接合型システムの機能は，異なる接合型を作り出すことである。このことによって，適切な条件下で二倍体を作り出し，酵母は有性生殖システムの利点を利用することができる（図 10.51）。この過程では，a と α の一倍体から，それぞれ a 因子，α 因子と呼ばれる異なるフェロモンが分泌され，a 細胞と α 細胞の表面にあるフェロモン受容体に結合し，a 細胞と α 細胞の融合による二倍体形成を誘導する（図 10.51）。高栄養条件下では，二倍体は体細胞分裂によって増殖する。しかしながら，低栄養条件下では，減数分裂をして一倍体の胞子を作る。この胞子は出芽して a と α の一倍体を作ることができる。この仕組みによって，酵母は悪条件にさらされた場合に遺伝的多様性を生み出すための有性生殖サイクルを手に入れている（図 10.51）。

a と α の一倍体においては必要であるが，二倍体では必要ないような遺伝子があることは明白である。a または α 因子フェロモンやそれぞれのフェロモン受容体をコードする遺伝子がその例である。同様に，二倍体は a/α 遺伝子型をもち，接合型スイッチングは行わないので，HO エンドヌクレアーゼをコードする遺伝子は必要ない。

このような一倍体特異的遺伝子は，二倍体では抑制されている。なぜなら，二倍体のみが a1 タンパク質と α2 タンパク質の両方をもつためである。a1-α2 タンパク質複合体は，一倍体特異的遺伝子のプロモーターに結合し，その発現を抑制することができる（図 10.52）。興味深いことに，a1-α2 タンパク質複合体は，二倍体において α1 タンパク質の発現を阻害する。α1 は α 特異的遺伝子の活性化に必要であるため，α 特異的遺伝子は二倍体では発現しない。同様に，a 特異的遺伝子は，前述のように α2 タンパク質によって抑制されるため，二倍体では発現しない。つまり，二倍体では a 特異的遺伝子も α 特異的遺伝子も発現しないし，HO 遺伝子のような一倍体特異的遺伝子も発現しない。これは，二倍体にのみ存在する a1-α2 タンパク質複合体による（図 10.52）。

したがって，HO 遺伝子は多様な機構によって制御されていることになる。HO 遺伝子は，SBF 活性化の制御によって細胞周期の G_1 期でのみ発現し，Ash-1 合成

図 10.51
a 細胞では，a 因子フェロモンと α 因子フェロモン受容体が作られる。一方，α 細胞では，α 因子フェロモンと a 因子フェロモン受容体が作られる。一方の接合型の細胞で作られたフェロモンが，他方の接合型の細胞の受容体に結合すると，細胞が融合して a/α 二倍体が作られる。高栄養条件下では，二倍体は体細胞分裂をしてさらに a/α 二倍体を作る。しかしながら，低栄養条件下では，減数分裂をして a と α の接合型をもつ一倍体の胞子を作る。この胞子が a と α の一倍体となり，低栄養条件下での遺伝的多様性を生み出す。

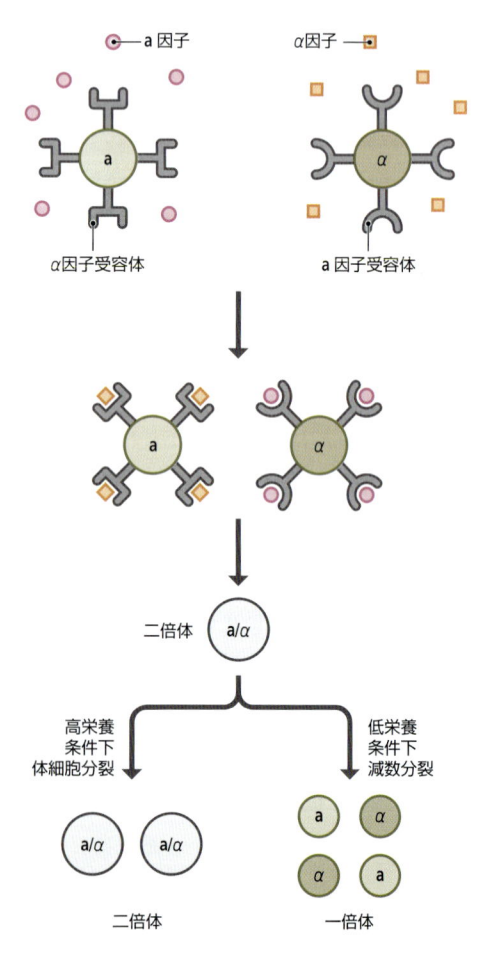

の制御によって母細胞でのみ発現し，a1-α2タンパク質複合体の存在によって二倍体では抑制されている(図10.53)。

　一倍体と二倍体の両方において，α2タンパク質がプロモーターに存在することによって，その遺伝子は抑制される。α2が単独で存在している場合，DNAに高い親和性で結合することはできない。α2はMCM1またはa1タンパク質と結合することによって，異なる結合部位へ誘導されるのである。α2はN末端領域でMCM1と結合している。これによりα2は二量体を形成し，a特異的遺伝子の結合部位に結合して，その発現を抑制する(図10.54)。反対に，α2はまずC末端領域でa1と相互作用し，このときC末端領域はαヘリックス構造をとる(図10.55)。これによりa1-α2ヘテロ二量体の形成が促進される。このヘテロ二量体は異なる結合特異性をもち，一倍体特異的遺伝子の特異的結合部位に結合する(図10.54)。

酵母の接合型システムから多細胞生物との関連性が推測できる

　第1章(1.3節)で述べたように，(DNA欠失や増幅と同様に)DNA再編成のような細胞内のDNA変化は，多細胞生物における遺伝子発現調節に主要な役割を果たしているとは思われない。一見，DNA再編成を含む酵母の接合型制御のような過程は，多細胞生物における遺伝子発現の調節とは関連しないように思われる。しかしながら，前述したように，単細胞生物の酵母で可能となったこの過程の詳細な解析から，多細胞生物における遺伝子発現調節の理解につながる多くの知見が得られている。たとえば，この過程に関連するすべての調節タンパク質は，多細胞生物に

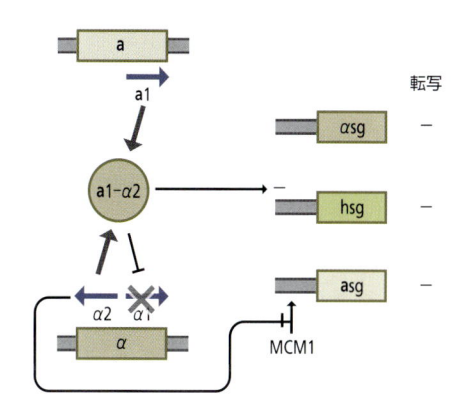

図10.52
二倍体では，a1タンパク質とα2タンパク質の両方が存在するため，a1-α2ヘテロ二量体が形成される。これが一倍体特異的遺伝子(hsg)に結合し，その発現を抑制する。このヘテロ二量体はα1タンパク質の発現を阻害する。α1はα特異的遺伝子(αsg)の活性化に必要であるため，α特異的遺伝子は二倍体では発現しない。同様に，二倍体ではα2タンパク質が存在するため，a特異的遺伝子(asg)も発現しない。α接合型の一倍体の場合と同様に，MCM1によるa特異的遺伝子の活性化をα2タンパク質が遮断するからである。

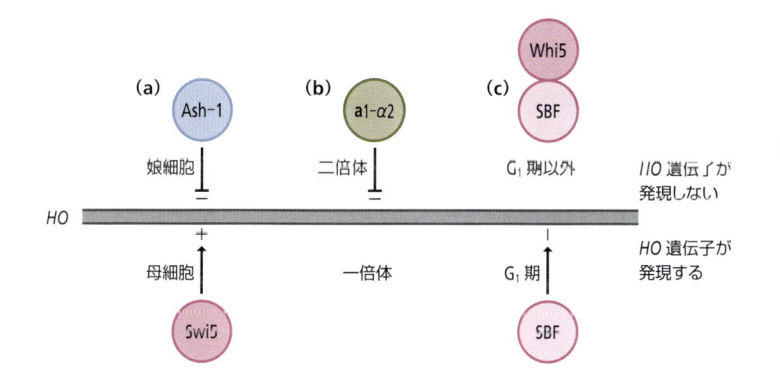

図10.53
(a)HO遺伝子は，母細胞ではSwi5によって活性化され，娘細胞ではAsh-1によって阻害される。(b)HO遺伝子は，一倍体においては活性化されているが，二倍体ではa1-α2によって抑制される。(c)HO遺伝子は，細胞周期のG₁期ではSBFによって活性化されているが，G₁期以外ではWhi5によって活性が遮断されている。

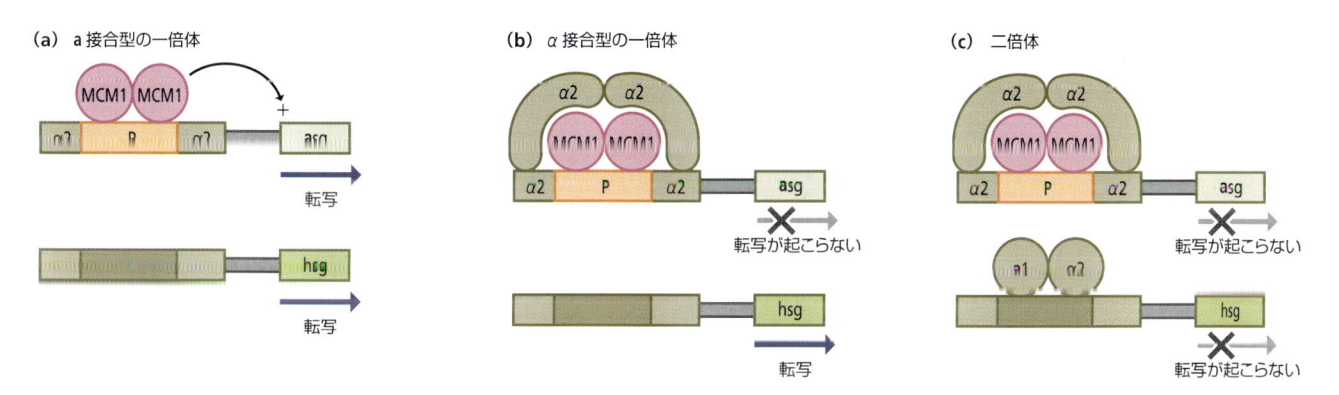

図10.54
α2転写リプレッサーは，MCM1またはa1タンパク質によって異なる遺伝子へ誘導される。(a)a接合型の一倍体では，α2タンパク質が存在しないため，a特異的遺伝子(asg)と一倍体特異的遺伝子(hsg)の両方が転写される。(b)α接合型の一倍体では，α2タンパク質がMCM1と相互作用してa特異的遺伝子を抑制する。一方で，一倍体特異的遺伝子は転写される。(c)二倍体では，α接合型の一倍体の場合と同様に，α2タンパク質がMCM1と相互作用してa特異的遺伝子を抑制する。それに加えて，a1-α2ヘテロ二量体によって一倍体特異的遺伝子も抑制される。

図 10.55
a1 と α2 が相互作用すると，α2 の C 末端領域の特定の構造をとらない部分が α ヘリックス構造をとる。α2 はこの部分で a1 タンパク質と会合し，DNA と高親和性で結合する a1-α2 ヘテロ二量体が形成される。(a)模式図，(b)DNA に結合した a1-α2 ヘテロ二量体の構造(a1 を赤，α2 を青で示す)。(b)は Cynthia Wolberger, Johns Hopkins University の厚意による。

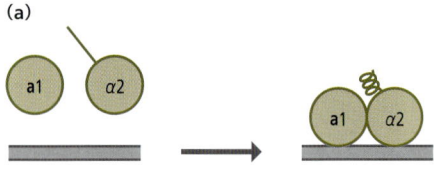

おいて重要な役割を果たしている転写因子ファミリーに属している。たとえば，a と α 遺伝子産物は，ショウジョウバエや哺乳動物の発生を制御するタンパク質にみられる DNA 結合ホメオドメインを含む(9.2 節，9.3 節)。また，Ash-1 は赤血球に発現する遺伝子を制御する GATA-1 と関連がある。同様に，MCM1 タンパク質は，哺乳動物の MEF2(10.1 節)や SRF(8.2 節)を含む MADS ファミリー転写因子の一員である。

さらに，これらの因子が相互作用する方法は，1つの因子による効果が他の因子の存在によってどのように変化しうるかを示している。つまり，MCM1 の転写活性化能は，転写因子 α2 が存在することによって遮断される。一方，α2 自身は MCM1 と a1 のどちらに結合するかによって，異なる部位へ誘導される。興味深いことに，MCM1 と α2 との結合は，哺乳動物やショウジョウバエの SRF 因子とホメオドメインファミリータンパク質との結合と類似している。どちらの場合も，MCM1 と SRF の相同領域が用いられている。

同様に，第 11 章(11.3 節)に述べるように，高等真核生物において，細胞周期特異的な転写はサイクリン依存性キナーゼによって制御されている。サイクリン依存性キナーゼは，転写アクチベーター E2F の活性を遮断する転写因子 Rb をリン酸化する。これはサイクリン依存性キナーゼによって Whi5 タンパク質がリン酸化されることで，Whi5 が SBF を抑制できなくなることと明らかに類似している。

異なる転写因子間の結合の類似性と同様に，単細胞の酵母での接合型スイッチング過程と，多細胞生物の細胞運命決定過程の間にも類似性を見いだすことができる。つまり，図 10.42 で示した接合型システムは，a が幹細胞，α がそこから分化した細胞とみることもできる。酵母の a から α への接合型スイッチングが実際とは違い不可逆的だと仮定すると，図 10.56 で示す系列モデルが得られる。このモデルでは，幹細胞は絶えず分裂して，分化した娘細胞と幹細胞の系列を維持した娘細胞

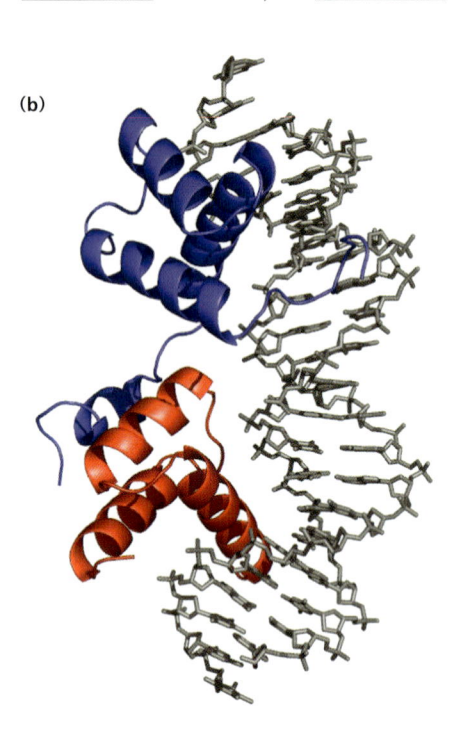

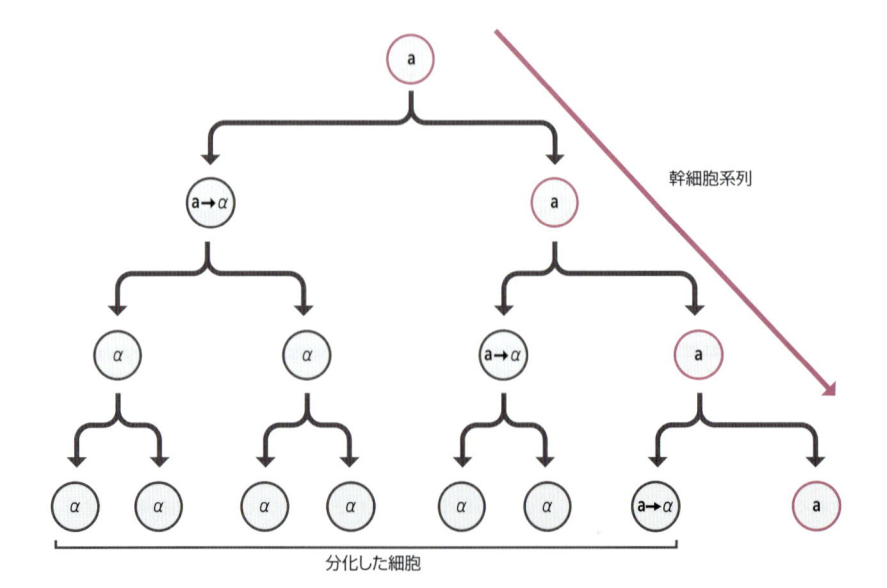

図 10.56
a/α 接合型スイッチングのシステムから類推した，幹細胞系列から分化した細胞が生まれるモデル。このモデルでは，a を幹細胞，α を分化した細胞としてみている。接合型システムとは異なり，この分化のスイッチングは不可逆的である。

とを作り出す。このタイプのシステムは高等生物の細胞分化や個体発生でよくみられる(3.2節，図3.15)。さらに，酵母の接合型システムにおいて*Ash-1* mRNAが娘細胞に特異的に分配されるということ(図10.47)から，mRNAの細胞内局在を調節する1つの制御過程によって，細胞分裂を介してまったく表現型の異なる2つの細胞を生み出す機構に関する1つの単純なモデルが提唱される。

まとめ

　本章で述べた3つのシステムは，異なる細胞種や生物において細胞種特異的な遺伝子発現を制御する転写因子の役割を例示している。これには，MyoDや酵母の接合型タンパク質α1のような因子による標的遺伝子の活性化や，RESTや酵母の接合型タンパク質α2のような因子による転写抑制が関連している。

　すべての場合において，細胞の表現型を制御することは，個々の転写因子が多くの標的遺伝子の発現を制御する能力に依存している。このことが，ある特定のタイプの分化した細胞の表現型を作り出すのに貢献している。実際，いくつかの場合において，1つの転写因子が未分化な細胞に発現することによって，分化した表現型が作り出されている。aまたはα遺伝子の発現によって，酵母がaとαどちらの表現型になるかが制御されている。同様に，MyoDや他の3つの筋決定遺伝子は，いずれも個々に過剰発現させた場合に未分化の細胞に筋分化を誘導できる。

　本章で述べたように，細胞種特異的な遺伝子発現の調節に関連する多くの転写因子が，分化の間に適切な細胞種にのみ作られるように合成の段階で制御されている。たとえば，MyoDや他の筋決定遺伝子は骨格筋細胞にのみ発現する。転写リプレッサーRESTは非神経細胞に発現し，神経細胞には発現しない。aまたはα接合型遺伝子は適切な接合型にのみ発現する。転写因子合成の制御は転写レベルで行われることもある。つまり，aまたはα遺伝子は*MAT*遺伝子座に存在するときのみ発現し，これらの遺伝子が*MAT*遺伝子座に存在することが細胞の接合型を決めている。同様に，*REST*遺伝子は細胞が神経細胞に分化するときに抑制される。MyoDのような筋決定タンパク質をコードする遺伝子は，骨格筋細胞でのみ転写される。

　転写後の過程も，細胞種特異的な遺伝子発現の調節に関連する因子を制御しうる。たとえば，神経前駆細胞では，*REST*遺伝子の転写が低下するより前に，タンパク質自身が不安定化して分解される。同様に，転写リプレッサーATF4はmRNAの翻訳レベルで制御される。また，転写因子MEF2は異なる転写活性能をもつ2つのスプライシング型の産生によって制御されている。

　しかしながら，合成よりも活性化の段階における転写因子の制御が，細胞種特異的な遺伝子発現の調節において主要な役割を果たしていることは重要である。たとえば，転写因子MEF2は，リン酸化，アセチル化，SUMO化のような翻訳後修飾によっても制御されている。このことが，MEF2が転写アクチベーターとして働くか，転写リプレッサーとして働くかを決定している。同様に，MyoDの活性化は，阻害タンパク質Idとの結合によって制御されている。しかしながら，一般的に，この場合の転写因子の活性化の制御は，細胞内シグナル伝達経路に応答して転写因子の活性化能を上げるという主要な役割(第8章)をもつというよりも，細胞種特異的な遺伝子発現の調節において，転写因子の合成を制御する過程を補完するものである。

　転写因子の合成の制御と同様に，転写後の過程は，細胞種特異的な遺伝子発現の全体的な調節に役割を果たし，転写調節を補完する。たとえば，選択的スプライシング因子PTB/nPTBは，いくつかの異なるRNAの選択的スプライシングを調節して，nPTBが発現する神経細胞とPTBが発現する他の細胞との間で，RNAが異なるパターンのエキソンを含むようにしている。

　さらに，本章で述べたように，骨格筋細胞と神経細胞の両方において，miRNA

はいくつかの異なる標的遺伝子の制御に重要な役割を果たしている（第7章，7.6節）。このようなmiRNAによる遺伝子発現調節は，主に転写後のRNAの安定性やmRNAの翻訳の段階で起こる。

興味深いことに，miRNAによる制御の標的は，細胞種特異的な構造タンパク質をコードする遺伝子だけでなく，転写因子や選択的スプライシング因子といった調節因子をコードする遺伝子にも及ぶ。これらの遺伝子の発現が変化すると，その標的となっている多くの遺伝子が影響を受ける。このことから，1つのmiRNAの制御が，調節タンパク質をコードする遺伝子を通して，多くの異なる遺伝子発現に直接的または間接的に影響を与えうるという制御ネットワークの基本がみてとれる。

このような遺伝子調節過程により，それぞれの細胞は，他の細胞に特異的な遺伝子を抑制し，その細胞に特異的な遺伝子の発現パターンを安定的に作ることができる。これらの機構から，個々の分化した細胞がどのようにして広範な遺伝子の発現を活性化または抑制し，特定の分化した表現型を示すようになるのかを理解するための基本がみえてくる。

キーコンセプト

- 細胞種特異的な遺伝子発現の調節には，ある特定の細胞種でのみ発現する遺伝子を活性化するMyoDのような転写アクチベーターが関連している。
- 細胞種特異的な遺伝子発現の調節には，他の細胞種で発現する遺伝子を抑制するRESTのような転写リプレッサーも関連している。
- MyoDのように，ある特定の分化細胞の形成を誘導するのに，1つの転写因子のみで発現には十分である場合もある。
- 細胞種特異的な遺伝子発現の調節に関わる多くの転写因子は，自身の合成の調節によって制御されている。
- 加えて，細胞種特異的な遺伝子発現の調節に関連する転写因子は，リン酸化のような翻訳後修飾などによる活性の制御によっても調節されうる。
- 特定の転写因子による転写調節と同様に，細胞種特異的な遺伝子調節は，選択的スプライシングやmRNA翻訳のような転写後の段階においても行われる。
- miRNAは，転写後の制御に重要な役割を果たしている。これは，構造タンパク質をコードする遺伝子と，転写因子や選択的スプライシング因子のような調節タンパク質をコードする遺伝子の両方に働いている。
- 単細胞の酵母の接合型システムから，多細胞生物における細胞種特異的な遺伝子の発現制御の過程が推測できる。

参考文献

10.1 骨格筋細胞における遺伝子発現調節

Berkes CA & Tapscott SJ (2005) MyoD and the transcriptional control of myogenesis. *Semin. Cell Dev. Biol.* 16, 585–595.

Bryson-Richardson RJ & Currie PD (2008) The genetics of vertebrate myogenesis. *Nat. Rev. Genet.* 9, 632–646.

Buckingham M & Relaix F (2007) The role of Pax genes in the development of tissues and organs: Pax3 and Pax7 regulate muscle progenitor cell functions. *Annu. Rev. Cell Dev. Biol.* 23, 645–673.

Hart DO & Green MR (2008) Targeting a TAF to make muscle. *Mol. Cell* 32, 164–166.

Jones KA (2007) Transcription strategies in terminally differentiated cells: shaken to the core. *Genes Dev.* 21, 2113–2117.

Stefani G & Slack FJ (2008) Small non-coding RNAs in animal development. *Nat. Rev. Mol. Cell Biol.* 9, 219–230.

van Rooij E, Liu N & Olson EN (2008) MicroRNAs flex their muscles. *Trends Genet.* 24, 159–166.

10.2 神経細胞における遺伝子発現調節

Bertrand N, Castro DS & Guillemot F (2002) Proneural genes and the specification of neural cell types. *Nat. Rev. Neurosci.* 3, 517–530.

Costa-Mattioli M, Sossin WS, Klann E & Sonenberg N (2009) Translational control of long-lasting synaptic plasticity and memory. *Neuron* 61, 10–26.

Coutinho-Mansfield GC, Xue Y, Zhang Y & Fu XD (2007) PTB/nPTB switch: a post-transcriptional mechanism for programming neuronal differentiation. *Genes Dev.* 21, 1573–1577.

Li Q, Lee JA & Black DL (2007) Neuronal regulation of alternative pre-mRNA splicing. *Nat. Rev. Neurosci.* 8, 819–831.

Makeyev EV & Maniatis T (2008) Multilevel regulation of gene expression by microRNAs. *Science* 319, 1789–1790.

Ooi L & Wood IC (2007) Chromatin crosstalk in development and disease: lessons from REST. *Nat. Rev. Genet.* 8, 544–554.

Qiu Z & Ghosh A (2008) A brief history of neuronal gene expression: regulatory mechanisms and cellular consequences. *Neuron* 60, 449–455.

Richter JD & Klann E (2009) Making synaptic plasticity and memory last:

mechanisms of translational regulation. *Genes Dev.* 23, 1-11.
Stefani G & Slack FJ (2008) Small non-coding RNAs in animal development. *Nat. Rev. Mol. Cell Biol.* 9, 219-230.

10.3　酵母接合型の制御
Cosma MP (2002) Ordered recruitment: gene-specific mechanism of transcription activation. *Mol. Cell* 10, 227-236.
Cosma MP (2004) Daughter-specific repression of *Saccharomyces cerevisiae* HO: Ash1 is the commander. *EMBO Rep.* 5, 953-957.
Dolan JK & Fields S (1991) Cell-type-specific transcription in yeast. *Biochim. Biophys. Acta.* 1088, 155-169.
Herskowitz I (1989) A regulatory hierarchy for cell specialization in yeast. *Nature* 342, 749-757.
Herskowitz L (1985) Master regulatory loci in yeast and lambda. *Cold Spring Harb. Symp. Quant. Biol.* 50, 565-574.

遺伝子調節と癌

イントロダクション

これまでの章で述べてきたように，高等真核生物における遺伝子発現の調節は大変複雑な過程である。したがって，その過程に間違いが生じたとしても不思議ではない。事実，ヒト疾患の分子レベルでの解析により，いくつかの疾患は遺伝子調節の異常によるものであることが示された。

種々のヒト疾患が遺伝子調節の異常により発症するが，その異常が最も著しい疾患が癌である。癌は，ある種の細胞性遺伝子（原癌遺伝子として知られている）の過剰発現により発症するばかりではない。転写因子の発現異常が他の遺伝子の発現に影響を与え，癌を引き起こす場合がある。本章では，癌と遺伝子発現調節の異常との関連に焦点をあてる。この関連についての知見の蓄積により，われわれの癌についての理解や，正常細胞ならびに悪性転換した癌細胞における遺伝子発現の調節過程に関する理解がいかに深まってきたかがわかるだろう。第12章では，癌以外のヒト疾患における遺伝子調節の役割と，遺伝子調節の過程を操作することによる治療の可能性について述べる。

11.1 遺伝子調節と癌

癌遺伝子は癌を引き起こすウイルスから最初に見いだされた

癌と遺伝子調節に関する議論を理解してもらうために，癌を引き起こす遺伝子（癌遺伝子）とその発見に至る経過について簡単に触れておきたい。

1911年，Peyton Rousはニワトリの結合組織の腫瘍が感染性の因子によって引き起こされることを見いだした。この因子は後にウイルスであることがわかり，発見者にちなんでラウス肉腫ウイルス（Rous sarcoma virus；RSV）と名づけられた。この腫瘍ウイルスは**レトロウイルス**（retrovirus）のメンバーであり，レトロウイルスは他の多くの生物とは異なり，ゲノムがDNAではなくRNAになっている。

この種のウイルスの大部分は癌を引き起こさないし，感染した細胞を死滅させることもない。むしろ細胞に感染すると，継続的に感染細胞にウイルスを産生させ，感染を持続させる。しかし，RSVの場合は，感染することにより細胞を癌細胞に変換して無限増殖を引き起こさせ，最終的にその生物を死に至らしめる。

非腫瘍原性レトロウイルスの場合，ゲノムは3つの遺伝子のみで構成されている。それらは，*gag, pol, env* であり，ウイルスが正常な生活環を営むために機能する（図11.1）。ウイルスが細胞に侵入すると，ウイルスRNAはPolタンパク質の作用によりDNAに変換され，そのDNAは宿主側の染色体に組み込まれる。このDNAからの転写と翻訳により，ウイルスのRNAゲノムを覆う構造タンパク質であるGagとEnvが作られ，その結果ウイルス粒子が産生され，他の細胞に感染するために放出される。

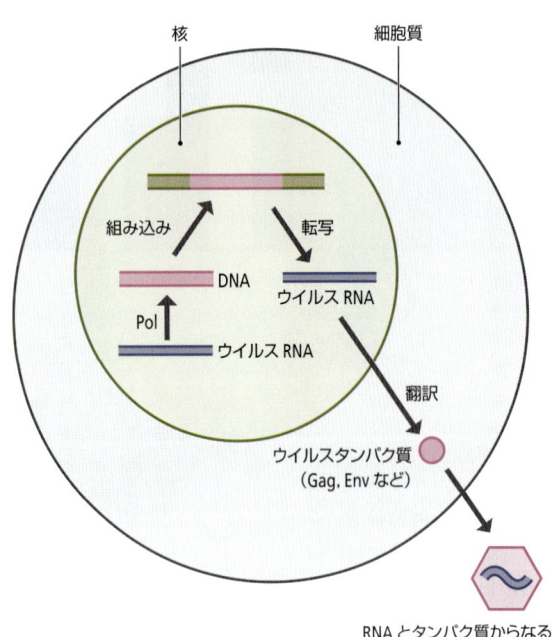

図 11.1
典型的な非腫瘍原性レトロウイルスの生活環。ウイルスDNA(ピンク色)が細胞のゲノム(カーキ色)に組み込まれる点に注意。

RSVゲノムの解析により(図11.2)，RSVは他のウイルスには存在しない*src*遺伝子を有していることが明らかになった。このことから，この遺伝子が癌を誘導する可能性が考えられた。*src*遺伝子のみを正常細胞に導入することで癌細胞の表現型を示すことができたことから，仮説の正しさが証明され，この遺伝子は癌遺伝子(oncogene，ギリシア語で塊や腫瘍を表す*onkas*に由来する)と呼ばれるようになった。

RSVから*src*癌遺伝子が発見された後，ニワトリに加えてマウスやラットなどの哺乳動物に感染する他の腫瘍原性レトロウイルスからも多くの癌遺伝子が見いだされた(表11.1)。

細胞性原癌遺伝子は正常細胞のゲノム上に存在する

癌を引き起こす遺伝子が同定されたことにより，癌研究に対する多くの道が開かれた。しかし，遺伝子調節の観点から最も興味深いのは，癌遺伝子が正常細胞のDNAに存在する遺伝子に由来するという発見である。たとえば，ウイルスの*src*遺伝子の塩基配列が，サザンブロット法(メソッドボックス1.1)を用いて正常細胞と癌細胞の両者のDNAから検出され，さらにはSrcタンパク質をコードするmRNAが正常細胞でも産生されることが示された。

その後の研究により，レトロウイルス由来のすべての癌遺伝子について，その塩基配列が正常な細胞からも見いだされた。正常細胞から検出されたウイルス性癌遺伝子の塩基配列をクローニングして解析したところ，それらはレトロウイルスのタンパク質そのものか，またはきわめて近いタンパク質をコードしていた。混乱を避けるために，ウイルス性癌遺伝子の名称には，接頭辞としてv-*src*のように"v-"

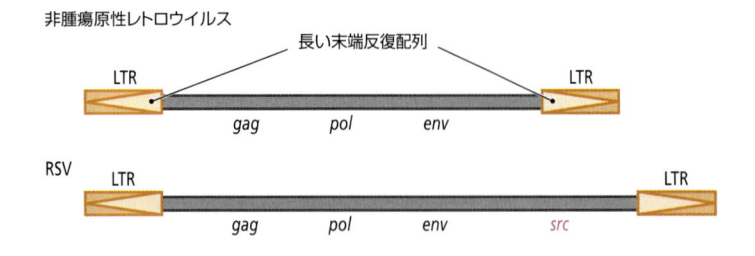

図 11.2
非腫瘍原性レトロウイルスと腫瘍原性レトロウイルス(ラウス肉腫ウイルス；RSV)のゲノムの比較。

表 11.1 原癌遺伝子とその機能

原癌遺伝子	ウイルスが感染する動物種	タンパク質の正常機能
abl	マウス	チロシンキナーゼ
erbA	ニワトリ	転写因子，ホルモン受容体
erbB	ニワトリ	上皮増殖因子（EGF）受容体，チロシンキナーゼ
ets	ニワトリ	転写因子
fes	ネコ	チロシンキナーゼ
fgr	ネコ	チロシンキナーゼ
fms	ネコ	チロシンキナーゼ，コロニー刺激因子受容体
fos	マウス	転写因子
jun	ニワトリ	AP-1 関連転写因子
kit	ネコ	チロシンキナーゼ
lck	ニワトリ	チロシンキナーゼ
mos	マウス	セリン/トレオニンキナーゼ
myb	ニワトリ	転写因子
myc	ニワトリ	転写因子
raf	ニワトリ	セリン/トレオニンキナーゼ
ras	ラット	GTP 結合タンパク質
rel	シチメンチョウ	転写因子
ros	ニワトリ	チロシンキナーゼ
sea	ニワトリ	チロシンキナーゼ
sis	サル	血小板由来増殖因子 B 鎖
ski	ニワトリ	核タンパク質
src	ニワトリ	チロシンキナーゼ
yes	ニワトリ	チロシンキナーゼ

が付けられる。一方，細胞内の相当する塩基配列は原癌遺伝子（proto-oncogene）と呼ばれ，c-src のように接頭辞として"c-"が付けられる。当初こうして同定された原癌遺伝子は，現在では 20 種類以上が知られている（表 11.1）。

レトロウイルス由来の癌遺伝子の塩基配列が正常な細胞にも存在することから，正常細胞の DNA 上にウイルス遺伝子が取り込まれ，正常細胞がもつ原癌遺伝子のすぐ近傍に非腫瘍原性ウイルスの遺伝子が組み込まれたと考えられている。ウイルスゲノムが不正確に切断されると，原癌遺伝子は腫瘍ウイルスの遺伝子となる（図 11.3）。このように，ウイルス中の癌遺伝子は，正常細胞の DNA に存在する細胞

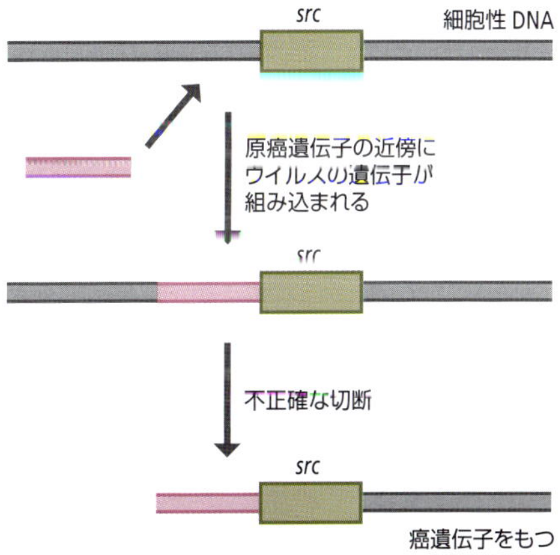

図 11.3
レトロウイルスの遺伝子（ピンク色）が細胞性 src 遺伝子の近傍に組み込まれ，続いて不正確な切断によって細胞性 src 原癌遺伝子を取り込む。

性遺伝子に由来する。

細胞性原癌遺伝子は過剰発現や変異によって癌を引き起こす

逆説的ではあるが，正常細胞において何の有害な効果もなく存在する遺伝子が，ウイルスに組み込まれると癌を引き起こす。原癌遺伝子から腫瘍原性の癌遺伝子への変換は，次の2つの方法のいずれかで起こることがわかった。ウイルスの中で何らかの原因で遺伝子変異が生じ，その結果，異常タンパク質が作られるようになるか，または，ウイルス内に正常細胞よりもかなり高レベルで遺伝子が発現し，高発現した正常タンパク質が**形質転換**（transformation）を引き起こすかである（図11.4）。

しかし，このような原癌遺伝子から腫瘍原性の癌遺伝子への変換が起こるのはウイルス内に限ったことではない。ウイルスが関与しないヒトの癌の場合でも，細胞性原癌遺伝子の過剰発現かゲノム上の変異に基づく異常によって引き起こされるものがあることが示されている。したがって，原癌遺伝子はヒトの発癌に重要な役割を果たしているといえる。

癌を引き起こすこのような原癌遺伝子の潜在的危険性を考えると，なぜこれらの遺伝子が進化の過程で失われなかったのかという疑問が湧いてくる。実際のところ，原癌遺伝子は進化的に高度に保存されており，哺乳動物やニワトリの原癌遺伝子の相同配列は，他の脊椎動物ばかりでなく，ショウジョウバエなどの無脊椎動物，さらには酵母のような単細胞生物にさえ見いだされる。

これらの原癌遺伝子が潜在的な危険性にもかかわらず，進化的にきわめて高度に保存されているということは，それらがコードするタンパク質が正常細胞の増殖の制御過程に必須であり，だからこそ，その制御の異常や変異が異常増殖や癌をもたらすということを示唆している。多くの原癌遺伝子の機能が解析され，それらが正常細胞の増殖を促進する増殖因子や，増殖因子受容体，プロテインキナーゼまたはGTP結合タンパク質などの細胞内の増殖シグナルを伝達するタンパク質をコードしていることが判明したことにより，この考え方が確認された（表11.1）。

癌遺伝子産物により制御される増殖シグナル伝達経路は，最終的には核に到達し，そこで増殖期の細胞が必要とするタンパク質をコードする遺伝子を活性化する。したがって，いくつかの原癌遺伝子が，増殖期の細胞で活性化される遺伝子の発現を制御する転写因子をコードしていることも，驚くべきことではない（**表11.2**）。

それゆえに，癌遺伝子には遺伝子発現調節の観点から2つの重要な側面がある。

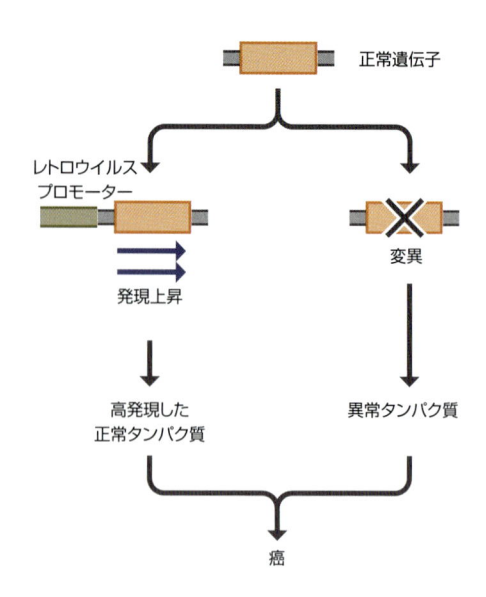

図11.4
発現上昇または変異により細胞性原癌遺伝子が腫瘍原性の癌遺伝子に変換される。

表11.2　転写因子をコードする原癌遺伝子

原癌遺伝子	備考
erbA	甲状腺ホルモン受容体の変異型
ets	AP-1結合部位の近傍にしばしば結合部位が見いだされる
fos	Fos-Jun二量体としてAP-1結合部位に結合する
jun	Jun-Jun二量体として単独でAP-1結合部位に結合できる
mdm2	p53による遺伝子活性化を抑制する
mdm4	p53による遺伝子活性化を抑制する
myb	DNA結合型転写アクチベーター
myc	DNAに結合するためにMaxタンパク質が必要
rel	NFκBファミリーのメンバー
spi-1	転写因子PU.1と同一

て，ALVのエンハンサーは下流から*myc*プロモーターを活性化できる(図11.5b)。

原癌遺伝子の発現は細胞自身の機能により促進される

　これまでに述べてきた例は，ウイルスの制御システムがいかにして細胞性の調節過程を破壊するかを示しており，遺伝子発現調節の観点から興味深い。しかし，さらに興味をひかれるのは，ウイルスが介在せずに，内在性の細胞性調節過程の変化によって細胞性原癌遺伝子の発現が上昇する場合である。最もよく研究された例は，ヒトバーキット(Burkitt)**リンパ腫**(lymphoma)とマウス形質細胞腫であり，c-*myc*原癌遺伝子の発現上昇がB細胞の形質転換の際に起こる。

　研究の過程で，これらの腫瘍では8番染色体と14番染色体の間で特異的な染色体転座が起きていることが明らかになった(図11.6)。大変興味深いことに，転座する8番染色体領域にはc-*myc*遺伝子が含まれ，転座の結果，14番染色体の免疫グロブリン重鎖をコードする遺伝子の近傍に*myc*遺伝子は移動する。この転座により，腫瘍細胞では*myc*遺伝子の発現が上昇する。

　このような原癌遺伝子の免疫グロブリン遺伝子座への転座は*myc*遺伝子に限られたものではなく，B細胞性**白血病**(leukemia)において他のさまざまな原癌遺伝子でも認められた。さらに，T細胞受容体遺伝子座(T細胞に高発現している)への原癌遺伝子の同様の転座が，T細胞性白血病で認められた(11.2節)。しかし，原癌遺伝子の発現上昇の分子機構として最も研究が進んでいるのは*myc*癌遺伝子の場合であり，以下ではこの遺伝子について述べていくことにする。

各種の癌では種々の機構により原癌遺伝子の発現が促進される

　*myc*遺伝子が過剰に発現する過程を詳細に研究することで，c-*myc*と免疫グロブリン遺伝子の転座における切断点の位置の違いにより，それぞれのリンパ腫は異なる分子機構で起こることが判明した。しかし，解析したすべての症例で，転座の切断点は免疫グロブリン遺伝子の中にあり，プロモーターを欠いた遺伝子がc-*myc*遺伝子に連結する。この事実は，遺伝子は常に"head-to-head"の方向に連結するという事実と合わせて(図11.7)，c-*myc*遺伝子の発現上昇は，免疫グロブリン遺伝子のプロモーターの制御下に置かれるような単純な挿入で起こっているのではないことを示している。しかし，免疫グロブリン遺伝子の連結領域と定常領域(1.3節，4.4節)の間に位置するB細胞特異的エンハンサーが，転座によって*myc*プロモーターの近傍に移動する場合がある(図11.8)。このエンハンサーはB細胞で高い活性を有しており，ALVのエンハンサーと同じ機構で*myc*プロモーターを活性化できる(図11.5b)。

　この場合には，c-*myc*遺伝子はB細胞特異的な免疫グロブリン遺伝子の調節機構により発現上昇する。免疫グロブリン遺伝子のエンハンサーは，転座によって失われてしまったプロモーターではなくc-*myc*プロモーターを活性化するのである。しかし，こうでない例もあり，転座の切断点によっては免疫グロブリンのプロモーターとエンハンサーの両者が失われることがある。この場合，c-*myc*遺伝子は明らかなB細胞特異的調節配列が存在しない免疫グロブリン遺伝子の定常領域の近傍に置かれることになる。c-*myc*遺伝子の発現上昇は，転座によるc-*myc*遺伝子自身の切断に基づくようである。すなわち，c-*myc*遺伝子自身の切断により，通常はc-*myc*プロモーターの活性化と遺伝子発現を抑制していた上流のサイレンサーのような抑制性調節配列が除去されるのである(4.4節，図11.9)。

　上流の配列どころか転写配列も除去されてしまうような，c-*myc*遺伝子の大規模な切断がいくつかの腫瘍で認められる。この場合には，タンパク質をコードする情報を含まないc-*myc*遺伝子のエキソン1が除去されることが多い。エキソン1は，c-*myc* RNAの安定化やその翻訳効率を変化させることにより，発現を調節する役

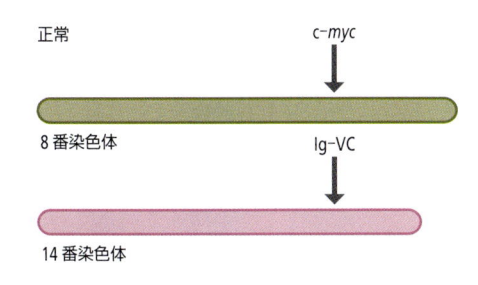

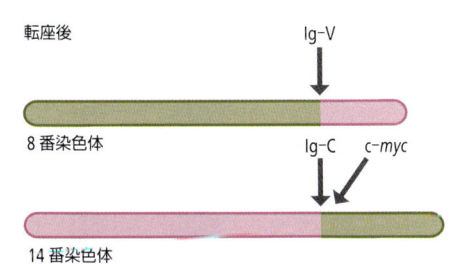

図11.6
8番染色体上のc-*myc*遺伝子の14番染色体上の免疫グロブリン(*Ig*)重鎖遺伝子座への転座は，バーキット(Burkitt)リンパ腫で認められる。

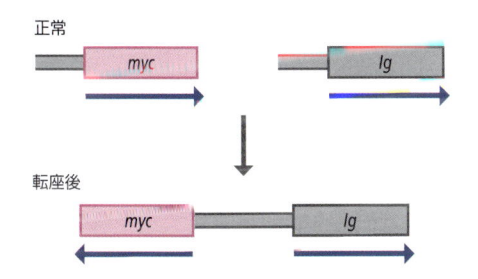

図11.7
転座した*myc*遺伝子と免疫グロブリン(*Ig*)遺伝子の"head-to-head"の関係。

1つ目は，癌はしばしば細胞性原癌遺伝子の発現上昇により引き起こされるので，このことが起こる過程は，癌の病因論および遺伝子発現調節機構の点から興味深い。この点については次に述べる。2つ目は，原癌遺伝子によりコードされる転写因子の研究により，正常細胞と癌細胞における遺伝子発現調節の過程に関する理解が進んだことである。この点については11.2節で述べる。

ウイルスは原癌遺伝子の発現上昇を誘導することができる

細胞性原癌遺伝子産物は細胞増殖の調節に重要な働きをし，多くの場合，限られたときに少量のみ合成される。したがって，これらの遺伝子が，ある状況下で高レベルで発現したとき，癌細胞への形質転換が起こったとしても不思議ではない。このような過剰発現の最も単純な例はレトロウイルスで認められる。すなわち，すでに述べたように，原癌遺伝子がレトロウイルスの**長い末端反復配列**(long terminal repeat；LTR)に含まれる強いプロモーターの影響を受け，高レベルで発現するのである(図11.4)。

レトロウイルスプロモーターの活性による同様の発現上昇は，トリ白血病ウイルス(avian leukosis virus；ALV)の場合にも認められる。しかし，これまでに述べたレトロウイルスとは異なり，このウイルスは癌遺伝子をもっていない。細胞性原癌遺伝子である c-*myc* 遺伝子のすぐ近傍の細胞性 DNA に組み込まれることによって，形質転換するのである(図11.5a)。c-*myc* 遺伝子の発現はレトロウイルス LTR の強いプロモーターの制御下に置かれ，正常よりも20〜50倍の高い発現レベルとなり，形質転換が誘導される。この過程はプロモーターの挿入として知られる。

別の例として，ALV が c-*myc* 遺伝子の上流ではなく下流にも組み込まれることが示された。この場合の c-*myc* 遺伝子の発現上昇はプロモーター挿入によるものではない。ウイルス LTR のエンハンサーが c-*myc* 遺伝子自身のプロモーターを活性化する作用が関与している。第4章(4.4節)で述べたように，エンハンサーはプロモーターとは異なり，両方向性に，かつ距離が離れていても作用できる。したがっ

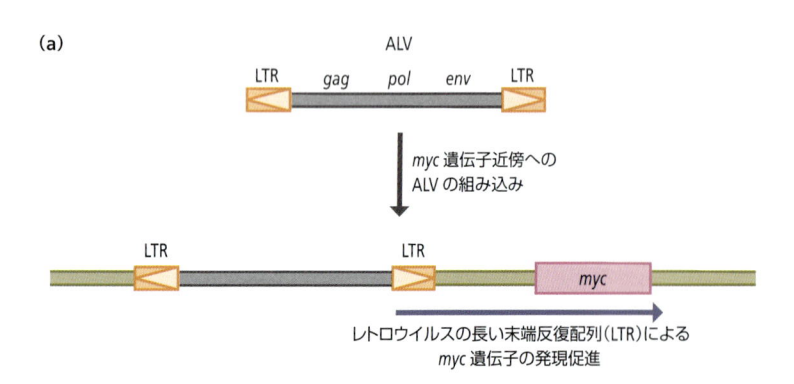

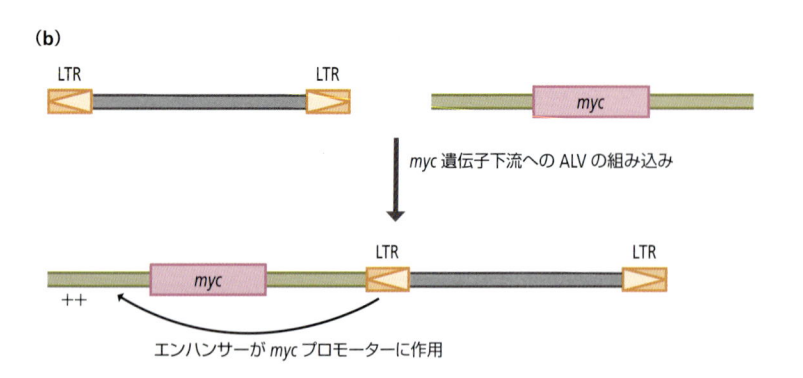

図11.5
トリ白血病ウイルス(ALV)は，(a)プロモーターの挿入によって，または(b)エンハンサーの作用により，*myc* 原癌遺伝子の発現を上昇させる。

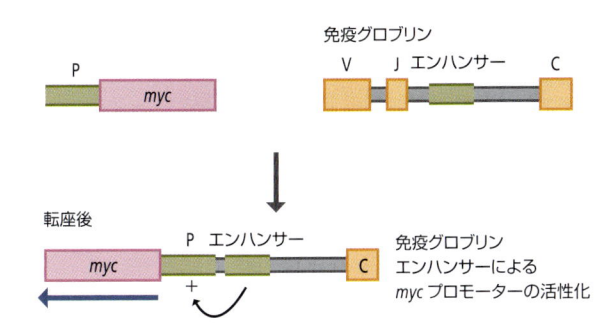

図 11.8
免疫グロブリン重鎖遺伝子のエンハンサーが *myc* 遺伝子のプロモーター(P)を活性化する場合もある。

割を果たしているようである。したがって，エキソン 1 の除去により，一定レベルの転写によって産生された c-*myc* RNA の安定性や翻訳の効率が上昇し，c-*myc* タンパク質の発現レベルが増強するのであろう。遺伝子発現が上昇する同様の機構として，新しくできた c-*myc* 転写産物の転写伸長を抑制する第一介在配列の除去もありうる(5.4 節)。

発現を抑制する配列の除去による癌遺伝子産物の発現上昇は，c-*src* 遺伝子産物に類似したチロシンキナーゼをコードする *lck* 原癌遺伝子の場合にもみられる。この場合，腫瘍における癌遺伝子の活性化は，翻訳開始点の上流にある 5′ 非翻訳領域(untranslated region；UTR)中の配列の除去と関連している。この配列が除去されると，*lck* mRNA のタンパク質への翻訳が 50 倍に増加する。

興味深いことに，除かれた領域は開始コドン AUG を 3 カ所含んでおり，Lck タンパク質合成に必要な本来の開始コドンの上流であった(図 11.10)。これらのコドンを除くと，本来の AUG からの翻訳開始が増加するが，このことは，上流コドンからの開始が本来の翻訳開始を阻害していることを示唆している。これは第 7 章(7.5 節)と第 10 章(10.2 節)でそれぞれ述べた，転写因子 GCN4 と ATF7 の翻訳調節と同じである。

c-*myc* や *lck* のような原癌遺伝子の発現を調節する過程は，腫瘍における過剰発現の研究により明らかになったものだが，正常な細胞増殖の調節パターンを理解することにも役立っている。したがって，研究がさらに進めば，腫瘍形成の機構ばかりでなく，正常細胞における遺伝子発現の調節過程の解明にもつながるであろう。

しかし，腫瘍形成における癌遺伝子の発現上昇は，形質転換した細胞に特異的な機構によって起こる場合もある。たとえば，第 1 章(1.3 節)で述べたように，DNA 増幅は正常細胞では比較的まれにしか起こらない。しかし，腫瘍では特定の癌遺伝子にしばしばみられ，増幅 DNA 領域は顕微鏡下で均一に染色された領域や**二重微小染色体**(double-minute chromosome)として観察される。この増幅はヒトの肺癌や脳腫瘍で共通して認められ，c-*myc* の関連遺伝子である N-*myc* と L-*myc* が関与していることが多い。腫瘍細胞ではこれらの遺伝子は 1,000 コピーにも増幅し，発現が劇的に上昇する。

正常な転写調節過程の破壊や異常なイベントの両者に関連するさまざまな機構により，腫瘍細胞では癌遺伝子が過剰発現する。このような過剰発現が腫瘍形成には必須である。たとえば，肝臓癌のマウスモデルで高レベルの c-*myc* が減少すると，腫瘍細胞は癌形質を失い，肝細胞に分化する。c-*myc* の過剰発現が回復すると，細

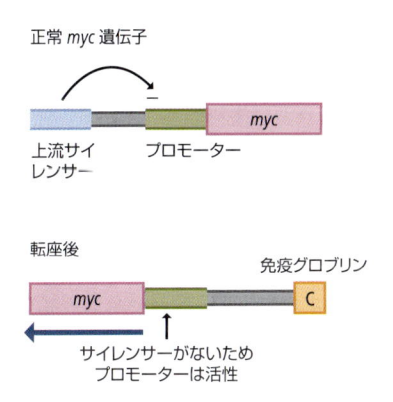

図 11.9
myc 遺伝子の発現は上流のサイレンサーの除去によっても活性化されうる。

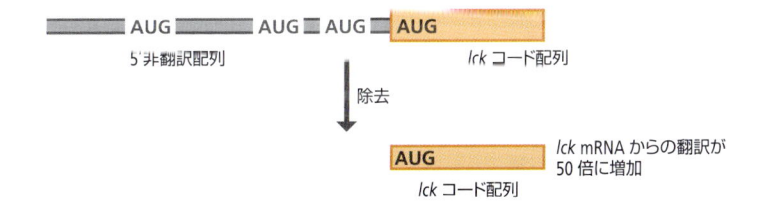

図 11.10
lck 原癌遺伝子 mRNA からの翻訳は，Lck タンパク質をコードする配列の最初にある開始コドン AUG の上流に含まれる AUG を除くことにより，上昇させることができる。

胞は再び癌形質に戻る。変異による異常な癌遺伝子産物の産生と合わせて考えると，癌遺伝子の過剰発現は幅広くさまざまなヒトの癌に関与しているようである。

11.2 癌遺伝子としての転写因子

　11.1 節で述べたように，癌遺伝子産物をコードする細胞由来の遺伝子を単離することにより，癌遺伝子は細胞増殖を制御する過程の多くに関与していることが判明した。細胞増殖の開始と継続は，静止期細胞では発現していない遺伝子が活性化されることと関係するようである。したがって，いくつかの原癌遺伝子が，増殖期の細胞で活性化される遺伝子の発現を制御する転写因子をコードしていることも，驚くべきことではない（表 11.2）。これらの例について以下に述べていく。

癌遺伝子産物 Fos および Jun は細胞由来の転写因子であり，過剰発現すると癌を引き起こす

　ニワトリのレトロウイルスであるトリ肉腫ウイルス（avian sarcoma virus）AS17 は v-*jun* 癌遺伝子を含んでいるが，それと相同の細胞性原癌遺伝子 c-*jun* は，核に局在する DNA 結合タンパク質をコードする。c-*jun* 遺伝子の配列解析により，このタンパク質は酵母の転写因子 GCN4 の DNA 結合ドメインに高い相同性を有することが明らかになった。このことは，Jun が類似の DNA 配列に結合することを示唆している（図 11.11）。興味深いことに，これまでに GCN4 自身が AP-1（activator protein-1）タンパク質の結合する DNA 配列と類似の配列に結合することが示されていた。AP-1 は DNA 結合活性を有するタンパク質として，哺乳動物細胞の抽出液から同定されていた（図 11.12）。

　Jun と AP-1 が，いずれも GCN4 のアミノ酸配列や DNA 結合活性における類似性を有していることは，Jun が AP-1 に関連している可能性を示唆した。このことは，抗 Jun 抗体が精製 AP-1 を認識したこと，また，大腸菌に発現させた Jun が DNA 中の AP-1 結合部位に結合したことによって確認された。さらに，Jun は AP-1 結合部位をもつプロモーターからの転写を促進するが，それを欠いたプロモーターからの転写は促進しなかった。したがって，*jun* 癌遺伝子は AP-1 結合部位と同一の結合部位をもつ遺伝子の転写を促進できる，配列特異的な DNA 結合タンパク質をコードしていることになる。

　Jun は間違いなく AP-1 結合部位に結合するが，この活性を指標に精製した AP-1 には，c-Jun に加えて他のタンパク質も含まれている。いくつかのタンパク質は *jun* に関連した遺伝子によりコードされるが，c-*fos* と呼ばれる別の原癌遺伝子の産物もある。Fos は AP-1 に含まれるが，それ単独では DNA に結合せず，DNA に結合するためには c-Jun を必要とする。つまり，単独で AP-1 結合部位に結合する活性に加えて，Jun は Fos と複合体を形成して AP-1 結合部位への結合を助けることもできる。第 5 章（5.1 節）で述べたように，この複合体の形成は，2 つのタンパク質のロイシンジッパー領域を介して行われる。その結果，Jun-Jun ホモ二量体よりも Fos-Jun ヘテロ二量体の方が，高い親和性で AP-1 結合部位に結合できる。

```
Jun   206 PLFPIDMESQERIKAERKRMRNRIAASKSRK
GCN4  216 PLSPIVPESSDP AALKRARNTEAARRSRA

          RKLERIARLEEKVKTLKAQNSELASTANMLR
          RKLQRMKQLEDKV     EELLSKNYHLE

          EQVAQLKQKVMNHVNSGCQLMLTQQLGTF 296
          NEVARLKKLVGER 281
```

図 11.11
ニワトリの Jun タンパク質と酵母の転写因子 GCN4 の C 末端側アミノ酸配列の比較。枠内は同一のアミノ酸残基を示す。

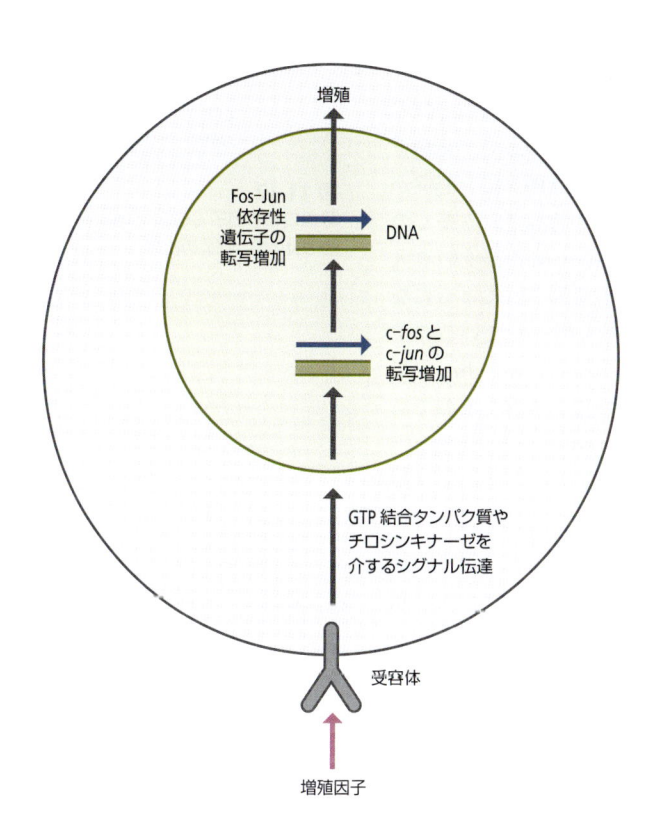

図 11.14
増殖因子による細胞への刺激は c-fos と c-jun の転写を増大させ，その結果，Fos-Jun 複合体により活性化される遺伝子の転写が促進される。

癌遺伝子産物 v-ErbA は甲状腺ホルモン受容体の変異体である

　他の大部分のレトロウイルスとは異なり，トリ赤芽球症ウイルス(avian erythroblastosis virus；AEV)は2種類の癌遺伝子 v-erbA と v-erbB をもっている。v-erbA の細胞性遺伝子である c-erbA がクローニングされ，甲状腺ホルモンに応答する受容体をコードしていることが明らかになった。第5章(5.1節，5.3節)で述べたように，甲状腺ホルモン受容体は核内受容体ファミリーのメンバーであり，ホルモンに結合するとホルモン-受容体複合体の結合部位をもつ遺伝子の転写を誘導する。ErbA の場合は甲状腺ホルモンに結合する領域を有している。このホルモン-受容体複合体は，成長ホルモンやミオシン重鎖をコードする甲状腺ホルモン応答性遺伝子の転写を誘導する(図 11.15)。

　v-erbA 癌遺伝子の細胞内のホモログがホルモン応答性の転写因子であるという発見により，癌遺伝子と転写因子の関係がさらに強くなった。しかし，ウイルスへの甲状腺ホルモン受容体の導入により形質転換が誘導される機構については不明のままであった。これを解明するためには，ウイルスによりコードされるタンパク質と，その細胞内のホモログとを比較する必要がある。図 11.16 に示したように，細胞性の c-ErbA タンパク質は，DNA 結合領域とホルモン結合領域の両者をもつ典型的な核内受容体ファミリーの構造を有する(図 5.21 も参照)。ウイルス由来の v-ErbA タンパク質も類似の構造をしているが，N 末端側でレトロウイルスの Gag タンパク質に融合している点が異なる。また，v-ErbA タンパク質の DNA 結合領域とホルモン結合領域にはいくつかの変異があり，ホルモン結合領域内には小さな欠失が存在する。

　これらの違いのうち，タンパク質の機能への影響が最も大きく，形質転換活性に必須と考えられるのは，ホルモン結合領域における変異である。この変異により，甲状腺ホルモンに結合して転写を活性化することができなくなる。しかし，v-ErbA タンパク質は，甲状腺ホルモンの非存在下において遺伝子発現を抑制する転写抑制ドメインを保持している(5.3節)。それゆえ，v-ErbA タンパク質は，第5章(5.3節)

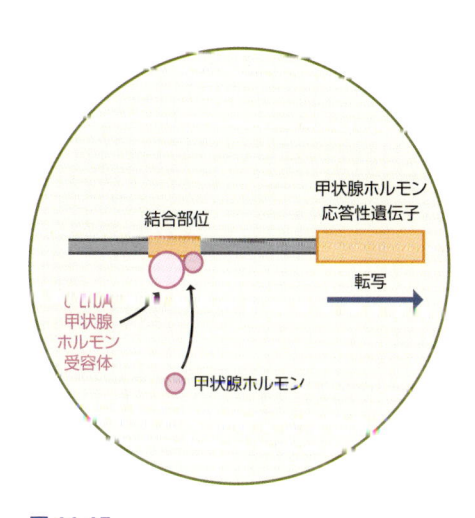

図 11.15
c-erbA 遺伝子は，甲状腺ホルモン受容体をコードし，甲状腺ホルモンに応答した転写を活性化する。

当初，腫瘍原性レトロウイルスとの関連で見いだされたFosとJunは，いずれも細胞に存在する転写因子である。このことは，これらの因子の正常な機能は何か，また，いかにして癌を引き起こすのかという疑問を投げかける。この点で，発癌を促進するホルボールエステルの投与により誘導される遺伝子に，AP-1結合部位が関与しているということは興味深い。ホルボールエステルにより誘導される多くの遺伝子にAP-1結合部位が含まれるばかりでなく（表4.3），AP-1結合部位の導入により，本来ホルボールエステルにより誘導されない遺伝子も誘導されるようになる。ホルボールエステルで処理した細胞ではFosとJunの量も増加している。すなわち，ホルボールエステルはFosとJunを増加させ，増加したFosとJunが形成したヘテロ二量体が，AP-1結合部位をもつ他の遺伝子の転写を誘導するのである。

*ccl2*遺伝子の場合には，複数のAP-1結合部位にJunが結合することにより生じた一連の変化が，遺伝子を活性化させることが示された。この一連の変化には，ヒストンH3の10番目のセリンのリン酸化とヒストンアセチル化による弛緩したクロマチン構造の形成（2.3節，3.3節）や，転写因子NFκBとRNAポリメラーゼⅡのリクルートが含まれる（図11.13）。

非常に興味深いことに，静止期細胞の増殖を促す血清や増殖因子での処理により，JunとFosの量が増加する。したがって，増殖因子の受容体への結合で始まり，プロテインキナーゼや**GTP結合タンパク質**（GTP-binding protein）などの細胞内シグナル分子に引き継がれる増殖シグナル伝達経路は，核内での転写因子であるJunとFosの増加をもって終結することになる（図11.14）。その後，JunとFosは細胞増殖の過程そのものに必要なタンパク質の遺伝子を活性化する。

JunとFosが有する発癌作用を，上述の仕組みとして捉えることは比較的容易である。すなわち，JunとFosが正常状態では増殖シグナルに応答して産生されるのであれば，異常な産生が持続すれば細胞は増殖を続け，増殖調節シグナルに応答しなくなるであろう。このような制御不能な持続した増殖が癌細胞の特徴である。

この考え方と合致して，Fosのロイシンジッパー領域に変異が生じ，Junとの二量体形成やAP-1結合部位をもつ遺伝子の発現の誘導ができなくなると，細胞を癌化させる能力も失われる。すなわち，Fosの発癌活性は，Fosの結合部位をもつ遺伝子に対する転写因子としての活性と直接関連している。

興味深いことに，増殖調節遺伝子のAP-1結合部位はしばしば，細胞性原癌遺伝子によってコードされる別の転写遺伝子であるEtsタンパク質の結合部位の近傍に位置している（表11.2）。したがって，複数の腫瘍原性転写因子が協調的に作用して，活発に増殖している細胞において特定の遺伝子を高レベルで転写しているのかもしれない。

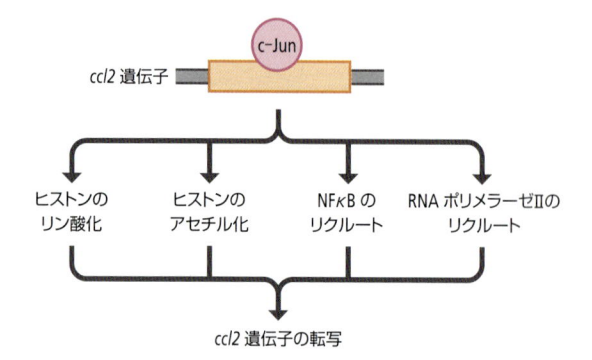

DNA結合部位

GCN 4　5′ **T G A C/G T C A T** 3′
AP-1　　5′ **T G A G T C A G** 3′

図 11.12
酵母の転写因子GCN4と哺乳動物の転写因子AP-1のDNA結合部位の比較。

図 11.13
*ccl2*遺伝子にc-Junが結合することにより多くのイベントが引き起こされ，最終的に*ccl2*遺伝子の転写が起きる。

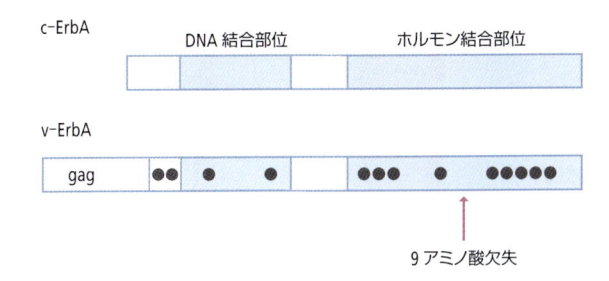

図 11.16
細胞性 c-ErbA タンパク質とウイルス由来 v-ErbA タンパク質の比較。黒丸は両タンパク質間での1アミノ酸の違いを示し、矢印はウイルス由来タンパク質において9アミノ酸が欠失している部位を示す。

で述べた選択的スプライシングを受けた c-*erbA* 遺伝子産物のα2型アイソフォームに機能が類似している。このアイソフォームはホルモン結合ドメインをもたず、甲状腺ホルモン応答性遺伝子の DNA 配列に結合し、ホルモン結合型受容体が甲状腺ホルモン応答性遺伝子を活性化することを抑制する。

ホルモン非結合型のウイルス由来 v-ErbA タンパク質が甲状腺ホルモン受容体アイソフォームと同様の作用をするという考えは、甲状腺ホルモン応答性遺伝子に対するこの癌遺伝子産物の効果を研究することにより確かめられた。予想されたように、v-ErbA タンパク質は、プロモーター上の甲状腺ホルモン応答配列に結合し、細胞由来の c-ErbA タンパク質-甲状腺ホルモン複合体による活性化を阻害することにより、甲状腺ホルモンに対する遺伝子応答を抑制した(図 11.17)。

しかし、興味深いことに、この v-ErbA による遺伝子発現抑制は、甲状腺ホルモン存在下で c-ErbA の結合を単に受動的に阻害するだけではない。第5章(5.3節)で述べた転写抑制ドメインの変異は、v-ErbA の発癌活性を消失させることがある。その変異は v-ErbA の DNA 結合能には影響しないが、転写抑制活性に必須である抑制性コリプレッサーのリクルートを防ぐ。このように、v-ErbA による形質転換には転写抑制活性が必須である(図 11.18)。

ウイルス由来 v-ErbA によるこのような遺伝子発現抑制がいかにして形質転換に至るかの説明は、ウイルス遺伝子の導入がニワトリ赤血球の陰イオントランスポーター遺伝子の転写を抑制するという知見からもたらされた。この遺伝子はニワトリ赤芽球が赤血球に分化するときに発現するものの1つである。ウイルス由来 v-ErbA タンパク質がこの分化の過程を阻害することは知られていたが、このことは分化が起こるのに必要な遺伝子発現の阻害によることが明らかになった。分化が阻害されれば、細胞は増殖し続ける。このとき、細胞外増殖因子とは関係なく細胞を増殖させる、切断型の上皮増殖因子(epidermal growth factor;EGF)受容体をコードする v-*erbB* 遺伝子が同時に導入されれば、形質転換が起こる(図 11.19)。

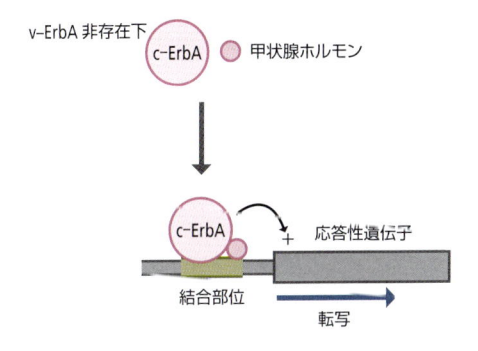

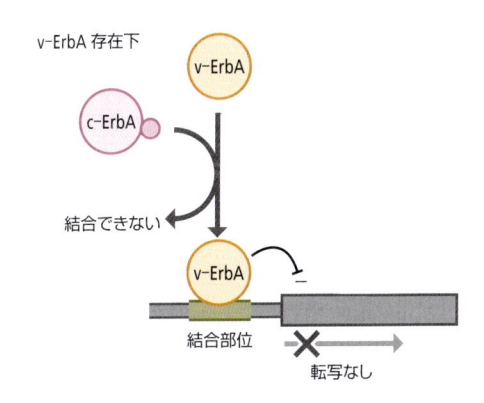

このように、v-*erbA* による形質転換は変異によって癌遺伝子が活性化される例である。この場合、変異によって転写活性化能を失うが、優勢的な転写リプレッサーとしての能力は保持されている。第5章(5.3節)で述べたように、選択的スプライシングを受けた c-*erbA* 遺伝子産物の1つも、v-*erbA* 遺伝子産物と同じく甲状腺ホルモンに結合できないが転写を抑制する。したがって、ホルモン非結合型の受容体による転写の抑制は、正常細胞でも重要な働きを担っているのかもしれない。

図 11.17
細胞性甲状腺ホルモン受容体(c-ErbA)による甲状腺ホルモン応答性遺伝子の活性化を抑制するウイルス性 v-ErbA タンパク質。図 5.58 に示したα2型 ErbA タンパク質の作用との類似性に注意。

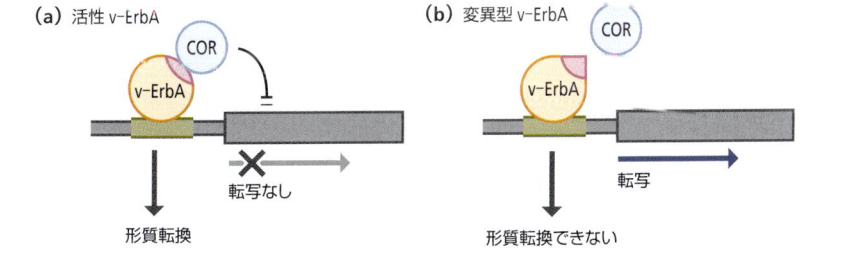

図 11.18
(a) v-ErbA が細胞を癌形質に形質転換するためには、転写抑制ドメイン(ピンク色)へ抑制性コリプレッサー(COR)をリクルートして、能動的に転写を抑制する必要がある。(b) v-ErbA の転写抑制ドメイン(ピンク色)に変異が起きると、DNA には結合できるがコリプレッサーに結合できなくなり、細胞を形質転換させる活性を失う。

染色体転座により過剰発現する転写因子関連癌遺伝子もある

fos/jun と *erbA* は癌遺伝子と転写因子を関連づけるよく研究された例であるが，他の細胞性癌遺伝子にも転写因子をコードするものがある（表11.2）。そのうちの1つであるMycタンパク質は，腫瘍特異的な染色体転座により多くのヒト腫瘍において過剰発現しているために，精力的に研究されてきた（11.1節）。Mycタンパク質は，ヘリックス・ループ・ヘリックスモチーフとともに，FosやJunを含む多くの転写因子に特徴的なロイシンジッパーをもっている（5.1節）。さらに，ロイシンジッパー領域の変異により，細胞を形質転換する癌遺伝子活性を失う。このことは，Mycタンパク質の形質転換活性には，転写因子としての機能が必須であることを示唆している。

ここまでの知見が得られていたにもかかわらず，長年にわたり，転写調節におけるMycの実際の役割は不明であった。これは，JunやErbAについて行われた方法では，Mycが特異的なDNA配列に結合することを証明するのが難しかったからであった。しかし，この問題は，MycがDNAと結合して転写を活性化するためには，第二の因子であるMaxとヘテロ二量体を形成しなければならないことが判明して解決した（図11.20a）。つまり，配列特異的な結合をするために他の因子を必要とするという点で，MycはFosに似ている。この発見は，転写因子の活性制御におけるヘテロ二量体形成の重要性を今一度指摘するものであるとともに，単に結合相手が見つかっていないがゆえに転写因子の詳しい機能がわからない場合があることを示している。

興味深いことに，Mycは転写の調節だけでなくmRNAの翻訳の調節も行う。これは，Mycが基本転写複合体の構成成分であるTFIIHに結合することによる（4.1節）。すなわち，TFIIHはキャップグアニンメチルトランスフェラーゼに作用して，その活性を促進する。キャップグアニンメチルトランスフェラーゼは，mRNAの5′末端のキャップにおいてグアニン塩基の7位をメチル化し，5′-Gpppキャップを5′-Me^{7}Gpppキャップに変換する（6.1節）。メチル化されたキャップは非メチル化キャップと比べ，mRNAの翻訳を著しく促進する。したがって，Mycによるキャップメチル化の促進は，mRNA翻訳の促進へとつながる（図11.20b）。

11.1節で述べたように，*myc*遺伝子はRNA腫瘍ウイルスの研究により最初に同定され，その後，染色体転座によって生じる多くのヒト癌で過剰発現していること

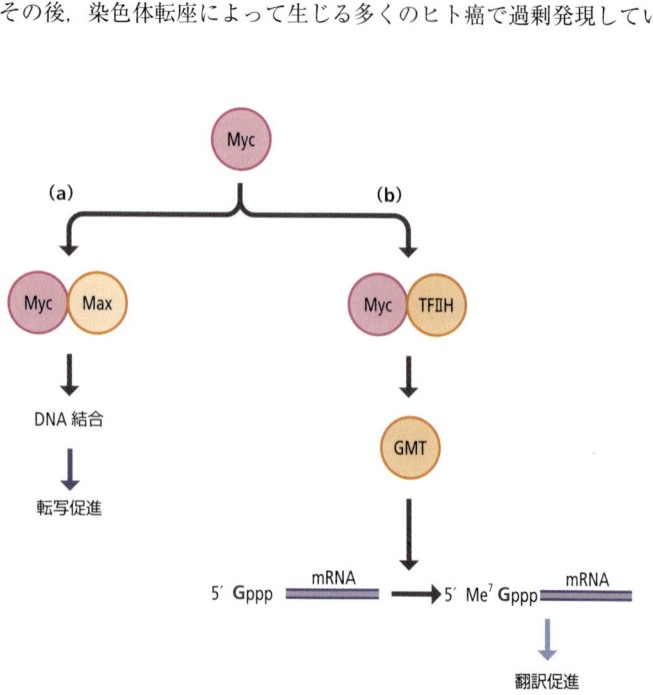

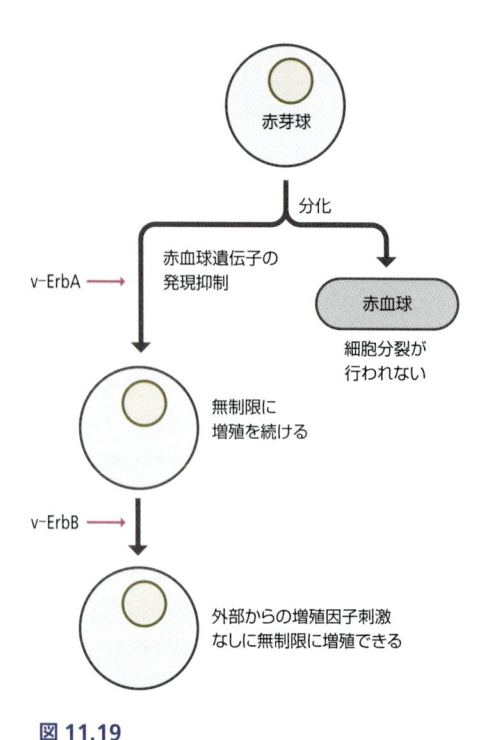

図 11.19
v-ErbAタンパク質による赤血球特異的遺伝子の発現の抑制は，赤血球の分化を阻害し，v-erbBタンパク質による形質転換を引き起こす。

図 11.20
(a)癌遺伝子産物MycはMaxタンパク質と相互作用し，標的遺伝子のDNAに結合することにより，転写を活性化できる。(b)癌遺伝子産物MycはTFIIH因子と相互作用し，キャップグアニンメチルトランスフェラーゼ（GMT）を活性化することにより，翻訳も促進できる。GMTはmRNAの5′末端のキャップ構造をメチル化し，その翻訳を促進する。

がわかった．付け加えれば，転写因子をコードする多くの癌遺伝子が，ヒトの白血病や一部の固形腫瘍でみられる染色体転座に関係していることから同定された．転座は myc のような既知の癌遺伝子に関係しているほか，過剰発現によって癌を誘導することがこれまで知られていなかった遺伝子にも関係している可能性がある．たとえば，ホメオドメインファミリー転写因子(5.1 節，9.3 節)をコードする遺伝子は，T 細胞受容体遺伝子座に転座することにより発現が活性化され，小児の急性白血病に関係していることが示されている．

染色体転座により腫瘍原性の転写因子関連融合タンパク質が作られる

原癌遺伝子が活性型の免疫グロブリン遺伝子座や T 細胞受容体遺伝子座へ転座することにより，その発現が増加するのと同様に，異なる染色体上にある 2 つの遺伝子が転座により融合して，白血病や固形腫瘍を引き起こすことがある(図 11.21)．融合タンパク質は元の正常なタンパク質のいずれとも異なる発癌活性をもつために，おそらく癌を誘導する．ヒト急性骨髄性白血病の 15 ％でみられる融合タンパク質は，転写因子 AML と ETO の融合により生じる．この AML-ETO 融合タンパク質は塩基性ヘリックス・ループ・ヘリックス因子(5.1 節)に結合し，コアクチベーターである CREB 結合タンパク質(CREB-binding protein；CBP)との結合を阻害し，その結果転写リプレッサーとして機能する．

このような染色体転座は，転写開始に関連する因子だけでなく転写伸長を制御する因子に起こることもある．たとえば，ELL 遺伝子は転写伸長因子をコードするが，この遺伝子は急性骨髄性白血病において染色体転座により融合タンパク質を産生する(転写伸長とその制御については 4.2 節参照)．

過剰発現を起こす転座の場合と同様に，融合を伴う転座も，RNA 腫瘍ウイルスで見いだされた転写因子のほか，これまで発癌活性をもつことが知られていなかった転写因子をコードする遺伝子とも関係している．たとえば，c-ets-1 原癌遺伝子(5.1 節)は，もともとニワトリのレトロウイルスで発見された(表 11.1)．その後，この遺伝子は慢性骨髄単球性白血病において，血小板由来増殖因子(platelet-derived growth factor；PDGF)受容体遺伝子と融合していることが示された．対照的に，急性前骨髄球性白血病では，腫瘍原性レトロウイルスからは見いだされていなかった 2 つの転写因子遺伝子が転座によって融合している．すなわち，レチノイン酸受容体(retinoic acid receptor；RAR)(5.1 節で述べた核内受容体ファミリーのメンバー)をコードする RARα 遺伝子と，慢性骨髄単球性白血病への関与が以前から知られていたジンクフィンガー型転写因子をコードする PML 遺伝子の融合である．

RAR 単独では転写アクチベーターとして働くが，RAR-PML 融合タンパク質は AML-ETO 融合タンパク質と同様に転写リプレッサーとして働く．RAR-PML 融

図 11.21
活発に転写されている免疫グロブリン遺伝子座や T 細胞受容体遺伝子座への転座によってその発現が増加したり(a)，腫瘍原性の新規タンパク質をコードする融合遺伝子が作られる(b)場合に，染色体転座による癌遺伝子の活性化が起こる．

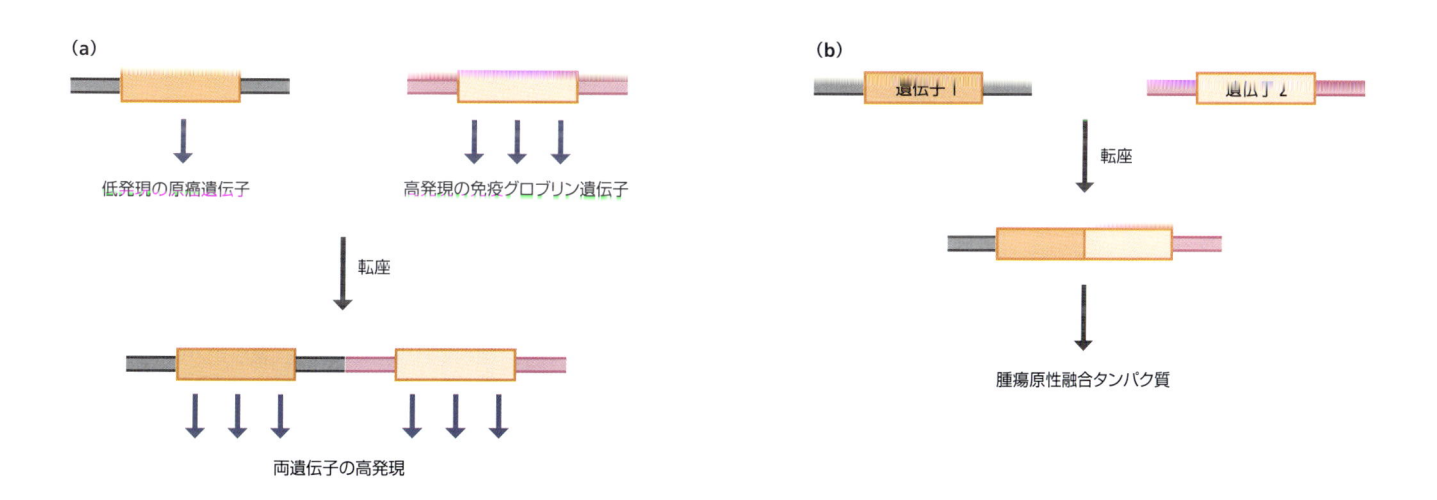

(a) 低発現の原癌遺伝子 / 高発現の免疫グロブリン遺伝子 → 転座 → 両遺伝子の高発現

(b) 遺伝子1 / 遺伝子2 → 転座 → 腫瘍原性融合タンパク質

合タンパク質の転写抑制的な働きは、ヒストンデアセチラーゼをリクルートして不活性型のクロマチン構造を形成することに基づく。AML-ETO融合タンパク質も（塩基性ヘリックス・ループ・ヘリックス因子に結合してコアクチベーターCBPとの結合を阻害することに加えて）ヒストンデアセチラーゼに結合する。このことは、腫瘍原性融合タンパク質により誘導される脱アセチル化の増強が、ヒト白血病において重要な役割を果たしており（図11.22）、したがって治療標的となりうることを示唆している（12.5節）。

クロマチン構造の変化を生み出すヒストンアセチル化の重要な役割を考えれば、クロマチン構造の変化がヒト癌において決定的な働きをしていることが示唆される。しかし、このようなクロマチン構造に対する影響はヒストンアセチル化の変化に限ったものではない。たとえば、シトシンのメチル化（3.2節）やヒストンのメチル化とユビキチン化（2.3節、3.3節）のように、クロマチン構造を変化させる他の修飾の変化が、ヒト腫瘍細胞ではさまざまな遺伝子座に認められる。

これらの例として、MLL因子が挙げられる。この因子はヒトの混合分化型白血病（mixed-lineage leukemia）で起きている染色体転座に関係していることから見いだされた（それゆえMLLと名づけられた）。その転座により、MLLが他の因子に連結した融合タンパク質が作られる。正常細胞に存在するMLLタンパク質は、ヒストンH3の4番目のリシンをメチル化するヒストンメチルトランスフェラーゼとして働く。さらに、MLLは標的遺伝子のシトシンのメチル化を防ぐ。この2つの働きにより、MLLの標的遺伝子はクロマチン構造が弛緩状態となる（図11.23a）。混合分化型白血病のMLL融合タンパク質では、この活性が消失ないし減弱し、MLLの標的遺伝子の発現が抑制される（図11.23b）。

興味深いことに、MLLタンパク質はショウジョウバエで最初に見つけられたTrithorax（トリソラックス）タンパク質（3.3節、5.1節）のヒトホモログである。Trithoraxタンパク質と同様に、MLLは発生の過程でホメオドメイン転写因子をコードする特定のHox遺伝子のクロマチン構造を弛緩させる。第3章（3.3節）と第5章（5.1節）で述べたように、クロマチン構造を弛緩させるTrithoraxタンパク質の作用は、クロマチンを凝縮した構造にするPolycomb（ポリコーム）タンパク質の作用とは逆である。

このようなPolycombタンパク質もまた癌に関係する。たとえば、PRC2 Polycomb複合体の構成要素であるEZH2タンパク質は、いくつかの種類の癌で過剰発現しており、ヒストンH3の27番目のリシンをメチル化することにより、いくつもの癌抑制遺伝子（転写されれば腫瘍形成を抑制する；11.3節）の転写を抑制するようである。このメチル化修飾は、それ自体がクロマチンを凝縮した構造にす

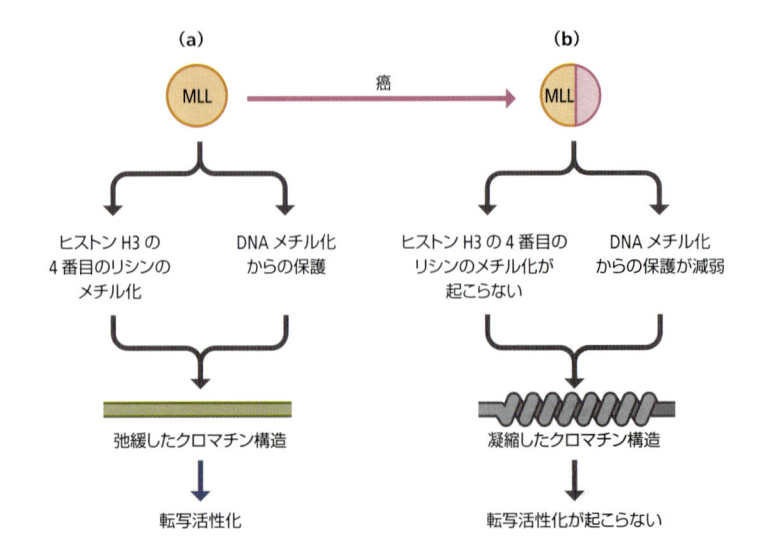

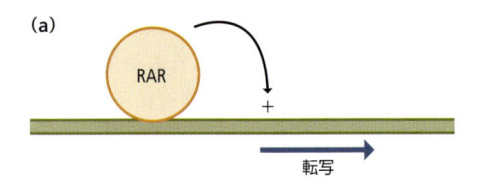

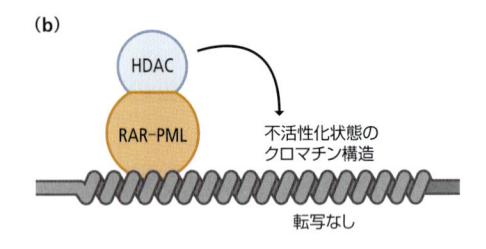

図11.22
前骨髄球性白血病で見いだされるRAR-PML融合タンパク質は、クロマチンを不活性化状態にするヒストンデアセチラーゼ（HDAC）をリクルートする。したがって、RAR-PML融合タンパク質は、正常型レチノイン酸受容体（RAR）(a)とは異なり、転写リプレッサー(b)として作用する。

図11.23
(a)正常なMLLタンパク質は、ヒストンH3の4番目のリシンをメチル化し、また標的遺伝子がDNAメチル化されないようにする。その結果、標的遺伝子領域のクロマチンは弛緩した構造をとり、転写される。(b)癌で発現しているMLL融合タンパク質は、そのヒストンメチル化活性を失い、標的遺伝子のDNAメチル化を防ぐ作用が減弱している。そのため、標的遺伝子領域のクロマチン構造は凝縮した状態になり、転写が起きなくなる。

11.3 癌抑制遺伝子

癌抑制遺伝子は細胞増殖を抑制するタンパク質をコードする

　細胞性癌遺伝子の発見に続き，それらが細胞増殖を促進するタンパク質をコードすることが明らかになった。過剰発現または変異により活性化されると，細胞増殖が異常になり，癌が発生する。しかし，その後，ある種の遺伝子の欠失または変異による不活性化によっても，癌が発生することが明らかになってきた。これらの遺伝子は正常では細胞増殖を抑制するタンパク質をコードしており，不活性化されると制御不能な異常な細胞増殖が起こる。それゆえこれらの遺伝子は癌抑制遺伝子（anti-oncogene，tumor-suppressor gene）と名づけられた。

　癌抑制遺伝子の発癌抑制作用を考えると，発癌は癌遺伝子の場合のような遺伝子の過剰発現や変異による活性化によって起こるのではなく，むしろそのタンパク質産物を不活性化する遺伝子の欠失や変異の出現によって起こることは明らかである（図11.26）。遺伝子の変異や欠失により癌が発生するという性質に基づいて，多くの癌抑制遺伝子が同定されてきた（表11.3）。非常に興味深いことに，最も研究が進んだ3つの癌抑制遺伝子は，すべて転写因子をコードしている。このうち2つは p53 とウィルムス（Wilms）腫瘍遺伝子産物であり，特異的な遺伝子の標的部位に結合し，その発現を調節することにより機能する。3つ目は**網膜芽細胞腫遺伝子産物**（retinoblastoma gene product；Rb）で，他の調節性転写因子とのタンパク質間相互作用を介して機能する。そこで，これらの2つのタイプの代表として，p53 タンパク質と Rb タンパク質について述べる。

p53 タンパク質は DNA 結合型転写因子である

　p53 タンパク質は，小型 DNA ウイルス SV40 のラージ T 抗原に結合する分子量 53kDa のタンパク質として同定された。その後，p53 タンパク質をコードする遺伝子が種々のヒト腫瘍，特に癌で変異していることが明らかになった。正常細胞では，p53 は DNA の損傷に応答して誘導され，その活性化により増殖停止や細胞死が起こる。興味深いことに，マウスにおける *p53* 遺伝子の不活性化は，正常な発

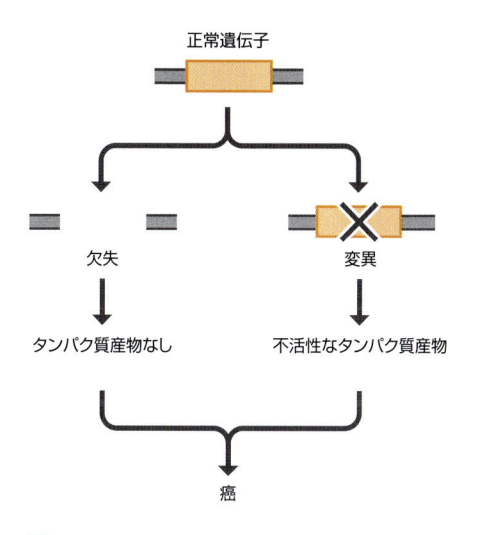

図 11.26
癌抑制遺伝子の欠失または変異による不活性化は癌の原因となる。

表 11.3　癌抑制遺伝子産物とその機能

癌抑制遺伝子産物	遺伝子変異がみられる腫瘍	タンパク質の機能
APC	大腸癌	細胞質タンパク質
BRCA-1	乳癌	DNA 複製，転写因子？
BRCA-2	乳癌	DNA 複製，転写因子？
DCC	大腸癌	細胞接着分子
NF1	神経線維腫症	Ras GTP アーゼ活性化
NF2	シュワン（Schwann）細胞腫，髄膜腫	細胞質タンパク質
p53	肉腫，乳癌，白血病など	転写因子
PTEN	膠芽腫，黒色腫，前立腺癌	ホスファターゼ
RB1	網膜芽細胞腫，骨肉腫，小細胞肺癌	転写因子
VHL	褐色細胞腫，腎癌	タンパク質分解
WT1	ウィルムス（Wilms）腫瘍	転写因子

るばかりでなく，癌細胞においては DNA メチル化も促進して，さらにクロマチンを高度に凝縮した状態にする。このように，正常な発生過程の場合と同様に，Trithorax タンパク質と Polycomb タンパク質は癌の発生に対しても逆の作用を示し，染色体転座によって MLL/Trithorax の機能が失われたり，EZH2/Polycomb の発現が増強すると，発癌に至る（図 11.24）。

JJAZ1 遺伝子にコードされる Polycomb ファミリーの他のメンバーは，ヒト子宮内膜癌で起こる染色体転座と関係している。この転座により，JJAZ1 Polycomb タンパク質と *JAZF1* 遺伝子にコードされる別のタンパク質との融合タンパク質が作られる。この融合タンパク質は細胞増殖を促進し，細胞死を誘導する刺激から細胞を守ることができる。それゆえ，この融合タンパク質は腫瘍原性である。

非常に興味深いことに，この融合タンパク質は正常子宮内膜細胞でも少量合成されている。第 6 章（6.3 節）で述べたように，正常細胞ではこの融合タンパク質は，*JAZF1* RNA 転写産物と *JJAZ1* RNA 転写産物からのエキソンのトランススプライシングによってできた新規の mRNA によりコードされる。この新たな知見は，癌における染色体転座により，正常細胞で RNA レベルでのトランススプライシングによって少量合成していた方法を真似て，大量の融合タンパク質が合成される可能性があることを示唆している（図 11.25）。したがって，この場合，正常細胞ではトランススプライシングにより少量産生されていた融合タンパク質を過剰発現させる転座により，癌が発生することになる。

このように，転写因子とクロマチン構造を変化させる因子の両者がヒトの癌で過剰発現し，また機能が変化しうることは明らかであり，その影響は癌の発生に決定的な役割を果たす。

RNA 腫瘍ウイルスや染色体転座領域に見いだされた細胞性癌遺伝子に加えて，DNA 腫瘍ウイルスも遺伝子発現を調節することができる癌遺伝子をもつことは知っておくべきである。小型 DNA ウイルスである SV40 やポリオーマウイルスのラージ T 抗原，アデノウイルスの E1A タンパク質は，特定の細胞性遺伝子の転写に影響し，その活性はこれらのタンパク質が細胞を形質転換するのに必須である。しかし，RNA ウイルス由来の癌遺伝子とは異なり，これらのウイルスタンパク質をコードする遺伝子のホモログは細胞内には存在せず，細胞ゲノムから取り込まれたというよりもウイルスの中で進化したようである。

その起源がまったく異なるにもかかわらず，DNA 腫瘍ウイルスと RNA 腫瘍ウイルスに由来する癌遺伝子が，いずれも細胞の遺伝子発現に影響する類似の活性をもつことは，細胞性遺伝子の発現を変化させることがこれらのウイルスの形質転換活性に必須であることを示唆している。

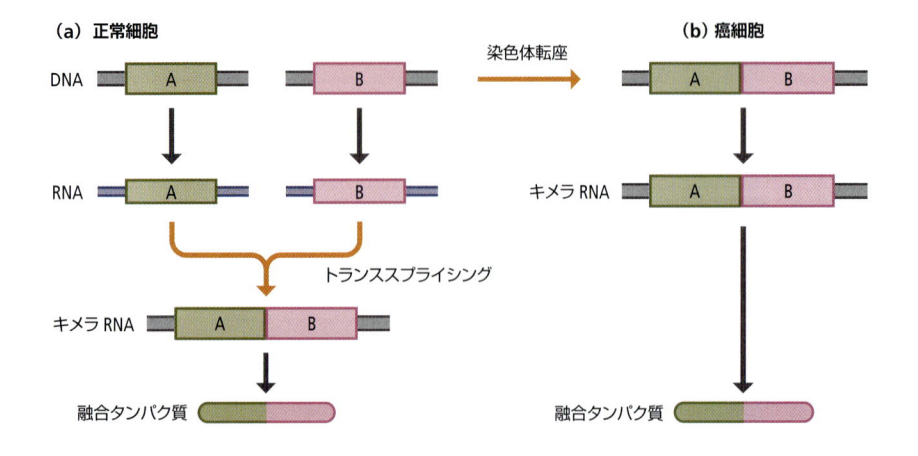

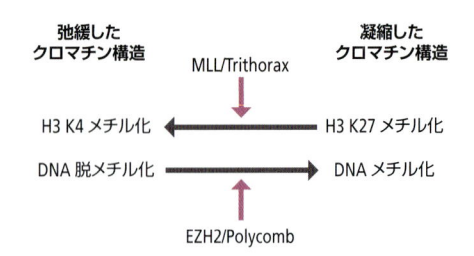

図 11.24
正常な MLL/Trithorax ファミリータンパク質はヒストン H3 の 4 番目のリシン（K4）のメチル化を促進し，DNA メチル化を阻害することでクロマチン構造を弛緩した状態にする。この作用は，*MLL* 遺伝子がある種の癌で染色体転座をすることにより，不活性化される。対照的に，EZH2 Polycomb ファミリータンパク質は，ヒストン H3 の 27 番目のリシン（K27）のメチル化を促進し，DNA メチル化を誘導することでクロマチン構造を凝縮した状態にする。この作用は，*EZH2* 遺伝子がある種の癌で過剰発現されたときに増強する。

図 11.25
(a) 正常細胞では，異なる遺伝子（A と B）がコードする 2 種類の RNA のトランススプライシングにより，融合タンパク質をコードするキメラ RNA が作られる。(b) 癌細胞では，DNA レベルで遺伝子 A と B を融合させる染色体転座により，同じ融合タンパク質が作られる。

生を妨げない。しかし，p53遺伝子の不活性化により，早期に死に至る腫瘍形成が高い頻度で起こる。これらのことから，p53遺伝子産物は正常状態では，増殖停止や細胞死を引き起こすことにより，DNAに損傷の生じた細胞が増殖するのを防ぐという考え方が生じた。p53が変異により不活性化していると，DNAの損傷した細胞は増殖して，高い頻度で腫瘍を形成する。

詳細な解析により，p53遺伝子産物は特異的なDNA配列に結合して遺伝子発現を活性化する転写因子であることが明らかになった。ヒトの腫瘍で起こる変異は，p53の特異的DNA配列に結合する活性を消失させることから，細胞増殖を調節して発癌を抑制するp53の作用には，この結合能が必須であると考えられる。したがって，p53の機能の少なくとも一部は，細胞増殖を抑制するタンパク質の遺伝子発現を活性化することである（図11.27a）。遺伝子の欠失（図11.27b）や変異（図11.27c）によりp53が不活性化すると，細胞増殖を抑制するタンパク質が発現しなくなり，結果として細胞増殖が制御できなくなる。

遺伝子の欠失や不活性化変異によるp53の機能喪失は癌を引き起こすが，p53の癌関連変異には，腫瘍形成を促進する変異タンパク質を産生する癌遺伝子としての機能を獲得させるものもある。このような変異タンパク質は，野生型のp53のDNA結合部位には結合しないが，細胞増殖を促進するタンパク質をコードする遺伝子の発現を活性化できる。これは，変異型p53が増殖促進遺伝子の異なる結合部位に結合する（図11.28a）か，または変異型p53がタンパク質間相互作用を介して，他のDNA結合転写因子とともに増殖促進遺伝子へリクルートされる（図11.28b）かによると考えられる。

野生型p53の欠失または変異型p53の存在により癌が発生するが，機能正常なp53が存在したとしても，p53関連遺伝子の活性化の異常により癌が生じることもある（図11.27d）。たとえば，ヒト軟部組織肉腫の多くでは機能正常なp53が発現しているが，同時にmdm2癌遺伝子が増幅している。その産物MDM2は，p53に結合してそのユビキチン化を促進する。興味深いことに，1分子のユビキチンの付加はp53の核外への移行を促進するが，2分子のユビキチンの付加はp53の分解を誘導する。いずれにしても，核内で標的遺伝子を活性化するp53の機能は阻害されることになる（図11.29a）。

p53の安定性の制御に加えて，MDM2はp53 mRNAの翻訳も制御する。L26リボソームタンパク質は，通常p53 mRNAに結合してその翻訳を促進し，p53タンパク質を作る。MDM2がL26リボソームタンパク質に結合すると，そのp53 mRNAへの結合が阻害され，結果としてp53タンパク質の産生が減少する（図11.29b）。

このように，MDM2はp53タンパク質の分解を誘導するだけでなく，p53 mRNAからの翻訳を抑制することによってもp53の機能を阻害できる。p53の阻害は，多くのヒト腫瘍でみられるmdm4癌遺伝子の過剰発現によっても起こる。この場合，MDM4タンパク質はp53の転写活性化ドメインに結合し，転写活性化を抑制することにより，p53の活性を阻害する（このような転写抑制機構については5.3節参照）。

p53に結合する癌遺伝子産物は，MDM2とMDM4だけではない。前述のように，p53タンパク質が同定されるきっかけとなった，p53とSV40ラージT抗原との結合がある。MDM2やMDM4の場合と同様に，p53はSV40ラージT抗原やその他いくつかのDNAウイルスの形質転換タンパク質に結合すると，標的遺伝子を活性化できなくなる。このようにp53を機能的に不活性化することは，細胞を癌形質に形質転換するこれらのウイルスの活性に必須の役割を果たしている。MDM2やMDM4の作用と合わせて考えれば，癌遺伝子産物と癌抑制遺伝子産物の相互作用が細胞増殖の制御に重要な役割を担っていることが示唆される。癌遺伝子の過剰発現もしくは癌抑制遺伝子の欠失によって，このバランスが変化すると癌が発生する。

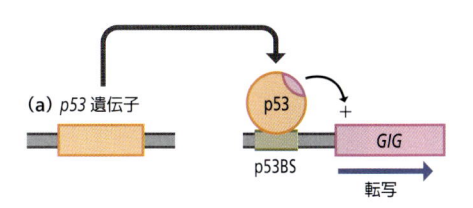

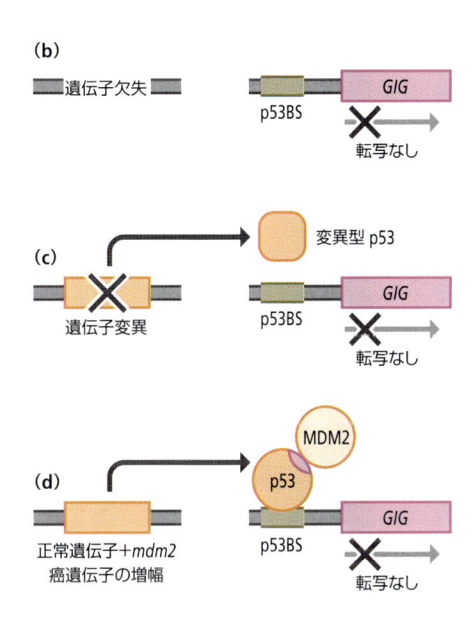

図11.27

機能正常なp53タンパク質はDNA上の結合部位（p53BS）に結合し，細胞増殖を抑制するタンパク質をコードする遺伝子（GIG）の転写を促進する(a)。しかし，この作用は，p53遺伝子の欠失(b)，変異による不活性化(c)，あるいはp53に結合して不活性化する癌遺伝子産物MDM2(d)によって妨げられる。p53タンパク質の転写活性化ドメインをピンク色で示す。

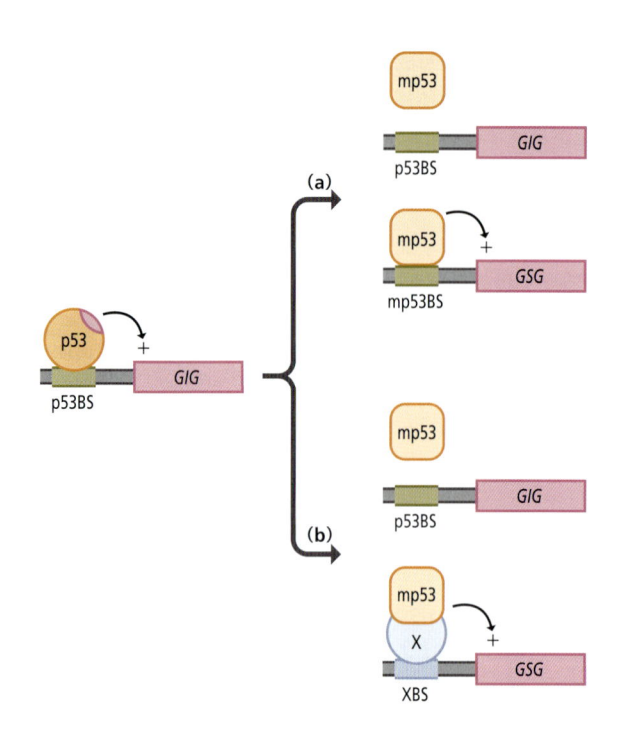

図 11.28
野生型 p53(円形)は，細胞増殖を抑制するタンパク質をコードする遺伝子(*GIG*)の調節領域に存在する結合部位(p53BS)に結合し，その発現を促進する。変異型 p53(mp53, 四角形)は，野生型 p53 とは別の部位(mp53BS)に結合する(a)か，または DNA 結合転写因子(X)により DNA 上へリクルートされる(b)かによって，細胞増殖を促進するタンパク質をコードする遺伝子(*GSG*)の発現を活性化できる。

ユビキチン化による修飾と同様に，p53 の活性はリン酸化やメチル化，アセチル化など多彩な翻訳後修飾によっても制御される。たとえば，p53 の C 末端領域の複数のリシン残基のアセチル化は，p53 と MDM2 の結合を抑制する。その結果，この修飾は p53 を安定化させることになる。さらに，このアセチル化は基本転写因子 TFIID の構成成分 TAF1(4.1 節)の p53 によるリクルートを促進するので，p53 の転写活性化能を増強する(図 11.30)。

p53 を活性化する C 末端領域のアセチル化は，コアクチベーターとして働く CBP または p300 によって触媒される。第 5 章(5.2 節)で述べたように，これらはヒストンアセチルトランスフェラーゼ活性をもっている。逆に，前骨髄球性白血病(11.2 節)で見いだされる RAR-PML 融合タンパク質は，p53 の脱アセチル化を誘導し，その活性を阻害する。これは，腫瘍原性融合タンパク質により癌抑制遺伝子産物の活性が制御される例である。

細胞増殖を抑制するタンパク質をコードする遺伝子の発現調節に p53 が重要な役割を担っていることから，これら増殖抑制遺伝子に注目が集まった。現在，p53 の標的候補遺伝子がいくつか同定されている。その 1 つがサイクリン依存性キナーゼ(cyclin-dependent kinase)の阻害タンパク質として働く p21 タンパク質をコードする遺伝子である。サイクリン依存性キナーゼは，細胞が分裂期へ入るのを促進する酵素である。p53 による調節を受ける遺伝子がこれらの酵素の阻害タンパク質として同定されたことから，p53 がこの阻害タンパク質の発現を促進することにより

図 11.29
MDM2 が p53 の機能を抑制する機構。(a)MDM2 は p53 への 1 分子または 2 分子のユビキチン残基(Ubi)の付加を触媒し，核外への輸送または分解を促進することにより，p53 を不活性化する。(b)MDM2 は L26 リボソームタンパク質と結合し，*p53* mRNA からの翻訳を抑制する。

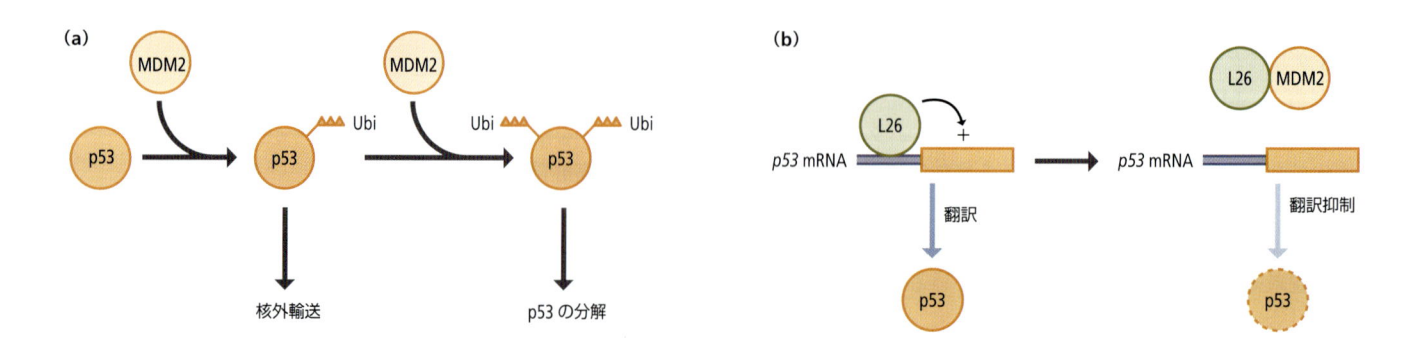

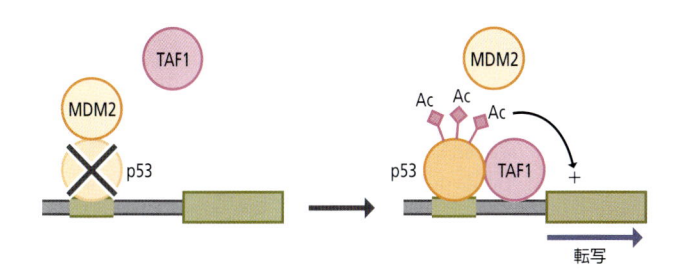

図 11.30
p53 の C 末端領域の複数部位におけるアセチル化 (Ac) は，p53 の MDM2 への結合を抑制することにより (その結果，p53 は安定化する)，またコアクチベータータンパク質 TAF1 のリクルートを促進することにより，その転写活性化能を増強する。

機能することが示唆された。つまり，p53 によって発現が促進された p21 がサイクリン依存性キナーゼを阻害し，その結果，DNA の複製や細胞分裂が抑制されることになる (図 11.31)。

同様に，p53 がプログラムされた細胞死 (アポトーシス) を促す *bax* 遺伝子産物の発現を促進するという発見も，異常を生じて正常な分裂ができなくなった細胞を死に至らしめる役割が p53 にあることを支持する。

したがって p53 は，遺伝子に変異を生じさせるような放射線照射による DNA 損傷に対するセンサーとして機能するようである。p53 が活性化されると増殖停止遺伝子が発現し，細胞は DNA の損傷を修復できるように分裂を停止する。しかし，損傷が修復不能であれば，アポトーシスを誘導する遺伝子が p53 によって発現し，細胞は死に至る。p53 が欠損すれば，DNA の損傷や遺伝子変異をもった細胞が複製を続け，その変異が癌遺伝子を活性化すると癌が生じることになる (図 11.32)。

興味深いことに，p53 の DNA 結合ドメインにある 120 番目のリシンのアセチル化が *bax* 遺伝子の発現を促進するが，*p21* 遺伝子の活性化には影響がない。したがって，p53 のこの位置のアセチル化は C 末端領域のアセチル化 (上述) とは異なる作用を有する。この方法による p53 の修飾は，細胞増殖停止を誘導するよりもむしろ細胞死を引き起こすようである (図 11.32)。

p53 は増殖抑制と細胞死に関係する標的遺伝子の発現を調節することで，細胞分裂と生存を制御する重要な役割を担っている。変異または癌遺伝子産物による p53 の不活性化は，大部分のヒト癌において決定的な役割を果たしていると考えられる。

増殖抑制およびアポトーシスへの影響と同様に，p53 は特異的な遺伝子の発現を調節することにより，細胞分化を制御することができる。たとえば，p53 の活性化により未分化な胚性幹 (ES) 細胞 (9.1 節) は分化する。これは p53 が転写因子 Nanog をコードする遺伝子の発現を抑制することによって起こる。第 9 章 (9.1 節) で述べたように，Nanog には ES 細胞の多能性を維持し，分化を抑制する重要な役割がある。したがって，p53 は特定の標的遺伝子の発現を促進すると同時に別の標的遺伝子の発現を抑制し，増殖抑制や細胞死に関わる遺伝子発現の調節と同様に，

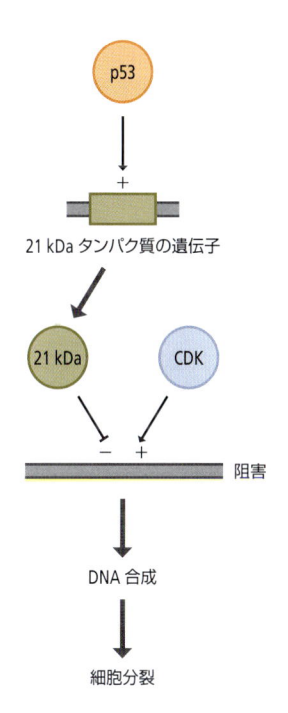

図 11.31
p53 タンパク質は分子量 21 kDa のサイクリン依存性キナーゼ (CDK) 阻害タンパク質をコードする遺伝子の転写を促進する。キナーゼの活性を阻害することにより，21 kDa のタンパク質は DNA 合成と細胞分裂を抑制する。

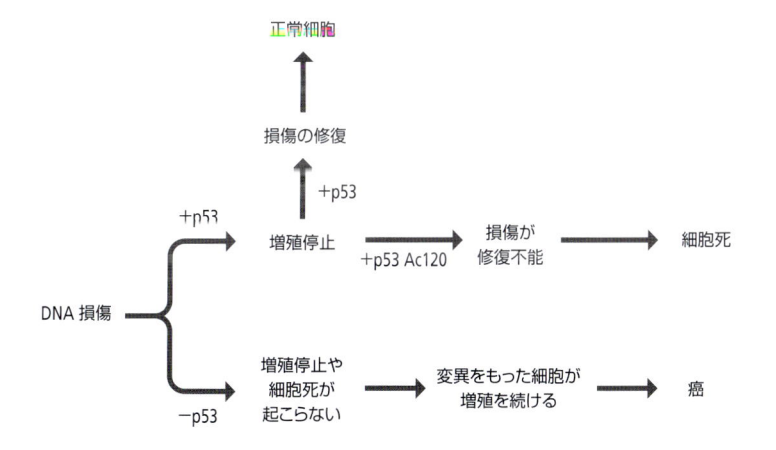

図 11.32
正常細胞では，p53 は DNA の損傷により活性化される。細胞は増殖を停止し，その間に DNA の損傷を修復する。もし，損傷が修復不能であれば，p53 は細胞死を誘導し，損傷を受けた細胞は死滅する。p53 が欠損すれば，損傷を受けた細胞は増殖を続け，やがて癌が生じる。p53 の 120 番目のリシンがアセチル化 (Ac120) されると，細胞死の応答が促進される。

細胞分化を制御する遺伝子発現を調節している(図11.33)。

興味深いことに，p53 は MDM2 をコードする遺伝子の発現を促進する。MDM2 は，前述のように，p53 の分解を誘導するとともに p53 mRNA からの翻訳を抑制する。したがって，ネガティブフィードバックループが形成され，正常細胞では p53 が増えると MDM2 が産生され，結果として p53 が減少する(図11.33)。

p53 は当初，関連するタンパク質の存在しないユニークなタンパク質だと考えられていたが，p53 に関連した 2 種類のタンパク質が同定され，その分子量に基づき p63 ならびに p73 と名づけられた。いずれもヒトの癌で一般的に変異していることはないようであるが，細胞分化や正常な発生に必要なようである。たとえば，p63 の欠損または変異により，欠指症や外胚葉異形成，肢の欠損や顔面裂を呈する，指欠損・外胚葉形成不全・口唇裂(ectrodactyly-ectodermal dysplasia-cleft lip；EEC)症候群として知られるヒト疾患が生じる。

網膜芽細胞腫タンパク質は他のタンパク質と結合して転写を制御する

網膜芽細胞腫遺伝子(*Rb*)は，癌抑制遺伝子として同定された最初の遺伝子である。遺伝子の不活性化により，網膜芽細胞腫(retinoblastoma)として知られる眼の腫瘍が形成されることに基づいて同定された。p53 と同様に，Rb タンパク質は特異的な標的遺伝子の発現を制御することにより，癌抑制遺伝子として機能する。しかし，p53 とは異なり，原則的には他の転写因子とタンパク質間相互作用することにより，機能するようである。

まず，Rb は転写因子 E2F と結合することが示された。E2F は正常状態では，細胞性癌遺伝子 *c-myc* や *c-myb* などの細胞増殖促進遺伝子(11.1節，11.2節)や，DNA ポリメラーゼαやチミジンキナーゼをコードする遺伝子の転写を促進する。E2F への Rb の結合は，E2F の DNA 上の標的部位への結合には影響しないが，転写活性化を抑制する。これは，Rb が E2F の転写活性化ドメインに結合して，その活性を阻害的な抑制効果(quenching，クエンチング)により抑制することによる(5.3節)。

加えて，Rb はヒストンデアセチラーゼとヒストンメチルトランスフェラーゼの両者に結合でき，その結果，ヒストンの脱アセチル化とメチル化を促進する。第 3 章(3.3節)で述べたように，これらの修飾により，転写が起きない凝縮したクロマチン構造が形成される。興味深いことに，Rb タンパク質は有糸分裂期染色体を形成するためのクロマチン凝縮の最終段階に重要な役割を果たすコンデンシン(condensin)とも結合することが示された(2.5節)。これは，Rb タンパク質がクロマチン構造を凝縮のレベルで制御する可能性があることを示唆している。

したがって，Rb は E2F の転写活性化能を阻害し，また凝縮したクロマチン構造の形成を促進することにより，E2F の作用を阻止できる(図11.34)。このように，*Rb* は転写因子をコードする *c-myc* のような癌遺伝子を含む複数の細胞増殖促進遺伝子の転写を抑制することにより，癌抑制遺伝子として機能する。

正常な細胞周期で分裂している細胞においては，Rb タンパク質はサイクリン依存性キナーゼによりリン酸化されている。これにより，Rb の E2F に対する結合が抑制される。その結果，E2F は細胞周期の進行に必要なタンパク質をコードする

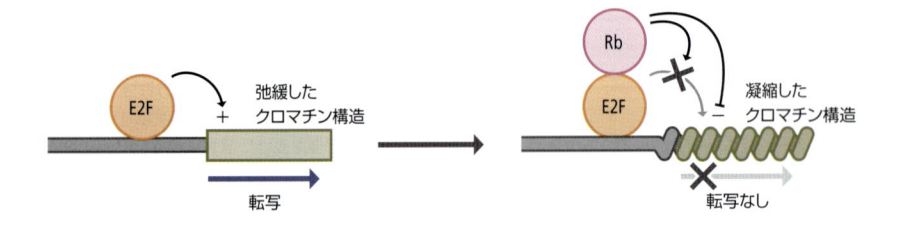

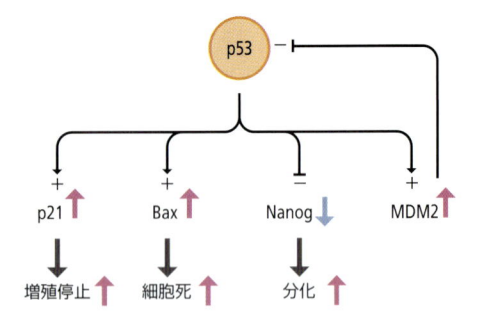

図 11.33
標的遺伝子の発現を促進的または抑制的に制御することにより，p53 は増殖抑制，細胞死，分化を増強できる。わかりやすくするために，それぞれの場合の標的遺伝子は 1 つだけ示しているが，p53 はそれぞれの過程において関与する複数の遺伝子の発現を制御することが知られている。加えて，p53 は MDM2 をコードする遺伝子の発現を促進する。ネガティブフィードバックループが形成され，MDM2 は p53 の合成を抑制し，分解を促進する。

図 11.34
網膜芽細胞腫タンパク質(Rb)が DNA に結合した転写因子 E2F へ結合することにより，転写が阻害される。なぜなら，Rb は E2F による転写活性化を抑制するとともに，転写が起きない高度に凝縮したクロマチン構造(コイル状)の形成を促進するからである。

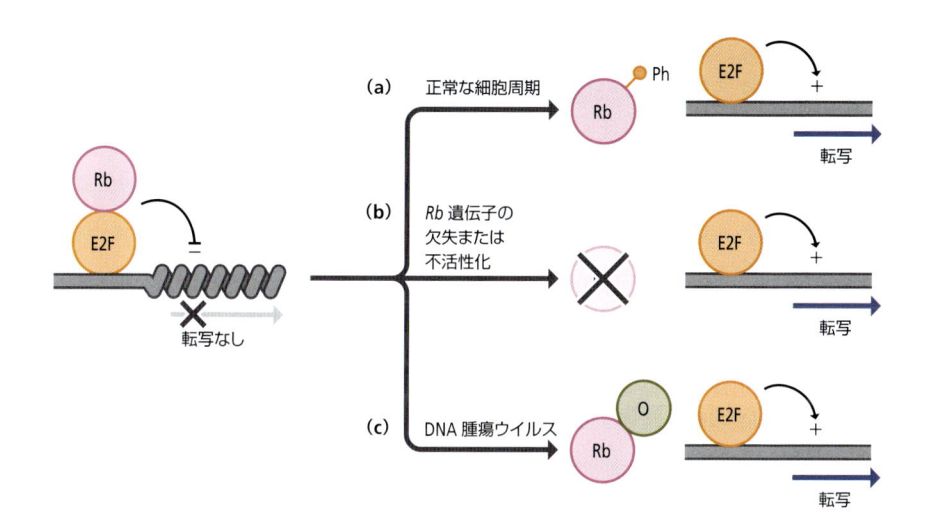

図 11.35
網膜芽細胞腫タンパク質(Rb)は転写因子 E2F に結合して転写を抑制する。この抑制は次のような場合に解除され，E2F が転写を活性化できるようになる。(a) Rb タンパク質が正常な細胞周期においてリン酸化(Ph；オレンジ色の丸)され，それにより E2F との結合が抑制される。(b) Rb をコードする遺伝子が欠失するか，変異により Rb が不活性化される。(c) Rb タンパク質が DNA 腫瘍ウイルスの癌遺伝子産物(O)と結合し，それにより E2F から解離する。

細胞増殖促進遺伝子を活性化する(図 11.35a)。E2F による細胞増殖促進遺伝子の活性化は，*Rb* 遺伝子の欠失や，機能正常な Rb タンパク質の発現を阻害する変異による不活性化によっても，引き起こされる(図 11.35b)。同様に，機能正常な Rb タンパク質の消失は，正常な *Rb* 遺伝子の転写不活性化から生じることもある。たとえば，ある研究では，網膜芽細胞腫の 77 症例のうち 6 症例で *Rb* 遺伝子が著しくメチル化されていることが示された。このような状態では，たとえ遺伝子自身は機能正常なタンパク質をコードできるとしても，転写が起きないであろう(3.2節)。

p53 タンパク質と同様に，Rb タンパク質は，SV40 ラージ T 抗原やアデノウイルス E1A タンパク質，ヒトパピローマウイルス E7 タンパク質のような **DNA 腫瘍ウイルス**(DNA tumor virus)の癌遺伝子産物とのタンパク質間相互作用によって不活性化される。しかし，この場合には，ウイルスタンパク質と Rb の結合により Rb-E2F 複合体が解離し，E2F が単独になると遺伝子発現を活性化できる(図 11.35c)。一方，大型 DNA ウイルスであるサイトメガロウイルスの UL97 タンパク質は，Rb をリン酸化して，正常な細胞周期で Rb が不活性化されるのと類似の方法で Rb を不活性化する。

したがって，Rb タンパク質は細胞の増殖調節に決定的な役割を果たし，癌遺伝子の発現を調節したり，ウイルスが産生する形質転換活性のある癌遺伝子産物の標的として機能する。興味深いことに，Rb は RNA ポリメラーゼ I 転写因子 UBF(4.1節)と結合して，リボソーム RNA をコードする遺伝子の転写を抑制することが示された。さらに，Rb は TFIIIB と結合することにより，RNA ポリメラーゼ III(4.1節)による 5S リボソーム RNA と転移 RNA(transfer RNA；tRNA)遺伝子の転写も抑制する。

タンパク質合成に関わる RNA の転写は細胞増殖に必要であるので，Rb は RNA ポリメラーゼ I と III により転写されるすべての遺伝子の転写を抑制するとともに，細胞増殖に対して必須の遺伝子の RNA ポリメラーゼ II による転写を抑制することで，細胞増殖の包括的な阻害機能を発揮する(図 11.36)。

p53 の場合(前述)とは異なり，Rb 欠損マウスは生存できない。このことは Rb

図 11.36
Rb は RNA ポリメラーゼ I 転写因子 UBF，RNA ポリメラーゼ II 転写因子 E2F，RNA ポリメラーゼ III 転写因子 TFIIIB に結合することにより，それぞれ RNA ポリメラーゼ I によるリボソーム RNA 遺伝子の転写，RNA ポリメラーゼ II による E2F 依存性遺伝子の転写，RNA ポリメラーゼ III による tRNA と 5S リボソーム RNA 遺伝子の転写を抑制する。Pol：RNA ポリメラーゼ。

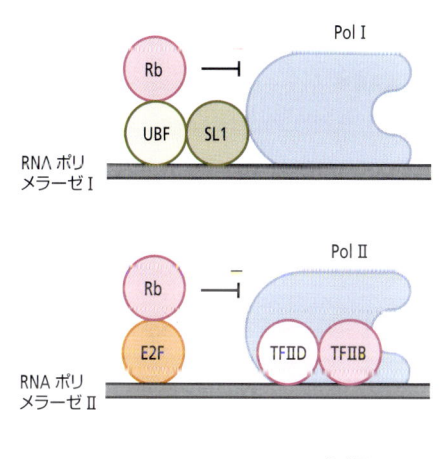

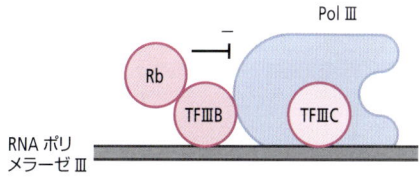

の機能が正常発生に必須であることを示している．興味深いことに，Rb 欠損マウスは，第 5 章（5.1 節）で述べたヘリックス・ループ・ヘリックス転写因子の抑制タンパク質である Id2 をコードする遺伝子を不活性化することにより，生存することができる．

このことは，Rb と Id2 が拮抗的な機能を有し，一方の不活性化が他方の不活性化の影響を最小にすることを示している．実際，Rb と Id2 は互いに結合し，その結果，Rb 活性が阻害されることが示された．N-*myc*（11.1 節）を過剰発現している腫瘍細胞において，Id2 遺伝子は N-*myc* によって転写レベルで活性化される．過剰の Id2 は Rb に結合し，Rb を不活性化して腫瘍を増殖させる．したがって，このことは，癌遺伝子産物の過剰発現が癌抑制遺伝子産物を不活性化するという，癌遺伝子と癌抑制遺伝子が拮抗的に相互作用することにより細胞増殖を制御するもう 1 つの例である．

したがって，p53 とともに，Rb は細胞増殖の制限に必須の役割を果たす．確かに，この 2 つのタンパク質には多くの類似点が存在する．たとえば，両者は腫瘍ウイルスタンパク質に制御されるし，Rb は p53 と同様に，MDM2 タンパク質との結合により阻害される．さらに，Rb のアセチル化は MDM2 との結合を促進することから，p53 と Rb の両タンパク質はリン酸化とアセチル化により制御されることを示している．

加えて，p53 と Rb の経路が相互作用する証拠がある．Rb の活性を制御するリン酸化はサイクリン依存性キナーゼにより行われる．したがって，サイクリン依存性キナーゼを阻害する p21 を活性化する p53 の作用は，Rb を非リン酸化型の細胞増殖抑制型に保つことができる（図 11.37）．

興味深いことに，細胞周期における Rb 活性の制御は，第 10 章（10.3 節）で述べたサイクリン依存性キナーゼによる酵母細胞周期における Whi5 因子の制御に類似している．また，Whi5 は酵母において転写アクチベーター SBF を阻害するので，哺乳動物細胞において Rb が E2F を抑制するのに類似している（図 11.38）．

他の癌抑制遺伝子産物も転写を制御する

p53 と Rb，ウィルムス腫瘍遺伝子産物に加えて，他の癌抑制遺伝子産物もまた転写因子である．たとえば，多くの乳癌症例で変異を起こしている BRCA-1 と BRCA-2 遺伝子産物は，傷害された DNA を修復する割合を調節することが主た

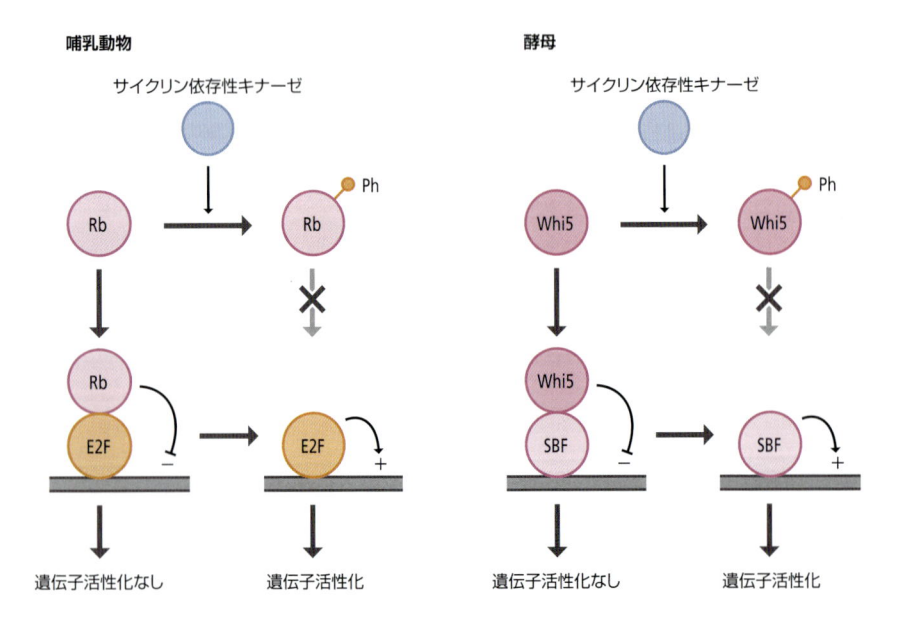

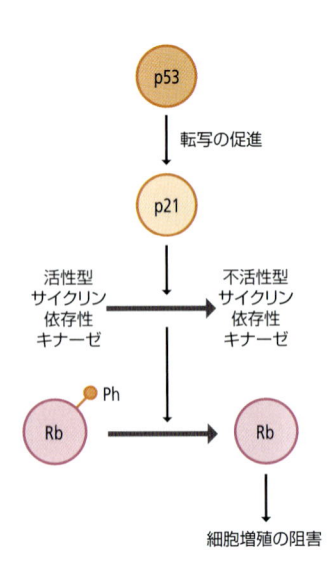

図 11.37
サイクリン依存性キナーゼの阻害タンパク質 p21 をコードする遺伝子を活性化する p53 の作用により，サイクリン依存性キナーゼ活性が阻害され，Rb は非リン酸化型の細胞増殖抑制型に保たれる．

図 11.38
酵母と哺乳動物システム間の細胞周期遺伝子調節の類似性．サイクリン依存性キナーゼが，哺乳動物では Rb タンパク質を，酵母では Whi5 タンパク質をリン酸化（Ph）する．その結果，これらのタンパク質の特異的転写アクチベーター（哺乳動物では E2F，酵母では SBF）への結合が阻害され，遺伝子発現を抑制する活性が阻害される．

図 11.39
ある種の癌において VHL 遺伝子が不活性化すると，正常では機能正常な VHL タンパク質により分解されるはずのタンパク質が分解されなくなる。リン酸化型の RNA ポリメラーゼの場合には，c-myc や c-fos のような遺伝子の転写伸長が増強される。HIF-1αの場合には，正常では低酸素状態に応答するときにのみ誘導される遺伝子が発現される。

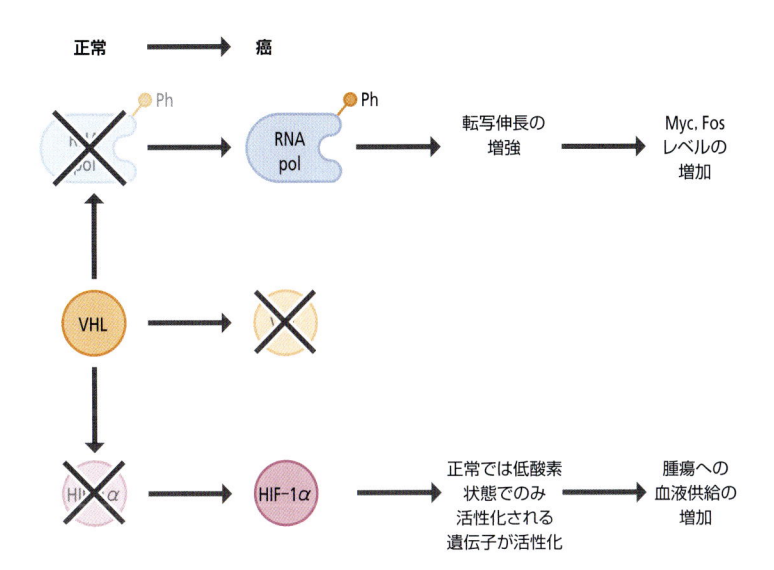

る働きであるが，転写も制御できる。BRCA-1 は p53 と Rb に結合して，その活性を制御する。さらに，BRCA-1 は RNA ポリメラーゼⅡの C 末端領域(C-terminal domain；CTD)に結合し，転写伸長に決定的であるリン酸化(4.2 節の RNA ポリメラーゼⅡの CTD とその転写伸長における役割を参照)を調節することが示された。

　転写伸長の過程は，フォンヒッペル・リンダウ(von Hippel-Lindau；VHL)癌抑制遺伝子産物の標的でもある。VHL は，リン酸化型の RNA ポリメラーゼⅡに低分子量タンパク質であるユビキチンを付加するタンパク質複合体の一部である。ユビキチン化はタンパク質を分解に導くので(8.3 節)，VHL によりポリメラーゼは分解される。さらに，リン酸化型の RNA ポリメラーゼⅡは転写伸長に関与する(4.2 節)ので，VHL タンパク質は特にこの過程を標的としている。

　第 8 章(8.3 節)で述べたように，VHL は低酸素状態に応答した遺伝子発現に重要な働きをする HIF-1αタンパク質の分解にも関与している。したがって，VHL は多岐にわたる細胞応答過程を制御する。

　しかし，この 2 つの過程の両方が，VHL が不活性化したときに進展する癌においては重要なようである。癌でみられる VHL の変異型が転写伸長を阻害しないことは，転写伸長阻害作用が癌の進展に重要であることを示している。このことは，c-myc や c-fos のようないくつかの細胞性癌遺伝子が転写伸長のレベルで制御される事実に基づくようである(5.4 節)。したがって，VHL の非存在下ではこれらの因子はその RNA 転写の伸長阻害が消失するので，過剰発現するのであろう(図 11.39)。

　同様に，VHL の非存在下での HIF-1α活性の増加は，正常では低酸素状態でしか発現されないような遺伝子の発現を誘導するために，腫瘍増殖を助長することになるであろう。その例としては，血管新生に関与する遺伝子があり，腫瘍への血液供給を増してその増殖を促進させる(図 11.39)。

　p53 や Rb，その他の癌抑制遺伝子産物でみられた重要な役割は，癌遺伝子よりも後に発見されたにもかかわらず，癌抑制遺伝子が細胞増殖全般と特異的な遺伝子発現パターンを調整する際に重要な働きをすることを示している。したがって，細胞増殖の正確な速度は癌遺伝子産物と癌抑制遺伝子産物の相互作用のバランスにより制御され，癌は癌遺伝子の活性化と過剰発現，または癌抑制遺伝子の不活性化と減少によるこのバランスの変化から生じると考えられる。

11.4 遺伝子発現の調節：癌細胞と正常細胞の機能の関係

本章のこれまでの節で述べたように、癌は遺伝子発現調節の変化によりしばしば起こる。確かに、ある遺伝子の発現増強や変異または別の遺伝子の欠失や不活性化が癌を引き起こす過程に関する研究により、形質転換、すなわち正常細胞が癌化する過程に関するわれわれの知見は増した。同様に、これらの細胞性遺伝子産物が正常細胞の増殖調節に決定的な役割を果たすという認識をもとに、腫瘍細胞におけるそれらの活性研究から得られた洞察が正常細胞の増殖調節の研究に応用された。癌細胞と正常細胞の増殖の関係、および癌遺伝子産物と癌抑制遺伝子産物による制御を本節で述べる。

癌遺伝子と癌抑制遺伝子は相互作用して、細胞増殖を調節するタンパク質をコードする遺伝子の発現を制御する

癌細胞と正常細胞の増殖の関係は、転写因子をコードする癌遺伝子と癌抑制遺伝子の例でよく示されている。たとえば、癌抑制遺伝子産物 Rb と p53 の研究により、そのタンパク質が細胞増殖を亢進させたり抑制したりする遺伝子の転写を制御する過程に関する知見が著しく増えた。同様に、腫瘍原性レトロウイルスにおいて *fos* と *jun* 遺伝子が単離されたことにより、正常細胞に対する増殖因子の影響の研究が進んだ。一方、v-*erbA* 遺伝子産物が甲状腺ホルモン受容体の切断型であるという認識をもとに、赤血球分化の抑制を介する形質転換におけるその役割が明らかになった。これらの 2 つの例はまた、細胞性遺伝子が腫瘍原性となる 2 つの機構、すなわち変異と過剰発現の機構を明らかにした。v-*erbA* 遺伝子の場合、変異はそのタンパク質を c-*erbA* 遺伝子に由来するタンパク質とは異なるものにする。変異によりタンパク質の性状が変わり、その結果、甲状腺ホルモンに結合できなくなり、転写に対して優勢抑制型として作用するようになる (11.2 節)。

興味深いことに、癌遺伝子産物と癌抑制遺伝子産物とが相互作用する状況においては、癌細胞は癌遺伝子産物の活性が増強する変異、または癌抑制遺伝子産物の活性を減少させる変異に由来することがある。このことは、APC (adenomatous polyposis coli、腺腫様大腸ポリポーシス)癌抑制遺伝子産物 (表 11.3) と癌遺伝子産物 β カテニンの例でみられる。APC は転写因子ではないが、β カテニンは細胞間接着に重要な働きに加え、さらに転写因子としても機能する。これらの 2 つの因子は正常状態では結合し、その結果 β カテニンは細胞質へ輸送され、速やかに分解される (図 11.40a)。このことにより、β カテニンの核への輸送と転写因子 LEF–1 への結合が妨げられ (4.4 節)、β カテニンは転写を活性化する LEF–1 活性を促進できなくなる。APC はタンパク質 (β カテニン) の細胞内輸送を制御する役割に加

図 11.40
癌遺伝子産物 β カテニン (β–C) と癌抑制遺伝子産物 (APC) の相互作用。(a) 正常細胞では β カテニンと APC が細胞質で結合し、その結果 β カテニンは速やかに分解される。(b) Wnt シグナル分子に応答して、β カテニンは安定化して核へ移行し、そこで転写因子 LEF–1 (カーキ色) と結合して、その標的遺伝子の活性化を促進する。(c) このような Wnt シグナルの効果は、癌では APC の不活性化変異や、非分解型 (四角形) β カテニンの活性化変異として認められる。どちらの場合も、β カテニンは核へ移行して LEF–1 と結合し、その活性を促進する。

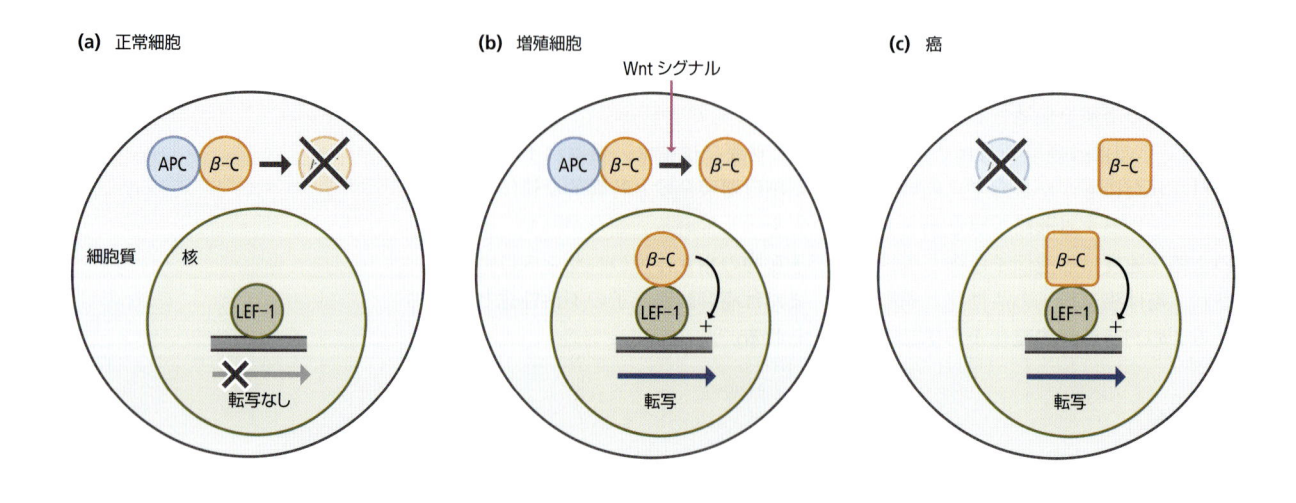

(a) 正常細胞 — APC β-C → ✗ 細胞質 核 LEF-1 転写なし

(b) 増殖細胞 — Wnt シグナル、APC β-C → β-C、β-C LEF-1 + 転写

(c) 癌 — ✗ β-C、β-C LEF-1 + 転写

えて，第7章(7.3節)で述べたように，特異的な mRNA の細胞内輸送を促進する働きがある。

正常細胞では，LEF-1-βカテニン間の結合は Wnt として知られる分泌性シグナルタンパク質に応答して制御される(筋細胞分化におけるこれらのタンパク質の役割については 10.1 節参照)。**Wnt シグナル**(Wnt signaling)に応答して，βカテニンは安定化し LEF-1 の転写活性化能を促進して，その結果細胞が増殖する(図 11.40b)。しかし，Wnt シグナルがなくても，変異によって APC が不活性化されたりβカテニン自身が変異すれば，結果としてβカテニンの安定化は起こりうる(図 11.40c)。

このように，正常細胞の増殖は癌抑制遺伝子産物 APC と癌遺伝子産物βカテニンの相互作用により制御され，癌抑制遺伝子パートナーの不活性化変異または癌遺伝子パートナーの活性化変異により促進される。

興味深いことに，βカテニンの分解は 11.3 節で述べた癌抑制遺伝子産物 VHL によっても促進される。すなわち，複数の癌抑制遺伝子産物がβカテニンを制御する。同様に，βカテニン経路を活性化する Wnt 分泌タンパク質は，正常発生に重要であるが(10.1 節)，恒常的に活性化されたり不適切にβカテニン依存性の遺伝子発現を促進することにより，癌遺伝子産物としても機能しうる。したがって，βカテニンは癌遺伝子産物と癌抑制遺伝子産物のネットワークの中心に存在する(図 11.41)。

変異による癌遺伝子活性化の例に加えて，βカテニンはユニークな 2 つの役割，すなわち細胞間接着に必須の因子としての機能と，遺伝子活性を制御する転写因子としての機能を有する。実際，この 2 つの役割により，細胞接着構成分子からのシグナルが核へ伝達され，細胞外の変化に応答した遺伝子発現の変化が起こるようである。βカテニンにより活性化される遺伝子の中に，Myc と Jun をコードする発癌遺伝子があり，これにより癌に関与するさまざまな経路の連結が可能となる(図 11.41)。

不活性化状態で存在し，変異により活性化されるタンパク質をコードする癌遺伝子の状況と対照的に，特別な増殖因子シグナルに応答したときにのみ合成されその活性が細胞増殖を仲介する癌遺伝子は，不適切なときに合成されると癌を引き起こす。したがって，細胞増殖を促進するホルボールエステルや増殖因子での処理に応答して正常細胞で合成される Fos と Jun の場合には，持続的な合成が細胞を形質転換するのに十分である(11.2 節)。興味深いことに，c-Jun タンパク質が p53 のアポトーシス誘導活性(11.3 節)に拮抗する。これは癌遺伝子と癌抑制遺伝子の拮抗の例である。

このような癌を引き起こす癌遺伝子の過剰発現が，レトロウイルスが関与しない多くの例で起こっている。ある特定の遺伝子の過剰発現を起こす細胞制御過程の例は，癌と遺伝子発現調節との関連を別の側面からみている。たとえば，バーキットリンパ腫における c-myc 遺伝子の転座に関する情報は明らかに発癌研究に重要である。同様に，c-myc の発現を正常では阻害する配列が転座により除去されると，その発現が増加するという事実により，阻害配列とその正常細胞における c-myc 発現を制御する役割の解析が可能となった(11.1 節)。

図 11.41
癌遺伝子産物βカテニンと他の癌遺伝子産物(ピンク色)および癌抑制遺伝子産物(青色)との関連。腫瘍原性 Wnt シグナルタンパク質はβカテニンを活性化する一方で，癌抑制遺伝子産物 APC と VHL はβカテニン分解を誘導する。活性化されたβカテニンは Myc と Jun タンパク質をコードする癌遺伝子の発現を促進する。

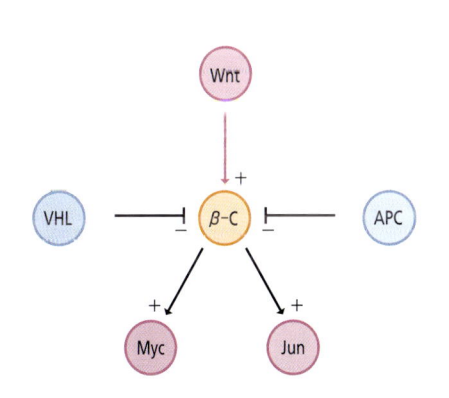

癌遺伝子と癌抑制遺伝子は相互作用して，mRNA の翻訳に関わる RNA とタンパク質の発現を制御する

RNA ポリメラーゼ II によるタンパク質をコードする遺伝子の転写調節と同様に，癌遺伝子と癌抑制遺伝子は RNA ポリメラーゼ I と III によるリボソーム RNA と tRNA の転写を制御することができる。たとえば，11.3 節で述べたように，癌抑制遺伝子産物 Rb は，RNA ポリメラーゼ I 転写因子 UBF と結合することにより，リボソーム RNA 遺伝子の転写を抑制できる。また，Rb は，TFIIIB RNA ポリメラーゼ III と結合することにより，tRNA と 5S リボソーム RNA 遺伝子の転写を抑制する（図 11.36）（RNA ポリメラーゼ I と III による転写については 4.1 節参照）。

興味深いことに，癌抑制遺伝子産物 p53 は RNA ポリメラーゼ I と III による転写を抑制し，癌遺伝子産物 c-Myc は両ポリメラーゼによる転写を促進する。したがって，癌抑制遺伝子産物はタンパク質合成に必要とされる RNA の産生を制限することにより細胞増殖を抑制し，癌遺伝子産物は逆の作用をもち，細胞増殖を促進する（図 11.42）。

p53，Rb，c-Myc は TFIIIB と結合することにより RNA ポリメラーゼ III 転写に異なる影響を与えるが，必ずしも TFIIIB タンパク質複合体の同じ構成成分に結合するわけではない。第 4 章（4.1 節）で述べたように，TFIIIB はタンパク質複合体であり，TATA ボックス結合タンパク質（TATA box-binding protein；TBP）と他の 2 つの因子，Bdp1 と Brf1 からなる。Rb と c-Myc は両者とも TFIIIB の Brf1 に結合して，それぞれ，TFIIIB の活性を減弱または促進する。一方，p53 は TBP 自身に結合する（図 11.42）。

このモデルから予測されるように，Brf1 の過剰発現が腫瘍細胞への形質転換を誘導するということは，Brf1 が過剰発現したときには癌遺伝子として機能することを意味する。この Brf1 と同様の作用が，タンパク質合成開始時に最初のメチオニンを付加する開始 tRNA が過剰発現したときにも認められる（6.6 節）。これらのことは，タンパク質と同様に，tRNA も過剰発現すれば癌遺伝子になりうることを示している。さらに，細胞の形質転換に対する Brf1 の作用は，メチオニンの開始 tRNA をコードする遺伝子の RNA ポリメラーゼ III 依存性の転写を増大させる活性に依存するようである（図 11.43）。

このような知見は，mRNA 翻訳の開始が細胞増殖と腫瘍形成の制御において重要な調節点であることを示唆する。この考え方に一致して，翻訳開始因子 eIF4E（6.6 節）の過剰発現は正常細胞を癌細胞に形質転換できる。

第 7 章（7.5 節）で述べたように，eIF4E の活性は，翻訳開始因子 eIF4A と eIF4G への結合を阻害する eIF4E 結合タンパク質（eIF4Ebp）によって制御される。eIF4Ebp による eIF4E の阻害は，5′ 領域に二次構造をもった mRNA の翻訳に特に強い影響を与える。すなわち，eIF4A はこの二次構造をほどき，リボソームを

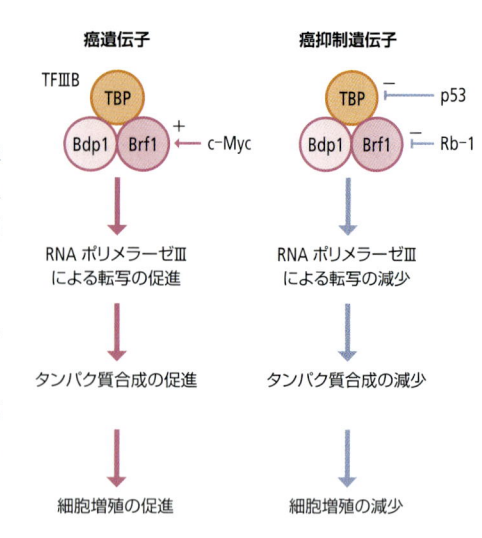

図 11.42
癌遺伝子産物と癌抑制遺伝子産物による RNA ポリメラーゼ III 転写因子 TFIIIB の制御。癌抑制遺伝子産物 p53 と Rb は TFIIIB の構成分子 TATA ボックス結合タンパク質（TBP）と Brf1 にそれぞれ結合して，その活性を抑制し，RNA ポリメラーゼ III による転写を減少させる。一方，癌遺伝子産物 c-Myc は TFIIIB の構成分子 Brf1 と結合し，その活性を増強し，RNA ポリメラーゼ III による転写を増大させる。

図 11.43
増強した Brf1 活性は，メチオニンに対する開始 tRNA（tRNA$_i^{Met}$）をコードする遺伝子の RNA ポリメラーゼ III 依存性の転写を亢進させる。続いて，tRNA$_i^{Met}$ が増加すると細胞が形質転換する。したがって，Brf1 と tRNA$_i^{Met}$ は過剰発現すると癌遺伝子として機能する。

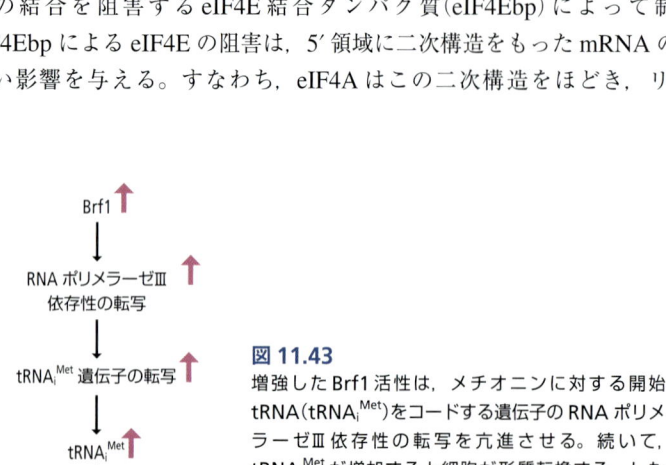

mRNAに沿って5'キャップからメチオニンコドンのある翻訳開始点まで移動させる(図7.46)。このタイプのRNAには細胞増殖に関わるタンパク質をコードするmRNA,たとえばc-MycやサイクリンD1をコードするmRNAが含まれる。このため,これらのmRNAの翻訳を促進するeIF4EやeIF4Aは過剰発現すれば癌遺伝子として働き,eIF4Eの作用を抑制するeIF4Ebpが過剰発現すれば癌抑制遺伝子として作用する。

eIF4Ebpは増殖細胞や多くのヒト腫瘍でリン酸化されることが示された。リン酸化により,eIF4Eとの結合能が減弱し,eIF4EはeIF4Ebpによる阻害から免れる。このようなリン酸化は第8章(8.5節)で述べたように,PI 3-キナーゼ/Akt/TOR経路により起こる(図11.44)。

eIF4Ebpをリン酸化すると同様に,PI 3-キナーゼ/Akt/TOR経路は多くの他の因子もリン酸化し,mRNAの翻訳を促進する。第8章(8.5節)で述べたように,これらの因子には,RNAポリメラーゼIとIIIによる転写調節に関わるタンパク質や,mRNA翻訳に関与する他の因子をリン酸化するS6キナーゼが含まれる。

PI 3-キナーゼ/Akt/TOR経路によりリン酸化される因子の1つは,TFIIIBのBrf1である(前述)。このリン酸化により,TBPとの会合が増し,TFIIIBの活性とRNAポリメラーゼIII依存性の転写が促進される。したがって,PI 3-キナーゼ/Akt/TOR経路は,癌抑制的eIF4Ebpの活性を阻害し,前述のように過剰発現したときには発癌活性を有するBrf1タンパク質の活性を増強することにより,翻訳を促進することができる(図11.45)。

PI 3-キナーゼ/Akt/TOR経路の作用からみて,このキナーゼカスケードの別の構成成分が過剰発現したときに癌遺伝子として機能することは不思議ではない(図11.45)。逆に,さまざまなヒトの癌で変異が認められるホスファターゼPTENは,PI 3-キナーゼに拮抗することにより,癌抑制遺伝子活性をもつ(図11.45)。

したがって,翻訳自身の制御,そして翻訳に関わるRNAを作るRNAポリメラーゼによる転写の制御は,細胞増殖に重要な役割を果たしており,その調節因子が過剰発現したり変異したりすると,癌が生じる。

癌遺伝子と癌抑制遺伝子は相互作用して,マイクロRNAの発現を制御する

本書を通じて述べているように,マイクロRNA(microRNA;miRNA)はタンパク質をコードする遺伝子の発現を抑制することにより,多くの細胞応答において重要な役割を果たす。したがって,特異的なmiRNAの発現の増減がヒト癌で観察され,その進展に重要な働きをすることは当然である。

たとえば,西欧諸国で最も頻度の高い成人白血病であるB細胞慢性リンパ性白血病(chronic lymphocytic leukemia:CLL)は,miRNAである*miR-15a*と*miR-16-1*をコードする遺伝子を含む13番染色体領域の欠失により引き起こされる(図11.46a)。癌は特異的なmiRNAをコードする遺伝子の欠失により生じるので,

図11.44
PI 3-キナーゼ/Akt/TOR経路はeIF4Ebpをリン酸化(Ph)する。リン酸化によりeIF4EbpはeIF4Eから解離し,eIF4EがeIF4A/eIF4Gに結合して,増殖促進タンパク質をコードするmRNAなど,特に5'領域に二次構造をもったmRNAの翻訳を促進する。

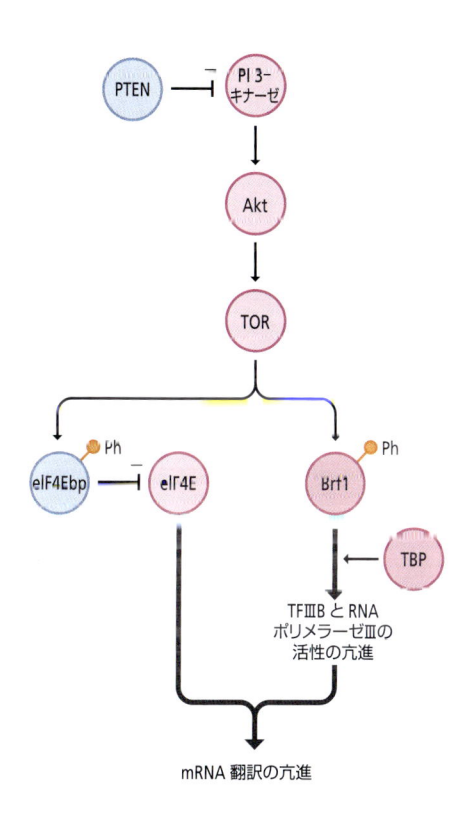

図11.45
PI 3-キナーゼ/Akt/TOR経路は発癌活性を有するBrf1タンパク質をリン酸化(Ph)し,TATAボックス結合タンパク質(TBP)との結合を促進し,RNAポリメラーゼIII活性を増強する。本経路は癌抑制性のeIF4Ebpもリン酸化し,eIF4Eから解離させる。両者の影響により,mRNA翻訳は亢進する。このことにより,PI 3-キナーゼ/Akt/TOR経路の構成分子は過剰発現したり変異したときには,癌遺伝子産物として作用し,PTENホスファターゼはこの経路を阻害することにより,癌抑制遺伝子産物として機能する。潜在的な癌遺伝子産物はピンク色,癌抑制遺伝子産物は青色で示している。

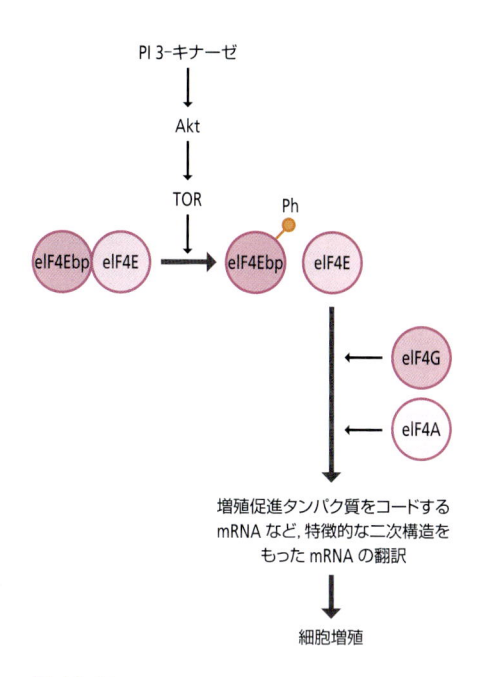

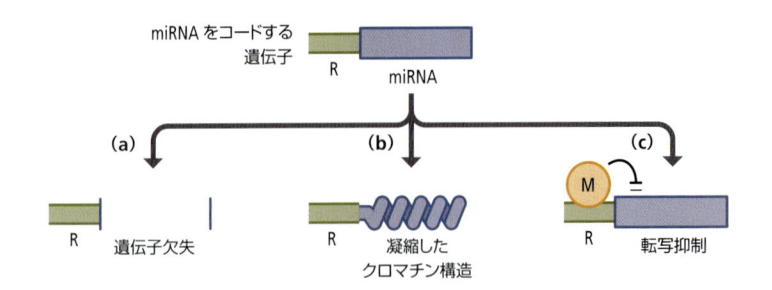

図 11.46
ヒト腫瘍においてマイクロ RNA(miRNA)をコードする遺伝子の発現減少機構には,(a)遺伝子欠失,(b)高度に凝縮したクロマチン構造の形成,(c)転写抑制がある。(c)の例として,Myc タンパク質(M)が調節領域(R)に結合して,miRNA 遺伝子の転写を抑制することがあげられる。

miRNA が癌抑制遺伝子であることの定義を満たしている。

興味深いことに,ヒト上皮性卵巣癌では,いくつかの異なる miRNA の発現が低下している。このうち約 15％は miRNA をコードする遺伝子の欠失によるものであり,36％は miRNA が DNA メチル化の増強とヒストンアセチル化の減少により凝縮したクロマチン構造の中に取り込まれている(クロマチン構造の修飾が及ぼす影響については 3.2 節および 3.3 節参照)。したがって,ヒト腫瘍における miRNA の発現低下は,遺伝子欠失(図 11.46a),またはクロマチン構造の変化による転写の減少により起こる(図 11.46b)。

miRNA 発現の変化は,クロマチン構造の変化に加え,miRNA をコードする遺伝子の転写の癌遺伝子型または癌抑制遺伝子型の転写因子による変化によっても起こる(図 11.46c)。たとえば,*let-7* miRNA と *miR-34a* miRNA をコードする遺伝子は癌遺伝子産物 c-Myc により転写レベルで抑制され,p53 は *miR-34a* 遺伝子を活性化する。

したがって,ヒト腫瘍においては,miRNA をコードする遺伝子の転写をダウンレギュレーションする複数の機構が存在する。特異的な miRNA が減少すれば,それらが正常に制御するタンパク質をコードする遺伝子の発現が増加する。たとえば,*let-7* miRNA によって正常では発現抑制されている遺伝子産物には,癌遺伝子産物 c-Myc と c-Ras や Hmga2 クロマチンリモデリングタンパク質がある(図 11.47)。同様に,*miR-101* miRNA をコードする遺伝子の欠失により,腫瘍原性 Polycomb タンパク質 EZH2 が過剰発現する(11.2 節)。

ヒト腫瘍において,特異的な miRNA の発現低下は重要な役割を果たすが,発現が上昇する miRNA もある。たとえば,*miR-17 ～ 92* miRNA クラスターをコードする遺伝子座は,いくつかの型のリンパ腫や固形腫瘍において DNA レベルで増幅し,結果としてこれらの腫瘍で過剰発現している。興味深いことに,*miR-17 ～ 92* をコードする遺伝子の転写は c-Myc と E2F の両者によっても活性化される。したがって,miRNA をコードする遺伝子の発現は,遺伝子増幅または転写の活性化により引き起こすことができる(図 11.48)。この miRNA 発現上昇は,ヒト腫瘍において他の miRNA 遺伝子の発現を抑制する多くの機構と並行して起こる。さらに,癌遺伝子産物 c-Myc は異なる miRNA をコードする遺伝子を転写レベルで活性化したり抑制したりできる(図 11.46 と図 11.48 を比較すること)。

したがって,細胞性癌遺伝子と癌抑制遺伝子はタンパク質をコードする遺伝子と

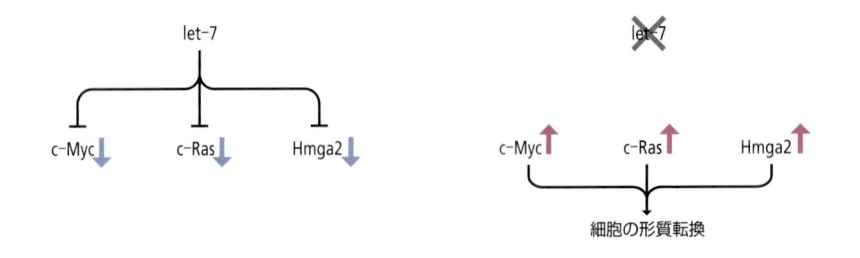

図 11.47
let-7 マイクロ RNA(miRNA)は正常では,c-Myc,c-Ras,Hmga2 の発現を抑制するので,*let-7* の発現が抑制または消失すると,これらの発現が増加する。

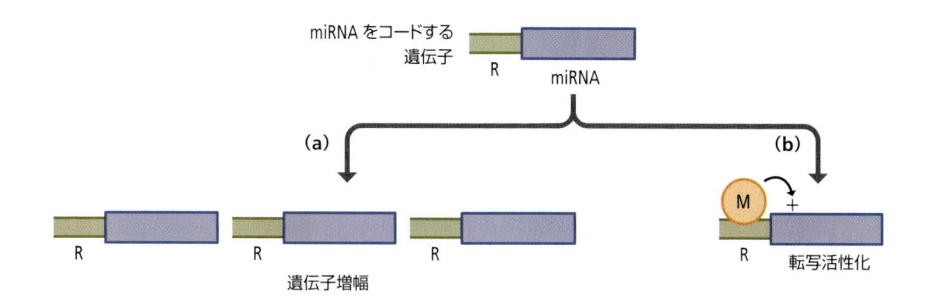

図 11.48
ヒト腫瘍におけるマイクロRNA(miRNA)をコードする遺伝子の発現増強機構。(a)遺伝子増幅，(b)転写活性化がある。(b)の例として，miRNA遺伝子調節領域(R)に結合するMycタンパク質(M)による転写活性化があげられる。図 11.46 と比較すること。

タンパク質合成に関わる遺伝子の発現と同様に，miRNA遺伝子の発現を制御する。これらの研究は，癌と細胞増殖調節過程の理解に大きく貢献してきており，今後もその貢献は続いていくであろう。

まとめ

遺伝子発現の調節の異常はヒトの癌において中心的役割を果たすと同時に，遺伝子発現の調節過程は正常細胞増殖の制御に重要な役割を果たす。ある状況において，このような調節障害は，増殖調節タンパク質をコードする細胞性癌遺伝子の発現増強や癌抑制遺伝子の発現抑制と関連する。このことは，癌細胞が癌遺伝子産物や癌抑制遺伝子産物の変形型を作り出す遺伝子変異によっても生じることに対応する。

しかし，別の状況では，発現変化したり変異する癌遺伝子産物や癌抑制遺伝子産物のいくつかは，それ自体が遺伝子調節タンパク質として細胞増殖に関与するタンパク質の標的遺伝子の発現を制御する。したがって，その発現の変化や変異は，他の多くの遺伝子発現を変えることになる。この遺伝子発現の変化は転写レベルで起こり，癌遺伝子や癌抑制遺伝子が，1種類または複数種のRNAポリメラーゼによる遺伝子の転写を制御できる転写因子をコードする。また別に，mRNA翻訳に関与するタンパク質をコードする癌遺伝子産物や癌抑制遺伝子産物，または，RNAの分解を誘導し翻訳を阻害するmiRNAにより，転写後に起こることもある。

全体として，癌における遺伝子調節の研究は，癌の性状に洞察を与えるとともに，遺伝子調節過程が正常細胞の増殖を制御する機構にも洞察を与える。しかし，遺伝子調節過程の変化は，癌以外のさまざまなヒト疾患でも起こる。他のヒト疾患における遺伝子発現の調節の障害の関与については，人為的な遺伝子発現操作が癌を含めた特定のヒト疾患に有益となるかもしれない方法とともに次章で述べる。

キーコンセプト

- 遺伝子発現調節における幅広い変化が，癌遺伝子の発現や活性が上昇したり癌抑制遺伝子の発現や活性が減少している癌で認められる。
- 多くの癌遺伝子と癌抑制遺伝子は，他の遺伝子の転写を制御する転写因子をコードしており，正常細胞増殖過程の制御や癌において重要な働きをする。
- 癌遺伝子と癌抑制遺伝子は，RNAポリメラーゼIIによるタンパク質をコードする遺伝子の転写調節と同様に，RNAポリメラーゼIとIIIによる転写も調節する。
- 癌遺伝子と癌抑制遺伝子は，転写後の過程に影響を与えるタンパク質やmiRNAをコードすることにより，転写後レベルでも遺伝子発現を制御できる。
- このような異なる因子を解析することにより，正常細胞の遺伝子制御への理解とともに，癌で観察される異常に関する理解も深まる。

参考文献

11.1 遺伝子調節と癌

Albertson DG (2006) Gene amplification in cancer. *Trends Genet*. 22, 447-455.

Karnoub AE & Weinberg RA (2008) Ras oncogenes: split personalities. *Nat. Rev. Mol. Cell Biol*. 9, 517-531.

Meyer N & Penn LZ (2008) Reflecting on 25 years with MYC. *Nat. Rev. Cancer* 8, 976-990.

Mitelman F, Johansson B & Mertens F (2007) The impact of translocations and gene fusions on cancer causation. *Nat. Rev. Cancer* 7, 233-245.

Pawson T & Warner N (2007) Oncogenic re-wiring of cellular signaling pathways. *Oncogene* 26, 1268-1275.

Vogelstein B & Kinzler KW (2004) Cancer genes and the pathways they control. *Nat. Med*. 10, 789-799.

Weinberg RA (2007) *The Biology of Cancer*. Garland Science Taylor & Francis Group.

11.2 癌遺伝子としての転写因子

Cole MD & Cowling VH (2008) Transcription-independent functions of MYC: regulation of translation and DNA replication. *Nat. Rev. Mol. Cell Biol*. 9, 810-815.

Eilers M & Eisenman RN (2008) Myc's broad reach. *Genes Dev*. 22, 2755-2766.

Esteller M (2007) Cancer epigenomics: DNA methylomes and histone-modification maps. *Nat. Rev. Genet*. 8, 286-298.

Jones PA & Baylin SB (2007) The epigenomics of cancer. *Cell* 128, 683-692.

Krivtsov AV & Armstrong SA (2007) MLL translocations, histone modifications and leukaemia stem-cell development. *Nat. Rev. Cancer* 7, 823-833.

Ozanne BW, Spence HJ, McGarry LC & Hennigan RF (2007) Transcription factors control invasion: AP-1 the first among equals. *Oncogene* 26, 1-10.

Rowley JD & Blumenthal T (2008) The cart before the horse. *Science* 321, 1302-1304.

Shaulian E & Karin M (2002) AP-1 as a regulator of cell life and death. *Nat. Cell Biol*. 4, E131-E136.

Sparmann A & van Lohuizen M (2006) Polycomb silencers control cell fate, development and cancer. *Nat. Rev. Cancer* 6, 846-856.

11.3 癌抑制遺伝子

Burkhart DL & Sage J (2008) Cellular mechanisms of tumor suppression by the retinoblastoma gene. *Nat. Rev. Cancer* 8, 671-682.

DeCaprio JA (2009) How the Rb tumor suppressor structure and function was revealed by the study of Adenovirus and SV40. *Virology* 384, 274-284.

Kaelin Jr WG (2008) The von Hippel-Lindau tumor suppressor protein: O_2 sensing and cancer. *Nat. Rev. Cancer* 8, 865-873.

Kruse JP & Gu W (2008) SnapShot: p53 posttranslational modifications. *Cell* 133, 930.

Polager S & Ginsberg D (2008) E2F—at the crossroads of life and death. *Trends Cell Biol*. 18, 528-535.

Riley T, Sontag E, Chen P & Levine A (2008) Transcriptional control of human p53-regulated genes. *Nat. Rev. Mol. Cell Biol*. 9, 402-412.

Salmena L & Pandolfi PP (2007) Changing venues for tumor suppression: balancing destruction and localization by monoubiquitylation. *Nat. Rev. Cancer* 7, 409-413.

Stiewe T (2007) The p53 family in differentiation and tumorigenesis. *Nat. Rev. Cancer* 7, 165-167.

Strano S, Dell'Orso S, Di Agostino S et al. (2007) Mutant p53: an oncogenic transcription factor. *Oncogene* 26, 2212-2219.

Vousden KH & Lane DP (2007) p53 in health and disease. *Nat. Rev. Mol. Cell Biol*. 8, 275-283.

11.4 遺伝子発現の調節：癌細胞と正常細胞の機能の関係

Behrens J (2008) One hit, two outcomes for VHL-mediated tumorigenesis. *Nat. Cell Biol*. 10, 1127-1128.

Berns A (2008) A tRNA with oncogenic capacity. *Cell* 133, 29-30.

He L, He X, Lowe SW & Hannon GJ (2007) microRNAs join the p53 network—another piece in the tumor-suppression puzzle. *Nat. Rev. Cancer* 7, 819-822.

Johnson DL & Johnson SA (2008) RNA metabolism and oncogenesis. *Science* 320, 461-462.

Kent OA & Mendell JT (2006) A small piece in the cancer puzzle: microRNAs as tumor suppressors and oncogenes. *Oncogene* 25, 6188-6196.

Klaus A & Birchmeier W (2008) Wnt signalling and its impact on development and cancer. *Nat. Rev. Cancer* 8, 387-398.

Mamane Y, Petroulakis E, Lebacquer O & Sonenberg N (2006) mTOR, translation initiation and cancer. *Oncogene* 25, 6416-6422.

Marshall L & White RJ (2008) Non-coding RNA production by RNA polymerase III is implicated in cancer. *Nat. Rev. Cancer* 8, 911-914.

Mendell JT (2008) miRiad roles for the *miR-17-92* cluster in development and disease. *Cell* 133, 217-222.

Mosimann C, Hausmann G & Basler K (2009) Beta-catenin hits chromatin: regulation of Wnt target gene activation. *Nat. Rev. Mol. Cell Biol*. 10, 276-286.

Nelson WJ & Nusse R (2004) Convergence of Wnt, β-catenin, and cadherin pathways. *Science* 303, 1483-1487.

Ventura A & Jacks T (2009) MicroRNAs and cancer: short RNAs go a long way. *Cell* 136, 586-591.

White RJ (2008) RNA polymerases I and III, non-coding RNAs and cancer. *Trends Genet*. 24, 622-629.

遺伝子調節とヒト疾患 12

イントロダクション

　本書で述べてきたように，正常な細胞機能において遺伝子発現を調節する過程が重要な役割を果たすことから，その過程の異常が疾患の原因になることは避けられない。癌で生じる異常（第11章）に加えて，遺伝子発現の調節タンパク質をコードする遺伝子の変異が多くのヒトの遺伝性疾患に関わることが明らかになっている。多くの疾患が，遺伝子発現を制御する3つの基本的な過程（第2～7章）のいずれかに関わるタンパク質の変異によることが示されている。すなわち，転写自体，転写に必要なクロマチン構造の制御，そして，転写後の3つの過程である。これらについては12.1節～12.3節で解説し，12.4節では，ヒトの感染症で起こる遺伝子調節の過程における異常について述べる。最後に，癌やその他のヒト疾患における遺伝子調節の研究から得られた知見が，これらの疾患で遺伝子発現を操作するという効果的な治療法の開発につながる可能性について，12.5節で触れる。

12.1　転写とヒト疾患

　転写とその調節の過程に関わる，数多くの要素がヒト疾患で変異している可能性があり，これらについて順に述べる。

DNA結合転写因子

　特定の転写因子の異常によって生じるヒト疾患について述べるうえで，その遺伝子変異は重要であるが，生命を維持できる場合にのみ疾患として現れるということに注意すべきである。出生に至らないような変異が検出されることはないであろう。遺伝子調節に影響を及ぼす変異の多くは，このカテゴリーに含まれるようである。それにもかかわらず，出生時あるいは出生直後にみられる先天性疾患の多くに，特定の転写因子をコードする遺伝子の変異が関わっている（図12.1a）。たとえば，Pax3やPax6のようなPax転写因子ファミリー（5.1節）の個々のメンバーの変異は，数多くの先天性眼疾患に関与することが示されてきた。同様に，POU転写因子ファミリー（5.1節）のPit-1をコードする遺伝子の変異は，マウスとヒトの両方において下垂体の発生異常を引き起こし，その結果，低身長症の原因となる。

　Pit-1とPax6における変異はいずれも優性である。つまり，1コピーの正常な遺伝子が存在しても，もう1コピーの変異した遺伝子だけで，疾患が生じるのに十分である。しかし，この優性の特徴を生じる理由は1つだけではない。変異型Pit-1の場合はDNA上の結合部位に結合することはできるが，遺伝子発現を活性化することができない。したがって，変異型Pit-1はその標的遺伝子の転写を活性化できないだけでなく，野生型Pit-1のDNA結合を阻害することで遺伝子の活性化を妨げる，**ドミナントネガティブ**（dominant negative）因子としても作用する（図12.2a）（この転写抑制の機序については5.3節参照）。

図 12.1
変異は，遺伝子発現の過程に働くさまざまな構成成分に影響する。たとえば，(a)転写アクチベーター(A)，(b)コアクチベーター(CA)，(c)基本転写複合体(BTC)，(d)クロマチンリモデリング複合体(CMC)，(e)RNA プロセシングに関わる因子，などがある。

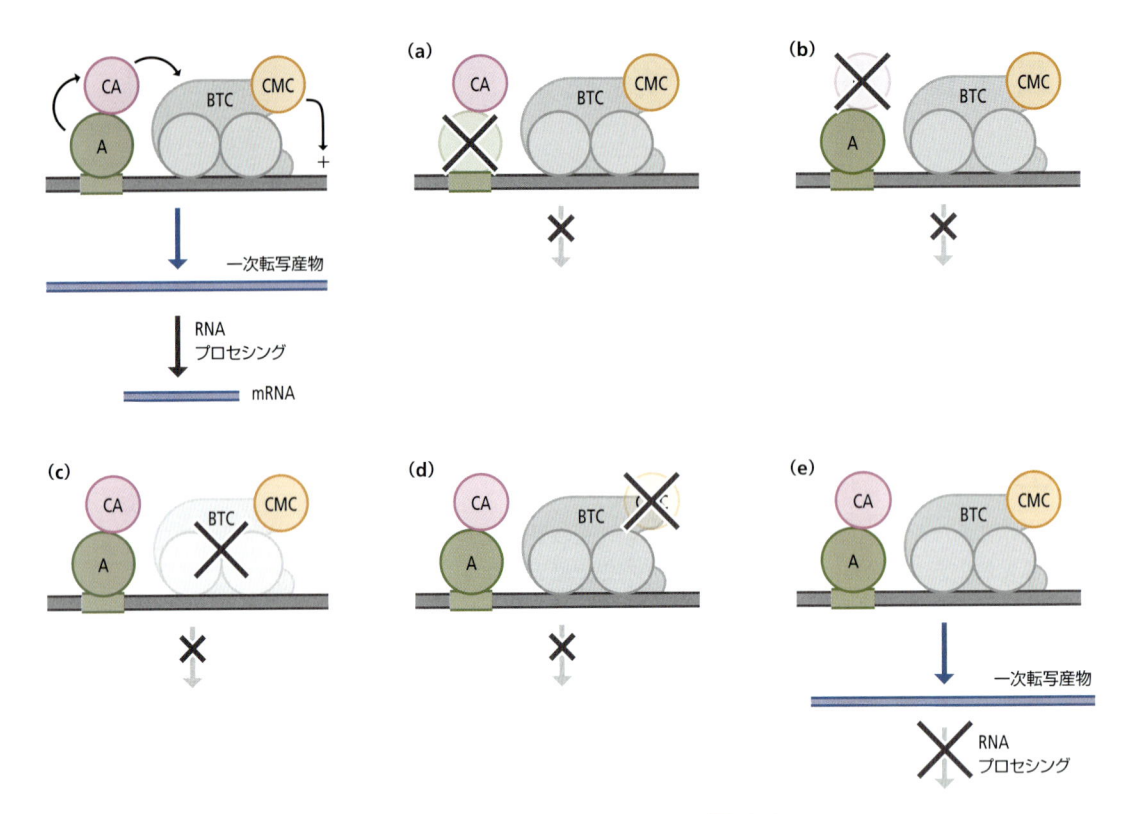

対照的に，変異型 Pax6 の優性は，変異タンパク質のドミナントネガティブな働きによるものではない。なぜなら，その変異は遺伝子の完全な欠失であることが多いからである。つまり，1 コピーの機能正常な遺伝子だけでは標的遺伝子の効果的な活性化に必要な量のタンパク質を合成することができない，**ハプロ不全**(haploid insufficiency)が原因である(図 12.2b)。

興味深いことに，転写因子の変異が関与している疾患の多くは生後早期に発症するが，転写因子 MEF2A(10.1 節)の変異は，中年期になって冠動脈疾患を引き起こすことが報告された。つまり，転写因子の変異は早期の発生段階だけでなく，生涯の後期においても疾患を引き起こすことを示している。

そのような特定臓器の発生異常や機能異常だけでなく，核内受容体ファミリー(5.1 節)のメンバーをコードする遺伝子の変異は，通常ならば受容体に結合して遺伝子発現を制御する特定のホルモンの応答不全を引き起こす。たとえば，グルココルチコイド受容体をコードする遺伝子に変異があると，その患者はグルココルチコイドに応答しないステロイド抵抗性の症候群を発症する。

興味深いことに，核内受容体ファミリーのメンバーであるペルオキシソーム増殖活性化受容体 γ (peroxisome proliferator-activated receptor γ；PPAR γ)の変異が，2 型糖尿病につながるインスリン抵抗性をもつヒトの少数で見つかっている。このような症例はまれではあるが，PPAR γ はインスリンに対する反応に重要な役割を果たし，他のタイプの糖尿病や肥満において，その反応性を増強する有用な治療標的である可能性を示唆している(12.5 節)。

特異的な転写因子の DNA 上の結合部位

DNA 結合転写因子における変異と同様に，ある種のヒト疾患ではそれら転写因子が結合する DNA 塩基配列の変異によっても生じる(図 12.3)。これについては第 9 章(9.3 節)で，Sonic hedgehog(ソニックヘッジホッグ)をコードする遺伝子の発現を制御するエンハンサー配列の変異によって，ヒトの多指症(指の数が過剰となる)が生じることを例にあげて述べた。

このような例では，特定の変異が遺伝子発現に劇的な影響を与えて重篤な疾患を

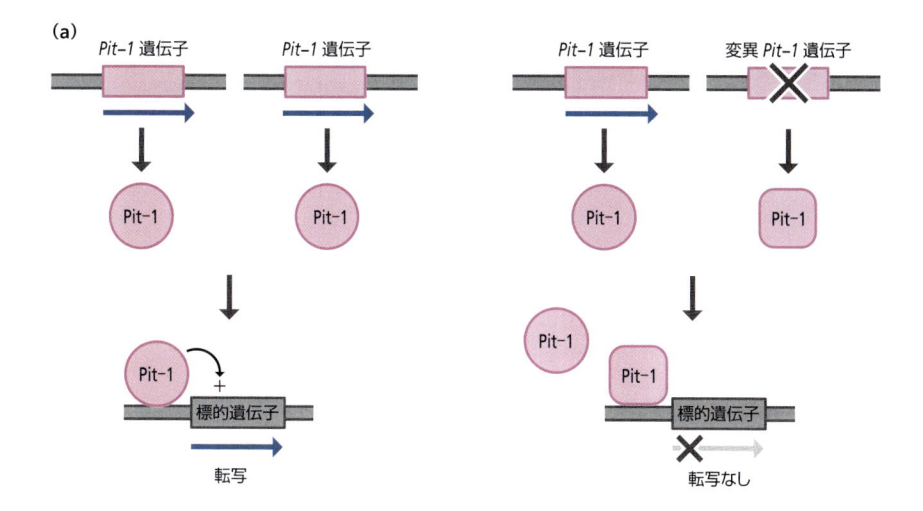

図 12.2
Pit-1 と Pax6 の変異は優性であり，機能正常なタンパク質をコードする遺伝子が 1 コピーあっても，疾患を生じる。(a)Pit-1 の場合，変異タンパク質（四角形）が DNA に結合し，機能正常なタンパク質による転写の活性化を阻害する。(b)Pax6 の場合，1 コピーの機能正常な遺伝子だけでは，転写活性化に十分な量のタンパク質を産生することができない。

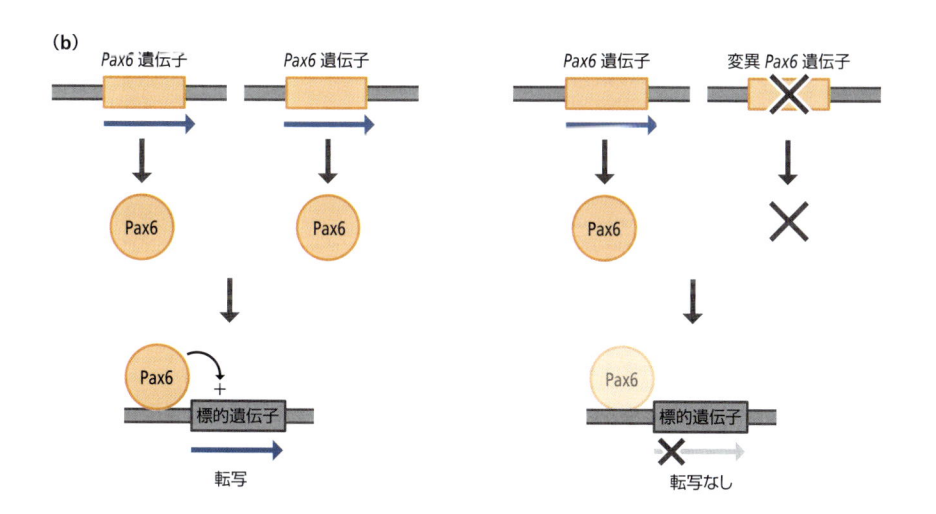

生じさせているが，他方，その DNA 塩基配列の変化の影響が小さく，転写の重大な低下や喪失ではなく，遺伝子発現のレベルの量的変化が起きる場合がある（図12.4）。これについては，全 RNA の発現パターンを比較する DNA マイクロアレイ解析（DNA microarray analysis；1.2 節）を用いて，健常な個々人において特定の遺伝子のプロモーターやエンハンサーの配列の違いが，さまざまな RNA の発現量に影響することが示されている。

そのような遺伝子発現の量的な差は，特定の疾患を選択的に生じさせるよりも，複数の遺伝的要因と環境的要因の相互作用によって生じる多因子疾患のリスクを増大または減少させる可能性がある。たとえば，脂肪組織における数多くの mRNA

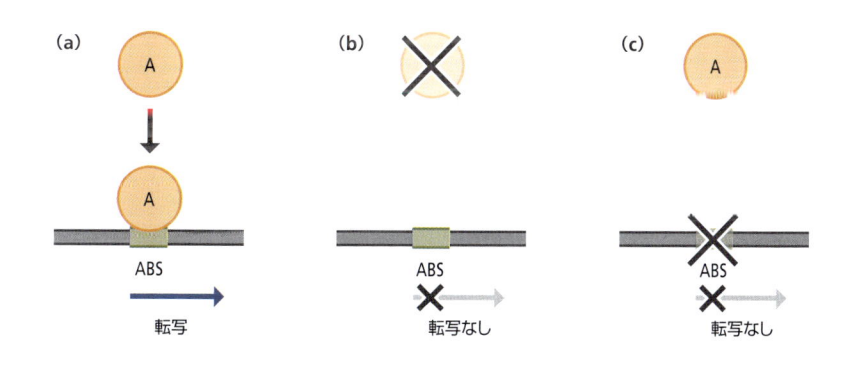

図 12.3
転写因子（A）の結合部位（ABS）への正常な結合（a）は，転写因子の変異（b）または結合部位の変異（c）によって影響を受ける可能性がある。

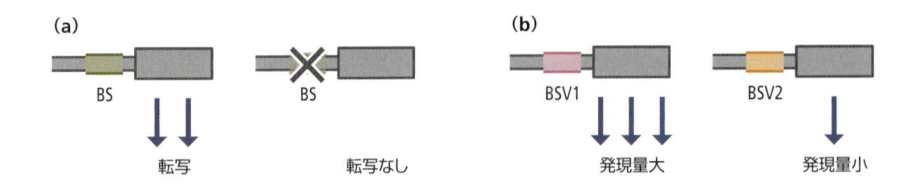

図 12.4
(a)転写因子結合部位(BS)の変異により，標的遺伝子の転写が完全に起きなくなる場合がある。(b)結合部位の塩基配列の変化により(BSV1/BSV2)，遺伝子転写の量的変化が生じる場合もある。

の発現量の個人差が，個々人での特定の遺伝子の調節領域の塩基配列の違いによって生じること，さらに肥満になるリスクと関係があることが明らかになってきた。

転写のコアクチベーター

変異は DNA 結合転写因子やその DNA 上の結合部位に影響するだけでなく，第 5 章(5.2 節)で述べたように DNA 結合性の転写アクチベーターの機能に重要なコアクチベーターに影響を与える場合がある(図 12.1b)。特に，CREB 結合タンパク質(CREB-binding protein；CBP)コアクチベーターは，数多くのシグナル伝達経路できわめて重要な役割を果たしており，各々の経路で活性化された転写因子を基本転写複合体あるいはクロマチン構造の変化に結びつけるものである。したがって，機能正常な CBP を失うような変異が生じると，生存が困難になるのは当然のことであろう。実際，CBP 遺伝子の 1 コピーが正常でも，もう 1 つのコピーが不活性なだけで，精神遅滞と身体的異常を特徴とする重度のヒト疾患であるルビンスタイン・テイビ(Rubinstein-Taybi)症候群が生じる。

このように，1 つの CBP 遺伝子が機能正常であっても，もう 1 つのコピーが不活性化することで疾患が発症する。これは，正常な細胞において，CBP と協働する種々の転写因子に比べて CBP の量が少ないためであろう(5.2 節，8.1 節)。このため，1 つの遺伝子コピーの喪失による CBP レベルの低下によって，疾患が生じるのである(図 12.5)。したがって，ルビンスタイン・テイビ症候群における CBP 遺伝子の変異は，先に述べた Pax6 の場合と同じ理由で優性である。すなわち，1 コピーの機能正常な遺伝子だけでは，必要な量のタンパク質を合成できないということである。

CBP は正常で変異がない場合でさえも，疾患の原因に関係することがある。神経変性疾患であるハンチントン(Huntington)病の患者は，ハンチンチン(huntingtin)として知られるタンパク質の構造異常をもつことが明らかにされている。この疾患では，ハンチンチンタンパク質をコードする塩基配列の中の CAG 配列が伸長して，そのタンパク質の中に連続するグルタミン酸(CAG トリプレットによってコードされる)を作る。この異常なハンチンチンは，正常な CBP タンパク質に結合し，それを不溶性の凝集体の中に沈着させることで転写調節を妨げる(図 12.5)。変異型ハンチンチンは，CBP に結合するほか，転写因子 Sp1 と基本転写複合体の構成成分である TATA ボックス結合タンパク質(TATA box-binding protein；TBP)の機能を阻害する。つまり，変異型ハンチンチンは，異なるクラスの転写調節因子の働きを阻害できる(図 12.6)。

興味深いことに，ハンチンチンタンパク質は，低分子干渉 RNA(small interfering

図 12.5
(a)細胞が効率的に機能するには，コアクチベーターとして働く CREB 結合タンパク質(CBP)をコードする正常な遺伝子が 2 コピー必要である。(b)ある種の疾患は，1 コピーの遺伝子が不活性化し，CBP レベルが減少して生じる。(c)CBP は正常であるが，異常ハンチンチンタンパク質(H)によって捕捉され，そのためにコアクチベーターとしての役割を果たせず，疾患が生じる場合もある。

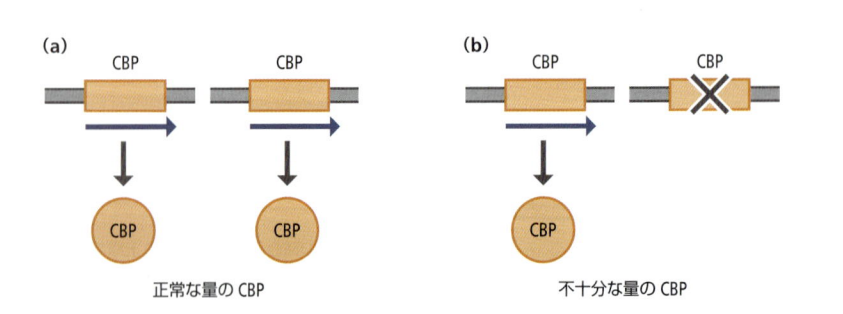

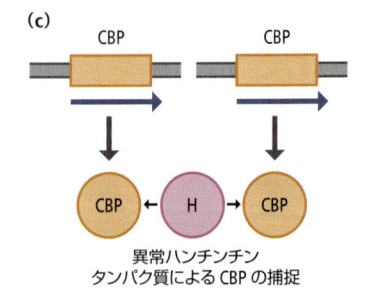

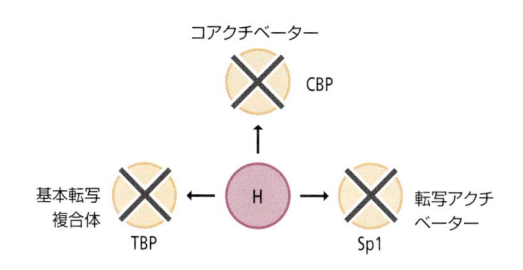

図 12.6
ハンチントン病で見いだされる異常ハンチンチンタンパク質(H)は,転写アクチベーターやコアクチベーター,基本転写複合体の構成成分の働きを妨げる。

RNA;siRNA)のプロセシングに関わる Argonaute(アルゴノート)タンパク質と相互作用することが最近示された(7.6節)。さらに,ハンチンチンと Argonaute タンパク質は,RNA の分解に関わる P ボディ(6.7節)の中で共局在している。したがって,ハンチンチンは siRNA による遺伝子発現の転写後抑制に関わっている可能性もある。

基本転写複合体の構成成分

ハンチンチンが TBP に与える上述のような影響は,転写アクチベーターとコアクチベーターの主な標的の1つである基本転写複合体の機能を乱すことが,疾患の原因となりうることを示している(5.2節)。しかしながら,この複合体が重要な役割をもつのであれば(4.1節),複合体構成成分の変異のほとんどは,出生まで生存しないであろうし,したがって出生後のヒト疾患として認められないであろう。しかし,TFIIH の構成成分の変異は,色素性乾皮症(xeroderma pigmentosum)というヒト疾患で観察されており,皮膚異常と癌の高いリスクを生じる。重要なことに,これらの変異は TFIIH の基本活性に影響を与えるのではなく,転写アクチベーターと転写リプレッサーへの不完全な応答をもたらすものである(図 12.7)。おそらく,これこそが,疾患を生じさせる機能異常を伴うにもかかわらず,そのような変異が生存と両立できる理由である。それゆえに,ある種のヒト疾患は,基本転写複合体の構成成分の変異によっても引き起こされる可能性がある(図 12.1c)。

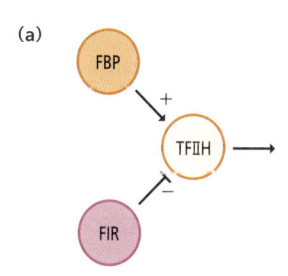

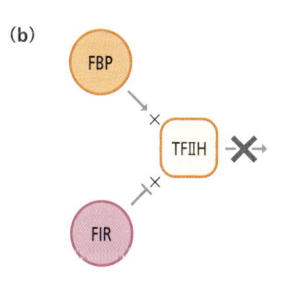

RNA ポリメラーゼ I と III による転写に関わる因子

これまで述べたすべての例に,RNA ポリメラーゼ II による転写を調節するタンパク質が関わっている。しかしながら,病因のタンパク質が他の RNA ポリメラーゼによる転写に関与している疾患も報告されている。たとえば,RNA ポリメラーゼ I の場合は,RNA ポリメラーゼ I および他のタンパク質と複合体を形成する CSB タンパク質の変異が,神経系および骨格に異常をきたすコケイン(Cockayne)症候群という疾患を生じさせる。同様に,トリーチャー・コリンズ(Treacher Collins)症候群に特徴的な頭蓋顔面の発生異常は,RNA ポリメラーゼ I の基本転写因子 UBF(4.1節)と相互作用するタンパク質をコードする遺伝子の変異が原因であることが示されている。

12.2 クロマチン構造とヒト疾患

第2章および第3章で述べたように,クロマチン構造の変化は転写の活性化や不活性化に必要不可欠である。したがって,これらの過程が障害された場合にヒト疾患が生じるのは驚くべきことではない(図 12.1d)。本節では,クロマチン構造に関与し,ヒト疾患において障害される種々の過程について順に述べる。

図 12.7
(a)野生型 TFIIH(円形)は FBP タンパク質によって活性化され,FIR タンパク質によって抑制される。(b)変異型 TFIIH(四角形)はこれらのどちらのタンパク質にも適切に反応しない。

DNA メチル化

　DNA メチル化に影響を及ぼす数多くの変異が，特定のヒト疾患の原因であることが示されてきた。たとえば，シトシンにメチル基を付加する DNA メチルトランスフェラーゼ 3b(Dnmt3b)(3.2節)の変異は，ヒトの ICF 症候群[免疫不全(immunodeficiency)，セントロメア不安定性(centromeric instability)，顔貌異常(facial anomaly)]を生じることが判明している。同様に，MeCP2 因子がメチル化 DNA を選択的に認識する機能を失う変異は，神経疾患であるレット(Rett)症候群を引き起こす(3.2節)。

　さらに，DNA メチルトランスフェラーゼやメチル化認識タンパク質の変異が原因となるのと同様に，DNA のメチル化パターンの変化からも疾患が生じることがある。たとえば，正常では *FMR-1* 遺伝子の最初のエキソンに 10〜50 コピーが連続して存在する CGG トリプレット配列が，ヒト脆弱 X 症候群(fragile X syndrome)の患者では 230 コピー以上が連続して増幅されている。この増幅された塩基配列では，トリプレットリピート中のシトシンが高度にメチル化されて，*FMR-1* 遺伝子の転写が抑制される。*FMR-1* 遺伝子から正常に合成されたタンパク質は他の mRNA の翻訳の調節因子として働くが，その欠損は精神遅滞および脆弱 X 症候群の他の特徴的な症状を引き起こす。これは，トリプレット配列の伸長が疾患を起こしうるという，前述のような転写因子の捕捉によるものとは別の機構を示している(図 12.8a)。

ヒストン修飾酵素

　DNA メチル化に加えて，**トリプレットリピート病**(triplet-repeat disease)は，クロマチン構造を制御するヒストン修飾(図 12.8b, 2.3節，3.3節)の変化にも関与している。たとえば，ヒトトリプレットリピート病である脊髄小脳失調症 7 型(spinocerebellar ataxia type 7：SCA7)では，ヒストンアセチルトランスフェラーゼ活性をもつアタキシン(ataxin)をコードしている遺伝子が変異している。SCA7 患者に見つかる変異型アタキシンタンパク質は，野生型タンパク質のドミナントネガティブ阻害因子として働き，野生型アタキシンがそのヒストンアセチルトランスフェラーゼ活性によってクロマチン構造を弛緩させるのを妨げる。したがって，ト

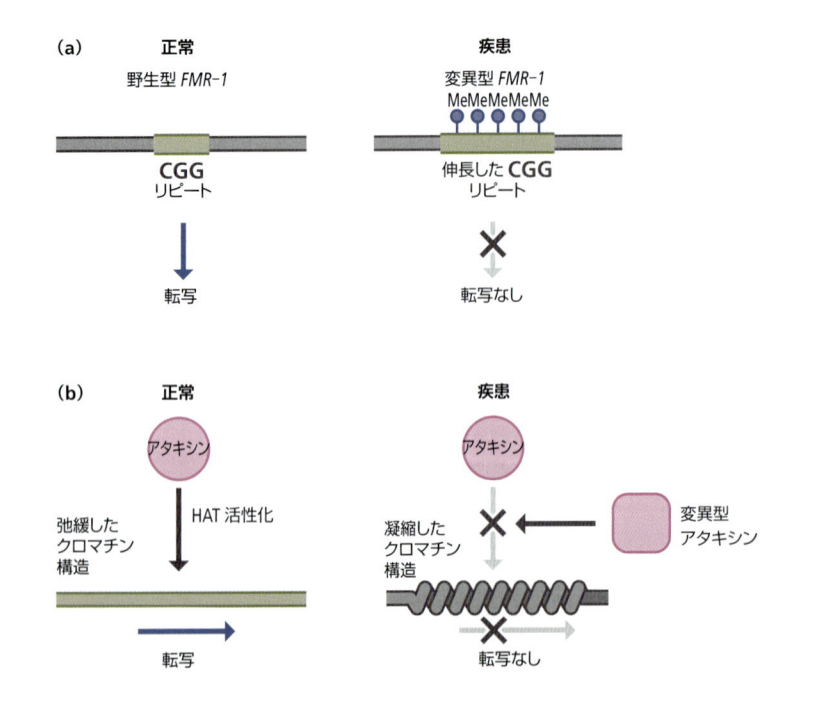

図 12.8
トリプレットリピート病におけるクロマチン構造の関与。(a) *FMR-1* 遺伝子におけるトリプレットリピートの伸長は，そのシトシン(青丸)のメチル化を引き起こし，転写を抑制する。(b) 脊髄小脳失調症 7 型(SCA7)というヒト疾患では，トリプレットリピートが伸長した変異遺伝子にコードされる異常アタキシンタンパク質が，野生型タンパク質のヒストンアセチルトランスフェラーゼ(HAT)活性を阻害する，ドミナントネガティブ阻害因子として働く。これはアタキシンの標的遺伝子が転写可能な弛緩したクロマチン構造に変換するのを妨げる。

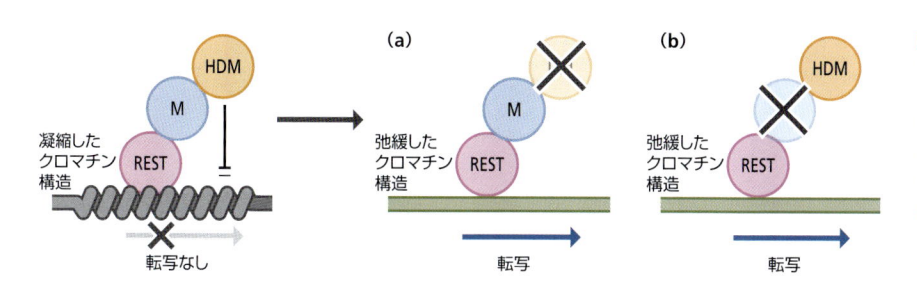

図 12.9
X染色体連鎖性精神遅滞というヒト疾患は，変異によって，RESTが凝縮したクロマチン構造を形成できないために生じている。これには，ヒストンデメチラーゼ(HDM)の変異(a)，またはRESTとデメチラーゼをつなぐメディエーター複合体(M)の変異(b)が関わっている。

リプレットリピート病には，DNAメチル化またはヒストン修飾の変化により生じるさまざまなクロマチン構造の異常が関与している可能性がある(図12.8)。

ヒストン修飾の変化は，ヒトのX染色体連鎖性精神遅滞(X-linked mental retardation)においても観察されている。この疾患では，ヒストンデメチラーゼJARID1Cをコードする遺伝子の変異をもっている患者がみられる。このデメチラーゼは，正常ではヒストンH3の4番目のリシンを脱メチル化させることで凝縮したクロマチン構造を形成するが(2.3節，3.3節)，本症ではこの活性は失われている。

興味深いことに，ヒストンデメチラーゼJARID1Cは，非神経細胞における神経関連遺伝子の発現を通常抑制している転写リプレッサーであるREST(repressor-element silencing transcription factor，リプレッサーエレメントサイレンシング転写因子)のコリプレッサーとして機能する(10.2節)。それゆえ，JARID1Cの不活性化はRESTの遺伝子発現抑制機能を妨げる(図12.9a)。

また，RESTとJARID1Cの相互作用はメディエーター複合体を巻き込んでいるようである(5.2節)。たとえば，メディエーター複合体の構成成分MED12をコードする遺伝子の変異によっても，X染色体連鎖性精神遅滞が生じる。このMED12の変異は，RESTの機能とヒストンH3の4番目のリシンの脱メチル化を阻害する(図12.9b)。それゆえ，X染色体連鎖性精神遅滞は，活性が，メディエーター複合体やヒストンデメチラーゼの変異により失われることでRESTがその標的遺伝子を抑制することにより凝縮したクロマチン構造を形成する疾患が生じている(図12.9)。

クロマチンリモデリング複合体

DNAメチル化やヒストン修飾とは別に，クロマチン構造の制御に関わる他の要素もヒト疾患で変化している可能性がある。たとえば，ヒト疾患のウィリアムス(Williams)症候群で変異しているウィリアムス症候群転写因子(WSTF)は，WINACクロマチンリモデリング複合体の構成成分である。この複合体は，転写因子の核内受容体ファミリーのメンバーであるビタミンD受容体と相互作用する(4.3節，5.1節)。WINAC複合体によるクロマチンリモデリングは，ビタミンD受容体のその標的遺伝子へのリクルートに必須であり，この過程がウィリアムス症候群では欠損しているため，精神遅滞と発育不全が生じる。

同様に，第3章(3.5節)で述べたSWI-SNFクロマチンリモデリング複合体の構成成分であるSNF2因子の変異によって，重症型αサラセミア(thalassemia)を生じる。この病型のサラセミアの患者は，他のサラセミア(たとえば2.5節参照)のようにαグロビン遺伝子の発現が欠損しているだけでなく，精神遅滞のような他の症候もみられる。これは，SNF2の活性がαグロビン遺伝子および他の数多くの遺伝子のクロマチン構造を弛緩させるのに必要であることを示しており，そのためSNF2がないとそれらの遺伝子の転写が妨げられるのである(図12.10)。

興味深いことに，別のタイプのαサラセミアでは，クロマチン構造の変化が，まったく異なる様式で生じる。この場合，欠失によって2つのαグロビン遺伝子のう

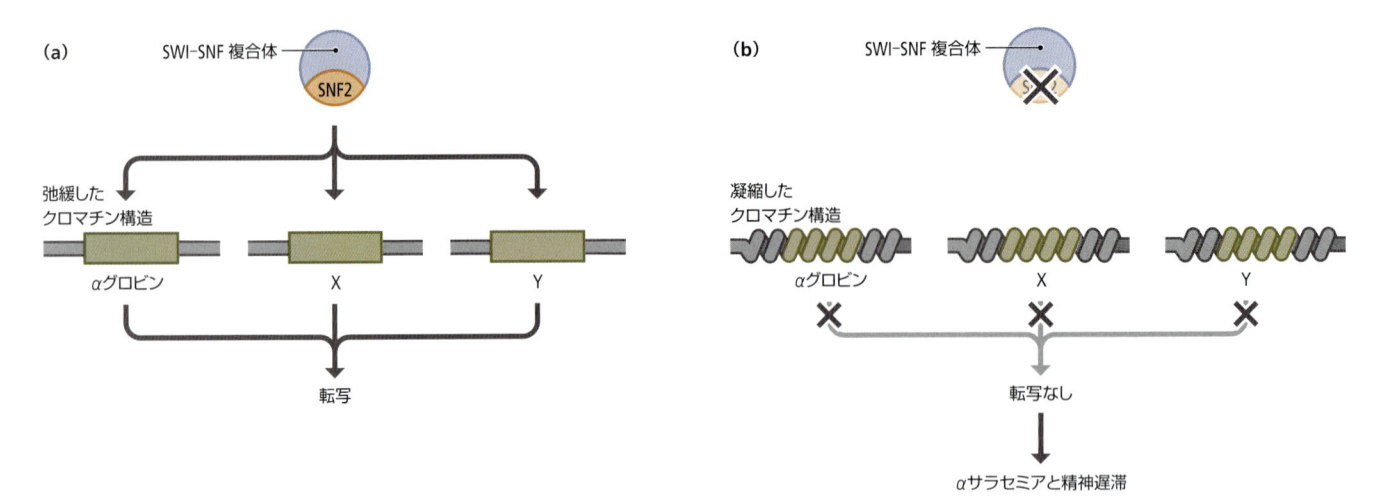

ちの 1 つが失われ，同じ染色体上のもう 1 つのコピーは無傷のままで残されている。しかし，その欠失により，αグロビン遺伝子に隣接しDNAの逆鎖から転写される *LUC7L* 遺伝子の 3′末端も失われている（図 12.11）。この欠失した塩基配列には *LUC7L* 遺伝子の RNA を終止させるポリアデニル化シグナルも含まれている。その結果，残存しているαグロビン遺伝子を通って連続する LUC7L 転写産物が生じ，*LUC7L* 遺伝子が転写される DNA 鎖とは逆の DNA 鎖の転写が阻害されることになる。

まだ解明されていないが，おそらく siRNA（3.4 節）と関連した機構によって，このアンチセンス RNA はαグロビン遺伝子のシトシンのメチル化を誘導している。その結果，残っているαグロビン遺伝子の転写不活性化が起こり，たとえαグロビン遺伝子のすべての調節因子とαグロビンのコード配列が無傷であっても，サラセミアを引き起こすことになる（図 12.11）。

図 12.10
(a) SWI-SNF 複合体は，αグロビン遺伝子とその他数多くの遺伝子（X および Y）において弛緩したクロマチン構造を形成する。(b) 複合体の構成成分 SNF2 の変異は，この働きを阻害し，それによるαグロビンとその他の遺伝子の発現欠損が，αサラセミアと精神遅滞を引き起こす。

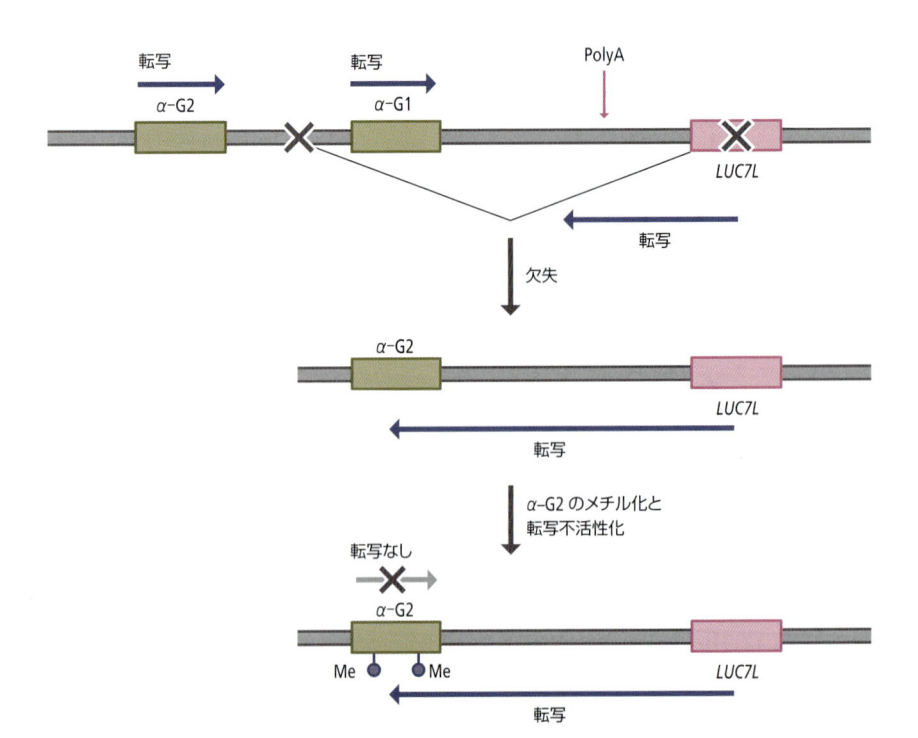

図 12.11
ある病型のαサラセミアでは，2 コピーのαグロビン遺伝子のうち 1 つ（α-G1）と，ポリアデニル化部位（PolyA）を含む *LUC7L* 遺伝子の一部が欠失している。このため，*LUC7L* の転写産物 RNA は，残っているαグロビン遺伝子（α-G2）をこえてアンチセンス方向に延長する。この結果，α-G2 遺伝子のメチル化と転写不活性化が起こる。

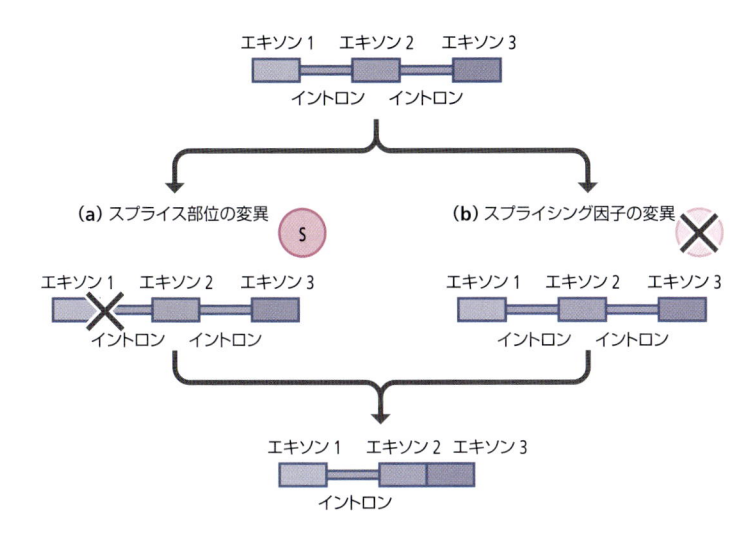

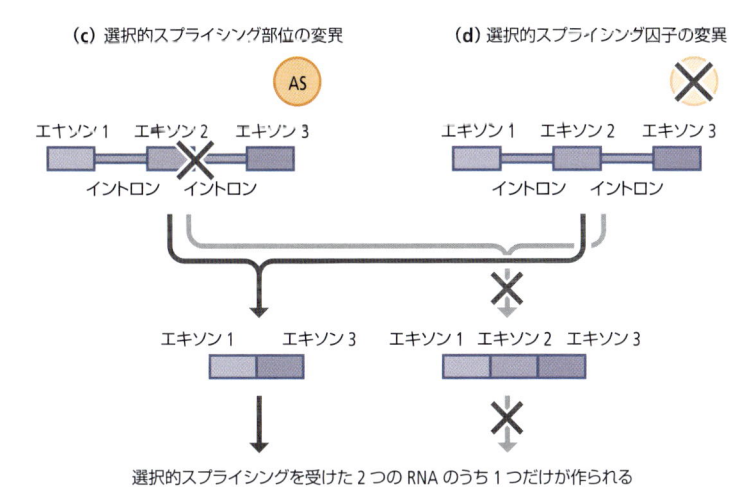

図 12.12
スプライシングの基本過程は，特定の RNA のスプライシングに関わる塩基配列の変異（×）(a)，または正しいスプライシングに必要なスプライシング因子（S）の変異(b)によって障害される。同様に，選択的スプライシングは，特定の RNA の選択的スプライシングの調節に関わる塩基配列の変異(c)，または選択的スプライシング因子（AS）の変異(d)による影響も受ける。

12.3 転写後の過程とヒト疾患

変異は転写因子やクロマチン構造に影響するほか，転写後の段階における遺伝子調節（図 12.1e）にも影響を与える。本節では，これらについて述べる（遺伝子調節における転写後の過程とその役割については第 6 章および第 7 章参照）。

RNA スプライシング

RNA スプライシングまたは選択的スプライシングの過程に影響を与える数多くの変異が知られており，それらは 2 つのクラスに分類される（図 12.12）。第一のクラスには，特定の遺伝子のスプライシングに影響する塩基配列の変異が関わっている。そのような変異のために，RNA の適切なスプライシングができなくなるか（図 12.12a），あるいは通常は存在する選択的スプライシング型の mRNA のうちの 1 つを生成できないことになる（図 12.12c）。

遺伝子の変異によるスプライシング異常の例には，ジストロフィン（dystrophin）遺伝子があげられる。この遺伝子の欠失はジストロフィンタンパク質を欠損させ，重症型筋ジストロフィーを引き起こす。しかし，ジストロフィン遺伝子のエキソン 31 の変異によるものであれば，ジストロフィンの機能が損なわれるが完全には失われていない軽症例となる。この場合，スプライシング異常によってエキソン 31 を欠いた mRNA が生じている（図 12.13a）。このため，活性が低下したジストロ

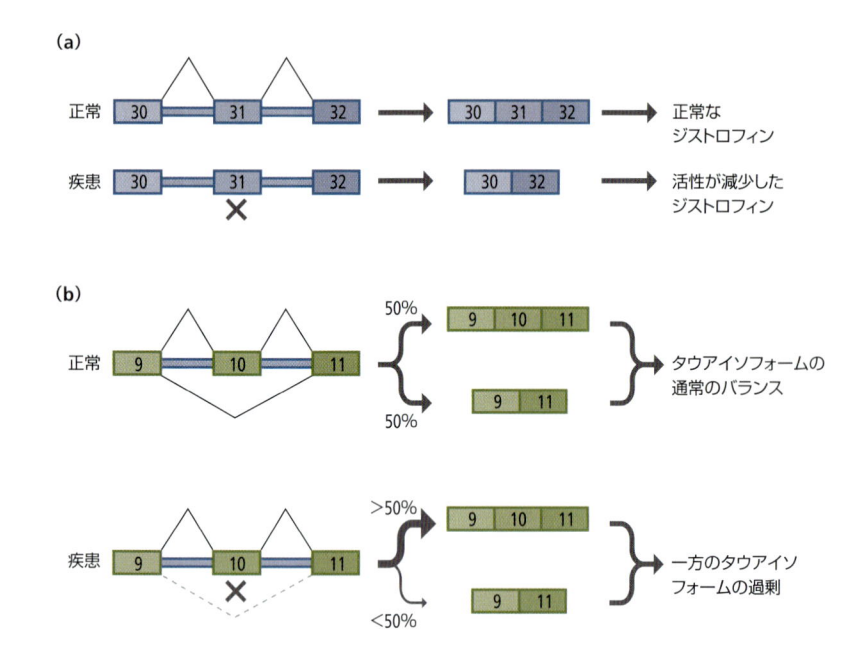

図 12.13

特定の遺伝子のスプライシング(a)または選択的スプライシング(b)に影響する変異(×)の例。(a)ジストロフィン遺伝子のエキソン31の変異によって，このエキソンはmRNAから除外される。(b)タウタンパク質をコードする遺伝子のエキソン10の変異は，選択的スプライシングによってエキソン10を含むmRNAを増加させ，このエキソンを含まないmRNAを減少させる。

フィンタンパク質が合成されて，軽症型を発症する。

一方，タウタンパク質をコードする遺伝子のエキソン10の変異は，その選択的スプライシングを変化させる。通常，選択的スプライシングによってエキソン10はタウmRNA分子の50%に含まれており，残りの50%には含まれていない。そのため，エキソン10を含むmRNAと含まないmRNAによってコードされる，2種類のタウが等量ずつ合成されることになる(図12.13b)。しかし，エキソン10に変異が生じると，エキソン10を含むmRNAの比率が高くなり，その結果2種類のタウの量的バランスが崩れ，神経病理学的疾患である前頭側頭型認知症(frontotemporal dementia)を引き起こす(図12.13b)。

変異がスプライシングに影響を与える第二のクラスでは，スプライシング因子に変異が起こり，スプライシング自体の基本過程(図12.12b)あるいは特定パターンの選択的スプライシング(図12.12d)にこの因子を必要とする，数多くの遺伝子に影響することになる。したがって，この種の変異の影響は1つの遺伝子に限られない。

タンパク質の変異が多くの異なるRNAのスプライシングに影響を与える例は，*SMN1*遺伝子にみられる。この遺伝子は，当初，脊髄性筋萎縮症(spinal muscular atrophy；SMA)でみられる変異に基づいて同定された。この遺伝子によってコードされるSMN1タンパク質は，RNAスプライシングを触媒する核内低分子リボ核タンパク質(small nuclear ribonucleoprotein；snRNP)複合体の形成に関わることから(6.3節)，今ではRNAスプライシングに不可欠であると考えられている。SMA患者におけるSMN1変異による不活性化は，数多くのRNAのスプライシングや他のRNAの選択的スプライシングのパターンに影響を及ぼし，それは図12.12bおよび図12.12dに示した機序が組み合わさったものとなる。

興味深いことに，筋疾患である筋緊張性ジストロフィー(myotonic dystrophy)1型においても選択的スプライシングの異常がみられる。ハンチントン病やSCA7(前述)と同様に，この疾患にも特定の遺伝子におけるトリプレット配列(この場合はCUG)の異常な繰り返しが関与している。しかし，このCUGトリプレットリピートは，ハンチンチンやSCA7のようにタンパク質コード配列中に存在するのではなく，DMキナーゼ遺伝子の3′非翻訳領域(untranslated region；UTR)に位置している。

さらに，このトリプレットリピートは，RNAの段階で病因として働く。たとえば，

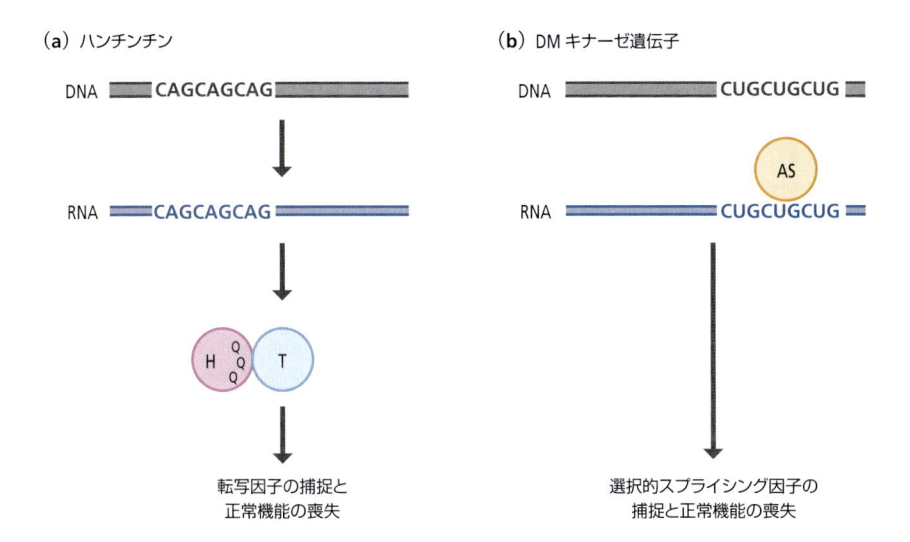

(a) ハンチンチン　　　(b) DMキナーゼ遺伝子

図12.14
ハンチントン病のハンチンチン遺伝子において(a)，あるいは筋緊張性ジストロフィーのDMキナーゼ遺伝子において(b)，特定のトリプレット配列の伸長によって産生された異常なタンパク質は，いずれも調節タンパク質を捕捉し，それらが正常に機能するのを妨げることで疾患を引き起こす．ハンチンチンの場合，タンパク質コード配列中にリピート配列が存在し，転写調節因子(T)に結合する連続したグルタミン残基(Q)をもつ変異型ハンチンチンタンパク質(H)を作る．一方，DMキナーゼの場合は，リピート配列は3'非翻訳領域(UTR)に存在し，タンパク質へ翻訳されず，選択的スプライシング因子(AS)に結合するリピート配列を含むRNAである．

選択的スプライシング因子MBNL1は，多くの筋特異的遺伝子の選択的スプライシングが胎児型のパターンから成熟型のパターンに移行するのに必要である．しかし，このリピート配列はMBNL1と結合し，MBNL1がその本来の標的RNAに結合するのを妨げる．そのため，成熟型のタンパク質を生成できなくなり，本疾患を発症する．

したがって，この例は先に述べたハンチンチン/CBPの場合と類似している．ただし，ハンチンチン/CBPの場合はリピート配列が調節タンパク質を捕捉して，その正常な機能を妨げているが，この場合はタンパク質ではなくRNAの段階で起きるという点，また転写因子ではなくスプライシング因子が関与しているという点で異なっている(図12.14)．

これまで述べてきた例をまとめれば，特定のヒト疾患は，標的RNAのスプライシングに影響を及ぼすRNAスプライシングタンパク質の変異，スプライシングパターンに影響を及ぼす特定のRNAの変異の両方が，その原因となりうる．さらに，場合によっては，この両方がスプライシングの基本過程の段階，選択的スプライシングの段階で作用している可能性がある(図12.12)．

RNA翻訳

mRNAスプライシングへの影響と同様に，特定のヒト疾患に関わる変異は，他の細胞性RNAのプロセシングにも影響する可能性がある．たとえば，転移RNA(transfer RNA：tRNA)前駆体を成熟tRNAに変換する酵素の変異は，ヒト神経疾患である橋小脳低形成(pontocerebellar hypoplasia)の原因であることが示された．

成熟tRNAの生成に影響する変異が，tRNAが重要な役割を担っているリボソームでのmRNAの翻訳に影響を与えることは明白であろう(6.6節)．しかし，これはmRNAの翻訳に関与するtRNAへの影響によってヒト疾患が生じる機構の1つにすぎない．たとえば，グリシルtRNA合成酵素(アミノ酸のグリシンを適切なtRNAに結合させる酵素)をコードする遺伝子の変異は，末梢神経系に影響を及ぼすシャルコー・マリー・トゥース(Charcot-Marie-Tooth)病の1つの病型を引き起こす．

このように，tRNA合成(図12.15a)またはアミノ酸のtRNA結合(図12.15b)に影響が及ぶと，特定のヒト疾患が生じる可能性がある．さらに，リボソームタンパク質(図12.15c)や翻訳開始因子(図12.15d，e)のような翻訳装置の構成成分の変異によっても，特定の疾患が生じる可能性がある(6.6節)．たとえば，S19リボソームタンパク質に影響を与える変異は，赤血球系疾患であるダイアモンド・ブラックファン(Diamond-Blackfan)症候群を生じさせる．同様に，翻訳開始因子

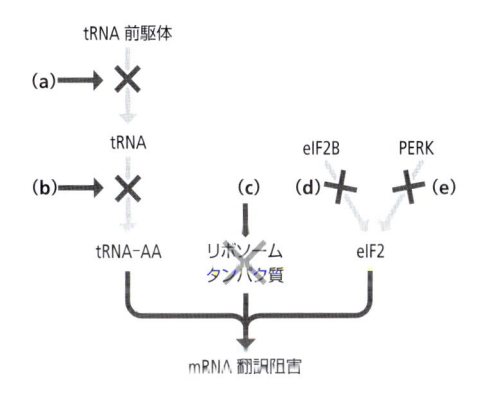

図12.15
ある種のヒト疾患は，翻訳装置の種々の構成成分の変異によって生じる．これには，tRNA前駆体を成熟tRNAに加工する酵素(a)，tRNAをアミノ酸(AA)と結合させる酵素(b)，リボソームタンパク質(c)，そしてeIF2B(d)やPERKキナーゼ(e)のような翻訳開始因子eIF2の調節因子，などの変異が含まれる．

eIF2の活性を調節する因子の変異もまた，特定のヒト疾患を生じさせる。たとえば，白質の萎縮を伴う神経疾患である白質脳症(leukoencephalopathy)は，eIF2の調節因子であるeIF2B(7.5節)の変異によって生じる。その一方で，通常はeIF2をリン酸化するPERKキナーゼの変異は，早期発症型糖尿病を生じさせる(8.5節)。

第10章(10.2節)で述べたように，eIF2のリン酸化の役割の1つは，機能正常なATF4タンパク質を作るATF4 mRNAの翻訳と，短い上流オープンリーディングフレーム(open reading frame；ORF)の翻訳のバランスを調節することである。ATF4の場合では，これらの小ORFの翻訳はATF4タンパク質の産生を妨げる。なぜなら，リボソームがATF4タンパク質産生のための開始コドンで翻訳を再開しないからである。そのようなタンパク質コード領域の上流にある小ORFは，転写因子Hairlessをコードする遺伝子にも見いだされている(図12.16)。しかし，この場合は，2つ目の上流ORFがHairlessタンパク質の翻訳を阻害する転写リプレッサーをコードしているようである。この上流ORFの変異は，抑制タンパク質のアミノ酸配列を変化させ，Hairlessタンパク質の過剰産生を引き起こす(図12.16)。これは毛髪が生えない疾患であるマリー・ウンナ乏毛症(Marie Unna hypotrichosis)を引き起こす。

スプライシングと翻訳は，病原変異の影響を受ける遺伝子発現の転写後段階の代表であるが，他の転写後段階も特定の疾患において影響を受けているようである。たとえば，グルタミン酸受容体mRNAのRNA編集における異常は，運動ニューロン疾患に関与していることが示唆されている。その一方で，mRNA核外輸送タンパク質GLE1の変異は致死的な運動ニューロン症候群を引き起こし，胎性致死となる。

12.4 感染症と細胞性の遺伝子発現

本章では，特定のヒト遺伝性疾患の原因として，遺伝子調節タンパク質とDNA配列の変異が関係していることを述べてきた。しかしながら一方で，ウイルスや細菌などの病原体の感染によって引き起こされるヒト疾患にもまた，遺伝子調節の過程は関わっている。特に，ウイルスは細胞内寄生体で，自身の核酸の複製やタンパク質の合成に細胞由来の機構を利用している。そして多くの場合，細胞はウイルス粒子(ウイルスタンパク質に包まれたウイルス性の核酸を含む)を包む袋となり，ついにはそのウイルス粒子は細胞を破壊して拡散していく。細胞をウイルス生産工場に転換するために，これらのウイルスは細胞性の遺伝子発現を阻害するタンパク質をしばしばコードし，自身の遺伝子発現の効率を高めている。たとえば，単純ヘルペスウイルスは，細胞性のmRNAを分解するタンパク質として知られるvhs(virion host shut off protein)を生産し，細胞内のリボソームが確実にウイルス性のmRNAの翻訳に利用されるようにしている。

同様に，いくつかのウイルスは，細胞性のmRNAから5′キャップを取り除く酵素(キャップ除去酵素)を生産し(6.7節)，それらの翻訳を抑制している。この機構は細胞性のmRNAの翻訳を効果的に抑制できるが，ウイルス性のmRNAが，通常ではキャップとそれに結合する翻訳因子を認識するリボソームの40Sサブユニットにどのように認識されるのだろうかという疑問が生じるのも当然である(図12.17a)。ピコルナウイルスにおいては，ウイルス性のRNAの中にリボソーム内

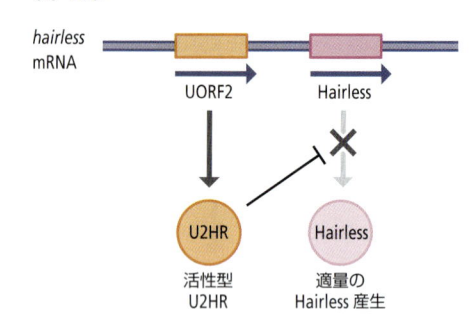

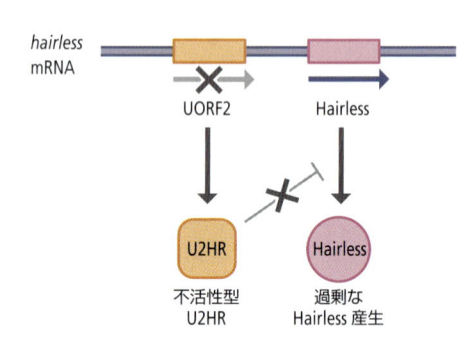

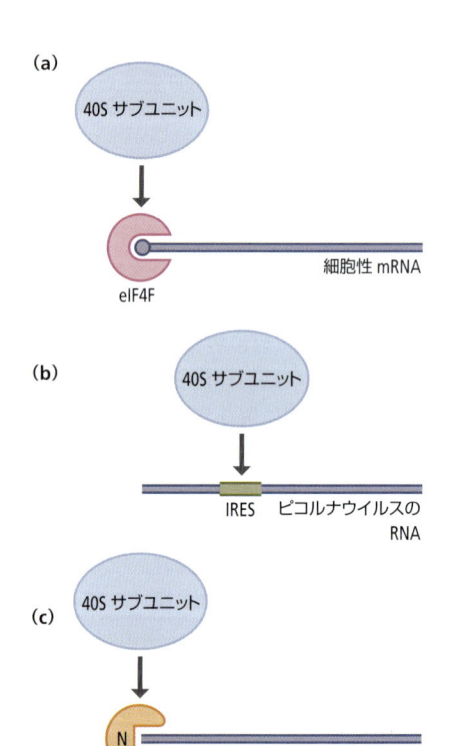

図12.16
(a) *hairless* mRNAの上流オープンリーディングフレーム(UORF2)は，通常Hairlessタンパク質を作るmRNAの翻訳を抑制するタンパク質(U2HR)をコードしており，それによって適量のHairlessタンパク質の産生が確保されている。(b) U2HR(四角形)を不活性化する変異は，Hairlessタンパク質の過剰産生を招き，疾患を生じる。

図12.17
(a)細胞性mRNAのキャップ構造(青色の小さな丸)は，eIF4F複合体，次いでリボソームの40Sサブユニットで認識される。(b)ピコルナウイルスのキャップのないRNAは，40Sサブユニットで認識されるリボソーム内部進入部位(IRES)をもつ。(c)他方，ハンタウイルスのキャップのないRNAは，40SサブユニットでHairlessタンパク質の過剰産生を招き，疾患を生じる。

部進入部位（internal ribosome-entry site；IRES）が含まれており，それによってリボソームの 40S サブユニットはキャップ非依存的にそのウイルス性の RNA に結合する（図 12.17b）．（IRES 配列についての詳細は 7.5 節参照）．

一方で，その他のグループのウイルス，たとえばハンタウイルスは，RNA の 5′ 末端に結合する N タンパク質を利用している．N タンパク質は，細胞性の eIF4F 複合体（eIF4E キャップ結合タンパク質を含む）のようにふるまう（6.6 節）．その結果，40S サブユニットはハンタウイルスの RNA を認識し，その翻訳を可能にする（図 12.17c）．

また，細胞の遺伝子発現を阻害するのと同様に，ウイルスは感染によって引き起こされる細胞性の抗ウイルス応答を克服することも必要である．したがって，細胞の防御機構とこれを克服しようとするウイルスの試みの間には複雑な相互作用が存在し，その相互作用には遺伝子調節の過程がしばしば関係している．

この相互作用は，細胞性のインターフェロンシステムとさまざまなウイルスによるその阻害において，よく研究されている．数多くのウイルスの感染により，インターフェロン α とインターフェロン β の抗ウイルスタンパク質をコードする細胞内の遺伝子が誘導される．これらのタンパク質は細胞性受容体に結合し，STAT1 と STAT2 の STAT ファミリー転写因子のリン酸化を誘導する（図 12.18）（これらの因子とそのリン酸化による活性化については 8.2 節参照）．活性化された STAT1 と STAT2 は互いに結合し，STAT1-STAT2 のヘテロ二量体を形成する．それらは核内に入り，そこで別のタンパク質の IRF9 と相互作用し，それらの標的遺伝子の DNA に結合して，その発現を促進する（図 12.18）．これらの標的遺伝子はさまざまな抗ウイルスタンパク質やマイクロ RNA（microRNA；miRNA）をコードし，それらはウイルス感染を抑制する働きをもつ．

多くのウイルスは，この経路上の 1 つあるいは複数の構成成分を標的にすることで，抗ウイルスのための転写調節因子の活性化に干渉している．たとえば，転写因子 STAT をリン酸化する受容体関連性 JAK キナーゼに干渉するウイルスや（図 12.18a），STAT を分解したり（図 12.18b），脱リン酸化する（図 12.18c）ウイルスが存在する．他にもウイルスは，活性化 STAT が核内に入るのを防いだり（図 12.18d），転写因子 IRF9 を標的とする（図 12.18e）．

ウイルスはインターフェロン α や β によって特定の遺伝子の転写活性化を生じるシグナル伝達経路を阻害する一方で，インターフェロン α や β をコードする遺伝子の転写を標的にすることもある．たとえば，転写因子 NFκB は，ウイルス感染により誘導されるインターフェロン β をコードする遺伝子の活性化に重要な役割を担っている（4.4 節）．NFκB 自身や IκB キナーゼ（転写抑制タンパク質 IκB をリン酸化し，NFκB を活性化する）のいずれかを抑制することによって，その効果を阻害するできるウイルスがある（NFκB/IκB 系については 8.2 節参照）．

これらの例によって，感染症においても遺伝子調節の過程が関与していることが示されてきた．さらに，12.1 節〜 12.3 節で述べた遺伝性疾患においても，転写過程と転写後過程の両者が関連している．

12.5 遺伝子調節とヒト疾患の治療

第 11 章および本章でそれぞれ述べたように，癌やその他多くの疾患における異常な遺伝子調節の関与については，現在，よく知られている．この分野の知見が集積するにつれ，理解が深まり，遺伝子発現の操作に基づいた疾患の治療法が開発されることは自明である．本節では，癌やその他のヒト疾患における，これらの可能性について述べる．

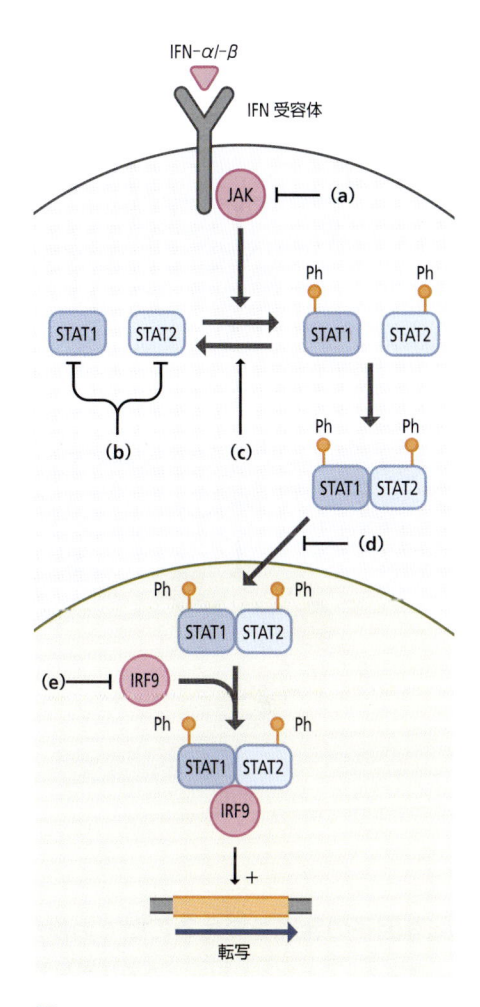

図 12.18
インターフェロン（IFN）α，β による遺伝子発現の活性化においては，受容体関連性の JAK キナーゼの活性化，次いで転写因子（STAT1 と STAT2）のリン酸化（Ph）を起こし，これらのヘテロ二量体が核内に入る．STAT1-STAT2 ヘテロ二量体は，転写因子 IRF9 と相互作用し，この三元複合体が特異的な標的遺伝子に結合して転写を活性化する．さまざまなウイルスがこの過程を阻害できる．その機構として，(a) JAK キナーゼの阻害，(b) STAT1-STAT2 の分解の誘導，(c) 脱リン酸化の誘導，(d) 核移行の阻害，(e) IRF9 の阻害などがある．

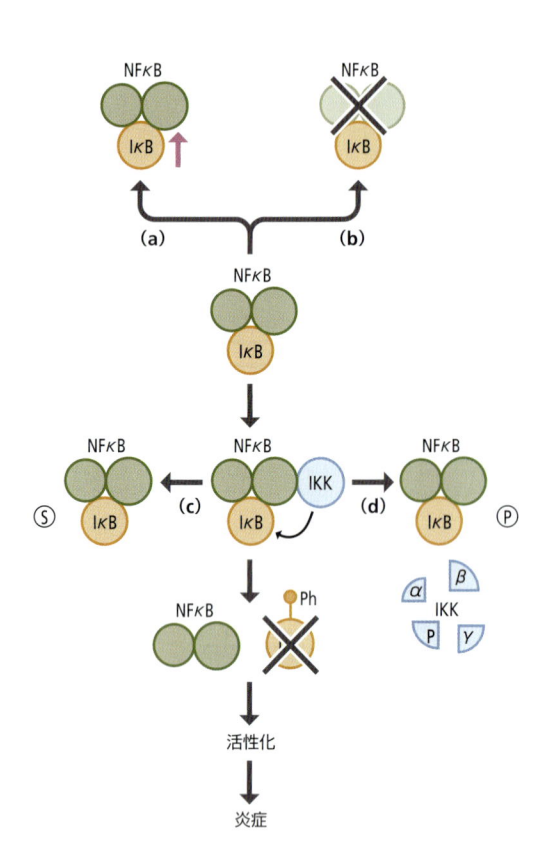

図 12.19
NFκBの活性化を阻害するための可能性のある治療戦略。(a)IκBの発現増強，(b)NFκBの発現抑制，(c)および(d)NFκBの活性化に必要なIκBのリン酸化の抑制。(c)サリチル酸(S)などの薬物を使って直接的にIκBのリン酸化を阻害する。(d)IκBのリン酸化に関与するIκBキナーゼ複合体(IKK)の種々のタンパク質間の相互作用を，小ペプチド(P)によって妨げることで，IκBのリン酸化(Ph)を阻害する(図 8.39)。

転写因子の発現を変えることで治療が可能である

　調節タンパク質の発現を人為的に増加させることで治療を行う場合がある。たとえば，第8章(8.2節)で述べたように，転写因子NFκBの活性化は免疫応答において重要な役割を担っている。それゆえ，その活性を阻害することは，有害な炎症が関わるヒト疾患の治療に意義があるであろう。具体的には，患者自身のIκB遺伝子を活性化する薬物を同定すること，または，IκB遺伝子の外来性コピーを導入する遺伝子治療によって，阻害タンパク質IκBのレベルを高めることで達成される(図 12.19a)。

　あるいは，NFκB自身の合成を抑制することによっても，同様の治療効果が得られるはずである(図 12.19b)。可能性のある方法の1つは，NFκBを標的とするsiRNAを人為的に合成することであろう。この人工siRNAは，生体内で合成されたsiRNAがNFκBの合成を阻害するのと同様の機序で働くと予想される(7.6節)。

　この治療法は興味深く，遺伝子調節タンパク質だけに限らず，その発現の増加や減少が望まれるタンパク質に広く使用されるであろう。しかし，現時点では，外来遺伝子やsiRNAを安全かつ効率的に患者へ送達する方法が，まだ開発中であることが悩ましい問題になっている。同様に，たとえば，転写因子をコードする内在性遺伝子の発現を，安全かつ特異的に，しかも効果的に変化させる薬物を同定することにも多大な努力が必要とされるであろう。

転写因子の活性を変えることで治療が可能である

　興味深いことに，患者が現在服用している治療薬の多くが，転写因子の活性を制御することで効果を発揮している。ほとんどの場合，これらの薬物は，特定の条件下での効果に基づいて導入され，その何年も後になって，転写因子を介して作用することが判明したものである。たとえば，アスピリン(アセチルサリチル酸)は，最

も頻用されている薬物の1つであり，古くから用いられている．ごく最近，サリチル酸はIκBのリン酸化を阻害し，IκBのNFκBとの相互作用を促進することによって，抗炎症作用を発揮することがわかってきた(図12.19c)．

この例は，転写因子のリン酸化という，その活性化(8.2節)に不可欠な部分を標的とすることが治療法となる可能性をもつことを示唆している．実際，抗炎症薬として一般的に使われるシクロスポリンやFK506(タクロリムス)の作用機序が解析され，効果的な免疫応答に必要な転写因子NF-ATの脱リン酸化を阻害することが見いだされた(図12.20a)．

転写因子のリン酸化を標的にするのと同様に，このような治療法は，遺伝子発現の他の過程を調節するタンパク質や，リン酸化によって制御されるタンパク質を標的にすることもできる．明らかに治療への応用が可能な例として，mRNAの翻訳の過程を調節し，さまざまな癌において増強しているPI 3-キナーゼ/Akt/TOR経路があげられる(8.5節，11.4節)．実際，この経路のそれぞれのキナーゼに対する多様な阻害薬が開発され，癌の治療薬としての可能性について単独もしくは併用で試験が行われている．

転写因子の活性に影響するリン酸化以外の翻訳後修飾も，治療の標的となりうるのは明らかであろう(8.3節)．たとえば，HIF-1の阻害は腫瘍血管の成長を阻止し，癌に対して有効な効果をもつので，HIF-1は魅力的な治療標的といえる(11.3節)．逆に，心血管疾患の患者では，HIF-1活性を刺激することで血管新生を促進できることは利点になるであろう．第8章(8.3節)で述べたように，HIF-1の活性は，プロリンヒドロキシラーゼによるHIF-1中のプロリン残基のヒドロキシ化によって調節されている．現在，この酵素を標的とした薬物が開発されており，その活性を増減させることにより，治療に応用される可能性がある(図12.20b)．

また，MDM2によるp53のユビキチン化を抑制する薬物によって，MDM2で誘導されるp53の分解が抑制される(11.3節)．そのため，MDM2が過剰発現している癌細胞でもp53は安定化することになり，癌抑制作用を示す(図12.20c)．

また，翻訳後修飾と同様に，転写因子の活性化に重要な役割を担っているタンパク質間の相互作用を標的にすることも可能である(第8章)．現在では，他のタンパク質と相互作用する特定のタンパク質のドメインを明らかにすることや，構造解析によってそれを確認することは比較的容易にできる．解析ができれば，その結合部位に類似した構造をもつ小ペプチドを準備することができ，その小ペプチドを用いることで結合の競合が起こる．つまり，この小ペプチドはタンパク質間の相互作用を阻害するために使われることになるであろう．

たとえば，小ペプチドが，IκBのリン酸化に必要なタンパク質複合体であるIκBキナーゼ(IKK)において，タンパク質間の相互作用を阻害することが知られている．その結果，このペプチドはNFκBの活性化に必要なIκBのリン酸化を阻害し，生体において抗炎症作用を示す(図12.19d)．

したがって，NFκBを阻害しうるさまざまな治療法は，臨床で使用されているサリチル酸を用いた治療と同様に利用することができる(図12.19)．このようにNFκBを調節できることは，それが炎症に重要な役割を担うという点で，また一部の癌にNFκBが関与しているという最近の報告から，特に重要視されている．

タンパク質間の相互作用を阻害するペプチドの同定は価値のあることではあるが，それらを治療に応用できるかどうかは，患者の体内で標的細胞に効率的に導入できるかにかかっている．理想をいえば，簡単に導入できて特定のタンパク質間の相互作用を阻害する拡散性の小分子を開発することが望ましいであろう．これは，癌抑制遺伝子産物p53とMDM2の間の相互作用において達成されている(前述)．この場合，構造解析によって，p53タンパク質の一部がそれ自体をMDM2分子の深いポケットの中に挿入することが示された．このポケットを埋めるように設計された化合物によりp53とMDM2の結合を阻害することが可能であり，その結果，

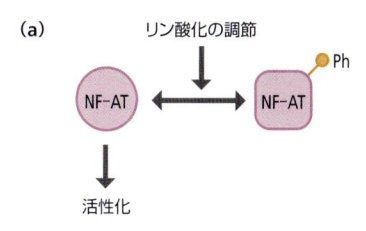

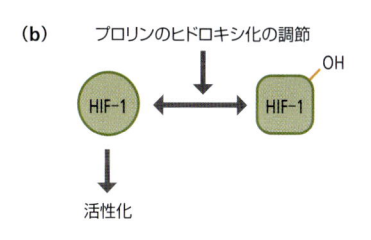

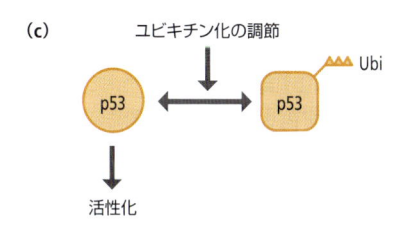

図12.20
治療薬は，(a)リン酸化(Ph)，(b)プロリンのヒドロキシ化(OH)，(c)ユビキチン化(Ubi)のように，転写因子の活性を制御しているさまざまな翻訳後修飾を標的にする．

活性化されたp53は培養細胞と動物の両方において腫瘍の増殖を阻害するに至ったのである（図12.21，図12.22）。

このようなタンパク質間の相互作用を標的にする薬物は，リン酸化を標的としたサリチル酸やシクロスポリン/FK506などの薬物と臨床的に併用することで価値をもつようである。注目すべきことは，この方法やp53のユビキチン化を標的にした方法（前述）は，p53が正常な癌においてのみ意味があるということである。p53が変異を起こし，癌遺伝子としてふるまうような癌においては（11.3節），MDM2を阻害して変異型p53を安定化させるのは逆効果になるであろう。

転写因子の活性は，リン酸化やタンパク質間の相互作用によって調節されるだけでなく，リガンド結合によっても調節を受けている（8.1節）。これには，適切なリガンドによって活性化される核内受容体の転写因子ファミリーのメンバーがあげられる。このリガンド作用は，さまざまな疾患において受容体を刺激または阻害するという治療に利用されてきた。たとえば，エストロゲン依存的に増殖する乳癌は，タモキシフェンを使って治療される。タモキシフェンはエストロゲン受容体にエストロゲンが結合するのを競合阻害するが，受容体に結合しても遺伝子の活性化を誘導しない。

逆に，12.1節で述べたように，核内受容体ファミリーの1つであるPPARγは，少数の糖尿病患者で変異が起こっており，これは正常なPPARγが糖尿病を防ぐ役割を担っていることを示している。ほとんどの患者は正常なPPARγをもっており，この場合の疾患の原因はPPARγ以外にあるので，この受容体の活性を刺激することで治療できるであろう。この治療には，PPARγに結合し活性化を促すチアゾリジンジオン類として知られる合成薬が使われる。

このように，核内受容体ファミリー転写因子のメンバーの活性を阻害する（図12.23a），あるいは人為的に刺激する（図12.23b）ことで，さまざまな治療を行うことができる。

同様の治療的アプローチは，PMLタンパク質と核内受容体ファミリーの1つであるレチノイン酸受容体（retinoic acid receptor；RAR）αが融合した腫瘍原性のタンパク質が関わる前骨髄球性白血病（promyelocytic leukemia；PML）に用いられている。第11章で述べたように（11.2節），レチノイン酸によって転写を活性化する本来のRARαタンパク質とは異なり，RAR-PML融合タンパク質は転写阻害因子として働く。

このような白血病を治療する1つの方法は，レチノイン酸を投与して，融合タンパク質のRAR部分がもつ遺伝子を活性化する特性を刺激し，融合タンパク質によって通常生じる転写抑制に打ち勝つことである（図12.24a）。

クロマチン構造を変化させるタンパク質を標的にすることで治療が可能である

PMLのレチノイン酸による治療は，ある条件下，特に化学療法と併用した場合に効果的であるが，多くの場合，長期の治療効果は望めない。そのため，RAR-PML融合タンパク質がクロマチン構造を不活性化するヒストンデアセチラーゼ（histone deacetylase；HDAC）をリクルートして遺伝子発現を抑制するという発見に基づいた治療法が考えられてきた（11.2節）。HDAC阻害薬が開発されており，RAR-PML融合タンパク質による遺伝子発現の抑制を阻害することで，白

図 12.21
p53の転写リプレッサーMDM2への結合は，p53が自身をMDM2の深いポケットの中に挿入する。特異な合成化合物ヌトリン（ピンク色）によってポケットが埋められると，p53のMDM2への結合が阻害され，p53が腫瘍の増殖を抑制できる。

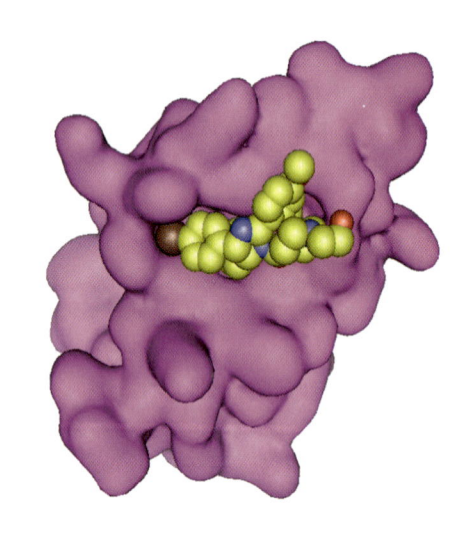

図 12.22
合成小分子であるヌトリン2（黄色）が，MDM2分子（ピンク色）のポケットへのp53の挿入を模倣している構造モデル。Bradford Graves & Lyubomir Vassilev, Roche Research Centerの厚意による。

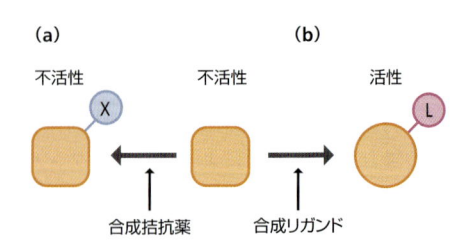

図 12.23
核内受容体ファミリーの転写因子の活性の操作。(a)通常のリガンドの結合に競合するが受容体を活性化しない合成拮抗薬（X）によって，受容体の活性は抑制される。(b)受容体に結合しそれを活性化させる合成リガンド（L）を用いて，受容体を活性化することができる。

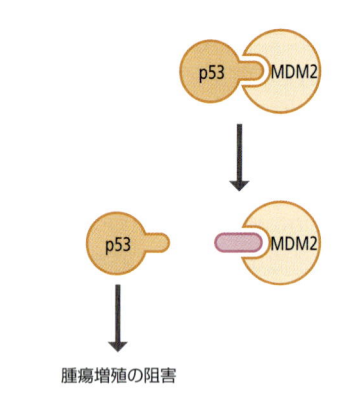

図 12.24
RAR–PML 融合タンパク質の転写阻害効果を克服するための方法。(a)レチノイン酸(RA)を用いて融合タンパク質の RAR 部分による遺伝子活性化を促進する治療法。(b)ヒストンデアセチラーゼ(HDAC)阻害薬を用いて融合タンパク質に結合する HDAC の遺伝子発現の抑制作用を阻害する治療法。

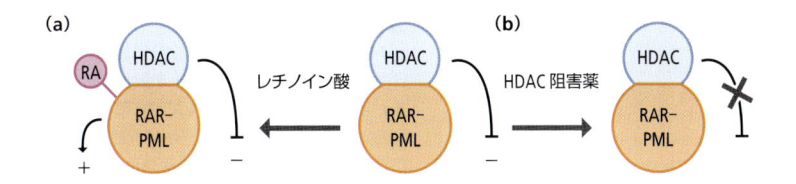

血病において臨床的な効果を示す可能性がある(図 12.24b)。

第 11 章(11.2 節)で述べたように,ヒストン脱アセチル化は,AML-ETO といった他の腫瘍原性融合タンパク質によって誘導される遺伝子発現の抑制にも関与している。この方法はさまざまなヒト白血病の治療に使われるかもしれない。実際,多くのヒト疾患にクロマチン構造やヒストン修飾,DNA メチル化の変化が関わることから(11.2 節,12.2 節),ヒストンアセチル化や DNA メチル化を変化させる薬物によってクロマチン構造を操作する治療法が,癌やその他のヒト疾患に広く応用できると考えられている。たとえば,野生型のアタキシンタンパク質のヒストンアセチルトランスフェラーゼ活性を刺激し,神経変性疾患 SCA7 の原因である変異型アタキシンタンパク質の抑制作用に打ち勝つことで,この疾患の治療が可能となるであろう(12.2 節,図 12.8)。

このように,リガンド結合や翻訳後修飾,あるいはタンパク質間の相互作用を用いて,クロマチン構造や転写因子の活性化を操作することは,すでに多彩な治療法として活用されており,また将来的に可能となるような治療法も存在する。これらの方法は,特定の転写因子によって制御されている,あるいは特定の疾患においてクロマチン構造が変化しているような遺伝子または遺伝子群を標的とするものであることは明らかである。

遺伝子転写を変えるデザイナージンクフィンガーを使うことで治療が可能である

これまで遺伝子特異的な方法について述べてきたが,転写因子の特性を利用して,ゲノム上の特定の遺伝子の発現を操作できるような,治療的アプローチもある。第 5 章(5.1 節)で述べたように,2 つのシステイン残基と 2 つのヒスチジン残基を有する Cys_2His_2 型ジンクフィンガーは,DNA と接触する α ヘリックス領域をもっている。この α ヘリックスの N 末端のアミノ酸には,ジンクフィンガーが結合する DNA 配列を正確に規定する役割がある。現在では,α ヘリックスの N 末端にある特定のアミノ酸から,ジンクフィンガーが結合する DNA 配列を正確に予測することができる。

この予測に基づいて,注目している特定の遺伝子中の標的配列に選択的に結合するようなジンクフィンガーを設計することができる。そのような**デザイナージンクフィンガー**(designer zinc finger)が細胞内に導入されると,標的遺伝子に特異的に結合し,標的配列を含まない他のすべての遺伝子には結合しないであろう。

このようなデザイナージンクフィンガーを転写因子の抑制ドメインに連結すれば(5.3 節),このドメインは標的遺伝子へ運ばれ,その転写を特異的に抑制するだろう(図 12.25a)。この方法は標的遺伝子を特異的に抑制する画期的な手段として使われている。たとえば,特定のウイルス遺伝子の発現を抑制し,単純ヘルペスウイルスやヒト免疫不全ウイルスといったヒト疾患の原因となるウイルスが培養細胞に感染するのを防ぐためにこの技術が用いられる。

ウイルスの遺伝子発現を標的にするのと同様に,この技術を利用して個々の細胞性遺伝子を標的にすることもできる。たとえば,CHK2 遺伝子(細胞の増殖や癌に関係している)の発現の抑制に使われている。DNA マイクロアレイ技術(1.2 節)を用いることにより,CHK2 mRNA の発現レベルは低下する一方で,他のすべての細胞性 mRNA の発現レベルは変化しないことがわかり,これはデザイナージンク

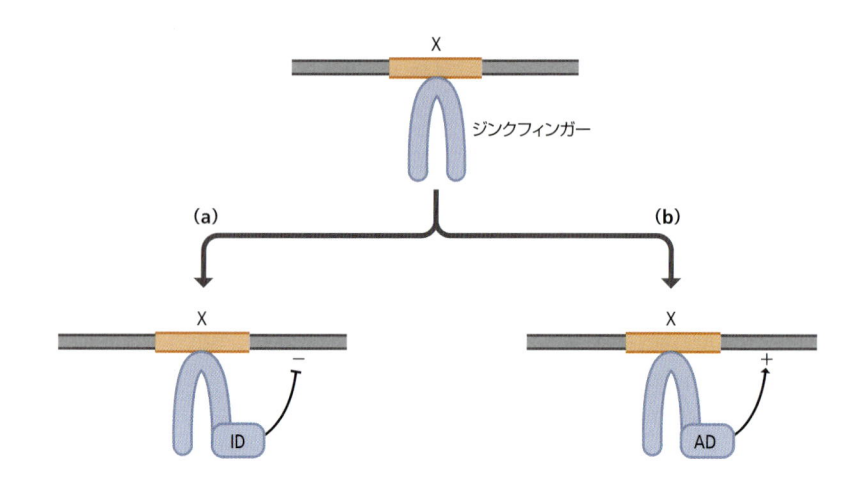

図 12.25
(a)標的遺伝子のDNA配列(X)に特異的に結合するデザイナージンクフィンガーを設計することができる。転写抑制ドメイン(ID)にこのジンクフィンガーが結合することで，標的遺伝子を特異的に不活性化することができる。(b)一方，転写活性化ドメイン(AD)に結合すると，標的遺伝子を特異的に活性化することができる。

フィンガーによる抑制の特異性を示している。

この方法を1つの遺伝子の発現を阻害するのに用いるだけでなく，デザイナージンクフィンガーを転写因子の活性化ドメインに連結することで，個々の遺伝子を特異的に活性化することもできる(図12.25b，5.2節)。この方法は，動物の生体において，血管内皮増殖因子(vascular endothelial growth factor；VEGF)をコードする遺伝子の活性化に使われてきた。これによるVEGFレベルの上昇は機能的であり，血管の成長を促進できた。この効果は，血液供給の不足で生じる疾患において治療的な価値があることを示している(図12.26)。

このアプローチを効果的に用いるためには，遺伝子治療やsiRNAのように，デザイナージンクフィンガーやそれをコードするDNAを患者へ送達する効率的な方法の開発が必要とされている。しかし，この方法はこれまでに述べてきた他の方法とは異なり，どのような遺伝子でもその正常の制御機構とは関係なく標的にできるため，治療法として大きな可能性を有している。

RNAスプライシングを調節することで治療が可能である

本節では，これまで，直接的にあるいはクロマチン構造を変化させて転写を調節するように設計された治療的アプローチの可能性に焦点を置いてきた。しかしながら，前述のように，mRNAの翻訳レベルで治療効果を達成するために，PI 3-キナーゼ/Akt/TOR経路といったキナーゼ経路を操作することもできる。RNAスプライシングを操作することで，転写後レベルで治療効果を達成することができる可能性もある。さまざまな場合において，特定のスプライス部位の利用を促進する，あるいは，その利用を阻害することによって，治療が可能である。

スプライシングの阻害を利用できる可能性をもつ一例として，変異により筋ジストロフィーを引き起こすジストロフィン遺伝子がある(12.3節)。この疾患の1つの病型として，ジストロフィン遺伝子のエキソン49とその傍らにあるイントロンが欠失して，エキソン48とエキソン50が融合してしまうものがある。そのために，mRNAのリーディングフレームが変化し，エキソン51の内部のインフレームの終止コドンによってタンパク質の翻訳が停止される(図12.27)。

この型の疾患において，エキソン51がmRNAに含まれるのを阻害することが治療法の1つとして考えられる。結果として生じるmRNAは，エキソン49と同様，エキソン51も欠失しているので，中途終止コドンは含まれていない。したがって，そのmRNAはエキソン51をこえて翻訳され続けるので，ある程度の機能を有するタンパク質が作られる(図12.27)。

エキソン51のスプライシングを阻害するために，エキソン51の3'スプライス部位に相補的で，mRNAにエキソン51が含まれるのを阻害する短いアンチセンス

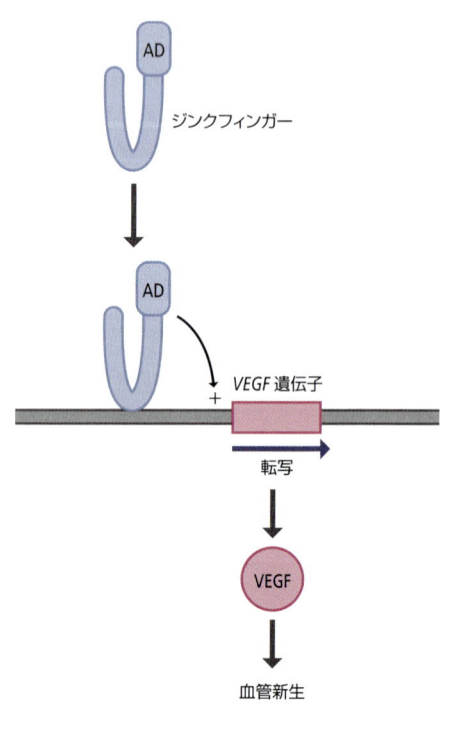

図 12.26
転写活性化ドメイン(AD)に連結させたデザイナージンクフィンガーは，血管内皮増殖因子(VEGF)遺伝子の調節領域に結合し，その転写を促進する。この方法によるVEGFレベルの増加は血管新生を促進する。

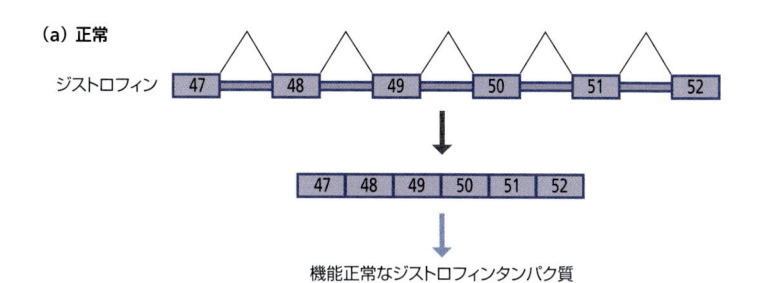

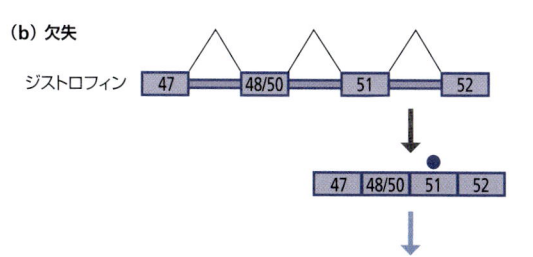

図 12.27

49, 50, 51, 52番目のエキソンを含むジストロフィン遺伝子の領域。(a)通常，これらのエキソンは機能正常なmRNAを作るためにともにスプライシングされる。(b)筋ジストロフィーのいくつかの病型では，エキソン49が失われており，その結果，エキソン48とエキソン50が融合している。これによって，最終的に得られるmRNAのリーディングフレームが変化し，エキソン51の内部に中途終止コドン（丸印）を生じ，途中で途切れた機能しないタンパク質となる。(c)可能な治療的アプローチは，mRNAにエキソン51が含まれることを阻害するアンチセンスオリゴヌクレオチドを用いることである。このようにして中途終止コドンを除去することによって，エキソン51以降のすべてのエキソンは翻訳され，部分的でも機能をもったタンパク質が合成される。

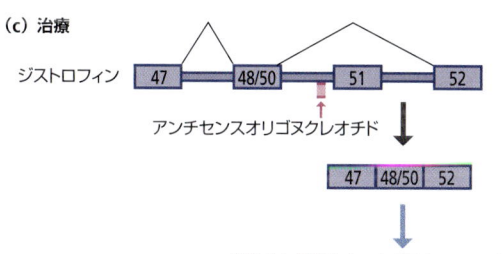

オリゴヌクレオチドを使うことができる（図12.27）。この方法は動物モデルで効果が示されており，現在はヒトでの臨床試験が進行中である。

また，特定のエキソンがmRNAに含まれるのを促進することによって，治療効果を達成できる可能性もある。その一例として，12.3節で述べたSMN1遺伝子の欠失によって引き起こされる脊髄性筋萎縮症（SMA）がある。

SMAの患者を含めたすべてのヒトは，SMN2という，密接に関連した第二の遺伝子をもっている。この遺伝子によってコードされるタンパク質は，SMA患者において欠損したSMN1の代わりの役割をする可能性がある。しかしながら，SMN2の発現量は低く，それを補うには不十分である。なぜなら，すべてのヒト（SMA患者を含む）では，SMN1遺伝子と比較して，SMN2遺伝子ではエキソン7にあるエキソンスプライシングエンハンサー（exon splicing enhancer；ESE）において，CからTへの塩基変化が生じているからである（図12.28）。

第6章（6.3節）で述べたように，ESEはスプライシング因子であるSRタンパク質のRNAへのリクルートを刺激することで，最終的にできるmRNAにエキソンが含まれるのを促進する。SMN1と比較して，SMN2のエキソン7のESEにおける塩基の変化は，ESEの機能を減弱させている。その結果，SMN2 mRNAからエキソン7を除外するようなエキソンスキッピングがしばしば起こる（図12.28）。それにより，エキソン7によってコードされている部分を欠く，機能をもたないSMN2タンパク質が合成される。

可能性のあるSMAの治療法の1つとして，SMN2のエキソン7のESEに相補的なオリゴヌクレオチドを作り，それにSRタンパク質を結合させるという方法がある。RNAにSRタンパク質をリクルートすることによって，エキソン7を含ん

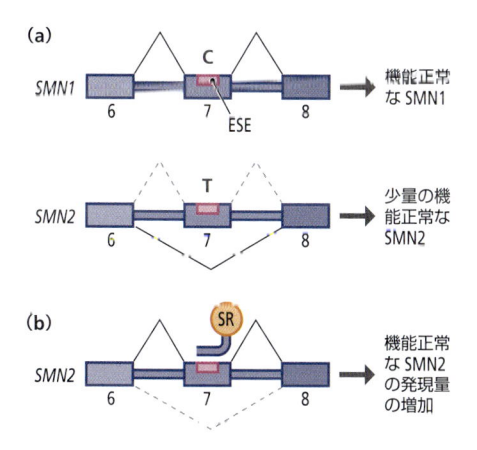

図 12.28

(a) SMN1遺伝子と比較して，SMN2遺伝子ではエキソン7のエキソンスプライシングエンハンサー（ESE，ピンク色）において，1塩基の変化（C→T）が生じている。その結果，エキソン7はエキソンスキッピングにより，しばしばmRNAから除外されてしまう。(b)脊髄性筋萎縮症（SMA）患者では，SMN1遺伝子が欠失している。しかしながら，ESEに相補的なオリゴヌクレオチドによって人為的にESEにスプライシング因子であるSRタンパク質をリクルートすることができ，エキソン7を含んだSMN2 mRNAが作られる。その結果，機能正常なSMN2の発現量が増加し，SMN1の代わりに働くことで治療効果が発揮される。

だ *SMN2* mRNA を作る正しいスプライシングが促進されるであろう(図 12.28)。その結果,SMN1 の代わりに働くことのできる機能正常な SMN2 の発現量が増加する。

スプライシングを正または負に調節するためにオリゴヌクレオチドを用いることで,治療法としての可能性が広がる。デザイナージンクフィンガーや低分子 RNA を使う場合と同様,患者にオリゴヌクレオチドを効率的に送達する方法が開発されなければならない。しかし,オリゴヌクレオチドの安定性や標的細胞へのその取り込みを増強するためにオリゴヌクレオチドを修飾するなど,この分野の研究は進歩しており,近い将来にこれらの送達の問題は解決されるであろう。

まとめ

本章で述べてきたように,ヒトの遺伝性疾患の多くが,転写,クロマチンの構造,転写後の過程での遺伝子発現の調節の異常によって生じている。同様に,感染性の微生物は遺伝子発現を標的にすることで,自身の遺伝子の発現を増強させたり,宿主の防御機構を克服したりしている。

遺伝子発現を正常に調節する過程,およびその過程が疾患で変化する機序について理解を深めることは,ヒト疾患の新しい治療法の開発につながるであろう。現在,きわめて多数の患者が,サリチル酸,FK506,タモキシフェンのように転写因子を標的とする治療薬を服用している。しかしながら,これらの薬物はすべて,その効能とは別に,後になって作用機序が明らかになったものである。p53 と MDM2 の相互作用を阻害できる小化合物の同定,特定の遺伝子を標的にするデザイナージンクフィンガーの設計,RNA スプライシングを標的とするオリゴヌクレオチドの作製は,遺伝子調節の特定のポイントを標的にする新規治療薬の開発に希望を与えるものである。

キーコンセプト

- ヒトの遺伝性疾患の多くが,遺伝子転写を調節するタンパク質をコードする遺伝子の変異による。
- このような変異が入る遺伝子は,転写を直接的に制御する因子をコードしている。たとえば,DNA 結合転写因子,コアクチベーター,あるいは DNA メチル化やヒストン修飾を変えることでクロマチン構造を制御するタンパク質である。
- ヒトの遺伝性疾患は,RNA スプライシングや mRNA の翻訳といった転写後の過程を変化させる変異によっても起こる。
- ヒト疾患を起こす感染性の微生物は,自身の遺伝子発現を増強させたり,宿主の防御機構に打ち勝つために宿主細胞の遺伝子発現を標的にしている。
- 遺伝子に特異的な治療法は,特定の遺伝子やその疾患で発現が変化する遺伝子を標的にすることができる。
- そのような治療法は,転写,クロマチン構造,転写後の過程の段階で,遺伝子発現を調節するものである。
- 特異的な DNA 結合性をもつように設計されたデザイナージンクフィンガーは,特定の遺伝子を標的にして,その発現を増減させることで治療的な効果を発揮することができる。

参考文献

12.1 転写とヒト疾患

Latchman DS (1996) Transcription factor mutations and disease. *N. Engl. J. Med.* 334, 28–33.

Riley BE & Orr HT (2006) Polyglutamine neurodegenerative diseases and regulation of transcription: assembling the puzzle. *Genes Dev.* 20, 2183–2192.

Rockman MV & Kruglyak L (2006) Genetics of global gene expression. *Nat. Rev. Genet.* 7, 862–872.

12.2 クロマチン構造とヒト疾患

Bassell GJ & Warren ST (2008) Fragile X syndrome: loss of local mRNA regulation alters synaptic development and function. *Neuron* 60, 201–214.

Chahrour M & Zoghbi HY (2007) The story of Rett syndrome: from clinic to neurobiology. *Neuron* 56, 422–437.

Feinberg AP (2007) Phenotypic plasticity and the epigenetics of human disease. *Nature* 447, 433–440.

Kumari D & Usdin K (2009) Chromatin remodeling in the noncoding repeat expansion diseases. *J. Biol. Chem.* 284, 7413-7417.

12.3 転写後の過程とヒト疾患

Cooper TA, Wan L & Dreyfuss G (2009) RNA and disease. *Cell* 136, 777-793.

Licatalosi DD & Darnell RB (2006) Splicing regulation in neurologic disease. *Neuron* 52, 93-101.

O'Rourke JR & Swanson MS (2009) Mechanisms of RNA-mediated disease. *J. Biol. Chem.* 284, 7419-7423.

Scheper GC, van der Knaap MS & Proud CG (2007) Translation matters: protein synthesis defects in inherited disease. *Nat. Rev. Genet.* 8, 711-723.

Wang GS & Cooper TA (2007) Splicing in disease: disruption of the splicing code and the decoding machinery. *Nat. Rev. Genet.* 8, 749-761.

Weiner L & Brissette JL (2009) Hair lost in translation. *Nat. Genet.* 41, 141-142.

12.4 感染症と細胞性の遺伝子発現

Randall RE & Goodbourn S (2008) Interferons and viruses: an interplay between induction, signalling, antiviral responses and virus countermeasures. *J. Gen. Virol.* 89, 1-47.

von der Haar T (2009) One for all? A viral protein supplants the mRNA cap-binding complex. *EMBO J.* 28, 6-7.

12.5 遺伝子調節とヒト疾患の治療

Bensinger SJ & Tontonoz P (2008) Integration of metabolism and inflammation by lipid-activated nuclear receptors. *Nature* 454, 470-477.

Bonetta L (2009) RNA-based therapeutics: ready for delivery? *Cell* 136, 581-584.

Castanotto D & Rossi JJ (2009) The promises and pitfalls of RNA-interference-based therapeutics. *Nature* 457, 426-433.

Haberland M, Montgomery RL & Olson EN (2009) The many roles of histone deacetylases in development and physiology: implications for disease and therapy. *Nat. Rev. Genet.* 10, 32-42.

Jordan VC (2007) Chemoprevention of breast cancer with selective oestrogen-receptor modulators. *Nat. Rev. Cancer* 7, 46-53.

Kim DH & Rossi JJ (2007) Strategies for silencing human disease using RNA interference. *Nat. Rev. Genet.* 8, 173-184.

Klug A (2005) The discovery of zinc fingers and their development for practical applications in gene regulation. *Proc. Jap. Acad. Ser. B Phys. Biol. Sci.* 81, 87-102.

Latchman DS (2000) Transcription factors as potential targets for therapeutic drugs. *Curr. Pharm. Biotechnol.* 1, 57-61.

Pennisi E (2008) Hopping to a better protein. *Science* 322, 1454-1455.

Pouyssegur J, Dayan F & Mazure NM (2006) Hypoxia signalling in cancer and approaches to enforce tumour regression. *Nature* 441, 437-443.

Smith LT, Otterson GA & Plass C (2007) Unraveling the epigenetic code of cancer for therapy. *Trends Genet.* 23, 449-456.

Vassilev LT (2007) MDM2 inhibitors for cancer therapy. *Trends Mol. Med.* 13, 23-31.

Yuan TL & Cantley LC (2008) PI3K pathway alterations in cancer: variations on a theme. *Oncogene* 27, 5497-5510.

結論と将来の展望

結論と将来の展望

転写因子は相互に結合して転写を制御する

　制御を受ける遺伝子のプロモーター上に結合する転写調節タンパク質や，そのDNA結合部位が，1980年に至るまでは何ひとつ同定されていなかったという事実から考えると，遺伝子発現調節に関する研究の進展の速度は驚くべきものであるといえる。その後の10年間の研究の劇的な展開によって，遺伝子発現を制御する個々の転写因子の働きが，かなり明確にわかってきたのである。たとえば，グルココルチコイドやその関連ホルモンによって遺伝子発現が誘導される場合，それらのホルモンは特異的受容体を活性化し(5.1節)，活性化された受容体はヌクレオソームと置き換わり(3.5節)，標的遺伝子の上流に存在する特異的なDNA配列に結合する(4.3節)。そして，受容体タンパク質の特定のドメインに，TATAボックス配列に相互作用するタンパク質が結合して転写を活性化する(5.2節)。

　このように，1つの因子が特異的な転写因子を活性化し，遺伝子発現を調節する過程は，1990年までに概略がかなりわかるようになった。しかし，その後，1つの因子による1つの転写因子の活性化を理解するだけでは不十分であることがわかってきた。むしろ，特定の転写因子の活性は，他の転写因子やタンパク質との相互作用に依存している。たとえば，グルココルチコイド受容体は通常，抑制性のHsp90タンパク質によって細胞質にとどめられて核移行を阻害されており，転写を活性化できないが，グルココルチコイドホルモンはこの受容体からHsp90を解離させることで転写を活性化する(8.1節)。

　転写因子の活性を制御するタンパク質間相互作用の同様の例として，FosとJunの作用が挙げられる。これらのタンパク質は，増殖因子やホルボールエステルによる処理に応答して遺伝子発現を制御する(11.2節)。第5章(5.1節)で述べたように，Fosタンパク質それ自体はDNAに結合できないが，Junタンパク質とヘテロ二量体を形成して，DNAに結合できるようになる。このヘテロ二量体の結合により，転写が活性化される。グルココルチコイド受容体と結合して抑制的に作用するHsp90とは逆に，この場合，Fosは他のタンパク質との相互作用により転写を活性化している。

　このようなタンパク質間相互作用による転写因子の活性化の制御は，短期的な誘導因子による遺伝子発現の制御に限らず，細胞種や組織に特異的な遺伝子発現の制御にも関与している。たとえば，第10章(10.1節)で述べたように，転写因子MyoDは筋細胞特異的な遺伝子発現を制御し，分化した骨格筋細胞を形成するのに重要な役割を果たしている。MyoDは筋細胞特異的に発現する遺伝子のプロモーターに結合して活性化し，線維芽細胞を筋細胞へ分化させることができる。

　しかしながら，このような骨格筋細胞への分化のためには，細胞は増殖因子がない条件で培養される必要がある。それは増殖因子存在下の細胞が，MyoDとヘテ

ロ二量体を形成してDNAへの結合と転写活性化を阻害するId因子を高いレベルで含んでいるためである(5.3節)。したがって，筋細胞への分化のためには，転写を活性化するMyoDタンパク質の高発現だけでなく，増殖因子を除去することで阻害タンパク質Idのレベルを減少させる必要がある。

このようなことからも明らかなように，ロイシンジッパーやヘリックス・ループ・ヘリックス(5.1節)のような特異的モチーフによって二量体を形成する転写因子群では，他のファミリーメンバーとの二量体形成によって，Fos-Junのように活性化にも，またMyoD-Idのように抑制にも作用することができる。

転写因子は遺伝子発現を活性化させることも抑制することもできる

Idの例は，遺伝子調節において重要性を増しているもう1つのテーマ，すなわち遺伝子発現の活性化とは逆の，その特異的抑制の重要性を示している(5.3節)。また，阻害因子としてだけ機能するIdのような転写因子ばかりでなく，状況に応じて転写アクチベーターとしても転写リプレッサーとしても働くものもある。甲状腺ホルモン受容体の場合，グルココルチコイド受容体とは異なり，ホルモン非存在下でもDNAに結合する。第5章(5.3節)で述べたように，この受容体は甲状腺ホルモン非存在下ではプロモーター活性を直接抑制するが，ホルモン存在下では構造が変化して遺伝子発現を活性化するのである。

DNA結合転写因子はコアクチベーターやコリプレッサー，およびクロマチン構造の調節因子と結合する

甲状腺ホルモン受容体の例は，遺伝子発現の過程についての研究が進むにつれて最近とりあげられるようになってきた2つの重要なテーマを示している。すなわち，コリプレッサーとコアクチベーターの役割(第5章)，そしてクロマチン構造に対する転写因子の影響(第2章，第3章)である。第5章(5.3節)で述べたように，甲状腺ホルモン受容体の転写抑制ドメインは，核内受容体コリプレッサーとして知られる阻害分子をリクルートすることによって間接的に作用する。実際に転写抑制効果をもつのは，このコリプレッサーであり，この因子は基本転写複合体に直接結合するが，ヒストンを脱アセチル化する別の分子をリクルートすることも示されている。ヒストンの脱アセチル化は高度に凝縮して転写が起こらないクロマチン構造を作り出すので(3.3節)，甲状腺ホルモン受容体のもつ転写抑制効果の少なくとも一部は，クロマチン構造を転写が起こらない型に変換する分子をリクルートするコリプレッサーを介したものであると思われる。

また第5章(5.3節)で述べたように，甲状腺ホルモンの添加は甲状腺ホルモン受容体の構造変化を引き起こし，コリプレッサーの解離により転写を活性化させる。興味深いことに，転写抑制の場合と同様に，甲状腺ホルモン受容体によるこのような転写活性化にも共役因子が必要であり，ヒストンのアセチル化の変化が関与する。甲状腺ホルモンの作用により，甲状腺ホルモン受容体はコアクチベーターであるCREB結合タンパク質(CREB-binding protein；CBP)に結合することができるようになる。CBPは当初，転写因子CREBに結合するコアクチベーターとして同定されたが(5.2節，8.2節)，その後，グルココルチコイド受容体や甲状腺ホルモン受容体のような核内受容体の転写活性化にも関与することが示された。

さらに第5章(5.2節)で述べたように，CBPは基本転写複合体の構成成分と相互作用することでコアクチベーターとして作用する。しかし，そのような機能に加えて，CBPはヒストンアセチルトランスフェラーゼ活性を有しており(2.3節，3.3節)，ヒストンをアセチル化することで核内受容体-コリプレッサー複合体の効果を転換させ，クロマチンの構造を転写が可能な状態に変換すると考えられる。したがって，甲状腺ホルモンの添加は甲状腺ホルモン受容体を，ヒストンデアセチラーゼ活性をもつコリプレッサーに結合できる構造から，ヒストンアセチルトランスフェ

ラーゼ活性をもつコアクチベーターに結合できる構造へと変換することになる。

このような例は，コアクチベーターとコリプレッサーの重要性を示しているとともに，第5章で述べた転写因子と第3章で述べたクロマチン構造の変化との間に緊密な関連があることを例証しているといえる。

このような転写そのものの制御とクロマチン構造の制御との間にみられる関連は，初期発生における遺伝子発現調節の過程に関する解析でも同様に証明されている(第9章)。たとえば，ショウジョウバエでは，異常な表現型をもつ変異体を単離して，変異した遺伝子がコードする調節タンパク質を同定する遺伝学的手法を用いて，遺伝子発現を制御する多数の因子が見つかってきている(9.2節)。

このような方法で同定されてきたタンパク質の多くは，DNAに結合して転写を活性化または抑制するホメオドメイン転写因子である(5.1節，9.2節)。一方で，同様の方法で同定されたタンパク質の中には，標的遺伝子のクロマチン構造を制御する因子もある。たとえば，Polycomb(ポリコーム)因子は，高度に凝縮して転写が起こらないクロマチン構造を作り出す。逆に，Trithorax(トリソラックス)タンパク質はクロマチン構造を弛緩させて転写が可能な状態に変換する。

興味深いことに，ホメオドメイン転写因子それ自体をコードする遺伝子のクロマチン構造，つまりそれら遺伝子の転写もPolycombとTrithoraxタンパク質によって制御されている(5.1節)。これは，他の機能をもつタンパク質をコードする標的遺伝子を制御するのと同様に，特異的な調節タンパク質が他の調節タンパク質の発現を調節できることを示している。さらに，ホメオドメインタンパク質やPolycomb/Trithoraxタンパク質は，当初はショウジョウバエで同定されたものであるが，その後，哺乳動物を含むさまざまな生物種でも同定され，遺伝子発現の制御において重要な役割を担っていることが明らかにされている(たとえば，9.1節，9.3節)。

ヒストン修飾はクロマチン構造の制御において中心的役割を担っている

クロマチン構造の変化が重要な役割を担っていることから，調節タンパク質がクロマチンの構造をどのように変化させるのかについて精力的な研究が行われてきた。現在では，転写調節因子によるヒストンの翻訳後修飾が，クロマチン構造の制御における重要な要素であり，転写の活性化や抑制をもたらしていることが明らかになっている。

第3章(3.3節)で述べたように，そのようなヒストン修飾はアセチル化に限らず，メチル化やリン酸化，ユビキチン化やSUMO化も含んでいる。たとえば，Polycomb複合体は，ヒストンH3の9番目と27番目のリシンをメチル化して高度に凝縮したクロマチン構造の形成を促進する。一方，Trithoraxタンパク質は，ヒストンH3の4番目のリシンのメチル化を促進し，それによって9番目と27番目のリシンの脱メチル化を促進する(3.3節)。

このような多様なヒストン修飾には相互作用があり，あるアミノ酸残基の修飾が他のアミノ酸残基への修飾に正や負の影響を与える。この事実から「ヒストンコード」という考え方が生まれた。つまり，特定のDNA領域のヒストン修飾のパターンが，クロマチンリモデリング複合体(3.5節)やDNAに結合する転写アクチベーター/転写リプレッサーのリクルートに影響して，転写に必要なクロマチン構造の変化を促進または抑制するという考え方である。

コアクチベーター/コリプレッサーは，多数の転写因子と相互作用することで多彩なシグナル伝達経路と関連している

興味深いことに，多数のコアクチベーター/コリプレッサー分子は，それぞれ多様な転写アクチベーター/転写リプレッサーと相互作用している。多彩なシグナル伝達経路によって活性化される転写因子に利用されるコアクチベーターCBPの場合，このことがシグナル伝達経路同士の相互作用をもたらしていることが示されている。

たとえば，グルココルチコイドによって活性化されるグルココルチコイド受容体と，ホルボールエステルによって活性化されるAP-1(Fos-Jun)複合体は，いずれもその転写活性化作用のためにCBPを必要とする(5.2節)。細胞内のCBPレベルは比較的低く，両経路が同時に活性化された場合には少ないCBPを取り合うこととなり，どちらの経路も転写を活性化できなくなるおそれがある。そのため，いずれもCBPを要するこれらの経路は，互いに他方を抑制するようになっている(8.1節)。

この例は，あるシグナル伝達経路の効果が，他の経路の活性化によってどのように影響されるかを示している。グルココルチコイドホルモンがない場合，グルココルチコイド受容体はHsp90によって細胞質にとどめられており，Fos-Jun複合体がCBPと相互作用し，増殖因子やホルボールエステルに応答して遺伝子発現を活性化することができる。一方，グルココルチコイド存在下ではグルココルチコイド受容体はHsp90から解離してCBPと結合し，Fos-Jun複合体からCBPが解離して遺伝子発現の活性化が阻害されるようになる。

実際，ホルボールエステルに応答してFos-Jun複合体により活性化され，炎症部位で重度の組織損傷を引き起こすコラゲナーゼをコードする遺伝子の場合がこれにあたる。上記のモデルから期待されるように，ホルボールエステルによって活性化されるこの遺伝子の発現は，グルココルチコイドホルモンによる治療で阻害される。これがグルココルチコイドの抗炎症作用の説明である。逆に，増殖因子やホルボールエステルによって誘導されたFosやJunが高レベルであれば，限られたCBPを取り合うことになるので，グルココルチコイド治療によるグルココルチコイド応答性遺伝子の活性化は妨げられることになる(8.1節)。

このような例は，遺伝子発現に対する特定の因子の効果が，細胞に存在する他の因子の性質や，特異的なシグナル伝達経路の活性化状態に依存することを示している。実際，第8章で述べたように，多くの転写因子の活性は特異的なシグナル伝達経路によって調節されている。そのような経路は，たとえば，他の因子との相互作用や翻訳後修飾，あるいは前駆体タンパク質からのプロセシングを制御することによって，特定の転写因子の活性を増強または減弱することができる。また，そのような修飾は，DNAに結合する転写アクチベーターに対してと同様に，コアクチベーターにも影響を与えることができる。たとえば，コアクチベーターCBPのIκBキナーゼによるリン酸化は，NFκBへの結合を増強する一方，p53への結合を減弱させる(8.2節)。同じコアクチベーターを利用する複数のシグナル伝達経路間のバランスは，転写アクチベーターそのものを修飾することによって，またはコアクチベーターを修飾することによって調節されている。

したがって，グルココルチコイド受容体だけを考える単純なモデルは修正される必要があり，Hsp90の結合による阻害や，転写活性化のために他の因子をリクルートする必要性についても考慮に入れなければならない。そのような因子としては，CBPや，第3章(3.5節)で述べたようにクロマチン構造を変化させるSWI-SNF複合体も含まれる。

遺伝子発現の調節は非常に複雑な過程であり，転写調節と転写後調節の両者が関与する

生細胞における1つの遺伝子の制御は，単離した転写因子とその結合部位との相互作用の研究から予想されたものよりも，はるかに複雑であることが，ここ数年で明らかになってきた。一見すると，この領域における最近の研究の進展は，単に問題を複雑にしているだけのように思えるかもしれない。しかし，遺伝子発現調節の過程には，身体を構成するあらゆる細胞種を作り上げるだけでなく(第10章)，それらが発生の過程で正しい時期に正しい場所で作られるようにする役目もあるのである(第9章)。

それゆえ，遺伝子発現の調節は，クロマチン構造を制御したり，特定の細胞種で

参考文献

Carninci P (2009) The long and short of RNAs. *Nature* 457, 974–975.

ENCODE Project Consortium (2007) Identification and analysis of functional elements in 1% of the human genome by the ENCODE pilot project. *Nature* 447, 799–816.

Gingeras TR (2007) Origin of phenotypes: genes and transcripts. *Genome Res.* 17, 682–690.

Hood L (2008) Gene regulatory networks and embryonic specification. *Proc. Natl Acad. Sci. USA* 105, 5951–5952.

Karlebach G & Shamir R (2008) Modelling and analysis of gene regulatory networks. *Nat. Rev. Mol. Cell Biol.* 9, 770–780.

Mercer TR, Dinger ME & Mattick JS (2009) Long non-coding RNAs: insights into functions. *Nat. Rev. Genet.* 10, 155–159.

Ponting CP, Oliver PL & Reik W (2009) Evolution and functions of long noncoding RNAs. *Cell* 136, 629–641.

Sharp PA (2009) The centrality of RNA. *Cell* 136, 577–580.

こうしたデータのコンピュータ解析により，多数のタンパク質やRNAの制御効果を統合した高度に複雑なネットワークを構築することができる。さらに，1つの特定の因子が他の制御因子の発現や活性を調節できるといった階層性の例も明らかになりつつある（図13.1）。

このように，個々の因子の相互作用に基づく解析も，コンピュータを利用したネットワーク解析も，遺伝子調節過程の膨大な複雑性を示唆している。それでもなお，因子間相互作用，クロマチン構造の変化，調節RNAの同定，遺伝子制御ネットワークの解析，といった観点に基づいた遺伝子調節の理解におけるここ数年の進展は，遺伝子発現の適切な時間的制御（差次的制御）という観点から哺乳動物の発生という究極の問題を理解することも，いつか可能になることを予感させる。同様に，癌やその他のヒト疾患における遺伝子調節の異常の役割に関するわれわれの理解の進歩（第11章，第12章）は，患者の遺伝子発現を人為的に操作することに基づいた優れた治療法の開発に希望をいだかせるものである。

図13.1
ウニ胚の内胚葉細胞および中胚葉細胞の発生を調節する遺伝子制御ネットワーク。母体で活性化されている遺伝子（灰色のボックス）（第9章）の産物は，多数の調節遺伝子（オレンジ色のボックス）を含む遺伝子発現カスケードを活性化する。その結果，中胚葉（カーキ色のボックス）または内胚葉（紫色のボックス）の分化に関与する遺伝子が制御される。矢印は遺伝子発現の活性化を示している。矢印でないもの（⊥）は遺伝子発現の抑制を表している。Alberts B, Johnson A, Lewis J *et al.* (2008) *Molecular Biology of the Cell*, 5th ed. Garland Science/Taylor & Francis LLC より。

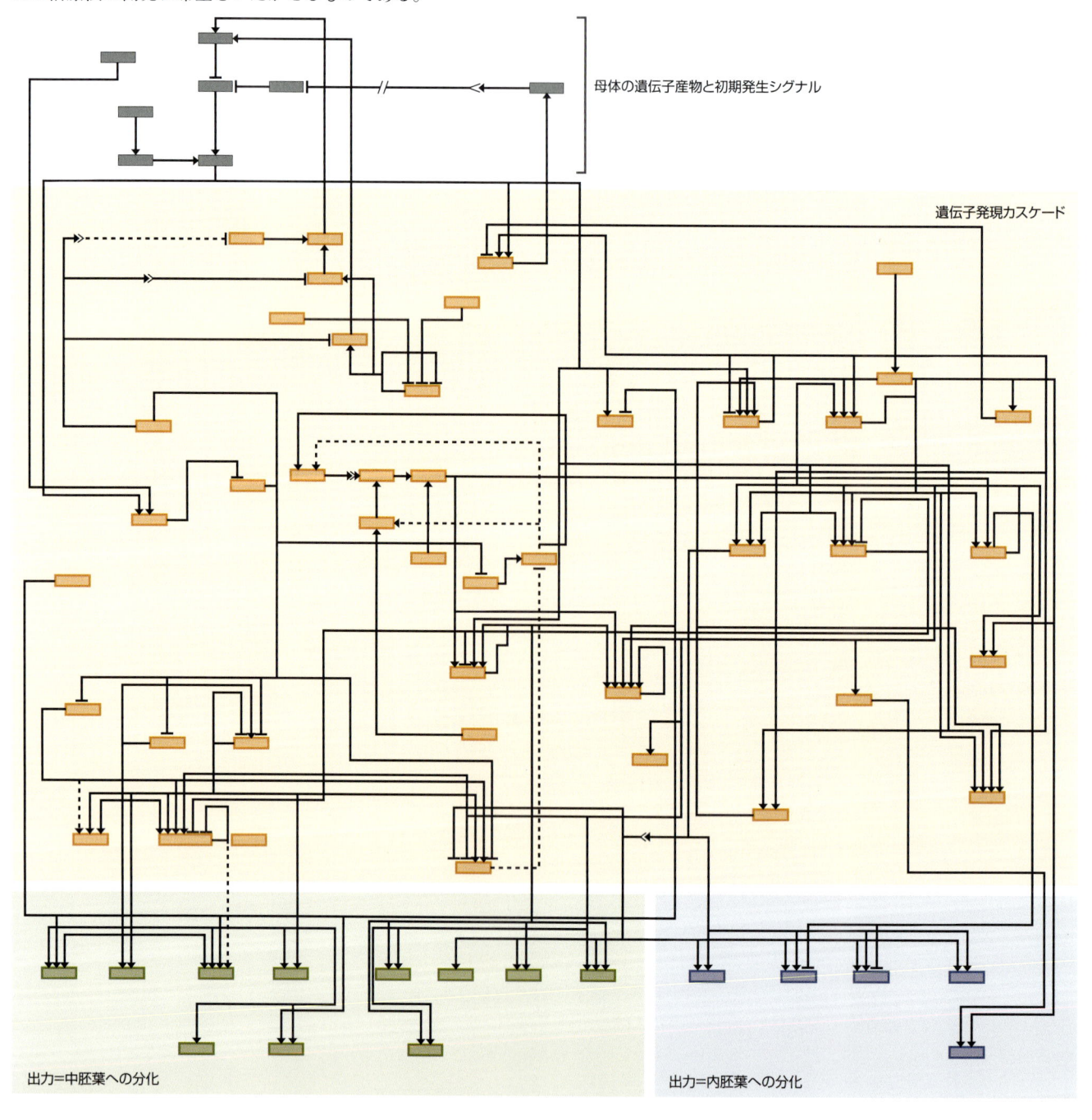

特定の遺伝子の転写を直接に調節するために，多数の転写因子が相互に，そしてDNA上のそれぞれの結合部位と相互作用するような，高度に複雑な過程になっているのである．さらに，そのような転写調節は，転写後調節の過程によって十分に補強されている（第6章，第7章）．転写後調節の過程には，関連したタンパク質をコードする多様なmRNAを1つの遺伝子から作るRNAスプライシングや，RNA編集の過程などがある．たとえば，複数のイントロンを含むヒト遺伝子の90％以上が選択的スプライシングを受けている．同様に，転写調節は，mRNAの安定性や翻訳の調節といった転写後調節の過程によっても補強されており，それにより条件の変化に応じてタンパク質レベルを迅速に変化させることが可能となっている．また，転写の開始や伸長を制御する過程は，キャップ形成，スプライシング，ポリアデニル化のような転写後の過程と相互作用し，最終産物であるmRNAが協調して効率的に作られるようにしている（6.4節）．

RNA分子は遺伝子発現の調節において中心的役割を担っている

特異的な調節タンパク質は，クロマチン構造を変化させたり，転写そのものを調節したり，あるいは転写後過程を制御することによって作用し，遺伝子発現の調節において重要な役割を果たしている．しかし，ここ数年，これらの遺伝子調節過程が特異的なRNA分子によって制御されていることが認識されつつある．低分子干渉RNA（small interfering RNA；siRNA）やマイクロRNA（microRNA；miRNA）のような抑制性の低分子RNAは，現在精力的に研究されており（1.5節），発生段階特異的な（第9章），そして細胞種特異的な遺伝子発現の調節（第10章）に関与していることが明らかになりつつある．

興味深いことに，低分子RNAは，クロマチン構造の変化（3.4節）と，mRNAの分解や翻訳といった転写後レベル（7.6節）の両方で遺伝子発現を抑制している．さらに，細胞で多様な機能をもつタンパク質をコードする構造遺伝子の発現を調節するほか，低分子RNAは転写因子や選択的スプライシング因子のような調節タンパク質をコードする遺伝子の発現も調節することができるのである．調節タンパク質の発現変化は，その下流の標的遺伝子の発現を調節することになる．これにより，低分子RNAの制御効果が飛躍的に向上するのみならず，遺伝子発現に対して負の効果だけでなく正の効果を及ぼすこともできるようになる．たとえば，低分子RNAは転写リプレッサーの発現を負に制御することによって，その標的遺伝子に対する抑制効果を緩和することができる（たとえば，7.6節，10.2節）．

遺伝子発現に影響を与えるRNA分子として，このような低分子RNAのほかに，より大きな非コードRNA（non-coding RNA；ncRNA）分子が同定されている．ncRNAは，たとえば未分化な胚性幹（ES）細胞（embryonic stem cell）に特異的に発現しており，未分化な状態で増殖を維持できるようにしている（9.1節）．同様に，遺伝子のインプリンティングの過程にも特異的RNAが関わっている．また，一方のX染色体上の*XIST* RNAの転写は，同じ染色体上のすべての遺伝子を抑制し，X染色体不活性化に重要な役割を果たしている（3.6節）．

siRNAやmiRNA，そして*XIST*のような大分子RNAの阻害効果とは逆に，いくつかのRNA分子は遺伝子発現を活性化する役割をもつ．たとえばHSR1 ncRNAは，ストレスに曝された後に熱ショック転写因子の活性化に関与し，熱ショック遺伝子の転写を活性化させる（8.1節）．同様に，Polycomb応答性配列/Trithorax応答性配列からのncRNAの転写は，Trithoraxタンパク質によるクロマチン構造の弛緩の促進や，Polycombタンパク質による抑制効果の緩和に重要な役割を担っている（4.4節）．

このように，遺伝子発現の調節には調節タンパク質と同様に調節RNAも関与している．同定される調節RNAの数が増加していることは，ヒトゲノム中の機能要素を解析するENCODEプロジェクトの予備的調査の結果とも整合する（第3章の

「まとめ」と4.3節を参照)。このプロジェクトでは，ヒトゲノムの多くの部分がRNAに転写されているが，それらの多くはタンパク質をコードせず，おそらく調節機能を有するものであることが明らかになっている。

Polycomb応答性配列/Trithorax応答性配列由来のRNAのように，これらのRNAには転写される遺伝子近傍の調節DNA配列に由来するものが多い。したがって，それらの配列へのDNA結合タンパク質のアクセスを調節する役割をもっている可能性がある。しかし，ENCODEプロジェクトで同定された多くのncRNAは，タンパク質をコードするRNAが転写される領域と一部重複している。さらに，タンパク質をコードするmRNAが産生されるのとは反対側のDNA鎖からもncRNAは転写される。したがって，たとえば抑制性のsiRNAを生成することができる2本鎖RNAを産生することで(1.5節)，ncRNAはタンパク質をコードするRNAの発現を潜在的に制御できるであろう。あるいはまた，特定の遺伝子座からのncRNAの転写が，そのクロマチン構造を変化させ，タンパク質をコードするRNAの発現を促進または抑制すると考えることもできる(3.6節，4.4節)。

調節RNAと調節タンパク質の異常はヒト疾患の原因となる

遺伝子調節における調節RNAの重要な役割を考えれば，たとえば，個々のmiRNAの発現の異常が，癌のようなヒトの疾患に関与していることが明らかにされているのも意外ではない(11.4節)。これは明らかに，癌遺伝子(11.2節)または癌抑制遺伝子(11.3節)によってコードされている特異的な遺伝子調節タンパク質が，癌化に関係していることを示している。

第12章で述べたように，癌以外のヒト疾患にも遺伝子調節過程の異常が関係している。たとえば，CBPは上述のように特異的なシグナル伝達経路に応答した遺伝子活性化の制御に重要な役割を果たしているが，この因子は発生段階やヒト疾患における遺伝子調節にも関与している。第12章(12.1節)で述べたように，ヒト*CBP*遺伝子の変異は，精神遅滞や身体的異常などの発達異常を特徴とするルビンスタイン・テイビ(Rubinstein-Taybi)症候群を引き起こす。興味深いことに，この疾患は2コピーの*CBP*遺伝子のうち1コピーに変異が生じただけで，もう1コピーから機能正常なCBPタンパク質が産生されていたとしても発症する。2コピーともに変異を生じている例は報告されていない。このことは，2コピーの遺伝子がともに変異を生じて完全に欠失した場合には生存できなくなるほど，CBPが重要であることを示している。上述のシグナル伝達の例のように，細胞内に適切な量のCBPが存在することが発生には重要であり，1コピーの*CBP*遺伝子では正常な発生に必要なCBPを産生することができないのである。

遺伝子発現は制御ネットワークによって調節される

正常な細胞と疾患における遺伝子発現の調節に関する研究は，遺伝子発現調節がきわめて複雑な過程であることを明らかにしてきた。個々の調節因子の解析から始まった研究は，活性や発現を制御するために結合する他のタンパク質やRNAの機能の理解をもたらした。それにより，特定の細胞種での，あるいは特定のシグナルに応答した遺伝子発現を調節する制御ネットワークが次第に構築され，研究の対象となってきた。

因子解析に基づいたアプローチは，ごく最近のコンピュータを利用したアプローチによって補強され，多様なデータに基づいて遺伝子ネットワークを構築することが可能となった。このようなアプローチには，特定の細胞種で活性化されているすべての遺伝子の発現レベルの解析(たとえば，DNAマイクロアレイ解析など，1.2節)，特定の遺伝子に結合する調節因子の解析(たとえば，ChIP法など，4.3節)や，個々の調節タンパク質やRNAをコードする遺伝子の発現を人為的に増減させた際の効果の解析などがある。

用語解説

和　文

アイソフォーム ▍ isoform
　由来は類似するが異なった性質を示す一群のタンパク質。同一の転写産物の**選択的 RNA スプライシング**によって作り出される場合と，近縁の相同遺伝子群の産物である場合がある。

悪性 ▍ malignant
　腫瘍，腫瘍細胞が浸潤あるいは**転移**しうる状態。悪性の腫瘍は癌と呼ばれる。

アクチベーター ▍ activator
　転写アクチベーターを見よ

アセチル化 ▍ acetylation
　酢酸に由来する化学基の付加。アセチル基はヒストンのようなタンパク質の**翻訳後修飾**として共有結合的に付加される。

アデニル酸シクラーゼ ▍ adenylate cyclase
　ATP から**サイクリック AMP (cAMP)** の合成を触媒する膜結合型酵素。細胞内シグナル伝達経路の一部で重要な働きをしている。

アデノシン 5′-三リン酸 ▍ adenosine 5′-triphosphate
　ATP を見よ

アフリカツメガエル ▍ *Xenopus laevis*
　脊椎動物の初期発生の研究に頻繁に用いられるカエルの一種。

アポトーシス ▍ apoptosis
　プログラムされた細胞死の一型。自殺プログラムが活性化されて生じ，細胞内のタンパク質分解酵素カスパーゼによる急速な細胞死を引き起こす。

アミノアシル tRNA シンテターゼ ▍ aminoacyl-tRNA synthetase
　転移 RNA (tRNA) にアミノ酸を結合させてアミノアシル tRNA を合成する酵素。

アミノ酸 ▍ amino acid
　アミノ基とカルボキシ基をもつ有機分子。タンパク質を構成するものはα-アミノ酸であり，アミノ基とカルボキシ基の両者が同一の炭素原子に結合している。

アミノ末端 ▍ amino-terminus
　N 末端を見よ

アルゴノート
　Argonaute を見よ

アルファヘリックス ▍ alpha-helix
　αヘリックスを見よ

アンチコドン ▍ anticodon
　転移 RNA (tRNA) がもつ 3 ヌクレオチドの配列であり，mRNA のトリプレットコドンと相補対を形成する。

アンチセンス RNA ▍ antisense RNA
　遺伝子の転写産物 RNA に相補的な RNA。特定の RNA と 2 本鎖を形成し，その機能を抑制する。

維持メチラーゼ ▍ maintenance methylase
　DNA 中の CG 配列を認識してメチル化する酵素。片方の DNA 鎖のみメチル化されている CG 配列だけがメチル化され，両方の鎖がメチル化されている状態となる。

異体性 ▍ heterothallic
　酵母の株で 2 つの接合型が分離していること。

位置効果多様 ▍ position effect variegation
　遺伝子の染色体上の位置に依存した発現の違い。おそらく染色体上におけるクロマチンの状態の違いを反映しているものと考えられている。活性化状態にある遺伝子がヘテロクロマチンの隣に存在する場合，その遺伝子はヘテロクロマチンから抑制性制御の影響を受け，影響の強さに応じてさまざまな程度の位置効果がみられることになる。

一次転写産物 ▍ primary transcript
　RNA スプライシングあるいは他の修飾を受ける前の新生転写産物 RNA。

一倍体 ▍ haploid
　精子，未受精卵，細菌のように，1 セットのゲノム (1 セットの染色体) しかもたない状態。二倍体と比較すること。

遺伝暗号 ▍ genetic code
　DNA や RNA では連続した 3 つのヌクレオチド (**コドン**) が，タンパク質を構成する 1 つのアミノ酸を指定する。このコドンとアミ

ノ酸の対応関係をいう。

遺伝子 ▌ gene
1つの単位として転写されるDNA領域であり，ある特定の遺伝学的特徴を規定する情報を担っている。通常，1つの遺伝子は，(1) 1つのタンパク質(あるいは，転写後のプロセシングにより生成される一連のタンパク質)，もしくは，(2) 1つのRNA(あるいは，関連する一連のRNA)に対応している。

遺伝子型 ▌ genotype
個々の細胞や生物体の遺伝学的構成。それぞれの細胞・個体に特異的な対立遺伝子の組み合わせがある。**表現型**と比較すること。

遺伝子活性化タンパク質 ▌ gene-activator protein
転写アクチベーターを見よ

遺伝子工学 ▌ genetic engineering
組換えDNA技術を見よ

遺伝子座 ▌ locus
座位，座。染色体上の遺伝学的位置。たとえば，**二倍体細胞**では，同一遺伝子の異なる**対立遺伝子**が同じ遺伝子座を占める。

遺伝子座調節領域 ▌ locus-control region (LCR)
広範な領域のDNAのクロマチン構造を決定する調節領域。

遺伝子調節領域 ▌ gene-control region
ある特定の遺伝子の発現を制御しているDNA配列。遺伝子の転写を開始する位置を規定する配列や，転写の頻度を調節するためのプロモーター配列や調節配列をいう。

遺伝子発現 ▌ gene expression
遺伝子からRNAあるいはタンパク質といった分子の合成が認められること。

遺伝子抑制タンパク質 ▌ gene-repressor protein
転写リプレッサーを見よ

遺伝的モザイク ▌ genetic mosaic
モザイクを見よ

イニシエーター配列 ▌ initiator element
転写開始点近傍に位置するDNA配列で，ある種の遺伝子では，**TATAボックス**の代わりに**基本転写複合体**をリクルートする役割をもつ。

イノシトール ▌ inositol
環状の糖分子で，イノシトールリン脂質の構成成分となる。

インスリン ▌ insulin
膵臓β細胞から分泌されるポリペプチド性ホルモン。動物のグルコース代謝制御に関わっている。

インスレーター ▌ insulator
特殊な機能をもったDNA配列で，ある遺伝子の調節領域内のDNAに結合した調節タンパク質が，近傍の遺伝子の転写状態の影響を受けなくなるように働く。

インターフェロン ▌ interferon (IFN)
ウイルスに感染した細胞やある種の活性化したT細胞(Tリンパ球)から分泌されるサイトカインの一種で，抗ウイルス応答を誘導する。

インターロイキン ▌ interleukin (IL)
分泌性のサイトカインで，炎症や免疫応答時に，主として白血球細胞間での局所的相互作用に関与する。

イントロン ▌ intron
転写時に読み取られるが，mRNAなど機能性RNAが作り出される過程で，RNAスプライシングによって取り除かれる非コード領域。イントロンという名前は，核内に(*in* the nucleus)取り残されることに由来する。エキソンと比較すること。

インビトロ
in vitro を見よ

インビボ
in vivo を見よ

インプリンティング ▌ imprinting
ゲノムインプリンティングを見よ

ウイルス ▌ virus
タンパク質被膜に包まれたRNAやDNAのような核酸で構成されている粒子で，宿主細胞の中だけで複製し，細胞間で拡散していく。

ウェスタンブロット法 ▌ western blotting
免疫ブロット法。タンパク質を電気泳動によって分離し，フィルターに固定化して標識抗体で検出する手法。

運命決定 ▌ commitment
胚細胞がある特定の分化経路をたどるように決定づけられる過程。通常は細胞内に明らかな変化が起こる**分化**に先行する。

栄養外胚葉 ▌ trophectoderm
胞胚において**内部細胞塊**を囲む外側の細胞。胚体外膜である胎盤に分化する。

エキソソーム ▌ exosome
mRNAを分解するタンパク質複合体。

エキソヌクレアーゼ ▌ exonuclease
ポリヌクレオチド鎖の端からヌクレオチドを1つずつ切断する酵素。エンドヌクレアーゼと比較すること。

エキソン ▌ exon
真核生物の遺伝子領域の中で，最初に転写されるRNAがプロセシングを経た後，最終的にmRNA，転移RNA(tRNA)，リボソームRNA(rRNA)やその他のRNAとして利用される塩基配列。タンパク質をコードする遺伝子では，エキソンはタンパク質を構成するアミノ酸をコードしている。エキソンの名は，核から抜け出す(*exit*)ことに由来する。イントロンと比較すること。

エキソンスキッピング ▮ exon skipping
　RNA スプライシングの過程で mRNA からエキソンが間違って抜けてしまうこと。疾患の原因となることがある。

エキソンスプライシングエンハンサー ▮ exon splicing enhancer（ESE）
　エキソンの転写産物 RNA 上にある塩基配列で，RNA のスプライシングを促進する。

エキソン接合部複合体 ▮ exon junction complex（EJC）
　RNA スプライシングの過程で RNA に結合するタンパク質複合体で，スプライスされた RNA の細胞質への輸送を促進する。

エストロゲン応答配列 ▮ estrogen-response element
　エストロゲン受容体が結合する DNA 配列。エストロゲン応答性遺伝子の転写活性化はこの DNA 配列を介して行われる。

エピジェネティックな継承 ▮ epigenetic inheritance
　後成的な継承。DNA 配列の変化を伴うことなく，細胞あるいは生物の世代を経て，ある形質が受け継がれること。**DNA メチル化**や**ヒストン修飾**などのクロマチン構造の修飾状態が，細胞分裂を経ても維持されることによると考えられている。

塩基性 DNA 結合ドメイン ▮ basic DNA-binding domain
　塩基性アミノ酸に富む DNA 結合ドメインで，二量体として DNA に結合する。ヘリックス・ループ・ヘリックスやロイシンジッパーなどがある。

塩基対 ▮ base pair
　RNA や DNA の分子中で水素結合により対合する 2 つのヌクレオチド。たとえば G と C のペアや，A と T/U のペア。

エンドヌクレアーゼ ▮ endonuclease
　ポリヌクレオチド鎖をその内部で切断する酵素。**エキソヌクレアーゼ**と比較すること。

エンハンサー ▮ enhancer
　遺伝子の転写を活性化する調節 DNA 配列で，数千塩基離れた位置からも作用できる。

エンハンソソーム ▮ enhanceosome
　エンハンサーとそれに結合するタンパク質の複合体。クロマチン構造を弛緩させて転写を活性化させる。

オクタマーモチーフ ▮ octamer motif
　多くの遺伝子プロモーターに見つかる DNA 塩基配列 ATGCAAAT をいう。Oct1，Oct2，Oct4 などの **POU** ファミリー転写因子が結合する。

オートラジオグラフィー ▮ autoradiography
　放射性プローブの場所を X 線フィルムを用いて検出する方法。ブロッティング技術と組み合わせて用いられる。

オープンリーディングフレーム ▮ open reading frame（ORF）
　3 通りの読み枠のうち最低 1 通りの読み枠で**終止コドン**のない部分が連続するヌクレオチド配列。タンパク質をコードする可能性のある部分に相当する。

オリゴヌクレオチド ▮ oligonucleotide
　短い配列の DNA。

オングストローム（Å） ▮ Angstrom
　原子や分子の大きさを記述する際に一般に使われる長さの単位。$1Å = 0.1$ nm $= 10^{-10}$ m。

開始コドン ▮ start codon
　mRNA 上の AUG コドンで，タンパク質合成の開始を指示する。

開始 tRNA ▮ initiator tRNA
　翻訳開始を行う特別な**転移 RNA**（tRNA）。常にアミノ酸としてメチオニンを結合して $tRNA_i^{Met}$ を形成している。

外胚葉 ▮ ectoderm
　上皮組織と神経組織に分化する胚上皮組織。

核 ▮ nucleus
　染色体として DNA を含み，膜によりはっきりと細胞質から隔てられた，真核細胞の細胞小器官。

核移植 ▮ nuclear transplantation
　ある細胞から他の細胞へ，顕微注入法により核を移植すること。

核外輸送シグナル ▮ nuclear export signal（NES）
　分子が**核膜孔複合体**（NPC）を通って，核から細胞質へと選択的に輸送されるようにするシグナル。

核型 ▮ karyotype
　細胞内の染色体セットをすべて展示したもので，大きさ，形，数に準じて配列してある。

核局在化シグナル ▮ nuclear localization signal（NLS）
　核移行シグナル。核への輸送が決定づけられているタンパク質に見つかるシグナル配列。それらタンパク質が**核膜孔複合体**（NPC）を通って，細胞質から核へと選択的に輸送されるようにする。

核酸 ▮ nucleic acid
　RNA や DNA など，ホスホジエステル結合によって連結されたヌクレオチドの鎖からなる高分子。

核酸ハイブリダイゼーション ▮ nucleic acid hybridization
　ハイブリダイゼーションを見よ

核小体 ▮ nucleolus
　リボソーム **RNA**（rRNA）が転写され，リボソームのサブユニットが集まり，組み立てられる場となる核内の構造体。

核スカフォールド ▮ nuclear scaffold
　核マトリックスを見よ

核内受容体スーパーファミリー ▮ nuclear receptor superfamily
　ステロイド，甲状腺ホルモン，レチノイン酸などの疎水性シグナル分子に対する細胞内受容体。受容体-リガンド複合体は核において

転写因子として働く。

核内低分子リボ核タンパク質 ∎ small nuclear ribonucleoprotein(snRNP)
核内低分子 RNA(snRNA)とタンパク質の複合体で，スプライソソームの一部を形成する。

核内低分子 RNA ∎ small nuclear RNA(snRNA)
タンパク質との複合体として核内低分子リボ核タンパク質(snRNP)を形成する低分子 RNA ファミリーで，RNA スプライシングに関与する。U RNA としても知られる。

核膜 ∎ nuclear envelope(nuclear membrane)
核を包む二重の脂質二重膜。外膜と内膜からなり，核膜孔と呼ばれる穴が開いている。外膜は小胞体と連絡している。

核膜孔複合体 ∎ nuclear pore complex(NPC)
核膜を貫通する水性チャネル(核膜孔)を形成する，複数の分子からなる大きなタンパク質構造体。分子が選択的に核と細胞質の間を移動することを可能にする。

核マトリックス ∎ nuclear matrix
核スカフォールド。核内に広がる RNA とタンパク質線維からなるネットワーク構造。

核マトリックス付着領域 ∎ nuclear matrix attached region
マトリックス付着領域を見よ

核輸送受容体 ∎ nuclear transport receptor
高分子を核内あるいは核外へ送り届けるタンパク質。核内輸送受容体あるいは核外輸送受容体。

核ランオンアッセイ ∎ nuclear run-on assay
単離した核に放射標識した前駆体を加え，その転写産物 RNA への取り込み率を測定することにより，特定の遺伝子の転写速度を調べる方法。

活性化ドメイン ∎ activation domain
転写活性化ドメインを見よ

可変領域 ∎ variable region
免疫グロブリンの軽鎖または重鎖の領域で，分子ごとに異なる抗原結合部位を形成する。

カルボキシ末端 ∎ carboxy-terminus
C 末端を見よ

癌 ∎ cancer
細胞分裂を適切に制御できなくなる疾患。細胞は無秩序に増殖して腫瘍を形成し，さらには全身に転移することもある。

癌遺伝子 ∎ oncogene
過剰発現したり変異を起こしたときに，そのタンパク質産物が細胞を癌化することができる遺伝子。

癌遺伝子産物 ∎ oncoprotein
癌遺伝子にコードされるタンパク質。

間期 ∎ interphase
細胞周期上，細胞分裂後，次の分裂が起こるまでの長い期間。

幹細胞 ∎ stem cell
無限に分裂し続けることのできる未分化な細胞で，分化するか，幹細胞の状態を維持するか(自己複製の過程)，どちらにも進むことのできる娘細胞を生む。

間充織 ∎ mesenchyme
動物における未熟で未分化の結合組織。細い細胞外マトリックスに埋め込まれた細胞からなる。

癌抑制遺伝子 ∎ anti-oncogene(tumor-suppressor gene)
癌の発生を防ぐ遺伝子。機能喪失変異により癌が発生する。

癌抑制遺伝子産物 ∎ anti-oncoprotein
癌抑制遺伝子によりコードされるタンパク質。

偽遺伝子 ∎ pseudogene
多数の変異を蓄積して活性や機能を失った DNA 塩基配列。

基底側 ∎ basal
頂端側の反対側であり，細胞やさまざまな構造の下側に位置する。

キナーゼ ∎ kinase
分子にリン酸基を付加する反応を触媒する酵素。プロテインキナーゼも参照。

機能獲得変異 ∎ gain-of-function mutation
遺伝子の活性を増強するような，あるいは本来はありえない状況で遺伝子を活性化してしまうような変異。通常，優性の遺伝形式を示す。

機能喪失変異 ∎ loss-of-function mutation
遺伝子の機能を低下または消失させる変異。通常は劣性。

基本転写因子 ∎ basal transcription factor
プロモーター上に集合するタンパク質で，RNA ポリメラーゼの結合と活性化，そして転写開始に必要とされる。

基本転写複合体 ∎ basal transcription complex
RNA ポリメラーゼと基本転写因子の複合体。遺伝子のプロモーター上で集合し，転写を開始する。

キメラ ∎ chimera
2 種以上の遺伝的に異なる(2 種以上の遺伝子型の)細胞から構成された個体。遺伝的に異なる接合子から生まれる。

逆転写 ∎ reverse transcription
RNA から DNA への転写。これは，DNA が RNA へ転写され，RNA がタンパク質へ翻訳されるという，分子生物学のセントラルドグマとは逆方向である。

逆転写酵素 ∎ reverse transcriptase
レトロウイルスで最初に発見された酵素で，1 本鎖 RNA の鋳型分子から 2 本鎖 DNA のコピーを作る。

逆転写ポリメラーゼ連鎖反応 ▮ reverse transcription-polymerase chain reaction（RT-PCR）
　逆転写酵素によりmRNAを相補的DNA（cDNA）に変換したうえで，cDNAをポリメラーゼ連鎖反応（PCR）で増幅する手法。

逆平行 ▮ antiparallel
　2本鎖DNAや2本のポリペプチド鎖の鎖の方向性を記述する用語。それぞれの鎖が互いに逆向きに走行していることをいう。

ギャップ遺伝子 ▮ gap gene
　ショウジョウバエの初期発生胚において，前後軸にそって特異的な幅広い領域で発現している遺伝子。昆虫の体の基本的な体節の構築に働く。この遺伝子が変異すると，ハエのいくつかの隣接する体節が欠損する。

キャップ形成 ▮ capping
　生成されたばかりの転写産物RNAの5′末端に，5′→5′三リン酸結合によって修飾グアノシン残基が付加されること。

キャップ構造結合タンパク質複合体 ▮ cap-binding complex（CBC）
　5′キャップに結合するタンパク質複合体。

共通配列 ▮ consensus sequence
　コンセンサス配列を見よ

共免疫沈降法 ▮ co-immunoprecipitation（co-IP）
　あるタンパク質複合体に含まれるタンパク質の1つに対する抗体を用い，その複合体ごと精製する手法。

筋芽細胞 ▮ myoblast
　単核で未分化の筋前駆細胞。骨格筋細胞は多数の筋芽細胞が融合することにより形成される。

筋管 ▮ myotube
　多数の筋芽細胞が融合することにより形成される，多核の筋細胞。

筋細胞 ▮ muscle cell
　収縮に特化したタイプの細胞。3つの主なクラスは，骨格筋細胞，心筋細胞，平滑筋細胞である。

筋上皮細胞 ▮ myoepithelial cell
　眼球の虹彩や腺組織などの上皮組織で見つかる平滑筋細胞の一種。

筋節 ▮ myotome
　最終的に筋肉を形成する中胚葉の一部領域。

グアニンヌクレオチド交換因子 ▮ guanine nucleotide exchange factor（GEF）
　GTPアーゼに結合し，GDPを解離させて代わりにGTPを結合させることにより，Gタンパク質を活性化させるタンパク質。

グアノシン 5′-三リン酸 ▮ guanosine 5′ triphosphate
　GTPを見よ

クエンチング ▮ quenching
　阻害的抑制効果を見よ

組換えDNA ▮ recombinant DNA
　由来の異なるDNA断片を連結して作成したDNA分子。

組換えDNA技術 ▮ recombinant DNA technology
　遺伝子工学。由来の異なるDNAを連結して新しいDNAを作成する技術の総称で，このようにして作成されたDNAは，しばしば組換えDNAと呼ばれる。組換えDNAは，遺伝子クローニングや，生物の遺伝子操作，分子生物学一般において広く利用されている。

グルココルチコイド応答配列 ▮ glucocorticoid-response element（GRE）
　グルココルチコイド受容体が結合するDNA配列。グルココルチコイド応答性遺伝子の転写活性化はこのDNA配列を介して行われる。

クルッペル
　Krüppel を見よ

クローニングベクター ▮ cloning vector
　大抵はバクテリオファージやプラスミドに由来する短いDNA分子。DNA断片の運び屋として利用し，レシピエントとなる細胞に目的のDNA断片を導入して複製させる。

クロマチン ▮ chromatin
　真核細胞の核にみられる，DNA，ヒストンおよび非ヒストンタンパク質の複合体。染色体を構成している。

クロマチン免疫沈降法 ▮ chromatin immunoprecipitation（ChIP）
　あるタンパク質が結合している染色体上のDNA領域を，そのタンパク質の抗体で免疫沈降して単離，同定する技術。

クロマチンリモデリング複合体 ▮ chromatin remodeling complex
　真核生物の染色体のヒストン-DNA構造を変換する酵素複合体。この変換により，特に転写に関わるタンパク質がDNAにアクセスしやすくなる。

クロマトグラフィー ▮ chromatography
　生化学の分野で応用範囲の広い技術。移動相/固定相間の分配を利用して，試料中の個々の成分を，その電荷，大きさ，疎水性，非共有結合の強さなどの違いによって分離する。

クロモドメイン ▮ chromodomain
　クロマチンを高度に凝縮した構造に変換するタンパク質の多くにみられるドメイン。

クローン ▮ clone
　ある共通の祖先から（無性の）分裂を繰り返してできた，祖先と性質がまったく同じ個体（細胞あるいは生物体）の集団。動詞として用いられることもある。「目的の遺伝子をクローニングする」とは，「遺伝子を導入でき，かつ導入した遺伝子を後で回収できるような担体細胞（大腸菌など）に，遺伝子組換え技術を用いて目的の遺伝子を導入して増殖させ，その遺伝子のコピーを多数作る」ことを意味する。

蛍光 in situ ハイブリダイゼーション ▮ fluorescence in situ hybridization（FISH）
　蛍光標識した核酸をプローブとして用い，相補的な配列を有するDNAもしくはRNAに細胞内でハイブリダイズさせて検出する手法。

軽鎖 ▍ light chain
　L鎖。ミオシンや免疫グロブリンのような多サブユニットタンパク質を構成する小さい方のポリペプチド鎖。

形質 ▍ phenotype
　表現型を見よ

形質転換 ▍ transformation
　細胞や大腸菌などの生物にプラスミドなどの新しいDNAを導入すること。

血管内皮増殖因子 ▍ vascular endothelial growth factor (VEGF)
　血管の増殖を刺激する分泌タンパク質。

決定 ▍ determination
　運命決定。発生生物学の用語で，胚細胞がある特定の分化経路をたどることが決まったときに「決定された」という。決定は細胞内部の性質の変化を反映し，細胞内に明らかな変化が起こる分化に先行する。

ゲノミクス ▍ genomics
　ゲノム全体の特徴，性質，配列を研究する学問分野。

ゲノム ▍ genome
　細胞や生物体がもつ遺伝情報のすべて。特に，その情報を担っているDNAをいう。

ゲノムインプリンティング ▍ genomic imprinting
　遺伝子が両親のどちらから受け継がれたかにより，子孫において発現するかどうかが決まる現象。

ゲノムDNA ▍ genomic DNA
　細胞や生物体のゲノムを構成するDNA。相補的DNA (cDNA)，つまりmRNAから逆転写によって作られるDNAとの対比で使用される。ゲノムDNAのクローンは染色体DNAを直接クローニングしたものであり，このようなクローンを集めたものをゲノムDNAライブラリーと呼ぶ。

原核生物 ▍ prokaryote (procaryote)
　膜に囲まれた明確な核をもたない単細胞微生物。細菌や古細菌。真核生物と比較すること。

原癌遺伝子 ▍ proto-oncogene
　正常では細胞増殖の制御に関わっているが，変異または過剰発現によって癌化を促進する癌遺伝子に変換されるような遺伝子。

減数分裂 ▍ meiosis
　有性生殖で起こる特殊なタイプの細胞分裂。1回のDNA複製と2回の連続した核分裂が含まれ，したがって，1個の二倍体細胞から4個の一倍体細胞が作られる。

原腸形成 ▍ gastrulation
　発生の過程で胚が球状の細胞塊から腸をもつ原腸胚となる時期。

コアクチベーター ▍ co-activator
　自身はDNAに結合しないが，DNAに結合する別の遺伝子調節タンパク質に結合して遺伝子の転写を活性化させるタンパク質。

5-アザシチジン ▍ 5-azacytidine
　Cヌクレオチドの類似体でありメチル化されない。Cヌクレオチドのメチル化が失われた際に起きる現象を調べるのに使われる。

コアプロモーター ▍ core promoter
　転写開始点に近いプロモーター領域。転写に重要で，ここに基本転写複合体が結合する。

抗原 ▍ antigen
　免疫応答を惹起したり抗体やT細胞受容体と結合する分子。

校正 ▍ proofreading
　DNA複製，転写，翻訳において起こりうるエラーを検出し，修復する過程。

後成的な継承 ▍ epigenetic inheritance
　エピジェネティックな継承を見よ

酵素 ▍ enzyme
　生体内の化学反応を特異的に触媒するタンパク質。

構造遺伝子 ▍ structural gene
　構造の形成を担うタンパク質や酵素機能をもつタンパク質をコードする遺伝子。遺伝子発現を調節するタンパク質をコードする遺伝子とは区別される。調節遺伝子と比較すること。

高速液体クロマトグラフィー ▍ high-performance liquid chromatography (HPLC)
　微細な担体粒子を詰め込んだカラムを利用するクロマトグラフィーの一種。カラムに高圧で溶液を流し，分取する。

抗体 ▍ antibody
　免疫グロブリン。異物や侵入してきた微生物に応答してB細胞が作るタンパク質。異物や微生物に強固に結合し，それを不活性化したり，分解へ導く。特定のタンパク質の検出にも使われる。

酵母 ▍ yeast
　単細胞の菌類のいくつかのファミリーに共通した呼称。病原菌のほか，醸造やパンの製造に利用される種も含まれる。最も単純な真核生物。

5′キャップ ▍ 5′ cap
　キャップ形成の過程で新生RNAの5′末端に付加される修飾Gヌクレオチド。

コドン ▍ codon
　伸長中のポリペプチド鎖にどのアミノ酸をつなげばよいかを指定する，DNAやmRNA分子中の3つのヌクレオチドごとの配列。

コラーゲン ▍ collagen
　動物の細胞外基質の主要な構成成分で，引っ張られる力に耐えられるようグリシンやプロリンに富んだ線維状タンパク質。

コリプレッサー ▌ co-repressor
自身は DNA に結合しないが，DNA に結合する別の遺伝子調節タンパク質に結合して遺伝子の転写を抑制するタンパク質。

コレステロール ▌ cholesterol
4 つの環からなる特徴的なステロイド骨格をもつ脂質分子。生体に豊富に存在し，動物細胞の細胞膜の重要な構成成分である。

コンセンサス配列 ▌ consensus sequence
共通配列。DNA，RNA，あるいはタンパク質の配列の中で，最も典型的にみられる高度に保存された部分。各配列を比較したときに，同じ場所でしばしばみられるヌクレオチドやアミノ酸を指す。配列が保存されているということは，それが機能的に重要であることを示唆する。

コンデンシン ▌ condensin
有糸分裂に先立つ染色体の凝縮に関わるタンパク質複合体。

座位 ▌ locus
遺伝子座を見よ

サイクリック AMP ▌ cyclic AMP (cAMP)
種々の細胞外シグナルに応答して，アデニル酸シクラーゼにより ATP から生成されるヌクレオチド。低分子量細胞内シグナル分子として，主にプロテインキナーゼ A (PKA) を活性化することにより働く。ホスホジエステラーゼにより加水分解されて AMP となる。

サイクリック AMP 応答配列 ▌ cyclic AMP-response element (CRE)
サイクリック AMP (cAMP) に応答して遺伝子を活性化する DNA 配列。

サイクリック AMP 応答配列結合タンパク質 ▌ cyclic AMP-response-element-binding protein
CREB を見よ

サイクリック GMP ▌ cyclic GMP (cGMP)
種々の細胞外シグナルに応答して，グアニル酸シクラーゼにより GTP から生成されるヌクレオチド。

サイクリン ▌ cyclin
真核細胞の細胞周期の進行に伴い周期的に濃度が増減するタンパク質。重要なプロテインキナーゼである**サイクリン依存性キナーゼ (CDK)** を活性化し，それにより細胞周期のある段階から次の段階への進行を調節している。

サイクリン依存性キナーゼ ▌ cyclin-dependent kinase (CDK)
サイクリンと複合体を形成して活性を発揮するプロテインキナーゼ。種々の CDK-サイクリン複合体が特定の標的タンパク質をリン酸化することにより異なる段階の細胞周期を誘導する。

サイトカイン ▌ cytokine
細胞間情報伝達において局所的伝達物質として働く細胞外シグナルタンパク質またはペプチド。

サイトカイン受容体 ▌ cytokine receptor
サイトカインまたはホルモンを特異的に結合する細胞表面の受容体で，JAK/STAT シグナル伝達経路において働いている。

細胞運命 ▌ cell fate
発生生物学の用語。発生のある段階におけるある特定の細胞が，正常に分化するとどうなるかをいう。

細胞外シグナル分子 ▌ extracellular signal molecule
細胞から分泌される，もしくは細胞表面に結合している化学的シグナル伝達分子で，他の細胞上に発現している受容体に結合し，その活性を制御するもの。

細胞株 ▌ cell line
培養により無制限に分裂できる植物や動物由来の細胞群。

細胞記憶 ▌ cell memory
細胞の遺伝子発現パターンの変化が，DNA 配列の変化なしにその子孫に受け継がれていくこと。**エピジェネティックな継承**も参照。

細胞質 ▌ cytoplasm
細胞膜に囲まれた細胞の内容物であり，真核細胞の場合は核成分を除いたもの。

細胞周期 ▌ cell cycle (cell-division cycle)
細胞分裂周期。細胞の増殖サイクルをいう。細胞は整然とした順序で起こる一連の過程で，染色体を (通常はその他の内容物も) 2 倍に増やしてから 2 つに分裂する。

細胞内シグナル伝達タンパク質 ▌ intracellular signaling protein
細胞内シグナル伝達経路に関わるタンパク質。通常は，経路において次にシグナルが伝わるタンパク質を活性化させたり，細胞内シグナル分子 (セカンドメッセンジャー) を生成したりする。

サイレンサー ▌ silencer
遺伝子の転写効率を減少させる調節 DNA 配列。

サザンブロット法 ▌ Southern blotting
電気泳動により分離した DNA 断片をフィルターに固定化し，標識核酸プローブを用いて特異的な断片を検出する手法。考案者である E. M. Southern にちなんで名づけられた。

差引きハイブリダイゼーション ▌ subtractive hybridization
2 つのサンプルに共通のすべての mRNA を除去して，サンプルの一方に特異的に残る mRNA を解析するハイブリダイゼーションの手法。

サラセミア ▌ thalassemia
ヘモグロビンの異常産生によって引き起こされるヒトの疾患。

軸索 ▌ axon
神経細胞がもつ長い突起。長い距離にわたって神経活動を伝えることにより，他の細胞へシグナルを伝達する。

ジグザグリボン構造 ▌ zigzag ribbon structure
30 nm クロマチン線維がとる構造であり，ヌクレオソームが二重らせん構造に組み込まれている。ソレノイド構造も参照。

シグナル伝達 ▮ signal transduction
あるシグナルの物理的あるいは化学的な変換を伴う伝達過程(たとえば，細胞外シグナルの細胞内シグナルへの変換)。

シグナル伝達カスケード ▮ signaling cascade
連続的な細胞内反応の連携であり，特に細胞膜受容体の活性化により引き起こされる連続的な多段階増幅反応。

シグナル分子 ▮ signal molecule
細胞から産生される細胞外化学物質で，生体内で他の細胞にシグナルを伝達して細胞応答を変化させる。

脂質 ▮ lipid
水に不溶で非極性有機溶媒に溶ける傾向のある有機分子。特殊な脂質であるリン脂質は，生体膜の基本構造を形成している。

シス ▮ cis
同じ側。たとえば2つのDNA配列が同じ分子内でつながっているときに使用される。例：シス作用性調節配列。トランスと比較すること。

ジスルフィド結合 ▮ disulfide bond
S–S結合。システインのスルフヒドリル基(チオール基)間に形成される共有結合。

質量分析法 ▮ mass spectrometry (MS)
正確な質量対電荷比に基づいた化合物の同定に用いられる技術。タンパク質とポリペプチドの配列を同定する有効な手段となる。

シナプス可塑性 ▮ synaptic plasticity
反復刺激後のシナプス活性の増加。

シャイン・ダルガルノ配列 ▮ Shine-Dalgarno sequence
16SリボソームRNA(rRNA)に相補的な原核生物のmRNAに発見された配列で，リボソームの小サブユニットのmRNAへの結合を促進する。

シャペロン ▮ chaperone
分子シャペロン。他のタンパク質が誤ることなく適切に折りたたまれるのを補助するタンパク質。熱ショックタンパク質もこれに含まれる。

終結因子 ▮ release factor
転移RNA(tRNA)に代わってリボソームに結合し，新生タンパク質をリボソームから放出することを可能にするタンパク質。

重鎖 ▮ heavy chain
H鎖。免疫グロブリンなどを構成するポリペプチド鎖のうち，分子量の大きい方。

終止コドン ▮ stop codon
新たなアミノ酸を指定せずに翻訳を終結させるmRNA上のコドン。

樹状突起 ▮ dendrite
細かく枝分かれした神経細胞の突起で，他の神経細胞からの刺激を受け取る。

数珠状構造 ▮ beads-on-a-string structure
クロマチンの構造の一種。ヒストン八量体の周囲をDNAが2回転したヌクレオソームが繰り返すことにより，10 nm線維を形成している。

受精 ▮ fertilization
いずれも一倍体の雄性配偶子と雌性配偶子が融合して二倍体の接合子を形成すること。接合子は発育して新しい個体を形成する。

出芽酵母 ▮ budding yeast
パン酵母(*Saccharomyces cerevisiae*)をはじめ，出芽によって無性的に，また接合により有性的に増殖する酵母の総称。醸造やパンの製造に重要であるとともに，真核細胞の細胞生物学的研究において単純なモデル生物として広く利用されている。分裂酵母と比較すること。

腫瘍 ▮ tumor
細胞増殖の制御が欠如した異常な細胞塊。

腫瘍ウイルス ▮ tumor virus
感染して細胞を癌化させるウイルス。

腫瘍壊死因子α ▮ tumor necrosis factor α (TNFα)
炎症応答の誘導にきわめて重要な役割を果たすサイトカイン。

受容体 ▮ receptor
特異的なシグナル分子(リガンド)の結合により細胞応答を開始するタンパク質。細胞表面または細胞内に存在する。

受容体セリン/トレオニンキナーゼ ▮ receptor serine/threonine kinase
細胞外のリガンド結合ドメインと細胞内のキナーゼドメインをもつ細胞表面の受容体であり，リガンド結合に応答して，シグナルタンパク質のセリンまたはトレオニン残基をリン酸化する。

受容体チロシンキナーゼ ▮ receptor tyrosine kinase (RTK)
細胞外のリガンド結合ドメインと細胞内のキナーゼドメインをもつ細胞表面の受容体であり，リガンド結合に応答して，シグナルタンパク質のチロシン残基をリン酸化する。

ショウジョウバエ ▮ *Drosophila melanogaster*
正式にはキイロショウジョウバエ。小さなハエの種で，分子遺伝学におけるモデル生物として利用されている。

常染色体 ▮ autosome
性染色体以外の染色体。

小胞体 ▮ endoplasmic reticulum
迷路状の膜構造で仕切られた真核細胞の細胞質内の構造体で，そこでは脂質，膜結合型タンパク質や分泌タンパク質が合成される。

上流プロモーター配列 ▮ upstream promoter element
コアプロモーターの上流に位置し，プロモーター活性を上昇させるDNA配列。

真核生物 ▮ eukaryote（eucaryote）
明瞭な核を有する細胞から構成されている単細胞あるいは多細胞生物。全生物界を 3 分する分類の 1 つである。他の 2 つは真正細菌と古細菌で，これらはいずれも**原核生物**である。

真核生物開始因子 ▮ eukaryotic initiation factor（eIF）
リボソームと mRNA との結合を促進するタンパク質で，タンパク質の合成開始に必要である。

ジンクフィンガー ▮ zinc finger
多くの遺伝子調節タンパク質に存在する，DNA に結合するための構造モチーフ。すべてのジンクフィンガーモチーフは，タンパク質の構造を維持するための，1 つまたは複数の亜鉛原子を有している。亜鉛原子が 2 つのシステインと 2 つのヒスチジンに結合しているフィンガーや，亜鉛原子が複数のシステインに結合しているフィンガーがある。

神経芽細胞 ▮ neuroblast
胚性の神経前駆細胞。

神経管 ▮ neural tube
脊椎動物の胚において，将来，脳と脊髄になる**外胚葉**性の管。

神経細胞 ▮ nerve cell
ニューロン。神経系においてインパルス（活動電位）を伝導する細胞であり，シグナルを受容，伝導し，次へと伝えることに特化した多数の突起を有する。

神経突起 ▮ neurite
培養神経細胞から伸びる長い突起。**軸索**と**樹状突起**を区別しない総称である。

伸長因子 ▮ elongation factor
転写にも翻訳にも使われる用語。転写においては，伸長因子が **RNA ポリメラーゼ**と相互作用し，解離することなく長い DNA 鎖を転写する。翻訳では伸長因子はリボソームに結合し，GTP を加水分解して，伸長中のポリペプチド鎖にアミノ酸を付加する。

スカフォールド付着領域 ▮ scaffold attached region
マトリックス付着領域を見よ

ステロイド ▮ steroid
4 つの環からなる特徴的な骨格をもつ疎水性の脂質分子で，コレステロールに由来する。グルココルチコイド，エストロゲン，テストステロンなどの多くの重要なホルモンは，**核内受容体**を活性化するステロイドである。

ストレス応答タンパク質 ▮ stress-response protein
熱ショックタンパク質を見よ

スプライシング ▮ splicing
RNA スプライシングを見よ

スプライシングの有無による RNA 取捨選択 ▮ process/discard decision
転写産物 RNA が，RNA スプライシングを受けて機能的 mRNA を生成するか，分解されるかを決める翻訳後調節機構。

スプライス部位 ▮ splice site
RNA スプライシング前の RNA 上のエキソン/イントロン結合部。上流エキソンとイントロンの間の結合部は 5′ スプライス部位と呼ばれ，イントロンと下流エキソンの間の結合部は 3′ スプライス部位と呼ばれる。

スプライソソーム ▮ spliceosome
RNA とタンパク質分子からなる巨大集合体で，真核細胞において mRNA 前駆体のスプライシングを行う。

制限エンドヌクレアーゼ ▮ restriction endonuclease
制限酵素を見よ

制限酵素 ▮ restriction enzyme
制限エンドヌクレアーゼ。短い特異的な塩基配列の部位で DNA 分子を切断するヌクレアーゼ。組換え DNA 技術で頻用される。

制限断片 ▮ restriction fragment
制限酵素の作用によって生じた DNA 断片。

静止期細胞 ▮ quiescent cell
非分裂細胞。

精子形成 ▮ spermatogenesis
精巣における精子の形成過程。

生殖細胞 ▮ germ cell
生物の生殖細胞系列にある，一倍体の配偶子とその二倍体前駆細胞。生物の次世代の形成に寄与するという点で，子孫へ受け継がれることのない**体細胞**とは異なる。

生殖細胞系列 ▮ germ line
一倍体の配偶子とその二倍体前駆細胞からなる細胞系列。

性染色体 ▮ sex chromosome
個体の性を決定する染色体。欠損や過剰は疾患の原因となる。哺乳動物では X 染色体と Y 染色体。

成虫原基 ▮ imaginal disc
ショウジョウバエ胚内部に形成され，未分化状態で維持されている細胞集団で，眼，肢，翅など，成虫の構造の原基となる。

セカンドメッセンジャー ▮ second messenger
細胞外シグナルに応答して産生，遊離し，細胞内のシグナル伝達を行う細胞内シグナル小分子。サイクリック AMP（cAMP），サイクリック GMP（cGMP），イノシトール三リン酸（IP$_3$），Ca^{2+} がその例である。

脊索 ▮ notochord
すべての脊索動物胚の中軸を決める，細胞性の堅い棒状体。脊椎動物では後に脊椎へと組み込まれる。

セグメントポラリティー遺伝子 ▮ segment-polarity gene
ショウジョウバエの発生において，それぞれの体節の前後極性の決

定に関与する遺伝子。

赤血球 ∎ erythrocyte (red blood cell)
小さな円盤型の血液細胞で，脊椎動物ではヘモグロビンを含み，肺から組織へ酸素を，組織から肺へ二酸化炭素を運ぶ。グロビンや他のタンパク質の合成は行わない。網状赤血球も参照。

接合型遺伝子座 ∎ mating-type locus
MAT 遺伝子座。出芽酵母において，一倍体細胞の接合型（a またはα）を決定する遺伝子座。

接合型スイッチング ∎ mating-type switching
酵母の雌雄同体性株における，a からαへの，またはその逆の接合型変換。

接合子 ∎ zygote
雄と雌の配偶子の融合によって形成される二倍体の細胞。受精卵。

切断促進因子 ∎ cleavage stimulatory factor (CStF)
ポリアデニル化シグナルの下流に結合してポリアデニル化の過程に重要な役割を果たす因子。

切断/ポリアデニル化特異性因子 ∎ cleavage/polyadenylation specificity factor (CPSF)
ポリアデニル化シグナルに結合してポリアデニル化の過程に重要な役割を果たす因子。

ゼブラフィッシュ ∎ zebrafish
脊椎動物の発生の研究に広く利用されているモデル生物である魚類。

セリン/トレオニンキナーゼ ∎ serine/threonine kinase
特定のタンパク質のセリンまたはトレオニンをリン酸化する酵素。

線維芽細胞 ∎ fibroblast
結合組織に存在する細胞。コラーゲンやその他の巨大分子から構成される細胞外マトリックスを分泌する。創傷部位へ遊走して増殖するほか，組織培養でもよく増殖する。

腺腫様大腸ポリポーシスタンパク質 ∎ adenomatous polyposis coli protein
APC タンパク質を見よ

染色体 ∎ chromosome
長い DNA 分子とそれに結合しているタンパク質から構成される構造体で，ある生物の遺伝情報の一部（あるいはすべて）を司る。有糸分裂や減数分裂の際には染色体が凝縮してコンパクトな棒状構造をとり，光学顕微鏡ではっきりとみえる。

染色分体 ∎ chromatid
S 期に DNA 複製によって倍加する染色体の各々1つをいう。一対の染色分体は姉妹染色分体と呼ばれ，セントロメアで結合している。

前神経遺伝子 ∎ proneural gene
神経組織に分化できる細胞のマーカーとなる遺伝子。

選択的 RNA スプライシング ∎ alternative RNA splicing
転写産物の RNA スプライシングを変えることにより，1つの遺伝子から異なる RNA を産生する仕組み。

セントロメア ∎ centromere
有糸分裂時に一対の姉妹染色分体をつなぐ凝縮した染色体領域。

全能性 ∎ totipotent
生物体のすべての細胞種に分化できる細胞の性質。多能性と比較すること。

桑実胚 ∎ morula
16 個の細胞からなる丸い形状をした初期発生段階の胚。

増殖因子 ∎ growth factor
細胞の成長を促進する性質をもつ細胞外タンパク質。細胞の増殖や生存を促す働きをもつものが多い。上皮増殖因子（EGF）や血小板由来増殖因子（PDGF）など。

相同染色体 ∎ homologous chromosome
二倍体細胞において，母方と父方から各々由来する特定の染色体の対。

相同な ∎ homologous
進化的に同じ起源をもつために似ている遺伝子，タンパク質または体の構造。

相補的 ∎ complementary
互いに完璧に対をなした 2 本鎖を形成できるような DNA 配列をもつこと。

相補的 DNA ∎ complementary DNA (cDNA)
mRNA を DNA に逆転写したもの。

阻害的抑制効果 ∎ quenching
クエンチング。転写抑制機構の 1 つで，阻害因子が転写因子の転写活性化ドメインを覆って転写活性化を阻害すること。

側方抑制 ∎ lateral inhibition
分化細胞が近接した細胞を同じ分化経路に進ませることを防ぐ過程。

ソレノイド構造 ∎ solenoid structure
直径 30 nm クロマチン線維の構造で，ヌクレオソームが単一のヘリックス様に折りたたまれている。ジグザグリボン構造も参照。

体細胞 ∎ somatic cell
植物と動物の生殖細胞以外のすべての細胞。

体節 ∎ somite
発生早期に形成される一連の対となった中胚葉塊で，脊椎動物の胚において脊索の両側に並ぶ。体節は，椎骨，筋肉，結合組織を含む体軸の節の基となる。

大腸菌 ∎ *Escherichia coli* (*E. coli*)
ヒトや他の哺乳動物の腸管に常在する桿菌で，医学や生物学の研究に広く利用されている。

対立遺伝子 ▊ allele
遺伝子のいくつかの型のうちの1つ。二倍体細胞では1つの遺伝子は2つの対立遺伝子を有し，それぞれ相同染色体の対応する場所（**遺伝子座**）を占める。

多糸染色体 ▊ polytene chromosome
DNAが複製を繰り返し，そのまま多倍体の状態になっている巨大染色体。

多能性 ▊ pluripotent
数種の異なる細胞種に分化できる細胞の性質。**全能性**と比較すること。

タンパク質 ▊ protein
主要な生体高分子。アミノ酸が特異的な配列でペプチド結合した直鎖状の重合体である。

タンパク質ドメイン ▊ protein domain
ドメインを見よ

タンパク質分解 ▊ proteolysis
ペプチド結合の加水分解によるタンパク質の分解。

タンパク質分解酵素 ▊ proteolytic enzyme
プロテアーゼを見よ

単量体GTPアーゼ ▊ monomeric GTPase
GTPアーゼを見よ

致死突然変異 ▊ lethal mutation
細胞や生物体の死を引き起こす変異。

中胚葉 ▊ mesoderm
筋肉，結合組織，骨格，あるいは多くの内臓に分化する胚性組織。

チューブリン ▊ tubulin
微小管のサブユニットタンパク質。

長期増強 ▊ long-term potentiation（LTP）
シナプス前ニューロンにおける反復的な短い発火によって誘導される，脳内の特定のシナプスの感受性の（数日から数週間続く）長期的増加。

調節遺伝子 ▊ regulatory gene
遺伝子転写やRNAスプライシングのような過程を制御するタンパク質をコードする遺伝子。**構造遺伝子**と比較すること。

調節配列 ▊ regulatory sequence
遺伝子の調節タンパク質が結合し，プロモーター上での基本転写複合体の構築を調節するDNA配列。

頂端側 ▊ apical
細胞，構造，臓器の端。上皮細胞の頂端側は自由面であり，基底側の反対である。基底側は基底膜に接し，他の組織から上皮を隔てている。

チロシンキナーゼ ▊ tyrosine kinase
チロシン残基を特異的にリン酸化する酵素。

低酸素状態 ▊ hypoxia
酸素分圧の低い状態。

停止ポリメラーゼ ▊ stalled polymerase
転写開始後，約30塩基を転写してから停止したRNAポリメラーゼ。この過程はポリメラーゼ停止として知られる。

低分子干渉RNA ▊ small interfering RNA（siRNA）
短い（21〜26ヌクレオチド）2本鎖RNAで，相補的mRNAを分解することにより遺伝子発現を抑制する。

低分子ユビキチン様修飾因子 ▊ small ubiquitin-related modifier（SUMO）
ユビキチンに関連した低分子タンパク質で，ユビキチンのように他のタンパク質に結合する。**ユビキチン**と比較すること。

デオキシリボ核酸 ▊ deoxyribonucleic acid
DNAを見よ

デオキシリボース ▊ deoxyribose
DNAの構成要素である五炭糖。2位の炭素原子がヒドロキシ基ではなく水素原子を有している点でリボースと異なる。

デザイナージンクフィンガー ▊ designer zinc finger
特定のDNA結合特異性をもつように人工的に合成されたジンクフィンガー。その標的配列をもつ特定の遺伝子に**転写活性化ドメイン**または**転写抑制ドメイン**をもつタンパク質をリクルートすることにより，疾患の治療に応用できる可能性がある。

鉄応答配列 ▊ iron-response element（IRE）
鉄に応答したmRNA安定性や翻訳を制御するmRNA中の配列。

デルタ
Deltaを見よ

テロメア ▊ telomere
特殊な複製を行う特徴的なDNA配列で，染色体末端に存在し，複製時に染色体が短縮しないように保護している。「末端」を意味するギリシア語から由来している。

転移（癌の） ▊ metastasis
癌細胞が出現部位から体内の別の部位に広がること。

転移RNA ▊ transfer RNA（tRNA）
トランスファーRNA。mRNAとアミノ酸をつなぐアダプターとしてタンパク質合成に利用される低分子RNA。tRNAのそれぞれは，特定のアミノ酸に共有結合している。

電気泳動 ▊ electrophoresis
分子（典型的にはタンパク質または核酸）が強い電場下で多孔性のゲル中を移動する速度の違いに基づいて，分子を分離する手法。

転座 ▊ translocation
染色体のある部分が切断されて他の染色体に接合するタイプの変異。

転写 ∥ transcription
RNA ポリメラーゼによって DNA 鎖から相補的な RNA がコピーされること。

転写アクチベーター ∥ transcriptional activator
DNA 上の調節配列に結合して転写を活性化する遺伝子調節タンパク質。

転写因子 ∥ transcription factor
転写の開始や伸長，およびそれらの制御に関わるタンパク質。

転写活性化ドメイン ∥ transcriptional activation domain
転写因子の転写活性化能に関係しているドメイン。

転写後調節 ∥ post-transcriptional control
転写開始後の段階で起こる遺伝子発現調節。

転写産物 ∥ transcript
DNA から転写された RNA 産物。

転写抑制ドメイン ∥ transcriptional inhibitory domain
転写因子のドメインで，転写を抑制する機能をもつもの。

転写リプレッサー ∥ transcriptional repressor
特異的な DNA 領域に結合し，近傍の遺伝子の転写を抑制するタンパク質。

点突然変異 ∥ point mutation
単一ヌクレオチド対，または単一遺伝子のごく一部の DNA 塩基配列の変化。

同体性 ∥ homothallic
a 型から α 型あるいはその逆に接合型スイッチングする酵母の株。

等電点 ∥ isoelectric point (pI)
分子の電荷の総和がゼロとなり，電場をかけても移動しなくなる pH。各々のタンパク質は異なった等電点をもっているので，それぞれを等電点電気泳動で分離することができる。この手法では，混合物中の個々のタンパク質は，電荷が中和されるまで pH 勾配の中を移動するので，等電点の異なるタンパク質は異なった場所に移動する。

突然変異 ∥ mutation
染色体の DNA 塩基配列における遺伝的変化。

ドデシル硫酸ナトリウム-ポリアクリルアミドゲル電気泳動 ∥ sodium dodecyl sulfate-polyacrylamide gel electrophoresis (SDS-PAG)
大きさによりタンパク質を分離するために用いられる電気泳動の一種。分離するタンパク質の混合物は，泳動前に強力な陰性の界面活性剤 (SDS) と還元剤 (β-メルカプトエタノール) で処理される。界面活性剤と還元剤はタンパク質の折りたたみをほどき，他の分子から解離させ，ポリペプチドのサブユニットを分離する。電気泳動も参照。

トポイソメラーゼ ∥ topoisomerase
2 本鎖 DNA に結合し，片方または両方の鎖のホスホジエステル化結合を可逆的に切断し再結合させる酵素。

ドミナントネガティブ突然変異 ∥ dominant negative mutation
正常な遺伝子が存在するにもかかわらず，その遺伝子活性を阻害することにより機能喪失の表現型を表出させて，個体の表現型に対して優性に影響を与えるような変異。

ドメイン ∥ domain
タンパク質ドメイン。それ自体で三次構造を形成するタンパク質の一部分。大きなタンパク質は一般的にいくつかのドメインからなっており，各ドメインは短くて柔軟性のあるポリペプチド鎖によってつながれている。相同ドメインは多くの異なるタンパク質にみられる。

ドメインスワッピング ∥ domain-swap
転写活性化ドメインなどの転写因子の特定の領域が機能するかどうかを試す解析法。解析対象のドメインを他の転写因子の DNA 結合ドメインに連結することによってなされる。

トランス ∥ trans
反対側。2 つの分子が物理的には結合していないことを示すが，転じて異なる分子間で作用することも表す。トランスに作用する制御タンパク質など。シスと比較すること。

トランスクリプトミクス ∥ transcriptomics
細胞，組織，生物体のすべての mRNA の解析。プロテオミクスと比較すること。

トランスジェニック生物 ∥ transgenic organism
挿入，欠失，置換によって 1 つの細胞や生物体から 1 つまたは複数の遺伝子が安定に導入され，それらの遺伝子が次世代に伝達される植物や動物。導入された遺伝子をトランスジーンと呼ぶ。

トランススプライシング ∥ trans-splicing
2 種類の転写産物のエキソンから，どちらとも異なる 1 つの mRNA が作られる RNA スプライシング反応。

トランスファー RNA ∥ transfer RNA (tRNA)
転移 RNA を見よ

トランスフォーメーション ∥ transformation
正常細胞が，制御不能で足場非依存的に増殖する癌細胞のようにふるまう細胞に転換すること。

トリソラックス複合体 ∥ Trithorax complex
Trithorax 複合体を見よ

トリプレットリピート病 ∥ triplet-repeat disease
3 塩基の反復配列が異常に増幅する疾患。

内胚葉 ∥ endoderm
腸管およびそれにつながっている器官を形成する胚組織。

内部細胞塊 ∥ inner cell mass
哺乳動物の初期胚内部に存在する未分化細胞塊で，すべての胚体内組織がこの細胞塊から作られる。

長い末端反復配列 ▮ long terminal repeat (LTR)
レトロウイルスゲノムの両末端に存在する反復配列。プロモーター活性とエンハンサー活性がある。

投げ縄状構造 ▮ lariat structure
RNA スプライシング反応時に形成される**イントロン**構造。イントロンの 5′ 末端が**分枝点**のヌクレオチドの 2′ 位と共有結合を形成している。

ナノエレクトロスプレーイオン化質量分析 ▮ nanoelectrospray ionization mass spectrometry
ペプチドのアミノ酸配列を決定する手法。しばしば**マトリックス支援レーザー脱離イオン化法（MALDI）**と組み合わせて用いられる。

ナノメートル ▮ nanometer
nm。分子や細胞小器官の大きさを記述する際に一般に使われる長さの単位。1 nm = 10^{-3} μm = 10^{-9} m。

軟骨細胞 ▮ chondrocyte (cartilage cell)
軟骨の基質を分泌する結合組織細胞。

ナンセンスコドン介在性 mRNA 分解 ▮ nonsense codon-mediated mRNA degradation
翻訳領域内に**終止コドン**を含む異常な mRNA を，それらがタンパク質へ翻訳される前に分解する機構。

二重コード ▮ bivalent code
胚性幹細胞では発現しないが分化とともに誘導される遺伝子でみられる，特異な**ヒストン修飾**の組み合わせ。

二重微小染色体 ▮ double-minute chromosome
増幅した DNA より構成される余分に存在する小さな染色体で，癌細胞において観察される。

二重らせん ▮ double helix
DNA の三次元構造で，逆平行の 2 本の DNA 鎖が塩基間の水素結合で結合し，全体がらせんを形成している構造。

二倍体 ▮ diploid
2 セットのゲノムを有する状態。相同染色体を 2 セット，すなわち個々の遺伝子または遺伝子座を 2 コピーずつもつ。**一倍体**と比較すること。

2 本鎖 DNA ▮ duplex DNA
2 本鎖の DNA。

ニューロン ▮ neuron
神経細胞を見よ

二量体形成ドメイン ▮ dimerization domain
同じタンパク質同士（**ホモ二量体**を参照）または他のタンパク質との（**ヘテロ二量体**を参照）二量体形成を仲介するタンパク質領域。

認識ヘリックス ▮ recognition helix
DNA 結合性ヘリックス・ターン・ヘリックス（HTH）モチーフの中にあるヘリックスで，特異的な DNA 配列を認識する。

ヌクレアーゼ ▮ nuclease
ヌクレオチド間の結合を加水分解することにより，核酸を分解する酵素。**エンドヌクレアーゼ**，**エキソヌクレアーゼ**も参照。

ヌクレオシド ▮ nucleoside
プリン塩基やピリミジン塩基がリボースやデオキシリボースに共有結合で結合したもの。

ヌクレオソーム ▮ nucleosome
真核生物のクロマチンにみられるビーズ様の構造体で，短い DNA が**ヒストン八量体**の周りに巻きついた構造をもつ。クロマチンの基本構造単位である。

ヌクレオソームリモデリング ▮ nucleosome remodeling
ヌクレオソームが DNA から排除され，あるいは DNA の周りに配され，あるいは構造的に変化することで，異なるクロマチン構造が作り出される過程。

ヌクレオソームリモデリング因子 ▮ nucleosome remodeling factor (NURF)
ヌクレオソームリモデリングを引き起こすタンパク質複合体。

ヌクレオチド ▮ nucleotide
ヌクレオシドの糖の部分にリン酸基がエステル結合で結合したもの。DNA と RNA はヌクレオチドの重合体である。

ヌル突然変異 ▮ null mutation
ある遺伝子の活性を完全に消失させる機能喪失変異。

ネガティブフィードバック ▮ negative feedback
ある反応や多段階反応経路の産物が，その経路のより早い段階の反応を阻害する制御機構。

熱ショックタンパク質 ▮ heat shock protein
ストレス応答タンパク質。高度に保存された**シャペロンタンパク質**の大ファミリーの 1 つ。温度上昇やその他のストレスに反応して合成量が増加するために名づけられた。タンパク質の折りたたみや折りたたみ直しを正しく行ううえで重要な役割をもつ。Hsp90 や Hsp70 などが有名。

熱ショック転写因子 ▮ heat shock factor (HSF)
温度上昇やその他のストレスにより活性化される転写因子。熱ショックタンパク質をコードする遺伝子上の**熱ショック DNA 配列（HSE）**に結合し，その転写を活性化する。

熱ショック DNA 配列 ▮ heat shock element (HSE)
熱ショック転写因子（HSF）が結合する，熱ショックタンパク質をコードする遺伝子上の DNA 配列。温度上昇やその他のストレスに応答した HSF の結合により，HSE をもつ遺伝子の転写が活性化される。

ノーザンブロット法 ▮ northern blotting
電気泳動により分画した RNA 分子をシート状の膜に固定した後，特定の RNA 分子のみを，標識核酸プローブとのハイブリダイゼーションによって検出する手法。

ノックアウト ▌ knockout
遺伝子を人為的に欠失あるいは不活性化させること。

ノッチ
Notch を見よ

配偶子 ▌ gamete
精子や卵のように，有性生殖のために特殊化した一倍体の細胞。始原生殖細胞から減数分裂により形成される。生殖細胞も参照。

胚性幹細胞 ▌ embryonic stem cell
ES 細胞。哺乳動物初期胚の内部細胞塊から得られる細胞。体中のすべての細胞に分化することができる。

ハイブリダイゼーション ▌ hybridization
分子生物学の用語。DNA-DNA，DNA-RNA，RNA-RNA など，相補的配列をもった2本の核酸鎖が塩基対合して2本鎖を形成する過程。特定の核酸配列を検出する有用な実験手法の根幹をなす。

胚葉 ▌ germ layer
動物胚を構成する3種類の主要な組織(内胚葉, 中胚葉, 外胚葉)。

胚様体 ▌ embryoid body
胚性幹細胞の分化によって生じる最初の構造物で，液体に満たされた内腔を囲む外層と未分化細胞からなる中央の細胞塊を含む。

ハウスキーピング遺伝子 ▌ housekeeping gene
個体内のあらゆる細胞種で必要となる機能をもつ遺伝子。

バー小体 ▌ Barr body
不活性化した X 染色体。高度に凝集したクロマチン構造をもつため，顕微鏡で観察することができる。

白血球 ▌ leukocyte(white blood cell)
ヘモグロビンをもたない有核血球細胞のすべてに対する総称。リンパ球，顆粒球や単球などが含まれる。

白血病 ▌ leukemia
白血球の癌。

発現ベクター ▌ expression vector
タンパク質をコードしている DNA を細胞中へ導入して発現させるために利用されるウイルスあるいはプラスミド DNA。

ハプロタイプ ▌ haplotype
一倍体の遺伝子型。

ハプロ不全 ▌ haploid insufficiency
相同遺伝子の1コピーに変異をもち，残りの1コピーだけでは機能を十分に発揮する量のタンパク質を産生できないために生じる疾患。

パリンドローム配列 ▌ palindromic sequence
DNA の2本鎖において5′側から3′側に読んだ配列が同じになっている回転対称な DNA 配列。ホモ二量体として結合する転写因子の結合部位にしばしば認められる。

パルスラベル法 ▌ pulse labeling
RNA(または他の分子)の合成速度を測定する手法。放射活性のある前駆体を細胞に短時間加えて，RNA への取り込みを計測する。

ビコイド
bicoid を見よ

ヒストン ▌ histone
細胞内に豊富に存在する低分子量タンパク質群の1つで，アルギニンとリシンを多く含む。真核生物の染色体は，ヒストンタンパク質の周りに DNA が巻きついたヌクレオソームによって形成されている。

ヒストンアセチルトランスフェラーゼ ▌ histone acetyltransferase (HAT)
ヒストンにアセチル基を付加する活性をもつ酵素。アセチル化も参照。

ヒストンコード ▌ histone code
アセチル化やメチル化などのヒストンの翻訳後修飾の組み合わせ。ヌクレオソームとしてパッケージされている DNA へ，転写因子などがいつどのようにアクセス可能になるかを決定すると考えられている。

ヒストン修飾 ▌ histone modification
アセチル化，メチル化，リン酸化などによるヒストンタンパク質の翻訳後修飾。

ヒストンデアセチラーゼ ▌ histone deacetylase(HDAC)
ヒストンからアセチル基を除去する活性をもつ酵素。

ヒストン八量体 ▌ histone octamer
4種類のヒストン(H2A，H2B，H3，H4)をそれぞれ2分子ずつ含む複合体。

ヒストンバリアント ▌ histone variant
細胞内に豊富に存在するヒストン(H1，H2A，H2B，H3，H4)とは異なる遺伝子によってコードされている，少量しか存在しないヒストン。

ヒストンメチルトランスフェラーゼ ▌ histone methyltransferase
ヒストンにメチル基を付加する活性をもつ酵素。メチル化も参照。

ヒストン H1 ▌ histone H1
リンカー(コアの対義語)，すなわち，つなぎ役としてのヒストンタンパク質。DNA がヌクレオソーム構造から出たところで結合し，ヌクレオソームを 30 nm クロマチン線維へとパッケージするのを助ける役割をもつ。

ヒト免疫不全ウイルス ▌ human immunodeficiency virus(HIV)
後天性免疫不全症候群(AIDS)の原因となるレトロウイルスの一種。

非翻訳領域 ▌ untranslated region(UTR)
mRNA 分子の翻訳されない領域。3′ 非翻訳領域はタンパク質合成を終結させる終止コドンからポリアデニル化部位まで，5′ 非翻訳領域は 5′ キャップからタンパク質合成を開始させるコドンまで延びている。

表現型 ▌ phenotype
形質。細胞や生物体の特徴で，身体的外見や行動などとして観察されるもの。遺伝子型と比較すること。

ピリミジン ▌ pyrimidine
DNAやRNAに含まれる窒素含有塩基で，ピリミジン環をもつもの。シトシン，チミンまたはウラシル。

不死化 ▌ immortalization
無限に分裂する能力を獲得した細胞系列を作り出すこと。突然変異やウイルス遺伝子の導入，あるいは腫瘍細胞との融合などによって作成することができる。

プライマー ▌ primer
鋳型となるDNA鎖やRNA鎖と塩基対合し，ポリメラーゼによる相補鎖の新規合成を促進するオリゴヌクレオチド。

プリン ▌ purine
DNAやRNAに含まれる窒素含有塩基で，プリン環をもつもの。アデニン，グアニン。

プレB細胞 ▌ pre-B cell
B細胞（Bリンパ球）の直前の前駆細胞。

プログラムされた細胞死 ▌ programmed cell death
細胞死の1つの形態で，細胞が細胞死プログラムを活性化させて，自ら積極的に死に至る過程。

ブロッティング ▌ blotting
ブロット法。生化学の手法であり，ゲルで分離した高分子をナイロン膜や紙に転写し固定化したうえで分析に供する。ノーザン，サザン，ウェスタンブロット法を参照。

プロテアーゼ ▌ protease
プロテイナーゼ，タンパク質分解酵素。アミノ酸の間のペプチド結合を加水分解してタンパク質を分解する酵素。

プロテアソーム ▌ proteasome
細胞質中の巨大タンパク質複合体で，タンパク質分解活性をもつ。ユビキチン化やその他の方法でマーキングされた標的タンパク質を分解する。

プロテイナーゼ ▌ proteinase
プロテアーゼを見よ

プロテインキナーゼ ▌ protein kinase
標的タンパク質の特異的なアミノ酸（セリン，トレオニン，チロシン）にATPの末端リン酸基を転移する酵素。

プロテインキナーゼA ▌ protein kinase A（PKA）
サイクリックAMP依存性プロテインキナーゼ。サイクリックAMP（cAMP）によって活性化されるプロテインキナーゼ。

プロテインキナーゼB ▌ protein kinase B（PKB）
Aktを見よ

プロテオミクス ▌ proteomics
細胞，組織，生物体で合成されたすべてのタンパク質（プロテオーム）の解析。環境の変化や細胞外シグナルによって引き起こされるタンパク質群の変化をしばしば対象とする。

プローブ ▌ probe
放射性同位元素や化学物質で標識し，ハイブリダイゼーションによって特異的な核酸配列をもつ部位を決めるのに用いられる既知のRNAまたはDNA断片。

プロモーター ▌ promoter
転写の方向を規定するDNA領域で，転写開始点近傍に存在する。コアプロモーター，上流プロモーター配列も参照。

ブロモドメイン ▌ bromodomain
クロマチン構造を弛緩させるタンパク質の多くにみられるドメイン。

分化 ▌ differentiation
細胞が外見上明らかに特殊な細胞種に変化する過程。

分化形質転換 ▌ transdifferentiation
分化した細胞が脱分化し，増殖後に異なる細胞に分化する過程。

分子シャペロン ▌ molecular chaperone
シャペロンを見よ

分枝点 ▌ branch point
イントロンの投げ縄状構造においてイントロンの5′末端が5′ → 2′結合を形成するヌクレオチド。

分裂酵母 ▌ fission yeast
Schizosaccharomyces pombe の通称。同じ大きさの2つの娘細胞に分裂して増殖する。モデル生物として利用されている。出芽酵母と比較すること。

ペアードドメイン ▌ paired domain
いくつかのPaxファミリー転写因子で発見されたDNA結合ドメイン。

ペアルール遺伝子 ▌ pair-rule gene
ショウジョウバエの発生において，胚体の長軸に対して規則的な横縞模様のパターンで発現する遺伝子。体節の特異性を規定する。

ベクター ▌ vector
細胞生物学において，ウイルスやプラスミドのように細胞や生物体に遺伝物質を導入する際に利用するDNA。クローニングベクター，発現ベクターも参照。

ベータカテニン ▌ beta-catenin
βカテニンを見よ

ベータシート ▌ beta-sheet
βシートを見よ

ヘッジホッグ
Hedgehogを見よ

ヘテロ核リボ核タンパク質 ▎heterogeneous nuclear ribonucleoprotein（hnRNP）
新生RNAに結合するタンパク質の総称。RNAをよりコンパクトな構造に形成させる。

ヘテロクロマチン ▎heterochromatin
高度に凝縮した構造をもつクロマチン領域。通常転写は行われない。ユークロマチンと比較すること。

ヘテロ接合体 ▎heterozygote
特定の遺伝子について2つの対立遺伝子が異なっている二倍体の細胞もしくは生物体。

ヘテロ二量体 ▎heterodimer
2つの異なるポリペプチド鎖から構成されるタンパク質複合体。

ペプチド ▎peptide
アミノ酸の短い重合体。

ヘム ▎heme
ヘモグロビンにおいて酸素を運搬する鉄原子含有環状有機分子。

ヘリックス・ターン・ヘリックス ▎helix-turn-helix（HTH）
転写因子によくみられるDNA結合モチーフ。2つのαヘリックスが一定の角度で固定され、それらの間に存在する短いアミノ酸鎖のターンにより連結された構造をもつ。ヘリックス・ループ・ヘリックス（HLH）とは異なる。

ヘリックス・ループ・ヘリックス ▎helix-loop-helix（HLH）
転写因子によくみられる二量体形成モチーフ。短いαヘリックスと長いαヘリックスが、可動性のループ構造により連結された構造をもつ。この構造により、HLHをもつタンパク質同士の二量体形成が可能となり、塩基性DNA結合ドメインを介してDNAに結合する複合体が形成される。ヘリックス・ターン・ヘリックス（HTH）とは異なる。

胞胚 ▎blastula
動物胚の初期段階の構造であり、原腸形成が起きる前に、上皮細胞が液腔を球状に囲む。

ホスファターゼ ▎phosphatase
分子からリン酸基を加水分解により除去する酵素。

ホスファチジルイノシトール 3-キナーゼ ▎phosphatidylinositol 3-kinase
PI 3-キナーゼを見よ

ホスホイノシチド 3-キナーゼ ▎phosphoinositide 3-kinase
PI 3-キナーゼを見よ

ホスホジエステル結合 ▎phosphodiester bond
2つのヒドロキシ基が同じリン酸基にエステル結合するときにできる共有結合。たとえば、RNAやDNAにおける隣接したヌクレオチド間に存在する。

ホメオティックセレクター遺伝子 ▎homeotic selector gene
ショウジョウバエの発生過程において、体節の特徴を決定し、保持する遺伝子。

ホメオティック突然変異 ▎homeotic mutation
体の中のある領域に存在する細胞が、あたかも他の部位に存在しているかのように振舞わせる変異。体の形成（ボディプラン）に著しい障害を生じさせる原因となる。

ホメオドメイン ▎homeodomain
動物の発生において重要な機能をもつ転写因子のうち、特定のクラスのタンパク質にみられるDNA結合ドメイン。

ホモ接合体 ▎homozygote
二倍体の細胞や個体において、特定の遺伝子や遺伝子群の2つの対立遺伝子が同一であること。

ホモ二量体 ▎homodimer
2つの同一のポリペプチド鎖からなるタンパク質複合体。

ポリアデニル化 ▎polyadenylation
成熟中のmRNA分子の3′末端に、Aヌクレオチドの長い鎖（ポリ（A）尾部）が付加されること。

ポリアデニル化シグナル ▎polyadenylation signal
RNA中にあるAAUAAA配列で、ポリアデニル化の第1段階で切断される。

ポリ（A）尾部 ▎polyA tail
ポリアデニル化を参照。

ポリコーム複合体 ▎Polycomb complex
Polycomb複合体を見よ

ポリシストロン性 mRNA ▎polycistronic mRNA
複数の翻訳開始部位をもつmRNA。

ポリソーム ▎polysome
ポリリボソームを見よ

ポリピリミジントラクト ▎polypyrimidine tract
ピリミジン（CまたはT）ヌクレオチドの繰り返し領域で、RNAスプライシングに関与する。分枝点や3′スプライス部位に隣接して存在する。

ポリピリミジントラクト結合タンパク質 ▎polypyrimidine tract-binding protein（PTB）
RNAスプライシングを規定する選択的RNAスプライシング因子として働くタンパク質。恒常的に発現しているPTBや、神経特異的なnPTBがある。

ポリペプチド ▎polypeptide
アミノ酸の直鎖重合体。タンパク質は大きなポリペプチドである。

ポリメラーゼ ▎polymerase
DNAやRNAの合成などのポリメラーゼ反応を触媒する酵素。

RNA ポリメラーゼも参照。

ポリメラーゼ停止 ▌ polymerase pausing
転写を開始して約 30 ヌクレオチド転写したところで，RNA ポリメラーゼがいったん停止する過程。続いて，転写伸長段階へ進む。

ポリメラーゼ連鎖反応 ▌ polymerase chain reaction (PCR)
配列特異的なプライマーを用い，DNA 合成の多段階サイクルによって特定の DNA 領域を増幅する手法。各サイクルの最後に短時間の熱処理を行い，相補鎖を分離させて次の反応につなぐ。

ポリリボソーム ▌ polyribosome
ポリソーム。タンパク質合成に関わる多数のリボソームが結合した mRNA 分子。

ホルモン ▌ hormone
血流中に放出され，標的細胞へ運ばれる分泌性のシグナル分子。

翻訳 ▌ translation
mRNA 分子のヌクレオチド配列に基づいてアミノ酸をタンパク質に連結させる過程。リボソームで行われる。

翻訳後修飾 ▌ post-translational modification
タンパク質に対する酵素依存性の変化で，タンパク質合成後に起こるもの。たとえば，アセチル化，切断，グリコシル化，メチル化，リン酸化などがある。

マイクロアレイ ▌ microarray
DNA マイクロアレイを見よ

マイクロメートル ▌ micrometer
μm。長さの単位。$1\ \mu m = 10^{-3}\ mm = 10^{-6}\ m$。

マイクロ RNA ▌ microRNA (miRNA)
真核生物がもつ短い RNA（21 〜 26 ヌクレオチド）。ゲノムにコードされている特殊な転写産物 RNA のプロセシングによって産生され，mRNA と相補的な塩基対合を作り遺伝子発現を調節する。miRNA は，塩基対合の広がりに依存して，mRNA を分解か翻訳阻害のいずれかに導く。

マイトジェン ▌ mitogen
細胞増殖を促進する細胞外シグナル分子。

マイトジェン活性化プロテインキナーゼ ▌ mitogen-activated protein kinase
MAP キナーゼを見よ

マイトジェン活性化プロテインキナーゼカスケード ▌ mitogen-activated protein kinase cascade
MAP キナーゼカスケードを見よ

マスター転写調節因子 ▌ master regulatory transcription factor
分化の特定のパターンを誘導する転写因子。筋分化では，4 つのマスター転写調節因子（MyoD，Myf5，ミオゲニン，Mrf4）が明らかになっている。

マトリックス支援レーザー脱離イオン化法 ▌ matrix-assisted laser desorption/ionization (MALDI)
ペプチドの分子量を決定する手法。しばしば，ナノエレクトロスプレーイオン化質量分析と組み合わせて用いられる。

マトリックス付着領域 ▌ matrix attached region (MAR)
核マトリックス付着領域，スカフォールド付着領域。核マトリックスに付着する染色体の領域。

メチル化 ▌ methylation
ヒストンや他のタンパク質へのメチル基（$-CH_3$）付加。

メチル基 ▌ methyl group
$-CH_3$。メタン（CH_4）類似の構造をもつ疎水基。

メッセンジャー RNA ▌ messenger RNA
mRNA を見よ

メディエーター ▌ mediator
活性化されている転写因子を基本転写複合体に連結するタンパク質複合体。

免疫応答 ▌ immune response
異物や微生物が体内に侵入した際に，免疫系によって引き起こされる応答。

免疫グロブリン ▌ immunoglobulin
特定のタンパク質を認識することのできる抗体分子。

免疫グロブリンスーパーファミリー ▌ immunoglobulin superfamily
巨大で多様なタンパク質ファミリーで，免疫グロブリンドメイン，あるいは免疫グロブリン様ドメインをもつ。ほとんどのファミリータンパク質は，細胞間相互作用か抗体認識に関わる。

免疫系 ▌ immune system
リンパ球や他の細胞から構成され，感染に対する防御を行っている。

免疫組織化学法 ▌ immunohistochemistry
細胞や組織切片に特定の抗体を反応させ，タンパク質の分布を検出する手法。

免疫沈降法 ▌ immunoprecipitation
特異的抗体を用いて抗原タンパク質を溶液中から分離する手法。複合体中の特定のタンパク質に対する抗体を使うことで，細胞抽出液から複合体中の相互作用タンパク質を同定することもできる。クロマチン免疫沈降法，共免疫沈降法も参照。

免疫ブロット法 ▌ immunoblotting
ウェスタンブロット法を見よ

網状赤血球 ▌ reticulocyte
成熟赤血球の前駆細胞。核をもたないが，安定な mRNA からグロビン合成を続けている。

網膜芽細胞腫タンパク質 ▌ retinoblastoma protein (Rb)
細胞分裂の制御に関わる癌抑制遺伝子産物。網膜芽細胞腫や他の多

くの腫瘍で変異している。正常なRbタンパク質は，E2Fに結合してこれを阻害し，DNAの複製や細胞分裂への進行を阻止することで，真核生物の細胞周期を調節している。

モザイク ▮ mosaic
遺伝的モザイク。単一の受精卵から発生したにもかかわらず，生物体全体が異なる遺伝子型をもつ細胞の集まりとして成り立っていること。新たな組織を生じさせる細胞で起きた変異の結果として自然発生することもあれば，遺伝学的解析の支援を目的として人為的に作成されることもある。キメラと比較すること。

モチーフ ▮ motif
多くの状況で繰り返される構造やパターンの要素。特に，さまざまなタンパク質中でみられる小さな構造ドメイン。

モノシストロン性mRNA ▮ monocistronic mRNA
単一のタンパク質をコードするmRNA。

モルフォゲン ▮ morphogen
異なる場所にある細胞が異なる分化決定を受け入れることによって，細胞区域ごとに特定の発生パターンを与えるシグナル分子。

野生型 ▮ wild-type
遺伝子や生物が変異していない正常型。自然界に見出されるもの。

融合タンパク質 ▮ fusion protein
2つ以上のタンパク質が連結したタンパク質。

有糸分裂 ▮ mitosis
真核細胞の核分裂。染色体が観察できる状態になるDNA凝縮と，同一の2セットを作るための重複染色体の分離が含まれる。凝縮した染色体の糸様の外観から，ギリシア語の「糸(mitos)」にちなんで命名された。

有糸分裂期染色体 ▮ mitotic chromosome
姉妹染色分体としてセントロメアで束ねられたままの，2つの新しい染色体からなる高密度の重複染色体。

優性 ▮ dominant
一対の対立遺伝子の片方が発現しただけで個体の表現型として表出すること。劣性の対義語。

誘導プロモーター ▮ inducible promoter
特定の分子や物理的刺激(たとえば熱ショック)を用いて，連結した遺伝子の発現の有無を変換できるような調節DNA配列。

ユークロマチン ▮ euchromatin
間期の核内で淡い染色性を示す部分として観察される染色体領域。転写が可能な通常のクロマチンの状態である。濃染性を示すヘテロクロマチンと対照される。

ユビキチン ▮ ubiquitin
すべての真核生物で高度に保存されている低分子のタンパク質で，他のタンパク質のリシンに共有結合する。

ゆらぎ効果 ▮ wobble effect
mRNAのいくつかの異なるコドンは，転移RNA(tRNA)の同じアンチコドンに結合することができ，タンパク質に同じアミノ酸をつなげることができる。

抑制ドメイン ▮ inhibitory domain
転写抑制ドメインを見よ

ラパマイシン標的タンパク質 ▮ target of rapamycin(TOR)
PI 3-キナーゼ/Aktシグナル伝達経路の下流構成要素として働くセリン/トレオニンキナーゼ。

卵極性遺伝子 ▮ egg-polarity gene
ショウジョウバエの発生において，その産物が受精卵において濃度勾配を形成し，1つの胚軸を決定する遺伝子。

卵形成 ▮ oogenesis
卵巣における卵母細胞の形成と成熟。

ランプブラシ染色体 ▮ lampbrush chromosome
両生類未成熟卵の減数分裂期に観察される巨大な一対の染色体で，クロマチンが染色体軸から伸びる巨大なループ構造を形成している。

卵母細胞 ▮ oocyte
減数分裂を終える前の，成熟途中の卵。

リガンド ▮ ligand
タンパク質の特定の部位や他の分子に結合する分子。ラテン語の「結合する(ligare)」に由来する。

リーディングフレーム ▮ reading frame
タンパク質をコードするmRNAから遺伝暗号を読み取るための3塩基長の読み枠。mRNAは3通り考えられるリーディングフレームのいずれかで読まれ，必要なタンパク質が産生される。

リプレッサー ▮ repressor
転写リプレッサーを見よ

リプレッサーエレメントサイレンシング転写因子 ▮ repressor-element silencing transcription factor(REST)
非神経細胞で神経特異的遺伝子の発現を阻害する抑制性転写因子。

リボ核酸 ▮ ribonucleic acid
RNAを見よ

リボ核タンパク質 ▮ ribonucleoprotein
RNAとタンパク質の複合体。核内低分子リボ核タンパク質(snRNP)も参照。

リボース ▮ ribose
RNAの構成要素である五炭糖。デオキシリボースと比較すること。

リボソーム ▮ ribosome
リボソームRNA(rRNA)とリボソームタンパク質からなる構造体で，mRNAの情報を用いてタンパク質の合成を行う。

リボソーム内部進入部位 ▌ internal ribosome-entry site（IRES）
真核生物の mRNA にある特殊な部位で，5′ 末端以外でリボソームが結合して翻訳開始を行う部位として機能する。

リボソーム RNA ▌ ribosomal RNA（rRNA）
リボソームの構造の一部を形成し，タンパク質合成に関与する特異的な RNA 分子群。その沈降係数によって分離される（たとえば，28S rRNA，5S rRNA）。

リボソーム RNA 遺伝子 ▌ ribosomal RNA gene
リボソーム RNA（rRNA）をコードする遺伝子。

リボヌクレアーゼ ▌ ribonuclease
ホスホジエステル結合を加水分解することにより，RNA 分子を切断する酵素。

両親媒性 ▌ amphipathic
親水性と疎水性を併せもつ性質。

リン酸化 ▌ phosphorylation
リン酸基が共有結合で他の分子と結合する反応。

リン酸化カスケード ▌ phosphorylation cascade
一連のプロテインキナーゼによる連続したタンパク質リン酸化。リン酸化されて活性化されたキナーゼが，次のキナーゼをリン酸化する。このようなカスケードは，細胞内シグナル伝達経路においてしばしば認められる。

リンパ球 ▌ lymphocyte
適応免疫応答の特異性に関与する白血球。2 つの主要なタイプは，B 細胞と T 細胞である。B 細胞（B リンパ球）は，抗体を産生する。T 細胞（T リンパ球）は，免疫系の他のエフェクター細胞と感染細胞と直接的に相互作用する。B 細胞は哺乳動物の骨髄で産生され，循環抗体の産生を担う。T 細胞は胸腺で成熟し，細胞性免疫を担う。

リンパ腫 ▌ lymphoma
リンパ球の癌。主に癌細胞は（白血病のような血中ではなく）リンパ系器官でみられる。

劣性 ▌ recessive
遺伝学において，優性の対立遺伝子がある場合に，生物体の表現型として表出されない対立遺伝子。

レトロウイルス ▌ retrovirus
1 本鎖 RNA から RNA–DNA の中間体を経て 2 本鎖 DNA を作り，これが細胞の DNA に組み込まれることで，細胞内で複製する RNA ウイルス。

レポーター遺伝子 ▌ reporter gene
解析対象の遺伝子の調節配列を，定量可能な産物をコードする配列に連結して作成した人工的な遺伝子。発現した産物（レポータータンパク質）の量が，調節領域の活性を反映する。

ロイシンジッパー ▌ leucine zipper
多くの DNA 結合タンパク質にみられる構造モチーフで，別個のタンパク質の 2 つの α ヘリックスが（ジッパーのような）コイルドコイル構造として結合し二量体を形成している。

欧文

αヘリックス ▎α-helix
タンパク質の普遍的な折りたたまれ方の1つ。アミノ酸配列が右巻きのヘリックス構造をとり，主鎖内の水素結合により安定化する。

Akt
プロテインキナーゼB (PKB) とも呼ばれる。増殖と生存を促すPI 3-キナーゼ/Akt細胞内シグナル伝達経路で機能するセリン/トレオニンキナーゼ。

AP-1結合部位 ▎AP-1 site
転写因子であるFosやJunのDNA上の結合部位。転写因子は増殖因子やホルボールエステルに応答して，この配列をもつ遺伝子を活性化する。

APCタンパク質 ▎APC protein
腺腫様大腸ポリポーシスタンパク質。Wntシグナル伝達経路のタンパク質複合体を構成する癌抑制タンパク質。細胞質のβカテニンと結合し，その分解を促す。

Argonaute
アルゴノート。RISCおよびRITS複合体に含まれるタンパク質ファミリーであり，マイクロRNA (miRNA) や低分子干渉RNA (siRNA) による遺伝子発現抑制で主要な役割を担う。

ATP ▎adenosine 5′-triphosphate
アデノシン5′-三リン酸。アデニン，リボース，3つのリン酸からなるヌクレオシド三リン酸。細胞内の主要なエネルギー担体である。末端のリン酸基はきわめて反応性に富み，加水分解や他の分子への転移とともに大きな自由エネルギーが放出される。

ATPアーゼ ▎ATPase
ATPの加水分解を触媒する酵素。多くのタンパク質がATPアーゼ活性を有する。

βカテニン ▎β-catenin
細胞質の多機能タンパク質であり，細胞間接着に関係しているほか，遺伝子調節タンパク質としても機能する。発生の過程でWntシグナル伝達経路の一部として重要な役割を担う。

B細胞 ▎B cell
Bリンパ球。抗体を作るリンパ球の一種。

βシート ▎β-sheet
βプリーツシート。タンパク質の構造モチーフの1つで，ポリペプチド鎖の異なる部分が主鎖の原子間の水素結合により結合し，互いに並行に伸びている。

Bリンパ球 ▎B lymphocyte
B細胞を見よ

Barr小体 ▎Barr body
バー小体を見よ

bicoid
ビコイド。ホメオドメインをもつ転写因子であり，ショウジョウバエ胚において前部構造を規定する重要な役割をもつ。bicoidをコードする遺伝子は卵極性遺伝子の1つ。

C末端 ▎C-terminus
カルボキシ末端。ポリペプチド鎖の末端のうち，遊離のカルボキシ (-COOH) 基がある方。

Ca^{2+}/カルモジュリン依存性プロテインキナーゼ ▎Ca^{2+}/calmodulin-dependent protein kinase
CaMキナーゼ。Ca^{2+}/カルモジュリンによって活性化されるセリン/トレオニンキナーゼ。特異的な標的タンパク質をリン酸化することで，間接的にCa^{2+}の細胞内濃度上昇の効果を仲介する。

CaMキナーゼ ▎Ca^{2+}/calmodulin-dependent protein kinase
Ca^{2+}/カルモジュリン依存性プロテインキナーゼを見よ

cAMP ▎cyclic AMP
サイクリックAMPを見よ

CBC ▎cap-binding complex
キャップ構造結合タンパク質複合体を見よ

CBP ▎CREB-binding protein
CREB結合タンパク質を見よ

CCAATボックス ▎CCAAT box
多くの遺伝子のプロモーターにしばしばみられるDNA配列。C/EBPαやC/EBPβなどの転写因子が結合する。

CDK ▎cyclin-dependent kinase
サイクリン依存性キナーゼを見よ

cDNA ▎complementary DNA
相補的DNAを見よ

CG島 ▎CG island
CG配列の割合が他より多いDNA領域。脱メチル化していることが多い。

cGMP ▎cyclic GMP
サイクリックGMPを見よ

ChIP法 ▎chromatin immunoprecipitation
クロマチン免疫沈降法を見よ

Ci因子 ▎Ci factor
Cubitus interruptus (キュビタスインターラプタス) の略。Hedgehogシグナル伝達経路に関わる転写因子。その全長タンパク質は転写アクチベーターとして働くのに対し，Hedgehog経路シグナルがないときはプロテアーゼによる分解を受け，その断片は転写リプレッサーとして働く。

cis
シスを見よ

co-IP 法 ▪ co-immunoprecipitation
共免疫沈降法を見よ

CPSF ▪ cleavage/polyadenylation specificity factor
切断/ポリアデニル化特異性因子を見よ

CRE ▪ cyclic AMP-response element
サイクリック AMP 応答配列を見よ

CREB ▪ cyclic AMP-response-element-binding protein
サイクリック AMP 応答配列(CRE)結合タンパク質。サイクリック AMP(cAMP)に応答して CRE に結合し，転写を活性化させる転写因子。

CREB 結合タンパク質 ▪ CREB-binding protein(CBP)
さまざまな転写アクチベーターのコアクチベーターとして働くタンパク質。当初，転写因子 CREB に結合するタンパク質として同定された。

CStF ▪ cleavage stimulatory factor
切断促進因子を見よ

CTD ▪ C-terminal domain
RNA ポリメラーゼⅡの C 末端領域。Tyr-Ser-Pro-Thr-Ser-Pro-Ser の反復配列があり，転写開始時(5番目のセリン)や転写伸長時(2番目のセリン)にリン酸化の標的となる。

Delta
デルタ。Notch シグナル伝達経路においてリガンドとして働く細胞表面タンパク質。

DN アーゼⅠ感受性分析 ▪ DNase I sensitivity assay
エンドヌクレアーゼである DN アーゼⅠによる消化速度を測定することによりクロマチン構造を検索する分析法。

DN アーゼⅠ高感受性部位 ▪ DNase I hypersensitive site
クロマチン内で DN アーゼⅠによる消化に対する感受性が高い部位。しばしば転写アクチベーターが結合する標的部位と一致する。

DN アーゼⅠフットプリント法 ▪ DNase I footprinting assay
DNA 結合タンパク質が結合する DNA 配列を決定する解析法。

DNA ▪ deoxyribonucleic acid
デオキシリボ核酸。多数のデオキシリボヌクレオチドが共有結合で連結したポリヌクレオチド。細胞内の遺伝情報を収納し，世代間における遺伝情報の伝達物質として働く。

DNA アフィニティークロマトグラフィー ▪ DNA affinity chromatography
特定の配列の DNA を結合させた担体への結合を利用して，配列特異的 DNA 結合タンパク質を精製する手法。

DNA 移動度シフト分析 ▪ DNA mobility-shift assay
タンパク質が結合すると，電気泳動時にゲル中の DNA 断片の移動度が低くなるという現象に基づいて，特定の DNA 配列に結合するタンパク質を検出する手法。

DNA 結合ドメイン ▪ DNA-binding domain
DNA への結合能を与える転写アクチベーターのドメイン。

DNA 腫瘍ウイルス ▪ DNA tumor virus
腫瘍を形成する種々の DNA ウイルスに用いられる一般的用語。

DNA マイクロアレイ ▪ DNA microarray
スライドガラスまたは他の適当な支持体に多数の短い DNA 配列(それぞれは既知の配列)を結合させたアレイ。数千の遺伝子の発現を同時にモニターするときに利用される。検体の細胞から単離した mRNA を相補的 DNA(cDNA)に変換した後に，マイクロアレイに対してハイブリダイゼーションを行う。

DNA メチル化 ▪ DNA methylation
DNA へのメチル基の付加。CG 配列におけるシトシン塩基の広汎なメチル化は，脊椎動物において遺伝子発現を抑制する機構として使われている。

DNA メチルトランスフェラーゼ ▪ DNA methyltransferase
DNA にメチル基を付加する活性をもつ酵素。

DNA ライブラリー ▪ DNA library
ゲノム全体(ゲノム DNA ライブラリー)，あるいは細胞が産生する mRNA に相補的な DNA コピー全体(cDNA ライブラリー)を代表する，クローニングされた DNA 分子を集めたもの。

Drosophila melanogaster
ショウジョウバエを見よ

E12/E47
恒常的に発現しているヘリックス・ループ・ヘリックス(HLH)転写因子。MyoD などの細胞種特異的転写因子とヘテロ二量体を形成する。

E2F
細胞周期の S 期への進行に必要なタンパク質をコードする多くの遺伝子の発現を開始する遺伝子調節タンパク質。網膜芽細胞腫タンパク質(Rb)は E2F と相互作用して，その活性を阻害する。

eIF ▪ eukaryotic initiation factor
真核生物開始因子を見よ

EJC ▪ exon junction complex
エキソン接合部複合体を見よ

ErbA
トリ赤芽球症ウイルス(AEV)の癌遺伝子産物として同定された。対応する正常細胞の原癌遺伝子産物は，甲状腺ホルモン受容体である。

ES 細胞 ▪ ES cell
胚性幹細胞を見よ

Escherichia coli(*E. coli*)
大腸菌を見よ

ESE ▮ exon splicing enhancer
エキソンスプライシングエンハンサーを見よ

Ets ファミリー ▮ Ets family
原癌遺伝子産物 Ets-1 や転写因子 TCF を含む転写因子ファミリー。

Eve
ショウジョウバエ胚で縞状に発現しているホメオドメイン転写因子 Even-skipped (イーブンスキップト) の略称。これをコードする遺伝子はペアルール遺伝子の 1 つである。

FISH ▮ fluorescence *in situ* hybridization
蛍光 *in situ* ハイブリダイゼーションを見よ

Fos
塩基性領域とロイシンジッパーをもつ癌遺伝子産物。Jun とヘテロ二量体を形成して AP-1 結合部位に結合し，転写因子として働く。

G_1 期 ▮ G_1 phase
真核生物の細胞周期で，有糸分裂期と DNA 合成期の間の時期。

G_1/S 期サイクリン ▮ G_1/S-cyclin
真核生物の細胞周期で，G_1 後期にサイクリン依存性キナーゼ (CDK) を活性化するサイクリン。S 期への進行を促進し，細胞の増殖を開始させる。S 期に入ると，その発現量は減少する。

G_1/S 期 CDK ▮ G_1/S-CDK
脊椎動物細胞において，G_1/S 期サイクリンとそれに対応するサイクリン依存性キナーゼ (CDK) から構成される CDK-サイクリン複合体。

G_2 期 ▮ G_2 phase
真核生物の細胞周期で，DNA 合成期と有糸分裂期の間の時期。

G タンパク質 ▮ G protein
GTP アーゼ活性を有する三量体 GTP 結合タンパク質。細胞膜上の G タンパク質共役受容体 (GPCR) と酵素やイオンチャネルを共役させている。

G タンパク質共役受容体 ▮ G protein-coupled receptor (GPCR)
細胞外のリガンドが結合すると G タンパク質を活性化する受容体。

GAGA 因子 ▮ GAGA factor
クロマチンリモデリングや遺伝子の活性化に関与する転写因子。Trithorax (トリソラックス) ファミリーのメンバー。

GAL4
酵母の転写因子で，ガラクトースに応答した遺伝子発現調節に関与する。

GAP ▮ GTPase-activating protein
GTP アーゼ活性化タンパク質を見よ

GCN4
アミノ酸欠乏に応答した遺伝子発現の制御に関わる酵母の転写因子。

GEF ▮ guanine nucleotide exchange factor
グアニンヌクレオチド交換因子を見よ

GPCR ▮ G protein-coupled receptor
G タンパク質共役受容体を見よ

GRE ▮ glucocorticoid-response element
グルココルチコイド応答配列を見よ

GTP ▮ guanosine 5′-triphosphate
グアノシン 5′-三リン酸。グアノシン二リン酸 (GDP) のリン酸化によって作られるヌクレオシド三リン酸。ATP と同様に，末端のリン酸基の加水分解により大量の自由エネルギーを発生させる。シグナル伝達やタンパク質合成において重要な役割をもつ。

GTP アーゼ ▮ GTPase
GTP をグアノシン二リン酸 (GDP) へ変換する酵素。2 つのファミリー (三量体 G タンパク質および単量体 G タンパク質) に大別される。高分子量の三量体 G タンパク質は 3 つのサブユニットから構成され，細胞膜上の G タンパク質共役受容体 (GPCR) と酵素やイオンチャネルを共役させている。低分子量の単量体 G タンパク質 (単量体 GTP アーゼ，低分子量 GTP アーゼとも呼ばれる) は 1 つのサブユニットからなり，さまざまな細胞膜受容体からのシグナルを中継して細胞内シグナル伝達を行う。三量体 G タンパク質，単量体 GTP アーゼともに，活性化型の GTP 結合型または不活性な GDP 結合型の形をとり，細胞内シグナル伝達経路の分子スイッチとして機能することが多い。

GTP アーゼ活性化タンパク質 ▮ GTPase-activating protein (GAP)
GTP アーゼに結合し，その活性を上昇させて GTP から GDP への加水分解を促すタンパク質。

GTP 結合タンパク質 ▮ GTP-binding protein
G タンパク質を見よ

H 鎖 ▮ H chain
重鎖を見よ

HAT ▮ histone acetyltransferase
ヒストンアセチルトランスフェラーゼを見よ

HDAC ▮ histone deacetylase
ヒストンデアセチラーゼを見よ

Hedgehog
ヘッジホッグ。動物の胚細胞や成体組織において，細胞分化や遺伝子発現調節など多彩な機能をもつ細胞外シグナル分子のファミリー。たとえば Sonic hedgehog (ソニックヘッジホッグ) など。

HIF-1 ▮ hypoxia-inducible factor 1
低酸素誘導因子 1。低酸素状態に応答して遺伝子活性化を仲介する転写因子の 1 つ。

HIV ▮ human immunodeficiency virus
ヒト免疫不全ウイルスを見よ

HLH ▌ helix-loop-helix
ヘリックス・ループ・ヘリックスを見よ

hnRNP ▌ heterogeneous nuclear ribonucleoprotein
ヘテロ核リボ核タンパク質を見よ

HO
酵母において接合型スイッチングを惹起するエンドヌクレアーゼ。

Hox 遺伝子群 ▌ *Hox* gene complex
遺伝子発現調節因子をコードする遺伝子群で，各々の遺伝子はホメオドメインをもち，体節の境界を決定する。*Hox* の突然変異は，通常，ホメオティック突然変異を引き起こす。

HP1 ▌ heterochromatin protein 1
ヘテロクロマチンタンパク質 1。染色体が高度に凝縮した構造であるヘテロクロマチンの形成に関与する。

HPLC ▌ high-performance liquid chromatography
高速液体クロマトグラフィーを見よ

HSE ▌ heat shock element
熱ショック DNA 配列を見よ

HSF ▌ heat shock factor
熱ショック転写因子を見よ

HTH ▌ helix-turn-helix
ヘリックス・ターン・ヘリックスを見よ

Id
抑制性転写因子。MyoD とヘテロ二量体を形成して，その転写活性を抑制する機能をもつ。

IFN ▌ interferon
インターフェロンを見よ

IκB
抑制性転写因子。NFκB に結合して，その転写活性を抑制する。NFκB を活性化する特定の刺激は，IκB のリン酸化を誘発し，その分解を引き起こす。

IL ▌ interleukin
インターロイキンを見よ

in situ ハイブリダイゼーション ▌ *in situ* hybridization
1 本鎖の RNA あるいは DNA プローブを用いて，細胞や組織中の遺伝子や mRNA の分布をハイブリダイゼーションによって検出する手法。

in vitro
インビトロ。生細胞内の対語として，細胞を含まない状態に置くこと。時として，無傷の個体内での解析と培養細胞を用いた解析とを区別することにも使われる。ラテン語で「ガラス（試験管）内（in glass）」の意。

in vivo
インビボ。無傷の細胞あるいは個体内。ラテン語で「生きた状態（in life）」の意。

IRE ▌ iron-response element
鉄応答配列を見よ

IRES ▌ internal ribosome-entry site
リボソーム内部進入部位を見よ

JAK/STAT シグナル伝達経路 ▌ JAK/STAT signaling pathway
サイトカインやいくつかのホルモンで活性化されるシグナル伝達経路で，細胞膜から核に速やかに到達して遺伝子発現を調節する。細胞質中の JAK(Janus kinase) と STAT(signal transducer and activator of transcription) が関わる。

Jun
原癌遺伝子産物であり，塩基性ロイシンジッパー(bZIP) タイプの DNA 結合ドメインをもつ転写因子。ホモ二量体あるいは Fos とのヘテロ二量体として AP-1 結合部位に結合する。

Krüppel
クルッペル。ジンクフィンガー型転写因子であり，ショウジョウバエの発生で重要な役割を担っている。Krüppel をコードする遺伝子は，ギャップ遺伝子の一例である。

L 鎖 ▌ L chain
軽鎖を見よ

LCR ▌ locus-control region
遺伝子座調節領域を見よ

LTP ▌ long-term potentiation
長期増強を見よ

LTR ▌ long terminal repeat
長い末端反復配列を見よ

MADS ファミリー ▌ MADS family
転写因子のファミリーで，最初のメンバーである MCM1, agamous, deficiens, 血清応答因子(SRF) の頭文字から名づけられた。

MALDI ▌ matrix-assisted laser desorption/ionization
マトリックス支援レーザー脱離イオン化法を見よ

MAP キナーゼ ▌ MAP kinase
マイトジェン活性化プロテインキナーゼ。細胞膜から核へのシグナル伝達に関わる，順番に働く 3 つのプロテインキナーゼが構成する細胞内シグナル伝達カスケードの最後のプロテインキナーゼ。

MAP キナーゼカスケード ▌ MAP-kinase cascade
マイトジェン活性化プロテインキナーゼカスケード。順番に働く 3 つのプロテインキナーゼが構成する細胞内シグナル伝達カスケードで，MAP キナーゼは 3 番目に働く。通常，細胞外シグナルに応答して Ras により活性化される。

MAR ▍ matrix attached region
マトリックス付着領域を見よ

MAT 遺伝子座 ▍ *Mat* locus
接合型遺伝子座を見よ

MDM2
分解の誘導によって p53 の活性を阻害できる癌遺伝子産物。

MDM4
転写活性化ドメインを覆うことによって p53 の活性を阻害できる癌遺伝子産物。

MeCP2
メチル化された DNA に特異的に結合する調節タンパク質。

MEF2
筋細胞エンハンサー因子 2。転写因子のファミリー。当初，筋細胞での重要な役割に基づいて同定されたが，現在では，神経細胞のような他の細胞種の転写も調節することが知られている。

miRNA ▍ microRNA
マイクロ RNA を見よ

μm
マイクロメートルを見よ

mRNA ▍ messenger RNA
メッセンジャー RNA。タンパク質のアミノ酸配列をコードする RNA 分子。真核生物では，RNA ポリメラーゼによって DNA の相補的なコピーとして一次転写産物 RNA が合成され，そのプロセシングによって mRNA が作られる。これは，リボソームでタンパク質へ翻訳される。

mRNA 前駆体 ▍ pre-mRNA
mRNA の前駆体。真核生物においては RNA プロセシングのすべての中間体が含まれる。

MS ▍ mass spectrometry
質量分析法を見よ

Myc
細胞が細胞外からの増殖分裂刺激を受けたときに活性化する，遺伝子調節機能をもつ癌遺伝子産物。細胞増殖を刺激する遺伝子を含む，多くの遺伝子の転写を活性化する。

MyoD
骨格筋細胞で発現する転写因子で，他の細胞種での過剰発現は，骨格筋細胞への分化を誘導する。

N 末端 ▍ N-terminus
アミノ末端。遊離 α-アミノ基をもつポリペプチド鎖の末端。

NES ▍ nuclear export signal
核外輸送シグナルを見よ

NFκB
細胞が，免疫，炎症，ストレス応答の過程で刺激される際，さまざまな細胞内シグナル伝達経路により活性化される，潜在的な転写因子。

nGRE
グルココルチコイド受容体に結合し，グルココルチコイドに応答した遺伝子の抑制を仲介する DNA 配列。

NLS ▍ nuclear localization signal
核局在化シグナルを見よ

nm
ナノメートルを見よ

Notch
ノッチ。動物の発生過程において，たとえば外胚葉性上皮から神経細胞への特異化のように，多くの細胞運命の選択に関与する膜貫通受容体タンパク質(かつ，潜在的な遺伝子調節タンパク質)。そのリガンドは Delta(デルタ)のような細胞表面タンパク質である。

NPC ▍ nuclear pore complex
核膜孔複合体を見よ

NURF ▍ nucleosome remodeling factor
ヌクレオソームリモデリング因子を見よ

ORF ▍ open reading frame
オープンリーディングフレームを見よ

p53
ヒト癌の約半数で変異がみられる癌抑制遺伝子。この遺伝子がコードする調節タンパク質は，DNA 損傷によって活性化され，細胞周期の進行阻害やアポトーシス誘導に関与する。

p300
さまざまな転写活性化因子とともに働くコアクチベーター。CREB 結合タンパク質(CBP)と近縁の因子である。分子量が 300kDa であることから名づけられた。

P ボディ ▍ P-body
細胞質に存在する顆粒で，mRNA が脱キャップ(キャップ形成を参照)されたり分解されたりする場所。

PCR ▍ polymerase chain reaction
ポリメラーゼ連鎖反応を見よ

PDK-1 ▍ phosphatidylinositol-dependent protein kinase 1
ホスファチジルイノシトール依存性プロテインキナーゼ 1。ホスファチジルイノシトール 3,4,5-三リン酸(PIP_3)(これは PI 3-キナーゼにより産生される)により活性化されるキナーゼであり，Akt をリン酸化する。

PI 3-キナーゼ ▍ PI 3-kinase
ホスファチジルイノシトール 3-キナーゼ，ホスホイノシチド 3-キナーゼ。PI 3-キナーゼ/Akt 細胞内シグナル伝達経路の構成因子である膜結合型酵素。ホスファチジルイノシトール 4,5-二リン酸

（PIP$_2$）のイノシトール環の3位をリン酸化し，ホスファチジルイノシトール 3,4,5-三リン酸（PIP$_3$）を産生する。PIP$_3$ は PDK-1（ホスファチジルイノシトール依存性プロテインキナーゼ1）を活性化する。

Polycomb 複合体 ▌ Polycomb complex
ポリコーム複合体。クロマチン構造を不活性にするタンパク質複合体で，転写を抑制する。

POU ドメイン ▌ POU domain
DNA 結合ドメインの1つで，最初に発見された転写因子（Pit-1，Oct1，Oct2，Unc-86）の頭文字から名づけられた。POU 特異的ドメインと，標準的な DNA 結合ホメオドメインに類似する POU ホメオドメインからなる。

PTB ▌ polypyrimidine tract-binding protein
ポリピリミジントラクト結合タンパク質を見よ

pTEF-b
RNA ポリメラーゼⅡのC末端領域（CTD）の2番目のセリンをリン酸化するキナーゼ。転写伸長に重要な役割を果たす。

Ras
Ras スーパーファミリーの単量体 GTP アーゼ。細胞分裂を刺激するシグナルを，細胞表面の受容体チロシンキナーゼ（RTK）から核へと伝達する。ラット肉腫ウイルス（rat sarcoma virus）から遺伝子が最初に同定されたことから命名された。

Ras スーパーファミリー ▌ Ras superfamily
Ras を原型とする，単量体 GTP アーゼ（低分子量 GTP 結合タンパク質とも呼ばれる）の大きなスーパーファミリー。

Rb ▌ retinoblastoma protein
網膜芽細胞腫タンパク質を見よ

REC ▌ RNA exporter complex
RNA 核外輸送複合体を見よ

REST ▌ repressor-element silencing transcription factor
リプレッサーエレメントサイレンシング転写因子を見よ

RISC ▌ RNA-induced silencing complex
RNA 誘導型サイレンシング複合体。マイクロ RNA（miRNA）と低分子干渉 RNA（siRNA）による転写後抑制に重要な役割を果たすタンパク質複合体。

RITS 複合体 ▌ RNA-induced transcriptional silencing complex
RNA 誘導型転写サイレンシング複合体。低分子干渉 RNA（siRNA）による転写抑制に重要な役割を果たすタンパク質複合体。

RNA ▌ ribonucleic acid
リボ核酸。リボヌクレオチド単量体が共有結合で連結した重合体。mRNA，リボソーム RNA（rRNA），転移 RNA（tRNA）も参照。

RNA 核外輸送複合体 ▌ RNA exporter complex（REC）
RNA に結合して核から細胞質への輸送を促進するタンパク質複合体。

RNA 干渉 ▌ RNA interference（RNAi）
2 本鎖 RNA が相補的な mRNA を配列特異的に分解する機構として最初に報告された。この機構は有核細胞で高度に保存されており，内部切断で生じる短い2本鎖の低分子干渉 RNA（siRNA）によって行われる。特定の遺伝子を不活性化した際の効果を実験的に調べるために広く用いられている。なお，細胞自身のゲノムにコードされるマイクロ RNA（miRNA）による遺伝子発現の阻害についても，RNA 干渉という用語が使われることがしばしばある。

RNA スプライシング ▌ RNA splicing
スプライシング。mRNA やその他の RNA を形成する際に，核内で転写産物 RNA からイントロン配列を切除し，エキソン同士を結合する過程。選択的 RNA スプライシング，トランススプライシングも参照。

RNA プロセシング ▌ RNA processing
転写産物 RNA が成熟型になるまでの，さまざまな修飾を含む広義の用語。5′キャップ形成，3′ポリアデニル化，3′切断，RNA スプライシング，RNA 編集を含む。

RNA 編集 ▌ RNA editing
塩基の挿入，欠失，置換によって，mRNA 前駆体のヌクレオチド配列を変える RNA プロセシングの一型。

RNA ポリメラーゼ ▌ RNA polymerase
リボヌクレオシド三リン酸前駆体から，DNA を鋳型として RNA 分子の合成を触媒する酵素。RNA ポリメラーゼⅠは，28S，18S，5.8S のリボソーム RNA（rRNA）をコードする遺伝子を転写し，RNA ポリメラーゼⅡはタンパク質をコードする遺伝子を，RNA ポリメラーゼⅢは転移 RNA（tRNA）や 5S rRNA をコードする遺伝子を転写する。植物のみに見いだされる RNA ポリメラーゼⅣとⅤは，低分子干渉 RNA（siRNA）による転写抑制に関わっている。

RNA ポリメラーゼホロ酵素 ▌ RNA polymerase holoenzyme
RNA ポリメラーゼⅡと基本転写因子群（TFIIB を含むが，TFIID は含まない）からなるタンパク質複合体。

RNA 誘導型サイレンシング複合体 ▌ RNA-induced silencing complex
RISC を見よ

RNA 誘導型転写サイレンシング複合体 ▌ RNA-induced transcriptional silencing complex
RITS 複合体を見よ

RNAi ▌ RNA interference
RNA 干渉を見よ

rRNA ▌ ribosomal RNA
リボソーム RNA を見よ

RTK ▌ receptor tyrosine kinase
受容体チロシンキナーゼを見よ

RT-PCR ▌ reverse transcription-polymerase chain reaction
逆転写ポリメラーゼ連鎖反応を見よ

S6キナーゼ ▌ S6 kinase
TOR(ラパマイシン標的タンパク質)キナーゼによってリン酸化され,続いてS6リボソームタンパク質と翻訳開始因子をリン酸化する酵素。

S期 ▌ S phase
真核生物の細胞周期でDNA合成が行われる期間。

SAGA複合体 ▌ SAGA complex
活性化されている転写因子を基本転写複合体に連結するタンパク質複合体。

SDS-PAGE ▌ sodium dodecyl sulfate-polyacrylamide gel electrophoresis
ドデシル硫酸ナトリウム-ポリアクリルアミドゲル電気泳動を見よ

Shine-Dalgarno配列 ▌ Shine-Dalgarno sequence
シャイン・ダルガルノ配列を見よ

siRNA ▌ small interfering RNA
低分子干渉RNAを見よ

Smad
受容体セリン/トレオニンキナーゼによりリン酸化されて活性化される潜在的な遺伝子発現調節タンパク質で,細胞表面のシグナルを核に伝える。

snRNA ▌ small nuclear RNA
核内低分子RNAを見よ

snRNP ▌ small nuclear ribonucleoprotein
核内低分子リボ核タンパク質を見よ

Sp1ボックス ▌ Sp1 box
多くの遺伝子プロモーターにみられるDNA配列で,転写因子Sp1が結合する。

SRタンパク質 ▌ SR protein
セリン(S)とアルギニン(R)に富むタンパク質。RNAスプライシング因子をエキソンスプライシングエンハンサーに結合させるのに重要である。

S-S結合 ▌ S-S bond
ジスルフィド結合を見よ

STAT ▌ signal transducer and activator of transcription
サイトカイン受容体ファミリーの受容体からのシグナルに応答して,JAKキナーゼによるリン酸化で活性化され,核内へ移行する潜在的な転写因子。

SUMO ▌ small ubiquitin-related modifier
低分子ユビキチン様修飾因子を見よ

SV40
シミアンウイルス40。サルに感染する小型DNAウイルスで,真核細胞の遺伝子発現調節の研究に広く用いられている。

SWI-SNF
ATPを加水分解する多タンパク質複合体で,産生されたエネルギーをクロマチンリモデリングのために使用する。

T細胞 ▌ T cell
Tリンパ球。T細胞介在性の免疫応答を担うリンパ球の一種。

Tリンパ球 ▌ T lymphocyte
T細胞を見よ

TAF ▌ TBP-associated factor
TBP随伴因子を見よ

TATAボックス ▌ TATA box
多くの真核生物遺伝子のプロモーター領域に存在するAT豊富な配列で,転写因子であるTATAボックス結合タンパク質(TBP)が結合する。転写を開始する部位を決定する。

TATAボックス結合タンパク質 ▌ TATA box-binding protein (TBP)
3種類すべてのRNAポリメラーゼによる転写で重要な働きをする転写因子。TATAボックスに結合する。

TBP ▌ TATA box-binding protein
TATAボックス結合タンパク質を見よ

TBP随伴因子 ▌ TBP-associated factor (TAF)
TFIID複合体中でTATAボックス結合タンパク質(TBP)と結合するコアクチベーターとして作用する因子。

TFI-
RNAポリメラーゼⅠの基本転写複合体の構成要素,たとえばTFIAなど。

TFⅡ-
RNAポリメラーゼⅡの基本転写複合体の構成要素,たとえばTFIIB,TFIIDなど。

TFⅢ-
RNAポリメラーゼⅢの基本転写複合体の構成要素,たとえばTFIIIA,TFIIIB,TFIIICなど。

TNFα ▌ tumor necrosis factor α
腫瘍壊死因子αを見よ

TOR ▌ target of rapamycin
ラパマイシン標的タンパク質を見よ

trans
トランスを見よ

Trithorax複合体 ▌ Trithorax complex
トリソラックス複合体。転写可能な弛緩したクロマチン構造を形成させるタンパク質複合体。

tRNA ▌ transfer RNA
転移RNAを見よ

U RNA
ウリジンに富んだ低分子 RNA ファミリーで，RNA スプライシングに関与する。U1, U2, U4, U5, U6 など。核内低分子 RNA（snRNA）としても知られる。

UTR ▎ untranslated region
非翻訳領域を見よ

V(D)J 組換え ▎ V(D)J recombination
体細胞における組換えの過程であり，遺伝子断片の再構成により，免疫グロブリンまたは T 細胞受容体のポリペプチド鎖をコードする機能遺伝子が作られる。

VEGF ▎ vascular endothelial growth factor
血管内皮増殖因子を見よ

VHL
フォン・ヒッペル・リンダウ（von Hippel–Lindau）タンパク質。タンパク質の安定性の制御に関与する癌抑制遺伝子産物。

Wnt
動物の胚や組織での細胞分化，増殖や遺伝子発現を調節する多彩な役割をもつ分泌型のシグナルタンパク質ファミリーのメンバー。

Wnt シグナル伝達経路 ▎ Wnt signaling pathway
Wnt タンパク質が細胞表面の受容体に結合することによって活性化されるシグナル伝達経路。この活性化は，βカテニンを安定化させて核移行を促し，細胞分化や増殖を調節する遺伝子の転写を制御する。Wnt/βカテニン経路の過剰な活性化は，癌を誘導する。

X 線結晶構造解析 ▎ X-ray crystallography（X-ray diffraction）
結晶による X 線の回折パターンに基づき，分子中の原子の三次元配置を決定する技術。

X 染色体 ▎ X chromosome
哺乳動物の 2 種類の性染色体の 1 つ。女性の細胞には 2 つの X 染色体が含まれるが，男性では 1 つである。

X 染色体不活性化 ▎ X-inactivation
哺乳動物の雌の体細胞において，X 染色体の 1 つが不活性化されていること。

X 染色体不活性化中心 ▎ X-inactivation center（XIC）
X 染色体の不活性化が始まり，広がっていく部位。

Xenopus laevis
アフリカツメガエルを見よ

XIC ▎ X-inactivation center
X 染色体不活性化中心を見よ

XIST
X 染色体不活性化特異的転写物。X 染色体不活性化中心（XIC）において転写が開始される非コード RNA で，X 染色体不活性化に重要な役割を果たす。

Y 染色体 ▎ Y chromosome
哺乳動物の 2 種類の性染色体の 1 つ。男性の細胞には 1 つの Y 染色体と 1 つの X 染色体が含まれる。

索 引

和文

■あ
アコニターゼ　233
5-アザシチジン　64
アセチル化　26, 69
アタキシン　370
アデニル酸シクラーゼ　255
アフリカツメガエル (Xenopus laevis)　107
アポトーシス　186
アルゴノート　78
アンチコドン　192
アンチセンスRNA　26

■い
維持メチラーゼ　65
維持メチル化　66
位置効果多様　52
一次転写産物　15
遺伝暗号　137
遺伝子型　280
遺伝子座調節領域 (LCR)　49, 82, 298
イニシエーター配列　105
イノシトール　264
イーブンスキップト (Eve)　168
インスリン様因子受容体 (INR)　231
インスレーター　51
インターフェロン　49
インターロイキン　49
インターロイキン1 (IL-1)　257, 306
イントロン　15, 182
インプリンティング調節領域 (ICR)　92

■う
ウィリアムス症候群　371
ウィルムス腫瘍　350
ウイングド・ヘリックス・ターン・ヘリックス　155
ウェスタンブロット法　2
運命決定　31

■え
栄養外胚葉　278
エキソソーム　197
エキソヌクレアーゼ　112
エキソン　171, 182
エキソンスキッピング　185
エキソンスプライシングエンハンサー (ESE)
　　　185, 189, 212, 383
エキソン接合部複合体 (EJC)　199, 223
液体クロマトグラフィー　5
エネルギー依存性核小体サイレンシング複合体
　　　(eNoSC)　174
エピジェネティックな　57
エンハンサー　14, 124
エンハンソーム　128

■お
オクタマーモチーフ　119
オートラジオグラフィー　6
オープンリーディングフレーム (ORF)　229, 376

■か
開始コドン　228
開始tRNA　192
外胚葉　276
核移植　12
核外輸送シグナル (NES)　220, 248
核局在化シグナル (NLS)　249
核小体　107
核内低分子リボ核タンパク質 (snRNP)　182,
　　　212, 374
核内低分子RNA (snRNA)　97
核膜　108
核マトリックス　47
核ランオンアッセイ　19
可変領域　14
カルシトニン遺伝子関連ペプチド (CGRP)　207
癌遺伝子　132, 336
癌遺伝子産物　154
間期　51
幹細胞　66
癌抑制遺伝子　174, 350

■き
偽遺伝子　26
キナーゼ　102
機能獲得変異　24
基本転写因子　87
基本転写複合体　101
逆転写酵素　6
逆転写ポリメラーゼ連鎖反応 (RT-PCR)　6
逆平行　146
5′キャップ　198
ギャップ遺伝子　291
キャップ形成　25, 109

キャップ構造結合タンパク質複合体 (CBC)
　　　179, 231
キュビタスインターラプタス (Ci)　263
橋小脳低形成　375
筋芽細胞　70, 208
筋管　70, 209
筋緊張性ジストロフィー　374
筋細胞エンハンサー因子2 (MEF2)　70, 312
筋節　310

■く
グアニンヌクレオチド交換因子 (GEF)　228
クエンチング　167, 354
グルココルチコイド応答配列 (GRE)　85, 251
クルッペル　146
クロマチン　22
クロマチン免疫沈降 (ChIP) 法　62, 120, 160
クロマチンリモデリング複合体　36
クロマトグラフィー，液体──　5
クロモドメイン　74

■け
軽鎖　14
形質転換　338
血管内皮増殖因子 (VEGF)　382
血小板由来増殖因子 (PDGF) 受容体　347
血清応答因子 (SRF)　256, 312
血清応答配列 (SRE)　257
ゲノム　9
ゲノムインプリンティング　63
ゲノムDNA　27
ゲル電気泳動
　　　二次元──　3
原核生物　97
原癌遺伝子　152, 337
原腸形成　276
原腸胚　276

■こ
コアクチベーター　38, 161
5-アザシチジン　64
コアプロモーター　113
抗原　14
後成的な　57
構造遺伝子　323
抗体　1
酵母　9
コケイン症候群　369
コザックの法則　179

5′ キャップ 198
コフィン・ローリー症候群 76
コラーゲン 132
コリプレッサー 69
コレステロール 262
混合分化型白血病 348
コンセンサス配列 123
コンデンシン 52, 354

■ さ
サイクリック AMP 69
サイクリック AMP 応答配列(CRE) 118, 251
サイクリン依存性キナーゼ 308, 352
サイトカイン 108
細胞外シグナル制御キナーゼ(ERK) 256
細胞外シグナル分子 254
細胞株 64
細胞質ポリアデニル化配列結合タンパク質(CPEB) 234
サイレンサー 132
サザンブロット法 9
差引きハイブリダイゼーション 307
サラセミア 371
三元複合体因子(TCF) 256
酸性活性化ドメイン 158
三量体 G タンパク質 256

■ し
色素性乾皮症 369
軸索 222
ジグザグリボン構造 45
シグナル伝達 271
シグナル伝達カスケード 256
システイン高含有分泌タンパク質3(CRISP-3) 305
ジストロフィン 373
ジスルフィド結合 248
シチジンデアミナーゼ 218
質量分析法 4
シナプス可塑性 321
シャイン・ダルガノ配列 178
シャペロン 253
シャルコー・マリー・トゥース病 375
雌雄異体性 324
終結因子 196
重鎖 14
終止コドン 26
雌雄同体性 324
数珠状構造 34, 58
腫瘍壊死因子α(TNFα) 240, 257, 306
受容体チロシンキナーゼ(RTK) 256
上皮増殖因子(EGF)受容体 345
小分子 C 末端ドメインホスファターゼ1(SCP1) 323
小胞体 262
上流結合因子(UBF) 98, 174
上流プロモーター配列 113
真核生物 15
真核生物開始因子(eIF) 192
真核生物伸長因子(eEF) 193
ジンクフィンガー 145
　　　デザイナー── 381
神経芽細胞 317
神経管 298

■ す
水晶体の Wolff 再生 57
スカフォールド付着領域(SAR) 47
スキャニング仮説 179
ステロール調節配列結合タンパク質(SREBP) 262
スプライシングの有無による RNA 取捨選択 202
スプライス部位 183
スプライソソーム 182

■ せ
制限断片 84
静止期細胞 11
脆弱 X 症候群 370
生殖細胞系列 14
成虫原基 31
セカンドメッセンジャー 255
脊索 298
脊髄小脳失調症7型(SCA7) 370
脊髄性筋萎縮症(SMA) 374
赤血球 13
接合型遺伝子座 72
接合型スイッチング 324
切断促進因子(CStF) 180, 206
切断/ポリアデニル化特異性因子(CPSF) 180, 234
ゼブラフィッシュ 172
線維芽細胞 30
前骨髄球性白血病(PML) 380
腺腫様大腸ポリポーシス(APC)タンパク質 224, 358
選択的 RNA スプライシング 202
前頭側頭型認知症 374
セントロメア 43
全能性 12

■ て
桑実胚 276
増殖因子 75
相同染色体 88
相補的 DNA(cDNA) 6
相補的 DNA(cDNA)ライブラリー 137
阻害的抑制効果 167, 354
側方抑制 316
ソレノイド構造 44

■ た
ダイアモンド・ブラックファン症候群 375
多糸染色体 21
脱アデニル化 198
多能性 279
タンデム質量分析計 5
タンパク質分解酵素 4

■ ち
父親由来のX染色体 88
中途終止コドン 216
中胚葉 276
長期増強 321
調節遺伝子 61
調節配列 82
チロシンキナーゼ 223

■ て
低酸素状態 187

低酸素誘導因子1(HIF-1) 261
停止ポリメラーゼ 110
低分子干渉 RNA(siRNA) 23, 78, 97, 236, 253, 368, 391
低分子ユビキチン様修飾因子(SUMO) 42, 75, 261, 314
デザイナージンクフィンガー 381
鉄応答配列(IRE) 232
デルタ 263
テロメア 52
転移 RNA(tRNA) 97
転座 51
転写因子 42
転写活性化ドメイン 123
転写後調節 15
転写ファクトリー 108
転写抑制ドメイン 169
転写リプレッサー 29

■ と
等電点電気泳動 3
突然変異 24
ドデシル硫酸ナトリウム(SDS) 1
ドミナントネガティブ 365
ドメインスワッピング 157
トランスクリプトミクス 8
トランススプライシング 186
トランスフォーミング増殖因子β(TGF-β) 254, 299
トリ赤芽球症ウイルス(AEV) 344
トリソラックス 72
トリーチャー・コリンズ症候群 369
トリ肉腫ウイルス 342
トリ白血病ウイルス(ALV) 339
トリプレットリピート病 370

■ な
内胚葉 276
内部細胞塊(ICM) 88, 276
長い末端反復配列(LTR) 339
投げ縄状構造 182
ナノエレクトロスプレーイオン化質量分析 4
ナンセンスコドン介在性 mRNA 分解 198, 217

■ に
二次元ゲル電気泳動 3
二重コード 285
二重微小染色体 341
ニューロゲニン 317
二量体形成ドメイン 155
認識ヘリックス 142

■ ぬ
ヌクレアーゼ 34
ヌクレオシド 307
ヌクレオソーム 33
ヌクレオソームリモデリング 43
ヌクレオソームリモデリング因子(NURF) 74
ヌクレオチド 24

■ ね
ネガティブフィードバック 259
熱ショックタンパク質 228
熱ショック転写因子(HSF) 84, 116, 172, 246

熱ショック DNA 配列（HSE） 115, 246

■の
ノーザンブロット法 6
ノッチ 263

■は
胚性幹（ES）細胞 175, 279, 391
胚盤胞 276
胚葉 276
胚様体 279
ハウスキーピング遺伝子 63
ハウスキーピングタンパク質 3
バーキットリンパ腫 340
白質脳症 376
バー小体 88
白血病 340
母親由来の X 染色体 88
ハプロ不全 366
パリンドローム配列 150
パルスラベル法 17
ハンチンチン 368
ハンチントン病 368

■ひ
ビコイド 143
非コード RNA（ncRNA） 391
ヒストンアセチルトランスフェラーゼ（HAT） 38, 69
ヒストンコード 37, 77
ヒストン修飾 41
ヒストンデアセチラーゼ（HDAC） 38, 68
ヒストンデアセチラーゼ 1（Hdac1） 26
ヒストン八量体 33
ヒストンバリアント 43
ヒストンフォールド 33
ヒストン H1 46
ヒト免疫不全ウイルス（HIV） 172
表現型 1
ピリミジン 64

■ふ
フォークヘッドモチーフ 155
プライマー 6
フレンド赤白血病 18, 60
プレ B 細胞 305
プログラムされた細胞死 186
プロテアーゼ 5
プロテアソーム 285
プロテオミクス 4
プロモーター 14
ブロモドメイン 71
分化 10

分化形質転換 57
分枝点 182

■へ
ペアードドメイン 155
ペアルール遺伝子 292
ヘッジホッグタンパク質 263
ヘテロ核リボ核タンパク質（hnRNP） 212
ヘテロクロマチン 49
ヘテロクロマチンタンパク質 1（HP1） 52
ヘム 227
ヘリックス・ターン・ヘリックス 142, 153
ペルオキシソーム増殖活性化受容体 γ（PPARγ） 366

■ほ
胞胚 276
ホスファチジルイノシトール依存性プロテインキナーゼ 1（PDK-1） 264
ホスファチジルイノシトール 3-キナーゼ（PI 3-キナーゼ） 264
ホスホジエステル結合 109
ホメオティックセレクター遺伝子 293
ホメオティック突然変異 32
ホメオドメイン 142
ポリアデニル化 110
ポリアデニル化シグナル 110
ポリコーム 52
ポリピリミジントラクト 182
ポリメラーゼ停止 134
ポリリボソーム 197
ポリ（A）尾部 110
翻訳後修飾 37

■ま
マイクロ RNA（miRNA） 23, 219, 278, 307, 361, 377, 391
マスター転写調節因子 306
マトリックス支援レーザー脱離イオン化法（MALDI） 4
マトリックス付着領域（MAR） 47
マリー・ウンナ乏毛症 376
慢性リンパ性白血病（CLL） 361

■み
ミオゲニン 310
ミニクロモソーム 83

■め
メチル化 71
メチル基 39
メッセンジャー RNA（mRNA） 6
メディエーター複合体 161

免疫応答 205
免疫グロブリン 14
免疫系 14
免疫組織化学法 2

■も
網状赤血球 6, 13
網膜芽細胞腫 354
網膜芽細胞腫遺伝子産物（Rb） 350
モノシストロン性 178
モルフォゲン 291

■ゆ
融合タンパク質 137
ユークロマチン 51
ユビキチン 41
ユビキチン化 74
ゆらぎ効果 195

■ら
ラウス肉腫ウイルス（RSV） 335
ラパマイシン標的タンパク質（TOR） 266
卵極性遺伝子 293
卵形成 58
ランプブラシ染色体 170
卵母細胞 57

■り
リーディングフレーム 226
リプレッサーエレメントサイレンシング転写因子（REST） 241, 284, 306, 371
リボ核タンパク質 211
リボース 109
リボソーム 6, 191
リボソーム内部進入部位（IRES） 229, 377
リボソーム RNA（rRNA） 58
リボソーム RNA 遺伝子 175
両親媒性ヘリックス 153
リン酸化 42, 75

■る
ルビンスタイン・テイビ症候群 368, 392

■れ
レチノイド X 受容体（RXR） 151
レチノイン酸受容体（RAR） 152, 347, 380
レット症候群 67, 370
レトロウイルス 335
レポーター遺伝子 296

■ろ
ロイシンジッパー 152

欧文

A

acetylation 26, 69
ACH（活性クロマチンハブ） 49, 83
acidic activation domain 158
aconitase 233
activator protein-1（AP-1） 154, 342
active chromatin hub（ACH） 49, 83
adenomatous polyposis coli（APC） protein 224, 358
adenylate cyclase 255
AEV（トリ赤芽球症ウイルス） 344
Akt 264
alternative RNA splicing 202
ALV（トリ白血病ウイルス） 339
amphipathic helix 153
antibody 1
anticodon 192
antigen 14
anti-oncogene 174, 350
antiparallel 146
antisense RNA 26
AP-1（activator protein-1） 154, 342
APC（腺腫様大腸ポリポーシス）タンパク質 224, 358
apoptosis 186
Argonaute 78
ataxin 370
ATPアーゼ 36
ATPase 36
autoradiography 6
avian erythroblastosis virus（AEV） 344
avian leukosis virus（ALV） 339
avian sarcoma virus 342
axon 222
5-azacytidine 64

B

B細胞 14, 25
Barr body 88
basal transcription complex 101
basal transcription factor 87
B cell 14, 25
beads-on-a-string structure 34, 58
Bicoid 143
bivalent code 285
blastocyst 276
blastula 276
branch point 182
bromodomain 71
Burkitt lymphoma 340

C

Ca²⁺/カルモジュリン依存性プロテインキナーゼⅣ（CaMKⅣ） 210
Ca²⁺/calmodulin-dependent protein kinase Ⅳ（CaMKⅣ） 210
calcitonin gene-related peptide（CGRP） 207
CaMKⅣ（Ca²⁺/カルモジュリン依存性プロテインキナーゼⅣ） 210
CaMKⅣ応答 RNA 配列（CaRRE） 210
CaMKⅣ-responsive RNA element（CaRRE） 210

5' cap 198
cap-binding complex（CBC） 179, 231
capping 25, 109
CaRRE（CaMKⅣ応答 RNA 配列） 210
CBC（キャップ構造結合タンパク質複合体） 179, 231
CBP（CREB 結合タンパク質） 163, 215, 250, 309, 347, 368, 388
CBP/p300 38
CCAAT ボックス 115
CCAAT box 115
cDNA（相補的 DNA） 6
cDNA（相補的 DNA）ライブラリー 137
cDNA library 137
cell line 64
centromere 43
CG 島 63
CG island 63
CGRP（カルシトニン遺伝子関連ペプチド） 207
chaperone 253
Charcot-Marie-Tooth disease 375
ChIP（クロマチン免疫沈降）法 63, 120, 160
ChIP-chip 解析 122
ChIP-chip analysis 122
cholesterol 262
chromatin 22
chromatin immunoprecipitation（ChIP） 63, 120, 160
chromatin remodeling complex 36
chromodomain 74
chronic lymphocytic leukemia（CLL） 361
Ci（キュビタスインターラプタス） 263
cleavage/polyadenylation specificity factor（CPSF） 180, 234
cleavage stimulatory factor（CStF） 180, 206
CLL（慢性リンパ性白血病） 361
co-activator 38, 161
Cockayne syndrome 369
Coffin-Lowry syndrome 76
collagen 132
commitment 31
complementary DNA（cDNA） 6
condensin 52, 354
consensus sequence 123
co-repressor 69
core promoter 113
CPEB（細胞質ポリアデニル化配列結合タンパク質） 234
CPSF（切断/ポリアデニル化特異性因子） 180, 234
CRE（サイクリック AMP 応答配列） 118, 251
CREB 163
CREB 結合タンパク質（CBP） 163, 215, 250, 309, 347, 368, 388
CREB-binding protein（CBP） 163, 215, 250, 309, 347, 368, 388
CRISP-3（システイン高含有分泌タンパク質 3） 305
CStF（切断促進因子） 180, 206
CTD（RNA ポリメラーゼⅡの C 末端領域） 102, 161, 172, 187
C-terminal domain（CTD） 102, 161, 172, 187
Cubitus interruptus（Ci） 263
cyclic AMP 69
cyclic AMP-response element（CRE） 118, 251
cyclin-dependent kinase 308, 352

cysteine-rich secretory protein-3（CRISP-3） 305
cytidine deaminase 218
cytokine 108
cytoplasmic polyadenylation element binding protein（CPEB） 234

D

de-adenylation 198
Delta 263
designer zinc finger 381
Diamond-Blackfan syndrome 375
differentiation 10
dimerization domain 155
disulfide bond 248
DN アーゼⅠ高感受性部位 80
DN アーゼⅠフットプリント法 99, 120
DNA
　ゲノム── 27
　相補的──（cDNA） 6
DNA 移動度シフト分析 119
DNA 結合ドメイン 139
DNA 腫瘍ウイルス 355
DNA ポリメラーゼ 6
DNA マイクロアレイ 8, 62, 367
DNA メチル化 277
DNA メチルトランスフェラーゼ 65
DNA-binding domain 139
DNA methylation 277
DNA methyltransferase 65
DNA microarray 8, 62, 367
DNA mobility-shift assay 119
DNA polymerase 6
DNase Ⅰ footprinting assay 99, 120
DNase Ⅰ hypersensitive site 80
DNA tumor virus 355
domain-swap 157
dominant negative 365
double-minute chromosome 341
dystrophin 373

E

E2F 330
E12 309
E47 309
ectoderm 276
ectrodactyly-ectodermal dysplasia-cleft lip（EEC） syndrome 354
EEC（指欠損・外胚葉形成不全・口唇裂）症候群 354
eEF（真核生物伸長因子） 193
EGF（上皮増殖因子）受容体 345
egg-polarity gene 293
eIF（真核生物開始因子） 192
EJC（エキソン接合部複合体） 199, 223
embryoid body 279
embryonic stem cell 175, 279, 391
endoderm 276
endoplasmic reticulum 262
energy-dependent nucleolar silencing complex（eNoSC） 174
enhanceosome 128
enhancer 14, 124
eNoSC（エネルギー依存性核小体サイレンシング複合体） 174

epidermal growth factor(EGF) receptor　345
epigenetic　57
ErbA　344
ERK(細胞外シグナル制御キナーゼ)　256
erythrocyte　13
ES(胚性幹)細胞　175, 279, 391
ESE(エキソンスプライシングエンハンサー)　185, 189, 212, 383
Ets ファミリー　256
Ets family　256
euchromatin　51
eukaryote　15
eukaryotic elongation factor(eEF)　193
eukaryotic initiation factor(eIF)　192
Eve(イーブンスキップト)　168
Even-skipped(Eve)　168
exon　171, 182
exon junction complex(EJC)　199, 223
exon skipping　185
exon splicing enhancer(ESE)　185, 189, 212, 383
exonuclease　112
exosome　197
extracellular signal molecule　254
extracellular signal-regulated kinase(ERK)　256

■ F
fibroblast　30
forkhead motif　155
Fos　152
fragile X syndrome　370
Friend erythroleukemia　18, 60
frontotemporal dementia　374
fusion protein　137

■ G
G タンパク質　254
G タンパク質共役受容体(GPCR)　254
G_1 期　174
G_1 phase　174
GAGA 因子　84
GAGA factor　84
gain-of-function mutation　24
GAL4　149
gap gene　291
gastrula　276
gastrulation　276
GCN4　152
GCN5 N-アセチルトランスフェラーゼ(GNAT)　38
GCN5 N-acetyltransferase(GNAT)　38
GEF(グアニンヌクレオチド交換因子)　228
genetic code　137
genome　9
genomic DNA　27
genomic imprinting　63
genotype　280
germ layer　276
germ line　14
glucocorticoid-response element(GRE)　85, 251
GNAT(GCN5 N-アセチルトランスフェラーゼ)　38
GPCR(G タンパク質共役受容体)　254
G protein　254
G protein-coupled receptor(GPCR)　254
GRE(グルココルチコイド応答配列)　85, 251
growth factor　75

GTP　228
GTP 結合タンパク質　343
GTP-binding protein　343
guanine nucleotide exchange factor(GEF)　228

■ H
haploid insufficiency　366
HAT(ヒストンアセチルトランスフェラーゼ)　38, 69
HDAC(ヒストンデアセチラーゼ)　38, 68, 380
Hdac1(ヒストンデアセチラーゼ1)　26
heat shock element(HSE)　115, 246
heat shock factor(HSF)　84, 116, 172, 246
heat shock protein　228
heavy chain　14
Hedgehog タンパク質　263
helix-loop-helix　153
helix-turn-helix　142
heme　227
heterochromatin　49
heterochromatin protein 1(HP1)　52, 72
heterogeneous nuclear ribonucleoprotein(hnRNP)　212
heterothallic　324
HIF-1(低酸素誘導因子1)　261
histone acetyltransferase(HAT)　38, 69
histone code　37, 77
histone deacetylase(HDAC)　38, 68, 380
histone deacetylase 1(Hdac1)　26
histone fold　33
histone H1　46
histone modification　41
histone octamer　33
histone variant　43
HIV(ヒト免疫不全ウイルス)　172
hnRNP(ヘテロ核リボ核タンパク質)　212
HO 遺伝子　325
homeodomain　142
homeotic mutation　32
homeotic selector gene　293
homologous chromosome　88
homothallic　324
housekeeping gene　63
housekeeping protein　3
Hox 遺伝子　297
Hox gene　297
HP1(ヘテロクロマチンタンパク質1)　52, 72
HSE(熱ショック DNA 配列)　115, 246
HSF(熱ショック転写因子)　85, 116, 172, 246
huntingtin　368
Huntington disease　368
hypoxia　187
hypoxia-inducible factor 1(HIF-1)　261

■ I
ICF 症候群　370
ICF syndrome　370
ICM(内部細胞塊)　88, 276
ICR(インプリンティング調節領域)　92
IL-1(インターロイキン1)　257, 306
imaginal disc　31
immune response　205
immune system　14
immunoglobulin　14
immunohistochemistry　2

imprinting control region(ICR)　92
initiator element　105
initiator tRNA　192
inner cell mass(ICM)　88, 276
inositol　264
INR(インスリン様因子受容体)　231
in situ ハイブリダイゼーション　7
in situ hybridization　7
insulator　51
insulin-like receptor(INR)　231
interferon　49
interleukin　49
interleukin 1(IL-1)　257, 306
internal ribosome-entry site(IRES)　229, 377
interphase　51
intron　15, 182
IRE(鉄応答配列)　232
IRES(リボソーム内部進入部位)　229, 377
iron-response element(IRE)　232
isoelectric focusing　3

■ J
JAK/STAT シグナル伝達経路　254
JAK/STAT signaling pathway　254
Jun　152

■ K
kinase　102
Kozak's rules　179
Krüppel　146

■ L
lampbrush chromosome　170
lariat structure　182
lateral inhibition　316
LCR(遺伝子座調節領域)　49, 82, 298
leucine zipper　152
leukemia　340
leukoencephalopathy　376
light chain　14
liquid chromatography　5
locus control region(LCR)　49, 82, 298
long terminal repeat(LTR)　339
long-term potentiation　321
LTR(長い末端反復配列)　339

■ M
MADS ファミリー　312
MADS family　312
maintenance methylase　65
maintenance methylation　66
MALDI(マトリックス支援レーザー脱離イオン化法)　4
MAP キナーゼ　256
MAP kinase　256
MAR(マトリックス付着領域)　47
Marie Unna hypotrichosis　376
mass spectrometry　4
master regulatory transcription factor　306
maternal X chromosome　88
mating-type locus　72
mating-type switching　324
matrix-assisted laser desorption/ionization(MALDI)　4

matrix attached region(MAR) 47
MDM2 168
MDM4 168
MeCP2 67
mediator complex 161
MEF2(筋細胞エンハンサー因子2) 70, 312
mesoderm 276
messenger RNA(mRNA) 6
methylation 71
methyl group 39
microRNA(miRNA) 23, 219, 278, 307, 361, 377, 391
mini-chromosome 83
miRNA(マイクロRNA) 23, 219, 278, 307, 361, 377, 391
mitogen-activated protein(MAP) kinase 256
mixed-lineage leukemia 348
monocistronic 178
morphogen 291
morula 276
mRNA(メッセンジャーRNA) 6
mutation 24
Myc 126
myoblast 70, 208
myocyte enhancer factor 2(MEF2) 312
MyoD 153
myogenin 310
myotome 310
myotonic dystrophy 374
myotube 70, 209

■ N
nanoelectrospray ionization mass spectrometry 5
ncRNA(非コードRNA) 391
negative feedback 259
NES(核外輸送シグナル) 220, 248
neural tube 298
neuroblast 317
neurogenin 317
NFκB 128
nGRE 251
NLS(核局在化シグナル) 249
non-coding RNA(ncRNA) 391
nonsense codon-mediated mRNA degradation 198, 217
northern blotting 6
Notch 263
notochord 298
nuclear envelope 108
nuclear export signal(NES) 220, 248
nuclear localization signal(NLS) 249
nuclear matrix 47
nuclear run-on assay 19
nuclear transplantation 12
nuclease 34
nucleolus 107
nucleoside 307
nucleosome 33
nucleosome remodeling 43
nucleosome-remodeling factor(NURF) 74
nucleotide 24
NURF(ヌクレオソームリモデリング因子) 74

■ O
octamer motif 119
oncogene 132, 336
oncoprotein 154
oocyte 57
oogenesis 58
open reading frame(ORF) 229, 376
ORF(オープンリーディングフレーム) 229, 376

■ P
Pボディ 198
p53 163
paired domain 155
pair-rule gene 292
palindromic sequence 150
paternal X chromosome 88
P-body 198
PDGF(血小板由来増殖因子)受容体 347
PDK-1(ホスファチジルイノシトール依存性プロテインキナーゼ1) 264
peroxisome proliferator-activated receptor γ (PPARγ) 366
phenotype 1
phosphatidylinositol 3-kinase(PI 3-kinase) 264
phosphatidylinositol-dependent protein kinase 1 (PDK-1) 264
phosphodiester bond 109
phosphorylation 42, 75
PI 3-キナーゼ(ホスファチジルイノシトール 3-キナーゼ) 264
PI 3-kinase(phosphatidylinositol 3-kinase) 264
platelet-derived growth factor(PDGF) receptor 347
pluripotent 279
PML(前骨髄球性白血病) 380
polyadenylation 110
polyadenylation signal 110
poly(A) tail 110
Polycomb 52
Polycomb応答性配列 133
Polycomb-response element 133
polymerase pausing 134
polypyrimidine tract 182
polyribosome 197
polytene chromosome 21
pontocerebellar hypoplasia 375
position effect variegation 52
post transcriptional control 15
post-translational modification 37
POUドメイン 143
POU domain 143
PPARγ(ペルオキシソーム増殖活性化受容体γ) 366
pre-B cell 305
premature stop codon 216
primary transcript 15
primer 6
processing/discard decision 202
programmed cell death 186
prokaryote 97
promoter 14
promyelocytic leukemia(PML) 380
protease 5
proteasome 285

proteolytic enzyme 4
proteomics 4
proto-oncogene 152, 337
pseudogene 26
PTB 224
pTEF-b 109
pulse labeling 18
pyrimidine 64

■ Q
quenching 167, 354
quiescent cell 11

■ R
RAR(レチノイン酸受容体) 152, 347, 380
Rasタンパク質 256
Rasファミリー 256
Ras family 256
Ras protein 256
Rb(網膜芽細胞腫遺伝子産物) 350
reading frame 226
REC(RNA核外輸送複合体) 189
receptor tyrosine kinase(RTK) 256
recognition helix 142
regulatory gene 61
regulatory sequence 82
release factor 196
reporter gene 296
repressor-element silencing transcription factor (REST) 241, 284, 306, 371
REST(リプレッサーエレメントサイレンシング転写因子) 241, 284, 306, 371
restriction fragment 84
reticulocyte 6, 13
retinoblastoma 354
retinoblastoma gene product(Rb) 350
retinoic acid receptor(RAR) 152, 347, 380
retinoid X receptor(RXR) 151
retrovirus 335
Rett syndrome 67, 370
Rev応答配列(RRE) 220
reverse transcriptase 6
reverse transcription polymerase chain reaction (RT-PCR) 6
Rev-response element(RRE) 220
ribonucleoprotein(RNP) 211
ribose 109
ribosomal RNA(rRNA) 58
ribosomal RNA gene 175
ribosome 6, 191
RISC(RNA誘導型サイレンシング複合体) 78, 237
RITS(RNA誘導型転写サイレンシング)複合体 78
RNA
　　アンチセンス—— 26
　　核内低分子——(snRNA) 97
　　低分子干渉——(siRNA) 23, 78, 97, 236, 253, 368, 391
　　転移——(tRNA) 97
　　非コード——(ncRNA) 391
　　マイクロ——(miRNA) 23, 219, 278, 307, 361, 377, 391
　　メッセンジャー——(mRNA) 6
　　リボソーム——(rRNA) 58

RNA 核外輸送複合体（REC） 189
RNA 取捨選択，スプライシングの有無による 202
RNA スプライシング 97, 182
RNA プロセシング 173
RNA 編集 218
RNA ポリメラーゼ 17, 97
RNA ポリメラーゼ II の C 末端領域（CTD） 102, 161, 172, 187
RNA ポリメラーゼホロ酵素 103
RNA 誘導型サイレンシング複合体（RISC） 78, 237
RNA 誘導型転写サイレンシング（RITS）複合体 78
RNA editing 218
RNA exporter complex（REC） 189
RNA-induced silencing complex（RISC） 78, 237
RNA-induced transcriptional silencing（RITS）complex 78
RNA polymerase 17, 97
RNA polymerase holoenzyme 103
RNA processing 173
RNA splicing 97, 182
Rous sarcoma virus（RSV） 335
RRE（Rev 応答配列） 220
rRNA（リボソーム RNA） 58
RSV（ラウス肉腫ウイルス） 335
RTK（受容体チロシンキナーゼ） 256
RT-PCR（逆転写ポリメラーゼ連鎖反応） 6
Rubinstein–Taybi syndrome 368, 392

■ S

S 期 180
S6 キナーゼ 267
S6 kinase 267
SAGA 複合体 162
SAGA complex 162
SAR（スカフォールド付着領域） 47
SCA7（脊髄小脳失調症 7 型） 370
scaffold attached region（SAR） 47
scanning hypothesis 179
SCAP（SREBP 切断活性化タンパク質） 262
SCP1（小分子 C 末端ドメインホスファターゼ 1） 323
SDS（ドデシル硫酸ナトリウム） 1
second messenger 255
serum-response element（SRE） 257
serum response factor（SRF） 256, 312
Shine–Dalgarno sequence 178
signaling cascade 256
signal transducer and activator of transcription（STAT） 254
signal transduction 271
silencer 132
siRNA（低分子干渉 RNA） 23, 78, 97, 236, 253, 368, 391
SMA（脊髄性筋萎縮症） 374
Smad 254
small C-terminal domain phosphatase 1（SCP1） 323
small interfering RNA（siRNA） 23, 78, 97, 236, 253, 368, 391
small nuclear ribonucleoprotein（snRNP） 182, 212, 374
small nuclear RNA（snRNA） 97
small ubiquitin-related modifier（SUMO） 42, 75, 261, 314
snRNA（核内低分子 RNA） 97

snRNP（核内低分子リボ核タンパク質） 182, 212, 374
sodium dodecyl sulfate（SDS） 1
solenoid structure 44
Southern blotting 10
S phase 180
spinal muscular atrophy（SMA） 374
spinocerebellar ataxia type 7（SCA7） 370
spliceosome 182
splice site 183
SR タンパク質 185
SRE（血清応答配列） 257
SREBP（ステロール調節配列結合タンパク質） 262
SREBP 切断活性化タンパク質（SCAP） 262
SREBP cleavage-activating protein（SCAP） 262
SRF（血清応答因子） 256, 312
SR protein 185
stalled polymerase 110
start codon 228
STAT（signal transducer and activator of transcription） 254
stem cell 66
sterol regulatory element-binding protein（SREBP） 262
stop codon 26
structural gene 323
subtractive hybridization 307
SUMO（低分子ユビキチン様修飾因子） 42, 75, 261, 314
SUMO 化 75
sumoylation 75
SV40 83
SWI/SNF 36
synaptic plasticity 321

■ T

T 細胞 49
TAF（TBP 随伴因子） 104, 160
TAF3（TBP 随伴因子 3） 309
tandem mass spectrometer 5
target of rapamycin（TOR） 266
TATA ボックス 101
TATA ボックス結合タンパク質（TBP） 85, 104, 160, 268, 277, 360, 368
TATA box 101
TATA box-binding protein（TBP） 85, 104, 160, 268, 277, 360, 368
TBP（TATA ボックス結合タンパク質） 85, 104, 160, 268, 277, 360, 368
TBP 随伴因子（TAF） 104, 160
TBP 随伴因子 3（TAF3） 309
TBP 様因子（TLF） 107
TBP 様因子 3（TRF3） 309
TBP-associated factor（TAF） 104, 160
TBP-associated factor 3（TAF3） 309
TBP-like factor（TLF） 107
TBP-related factor 2（TRF2） 107
TBP-related factor 3（TRF3） 309
T cell 49
TCF（三元複合体因子） 256
telomere 52
ternary complex factor（TCF） 256
TGF-β（トランスフォーミング増殖因子 β） 254, 299

thalassemia 371
TLF（TBP 様因子） 107
TNFα（腫瘍壊死因子 α） 240, 257, 306
TOR（ラパマイシン標的タンパク質） 266
totipotency 12
transcriptional activation domain 123
transcriptional inhibitory domain 169
transcriptional repressor 29
transcription factor 42
transcription factory 108
transcriptomics 8
transdifferentiation 57
transfer RNA（tRNA） 97
transformation 338
transforming growth factor β（TGF-β） 254, 299
translocation 51
trans-splicing 186
Treacher Collins syndrome 369
TRF2（TBP-related factor 2） 107
TRF3（TBP 様因子 3） 309
trimeric G protein 256
triplet-repeat disease 370
Trithorax 72
Trithorax 応答性配列 133
Trithorax-response element 133
tRNA（転移 RNA） 97
trophectoderm 278
tumor necrosis factor α（TNFα） 240, 257, 306
tumor-suppressor gene 174, 350
two-dimensional gel electrophoresis 3
tyrosine kinase 223

■ U

U2 補助因子（U2AF） 183
U2 accessory factor（U2AF） 183
U2AF（U2 補助因子） 183
UBF（上流結合因子） 98, 174
ubiquitin 41
ubiquitination 74
upstream binding factor（UBF） 98, 174
upstream promoter element 113

■ V

variable region 14
vascular endothelial growth factor（VEGF） 382
VEGF（血管内皮増殖因子） 382
VHL 癌抑制遺伝子産物 261

■ W

western blotting 2
Williams syndrome 371
Wilms tumor 350
winged helix-turn-helix 155
Wnt 311, 359
wobble effect 195
Wolff 再生，水晶体の 57
Wolffian lens regeneration 57

■ X

X 線結晶構造解析 34
X 染色体不活性化 89
X 染色体不活性化中心 89
X 染色体連鎖性精神遅滞 371
Xenopus laevis（アフリカツメガエル） 107

xeroderma pigmentosum 369
X inactivation 89
X-inactivation center 89
XIST 89
X-linked mental retardation 371

X-ray crystallography 34

■ Y
yeast 9

■ Z
zebrafish 172
zigzag ribbon structure 45
zinc finger 145

遺伝情報の発現制御
転写機構からエピジェネティクスまで　　　定価（本体 9,500 円 + 税）

2012 年 2 月 25 日発行　第 1 版第 1 刷 ©

著　者　デイビッド S. ラッチマン

監訳者　五十嵐　和　彦
　　　　深　水　昭　吉
　　　　山　本　雅　之

発行者　株式会社　メディカル・サイエンス・インターナショナル
　　　　代表取締役　若　松　　博
　　　　東京都文京区本郷 1-28-36
　　　　郵便番号 113-0033　電話（03）5804-6050

印刷：日本制作センター／装丁・本文デザイン：岩崎邦好デザイン事務所

ISBN 978-4-89592-697-3　C3047

JCOPY 〈（社）出版者著作権管理機構 委託出版物〉
本書の無断複写は著作権法上での例外を除き禁じられています．
複写される場合は，そのつど事前に，（社）出版者著作権管理機構
（電話 03-3513-6969，FAX 03-3513-6979，info@jcopy.or.jp）
の許諾を得てください．